환산 계수

표의 맨 왼쪽 열에서 원하는 단위를 찾은 다음 표의 맨 위쪽 행에서 원하는 단위를 찾는다. 그 두 단위가 만나는 지점의 값이 환산 계수이다. 예를 들어 마일을 피트로 변환하려면 5280을 곱한다.

길이 당량

	meter	kilometer	inch	foot	mile
meter	1	10^{-3}	39.37	3.2808	6.214×10^{-4}
kilometer	1000	1	3.937×10^{4}	3280.8	0.6214
inch	0.02540	2.540×10^{-5}	1	0.08333	1.5783×10^{-5}
foot	0.3048	3.048×10^{-4}	12	1	1.894×10^{-4}
mile	1609.3	1.61	6.336×10^{4}	5280	1

질량 당량

	grams	kilograms	metric ton	pounds	ton
grams	1	10^{-3}	10^{-6}	2.2046×10^{-3}	1.102×10^{-6}
kilograms	1000	1	10^{-3}	2.2046	1.102×10^{-3}
metric ton	10^{6}	1000	1	2204.6	1.1023
pounds	453.6	0.4536	4.536×10^{-4}	1	5×10^{-4}
ton	9.072×10^{5}	907.2	0.9072	2000	1

부피 당량

	liters	m^3	in^3	US gallon	ft^3
liters	1	10^{-3}	61.023	0.2642	0.03531
m^3	1000	1	61.023×10^{3}	264.2	35.31
in^3	1.639×10^{-2}	1.639×10^{-5}	1	4.329×10^{-3}	5.787×10^{-4}
US gallon	3.785	3.785×10^{-3}	231	1	0.1337
ft^3	28.32	0.02832	1.728×10^{3}	7.481	1

동력 당량

	newtons (N)	pound force (lb_f)
newtons (N)	1	0.2248
pound force (lb_f)	4.448	1

에너지 당량

	joule	calorie	kWh	Btu	ft lb_f	hp h
joule	1	0.2390	2.778×10^{-7}	9.478×10^{-4}	0.7376	3.725×10^{-7}
calorie	4.184	1	1.162×10^{-6}	3.97×10^{-3}	3.086	1.558×10^{-6}
kWh	3.6×10^{6}	8.606×10^{5}	1	3412.14	2.655×10^{6}	1.341
Btu	1055	252	2.930×10^{-4}	1	778.16	3.930×10^{-4}
ft lb_f	1.356	0.3241	3.766×10^{-7}	1.285×10^{-3}	1	5.051×10^{-7}
hp h	2.685×10^{6}	6.416×10^{5}	0.7455	2545	1.98×10^{6}	1

힘 당량

	$J\ s^{-1}$	kW	ft $lb_f\ s^{-1}$	Btu s^{-1}	hp
$J\ s^{-1}$	1	10^{-3}	0.7376	9.478×10^{-4}	1.341×10^{-3}
kW	1000	1	737.56	0.9478	1.341
ft $lb_f\ s^{-1}$	1.356	1.356×10^{-3}	1	1.285×10^{-3}	1.818×10^{-3}
Btu s^{-1}	1055	1.055	778.16	1	1.415
hp	745.7	0.7457	550	0.7068	1

압력 당량

	mm Hg	in. Hg	kPa	atm	bar	psia
mm Hg	1	0.03937	0.1333	1.316×10^{-3}	1.333×10^{-3}	0.01934
in. Hg	25.4	1	3.386	0.03342	0.03386	0.4912
kPa	7.502	0.2954	1	9.869×10^{-3}	0.01	0.1451
atm	760	29.92	101.3	1	1.013	14.696
bar	750.06	29.53	100	0.9869	1	14.50
psia	51.71	2.036	6.894	0.06805	0.06895	1

Himmelblau의

화공양론 강의

9th Edition

Himmelblau의

화공양론 강의

Basic Principles and Calculations in Chemical Engineering

David M. Himmelblau · James B. Riggs 지음 | 신헌용 · 성종환 · 박용일 · 이지은 · 김민 옮김

Pearson

사이플러스
Science plus

Pearson Education South Asia Pte Ltd
63 Chulia St
#15-01
Singapore 049514

Pearson Education offices in Asia: *Bangkok, Beijing, Ho Chi Minh City, Hong Kong, Jakarta, Kuala Lumpur, Manila, Seoul, Singapore, Taipei, Tokyo*

3 2 1
26 25 24

Cover Image: USJ/Shutterstock

발행일: 2024년 11월 1일
공급처: 사이플러스(02-332-6171/sciplus@sciplus.co.kr)
ISBN: 978-981-3350-96-0(93430)
가격: 43,000원

http://pearson.com/asia

역자 서문

현대 문명은 화학공학의 토대 위에 구축되었으며, 우리나라는 기반시설과 자원, 변변한 자본도 없이 1950년대의 합성섬유 산업을 시작으로 1960년대에 비료 및 정유 등 석유화학 공업이 발전하면서 세계적으로 유례를 찾기 힘든 빠른 경제발전을 이룩했다. 이에 역자들은 오늘날 화학공학을 공부하는 학생들도 선배의 빛나는 업적을 계승할 유능한 엔지니어로 성장하기를 기대하며 이 책의 번역에 참여하게 되었다.

화학공학의 핵심 과목을 공부하기 위해 학부 저학년에서 반드시 습득해야 하는 화학공학의 기본 원리와 계산법이 담긴 《Basic Principles and Calculations in Chemical Engineering》은 오랫동안 화학공학 분야에서 가장 중요한 책 중 하나로 널리 인정받았다. 이 책은 화학공학 분야에 새로이 대두된 영역에도 적용 가능하도록 더욱 실용적인 개정판으로 거듭나고 있다.

화학공학 입문자는 이 책을 통해 기본 원리를 정확히 이해하고 다양한 문제를 해결하는 능력을 배양함으로써 광범위한 영역의 화학공정에 필요한 다양한 기법에 친숙해질 수 있다. 이 책은 학생들이 졸업 후 마주할 다양한 분야의 예제를 통해 조건에 맞는 체계적 수식 작성 능력과 풀이 능력을 습득하도록 구성되었다. 어려운 공정일수록 들고나는 물질 및 에너지 수지를 정확히 파악해야 하는데, 초급자가 난해하게 느낄 문제라도 단계별 수학적 처리 과정을 통해 비교적 쉽게 해결하는 방법을 자연스레 습득하도록 구성한 점이 돋보인다. 더욱이 이번 개정판에서는 전통적인 석유화학 분야의 예제뿐만 아니라 생명공학, 촉매, 고분자 등 다양한 분야의 예제를 추가함으로써 화학공학 관련 기술의 발전 상황을 반영하고 있다. 또한 손으로 푸는 방법을 기반으로 하면서도 컴퓨터 활용 풀이법을 대폭 강화해 최근의 산업 및 연구 경향을 따랐다.

역자들은 강의에 사용되는 일부 교재의 번역이 부실해 학생들이 혼란을 겪고 교과학습 목표를 제대로 달성하지 못하는 상황을 안타깝게 지켜보았다. 이에 한국화학공학회가 발간한 《화학공학 술어집》을 기준으로 원서의 내용을 충실하게 번역하고자 노력하는 한편, 직역했을 때 어색한 일부 수동태 문장을 자연스럽게 읽히는 능동태로 바꾸었다.

각 역자(가나다순)가 맡은 장은 다음과 같다.

김민: 3, 6장, 부록
박용일: 8, 11, 13장
성종환: 5, 7장
신헌용: 1, 2, 12, 14장
이지은: 4, 9, 10장

이 책으로 공부하는 학생들이 모쪼록 화학공학의 기본 개념과 계산과정을 숙달하고 이후 배울 전공과목에서 자신의 능력을 충분히 발휘할 수 있기를 바란다. 끝으로 이 책이 출간되기까지 편집과 교정에 힘써준 피어슨에듀케이션 관계자에게 심심한 사의를 표한다.

2024년 10월

역자 일동

저자 서문

이 책은 화학공학과 생물·석유·환경공학 분야에서 사용되는 원리와 기법의 입문서로 저술되었다. 지난 30여 년간 화학공학으로 간주되는 주제가 확대되기는 했으나 학문 분야의 기본적인 원리는 예나 지금이나 같다. 이 책은 화학공학의 학부 및 대학원 과정은 물론이고 직업 현장에서 요구되는 특정 기법의 기초와 정보를 제공한다. 더욱이 앞으로 독자가 배울 화학공학 교과목은 이 책에 담긴 기법, 즉 추상적인 문제를 해결하는 능력과 물질 및 에너지 수지를 응용하는 능력에 크게 의존하게 될 것이다. 화학공학 분야의 학문은 물질 및 에너지 수지라는 줄기로부터 열역학, 유체 흐름, 열전달, 물질전달, 반응속도론, 공정제어, 공정설계 등의 주제가 뻗어나간 나무라고 볼 수 있으며, 따라서 유동하는 물질을 익히는 것이 중요하다.

이 책의 주목적은 물질 및 에너지 수지 문제를 체계적인 식으로 만들어 풀 수 있도록 가르치는 것이다. 더 나아가 독자가 이 책에 제시된 방법을 사용해 모든 형태의 문제를 체계적인 식으로 만들고 그것을 해결하는 것을 명확히 배우는 것이다. 또한 이 책은 정유 및 화학 산업부터 생물공학, 나노공학, 마이크로일렉트로닉스 산업에 이르기까지 화학공학자가 참여하는 다양한 공정의 형태를 소개한다. 이 책에서 사용하는 분석은 대부분 거시적 규모(즉 복합계를 단일계로 표현)를 기반으로 하지만, 나중의 공학 교과목에서는 이 계를 더욱 완전하게 나타내는 미시적 물질 및 에너지 수지를 어떻게 식으로 작성하는지를 가르칠 것이다. 사실 이러한 교과목에서는 미시적 수지식을 만들기 위해 대상 공정의 매우 작은 부분에 대해 이 책에 제시된 수지를 적용하기만 하면 된다는 것을 배울 것이다.

이 책은 다음과 같이 구성되어 있다.

- 1부 서론(1~2장): 바탕 정보
- 2부 물질수지(3~5장): 물질수지를 세우고 푸는 방법
- 3부 기체, 증기, 액체(6~7장): 기체와 액체를 서술하는 방법
- 4부 에너지 수지(8~9장): 에너지 수지를 세우고 푸는 방법
- 5부 물질수지 및 에너지 수지 결합(10~11장): 거시적 접근법을 사용해 비정상상태의 시스템 거동을 나타내는 방법
- 추가 자료(12~14장)

책을 읽고 강의를 들음으로써 책의 내용과 기법을 흡수하리라 기대하는 것은 다소 순진한 생각이다. 잘 알다시피 배운 것을 응용해봄으로써 습득할 수 있기 때문에 이 책은 독자를 위해 다양한 자원을 제공한다. 학습에 가장 중요한 자원은 각 절 말미의 자습문제로, 보통의 교재와 달리 해답을 제공하므로 자신이 제대로 풀었는지 확인할 수 있다.

또한 이번 개정판에는 MATLAB®과 Python™을 활용하는 문제를 수록했다. 선형 방정식, 선형 시스템에서 독립식의 개수 결정, 비선형 방정식, 비선형 데이터에서의 3차 다항식 내삽, 초깃

값 상미분방정식의 적분과 같은 문제를 풀기 위한 MATLAB 및 Python 코드를 제공하며, 이때 문제 해결에 필요한 내장함수를 별도로 설명한다.

이 책이 화학공학자를 꿈꾸는 독자가 그 목표를 계속해서 추구하도록 고취하고 그 여정을 평탄하게 닦아주는 데 일조하기를 진심으로 바란다.

2021년 11월

Jim Riggs

일러두기

이 책은 학습에 도움이 되는 몇 가지 도구를 포함하고 있다. 다음 자료는 본문의 내용을 이해하고 문제를 해결하는 데 유용할 것이다.

학습 보조 자료

- 기본 원리를 알려주는 상세한 예제
- 어떤 문제에도 적용할 수 있는 일관된 문제 풀이 전략
- 본문의 내용을 보강하는 그림과 표
- 각 장 서두에 제시된 구체적 학습목표
- 학습 향상을 평가할 수 있는 각 절의 자습문제
- 각 장의 방대한 연습문제와 부록 D의 해답
- 예제와 연습문제 관련 자료가 수록된 부록
- 각 장의 참고문헌
- 각 장의 주요 용어

학습 방법

아무 발에나 맞는 신발은 없다.

–Publilius Syrus(기원전 1세기 로마의 풍자 시인)

학습 특성 연구자와 교육 심리학자에 따르면 거의 모든 사람은 보거나 또는 다른 누군가에게 들어서 배우는 것이 아니라 연습과 복습을 통해 배운다. "강의는 가르침이 아니고, 경청은 배움이 아니다." 우리는 실행함으로써 배운다.

배움에는 암기 이상의 것이 포함된다

암기와 배움은 같은 것이 아니다. 문제의 해답을 기억하기 위한 노트나 교재의 기록, 복사, 요약은 물질 및 에너지 수지 문제를 푸는 방법을 실제로 이해하는 데 거의 쓸모가 없다. 처음 보는 문제에 자신의 지식을 응용하는 데 도움이 되는 것은 연습뿐이다.

좋은 학습 습관을 들인다

본문의 내용을 건너뛰고 곧바로 식 또는 예제를 읽거나 푸는 것이 괜찮을 때도 있지만 장기적으

로는 바람직하지 않다. 이러한 '공식 위주' 전략은 문제 풀이에 접근하는 방법으로는 매우 부실하다. 이 방법을 택한다면 일반화할 수 없기 때문에 각 문제가 새로운 도전이 되고, 본질적으로 비슷한 문제들의 상호 연관성을 놓치게 된다.

다양한 학습 형태(정보처리)가 있으니 배우려는 것을 숙고해 자신에게 가장 잘 맞는 기법을 선택하라. 어떤 학생은 혼자 생각하면서 학습하지만 어떤 학생은 친구나 스승과 대화를 나누며 공부하는 것을 선호한다. 또한 실제적인 예제에 잘 집중하는 학생이 있는가 하면, 추상적인 개념을 선호하는 학생도 있다. 설명에 사용된 그림이나 표는 대부분의 사람이 쉽게 받아들일 수 있을 것이다. 실력이 제자리를 맴돌아서 고민이라면 자신의 학습 형태를 평가하는 시험이 필요할 수도 있다.

독자의 학습 형태가 어떻든 학습 향상을 위한 다음 제안은 유용할 것이다.

학습 향상을 위한 제안

- 이 책의 각 장을 읽어 이해하고 연습문제의 해결 기법을 익히는 데에는 3시간 또는 그 이상이 걸린다. 수업을 듣기 전에 적절한 자료를 읽을 수 있도록 시간 계획에 여유를 두기 바란다. 그러면 교수의 강의를 제대로 이해하지 못한 채 교실에 그냥 앉아 있는 것이 아니라 자신의 이해도를 훨씬 더 끌어올릴 수 있다. 이는 항상 가능한 일은 아니지만 공부 시간을 가장 효율적으로 사용하는 방법 중 하나이다.
- 강의 시 허용된다면 의견 교환과 학습 자료 검토를 위해 한 명 또는 그 이상의 급우와 함께 학습하라. 그러나 자신에게 부과된 일은 타인에게 의존하지 말라.
- 매일 공부하라. 정해진 과제는 시일 내에 끝내고 뒤로 미루지 말라. 앞의 주제를 바탕으로 다음 주제를 다루기 때문이다.
- 해답이 없는 문제의 답을 즉시 찾아보라.
- 능동적 읽기를 하라. 즉 5분 또는 10분마다 1~2분 멈추고 자신이 학습한 것을 요약하라. 연결 개념을 찾아보고, 도움이 될 것 같으면 종이에 요약해 기록하라.

저자 소개

David M. Himmelblau 텍사스대학교 화학공학과의 Paul D. and Betty Robertson Meek and American Petrofina Foundation 명예교수였으며, 텍사스대학교에서 42년간 강의했다. 1947년에 MIT에서 학사 학위를, 1957년에 워싱턴대학교에서 박사 학위를 받았다. 공정분석, 오류진단, 최적화 관련 논문을 200편 이상 발표하고 11권의 책을 펴냈으며, 《Basic Principles and Calculations in Chemical Engineering》은 미국화학공학회(AIChE)로부터 가장 중요한 화학공학 도서 중 하나로 인정받았다. CACHE(Computer Aids for Chemical Engineering Education) 회장, AIChE 미국화학공학회 이사를 지냈다.

James B. Riggs 텍사스대학교(오스틴)에서 1969년에 학사 학위를, 1972년에 석사 학위를 받고 1977년에 캘리포니아대학교(버클리)에서 박사 학위를 받았다. 다양한 규모의 산업체에서 5년 이상 경력을 쌓았으며, 웨스트버지니아대학교에서 5년, 텍사스공과대학교에서 25년 재직했다. 고급 공정제어와 공정 최적화를 중점적으로 연구한 그는 산업 자문관으로 봉직했으며, Texas Tech Process Control and Optimization Consortium을 설립하고 15년간 이끌었다. 인기 있는 화학공학 교재인 《Computational Methods for Chemical Engineers, Programming with MATLAB for Engineers》와 《Chemical and Bio-Process Control》 5판을 저술했다.

Vivek Utgikar(감수) 원자력공학 프로그램의 책임자, 아이다호대학교 공과대학의 연구 및 대학원교육 부학장을 역임하고 아이다호대학교 화학생명공학과 교수로 재직 중이다. 인도 뭄바이대학교에서 화학공학 학사·석사 학위를, 신시내티대학교에서 화학공학 박사 학위를 받았다. 전달현상, 동역학, 열역학, 에너지 저장, 전기화학공학, 수소 및 사용 후 핵연료 처리·관리 등 광범위한 교육 경력을 쌓았으며, 주요 연구 영역은 첨단 에너지 시스템, 핵연료 주기, 다상 시스템 모델링, 생물학적 정화 등이다. 오하이오주 신시내티에 있는 미국환경보호국 산하 국가위험관리연구소 국립연구위원회에서도 일한 바 있으며, 화학 산업의 프로세스 개발·설계·엔지니어링 경험이 있는 전문 엔지니어이다. 《Fundamental Concepts and Computations in Chemical Engineering》, 《Chemical Processes in Renewable Energy Systems》를 저술했다.

차례

PART 03 | 기체, 증기, 액체

PART 04 | 에너지 수지

PART 05 | 물질수지 및 에너지 수지 결합

11 비정상상태의 물질수지식과 에너지 수지식 569

12 용해열과 혼합열 602

13 고체에 대한 기체와 액체의 흡착평형 620

14 공정 시뮬레이터(플로시팅 코드)를 이용한 물질수지 및 에너지 수지의 해법 631

부록 661

PART 01

서론

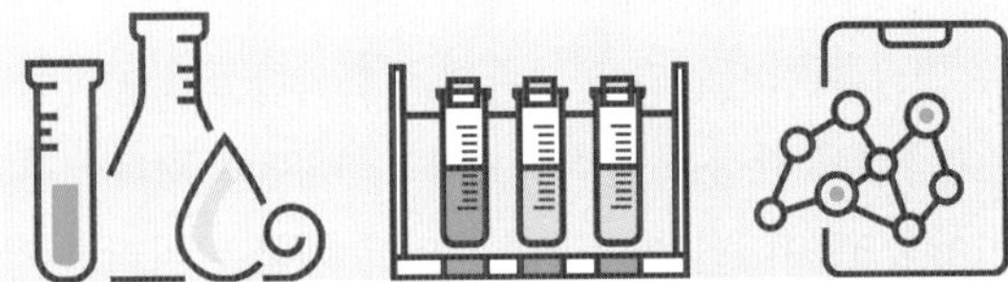

CHAPTER

01

화학공학의 개요

학습목표

- 화학공학의 발전에 대한 일반적인 지식을 가진다.
- 화학공학이란 무엇인지 이해하고 화학공학자가 하는 일의 유형을 이해한다.
- 지속 가능성과 녹색공학에 관련된 문제를 인식한다.
- 공학 실무에서 윤리의 중요성을 이해한다.

서론

화학공학자는 원료를 유용한 제품으로 전환시키는 공정을 다룬다. 여러 차례 이 공정들은 화학반응 후에 제품의 농축, 생물학적 반응 후에 제품의 복구와 정제 혹은 나노미터 크기로 제품의 반응과 전환과 관여된다. 전체적으로 화학공학자는 공정 엔지니어이며 넓은 영역의 제품을 생산하는 공정을 다룬다.

1.1 화학공학 역사의 개요

화학공학 종사자들은 화학과 분리과학(혼합물로부터 조성물 분리에 관한 연구)을 **화학공정산업**(chemical process industries, CPI)으로 언급되는 화학과 정제산업 등의 공업적 응용으로부터 시작했다. 첫 번째 대용량 화학공정은 1823년 영국에서 유리나 비누를 만드는 데 사용되는 소다회의 생산을 위해 시작되었다.

1887년 영국 엔지니어 George E. Davis는 영국 화학산업의 산업관행을 요약한 화학공학에 대한 일련의 강의를 발표했다. 이러한 강의는 미국에서 관심을 불러일으켰고, 1888년 MIT에서 최초의 화학공학 교과과정이 생겨나게 되었다. 이후 10~15년간 미국의 수많은 대학은 이러한 영역의 연구의 장을 제공하면서 화학공학 분야를 받아들였다. 1908년 미국화학공학회가 구성되고 이

후 홍보 및 화학공학 공동체의 권익을 대변해왔다.

기계공학자는 유체의 흐름 및 열전달과 같은 공정조작의 기계적 측면은 이해했으나 화학적 배경지식은 전무했다. 반면에 화학자는 화학반응과 그것의 결과는 이해하고 있으나 공정에 대한 기술이 부족했다. 게다가 기계공학자나 화학자 모두 화학공정산업에서 매우 중요한 분리조작에 관한 배경지식을 가지고 있지 않았다. 그 결과 이러한 산업적 요구를 충족시키기 위해 화학공학의 연구가 발전했다.

1890년대 시작된 상업적 생산품인 '자동차'의 도입은 가솔린의 수요를 만들어냈다. 이는 궁극적으로 석유 탐사에 불을 지폈다. 1901년 텍사스 지질학자 Patillo Higgins와 광산 기술자 Anthony F. Lucas(후에 '닥치는 대로 채굴하는 사람'이라고 알려진다)는 텍사스주 버몬트 남쪽 스핀들톱(Spindletop) 유정에서 시추작업을 주도했다. 동시에 스핀들톱은 미국 내 다른 유정 전부를 합친 것보다 더 많은 기름을 생산했다. 더욱이 완전한 형태의 석유시굴정이 탄생하면서 폭발적인 원유 생산 증가와 대규모 현대적인 원유 정제에 대한 접근을 불러일으켰다. 그 결과 시장은 화학공정산업에서 공정의 조작과 설계를 주도하는 공학자를 중심으로 발전했다. 석유 탐사의 성공은 자동차 산업에 필요한 가솔린의 수요를 어느 정도 이끌어냈다. 궁극적으로 석유 탐사 및 정제 산업의 성공으로 가솔린 비용이 더 저렴해졌기 때문에 일반인에게 자동차가 널리 보급되었다.

이러한 초기 산업의 화학자/화학공학자는 제한적인 분석 기구를 가지고 대체로 물리적 직관에 의존해서 공정 엔지니어로서의 업무를 수행했다. 계산자로 계산을 했고, 1930~1940년대까지 화학공정산업에서 공정의 설계 및 운영분석의 보조용으로 수많은 계산도표가 발달되었다. 계산도표와 표는 물리적 데이터(예: 비점온도 또는 증발열)의 간결하고 편리한 수단을 제공하며 복잡한 방정식(예: 파이프의 흐름에 대한 압력 강화)의 단순화된 솔루션을 제공한다. 1960년대 이용되기 시작한 컴퓨팅 리소스는 오늘날 일반적인 컴퓨터 기반 기술의 시작이었다. 예를 들어 1970년대부터는 **CAD**(computer-aided design) 패키지를 이용해 엔지니어는 단지 최소한의 정보를 명시함으로써 전체 공정을 설계했다. 지루하고 반복적인 모든 계산은 매우 짧은 시간 내에 컴퓨터에 의해 수행되며, 설계 엔지니어가 최고의 공정설계를 개발하는 데 집중할 수 있게 해주었다.

1959년에 위스콘신대학교 화학공학과의 Bird, Stewart, Lightfoot 교수는 유체유동, 열전달, 물질전달을 포함하는《이동현상(Transport Phenomena)》교과서를 출간했다. 이 책은 화학공학 사회에서 널리 채택되었고 이전에 사용했던 것보다 이러한 주제에 훨씬 더 수학적이며 추상적인 분석을 제공했다. 이 책의 광범위한 사용은 이전의 보다 경험적인 접근 방식보다 화학공학에 대한 훨씬 분석적인 접근 방식을 도입했다.

1960~1980년까지 화학공정산업은 신상품과 신공정 개발에 따라 회사의 이익이 결정되는 혁신 바탕의 산업에서 상용화된 기술을 더 효율적으로 적용해 더 싼 제품을 생산함에 따라 회사의 경제적 성공이 좌우되는 더 성숙된 상업제품 산업으로 발전했다.

화학공정산업 시장의 세계화는 1980년대 중반에 시작되었고 경쟁을 심화시켰다. 동시에 컴퓨터 하드웨어의 개발은 전보다 더욱 쉽고 안정적인 공정 자동화 도입을 가능하게 했다. 이러한 자동화 프로젝트로 제품의 질이 향상되고 비교적 적은 투자로 생산속도 및 총괄 생산효율도 증가하게 되었다.

1990년대 중반에 접어들 무렵, 화학공학자의 기본 기술의 장점을 활용한 마이크로일렉트로닉스 산업, 의약 산업, 생의학 산업 그리고 최근에는 나노 기술을 포함한 새로운 영역이 시작되었다. 분명히 화학공학자는 분석 기술과 공정 훈련을 통해 이러한 산업의 생산운영 개발에 크게 기여했다. 1970년대 화학공학 졸업자의 80%가 화학공정산업과 정부기관에 취업했다. 2000년까지 그 숫자는 생명공학, 의약학/헬스케어, 전자와 재료 산업으로의 취업이 늘어나면서 50% 수준으로 하락했다.

1.2 화학공학자가 수행하는 일의 유형

화학공학자는 넓은 범위의 일을 수행한다. 또한 경력을 쌓는 동안 다양한 유형의 직업을 가질 가능성이 높다. 다음은 화학공학자가 하는 일반적인 일의 유형이다.

- **조작**: 조작 엔지니어 또는 공정 엔지니어는 공정 설비에 대한 기술 지원의 첫 번째 라인이다. 이 엔지니어들은 플랜트에서 조작을 모니터링하고 조작 문제를 해결하는 데 많은 시간을 보낸다. 심야에 심각한 기술 문제가 발생하면 해당 공정의 조작 엔지니어가 문제를 해결하기 위해 호출된다. 많은 젊은 화학 엔지니어가 다른 임무로 이동하기 전에 플랜트 조작에 익숙해지기 위해 몇 년 동안 조작 엔지니어로 시작한다. 이 직무는 또한 젊은 엔지니어가 책무를 어떻게 처리하는지 그리고 다른 사람들과 얼마나 효과적으로 일할 수 있는지에 관한 관점을 회사에 제공한다.
- **기술영업**: 오늘날 많은 제품은 본질적으로 매우 기술적이며 이러한 제품의 소비자는 제품을 완전히 활용하기 위해 종종 기술 지원이 필요하다. 기술영업 엔지니어는 해당 서비스를 제공하고 신규 고객을 확보한다. 분명히 영업 엔지니어는 고객 만족을 유지하기 위해 고객과 효과적으로 작업하고 회사 제품과 관련된 기술적 문제를 완전히 이해할 수 있어야 한다.
- **디자인**: 디자인은 정의된 요구 사항을 충족하는 새로운 것을 개발하는 것이며 엔지니어 팀을 사용해 여러 차례 새로운 제품 및 서비스를 개발하는 데 사용한다. 무언가를 디자인할 수 있는 새로운 방법의 수에는 제한이 없기 때문에 디자인은 도전적인 노력이다. 따라서 디자인에는 창의성과 경험이 필요하다. 결과적으로 디자인 팀은 광범위한 경험과 교육을 받은 구성원으로 구성하는 경우가 많다. 기술적 타당성, 경제성, 최종 사용자의 요구를 고려해 제품에 가장 적합한 디자인을 결정하는 것이 디자인 팀의 역할이다.
- **컨설팅**: 컨설팅 회사는 안전, 설계, 제어 등과 같은 특정 엔지니어링 영역을 전문으로 한다. 운영회사가 컨설턴트의 전문성을 필요로 할 때 필요한 서비스를 컨설팅 회사와 계약하기만 하면 된다. 컨설팅 회사는 필요에 따라 기술 서비스를 제공하기 때문에 컨설턴트를 고용하는 회사는 특정 분야의 전문가를 정규직으로 고용할 필요가 없다. 컨설팅 회사는 종종 특정 기술 분야에서 다년간의 엔지니어링 경험이 있는 엔지니어를 고용한다. 또한 개인은 산업계, 학계 또는 정부 연구소에서 수년간 경험을 쌓은 후 산업 컨설턴트로 활동한다.
- **프로젝트 관리**: 프로젝트 관리 엔지니어는 일상적인 프로젝트 운영을 위한 다양한 기술 서비스를 제공해야 한다는 점에서 조작 엔지니어와 유사하다(예: 공정 확장 프로젝트 또는 새 공정 구성). 처음에 이 엔지니어들은 프로젝트를 위한 인력 및 재료를 개발해야 하며 이 정보

는 프로젝트에 대한 승인을 받는 데 사용된다. 프로젝트 관리 엔지니어는 프로젝트가 승인될 때 프로젝트 또는 프로젝트의 일부를 조정할 책임이 있다. 프로젝트를 조정하려면 시간과 예산에 맞춰 고품질 프로젝트를 제공하기 위해 관리 팀, 건설 팀, 공급업체, 운영 부서와 같은 여러 당사자와 협력해야 한다.

- **관리: 기업, 조작 및 기술**: 많은 기업이 기술적인 지식을 필요로 하기 때문에 기업 경영을 위해 화학공학자를 고용한다. 기업 경영진으로 이동하는 엔지니어는 일반적으로 비즈니스 교육을 받거나 MBA 프로그램에 참석해야 한다. 그들은 일반적으로 기술 관리 및 운영 관리 위치에서 관리 사다리 위로 올라간다. 기업 경영진은 기업 차원에서 사업을 지휘하고 기업 이미지, 새로운 비즈니스 기회 식별, 경기 침체 대처 방법 결정과 같은 문제를 처리해 기업의 전반적인 수익성을 향상시키기 위해 노력한다. 조작 관리는 산업 생산 시설 운영과 관련된 일상적인 문제와 기회를 다룬다. 기술 관리는 운영, 연구 및 개발을 다루는 엔지니어 관리와 관련이 있다.
- **개발**: 개발 팀은 디자인 팀과 협력해서 다양한 디자인을 적용해 추가로 테스트할 수 있다. 이 단계에서 잠재적 설계의 실제 결과가 명백해지며 개발 팀은 가능한 경우 이러한 문제를 해결해야 한다. 새로운 공정의 경우 파일럿 규모 공정을 구성, 운영 및 모니터링해서 새로운 공정의 성능을 평가할 수 있다(예: 촉매의 활성 및 수율 결정). 실제로 개발팀은 디자인 콘셉트가 실행 가능한지 입증해야 한다.
- **연구**: 연구는 실험실 실험 그리고(또는) 컴퓨터 시뮬레이션을 사용해 물리적 시스템을 과학적으로 조사하는 것이다. 기초 또는 '상상력을 사용한' 연구는 특정 산업 문제(예: 화합물 종류와 관련된 기본 화학반응 연구)와 관계없이 특정 시스템의 기본 동작을 연구한다. 산업 연구는 산업의 문제를 해결하기 위한 연구이다(예: 산업 응용 분야에서 사용할 수 있는 새로운 복합 재료 개발). 기술적 문제가 사회에 중요한 영향을 미칠 때마다(예: 녹색 에너지원 개발) 일반적으로 이러한 문제를 해결하기 위한 방법을 모색하고 제안하는 연구원에게 많은 양의 정부 자금이 제공된다.
- **대학 교육**: 공학 교수는 일반적으로 공학 또는 관련 분야의 박사학위를 가지고 있으며 그들의 일은 연구, 교육 및 직업 서비스에 대한 노력으로 나뉜다. 그들의 연구 노력은 공학 시스템의 기초 연구를 기반으로 하며, 그들의 교육은 학생들이 이 정보를 동화하고 적용할 수 있는 방식으로 추상적인 자료와 실용적인 접근 방식을 효과적으로 학생들에게 전달할 수 있는 능력에 의존한다. 공학 교수는 상호 검토 저널 출판, 연구 자금 개발 능력, 교사로서의 효율성 및 공학 직업에 대한 기여도를 기준으로 승급 및 승진에 대해 평가를 받는다. 공학 교수가 되는 것은 개인이 수행해야 하는 작업의 폭 때문에 까다로운 직업이지만 젊은이들이 성공적인 엔지니어가 될 수 있도록 돕는 매우 보람 있는 직업이 될 수 있다.

1.3 화학공학자가 일하는 산업

화학공학 교육은 졸업생에게 공정공학의 기초를 접하게 하고 복잡한 문제를 다루는 능력을 개발한다. 따라서 화학공학자는 다양한 산업 분야에서 일하기에 이상적이다. 그림 1.1은 화학공학자가 작업하는 주요 영역을 나타낸 것이다.

다음은 이러한 기본 화학공정산업에 대한 간략한 설명이다.

- **정제**: 정제는 원유를 가공해 자동차, 트럭, 항공기용 연료와 윤활유를 생산하는 것이다. 또한 정제공장은 다양한 화학 중간 제품, 즉 다른 공정의 공급 원료 역할을 하는 제품(예: 폴리프로필렌 플라스틱을 생산하는 공정의 프로필렌)을 생산한다. 정제공장은 일반적으로 일일 최대 600,000배럴의 원유를 공급하는 대규모 공정이다.
- **화학약품**: 화학 산업은 범용화학물질, 특수화학물질 또는 정밀화학물질 생산으로 분류할 수 있다. 범용화학물질은 다른 화학 공정의 공급 원료로 사용되는 대량 제품이다. 예를 들어 대량의 화학 중간체를 생산하는 석유화학 플랜트는 일반적으로 대부분의 대규모 정제소의 일부이다. 특수화학물질은 종종 일회분 조작으로 생산되는 비교적 소량의 제품이다. 특수화학물질의 예로는 특정 농약, 페인트 안료 및 특수 용제가 있다. 정밀화학물질은 비교적 소규모로 생산되는 범용화학물질로 특수화학물질의 원료로 사용된다.
- **환경**: 환경 엔지니어는 인간의 건강과 자연의 생태계가 산업 및 인간 활동으로 인한 배출로부터 보호받을 수 있도록 노력한다. 환경 엔지니어의 일반적인 노력에는 폐수 관리, 대기 및 수질 관리, 폐기물 처리, 폐기물 흐름 처리 또는 재활용, 이러한 노력의 문서화[예: 환경보호국(EPA)에 제출해야 하는 보고서 또는 제안된 프로젝트에 대한 환경 영향 보고서]가 포함된다.
- **장비설계 및 시공**: 이 범주는 새로운 공정의 설계 및 구성 또는 기존 공정의 확장 프로젝트와 관련된다. 공정 설계에는 장비의 유형 및 순서와 이 장비의 크기를 결정하는 작업이 포함되며 이러한 노력은 일반적으로 공정 설계를 전문으로 하는 컨설팅 회사에서 수행한다. 설계가 완료되면 화학공학자는 일반적으로 공정의 구성 및 시작 과정에 참여한다.
- **제약 및 건강관리**: 제약 산업은 증상을 치료 또는 완화하거나 질병으로부터 보호하기 위해

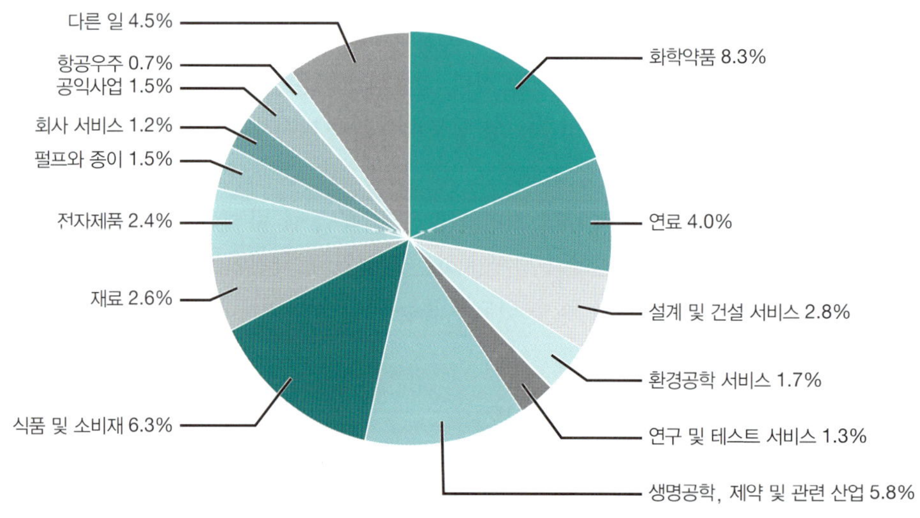

그림 1.1 ▸ 화학공학자가 일하는 주요 영역

환자에게 투여할 수 있는 합성 약물(예: 백신)을 개발, 생산 및 판매한다. 이러한 제품은 일반적으로 생물학적 반응을 사용해서 생산된다.

- **생명공학**: 생명공학은 세포 과정과 생체 분자 과정을 활용해서 살아 있는 시스템을 사용해 의약품에서 연료, 식품에 이르는 제품을 개발한다. 생명공학은 현재 개발 중인 연구 분야이지만 인간은 수천 년 동안 식품(예: 맥주와 와인, 빵, 소금에 절인 양배추)을 만들거나 보존하고, 선발 육종을 통해 가축과 식물을 개선하고, 작물을 비옥하게 하고 곤충의 공격으로부터 보호할 수 있는 박테리아를 도입해 토양을 보호하는 데 사용해왔다.
- **생의학 응용 분야**: 생의학 엔지니어는 건강관리 목적을 위해 생물학 및 인간 생리학 지식과 결합된 공학 원리의 적용에 관여한다. 응용 분야에는 진단, 모니터링 및 치료뿐만 아니라 인공 조직 및 인공 장기와 같은 신기술 개발이 포함된다.
- **식품생산**: 화학공학자는 감자 칩, 그래놀라 바, 사탕, 맥주, 요거트를 만드는 것과 같은 농약 및 식품 가공을 포함해 '식품의 생산에서 소비에 이르는 식품 사슬의' 식품 산업을 위해 다양한 방식으로 작업한다.
- **정부**: 화학공학자는 특정 정부 규제 기관[예: EPA 또는 산업안전보건청(OSHA)] 또는 정부 실험실(예: 샌디아국립연구소 및 국립보건원)에서 근무한다.
- **전문가**: 이 범주에는 전문 교육(예: 대학 교수)뿐만 아니라 인증이 필요한 직업(예: 변리사 및 의사)이 포함된다.

1.4 지속 가능성

지속 가능한 제품(sustainable product)은 인간의 건강과 사회의 요구를 보호하며 미래 세대의 요구를 충족할 수 있는 능력을 손상시키지 않으면서 현재의 요구를 충족시키는 제품이다. 화학공학자는 광범위한 제품 및 기술의 지속 가능성을 평가하는 데 이상적으로 적합하므로 화학공학이 현재와 미래에 사회에 기여할 수 있는 방법 중 한 예로 지속 가능성 및 **녹색공학**(green engineering)에 대한 개요를 제시한다.

현재 추정치에 따르면 세계 사회는 세계가 지속할 수 있는 것보다 50% 더 많은 자원(예: 에너지, 물, 광물, 식량 생산 능력)을 소비하고 있다(세계 인구가 1년 동안 소비하는 양을 보충하는 데 18개월이 걸린다). 미국은 나머지 세계의 13배 이상의 비율로 천연 자원을 소비한다. 세계 인구의 거의 40%를 차지하는 중국과 인도의 경제가 급속도로 성장하면서 세계 자원 소비 속도는 더욱 빨라질 것으로 예상된다.

미래를 위해 자원을 보존하는 것 외에도 지속 가능한 공학에는 인간의 건강과 사회의 요구를 보호하는 것이 포함된다. 즉 오염의 영향과 지구 온난화에 미치는 영향은 모든 지속 가능한 설계 프로젝트에서도 고려해야 하는 요소이다. 결과적으로 많은 엔지니어링 전문가 그룹은 지속 가능성이 미래 설계의 필수적인 부분이 되어야 한다고 우려하고 있다. 즉 지속 가능성 또는 적어도 개선된 지속 가능성은 지속 가능성에 대한 영향을 고려하지 않고 최소 비용 또는 최대 이익에만 기반해서 설계하는 것과는 반대로 엔지니어링 설계 작업의 목표가 되어야 한다. 문제는 일반적으로 지속 가능한 설계가 지속 불가능한 설계보다 구현 비용이 더 많이 든다는 것이다. 따라서 미래의 엔지니어로서 독자들의 과제는 가능한 경제적으로 지속 가능성을 실현하는 새로운 접근 방식을 개발하는 것이다.

예를 들어 건물의 지속 가능한 설계를 고려하자. 다음 기능은 건물의 지속 가능한 설계와 관련된 측면이다.

- 저에너지 가공 기술을 사용해서 재활용 재료로 생산할 수 있는 무독성 건축 자재
- 생산에 적은 양의 에너지가 필요한 재료를 사용하는 에너지 효율적인 설계(예: 건물로 또는 건물로부터의 낮은 열전달율)
- 재생 가능 에너지원(태양광 패널, 태양열 온수기 등)
- 건물의 높은 내구성으로 긴 사용 수명을 제공, 시간이 지남에 따라 물성이 개선되는 재료들
- 가능한 한 자연과 유사한 내부 및 외부 외관(예: 인간을 위한 편안한 환경 조성)
- 낮은 총 탄소 발자국(즉 건물에 사용되는 재료의 생산 및 건물 건설 과정에서 방출되는 총 이산화탄소)을 위한 설계
- 생체 모방 사용(즉 건축 자재를 생산하기 위해 생물학적 라인을 따라 산업 공정 재설계)
- 자동차 공유와 유사하게 개인에서 여러 사람에게로 소유권 이전
- 인근 공급원에서 가져온 재생 가능한 재료 사용

이 목록에서 볼 수 있듯이 엔지니어링에 대한 전체론적 접근 방식을 사용하면 설계 문제가 더 복잡해지지만 다른 한편으로 이 접근 방식은 창의적인 솔루션을 위한 더 많은 기회를 창출한다.

1.4.1 수명 주기 분석

수명 주기 분석(life-cycle analysis)은 지속 가능한 디자인(**녹색공학**)을 개발하기 위한 포괄적인 방법이다. 수명 주기 분석은 제품이 환경과 중요한 자원에 미치는 영향을 고려할 뿐만 아니라 제품을 생산하는 데 사용되는 모든 단계와 사용 수명이 끝난 후 제품에 발생하는 일도 고려한다. 그림 1.2는 제품의 수명 주기 분석의 도식적 예를 보여준다.

그림 1.2와 같이 광물, 원유 등의 원료는 지구에서 추출된다. 이러한 원료는 재료 가공 작업에서 금속 및 화학 제품과 같은 사용 가능한 제품으로 정제된다. 다음으로 이러한 사용 가능한 재료는 최종 제품의 부품을 제조하는 데 사용되며 최종 제품으로 조립된다. 그런 다음 제품은 제품 수명 동안 의도된 용도로 사용된다. 제품의 유효 수명이 끝나면 제품을 폐기 및/또는 재활용해야 한다. 재활용 공정은 제품의 전부 또는 일부를 회수하고 회수한 물질을 향후 다른 제품에 사용할 수 있도록 반환한다. 원료 추출에서 재료 재활용에 이르는 이러한 각 단계는 일반적으로 자원(예: 에너지)의 사용을 필요로 하며 환경에 영향을 미친다(예: 오염물질 생성). 이는 그림 1.2에 사용된 두 개의 반대 방향 화살표로 표시된다. 즉 수명 주기 분석의 각 단계는 일반적으로 자원 소비가 필요하며 결과적으로 오염이 발생한다.

수명 주기 분석을 지속 가능한 설계에 사용할 때 필요한 모든 리소스와 환경에 대한 모든 결과 부하가 고려된다. 또한 수명이 다한 제품의 재활용 가능성에 대한 제품 설계의 영향을 고려해야 한다.

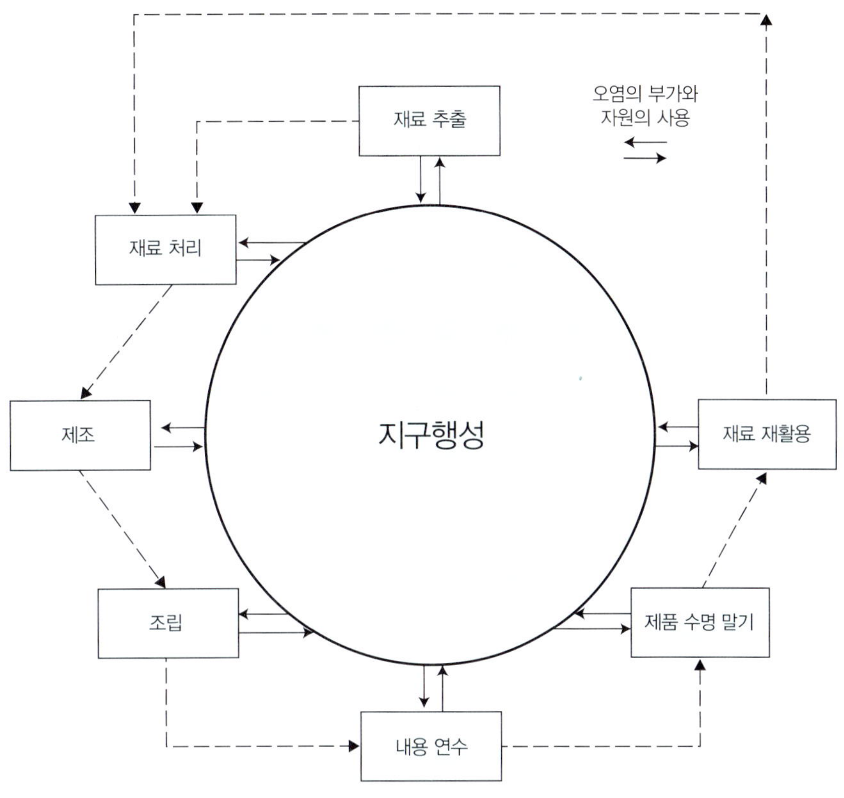

그림 1.2 ▸ 수명 주기 분석의 도식적 표현

이제 수명 주기 분석이 네 가지 엔지니어링 디자인(장치, 공정, 소프트웨어, 서비스)에 어떻게 적용되는지 고려해보자. 일반적인 기기의 수명 주기 분석 요소가 그림 1.2에 나와 있다. 장치를 구성하는 재료는 장치의 부품으로 추출, 정제 및 제조되어야 한다. 그런 다음 부품이 장치에 조립된다. 그리고 사용 수명이 다한 후에는 재료는 재활용되어 사용될 수 있다.

공정의 경우 수명 주기 분석의 요소는 그림 1.2의 도식을 밀접하게 따른다. 또한 공정을 구현하는 데 사용되는 하드웨어 요소(예: 용기, 펌프 및 처리 장비)는 공정의 하드웨어와 관련해서 수명 주기 분석의 구성 요소가 사용된 것과 정확히 동일한 장치이다. 전반적인 관점에서 공정의 유효 수명 동안 생성된 오염과 소비된 리소스는 하드웨어와 관련된 요소를 훨씬 능가하는 리소스 및 환경에 영향을 미치는 주요 요인이 될 것으로 예상된다.

소프트웨어 및 서비스의 수명 주기 분석은 장치 또는 공정의 수명 주기 분석과 상당히 다르다. 일반적으로 소프트웨어와 서비스가 리소스와 환경에 미치는 영향은 항상 미미하지는 않지만 상당히 적다. 예를 들어 자동차 엔진의 작동을 관리하는 소프트웨어는 사용 수명 동안 자원과 환경에 상당한 영향을 미칠 수 있지만 소프트웨어 자체의 개발은 큰 영향을 미치지 않는다.

금속, 플라스틱 및 화학 공급 원료를 비롯한 여러 재료의 자원 및 환경 부하를 제공하는 데이터베이스를 사용해 제품의 수명 주기 분석을 단순화할 수 있다. 이러한 데이터베이스를 사용하면 그림 1.2와 같이 해당 추출, 재료 처리 및 가능한 제조와 관련된 자원 및 환경 부하를 계산할 필요가 없다. US Life Cycle Inventory Database(www.nrel.gov/lci)는 금속, 플라스틱, 농산물,

화학 원료, 서비스 등에 대한 광범위한 정보를 제공한다. 다수의 상용 데이터베이스도 사용할 수 있다.

예제 1.1 수명 주기 분석에 기초한 에탄올과 가솔린의 생산 비교

문제 수명 주기 분석을 사용해서 옥수수에서 가솔린까지의 에탄올(EtOH)을 온실가스(greenhouse gas, GHG) 생성과 관련해 수송 연료로 비교하라.

풀이 그림 E1.1은 옥수수에서 EtOH를 생산하고 자동차 연료로 휘발유를 생산하기 위한 수명 주기 분석의 개략도를 보여준다. EtOH 생산을 위해 옥수수는 비료 사용이 필요한 농업에 의해 생산된다. 옥수수는 발효 및 회수 공정을 사용해서 EtOH를 생산하는 데 사용된다. 1차 에너지 소비 및 GHG 배출 생성은 비료 생산, 옥수수 재배 및 옥수수를 EtOH로 전환하는 과정에서 발생한다. 이에 비해 휘발유는 지하층에서 원유를 추출해 휘발유와 항공유, 경유, 윤활유 등으로 정제해 생산한다. 휘발유의 경우 원유 생산 및 정제 과정에서 1차 에너지 소비 및 온실가스 배출이 발생하며 정제가 가장 큰 기여를 한다.

그림 E1.1에서 이 수명 주기 분석을 수행할 때 많은 작업을 고려해야 한다는 것을 알 수 있다. 또한 이와 같은 사례에 대한 수명 주기 분석을 개발하는 데 필요한 전문 지식은 광범위해서 여러 분야의 팀이 필요하다. 예를 들어 옥수수에서 EtOH에 대한 정량적 수명 주기 분석을 개발하려면 농업 운

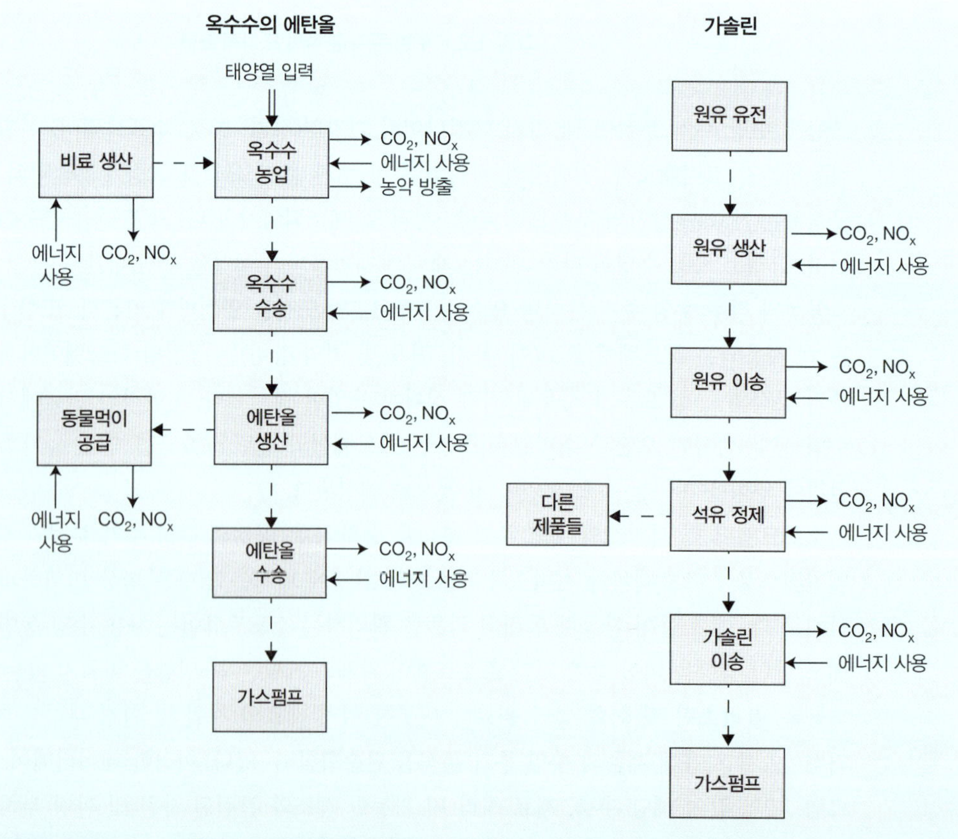

그림 E1.1 ▸ 옥수수와 휘발유에서 추출한 EtOH의 수명 주기 분석 도식

영, 토양 과학, 발효, 분리 과학 및 공정 시스템에 대한 전문 지식이 필요하다. 미국 에너지부[1]는 이러한 수명 주기 분석 연구를 수행했으며 모터 연료(즉 가소올)에 사용되는 옥수수에서 추출한 EtOH가 GHG 배출량을 20%까지 줄인다는 사실을 발견했다.

1.4.2 재료 지속 가능성

재료는 대부분의 설계 프로젝트에서 자연스러운 부분이다. 따라서 가능한 한 친환경적이고 지속 가능한 재료를 사용하는 것이 중요하다. 수명 주기 분석은 프로젝트에 사용되는 재료의 지속 가능성을 평가하는 탁월한 방법이다. 그림 1.2의 수명 주기 분석 도식에 따라 지속 가능성에 대한 초기 영향은 재료 추출 및 정제이다. 일반적으로 추출되는 물질의 농도가 낮을수록 정제하는 데 더 많은 에너지가 필요하다. 다음 주요 측면은 재료가 설계 프로젝트 제품의 유효 수명 동안 환경 부하에 직접적으로 기여하는지 여부이다. 예를 들어 특정 살충제는 대기 중으로 증발해서 인체 건강에 영향을 줄 수 있다. 마지막 측면은 제품의 유효 수명 이후에 재료를 재사용하거나 재활용할 수 있는지 여부이다. 요약하면 **이상적인 친환경 소재**는

- 자원을 과도하게 사용하지 않고 상당한 환경 배출 없이 추출 및 정제할 수 있다.
- 유효 수명 동안 환경 방출에 기여하지 않는다.
- 상당량 재사용 또는 재활용 가능하다.

표 1.1은 지각에서 선택된 원소의 풍부함을 나타낸다. 금은 전체 지각의 0.004 ppm에 불과하지만 고농축 금 침전물이 발견되어 금 회수가 용이하다. 대조적으로 희토류 금속 중 일부는 금보다 지각의 더 많은 부분을 구성하며 상대적으로 낮은 농도의 광석에서만 발견된다. 지속 가능성

표 1.1 ▸ 지각에서 선택된 원소의 질량 함량[2]

원소	질량분율	원소	질량분율	원소	질량분율
O	46.4%	S	0.03%	Pb	12 ppm
Si	28.2%	C	0.02%	U	2.7 ppm
Al	8.2%	V	0.01%	Sn	2.0 ppm
Fe	5.6%	Cl	0.01%	As	1.8 ppm
Ca	4.1%	Cr	0.01%	Mo	1.5 ppm
Na	2.4%	Ni	75 ppm	W	1.5 ppm
Mg	2.3%	Zn	70 ppm	Bi	0.17 ppm
K	2.1%	Cu	55 ppm	Pd	0.15 ppm
Ti	0.6%	Co	25 ppm	Hg	0.08 ppm
P	0.1%	Li	20 ppm	Ag	0.07 ppm
Mn	0.1%	N	20 ppm	Pt	0.005 ppm
Fl	0.06%	Ga	15 ppm	Au	0.004 ppm

1) J. Han, "Life-Cycle Analysis of Ethanol: Issues, Results and Case Simulations," Annual ACE Conference, Omaha, NE, August 15, 2015.

2) S. R. Taylor, "Trace Element Abundances and the Chondritic Earth Model," *Geochimica et Cosmochimica Acta* 28, no. 12 (1964): 1989–98.

표 1.2 ▸ 공급이 제한된 원소[3)]

공급 정도	원소
잠재적으로 매우 제한됨	Ag, Au, Cu, As, Se, Te, Zn, Cd
잠재적으로 제한됨	Co, Cr, Mo, Ni, Pb, Pt, Ir

측면에서 풍요는 하나의 요소일 뿐이다. 즉 풍부함과 사용으로 인한 순 소모량이 함께 재료의 적절한 공급이 가능한지 여부를 결정한다. 표 1.2에 열거된 광물은 1995년 사용을 기준으로 공급이 제한된 것으로 확인된 광물이다.

원소 외에 원유, 목재 등 식물의 성장에 따른 재료의 지속 가능성도 고려해야 한다. 예를 들어 목재 생산은 제분 및 운송이 일부 GHG를 생성하더라도 대기에서 GHG를 제거하는 결과를 가져온다. 물론 원유 소비는 일반적으로 상당한 온실가스 배출을 초래한다.

재료의 가용성 및 공급과 관련해서 재료의 공급이 감소하면 해당 재료의 시장 가격이 상승하는 경향이 있다. 예를 들어 1970년대 중반에 원유 부족으로 인해 원유 가격이 급등했고 그 결과 휘발유 가격도 상승했다. 이러한 원유 가격 인상은 원유 탐사와 보존 노력을 자극했다. 따라서 1980년대 초반에는 시장에 원유가 과잉 공급되어 원유 가격이 급격하게 떨어졌다.

또 다른 중요한 천연 자원은 인이다. 현대 농업 관행이 출현하기 전에 농부들은 작물의 성장 주기 동안 인을 소비한 후 폐기물(예: 퇴비)을 사용해 토양으로 인을 반환했다. 오늘날 대부분의 농부들은 작물에 비료를 주기 위해 무기 인산염을 사용한다. 현재 알려진 인산염 매장량(즉 인 공급원)은 현재 소비 속도로 80년 안에 고갈될 것으로 추정된다. 이것이 의미하는 바는 추출 및 정제가 용이한 현재 매장량의 인산염이 고갈된다는 것이다. 새로운 고품질 인산염 매장량이 확인되지 않더라도 예상되는 인산염 가격 상승으로 인해 저품질 인산염 매장량을 처리하고 폐기물에서 인을 추출해야 한다. 또한 인산염 비용의 증가는 농부들이 비료를 보다 효율적으로 사용하도록 장려해야 한다.

잠재적으로 공급이 제한된 것으로 식별된 표 1.1의 원소와 관련해서 이러한 원소 중 하나의 소비 증가로 인해 공급이 감소하기 시작하면 해당 원소의 가격이 상승할 것으로 예상된다. 이러한 가격 상승은 그것에 대한 탐사 증가를 자극하고 이전에는 정제하기에 비경제적이었던 광석을 재정적으로 정제에 사용할 수 있게 만들 수 있다. 또한 재료의 가격 인상으로 수명이 다한 제품의 회수율과 재활용률이 높아질 것으로 예상된다. 프로젝트 설계 단계에서 잠재적으로 공급이 제한된 재료의 사용은 프로젝트의 전반적인 위험을 증가시키는 것으로 간주되어야 한다. 즉 잠재적으로 공급이 제한된 재료는 향후 상당한 가격 인상에 취약할 수 있으며, 이는 프로젝트의 경제적 실행 가능성에 영향을 미칠 수 있다.

1.4.3 환경 배출 및 독성

추출, 정제, 사용, 수명 종료 중 화학물질의 방출은 인간의 건강 또는 생태계의 건강에 영향을 미치는 상당한 환경 부하를 초래할 수 있다.

---

3) T. E. Graedel and R. R. Allenby, *Industrial Ecology*, Prentice Hall, 1995.

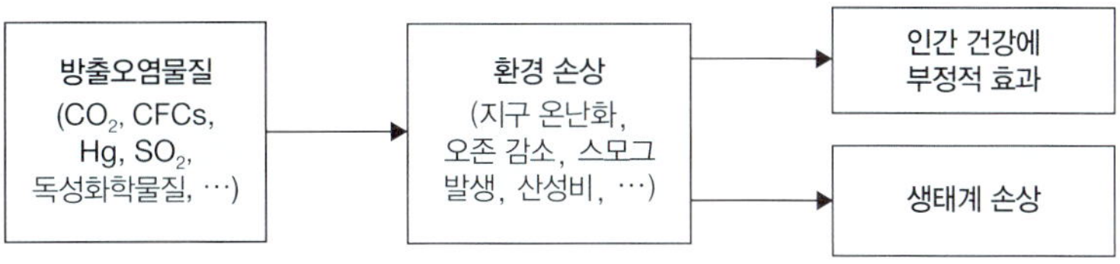

그림 1.3 ▸ 오염물질 배출의 전반적인 영향

그림 1.3은 특정 배출량(즉 오염)과 인간의 건강 및 생태계의 건강 사이의 연관성을 보여준다. 오염은 지구 온난화, 오존층 파괴, 스모그 형성, 산성비 등을 초래한다. 이는 차례로 인간의 건강에 영향을 미치고 생태계에 피해를 입히며 인간 활동을 방해한다(예: 자연 재해로 인한 피해 증가). 예를 들어 염화불화탄소(CFC)의 배출을 고려하자. CFC는 성층권의 오존을 손상시켜서 지표면의 UVB 복사량을 증가시켜 피부암과 백내장 발생을 증가시키고 인간의 면역 억제, 농작물 피해, 해양생물 피해를 유발한다.[4)]

매년 약 2000개의 새로운 화학물질이 도입되고 있어 기업, 정부 기관, 대중이 이러한 새로운 화학물질의 잠재적 위험을 평가할 방법이 필요하다. 평가는 스크리닝 테스트를 통해 이루어지며 경우에 따라 광범위한 테스트가 필요하다. 즉 스크리닝을 사용해 어떤 화학물질이 환경에 위험할 가능성이 있는지 식별한 다음 광범위한 테스트를 사용해서 해당 화학물질을 평가해 실제로 인간과 생태계의 건강에 심각한 위험을 나타내는지 확인한다.

표 1.3은 환경 위험에 대해 화학물질을 스크리닝하는 데 사용하는 접근 방식을 요약한 것이다. 첫 번째 항목(확산과 결과)은 화학물질이 물, 공기, 토양 및 살아 있는 유기체에 축적되는 경향과 관련이 있다. 두 번째 항목(분해율)은 화학물질이 물, 공기, 토양 및 살아 있는 유기체에서 얼마나 빨리 분해되는지와 관련이 있다. '유기체에 의한 흡수' 범주는 유기체의 흡수 및 분해에 영향을 미치는 특정 요인과 관련된 반면 '인간에 의한 흡수'는 화학물질이 인체에 들어갈 수 있는 속도와 인체가 그것을 추방하거나 무독성 형태로 배출할 수 있는 속도를 고려한다. '독성 및 기타 건강 영향'은 화학물질에 대한 노출 수준이 유기체와 인간의 건강에 미치는 영향과 관련이 있다.

스크리닝 과정에서 화학물질이 인간의 건강이나 생태계에 중대한 위험을 초래할 수 있다고 판단되면 화학물질이 환경에 미치는 영향에 대한 자세한 평가가 필요하다. 이 평가에는 다양한 노

표 1.3 ▸ 환경 위험 스크리닝을 수행하는 데 필요한 화학적 특성[5)]

환경에 영향을 미치는 측면	관련 속성
확산과 결과	휘발성, 밀도, 융점, 수용성, 토양 흡착 계수, 폐수 처리 효과
환경에서의 분해율	대기 산화 속도, 수분 가수분해 속도, 햇빛에 의한 분해 속도, 미생물 분해 속도, 흡착 속도
유기체에 의한 흡수	휘발성, 지방에 용해되는 능력, 분자 크기, 유기체 내의 분해 속도
인간에 의한 흡수	피부를 통한 수송, 폐막을 통한 수송 속도, 인체 내 분해 속도
독성 및 기타 건강 영향	용량-반응 관계

4) D. T. Allen and D. R. Shonnard, *Sustainable Engineering: Concepts, Design, and Case Studies*, Prentice Hall, 2012.
5) After Allen and Shonnard, *Sustainable Engineering*.

출 시나리오(예: 단일 고용량에 대한 노출, 여러 개의 더 작은 용량에 대한 노출, 저용량 수준에 대한 지속적인 노출)가 있는 다양한 실험실 동물에 대한 테스트가 포함된다. 이러한 연구 결과에는 기대 수명 감소 정도와 실험 동물 자손의 특성이 포함될 수 있다.

1.4.4 녹색공학의 원리

전체 범위의 설계 사례를 효과적으로 다루기 위해서는 적용 시 지속 가능한 설계를 보장하는 일반적인 지침이 필요하다. 지속 가능한 설계를 위한 여러 가지 지침이 개발되었다.[6)]

다음은 이 분야의 이전 작업을 기반으로 여기서 녹색공학의 원칙으로 식별된 핵심 요소에 대한 개요이다.

1. **본질적으로 가능한 한 위험하지 않은 에너지 및 재료 주입물을 사용하라.** 재료 및 에너지 주입은 제품의 지속 가능성에 매우 중요한 영향을 미치기 때문에 가능한 한 위험하지 않은지 확인하는 것이 중요하다. 유해물질을 사용하는 경우 불리한 조건에 대한 특수 제어 및 계획이 필요하므로 설계 비용과 복잡성이 증가한다.
2. **폐기물을 최소화하라.** 폐기물 발생은 폐기물, 특히 유해 폐기물 처리와 관련된 어려움과 비용으로 인해 특별한 문제를 야기한다. 따라서 설계 단계에서 폐기물 발생을 최소화하는 것이 중요하다. 경우에 따라 다른 공정의 공급 원료로 사용하는 등 '폐기물'의 용도를 찾을 수 있다. 예를 들어 원유 정제 초기에는 천연가스가 폐기물로 간주되어 가정과 사업체 난방에 천연가스가 사용될 수 있다는 것이 확인될 때까지 대기 중으로 연소되었다. 다른 경우에는 폐기물이 제거되거나 적어도 상당히 감소되도록 반응의 화학을 수정하는 것이 가능할 수 있다.
3. **에너지 소비를 최소화하라**. 특정 산업(예: 정유, 석유화학, 광물 정화 산업)에서는 정화를 위한 에너지 사용이 주요 운영 비용이다. 이러한 경우 열 통합, 즉 공정의 한 부분에서 폐열(즉 공정에 필요한 냉각)을 사용해 공정의 다른 부분에 열을 제공함으로써 에너지 사용량을 크게 줄일 수 있다.
4. **재료 사용량을 최소화하라.** 공급 재료를 제품으로 최대한 전환할 수 있도록 시스템 또는 공정을 설계해서 재료 사용을 최소화할 수 있다. 폐기물 흐름에서 공급 성분을 추출해 공정으로 재활용하거나 폐기물 흐름의 성분을 다른 공정의 공급 원료로 사용함으로써 재료 사용을 최소화할 수도 있다.
5. **적시 제조를 적용하라.** 적시 제조는 제품이 필요할 때 정확하게 제품 수요를 충족시켜 낭비를 제거하고 재고의 필요성을 줄이는 제조이다. 디자인 측면에서 이는 예상 수요에 맞게 시스템이나 공정을 정확하게 설계하고 수요가 있을 때만 설계 제품이 제공되도록 프로젝트를 완료하는 것을 의미한다.
6. **적절한 내구성을 가지도록 설계하라.** 적절한 내구성이란 제품이 설계된 유효 수명 동안 지속되도록 설계되었으며 이후에 재활용 또는 재사용할 수 있거나 환경 친화적인 제품으로 분해될 수 있는 재료로 쉽게 변형될 수 있음을 의미한다.

6) Allen and Shonnard.

7. **수명이 다한 후 재활용 또는 재사용할 수 있도록 설계하라.** 재료 재활용이 간단하고 구현하기 쉽도록 제품을 설계해서 수명이 다한 재료를 재활용할 수 있다. 예를 들어 희소한 재료는 재활용을 위한 회수를 용이하게 하는 방식으로 사용될 수 있다. 제품의 구성 요소는 차세대 장치(예: 휴대폰 부품)에 사용할 수 있도록 설계할 수 있다. 또한 제품은 재사용이 가능하도록 설계할 수 있다(예: 청량 음료수 병).
8. **수명 주기 분석을 사용해서 프로젝트의 환경 영향을 최소화라.** 수명 주기 분석은 프로젝트가 환경과 천연 자원에 미치는 영향을 평가하는 가장 완벽한 방법이다. 이러한 방식으로 환경 부하 및 자원 고갈의 주요 영역을 식별하고 해결할 수 있다. 예를 들어 재료 추출 및 정제 영역이 프로젝트의 환경 부하 및 자원 고갈의 주요 원인인 경우 재활용은 분명히 프로젝트의 지속 가능성을 개선하는 최선의 접근 방식이 될 것이다.
9. **재생 가능한 에너지원과 재료를 사용하라.** 재생 가능한 에너지원과 재료를 사용하면 환경에 미치는 영향과 자원 고갈을 줄일 수 있다. 태양 전지판은 재생 가능한 에너지원의 예이며 목재는 재생 가능한 재료의 예이다.
10. **커뮤니티와 이해관계자 모두를 프로젝트에 참여시키라.** 프로젝트가 지역 사회에 실제적 또는 인지적 영향을 미치는 경우 개념 단계부터 디자인 프로젝트 완료에 이르기까지 지역 사회를 참여시키는 것이 매우 중요하다. 또한 지속 가능한 목표는 때때로 사회적 행동의 변화(예: 차량 사용을 공유하기 위해 자율 차량 개발)에 영향을 미침으로써 충족될 수 있다.

친환경공학의 원칙은 실제로 설계 과정에서 고려해야 하는 요소의 체크리스트이다. 그렇지 않으면 디자인이 예전보다 덜 지속 가능할 수 있다.

1.4.5 최적화 및 지속 가능한 엔지니어링

여기에 제시된 녹색공학의 각 원칙은 균형 잡힌 방식으로 적용되어야 한다. 예를 들어 에너지 소비를 엄격하게 최소화하면 재료를 과도하게 사용할 수 있다. 즉 지속 가능한 디자인 프로젝트를 최적화할 때(즉 최적의 지속 가능한 디자인을 찾는 것) 재료 및 에너지 비용뿐만 아니라 환경 부하 및 생태계에 미치는 영향을 포함한 모든 관련 요소를 고려해야 한다.

환경과 사회에 미치는 영향을 무시한 디자인 프로젝트의 최적화에 대한 기존의 접근 방식은 돈의 시간적 가치를 고려해 제품의 수명 동안 최적의 디자인을 찾기 위해 예상되는 수입 창출과 함께 디자인의 최종 제품과 관련된 비용을 고려하는 것이다.

디자인 과정에서 환경과 사회에 미치는 영향을 고려할 때 환경과 사회적 영향이 금전적으로 쉽게 표현되지 않는 문제가 발생한다. 그럼에도 불구하고 디자인 과정에서 환경과 사회에 미치는 영향을 포함하기 위해 몇 가지 다른 접근 방식을 사용할 수 있다.

자원과 환경에 미치는 영향을 포함하는 가장 직접적인 방법은 정부 규정을 따르는 것이다. 이 경우 정부 규정은 유효한 설계를 위해 충족해야 하는 설계 공정에 대한 제약을 나타낸다. 예를 들어 최대 SO_2 배출량은 석탄 화력 발전소에 대한 EPA 규정에 의해 설정된다. 이 접근 방식이 유효한 특정한 경우(예: 최대안전 화학물질 농도)가 있지만 지속 가능성에 영향을 미치는 모든 요소에 대한 정부 규정을 개발하는 것은 불가능하다. 예를 들어 GHG 배출량은 명시적인 제한이 없다.

또 다른 접근 방식은 자원과 환경에 대한 총영향을 기준으로 제품을 평가하는 것이다. 예를 들어 신규 주택 건설은 총 자원 고갈 및 총 오염 발생량에 따라 등급을 매길 수 있다. 실버, 골드, 플래티넘과 같은 등급은 지속 가능성을 기반으로 새 주택에 할당될 수 있으며, 물론 플래티넘 등급은 실버 등급보다 높은 가격을 요구하는 골드 등급보다 더 높은 가격을 요구할 것이다. 이 접근 방식의 성공 여부는 각 분류에 대한 자격을 갖추는 데 필요한 비용과 자원 및 환경에 대한 결과적인 이점을 고려해서 각 분류에 대한 품질 기준을 현명하게 선택하는 데 달려 있다. 그러나 모든 설계 프로젝트가 이 접근 방식에 적합한 것은 아니다.

또 다른 접근법은 특정 배출에 대한 사회의 총비용을 추정하는 것이다. 사회에 대한 총비용에는 의료 비용 증가, 생산성 손실, 기대 수명 감소가 포함된다. 예를 들어 EPA는 CO_2, CH_4, NO_2 배출에 대한 사회의 총비용을 추정했다. 이러한 방식으로 GHG 배출의 경제적 비용은 고려 중인 오염물질에 대한 사회 비용 값과 결합된 수명 주기 분석을 사용해서 설계 프로젝트를 최적화하는 동안 직접 고려할 수 있다. 이 접근 방식은 상당한 논란을 불러일으켰고 2017년 1월 EPA 웹사이트에서 삭제되었다.

자습문제

확인문제

1. 전통적인 디자인과 지속 가능한 디자인의 차이점은 무엇인가?

2. 수명 주기 분석이란 무엇이며 지속 가능한 디자인을 개발하는 데 어떻게 사용할 수 있는가?

3. 지속 가능성은 설계 최적화에 어떤 영향을 주는가?

해답

1. 전통적인 디자인은 프로젝트의 지속 가능성을 고려하지 않고 디자인 공정의 이익을 극대화하는 것을 기반으로 한다. 지속 가능한 디자인 프로젝트 또한 프로젝트의 이익을 극대화하지만 미래 세대의 요구를 충족할 수 있는 능력을 손상시키지 않는 디자인을 생산하면서 그렇게 한다.

2. 수명 주기 분석은 제품을 생산하는 데 사용되는 재료부터 제조 공정, 제품의 수명 종료에 이르기까지 모든 것을 고려해서 소비되는 자원과 발생하는 오염과 관련해 공정 또는 제품을 철저히 분석하는 것이다. 이는 특정 디자인에서 발생하는 자원 소비 및 오염의 모든 원인을 고려하기 위해 지속 가능한 디자인에 사용된다.

3. 지속 가능한 설계는 보다 포괄적인 최적화 분석이 필요하며 일반적으로 기존 설계는 지속 가능한 설계에서 고려되는 많은 요소를 무시하기 때문에 기존 설계에 비해 더 비싸다.

1.5 윤리

공학 윤리는 공학 실무에 적용되는 도덕 원칙의 모음이다. 간단히 말해서 공학 윤리는 엔지니어가 대중, 고용주, 고객 및 직업에 봉사하는 동안 작동하는 공정한 플레이의 규칙이다. 공학은 공익에 기여할 수 있는 큰 잠재력을 제공하지만 동시에 올바르고 윤리적으로 적용되지 않으면 큰 해를 끼칠 수 있다.

산업 혁명 이후 20세기로 접어들 무렵, 엔지니어들은 제조업과 운송 기반 시설에 기여함으로써 중요한 역할을 했다. 기술적 오류, 건설 문제 및 윤리적 문제로 인한 구조적 결함이 주요 재난을 일으켰을 때[예: 애슈터뷸라강 철도 재해(1876), 테이 브리지 재해(1879), 퀘벡 브리지 붕괴(1907), 보스턴 당밀 홍수(1919)], 많은 공학 협회가 공식적인 윤리 강령을 채택했다. 이 강령은 엔지니어가 대중의 안전을 보호할 책임이 있음을 분명히 했다. 1946년에 National Society of Professional Engineers는 오늘날 사용되는 공학 윤리 강령으로 발전한 엔지니어 윤리 강령과 직업 행동 규칙을 발표했다. 엔지니어링 윤리는 글로벌 무역에서 그리고 정치적 부패, 환경 문제 및 지속 가능성 문제를 다룰 때 접하게 되는 다양한 문화적 전통으로 인해 오늘날 훨씬 더 복잡해졌다.

유명한 설계 엔지니어인 Arthur C. Little은 "충분히 발전된 기술은 마법과 구별할 수 없다"라고 말했다. 따라서 엔지니어링 직업은 마법을 현명하게 사용해야 한다.

1.5.1 엔지니어링 직업

엔지니어링 직업은 특수 교육, 훈련, 기술이 필요한 유급 직업이다. 이 직업은 공예 단계, 상업 단계, 전문 단계의 일련의 단계를 통해 진화하는 것으로 알려져 있다. 공예 단계에는 상식, 직관 및 무차별 대입을 사용해 작업(예: 다리 건설)을 수행하는 개인이 포함된다. 작업에 대한 수요가 증가함에 따라 상업 단계에서는 제품의 일관성과 품질을 향상시키기 위해 시행 착오 방법을 사용하는 실무자를 개발하고 사용한다. 과학이 실천을 따라잡을 때, 과학적 이해와 실천을 결합하는 전문적인 단계가 시작된다. 결과적으로 전문 엔지니어링 실무자는 엔지니어링 실습뿐만 아니라 과학적 이론에 대한 교육을 받아야 한다.

엔지니어링 전문직에 매우 중요한 것은 전문 엔지니어링 협회이다. 공학의 각 주요 분야에는 국가적 학회[예: American Institute of Chemical Engineers(AIChE)]가 있다. 또한 다른 엔지니어링 협회로 Society of Women Engineers(SWE), American Society for Engineering Education(ASEE), National Society of Black Engineers(NSBE), Tau Beta Pi Engineering Honor Society(TBP), National Society of Professional Engineers(NSPE)가 있다. 각 협회는 엔지니어 그룹을 대표하며 비슷한 배경과 관심사를 공유하는 다른 엔지니어와 상호작용할 수 있는 수단을 제공한다.

엔지니어링 직업은 주로 개인을 다루는 의사, 치과의사, 회계사, 변호사와 같은 다른 직업과는 다르다. 엔지니어는 주로 회사나 정부 기관과 같은 조직과 함께 일하기 때문이다. 직업의 상태는 그 일에 종사하는 전문가에게 달려 있다. 또한 직업의 명성 및 이미지는 해당 직업의 구성원에게 직접적인 영향을 미칠 수 있다. 엔지니어링 직업의 미래 평판은 엔지니어로서 업무를 얼마나 기술적으로 그리고 윤리적으로 잘 수행하느냐에 달려 있다. 따라서 당신이 엔지니어가 됐을 때 당신을 따를 사람들을 위해 엔지니어링 직업의 명성을 향상시키거나 최소한 유지해야 할 책임을 받아들여야 한다.

1.5.2 윤리 강령

많은 윤리 강령이 공학 협회에서 개발되었다. 간단히 말해서 **엔지니어링 윤리는 고용주와 고객을 위해 의무를 수행하는 동안 공정하고 정직하지만 궁극적으로 대중의 이익을 보호하는 것으로 귀결된다.** 즉 공중 보건, 복지 및 안전이 고용주와 고객의 이익을 우선한다. 공공 안전 문제를 알고 있는 경우 윤리 규정에 따라 문제가 수정되었는지 또는 적절한 당국에 통보되었는지 확인해야 한다. 또한 엔지니어는 필요한 교육이나 경험이 있는 프로젝트에서만 작업해야 한다. 문서에 이름을 서명할 때마다 평판으로 문서의 정확성과 유효성을 확인한다는 것을 기억해야 한다.

윤리적 행동과 관련된 문제는 올바른 조치를 취하는 데 비용이 발생할 때 발생한다. 예를 들어 강의 계획서에 따라 한 과정에서 C 학점을 받았지만 실제로는 사무 오류로 인해 해당 과정에서 A를 받았다고 상상해보자. 오류를 무시하고 A를 유지하는 것은 윤리적이지 않다. 또 다른 예로 엔지니어로 일하고 있는데 처음으로 프로젝트를 이끌어달라는 요청을 받았다고 생각해보자. 따라서 이 프로젝트는 당신의 경력을 위한 출발점이다. 프로젝트가 완료되고 큰 성공을 거둔 후 프로젝트의 전체 기반이 회사가 보유하지 않은 특허를 위반하고 있음을 알게 되었다. 프로젝트를 처음 설계한 상사에게 특허 침해를 지적하면 경력을 방해할 수 있다.

이해 상충은 잘못이 발생하지 않더라도 조직에 문제를 일으킬 수 있다. 이해 상충은 전문적인 판단이나 결정이 2차 이해관계에 의해 영향을 받을 수 있는 위험을 생성하는 일련의 상황으로 정의할 수 있다. 예를 들어 당신이 수업에서 숙제를 채점하고 이 수업에서 가장 친한 친구의 점수를 매겨야 한다. 결과적으로 **엔지니어는 잠재적인 이해 상충을 모든 당사자에게 공개해야 하며, 잠재적인 이해 상충이 관련되는지 여부를 결정하는 것은 당사자에게 맡겨야 한다.**

표절은 원본 출처를 언급하지 않고 다른 사람의 말, 아이디어, 기타 저작물(예: 이미지, 동영상, 음악)을 사용하는 것이다. 많은 경우 표절은 불법이 아니지만 대부분의 조직에서 비윤리적인 것으로 간주된다. 또한 대학에서 표절은 학문적 부정행위로 간주되어 징계 조치로 이어질 수 있다. 표절 여부를 확인할 수 있는 소프트웨어 제품이 많이 있으며 많은 대학 교수가 이를 일상적으로 사용한다. 따라서 엔지니어로서 이름을 올리는 모든 작업에 사용하는 소스를 참조할 때 항상 주의를 기울여야 한다.

National Society of Professional Engineers(http://www.nspe.org/resources/ethics/code-ethics) 윤리 강령의 기본 규범의 주요 부분은 다음과 같다.

I. 기본 규범

엔지니어는 직업적 의무를 이행할 때 다음을 수행해야 한다.

1. 대중의 안전, 건강 및 복지를 최우선으로 생각한다.
2. 자신의 능력 영역에서만 서비스를 수행한다.
3. 객관적이고 진실된 방식으로만 공개 성명을 발표한다.
4. 충실한 대리인 또는 수탁자로서 각 고용주 또는 고객을 위해 행동한다.
5. 기만적인 행위를 피한다.
6. 직업의 명예, 평판 및 유용성을 향상시키기 위해 명예롭게, 책임감 있게, 윤리적으로, 합법적으로 행동한다.

예제 1.2 시험 사본

사례 설명 교수님 사무실 문 앞에서 다가오는 시험의 사본과 해답을 발견했다고 생각해보자. 게다가 당신은 현재 이 수업에서 낙제하고 있고 낙제하면 학사경고를 받기 때문에 대학을 떠나야 하는 결과를 초래할 것이라고 가정한다.

분석 당신이 수업에 낙제하고 학사경고를 받고 있다는 사실이 시험 사본과 정답에 관한 당신의 결정의 중요성을 확실히 증가시키는 반면, 이 사건의 윤리적 문제에는 영향을 미치지 않는다. 시험과 관련해서 문제는 시험에서 더 나은 성적을 얻기 위해 시험 사본을 사용하는 것이 수업의 다른 학생들에게 공정하지 않다는 것이다. 자료를 더 이상 보지 않고 교수님의 문 아래로 밀어 넣는 것이 아마 최선의 선택일 것이다. 그 자료를 학과 사무실로 가져가면 교수님을 난처하게 만들 수 있기 때문이다.

이 경우 자신이 처한 타협적인 입장을 고려할 때 옳은 일을 하는 것이 상당히 어려울 것이라는 것은 사실이다. 이 사례는 **자신을 허용하지 않으면 옳고 윤리적인 결정을 내리는 것이 훨씬 더 쉽다**는 점을 지적한다. 더군다나 이 경우 시험 사본과 해답을 사용해서 이 시험에 합격하더라도 남은 수업에 적절한 노력을 기울이지 않으면 학교에 계속 다닐 수 없다.

자습문제

확인문제

1. 공학 윤리란 무엇인지 요약하라.
2. 이해 상충이란 무엇인가? 예를 들라.

해답

1. 공학 윤리는 고용주와 고객에 대한 의무를 수행하는 동안 공정하고 정직하지만 궁극적으로 대중의 이익을 보호한다. 또한 엔지니어로서 모든 이해 상충을 영향을 받는 당사자에게 항상 공개해야 한다. 또한 수행할 적절한 배경과 경험이 있는 작업만 수행해야 한다.
2. 이해 상충은 전문적인 판단이나 결정이 2차 이해관계에 의해 영향을 받을 수 있는 위험을 야기하는 일련의 상황이다. 학생으로서 자신의 시험을 채점하라는 요청을 받았다면 이해 상충이 될 것이다.

요약

- 화학공학자는 주로 공정 엔지니어이며 광범위한 산업 분야에서 다양한 직업을 가지고 있다.
- 제품 또는 공정의 지속 가능성 분석에는 화학공학자에 대한 광범위한 고려 사항이 포함된다. 지속 가능성의 정량적 분석에는 세부 모델의 사용이 필요하며 다음 장에서는 이러한 모델을 개발하는 데 사용되는 몇 가지 기본 사항을 제시한다.
- 윤리는 사회를 보호하면서 모든 당사자에게 정직하고 공정하게 대하는 것이다. 엔지니어는 미래 세대를 위한 엔지니어링 직업의 명성을 유지하기 위해 항상 윤리적인 방식으로 행동하는 것이 중요하다.

주요 용어

녹색공학(green engineering): 환경과 중요한 자원에 미치는 총영향을 최소화하는 것을 기반으로 한 설계

수명 주기 분석(life-cycle analysis): 설계가 환경 및 중요한 자원에 미치는 영향을 평가하기 위한 철저한 접근 방식

화학공정산업(chemical process industries, CPI): 화학과 정제 산업

CAD(computer-aided design): 화학 공정을 포함한 시스템 분석 및 설계에 사용되는 소프트웨어

CHAPTER

02

기초 개념

학습목표

- SI와 AE 단위를 이해하고 단위 환산을 할 수 있다.
- 방정식을 사용할 때 단위를 올바르게 적용한다.
- 숫자를 쓰는 방식으로 숫자의 정확성을 지정하는 데 사용되는 규칙을 이해한다.
- 풀이를 검증하는 방법을 배운다.
- 화학공학 시스템을 설명하기 위해 질량, 몰, 분자량, 밀도, 압력, 유속을 적절하게 사용한다.

2.1 측정 단위

엔지니어는 무언가를 설계하거나 시스템을 작동하는 적절한 방법을 정의하기 위해 특정 수량을 지정해야 한다. 예를 들어 공정 설계에는 공정의 각 부분에 대한 도면과 사양이 필요하다. 공정의 모든 요소와 해당 단위의 **차원**은 정확하게 지정해야 한다. 이 정보는 공정의 각 부분을 정확하게 제조 또는 선택하는 데 사용되기 때문이다. 공정 엔지니어는 측정을 사용해서 공정이 제대로 작동하는지 확인한다. **측정 단위**는 사물을 정확하게 설명하는 일관된 수단을 제공하기 때문에 중요하다. 물리량의 총 일곱 가지 기본 척도가 있는 것으로 확인되었다.

- 길이
- 시간
- 질량
- 온도
- 전류
- 몰수
- 광도

이러한 물리량과 이들의 조합을 사용해서 전체 범위의 물리적 특성을 설명할 수 있다. 예를 들어 키(길이)와 몸무게(질량)는 운전면허증에 기재되어 당신을 정량적으로 설명한다. 자동차는 무게와 엔진의 마력으로 설명할 수 있다. 질량 및 길이와 같은 **외연량**(extensive quantity)은 그 가치에 대한 물질의 총량에 따라 달라진다. 예를 들어 물이 가득 찬 용기의 경우 용기가 클수록 용기 안의 물의 질량이 커진다. 그러나 용기의 크기를 2배로 늘려도 물의 온도나 밀도는 변하지 않는다. 물질의 양과 무관한 양을 **내포량**(intensive quantity)이라 한다.

유도 단위(derived units)는 기본 단위의 조합을 기반으로 하는 단위이다. 예를 들어 물체의 속도는 초당 피트 또는 시간당 킬로미터와 같은 길이와 시간을 사용해서 표현할 수 있다. 힘, 에너지, 전력 및 압력 단위를 포함한 기타 유도 단위는 SI 및 AE(American Engineering) 단위가 제시될 때 소개된다.

2.1.1 SI 단위

공식적으로 Le Systeme d'Unites로 알려진 SI 단위계는 미국을 제외한 세계의 모든 선진국에서 독점적으로 사용된다. SI 단위는 전 세계적으로 단위의 표준으로 사용되는 단순화된 단위계를 제공하기 위해 개발되었다. 표 2.1에는 SI 단위계의 **기본 단위**가 나열되어 있다. SI 시스템은 10진수 기반 시스템이며 표 2.2에는 SI 시스템에 사용되는 기본 접두어가 나열되어 있다. 예를 들어 mm은 밀리미터(10^{-3}미터), Gg는 기가그램(10^9그램), μs는 마이크로초(10^{-6}초)이다. 이러한 접두사는 매우 크거나 매우 작은 수량을 표시할 때 유용하다. 예를 들어 지구에서 달까지의 거리는 384,400,000 m 또는 384.4 Mm이다. 이 거리는 과학적 표기법(예: 3.844×10^8 m)을 사용해 편리하게 표현할 수도 있다. 센티미터-그램-초 시스템(**CGS**) **단위 체계**는 그램이 킬로그램을 대체하고 센티미터가 미터를 대체한다는 점을 제외하면 SI 시스템과 동일하다.

표 2.3은 SI 시스템의 가장 일반적인 유도 단위 중 일부를 나열한 것이다. **힘**(newtons)은 질량

표 2.1 ▸ SI 시스템의 기본 단위

물리량	단위 이름	단위 기호
길이	meter	m
질량	kilogram	kg
시간	seond, hour	s, h
온도	kelvin	K
전류	ampere	A
몰수	moles	mol, g mol, gmol
광도	candela	cd

표 2.2 ▸ SI 접두어

배수	접두어	기호	배수	접두어	기호
10^{12}	tera	T	10^{-3}	mili	m
10^9	giga	G	10^{-6}	micro	μ
10^6	mega	M	10^{-9}	namo	n
10^3	kilo	K	10^{-12}	pico	p

표 2.3 ▸ SI 유도 단위

물리량	SI 단위 이름	단위 기호	단위의 정의
면적	square meter		m^2
부피	cubic meter		m^3
밀도	kilogram per cubic meter		$kg\ m^{-3}$
속도	meter per second		$m\ s^{-1}$
가속도	meter per second squared		$m\ s^{-2}$
운동량	kilogram meter per second		$kg\ m\ s^{-1}$
몰수	kilogram moles	kgmol	kg mole
농도			$kg\ mol\ m^{-3}$
온도	degree Celsius	°C	°C = K − 273.15
각도	radian	rad	$m\ m^{-1}$
각속도			$rad\ s^{-1}$
힘	newton	N	$kg\ m\ s^{-2}$
에너지	joule	J	$kg\ m^2\ s^{-2}$
일률	watt	W	$kg\ m^2\ s^{-3}$
압력이나 응력	pascal	Pa	$kg\ m^{-1}\ s^{-2}$
전력량	coulomb	C	A s
전기전압	volt	V	$kg\ m^2\ s^{-3}A^{-1}$ 또는 $W\ A^{-1}$
전기저항	ohm	Ω	$kg\ m^2\ s^{-3}A^{-2}$ 또는 $V\ A^{-1}$
진동수	hertz	Hz	s^{-1}

곱하기 가속도 또는 kg m s^{-2} 또는 kg m/s^2이다. 에너지(joules)는 힘 곱하기 거리 또는 N m이고 전력(watt)은 시간당 에너지 또는 J s^{-1}이다.

2.1.2 미국공학단위

AE 단위계는 영국 단위 체계에서 유래했으며 피트와 파운드 힘을 기반으로 한다. AE 시스템의 기본 단위는 표 2.4에 나열되어 있으며 시스템은 지구의 중력장 측면에서 정의하는 힘을 기반으로 하기 때문에 중력 기반 시스템으로 간주된다. **파운드 힘**은 해수면과 위도 45°에서 중력 가속도가 32.1740 ft/s^2인 1**파운드 질량**의 중력으로 정의된다. 이로 인해 용어에 혼동이 생길 수 있다. 예를 들어 물체의 중력인 무게는 일반적으로 물체의 질량을 설명하는 데 사용된다(예: 소년의 무

표 2.4 ▸ AE 시스템의 기본 단위

물리량	단위 이름	단위 기호
길이	foot, inch	ft, in.
힘	pound(force)	lb_f
시간	second	s
온도	degree fahrenheit, degree Rankine	°F, °R
전류	ampere	A
몰수	pound mole	lb-mol
광도	candela	cd

예제 2.1 고도에 따른 무게 변화

문제 5280피트의 고도와 에베레스트산(고도는 29,035피트와 같음)에서의 해수면과 비교해서 150 lb_m인 사람의 체중 변화율을 구하라.

풀이 해수면에서의 중력 가속도는 32.174 ft s^{-2}, 5280 ft에서 32.158 ft s^{-2}, 29,035 ft에서 32.085 ft s^{-2}이다. 먼저 에베레스트산의 중력을 고려하자.

$$\text{에베레스트산 위에서: } F = ma = \frac{150\ \text{lb}_m}{} \left| \frac{32.085\ \text{ft}}{\text{s}^2} \right| \frac{\text{s}^2\ \text{lb}_f}{32.174\ \text{ft}} = 149.6\ \text{lb}_f$$

$$\text{고도 5280 ft 위에서: } F = ma = \frac{150\ \text{lb}_m}{} \left| \frac{32.158\ \text{ft}}{\text{s}^2} \right| \frac{\text{s}^2\ \text{lb}_f}{32.174\ \text{ft}} = 149.9\ \text{lb}_f$$

물론 해수면에서의 힘은 150 lb_f이다. 이러한 계산 중에는 중력 가속도만 변경된다. 따라서 무게(즉 중력)의 백분율 변화는 중력 가속도의 백분율 변화와 동일하다. 5280피트 고도에서 체중 감소 비율은 0.05%이고 에베레스트산에서는 감소 비율이 0.27%이다. 이 예제는 지구 표면의 물체를 다룰 때 AE 시스템을 사용해서 무게와 질량이라는 용어가 숫자적으로 매우 정확하기 때문에 왜 상호 교환되는지 설명하는 데 도움이 된다.

게가 65파운드 또는 설탕 봉지의 무게가 5파운드). AE 시스템의 기본 유도 단위가 표 2.5에 나열되어 있다. 미국의 대부분의 엔지니어와 산업계에서는 피트, 파운드, 갤런, Btus, 마력과 같은 AE 단위를 사용한다. 또한 AE 시스템은 암페어, 라디안, 각속도, 전압, 주파수와 같은 SI 시스템의 기

표 2.5 ▸ AE 유도 단위

물리량	AE 단위 이름	단위 기호
면적	square feet, acre	ft^2, ac
부피	cubic feet, gallons	ft^3, gal
밀도	pounds(mass) per cubic foot	lb_m ft^{-3}
속도	feet per second	ft s^{-1}
가속도	feet per second squared	ft s^{-2}
운동량	pounds(mass) feet per second	lb_m ft s^{-1}
농도	pounds moles per cubic foot	lb-mol ft^{-3}
각도	radian	rad, ft ft^{-1}
각속도	radians per second	rad s^{-1}
질량	pound(mass)	lb_m
에너지	British thermal unit, foot pound(force)	Btu, ft lb_f
일률	horsepower	hp
압력	pound(force) per square inch	psi
진동수	hertz	Hz
전력량	coulomb	C
전기전압	volt	V
전기저항	ohm	Ω

본 및 파생 단위 중 일부를 사용한다. slug는 때때로 AE 단위계와 함께 사용되는 질량 단위이다. 즉 1.0 slug = 1 $lb_f\ s^2\ ft^{-1}$ = 32.174 lb_m이다.

압력은 절대 압력 또는 게이지 압력으로 표현될 수 있음을 지적해야 한다. 게이지 압력은 절대 압력에서 대기압을 뺀 값이다. 예를 들어 절대 압력이 35 psia이면 게이지 압력은 20.31 psig(즉 35 − 14.69)가 된다. SI 시스템 내에서 단위 변환을 수행하는 것이 AE 시스템 내에서의 단위 변환보다 훨씬 간단하고 직접적이라는 것을 다음 절에서 볼 수 있다.

자습문제

확인문제

1. SI 단위계에서 두 가지 세기 변수를 나열하라.

2. AE 단위계를 중력 기반 시스템이라고 하는 이유는 무엇인가?

3. 밀도의 SI 유도 단위는 무엇인가? AE 유도 단위의 경우는? CGS 유도 단위의 경우는?

해답

1. SI 세기 변수: 온도(K), 압력(kPa), 밀도(kg m^{-3}), 농도(kgmol m^{-3}), 각도(rad)

2. AE 단위계는 중력으로 정의되는 파운드 힘을 기반으로 하기 때문에 중력 기반 시스템이라고 한다.

3. SI: kg m^{-3}, AE: $lb_m\ ft^{-3}$, CGS: g cm^{-3}

2.2 단위 환산

여러 경우, 수량의 단위가 필요한 단위로 표시되지 않는다. 이 경우 단위를 원하는 형식으로 변환해야 한다. 이 책의 앞면지에 나열된 표는 **단위 환산**을 수행하는 데 매우 유용하다. 예를 들어 2마력(hp)의 전기 모터가 있고 모터가 생산하는 킬로와트(kW)를 알고 싶다고 가정하자. 이 단위를 변환하려면 그림 2.1에도 나와 있는 앞면지의 여섯 번째 표인 '힘 당량' 표를 사용하라. 알려진 양은 마력으로 표현되기 때문에 먼저 맨 왼쪽 열에서 hp에 해당하는 행을 찾는다(그림 2.1에서 화살표 →로 표시됨). 그런 다음 표의 맨 위 행에서 필요한 단위(kW)에 해당하는 열을 찾는다(역시 화살표로 표시됨). hp 행과 kW 열이 교차하는 셀에 원하는 환산 계수(즉 0.7457)가 있다. 따라서 2 hp는 2 × 0.7457 kW 또는 1.4914 kW와 같다.

이 단위 환산 문제를 보는 또 다른 방법은 환산 계수 1 hp = 0.7457 kW가 등식임을 인식하는 것이다. 결과적으로 1 hp/0.7457 kW는 1과 같다. 따라서 이 단일 비율에 2 hp를 곱해도 결과는 변경되지 않고 단위만 변경된다.

$$\frac{2\ \not{hp}}{}\left|\frac{0.7457\ \text{kW}}{1\ \not{hp}}\right. = 1.4914\ \text{kW}$$

단위 환산에서 hp는 원래 수량의 hp를 소거해서 원하는 결과를 얻는다. 여러 단위 환산 계수가 필요한 더 복잡한 표현을 다루거나 방정식에 단위를 적용하는 경우(2.3절), 단위 환산 오류를 범할 가능성이 적기 때문에 페이지 전체에 전체 표현을 쓰고 단위를 취소하는 것이 좋다.

힘 당량

	$J\ s^{-1}$	→ kW	$ft\ lb_f\ s^{-1}$	$Btu\ s^{-1}$	hp
$J\ s^{-1}$	1	10^{-3}	0.7376	9.478×10^{-4}	1.341×10^{-3}
kW	1000	1	737.56	0.9478	1.341
$ft\ lb_f\ s^{-1}$	1.356	1.356×10^{-3}	1	1.285×10^{-3}	1.818×10^{-3}
$Btu\ s^{-1}$	1.415	1415	778.16	1	1.415
→ hp	7457	0.7457	550	0.7068	1

그림 2.1 ▸ 힘 당량 표

이제 두 개의 단위 환산 계수가 필요한 또 다른 예를 고려하자. 밀도 10 kg/m^3를 lb_m/ft^3로 변환해보자. 이 단위 환산을 수행하려면 kg(킬로그램)에서 lb_m(파운드 질량)으로, m^3(입방 미터)에서 ft^3(입방 피트)로 변환하는 두 가지 단위 환산 계수가 필요하다. 첫 번째는 앞면지의 '질량 당량' 표에서, 두 번째는 '부피 당량' 표에서 얻는다. 이러한 환산 계수와 상쇄 단위를 적용하면

$$\frac{10\ \cancel{kg}}{\cancel{m^3}}\left|\frac{2.2046\ lb_m}{1\ \cancel{kg}}\right|\frac{\cancel{m^3}}{35.31\ ft^3} = 0.6231\ lb_m ft^{-3}$$

각 환산 계수는 1과 동일하므로 이들을 곱해도 답은 바뀌지 않고 답의 단위만 바뀐다. 즉 0.6231 lb_m/ft^3는 10 kg/m^3에 해당한다. 환산 계수를 **잘못 적용했다면?** 그것은,

$$\frac{10\ kg}{m^3}\left|\frac{1\ kg}{2.2046\ lb_m}\right|\frac{35.31\ ft^3}{m^3} = 160.2\ \frac{kg^2 ft^3}{m^6 lb_m}$$

여기서 질량 단위(kg 및 lb_m)와 부피 단위(ft^3 및 m^3)는 상쇄되지 않았기 때문에 표현식에 그대로 남아 있다. 따라서 **환산 계수를 적용할 때 단위를 상쇄하면 환산 계수를 적용할 때 오류가 발생할 가능성이 줄어들고,** 단위 환산과 관련된 오류가 최소화된다. 앞의 방정식은 동일성이 유효하지만 원하는 최종 단위가 아니다.

예제 2.2 빛의 속도

문제 빛의 속도는 약 300,000,000 $m\ s^{-1}$ 또는 $3 \times 10^8\ m\ s^{-1}$이다. 빛의 속도를 $km/\mu s$로 구하라.

풀이 이 문제를 해결하려면 SI 단위의 접두사 정의를 사용해야 한다(표 2.2). 즉 1 km = 1000 m 및 1 $\mu s = 10^{-6}$ s이다. 단위 환산을 수행하면,

$$\frac{3\times10^8\ \cancel{m}}{\cancel{s}}\left|\frac{1\ km}{1000\ \cancel{m}}\right|\frac{10^{-6}\ \cancel{s}}{\mu s} = 0.3\ km\ \mu s^{-1}$$

예제 2.3 면적 단위 환산

문제 SI 단위의 경우 큰 면적은 헥타르(ha)로 표시되며 1 ha = 10,000 m^2이다. 미국에서 넓은 지역은 1 acre = 43,560 ft^2인 에이커 단위로 표시된다. 45.3헥타르에 몇 에이커가 있는지 확인하라.

풀이 이 문제를 해결하려면 몇 가지 추가 정보가 필요하다. 바로 평방 미터의 평방 피트 수이다. 앞 면지에 있는 '길이 당량' 표에서 미터당 피트 수를 사용하고 이를 제곱해서 필요한 환산 계수를 얻는다. 전환 계산은

$$\frac{45.3\,\cancel{ha}}{}\left|\frac{10000\,\cancel{m^2}}{1\,\cancel{ha}}\right|\frac{(0.3048)^2\,\cancel{ft^2}}{\cancel{m^2}}\left|\frac{1\text{ ac}}{43560\,\cancel{ft^2}}\right.=111.9\text{ ac}$$

이 결과는 단위 환산표에 표시된 환산 계수 1 ha = 2.471 ac와 일치한다.

2.2.1 온도 환산

온도 환산은 화씨(°F)와 섭씨(°C)의 기준점이 다르기 때문에 지금까지 제시된 단위 환산과 다를 수 있다. 예를 들어 m에서 ft로 변환할 때 m과 ft는 길이가 0일 때 동일한 값을 가진다. 따라서 m에서 ft로의 변환은 단일 인수(즉 3.2808)를 곱해서 수행된다. 0°F는 0°C와 같지 않기 때문에 °F 단위의 온도를 °C로 변환하는 경우에는 그렇지 않다. 또한 Δ°F의 크기는 Δ°C의 크기와 같지 않다. 이 절에서 온도 지정은 °C 및 °F로 표시되는 반면 화씨 또는 섭씨 온도의 변화는 각각 Δ°F 및 Δ°C로 표시된다. 대부분의 책에서는 이 규칙을 사용하지 않으며 이 절을 제외한 나머지 부분에서도 사용되지 않는다. 따라서 앞으로는 온도가 특정 온도인지 온도차이인지 판단하기 위해 온도가 어떻게 사용되는지 검토해야 할 것이다.

Δ°F와 Δ°C의 크기 사이의 관계는 다음과 같다.

$$\frac{\Delta^{\circ}\text{F}}{\Delta^{\circ}\text{C}}=\frac{180}{100}=\frac{9}{5}=1.8 \tag{2.1}$$

물의 어는점과 끓는점 사이의 온도차는 100 Δ°C(즉 100°C − 0°C)와 180 Δ°F(즉 212°F − 32°F)이기 때문이다.

또한 절대 온도 척도[즉 랭킨 온도(°R) 및 켈빈 온도(K)]는 다음과 같다.

$$\Delta\text{K}=\Delta^{\circ}\text{C and }\Delta^{\circ}\text{R}=\Delta^{\circ}\text{F}$$

즉 **랭킨**과 **화씨** 척도는 같은 크기 정도를 사용하고 **켈빈**과 **섭씨** 척도는 같은 크기 정도를 사용한다. 절대 온도는 이상 기체 법칙 및 기타 공학 방정식에 사용된다. 켈빈 온도와 섭씨 온도 사이의 관계 및 랭킨과 화씨 사이의 관계는 다음과 같다.

$$\begin{aligned}\text{T(K)}&=\text{T}(^{\circ}\text{C})+273.15\\ \text{T}(^{\circ}\text{R})&=\text{T}(^{\circ}\text{F})+459.67\end{aligned} \tag{2.2}$$

°C에서 °F로 또는 그 반대로 변환하려면 물이 0°C와 32°F에서 어는 사실과 각 온도의 상대적 크기를 이용할 수 있다. 따라서 섭씨 온도에서 화씨 온도로의 변환은 다음과 같다.

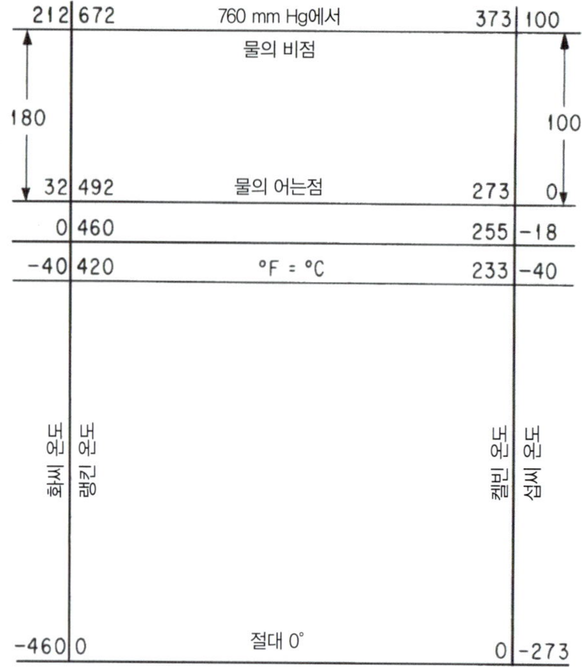

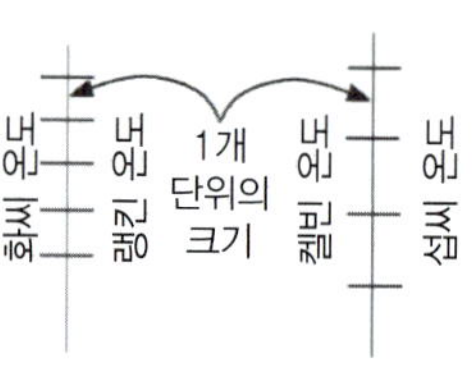

그림 2.2 ▸ 온도 눈금

$$T(°F) = 1.8\ T(°C) + 32 \quad (2.3)$$

그리고 화씨 온도에서 섭씨 온도로의 변환은 다음과 같이 주어진다.

$$T(°C) = [T(°F) - 32]/1.8 \quad (2.4)$$

이 방정식에서 일관성 검사를 위해 0°C에서 T(°F)는 32°F와 같고 32°F에서 T(°C)는 0°C와 같다. 그림 2.2는 화씨, 랭킨, 섭씨, 켈빈 온도 눈금을 그림으로 보여준다.

예제 2.4 온도 환산

문제 85°F를 켈빈으로 변환하라.

풀이 먼저 식 (2.4)를 사용해 온도를 °C로 변환한다.

$$T(°C) = [85 - 32]/1.8 = 29.44°C$$

그리고 식 (2.2)를 사용해 켈빈으로 변환할 수 있다.

$$T(K) = T(°C) + 273.15 = 302.59\ K$$

예제 2.5 온도 환산

문제 273.15 K를 °R로 변환하라.

풀이 랭킨과 켈빈은 둘 다 절대 온도 눈금이기 때문에 하나에서 다른 것으로 변환하기 위해 단일 환산 계수를 사용할 수 있으며 그 환산 계수는 5K = 9°R(즉 식 2.1)이다. 따라서,

$$T(°R) = 9T(K)/5 = 491.67°R$$

자습문제

확인문제

1. 환산 계수를 얻기 위해 앞면지의 표를 어떻게 사용하는가?
2. 단위를 상쇄하면 단위 환산 중에 발생하는 오류 수가 어떻게 줄어드는가?
3. 특정 온도 환산 문제가 피트를 미터로 환산하는 것과 다른 이유는 무엇인가?

해답

1. 단위 a에서 단위 b로 변환한다고 가정하자. 먼저 a와 b의 단위 유형에 따라 적절한 표를 찾는다. 다음으로 표의 왼쪽 열에서 단위 a를 찾고 표 상단의 행에서 단위 b를 찾는다. 그리고 환산 계수는 a 단위에 대한 행과 b 단위에 대한 열의 교차점에 의해 결정된다. 마지막으로 a에서 b로의 변환은 a의 단위 수에 환산 계수를 곱해 b 단위의 양을 결정함으로써 이루어진다.
2. 단위 환산 문제에서 단위를 상쇄하면 단위 환산 계수를 올바르게 적용했는지 확인할 수 있다.
3. 피트에서 미터로 변환하려면 피트 수에 환산 계수(0.3048)를 곱하기만 하면 된다. 반대로 °C에서 °F로 변환하려면 0°C와 0°F가 같지 않기 때문에 단순히 단일 계수를 곱할 수 없다. °C에서 °F로 변환하려면 물이 0°C와 32°F에서 어는 사실을 사용할 수 있다.

적용문제

1. 50 Btu gal^{-1}을 SI 단위로 변환하라.
2. 25°C를 °R로 변환하라.

해답

1. $$\frac{50\ \text{Btu}}{\text{gal}}\left|\frac{1055\ \text{J}}{\text{Btu}}\right|\frac{\text{gal}}{3.875\times10^{-3}\ \text{m}^3} = 1.361\times10^{7}\ \text{J m}^{-3}$$
2. $25°C + 273.12 = 298.15\ K,\ 298.15\ K\ (9°R/5\ K) = 536.67°R$

2.3 방정식과 단위

공학 방정식을 적용할 때 단위가 제대로 적용되었는지 확인하는 것이 중요하다. 방정식의 단위에 대한 주요 문제를 설명하려면 다음과 같은 간단한 방정식을 고려하라.

$$y = ax$$

우선 방정식의 좌변의 단위는 우변의 단위와 같아야 한다. 따라서 ax는 y와 동일한 단위를 가져야 한다. 예를 들어 y의 압력 단위가 psi($\mathrm{lb_f\ in^{-2}}$)이고 x의 단위가 힘($\mathrm{lb_f}$)인 경우 a의 단위는 $\mathrm{in^{-2}}$여야 한다. 이제 이 방정식의 오른쪽에 상수항을 추가해보자.

$$y = ax + b$$

이 경우 b는 ax 및 y와 동일한 단위를 가져야 한다. y와 ax의 단위가 psi이고 b의 단위가 °C라면 어떻게 될까? 그러면 결과는

$$\mathrm{psi} = \mathrm{psi} + {}^\circ\mathrm{C}$$

이것은 분명히 잘못된 것이다. 이 방정식이 유효하려면 b의 단위가 psi여야 한다. 즉 **방정식은 차원적으로 동질적이어야 한다**(즉 **차원 일관성**). 등호의 양쪽에 있는 양의 단위는 동일해야 하며 추가되는 항도 동일한 단위를 가져야 한다.

이제 SI 단위를 사용해서 중력 가속도(9.8068 $\mathrm{m\ s^{-2}}$)에서 2 kg의 질량에 대한 뉴턴의 제2운동 법칙(즉 $F = ma$)을 고려하자.

$$F = ma = \frac{2\ \cancel{\mathrm{kg}}}{} \left| \frac{9.8068\ \cancel{\mathrm{m}}}{\cancel{\mathrm{s}}^2} \right| \frac{\mathrm{N}\ \cancel{\mathrm{s}}^2}{\cancel{\mathrm{kg}}\ \cancel{\mathrm{m}}} = 19.6136\ \mathrm{N}$$

적용된 마지막 환산 계수는 단순히 뉴턴 힘의 정의이다. 그 결과 kg 단위의 질량과 $\mathrm{m\ s^{-2}}$ 단위의 가속도를 가진 SI 단위에 대한 질량과 가속도의 곱은 추가 단위 환산 없이 N 단위의 힘을 산출한다. 이제 AE 시스템을 사용해서 동일한 유형의 문제를 고려하자. 2 lb의 질량과 중력 가속도의 경우,

$$F = ma = \frac{2\ \mathrm{lb_m}}{} \left| \frac{32.174\ \mathrm{ft}}{\mathrm{s}^2} \right. = 64.348\ \mathrm{lb_m\,ft\ s^{-2}}$$

이 해답의 단위는 AE 시스템의 힘 단위인 $\mathrm{lb_f}$가 아니다. 이 해답을 적절한 AE 단위로 변환하려면 사용된 힘의 정의를 적용해야 한다. 그것은,

$$1\ \mathrm{lb_f} = 1\ \mathrm{lb_m} \times g = 32.174\ \mathrm{lb_m\ ft\ s^{-2}}$$

이 방정식의 좌변을 우변으로 나누면 결과는 g_c로 알려진 환산 계수이다.

$$g_c = 32.174\ \mathrm{lb_m\ ft\ s^{-2} lb_f^{-1}}$$

이제 AE 단위에서 뉴턴의 운동 제2법칙의 이전 적용에 g_c를 적용하면,

$$F = \frac{ma}{g_c} = \frac{2\ \cancel{\mathrm{lb}}_\mathrm{m}}{} \left| \frac{32.174\ \cancel{\mathrm{ft}}}{\cancel{\mathrm{s}}^2} \right| \frac{\cancel{\mathrm{s}}^2\ \mathrm{lb_f}}{32.174\ \cancel{\mathrm{ft}}\ \cancel{\mathrm{lb}}_\mathrm{m}} = 2\ \mathrm{lb_f}$$

국부 중력 가속도 a가 표준 중력 가속도와 다른 경우 결과적인 힘은 약간 다를 수 있다. 어떤 경우에는 AE 단위 시스템을 사용할 때 g_c를 사용해서 $\mathrm{lb_m}$에서 $\mathrm{lb_f}$로 또는 그 반대로 변환해야 한다.

예제 2.6 van der Waals 식

문제 van der Waals 식은 고밀도 기체에 대해 이상 기체 법칙보다 더 정확한 근사치를 제공하는 데 사용된다. van der Waals 식은 다음과 같이 주어진다.

$$\left(p+\frac{a}{V^2}\right)(V-b)=RT$$

압력이 atm으로 주어지고, 특정 부피 V가 L gmol^{-1}로 주어지고, 온도가 K로 주어진다고 가정하고, a의 단위를 구하고 R의 값과 단위를 구하라.

풀이 V에서 b를 빼기 때문에 b는 V 또는 L gmol^{-1}과 같은 단위를 가져야 한다. a/V^2 항은 atm 단위를 가져야 한다. 따라서 a는 L^2 atm gmol^{-2}의 단위를 가진다. 마지막으로 R의 값은 압력, 특정 부피 및 온도에 사용되는 단위를 사용해서 앞면지의 표에서 읽을 수 있다(즉 R = 0.08206 atm L gmol^{-1}, K^{-1}).

예제 2.7 Reynolds 수

문제 Reynolds 수는 **무차원**의 변수 그룹으로, 파이프를 통과하는 흐름의 마찰 압력 강하 손실을 계산하는 데 사용할 수 있으며 다음과 같이 지정된다.

$$\text{Re}=\frac{\rho D v}{\mu}$$

여기서 ρ는 유체의 밀도(1.00 g cm^{-3}), D는 파이프 직경(2.00 in.), v는 유체의 선속도(8.00 ft s^{-1}), μ는 유체의 점도이다(0.020 g $\text{cm}^{-1}\text{s}^{-1}$). 이 경우에 대한 Reynolds 수의 수치를 구하고 그것이 실제로 무차원임을 입증하라.

풀이 Reynolds 수를 방정식에 대입하고 필요한 단위 환산을 수행하면 다음과 같은 결과를 얻는다.

$$\text{Re}=\frac{\rho D v}{\mu}=\frac{1\,\text{g}}{\text{cm}^3}\left|\frac{2.00\,\text{in.}}{}\right|\frac{8.00\,\text{ft}}{\text{s}}\left|\frac{\text{cm s}}{0.020\,\text{g}}\right|\frac{12\,\text{in.}}{1\,\text{ft}}\left|\frac{2.542^2\ \text{cm}^2}{1\,\text{in}^2}\right.=6.19\times10^4$$

예제 2.8 운동 에너지

문제 움직이는 물체의 운동 에너지는 다음과 같이 주어진다.

$$KE=\frac{1}{2}mv^2$$

20.0 ft s^{-1}의 속도에서 100 lb_m의 질량을 가진 물체의 운동 에너지를 Btu 단위로 구하라.

풀이 운동 에너지는 위 공식을 사용해서 계산할 수 있다. g_c가 없으면 답에 힘(lb_f)이 아닌 질량(lb_m) 단위가 포함되기 때문에 원하는 풀이의 단위를 얻으려면 g_c를 사용해야 한다.

$$KE = \frac{1}{2}mv^2 = \frac{1}{2}\left|\frac{100.\ \text{lb}_\text{m}}{}\right|\frac{20.0^2\ \text{ft}^2}{\text{s}^2}\left|\frac{\text{s}^2\ \text{lb}_\text{f}}{32.174\ \text{lb}_\text{m}\ \text{ft}}\right|\frac{1.285\ 10^{-3}\ \text{Btu}}{\text{lb}_\text{f}\ \text{ft}} = 827\ \text{Btu}$$

예제 2.9 마이크로칩 에칭 속도

문제 참고문헌에 따르면 마이크로칩 에칭은 대략 다음과 같은 관계를 따른다.

$$d = 16.2 - 16.2e^{-0.021t} \quad t < 200$$

여기서 d는 미크론[마이크로미터(μm)] 단위의 에칭 깊이이고 t는 초 단위의 에칭 시간이다. 숫자 16.2 및 0.021과 관련된 단위는 무엇인가? d가 인치로 표시되고 t가 분으로 표시될 수 있는 이 관계를 변환하라.

풀이 d를 t의 함수로 관련시키는 방정식을 조사한 후 방정식의 오른쪽에 있는 각 항과 관련된 단위에 대한 결정에 도달할 수 있어야 한다. 차원 일관성의 개념에 따라 16.2의 두 값은 관련 단위가 미크론(μm)이어야 한다. 지수항은 0.021의 단위가 s^{-1}이 되도록 무차원이어야 한다. 이 방정식에 지정된 단위 환산을 수행하려면 이 책의 앞면지에서 적절한 환산 계수를 찾아보라(즉 16.2 μm를 인치로, 0.021 s^{-1}을 min^{-1}로 환산).

$$d(\text{in.}) = \frac{16.2\mu\text{m}}{}\left|\frac{1\text{m}}{10^6\mu\text{m}}\right|\frac{39.97\text{in.}}{1\text{m}}\left[1 - \exp\frac{-0.021}{\text{s}}\left|\frac{60\text{s}}{1\text{min}}\right|\frac{t(\text{min})}{}\right]$$

$$d(\text{in.}) = 6.38\times10^{-4}(1 - e^{-1.26t(\text{min})})$$

예제 2.10 생물반응기의 반응속도

문제 옥수수와 같은 곡물에서 에탄올(EtOH)을 생산하기 위한 발효 공정에 사용되는 효모의 성장 속도는 Monod kinetics를 사용해서 나타낼 수 있으며 다음과 같이 주어진다.

$$\mu = \left[\frac{\mu_0}{1 + P/k_p}\right]\left[\frac{S}{k_s + S}\right]$$

여기서 μ는 생성된 g-세포(g-cell)$^{-1}$h^{-1}에서 표현된 세포의 생산 속도이고, P는 EtOH 농도(g L^{-1})이며 S는 포도당 농도(g L^{-1})이다. 차원 일관성을 기반으로 μ^0, k_p, k_s에 사용되는 단위를 구하라.

풀이 전체 분석에서 방정식의 마지막 항은 차원이 없음을 알 수 있다. 따라서 첫 항의 단위는 μ의 단위와 일치해야 한다. 또한 k_p의 단위는 P와 같고 k_s의 단위는 S와 같다.

예제 2.11 열용량 방정식

문제 다음 열용량 방정식을 고려하자.

$$C_p = a + bT$$

여기서 C_p는 Btu lb_m^{-1} °F^{-1}로 표시되고 T는 온도(°F)이며 a와 b는 상수이다. 온도가 켈빈 단위로 주어지고 C_p가 J kg^{-1} °C^{-1} 단위로 주어지도록 이 방정식을 수정하라.

풀이 먼저 a의 단위는 Btu lb_m^{-1} °F^{-1}이다. 따라서 a는 J kg^{-1} °C^{-1} 단위로 변환해야 한다.

$$\frac{a\ \cancel{\text{Btu}}}{\cancel{\text{lb}_\text{m}}\ ^\circ\cancel{\text{F}}}\left|\frac{\cancel{\text{lb}_\text{m}}}{0.4536\ \text{kg}}\right|\frac{1055\ \text{J}}{\cancel{\text{Btu}}}\left|\frac{9\ ^\circ\cancel{\text{F}}}{5\ \text{K}}\right. = 4186a$$

마찬가지로 bT 항의 단위는 Btu lb_m^{-1} °F^{-1}이며 J kg^{-1} °C^{-1}로 변환해야 한다. 방정식의 온도를 °F에서 K로 변환하기 위해 원래 방정식으로 대체할 수 있도록 지정된 온도 T를 먼저 켈빈에서 화씨 온도로 변환해야 한다. 이 대체는 용어 bT의 단위를 변경하지 않는다. 따라서 단위를 J kg^{-1} °C^{-1}로 변환하기 전에 T(°F) = 1.8T(K) − 459.67을 bT의 온도 항으로 대체할 수 있다.

$$\frac{b\ \cancel{\text{Btu}}}{\cancel{\text{lb}_\text{m}}\ ^\circ\cancel{\text{F}}}\left|\frac{\cancel{\text{lb}_\text{m}}}{0.4536\ \text{kg}}\right|\frac{1055\ \text{J}}{\cancel{\text{Btu}}}\left|\frac{9\ ^\circ\cancel{\text{F}}}{5\ \text{K}}\right|\frac{1.8\text{T(K)} - 459.67}{} =$$

$$4186b[1.8\text{T(K)} - 459.67] = 7535b\text{T(K)} - 1.924 \times 10^6 b$$

따라서 환산된 열용량 방정식의 최종 형태는 다음과 같다.

$$C_p(\text{J kg}^{-1}\text{K}^{-1}) = 4186a + 7535b\text{T(K)} - 1.924 \times 10^6 b$$

(2.2.1절에서 논의한 바와 같이 ΔK = Δ°C, 즉 1K의 온도 변화는 정확히 1°C의 변화와 동일하므로 단위 J kg^{-1} °C^{-1} 및 J kg^{-1} K^{-1}은 동등하다.)

자습문제

확인문제

1. 방정식을 적용할 때 단위가 올바르게 사용되고 있는지 어떻게 확인하는가?
2. g_c는 언제 방정식의 단위를 변환하는 데 사용되는가?
3. 무차원군이란 무엇인가?

해답

1. 방정식의 각 변의 단위는 같아야 하고 방정식의 우변의 각 항의 단위는 같아야 한다.
2. 환산 계수 g_c는 lb_m을 lb_f로 또는 그 반대로 변환하는 데 사용된다.
3. 변수의 차원이 없는 그룹은 그룹을 구성하는 변수의 단위가 서로 상쇄되어 결과가 차원이 없는 숫자가 되는 것과 같다.

적용문제

1. 다음 방정식을 고려하라. $y = ax + b$. y의 단위가 °F이고 x의 단위가 $\text{lb}_\text{m}\ \text{h}^{-1}$인 경우 a와 b의 단위는 무엇인가?

2. 위치 에너지($PE = mgh$) 및 g_c에 대한 방정식을 사용해서 질량 10.0 lb_m, 높이 h = 10.0 ft, g = 32.2 ft s^{-2}에 대한 위치 에너지(Btus)를 계산하라.

해답

1. 항 b의 단위는 °F이고 항 a의 단위는 °F h lb_m^{-1}이다.

2. $$PE = mgh = \frac{10.0\ \text{lb}_\text{m}}{}\left|\frac{32.2\ \text{ft}}{\text{s}^2}\right|\frac{10.0\ \text{ft}}{}\left|\frac{\text{lb}_\text{f}\ \text{s}^2}{32.2\ \text{lb}_\text{m}\ \text{ft}}\right|\frac{\text{Btu}}{778.16\ \text{lb}_\text{f}\ \text{ft}} = 0.129\ \text{Btu}$$

2.4 측정 오류 및 유효 숫자

계산기를 사용해서 5를 3으로 나누면 10자리(즉 1.666666666)가 포함된 답이 나온다. 또한 컴퓨터를 사용해서 문제를 풀면 최대 15자리의 답을 얻을 수 있다. 그러나 엔지니어링 문제를 해결할 때 사용하는 데이터는 10^{10} 또는 10^{15}의 한 부분보다 훨씬 덜 정확하다. 표 2.6에는 다양한 산업용 측정과 일반적인 불확도가 나열되어 있다. 예를 들어 열전쌍으로 측정한 온도의 불확도는 약 ±1°X이다. RTD로 측정하면 ±0.1°C의 불확도가 있다. 따라서 **측정의 불확도는 측정 유형과 측정에 사용된 장치에 따라 다르다.** 자동차의 가스 게이지에서 가스 탱크의 휘발유 양을 얼마나 정확하게 구할 수 있는지 또는 온도계에서 온도를 얼마나 정확하게 읽을 수 있는지를 고려하면 이를 이해할 수 있다. 불확도는 대부분의 측정에서 백분율로 표시되지만 온도의 경우 도로 표시된다.

표 2.6에 나열된 오류의 원인은 무엇일까? 두 가지 오류 원인은 측정 장비의 배경 잡음과 측정을 표시하는 데 사용되는 눈금의 정밀도이며 이러한 오류 원인은 동일한 조건에서 반복 측정을 수행해서 추정할 수 있다. 일관된 측정을 달성하는 능력을 **반복성**(repeatability)이라고 하며 이는 측정의 **정밀도**(precision)를 나타낸다. 오류의 다른 원인은 실제 판독값에서 일관된 오프셋을 유발하는 **체계적 오류**(systematic errors)이다. 오리피스 미터의 경우 ±3~5%의 일부는 압력 탭의 부분적인 막힘 그리고 미터에 대한 보정 부족으로 인한 것일 수 있다. 예를 들어 압력 탭이 부

표 2.6 ▸ 산업용 측정의 일반적인 불확도[1)]

측정	측정 장치	불확도
온도	열전쌍	±1C°
온도	저항온도검출기(RTD)	±0.1C°
압력	압력센서	±0.1%
질량유량	오리피스 미터	±3~5%
전압	전압계	±0.1%
용액 pH	pH 전극	±0.1%

1) J. B. Riggs, M. N. Karim, and J. S. Alford, *Chemical and Bio-Process Control*, 5th ed. (Austin, TX: Ferret Publishing), 2020.

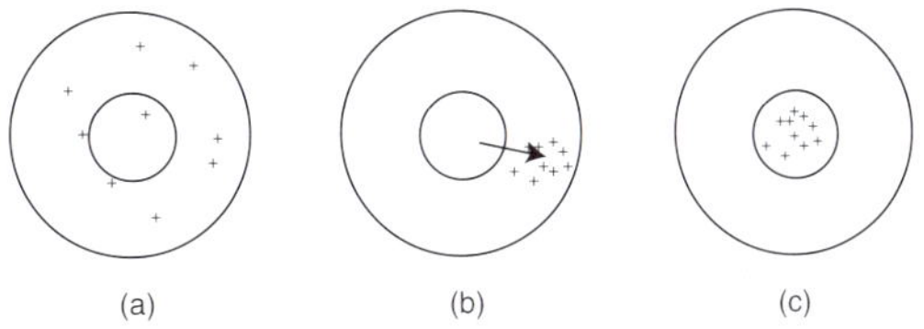

그림 2.3 ▸ 정확도와 정밀도의 차이를 보여주는 과녁. (a) 정확하지도 않고 반복 가능하지도 않음, (b) 반복 가능하지만 정확하지 않음(화살표는 측정의 편향 오류를 나타냄), (c) 정확하고 반복 가능

분적으로 막힌 오리피스 미터의 경우 측정된 유량은 압력 탭이 막히지 않은 경우보다 지속적으로 낮다. 따라서 측정의 반복성은 기기의 정밀도를 나타내는 반면 실제 판독값과 측정값의 차이는 기기의 **정확도**(accuracy)를 나타낸다. 정밀도와 정확도의 차이가 그림 2.3에 설명되어 있다.

공학적 계산에 사용되는 수량은 정확도가 제한적이기 때문에 우리가 사용하는 데이터의 정확도 또는 계산된 결과의 정확도를 지정하는 편리한 수단이 필요하며 유효 숫자(significant figures)를 사용하면 이러한 방법이 제공된다. **수량에 대한 유효 숫자의 수는 소수점 위치에만 사용되는 0을 제외한 숫자의 자릿수로 정의된다.** 예를 들어 0.0074는 74 이전의 0이 소수점을 찾는 데 사용되기 때문에 유효 숫자가 두 개뿐이다. 0.0074를 과학적 표기법(즉 7.4×10^{-2})으로 표현하면 이 숫자는 유효 숫자가 두 개뿐임이 분명하다. 반면에 800은 정확한 숫자이거나 하나 또는 두 개의 유효 숫자만 가질 수 있다. 과학적 표기법(8.00×10^{2})을 사용해서 800을 유효 숫자 3자리 정확도로 명확하게 표현할 수 있다. 표 2.7은 양의 몇 가지 예와 유효 숫자의 수를 나열한 것이다.

유효 숫자(정확도)의 수는 지정된 수량과 관련된 오류의 크기를 대략적으로 나타낸다. 예를 들어 하나의 유효 숫자는 ±10%의 오차에 해당하고, 두 개의 유효 숫자는 ±1%의 오차에 해당하며, 세 개의 유효 숫자는 ±0.1%의 오차에 해당하고, 네 개의 유효 숫자는 ±0.01%의 오차에 해당한다. 이러한 방식으로 유효 숫자의 수는 수량과 관련된 오류의 대략적인 추정치를 제공한다. 표 2.6은 불확도를 명시적으로 표현해서 나열된 측정 오차의 훨씬 더 정확한 추정치를 제공한다. 표 2.6에 나열된 불확실한 관계에 유효 숫자 접근 방식을 적용하면 압력, 암페어 및 pH 판독값은 3개의 유효 숫자 정확도로 결과를 제공하는 반면 오리피스 미터는 2개 미만의 유효 숫자 정확도를 제공한다.

첫 번째 근사치로 방정식을 풀 때 방정식을 평가하는 데 사용되는 유효 숫자의 수가 가장 적

표 2.7 ▸ 유효 숫자의 예

수량	과학적 표기법	유효 숫자 수
8000	8.000×10^3	4
8000	8.00×10^3	3
8000	8.0×10^3	2
8000	8×10^3	1
0.01234	1.234×10^{-2}	4
0.3001	3.001×10^{-1}	4
55.64	5.564×10^1	4
0.003	3×10^{-3}	1
87.0	8.70×10^1	3

은 수량을 사용해서 해답의 정확도를 설정(즉 해답을 표시하는 데 사용되는 유효 숫자의 수를 설정)할 수 있다. 즉 **방정식 계산에 사용되는 가장 정확하지 않은 양이 방정식 결과의 정확도를 결정한다.** 예를 들어 뉴턴의 운동 제2법칙(즉 $F = ma$)을 사용해서 질량이 2.0 kg이고 가속도가 42.3 m s^{-2}인 경우 결과 힘 F는 84 N으로 표시된다(즉 2개의 유효 숫자로만 질량이 주어졌기 때문이다). 이 규칙의 예외는 대략 같은 값의 두 숫자를 빼면 답의 유효 숫자 수가 줄어드는 경우이다. 예를 들어 1.244에서 1.232를 빼면 0.012가 된다. 이 계산에 사용된 두 수량 모두 유효 숫자가 4개이지만 답은 유효 숫자가 2개뿐이다. 반대로 이 숫자를 더하면 유효 숫자 4개가 된다.

해답의 불확도를 보다 정확하게 추정하기 위해 입력의 불확도로 인한 방정식에 따라 입력을 변경할 수 있다. 불확도에 대한 방정식 결과의 변화를 관찰하자. 즉 각 입력에 대해 해당 값의 양수 및 음수 극단을 적용한다. 불확도에 따라 방정식 결과의 변화를 관찰하자. 예를 들어 값이 0.8인 입력을 고려한다. 극단값이 변수의 경우 0.8 + 0.08 및 0.8 − 0.08이 된다. 수치 정확도는 ±10% 불확도에 해당한다. 이러한 방식으로 방정식의 결과에 대한 각 입력의 영향을 직접 평가할 수 있다. 입력으로 인한 가장 큰 불확도는 방정식의 출력 불확도에 대한 추정치로 사용된다.

예제 2.12 DNA의 정밀 분석

거의 모든 생명체에는 **유전 정보**를 저장하는 분자인 DNA(deoxyribonucleic acid)가 포함되어 있다. DNA는 일련의 뉴클레오티드로 구성된다. 각 뉴클레오티드는 포함된 염기의 약자, 즉 아데닌(A), 시토신(C), 구아닌(G), 티민(T)으로 표시된다. 세포에서 가장 유명한 형태의 DNA는 그림 E2.12와 같이 염기쌍으로 함께 묶인 이중 나선이라고 하는 두 개의 얽힌 사슬을 형성하는 당(S) 인산(P) 분

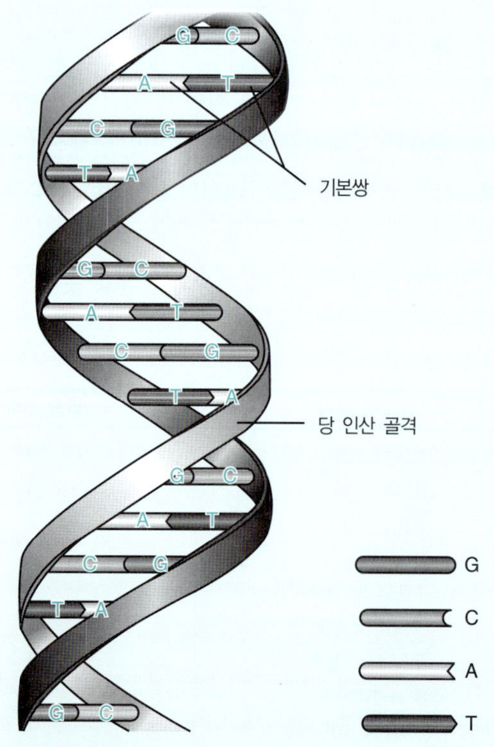

그림 E2.12 ▸ 거대하고 긴 DNA 사슬 중 임의의 한 조각의 3차원 구조 표현

자의 두 개의 매우 긴 백본으로 구성된다. DNA는 여기에 표시되지 않은 다른 형태를 취할 수도 있다.

DNA 조각의 길이는 염기쌍의 수로 측정된다. 1 kb는 1000염기쌍(bp)이고 3 kb = 1 μm이다. 당인산 골격은 A, T, G, C의 연속적인 조합으로 연결된다.

게놈은 하나의 거대하고 긴 A, C, G, T로 이루어진 DNA의 한 부분이다.

게놈의 특정 부분은 단백질 합성 및 복제를 지시하는 데 필요한 정보를 전달하는 유전자에 해당한다. 게놈의 한 부분이 유전자(gene)가 되려면 염기 서열이 ATG 또는 GTG로 시작하고 TAA, TAG, TGA로 끝나야 한다. 서열의 길이는 정확히 3의 배수여야 한다. 단백질 합성은 세포의 활동과 발달에 필요한 단백질을 생산하는 것이다. 복제는 DNA가 각 자손 세포에 대해 스스로를 복사해서 단백질 합성에 필요한 정보를 전달하는 과정이다. 대부분의 세포 유기체에서 DNA는 세포핵에 위치한 염색체에 유기적으로 구성되어 있다.

문제 담체층에서의 신장배치법을 사용해 정전기적으로 배열된 DNA 가닥을 얻을 수 있다. 이러한 정밀 분석에 사용되는 기구는 희생층, DNA 담체층, 한 쌍의 전극을 담근 유리 기판으로 되어 있다. DNA는 정전기적으로 신장해서 담체층에 고정화하는데, DNA 분자의 한 끝이 전극 끝에 배치되도록 한다. 스타일러스(stylus)를 칼로 사용해서 두 층을 통해 원하는 DNA 부분을 절단한다. 희생층을 용해하고 담체층 위의 DNA 조각을 막여과기로 회수한다. 이어서 담체를 녹이면 용액 중에 DNA 조각이 들어 있게 된다.

DNA를 48 kb 길이로 늘리고 너비 3 μm로 절단하면 이 DNA 조각에 들어 있는 염기쌍(bp)은 몇 개인가? 1 kb는 1000 bp이고 3 kb = 1 μm이다.

풀이 단위를 변환하면 다음과 같다.

$$\frac{3\,\mu\text{m}}{}\left|\frac{3\,\text{kb}}{1\,\mu\text{m}}\right|\frac{1000\,\text{bp}}{1\,\text{kb}} = 9000\,\text{bp}$$

그러나 DNA 단편의 분자 수 측정은 유효 숫자 3개 또는 4개로 결정될 수 있고 절단에 대해 보고된 3 μm는 적절하게 측정된 경우 보고된 유효 숫자 1개보다 더 많을 수 있기 때문에 9000이라는 값의 정밀도는 실제로 계산에 표시된 것보다 더 나을 수 있다.

자습문제

확인문제

1. 정밀도와 정확도의 차이점은 무엇인가? 정밀도와 반복성의 차이는 무엇인가?
2. 참조 자료에 나열된 양의 유효 숫자의 정확도를 어떻게 결정하는가?
3. 계산에 사용된 각 숫자의 유효 숫자 수가 다른 경우 계산에서 유효 숫자의 정확도를 어떻게 결정하는가?

해답

1. 정확도는 측정값이 참값에 얼마나 가까운지와 관련이 있고 정밀도는 동일한 측정값의 여러 값이 얼마나 가까운지와 관련이 있다. 정밀도와 반복성은 본질적으로 동일한 것이다. 즉 동일한 양의 여러 측정값이 서로 얼마나 가까운지를 나타낸다.

2. 참조 자료의 유효 숫자 측정 정확도는 참조 자료에 보고된 유효 숫자의 수와 같다.

3. 계산에서 유효 숫자의 정확도는 계산에 사용된 값에 대한 유효 숫자의 최소 개수와 같다.

적용문제

1. 다음 숫자에 대한 유효 숫자의 정확도를 표시하라. (a) 1000, (b) 1000.0, (c) 1.00×10^3

해답

1. (a) 1, (b) 5, (c) 3

2.5 결과 검증

학교에서 숙제를 하거나 전문 엔지니어로서 부딪히는 문제를 해결할 때 답이 충분히 정확한지 확인하는 것이 매우 중요하다. 이것은 문제 요구 사항을 고려할 때 정확하거나 충분히 가깝다는 것을 의미한다. 불행히도 문제를 해결할 때 오류를 범하는 방법은 거의 무제한이다. 문제 해결 시 오류를 제거할 수 있는 능력은 훌륭한 엔지니어의 중요한 속성이다. 다음은 문제 해결 시 오류를 포착하는 데 도움이 되는 몇 가지 제안 사항이다.

- **답변이 타당한지 확인**: 당신의 대답이 물리적 시스템에 대한 당신의 이해에 따라 합리적으로 보이는지 확인한다. 예를 들어 공정 플랜트의 경우 100 gal/min을 수송하기 위해 파이프 직경을 20피트로 계산했다면 이것이 합리적인 대답이 아님을 즉시 알아야 한다. 엔지니어링 경험을 쌓으면서 합리적인 답변이 무엇인지에 대한 지식을 향상시킬 수 있다.
- **계산 세부 사항을 확인**: 잘못된 숫자 키 입력, 숫자의 적절한 소수점 혼동, 중간 숫자 잘못 읽기, 두 숫자 바꾸기, 단위에 주의하지 않는 것과 같은 오류가 가장 일반적인 오류이다. 계산기나 컴퓨터를 사용해서 다른 순서로 계산을 조심스럽게 반복하라. 머릿속이나 계산기로 대략적인 답을 계산할 수 있도록 계산에서 숫자를 단순화할 수도 있다. 예를 들어 다음 정확한 계산을 대략적인 계산과 비교해서 더 정확한 답의 타당성을 확인할 수 있다.

$$\frac{468}{0.0181}\left|\frac{6250}{2.95}\right|\left(1-\frac{3\pi}{9.5^3}\right)=5.48\times10^7 \qquad \frac{5\times10^2}{2\times10^{-2}}\left|\frac{6\times10^3}{3\times10^0}\right.=5\times10^7$$

- **풀이 과정의 재검토**: 문제 해결이 완료된 직후에는 항상 문제 해결 방법을 검토해야 한다. 문제 설명과 문제 사양을 검토해 올바르게 문제를 해결했는지 확인한다. 또한 문제 해결에 사용된 데이터가 데이터 소스에서 올바르게 전송되거나 선택되었는지 확인한다. 또한 합리적이고 적절한지 확인하기 위해 사용한 가정을 검토해야 한다.
- **역치환**: 이 접근 방식을 적용하려면 답을 원래 방정식에 대입해서 방정식이 실제로 만족되는지 확인한다.

답을 확인하기 위해 이러한 단계를 수행하면 추가 작업이 필요한 것처럼 보일 수 있다. 그러나 현재와 미래에 정확한 풀이를 안정적으로 개발하는 것이 얼마나 중요한지 깨닫는다면 지금 좋은 습관을 형성하는 것이 중요하다는 사실을 알게 될 것이다.

자습문제

확인문제

1. 문제에 대한 답이 타당하다는 것을 확인하기 위해 무엇을 해야 하는가?

2. (a) 문제 해결에서 가장 흔한 유형의 오류는 무엇이며 (b) 어떻게 수정할 수 있는가?

3. 풀이 과정을 검토하면 어떤 이점이 있는가?

해답

1. 해답이 물리적 시스템에 대한 이해에 따라 합리적으로 보이는지 확인하라.

2. (a) 숫자를 잘못 입력하거나, 숫자의 적절한 소수점을 혼동하거나, 중간 숫자를 잘못 읽거나, 두 숫자를 바꾸거나, 단위에 주의하지 않는 것과 같은 오류가 가장 일반적인 오류이다. (b) 계산기나 컴퓨터를 사용해서 다른 순서로 계산을 조심스럽게 반복하라.

3. 다양한 오류를 줄인다.

적용문제

1. ft^3 단위의 다음 부피 계산을 위한 대략적인 해를 구하라.

$$\text{부피} = \frac{\pi}{4}\Bigg|\frac{(4\,\text{in.})^2}{}\Bigg|\frac{10\,\text{ft}}{}$$

해답

1. π가 3이라고 가정하고 분자와 분모에서 4를 제거하면 부피 $= 3 \times 4 \times 10 \times 120$이 된다. 실제 해답은 125.7이다.

2.6 질량, 몰, 밀도

물질 및 에너지 수지에 사용되는 물질의 양은 질량 또는 몰수로 설명할 수 있다. 물질 또는 에너지 수지가 반응이 일어나지 않는 공정에 적용되는 경우, 이러한 수지는 일반적으로 관련 물질의 양을 나타내는 질량을 사용해 적용된다. 반면에 공정에서 반응이 발생하는 경우 반응이 몰 기준으로 발생하기 때문에 물질은 몰로 표시된다. 또한 물질의 밀도는 물질의 질량을 부피로 변환하거나 물질의 부피를 질량으로 변환하는 데 사용할 수 있다.

2.6.1 계산 기준의 선택

많은 경우 문제를 해결할 때 문제를 해결하기 위한 기반을 선택해야 한다. **계산 기준**은 특정 문제에서 수행하려는 계산을 위해 사용자가 선택한 기준이며, 계산 기준을 적절하게 선택하면 잘못된 선택보다 훨씬 쉽게 문제를 해결할 수 있다. 계산 기준은 시간, 주어진 물질의 질량, 기타 편리한 수량과 같은 기간일 수 있다. 건전한 기준을 선택하려면(많은 문제에서 미리 결정되지만 일부 문제에서는 명확하지 않음) 다음 세 가지 질문을 스스로에게 물어보라.

1. 무엇부터 시작해야 하는가(예: 기름 100파운드, 비료 46 kg)?
2. 어떤 답이 필요한가(예: 시간당 생산되는 제품의 양)?
3. 가장 사용하기 편리한 계산 기준은 무엇인가? (예를 들어 주어진 물질의 조성이 몰 퍼센트로 알려져 있다면, 그 물질의 100 kg 몰을 계산 기준으로 선택하는 것이 이치에 맞을 것이다. 반면에 질량 측면에서 물질의 조성이 알려져 있다면, 100 kg의 물질이 적절한 계산 기준이 된다.)

세 가지 질문에 대해 답을 해보면 적절한 계산 기준을 알게 된다. 적절한 계산 기준이 여럿이라고 생각되면 어떤 단위의 양이든 간에 1이나 100의 수치를 선택하면 편리하다. 액체나 고체의 질량분석치를 다룰 때는 1 kg이나 100 lb가 편리한 계산 기준이다. 마찬가지로 기체의 경우에는 1 mol이나 100 mol을 계산 기준으로 선택하면 좋다. 이렇게 선택하면 성분의 분율이나 백분율의 수치가 질량이나 몰의 수치와 같아지므로 한 단계의 계산을 생략할 수 있다. **계산할 때는 계산 기준부터 선택해서 계산표에 적어 넣거나 컴퓨터 프로그램을 이용해서 문제를 해결한다.**

예제 2.13 계산 기준의 선택

문제 지금 알칸의 탈수반응에서 산화세륨(CeO)을 촉매로 사용한다. 이 촉매에서 Ce과 O의 질량 분율과 몰분율을 구하라.

풀이 먼저 계산 기준을 선택한다. 물질의 양을 모르므로 '무엇부터 시작해야 하는가?'라는 첫 번째 질문은 계산 기준 선택에 도움이 되지 않는다. '어떤 답이 필요한가?'라는 두 번째 질문도 마찬가지이다. 따라서 '가장 편리한 계산 기준은 무엇인가?'라는 질문에 답하면 최선의 계산 기준을 선택할 수 있다. 분자식을 보면 CeO는 Ce 1 mol과 O 1 mol이 결합되어 있다. 따라서 1 kg mol(또는 1 g mol, 1 lb mol 등)을 계산 기준으로 선택한다. 이어서 책 뒷면지에서 Ce과 O의 원자량을 찾아 CeO 중의 Ce과 O의 질량 분율과 몰분율을 다음 표와 같이 계산한다.

계산 기준: CeO 1 kg mol

성분	몰(kg mol)	몰분율	분자량	질량(kg)	질량분율
Ce	1	0.50	140.12	140.12	0.8975
O	1	0.50	16.0	16.0	0.1025
합계	2	1.00	156.12	156.12	1.0000

알리바바와 40인의 도둑 이야기는 들어보았을 것이다. 알리바바와 39마리의 낙타 이야기도 들어보았는가? 알리바바는 유언으로 네 아들에게 낙타 39마리를 주면서 큰아들이 반을 가지고 둘째는 1/4, 셋째는 1/8, 막내는 1/10을 가지라고 했다. 네 아들이 어떻게 나눌지를 몰라 쩔쩔매고 있던 참에 낙타를 타고 나타난 낯선 사람이 낙타를 보태주었다. 그러자 큰아들이 20마리, 둘째가 10마리, 셋째가 5마리, 막내가 4마리를 가졌다. 하지만 한 마리가 남았다. 낯선 사람은 자기 낙타를 다시 타고 유유히 사라졌다. 놀란 아들들은 멀어져 가는 낯선 사람을 멀거니 바라보았다. 정신

을 차린 큰아들이 다시 계산해보았다. 아버지가 39마리의 반을 가지라고 했는데 실제로는 20마리를 가졌으므로 더 가진 셈이다. 그렇다면 다른 형제 중에 누군가가 덜 가졌을 것이다. 그러나 계산해보니 모두가 자기 몫보다 더 가졌음을 알게 되었다. 어찌 된 일인가?

1/2, 1/4, 1/8, 1/10을 더해보면 1이 아니라 0.975이다. 낙타의 분율(!)을 조정해서 전체가 1이 되도록 정규화하면 낙타를 제대로 분배했음을 알 수 있다.

	낙타 분율	정규화		정규화한 분율		배분한 낙타 수(정수)
	0.500	$\left(\frac{0.500}{0.975}\right)$	=	0.5128 × 39	=	20
	0.250	$\left(\frac{0.250}{0.975}\right)$	=	0.2564 × 39	=	10
	0.125	$\left(\frac{0.125}{0.975}\right)$	=	0.1282 × 39	=	5
	0.100	$\left(\frac{0.100}{0.975}\right)$	=	0.1026 × 39	=	4
합계	0.975	$\left(\frac{0.975}{0.975}\right)$	=	1.000	=	39

우리가 수행한 작업은 계산 기준을 0.975에서 새로운 계산 기준 1.000으로 계산을 변경한 것이다.

이처럼 처음에 선택한 계산 기준을 새로운 계산 기준으로 바꾸어 문제 풀이에 필요한 정보를 통합해야 하는 경우가 자주 있다. 다음 예제를 살펴보자.

예제 2.14 계산 기준의 변경

문제 O_2 20%, N_2 78%, SO_2 2%인 가스의 조성을 SO_2를 제외한 기준(SO_2-free basis)으로 다시 나타내려 할 때 어떻게 하면 되는가?

풀이 먼저 계산 기준을 가스 1 mol(또는 100 mol)로 선택한다. 왜 그런가? 가스의 조성이 mol %이기 때문이다. 다음 각 성분의 몰을 구한 후 SO_2를 제외하고 계산 기준을 조정해 O_2와 N_2가 100%가 되도록 하면 된다.

계산 기준: 가스 1.0 mol

성분	몰분율	몰(mol)	SO_2 제외 가스의 몰(mol)	SO_2 제외 가스의 몰분율
O_2	0.20	0.20	0.20	0.20
N_2	0.78	0.78	0.78	0.80
SO_2	0.02	0.02		
	1.00	1.00	0.98	1.00

마지막 열의 반올림은 몰분율의 원래 값을 고려하면 적절하다.

자습문제

확인문제

1. 계산 기준을 선택하기 위해 자문자답해야 하는 세 가지 질문은 무엇인가?

2. 문제를 푸는 과정에서 계산 기준을 바꿔야 할 일이 생기는 이유는 무엇인가?

해답

1. 본문 참조

2. 편의를 위해 또는 계산을 단순화하기 위해

적용문제

1. 이 장의 연습문제 2.6.7b, 2.6.8, 2.6.11번을 해결하기 위해 선택할 수 있는 좋은 계산 기준은 무엇인가?

해답

1. (a) 1 lb mol, (b) 100 kg mol, (c) 100 kg

2.6.2 몰과 분자량

몰은 무엇인가? **몰**은 특정 수의 분자, 원자, 전자 또는 기타 특정 유형의 입자에 해당하는 특정 양의 물질이라고 말한다.

SI 단위계에서 1몰(단위 혼동을 피하기 위해 **그램 몰**, 즉 g mol이라고 함)은 6.022×10^{23}(아보가드로 수) 분자로 구성된다. 그러나 미국에서는 몰의 단위로 편의상 **파운드 몰**(lb mol, $6.022 \times 10^{23} \times 453.6$개), **kg mol**(k mol = 1000 mol) 등의 단위를 사용한다. 이처럼 SI 단위 표기법에 어긋나는 단위를 사용해야 계산상 혼동을 피할 수 있는 것으로 보인다.

숙달되어야 하는 한 가지 중요한 계산은 몰수를 질량으로, 질량을 몰로 변환하는 것이다. 이를 위해 **분자량**(몰당 질량)을 사용한다.

$$\text{분자량(MW)} = \frac{\text{질량}}{\text{몰}} \tag{2.5}$$

분자량의 정의에 따라

$$\text{g mol} = \frac{\text{질량(g)}}{\text{분자량}}$$

$$\text{lb mol} = \frac{\text{질량(lb)}}{\text{분자량}}$$

따라서 분자량(MW)의 정의에 의해 몰수를 알고 있으면 질량을 계산할 수 있거나 질량을 알고 있으면 몰수를 계산할 수 있다. 좀 더 정확한 용어인 **원자 질량**과 **분자 질량** 대신에 전통적으로 원자량과 분자량을 사용한다.

예제 2.15 질량을 몰로 변환하기 위한 분자량의 사용

문제 양동이에 NaOH 2.00 lb가 들어 있다.

a. 몰(lb mol)은 얼마인가?

b. 몰(g mol)은 얼마인가?

풀이 질량으로부터 lb mol 단위의 몰을 구한 다음 SI 단위(g mol)의 몰로 환산한다. NaOH의 분자량은 직접 찾거나 원자량으로부터 구하면 40.0이다. 여기서 분자량은 계산에서의 환산 계수로 사용되었다.

a. $$\frac{2.00\ \text{lb NaOH}}{} \left| \frac{1\ \text{lb mol NaOH}}{40.0\ \text{lb NaOH}} \right. = 0.050\ \text{lb mol NaOH}$$

b. $$\frac{2.00\ \text{lb NaOH}}{} \left| \frac{1\ \text{lb mol NaOH}}{40.0\ \text{lb NaOH}} \right| \frac{454\ \text{g mol}}{1\ \text{lb mol}} = 22.7\ \text{g mol}$$

답을 검산해보면 먼저 NaOH 2.00 lb를 SI 단위로 환산한 뒤 g mol로 환산해서 계산한다.

b2. $$\frac{2.00\ \text{lb NaOH}}{} \left| \frac{454\ \text{g}}{1\ \text{lb}} \right| \frac{1\ \text{g mol NaOH}}{40.0\ \text{g NaOH}} = 22.7\ \text{g mol}$$

예제 2.16 몰을 질량으로 변환하기 위한 분자량의 사용

문제 NaOH 7.50 g mol의 질량(lb)을 구하라.

풀이 몰(g mol)을 질량(lb)로 변환하는 문제이다. 예제 2.15에서 NaOH의 분자량은 40.0이다.

$$\frac{7.50\ \text{g mol NaOH}}{} \left| \frac{1\ \text{lb mol}}{454\ \text{g mol}} \right| \frac{40.0\ \text{lb NaOH}}{1\ \text{lb mol NaOH}} = 0.66\ \text{lb NaOH}$$

SI 단위계의 g mol 단위 값을 AE 단위계의 lb mol 단위 값으로 환산한 다음 분자량을 곱하면 lb 단위의 질량을 구할 수 있다. NaOH 7.50 g mol의 몰을 g 단위의 질량으로 바꾼 다음 환산 계수(454 g = 1 lb)를 사용해서 환산해도 되는가? 물론이다.

분자량(molecular weight, 상대 몰질량)은 원소의 상대 질량 척도에 기초한 원자량 값으로부터 구한다. 원소의 **원자량**(atomic weight)은 탄소 동위원소 ^{12}C의 질량을 정확하게 12로 정하고 이에 상대적으로 나타낸 원자의 질량이다. 이 경우 12C가 6개의 양성자와 6개의 중성자를 포함해서 총 12의 분자량을 가지기 때문에 12라는 값이 선택되었다.

책 뒷면지에 원소의 원자량이 나열되어 있다. 수소의 원자량이 1.008이고 탄소의 원자량은 12.01이다(그러나 대부분의 계산에서는 편의상 각각 1과 12로 반올림한다). 원소는 자연 상태에서 다른 동위원소 형태의 혼합물로 나타나기 때문에 많은 원소의 원자량은 정수가 아니다. 예를 들어 수소의 경우 약 0.8%가 중수소(양성자 1개, 중성자 1개)이므로 원자량은 1.000이 아닌

1.008을 사용한다.

화합물(compound)은 하나 이상의 원자로 되어 있으며, 화합물의 분자량은 구성 원자의 원자량 합계와 같다. 따라서 H_2O는 2개의 수소 원자와 1개의 산소 원자로 구성되며 물의 분자량은 (2) (1.008) + 16.000 = 18.016 또는 약 18.02이다.

혼합물은 그 조성을 알면 성분이 화학적으로 결합되어 있지 않더라도 **평균분자량**(average molecular weight)을 구할 수 있다. 예제 2.17에서 공기의 가상 평균분자량을 구하는 방법을 설명한다. 물론 조성을 잘 알 수 없는 석유나 석탄과 같은 물질은 평균분자량을 정확하게 계산할 수 없지만, 공학 계산용으로 적절한 평균분자량의 근삿값을 구할 수는 있다.

예제 2.17 공기의 평균분자량

문제 공기의 성분이 O_2 21%, N_2 79%라 할 때 공기의 평균분자량을 계산하라.

풀이 공기의 조성이 mol %에 해당되기 때문에 1 g mol을 계산 기준으로 한다. 실제로 N_2의 분자량은 28.0이 아닌 28.2인데, 이것은 79% N_2의 실제 조성이 78.084% N_2와 0.934% Ar로 이루어졌기 때문이다. O_2의 질량과 N_2의 질량은

계산 기준: 공기 1 g mol

$$O_2\text{의 질량} = \frac{1\text{ g mol air}}{} \left| \frac{0.21\text{ g mol }O_2}{\text{g mol air}} \right| \frac{32.00\text{ g }O_2}{\text{g mol }O_2} = 6.72\text{ g }O_2$$

$$N_2\text{의 질량} = \frac{1\text{ g mol air}}{} \left| \frac{0.79\text{ g mol }N_2}{\text{g mol air}} \right| \frac{28.2\text{ g }N_2}{\text{g mol }N_2} = 22.28\text{ g }N_2$$

$$\text{합계} \qquad = 29.0\text{ g air}$$

따라서 공기 1 g mol의 총질량은 29.0 g이며, 이를 공기의 평균분자량이라 한다(계산 기준을 공기 1 g mol로 했기 때문에 계산된 총질량으로부터 공기의 평균분자량이 29.0임을 알 수 있다).

예제 2.18 평균분자량

문제 석탄에서 고에너지 함량의 가스 또는 휘발유를 생산하는 대부분의 공정에는 수소 또는 합성가스를 만드는 일종의 가스화 단계가 포함된다. 압력 가스화는 더 많은 메탄 수율과 더 높은 가스화 속도 때문에 선호된다.

가스의 50.0 kg 테스트 실행이 평균 10.0% H_2, 40.0% CH_4, 30.0% CO, 20.0% CO_2인 경우 가스의 평균분자량은 얼마인가?

풀이 계산 기준을 선택한다. 1번 질문에 대한 답은 가스 50.0kg 계산 기준을 선택하는 것인데('무엇부터 시작해야 하는가?'), 이 선택이 좋은 계산 기준인가? 조금만 생각해보면 그런 계산 기준은 아무 소용이 없다는 것을 알 수 있다. 이 기체의 주어진 몰 퍼센트(달리 명시되지 않는 한 기체의 조성은 몰 퍼센트로 주어짐을 기억하라)에 킬로그램을 곱하고 그 결과가 어떤 의미가 있을 것이라고 기대할 수

없다. 해당 단위를 포함해서 시도하라. 따라서 다음 단계는 '편리한 계산 기준', 즉 기체 100 kg mol을 선택하고 다음과 같이 진행한다.

계산 기준: 100 kg mol 혹은 lb mol의 기체

다음과 같은 표를 만들어서 계산을 간결하게 표현하라. 반드시 그럴 필요는 없지만 각 구성 요소에 대해 개별 계산을 수행하는 것은 비효율적이며 오류가 발생하기 쉽다.

성분	퍼센트 = kg mol 혹은 lb mol	Mol. Wt.	kg 혹은 lb
CO_2	20.0	44.0	880
CO	30.0	28.0	840
CH_4	40.0	16.04	642
H_2	10.0	2.02	20
합계	100.0		2382

$$\text{평균분자량} = \frac{2382\ \text{kg}}{100\ \text{kg mol}} = 23.8\ \text{kg/kg mol}$$

구성 요소의 분자량 범위가 2~44이고 답이 이 값들의 중간이기 때문에 23.8의 평균분자량이 합리적이라는 점에 주목해서 해답을 확인한다.

요약하자면 계산의 실제 성격을 명확하게 염두에 두고 문제의 풀이를 확인하는 사람이 계산이 어떤 계산 기준으로 수행되었는지 이해할 수 있도록 계산의 근거를 명시해야 한다.

예제 2.19 초전도체의 평균분자량

문제 초전도성은 100여 년 전에 발견되었지만 과학자나 기술자는 이를 에너지 사용 개선에 활용하는 방법을 알지 못했다. 최근까지만 해도 경제적 응용이 불가능했는데, 여기에 쓰이는 니오브(niobium) 합금을 액체 He으로 23 K까지 냉각해야 했기 때문이다. 그러나 1987년 Y-Ba-Cu-O 물질의 초전도성을 90 K에서 얻을 수 있었는데, 이 온도까지는 덜 비싼 액체 N_2로 냉각할 수 있다.

그림 E2.19의 셀(cell)에 나타낸 초전도체의 분자량을 구하라(그림은 거대 구조의 한 셀을 나타낸 것이다).

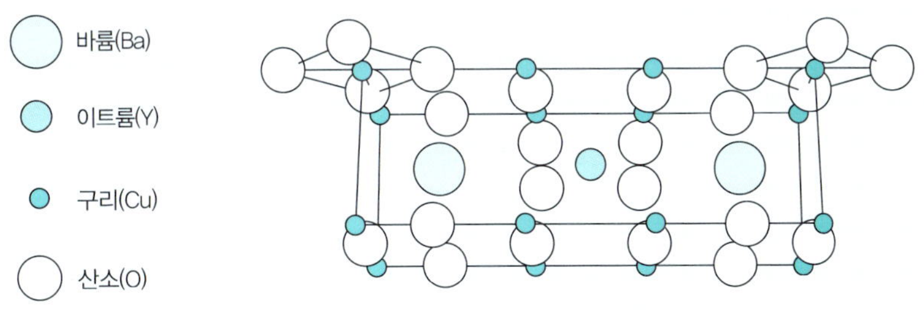

그림 E2.19 ▸ Y-Ba-Cu-O 초전도체의 한 셀

풀이 그림을 보고 각 원소의 원자 수를 센다. 뒷면지의 표에서 각 원소의 원자량을 찾는다. 한 셀이 한 분자라고 가정한다. 한 셀의 분자량을 다음과 같이 계산한다.

원소	원자수	원자량	질량(g)
Ba	2	137.34	2(137.34)
Cu	16	63.546	16(63.546)
O	24	16.00	24(16.00)
Y	1	88.905	1(88.905)
		합계	1784.3

한 셀의 분자량은 1784.3 원자 질량/1 분자 또는 1784.3 g/g mol이다. 계산을 확인하고 답이 합리적인지 확인하라.

혼합물이나 용액에서 특정 성분의 몰을 전체 몰로 나눈 비를 **몰분율**(mole fraction)이라 한다. 이 정의는 기체, 액체, 고체에 모두 적용된다. 마찬가지로 특정 성분의 질량을 전체 질량으로 나눈 비를 **질량분율**(mass fraction)이라 한다. 관습적으로는 **무게분율**(weight fraction)이라고도 하지만 질량분율이 맞는 말이다. 이 두 개념을 수식으로 나타내면 다음과 같다.

$$\text{A의 몰분율} = \frac{\text{A의 몰수}}{\text{전체 몰수}}$$
$$\text{A의 질량분율} = \frac{\text{A의 질량}}{\text{전체 질량}} \tag{2.6}$$

몰 퍼센트와 질량 퍼센트는 각각 분율에 100을 곱한 값이다. 앞으로 자주 접하게 될 질량분율로부터 몰분율의 계산 또는 역의 계산을 잘 알아두어야 한다. **달리 명시하지 않는다면 가스에 대한 %나 분율이 명시된 경우에는 그것의 몰 % 또는 몰분율을 의미하는 것으로 간주한다. 액체 또는 고체에 대한 %나 분율이 명시된 경우에는 질량 % 혹은 질량분율을 의미하는 것으로 간주한다.**

예제 2.20 질량분율과 몰분율 환산

문제 물 5.00 kg과 NaOH 5.00 kg으로 된 공업용 세척제가 있다. 각 성분의 질량분율과 몰분율을 구하라.

풀이 질량이 주어지므로 질량분율을 쉽게 계산할 수 있다. 이 값에서 원하는 몰분율을 계산할 수 있다. 이러한 변환 문제에서 계산을 수행하는 편리한 방법은 여기에 표시된 대로 표를 만드는 것이다.

계산 기준: 용액 10.0 kg

성분	kg	질량분율	Mol. Wt.	kg mol	몰분율
H_2O	5.00	$\frac{5.00}{10.00} = 0.500$	18.0	0.278	$\frac{0.278}{0.403} = 0.69$
NaOH	5.00	$\frac{5.00}{10.00} = 0.500$	40.0	0.125	$\frac{0.125}{0.403} = 0.31$
합계	10.00	1.000		0.403	1.00

자습문제

확인문제

1. 다음 설명이 참인지 거짓인지 밝혀라.

a. 1 lb mol은 2.73×10^{26} 분자이다.

b. 1 kg mol은 6.023×10^{26} 분자이다.

c. 분자량은 화합물이나 원소 1 mol의 질량이다.

2. 아세트산(CH_3COOH, 초산)의 분자량을 구하라.

해답

1. (a) 참, (b) 참, (c) 참

2. 60.05

적용문제

1. 다음을 구하라.

a. NaCl 120 g mol의 질량(g)

b. NaCl 120 g의 몰(g mol)

c. NaCl 120 lb mol의 질량(lb)

d. NaCl 120 lb의 몰(lb mol)

2. 39.8 kg NaCl/100 kg H_2O를 kg mol NaCl/kg mol H_2O로 환산하라.

3. $NaNO_3$ 100 lb의 몰(lb mol)을 구하라.

4. 시판 황산은 H_2SO_4 98%와 H_2O 2%로 되어 있다. H_2SO_4와 H_2O의 몰비를 구하라.

5. 질량 기준으로 황 50%와 산소 50%로 된 화합물이 있다. (a) SO, (b) SO_2, (c) SO_3, (d) SO_4의 실험식은 무엇인가?

6. O_2 40 lb, SO_2 25 lb, SO_3 30 lb로 된 기상 혼합물이 있다. 조성을 몰분율로 나타내라.

해답

1. (a) 7010 g, (b) 2.05 g mol, (c) 7010 lb, (d) 2.05 lb mol

2. 0.123 kg mol NaCl/kg mol H_2O

3. 1.177 lb mol

4. 9

5. SO_2

6. O_2 0.62, SO_2 0.19, SO_3 0.19

2.6.3 밀도와 비중

고대에 금붙이 모조품은 물체에 의해 대치되는 물의 무게와 부피의 비율을 비교함으로써 검증했다. 이는 알고 있는 물체 재질의 밀도를 측정함으로써 금으로 만들어진 물체를 알아내는 방법이다.

밀도의 개념을 재빠르게 이용한 어느 공학자의 주목할 만한 예는 1970년 6월 15일자 《Chemical Engineering》에서 P. K. N. Paniker에 의해 보고되었다.

약 80°C의 대형 윤활유 저장탱크 하단부의 배출 노즐이 느슨해지면서 기름이 갑자기 분출되어 누설되었다. 기름의 온도가 높기 때문에 누군가 탱크 가까이에 가서 추가 손실을 방지하기 위해 누출을 막는 것은 불가능했다.

잠시 후 담당 기술자가 서둘러 소방대원을 호출해 가까운 소화전에서 호스를 저장탱크 상단으로 꺼내 오도록 지시를 내렸다. 이내 누출된 부분에서 빠져나가는 것은 비싼 기름 대신에 뜨거운 물이었다. 잠시 후 차가운 물이 기름 온도를 낮춰 복구 작업이 가능하게 되었다.

밀도(density, ρ)는 단위 부피당 질량으로 kg/m^3, lb/ft^3 등의 단위로 나타낸다.

$$\rho = \text{밀도} = \frac{\text{질량}}{\text{부피}} = \frac{m}{V} \tag{2.7}$$

밀도는 수치와 단위를 가진 양이다. 액체와 고체의 밀도는 일반 조건에서는 압력에 따라서는 그다지 변하지 않지만, 그림 2.4와 같이 온도 변화가 충분히 큰 경우에는 온도에 따라 상당히 변한다. 0~70°C 사이에서는 물의 밀도가 1.0 g/cm^{3}으로 상대적으로 일정하다는 데 주목하라. 반면 같은 온도에서 NH_3의 밀도는 약 30% 변한다. 대개 우리는 물질의 밀도가 온도에 특히 민감하거나 변화가 큰 경우가 아니라면 액체의 밀도에서 온도의 효과를 무시할 것이다.

비부피(specific volume, $\hat{V}$)는 밀도의 역으로 cm^3/g, ft^3/lb 등의 단위로 나타낸다.

$$\hat{V} = \text{비부피} = \frac{\text{부피}}{\text{질량}} = \frac{V}{m} \tag{2.8}$$

밀도는 질량/부피의 비율이므로 부피가 주어졌을 때 질량을 계산하거나 질량이 주어졌을 때 부피를 계산하는 데 사용할 수 있다. 예를 들어 n-프로필 알코올의 밀도가 0.804 g/cm^{3}이라면 90.0 g의 부피는 다음과 같다.

$$\frac{90.0\,g}{}\left|\frac{1\,\text{cm}^3}{0.804\,g}\right. = 112\,\text{cm}^3$$

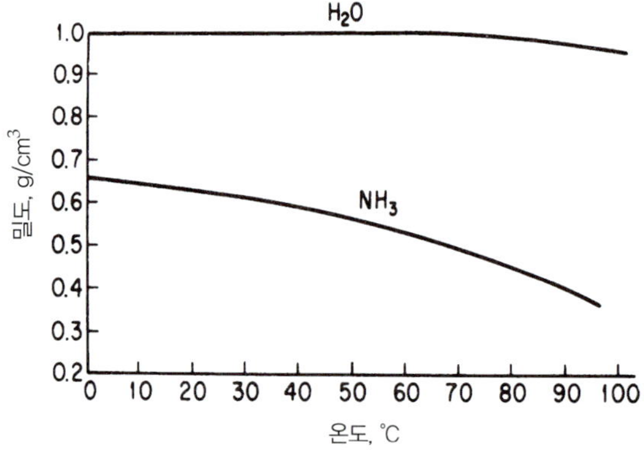

그림 2.4 ▸ 액체 H_2O와 NH_3의 온도와 밀도

밀도와 관련된 양에 몰밀도(ρ/MW)와 몰부피(MW/ρ)가 있다. 한편 공극(void space)이 있는 고체 입자의 충전층 밀도는 겉보기 밀도(bulk density)로 나타낸다.

$$\rho_B = \text{겉보기 밀도} = \frac{\text{고체의 총질량}}{\text{빈 충전층의 부피}}$$

이제 **비중**(specific gravity)에 대해 알아보자. 비중은 기준물질의 밀도에 대한 대상물질의 밀도 비이다. 혼합물 A의 비중은 다음과 같다.

$$\text{A의 비중} = \text{A의 sp.gr.} = \frac{(g/cm^3)_A}{(g/cm^3)_{ref}} = \frac{(kg/m^3)_A}{(kg/m^3)_{ref}} = \frac{(lb/ft^3)_A}{(lb/ft^3)_{ref}}$$

액체와 고체의 기준물질로는 일반적으로 물이 사용된다. 따라서 비중은 대상물질의 밀도와 물의 밀도(4°C에서 1.000 g/cm^3, 1000 kg/m^3, 62.43 lb/ft^3) 비이다. 기체의 비중은 주로 공기를 기준물질로 사용하지만 다른 기체를 사용하기도 한다.

비중을 정확하게 나타내려면 대상물질과 기준물질의 밀도를 측정한 온도를 명시해야 한다. 액체나 고체의 표기는 다음과 같이 해석될 수 있다.

$$\text{sp.gr.} = 0.73\frac{20^\circ}{4^\circ} = 0.73$$

용액이 20°C, 기준물질(대개 물)이 4°C에서의 비중은 0.73이다. 비중을 나타낸 온도를 명시하지 않은 경우에는 대상물질의 온도는 실온이고 물의 온도는 4°C라고 가정한다. 4°C인 물의 밀도는 1.0000 g/cm^{3}이므로, g/cm^3 단위로 비중과 밀도의 수치가 실질적으로 같아진다.

계산을 명확히 하기 위해 비중의 단위를 다룬 방법에 유념하기 바란다. 비중에 대한 밀도의 계산은 암산으로 할 수도 있다. AE 단위계에서는 비중의 단위가 lb/ft^{3}이고, 물의 밀도가 약 62.43 lb/ft^{3}이므로 비중과 밀도의 수치가 일치하지 않는다. 온도와 압력의 함수로서 여러 액체의 밀도는 National Institute of Standards and Technology(NIST)(https://webbook.nist.gov/chemistry/fluid/)에서 운영하는 열물리적 물성 데이터베이스에서 이용할 수 있다.

예제 2.21 비중이 주어진 경우의 밀도 계산

문제 페니실린의 비중이 1.41일 때, 이 페니실린의 밀도를 다음 단위로 구하라. (a) g/cm^3, (b) lb$_m$/ft^3, (c) kg/m^3

풀이 먼저 기준물질의 비중으로 밀도를 구하자. 페니실린이나 기준물질(물로 추정)의 온도가 언급되지 않았으므로 페니실린은 실내 온도인 22°C, 기준물질은 4°C 물로 가정한다. 따라서 기준밀도는 62.4 lb/ft^3 또는 1.00 × 10^3 kg/m^3(1.00 g/cm^3)이다.

a. $$\frac{1.41\dfrac{\text{g P}}{\text{cm}^3}}{1.00\dfrac{\text{g H}_2\text{O}}{\text{cm}^3}} \left| \frac{1.00\dfrac{\text{g H}_2\text{O}}{\text{cm}^3}}{} \right. = 1.41\frac{\text{g P}}{\text{cm}^3}$$

b. $$\frac{1.41\dfrac{\text{lb}_\text{m}\,\text{P}}{\text{ft}^3}}{1.00\dfrac{\text{lb}_\text{m}\,\text{H}_2\text{O}}{\text{ft}^3}}\left|\frac{62.4\dfrac{\text{lb}_\text{m}\,\text{H}_2\text{O}}{\text{ft}^3}}{}\right. = 88.0\frac{\text{lb}_\text{m}\,\text{P}}{\text{ft}^3}$$

c. $$\frac{1.41\,\text{g P}}{\text{cm}^3}\left|\left(\frac{100\,\text{cm}}{1\,\text{m}}\right)^3\right|\frac{1\,\text{kg}}{1000\,\text{g}} = 1.41\times10^3\,\frac{\text{kg P}}{\text{m}^3}$$

이미 알고 있겠지만 석유 산업에서는 석유 제품의 비중을 °**API**라는 비중계 척도로 나타낸다. 다음은 밀도와 °API 비중의 관계식이다.

$$°\text{API} = \frac{141.5}{\text{sp.gr.}\dfrac{60°\text{F}}{60°\text{F}}} - 131.5 \;\;(\text{API 비중}) \tag{2.9}$$

$$\text{sp.gr.}\frac{60°}{60°} = \frac{141.5}{°\text{API} + 131.5} \tag{2.10}$$

석유 제품의 부피와 밀도는 온도에 따라 변하므로 석유 산업에서는 60°F를 기준온도로 정해 비중과 API 비중을 나타낸다.

예제 2.22 질량과 몰의 계산을 위한 비중의 적용

문제 분자량이 192인 약품 생산 공정에서 물과 약품을 포함하는 반응기 배출유량이 10.5 L/min이다. 수용액 중의 약품 농도는 41.2%이고 수용액의 비중은 1.024이다. 배출 흐름 중의 약품 농도(kg/L)와 약품의 배출유량(kmol/min)을 구하라.

풀이 문제가 다소 복잡하므로 다시 잘 읽어보기 바란다. 수용액에 관해서는 비중을 포함한 성질을 알고 있다. 문제를 풀려면 비중을 이용해서 밀도를 구하고 몰농도(몰/부피)를 구해야 한다.

이 문제의 첫 번째 부분에서는 질량분율 0.412를 약물의 리터당 질량으로 변환한다. 제품 내 약물의 질량분율이 문제 설명에 명시되어 있으므로 출구 용액 1.000 kg을 계산기준으로 삼는다.

계산 기준: 용액 1.000 kg

약품의 분율(0.412)로 표시되는 데이터에서 용액 부피당 약품의 질량(밀도)을 어떻게 얻는가? 용액의 주어진 비중을 사용하라. 다음과 같이 용액의 밀도를 계산한다.

수용액의 밀도 = (sp.gr.)(표준밀도)

$$\text{수용액의 밀도} = \frac{1.024\dfrac{\text{g soln}}{\text{cm}^3\,\text{soln}}}{1.000\dfrac{\text{g H}_2\text{O}}{\text{cm}^3\,\text{H}_2\text{O}}}\left|\frac{1.000\dfrac{\text{g H}_2\text{O}}{\text{cm}^3\,\text{H}_2\text{O}}}{}\right. = 1.024\frac{\text{g soln}}{\text{cm}^3\,\text{soln}}$$

수용액 밀도를 자세하게 계산하기 위해 단위를 표시하는 것은 너무 번거롭기는 하지만 계산을 분명하게 하기 위해 설명하고 있다. 이어서 이 밀도를 이용해서 용액 1.000 kg 중의 약품의 질량(질량분율)을 용액의 단위 부피 중의 약품의 질량(농도)으로 계산해서 바꾸기 전에 기준 수용액 1.000 kg에 대해 약품 0.412 kg이 있다는 것을 깨닫는다.

$$\frac{0.412 \text{ kg drug}}{1.000 \text{ kg soln}}\left|\frac{1.024 \text{ g soln}}{1 \text{ cm}^3 \text{ soln}}\right|\frac{1 \text{ kg soln}}{10^3 \text{ g soln}}\left|\frac{1000 \text{ cm}^3 \text{ soln}}{1 \text{ L soln}}\right. = 0.422 \text{ kg drug/L soln}$$

단위 제거 중의 혼란을 피하기 위해 수용액의 특성(예: g soln, L soln)과 약품의 질량 간에 구분선을 그린다. 유량을 구하기 위해 다른 계산 기준(1분)을 취한다.

계산 기준: 1 min = 용액 10.5 L

위의 계산 결과를 이용해서 선택한 부피를 질량으로 바꾼 다음 몰로 바꾼다.

$$\frac{10.5 \text{ L soln}}{1 \text{ min}}\left|\frac{0.422 \text{ kg drug}}{1 \text{ L soln}}\right|\frac{1 \text{ kg mol drug}}{192 \text{ kg drug}} = 0.0231 \text{ kg mol/min}$$

답을 검산해보라.

자습문제

확인문제

1. 다음 설명이 참인지 거짓인지 밝혀라.
   a. 밀도의 역은 비부피이다.
   b. 물질의 밀도는 단위 부피당 질량의 단위를 가진다.
   c. 물의 밀도는 수은의 밀도보다 작다.

2. 지면에서 수은 1 cm^3의 질량이 13.6 g이다. 수은의 밀도를 구하라.

3. 핸드북에서 액체 HCN의 자료를 찾아보면 sp. gr. 10°C/4°C = 1.2675이다. 무슨 뜻인가?

4. 다음 설명이 참인지 거짓인지 밝혀라.
   a. 수은의 밀도와 비중은 같다.
   b. 비중은 두 밀도의 비이다.
   c. 기준물질의 밀도를 알면 여기에 비중을 곱해서 대상물질의 밀도를 구할 수 있다.
   d. 비중은 무차원량이다.

5. 유리병 맥주를 냉동실에 밤새 넣으면 병이 터진다. 맥주의 밀도가 온도에 어떻게 영향을 받는지에 대해 무엇을 알 수 있는가?

해답

1. (a) 참, (b) 참, (c) 참

2. 13.6 g/cm^3

3. 액체 HCN의 10°C에서의 밀도가 4°C에서의 물 밀도의 1.2675배임을 의미한다.

4. (a) 거짓 — 단위가 다름, (b) 참, (c) 참, (d) 참

5. 맥주의 비부피는 온도가 낮아질수록 증가한다. 따라서 온도가 낮아지면 밀도가 감소한다.

적용문제

1. 물질의 밀도는 2 kg/m^3이다. 비부피는 얼마인가?
2. 물 500 mL에 설탕 50 g을 넣으면 설탕 용액의 밀도는 어떻게 계산하는가?
3. 에탄올의 경우 sp. gr. 60°F = 0.79389이다. 60°F에서 에탄올의 밀도는 얼마인가?
4. 강철의 비중은 7.9이다. 무게가 4000 lb인 강철 주괴의 부피는 입방 피트로 얼마인가?
5. 물의 용액은 1.704 kg의 HNO_3/kg H_2O를 포함하고 용액의 비중은 20°C에서 1.382이다. 20°C에서 용액 1세제곱미터당 HNO_3는 몇 킬로그램인가?

해답

1. 0.5 m^3/kg
2. 물의 질량(약 500 g이어야 함)을 측정하고 설탕 50 g에 추가한다. 용액의 부피를 측정하고 전체 질량을 부피로 나눈다.
3. 0.79389 g/cm^3(물의 밀도는 60°F의 값을 가정)
4. 8.11 ft^3
5. 871 kg HNO_3/m^3 용액

2.7 공정 변수

앞에서 언급했듯이 화학공학자는 공정 엔지니어이며 이 절에서는 일반적으로 사용되는 공정 변수(예: 온도, 압력, 조성, 유량) 측면에서 공정을 설명하는 방법을 설명한다. **공정**은 주입되는 재료를 연속 또는 회분 공정 기반으로 제품으로 변환하는 시스템이다. 예를 들면 정제소의 원유 장치는 원유를 원료로 사용해서 지속적으로 휘발유, 디젤 연료 및 기타 제품으로 변환하고, 에탄올 공장에서의 발효 공정은 옥수수로 만든 포도당을 원료로 사용하고 발효 효모를 이용해 회분 공정으로 에탄올을 생산해서 에탄올 수용액을 생산하며, 실리콘 웨이퍼는 컴퓨터와 휴대폰에 사용되는 마이크로 프로세서를 생산하기 위해 리소그래피를 사용해서 처리된다. 감자는 감자 칩을 만드는 공정의 원료이다.

이 장의 나머지 부분에서는 공정에 물질 및 에너지 수지를 적용하는 방법을 설명한다. 물질 및 에너지 수지는 공정 운영을 설계하거나 분석하는 데 사용되는 공정 모델의 기초이다. 공정 설계는 제품의 지정된 품질과 생산 속도가 달성되도록 공정 모델을 사용해서 공정의 각 요소에 대한 처리 단위와 크기를 결정한다. 공정 모델은 기존 공정의 작동을 분석하는 데에도 사용된다. 예를 들어 공정 모델은 기존 공정의 작동 문제를 해결하거나(즉 **공정 문제 해결**, 예를 들어 더 이상 사양을 벗어난 제품을 생산하지 않도록 공정 작동 수정) 또는 일반적으로 공정에 상대적으로 약간의 수정이 필요한 기존 공정의 생산 속도를 높이는 방법을 평가한다(즉 **병목 현상 해소**).

이 절의 다음 자료는 물질 및 에너지 수지를 사용해서 공정 작동을 설명하는 데 일반적으로 사용되는 공정 변수를 나타낸다. 공정의 특정 공정 변수를 측정하기 위해 다양한 센서가 사용되며 측정의 정밀도는 사용된 센서 유형에 따라 크게 달라진다. 일반적으로 두 가지 유형의 센서가 공

표 2.8 ▸ 다양한 공정 센서의 반복성

공정 측정	센서 형태	반복성
온도	열전쌍	±1°C
	RTDs	±0.1°C
압력	차압(DP) 셀	±0.1%
용기의 수위	DP 레벨 표시기	±1%
유속	오리피스 미터	±0.3~1%
	자속유량계	±0.1%
	와류발산측정기	±0.2%
	코리올리 미터	±0.1~0.5%
용액의 Ph	pH 전극	±0.1 pH units
조성	용해된 O_2 전극	±0.1~0.5%
	탁도계	±2.5%

출처: J. B. Riggs, M. N. Karim, and J. S. Alford, *Chemical and Bio-Process Control*, 5th ed. (Austin, TX: Ferret Publishing, 2020), 83.

정에 사용된다. 즉 공정 중에 판독해야 하는 **현장 장착형 센서**와 판독값이 공정에서 제어실로 전자적으로 전송되기 때문에 제어실에서 판독할 수 있는 **보드 장착형 센서**가 있다. 표 2.8은 CPI 및 생명공학 산업에서 사용되는 여러 보드 장착형 공정 센서의 적절한 작동을 기반으로 한 반복성을 나열한 것이다. 즉 반복성은 공정 변수 측정의 정상적인 변동이다. 표 2.8에 표시된 센서는 이 절의 나머지 부분에서 설명 및 논의한다.

2.7.1 온도

물질의 온도는 물질에 존재하는 원자의 운동 에너지와 직접적인 관련이 있다. 온도 측정은 일반적으로 물이 얼고 끓는 조건에 의해 정의된 상대적 척도를 기반으로 한다. 수은 전구 온도계는 가열되면 수은이 팽창한다는 사실을 기반으로 하며 물이 1기압에서 100°C(212°F)에서 끓는다는 것을 알고 보정된다.

많은 경우 온도는 화학 및 생화학 반응에 매우 강력한 영향을 미치기 때문에 면밀한 관찰과 제어가 필요한 중요한 공정 변수이다. 일반적으로 화학반응의 반응 속도는 반응 온도가 10°C 증가하면 2배가 된다. 반대로 생물학적 반응의 경우 온도가 높아지면 일반적으로 반응 속도도 증가하지만 일정 온도 이상에서는 생물학적 반응의 요소(즉 효소 및 세포)가 변성되어 반응 속도가 감소한다. 온도 측정은 반응기 이외의 여러 공정에서도 중요하다. 예를 들어 증류 칼럼의 트레이 온도를 사용해서 칼럼에서 생산된 제품의 순도를 추정할 수 있다. 그리고 압출기에서 용융된 고분자의 온도는 작동에 큰 영향을 미칠 수 있다.

산업용 온도 센서 산업계에서 가장 일반적으로 사용되는 온도 센서는 열전쌍, 저항 온도 감지기(RTD), 옵티멀 피로미터(optimal pyrometers)이다. 열전쌍은 서로 다른 온도의 두 금속 접합부가 온도 차이에 비례하는 전압을 생성한다는 사실을 기반으로 한다. RTD는 특정 금속의 전기 저항이 온도의 강력한 함수라는 관찰을 기반으로 한다. 열전쌍은 RTD보다 저렴하고 견고하지만 RTD가 훨씬 더 정확하다. 따라서 반응기 온도 또는 증류 트레이 온도와 같은 중요한 온도의 경우 일반적으로 RTD가 사용되는 반면 덜 중요한 온도 지점에는 열전쌍이 사용된다. 옵티멀 피로미터는 용광로 내부 벽에 있는 튜브의 온도와 같이 매우 높은 온도(700~4000°C)를 측정하는 데 사용된다.

2.7.2 압력과 정수두

17세기 이탈리아 피렌체에서 우물을 파던 이들은 물을 10 m 이상 끌어 올릴 수 없다는 것을 알았다. 1642년에 그들은 유명한 갈릴레이에게 도와달라고 했지만 귀찮아했다. 그러자 토리첼리에게 도움을 청했다. 그는 실험에 의해 물을 진공으로 끌어 올릴 수는 없지만 공기 압력으로 밀어 올릴 수는 있다는 것을 알아냈다. 따라서 물을 우물에서 끌어 올릴 수 있는 최대 높이는 대기압에 의존한다.

압력(pressure)은 '단위 넓이에 수직으로 작용하는 힘'으로 정의한다. SI 단위계에서는 힘의 단위가 N(newton)이고 넓이의 단위는 m^2이므로 압력의 단위는 N/m^2이다. 이 단위를 pascal이라 하고 기호 Pa로 나타낸다. Pa은 아주 작은 양이므로 편의상 kPa을 압력의 단위로 사용하는 일이 많다. AE 단위계에서 힘의 단위는 lb_f이며, 넓이의 단위는 in^2이다(lb_f/in^2).

압력 단위에는 또 어떤 것들이 있는가? 가장 일반적인 단위 중 일부를 표 2.9에 제시했으며, 각 압력 단위는 1 atm에 상응하는 수치로 표현되어 있다. psi로 표시되는 파운드는 파운드 질량이 아니라 파운드 힘이라는 점을 명심해야 한다.

그림 2.5를 보면 압력은 대기에 의해 실린더 안의 수은 상단에 가해진다. 수은 기둥의 하단에 걸리는 압력은 수은의 압력과 대기압이 합쳐진 압력과 같다.

정지(static) 유체 기둥의 바닥판에 미치는 압력(정수압)은 다음과 같다.

$$p=\frac{F}{\mathrm{A}}=\frac{mg}{\mathrm{A}}+p_0=\frac{mgh}{\mathrm{A}h}+p_0=\frac{mgh}{V}+p_0=\rho gh+p_0 \tag{2.11}$$

압력 p 뒤의 첫 번째 항은 압력의 정의이고, 두 번째 항은 대기압과 액체 기둥으로 인한 압력 변화의 합을 나타낸 것이며, 세 번째 항에서는 분모에 부피를 얻기 위해 어떻게 h가 분자와 분모에 합해질 수 있는지를 보여준다. 네 번째 항에서는 부피가 면적과 높이의 곱으로 치환되고, 다섯 번째 항에서 밀도가 질량/부피로 치환된다. 사용된 기호는 다음과 같다.

표 2.9 ▸ 압력에 대한 간단한 환산 계수

압력 단위	환산 계수
bar	1.013 bar = 1 atm
kPa	101.3 kPa = 1 atm
Torr	760 Torr = 1 atm
mm Hg	760 mm Hg = 1 atm
in. Hg	29.92 in. Hg = 1 atm
ft H_2O	33.94 ft H_2O = 1 atm
in. H_2O	407 in. H_2O = 1 atm
psi	14.69 psi = 1 atm

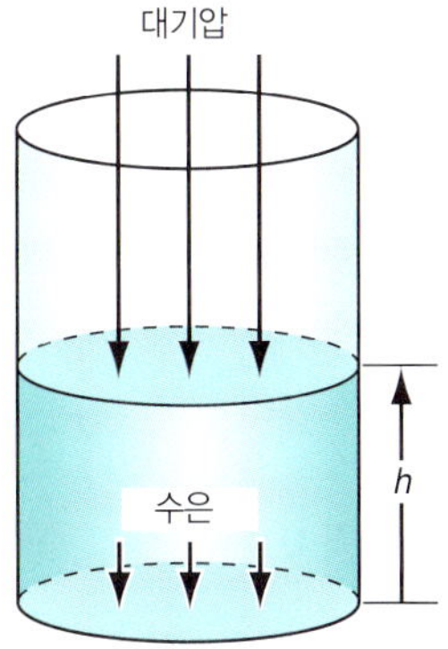

그림 2.5 ▸ 압력은 수직으로 작용하는 힘/넓이이다. 화살표는 각 면에 미치는 압력이다.

p = 유체 기둥의 바닥에 미치는 압력

F = 힘

A = 넓이(면적)

ρ = 유체 밀도

g = 중력가속도

h = 유체 기둥의 높이

p_0 = 유체 기둥의 꼭대기에 미치는 압력

식 (2.11)을 사용하면 정지 유체의 바닥에 미치는 압력을 구할 수 있다. 그림 2.5에서 정지 유체가 단면의 넓이 1 cm^2, 높이 50 cm인 수은 기둥이라 하자. 부록 E의 표 E.1에서 20°C 수은의 비중을 찾아 밀도를 구하면 13.55 g/cm^3이다. 이 수은 기둥 자체가 바닥판의 1 cm^2 단면에 수은 단독으로 미치는 힘은 다음과 같다.

$$F = mg = \rho V g = \frac{13.55\ \text{g}}{\text{cm}^3}\left|\frac{980\ \text{cm}}{\text{s}^2}\right|\frac{50\ \text{cm}}{}\left|\frac{1\ \text{cm}^2}{}\right|\frac{1\ \text{kg}}{1000\ \text{g}}\left|\frac{1\ \text{m}}{100\ \text{cm}}\right|\frac{1\ (\text{N})(\text{s}^2)}{1\ (\text{kg})(\text{m})}$$
$$= 6.64\ \text{N}$$

수은으로 덮인 판 부분의 압력은 수은의 단위 면적당 힘과 수은 위의 대기압(p_0)을 더한 값이다.

$$p = \frac{F}{A} + p_0 = \frac{6.64\,\text{N}}{1\,\text{cm}^2}\left|\left(\frac{100\,\text{cm}}{1\,\text{m}}\right)^2\right|\frac{(1\,\text{m}^2)(1\,\text{Pa})}{1\,\text{N}}\left|\frac{1\,\text{kPa}}{1000\,\text{Pa}}\right| + p_0 = 66.4\,\text{kPa} + p_0$$

AE 단위를 사용하면 수은의 밀도는 (13.55)(62.4) lb_m/ft^3 = 845.5 lb_m/ft^3이므로 압력은 다음과 같다.

$$p = \rho g V + p_0 = \frac{845.5\ \text{lb}_m}{1\ \text{ft}^3}\left|\frac{32.2\ \text{ft}}{\text{s}^2}\right|\frac{50\ \text{cm}}{}\left|\frac{1\ \text{in.}}{2.54\ \text{cm}}\right|\frac{1\ \text{ft}}{12\ \text{in.}}\left|\frac{1\ (\text{s})^2(\text{lb}_f)}{32.174\ (\text{ft})(\text{lb}_m)}\right| + p_0$$
$$= 1388\frac{\text{lb}_f}{\text{ft}^2} + p_0$$

공학 실무에서는 액체 기둥의 높이를 두(head)라고도 한다. 두로 나타내면 이 수은 기둥의 압력은 50 cm Hg이다. 따라서 수은 기둥의 바닥면에 미치는 압력은 50 cm Hg + p_0 (cm Hg)가 된다.

온도와 마찬가지로 압력도 절대압력(**psia**)이나 상대압력으로 나타낸다. 상대압력은 일반적으로 상대압력이라는 용어보다는 **게이지 압력**(**psig**)이라고 일컫는다. 대기압은 기압계 압력보다 높지 않다. 게이지 압력과 절대압력 사이의 관계는 다음과 같다.

$$p_{\text{absolute}} = p_{\text{gauge}} + p_{\text{atmospheric}} \tag{2.12}$$

진공도(vacuum)에 관해서도 잘 알아야 한다. 압력을 in. Hg 진공으로 측정할 때 기준압력인 대기압보다 낮은 방향으로 절대압력 0을 향한다. 즉

$$p_{\text{vacuum}} = p_{\text{atmospheric}} - p_{\text{absolute}} \tag{2.13}$$

진공값이 증가함에 따라 절대압력값은 감소한다. 진공 측정의 최댓값은 얼마인가? 수랭탑이나 노(furnace)에 공기를 공급하는 경우처럼 대기압보다 조금 낮은 압력은 **부압**(draft)이라고도 하며 in. H_2O 등의 단위로 나타낸다.

예제 2.23 진공도

문제 10.00 psia의 진공도를 cm Hg의 절대압력으로 표시하라.

풀이 10.00 psia의 진공도는 4.69 psia의 절대압력(즉 14.69 − 10.00)에 해당한다. 그런 다음 표 2.9의 환산 계수를 사용하면 다음을 얻는다.

$$\frac{4.69 \text{ psia}}{} \left| \frac{760 \text{ mm Hg}}{14.69 \text{ psia}} \right| \frac{1 \text{ cm Hg}}{10 \text{ mm Hg}} = 26.26 \text{ cm Hg}$$

여기 진공에 관련한 뉴스 기사와 그림(그림 2.6)을 소개한다.[2)]

탱크는 부서지기 쉽다. 탱크보다는 달걀이 오히려 더 큰 압력에 견딜 수 있다. 탑 내부에 어떻게 진공이 생성되었는가? 탑에서 물을 배출시키는 동안 공기가 도입되어야 할 배기구가 막히는 바람에 탑 내부와 외부의 압력차가 커져서 스트리퍼가 무너졌다.

그림 2.7은 압력 간의 관계를 개념적으로 보여준다. 편의상 종축 눈금은 과장해서 나타냈고, 파선으로 나타낸 **대기압**은 시간에 따라 변한다. 수평의 실선은 표준 대기압이다. 점 ①의 압력은 절대압력 0을 기준으로 하면 19.3 psia이고, 대기압을 기준으로 하면 4.6 psia(19.3 psia − 14.7 psia)이다. 점 ②는 0 압력이고, 점 ③에 해당하는 압력이 표준 대기압 1 atm이다. 점 ④는 마이너스 상대압력, 즉 대기압보다 낮은 압력으로 진공을 나타낸다. 이 측정은 예제 2.25의 진공도 측정에서 설명하고 있다. 점 ⑤는 표준 대기압을 초과한 마이너스 상대압력을 나타낸다.

표준 대기압과 대기압을 혼동하지 말아야 한다. 표준 대기압(standard atmosphere)은 (표준 중력장에서) 0°C에서 1 atm 또는 760 mm Hg에 해당하는 정해진 압력이지만, 대기압은 변동하는 값이므로 필요할 때마다 기압계로 측정해야 한다.

2) Roy E. Sanders, "Don't Become Another Victim of Vacuum," *Chemical Engineering Progress*, 89 (1993): 54–57.

그림 2.6 ▸ 무너진 탱크(이미지 제공: "CCPS Process Safety Beacon", AIChE)

각각 표준 대기압과 연관되어 있어 환산 계수의 형태를 띤 압력 단위 간의 관계를 이용해 하나의 압력 단위에서 다른 것으로 환산할 수 있다. 예를 들어 표 2.9의 값을 사용해서 35 psia를 in Hg나 kPa로 환산해보자.

$$\frac{35\ \text{psia}}{} \left| \frac{29.92\ \text{in. Hg}}{14.7\ \text{psia}} \right. = 71.24\ \text{in Hg}$$

$$\frac{35\ \text{psia}}{} \left| \frac{101.3\ \text{kPa}}{14.7\ \text{psia}} \right. = 241\ \text{kPa}$$

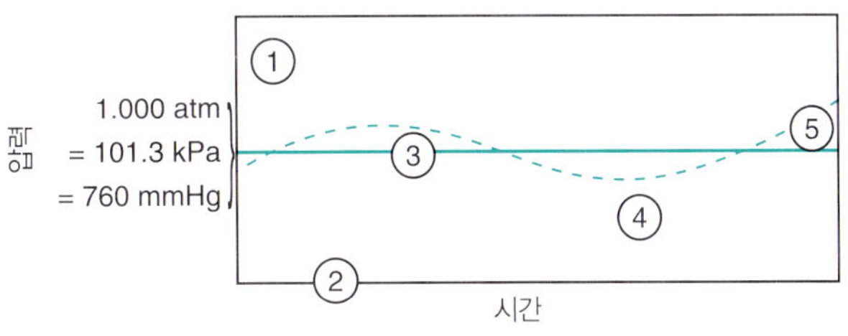

그림 2.7 ▸ 압력 용어

예제 2.24 압력 환산

문제 소다수 제조용 CO_2 탱크의 압력계가 51.0 psi를 가리키고 있다. 기압은 28.0 in. Hg이다. 이 탱크의 절대압력(psia)을 구하라. 그림 E2.24를 참조하라.

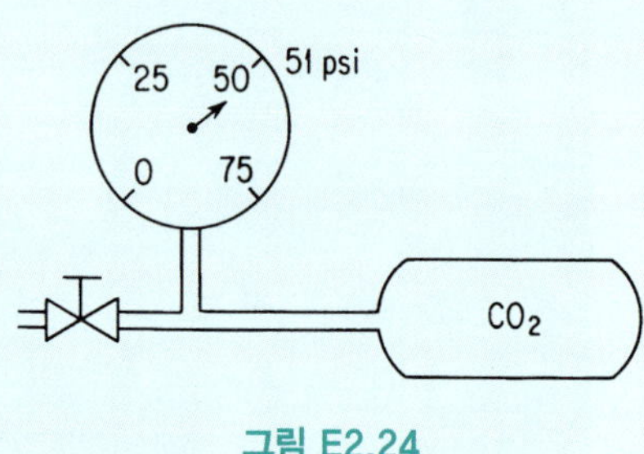

그림 E2.24

풀이 먼저 문제를 잘 읽고 환산 계수를 사용해서 원하는 답을 구한다. 그림 E2.24를 살펴보면 이 계는 탱크와 압력계 연결선으로 되어 있다. 압력계가 절대압력인지, 게이지 압력인지를 제외하고 필요한 모든 데이터는 알고 있다. 어떻게 생각하는가? 게이지에 압력 0이 표시되어 있으므로 압력계를 psia가 아닌 psig로 보는 것이 더 적절하다. 같은 단위로 표현되면 절대압력은 게이지 압력과 대기압의 합이므로, 덧셈이나 뺄셈을 하기 전에 단위를 동일하게 해야 한다. psia를 사용하자. 먼저 기압을 psia 단위로 환산한다.

$$\frac{28.0 \text{ in. Hg}}{} \left| \frac{14.7 \text{ psia}}{29.92 \text{ in. Hg}} = 13.8 \text{ psia} \right.$$

따라서 탱크의 절대압력은 다음과 같다.

$$51.0 + 13.8 = 64.8 \text{ psia}$$

예제 2.24는 중요한 문제를 나타낸다. **사용하는 압력 측정 기구의 성질에 따라 절대압력이나 상대압력이 측정된다**. 그림 2.8a의 열린 **마노미터**(manometer)에서는 열린 팔에 대기압이 미치므로 대기압을 기준으로 한 상대압력(게이지 압력)을 측정한다. 반면에 그림 2.8b에서는 마노미터의 열린 한쪽 끝을 닫고 완전한 진공으로 만든 후 측정하므로 **절대압력**을 측정하게 된다. 그림 2.8b에서 탱크에 있는 질소의 압력이 대기압인 경우 압력계의 대략적인 수치는 얼마인가?

때때로 약자 *psi*에 *a* 또는 *g*와 같은 압력에 대한 약자가 추가되지 않은 경우, 측정된 압력의 단위를 상식적으로 해결해야 한다. 다른 모든 압력 단위도 마찬가지이다. 이를테면 300 kPa이나 12 cm Hg 대신에 '300 kPa 절대'나 '12 cm Hg 게이지'처럼 절대나 게이지를 명시하면 혼동을 피할 수 있다.

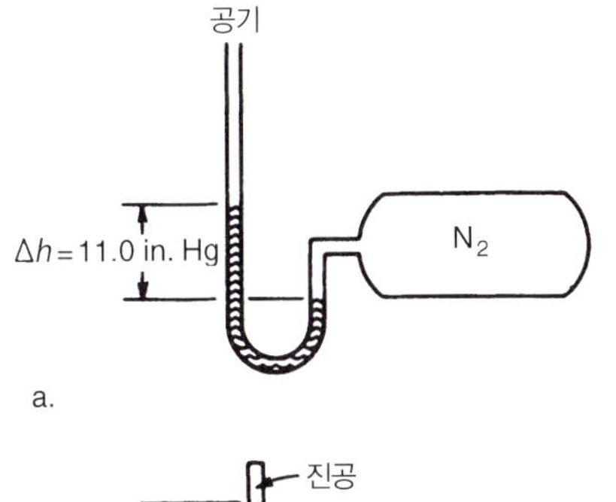

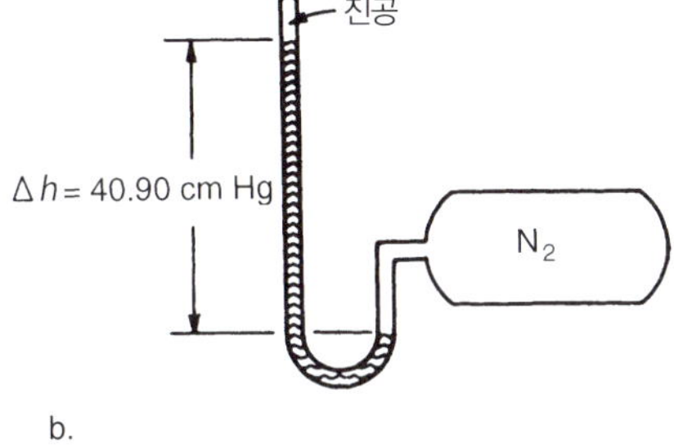

그림 2.8 (a) 열린 마노미터. 대기압을 기준으로 한 탱크 안의 상대압력을 나타낸다. (b) 닫힌 마노미터. 탱크 안의 절대압력을 나타낸다.

예제 2.25 진공도

문제 생쥐와 같은 작은 동물은 20 kPa(절대) 정도의 낮은 압력에서도 힘이 들기는 하겠지만 목숨을 부지할 수 있다. 그림 E2.25에서 보듯이 탱크에 연결된 수은 마노미터의 읽음이 64.5 cm Hg이고 기압은 100 kPa이다. 탱크 안의 생쥐가 살아 있을까?

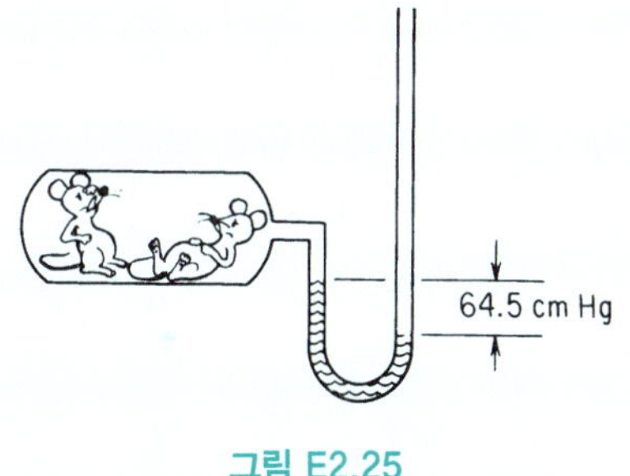

그림 E2.25

풀이 먼저 문제를 잘 읽는다. 마노미터 왼팔의 액면이 대기 중에 개방된 오른팔의 액면보다 높으므로 탱크 안의 압력은 대기압보다 낮다는 것을 알 수 있다. 따라서 절대압력을 구하려면 대기압에서 64.5 cm Hg를 빼야 한다.

온도에 따른 수은의 밀도 변화를 무시하고 마노미터 유체 상부의 기체 밀도 역시 무시한다. 기체의 밀도는 수은의 밀도에 비해 아주 작기 때문이다. 탱크 안의 압력이 기압보다 64.5 cm Hg만큼 낮으므로 탱크 안의 절대압력은 다음과 같다.

$$p_{\text{absolute}} = p_{\text{atmospheric}} - p_{\text{vacuum}} = 100\ \text{kPa} - \frac{64.5\ \text{cm Hg}}{} \left| \frac{101.3\ \text{kPa}}{76.0\ \text{cm Hg}} \right.$$
$$= 100 - 86 = 14\ \text{kPa absolute}$$

지금까지의 설명에서는 마노미터 유체 상부의 기체를 무시했다. 언제나 그럴 수 있을까? 세 가지 유체가 들어 있는 U자 관을 그림 2.9에 나타냈다.

유체 기둥이 동적 상태에 도달하면(동적 상태가 될 때까지 시간이 좀 걸린다) 각 유체의 밀도

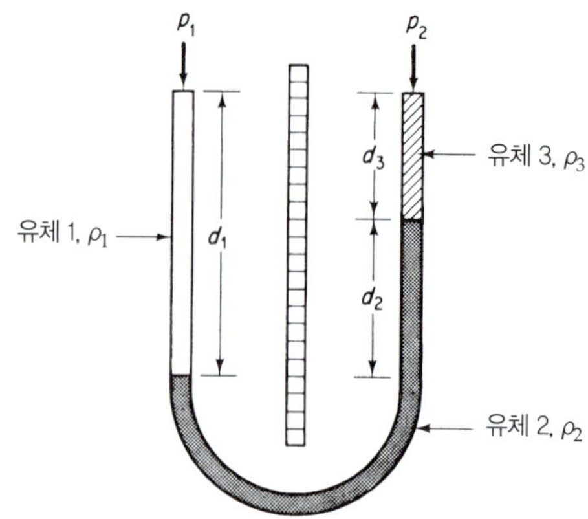

그림 2.9 ▸ 세 가지 유체가 들어 있는 마노미터

ρ_1, ρ_2와 각 유체 기둥 높이 사이의 관계는 다음과 같다. d_1의 밑면을 압력 측정의 기준면 d_1의 밑면 대신에 U자 관의 밑면을 기준면으로 삼더라도 두 팔에서 d_1까지의 높이가 같으므로 양쪽의 압력이 상쇄되어 마찬가지 결과를 얻는다. 식 (2.14)를 참조하라.

$$p_1 + \rho_1 d_1 g = p_2 + \rho_2 g d_2 + \rho_3 g d_3 \tag{2.14}$$

유체 1과 3은 기체이고 유체 2는 수은이라면 기체의 밀도는 수은의 밀도에 비해 아주 작으므로 식 (2.14)에서 이를 무시해도 무관하다.

그러나 유체 1과 3이 유체 2와 혼합되지 않는 액체라면 식 (2.14)에서 이 액체의 밀도를 무시할 수 없다. 유체 1과 3의 밀도가 유체 2의 밀도와 아주 비슷하다면 그림 2.9에서 압력차($p_1 - p_2$)를 나타내는 d_2가 어떻게 달라지는가?

$\rho_1 = \rho_3 = \rho$인 경우에는 다음과 같은 차압 마노미터식(differential manometer equation)이 된다.

$$p_1 - p_2 = (\rho_2 - \rho) g d_2 \tag{2.15}$$

그림 2.10의 오리피스(orifice)처럼 흐르는 유체가 방해물을 만나면 **압력이 감소**한다. 압력차는 여러 기구로 측정할 수 있다. 그림 2.10에서는 압력 탭(tap)에 연결해 압력차를 측정한다. 원관 안의 유량이 일정하면 마노미터 유체는 정지상태를 유지한다.

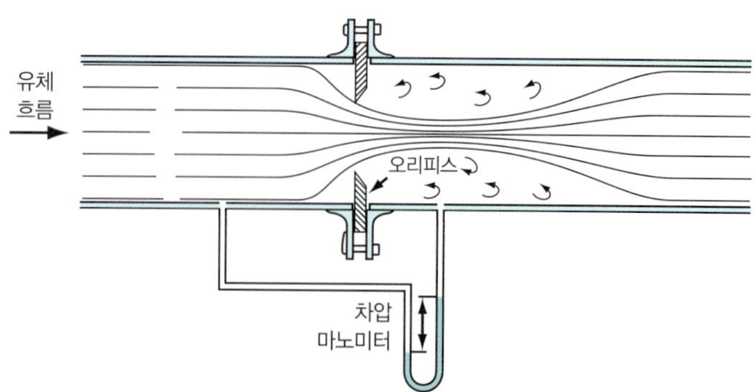

그림 2.10 ▸ 차압 마노미터. 동심 오리피스로 유로를 줄이고 마노미터를 이용해서 유량을 측정한다.

예제 2.26 압력차 계산

문제 그림 E2.26과 같이 오리피스를 통해 원관 안에 흐르는 물의 유량을 구하기 위해 마노미터를 설치해 오리피스 판 양쪽의 압력차를 측정한다. 압력강하(압력차)로부터 유량을 검량할 수 있다. 그림 E2.26의 마노미터 눈금으로부터 압력차($p_1 - p_2$)를 파스칼로 계산하라.

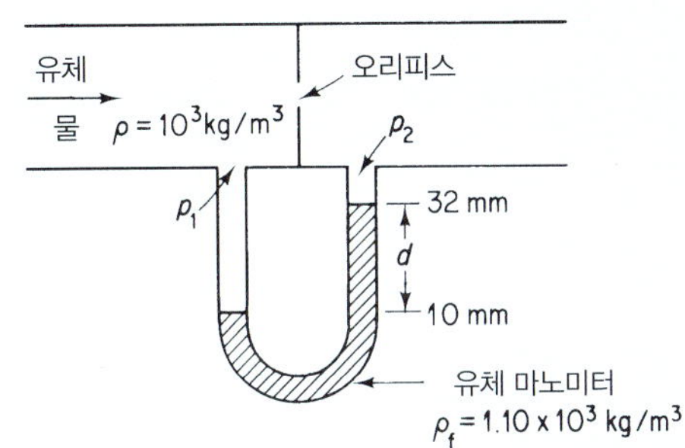

그림 E2.26

풀이 이 예제에서는 마노미터 유체 상부 물의 밀도를 무시할 수 없다. 마노미터의 두 팔에서 마노미터 유체 상부의 유체 밀도가 같으므로 식 (2.14)나 식 (2.15)를 이용한다. 계산 기준으로 그림 E2.26의 정보를 사용한다. 식 (2.15)를 적용하면 다음과 같다.

$$p_1 - p_2 = \left(\rho_f - \rho\right) gd$$

$$= \frac{(1.10 - 1.00)10^3\ \text{kg}}{\text{m}^3}\left|\frac{9.807\ \text{m}}{\text{s}^2}\right|\frac{(22)\left(10^{-3}\right)\text{m}}{}\left|\frac{1\ (\text{N})(\text{s}^2)}{(\text{kg})(\text{m})}\right|\frac{1(\text{Pa})(\text{m}^2)}{1\ (\text{N})}$$

$$= 21.6\ \text{Pa}$$

답을 검산한다. 물의 밀도를 무시할 경우의 오차는 어느 정도인가?

예제 2.27 마노미터의 알 수 없는 액체

문제 그림 2.8a 및 2.8b에 표시된 시스템을 고려하자. 그림 2.8a에서는 가스가 담긴 용기에 압력계가 부착되어 있고, 그림 2.8b에서는 끝이 닫힌 압력계가 대기에 연결되어 있다. 두 압력계 모두 동일한 미지의 액체를 사용하며 기압은 765 mmHg와 같다. 두 압력계의 판독값이 30인치(그림 2.8a)와 80인치(그림 2.8b)인 경우, 미지의 유체에 대한 밀도를 $\text{lb}_\text{m}/\text{ft}^3$ 단위로 구하고 그림 2.8a에 표시된 용기의 압력을 psia로 구하라.

풀이 압력계의 압력과 마노미터 다리의 높이차를 알고 있기 때문에 식 (2.15)를 다시 정리하면 미지의 액체의 밀도가 공기의 밀도보다 훨씬 크다고 가정해서 미지의 액체의 밀도를 계산할 수 있다.

$$\rho = \frac{p - p_0}{gh} = \frac{(765 - 0)\,\text{mm Hg}}{80\ \text{in}}\left|\frac{\text{s}^2}{32.174\ \text{ft}}\right|\frac{14.69\ \text{lb}_\text{f}}{760\ \text{mm Hg}\ \ \text{in}^2}\left|\frac{32.174\ \text{lb}_\text{m}\ \ \text{ft}}{\text{lb}_\text{f}\ \ \text{s}^2}\right|\frac{12^3\ \ \text{in}^3}{\text{ft}^3}$$

$$= 319\ \text{lb}_\text{m}\ \ \text{ft}^{-3}$$

식 (2.11)을 사용해서 용기의 압력을 계산할 수 있다.

$$p=\rho gh+p_0=\frac{319\ \text{lb}_\text{m}}{\text{ft}^3}\left|\frac{32.174\ \text{ft}}{\text{s}^2}\right|30\ \text{in}\left|\frac{\text{lb}_\text{f}\ \text{s}^2}{32.174\ \text{lb}_\text{m}\ \text{ft}}\right|\frac{\text{ft}^3}{12^3\ \text{in}^3}\right|+14.79$$
$$=5.54+14.79=20.33\ \text{psia}$$

마노미터 측정값과 기압의 비율을 사용하고 psig로 변환해서 용기의 게이지 압력을 직접 계산할 수도 있다.

$$p-p_0=\frac{30\ \text{in}}{80\ \text{in}}\left|765\ \text{mm Hg}\right|\frac{14.69\ \text{psi}}{760\ \text{mm Hg}}\right|=5.54\ \text{psig}$$

산업용 압력 센서 공정 산업에서 가장 일반적인 보드 장착형 압력 센서는 차압(DP) 셀로, 일반적으로 두 구획 사이의 차압을 기준으로 편향되는 밸런스 바를 사용한다. DP 셀의 두 구획이 격막의 반대편과 접촉하기 때문에 압력이 높은 쪽이 밸런스 바에 더 많은 힘을 가하게 된다(그림 2.11). 격막에 작용하는 높은 압력으로 인한 힘에도 불구하고 밸런스 바를 균형 잡힌 위치로 유지하기 위해 정밀 강제 모터가 사용된다. 결과적으로 구획 사이의 차압은 막대의 균형을 맞추는 데 사용되는 힘에 비례한다. 구획 중 하나가 대기에 열려 있는 경우 DP 셀은 공정의 게이지 압력을 측정한다. DP 셀은 유속을 측정하거나 레벨 센서로서 정수두를 측정하기 위해 오리피스 판 전체의 압력 강하를 측정하는 데에도 사용된다.

현장 장착형 압력 센서에는 이미 설명한 압력계와 부르동 압력 게이지(그림 2.12)가 포함된다. 부르동 게이지는 측정되는 압력이 증가함에 따라 C자형 부르동관이 약간 곧게 펴지고 이로 인해

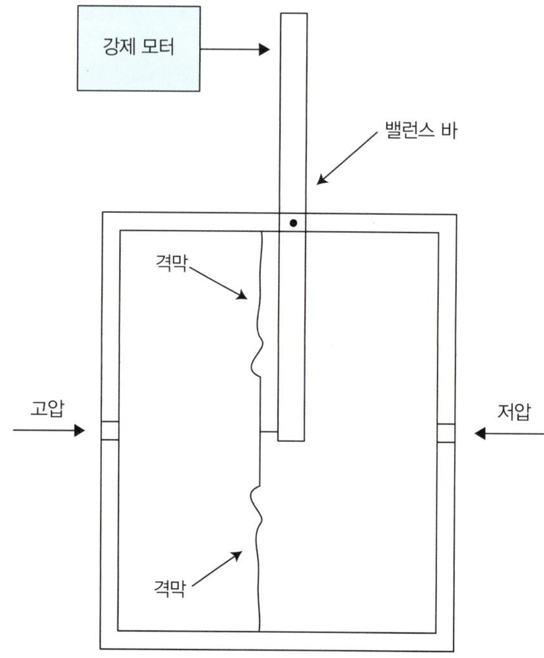

그림 2.11 ▸ 밸런스 바를 사용하는 DP 셀의 개략도

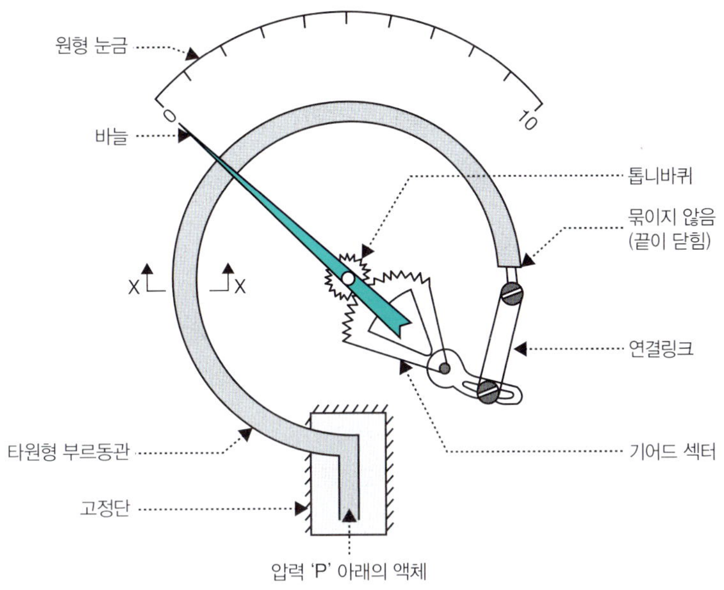

그림 2.12 ▸ C자형 부르동 압력 게이지의 개략도

게이지 바늘이 더 높은 압력 판독값으로 이동한다는 사실에 기초한다. 부르동 압력 게이지는 C자형 튜브를 곧게 만드는 대기압 이상의 압력이기 때문에 게이지 압력을 측정한다.

자습문제

확인문제

1. 다음 설명이 참인지 거짓인지 밝혀라.

a. 대기압은 우리를 둘러싼 공기의 압력으로 날마다 달라진다.

b. 표준 대기압은 일정한 기준 압력으로서 1.000 atm에 해당한다.

c. 절대압력은 진공을 기준으로 측정한 압력이다.

d. 게이지 압력은 대기압을 기준으로 측정한 플러스 압력이다.

e. 진공도와 부압은 대기압을 기준으로 측정한 마이너스 압력이다.

f. 표준 대기압을 환산 계수를 이용해 압력의 단위를 환산할 수 있다.

g. 마노미터는 마노미터 유체의 높이에 의해 압력차를 측정하는 기구이다.

h. 원관 안에 공기가 흐른다. 그림 2.10과 같이 설치한 수은 마노미터의 차압은 14.2 mm Hg이다. 이때 마노미터 유체인 수은 기둥의 높이에 미치는 공기 밀도의 영향은 무시할 수 있다.

2. 진공도와 절대압력은 어떤 관계인가?

3. 압력은 완전한 진공보다 낮은 수치일 수 있는가?

해답

1. 모두 참

2. 대기압 − 진공도 = 절대압력

3. 아니다.

적용문제

1. 800 mm Hg를 다음 단위의 값으로 환산하라.

a. psia

b. kPa

c. atm

d. ft H_2O

2. 본문에서 다룬 압력은 표준 대기압, 기압, 게이지 압력, 절대압력, 진공도이다.

a. 그림 SAT2.7.2P2a에서 측정하는 압력은 무엇인가?

b. 그림 SAT2.7.2P2b에서 측정하는 압력은 무엇인가?

c. 그림 SAT2.7.2P2c에서 읽음 h의 값은 무엇인가? 헬륨 탱크 내부와 외부의 압력은 각각 a, b의 압력과 같다고 가정한다.

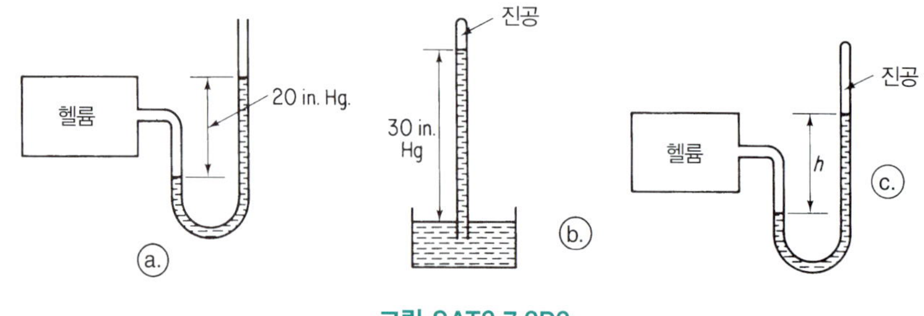

그림 SAT2.7.2P2

3. 증발장치의 압력이 40 kPa 진공이다. 절대압력(kPa)을 구하라.

4. U자 관 수은 마노미터를 원관의 두 점에 연결한다. 마노미터 읽음이 26 mm Hg일 때 다음 두 경우의 압력차를 kPa 단위로 나타내라.

a. 원관 안에 물이 흐를 경우

b. 원관 안에 대기압과 20°C에서 밀도가 1.20 kg/m^{3}인 공기가 흐를 경우

해답

1. (a) 15.5, (b) 106.6, (c) 1.052, (d) 35.6

2. (a) 게이지 압력, (b) 대기압, (c) 절대압력(50 in Hg)

3. 대기압이 없으면 101.3 kPa(1 atm)을 가정하라. 절대압력은 61.3 kPa이다.

4. Hg은 고정되어 있다. (a) 3.21 kPa, (b) 3.47 kPa

2.7.3 수위

공정 플랜트 용기의 액체 수위를 모니터링해서 작동 중에 용기가 넘치거나 건조해지지 않도록 해야 한다. 이러한 용기는 공정 내 재고를 유지하고 용기로 유입되는 유량 변동을 흡수하는 데 사용된다. 또한 많은 반응기는 반응기 내 액상에서 원하는 반응을 유지한다. 따라서 반응기의 액체 수위는 제품 생산 속도에 직접적인 영향을 미친다. 이러한 각 경우에 대해 용기 내 액체 수위를 지속적으로 측정해야 한다.

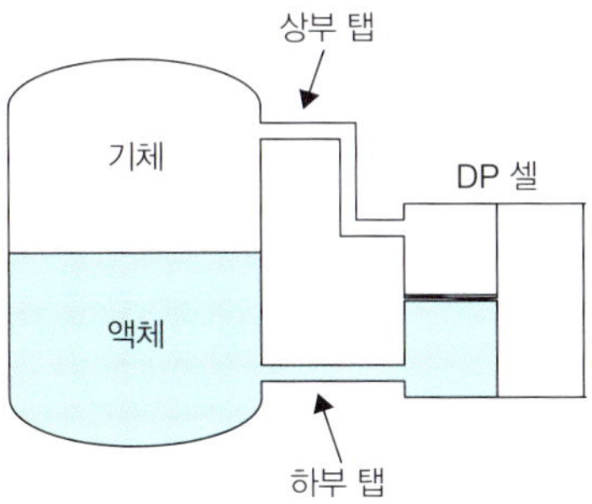

그림 2.13 ▸ 일반적인 차등 수위 센서의 회로도

공정 산업에서 가장 일반적인 수위 센서는 DP 셀을 사용한 정수두 측정을 기반으로 한다. 그 이유는 액체 수위의 높이는 용기 상단 압력과 용기 바닥 압력 사이의 압력 차이에 비례하기 때문이다. 이는 가벼운 상과 무거운 상(예: 각각 기체와 액체)의 밀도에 큰 차이가 있는 한 잘 적용된다. 식 (2.15)를 다시 정리하면 다음과 같다.

$$h = \frac{\Delta p}{\rho g} \tag{2.16}$$

여기서 h는 액체 수위의 측정 높이, Δp는 상부 탭과 하부 탭 사이의 압력 차이, ρ는 액체의 밀도, g는 중력 상수이다.

2.7.4 유량

공정 산업에서 공정 흐름은 일반적으로 파이프를 통해 공정으로 전달되거나 제거된다. 공정 흐름의 **유량**(flow rate)은 물질이 운반 파이프를 통해 운반되는 속도이다. 이 책에서는 일반적으로 부피 유량 F를 제외한 속도를 표시하기 위해 기호 위에 점을 붙여 사용한다. 공정 흐름의 **질량유량**($\dot{m}$)은 단위 시간(t)당 파이프를 통해 운반되는 질량(m)이다.

$$\dot{m} = \frac{m}{t} \qquad [=]\ 질량/시간$$

공정 흐름의 **몰유량**(molar flow rate, $\dot{n}$)은 단위 시간당 파이프를 통해 운반되는 물질의 몰(n)이다.

$$\dot{n} = \frac{n}{t} \qquad [=]\ 몰수/시간$$

공정 흐름의 **부피유량**(volumetric flow rat, F)은 단위 시간당 라인을 통해 운반되는 부피(V)이다.

$$F = \frac{V}{t} \qquad [=]\ 부피/시간$$

예제 2.28 몰유량

문제 질량분율로 20 wt 퍼센트인 NaCl 수용액이 20,000 lb_m/h의 속도로 공정에 들어간다. 공정에 들어가는 NaCl의 몰유량을 구하라.

풀이 이 질량유량은 다음과 같이 NaCl의 몰유량을 계산하는 데 사용될 수 있다.

$$\dot{n}_{NaCl} = \frac{20,000\ lb_m\ soln}{h}\left|\frac{0.20\ lb_m\ NaCl}{lb_m\ soln}\right|\frac{lb\ mol\ NaCl}{58.44\ lb_m\ NaCl}\right| = 68\ lb\ mol/h$$

산업용 유량 센서 자기식, 와류 발산, 오리피스 미터는 보드에 장착된 유량 센서이다. 저압 강하 유량 센서인 자기 유량계는 자기장(예: 상수도)을 통과하는 전기 전도성 유체에 의해 생성된 전압을 측정하는 것을 기반으로 한다. 와류 발산 유량계는 파이프 내부에 뭉툭한 물체를 삽입하고 뭉툭한 물체에 의해 생성된 하류 펄스를 측정하는 방식을 기반으로 한다. DP 셀이 압력계 대신 오리피스의 압력 강하를 측정하는 데 사용된다는 점을 제외하면 그림 2.10에 표시된 것과 유사한 오리피스 미터는 자기 및 와류 발산 유량계보다 비용이 저렴하고 일반적으로 적용 가능하기 때문에 가장 일반적으로 사용되는 유량 센서이다.

보드 장착형 유량 센서이기도 한 코리올리 미터는 U자 관을 통해 유체를 통과시키며, 결과적으로 관의 각 편향은 질량유량에 정비례한다. 코리올리 미터는 상대적으로 청소가 쉽고 멸균 상태를 유지하는 원활한 흐름 도관을 사용하고 일반적으로 유지 관리가 적은 센서이기 때문에 생명공학 산업에서 널리 사용된다. 현장 장착형 유량 센서인 로타미터는 생명공학 산업에서도 사용되며 테이퍼형 유리관에 매달린 플로트를 사용한다. 유속이 증가함에 따라 플로트가 테이퍼형 튜브에서 더 높게 자리 잡는다.

자습문제

적용문제

1. 비중이 0.91인 탄화수소 연료가 탱크에 40 gal/min로 도입된다. 탱크의 용량이 40,000 lb일 때 탱크를 한계까지 채우는 데 필요한 시간을 구하라.
2. 순수한 염소가 3.1분당 2.4 kg으로 공정에 도입된다. 이 염소의 몰유량(kg mol/hr)을 구하라.

해답

1. 132분
2. 0.654 kg mol/hr

2.7.5 농도

농도는 혼합물의 구성물(용질) 양을 전체 혼합물로 나눈 값을 말한다. 관심의 대상이 되는 구성 요소의 양은 일반적으로 구성 요소의 질량 또는 몰로 표현되는 반면, 혼합물의 양은 그에 상응하는 혼합물의 부피 또는 질량으로 표현될 수 있다. 다음은 일반적으로 발생하는 몇 가지 예이다.

- **질량/부피(질량농도)**: lb_m 용질/ft^3 용액, g 용질/L, lb_m 용질/bbl, kg 용질/m^3
- **몰/부피(몰농도)**: lb mol 용질/ft^3 용액, g mol 용질/L, g mol 용질/cm^3
- **질량(무게)분율**: 혼합물의 총질량에 대한 물질의 질량비, 분율(또는 %)
- **몰분율**: 혼합물의 총몰에 대한 물질의 몰비, 분율(또는 %)
- **ppm**(part per million, 백만 분율), **ppb**(part per billion, 10억 분율): 아주 묽은 용액의 용질 농도를 표시하는 방법이다. ppm은 고체와 액체의 경우에는 질량분율, 기체의 경우에는 몰분율에 해당한다.
- **ppmv**(부피 기준의 백만 분율), **ppbv**(부피 기준의 10억 분율): 혼합물의 부피당 용질의 부피비(일반적으로 가스에만 사용됨)

이 외에도 알고 있어야 되는 화학에서의 농도 표현은 몰랄 농도(molality, g mol 용질/kg 용매), 몰농도(molarity, g mol/L), 노르말 농도(normality, eqiv./L)가 있다. 농도는 질량이 기준이 되면 **질량농도**(질량/단위 부피, 질량분율, ppm), 몰이 기준이 되면 **몰농도**(몰/단위 부피, 몰분율)라고 한다.

다음은 미국 환경청이 가이드라인으로 제시하고 있는 가장 일반적인 인체 악영향 물질 5개에 대해 기준 농도에 일정 기간 동안 노출될 경우 인체에 악영향을 줄 수 있는 극한 수준이다.

1. **이산화황**: 365 μg/m^3(24시간 평균)
2. **입자상 물질**(미세먼지, 10 μm 이하): 150 μg/m^3(24시간 평균)
3. **일산화탄소**: 10 mg/m^3(9 ppm)(8시간 평균), 40 mg/m^3(35 ppm)(1시간 평균)
4. **이산화질소**: 100 μg/m^3(1시간 평균)
5. **오존**: 0.12 ppm(1시간 평균)

여기서 ppm을 제외하고는 기체 농도를 질량/부피 단위로 나타낸 점에 유의하기 바란다.

예제 2.29 세포 성장에 필요한 질소

문제 정상적으로 살아 있는 세포에 필요한 질소는 단백질 대사에서 제공된다(즉 세포 내 단백질 소비). 제약업계와 같이 상업적으로 세포를 성장시키는 경우, 일반적으로 질소의 소스로 $(NH_4)_2SO_4$을 사용한다. 500 L 발효 중간체에서 최종 세포 농도가 35 g/L일 때, 발효 중간체 안에서 소비된 $(NH_4)_2SO_4$의 양을 구하라. 세포는 질소 9 wt%를 포함하고 있으며, 질소 공급원은 $(NH_4)_2SO_4$가 유일하다고 가정하라.

풀이

계산 기준: 35 g/L가 포함된 용액 500 L

$$\frac{500\text{ L}}{}\left|\frac{35\text{ g cell}}{\text{L}}\right|\frac{0.09\text{ g N}}{\text{g cell}}\left|\frac{\text{g mol}}{14\text{ g N}}\right|\frac{1\text{ g mol }(NH_4)_2SO_4}{2\text{ g mol N}}\left|\frac{132\text{ g }(NH_4)_2SO_4}{\text{g mol }(NH_4)_2SO_4}\right.$$

$$= 7425\text{ g }(NH_4)_2SO_4$$

예제 2.30 ppm의 사용

문제 OSHA에서 정한 공기 중 HCN의 8시간 한계는 10.0 ppm이다. 공기 중 HCN의 치사량은 상온에서 300 mg/kg이다(Merck index). 10.0 ppm을 mg/kg의 단위로 나타내라. 10.0 ppm은 치사량의 몇 분의 1인가?

풀이 기상 중의 ppm(몰 기준)을 질량비로 환산하는 문제이다.

계산 기준: 공기/HCN 혼합물 1 kg

공기 중 HCN의 양은 아주 극미량이므로 10.0 ppm은 10.0 g mol HCN/10^6 g mol air로 간주할 수 있다.

10.0 ppm은

$$\frac{10.0 \text{ g mol HCN}}{10^6 \text{ (air + HCN) g mol}} = \frac{10.0 \text{ g mol HCN}}{10^6 \text{ g mol air}}$$

이어서 HCN의 몰을 질량으로 바꾸기 위해 분자량을 구하면 MW = 27.03이다.

$$\frac{10.0 \text{ g mol HCN}}{10^6 \text{ g mol air}}\left|\frac{27.03 \text{ g HCN}}{1 \text{ g mol HCN}}\right|\frac{1 \text{ g mol air}}{29 \text{ g air}}\left|\frac{1000 \text{ mg HCN}}{1 \text{ g HCN}}\right|\frac{1000 \text{ g air}}{1 \text{ kg air}}$$

$$= 9.32 \text{ mg HCN/kg air}$$

$$\frac{9.32}{300} = 0.031$$

이 답이 타당한가? 적어도 1보다는 작은 값이다.

산업용 조성 센서 공정 산업에서는 다양한 조성 분석기가 사용된다. 정유소 및 석유화학 공장에서 널리 사용되는 가스 크로마토그래프(GC)는 포장된 크로마토그래피 칼럼에 흡수될 수 있도록 서로 다른 친화도를 기준으로 성분을 분리한다. 정확도 및 관련 샘플 처리 시간은 응용 프로그램마다 다르다. 고압 액체 크로마토그래피(HPLC)는 생명공학 분야에서 광범위하게 사용되며, 크로마토그래피 칼럼을 사용해서 구성 요소의 이동도 변화를 이용해 액체 혼합물에서 구성 요소를 분리한다는 점에서 GC와 유사하다.

생명공학 산업에서는 용존 산소(DO) 센서, pH 센서, 탁도 측정기를 비롯한 다양한 특수 목적 분석기를 사용한다. 많은 생물반응기는 산소를 반응물로 사용하며, 산소 농도가 원하는 범위에 있는지 확인하기 위해 전극인 DO 센서를 사용한다. pH는 대부분의 생물 공정에 중요한 영향을 미치며, 전극이기도 한 pH 센서는 시스템 pH를 제어하거나 모니터링하는 데 사용된다. 일반적인 전극의 개략도를 그림 2.14에 나타내었다. 전극 하단에 있는 유리막은 생물반응기의 특정 이온이 충전 용액으로 들어가는 것을 허용한다. 전극 판독값은 충전 용액의 측정 전극과 AgCl 기준 전극 사이의 전압 차이다. 탁도는 샘플 내 부유물질로 인해 발생하는 광산란의 양을 측정한 것이다. 반응 혼합물이 세포를 제외하고 투명한 경우 발효기의 샘플 내 세포 농도는 세포 농도와 강한 상관관계가 있다.

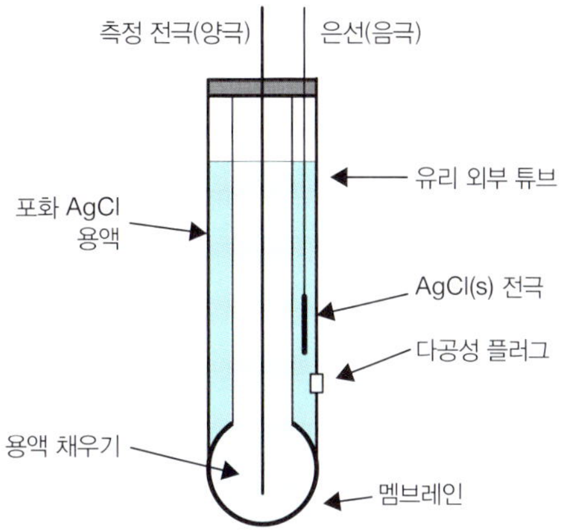

그림 2.14 ▸ 전극의 단면

자습문제

확인문제

1. ppm은 몰비로 나타낸 농도인가?

2. 혼합물 중 한 성분의 농도는 혼합물의 양에 따라 달라지는가?

3. 1 ppb는 몇 ppm인가?

a. 1000

b. 100

c. 1

d. 0.1

e. 0.01

f. 0.001

4. 10 ppm보다 5배 더 큰 것이 50 ppm인가?

5. 한 혼합물의 성분이 물 15%와 에탄올 85%인 것으로 알려졌다. 이 비율은 질량, 몰, 부피 중 어느 것인가?

6. 최근 미국에서 분출되는 20개 온실가스에 대한 미국 환경청의 목록을 보면 이산화탄소가 510만 Giga g(Gg)으로 이루어졌는데, 이는 미국 온실가스 배출량의 약 70%이다. 전기 유틸리티 부문의 화석연료 연소는 모든 이산화탄소 배출량의 34%를 차지하며 교통, 산업, 주거산업 분야는 각각 전체의 34%, 21%, 11%를 차지한다. 이 네 가지 %는 몰 %인가, 질량 %인가?

해답

1. 기체에 적용되며 액체와 고체에는 적용되지 않는다.

2. 아니다.

3. 0.001

4. 그렇다.

5. 질량 백분율

6. 전체의 백분율이며 무차원이다.

적용문제

1. 수용액 중 물질의 농도가 1.2%이다. 몇 mg/L에 해당하는가?
2. 막여과기로 여과해 배양한 결과 우물물 5 mL 중의 분변 대장균(FC) 콜로니(colony)가 69개이다. FC 농도는 얼마인가?
3. 흡기 중 이산화황의 인체 위험 수준은 2620 μg/m^{3}이다. ppm 값으로 나타내라.

해답

1. 계산 기준: 용액 1 L: $\frac{1\ \text{L}}{}\left|\frac{1000\ \text{g}}{\text{L}}\right|\frac{12\ \text{g Substrate}}{1000\ \text{g}}\left|\frac{1000\ \text{mg Substrate}}{\text{g Substrate}}\right| = 12,000\ \text{mg}$
2. 1400 FC/100 mL
3. 1 ppm

주요 용어

게이지 압력(gauge pressure): 대기압을 기준으로 측정한 압력
계산 기준(basis): 문제에서 계산을 하기 위해 선택한 물질의 기준량이나 시간
계산 기준 변경(changing bases): 한 문제의 풀이 과정에서 계산의 편의상 계산 기준을 변경하는 일
공정(process): 사료 재료를 채취해서 제품으로 전환
공정 문제 해결(process troubleshooting): 공정 문제를 해결하는 활동
그램 몰(gram mole): 6.022×10^{23} 분자
기본 단위(fundamental units): 독립적으로 측정할 수 있는 단위
기압(barometric pressure): 기압계로 측정하는 절대압력
내포량(intensive quantity): 고려 중인 시스템의 크기에 의존하지 않는 성질
농도(concentration): 단위 부피당 물질의 양
단위 환산(unit conversion): 한 단위를 다른 단위로 바꾸는 일
랭킨(Rankine, °R): 우리가 생각하는 최저온도를 0도로 정한 절대온도 눈금의 하나
몰(mole): 6.022×10^{23} 분자(또는 입자)를 1 mol이라 한다.
몰농도(molar concentration): 성분의 몰수에 따른 농도 단위
몰분율(mole fraction): 혼합물이나 용액 중 특정 성분의 몰을 전체 몰로 나눈 값
몰유량(molar flow rate): 파이프를 통해 흐르는 단위 시간당 물질의 총몰수
무게(중량)(weight): (중력장에서) 질량을 받치는 데 필요한 힘의 반대 방향 힘
무게분율(질량분율)(weight fraction): 질량분율의 관습 명칭
무차원군(dimensionless group, nondimensional group): 실질 차원(단위)이 없도록 한 변수나 매개변수의 조합
밀도(density): 한 화합물의 단위 부피당 질량. 단위 부피당 몰은 몰밀도라 한다.
반복성(repeatability): 측정값이 얼마나 정확한지를 나타내는 지표

병목 현상 해소(debottlenecking): 공정에 대한 최소한의 변경을 사용해서 공정의 처리량을 늘리는 활동
부피유량(volumetric flow rate): 파이프를 통해 흐르는 시간당 물질의 부피
분자량(molecular weight): 화합물 단위 몰의 질량
보드 장착형 센서(board-mounted sensor): 제어실에서 읽을 수 있는 센서
비부피(specific volume): 질량밀도의 역(부피/질량)
비중(specific gravity): 대상 화합물의 밀도와 기준 화합물의 밀도 비
상대오차(relative error): 어떤 양에 대한 비율로 나타낸 오차
섭씨(Celcius, °C): 공기-물 혼합물의 어는점을 0도로 정한 상대온도 눈금
압력(pressure): 유체가 수직으로 미치는 단위 넓이당 힘
외연량(extensive quantity): 시스템의 크기에 따라 달라지는 성질
용액(solution): 두 가지 이상 화합물의 균일 혼합물
원자량(atomic weight): 정확하게 12인 ^{12}C를 기준으로 한 원자의 상대적 질량
유도 단위(derived units): 기본 단위로부터 얻는 단위
유량(flow rate): 단위 시간당 흐르는 물질의 질량, 몰 또는 부피
진공도(vacuum): 기압보다 낮은 압력. 그러나 플러스 값으로 나타낸다.
절대압력(absolute pressure): 완전 진공을 기준으로 측정한 압력
정밀도(precision): 동일한 양의 측정값이 얼마나 밀접하게 그룹화되어 있는지 나타냄
정확도(accuracy): 측정값이 참값에 얼마나 근접하는지를 나타내는 척도
질량(mass): 물질의 양을 나타내는 기본 차원의 하나
질량농도(mass concentration): 성분의 질량에 따른 농도 단위
질량분율(mass fraction): 물질 또는 용액 집합의 총질량에 대한 구성 요소의 질량의 비율
질량유량(mass flow rate): 파이프를 통해 흐르는 단위 시간당 질량
차원(dimensions): 길이, 시간과 같은 측정의 기본 개념
차원 일관성(dimensional consistency): 수식에서 각 항의 실질 차원은 모두 같아야 한다.
체계적 오류(systematic errors): 실제 판독에서 발생하는 일관된 오차
측정 단위(units of measure): 사물을 정확하게 명시적으로 설명하는 수단
켈빈(Kelvin, K): 우리가 생각하는 최저온도를 0도로 정한 절대온도 눈금의 하나
파운드 몰(pound mole, lb mol): $6.022 \times 10^{23} \times 453.6$ 분자. 454.6 mol
파운드 질량(pound mass): AE 단위계에서 질량의 단위
파운드 힘(pound force): AE 단위계에서 힘의 단위
평균분자량(average molecular weight): 혼합물이나 용액의 총질량을 총몰로 나누어 계산한 가상적 분자량
표준 대기압(standard atmosphere): 표준 중력장의 대기압. 정확하게 760 mm Hg
현장 장착형 센서(field-mounted sensor): 공정에서만 읽을 수 있는 센서
화씨(Fahrenheit, 8F): 공기-물 혼합물의 어는점을 32도로 정한 상대온도 눈금
화합물(compound): 한 가지 이상의 원소로 된 화학종
힘(force): 질량과 가속도를 곱한 유도량
AE 단위계(American Engineering System of Units): 미국 공학 단위계
API: 석유 제품의 비중을 나타내는 척도

CGS: 미터 대신 센티미터를 사용하고 킬로그램 대신 그램을 사용한다는 점을 제외하면 SI 단위와 동일한 단위 체계

g_c: lb_m과 lb_f 간의 변환에 사용되는 환산 인자

kg mol: 1000몰

ppb(parts per billion): 혼합물의 십억 부분당 관심 성분의 부분으로 표현되는 농도

ppm(parts per million): 혼합물의 백만 부분당 관심 성분의 부분으로 표현되는 농도

psia: 평방 인치당 절대적인 파운드 힘

SI 단위계(SI system): 국제 표준 단위계

연습문제

2.1 측정 단위

*2.1.1 다음은 SI 단위계에 관한 문제이다.

a. 다음 중 SI 단위는 무엇인가?

(1) nm　　(2) °K

(3) sec　　(4) N/mm

b. 다음의 단위와 일치하는 SI 단위는 무엇인가?

(1) MN/m^2　　(2) GHz/s

(3) $kJ/[(s)(m^2)]$　　(4) °C/M/s

c. 대기압은 대략 얼마인가?

(1) 100 Pa　　(2) 100 kPa

(3) 10 MPa　　(4) 1 GPa

d. W의 단위는 무엇인가?

(1) 1 J/s　　(2) $1\ (kg)(m^2)/s^3$

(3) 힘의 모든 단위　　(4) (1), (2), (3) 모두 맞다.

e. 몸집이 작은 여성들은 키와 몸무게가 대략 어느 정도인가?

(1) 1.50 m, 45 kg　　(2) 2.00 m, 95 kg

(3) 1.50 m, 75 kg　　(4) 1.80 m, 60 kg

f. 다음 중 겨울 실내 권장 온도는?

(1) 15°C　　(2) 20°C

(3) 28°C　　(4) 45°C

g. 온도 0°C는 다음과 같이 정의된다.

(1) 273.15°K　　(2) 절대 0도

(3) 273.15 K　　(4) 물의 어는점

h. 무거운 가방을 들어 올리는 데 필요한 힘은?

(1) 24 N　　(2) 250 N

(3) 25 kN　　(4) 250 kN

**2.1.2 그림 P2.1.2에 두 가지 저울이 있다. (a)는 천칭 저울이고 (b)는 용수철 저울이다. 천칭 저울의

경우 한쪽 접시에 무게를 아는 추를 올려놓고 다른 쪽 접시에 물건을 올려놓아서 균형을 이루도록 한다. 용수철 저울의 경우 접시 위에 물건을 올려놓으면 용수철이 수축되어 바늘이 움직인다. 질량이나 중량을 직접 재는 저울은 어떤 것인가? 그 이유를 한 문장으로 설명하라.

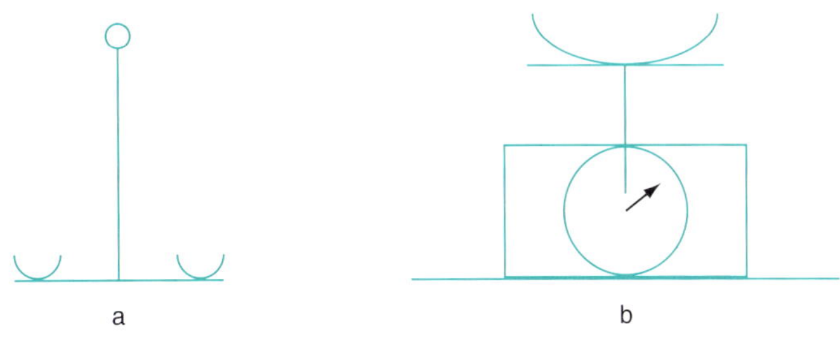

그림 P2.1.2

2.2 단위 환산

2.2.1 다음을 올바른 유효 숫자 수를 사용해서 SI 단위로 변환하라.

a. 2.5 miles

*__b.__ 52.66 Btu

c. 5.00 hp

d. 50. gal min^{-1}

e. 22.5 lb_f in^{-2}

f. 45.6 slugs s^{-1}

*__g.__ 17.0 hp hr

h. 35.9 gal s^{-1} ft^{-2}

i. 357 °F

*__j.__ 7.6 lb_m ft^{-3}

2.2.2 올바른 유효 숫자 수를 사용해서 다음 단위를 변환하라.

*__a.__ 6.000 ft를 micrometer로 변환

b. 100.0 km/h를 in. μs^{-1}로 변환

c. 500 K을 화씨(°F)로 변환

d. 1.00×10^6 Btu/h를 kW로 변환

e. 7.5 kg m^{-3}를 ounce/bushel로 변환(환산 계수를 찾아야 될 수도 있음)

*__f.__ 15.367 lb_m ft^2 s^{-2}를 Btu로 변환

g. 0.2433 kg m^{-1} s^{-2}를 psi(lb_f $in.^{-2}$)로 변환

h. 10.1 A V를 kW로 변환

*__i.__ 32.17 ft s^{-2}를 mm h^{-2}로 변환

j. 0.779 lb_m ft^2 s^{-3}를 kW로 변환

2.2.3 오스트리아의 모든 사람이 1년 동안 500 km를 덜 운전한다면 연간 수천 m^3의 휘발유가 얼마나 절약될지 추정해보라. 2019년에는 오스트리아에서 휘발유가 221.6만 m^3 소비되었으며 연간 1인당 평균 주행 킬로미터는 13,699 km인 것으로 추산되었다.

2.2.4 장치가 2500 Btu h^{-1}을 제공하는 경우 에어컨 장치를 작동하기 위한 월별 전력 요금을 구하라. 에어컨 장치의 에너지 효율 비율(energy efficiency ratio, EER, 즉 냉각 장치를 구동하는 데 사용되는 전기 에너지의 Wh로 나눈 냉각 Btu의 비율)이 7.1 Btu $kW^{-1}h^{-1}$이고, 전기 에너지 비용은 kWh당 0.21달러이다.

2.2.5 천문 단위(astronomical unit, AU)는 지구에서 태양까지의 평균 거리(9.29×10^7마일)이다. 지구와 4.36광년(light years, ly) 떨어진 항성계(Alpha Centauri) 사이에 몇 개의 AU가 있는지 확인하라. 광년은 빛의 속도 2.99792×10^8 m s^{-1}로 빛이 1년 동안 이동하는 거리이다.

***2.2.6** 천문 단위 파섹(parsec, pc)은 거리(1 pc = 3.0867×10^{16} m)를 표현하는 데 사용되며 태양 주위를 도는 지구의 궤도로 인해 멀리 있는 별의 위치에서 관측된 변화를 기반으로 한다. 지구와 25.05광년(ly) 떨어진 밤하늘의 다섯 번째로 밝은 별(베가) 사이는 몇 파섹인지 확인하라. 1광년은 빛의 속도가 2.99792×10^8 m s^{-1}일 때 빛이 1년 동안 이동하는 거리이다.

2.2.7 대규모 석유 정제소는 하루에 500,000배럴의 원유를 처리할 수 있다. 원유의 밀도가 0.90 g cm^{-3}일 때 이 대규모 정유소의 원유 공급 속도를 시간당 킬로그램 단위로 구하라. 원유 1배럴에는 42갤런이 들어 있다.

2.2.8 배수구에 플러그가 달린 직사각형 주방 싱크대(20 in. × 14 in. × 10 in.)를 생각해보자. 싱크대 수도꼭지를 사용해서 싱크대를 완전히 채우는 데 301초가 걸린다면 수도꼭지에서 나오는 물의 유량(분당 리터)은 얼마인가?

2.2.9 캐나다 전역에서 경제적인 자동차를 운전하고 있으며, 12km/L의 연비를 위해 480 km를 주행한 후 휘발유 40 L로 휘발유 탱크를 막 채웠다. 연비(mi/gal)는 얼마인가?

2.2.10 캐나다 전역을 여행하는 동안 휘발유 가격이 Can$1.64/L인 것을 확인했다. 환율이 1 Can$ = US $0.81이면 캐나다의 휘발유 가격을 US$/gal로 구하라.

2.2.11 이상 기체 상수는 8.314 kPa m^3 $kgmol^{-1}$ K^{-1}이다. 이 기체 상수를 atm ft^3 lb mol^{-1} $°R^{-1}$ 단위로 변환하라.

2.2.12 10 cm의 비와 2500 m^2의 면적을 가진 집수 지붕으로 인해 발생하는 빗물 수집량을 리터 단위로 계산하라.

***2.2.13** 다음을 환산하라.

a. 1.00 $(\text{mile})^3 \rightarrow m^3$

b. 1.00 $ft^3/s \rightarrow$ gal/min

2.2.14 다음을 환산하라.

***a.** 0.04 $g/[(min)(m^3)] \rightarrow lb_m/[(hr)(ft^3)]$

***b.** 2 $L/s \rightarrow ft^3/day$

****c.** $\dfrac{6\,(in)(cm^2)}{(yr)(s)(lb_m)(ft^2)} \rightarrow$ SI 단위

***2.2.15** 다음을 환산하라.

a. 60.0 $mi/h \rightarrow ft/s$

b. 50.0 $lb/in^2 \rightarrow kg/m^2$

c. 6.20 $cm/hr^2 \rightarrow nm/s^2$

** **2.2.16** 기술 서적에 따르면 스털링 엔진(공기 사이클)의 새 모델인 20 hp 스털링(공기 순환) 68kW 발전기를 구동시킬 수 있다고 한다. 가능한 일인가?

** **2.2.17** '연료 절약'을 위해 보잉 737 항공기의 비행속도를 946 km/hr에서 850 km/hr로 줄이면 연료 소비량이 8000 L/hr에서 7500 L/hr로 감축된다고 한다. 비행거리 1700 km당 절약되는 연료량(L)을 구하라.

** **2.2.18** 《Parede》 잡지(1997년 8월 31일자, p. 32)에 실린 Marilyn Vos Savant의 글이다. "다음 문제를 푸는 데 도와줄 수 있는가? 집에 페인트칠을 하는 데 한 남자는 5시간이 걸리고 다른 남자는 3시간이 걸린다고 하자. 두 사람이 함께 칠한다면 몇 시간이 걸리겠는가? 나는 도무지 알 수가 없다."

** **2.2.19** 미국 공학 단위계에서 점도의 단위는 $(lb_f)(h)/ft^2$이지만 편람에는 g/[(cm)(s)]로 되어 있다. 점도 30.0g/[(m)(s)]를 미국 공학 단위 값으로 환산하라.

** **2.2.20** 미국 공학 단위계에서 열전도도의 단위는 다음과 같다.

$$k = \frac{\text{Btu}}{(\text{h})(\text{ft}^2)(°\text{F}/\text{ft})}$$

AE 단위에서 다음의 단위로 전환할 환산 계수를 구하라.

$$\frac{\text{kJ}}{(\text{d})(\text{m}^2)(°\text{C}/\text{cm})}$$

*** **2.2.21** 직경 10 cm의 관에 물이 3 m/s의 속도로 흐르고 있다.

a. 물의 운동 에너지는 J/kg 단위로 얼마인가?

b. 유량(m^3/min)은 얼마인가?

**** **2.2.22** 3hp 펌프를 이용해서 파이프를 통해 31 m 높이에 290 L/min의 속도로 펌핑되는 물을 생각하자. 물을 가열하는 데 사용되는 펌프의 유입 에너지는 펌프의 입력 에너지에서 물을 위로 높이 펌핑해 생성된 위치 에너지($m'gh$, 여기서 m'은 물의 질량유량, h는 높이 변화)를 뺀 것과 거의 같다. 이 경우 물을 가열하기 위해 필요한 에너지를 J/hr 의 단위로 계산하라.

** **2.2.23** 저울에 단 물건의 무게가 21.3 kg을 가리킨다. 무엇을 의미하는가?

*** **2.2.24** 트랙터가 1124 lb(5.0 kN)의 힘으로 짐을 500 ft/min(2.54 m/s)의 속도로 끈다. 이 일에 필요한 동력을 미국 공학 단위와 SI 단위로 각각 구하라.

*** **2.2.25** 8.0 ft/s의 속도로 움직이는 질량 3000 kg의 차량의 운동 에너지(Btu)는 얼마인가?

*** **2.2.26** 20톤 무게의 상자 팔레트가 9피트 높이에서 리프트 트럭에서 떨어졌다. 팔레트가 땅에 닿기 전에 도달하는 최대 속도는 8 ft/s이다. 이 속도에서 팔레트의 운동 에너지(J)는 얼마인가?

*** **2.2.27** 다음 자료를 바탕으로 mRNA당 단위 시간당 단백질 합성속도를 구하라.

a. 아미노산 x 분자로부터 단백질 한 분자가 생성된다.

b. 활성 리보솜당 단백질(폴리펩티드) 사슬 형성속도는 1200 아미노산/min 정도이다.
c. 활성 리보솜 하나는 264 리보뉴클레오티드에 해당한다.
d. $3x$ 활성 리보솜은 mRNA 하나에 해당한다.

mRNA는 메신저(messenger) RNA로서 DNA 중의 유전자가 가진 정보의 복사물이며 단백질 합성에 관여한다.

2.2.1 온도 환산

***2.2.28** '일본과 미국, 메탄올 자동차 개량'. 이는 《월스트리트 저널》의 기사 제목이다. 일본과 미국은 가솔린에 비해 대기오염이 적은 메탄올을 연료로 사용하는 자동차의 개량 기술을 공동 개발하기로 했다. 일본의 연구자들은 EPA와 협력해서 영하 10°C의 낮은 온도에서도 시동되는 메탄올 자동차를 개발하기로 했다. 이 온도를 °R, K, °F 단위의 값으로 나타내라.

***2.2.29** 마이너스 온도를 측정할 수 있는가?

*****2.2.30** 아세트산의 열용량 C_p [J/(g mol)(K)]은 다음과 같다.

$$C_p = 8.41 + 2.4346 \times 10^{-5}\, T$$

여기서 온도 단위는 K이다. C_p의 단위는 그대로 두고 온도 단위를 K 대신 °R로 바꾼 식을 구하라.

***2.2.31** 다음 온도 값을 환산하라.

a. 10°C → °F
b. 10°C → °R
c. −25°F → K
d. 150 K → °R

****2.2.32** 《Chemical and Engineering News》에서 남극대륙의 기온을 나타내면서 '수은주가 −76°C까지 내려갔다'고 했다. 무슨 뜻인가? 수은은 239°C에서 언다.

2.3 방정식과 단위

***2.3.1** 웨어(weir, 개방형 채널 바닥에 배치된 흐름 방향에 수직인 수직 판) 위의 유속은 개방형 채널의 체적 유량을 추정하는 데 사용된다. 개방형 직사각형 채널의 경우, 개방형 직사각형 채널의 폭(W)(미터)과 미터단위의 웨어 위의 흐름 높이(h)를 기준으로 분당 입방미터(m^3/min) 단위의 체적 유량(Q) 방정식은 다음과 같이 주어진다.

$$Q = 5.8\, W h^{2.5}$$

이 식에서 상수 5.8의 단위는 무엇인가?

2.3.2 온도는 K, 몰수 n은 gmol, 압력은 Pa, 부피는 리터인 이상기체 법칙($pV = nRT$)을 사용하고 가정한다. 이 경우 R = 10.73 psia ft^3/lb mol °R부터 시작해서 기체 상수 R을 구하라.

2.3.3 샤프트가 비틀림 토크를 받을 때 비틀림의 결과 각도 θ는 다음과 같이 결정된다.

$$\theta = \frac{TL}{MS}$$

여기서 θ는 라디안 단위이고, T는 적용된 토크(Nm), L은 샤프트의 길이(m), M은 샤프트의 극관성 모멘트, S는 샤프트를 구성하는 물질의 전단 계수(N/ m^{-2})이다. 차원의 일관성을 기반으로 M의 단위를 구하라.

2.3.4 1935년 대공황 당시 완공된 후버댐은 홍수 조절과 관개수 공급, 수력 발전을 위해 건설됐다. 후버댐은 콜로라도강을 댐으로 막고 보유된 물의 양을 기준으로 볼 때 미국에서 가장 큰 저수지인 미드 호수를 형성한다. 평균적으로 분당 14.36×10^6 갤런(gpm)이 수력 발전을 생산하는 데 사용되며 수력 에너지를 생산하는 데 사용되는 고도는 180 m이다. 수력 발전(P)을 고도 변화(h)와 물의 질량 유량($\dot{m}$)에 연관시키는 방정식은 다음과 같다.

$$P = \eta \dot{m} g h$$

여기서 η는 위치 에너지를 전기 에너지로 변환하는 효율(0.9)이고, g는 중력 가속도(9.801 m s^{-2})이다. 후버댐의 평균 발전량을 TW h y^{-1} 단위로 구하라.

2.3.5 주유소의 휘발유 저장 탱크를 생각해보자. 원통형 저장 탱크가 직경 5 m, 길이 9 m인 경우, 각 차량에 평균 60리터의 휘발유를 주입한다면 이 탱크에서 몇 대의 차량을 채울 수 있는지 구하라. 휘발유의 밀도는 약 0.75 g cm^{-3}이다.

***2.3.6** 물체(예: 자동차, 야구공, 비행기)가 속도 v로 공기 속을 이동할 때 공기 저항으로 인해 힘 F가 속도 방향과 반대가 된다. 항력 계수 C_D는 공기 저항을 설명하는 데 사용되며 다음 방정식으로 주어진다.

$$C_D = \frac{2F}{\rho v^2 A}$$

여기서 F는 kg m s^{-2} 단위, ρ은 공기 밀도(kg m^{-3}), v는 m s^{-1} 단위, A는 물체의 정면 면적(m^2)이다. C_D 단위를 구하라.

2.3.7 질량이 m과 M인 두 물체 사이의 중력(F)은 다음과 같이 표현된다.

$$F = G\frac{Mm}{r^2}$$

여기서 F는 N, M과 m은 kg, r은 두 물체 사이의 거리(m), G는 중력 상수이다. G의 단위를 구하라. 이 방정식은 별 주위의 행성 궤도 특성을 결정하는 데 사용된다.

***2.3.8** 특정 액체의 밀도는 다음의 방정식으로 표현된다.

$$\rho = (A + BT)e^{CP}$$

여기서 ρ = 밀도(g/cm^3), T = 온도(°C), P = 압력(atm)이다. 이 방정식이 차원적으로 일치하려면 A, B, C의 단위는 무엇인가?

***2.3.9** 사각 웨어 위의 흐름에 대한 다음 방정식이 치수적으로 일치하는지 자세히 설명하라. (이것은 수정된 Francis 공식이다.)

$$q = 0.415(L - 0.2h_0)h_0^{1.5}\sqrt{2g}$$

여기서 q = 체적 유량(m^3/s), L = 최고 높이(m), h_0 = 웨어 수두(m), g = 중력 가속도

$(9.81 m/s^2)$이다.

**2.3.10 파이프의 유량 측정에 관한 기사에서 저자는 공식을 사용해서 q = 80.8 m^3/s를 계산했다.

$$q = CA_1\sqrt{\frac{2gV(p_1 - p_2)}{1-(A_1/A_2)^2}}$$

여기서 q = 체적 유량(m^3/s), C = 무차원 계수(0.6), A_1 = 단면적 $1(m^2)$, A_2 = 단면적 $2(m^2)$, V = 비부피$(10^{-3}\ m^3/kg)$, P = 압력, $p_1 - p_2$ = 50 kPa, g = 중력 가속도(9.80m/s)이다.

계산이 맞았는가? (예 또는 아니오로 대답하고 답변의 근거를 간략하게 설명하라.)

***2.3.11 누출되는 오일 탱크는 연방 정부가 문제를 줄이기 위해 여러 가지 규칙을 시행할 만큼 환경 문제가 되었다. 탱크의 작은 구멍에서 누출되는 유량은 다음 관계식으로 예측할 수 있다.

$$Q = 0.61S\sqrt{\frac{2\Delta p g_C}{\rho}}$$

여기서 Q는 누출률(gal/min), S는 누출을 일으키는 구멍의 단면적$(in.^2)$, Δp는 누출 반대쪽 탱크 내부와 대기압 사이의 압력 강하(psi), ρ는 유체 밀도(lb/ft^3)이다.

탱크를 테스트하기 위해 증기 공간은 N_2를 사용해 172,369 Pa(게이지)의 압력으로 가압된다. 탱크에 휘발유 190.5 cm(sp. gr. = 0.713)가 채워져 있고 구멍 직경이 0.7 cm인 경우 $Q(ft^3/h)$ 값은 얼마인가?

***2.3.12 실제 기체에 대한 압력-부피-온도의 거동을 설명하기 위해 사용되는 무차원 변수인 압축인자 z의 관계식은 다음과 같다.

$$z = 1 + B\rho + C\rho^2 + D\rho^3 + E\rho^4$$

ρ는 밀도(mol/cm^3)이다. B, C, D의 단위는 무엇인가? 이 식에서 단위가 lb_m/ft^3인 밀도 z를 사용해 다음과 같이 나타낸다.

$$z = 1 + B^*\rho^* + C^*(\rho^*)^2 + D^*(\rho^*)^3 + E^*(\rho^*)^4$$

여기서 ρ^*는 lb_m/ft^3이다. B^*, C^*, D^*의 단위를 구하고, B^*와 B, C^*와 C, D^*와 D의 관계식을 각각 구하라.

**2.3.13 원관의 난류 유속은 다음 식으로 나타낸다.

$$u = k\left(\frac{\tau}{\rho}\right)^{1/2}$$

τ = 원관에서의 전단응력(N/m^2)
ρ = 유체의 밀도(kg/m^3)
u = 유속(m/s)
k = 상수

식을 수정해서 lb_f/ft^2 단위의 전단응력 τ, lb_m/ft^3 단위의 밀도 ρ'을 도입한다. 그러면 속도는 ft/s 단위가 된다. 모든 계산을 보여주라. 최종 식을 u, τ, ρ'으로 표현하라. 그러면 식에 미국

공학 단위가 포함되는 것을 알 수 있다.

**2.3.14 1916년 Nusselt는 순수 포화증기와 찬 표면 사이의 열전달계수를 추정하기 위한 이론식을 유도했다.

$$h = 0.943\left(\frac{k^3\rho^2 g\lambda}{L\mu\Delta T}\right)^{1/4}$$

여기서

h = 평균 열전달계수, W/[(m)^2 (K)]
k = 열전도도, W/[(m) (K)]
ρ = 밀도, kg/m^3
g = 중력가속도, 9.81 m/(s)^2
λ = 증발엔탈피, J/kg
L = 튜브 길이, m
μ = 점도, kg/[(s) (m)]
ΔT = 온도차, K

0.943의 단위는 무엇인가?

****2.3.15 어떤 기질 중에서 세포 증식의 에너지 효율이 다음과 같다.

$$\eta = \frac{Y^c_{x/s}\gamma_b \Delta H^c_b / e^-}{\Delta H_{out}}$$

η = 세포 대사의 에너지효율(에너지/에너지)
$Y^c_{x/S}$ = 탄소 기준의 세포 수율(세포 생산량/기질 소비량)
γ_b = 바이오매스의 환원도(유효 전자 당량/탄소 몰, 4.24 e^- equiv./mol 세포 탄소)
$\Delta H^c_b/e^-$ = 바이오매스의 연소열(에너지/유효 전자 당량)
ΔH_{cat} = 이화대사(catabolism)의 유효 에너지(에너지/기질 탄소 몰)

빠진 환산 계수는 없는가? 무엇이 빠졌는가? 저자에 따르면 수식 분자의 단위는 (mol 세포 탄소/mol 기질 탄소)(mol 유효 e^-/mol 세포 탄소)(연소열/유효 e^-)이라 한다. 이 말이 맞는가?

****2.3.16 Antoine 식은 경험식으로 순수한 성분의 증기압에 대해 온도가 미치는 영향을 모델링하는 데 사용된다. Antoine 식은 다음과 같다.

$$\ln p^* = A - \frac{B}{C+T}$$

p^*는 증기 압력이고 T는 절대온도이며 A, B, C는 순수한 성분과 증기압 및 온도에 대한 특정한 경험적 상수이다. 어떤 조건하에서 위의 식이 차원의 일관성을 가지는지 결정하라.

**2.3.17 편집자에게 다음과 같이 말했다. "'Designing Airlift Loop Fermenters' 식 (4)의 단위에 오류가 있다."

$$\Delta p = 4f\rho\left[\frac{v^2}{2g}(L/D)\right] \tag{4}$$

이 글이 올바른가(즉 f가 무차원인가)?

***2.3.18 열용량은 일반적으로 온도의 다항식 함수로 표시된다. 일산화탄소에 대한 다항식은 다음과 같다.

$$C_p = 7.3763 - 0.307 \times 10^{-3}\, T + 0.6664 \times 10^{-5}\, T^2 - 0.3039 \times 10^{-8}\, T^3$$

여기서 T는 °F 단위이고 C_p는 Btu/[(lb mol)(°F)] 단위이다. T가 °C 단위이고 C_p가 J/[(g mol)(K)] 단위가 되도록 방정식을 변환하라.

2.4 측정 오류 및 유효 숫자

2.4.1 다음 각 숫자에 대해 과학적 표기법으로 숫자를 표시하고 유효 숫자의 수를 표시하라.

a. 12.4
b. 0.0023
***c.** 100
d. 22,340
e. 0.20001
***f.** 20.00
g. 0.009
h. 0.00230
i. 778
***j.** 778.0

2.4.2 문제 2.4.1에 나열된 각 숫자에 대해 유효 숫자로 표시된 불확도를 퍼센트로 나타내라.

2.4.3 다음 각 숫자에 대해 과학적 표기법으로 숫자를 표시하고 유효 숫자의 수를 표시하라.

a. 0.0011
b. 5000
c. 2.3001
d. 88770
e. 88770.0
f. 435,400
g. 100.10
h. 0.000561
i. 1.000
j. 10

2.4.4 문제 2.4.3에 나열된 각 숫자에 대해 유효 숫자로 표시된 불확도를 퍼센트로 나타내라.

***2.4.5** 1201 cm에서 1191 cm를 빼면 각 숫자에 4개의 유효 숫자가 있다. 10 cm의 답에는 2개 유효 숫자가 있는가, 4개(10.00)의 유효 숫자가 있는가?

***2.4.6** 다음 숫자를 합하면 유효숫자의 수는 얼마인가?

3.1472

32.05

1234

8.9426

0.0032

9.00

**2.4.7 압축 공기 라인을 배치할 때 분절에 대해 다음과 같은 측정 순서를 수행한다고 가정한다.

4.61 m

210.0 m

0.500 m

보고된 공기 라인의 총길이는 얼마인가?

**2.4.8 직사각형 덕트의 폭이 27.81 cm이고 높이가 20.49 cm라고 할 때, 유효 숫자의 적절한 개수로 덕트의 면적은 얼마인가?

**2.4.9 계산기에 762에 6.3을 곱하면 4800.60이 된다. 제품에 유효 숫자가 몇 개 존재하며, 반올림된 답은 무엇이어야 하는가?

***2.4.10 3.84에 0.36을 곱해서 1.3824를 얻는다고 가정하자. (a) 각 숫자와 (b) 제품의 최대 상대오차를 평가하라. 두 숫자에 상대오차를 더하면 그 합이 곱의 상대오차와 같은가?

2.5 결과 검증

2.5.1 다음 각 계산에 대해 계산기를 사용하지 않고 해를 추정해보라. 그런 다음 계산기를 사용해서 결과를 구하고 비교하라.

a. $(5.95)(4.04)/3.12$

b. $1.456 \times 10^3 - 3.26 \times 10^1$

c. $4\pi(1.96^3)/3$

d. $8\pi(16.7/0.02 - 27.3)/3$

e. $88.8(\cos(2.3/1035) + 1.035)/2.045$

2.6 질량, 몰, 밀도

2.6.1 계산 기준의 선택

2.6.1 다음 문제를 각각 읽고 각 문제를 해결하기 위한 적절한 근거를 선택하라. 문제를 해결하지는 말라.

**a. 탱크에 N_2 40%, CO_2 30%, CH_4 30%로 구성된 가스 130 kg이 있다. 가스의 평균 분자량은 얼마인가?

**b. 조성이 80%, 10%, 10%인 가스 25 lb가 있다. 혼합물의 평균 분자량은 얼마인가? 혼합물에 포함된 각 성분의 질량분율은 얼마인가?

****c. 석탄의 공업분석(proximate analysis) 및 원소분석(ultimate analysis) 결과를 표에 정리했다. VCM 각 원소의 질량분율을 구하라.

공업분석(%)		원소분석(%)	
수분	3.2	탄소	79.90
가연성 휘발물질(VCM)	21.0	수소	4.85
고정 탄소	69.3	황	0.69
회분	6.5	질소	1.30
		회분	6.50
		산소	6.76
합계	100.0	합계	100.00

*__d.__ 연료가스의 분석치가 메탄 20%, 에탄 5%, 나머지 CO_2(몰 기준)이다. 질량 기준으로 나타내라.

***__e.__ 아르곤, B, C의 세 성분으로 된 기체 혼합물의 분석치가 다음과 같다.

아르곤	40.0 몰 % (분자량 40)
B	18.75 질량 % (분자량 ?)
C	20.0 몰 % (분자량 50)

(1) B의 분자량은 얼마인가?

(2) 혼합물의 평균분자량은 얼마인가?

*** **2.6.2** 산소와 다른 기체로 된 혼합물의 평균분자량을 두 기술자가 구했다. 산소의 분자량으로 옳은 값인 32를 사용한 기술자가 구한 평균분자량은 39.2였다. 산소의 분자량으로 16을 사용한 기술자가 구한 평균분자량은 32.8이었다. 다른 것은 틀리지 않았다. 혼합물 중 산소의 몰 %를 구하라. 이 문제를 풀기 위한 계산 기준만 선택하고 풀지는 말라.

** **2.6.3** 다음 문제의 계산 기준을 선택하라. 수처리장에서 평균 268.4 lb/day의 염소를 사용한다. 처리수의 평균 유속은 15.7×10^6 gal/day이다. 처리수 중 염소의 평균 농도(mg/L)를 구하라(염소 반응이 없다고 가정).

2.6.2 몰과 분자량

* **2.6.4** 다음을 구하라.

a. $MgCl_2$ 4 g mol의 질량(g)

b. C_3H_8 2 lb mol의 질량(g)

c. N_2 16 g의 몰(lb mol)

d. $C_2H_6O \times$ lb의 몰(g mol)

* **2.6.5** 다음 몰의 질량(lb)을 구하라.

a. 순수 HCl 16.1 lb mol

b. KCl 19.4 lb mol

c. $NaNO_3$ 11.9 g mol

d. SiO_2 164 g mol

*** **2.6.6** C 42.11%, O 51.46%, H 6.43%로 된 고체 화합물이 있다. 분자량은 341 정도이다. 이 화합물의 화학식을 구하라.

**** 2.6.7** 그림 P2.6.7는 비타민의 구조식이다.

비타민	구조식	식이 소스	결핍증
비타민 A	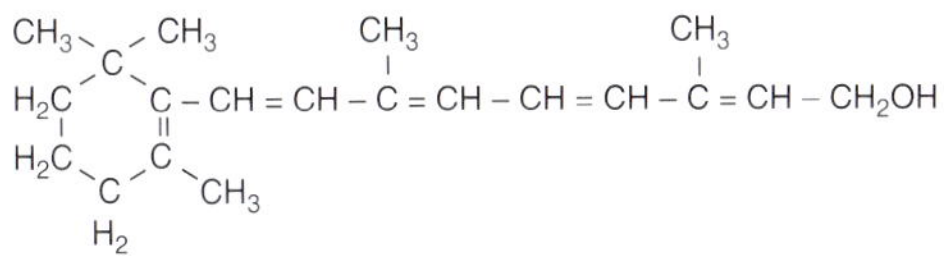 CH_3, CH_3 (C), H_2C, H_2C, C, H_2, $C - CH_3$ 고리 — C – CH = CH – C(CH$_3$) = CH – CH = CH – C(CH$_3$) = CH – CH_2OH 레티놀	생선 간유, 간, 계란, 생선, 버터, 치즈, 우유 전구체인 b-카로틴은 야채, 당근, 토마토, 스쿼시에 존재	야맹증, 눈 염증
비타민 C	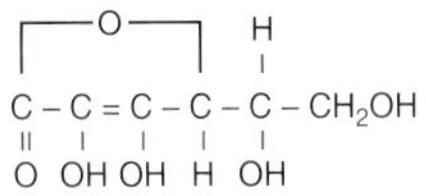 (O 고리) C – C = C – C – C(H) – CH_2OH O(=) OH OH H OH	감귤류, 토마토, 피망, 딸기, 감자	괴혈병

그림 P2.6.7

a. 비타민 A 3.00 g mol은 몇 lb인가?

b. 비타민 C 2.00 lb mol은 몇 g인가?

*** 2.6.8** 어떤 시료의 비부피가 5.2 m^3/kg이고 몰부피가 1160 m^3/kg mol이다. 이 물질의 분자량을 구하라.

**** 2.6.9** 이성분 혼합물에 대해 질량(무게)분율(ω)을 몰분율(x)로 변환하는 식과 몰분율을 질량분율로 변환하는 또 다른 식을 구하라.

*** 2.6.10** 조성이 다음과 같은 기체 100 kg이 있다.

CH_4	30%
H_2	10%
N_2	60%

이 기체의 평균분자량을 구하라.

*** 2.6.11** 상압에서 탱크 안에 있는 100 kg의 기체를 분석한 결과가 다음과 같다.

CO_2	19.3%
O_2	6.5%
H_2O	2.1%
N_2	72.1%

이 기체의 평균분자량을 구하라.

**** 2.6.12** 연소기체 155 kg의 조성을 분석한 결과가 다음과 같다.

CO_2	70%
CO	10%
N_2	20%

이 기체의 평균분자량을 SI 단위로 나타내라.

**** 2.6.13** 벤젠(C6H6) 10.0 kg 몰을 생각해보자. 이 양의 벤젠에는 다음이 몇 개가 존재하는가? (a) 벤젠 분자, (b) lb mol 벤젠, (c) lb_m 벤젠, (d) g mol 벤젠, (e) g mol H, (f) g mol C

2.6.3 밀도와 비중

*2.6.14 고체의 비중은 6.5이다. 200 kg의 부피를 m^3 단위로 계산하라.

*2.6.15 비중이 0.9인 면실유 1500 kg을 배송하는 데 사용할 컨테이너 크기를 결정하라는 요청을 받았다. 리터로 표현되는 드럼의 최소 크기는 얼마인가?

*2.6.16 특정 용액의 밀도는 80°F에서 1154 kg/m^3이다. 80°F에서 이 용액 5000 kg이 몇 리터를 차지하는가?

**2.6.17 그림 P2.6.17에 있는 세 세트의 용기 중 각각 1몰의 납(Pb), 1몰의 아연(Zn), 1몰의 탄소(C)를 나타내는 것은 무엇인가?

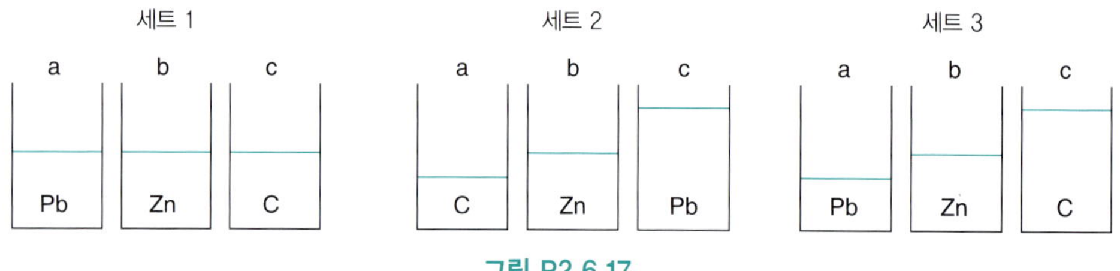

그림 P2.6.17

2.7 공정 변수

2.7.2 압력과 정수두

**2.7.1 신문에 다음과 같은 기사가 실렸다.

> "텍사스의 브라운즈빌. 번개나 지붕에 고인물이 한 의류상점 건물 붕괴의 주원인으로 보인다. Ignacio Garza 시장은 19년 된 건물의 지붕에 고인 물로 인해 과도한 하중이 발생할 가능성을 예견한 바 있다. 6시간 동안 6 in.가 넘는 비가 내렸다."

기후가 건조한 지역에서는 건축자재의 경제성을 고려해 일반적으로 지붕을 평평하게 만든다. 그러나 강우기에는 지붕에 비가 괴므로 이로 인한 하중 증가를 고려해 구조물을 만들어야 한다. 호우로 인해 10 m × 10 m 지붕에 15 cm의 빗물이 고일 경우 다음을 구하라.

a. 고인 빗물로 인한 하중 증가

b. 빗물이 지붕에 미치는 압력(psi)

***2.7.2 지하에 설치한 콘크리트 폐수처리 탱크가 비어 있을 때는 지하수면이 상승하면 위로 떠오르는 문제가 발생했다. 이러한 부상 문제를 해결하기 위해 탱크 벽에 체크밸브를 설치하고, 지하수면이 어느 수준 이상 상승하면 탱크에 물이 차도록 했다. 밸브를 어느 높이에 설치해야 하는가? 콘크리트의 밀도는 2080 kg/m^3이고, 탱크는 장방형으로 30 m × 27 m × 5 m(깊이)이다. 탱크 벽과 바닥의 두께는 200 mm로 균일하다.

**2.7.3 원심펌프를 사용해서 호수 수면보다 50 m 높이에 있는 탱크로 물을 퍼 올리려 한다. 유량은 100 L/min이고 수온은 25°C이다. 현재 사용 중인 펌프는 100 L/min의 속도로 펌핑할 때 55.0 psig의 압력을 발생시킬 수 있다. (관의 마찰, 운동에너지 효과 등 펌프 효율에 미치는 인자는 무시한다.)

a. 이 유량과 수온에서 펌프가 퍼 올릴 수 있는 최대 높이(m)를 구하라.
b. 이 펌프로 탱크에 물을 퍼 올릴 수 있는가?

**2.7.4 대형 탱크 제작자가 탱크 안의 유체 질량을 계산하기 위해 탱크 바닥의 압력(psig)을 측정하고 여기에 탱크 면적($in.^2$)을 곱했다. 이러한 방법으로 질량을 알 수 있는가?

**2.7.5 잠수함이 사고로 인해 1000 m 깊이로 가라앉았다. 종 모양 잠수기(diving bell)를 잠수함까지 내려서 사령탑으로 들여보내려 한다. 잠수함 위치에서 잠수기 바닥의 개방밸브가 손상되어 조금 열렸을 경우 잠수기에 물이 들어가지 않도록 하려면 잠수기 안의 공기 압력(kPa)이 어느 수준 이상이어야 하는가? 해수 밀도는 1.024 g/cm^3으로 일정하다고 가정한다.

**2.7.6 용접용 가스탱크의 계기압력이 22.5 psig이다. 기압은 28.1 in. Hg이다. 이 탱크의 절대압력을 (a) lb/ft^2, (b) in. Hg, (c) N/m^2, (d) ft H_2O 단위로 각각 구하라.

**2.7.7 공식을 이용해서 로키산맥에 있는 파이크스산 정상의 기압을 계산한 학생이 9.75 psia라고 했다. 표를 찾아본 다른 학생은 504 mm Hg라고 했다. 누구 말이 맞는가?

***2.7.8 원통형 물탱크 바닥 밑으로 흙이 침강해 바닥이 8 in.나 부풀었다. 그러나 컨설팅 엔지니어들은 탱크 벽의 바닥 주변을 플라스틱으로 싸고 공기 부상장치를 고안해서 탱크 위치를 옆으로 옮겨 다시 쓸 수 있도록 고쳤다. 이 탱크의 지름은 40.5 m, 깊이 15.1 m이다. 탱크 지붕, 벽, 바닥은 모두 11.3 mm 두께의 강철이다. 강철의 밀도는 7.86 g/cm^3이다.
a. 이 탱크에 물이 가득 찼을 때 바닥에 미치는 물의 게이지 압력(kPa)을 구하라.
b. 이 탱크를 비우고 나서 들어 올리기 위해 바닥에 가해야 하는 공기의 압력(kPa)을 구하라.

***2.7.9 그림 P2.7.9와 같이 기름(밀도 = 0.85 g/cm^3)이 원관에 흐른다. 유량은 수은(밀도 = 13.546 g/cm^3) 마노미터로 측정한다. 마노미터 두 팔의 높이 차이가 2.5 cm일 때 점 A와 B 사이의 압력차(mm Hg)를 구하라. 어느 쪽의 압력이 높은가? 온도는 60°F이다

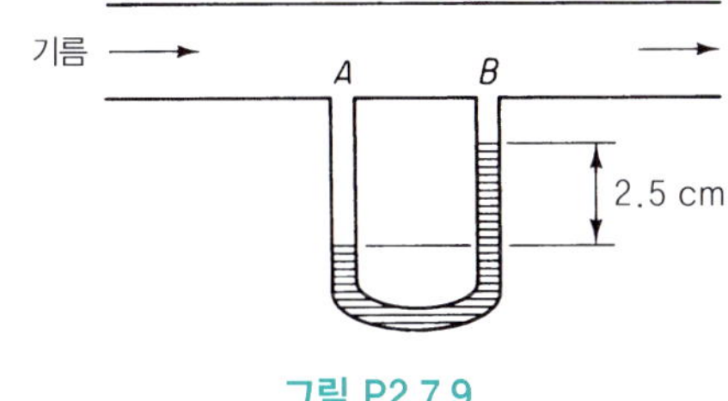

그림 P2.7.9

2.7.4 유량

**2.7.10 벤젠은 내부 직경이 5.047 in.인 5 in. 스케줄 40 파이프를 통해 평균 속도 125 cm/s로 흐르고 있다. 질량유속(kg/hr)과 몰유속(kg mol/hr)을 구하라.

**2.7.11 메탄의 원천(즉 96% CH_4, 4% N_2)이 25m^3/h의 속도로 공정에 들어간다. 메탄의 유속을 kg mol/h 단위로 구하라. 이 흐름의 압력은 보통압력이므로 이상기체 법칙을 가정한다.

***2.7.12 다음 구성의 석탄이 20,000kg/hr의 속도로 용광로에 공급된다.

탄소	81.2%	수소	4.1%
산소	6.2%	질소	1.6%
유황	2.5%	재	4.4%

또한 석탄에는 (3.55kg 물)/(kg 석탄)의 양으로 물이 존재한다. 재를 제외하고 물을 포함한 각 원소의 몰 공급 속도를 구하라.

**2.7.13 N_2 + $3H_3$ → NH_3 반응에 의해 암모니아(NH_3)를 생산하는 반응기로의 공급물에는 10,000 kg/h의 주입 유량에서 20% N_2와 80% H_2가 포함되어 있다. 이 공정의 N_2 주입 유량(kg/h)를 구하라.

2.7.5 농도

*2.7.14 $NaClO_3$ 각 원소의 질량분율과 몰분율을 구하라.

*2.7.15 15°C KOH 수용액의 비중이 1.0824이고 농도는 0.12 kg KOH/L이다. KOH와 H_2O의 질량분율을 구하라.

*2.7.16 부피 93 L인 탱크를 구입해서 진공으로 만든 다음 CO_2 기체 14 kg를 넣고 다시 N_2 6 kg를 넣었다. 탱크 안 혼합 가스의 조성을 구하라.

*2.7.17 1 ppm은 몇 ppb인가? 단위계에 따라 답이 달라지는가? 물질이 기체, 액체, 고체인지에 따라 ppb 값이 달라지는가?

**2.7.18 다음 표에는 두 가지 브랜드의 크리스마스 포장지 내 Fe, Cu, Pb 값이 나와 있다. 종이를 제외하고 ppm 값을 질량분율로 환산하라.

	농도(ppm)		
	Fe	Cu	Pb
상품 A	1310	2000	2750
상품 B	350	50	5

2.7.19 매사추세츠 해안 지역 관리 사무소의 Grant Weaver가 작성한 보고서에 따르면 매사추세츠 주 뉴 베드포드 지역의 항구 퇴적물에는 최대 190,000 ppm 수준의 PCB가 포함되어 있다 [*Environ. Sci. Technol.*, **16, No. 9, 491A (1982)]. PCB 농도는 몇 퍼센트인가? 이 수치는 적절한가?

**2.7.20 바이오매스 시료의 분석치가 다음과 같다.

원소	질량 %(건조 세포)
C	50.2
O	20.1
N	14.0
H	8.2
P	3.0
기타	4.5

세포를 형성하는 대사반응에 의해 10.5 g 세포/mol ATP의 비율로 세포가 합성된다. ATP 1 mol당 세포 안에 있는 C의 몰(mol)을 구하라.

***2.7.21 방사능 추적자로 표시한 미생물(MMM)이 다음과 같이 NN으로 분해된다.

$$MMM\ (s) \rightarrow NN\ (s) + 3CO2(g)$$

검지장치에서 $CO_2(g)$가 2×10^7 dpm(disintegration/min)으로 붕괴될 때의 방사능(μCi, microcurie)을 구하라. 계수기의 계수 효율이 80%일 때의 cpm(count/min)을 구하라. 1 Ci $= 3 \times 10^{10}$ dps(disintegration/s)이다.

*** **2.7.22** 휘발유의 산소 함유량을 증가시켜서 연소 중에 CO 생성을 줄이기 위해 메탄올, 에탄올, MTBE(methyl tert-butyl ether) 등 여러 화합물을 첨가한다. 불행하게도 지하수에 들어 있는 MTBE는 우려를 불러일으킬 만큼 충분한 농도로 지하수에서 발견되고 있다. 수중의 지속성은 그 반이 감소되는 반감기 $t_{1/2}$로 평가할 수 있다. 반감기는 계의 조건에 따라 달라지지만 환경평가에서는 다음 관계를 이용할 수 있다.

$$t_{1/2} = \frac{\text{In}(2)}{k[\text{OH}^-]}$$

이 식에서 $[OH^-]$는 계 중의 히드록실기 농도로, 이 문제에서는 물 중의 농도가 1.5×10^6 molecule/cm^3이라 한다. 실험에서 구한 값은 다음과 같다.

	k cm^3/[molecule(s)]
메탄올	0.15×10^{-12}
에탄올	1×10^{-12}
MTBE	0.60×10^{-12}

각 성분의 반감기를 구하고 지속성을 비교하라.

*** **2.7.23** 국립직업안전건강연구소(NIOSH)가 정한 공기 중 CCl_4 기준은 12.6 mg/m^3(40hr 가중평균)이다. 시료 중의 CCl_4가 4800 ppb라면 NIOSH의 기준을 초과하는가?

*** **2.7.24** 이리호에 도입되는 인의 양은 다음과 같다.

A	Metric Tons/Yr
발생원	
휴런호	945
육지배수	2844
가정하수	7914
산업폐수	857
발생원 총계	12560
배출량	1900
체류량	10660

a. 인의 체류량을 농도(mg/L)로 환산하라. 이리호는 4.8×10^{14} L의 물을 함유하고, 인의 평균 체류시간은 2.60 yr라 가정한다.

b. 가정하수에서 도입되는 인의 백분율(%)은?

c. 합성세제로부터 도입되는 인의 백분율(%)은? 가정하수 중에 인이 60%를 차지한다고 가정한다.

d. 문헌에 따르면 조류 급성장(algal bloom)으로 해를 입히는 인의 농도가 10 ppb라 한

d. 가정하수 중 인의 40%와 산업폐수 중 인을 전부 제거하면 이리호의 부영양화 (eutrophication, 바람직하지 않은 조류 급성장)를 방지할 수 있는가?

e. 합성세제 중의 인을 전부 제거하면 효과가 있는가?

** **2.7.25** CO_2 중의 H_2S가 350 ppm이다. 이 기체를 액화할 경우 H_2S의 질량분율을 구하라.

** **2.7.26** SO_3를 황산에 흡수시켜서 한층 진한 황산을 만든다. 흡수시키고자 하는 가스의 조성은 SO_3 55%, N_2 41%, SO_2 3%, O_2 1%이다.

a. 이 가스 중 O_2의 농도(ppm)를 구하라.

b. N_2를 제외한 가스의 조성을 구하라.

**** **2.7.27** 물 675,000 gal/day를 처리하는 데 염소가스 24 lb를 사용한다. 물속의 미생물이 이용하는 염소는 2.2 mg/L로 측정되었다. 처리수 중의 잔류염소 농도를 구하라.

*** **2.7.28** 신문에 따르면 음료수 병 중의 아크릴로나이트릴이 13~20 ppb라고 FDA(미국 식품의약품국)가 발표했다. 이 발표가 맞다면 한 병에 들어 있는 아크릴로나이트릴이 1 분자에 불과하다. 옳다고 생각하는가?

*** **2.7.29** 지구 온난화에 대한 조사에 따르면 대기 중 CO_2 농도가 매년 1% 정도씩 증가한다고 한다. 산소 농도의 감소도 걱정해야 하는가?

PART 02

물질수지

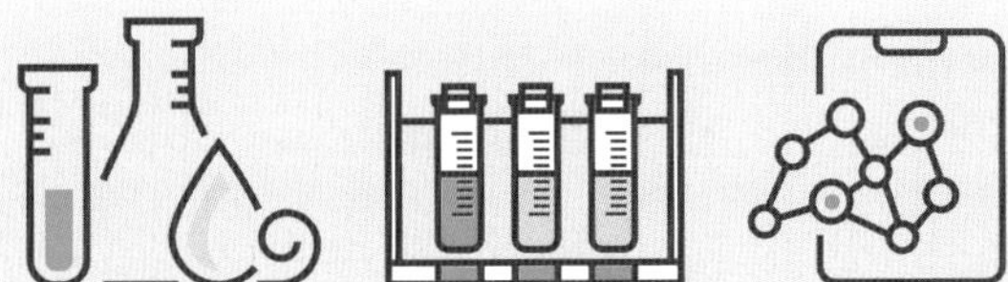

CHAPTER

03

물질수지

학습목표

- 공정 모식도 및 실제 반응 공정도 사이의 연결성을 이해한다.
- 권장되는 단계별 절차를 사용해 반응이 발생하지 않는 단일 단위 반응 공정에 대한 물질수지 방정식을 적용할 수 있다.
- 물질수지에 자유도 분석을 적용하는 방법을 이해한다.
- MATLAB 혹은 Python을 활용해 선형 물질수지 방정식을 풀 수 있다.

서론

예시로 그림 3.1에 표시된 회전식 건조기를 고려해보자. 젖은 입자 형태의 고분자가 건조기의 한쪽 끝에 공급되며, 건조하고 뜨거운 공기는 건조기의 다른 끝에 공급된다. 건조기의 본체는 회전하면서 젖은 고분자를 건조시킨 후 건조 고분자로 배출시킨다. 그러면서 고분자의 수분은 공기로 증발하고 건조기의 한쪽 끝의 공기와 함께 공정을 빠져나가며, 건조된 고분자는 건조기의 다른 끝으로 나온다. 이 과정에 대한 물질수지는 간단히 말하면 (1) 고분자와 함께 공정에 들어간 수분의 양이 공기와 함께 공정을 떠난다는 것과 (2) 젖은 고분자로 공정에 들어간 고분자가 건조된 고분자로 공정을 떠난다는 것을 나타낸다. 이 분석은 공급 흐름, 출구 흐름 및 공정 내의 조건이 시간에 따라 변하지 않는 **정상상태 작동**을 기준으로 한다.

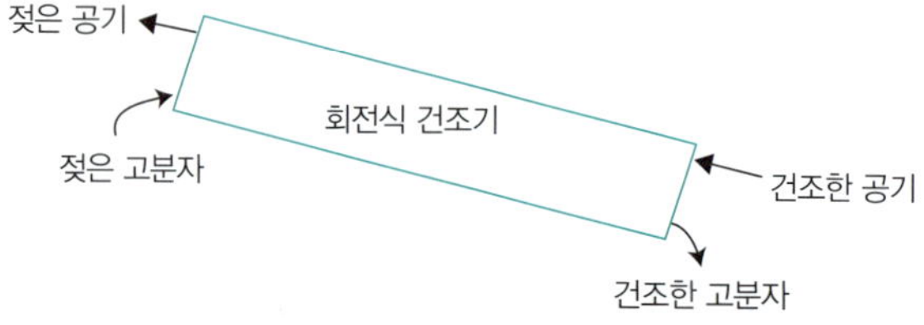

그림 3.1 ▸ 회전식 건조기의 개략도

우리는 상식적으로 맥주 6병을 냉장고에 넣으면 더 많은 맥주를 냉장고에 넣기 전에 6병 이상을 꺼낼 수 없다는 것을 알고 있다. 또한 6병 중 2병을 마시면 4병이 남았다는 것을 계산할 수 있다. 이 두 예시 모두 **질량 보존의 법칙**을 적용한 것이다. 이 법칙은 질량은 생성되거나 파괴될 수 없다는 것을 의미한다.

질량 보존의 법칙을 정상상태의 공정에 적용하면, 특정 기간 동안 공정에 들어가는 것은 공정에서 나와야 한다는 결과를 얻게 된다.

$$\text{도입된 질량} = \text{배출된 질량} \tag{3.1}$$

이 관계는 어떤 정상상태 공정에도 항상 적용된다. 이 장에서는 화학반응이 발생하는 공정을 고려하지 않기 때문에, 이 방정식은 공정에 들어가는 각 화합물 또는 원소뿐만 아니라 전체 질량에도 적용된다. 제4장에서는 화학반응이 발생하는 공정에 대한 물질수지를 적용하는 방법을 다룬다.

이 장에서는 물질이 공정에 들어가고 물질이 공정에서 나오는 과정을 다룬다(서두의 예시 참조). 식 (3.1)을 일정 기간(예: 1시간, 1분) 동안의 흐름계에 적용하면 다음과 같은 결과가 나온다.

$$(\dot{m}_i)_{\text{in}} = (\dot{m}_i)_{\text{out}} \tag{3.2}$$

이는 정상상태 작동을 가정해서 공정에 들어가는 각 구성 요소의 유량이 그 구성 요소의 배출 유량과 동일하다는 것을 의미한다. 시간 단위를 기준으로 선택하면, 식 (3.2)는 식 (3.1)이 된다. 식 (3.1)과 (3.2)는 이 장 전체에서 정상상태계에 적용할 물질수지의 형태이다. 이 장의 나머지 부분에서는 이러한 방정식을 정상상태 연속계와 회분 작업에 어떻게 적용하는지 설명할 것이다.

3.1 공정과 도식 간의 연결

이 절에서의 목적을 위해 에틸렌 크래킹 공정의 일부를 살펴보자. 에틸렌은 고밀도 폴리에틸렌을 생산하기 위해 중합되며, 폴리에틸렌은 모든 플라스틱 제품 중 약 1/3을 차지하는 가장 보편적인 플라스틱이다. 에틸렌 가스는 바나나, 배 같은 과일 숙성에도 사용되는데, 폴리에틸렌 생산에는 그보다 훨씬 적은 양을 사용한다.

에틸렌 크래킹 공정의 피드는 일반적으로 천연가스와 같은 경량의 탄화수소 피드로, 여러 경량의 탄화수소 생성물을 만드는 데 쓰이며, 그중 에틸렌(C_2H_4)을 생성하기 위해 화로(그림 3.2) 내부에 설치된 튜브를 통과하며 에너지를 공급받아 크래킹된다. 크래킹 화로를 나온 후 생성물들은 일련의 증류탑(그림 3.2)에 의해 분리 및 정제된다. 그림 3.2의 단순화된 도식은 실제 공장의 복잡성을 반영하지는 않는다. 펌프, 서지 용기, 공정에 유틸리티를 공급하는 라인, 밸브, 열교환기, 파이프와 같은 많은 보조 장비가 칼럼 주변에 밀집되어 연결되어 있다. 또한 이 칼럼에서의 센서 읽기 값은 제어실에 위치한 제어 컴퓨터로 전송되며, 제어 컴퓨터는 제어 밸브에 전자 신호를 보내면서 공정의 작동을 유지한다. 공정을 포함한 모든 화학 공장의 전체적인 구성은 간단한 도식에서는 종종 표시되지 않는 이 보조 장비로 조절된다. 중요한 점은 이러한 컴퓨팅 시스템이 수많은 구성 요소가 포함된 매우 복잡한 시스템이라는 것이다.

대부분의 세부 사항(즉 펌프, 밸브, 많은 라인 등)을 무시하고 증류탑의 전체 기능에 중점을 두

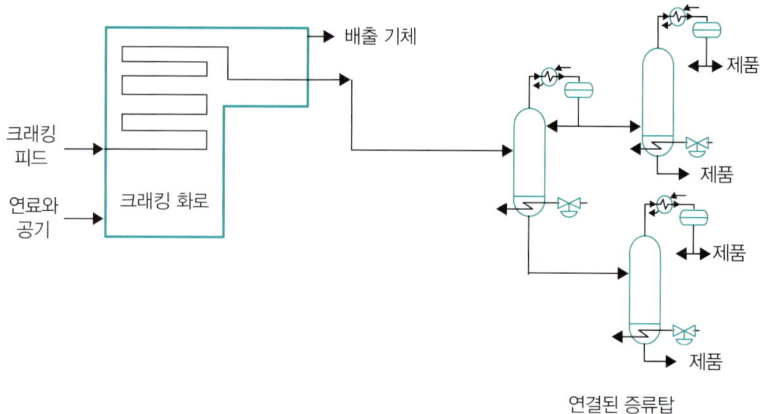

그림 3.2 ▸ 에틸렌 크래킹 공정의 일반적 표현

면, 그림 3.3에 표시된 것처럼 단일 증류탑의 개략도를 개발할 수 있다. 리보일러로 가는 스팀은 탑 하단의 액체 일부를 증발시키며(V), 상부 콘덴서는 탑 상단의 증기를 응축시켜 축전기에 저장한다. 리보일러에서 나온 증기는 탑을 따라 위로 흘러가며 트레이를 통과하고, 축전기에서 나온 액체는 탑을 따라 아래로 흘러(L), 각 내부 트레이에서 증기와 접촉하면서 증기 중의 더 휘발성이 큰 성분을 농축시키고 액체 중의 덜 휘발성이 큰 성분을 농축시킨다. 이 그림에는 물질 및 에너지 수지에 영향을 주는 요소만 포함되어 있음을 주목하라. 즉 피드(F)와 피드 조성(z), 제품(D와 B)과 그들의 조성(y와 x, 각각), 리보일러로 가는 스팀, 콘덴서로 가는 냉매이다.

이 개략도의 일부 또는 전체를 둘러싼 **계의 경계**를 표시할 수 있다. 예를 들어 축전기와 출구 라인을 둘러싼 경계를 그린(그림 3.4의 경계 A) 결과가 그림 3.5에 표시되어 있는데 이는 식별된 계에 들어오는 것이 그 계를 떠나는 것과 동일함을 나타낸다. 즉 축전기에 들어가는 응축 액체는 계를 떠나는 증류율(D)과 환류(L)의 합과 같다.

반면 전체 칼럼을 둘러싼 경계를 그린다면(경계 B) 그리고 계의 물질 평형 측면만을 고려한다면, 그 결과는 그림 3.6에 표시된 개략도로 나타낸다. 증기나 냉매가 칼럼에 의해 분리되는 피드 스트림의 구성 요소와 접촉하지 않는다는 점을 주의해야 한다. 즉 증기는 리보일러에서 응축되어

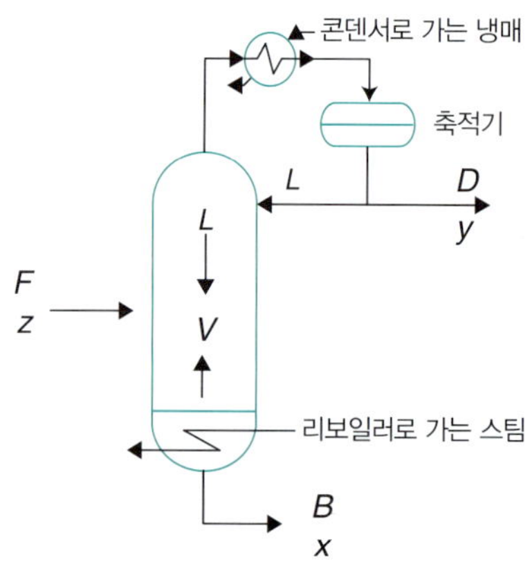

그림 3.3 ▸ 증류탑의 개략도

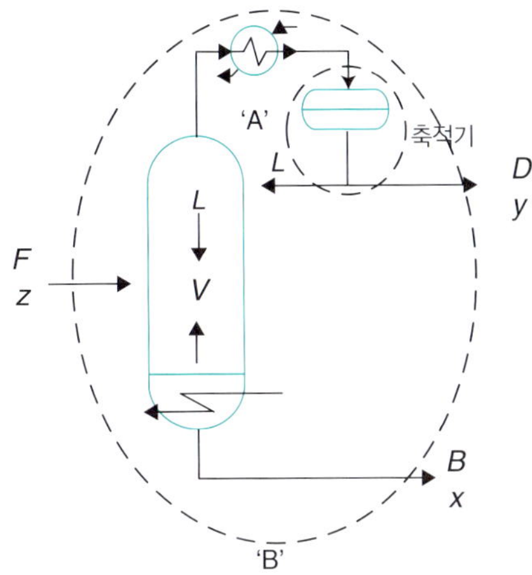

그림 3.4 ▸ 증류탑의 개략도에 적용된 경계

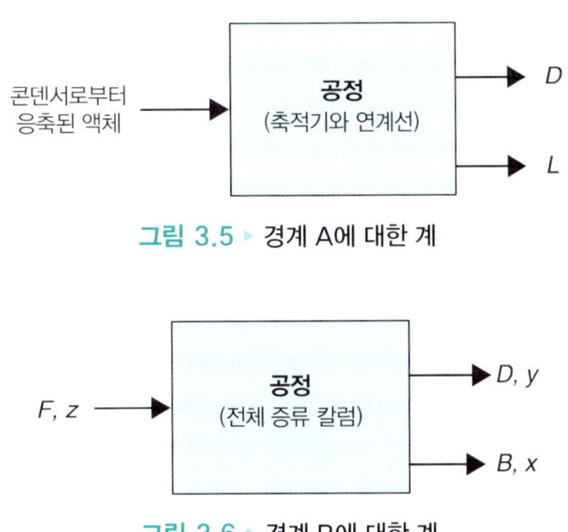

그림 3.5 ▸ 경계 A에 대한 계

그림 3.6 ▸ 경계 B에 대한 계

칼럼 하단의 물질에 열을 전달하고, 냉매는 상단의 증기로부터 열을 흡수하지만 칼럼 내부의 물질과는 섞이지 않는다. 그림 3.6에서 볼 수 있듯이, 증류 칼럼의 내부 작동에 대한 모든 세부 사항(즉 리보일러에 의한 증기 발생, 콘덴서에 의한 상단 증기의 응축, 칼럼 내 각 트레이에서의 증기/액체 접촉)은 무시되고, 과정의 전반적인 물질수지로만 고려된다. 많은 경우에 이 전반적인 물질수지 거동(즉 거시적 모델)이 공정을 나타내는 데 필요한 전부이다. 따라서 적절한 계의 경계를 적용해서 전체 공정 또는 공정의 일부를 쉽게 분석할 수 있다. 이 장은 그림 3.5 및 3.6과 같은 개략도를 사용해서 물질 평형을 적용하는 데 중점을 둔다. 즉 공정의 내부 세부 사항이 아닌 전반적인 공정 거동에 중점을 둔다.

다음은 이후 본문에서 자주 언급될 용어 설명이다.

계: **계**는 분석을 위해 고려해야 하는 임의의 부분이나 모든 공정을 의미한다. 계가 무엇인지 말로 표현함으로써 반응기, 파이프의 한 부분 또는 전체 정제공장 같은 계를 정의할 수 있다. 또는 분석하려는 공정을 둘러싸는 선으로 **계의 경계**를 그림으로 정의할 수 있다. 한 장비의 바깥쪽이나 안쪽의 일부분은 경계와 일치할 수도 있다. 계와 관련된 몇 가지 중요한 특성에 초점을 맞춰보자.

폐쇄계 또는 닫힌 공정: 그림 3.7a는 1000 kg의 H_2O를 가진 3차원 용기를 2차원 시점으로 보여준다. 재료가 용기에 들어오거나 나가지 않고 있으므로, 그림 3.7a는 **폐쇄계**를 나타낸다. 폐쇄계 내에서 변화는 발생할 수 있지만 주변과의 질량 교환은 발생하지 않는다. **회분식 반응기**가 폐쇄계의 한 예이며, 반응 도중에 어떤 물질도 추가로 도입 또는 제거되지 않는 것을 의미한다.

회분 공정: 회분 공정은 특정량의 재료가 일련의 순차적인 절차에 따라 제품을 생산하는 닫힌 공정이다. 케이크 만들기는 재료들이 혼합되어 한 개의 케이크를 생산하기 때문에 회분 공정의 예시이다.

개방계 또는 열린 공정: 그림 3.7a에 표시된 탱크에 100 kg/min의 속도로 들어가는 물을 추가하고 그림 3.7b에 표시된 100 kg/min의 속도로 물을 내보내는 실험이 있다고 가정하자. 그림 3.7b는 계의 경계로 물질이 지나가기 때문에 개방계(혹은 흐름계)의 예라고 할 수 있다. 그림 3.1, 3.2, 3.3은 개방계의 예시이다.

연속 공정: 연속 공정은 하나 또는 그 이상의 스트림이 계속 계에 들어오고 하나 또는 그 이상의 스트림이 계에서 계속 나오므로, 개방계이다.

거시적 수지: 거시적 수지는 고려 중인 과정의 전체적인 행동에만 관심이 있으며 계 내부 운영의 세부 사항은 고려하지 않는다. 예를 들어 증류 칼럼에 대한 거시적 균형은 칼럼을 떠나는 스트림의 중량 및 중량 성분의 전체적인 분리(즉 스트림의 구성)에 관한 것이며, 칼럼 내부의 성분 농도 분포(예: 그림 3.4 및 그림 3.6의 계 B)에 대해서는 고려하지 않는다.

정상상태계 또는 공정: 정상상태란 무엇을 의미하는가? 앞서 언급했듯이 재료의 양이나 재료의 속성과 같은 변수가 시간에 따라 그 값이 불변(변하지 않음)이면 그 변수는 정상상태에 있다. 그림 3.7b를 확인해보면 알 수 있듯이 물의 도입과 방출이 일정하며 같은 경우를 정상상태라고 할 수 있다. 즉 도입량, 배출량, 계 내부 구성 요소가 시간에 따라 일정하다.

비정상상태 또는 과도계 또는 공정: 비정상상태 공정은 시간에 따라 변화한다. 만약 계에 물질이 추가되지만 어떤 물질도 제거되지 않는다면, 비정상상태이다. 이러한 계는 시간이 지남에 따라 계 내의 물질 양이 증가하기 때문에 비정상상태 공정이 된다. 회분식 반응기는 또 다른 비정상상태 공정의 예이다. 반응기에서 반응이 진행됨에 따라 반응기 내 구성 요소의 농도가 시간에 따라 변화한다. 제11장에서는 비정상상태의 물질 및 에너지 평형을 다룬다.

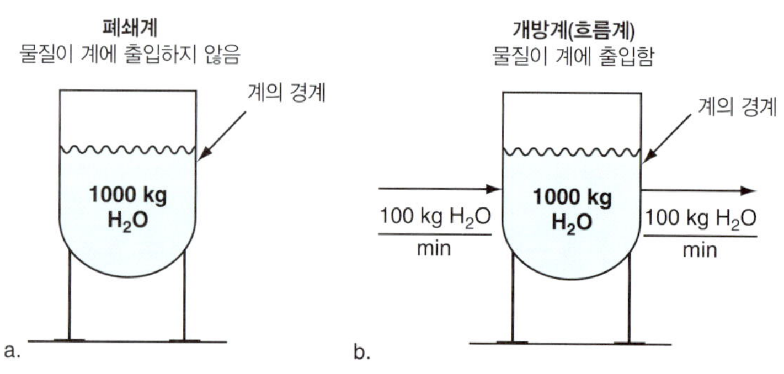

그림 3.7 ▸ (a) 폐쇄계와 (b) 계방계의 비교

자습문제

확인문제

1. 공정 도식은 공정의 모든 세부 사항을 포함하고 있는가? 아니라면, 그것은 무엇을 포함하고 있는가?
2. 정상상태 공정을 구성하는 것은 무엇인가?
3. 개방계란 무엇인가?

해답

1. 공정 도식은 공정의 모든 세부 사항을 포함하고 있지 않다. 이는 공정의 전반적인 행동과 관련된 공정의 요소만 포함하고 있다.
2. 정상상태 공정은 시간에 따라 변하지 않는다. 즉 공정에 들어가고 나오는 스트림과 공정 내부의 조건은 시간에 따라 변하지 않는다.
3. 계방계는 계의 경계로 재료가 들어오거나 나가는 것을 의미한다.

3.2 물질수지에 대한 소개

이 절에서는 연속 및 회분 공정에 물질수지를 적용하는 방법을 소개하기 위해 식 (3.1) 및 (3.2)를 두 개의 매우 간단한 물질수지 문제에 적용한다. 이 절에서 간단한 물질수지 문제를 수립하고 해결함으로써, 다음 절에서 제시되는 상세한 물질수지 해결 절차를 더 잘 이해할 수 있어야 한다. 식 (3.1) 및 (3.2)는 공정 내부에서 무슨 일이 일어나는지를 고려하지 않고 공정에 들어오고 나가는 것만을 고려하기 때문에 거시적 물질수지라는 점에 유의하자. 먼저 연속 공정에 대한 물질수지를 고려하고, 그다음 회분 공정에 대해 고려한다.

3.2.1 연속 공정에 대한 물질수지

연속 공정은 정유소나 화학 중간체(예: 에틸렌 및 벤젠)를 생산하는 공정과 같은 대량 작업에 주로 사용된다. 대량으로 제품을 생산하고자 할 때 연속 공정은 일반적으로 회분 작업보다 더 널리 사용된다. 연속 공정은 더 낮은 비용으로 대량의 제품을 생산할 수 있으며, 일반적으로 더 높은 제품 품질을 유지할 수 있다.

이제 그림 3.8에 표시된 혼합기를 살펴보자. 이 공정은 희박한 NaOH 스트림을 더 작은 흐름 속도의 농축 스트림과 혼합해서 희박 용액의 NaOH 농도를 높인다. 이 공정을 나타내는 두 가지 방법이 있음을 주목하자. 즉 (a) 조성을 사용하거나 (b) 성분의 유량을 사용한다. 각 접근법은 문제의 특정 상황에 따라 장점이 있다. 이 두 접근법은 서로 다른 형태로 동일한 정보를 제공한다(즉 질량유량은 조성과 총 스트림 유량의 곱이며, 조성은 성분의 유량과 총 스트림 유량의 비율이다).

그림 3.8에 나열된 구성 요소의 흐름 속도 값을 사용하면 질량 및 몰의 총계 및 **성분수지**를 식 (3.2)를 사용해서 작성할 수 있다. 잘 혼합된 탱크의 경우 출력 스트림의 구성 요소 농도는 혼합 중 탱크 내부의 구성 요소 농도와 동일하다는 점에 주의하자. 이 가정은 적절한 혼합이 사용되면

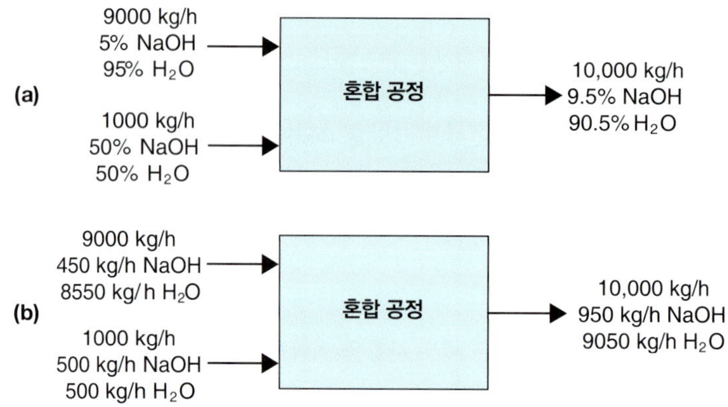

그림 3.8 ▸ (a) 조성에 따라, (b) 성분의 유량에 따라 공정이 표현될 수 있는 두 가지 방법

상대적으로 정확하다. 이 공정의 정상상태 운전을 가정하고 식 (3.2)를 적용하면 표 3.1에 나와 있는 결과가 나온다.

표 3.1 ▸ 식 (3.2)를 kg/h 단위의 혼합기에 적용

성분	도입(kg/h)	=	배출(kg/h)
NaOH	450 + 500	=	950
H_2O	8550 + 500	=	9050
합계	10,000	=	10,000

주목해야 할 것은 식 (3.2)가 각 성분에 대해 만족스럽고, 총계는 표 3.1에 나타나 있는 대로 그림 3.8에서 제공된 조성에 기반한다는 것이다.

다음으로 그림 3.8에 대한 식 (3.2)의 적용을 몰 단위로 보여준다. 표 3.1에 나타나 있는 킬로그램을 각각의 분자량(NaOH = 40.00, H_2O = 18.02)으로 나누어서 킬로그램 몰로 변환할 수 있다. 결과는 표 3.2에 나타나 있다.

표 3.2 ▸ 식 (3.2)를 kg mol/h 단위의 혼합기에 적용

성분	도입(kg mol/h)	=	배출(kg mol/h)
NaOH	(450 + 500)/40.00 = 23.75	=	950/40.00 = 23.75
H_2O	(8550 + 500)/18.02 = 502.25	=	9050/18.02 = 502.25
합계	526.0	=	526.0

이제 그림 3.8에 나타난 연속 공정에 대한 기준을 1시간으로 사용할 것을 고려하자. 결과적으로 희박한 NaOH 용액과 농축된 NaOH 용액의 특정량이 그림 3.9에 나타난 대로 혼합 공정에서 결합된다. 따라서 식 (3.1)은 이 경우에 물질수지를 수립하는 데 사용될 수 있다. 즉 약한 NaOH 용액 9000 kg이 강한 NaOH 용액 1000 kg과 결합된다. 이 경우와 이전 경우(즉 그림 3.8)와의 유일한 차이점은 이 경우가 킬로그램 단위로 각 스트림의 특정량을 고려하는 반면, 이전 경우는 kg/h 단위의 각 스트림의 유량을 고려했다는 것이다. 그러나 양과 농도는 정확히 동일하다. 결과

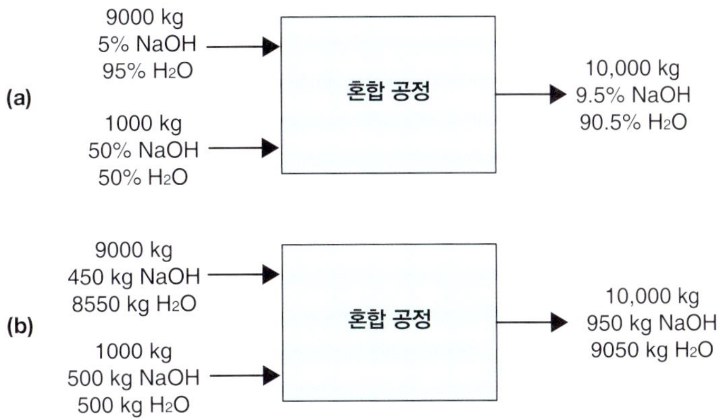

그림 3.9 ▸ (a) 조성에 따른, (b) 성분의 질량에 따른 물질의 양 합산 설명

적으로 표 3.1 및 3.2에 나타난 대로 식 (3.1)의 적용은 마지막 경우에 대해 단위가 kg/h에서 kg 또는 kg mol/h에서 kg mol로 변경되는 것을 제외하고는 정확히 동일할 것이다.

요약하면 **연속 공정의 경우, 식 (3.2)는 직접 적용하거나 시간 간격을 기준으로 사용해서 적용할 수 있으며, 식 (3.1)은 질량 또는 몰로 적용할 수 있다.**

3.2.2 회분 공정에 대한 물질수지

회분 작업은 특정 양의 원료를 처리해서 제품을 생산하는 방식이다. 회분 공정에 대해 식 (3.1)을 사용하기 위해서는 계를 정상상태의 관점에서 고려해야 한다. 즉 초기에는 계가 비어 있다고 가정한다. 그런 다음 원료가 추가된다. 다음으로 원료가 처리되어 제품이 생산된다. 마지막으로 제품 원료가 계에서 제거된다. 따라서 처리가 완료된 후 계가 처음에는 비어 있었기 때문에 정상상태의 공정처럼 동작한다. 따라서 식 (3.1)은 회분 계에 대한 거시적 물질수지로 적용될 수 있다.

희박한 NaOH 9000 kg과 농축된 NaOH 1000 kg의 회분 혼합을 고려하면, 그림 3.9에 표시된 계가 직접 적용된다. 따라서 **연속 공정에 대한 물질수지를 시간 간격을 기준으로 사용하는 것은 회분 공정에 물질수지를 적용하는 것과 동일하다.**

이제 그림 3.10에 표시된 회분 공정을 고려해보자. 이전에 제시된 혼합 공정의 표기는 원료 스트림이 혼합 탱크에 추가되는 것을 보여준다. 따라서 이 계는 혼합 탱크 내부에 물질이 축적되기 때문에 비정상상태의 공정이 될 것이다. 따라서 식 (3.1)은 적용되지 않을 것이다. 비정상상태의 물질수지는 제11장에서 다룬다. 이 계의 비정상상태 분석은 식 (3.1)을 적용하는 것과 동일한 결과를 가져올 것이지만, 분석은 그림 3.9a에서 보는 것처럼 식 (3.1)을 적용하는 것보다 복잡하다.

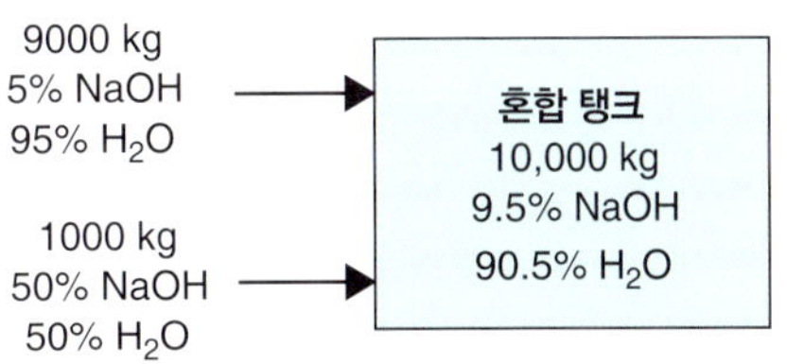

그림 3.10 ▸ 비정상상태 회분 혼합 공정

다음은 단일 성분과 두 개의 성분이 있는 계에 대한 물질수지 문제의 몇 가지 예이다. 이 문제들을 해결하기 위해 식 (3.1) 및 (3.2)를 적용할 것이다.

예제 3.1 호수의 물수지

문제 물수지는 호수에서 일어나는 지하수의 여과, 증발, 침전의 영향을 평가하는 데 사용된다. 그림 E3.1에 제시한 물리 현상을 기술하기 위해, 호수의 정상상태 물수지를 기호로 나타내라(모든 기호는 질량유량 속도이다). 나가는 강물의 유량(R_2)을 다른 변수를 이용해서 나타내라.

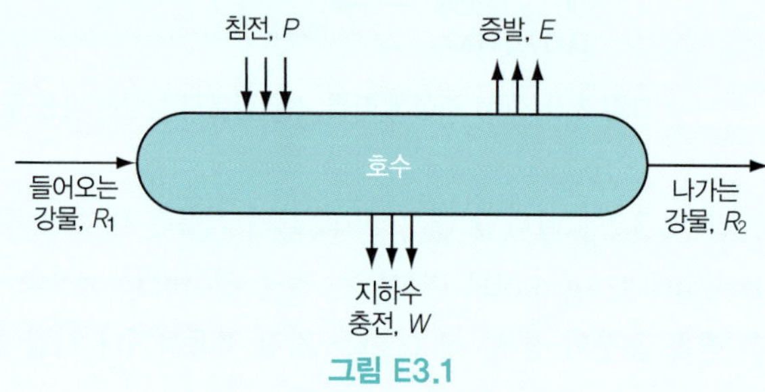

그림 E3.1

풀이 식 (3.2)를 사용해서 물에 대한 유량 속도로 모든 스트림을 나타내면 호수의 물수지는 다음과 같다.

$$R_1 + P = R_2 + E + W$$

이를 R_2에 대해서 정리하면 다음과 같다.

$$R_2 = R_1 + P - E - W$$

이 방정식은 열린 공정의 경우에는 유량 속도, 폐쇄 공정에는 도입 또는 배출된 양을 기반으로 적용할 수 있다.

예제 3.2 회전식 건조기

문제 이 장의 서론에서 소개한 예로 돌아가보자. 젖은 고분자가 30 wt %의 물을 함유하고 있으며, 건조기에 시간당 5000 kg의 속도로 들어간다고 가정하고, 젖은 고분자 1 kg을 건조기에 추가할 때마다 반대편 끝에서 10 kg의 뜨거운 공기가 회전식 건조기에 주입된다고 하자. 고분자가 건조기에서 완전히 건조한 상태로 나올 때 공기에서 물의 중량 분율을 구하라.

풀이 젖은 고분자 1 kg당 10 kg의 공기가 추가된다는 조건은 공기 추가율을 50,000 kg/h(즉 10 kg 공기/kg 젖은 고분자 × 5000 kg 젖은 고분자/h = 50,000 kg 공기/h)으로 설정한다. 그림 E3.2는 이 과정의 개략도와 문제의 명시 데이터를 보여준다. 이 공정은 연속 공정임을 유의하라.

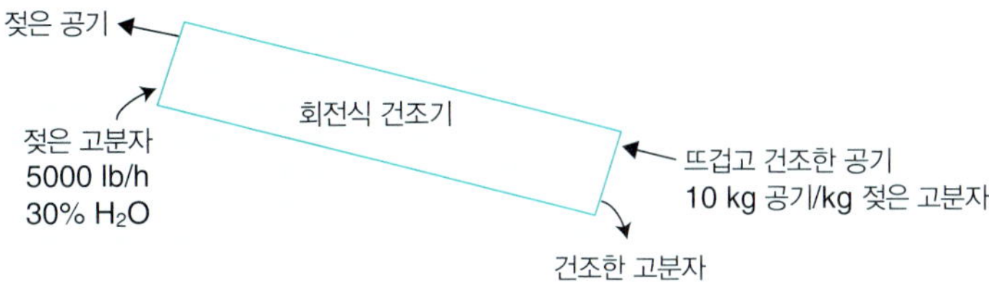

그림 E3.2

먼저 식 (3.2)를 사용해서 고분자에 대한 물질수지를 적용한다. 즉 건조기에 들어가는 고분자의 질량은 건조기를 떠나는 고분자의 질량과 같다.

$$0.7(5{,}000\ \mathrm{kg/h}) = \left(\dot{m}_{\mathrm{polymer}}\right)_{\mathrm{Out}} = 3500\ \mathrm{kg/h}$$

고분자와 물이 하나로 **묶인 성분**임에 유의하라. 왜냐하면 고분자와 물은 오직 한 개의 스트림으로 공정에 주입되고 오직 한 개의 스트림으로 공정에서 배출되기 때문이다. 따라서 묶인 성분 내 고분자와 물수지에 대한 이 두 스트림 사이에 간단한 비례 관계가 생긴다. 다음으로 식 (3.2)를 사용해서 물에 대한 물질 균형을 적용해 공기와 함께 얼마나 많은 물이 나갈지를 결정한다.

$$0.3(5{,}000\ \mathrm{kg/h}) = \left(\dot{m}_{\mathrm{water}}\right)_{\mathrm{Out}} = 1500\ \mathrm{kg/h}$$

다음으로 공기에 대한 물질 균형은 다음과 같다.

$$50{,}000\ \mathrm{kg/h} = \left(\dot{m}_{\mathrm{air}}\right)_{\mathrm{Out}}$$

마지막으로 공기 중 물의 중량 분율은 물의 유량을 물과 공기의 유량 합계로 나눈 것과 같다.

$$w_{\mathrm{water}} = \frac{1500\ \mathrm{kg/h}}{1500\ \mathrm{kg/h} + 50{,}000\ \mathrm{kg/h}} = 0.0291$$

예제 3.3 DNA 발견의 효과

문제 세포와 조직에서 DNA를 찾는 과정 중에 500 μg의 물에서 20 μg의 순수한 DNA 염기 순서가 500 bp의 작은 크기로 조각났다[1 bp = 0.34 nm(나선축을 따라), 10.4 bp는 DNA 분자가 나선축을 한 바퀴 도는 것과 같다]. 그림 E3.3a를 보라. DNA의 가교결합된 단백질은 몇 개의 추가적인 과정과 분리 단계가 따라온다. 남아 있는 DNA는 용액으로 침전시키고 세척, 건조해서 12 μg의 DNA를 얻었다. 이 과정 단계에서 손실된 DNA의 분율은 얼마인가?

거의 모든 살아 있는 유기체에 있는 데옥시리보핵산을 의미하는 DNA는 유전 정보를 분자 안에 저장한다. 그림 E3.3a에서 보듯이 이중 나선이라고 불리는 2개의 엮여 있는 사슬의 긴 선형 분자를 형성한다.

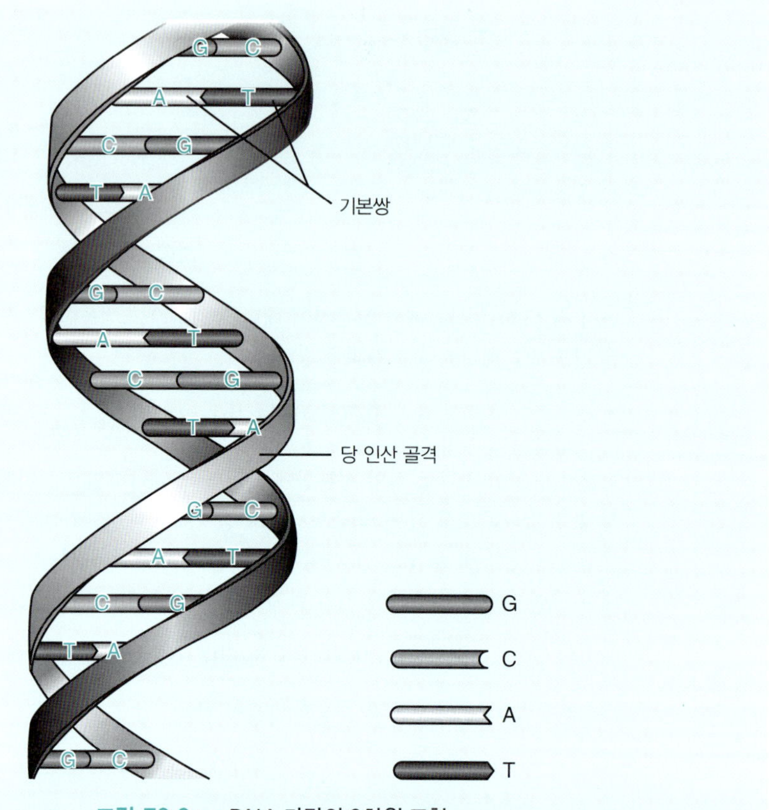

그림 E3.3a ▸ DNA 가닥의 3차원 표현

풀이 이것은 쉬운 문제이지만 물질수지 문제를 푸는 데 필요한 분석을 설명한다. 문제를 다시 보면, DNA의 유량 속도가 아닌 양을 명시했으므로 식 (3.1)을 적용해서 DNA 수지식을 세울 수 있다. 그러므로 해당 계는 폐쇄 공정으로 나타낸다. 물에 대해 고려할 필요가 있는가? 아니다. 공정은 물을 포함하지만 물에 대해 주어진 것이 없기 때문이다. 그림 E3.3b에 정보가 주어져 있다.

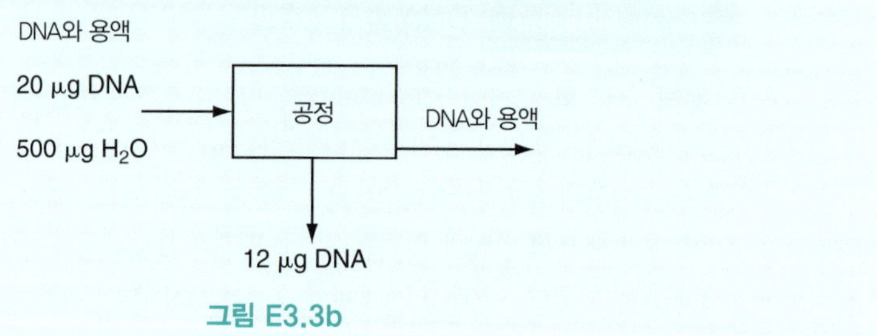

그림 E3.3b

우선 식 (3.1)을 기억하고 계를 선택한다. 그림 E3.3b에 상자로 나타낸 공정을 계라고 한다. 개방계인가? 그렇다. 정상상태인가? 초기상태에 DNA는 없다고 하고 최종상태에는 아무것도 남아 있지 않았다고 할 때 그 공정은 정상상태이다. '들어간 것은 나와야 한다'가 적용되는가? 그렇다. DNA의 공정에서 손실되는 양을 x로 놓는다. DNA 수지는 DNA 20 μg을 기준으로 한다.

$$\begin{array}{ccccc} \text{도입} & & \text{배출} & & \text{배출} \\ 20\ \mu\text{g DNA} & = & 12\ \mu\text{g DNA} & + & x\ \mu\text{g DNA} \end{array}$$

질량수지의 결과는 $x = 8\ \mu g$ DNA이므로 공정에서 손실된 분율은 8/20, 즉 0.4이다.

처음 계산에서는 DNA 분율이 12/20, 즉 0.6일 것이다. 물질수지의 해결을 어떻게 시작해야 하는가? 1 μg이 기준이면 x는 원하는 분율이 된다. 물질수지는 $1 = 0.6 + x$이므로 x는 0.4이다. 12 μg을 기준으로 선택해도 되는가? 그렇다.

예제 3.4 원심분리기를 사용한 세포의 농축

문제 원심분리기는 원심력을 이용해서 액체 중에 있는 질량이 0.1~100 μg인 입자를 분리한다. 관형 원심분리기(원통의 중심축에서 회전하는 원통형 장치)를 사용하면 배양액(세포가 들어 있는 액)으로부터 효모 세포를 분리할 수 있다. 세포 농도가 500 mg/L인 배양액을 1000 L/hr로 원심분리기에 도입하면 세포 농도가 50 wt %인 생성물과 세포가 없는 맑은 흐름이 배출된다. 이 맑은 유체의 유량을 구하라. 도입 배양액의 밀도는 1 g/cm^{3}이라 가정하고 원심분리기로부터 흐르는 배양액의 세포는 없다.

풀이 몇 개의 다른 원심분리기가 있다. 그림 E3.4는 연속적인 도입과 배출을 포함하므로 반응이 없는 개방(흐름)계인 정상상태 공정이라고 결론 내릴 수 있다. 이는 연속 공정임을 주목하자. 세포와 배양액, 이 2개의 요소를 포함한다. 무엇을 기준으로 잡아야 하는가? 원심분리기의 도입량으로 1000 L/h을 기준으로 잡는다. P를 원하는 생성물, D는 나가는 양으로 놓고 둘 다 단위는 grams/h이다.

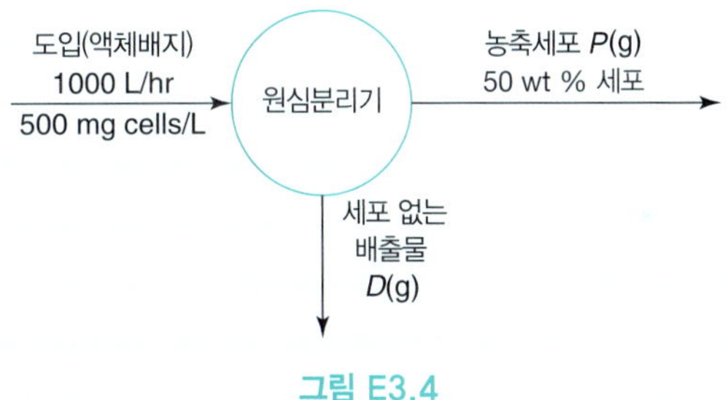

그림 E3.4

축적량이 0이므로 물질수지[총수지와 식 (3.2)에서 사용한 2개의 요소]는 '들어가는 것은 나온다.' 유체수지 다음으로 세포수지를 세운다.

세포수지:

$$\frac{1000\ \text{L feed}}{} \left| \frac{500\ \text{mg cells}}{1\ \text{L feed}} \right| \frac{1\ \text{g}}{1000\ \text{mg}} = \frac{0.50\ \text{g cells}}{1\ \text{g}\ P} \left| \frac{P\ \text{g}}{} \right. \qquad P = 1000\ \text{g/h}$$

유체수지:

유체수지 산출량에서 계산한 P의 값을 이용한다.

$$\frac{1000\ \text{L}}{} \left| \frac{1000\ \text{cm}^3}{1\ \text{L}} \right| \frac{1\ \text{g fluid}}{1\ \text{cm}^3} = \frac{1000\ \text{g}\ P}{} \left| \frac{0.50\ \text{g fluid}}{1\ \text{g}\ P} \right. + D\ \text{g fluid}$$

$$D = (10^6 - 500)\ \text{g fluid/h}$$

자습문제

확인문제

1. 물질수지는 질량 보존의 개념과 어떻게 관련되어 있는가?
2. 자동차 엔진에서 밸브가 실린더로 열리면 피스톤이 내려가면서 공기가 실린더로 들어오고, 이어서 연료가 공급되어 연소된다. 그 후에는 연소기체가 피스톤이 올라감에 따라 방출된다. 매우 짧은 시간 내에서, 예를 들면 수 마이크로초에서 실린더는 개방계 또는 폐쇄계로 간주되는가? 몇 초의 시간 척도에 대해서는 어떻게 간주되는가?
3. 본문을 보지 않고, (a) 정상상태의 개방계 및 (b) 정상상태의 회분 혼합계에 대해 물질수지를 나타내는 방정식을 적으라.
4. 식 (3.2)는 여러 구성 요소가 포함된 정상상태 과정에 적용되는가?
5. 화학 공장이나 정유소가 다양한 피드를 사용하고 다양한 제품을 생산할 때, 식 (3.2)는 공장 내의 각 구성 요소에 적용되는가?

해답

1. 질량 보존은 모든 포괄적 시스템에서 물질의 불변성에 중점을 둔다. 반면 물질수지는 더 제한된 시스템의 입출입 흐름과 시스템 내의 물질이 수지를 이루도록 중점을 둔다.
2. 매우 짧은 시간 척도에서 모든 밸브가 닫혀 있을 때, 시스템은 폐쇄계로 동작한다. 긴 시간 척도에서는 개방계이다.
3. 본문 참조
4. 그렇다. 두 조건을 기반으로 한다. 즉 (1) 반응이 발생하지 않음, (2) 과정은 정상상태 시스템을 나타냄
5. 그렇다. 하지만 화학반응은 고려하지 않는다.

적용문제

1. 다음 과정들의 스케치를 그리고 계의 경계를 지정하기 위해 적절하게 점선을 그려라.
   a. 찻주전자
   b. 벽난로
   c. 수영장
2. 다음 과정들을 개방계, 폐쇄계, 둘 다 아닌 것, 둘 다로 분류하라.
   a. 정유소의 기름 저장 탱크
   b. 화장실의 물탱크
   c. 자동차의 촉매 변환기
   d. 발효 용기
3. 계의 예로 맥주병을 고려하자. 계를 선택하라.
   a. 계 안에 무엇이 있는가?
   b. 계 밖에 무엇이 있는가?
   c. 계가 열려 있는가, 닫혀 있는가?

4. 한 공장이 PCBs(폴리클로리네이티드 비페닐)가 0.25mg/L 함유된 처리된 폐수를 4000 gal/min 방류한다. 방류 지점의 상류에서 PCBs를 측정할 수 없는 강에 방류한다. 방류된 물이 강물과 완전히 섞인 후 강의 유량이 1500 ft^3/s라면, 강의 PCBs 농도는 몇 mg/L인가?

해답

1. 선택한 계는 다소 임의적일 것이고 분석을 위한 시간 간격도 그러할 것이지만, (a)와 (c)는 증발을 무시하면 폐쇄계이고, (b)는 개방계이다.

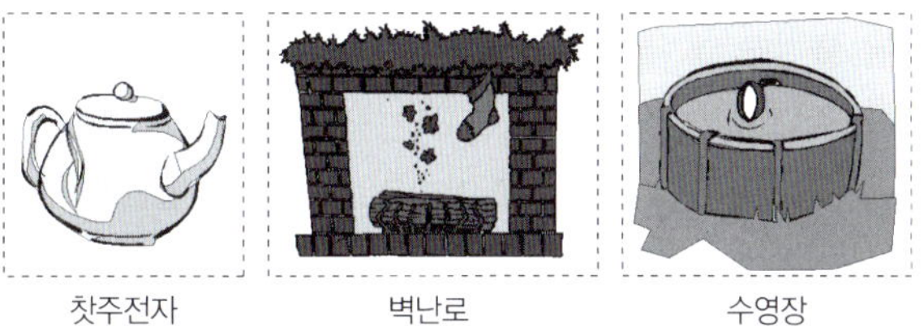

찻주전자 벽난로 수영장

2. (a) 재료가 추가되거나 제거되지 않을 때 폐쇄계, (b) 변기물을 내릴 때 개방(흐름)계, (c) 자동차가 작동하는 동안 개방(흐름)계, (d) 발효 단계 동안 폐쇄계

3. (a) 병 안의 맥주, (b) 병 밖의 모든 것, (c) 폐쇄계

4. PCB 수지: 분당 1000mg = (분당 4000 L/min + 분당 1500*7.48*60 L/min) x_{PCB}, $x_{PCB} = 1.49 \times 10^{-3}$ mg/L

3.3 물질수지 문제 접근을 위한 일반적 전략

문제 해결에 대한 대부분의 문헌은 '문제'를 어떤 초기 정보(초기상태 또는 문제 제기)와 원하는 정보(최종상태 또는 문제의 답) 사이의 차이로 여긴다. 문제 해결은 이 두 상태 사이의 경로를 찾는 방법이다.

이 책을 읽어나가면서 데이터를 적절한 방정식에 루틴적으로 대입하는 것만으로는 물질(그리고 나중에는 에너지) 수지를 해결하기에 충분하지 않다는 것을 알게 될 것이다. 물론 문제를 해결하기 위한 전략을 스스로 세울 수 있으며, 모든 사람은 다른 관점을 가질 수 있다. 그러나 이 장에서 제시된 잘 검증된 일반 전략을 채택하는 것이 이 책에서 예시나 숙제로 제시된 문제와 다른 문제(예를 들면 산업 실무 문제)를 만났을 때 학생들이 겪는 어려움을 상당히 줄여준다는 것을 알고 있다. 결국 이 책의 문제들은 단지 예제에 불과하며, 단순한 문제들이지만 이 세상에 존재하거나 맞닥뜨릴 수 있는 많은 문제의 예이다. 개인의 문제 해결 기술을 선택하더라도, 이제부터 서술할 문제 해결 방법이 해결점을 찾는 데 유용하며 문제 해결이 막혔을 때 도움이 될 것이다.

문제를 분석하고 그 해결책을 제시하는 체계적인 방법은 특정 유형의 문제 해결에 관한 단순한 지식보다 훨씬 더 큰 가치가 있는 논리적 사고 훈련을 포함한다. 이러한 문제를 논리적 관점에서 접근하는 방법을 이해하는 것은 기본적인 사고방식을 개발하는 데에도 도움이 되며, 이 자료를 읽은 후에도 엔지니어로서 작업하는 데 도움이 될 것이다.

문제를 해결할 때, 학술적이든 산업적이든 지금까지의 교육이 문제를 정확한 과학(예: 수학)으로 취급하더라도 항상 '공학적 판단'을 해야 한다. 예를 들어 한 사람이 벽돌 벽을 지을 때 10일이 걸린다면 10명의 사람이면 하루에 완료할 수 있다. 따라서 240명이면 1시간에, 14,400명이면 1분에 완료할 수 있고, 864,000명이면 단 하나의 벽돌도 놓이기 전에 벽이 완성될 것이다! 문제 해결에서 상식을 사용하는 것이 성공의 열쇠이다. 분석 중인 시스템에 대한 정신적 이미지를 항상 유지하라. 문제가 물리적 현상과 관련이 없는 추상적인 것이 되지 않도록 풀어내야 한다.

다음 단계를 특정한 순서로 따르거나 모든 것을 공식적으로 사용할 필요는 없다. 여러 단계를 뒤로 돌아가서 반복할 수 있으며, 단계를 통합할 수도 있다. 문제를 해결하는 작업을 할 때 예상대로 잘못된 출발을 경험하거나, 광범위한 예비 계산을 마주하거나, 더 높은 우선순위의 작업을 위해 작업을 중단하거나, 빠진 연결고리를 찾거나, 어리석은 실수를 할 수 있다. 여기에 정리된 전략은 주요 경로가 아닌 우회로에 집중시키기 위해 설계했다.

단계 1. 문제를 읽고 이해한다.

이는 **문제를 주의 깊게 읽고** 주어진 것과 해야 할 것을 알게 되는 것을 의미한다. 문제를 다시 표현해서 이해하라.

다음은 대답할 질문이다. 얼마나 많은 달이 30일로 이루어져 있는가? 이제 당신은 "9월은 30일 …"이라는 기억의 흐름을 기억하고 4라는 답을 할 수 있지만, 그것이 질문과 관련 있는 것인가? 몇 개의 월이 정확히 30일로 되어 있는가? 아니면 질문이 최소한 30일로 이루어진 월은 얼마나 많이 있느냐고 물어보는 것인가?(답은 11개) 동일한 문제를 읽는 사람들은 종종 다른 관점을 가지고 있을 수 있다. 당신의 도시의 거리가 1부터 24까지 연속적으로 번호가 매겨져 있고, 낯선 사람이 6번가 다음이 어떤 거리인지 물어본다면, 당신은 7번가라고 응답할 것이다. 그러나 반대 방향을 향하고 있는 낯선 사람은 5번가라고 말할 수도 있을 것이다.

문제가 간단한 계산인지 복잡한 계산인지, 정상상태 과정인지 비정상상태 과정인지를 결정해야 하며, 계산이 완료되면 결론을 계산서나 컴퓨터 출력물의 어딘가, 예를 들면 끝이나 시작 부분에 나타내라.

예제 3.5 문제의 이해

문제 열차가 105 cm/s의 속도로 역으로 들어오고 있다. 이 열차 안에서 한 남자가 30 cm/s의 속도로 앞으로 걸어간다. 그는 1 ft 길이의 핫도그를 먹고 있는데, 2 cm/s의 속도로 입으로 들어간다. 핫도그 위의 개미가 이 남자의 입 쪽에서 반대쪽으로 1 cm/s의 속도로 도망가고 있다. 이 개미가 역으로 향하는 속도는 얼마인가? 아래의 풀이를 가지고, 먼저 이 문제가 무엇을 요구하는지 잘 생각해 보라.

풀이 문제를 읽으면 알겠지만 주어진 정보가 서로 얽혀 있다. 다음과 같은 해석이 옳은가?

주의 깊게 생각해서 핫도그의 길이를 무시하더라도 피상적으로 해석해서 계산하면 답은 105 + 30 − 2 + 1 = 134 cm/s이다. 그러나 문제를 다시 잘 읽어보면 개미는 남자의 입에서 반대쪽으로 1 cm/s의 속도로 움직인다. 남자의 입은 135 cm/s의 속도로 역으로 향하고 있으므로 개미가 역을 향해 움직이는 속도는 136 cm/s이다.

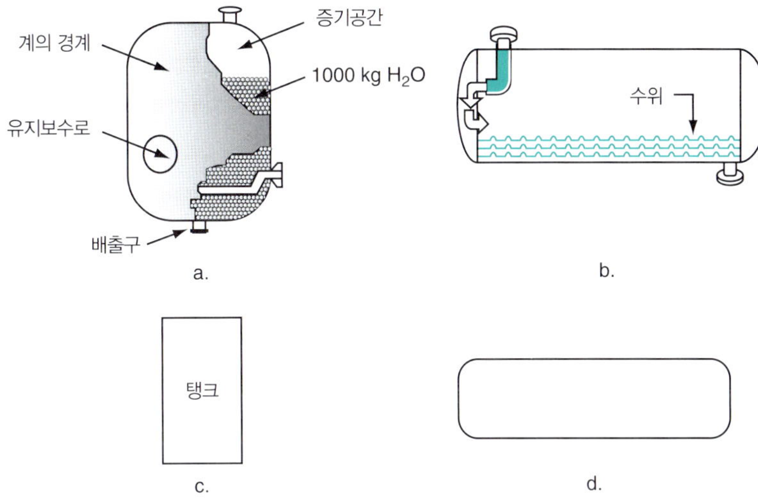

그림 3.11 ▸ 공정 장비를 나타내는 그림의 예

단계 2. 공정을 간단한 그림으로 나타내고 계의 경계를 정한다.

언제나 문제를 풀기 전에 공정이나 물리적 계의 그림을 간단히 나타내는 것이 좋다. 이런 그림을 그리는 데에는 미술 실력이 필요하지 않다. 그저 네모나 원을 그리고 계의 경계를 정한 다음 물질의 흐름을 화살표로 나타내기만 하면 된다. 이어서 어떤 계인지를 단어나 표지로 나타낸다. 그림 3.11은 몇 개의 예를 보여준다.

그림 3.11c는 그림 3.11a를 적절하게 나타냈고, 그림 3.11d는 그림 3.11b를 나타냈다. 내부 사항은 식 (3.1)과 (3.2)의 적용에 보통 영향을 받지 않기 때문이다. 공정도 자체는 계가 개방인지 폐쇄인지 나타낸다.

단계 3. 공정도에 모든 알려진 흐름, 물질, 조성에 대한 라벨(기호, 숫자, 단위)을 표시한다.

자료를 공정도에 나타내면 자료를 찾느라 문제를 다시 읽을 필요가 없고, 부족한 자료가 무엇인지를 명확하게 알 수 있다. 값을 모르는 유량, 물질, 조성은 그 기호와 단위를 공정도에 표시한다. 기타 유용한 관계나 정보가 있으면 공정도에 추가한다. 공정도에 어떤 종류의 정보를 기록해야 하는가? 정보의 구체적 예는 다음과 같다.

- 유량(예: $\dot{F} = 100$ kg/min)
- 각 흐름의 조성(예: $x_{H_2O} = 0.40$)
- 유량비(예: $F/R = 0.7$)
- 유량 관계(예: $F = P$)
- 수량(예: Y kg/X kg = 0.63)
- 효율(예: 40%)
- 변수나 상수의 제약조건(예: $x < 1.00$)
- 전화율(예: 78%)
- 평형 관계(예: $y/x = 2.7$)
- 분자량(예: MW = 129.8)

문제 해결과 답을 해석하기 위해 공정도에 얼마나 많은 자료를 표시해야 하는가? 문제에 주어져 있지 않기 때문에 0인 변수는 무시할 수 있다. 공정도가 너무 복잡해지면 데이터를 별도의 표로 만들어 공정도에 표시한다. 흐름과 다른 재료와 관련된 단위를 공정도나 표기 숫자를 적을 때 표시하라. 단위가 중요하다.

문제 설명에서 필수 자료가 누락될 수도 있다. 이러한 변수의 값이 없다면 알지 못하는 유량을 F_1, 질량분율을 ω_1 등으로 기입한다. 수치 대신에 기호로 표시하면 문제 풀이에 필요한 적절한 정보를 찾는 데 주의를 집중하게 될 것이다.

예제 3.6 아는 정보를 공정도에 표시

문제 NaOH 수용액을 생성하기 위해 H_2O에 NaOH를 연속적인 교반기에 넣고 섞는다. 문제는 NaOH의 유속이 1000 kg/hr이고 생성용액에 대한 H_2O의 유속비는 0.9일 때 생성물의 유성과 조성을 구하는 것이다. 공정을 그리고 적절한 라벨을 붙여 미지변수와 데이터 값을 넣으라. 제안한 전략의 결과적인 설명을 위해 이 예시를 사용했다.

풀이 H_2O와 NaOH의 조성에 관해 달리 주어진 정보가 없으므로 각각 100%라 가정한다. 전형적인 방법으로 공정도에 자료를 표시한 그림 E3.6을 보라.

계산 기준: 1 hr = 1000 kg

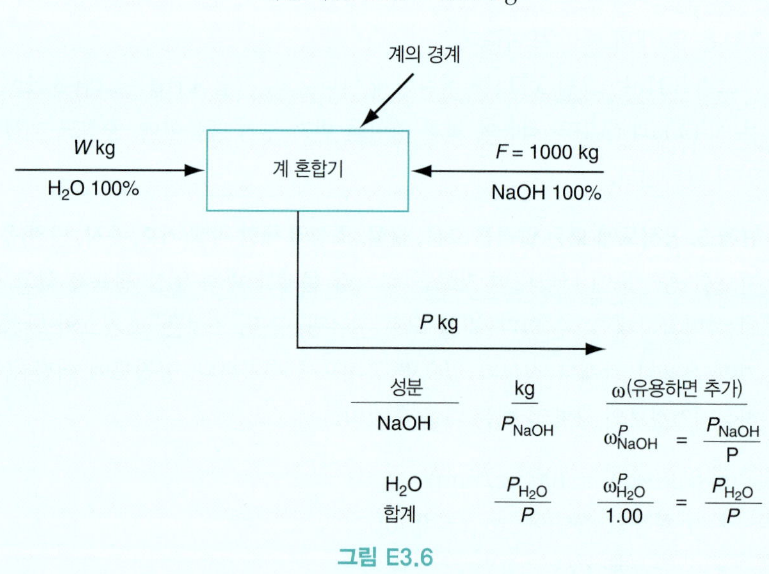

그림 E3.6

생성물 흐름의 조성을 미지 흐름에 대한 기호와 함께 나타냈다. 질량 흐름과 함께 질량분율을 나타낼 수 있는가? 물론이다. $W/P = 0.9$라는 것도 알고 있는데 왜 다이어그램의 적절한 장소에 그 비를 표시할 수 없겠는가?

문제에서 값을 모르는 변수(**미지변수**)를 기호로 나타낼 때는 기호를 일관적으로 사용해야 편리하다. 이 책에서는 질량 흐름이나 물질량 흐름을 나타낼 때 그림 E3.6과 같이 적절한 단위를 함께 나타내어 어떤 흐름인지 알 수 있도록 했다.

필요할 때는 질량을 m, 물질량을 n으로 표시하고 적절한 아래첨자나 위첨자를 붙여서 흐름을 분명히 했다. 몇 가지 예를 표 3.3에 제시했다. 문제에 따라서는 물을 W, 생성물을 P 등으로 나타내어 혼동을 피할 수도 있다. 알파벳이 모자라서 다 나타낼 수 없을 때는 F^1, F^2처럼 위첨자를 첨가하거나 흐름을 F^1, F^2로 표시할 수도 있다. 유량(flow rate)은 문자 위에 점을 찍어서 나타냈다. 점을 사용해서 종이에 있는 어떤 정보와 충분히 구별할 수 있다.

표 3.3 ▸ 이 책에 쓰인 기호의 예시

기호	설명
F kg	킬로그램 단위의 질량 흐름
F_{Total} 또는 F_{Tot}	전체 물질의 흐름*
F^1	1번 스트림의 흐름*
F_{A} lb	스트림 F에서 성분 A의 파운드 단위 흐름
m_{A}	성분 A의 질량 흐름*
m_{Total} 또는 m_{Tot}	전체 물질의 질량 흐름*
$m_A^{F^1}$	스트림 F^1에서 성분 A의 질량 흐름*
n_A^W	스트림 W에서 성분 A의 몰 흐름*
ω_A^F	스트림 F에서 A의 질량(무게)분율(의미가 명확한 경우 위첨자는 필요하지 않다.)
x_A^F	스트림 F 액체에서 A의 몰분율(의미가 명확한 경우 위첨자는 필요하지 않다.)
y_A^F	스트림 F 기체에서 A의 몰분율

* 문제에서 유추되지만 명시되지 않은 단위

단계 4. 문제 풀이에 필요하지만 누락된 자료를 가능한 한 모두 구한다.

증발장치의 값이 34,700달러이다. 1파운드당 가격은 얼마인가? 이러한 문제 설명에는 분명히 누락된 것이 있다.

문제를 재검도해보면 물싱(분자량, 밀도 등)과 같은 필수 자료가 문제 설명에서 누락되어 있는지를 곧 알게 된다. 이러한 자료는 물성 자료 데이터베이스나 웹, 이 책의 부록 등 여러 곳에서 찾을 수 있다. 누락된 자료를 암산할 수도 있다. 예를 들어 H_2O와 NaOH 두 성분으로 된 흐름일 경우 NaOH의 농도가 22%라 하자. 물의 농도는 주어져 있지 않지만 이 미지 농도의 기호를 공정도에 표시할 필요는 없다. 이 경우 물의 농도가 78%라는 것을 곧 알 수 있으므로 이 값을 공정도에 기록하면 될 것이다.

단계 5. 계산 기준을 선택한다.

계산 기준에 관해서는 제2장에서 다루었다. 계산 기준을 선택하는 세 가지 방법은 다음과 같다.

1. 무엇을 알고 있는가?
2. 구할 답이 무엇인가?
3. 가장 편리한 계산 기준은 무엇인가?

여기서는 계산 기준 선택을 단계 5에서 다루었지만, 문제 설명을 읽고 나면 즉시 계산 기준을 무엇으로 해야 할지 알 수 있는 경우가 많다. 이럴 때 즉시 계산 기준을 적어 넣으면 된다. 예제 3.6

에서 우리가 선택한 기준은 1000 L/h의 도입률이었지만, 1시간을 기준으로 유사한 기준을 선택할 수 있다. 다른 기준을 선택하려고 하면 그렇게 편리하지 않을 것이다.

계산 페이지에는 '계산 기준'이란 단어를 반드시 쓰고 수치와 단위를 적는다. 그래야 다른 사람이 나중에 읽더라도 무슨 일을 했는지 쉽게 알 수 있다. 최소한 모르는 변수 하나를 제거할 수 있는 기준을 선택하라.

단계 6. 알려지지 않은 변수(미지변수)의 수를 결정한다.

종종 공간을 줄이기 위해 단계 6, 7, 8을 종합하는 것이 편리함을 알 수 있다. 하지만 문제를 풀면서 발생하는 생각 과정의 세부 사항에 초점을 두기 위해 각 단계를 분리해서 설명한다.

문제에서 미지변수의 개수를 결정하는 것은 다소 주관적이다. 특정한 개수는 존재하지 않는다. 알려진 것과 알려지지 않은 것의 다른 견해는 다른 개수라는 결과를 초래한다(예: 다른 성분의 조성이 알려져 있는 경우 그 성분으로 조성이 알려져 있지 않다고 계산할 것인지 또는 값이 알려진 스트림을 알려져 있지 않다고 계산할 것인지). 직접 문제를 푸는 일반적인 목적은 셈을 시작할 때 가능한 한 많은 변수를 알고 있는 수로 정해서 연립방정식의 수를 줄이고 문제를 풀 수 있도록 하기 위함이다. 또한 변수를 머리로 계산할 수 있는 값으로 정하는 것도 합리적이다. 예를 들어 도입량 F를 기준으로 선택된 값인 100 kg이라고 정한다면, 도입이 60% NaCl과 KCl일 때 60 kg의 NaCl과 40 kg의 KCl이 계로 들어가는 것을 쉽게 계산할 수 있다. 컴퓨터 창을 문제 풀이로 채울 계획이라면 적절한 셀에 먼저 모든 지정값을 쓰고 아는 값으로 연립방정식을 만든다. 어떠한 예비의 간단한 계산도 필요하지 않다. 또한 존재하지 않는 변숫값이 0이 되는 것은 생략할 수 있다.

단계 6의 기본 아이디어는 문제에 주어진 정보와 암산 가능한 계산으로 가능한 한 미지변수를 줄이고 동시에 방정식의 수도 최소화해서 문제를 풀어야 한다는 것이다. 예제 3.6의 설명에 따라 작성한 그림 E3.6에서 미지변수는 몇 개인가? 9개의 변수가 있지만 우리는 4개를 제외한 값을 알 수 있다. 값을 모르는 변수는 W, P, P_{NaOH}, P_{H_2O} 또는 W, P, ω_{NaOH}, ω_{H_2O}라 할 수 있다. 다음의 단계 7에서 설명한 필요조건의 관점에서 보면 이 혼합 문제를 풀기 위해서는 4개의 독립식이 있어야 한다는 것을 알게 된다.

단계 7. 독립식의 수를 정하고 자유도를 해석한다.

▶ 요점

단계 7을 수행하기 전에 문제 풀이에 관해 수학으로부터 알아야 할 요점을 제시한다. 단계 6과 7에서는 물질수지식의 집합을 실제로 풀 수 있는지에 관해 다룬다. 간단한 문제이면 단계 6과 7을 생략하고 단계 8(수지식을 쓴다)을 수행해도 별 어려움이 없을 것이다. 그러나 문제가 복잡할 경우에는 이 단계를 무시하면 곧바로 곤란에 처하게 된다. 컴퓨터용 공정 시뮬레이터를 사용하면 작성한 수식을 풀 수 있는지를 아는 데 도움이 된다.

물질수지 문제를 푼다는 것은 무슨 뜻인가? 여기서는 문제의 유일해를 구하는 것이다. 대부분의 물질수지식이 그렇듯이 물질수지식이 선형 독립식일 때 다음과 같이 필요조건을 만족시키면 유일한 해를 확실히 구할 수 있다.

문제를 풀기 위해 작성한 독립식의 수와 미지변수의 수가 같다. 유일해를 위한 충분조건을 확인하려면, MATLAB이나 Python을 사용해서 계수 행렬의 순위를 계산할 수 있다(3.6절과 3.7절 참조).

단계 7에서는 문제를 해결하기 위해 사용할 방정식의 구성을 미리 보려고 한다. 이를 통해 적절한 수의 독립적인 방정식이 있는지 확인한다. 단계 8은 실제로 방정식을 세우는 것에 관한 것이다. 단계 7과 8은 종종 합한다. 어떤 종류의 식을 생각해야 하는가?

a. **물질수지**

계에 속하는 종의 수만큼 독립 물질수지식을 쓸 수 있다. 예제 3.6의 특정 경우에서는 NaOH와 H_2O, 2개의 종이 있으므로 2개의 독립 물질수지식을 쓸 수 있다. 예제 3.6에서는 3개의 물질수지식을 쓸 수 있다.

- NaOH 수지
- H_2O 수지
- 총괄수지(두 성분수지를 더한 것)

이 세 가지 수지 중에서 독립수지는 둘뿐이다. 어느 두 식을 사용하더라도 물질수지 문제를 풀 수 있다.

b. **계산 기준**(단계 6에서 정하지 않은 경우)

c. **명시적 관계**, 즉 **설계조건**(specification). 예제 3.6의 문제 풀이에서 명시한 관계는 $W/P = 0.9$이다. 문제 풀이에서 제시한 변수 사이의 관계를 구체화한다(단계 6에서 사용하지 않았다면).

d. **묵시적 관계**. 한 흐름에서 질량분율이나 몰분율의 합, 각 성분물질량의 합은 총물질과 같다. 예제 3.6에서는

$$\omega^P_{\text{NaOH}} + \omega^P_{\text{H}_2\text{O}} = 1$$

이 식의 양변에 P를 곱하면 다음 식이 된다.

$$P_{\text{NaOH}} + P_{\text{H}_2\text{O}} = P$$

자주 묻는 질문

1. 독립식이란 무슨 뜻인가? 두 식을 더해서 세 번째 식을 만들었을 경우 이 세 식의 집합은 독립적이 아니라 종속적이다. 이 두 식을 더하거나 빼서 세 번째 식을 만들 수 있기 때문에 독립식은 둘이다. 그림 3.12와 3.13은 몇 개의 독립식과 종속식을 보여준다. **선형 방정식의 계수 행렬의 순위는 독립적인 방정식의 수를 나타낸다.** 3.6절과 3.7절은 MATLAB 또는 Python을 사용해서 선형 방정식의 집합 순위를 결정하는 방법을 설명한다.

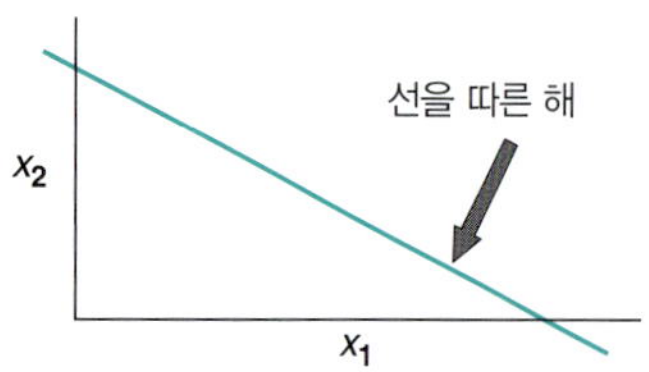

2개 변수, 1개 독립식: 유일해 없음(무한개 해)

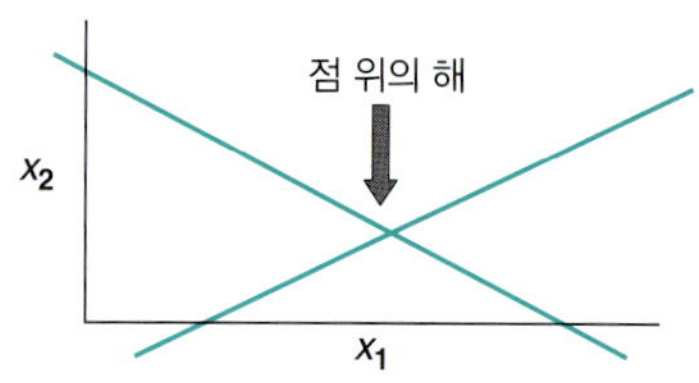

2개 변수, 2개 독립식: 유일해 존재

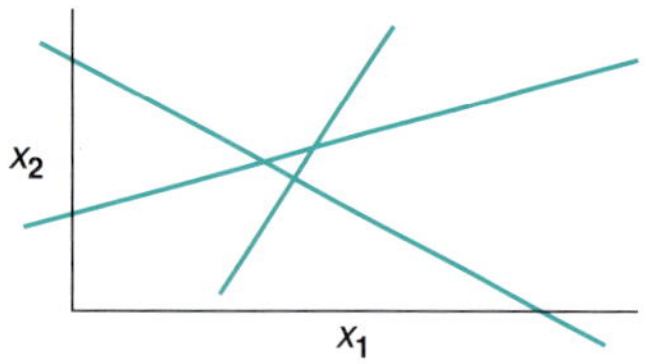

2개 변수, 3개 독립식: 유일해 없음

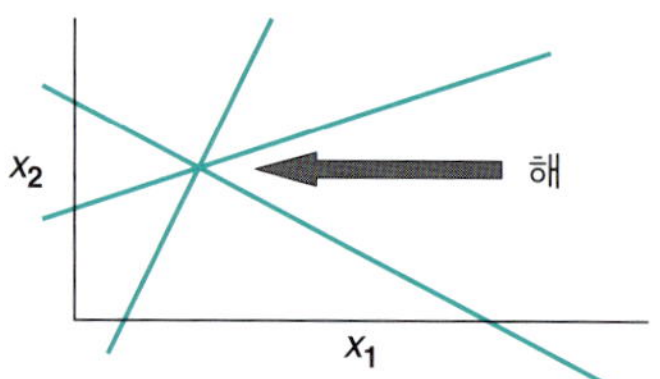

2개 변수, 3개 식: 2개 식이 독립적이므로 유일해 존재

그림 3.12 ▸ **추가적인 독립식과 종속식**

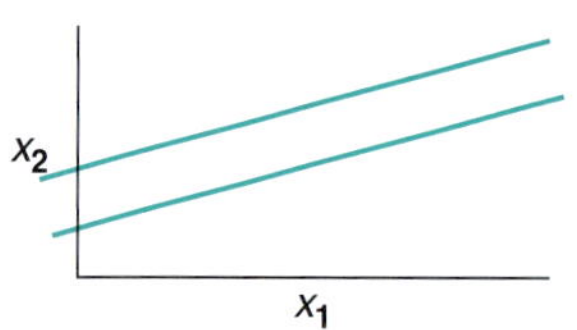

2개 변수, 2개 식: 식들이 독립적이지 않기 때문에 유일해 없음

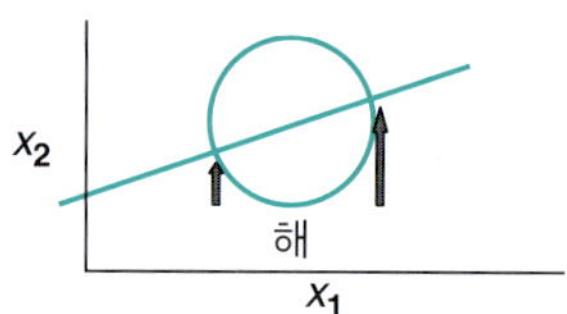

2개 변수, 2개 독립식: 유일해 없음 [1개 식이 비선형(원)이기 때문에 여러 해 존재]

그림 3.13 ▸ **독립식과 종속식**

미지변수와 독립식의 수를 결정한 후에는 이것으로 문제를 풀 수 있는지 여부를 해석한다. 이를 **자유도 분석**(degree-of-freedom analysis)이라 한다. 설계자가 유량, 장치 크기 등을 규정할 수 있는 차이를 자유도라 한다. 자유도(N_D)는 미지변수의 수(N_U)와 독립식의 수(N_E)를 이용해서 다음과 같이 구한다.

$$N_D = N_U - N_E$$

자유도(N_D)를 알면 문제를 풀 수 있는지를 판단할 수 있는데, 다음과 같은 세 가지 경우가 있다.

경우	N_D	해의 분류
$N_U = N_E$	0	**정확히 규정됨(결정됨)**, **유일해** 존재
$N_U > N_E$	> 0	**과소하게 규정됨(결정됨)**, 독립식이 더 필요
$N_U < N_E$	< 0	**과다하게 규정됨(결정됨)**, 일반적으로 약간의 제약이 제거되지 않거나 문제에 몇 개의 추가적인 미지변수가 없다면 해가 없음

예제 3.6의 경우:

단계 6: $N_U = 4$

단계 7: $N_E = 4$

따라서

$$N_D = N_U - N_D = 4 - 4 = 0$$

이 예제에서는 유일해를 구할 수 있다.

예제 3.7 자유도 분석

문제 CH_4와 C_2H_6의 물질량 비가 1.5 대 1인 CH_4, C_2H_6, N_2 혼합물을 만들려 한다. 이때 사용할 수 있는 실린더는 (1) N_2 80%와 CH_4 20%가 들어 있는 실린더, (2) N_2 90%와 C_2H_6 10%가 들어 있는 실린더, (3) 순수 N_2가 들어 있는 실린더 세 가지이다. 각 실린더에서 원하는 세 가지 성분의 조성을 얻기 위해(즉 각 실린더의 상대적 기여도를 결정하기 위해) 설정해야 하는 독립적인 사양의 수인 자유도를 구하라.

풀이 이 공정을 그림으로 나타내면 자유도 해석에 큰 도움이 된다. 그림 E3.7을 보라. 기체의 구체적인 양은 필요하지 않다. 단지 각 실린더의 상대적인 기여도가 필요하다. 따라서 편한 기준으로 이해하기 쉬운 F_S 중 하나를 선택한다. F_1 = 100 mol을 계산 기준으로 한다. (기체 흐름의 기준을 질량으로 사용하려고 생각해보았는가?)

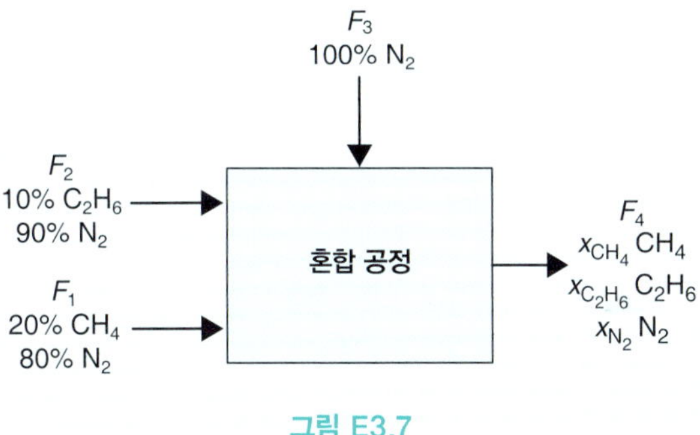

그림 E3.7

우선 변수의 개수를 세고 값이 0인 것은 무시한다. 6을 얻었는가(F_2, F_3, F_4와 F_4의 3성분의 합)? 다음 목록을 보라. 다음으로 미지변수의 개수를 결정하기 위해 각 변수의 아는 값을 써넣는다. 그 값은 문제나 다른 자료에 주어져 있거나 암산으로 쉽게 알 수 있다. 6개의 값을 알 수 있다. ?(물음표)는 미지변수를 나타낸다.

$n_{F_1}^{CH_4} = 20$ 주어짐$[(100)(0.20)]$	$n_{F_2}^{N_2} = 0.90F_2$ 주어짐
$n_{F_1}^{N_2} = 80$ 주어짐$[(100)(0.80)]$	$n_{F_2}^{C_2H_6} = 0.10F_2$ 주어짐
$F_1 = F_1$ 내 n_i 몰수의 총합	$F_2 = ?$
$n_{F_3}^{N_2} = (1.00)\,F_3$	$F_3 = ?$
$n_{F_4}^{C_2H_6} = ?$	$n_{F_4}^{CH_4} = ?$
$n_{F_4}^{N_2} = ?$	$F_4 = ?$

각각의 배치는 하나의 방정식에 상응한다. 물음표의 개수는 6개이다. 다른 확실한 값을 찾았는가? 못 찾았다면 문제를 풀기 위해 포함해야 하는 독립방정식은 무엇인가?

3개의 물질수지: CH_4, C_2H_6, H_2
1개의 비: C_2H_6에 대한 CH_4의 몰수는 1.5이다.
1개의 내포된 방정식: 생성물 흐름의 몰분율 합

그러므로 이 문제에 대해 총 5개의 독립방정식을 쓸 수 있다. 따라서 6 − 5 = 1인 자유도를 얻는다. 독립방정식을 만들기 위해 식을 사용할 때 주의해야 함을 명심하라. 문제의 내용에 따라, 원하는 생성물을 생산하기 위해 N_2를 추가할 필요가 없으므로 F_3을 0으로 설정할 수 있다. 그렇다면 방정식을 풀 수 있는가?

예제 3.8 자유도 분석

문제 그림 E3.8을 보면 물(W)에서 죽은 세포(d)와 살아 있는 세포(a)를 구별하기 위해 공정(원심분리기나 유전이동)의 각 요소와 흐름이 표시되어 있다. 만약 질량분율이 x_F^W, x_P^W, x_F^a, x_P^d이고 F 값이 주어졌다면 공정에서의 자유도는 얼마인가? 미지변수의 값은 구체화될 수 있는가? 모든 단위는 질량 단위이다.

풀이

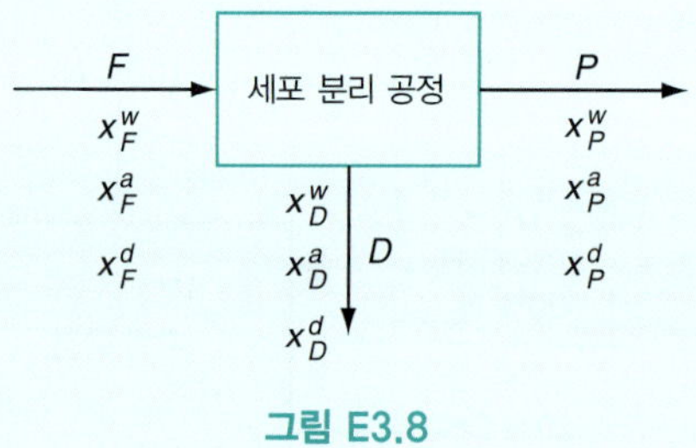

그림 E3.8

단계 1~5

그림 E3.8을 보라. F를 계산 기준으로 놓는다.

단계 6

미지변수의 개수. 각 흐름은 4개로 표시되었다. 그러므로 (4)(3) = 12의 총변수가 존재하고 5개의 값이 주어졌으므로 7개의 미지변수가 존재한다.

$$D, P, x^d_F, x^a_P, x^W_D, x^a_D, x^d_D$$

단계 7

필요한 독립방정식의 수: 7

물질수지: 4개의 물질수지, 3개의 구성 요소, 1개의 총수지(3개는 독립적이다)

질량분율 방정식의 합계: 질량분율 3개의 총합, 각 흐름은 독립적이다.

그러므로 7 − 6 = 1의 자유도가 존재한다.

변수를 구체화하기 위해 선택에 주의해야 한다. 중복되는 정보나 필요 없는 것 또는 단계 7에서 무심코 종속적인 방정식을 선택하지 말아야 한다. 예를 들어 독립방정식 중 하나로 $(x_F^w + x_F^a + x_F^d) = 1$의 관계를 이미 계산했기 때문에 x_F^d의 값을 명시한다면 x_F^d의 명시는 문제에 새로운 정보를 추가하면 안 된다.

의견: 단계 6의 분석을 시작할 때 암산으로 질량분율 방정식의 각 합에 적용하거나 2개의 독립방정식과 2개의 미지변수를 제거해서 x_F^a와 x_P^a의 값을 계산할 수도 있다(질량분율 방정식의 2개 합을 사용하기 때문에).

단계 8. 기지변수와 미지변수를 사용해서 풀어야 할 식을 쓴다.

자유도 해석으로부터 문제를 풀 수 있다는 결론이 나면 풀어야 할 식을 쓸 준비를 한다(이미 단계 7의 일부로 해결하지 않은 경우). 식을 어떻게 만드느냐에 따라서 쉽게 풀 수도 있고, 컴퓨터를 이용해도 풀기 어려울 수 있다는 점을 명심하기 바란다. 특히 **비선형식보다는 선형식을 만들도록 한다**. 식에서 변수의 곱, 변수의 비, 변수의 로그나 지수 등을 사용하면 비선형식이 된다.

물론 비선형식을 선형식으로 변환할 수 있는 경우가 많다. 예제 3.6의 경우 주어진 제약조건 $W/P = 0.9$는 비선형이다. 그러나 이 식의 양변에 P를 곱하면 $W = 0.9P$가 되어 선형으로 변한다.

앞서 언급했듯이 m 또는 n과 같이 질량 또는 몰유량을 P 속 물의 질량분율 $\omega_{H_2O}^P$와 시간 P의 곱 대신에 사용하는 것이 현명한 수지식을 세우는 또 다른 예이다.

$$m_{H_2O} = \omega_{H_2O}^P P \quad \text{또는} \quad n_{H_2O} = y_{H_2O}^P P$$

물의 물질수지식으로 m_{H_2O} 대신 $\omega_{H_2O}^P P$의 곱을 사용하면 다음과 같은 물의 선형식 대신

$$F(0) + W(1.000) = m_{H_2O}$$

다음과 같은 비선형수지식(이것이 곱을 사용하지 않는 이유)이 된다.

$$F(0) + W(1.000) = \omega_{H_2O}^P P$$

따라서 **스트림의 조성과 유량이 알려져 있지 않은 경우, 알려지지 않은 것으로 성분유량(즉 m 또는 n)을 사용해서 물질수지를 적용한다.**

이러한 개념을 염두에 두고 예제 3.6을 푸는 데 사용할 식의 집합을 만들 수 있나. 번저 5개의 설계조건을 P의 몰수의 합산식(또는 당량이나 질량분율의 합산)에 도입한다.

그러면 네 미지변수로 된 네 독립식의 집합을 얻을 수 있는데, 이는 단계 6에서 다룬 미지변수의 수와 같다. 계산 기준은 도입유속(F = 1000 kg/h)으로 하고, 정상상태 공정이라 가정한다. 3.1절에서 공부했듯이 식 (3.2)와 같은 물질수지식으로 단순화할 수 있다.

NaOH 수지	$1000 = P_{NaOH}$	또는 $1000 - P_{NaOH} = 0$	(1)
H_2O 수지	$W = P_{H_2O}$	또는 $W - P_{H_2O} = 0$	(2)
물질량 비	$W = 0.9P$	또는 $W - 0.9P = 0$	(3)
P 성분 합산식	$P_{NaOH} + P_{H_2O} = P$	또는 $P_{NaOH} + P_{H_2O} - P = 0$	(4)

두 성분 질량수지식 중의 하나를 총괄 질량수지식 $1000 + W = P$로 대체할 수 있는가? 물론이다. 실제로 P는 다음 두 식에서 구할 수 있다.

총괄수지: $1000 + W = P$

물질량 비: $W = 0.9P$

두 번째 식을 첫 번째 식에 대입해 풀면 P를 구할 수 있다.

식을 쓰기 위한 기호의 선택이나 문제를 풀기 위한 식의 선택은 각자의 재량이지만 잘 생각할 필요가 있다. 문제를 풀어보고 경험을 쌓아가면 숙달되어 이러한 문제가 저절로 해결된다.

단계 9. 식을 풀어서 원하는 답을 구한다.

공업적 규모의 문제에서는 수천 개의 수식이 필요할 수도 있다. 이러한 경우에는 수식의 집합을 효율적으로 풀 수 있는 수치적 수법이 필수적이라는 것은 부연할 필요도 없다. 이러한 작업을 컴퓨터에서 수행할 수 있는 공정 시뮬레이터에 관해서는 제14장에서 설명한다. 이 책에서 사용된 대부분의 문제는 아이디어를 전달하기 위해 선택되었기 때문에 그 풀이는 일반적으로 작은 방정식 세트만 포함하며, 연속적인 해결 절차를 사용해서 한 번에 하나의 미지변수에 대해 풀 수 있다. 이러한 문제는 둘이나 셋 정도의 수식을 연속 대입해서 풀 수 있다. 수식의 집합이 크거나 비선형 수식인 경우에는 MATLAB(3.6절), Python(3.7절), Excel, Mathcad와 같은 컴퓨터 프로그램을 이용하면 시간과 노력을 절약할 수 있다.

효과적으로 문제를 푸는 방법을 배우라. 예를 들어 자료의 값이 AE 단위계(예: lb)로 주어진 경우, 처음부터 이를 SI 단위계(예: kg)의 값으로 환산한 다음 문제를 풀고 다시 AE 단위계의 값으로 환산할 필요는 없다. 이런 방법은 아주 비효율적인 동시에 공연히 수치적으로 오류가 도입될 일만 증가시킨다.

수식을 풀 때는 수순을 정한다. 수순에 따라 쉽게 풀릴 수도 있고 잘 풀리지 않을 수도 있기 때문이다. 단계 8에서 예시했듯이 총괄수지식과 흐름비($W/P = 0.9$), 두 식을 사용하고 W를 총괄수지식에 대입하면 즉시 P와 W를 구할 수 있다.

$$P = 10{,}000$$
$$W = 9000$$

이 두 값으로부터 생성물 중 H_2O와 NaOH의 양을 쉽게 구할 수 있다. 즉

$$\text{NaOH 수지: } P_{\text{NaOH}} = 1000\ \text{kg/h}$$

$$\begin{cases} \text{NaOH 수지} \\ H_2O\ \text{수지} \end{cases} \rightarrow \begin{cases} P_{\text{NaOH}} = 1000\ \text{kg/h} \\ P_{H_2O} = 9000\ \text{kg/h} \end{cases}$$

따라서

$$\omega^P_{\text{NaOH}} = \frac{1{,}000\ \text{kg/h NaOH}}{10{,}000\ \text{kg/h 총합}} = 0.1$$

$$\omega^P_{H_2O} = \frac{9{,}000\ \text{kg/h } H_2O}{10{,}000\ \text{kg/h 총합}} = 0.9$$

단계 8에서 열거한 네 수식의 집합을 살펴보라. 더 간단하거나 쉽게 이 문제를 푸는 방법이 있는가?

단계 10. 답을 검산한다.

실수는 누구나 한다. 그러나 훌륭한 기술자는 결과물을 제출하기 전에 실수를 발견한다. 제2장에

서는 해답을 검증하는 몇 가지 방법을 열거했다. 훌륭한 기술자는 습득한 지식을 기본 도구로 사용해 문제에서 사용한 자료와 문제 풀이에서 얻은 결과가 타당한지 확인한다. 이를테면 질량분율의 합은 1보다 클 수 없고, 유량은 마이너스 값이 될 수 없다.

제2장에서 열거한 검증기법에 더해 한두 가지 유용한 기법을 덧붙인다. 문제를 푼 다음에는 중복되는 수식(즉 풀이에 사용되지 않은 방정식)을 이용해서 답을 검산한다. 문제 풀이 전략을 설명하기 위해 사용한 예제 3.6의 경우 물질수지식 셋 중에서 하나는 중복되는(종속적인) 것임을 여러 번 지적한 바 있다. 예를 들어 NaOH 수지와 H_2O 수지를 이용해 문제를 풀었다면 중복되는 수지인 총괄수지를 이용해 답을 검산한다.

$$P_{\text{NaOH}} + P_{\text{H}_2\text{O}} = P$$

수치를 대입하면

$$1000 + 9000 = 10{,}000$$

지금까지 설명한 물질수지 문제를 푸는 열 단계를 요약하면 다음과 같다.

1. 문제를 잘 읽고 이해한다.
2. 공정을 간단한 그림으로 나타내고 계의 경계를 정한다.
3. 미지변수의 기호와 기지변수의 값을 공정도에 표시한다.
4. 누락된 자료를 가능한 한 모두 구한다.
5. 계산 기준을 선택한다.
6. 미지변수의 수를 정한다.
7. 독립식의 수를 정하고 자유도를 해석한다.
8. 풀어야 할 식을 쓴다.
9. 식을 풀어서 원하는 답을 구한다.
10. 답을 검산한다.

자습문제

확인문제

1. '물질수지 문제의 해'란 무슨 뜻인가?

2. (a) 하나의 독립 물질수지식에서 미지변수 몇 개의 값을 구할 수 있는가? (b) 독립 물질수지식이 셋이면 어떠한가? (c) 물질수지식 넷 중에서 셋이 독립식인 경우는 어떠한가?

3. '독립식'이란 무엇인가?

4. 독립식의 수보다 미지변수의 수가 적어서 과다하게 규정된 문제의 경우 어떻게 해를 구하는가?

5. 물질수지 문제에서 당면하는 묵시적 제약조건(식)에는 어떤 부류가 있는가?

6. 독립식의 수보다 미지변수의 수가 많아서 과소하게 규정된 문제의 경우 어떻게 해를 구하는가?

해답

1. 해는 문제에서 수립된 방정식을 만족시키는 미지변수에 대한 값들의 (아마도 유일한) 세트를 의미

한다.

2. (a) 1개, (b) 3개, (c) 3개

3. 선형 방정식은 방정식의 행 계수에서 형성된 벡터들이 독립적인 경우, 독립적이다. 비선형 방정식의 경우 간단한 정의가 존재하지 않는다.

4. 관련 없는 방정식을 삭제하거나 분석에 포함하지 않은 추가 변수를 찾아야 한다.

5. 주요 제약조건은 단위, 즉 흐름이나 계 내의 질량 또는 몰 분수의 합이다.

6. 더 많은 방정식이나 상세 조건을 얻거나 중요하지 않은 변수를 삭제해야 한다.

적용문제

1. 10% 초산이 들어 있는 물 용액이 분당 20 kg의 속도로 흐르는 30% 초산이 들어 있는 물 용액으로 추가된다. 혼합물의 제품 P는 분당 100 kg의 속도로 나간다. P의 구성은 어떻게 되는가? 이 과정에 대해 다음을 구하라.
   - **a.** 몇 개의 독립수지를 작성할 수 있는지 결정한다.
   - **b.** 수지의 이름을 나열한다.
   - **c.** 해결할 수 있는 미지변수의 개수를 결정한다.
   - **d.** 미지변수의 이름과 기호를 나열한다.
   - **e.** P의 구성을 결정한다.

2. 이 세 가지 물질수지를 F, D, P에 대해 풀 수 있는가?

$$0.1F + 0.3D = 0.2P$$
$$0.9F + 0.7D = 0.8P$$
$$F + D = P$$

3. 그림 SAT3.3 P3에 표시된 공정에서 농도와 유량의 값을 알 수 없는 것은 몇 개인가? 이를 나열하라. 스트림은 두 가지 구성 요소 1과 2를 포함한다.

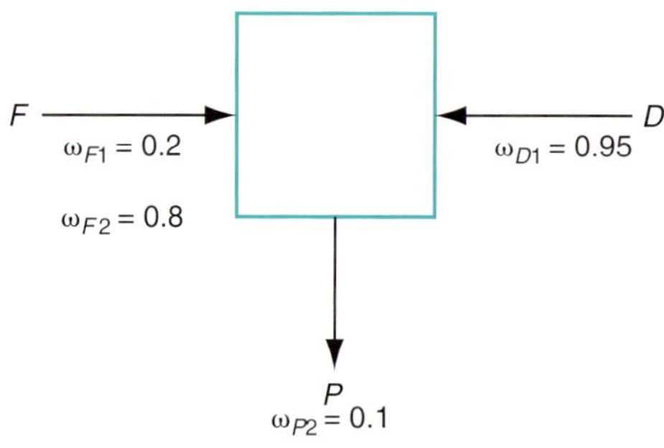

그림 SAT3.3 P3

4. 문제 3을 풀기 위해 몇 개의 물질수지가 필요한가? 그 숫자가 미지변수의 수와 같은가? 이를 설명하라.

해답

1. (a) 2개, (b) 다음 3개 중 2개: 초산, 물, 총계, (c) 2개, (d) 10% 용액의 공급(예를 들어 F_1)과 P에서

의 초산의 질량분율 ω, (e) 14% 초산과 86% 물

2. 유일한 해결법은 아니다. 왜냐하면 3개의 방정식 중 2개만 독립적이기 때문이다.

3. $F, D, P, \omega_{D_2}, \omega_{P_1}$

4. 3개의 미지변수가 존재한다. 문제에 대해 2개의 독립적인 물질수지만 작성될 수 있기 때문에, 해결책을 얻기 위해서는 F, D, P의 값 중 하나가 지정되어야 한다. ω_{D_2} 또는 ω_{P_1}의 값을 지정하는 것은 도움이 되지 않는다.

3.4 단일 단위 시스템을 위한 물질수지

이전 절에서 물질수지 문제의 해결법에 대해 다뤘다. 이제 이 아이디어를 적용할 수 있을까? 이 절에서 제시된 예제를 통해 해결법을 연습해볼 수 있을 것이다. 먼저 풀이 부분을 가리고 나서 여러분의 해답을 본문의 풀이와 비교하라. 문제를 어려움 없이 해결할 수 있다면 성공이다! 그렇지 않다면 어디서 문제가 생겼는지 분석하라. 노력 없이 풀이를 참고하면 문제 해결 능력을 향상시키기 어렵다.

공정에서 물질수지를 사용한다면 공정 시스템으로 들어가고 나오는 각 스트림의 여러 구성 요소의 흐름값을 계산할 수 있다. 플랜트에서 각 원자재가 얼마나 사용되고 각 제품(그리고 일부 폐기물과 함께)이 얼마나 생산되는지 알아보고 싶을 수 있다. 이 절에서는 다양한 문제에 접근해서 이전 절에서 제시된 문제 해결 전략이 효과적으로 쓰일 수 있는지 살펴본다. 공정이 흐름의 속도(즉 연속 공정)를 포함하는 경우 식 (3.2)를 적용해야 하며, 문제가 특정 양의 물질을 처리하는 것과 관련이 있는 경우(즉 일괄 처리 또는 지정된 시간 간격의 연속 공정), 식 (3.1)을 사용해야 한다.

예제 3.9 발효액의 스트렙토마이신 추출

문제 스트렙토마이신은 곡물의 박테리아, 곰팡이, 조류뿐 아니라 인간의 세균성 질병을 치료할 수 있는 항생물질로 사용된다. 초기 배양은 고농축 바이오매스 배양의 기반을 잡기 위해 배지에 *Streptomyces griseus* 종의 균을 접종시켜 준비한다. 배양균은 이후에 글루코스(탄소원) 및 대두박(질소원)과 함께 28°C, pH 7.8 정도의 발효조 탱크 속으로 주입되고, 이때 고속의 교반 및 폭기가 요구된다. 발효가 끝나면 바이오매스는 액체로부터 분리되고, 연속추출 공정에서 유기용매를 이용한 추출 이후 활성탄 흡착에 의해 스트렙토마이신을 회수한다. 만약 공정의 자세한 사항을 무시하고 전체 추출 공정만을 고려한다면 그림 E3.9는 전체 결과를 보여준다.

배출용매 속에는 물이 들어 있지 않고 배출 수용액 속에는 유기용매가 들어 있지 않다고 가정하고, 그림 E3.9의 자료를 바탕으로 배출 유기용매 중 스트렙토마이신의 질량분율을 구하라. 수용액과 유기용매의 밀도는 각각 1 g/cm^3, 0.6 g/cm^{3}이다.

풀이

단계 1

그림 E3.9는 반응이 없는(연속 공정) 정상상태 개방계(흐름계)이다. 수용액이나 유기용매 속 스트렙토마이신 농도는 아주 낮으므로 도입 부피유량과 배출 부피유량이 같다고 가정한다.

단계 2~4

모든 자료를 그림 E3.9에 나타냈다.

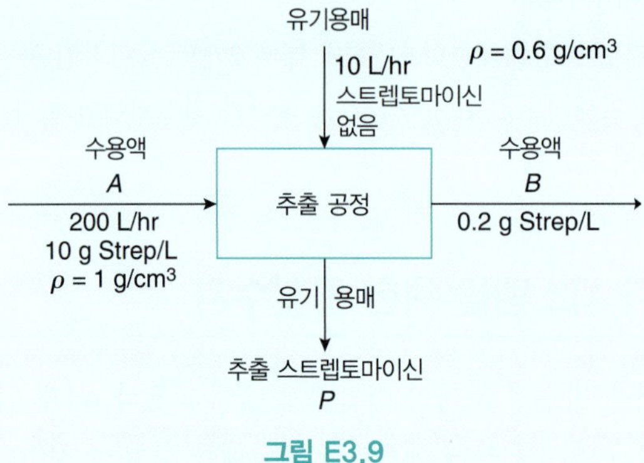

그림 E3.9

단계 5~7

$$\text{계산 기준: } A = 200\ \text{L/h},\ S = 10\ \text{L/h}$$

자유도는 다음과 같이 해석한다.

그림 E3.9의 분석으로부터 이 문제에 총 8개의 변수가 있다는 것을 확인할 수 있다(즉 각각의 흐름에는 2개의 조성을 가진 4개의 흐름이 있다). 8개 변수를 가능한 한 적은 미지변수로 줄이고자 한다. 주어진 자료로부터 다음의 변수를 표시할 수 있다(조성의 질량은 적절한 위첨자, 아래첨자와 함께 m으로 표기된다). 몇 개의 변수는 쉽게 얻을 수 있다. A와 B를 각각 도입 및 배출 수용액으로 정하고, S와 P를 각각 도입 및 배출 유기물로 정하라.

$$A = 200\,\text{L/h} \qquad B = 200\,\text{L/h} \qquad S = 10\,\text{L/h} \qquad P = 10\,\text{L/h}$$

$$m_{\text{Strep.}}^{\text{in}} = 2000\,\text{g/h} \qquad m_{\text{Strep.}}^{\text{out}} = 40\,\text{g/h} \qquad m_{\text{Strep.}}^{\text{in}} = 0\,\text{g/h} \qquad m_{\text{Strep.}}^{\text{out}} = ?\,\text{g/h}$$

$$m_{\text{water}}^{\text{in}} = 2\times10^{5}\,\text{g/h} \qquad m_{\text{water}}^{\text{out}} = 2\times10^{5}\,\text{g/h} \qquad m_{\text{solvent}}^{\text{in}} = 6000\,\text{g/h} \qquad m_{\text{solvent}}^{\text{out}} = 6000\,\text{g/h}$$

미지변수: 1

필요한 독립방정식의 수: 1

변수에 값을 지정해서 용매에 대한 물질수지식 한 가지와 물에 대한 물질수지식 한 가지를 사용한다. 남아 있는 독립식은 무엇인가? 스트렙토마이신에 대한 물질수지이다.

단계 8~9

스트렙토마이신 수지식을 위해 어떤 방정식을 사용할 것인가? 이 예제는 연속 공정이다. 그러므로 식 (3.2)를 사용할 수 있다.

$$\overbrace{\frac{200\ \text{L of }A}{\text{h}}\left|\frac{10\ \text{g Strep.}}{1\ \text{L of }A}\right. + \frac{10\ \text{L of }S}{\text{h}}\left|\frac{0\ \text{g Strep.}}{1\ \text{L of }S}\right.}^{\textbf{도입}} = \overbrace{\frac{200\ \text{L of }A}{\text{h}}\left|\frac{0.2\ \text{g Strep.}}{1\ \text{L of }A}\right. + m_{\text{Strep.}}^{\text{out}}\ \text{g/h}}^{\textbf{배출}}$$

$$m_{\text{Strep.}}^{\text{out}} = 196\ \text{g Strep./h}$$

용매의 질량당 스트렙토마이신의 질량을 얻기 위해서는 S의 부피유량으로 스트렙토마이신의 질량유량을 나누어 부피 S를 질량으로 환산해야 한다. 용매의 비중을 이용하라.

$$\frac{196\,\text{g Strep.}}{\text{h}}\left|\frac{\text{h}}{10\text{ L of S}}\right|\frac{1\text{ L of }S}{1000\,\text{cm}^3\text{ of }S}\left|\frac{1\,\text{cm}^3\text{ of }S}{0.6\,\text{g of }S}\right.=0.0328\text{ g Strep./g of }S$$

$$\text{스트렙토마이신의 질량}=\frac{0.0328}{1+0.0328}=0.0318$$

계산 기준 1시간을 사용할 수 있는가? 그렇다. 유량 대신에 물질의 특정 질량을 계산해야 하므로, 유량을 사용하는 대신 질량으로 식 (3.1)을 사용해야 한다.

예제 3.10 기체의 막분리

문제 기체 분리의 새로운 기술로 막분리법이 있다. 공기로부터 질소와 산소의 막분리는 매력적인 응용분야의 하나이다. 그림 E3.10a에 나노세공막을 이용한 분리를 나타냈는데, 이러한 막은 다공질 흑연 지지체에 아주 얇은 고분자층을 입힌 것이다.

폐기물 흐름이 도입 흐름의 80%일 때 폐기물 흐름의 조성을 구하라.

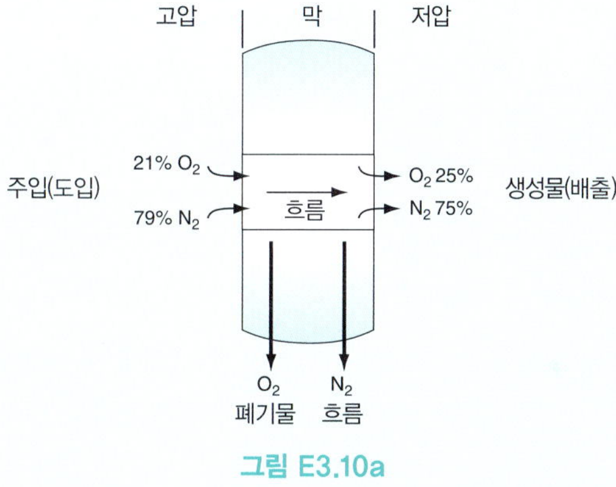

그림 E3.10a

풀이

단계 1

반응이 없는 정상상태 개방계이다. 그림 E3.10a의 막분리장치를 계로 택한다. 그림 E3.10a와 같이 폐기물 흐름 W에서 산소와 질소의 몰분율을 y_{O2}, y_{N2}, 각 흐름에서의 산소와 질소의 몰수를 n_{O2}, n_{N2}로 나타낸다.

단계 2~4

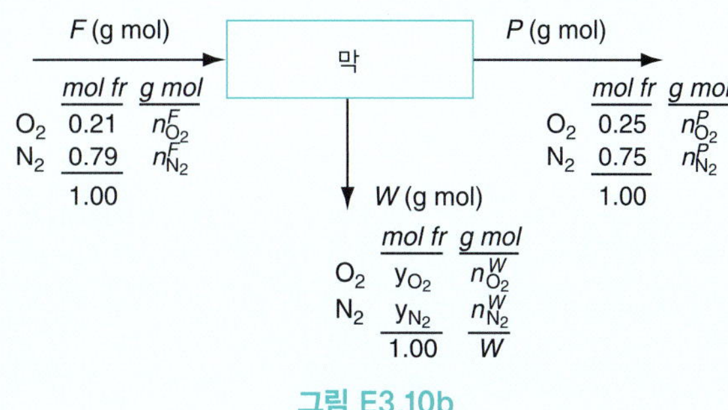

그림 E3.10b

모든 자료와 기호를 그림 E3.10b에 나타냈다.

단계 5

편리한 기준을 정하라. 문제는 질량 혹은 몰수의 실제 흐름에 대해 묻지 않고 W의 몰 조성에 대해서만 묻는다. 이러한 이유로 상댓값을 계산해야 한다.

$$\text{계산 기준: } F = 100 \text{ mol}$$

이 계는 회분 공정으로 나타낸다. 자유도 해석은 다음 단계이다.

단계 6~8

비선형 방정식[$(y_{O_2}^W)(W)$와 같은 변수를 포함함으로써] 성립을 피하기 위해 몰분율(y) 대신에 몰수(n)를 사용한다. 모든 변수는 총 9개이지만, 특히 변수에 값을 지정하기 위해 문제의 정보를 이용해서 시작 단계에서 미지변수의 수를 줄일 수 있을 때 9개 변수 모두를 포함하는 것은 어리석은 일이다. 물론 초기에 얼마나 많은 치환 및 계산을 해야 하는지는 문제에 주어진 정보에 따라 달라진다.

값	사용된 정보
$F = 100$ mol	기준
$W = 0.80 \times 100 = 80$ mol/h	스펙
$P = F - W = 100 - 80 = 20$ mol/h	총괄 물질수지
$n_{O_2}^F = 0.21(100) = 21$ mol/h	스펙 + 기준
$n_{N_2}^F = 0.79(100) = 79$ mol/h	스펙 + 기준

P를 얻기 위해 하나의 미지변수를 포함하는 물질수지식을 이용해야 한다. 이제 P는 계산하고, 두 가지 애드혹 계산을 위해 또 다른 일련의 설계조건을 이용해야 한다.

$$n_{O_2}^P = 0.25P = 0.25(20) = 5.0 \text{ mol/h}$$
$$n_{N_2}^P = 0.75P = 0.75(20) = 15 \text{ mol/h}$$

남은 변수는 다음과 같다.

$$n_{O_2}^W, \quad n_{N_2}^W$$

그러므로 문제에서 주어진 두 가지 정보를 포함할 필요가 있다. 공정 설계조건을 보라. 사용되지 않은 요소가 있는가? 우리는 초기 계산에서 다섯 가지 공정의 다섯 가지 설계조건을 사용해왔다. 두 가지 종의 물질수지식에서 몇 개가 독립적인가? 이미 총괄 물질수지식을 세웠기 때문에 하나의 변수만이 존재한다. 산소수지식을 이용하자.

$$\underset{\text{도입}}{21} = \underset{P\text{ 배출}}{5} + \underset{W\text{ 배출}}{n_{O_2}^W}$$

폐기물에서 산소의 양에 대한 풀이는 다음과 같다.

$$n_{O_2}^W = 21 - 5.0 = 16 \text{ mol/h}$$

다른 독립방정식을 사용할 수 있을까? 묵시적 식이 있다! W에서 몰분율의 합이나 몰수의 합은 독립방정식이다.

$$W = n_{O_2}^W + n_{N_2}^W = 80 = 16 + n_{N_2}^W$$

폐기물에서 질소의 양에 대한 풀이는 다음과 같다.

$$n_{N_2}^W = 80 - 16 = 64 \text{ mol/h}$$

*F*와 *P*에서 몰분율의 합은 독립방정식인가? 아니다. 이 두 관계식에서의 정보는 이전에 사용되었던 것과 중복되기 때문이다.

분석 결과 모든 변수의 값은 어떠한 연립방정식의 풀이 없이 결정되었다. 남아 있는 독립 정보도 없고 자유도 역시 0이다.

단계 9

폐기물의 조성은 다음과 같다.

$$y_{O_2}^W = \frac{n_{O_2}^W}{W} = \frac{16}{80} = 0.20 \qquad y_{N_2}^W = \frac{n_{N_2}^W}{W} = \frac{64}{80} = 0.80$$

단계 10

검산한다. 즉 이전에 사용하지 않았던 예비방정식을 사용해서 검산할 수 있다. 예를 들어 N_2 수지식을 이용하자.

$$n_{N_2}^W + n_{N_2}^P = n_{N_2}^F$$
$$64 + 15 = 79 \quad \text{OK}$$

방정식을 세우고 단순화할 때 독립방정식만을 사용해야 한다는 것을 주의하라.

다음 예제에서 증류의 예를 들어보자. 증류는 정유 및 석유 화학 산업에서 구성 요소를 분리하는 데 가장 일반적으로 사용되는 공정으로, 액체를 기화시킴으로써 발생하는 분리에 기반한다(제7장 참조). 앞서 언급했듯이 칼럼을 통한 증기와 액체의 역류 접촉은 상단 쪽 생성물에 가벼운 구성 요소를 집중시키고 하단 쪽 생성물에 무거운 구성 요소를 집중시킨다.

예제 3.11 연속증류탑의 물질수지

문제 가소올을 제조하기 위한 에탄올(EtOH)의 새로운 제조회사는 증류 칼럼에 약간의 어려움을 가지고 있다. 공정은 그림 E3.11과 같다. 탑 밑 생성물인 폐기물로 버려지는 알코올의 양이 너무 많은 것으로 보인다. 그림 E3.11에 나타낸 것과 같이 1시간 운전의 자료를 바탕으로 탑 밑 생성물의 조성과 버려지는 알코올의 질량을 구하라. 또한 칼럼으로 도입되는 EtOH 중 폐기물로 손실되는 비율을 구하라.

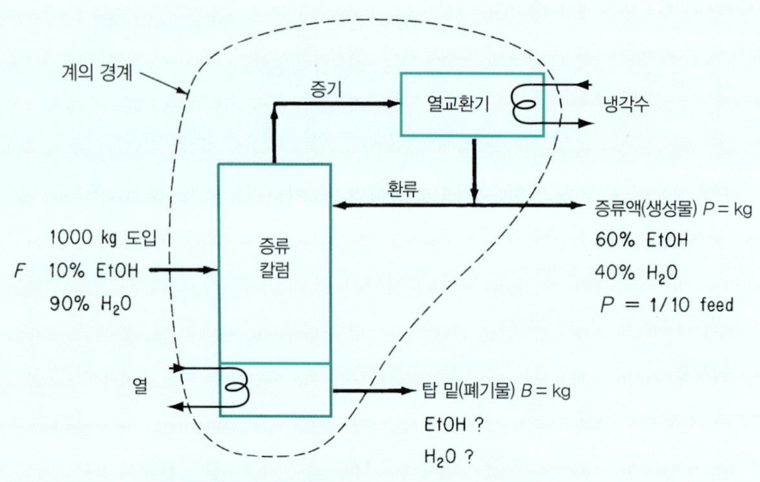

그림 E3.11 ▸ 증류 칼럼을 통한 에탄올 회수 공정도

풀이

단계 1~4

그림 E3.11의 증류 공정은 여러 장치로 구성되어 있지만 계의 경계 안에 포함할 수 있다. 계 내부의 흐름은 무시한다. 성분의 질량은 m으로 표시한다. 이 공정은 정상상태 개방계라 가정한다. 반응은 일어나지 않는다. 열교환기에 출입하는 냉각수는 증류 성분과는 별개의 흐름이므로 물질수지에서 고려할 필요가 없다. 게다가 칼럼의 하부에서 공급되는 열은 계의 질량 도입이나 배출을 포함하지 않고 물질수지식에서 무시할 수 있다.

모든 기호와 알려진 자료는 그림 E3.11에 나타나 있다. 개방계, 정상상태 공정이며 식 (3.1)을 적용할 수 있다.

단계 5

원료 도입량을 계산 기준으로 선택한다.

$$\text{계산 기준: } F = 1000 \text{ kg of feed}$$

따라서 이 계는 지정된 시간 간격의 연속 공정을 나타낸다.

단계 6~7

다음 단계로 자유도를 분석한다. 적절한 위첨자와 아래첨자를 이용해서 m을 kg 질량으로 나타낸다. 그림 E3.11로부터 주어진 변수를 정할 수 있다.

$$m^F_{\text{EtOH}}, m^F_{\text{H}_2\text{O}}, m^P_{\text{EtOH}}, m^P_{\text{H}_2\text{O}}, m^B_{\text{EtOH}}, m^B_{\text{H}_2\text{O}}, F, P, B$$

가능한 정도에 있어서 각각의 변수에 대해 알려진 값을 지정함으로써 분석을 시작하라.

(계산 기준은 P의 직접 계산을 가능하게 한다는 것을 기억하라.) P가 F의 1/10임이 주어졌고, $P = 0.1(1000) = 100$ kg이다.

그림 E3.11의 정보에 의해

$$m^F_{EtOH} = 1000(0.10) = 100$$

$$m^F_{H_2O} = 1000(0.90) = 900$$

$$m^P_{EtOH} = 0.60P = (0.6)(100) = 60 \text{ kg}$$

$$m^P_{H_2O} = 0.40P = (0.40)(100) = 40 \text{ kg}$$

$$P = m^P_{H_2O} + m^P_{EtOH} = 40 \text{ kg} + 60 \text{ kg} = 100 \text{ kg}$$

그러므로 3개의 미지변수(m^B_{EtOH}, $m^B_{H_2O}$, B)가 없어지면서 값은 6개의 변수로 지정된다. 남아 있는 미지변수를 푸는 데 사용되는 3개의 독립방정식은 무엇인가? 선택할 수 있는 일반적인 범주는

물질수지식: EtOH, H_2O를 비롯한 전부(그러나 2개만 독립적)

묵시적 식: $\sum m^B_i = B$ 또는 $\sum \omega^B_i = 1$

단계 8~9

m^B_{EtOH}를 구하기 위해 EtOH 수지식을 사용하고, 이 식은 40 kg의 값을 얻는다. 그 뒤 B에 대한 묵시적 식을 이용해서 $m^B_{H_2O}$가 860 kg임을 구할 수 있다. 이러한 결과와 질량분율에 대한 결과는 다음과 같다.

수지	kg 도입	kg 증류액 배출	kg 탑 밑 배출	질량분율 B 도입
EtOH 수지	0.10(1000)	0.60(100)	40	0.044
H_2O 수지	0.90(1000)	0.40(100)	860	0.956
$\sum^{Total} m^B_i = B$			900	1.000

문제의 모든 미지변수를 구한 후에 EtOH의 백분율을 바로 계산할 수 있다.

$$B\text{에서 EtOH의 손실 백분율} = \frac{\text{EtOH in } B}{\text{EtOH in feed}} = \frac{40}{100} \times 100\% = 40\%$$

단계 10

검산으로 여분의 식을 사용하자.

총괄수지식: $B = 1000 - 100 = 900$ kg

$$m^B_{EtOH} + m^B_{H_2O} = B \text{ 또는 } \omega^B_{EtOH} + \omega^B_{H_2O} = 1$$

표의 마지막 두 열을 검산하라. 이 예제는 1시간을 계산 기준으로 선택했기 때문에, 칼럼에서 처리된 물질의 특정 양을 식 (3.1)로 계산했다. 만약 도입률인 1000 kg/h을 계산 기준으로 한다면 식 (3.2)를 사용할 수 있다.

다음 예제는 개방계를 나타내지만, 공정이 실제로 어떻게 수행되는지에 따라 비정상상태 혹은 정상상태로 간주될 수 있다.

예제 3.12 축전지액(황산)의 혼합

문제 다음과 같이 18.63%의 축전지액을 회분식 반응기에서 만든다. 혼합로의 묽은 축전지 황산 용액은 12.43%의 황산(나머지는 물)을 포함한다. 황산 12.48% 수용액인 묽은 축전지액에 황산 77.7%인 진한 황산 200 kg을 혼합해서 황산 18.63%인 축전지액을 만든다. 만든 축전지액의 질량을 구하라. 그림 E3.12를 참조하라.

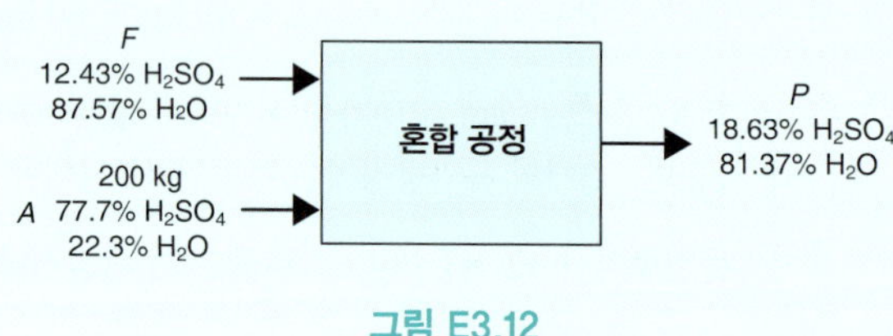

그림 E3.12

풀이

단계 1~4

그림 E3.12에서 보이는 바와 같이 조성값이 모두 주어졌다. 반응은 없다. 이 공정은 정상상태인가, 비정상상태인가? 이는 특정 양의 물질이 조합되는 혼합 공정(즉 회분 공정)이므로 정상상태이며, 식 (3.1)을 적용할 수 있다.

$$\text{도입량} = \text{배출량}$$

단계 5

편의를 위해 알고 있는 유일한 양인 77.7%의 진한 황산 A 200 kg을 기준으로 삼는다. 따라서 이 계는 회분 공정으로 표현된다.

단계 6~7

자유도 분석은 이전 예제에서 수행한 것과 유사하다. 각 스트림의 조성이 알려져 있기 때문에, 각 성분의 성분 유량을 사용하는 대신 스트림 유량에 조성을 곱해서 사용한다. 왜 그렇게 하는가? 결과적으로 미지변수의 수가 적고 문제를 푸는 것이 더 간단하기 때문이다.

변수는 3개이다.

$$A, F, P$$

각각의 변수에 알려진 값을 넣는다.

$$A = 200 \text{ kg}$$

따라서 미지변수는 2개(F와 P)이다.

필요한 방정식 수: 2
어떤 독립방정식을 사용할 수 있는가?
물질수지: 2 H_2SO_4, H_2O 및 총계(2개는 독립적이다)
각 스트림의 질량분율 합은 새로운 정보를 제공하지 않는다.
자유도는 독립방정식이 2개이고 알 수 없는 변수가 2개이기 때문에 0이다.

단계 8

할당된 값을 질량수지와 네 질량분율에 대한 사양과 함께 사용해서 F와 P를 계산하기 위해 두 간단한 동시 방정식을 푼다. 수지는 킬로그램으로 설정된다.

	최종		초기				
H_2SO_4	$P(0.1863)$	−	$F(0.1243)$	=	200(0.777)	−	0
H_2O	$P(0.8137)$	−	$F(0.8757)$	=	200(0.223)	−	0
합계	P	−	F	=	200	−	0

단계 9

방정식이 선형이고 독립방정식이 2개뿐이므로, 총질량수지를 풀어 F에 대해 풀고 H_2SO_4 수지에 F를 대입해 P를 계산하면

$$P = 2110 \text{ kg 산}$$
$$F = 1910 \text{ kg 산}$$

을 얻을 수 있다.

단계 10

H_2O 수지를 사용해서 답을 확인할 수 있다. H_2O 수지가 성립되는가?

예제 3.13 크로마토그래피 칼럼을 이용한 분리

문제 크로마토그래피 칼럼은 두 가지 이상의 혼합물을 분리하기 위해 사용할 수 있는 방법이다. 그림 E3.13a는 주요 칼럼의 형태를 나타내며, 수직이나 수평으로 운전할 수 있다. 그림 E3.13a는 주입된 혼합물이 칼럼을 통과하면서 시간에 따라 분리띠가 생기는 방법을 보여준다. 그림 E3.13a에 왼쪽에서 오른쪽으로 갈수록 시간이 경과함에 따라 칼럼에서 시간의 차이에 따른 샘플의 분포가 나타나 있다. 칼럼 내부의 충진재에 더 강하게 흡착되는 조성물은 약하게 흡착되는 조성물 이후에 나온다. 적절히 충진되고 충분히 긴 칼럼에서 일부 성분은 완벽하게 분리된다. 전형적인 소규모 실험실 칼럼은 지름 5 mm에서 5 cm가량, 길이는 10 cm이고 전체 칼럼 부피에 충진재의 비율이 0.62 정도이다. 칼럼의 직경이 작을수록 칼럼 내 충진재의 충진 정도도 작아진다. 실험실에서 바이오 물질용 칼럼은 더 작은 규모이다.

NaCl로부터 소혈청알부민(BSA)이라 불리는 단백질 정제에서(탈염 공정이라 부른다), H_2O 500.0 g에 BSA 44.2 g과 NaCl 97.7 g이 포함된 처음에 혼합물이 없는 칼럼으로 주입된다(그림 E3.13b를 확인하라). 만일 배출생성물 P가 용기에 수집된다면 총배출물 386.3 g이 수집되고 여기에는 H_2O 302.7 g과 BSA 및 NaCl이 포함되어 있다. 얼마나 많은 양의 BSA와 NaCl이 칼럼 내에 남아 있게 되는가? P에서 BSA/NaCl의 질량 비율은 0.78이다.

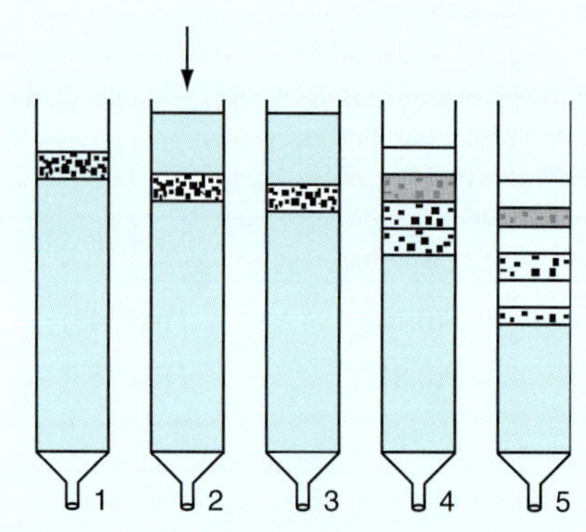

그림 E3.13a

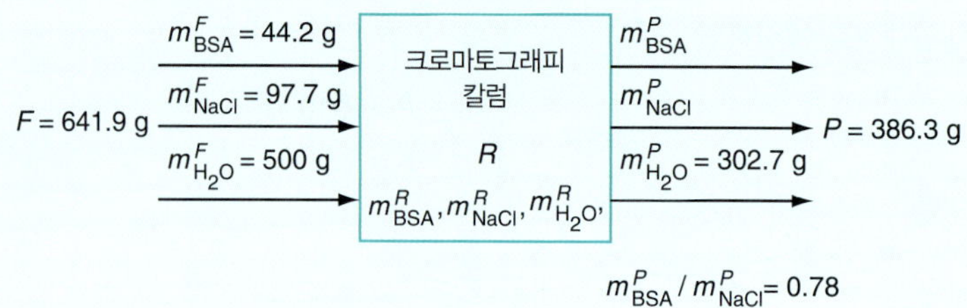

그림 E3.13b

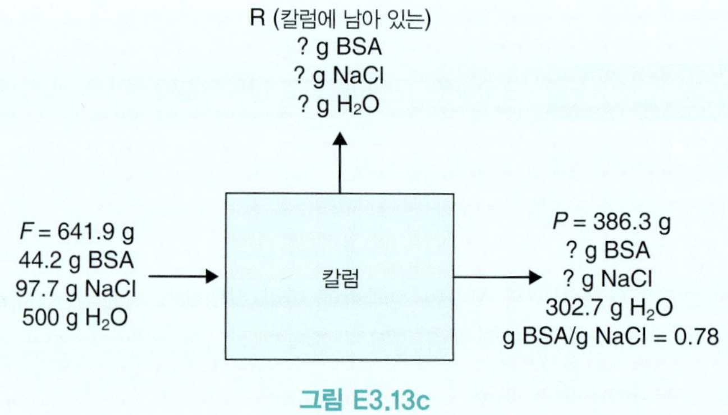

그림 E3.13c

풀이

단계 1~4

알려진 모든 데이터는 각 조성물의 질량에 대한 기호와 함께 그림 E3.13c에 나타냈다. 개방계 비반응 비정상상태 공정이다. 식 (3.1)을 적용할 수 있다.

단계 5

$$\text{계산 기준: } F = 641.9 \text{ g(칼럼의 공급량)}$$

따라서 이 계는 회분 공정을 나타낸다.

단계 6~7

그림 E3.13c를 검토하면 변수의 수를 셀 수 있다. 주어지지 않은 값은 m^P_{BSA}, m^P_{NaCl}, m^R_{BSA}, m^R_{NaCl}, $m^R_{H_2O}$, R이다.

알려진 모든 값을 각각의 변수에 넣으면 남는 미지변수의 수: 6

필요한 독립방정식의 수: 6

독립 물질수지식: 3(BSA, NaCl, H_2O)

설계조건: $1(m^P_{BSA}/m^P_{NaCl} = 0.78)$

묵시적 식: $2(\sum m_i^P = 386.3,\ \sum m_i^R = R,\ \sum m_i^F = F$는 여분 방정식)

자유도는 0이다.

단계 8~9

하나의 미지변수를 포함하는 단순한 식의 계산 등을 통해 미지변수를 줄일 수 있다. 예를 들어 그림 E3.13c에서 볼 수 있듯이 물의 수지식은 다음과 같다.

$$H_2O\ \text{수지식:} \qquad 500 - 302.7 = m^R_{H_2O} \qquad m^R_{H_2O} = 197.3\ \text{g}$$

R을 얻기 위해 다음으로 총수지식을 사용할 수 있지만 대신에 P의 미지변숫값을 얻기 위해 2개의 연립방정식을 풀어보자. 이 단계에서 총수지식을 사용한다면 남아 있는 2개의 조성물 수지식 중 하나는 여분 방정식이 될 것이다.

$$\sum m_i^P = P,\ \text{비율}(m^P_{BSA}/m^P_{NaCl} = 0.78)\text{과 함께}$$

$$\left.\begin{aligned} m^P_{BSA} + m^P_{NaCl} + 302.7 &= 386.3 \\ m_{BSA} &= 0.78 m_{NaCl} \end{aligned}\right\} \qquad \begin{aligned} m^P_{BSA} &= 36.7\ \text{g} \\ m^P_{NaCl} &= 47.0\ \text{g} \end{aligned}$$

알려진 2개의 변숫값을 이용해서 하나의 미지변수를 포함하는 방정식을 풀 수 있다.

$$\text{BSA 수지식:} \qquad 44.2 - 36.7 = m^R_{BSA} \qquad m^R_{BSA} = 7.5\ \text{g}$$

다음으로

$$\text{NaCl 수지식:} \qquad 97.7 - 47.0 = m^R_{NaCl} \qquad m^R_{NaCl} = 50.7\ \text{g}$$

R을 구하기 위해 묵시적 식 $\sum m_i^R = R$을 사용해서 남아 있는 모든 미지숫값을 구한다.

$$R = m^R_{BSA} + m^R_{NaCl} + m^R_{H_2O} = 7.5 + 50.7 + 197.3 = 255.5\ \text{g}$$

단계 10

여분의 총수지식을 이용해서 검산한다.

$$R = F - P \qquad R = 641.9 - 386.3 = 255.6$$

검산에서 생기는 차이는 반올림 때문이다.

예제 3.14 건조

문제 생선을 잡아 어분을 만들어서 직접 식량으로 사용하거나 육류 생산용 사료로 사용한다. 어분을 직접 섭취하면 먹이사슬의 효율이 크게 향상된다. 그러나 생선 단백질 농축물은 무엇보다도 미관상의 이유 때문에 주로 단백질 보충 식품으로 이용된다. 따라서 콩을 비롯한 유지종자(oilseed) 단백질과 경합된다.

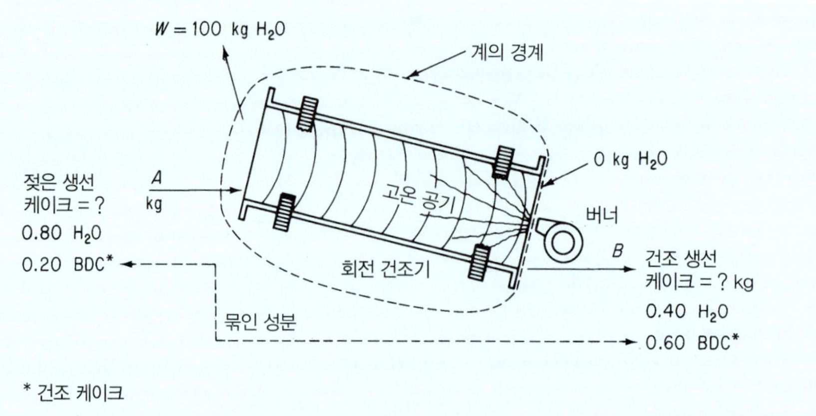

그림 E3.14

생선을 가공할 때 먼저 기름을 추출한 생선 케이크를 회전식 드럼 건조기에서 말린 다음 갈아서 포장한다. 이러한 제품의 단백질 함유량은 65% 정도이다. 수분이 80%(나머지는 '뼈 건조'로 알려진 건조 케이크)인 생선 케이크에서 수분 100 kg을 제거했더니 수분이 40%인 생선 케이크를 얻었다. 건조기에 공급한 생선 케이크의 질량을 구하라. 이 공정을 그림 E3.14에 나타냈다.

풀이

풀이를 간단히 설명한다.

단계 1~4

반응이 없는 정상상태 공정으로 식 (3.1)을 적용할 수 있다. 건조기를 계로 택한다. BDC 젖은 생선 케이크와 건조 생선 케이크에서의 **묶인 성분**으로 알려진 BDC 사이의 관계는 특별한 상태를 만든다. BDC는 공정에 단 하나의 흐름만이 도입되고 변화되지 않은 공정에서 오직 한 가지의 흐름만 배출되기 때문이다. 그러므로 묶인 성분은 묶인 성분을 포함하는 흐름의 고정비율로 표현된 유일한 조성물에 대해 물질수지를 세울 수 있게 한다. 묶인 성분 적용의 예는 다음의 단계에서 보인다.

단계 5

$$\text{계산 기준: 증발된 물 100 kg} = W$$

단계 6~9

각 흐름(A, B, W)의 조성이 알려져 있으므로 A, B, W만이 미지변수이다. 그러나 W가 기준으로 정해졌기 때문에 오직 2개의 미지변수만 남는다. 2개의 조성물(H_2O와 BDC)이 있기 때문에 2개의 독립 물질수지식을 세울 수 있다. 그러므로 자유도를 해석하면 0이다. 2개의 흐름이 도입된다. 하나는 물과 생선 케이크를 포함하고, 또 하나는 공기와 같은 다른 물질을 포함하는 흐름이다. 가열된 공기는 문제에서 요구하지 않으므로 이 문제의 물질수지식에서는 사용하지 않는다. 2개의 독립적인 물질수지식은 그림 E3.14의 표기를 사용해서 세울 수 있다. 여기서는 kg 단위의 총괄물질수지와 BDC 수지를 사용한다.

물수지식은

$$0.80A = 0.40B + 100$$

검산을 위해 계산하면

	도입	배출	
총괄수지	A	$= B + W = B + 100$	물질수지
BDC 수지	$0.20A$	$= 0.60B$	

풀이는 B를 제거하기 위해 첫 번째 방정식에 두 번째 방정식을 대입함으로써 얻을 수 있고, A를 구하기 위해 풀면

$$\text{도입 케이크 } A = 150 \text{ kg}$$

묶인 성분(BDC)에 대한 물질수지의 적용으로 묶인 성분을 포함하는 2개 흐름의 비율을 계산할 수 있다. 즉

$$\frac{A \text{ kg}}{B \text{ kg}} = \frac{0.60}{0.20} = 3 \quad \text{또는} \quad \frac{3B \text{ kg}}{A \text{ kg}} = 1$$

단계 10

물수지를 이용해서 검산한다.

$$0.80(150) \stackrel{?}{=} 0.40\,(150)(1/3) + 100$$

$$120 = 120 \qquad \text{OK}$$

예제 3.15 혈액투석

문제 혈액투석은 중증이거나 만성적인 신장 기능부전에 대처하는 일반적 방법이다. 신장장애가 생기면 유해폐기물이 체내에 축적되고 혈압이 상승하며 체액이 과다해져서 적혈구 세포를 충분히 만들지 못한다. 혈액투석에서는 특수 여과기를 장치한 기구에 혈액을 통과시켜서 요소를 제거하고 물을 공급하며 단백질을 혈액 내로 공급한다.

혈액 투석기(그림 E3.15a) 자체는 혈액이 통과하는 수천 개의 실관이 들어 있는 큰 통이다.

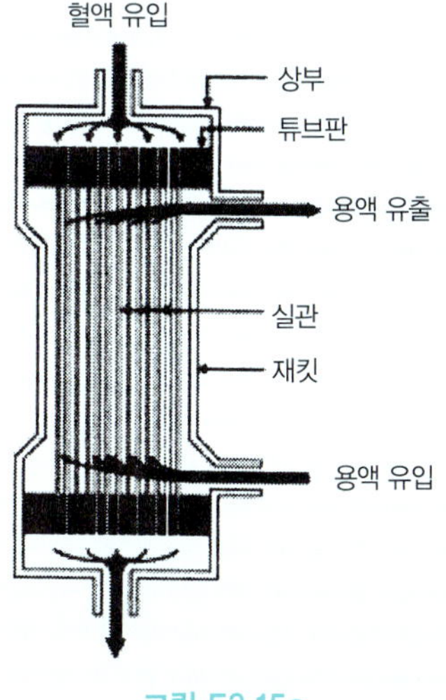

그림 E3.15a

세정용액인 투석용액이 이 실관 주위에 흐르게 한다. 폐기물과 체액이 실관을 통해 투석용액으로 들어가 제거된다.

이 예제에서는 흐름 중의 혈장 성분, 즉 요산(UR), 크레아틴(CR), 요소(U), P, K, Na에 주목한다. 투석용액의 초기 충전량은 무시할 수 있는데, 치료과정이 2~3시간 걸리기 때문이다. 한 치료에서 얻은 측정치를 그림 E3.15b에 나타냈다. 배출용액 중 혈장 성분의 농도를 구하라.

풀이 정상상태 개방계이다.

단계 1

계산 기준: 1분

그러므로 이 공정은 연속 공정이지만, 시간 기준을 1분으로 두었기 때문에 식 (3.1)을 폐쇄 공정으로 비슷하게 적용할 수 있다.

단계 2~4

자료를 그림 E3.15b에 나타냈다. 이 예제에서는 혈장 성분이 용액 밀도에 미치는 영향을 무시하고, 도입 용액이 물과 같다고 가정한다.

단계 6~7

미지변수: 그림 E3.15b에는 몇 가지 변수를 나타냈지만 그림에 표현되지 않은 변수의 값을 세어야 한다. 물의 배출 흐름에서 성분의 7개 미지변수와 총괄 배출 흐름을 합해 8개의 미지변수가 존재한다.

필요한 독립방정식의 수: 8

7개의 성분수지식을 세우고, 출구 성분 질량 흐름의 합이 전체 배출 흐름과 같다는 묵시적 식을 사용할 수 있다(g 단위).

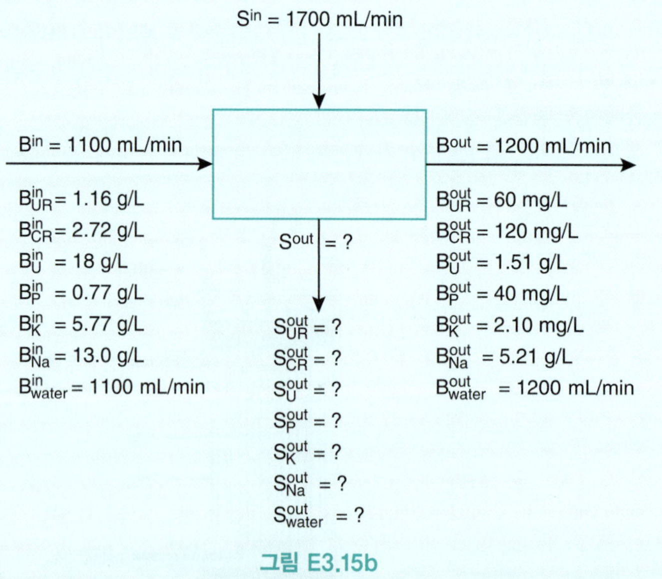

그림 E3.15b

단계 8~9

물의 질량수지에서는 물 1 mL가 1 g이라 가정한다.

$$1100 + 1700 = 1200 + S^{out}_{water} \quad \text{여기서} \quad S^{out}_{water} = 1600 \text{ g 또는 } 1.6 \text{ L}$$

성분 질량수지는 다음과 같다.

		g/L
UR:	$1.1(1.16) + 0 = 1.2(0.060) + 1.6\,S_{UR}^{out}$	$S_{UR}^{out} = 0.75$
CR:	$1.1(2.72) + 0 = 1.2(0.120) + 1.6\,S_{CR}^{out}$	$S_{CR}^{out} = 1.78$
U:	$1.1(18) + 0 = 1.2(1.51) + 1.6\,S_{U}^{out}$	$S_{U}^{out} = 11.2$
P:	$1.1(0.77) + 0 = 1.2(0.040) + 1.6\,S_{P}^{out}$	$S_{P}^{out} = 0.50$
K:	$1.1(5.77) + 0 = 1.2(0.210) + 1.6\,S_{K}^{out}$	$S_{K}^{out} = 3.8$
Na:	$1.1(13.0) + 0 = 1.2(3.21) + 1.6\,S_{Na}^{out}$	$S_{Na}^{out} = 6.53$

단계 10

검산을 위해 총괄 질량수지식을 계산한다.

자주 묻는 질문

1. 여기서 제시한 예제는 모두 풀어야 할 식의 수가 적다. 중복식이 포함된 식의 집합이 큰 경우 독립식을 어떻게 선택할 수 있는가? 선형식의 경우에는 식의 집합 계수 행렬(coefficient matrix) 랭크(rank)를 구해서 판단할 수 있다. MATLAB(3.6절), Python(3.7절), Mathcad, Polymath 등의 컴퓨터 프로그램을 이용하면 중간의 상세한 계산을 하지 않고도 계수 행렬의 랭크를 편리하게 구할 수 있다. 프로그램에 자료를 입력하면 출력에서 해를 구할 수 있는지 여부를 알려준다. 예를 들어 식이 독립식이 아니라면 MATLAB에서는 다음과 같은 경고문이 출력된다. "Warning: Matrix is singular to the working precision." 이것은 직선식 세트의 계수 행렬 랭크가 방정식의 수보다 적음을 의미한다(즉 하나 또는 그 이상의 방정식이 독립적이지 않음). 다른 방식으로는 MATLAB이나 Python에 내재된 함수를 활용해 직선식 세트의 계수 행렬 랭크를 계산할 수 있다.

2. 컴퓨터에서 식의 집합을 풀어서 얻은 미지변수의 해가 마이너스 값인 경우에는 어떻게 할까? 우선 물질수지 항의 부호를 잘못 입력해서 +가 −로 바뀌지 않았는지 조사한다. 다음으로는 중요한 항의 입력을 빠뜨려서 수식의 계수 집합에서 적절한 값 대신에 0으로 처리되지 않았는지 알아본다.

3. 산업에서 공정의 효율성 점검을 위해 식 (3.1) 또는 (3.2)가 공정에 적용될 때 물질수지식이 거의 세워지지 않는다. '도입'과 '배출' 간의 오차, 즉 근삿값이 합리적인 것을 원한다. 단위 공정의 도입 및 배출되는 모든 흐름에 대한 유속과 측정된 조성은 적절한 물질수지식으로 대체될 수 있다. 이상적으로 비반응계 정상상태에서 공정으로 혹은 공정의 그룹으로 도입되는 각 조성물의 양은 계를 나가는 조성물의 양과 같다. 산업공정에서 물질수지에 대한 근삿값의 부족은 여러 가지 이유로 발생한다.
   a. 공정은 정상상태에 운영되는 경우가 거의 드물다. 산업공정은 대부분 항상 흐름상태이며, 정상상태 거동인 경우가 거의 드물다.
   b. 흐름과 조성 측정에 다양한 오차 요인이 있다. 센서 판독에도 노이즈(공정 변화와 상관이 없는 다소간의 무작위 변화에 기인한 측정 편차)를 포함한다. 센서의 보정 저하, 부적합한 설치, 잘못된 종류의 센서, 이물질 및 막힘, 전기설비의 문제 등과 같은 다양한 이유로 센서 판독이 부정확할 수도 있다.
   c. 공정 엔지니어가 고려하지 못한 반응에 의해 공정에서 조성물이 생성되거나 소모될 수 있다.

그 결과 대부분의 산업 공정에서 물질수지식에 대해 ±5% 이내의 물질수지 근삿값은 합리적으로 받아들여진다. 만일 특별한 조치나 장비가 도입된다면 불일치가 다소 감소될 수 있다.

자습문제

확인문제

1. 다음 명제들이 참인지 거짓인지 표시하라.
- **a.** 물질수지 문제를 해결하는 가장 어려운 부분은 계로 들어가고 나오는 스트림의 조성과 계 내 물질에 관한 데이터의 수집 및 방정식 세우기이다.
- **b.** 세 개의 스트림을 가진 두 성분의 모든 개방 공정은 0의 자유도를 가진다.
- **c.** 특정한 비정상상태 공정 문제는 정상상태 공정 문제로 분석하고 해결할 수 있다.
- **d.** 유량이 분당 킬로그램으로 주어지면, 분당 킬로그램 몰로 변환해야 한다.

2. 어떠한 특정 상황에서 방정식이나 규격이 불필요해지는가?

해답

1. (a) 참, (b) 거짓, (c) 참, (d) 거짓

2. 그것들이 독립적이지 않을 때

적용문제

1. 공기와 메탄의 혼합물에 대한 조건으로 공기의 몰 퍼센트가 7%에서 12% 사이일 때 점화될 수 있도록 되어 있다고 가정한다. 10%의 메탄을 포함하는 공기와 메탄의 혼합물이 시간당 10,000 lbm의 속도로 흐르고 있다. 혼합물의 메탄 농도를 점화 한계 이하로 안전하게 6%로 낮추기 위해 공기/메탄 스트림에 얼마나 많은 공기(lb_m/h)를 추가해야 하는지 구하라.

2. 55%의 물을 함유한 시리얼 제품이 시간당 500 kg의 속도로 만들어진다. 제품을 건조해서 물이 단지 30%만 포함되도록 해야 한다. 시간당 얼마나 많은 물이 증발되어야 하는가?

3. 셀룰로오스 용액은 물에 무게로 5.2%의 셀룰로오스를 포함하고 있다. 5.2% 용액 100 kg을 4.2%로 희석하기 위해 1.2% 용액이 몇 킬로그램 필요한가?

해답

1. 메탄은 묶인 성분이다. $1000 = 0.06P$, $P = 16{,}667$, 전체 수지: $A = 6667$ lb_m/h

2. 시리얼은 묶인 성분이다. $0.45(500) = 225 = 0.7P$, $P = 321$, 전체 수지: $W = 500 - 321 = 179$ kg/hr

3. 셀룰로오스 수지: $5.2 + 0.012D = 0.042P$, 전체 수지: $100 + D = P$, $D = 33.3$ kg

3.5 벡터와 행렬

행렬은 숫자, 기호 또는 함수의 직사각형 배열이다. 예를 들면

$$\begin{bmatrix} 1 & -2 & 4 \\ -1 & 3 & 5 \\ 4 & 2 & -3 \end{bmatrix} \qquad \begin{bmatrix} x^2 & y-2 & 2 \\ 1-z & z^{1/2} & 2 \end{bmatrix} \qquad \begin{bmatrix} a_{11} & a_{12} \\ a_{21} & a_{22} \end{bmatrix}$$

위의 형태 모두 행렬이다. 우리가 보는 대부분의 행렬은 정사각형 행렬로, 행의 수와 열의 수가 같다. 예를 들어 위의 첫 번째와 세 번째 경우에서 행과 열의 수가 같다.

벡터는 행렬의 특별한 경우이며, 열 벡터는 여러 행과 하나의 열로 구성되어 있다. 예를 들면 다음과 같다.

$$\begin{pmatrix} 2 \\ 1 \\ 3 \end{pmatrix}$$

행 벡터는 여러 열과 하나의 행으로 구성된다. 예를 들면 (2 1 3)과 같다. 별도로 명시하지 않으면 벡터는 일반적으로 열 벡터로 가정한다.

두 행렬이 동일하다고 할 때 다음과 같이 쓴다. 즉

$$\mathbf{A} = \mathbf{B}$$

해당 요소가 동일한 경우이다($a_{ij} = b_{ij}$일 때 모든 i와 j의 값에 대해 동일하다). 따라서 두 행렬이 같기 위해서는 둘 다 같은 수의 행과 열을 가져야 한다.

행렬 덧셈은 행과 열의 수가 동일한 행렬에만 적용된다. 예를 들어

$$\mathbf{A} + \mathbf{B} = \mathbf{C}$$

에서 **A**, **B**, **C**는 모두 같은 수의 행과 열을 가져야 한다. 또한

$$a_{ij} + b_{ij} = c_{ij}$$

모든 i와 j 값에 대해 위 덧셈이 성립한다. 따라서 행렬 덧셈은 많은 양의 덧셈 연산을 병렬적으로 간결하게 표현하는 데 편리한 수단을 제공한다.

행렬 덧셈이 각 요소의 덧셈만을 포함하는 것과 다르게 행렬 곱셈은 모든 행과 열의 곱셈을 포함한다. 다음 예를 살펴보자.

$$\mathrm{AB} = \mathrm{C}$$

여기서

$$\mathbf{A} = \begin{pmatrix} a_{11} & a_{12} \\ a_{21} & a_{22} \end{pmatrix} \qquad \mathbf{B} = \begin{pmatrix} b_{11} & b_{12} \\ b_{21} & b_{22} \end{pmatrix} \qquad \mathbf{C} = \begin{pmatrix} c_{11} & c_{12} \\ c_{21} & c_{22} \end{pmatrix}$$

행렬 곱셈에 의해 **C**의 첫 번째 요소인 c_{11}은 **A**의 첫 번째 행과 **B**의 첫 번째 열의 스칼라 곱을 가지게 된다.

$$c_{11} = \begin{pmatrix} a_{11} & a_{12} \end{pmatrix} \begin{pmatrix} b_{11} \\ b_{21} \end{pmatrix} = a_{11}b_{11} + a_{12}b_{21}$$

이와 유사하게 c_{21}은 **A**의 두 번째 행과 **B**의 첫 번째 열의 스칼라 곱에 의해 결정된다. 일반적으로

c_{ij}는 **A**의 i번째 행과 **B**의 j번째 열의 곱으로 형성된다. 따라서 **두 행렬의 곱셈을 수행하기 위해서는 첫 번째 행렬의 열의 수와 두 번째 행렬의 행의 수가 반드시 동일해야 한다.**

행렬 곱셈은 선형 방정식 시스템을 나타내는 매우 간단하고 간결한 수단으로 쓰인다. 다음 행렬 방정식을 살펴보자.

$$\mathbf{Ax} = \mathbf{b}$$

여기서

$$\mathbf{A} = \begin{pmatrix} a_{11} & a_{12} & a_{13} \\ a_{21} & a_{22} & a_{23} \\ a_{31} & a_{32} & a_{33} \end{pmatrix} \qquad \mathbf{x} = \begin{pmatrix} x_1 \\ x_2 \\ x_3 \end{pmatrix} \qquad \mathbf{b} = \begin{pmatrix} b_1 \\ b_2 \\ b_3 \end{pmatrix}$$

행렬 곱셈을 수행하면 다음 세트의 선형 방정식이 생성된다.

$$\begin{aligned} a_{11}x_1 + a_{12}x_2 + a_{13}x_3 &= b_1 \\ a_{21}x_1 + a_{22}x_2 + a_{23}x_3 &= b_2 \\ a_{31}x_1 + a_{32}x_2 + a_{33}x_3 &= b_3 \end{aligned}$$

여기서 행렬 **A**는 **계수 행렬**로 부른다. 따라서 대규모 선형 방정식 시스템은 계수 행렬 **A**와 **상수 벡터 b**를 사용해서 간결하게 표현할 수 있다. 또한 이 형식은 일반화된 컴퓨터 기반 솔루션 알고리즘에 적합하다. **A** 행렬의 **랭크**는 행렬 **A**와 벡터 **b**에 의해 표현되는 독립방정식의 수와 동일하다.

자습문제

확인문제

1. 벡터와 행렬은 어떻게 비슷한가? 그들은 어떻게 다른가?
2. 두 행렬의 곱셈은 어떻게 수행하는가?

해답

1. 벡터와 행렬은 모두 숫자, 문자열, 함수의 배열이다. 벡터는 하나의 열 또는 하나의 행을 가지는 반면, 행렬은 여러 행과 열을 가진다.
2. 결과 행렬 **C**의 경우, c_{ij}는 **A**의 i번째 행과 **B**의 j번째 열의 곱에 의해 형성된다.

3.6 MATLAB을 활용한 선형 방정식 풀기

이 장의 나머지 부분에서는 펜으로 풀기 어려운 선형 방정식 시스템에 관한 여러 예제를 다룰 것이다. 이러한 경우에 MATLAB은 내장 함수를 제공해서 쉽게 해결책을 도출할 수 있다. 이 함수를 사용하려면 선형 방정식의 계수 행렬 및 상수 벡터를 내장 함수와 함께 사용하면 된다.

선형 방정식 시스템을 해결하기 위해 MATLAB을 사용하는 가장 직접적인 방법은 다음 함수를 사용하는 것이다.

```
x=A\b
```

여기서 x는 선형 방정식 집합의 해를 포함하는 벡터이며, A는 계수 행렬이고, b는 선형 방정식 시스템의 상수 벡터이다. MATLAB 코드에서 x=A\b 함수를 사용하면 A와 b를 사용해서 선형 방정식 시스템을 정의하고 해를 도출해내는 내장 함수를 호출한다..

또한 rank() 함수는 계수 행렬에 적용하게 될 행렬 A에 해당하는 독립적인 방정식의 수(k)를 결정할 수 있다.

```
k=rank(A)
```

x=A\b 함수를 적용하려면 행렬 A와 열 벡터 b를 먼저 생성해야 한다. 열 벡터는 요소 사이에 세미콜론(;)을 사용해서 입력할 수 있고, 전치 함수를 사용해서 행 벡터를 열 벡터로 변환할 수도 있다(이때 행 벡터의 이름에 작은따옴표를 추가).

```
>>vector=[1;-2;3;-4]
vector=
     1
    -2
     3
    -4
```

```
>> vector=[1,-2,3,-4]
>> Column_vector=vector'
Column_vector =
     1
    -2
     3
    -4
```

행렬을 생성하는 가장 쉬운 방법은 각 행의 요소를 지정하고 세미콜론으로 끝내는 것이다. 각 행의 구성 요소는 공백 또는 쉼표로 구분될 수 있다는 점을 유의하라.

```
>> Matrix=[1,2,3;4,5,6]
Matrix =
     1     2     3
     4     5     6
```

```
>> Matrix=[1 2 3;4 5 6;7 8 9]
Matrix =
     1     2     3
     4     5     6
     7     8     9
```

예제 3.16 MATLAB의 내장 선형 방정식 함수 응용

문제 다음 선형 방정식 세트를 해결하기 위해 내장 함수 A\b를 적용하라.

$$3x_1-2x_2+3x_3=8$$
$$4x_1+2x_2-2x_3=2$$
$$x_1+x_2+2x_3=9$$

풀이 이 문제를 해결하기 위해 사용된 MATLAB 코드는 다음과 같다.

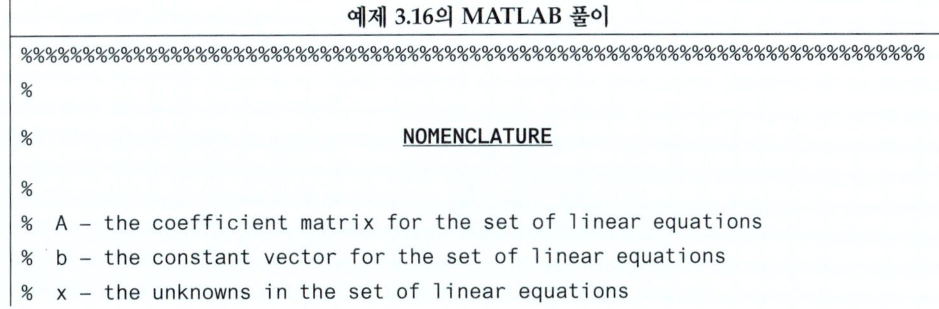

예제 3.16의 MATLAB 풀이

```
%%%%%%%%%%%%%%%%%%%%%%%%%%%%%%%%%%%%%%%%%%%%%%%%%%%%%%%%%%%%%%%%%%%%%%%%%%%%%%%%
%
%                              NOMENCLATURE
%
%  A - the coefficient matrix for the set of linear equations
%  b - the constant vector for the set of linear equations
%  x - the unknowns in the set of linear equations
```

```
%
%
%%%%%%%%%%%%%%%%%%%%%%%%%%%%%%%%%%%%%%%%%%%%%%%%%%%%%%%%%%%%%%%%%%%%%%%%%%%%%%%%
%                                  PROGRAM
function Ex3_15_LinEqnSolver
clear; clc;
A=zeros(3); b(1:3)=0; b=b';       % Insert zeros for the elements of A
                                  %   and b
A=[3,-2,3; 4,2,-2; 1,1,2];        % Insert non-zero elements for A
k=rank(A)
b=[8;2;9];                        % Inset non-zero values for b
x=A\b;                            % Apply function A\b
fprintf('x1 =%8.4f  x2=%8.4f  x3 =%8.4f  k=%2d \n',x(1),x(2),x(3),k)
end
%                                 PROGRAM END
%%%%%%%%%%%%%%%%%%%%%%%%%%%%%%%%%%%%%%%%%%%%%%%%%%%%%%%%%%%%%%%%%%%%%%%%%%%%%%%%

x1 =  1.0000  x2 =  2.0000  x3 =  3.0000   k=3
```

프로그램 및 결과 설명 **A**와 **b**의 요소를 0값으로 초기화한 후, 0이 아닌 요소를 입력한다. 함수 **rank()**는 계수 행렬의 순위를 결정해서 방정식이 모두 독립적인지 확인하는 데 사용된다. 그런 다음 **A\b** 함수를 사용해서 세 개의 선형 방정식 집합의 해를 얻는다. 벡터 **b**의 요소 값은 열 벡터로 입력되어야 한다는 것을 유의하라. 만약 이전 방정식 집합에서 세 번째 방정식이 두 번째와 세 번째 방정식으로 사용된다면(즉 오직 두 개의 독립적인 방정식만 있다면), 다음과 같은 결과가 얻어진다.

```
Warning: Matrix is singular to working precision.
> In Ex12_6_LinEqnSolver at 20
x1 =     -Inf    x2=     -Inf    x3 =     Inf
```

예제 3.17 예제 3.13의 MATLAB 활용 풀이

문제 예제 3.13에서 얻은 선형 방정식을 해결하기 위해 내장 함수 **A\b**를 적용하라.

풀이 여기 예제 3.13을 해결하는 데 사용할 수 있는 모든 수지식이 나열되어 있다.

BSA 수지	$m^R_{\text{BSA}} + m^P_{\text{BSA}} = 44.2$
NaCl 수지	$m^R_{\text{NaCl}} + m^P_{\text{NaCl}} = 97.7$
H_2O 수지	$m^R_{\text{H}_2\text{O}} = 500 - 386.3 = 197.3$
명시된 조건	$m^P_{\text{BSA}} - 0.78 m^P_{\text{NaCl}} = 0$
명시되지 않은 조건	$R - m^R_{\text{BSA}} - m^R_{\text{NaCl}} - m^R_{\text{H}_2\text{O}} = 0$
명시되지 않은 조건	$m^P_{\text{BSA}} + m^P_{\text{NaCl}} = 386.3 - 302.7 = 83.6$

여섯 개의 방정식과 여섯 개의 미지변수가 있기 때문에, 자유도는 0과 같다. 미지변수를 정의하면

$$x_1 = R,\ x_2 = m_{BSA}^{R},\ x_3 = m_{BSA}^{P},\ x_4 = m_{NaCl}^{R},\ x_5 = m_{NaCl}^{P},\ x_6 = m_{H_2O}^{R}$$

이로 인해 다음과 같은 일련의 선형 방정식이 결과로 도출된다.

$$\begin{aligned} x_2 + x_3 &= 44.2 \\ x_4 + x_5 &= 97.7 \\ x_6 &= 113.7 \\ x_3 - 0.78x_5 &= 0 \\ x_1 - x_2 - x_4 - x_6 &= 0 \\ x_3 + x_5 &= 83.6 \end{aligned}$$

그리고 미지변수의 정의와 방정식 순서에 기초해서 계수 행렬 **A**와 상수 벡터 **b**를 정할 수 있다.

$$\mathbf{A} = \begin{pmatrix} 0 & 1 & 1 & 0 & 0 & 0 \\ 0 & 0 & 0 & 1 & 1 & 0 \\ 0 & 0 & 0 & 0 & 0 & 1 \\ 0 & 0 & 1 & 0 & -0.78 & 0 \\ 1 & -1 & 0 & -1 & 0 & -1 \\ 0 & 0 & 1 & 0 & 1 & 0 \end{pmatrix} \quad \mathbf{b} = \begin{pmatrix} 44.2 \\ 97.7 \\ 113.7 \\ 0 \\ 0 \\ 83.6 \end{pmatrix}$$

이제 **A**와 **b**가 결정되었으므로, MATLAB을 사용해서 이 문제를 직접 해결해보자.

예제 3.17의 MATLAB 코드

```
%%%%%%%%%%%%%%%%%%%%%%%%%%%%%%%%%%%%%%%%%%%%%%%%%%%%%%%%%%%%%%%%%%%%%%%%%%
%
%                              NOMENCLATURE
%
%  A - the coefficient matrix for the set of linear equations
%  b - the constant vector for the set of linear equations
%  x - the unknowns in the set of linear equations
%
%
%%%%%%%%%%%%%%%%%%%%%%%%%%%%%%%%%%%%%%%%%%%%%%%%%%%%%%%%%%%%%%%%%%%%%%%%%%
%                                PROGRAM
function Ex3_16_LinEqnSolver
clear; clc;
A=zeros(6); b(1:6)=0; b=b';       % Insert zeros for the elements of A
                                  %   and b
                                  % Insert elements for A
A=[0,1,1,0,0,0;0,0,0,1,1,0;0,0,0,0,0,1;0,0,1,0,-0.78,0;
1,-1,0,-1,0,-1;0,0,1,0,1,0];
k=rank(A)                         % Determine rank of A
b=[44.2;97.7;113.7;0;0;83.6];     % Inset non-zero values for b
x=A\b;                            % Apply function A\b
fprintf('x1 =%8.4f   x2=%8.4f   x3 =%8.4f   \n',x(1),x(2),x(3))
fprintf('x4 =%8.4f   x5=%8.4f   x6 =%8.4f   k=%2d\n',x(4),x(5),x(6),k)
```

```
end
%                              PROGRAM END
%%%%%%%%%%%%%%%%%%%%%%%%%%%%%%%%%%%%%%%%%%%%%%%%%%%%%%%%%%%%%%%%%

x1 =256.6000   x2 =  7.5663   x3 = 36.6337
X4 = 50.7337   x5 = 46.9663   x6 =197.3000     k=6
```

프로그램 및 결과 설명 A와 b의 요소를 0값으로 초기화한 후, 0이 아닌 요소를 입력한다. 그런 다음 A\b 함수를 사용해서 여섯 개의 선형 방정식 세트의 해를 얻는다. 이것이 독립된 방정식 세트인지 확인하기 위해 계수 행렬의 계수가 계산된다. 벡터 b의 요소 값은 열 벡터로 입력되어야 한다는 것에 유의하라. 미지변수에 대한 선형 방정식 시스템에서 A 행렬을 설정하는 일은 지루하며 오류를 범하기 쉬운 과정이다.

자습문제

확인문제

1. 선형 방정식 시스템을 해결하기 위해 어떤 MATLAB 함수를 사용하는가?

2. MATLAB에서 행렬은 어떻게 정의하는가?

해답

1. x=A\b 함수를 사용한다.

2. 요소 사이에 공백이나 쉼표를 사용해서 행을 정의하고, 각 행 끝에는 세미콜론을 사용한다. 전체 표현식은 대괄호를 사용한다.

3.7 Python으로 선형 방정식 풀기

이 장의 나머지 부분에서는 펜으로 풀기 어려운 선형 방정식 시스템에 관한 여러 예제를 다룰 것이다. 이러한 경우에 Python은 내장 함수를 제공해서 쉽게 해결책을 도출할 수 있다. 이 함수를 사용하려면 선형 방정식의 계수 행렬 및 상수 벡터를 내장 함수와 함께 사용하면 된다.

선형 방정식 시스템을 해결하기 위한 내장 함수는 다음과 같다.

```
x=numpy.linalg.solve(A, b)
```

여기서 x는 선형 방정식 집합의 해를 포함하는 벡터이며, A는 계수 행렬이고, b는 선형 방정식 시스템의 상수 벡터이다. 이 함수를 Python 코드에서 사용하기 전에 반드시 이 함수를 미리 정의해야 한다.

또한 rank() 함수는 계수 행렬에 적용되어 행렬 A에 해당하는 독립적인 방정식의 수(k)를 결정할 수 있다.

```
k=numpy.linalg.rank(A)
```

solve (A,b) 함수를 적용하려면 행렬 A와 열 벡터 b를 생성할 수 있어야 한다. 벡터의 각 요소를 쉼표로 구분하고 전체 벡터를 대괄호 []로 감싸서 np.array()에 직접 입력할 수 있다.

```
In[3]: vector=np.array([1, 2, 5, 10, 50, 90])
In[4]: vector
Out[4]: array([1, 2, 5, 10, 50, 90])
```

행렬을 생성하는 가장 쉬운 방법은 **함수 np.array( )를 사용해서 각 행의 요소를 쉼표로 구분하고 대괄호로 감싸서 지정하는 것이다. 이후 대괄호로 감싼 행들은 쉼표로 구분되며, 전체 표현식은 대괄호로 감싸진다.** 다음 행렬은

$$\begin{bmatrix} 1 & 2 & 3 \\ 4 & 5 & 6 \end{bmatrix}$$

다음 코드를 사용해서 Python에서 생성할 수 있다. 각 행 주위에 대괄호를 사용해 요소를 직접 입력하고, 행들을 쉼표로 구분하며, 전체 배열을 대괄호로 감싼다.

```
In[1] : Matrix=np.array([[1, 2, 3], [4, 5, 6]])
In[2] : Matrix
Out[2]: array([[1, 2, 3],
               [4, 5, 6]])
```

예제 3.18 Python의 내장 선형 방정식 함수 응용

문제 다음 선형 방정식 세트를 해결하기 위해 내장 함수 numpy.linalg.solve를 적용하라.

$$\begin{aligned} 3x_1 - 2x_2 + 3x_3 &= 8 \\ 4x_1 + 2x_2 - 2x_3 &= 2 \\ x_1 + x_2 + 2x_3 &= 9 \end{aligned}$$

풀이 이 문제를 해결하기 위해 사용된 Python 코드는 다음과 같다.

예제 3.18의 Python 코드

```
Ex3_18 Linear Eqns.py
###########################################################################
#                              NOMENCLATURE
#
#  A - the coefficient matrix for the set of linear equations
#  b - the constant vector for the set of linear equations
#  x - the vector of unknowns in the set of linear equations
#
#
###########################################################################
#                                PROGRAM
Import numpy as np
Import numpy.linalg
```

```
A=np.array([[3, -2, 3], [4, 2, -2], [1, 1, 2]])   # Specify the coefficient
                                                   matrix A
k=numpy.linalg.rank(A)                             # Determine the rank of
                                                   the coefficient matrix
b=np.array([8, 2, 9])                              # Define the constant
                                                   vector b
#
# Apply function numpy.linalg.solve for the solution
#
xsol=numpy.linalg.solve(A,b)
#                           PROGRAM END
###############################################################################
```

IPython 콘솔:

```
In[1]: runfile(…
In[2]: xsol, k
Out[2]: array([1., 2., 3.]), 3
```

프로그램 및 결과 설명 **A**와 **b**의 요소를 먼저 행렬 형태로 지정한다. 그런 다음 함수 numpy.linalg.solve를 사용해서 세 개의 선형 방정식 세트의 해를 구한다. 이전 세트의 세 번째 방정식을 두 번째와 세 번째 방정식에 사용하는 경우에는(오직 두개의 독립적인 방정식만 포함된 경우), 다음 결과를 얻는다.

```
In[1]: runfile(…
LinAlgError: Singular matrix
```

예제 3.19 예제 3.13의 Python 활용 풀이

문제 예제 3.13에서 얻은 선형 방정식을 해결하기 위해 내장 함수 numpy.linalg.solve를 적용하라.

풀이 여기 예제 3.13을 해결하는 데 사용할 수 있는 모든 수지식이 나열되어 있다.

BSA 수지	$m_{\text{BSA}}^R + m_{\text{BSA}}^P = 44.2$
NaCl 수지	$m_{\text{NaCl}}^R + m_{\text{NaCl}}^P = 97.7$
H_2O 수지	$m_{\text{H}_2\text{O}}^R = 500 - 386.3 = 113.3$
명시된 조건	$m_{\text{BSA}}^P - 0.78 m_{\text{NaCl}}^P = 0$
명시되지 않은 조건	$R - m_{\text{BSA}}^R - m_{\text{NaCl}}^R - m_{\text{H}_2\text{O}}^R = 0$
명시되지 않은 조건	$m_{\text{BSA}}^P + m_{\text{NaCl}}^P = 386.3 - 302.7 = 83.6$

여섯 개의 방정식과 여섯 개의 미지변수가 있기 때문에, 자유도는 0과 같다. 미지변수를 정의하면

$$x_1 = R,\ x_2 = m_{\text{BSA}}^R,\ x_3 = m_{\text{BSA}}^P,\ x_4 = m_{\text{NaCl}}^R,\ x_5 = m_{\text{NaCl}}^P,\ x_6 = m_{\text{H}_2\text{O}}^R$$

이로 인해 다음과 같은 일련의 선형 방정식이 결과로 도출된다.

$$
\begin{aligned}
x_2 + x_3 &= 44.2 \\
x_4 + x_5 &= 97.7 \\
x_6 &= 113.7 \\
x_3 - 0.78x_5 &= 0 \\
x_1 - x_2 - x_4 - x_6 &= 0 \\
x_3 + x_5 &= 83.6
\end{aligned}
$$

그리고 미지변수의 정의와 방정식 순서에 기초해서 계수 행렬 **A**와 상수 벡터 **b**를 정할 수 있다.

$$
\mathbf{A} = \begin{pmatrix} 0 & 1 & 1 & 0 & 0 & 0 \\ 0 & 0 & 0 & 1 & 1 & 0 \\ 0 & 0 & 0 & 0 & 0 & 1 \\ 0 & 0 & 1 & 0 & -0.78 & 0 \\ 1 & -1 & 0 & -1 & 0 & -1 \\ 0 & 0 & 1 & 0 & 1 & 0 \end{pmatrix} \quad \mathbf{b} = \begin{pmatrix} 44.2 \\ 97.7 \\ 113.7 \\ 0 \\ 0 \\ 83.6 \end{pmatrix}
$$

이제 **A**와 **b**가 결정되었으므로, Python을 사용해서 이 문제를 직접 해결해보자.

예제 3.17의 Python 코드

```
Ex3_19 Linear Eqns.py
############################################################################
#                              NOMENCLATURE
#
#  A - the coefficient matrix for the set of linear equations
#  b - the constant vector for the set of linear equations
#  x - the vector of unknowns in the set of linear equations
#
#
############################################################################
#                                PROGRAM
Import numpy as np
Import numpy.linalg
# Specify the coefficient matrix A
A=np.array([[0,1,1,0,0,0],[0,0,0,1,1,0],[0,0,0,0,0,1],
[0,0,1,0,-0.78,0],[1,-1,0,-1,0,-1],[0,0,1,0,1,0]])
k=numpy.linalg.rank(A)                          # Determine the
                                                rank of A
b=np.array([44.2, 97.7, 113.7, 0, 0 , 83.6])    # Define the
                                                constant vector b
#
# Apply function numpy.linalg.solve for the solution
#
xsol=numpy.linalg.solve(A,b)
#                              PROGRAM END
############################################################################
```

IPython 콘솔:

```
In[1]: runfile(…
In[2]: xsol, k
Out[2]: array([255.60, 7.57, 36.63,50.73, 46.97, 197.30]), 6
```

프로그램 및 결과 설명 A와 b의 행렬 값은 np.array( ) 함수를 사용해서 지정한다. 그 후 solve(A, b) 함수를 사용해서 여섯 개의 선형 방정식 세트의 해를 구한다. 미지변수의 관점에서 선형 방정식 시스템으로부터 A 행렬과 b 벡터를 개발하는 것은 지루하며 오류를 범하기 쉬운 과정이다.

자습문제

확인문제

1. 선형 방정식 집합을 해결하기 위해 Python에서 사용하는 함수는 무엇인가?
2. Python에서 행렬은 어떻게 정의하는가?

해답

1. 함수는 numpy.linalg.solve이다.
2. 행렬의 각 행은 대괄호 안에 표시하며, 요소들은 쉼표로 구분된다. 전체 행렬은 또한 대괄호로 감싸고, 전체 표현식은 np.array( ) 함수를 사용한다.

요약

이 장에서 우리는 산업 공정과 이를 대표하는 개요도 사이의 연결을 다루며, 산업 공정의 전 범위를 나타내는 방법을 설명했다. 더욱이 이 장에서 소개되고 적용된 거시적 물질수지는 화학 공정의 전체적인 물질량을 정량화하는 데 사용할 수 있다.

정상상태 물질수지는 질량 보존 법칙에 기반하고 있으며, 이에 관해 두 가지 형태가 소개되었다. (1) 특정 양의 물질을 기반으로 한 것으로, 회분 공정이나 지정된 시간 간격에 대한 연속 공정에 적용할 수 있으며, (2) 물질의 흐름을 기반으로 한 것으로, 연속 공정에 적용할 수 있다. 시간 간격을 기준으로 사용함으로써 후자의 형태는 전자의 형태로 변환될 수 있다. 또한 여러 예제를 다루어 두 형태의 정상상태 물질수지가 같다는 것을 보여주었다.

물질수지를 푸는 체계적인 접근법이 제안되었으며, 이 접근법은 일관되고 조직적인 방식으로 물질수지 문제를 설정하고 해결하는 데 관련된 모든 주요 이슈를 다뤘다. 물질수지 문제를 해결하는 데 있어 주요 이슈는 해결 과정에서 독립적인 방정식만 사용하는 것을 확인하고 해결 가능한 방정식 조합을 가지는 것이다. 또한 가능한 한 선형 방정식을 만드는 것을 강력히 추천한다. 즉 유량과 그 조성이 알려지지 않았을 때는 조성과 유량 모두를 미지변수로 사용하는 대신 성분량 또는 유량을 미지변수로 사용하는 것이 좋다. 이는 비선형 방정식의 형성으로 이어질 수 있기 때문이다. 이 장은 화학반응을 포함하는 물질수지, 여러 유닛이 있는 공정 및 에너지 수지를 포함해서 후속 장에서 더 복잡한 물질수지를 해결하기 위한 디딤돌이 된다.

주요 용어

개방계(open system): 계의 경계를 통해 물질이 전달되는 계
거시적 수지(macroscopic balance): 공정의 전반적인 행동을 기반으로 한 수지
계(system): 해석 대상으로 선택한 공정의 일부 또는 전체
계수 행렬(coefficient matrix): 선형 방정식 집합의 계수를 행렬에 저장한 것
계의 경계(system boundary): 분석되어야 하는 공정 부분을 둘러싼 닫힌 선
공정(process): 재료를 처리해 제품을 생산하는 시스템
과다하게 규정됨(overspecified): 미지변수의 수보다 식의 수가 많다.
과도계(transient system): 계 내부에서 하나 또는 하나 이상의 조건(온도, 압력, 물질의 양)이 시간에 따라 변하는 계. 비정상상태계라고도 한다.
과소하게 규정됨(underspecified): 미지변수의 수보다 식의 수가 적다.
기지변수(knowns): 값을 아는 변수
도입량(input): 계에 들어가는 물질의 양(질량 또는 물질량)
독립식(independent equation): 식으로부터 만든 계수 행렬의 랭크가 식의 수와 같은 식의 집합
랭크(rank): 행렬에서 독립적인 행의 수
명시적 관계(explicit relationship): 문제에서 변수 간의 관계를 정의하는 방정식
묵시적 식(implicit equation): '질량분율의 합은 1이다'처럼 묵시적인 정보에 기초한 식
묶인 성분(tie component): 하나의 도입 흐름과 하나의 배출 흐름에만 존재하는 성분
물질수지(material balance): 질량 보존의 법칙에 따른 수지
미지변수(unknowns): 값을 모르는 변수
배출량(output): 계를 떠나는 물질의 양(질량 또는 물질량)
벡터(vector): 값, 기호, 함수의 행이나 열
비정상상태계(unsteady-state system): 계 내부에서 하나 또는 하나 이상의 조건(온도, 압력, 물질의 양)이 시간에 따라 변하는 계. 과도계라고도 한다.
상수 벡터(constant vector): 선형 방정식 집합의 상수 항을 벡터에 저장한 것
설계기준(specification): 문제에서 변수 간의 관계를 정의하는 방정식
성분수지(component balance): 계의 단일 화학성분에 관한 물질수지
연속 공정(continuous process): 물질이 연속적으로 도입되고 배출되는 공정
연속 반응기(continuous reactor): 연속 공정이 일어나는 장비
유일해(unique solution): 식의 집합 또는 문제의 단일 해
자유도(degree of freedom): 미지변수 수와 독립식 수의 차이
자유도 분석(degree-of-freedom analysis): 한 문제의 자유도를 구하는 일
정상상태계(steady-state system): 온도, 압력, 물질의 양을 비롯한 모든 상태가 시간에 따라 변하지 않는 계
정확히 규정됨(exactly specified): 자유도가 0인 문제
종속식(dependent equation): 독립식이 아닌 식
질량 보존의 법칙(law of conservation of mass): 질량은 창조되거나 파괴될 수 없다는 원칙
축적량(accumulation): 계 안 물질(질량 또는 물질량)의 증가 또는 감소

폐쇄계(closed system): 계의 경계를 통해 물질이 전달되지 않는 계
행렬(matrix): 숫자, 기호, 함수의 직사각형 배열
회분 공정(batch process): 조작 중에 물질이 도입되지도 않고 배출되지도 않는 공정
회분식 반응기(batch reactor): 연속 공정이 일어나는 장비
흐름계(flow system): 개방계

연습문제

3.2 물질수지에 대한 소개

**** 3.2.1** 그림 P3.2.1을 살펴보라. 이 생물학적 복원(bioremediation) 공정을 어떤 계로 나타낼 수 있는가? 이 계는 개방계인가, 폐쇄계인가? 정상상태인가, 비정상상태인가?

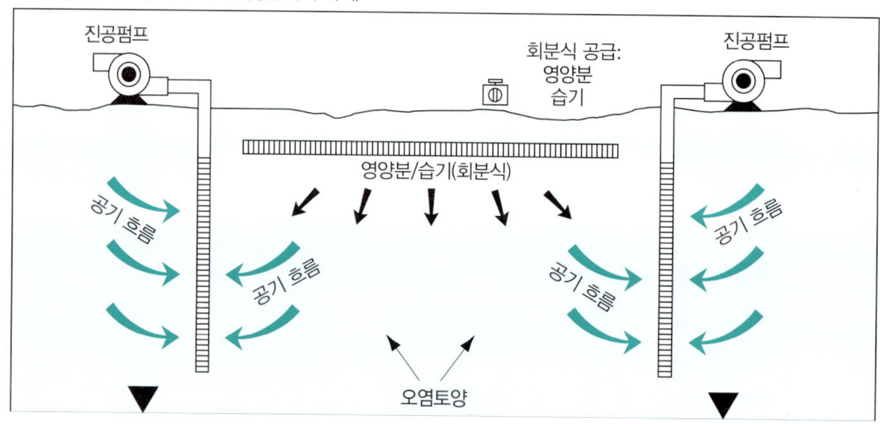

그림 P3.2.1

**** 3.2.2** 그림 P3.2.2는 Ford 2.9-liter V-6 engine의 일부이다. 계를 선택하고 설명하라. 계 경계를 표시하라. 선택한 계가 흐름계인가, 회분계인가? 그 이유를 한 문장으로 설명하라.

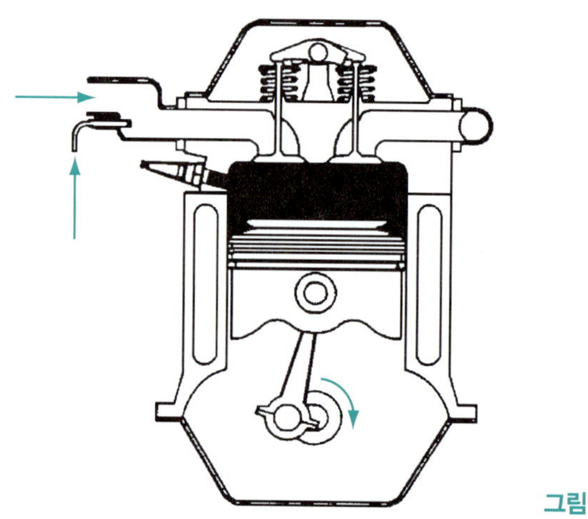

그림 P3.2.2

*** **3.2.3** 다음 공정은 개방계인가, 폐쇄계인가? 아주 간단히 설명하라.

a. 수영장(물의 관점에서)

b. 가정용 난로

* **3.2.4** 정상상태계에 관한 옳은 설명은?

a. 도입유량이 0이다.

b. 발생속도가 0이다.

c. 소비속도가 0이다.

d. 축적속도가 0이다.

** **3.2.5** 다음 공정의 물질수지를 취할 경우 개방계와 폐쇄계 중 어떤 계로 나뉘는가?

a. 지구의 탄소 순환

b. 숲의 탄소 순환

c. 뱃전에 설치한 모터

d. 가정용 에어컨의 냉각제

** **3.2.6** 다음은 각각 어떤 계인가? 그림을 그리고 개방계, 폐쇄계, 정상상태 공정, 비정상상태 공정 중 어디에 속하는지 나타내라.

a. 자동차 라디에이터에 냉각제를 주입한다.

b. 자동차 라디에이터의 내용물을 비운다.

c. 자동차 라디에이터가 넘쳐서 땅으로 흐른다.

d. 라디에이터를 채운 다음 엔진을 가동했더니 순환펌프가 엔진으로 물을 순환시킨다.

*** **3.2.7** 얼음 덩어리가 태양에 의해 녹는 과정(시스템: 얼음)이 개방계인지 폐쇄계인지, 회분 공정인지 흐름 공정인지, 정상상태인지 비정상상태인지 판단하라. 선택지를 세로로 나열하고, 각 항목 옆에 가정한 내용을 기재하라. 개방계와 폐쇄계, 정상상태와 비정상상태 중 무엇인가? 각각에 대해 어떤 가정을 했는지 설명하라.

** **3.2.8** 그림 P3.2.8에서 각 상자는 계를 나타낸다. 각각의 계는 (a), (b)의 질문 중 어디에 타당한가?

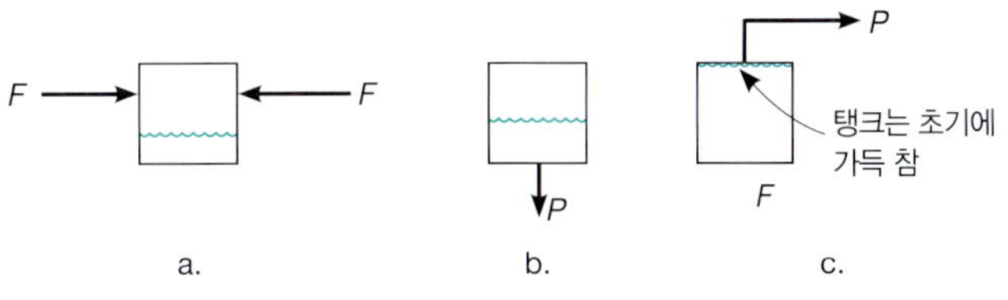

그림 P3.2.8

a. 공정은?

  1. 정상상태

  2. 비정상상태

  3. 모르겠다.

b. 계는?

  1. 폐쇄계

  2. 개방계

3. 둘 다 아니다.
4. 둘 다 맞다.

물결선은 흐름이 시작될 때의 초기액면을 나타낸다. c의 경우 탱크는 가득 찬 채로 유지된다.

** 3.2.9 물질수지를 취하기 위해 다음 공정을 (1) 회분, (2) 준회분, (3) 연속, (4) 개방 또는 흐름, (5) 폐쇄, (6) 비정상상태, (7) 정상상태로 분류하라. 한 가지 이상으로 분류할 수 있다.

a. 도시상수 저장용 탱크
b. 소다수 캔
c. 찬 커피 데우기
d. 수세식 화장실의 물탱크
e. 전기식 의류건조기
f. 폭포
g. 열린 냄비에서 끓는 물

*** 3.2.10 언제나 연속 공정으로 취급하던 공정이 어떤 경우에 회분 공정이 되는가?

** 3.2.11 윤활유 제조업자가 배합탱크에 No. 10 윤활유 300 kg/min과 No. 40 윤활유 100 kg/min을 도입시킨다. 잘 혼합한 다음 380 kg/min의 유량으로 꺼낸다. 혼합 공정 초기에 탱크가 비어 있었다고 보고, 1시간 뒤에 탱크 안에 남아 있는 윤활유의 양(kg)을 구하라.

** 3.2.12 개방 원통형 용기에서 설탕 100 kg을 물 500 kg에 녹였다. 10일 동안 그대로 두었다가 설탕물 300 kg을 꺼내면 300 kg이 남아 있는가?

* 3.2.13 그림 P3.2.13과 같이 튜브에 고체 아이오딘 시료 1.0 g을 넣은 다음 공기를 제거하고 밀봉했다. 고체 아이오딘과 튜브의 질량은 27.0 g이다.

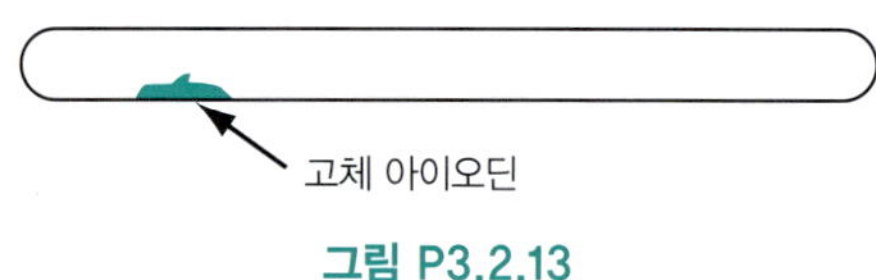

그림 P3.2.13

이 튜브를 가열해서 아이오딘을 전부 증발시킨다. 아이오딘 증기로 차 있는 상태의 질량은?

a. 26.0 g 이하
b. 26.0 g
c. 27.0 g
d. 28.0 g
e. 28.0 g 이상

*** 3.2.14 열교환기를 사용해서 더운 유체의 열을 찬 유체로 전달한다. 그림 P3.2.14의 열교환기에서는 응축 수증기의 열이 공정 흐름에 전달된다. 수증기는 열교환기 관 외부에서 응축하고 공정 유체는 관 내부에서 흐르면서 열을 흡수한다. 측정 결과 공정 유체의 유량은 20,000 kg/hr이고 수증기의 유량은 12,500 kg/hr이다. 공정 유체의 배출유량은 22,000 kg/hr이다. 공정 유체의 물질수지를 취하라. 수지가 성립되지 않는다면 그 원인은 무엇인가?

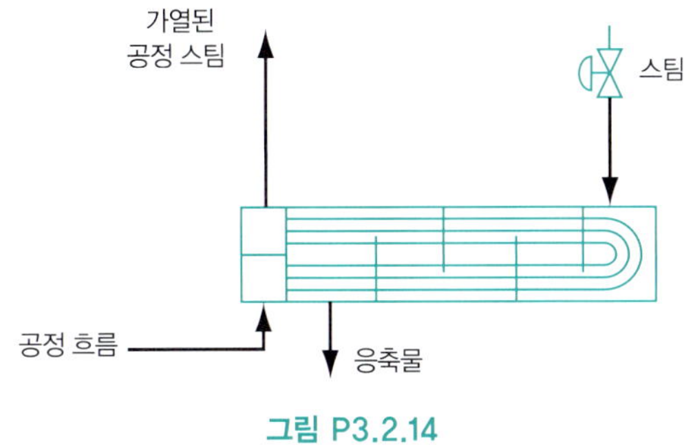

그림 P3.2.14

*** **3.2.15** 그림 P3.2.15의 공정도[*Hydrocarbon Processing*, 159(November 1974)]는 연료 및 석유화학제품의 상압증류와 이 증류 생성물의 열분해를 나타낸 것이다. 도입 질량이 배출 질량과 일치하는가? 질량수지가 성립되지 않는 한두 가지 이유를 들라(주의: T/A = ton/year).

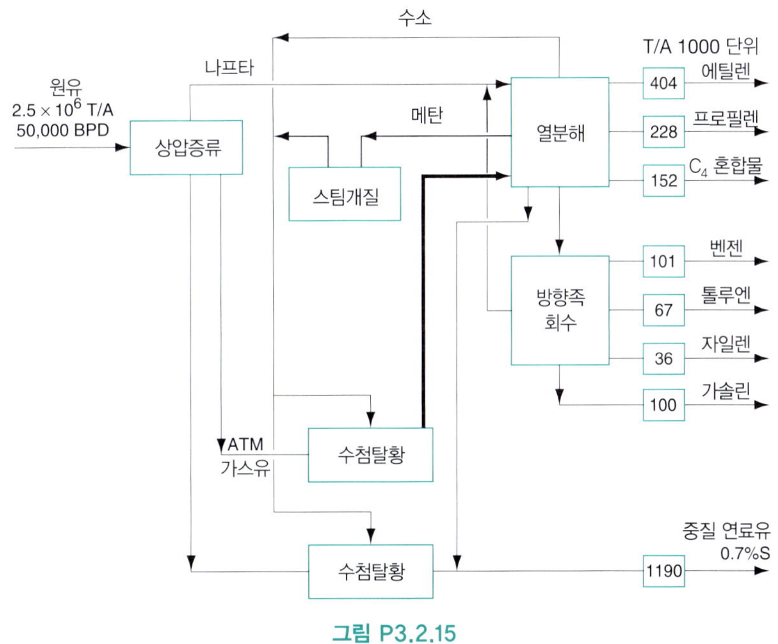

그림 P3.2.15

*** **3.2.16** 그림 P3.2.16의 공정을 살펴보라. 도입 질량이 배출 질량과 일치하는가? 질량수지가 성립되지 않는 한두 가지 이유를 들라.

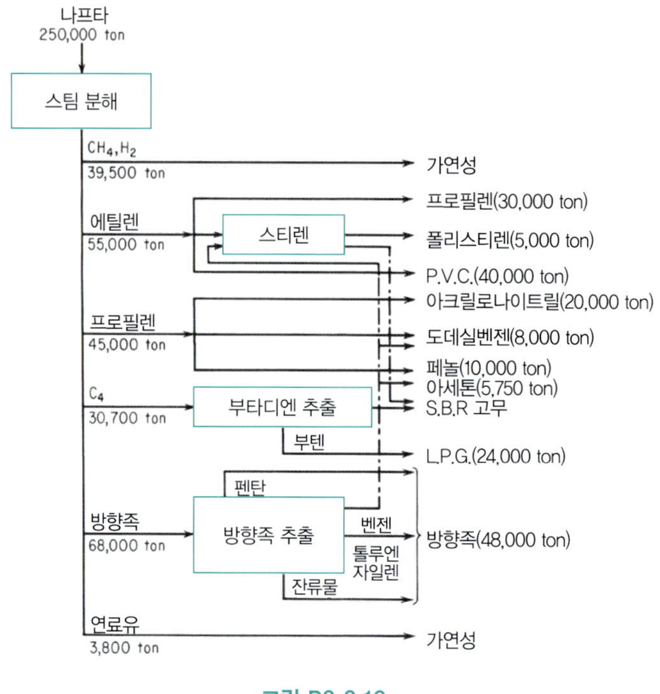

그림 P3.2.16

*** **3.2.17** 그림 P3.2.17을 살펴보라. 물질수지가 만족할 만한가?(t/wk = ton/week)

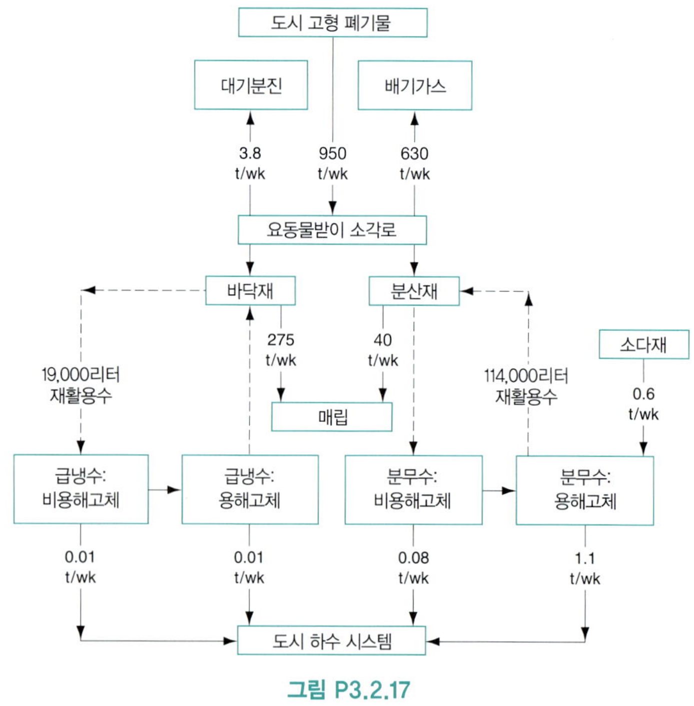

그림 P3.2.17

*** **3.2.18** 칩 제조용 실리콘 막대는 Czochralski(LEC) 방법으로 만들 수 있다. 그림 P3.2.18과 같이 가열 용기에서 실리콘 막대를 회전시키면서 천천히 뽑아 올린다. 처음에 62 kg의 실리콘이 녹아

있는 용기에서 지름이 17.5 cm인 실리콘 막대를 3 mm/min으로 뽑아 올린다면 실리콘의 절반이 없어지기까지 걸리는 시간은 얼마인가? 이때 실리콘 축적량은 얼마인가? 실리콘 잉곳의 비중은 2.33이라고 가정한다.

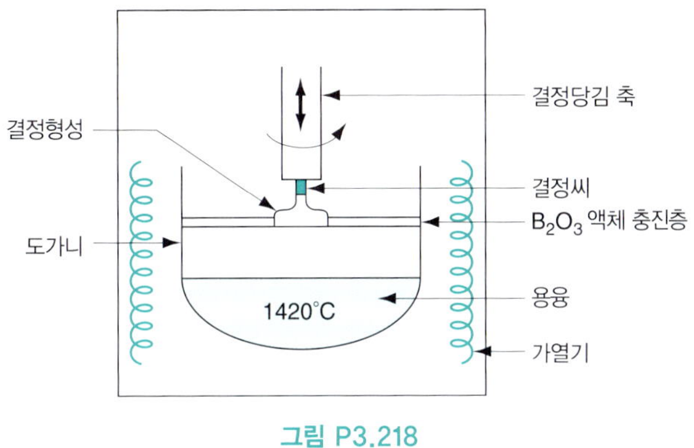

그림 P3.218

** 3.2.19 믹서는 다른 조성을 가진 스트림을 혼합해 중간 조성의 제품 스트림을 생산하는 데 사용될 수 있다. 그림 P3.2.19는 이러한 혼합 공정의 다이어그램을 보여준다. 이 공정에 대한 전체 물질수지와 성분수지의 폐쇄성을 평가하라. 폐쇄성은 정상상태 공정에 대해 도입이 배출과 얼마나 밀접하게 일치하는지를 의미한다.

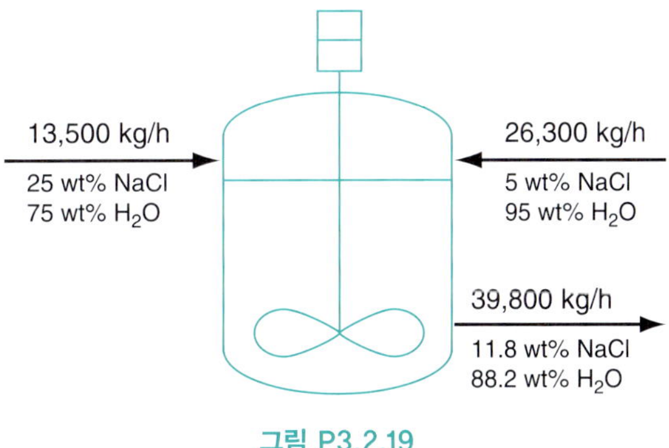

그림 P3.2.19

** 3.2.20 증류탑은 경질 끓는 성분을 중질 끓는 성분으로부터 분리하는 데 사용되며, 화학 공정 산업의 분리 시스템 중 95% 이상을 차지한다. 흔히 사용되는 증류탑은 프로필렌-프로판 분리탑이다. 이 탑 위의 생성물은 폴리프로필렌 제조 원료로 사용되며, 폴리프로필렌은 전 세계적으로 가장 많이 생산되는 플라스틱이다. 그림 P3.2.20은 프로필렌-프로판 분리탑(프로판은 C_3, 프로필렌은 C_3로 표시됨)의 다이어그램을 보여준다. 증기는 에너지를 제공하는 데 사용되며 공정 물질수지에는 관여하지 않는다. 이 다이어그램에 나와 있는 조성 및 유량이 공정 측정으로부터 얻어졌다고 가정하고, 이 계에 대한 전체 물질수지가 충족되는지 확인하라. 구성 요소 물질수지는 어떤가? 어떤 결론을 내릴 수 있는가?

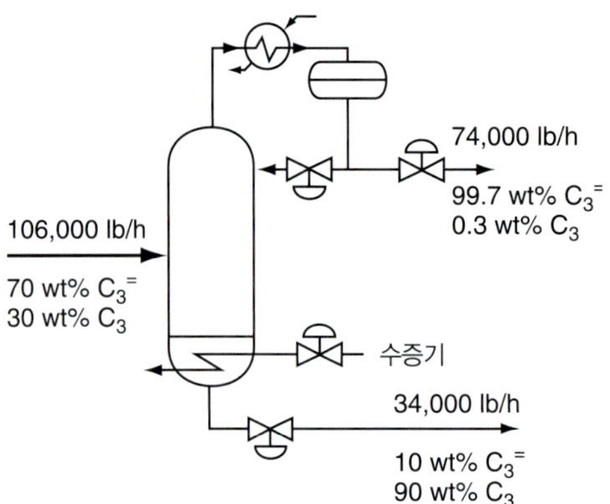

그림 P3.2.20

***3.2.21 그림 P3.2.21과 같이 폐기물 처분 공장의 농축장치에서는 습한 하수 슬러지로부터 수분을 제거한다. 농축장치에 도입되는 습한 슬러지 100 kg으로부터 제거되는 수분의 질량(kg)을 구하라. 이 공정은 정상상태이다.

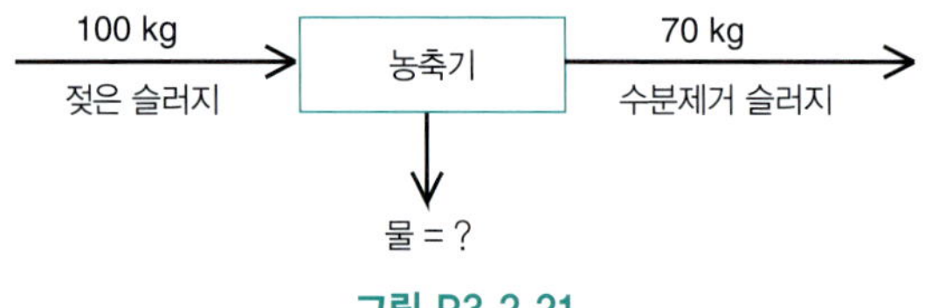

그림 P3.2.21

3.3 물질수지 문제 접근을 위한 일반적 전략

*3.3.1 가정용 온수기에서 물탱크의 금속 벽을 계의 경계로 생각한다.

a. 계 안쪽에는 무엇이 있는가?

b. 계 밖에는 무엇이 있는가?

c. 이 계는 외계와 물질을 교환하는가?

d. 계의 경계를 달리 선택할 수 있는가?

**3.3.2 그림 P3.3.2의 공정에 대해 쓸 수 있는 물질수지식은 몇 개인가? 식을 쓰고, 독립식이 몇 개인지 밝혀라.

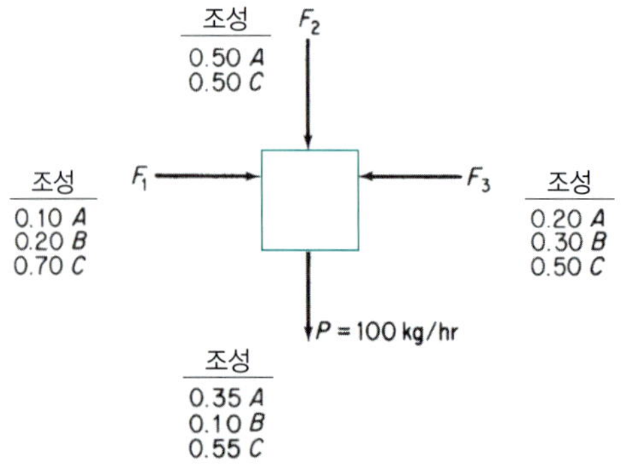

그림 P3.3.2

**3.3.3 그림 P3.3.3에서는 화학반응이 일어나지 않고, x는 몰분율이다. 미지변수가 몇 개인가? 그중 농도는 몇 개인가? 이 문제를 풀어서 미지변수의 유일해를 구할 수 있는가?

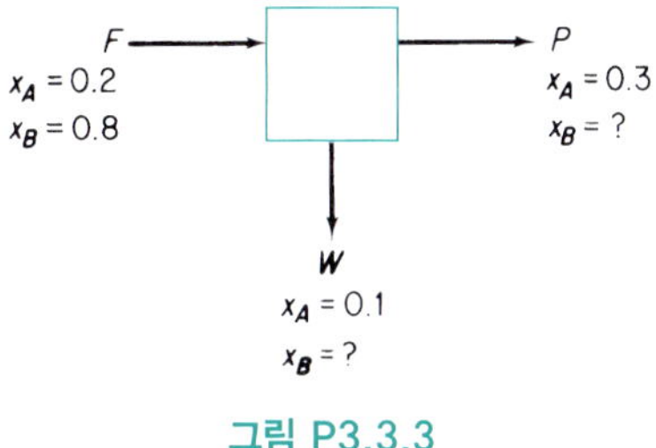

그림 P3.3.3

3.3.4 다음 식은 독립식인가? 유일해가 존재하는가? 설명하라.

*a. $x_1 + 2x_2 = 1$

$x_1 + 2x_2 = 3$

***b. $(x_1 - 1)^2 + (x_2 - 1)^2 = 0$

$x_1 + x_2 = 1$

**3.3.5 어떤 공정에 대해 조교가 세운 물질수지식이 다음과 같다.

$$0.25\, m_{\text{NaCl}} + 0.25\, m_{\text{KCl}} + 0.55\, m_{\text{H}_2\text{O}} = 0.30$$
$$0.35\, m_{\text{NaCl}} + 0.20\, m_{\text{KCl}} + 0.40\, m_{\text{H}_2\text{O}} = 0.30$$
$$0.40\, m_{\text{NaCl}} + 0.45\, m_{\text{KCl}} + 0.05\, m_{\text{H}_2\text{O}} = 0.40$$
$$1.00\, m_{\text{NaCl}} + 1.00\, m_{\text{KCl}} + 1.00\, m_{\text{H}_2\text{O}} = 1.00$$

미지변수는 셋인데 식은 넷이므로 유일해가 없다고 한다. 맞는 말인가? 유일해를 구할 수 있는지 여부를 간단히 설명하라.

***3.3.6 다음 식의 집합에는 유일해가 있는가?

a.

$u + v + w = 0$

$u + 2v + 3w = 0$

$3u + 5v + 7w = 1$

b.

$u + w = 0$

$5u + 4v + 9w = 0$

$2u + 4v + 6w = 0$

**3.3.7 다음 설명이 참인지 거짓인지 밝혀라.

a. 문제에서 값이 주어진 유량을 계산 기준으로 선택해야 한다.

b. 문제에서 모든 흐름의 조성은 주어졌지만 유량은 주어지지 않은 경우 유량을 계산 기준으로 선택할 수 없다.

c. 문제에서 쓸 수 있는 물질수지식의 최대 수는 성분의 수와 같다.

**3.3.8 그림 P3.3.8의 공정은 반응이 없는 정상상태이다. 변수의 유일한 해가 존재하는가? 모든 계산을 보여라. w는 질량분율이다.

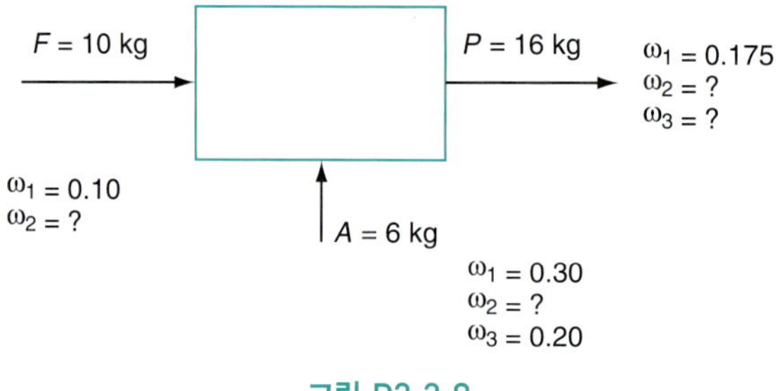

그림 P3.3.8

**3.3.9 다음 표와 같이 A, B, C 세 성분으로 된 기상 혼합물을 혼합해서 단일 혼합물을 만든다.

기체	A	B	C
CH_4	25	25	60
C_2H_6	35	30	25
C_3H_8	40	45	15
합계	100	100	100

이 혼합물을 분석한 결과 CH_4 25%, C_2H_6 25%, C_3H_8 50%라 한다. 계산을 하지 않아도 이 답이 틀렸다는 것을 알 수 있는가?

***3.3.10 다음 표와 같은 A, B, C 세 가지 LPG(액화석유가스)를 혼합해서 특정 증기압 규격에 맞는 최종 혼합물을 얻고자 한다. 조성이 흐름 D와 같으면 이 규격에 맞는다. D 조성의 생성물을 얻기 위해 A, B, C 흐름을 얼마나 혼합해야 하는지 계산하라. 이 수치는 부피 % 값이며, 부피는 가산적이라고 본다.

성분	흐름 A	흐름 B	흐름 C	흐름 D
C_2	5.0			1.4
C_3	90.0	10.0		31.2
iso-C_4	5.0	85.0	8.0	53.4
n-C_4		5.0	80.0	12.6
iso-C_5^+			12.0	1.4
합계	100.0	100.0	100.0	100.0

탄소 C의 아래첨자는 탄소의 수를 나타내고, C_5^+에서 +는 분자량이 *iso*-C_5보다 큰 화합물 전체를 나타낸다. 이 문제에서 유일해를 구할 수 있는가?

***3.3.11 SO_2, H_2S, CS_2 세 가스의 혼합물 2.50 mol을 만들기 위해 3개의 탱크를 연결해서 네 번째 탱크를 만든다. 각 탱크 내용물의 몰 조성은 다음 표와 같다.

결합된 탱크 혼합물

	탱크			결합된 혼합물
가스	1	2	3	4
SO_2	0.23	0.20	0.54	0.25
H_2S	0.36	0.33	0.27	0.23
CS_2	0.41	0.47	0.19	0.52

표의 오른쪽 열에는 혼합물의 분석을 통해 추정되는 조성이 나열되어 있다. 세 성분에 대한 세 몰수지식의 집합이 3개의 각 탱크로부터 취하는 몰수에 대한 해를 구할 수 있는가? 만일 그렇다면 해는 무엇인가?

**3.3.12 그림 P3.3.12의 공정을 검토하자. 각 흐름의 유량과 조성을 구하려면 최소한 몇 개의 측정치가 있어야 하는가? 답을 설명하라.

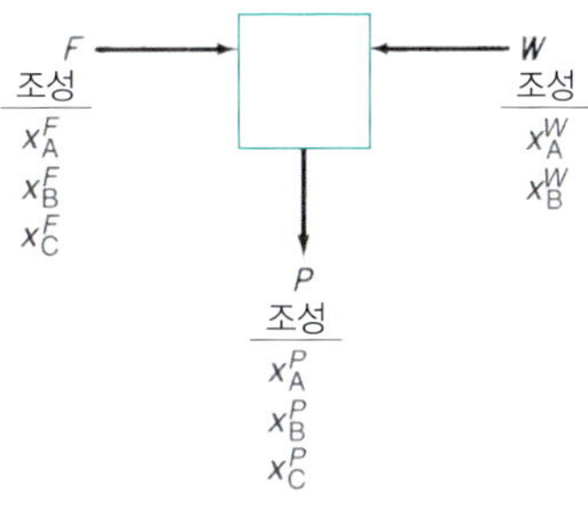

그림 P3.3.12

***3.3.13 그림 P3.3.13과 같은 공정에서 비료공장의 배수를 처리한다. 이 문제를 완전히 규정해서 유일해를 얻으려면 몇 가지 농도와 유량을 더 측정해야 하는가? 유일해의 집합은 하나뿐인가?

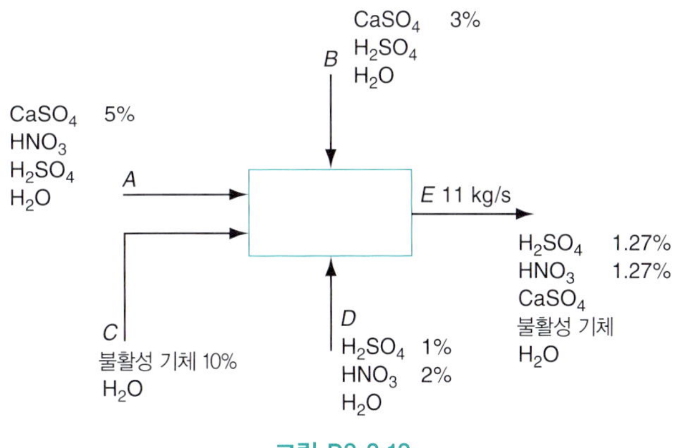

그림 P3.3.13

3.3.14 다음 절차에 따라 문제를 풀라.

1. 그림을 그린다.

2. 문제의 자료를 그림에 표시한다.

3. 계산 기준을 정한다.
4. 미지변수와 독립식의 수를 구한다.
5. 문제 풀이에 필요한 물질수지식을 쓴다.
6. 기타 관련되는 식과 설계조건을 쓴다.
7. 풀 수 있는 문제이면 푼다.

**a. 질소 90%인 탱크 A와 질소 30%인 탱크 B를 혼합해서 질소 65%인 탱크 C를 얻으려 한다. 탱크 A와 B의 가스 혼합비를 구하라.

**b. 건조장치에서 젖은 나무(수분 20.1%)의 수분을 8.6%로 줄인다. 도입되는 나무 단위 질량당 제거되는 수분의 질량(kg 수분/kg 나무)을 구하라.

***c. N_2 70%와 CH_4 30%인 실린더, N_2 90%와 C_2H_6 10%인 실린더, N_2 100%인 실린더로부터 CH_4와 C_2H_6의 물질량 비가 1.3 대 1인 CH_4, C_2H_6, N_2 혼합물을 만들려 한다. 각각의 실린더에서 꺼내야 할 기체의 비를 구하라.

** 3.3.15 문제 설명을 읽은 다음 그 문제를 풀기 위해 무엇을 생각해야 하는가? 열거하라. 이 문제가 요구하는 것은 10단계 문제 풀이 전략이 아니라 브레인스토밍이다.

3.4 단일 단위 시스템을 위한 물질수지

* 3.4.1 수분이 99%인 오이 100 kg을 샀다. 며칠 뒤에는 수분 함유량이 98%가 되었다. 오이의 질량이 절반(50 kg)으로 줄었는가?

* 3.4.2 양치류인 *Pteris vittata*는 토양으로부터 비소를 효과적으로 추출한다[*Nature*, 409, 579 (2001)]. 비소가 6 ppm인 일반 토양에서 2주 동안 5 ppm으로 떨어뜨리고 755 ppm으로 비소를 축적한다. 이 실험에서 사용한 토양 질량/양치류 질량의 비를 구하라. 양치류의 초기 비소 농도는 5 ppm이었다.

* 3.4.3 도시 하수처리 계통에서 발생하는 습한 고형물을 슬러지라 한다. 이 슬러지는 먼저 건조해야 퇴비화하거나 다른 방법으로 처리할 수 있다. 수분 70%, 고형물 30%인 슬러지를 건조기에 통과시켰더니 수분 함유량이 25%로 줄었다. 건조기에서 슬러지 톤당 제거된 수분의 양을 구하라.

* 3.4.4 그림 P3.4.4는 인공신장의 예이다. 이러한 의료기구는 신장이 기능부전일 때 혈액으로부터 대사 폐기물을 제거하는 데 사용된다. 투석액은 실관막 외부를 교차해서 흐르며 혈액 중의 폐기물이 투석액으로 확산된다.

이 장치에서 도입 및 배출되는 혈액의 유량이 각각 220 mL/min, 215 mL/min일 때 투석액으로 전달되는 수분과 요수(기본 폐기물)의 양을 구하라. 요소의 도입 및 배출 농도는 각각 2.30 mg/mL, 1.70 mg/mL이다.

이 장치에서 투석액의 유량이 1500 mL/min라면 배출 투석액 중의 요소 농도는 얼마인가?

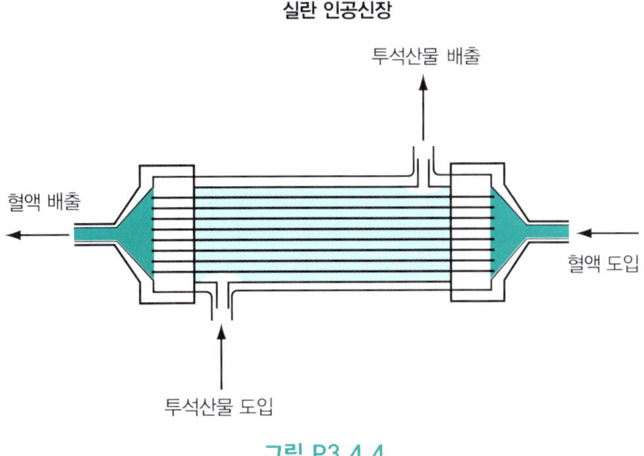

그림 P3.4.4

*3.4.5 다단 증발기는 묽은 NaOH 용액을 5%에서 25%로 농축시키고 하루에 3톤의 원료 용액을 처리한다. 하루에 얼마나 많은 생산물이 만들어지는가? 하루에 얼마나 많은 물이 증발되는가?

*3.4.6 액상 접착제는 고분자를 용매에 녹여서 만든다. 용액 속의 고분자 양은 접착제의 용도에 중요하다. 접착제 상인이 무게로 15% 고분자를 포함하는 2000 kg의 접착제 용액을 주문받았다. 현재 8% 용액 300 kg과 25% 용액 및 순수 용매가 매우 많은 양이 있다. 8% 용액을 모두 사용해서 주문에 맞게 혼합해야 할 각 재료의 무게를 계산하라.

*3.4.7 래커 공장에서 니트로셀룰로오스 9% 용액 1500 kg을 납품해야 한다. 가지고 있는 것은 4.5% 용액이다. 주문에 맞추려면 건조 니트로셀룰로오스 몇 kg을 이 용액에 녹여야 하는가?

**3.4.8 그림 P3.4.8의 확산관에 CH_4 80%와 He 20%인 가스를 통과시켜서 He을 회수한다. 처음 가스 중 He의 20%가 회수되며 회수가스의 조성은 He 50%이다. 처리량이 100 kg mol/min일 경우 폐기가스의 조성을 구하라.

그림 P3.4.8

*3.4.9 대부분의 발효에서는 세포의 질량을 최대로 유지해야 하지만 세포 부피 때문에 제약을 받는다. 세포는 부피가 일정하며 모양이 단단하므로 어느 한계 이상으로 채울 수가 없다. 세포 사이의 틈에는 물이 들어 있으며, 이 공극부피(void volume)를 최소로 줄이더라도 발효조 부피의 40%가 한계이다. 건조 세포의 밀도가 1.1 g/cm^3일 때 발효조 1 L에 채울 수 있는 건조 세포의 최대 질량을 구하라. 세포 자체는 물 75%와 고형물 25%로 되어 있으며, 발효 공업에서 세포 질량을 말할 때는 건조 질량을 가리킨다.

**3.4.10 다음 표와 같이 조성과 근사 화학식을 아는 세 가지 고분자를 배합해서 목적 혼합물을 얻고자

한다. 목적하는 조성의 혼합물을 제조하기 위해 필요한 A, B, C의 퍼센트를 구하라.

원하는 혼합물 D[$(CH_4)_x$ = 10%, $(C_2H_6)_x$ = 30%, $(C_3H_8)_x$ = 60%]를 얻기 위해 혼합해야 할 A, B, C의 혼합비를 구하라.

조성(%)				
성분	A	B	C	D(목적 혼합물)
$(CH_4)_x$	25	35	55	30
$(C_2H_6)_x$	35	20	40	30
$(C_3H_8)_x$	40	45	5	40
합계	100	100	100	100

**3.4.11 천연가스 배관의 유량을 계산하는 일을 맡았다고 하자. 이 배관은 지름이 26 in.이므로 어떤 종류의 계기나 측정기구를 사용할 수 없다. 따라서 1/2 in.의 작은 관으로 CO_2를 50 kg/min으로 주입하고 하류에서 시료를 체취한 다음 CO_2를 분석하기로 했다. 1시간 이후의 시료분석 결과가 다음과 같다.

시간	% CO_2
1시간, 0분	2.5
10분	2.3
20분	1.7
30분	2.1
40분	2.3

a. 주입점의 가스 유량(kg/min)을 구하라.

b. CO_2 주입점 전의 가스 중에는 이미 CO_2 1.5%가 포함되어 있었다. 이로 인한 유량 계산치의 오차(%)는 어느 정도인가? [주의: 천연가스는 모두 메탄(CH_4)이다.]

*3.4.12 다른 가스 중에 들어 있는 암모니아는 신뢰성 있는 방법으로 분석할 수 있다. 천연가스 배관의 유량을 측정하기 위해 순수 암모니아를 72.3 kg/min의 유량으로 12분 동안 주입했다. 이 주입점으로부터 5 mile의 하류 지점에서 정상상태 암모니아의 농도는 0.382 wt %이고, 암모니아 주입점의 가스 중에는 암모니아가 들어 있지 않았다. 천연가스의 유량(kg/hr)을 구하라.

*3.4.13 최근 생활하수와 산업폐수로 인한 허드슨강의 수질오염이 문제가 되고 있다. 이 강으로의 유입량을 정확하게 아는 것은 매우 어려운 일이다. 일일이 측정할 수가 없고 위어(weir)를 설치하기도 어렵기 때문이다. 따라서 하수 흐름에 Br 이온을 추적자로 첨가하고, 완전히 혼합된 다음 하수 시료를 채취해서 분석하는 방법이 제안되었다. Br이 들어 있지 않은 하수에 NaBr을 4 kg/hr의 유량으로 24시간 동안 주입한 다음 하류 지점에서 분석한 결과 NaBr 0.015%였다. 하수와 강물의 밀도는 각각 966 kg/m^3, 1000 kg/m^3이다. 하수의 유량(kg/min)을 구하라.

**3.4.14 PET(polyethylene terephthalate)와 PVC(polyvinyl chloride)처럼 양립할 수 없는 고분자 혼합물을 분리하는 새로운 방법이 있다면 플라스틱 폐기물의 재활용과 재사용의 확대에 기여할 수 있다. 사우스캐롤라이나주 스파턴버그에 있는 셀라니즈사의 재활용 시설에 처음 설치된

상업적 공장의 PET 처리 능력은 45.4×10^6 kg/yr이고 조업비는 1 ¢/kg이다.

이 공장에서는 재활용의 초기 단계에서 PVC 용기로부터 PET 병을 분류하는 재래식 방법 대신에 회전날 절단기를 사용해서 혼합 폐기물을 0.5 in. 칩으로 절단하는 방법을 채용했다. 이 절단물을 물에 현탁한 다음 공기를 불어넣어 기포를 형성시키면 표면장력의 차이로 인해 PVC를 선택적으로 포집해서 떠오르게 할 수 있다. 이때 식용 등급의 계면활성제를 첨가해 분리를 촉진한다. 떠오른 기포를 PVC와 함께 걷어내면 PET만 남게 된다. 이 방법에서는 PVC 2%인 공급물로부터 PVC의 함유 수준이 10 ppm 정도인 거의 순수한 PET를 얻을 수 있다. 이 공정에서 회수되는 PVC의 양(kg/yr)을 구하라.

*** **3.4.15** Na_2SO_4 100 g을 H_2O 200 g에 녹인 다음 냉각해 $Na_2SO_4 \cdot 10H_2O$ 결정 100 g을 얻는다.

a. 남아 있는 용액(결정 모액)의 조성을 구하라.

b. 초기 용액 100 g에서 회수되는 결정의 질량(g)을 구하라.

힌트: 수화된 결정은 배출되는 별도의 스트림으로 처리하라.

**** **3.4.16** 한 화학자가 $Na_2B_4O_7$ 100 g을 끓는 물 200 g에 녹인 다음 순수한 붕사 결정($Na_2B_4O_7 \cdot 10H_2O$)을 만들려 한다. 용액을 조심해서 천천히 냉각시켰더니 붕사 결정이 석출되었다. 55°C 결정 모액 중의 $Na_2B_4O_7$가 12.4%일 때, 초기 용액 100 g에서 회수되는 $Na_2B_4O_7 \cdot 10H_2O$의 질량(g)을 구하라.

힌트: 수화된 결정은 배출되는 별도의 스트림으로 처리하라.

*** **3.4.17** $FeCl_3 \cdot 6H_2O$ 1000 kg을 $FeCl_3 \cdot H_2O$ 결정 혼합물에 첨가해서 $FeCl_3 \cdot 2.5H_2O$ 결정 혼합물을 얻으려 한다. $FeCl_3 \cdot H_2O$를 얼마나 사용해야 하는가?

힌트: 결정수화물이 공정을 나오는 분리 흐름이라고 간주한다.

*** **3.4.18** 100°C와 0°C에서 질산바륨의 물에 대한 용해도는 각각 34, 5.0 g/100 g H_2O이다. $Ba(NO_3)_2$ 100 g을 사용해서 100°C의 포화수용액을 만들려 할 때 필요한 물의 양을 구하라. 이 포화수용액을 0°C로 냉각할 때 석출되는 $Ba(NO_3)_2$ 결정의 양을 구하라. 이 결정의 표면에는 4g H_2O/100 g 결정으로 물이 붙어 있다.

힌트: 수화된 결정은 배출되는 별도의 스트림으로 처리하라.

**** **3.4.19** $Na_2S_2O_2$ 70% 수용액 중에 불순물 1%가 녹아 있다. 10°C로 냉각했더니 $Na_2S_2O_2 \cdot 5H_2O$ 결정이 석출되었다. 이 수화물의 용해도는 2 kg $Na_2S_2O_2 \cdot H_2O$/kg H_2O이다. 석출된 결정에는 용액이 0.07 kg/kg 결정으로 붙어 있다. 이 결정을 건조해서 수분(결합수는 제외)을 제거한 건조 결정 중에는 불순물이 0.2% 이상 들어 있지 않아야 한다. 이 규격에 맞추기 위해 냉각하기 전의 초기 용액에 물을 첨가해서 희석한다. 초기 용액 100 kg을 기준으로 다음을 구하라.

a. 냉각 전에 초기 용액에 첨가한 물의 양

b. 건조 수화 결정으로 회수된 $Na_2S_2O_2$의 회수율(%)

힌트: 결정수화물이 공정을 나오는 분리 흐름으로 간주한다.

** **3.4.20** 종이 펄프는 수분 함량 13% 기준으로 판매한다. 수분이 그 이상이면 구매자는 초과 수분과 이로 인한 초과 운송료를 공제한다. 펄프에 수분이 첨가되어 수분 함량이 24%가 되었다. 공기 건조 펄프(수분 13%)의 가격이 €40/t이고, 운송비가 €1.50/100 kg이라 할 때 젖은 펄프에 대해 지불해야 할 금액(€/t)을 구하라.

**3.4.21 세탁업자는 비누 공장으로부터 수분 30%인 비누를 본선인도(free on board, FOB) 가격 \$0.30/kg으로 살 수 있다. 또한 수분 5%인 다른 등급의 비누도 살 수 있다. 비누 공장에서 세탁소까지의 운송비는 \$6.05/100 kg이다. 수분 5% 비누에 대해 지불할 수 있는 최대가격은 얼마인가?

***3.4.22 연탄 제조업자가 수분 10% 또는 회분 10% 미만인 바비큐용 연탄을 제조하기로 계약을 맺었다. 기본물질은 수분 12.5%, 휘발성 물질 16.8%, 탄소 57.3%, 회분 13.4%이다. 규격에 맞추기 위해 이 기본물질에다 적당량의 석유 코크스(휘발성 물질 8.4%, 탄소 88.4%, 수분 3.2%)를 혼합하기로 했다. 기본물질 50 kg에 대해 혼합해야 할 석유 코크스의 양을 구하라.

****3.4.23 기체분리 공장의 공급물 조성이 다음과 같다.

성분	mol %
C_3	1.9
i-C_4	51.5
n-C_4	46.0
C^{5+}	0.6
합계	100.0

유량은 5804 kg mol/day이다. 이 분리공정의 탑 위 생성물과 탑 밑 생성물의 조성이 다음과 같을 때 각각의 유량(kg mol/day)을 구하라.

성분	mol %	
	탑 위	탑 밑
C_3	3.4	—
i-C_4	95.7	1.1
n-C_4	0.9	97.6
C^{5+}	—	1.3
합계	100.0	100.0

****3.4.24 폐수 중의 유기물질은 BOD(생물학적 산소요구량), 즉 유기물을 생분해하는 데 필요한 DO(용존산소)의 양으로 측정한다. 하천이나 호수의 DO 농도가 너무 낮아지면 물고기가 죽는다. EPA(미국 환경보호청)에서는 하절기의 최저 DO를 5 mg/L로 정했다.

a. 하천의 유량이 0.30 m^3/s이며, 하수처리장 처리수가 방출되는 지점보다 상류의 BOD가 5 mg/L이고, 하수처리장에서 BOD 0.1 5g/L인 처리수 3.785 ML/day로 방출할 경우, 이 방류점 바로 아래에서의 BOD를 구하라.

b. 이 처리장에서 BOD 72.09 mg/L인 처리수를 15.8 ML/day로 방출한다. EPA에서 이 방출점 상류의 강물을 측정한 결과 BOD 3 mg/L, 유량 530 ML/day이고 하류의 BOD는 5 mg/L라 한다. 이 결과가 타당한가?

****3.4.25 발효조에서 발효액(수용상) 100 L/min로 추출탱크로 보내 유기용매와 혼합한 다음 유기상과 수용상을 분리한다. 이 발효액 중의 목적효소(3-hydrobutyrate dehydrogenase)의 농도는

10.2 g/L이다. 추출탱크로 도입되는 순수 추출용매의 유량은 9.5 L/min이다. 추출탱크에서 배출되는 유기상과 수용상(폐기물) 중 효소농도의 비 D = 18.5(g/L 유기상)/(g/L 수용상)이다. 효소의 회수율과 회수속도(g/min)를 구하라. 유기상과 수용상은 서로 녹지 않는다고 가정하고, 효소의 첨가나 제거에 따른 밀도의 변화는 무시한다.

**** **3.4.26** 그림 P3.4.26과 같이 N_2와 NH_3로 된 가스 흐름으로부터 NH_3를 회수한다. 이 장치에서 위로 흐르는 기체에는 NH_3와 N_2가 들어 있지만 용매 S는 들어 있지 않다. 아래로 흐르는 액상 용매 S 중에는 NH_3와 S는 들어 있지만 N_2는 들어 있지 않다. 이 장치에서 배출되는 기체 흐름 A 중의 NH_3 질량분율과 액상 흐름 B 중의 NH_3 질량분율 사이 관계는 다음과 같다.

$$\omega^{A}_{NH_3} = 2\omega^{B}_{NH_3}$$

그림의 자료를 이용해서 흐름 A와 B의 유량과 조성을 구하라.

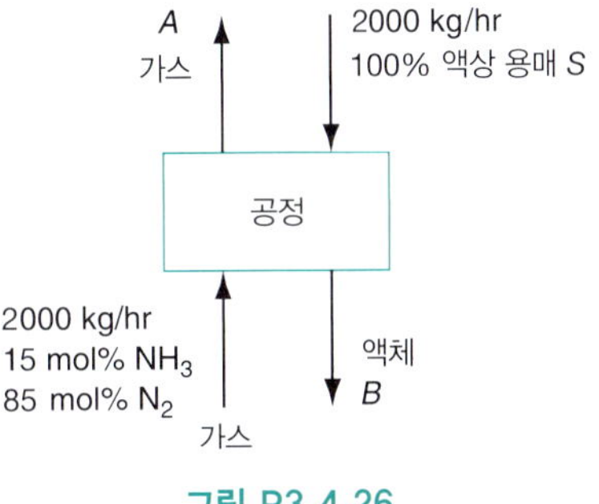

그림 P3.4.26

*** **3.4.27** MTBE(methyl tert-butyl ether)를 휘발유에 첨가해서 산소 함유량을 증가시킨다. MTBE는 물에 조금 녹으므로 휘발유가 배출되면 지표수나 지하수를 오염시킨다. 보트용 휘발유의 MTBE 함유량은 10%이다. 길이 3 km, 폭 1 km, 평균 수심 3 m이고 잘 혼합되는 홍수 조절용 저수지에서 보트를 운행한다. 25대의 보트가 주간 12시간 동안 각각 0.5 L의 휘발유를 흘린다. 이 저수지에 도입되는 물(MTBE 불포함)의 유량은 10 m^3/hr이지만, 저수지 수면이 배수로 높이보다 낮기 때문에 흘러 나가지는 않는다. 보트 운행 12시간 후 저수지 물의 MTBE 농도를 구하라. 휘발유 비중은 0.72이다.

*** **3.4.28** 정유소에서 처리되기 전에 원유에서 소금을 제거해야 한다. 원유는 세척 장치에 공급되어 장치에 공급되는 담수와 섞이고 원유에 포함된 소금의 일부를 용해한다. 물보다 밀도가 낮은 원유(일부 소금이 포함되어 있지만 물은 포함되지 않음)는 세척기 상단에서 제거할 수 있다. '사용된' 세척수에 15%의 소금이 포함되어 있고 원유에는 5%의 소금이 포함되어 있다면, 원유(소금이 포함된) 대 물 사용 비율이 4 대 1일 때 '세척된' 원유 제품의 소금 농도를 구하라.

CHAPTER

04

화학반응 물질수지

학습목표

- 화학반응식을 쓰고 양론계수를 맞춘다.
- 반응에서 한계반응물과 과잉반응물을 구분하며, 과잉반응물(들)의 분율 또는 백분율과 전화율 또는 반응완결도, 수율, 화학량론 비율로 주어지지 않은 화학반응에 대한 반응진행도를 계산한다.
- 화학반응을 포함하는 공정에 대한 자유도 분석을 행한다.
- (a) 화학종 수지와 (b) 원소수지를 이용해서 물질수지식을 세우고 푼다.
- 언제 원소수지가 물질수지로 사용될 수 있을지 결정한다.
- 연도기체, Orsat 분석, 건기준, 습기준, 이론공기(산소), 과잉공기(산소)의 뜻을 이해하고 이러한 개념을 연소 문제에 사용한다.

서론

암모니아가 생성되는 반응기를 생각해보자. 암모니아는 직물, 염료, 플라스틱 및 폭발물을 포함한 광범위한 화학 제품 생산에 사용되지만, 암모니아 생산의 80% 이상은 식물의 질소 공급원으로 농업 비료를 생산하는 데 사용된다. 암모니아는 Haber-Bosch 촉매 공정을 사용해서 산업적으로 생산된다(그림 4.1). 이 공정에서 사용되는 질소는 공기로부터 질소를 극저온 분리해 생산되며, 수소는 천연가스와 같은 가벼운 탄화수소 소스로부터 생산된다.

식 (3.1), 즉 도입된 질량 = 배출된 질량 및 식 (3.2), 즉 $(\dot{m}_i)_{\text{in}} = (\dot{m}_i)_{\text{out}}$은 이 반응기의 전체 질량수지에 적용할 수 있지만 성분수지나 전체 몰수지에는 적용할 수 없다. 예를 들어 NH_3의 입구 유량은 0이지만 반응기에서의 반응으로 인해 암모니아의 출구 유량은 0이 아니다. 또한 2몰의 암모니아 생성물을 생성하는 데 4몰의 반응물이 필요하기 때문에, 반응기로 들어가는 총몰수는 반응기에서 나가는 몰수보다 적다. 따라서 반응 시스템에 물질수지를 적용하기 위해서는 시스템에서 일어나는 모든 반응을 고려해야 한다. 이 장에서는 물질수지 문제를 해결할 때 단일 반응 또는 여러 반응을 고려하는 방법을 알아본다.

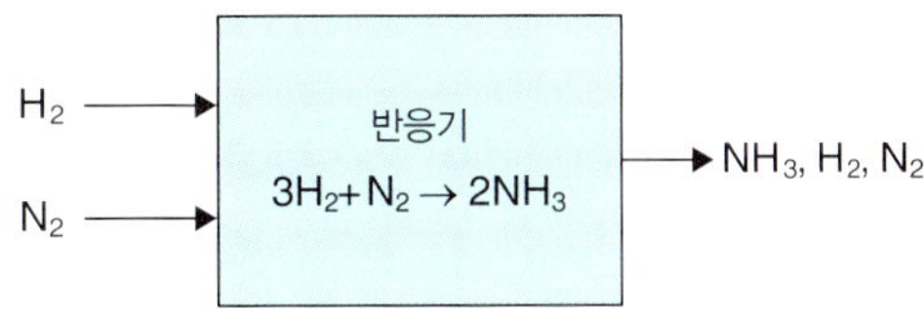

그림 4.1 ▸ 암모니아 반응기의 개략도

많은 공장의 핵심은 생성물과 부산물이 생산되는 반응기이다. 반응기를 설계하기 위해 반응을 고려한 물질수지를 사용한다. 또한 이러한 물질수지는 반응기의 가장 효율적인 작동(즉 공정 최적화)을 파악하는 데에도 사용될 수 있다. 물론 계산은 컴퓨터 프로그램이 대신해줄 수 있지만, 필요한 물질수지를 올바르게 공식화해야 한다.

4.1 화학량론

화학의 응용으로 인해 화학공학자가 대부분의 다른 공학자와 다르다는 것을 아마도 인지하고 있을 것이다. 증발이나 용해와 같은 물질의 물리적 변화에 대비해서 화학반응이 일어날 때 우리는 그 반응에 요구되는 질량 또는 몰과 반응이 일어난 다음에 남아 있는 각 화학종의 질량 또는 몰수를 예측할 수 있기를 원한다. 반응 화학량론은 이런 것의 수행을 가능하게 한다. 화학량론을 의미하는 단어 *stoichiometry*(stoi-ki-OM-e-tri)는 그리스어 *stoicheion*('원소'를 의미)과 *metron*('측정'을 의미)에서 유래했다. **화학량론**은 화학반응에 의해 생산된 생성물의 양을 반응물의 양과 연관시키거나 또는 그 반대로 연관시키는 정량적 방법을 제공한다.

이미 알고 있는 바와 같이 화학반응식은 화학공정에서 일어나는 화학반응에 관한 정성적 및 정량적 정보를 모두 제공한다. 특히 화학반응식은 다음 두 가지 정보를 제공한다.

1. 화학반응식은 어떤 물질이 반응물(소모되는 것)이고 어떤 물질이 생성물(제조되는 것)인지 알려준다.
2. 양론관계가 맞는 화학반응식의 계수는 반응하거나 생성되는 물질 사이의 몰 비율이 얼마인지 알려준다. (1803년에 영국 화학자 John Dalton은 반응이 고정된 원소 비율로 일어났다고 가정함으로써 당시의 화학반응에 대한 많은 실험결과를 설명할 수 있었다. 이 발견은 화학반응이 반응에 포함된 반응물과 생성물의 고정된 비율로 진행된다는 일정비례의 법칙으로 귀결되었다.)

화학량론을 포함하는 문제를 풀 때는 다음 단계를 택해야 한다.

1. 화학식의 양론관계가 맞는지 확인한다. 화학식의 양론관계가 맞는지 어떻게 말할 수 있는가? 좌변 각 원소의 총량이 우변의 그것과 같음을 확인하라. 예를 들어

$$CH_4 + O_2 \rightarrow CO_2 + H_2O$$

이것은 식의 반응물 쪽(좌변)에 4개의 H 원자가 있으나 생성물 쪽(우변)에는 단 2개의 H 원자만 있기 때문에 양론관계가 맞는 식이 아니다. 또한 산소원자도 맞지 않다. 양론이 맞는

식은 다음과 같다.

$$CH_4 + 2O_2 \rightarrow CO_2 + 2H_2O$$

화학반응식에 있는 각 원소(C, H, O)의 합은 반응물에 대한 것(화학반응식의 좌변)이 생성물에 대한 것(화학반응식의 우변)과 같다. 양론관계가 맞는 반응식의 계수는 특정 반응식에 대한 화학종의 몰 단위를 가진다. 예를 들어 앞 화학반응식의 경우, 반응하는 각 몰의 CH_4에 대해 2몰의 O_2가 소모되며 1몰의 CO_2와 2몰의 H_2O가 생성된다. 만일 화학반응식의 각 항에 같은 상수, 예를 들어 2를 곱하면 각 항 양론계수의 절댓값은 2배가 되지만 양론계수의 상대비율은 여전히 같다. 예로서 앞 화학반응의 경우, 만일 2몰의 CH_4가 반응한다면 4몰의 O_2가 소모되고 2몰의 CO_2와 4몰의 H_2O가 생성된다.

2. 적절한 반응완결도를 이용하라. 반응이 얼마나 일어나는지 모른다면 이 책에서는 반응물이 완전히 반응했다고 가정할 수도 있다.
3. 분자량을 사용해 반응물에 대해서는 질량을 몰로, 생성물에 대해서는 몰을 질량으로 바꾸라.
4. 화학식의 양론계수를 이용해서 반응에서 생성된 생산물의 양과 소비된 반응물의 상대적 몰양을 구하라.

단계 3과 4는 제2장에서 설명한 단위 환산과 유사한 방법으로 응용될 수 있다. 예로서 헵탄의 연소를 살펴보자.

$$C_7H_{16}(l) + 11\ O_2(g) \rightarrow 7\ CO_2(g) + 8\ H_2O(g)$$

(화합물의 상태를 분자식 다음의 괄호 속에 명기했음을 주목하라. 이 정보가 이 장에서는 필요하지 않지만 이 책 뒷부분에서는 매우 중요하다.)

이 식으로부터 무엇을 배울 수 있는가? 화학반응식의 **양론계수**(C_7H_{16}의 1, O_2의 11 등)는 그 반응에서 반응하고 생성되는 화학종의 상대적인 몰양을 알려준다. 화학종 i에 대한 양론계수의 단위는 화학종 i의 mol 수를 특정 화학식에 따라 반응하는 mol 수로 나눈 값의 변화이다. 양론계수의 비율을 취할 때 분모는 상쇄하고 다른 화학종의 mol 수로 나눈 한 가지 화학종의 몰수 비율을 가지게 된다. 예를 들어 헵탄의 연소에 대해서는

$$\frac{1\text{ mol } C_7H_{16}}{\text{반응하는 몰수}} \div \frac{11\text{ mol } O_2}{\text{반응하는 몰수}} = \frac{1\text{ mol } C_7H_{16}}{11\text{ mol } O_2}$$

적절한 때는 화학종 i에 대한 양론계수의 단위를 간단하게 i의 몰수/반응하는 mol 수로 줄여서 표현하지만 실제로는 종종 단위가 무시된다. 1몰(lb_m나 kg이 아니라)의 헵탄이 11몰의 산소와 반응해 7몰의 이산화탄소와 8몰의 물을 생성할 것이라고 결론지을 수 있다. 여기서의 몰은 lb mol, g mol, kg mol 또는 다른 어떤 형태의 몰일 수도 있다. 화학반응식의 다른 사용법은 1몰의 CO_2가 매 1/7몰의 C_7H_{16}로부터 형성되며 1몰의 H_2O는 매 7/8몰의 CO_2로부터 형성된다고 결론짓는 것이다. 이 비율은 생성물과 반응물의 상대적인 비율을 계산하는 데 사용될 수 있는 **양론비율**을 나타낸다.

C_7H_{16} 10 kg이 **양론비**의 O_2와 완전히 반응할 때 몇 kg의 CO_2가 생산되는지를 질문받았다고 가정하라. 10 kg의 C_7H_{16}을 기준으로

$$\frac{10\ \text{kg}\ C_7H_{16}}{} \left| \frac{1\ \text{kg mol}\ C_7H_{16}}{100.1\ \text{kg}\ C_7H_{16}} \right| \frac{7\ \text{kg mol}\ CO_2}{1\ \text{kg mol}\ C_7H_{16}} \left| \frac{44.0\ \text{kg}\ CO_2}{1\ \text{kg mol}\ CO_2} \right. = 30.8\ \text{kg}\ CO_2$$

질량을 몰로 전환 몰 비율 몰을 질량으로 전환

이제 일반적인 화학반응식을 다음과 같이 나타내자.

$$c\,\text{C} + d\,\text{D} \rightleftarrows a\,\text{A} + b\,\text{B} \tag{4.1}$$

여기서 a, b, c, d는 각각 화학종 A, B, C, D의 양론계수이다. 식 (4.1)은 일반적인 형태로는 다음과 같이 나타낼 수 있다.

$$\nu_A\text{A} + \nu_B\text{B} + \nu_C\text{C} + \nu_D\text{D} = \sum \nu_i\,\text{S}_i = 0 \tag{4.2}$$

여기서 ν_i는 화학종 S_i의 양론계수이다. 생성물은 양론계수가 양이고 반응물은 양론계수가 음으로 정의된다. 주어진 반응에 대한 양론계수의 비율은 유일하다. 구체적으로 식 (4.2) 형태로 나타낸 식 (4.1)에 대해서는

$$\nu_C = -c \qquad \nu_A = a \qquad \nu_D = -d \qquad \nu_B = b$$

만일 화학식에 화학종이 없다면 그것의 양론계수는 0으로 본다. 예를 들어 다음 반응에서는

$$O_2 + 2CO \rightarrow 2CO_2$$

$$\nu_{O_2} = -1 \qquad \nu_{CO} = -2 \qquad \nu_{CO_2} = 2 \qquad \nu_{N_2} = 0$$

예제 4.1 생물반응에 대한 반응식의 양론계수 맞추기

문제 세포에 대한 에너지의 주된 공급원은 글루코스($C_6H_{12}O_6$, 포도당)의 호기성 이화대사(異化代謝, 산화)이다. 글루코스의 총괄산화는 다음 반응에 따라 CO_2와 H_2O를 생성한다.

$$C_6H_{12}O_6 + a\,O_2 \rightarrow b\,CO_2 + c\,H_2O$$

풀이

계산 기준: 주어진 반응식

식의 좌·우변을 살펴 탄소수지로부터 $b = 6$, 수소수지로부터 $c = 6$이고, 산소수지는 다음 식을 제공하므로

$$6 + 2a = 6 \times 2 + 6$$

$a = 6$이다. 따라서 양론계수를 맞춘 반응식은 다음과 같다.

$$C_6H_{12}O_6 + 6\,O_2 \rightarrow 6\,CO_2 + 6\,H_2O$$

일관성 검증으로 반응물에 포함된 각 원소의 수가 생성물에 포함된 각 원소의 수와 동일함을 증명하라.

예제 4.2 화학반응식을 이용한 생성물 질량으로부터 반응물 질량 구하기

문제 헵탄과 산소의 연소에서 CO_2가 생산된다. 그림 E4.2에서 보듯이 시간당 500 kg의 드라이아이스를 생산하려 하며, CO_2의 50%가 드라이아이스로 전환될 수 있다고 가정하라. 시간당 몇 kg의 헵탄이 연소되어야 하는가?

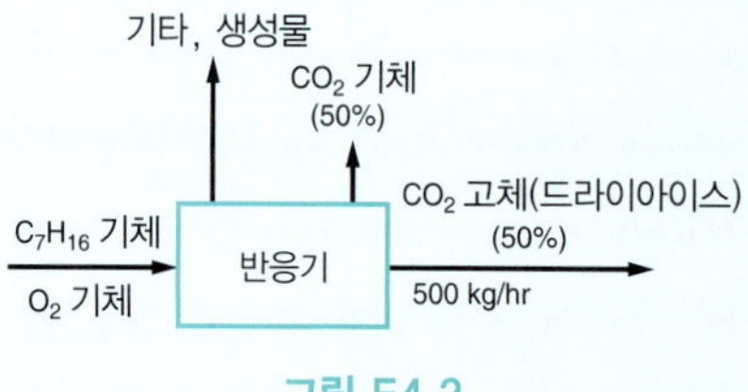

그림 E4.2

풀이 문제 설명으로부터 반응물 C_7H_{16}의 질량을 계산하기 위해 생성물 CO_2의 질량 사용을 원한다고 결론지을 수 있다. 그 과정은 먼저 CO_2의 kg을 mol로 전환하고, C_7H_{16}의 mol 수를 얻기 위해 화학반응식을 적용해서 C_7H_{16}의 kg을 계산하라. 분석에 그림 E4.2를 사용할 것이다.

CO_2의 분자량(44.0)과 C_7H_{16}의 분자량(100.1)은 부록 A를 참조하라. 화학식은 다음과 같다.

$$C_7H_{16} + 11\ O_2 \rightarrow 7\ CO_2 + 8\ H_2O$$

다음 단계는 계산 기준의 선택이다.

계산 기준: 드라이아이스 500 kg (1시간에 해당하는 양)

C_7H_{16}의 질량계산은 한 번에 수행할 수 있다.

$$\frac{500\text{ kg 드라이아이스}}{} \left| \frac{\text{생성된 1 kg CO}_2}{0.5\text{ kg 드라이아이스}} \right| \frac{1\text{ kg mol CO}_2}{44.0\text{ kg mol CO}_2} \left| \frac{1\text{ kg mol C}_7\text{H}_{16}}{7\text{ kg mol CO}_2} \right|$$

$$\left| \frac{100.1\text{ kg C}_7\text{H}_{16}}{1\text{ kg mol C}_7\text{O}_{16}} = 325\text{ kg C}_7\text{H}_{16} \right.$$

따라서 이 문제의 답은 325 kg C_7H_{16}/hr이다. 끝으로 계산 순서를 거꾸로 시행해서 이 답을 검산할 수 있다.

예제 4.3 1개 이상의 반응이 일어날 때의 화학량론 응용

문제 석회석의 분석결과가 다음과 같다.

$CaCO_3$	92.89%
$MgCO_3$	5.41%
비반응물	1.70%

석회석의 가열로 석회의 일부인 산화물로 되돌린다.

a. 이 석회석 1톤으로 몇 파운드의 산화칼슘을 제조할 수 있는가?

b. 1파운드의 석회석당 몇 파운드의 CO_2를 얻을 수 있는가?

c. 1톤의 생석회 제조에 필요한 석회석은 몇 파운드인가?

풀이

단계 1, 3

무엇이 필요한지 정확하게 인식하기 위해 문제를 주의 깊게 읽으라. 탄산염은 산화물로 분해된다. 석회(Ca와 Mg의 산화물)는 CO_2가 방출된 후에도 남아 있는 석회석의 모든 불순물 또한 포함할 것임을 인식해야 한다.

단계 2

다음으로 이 공정에서 무슨 일이 일어나는지 나타내는 그림을 그려라. 그림 E4.3을 참조하라.

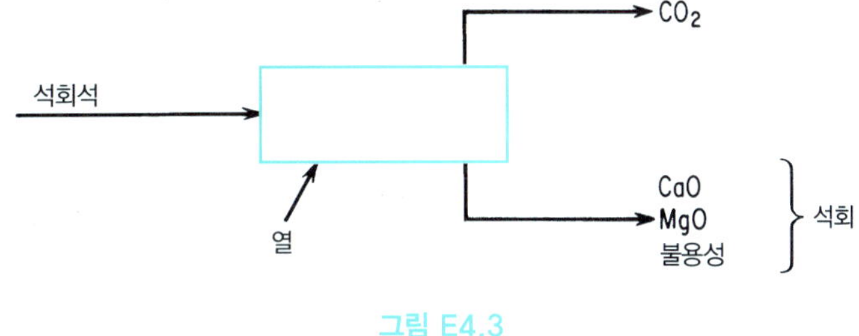

그림 E4.3

단계 4

예비분석을 완수하기 위해 다음 화학반응식이 필요하다.

$$CaCO_3 \rightarrow CaO + CO_2$$
$$MgCO_3 \rightarrow MgO + CO_2$$

참조하기(또는 계산하기) 위해 필요한 추가 자료는 화학종의 분자량이다.

	$CaCO_3$	$MgCO_3$	CaO	MgO	CO_2
분자량:	100.1	84.32	56.08	40.32	44.0

단계 5

다음 단계는 계산 기준 선택이다.

계산 기준: 석회석 100 lb

각 성분의 파운드 무게가 그 성분의 무게 퍼센트가 되기 때문에 이 기준을 선택했다. 원한다면 석회석 1 lb나 1 t도 기준으로 선택할 수 있다.

단계 6~9

성분 퍼센트 계산과 석회석 및 생성물의 파운드 몰 계산이 그림 E4.3의 보완이 되며 제시된 질문의 응답에 가장 유용함이 판명될 것이다.

석회석			고체 생성물		
성분	lb = 퍼센트	lb mol	화합물	lb mol	lb
$CaCO_3$	92.89	0.9280	CaO	0.9280	52.04
$MgCO_3$	5.41	0.0642	MgO	0.0642	2.59
비반응물	1.70		비반응물		1.70
합계	100.00	0.9920	합계	0.9920	56.33

'고체 생성물' 밑에 나열된 양은 화학반응식으로부터 계산되었다. 예를 들어

$$\frac{92.89\text{ lb CaCO}_3}{}\left|\frac{1\text{ lb mol CaCO}_3}{100.1\text{ lb CaCO}_3}\right|\frac{1\text{ lb mol CaO}}{1\text{ lb mol CaCO}_3}\left|\frac{56.08\text{ lb CaO}}{1\text{ lb mol CaO}}\right.$$
$$= 52.04\text{ lb CaO}$$

$$\frac{5.41\text{ lb MgCO}_3}{}\left|\frac{1\text{ lb mol MgCO}_3}{84.32\text{ lb MgCO}_3}\right|\frac{1\text{ lb mol MgO}}{1\text{ lb mol MgCO}_3}\left|\frac{40.32\text{ lb MgO}}{1\text{ lb mol MgO}}\right.$$
$$= 2.59\text{ lb MgO}$$

CO_2의 생성:

0.9280 lb mol CaO로부터	0.9280 lb mol CO_2 생성
0.0642 lb mol MgO로부터	0.0642 lb mol CO_2 생성
합계	0.9920 lb mol CO_2

$$\frac{0.9920\text{ lb mol CO}_2}{}\left|\frac{44.0\text{ lb CO}_2}{1\text{ lb mol CO}_2}\right. = 43.67\text{ lb CO}_2$$

또는 CO_2의 파운드 수를 전체 수지 100 − 56.33 = 43.67로부터 계산할 수도 있다. 생성물의 총파운드 수가 도입되는 석회석 100 lb와 같음을 주목하라. 만일 그 값이 서로 같지 않으면 어떻게 할 것인가? 분자량의 값과 계산과정을 검산해보라.

앞에서 계산된 양의 단위를 변환함으로써 처음에 질문받은 양을 계산해보자.

a. CaO 생성량 $= \dfrac{52.04\text{ lb CaO}}{100\text{ lb 석회석}}\left|\dfrac{2200\text{ lb}}{1\text{ t}}\right. = 1145\text{ lb CaO/석회석 t}$

b. CO_2 회수량 $= \dfrac{43.67\text{ lb CO}_2}{100\text{ lb 석회석}} = 0.437\text{ lb CO}_2\text{/석회석 lb}$

c. 석회석 필요량 $= \dfrac{100\text{ lb 석회석}}{56.33\text{ lb 석회}}\left|\dfrac{2200\text{ lb}}{1\text{ t}}\right. = 3905\text{ lb 석회석/석회 t}$

자습문제

확인문제

1. 다음 반응에 대해 어떤 학생이 몇 mol의 MnO_4^-가 3 mol의 Fe^{2+}와 반응하는지 계산하기 위해 기록했다.

$$MnO_4^- + 5\,Fe^{2+} + 8H^+ \rightarrow Mn^{2+} + 4\,H_2O + 5\,Fe^{3+}$$

1 mol MnO_4^- = 5 mol Fe^{2+} 양변을 5 mol Fe^{2+}로 나누어서 1 mol MnO_4^-/5 mol Fe^{2+} = 1을 얻으므로 3 mol의 Fe^{2+}와 반응하는 MnO_4^-의 mol 수는 다음과 같다.

$$\frac{1\text{ mol MnO}_4^-}{5\text{ mol Fe}^{2+}}\left|3\text{ mol Fe}^{2+} = 0.6\text{ mol MnO}_4^-\right.$$

이 계산이 맞는가?

해답

1. 화학반응식을 쓸 때는 두 성분의 양론비율을 사용할 수 있으나 1 mol의 $MnO4^-$는 5 mol의 Fe^{2+}와 같지 않으므로 그 비는 무차원인 1이 아니다. 해에서 그 줄은 틀렸으나 계산은 옳았다.

적용문제

1. 다음 반응에 대해 양론계수를 맞춘 반응식을 써라.
   a. 이산화탄소와 물을 형성하는 C_9H_{18}과 산소의 반응
   b. Fe_2O_3와 이산화황을 형성하는 FeS_2와 산소의 반응
2. 1 kg의 벤젠(C_6H_6) 전부를 CO_2와 H_2O로 산화시키기 위해 몇 kg의 산소가 필요한가?
3. 다음 화학반응식의 양론계수를 맞출 수 있는가?

$$a_1\ NO_3 + a_2\ HClO \rightarrow a_3\ HNO_3 + a_4\ HCl$$

해답

1. (a) $C_9H_{18} + 13.5O_2 \rightarrow 9CO_2 + 9H_2O$
   (b) $4FeS_2 + 11O_2 \rightarrow Fe_2O_3 + 8SO_2$
2. C_6H_6 1몰당 7.5몰의 O_2

$$\frac{1\ \text{kg Bz}}{}\left|\frac{\text{kg mol Bz}}{78\ \text{kg Bz}}\right|\frac{7.5\ \text{kg mol }O_2}{\text{kg mol Bz}}\left|\frac{32\ \text{kg }O_2}{\text{kg mol }O_2}\right. = 3.08\ \text{kg }O_2$$

3. 맞출 수 없다.

4.2 반응계의 용어

지금까지는 양론비율의 반응물이 반응기로 공급되고 반응이 완결되어서 반응기 내에 반응물이 남지 않는 반응의 양론계수를 논의했다. 만일 (a) 다른 비율의 반응물이 공급되거나, (b) 반응이 완결되지 않으면 어떨까? 그런 상황에서는 이런 형태의 문제를 설명하는 데 사용되는 많은 용어에 익숙해질 필요가 있다.

4.2.1 반응진행도, ξ

화학반응식을 확인할 수 있을 때는 화학식을 포함하는 물질수지 문제의 풀이에 **반응진행도**가 유용함을 알게 될 것이다. 반응진행도는 반응 속 각 화학종에 적용된다. 반응진행도 ξ는 **특정 화학량론식에 기반**하고 얼마나 많은 반응이 일어나는지 나타낸다. 그것의 단위는 '반응하는 몰수'이다. 반응진행도는 반응물 또는 생성물 중의 하나에 대해, 반응에서 일어나는 화학종의 몰수 변화를 관련된 양론계수(반응 mol 수로 나눈 화학종 i의 몰수 변화의 단위를 가진)로 나누어서 계산한다. 예를 들어 일산화탄소의 연소에 대한 화학반응식을 살펴보자.

$$2\ CO + O_2 \rightarrow 2\ CO_2$$

만약 20 mol의 CO가 10 mol의 O_2와 결합해서 15 mol의 CO_2를 형성한다면 반응진행도는 생

성된 CO_2의 양으로부터 계산될 수 있다. CO_2의 mol 수 변화는 15 − 0 = 15 mol이다. CO_2에 대한 양론계숫값은 2 mol CO_2/반응 몰이다. 그러면 반응진행도는 다음과 같다.

$$\xi = \frac{(15-0)\ \text{mol}\ CO_2}{2\ \text{mol}\ \ CO_2/\text{반응 몰}} = 7.5\ \text{반응 몰}$$

다음으로 불완전반응을 통해 반응물과 생성물의 초기농도를 포함하는 반응진행도의 더욱 공식적인 정의를 고찰하자. 성분 i를 포함하는 단일반응에 대해 반응진행도는 다음과 같이 정의된다.

$$\xi = \frac{n_i - n_{io}}{\nu_i} \tag{4.3}$$

여기서 n_i = 반응 후 계에 존재하는 화학종 i의 mol 수
n_{io} = 반응 시작 때 계에 존재하는 화학종 i의 mol 수
ν_i = 특정 화학반응식에서 화학종 i에 대한 양론계수(반응 몰당 화학종 i의 mol 수)
ξ = 반응진행도(가정된 반응양론에 따라 반응하는 mol 수)

화학반응에서 생성물의 양론계수는 양수로, 반응물의 양론계수는 음수로 배정된다. $(n_i - n_{io})$가 양수일 때는 반응에 의한 i 성분의 생산이며 음수일 때는 반응에 의한 i 성분의 소비임을 유념하라.

만약 반응진행도를 알고 있다면 식 (4.3)은 i 성분의 초기량과 결합해서 i 성분의 최종 mol 수를 계산하기 위한 다음 식으로 재정리할 수 있다.

$$n_i = n_{io} + \xi\,\nu_i \tag{4.4}$$

다음 예제에서 보듯이 한 가지 화학종의 생산이나 소비는 반응진행도를 이미 계산했거나 또는 반응진행도가 주어진 반응에 포함된 여하한 다른 화학종의 생산이나 소비를 계산하는 데 사용될 수 있다. 식 (4.3)과 (4.4)는 i 성분이 단 1개의 반응에만 포함되었다고 가정한 것을 기억하라.

예제 4.4 반응진행도 계산

문제 NADH(nicotinamide adenine dinucleotide)는 생체 세포에 다음과 같은 생합성 반응을 위한 수소를 공급한다.

$$CO_2 + 4H \rightarrow CH_2O + H_2O$$

만약 1 L의 배기된 물을 20°C에서 CO_2로 포화시키고(용해도는 1.81 g CO_2/L), 세포 내 반응을 모방하기 위해 사용되는 생물반응기로 0.057 g의 H를 공급하기에 충분한 NADH를 첨가해서 0.7 g의 CH_2O를 얻었다면 이 반응에 대한 반응진행도는 얼마인가? 반응진행도를 용액에 남아 있는 CO_2의 g 수 계산에 사용하라.

풀이

계산 기준: CO_2로 포화된 1 L의 물

반응진행도는 CH_2O에 대해 주어진 값을 기준으로 한 식 (4.3)을 적용해서 계산한다.

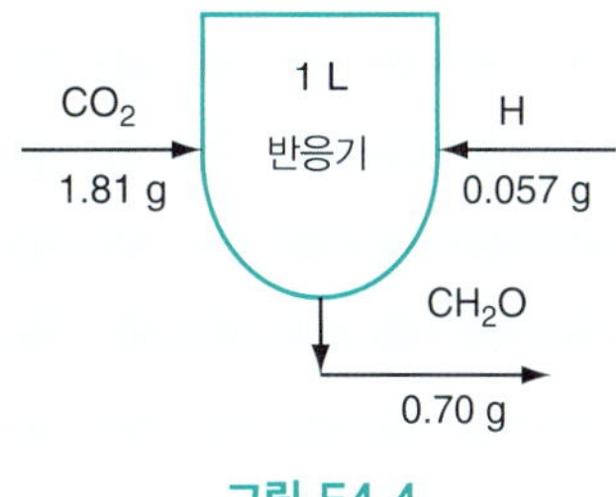

그림 E4.4

$$n_{CH_2O\text{ 최종}} = \frac{0.70\text{ g }CH_2O}{} \left| \frac{1\text{ g mol }CH_2O}{30.02\text{ g }CH_2O} \right. = 0.0233\text{ g mol }CH_2O$$

$$n_{CH_2O\text{ 최초}} = \frac{0\text{ g }CH_2O}{} \left| \frac{1\text{ g mol }CH_2O}{30.02\text{ g }CH_2O} \right. = 0\text{ g mol }CH_2O$$

$$\xi = \frac{n_i - n_{io}}{v_i} = \frac{(0.0233 - 0)\text{ g mol }CH_2O}{1\text{ g mol }CH_2O/\text{ 반응 몰}} = 0.0233\text{ 반응 몰}$$

용액에 남아 있는 CO_2의 몰수는 CO_2에 대한 식 (4.4) 또는 식 (4.3)을 사용해서 얻을 수 있다.

$$n_{CO_2\text{ 최초}} = \frac{1.81\text{ g }CO_2}{} \left| \frac{1\text{ g mol }CO_2}{44.00\text{ g }CO_2} \right. = 0.041\text{ g mol }CO_2$$

$$n_{CO_2\text{ 최종}} = 0.041 + (-1)(0.0233) = 0.0177\text{ g mol }CO_2$$

$$m_{CO_2\text{ 최종}} = \frac{0.0177\text{ g mol }CO_2}{} \left| \frac{44.00\text{ g }CO_2}{1\text{ g mol }CO_2} \right. = 0.78\text{ g }CO_2$$

요약하면 식 (4.3)에서 정의된 반응진행도 ξ의 중요한 특성은 그것이 반응에 포함된 각각의 분자 종류에 대해 같은 값을 가진다는 것이다. 따라서 모든 화학종의 초기 mol 수와 1개의 ξ 값(또는 예제 4.4에서 행한 바와 같이 ξ 값이 계산될 수 있는 한 가지 화학종의 mol 수 변화)이 주어진다면 식 (4.4)를 사용해서 계의 다른 모든 화학종의 mol 수를 쉽게 계산할 수 있다.

4.2.2 한계반응물과 과잉반응물

공업용 반응기에서 물질을 정확히 양론적인 양만큼 사용하는 경우는 거의 없다. 원하는 반응을 일어나게 하거나 값비싼 반응물을 모두 사용하기 위해 과잉반응물이 거의 항상 사용된다. 과잉물질은 생성물과 함께 나오거나 생성물로부터 분리되며 때로는 재사용될 수도 있다. **한계반응물**은 **비록 반응이 완전히 진행하지 않는다고 하더라도** 반응이 화학식에 따라 완전히 진행될 경우에 이론적으로 화학반응에서 전부 소모되는 첫 번째 화학종으로 정의된다. 다른 모든 반응물은 **과잉반응물**로 불린다. 예를 들어 예제 4.2의 화학반응식을 사용할 때

$$C_7H_{16} + 11O_2 \rightarrow 7CO_2 + 8H_2O$$

만약 반응하기 위해 C_7H_{16} 1 g mol과 O_2 12 g mol이 혼합된다면 반응이 일어나지 않더라도

C_7H_{16}가 한계반응물이 된다. **과잉반응물** O_2의 양은 12 g mol의 초기 반응물량에서 1 g mol의 C_7H_{16}와 반응하기 위해 필요한 11 g mol을 뺀 것, 즉 1 g mol O_2로 계산된다. 따라서 만약 반응이 완결된다면 생성되는 생성물의 양은 한계반응물의 양, 즉 이 예에서는 C_7H_{16}에 의해 조절된다.

어떤 화학종이 한계반응물인지를 결정하는 직선적 방법으로서 각 **반응물이 완전히 반응한다**는 가정에 기초한 양인 **최대 반응진행도**를 계산할 수 있다. **최대 반응진행도가 가장 작은 반응물이 한계반응물이다.** 예제 4.2에서 C_7H_{16} 1 g mol과 O_2 12 g mol에 대해 다음과 같이 계산할 수 있다.

$$\xi^{\max}(O_2 \text{ 기준}) = \frac{0 \text{ g mol } O_2 - 12 \text{ g mol } O_2}{-11 \text{ g mol } O_2/\text{반응 몰}} = 1.09 \text{ 반응 몰}$$

$$\xi^{\max}(C_7H_{16} \text{ 기준}) = \frac{0 \text{ g mol } C_7H_{16} - 1 \text{ g mol } C_7H_{16}}{-1 \text{ g mol } C_7H_{16}/\text{반응 몰}} = 1.00 \text{ 반응 몰}$$

따라서 헵탄(C_7H_{16})이 한계반응물이고 산소가 과잉반응물이다.

예제 4.5 반응물 질량이 주어진 경우의 한계반응물과 과잉반응물 계산

문제 예제 4.4와 같은 자료를 사용한다. 계산 기준이 같고 그림도 같다.

a. 생산될 수 있는 CH_2O의 최대 g 수는 얼마인가?

b. 한계반응물은 무엇인가?

c. 과잉반응물은 무엇인가?

풀이 첫 번째 단계는 CO_2와 H 모두의 완전반응에 기초한 최대 반응진행도 계산으로 한계반응물을 결정하는 것이다.

$$\xi^{\max}(CO_2 \text{ 기준}) = \frac{0 - 0.041 \text{ g mol } CO_2}{-1 \text{ g mol } CO_2/\text{반응 몰}} = 1.041 \text{ 반응 몰}$$

$$\xi^{\max}(H \text{ 기준}) = \frac{0 - 0.057 \text{ g mol H}}{-4 \text{ g mol H}/\text{반응 몰}} = 0.014 \text{ 반응 몰}$$

이 계산으로부터 (b) H가 한계반응물이며, (c) CO_2가 과잉반응물이라고 결론지을 수 있다. 과잉 CO_2의 양은 (0.041 − 0.014) = 0.027 g mol이다. 생산될 수 있는 CH_2O의 최대 양을 묻는 질문 (a)에 답하는 것은 한계반응물이 완전히 반응한다는 가정을 전제로 한다.

$$\frac{0.057 \text{ g mol H}}{} \left| \frac{1 \text{ g mol } CH_2O}{4 \text{ g mol H}} \right| \frac{30.02 \text{ g } CH_2O}{1 \text{ g mol } CH_2O} = 0.42 \text{ g } CH_2O$$

마지막으로 답부터 주어진 반응물까지 역산하거나 또는 C의 질량과 과잉 H의 질량 합산으로 구한 답을 검산해야 한다. 합산한 값은 얼마가 되어야 하는가?

4.2.3 전화율과 완결도

전화율과 **완결도**는 반응진행도나 한계반응물, 과잉반응물처럼 정확하게 정의된 용어는 아니다. 많은 것이 서로 상충되는 용어의 가능한 모든 용법을 열거하기보다 그것들을 다음과 같이 정의한다. **전화율(또는 완결도)은 생성물로 전환된 공급물 중의 한계반응물 분율이다.** 전화율은 반응의 완결도와 연관된다. 분율의 분자와 분모는 같은 단위이므로 분율 전화율은 무차원이다. 따라서 % 전화율은 다음과 같다.

$$\% \text{ 전화율} = 100\frac{\text{공급물 중 반응하는 한계반응물의 mol 수(또는 질량)}}{\text{공급물에 도입된 한계반응물의 mol 수(또는 질량)}} \tag{4.5}$$

식 (4.5)의 몰 형태가 더 일반적으로 사용되지만 한계반응물의 질량을 사용해서 식 (4.5)를 적용할 수도 있다. 복잡한 반응 시스템의 경우 전화율 또는 완결도를 사용할 경우 관련 반응의 관점에서 명시적으로 정의되는 것이 중요하다.

예를 들어 예제 4.2에서 사용된 반응식의 경우, 만약 10 kg의 C_7H_{16} 반응에서 14.4 kg의 CO_2가 형성된다면 CO_2로 전환된 C_7H_{16}의 %는 다음과 같이 계산할 수 있다.

$$\left.\begin{array}{r}\text{생성물 중의 } CO_2\text{에 해당되는}\\ \text{공급물 중의 } C_7H_{16}\end{array}\right\} \frac{14.4 \text{ kg } CO_2}{}\left|\frac{1 \text{ kg mol } CO_2}{44.0 \text{ kg } CO_2}\right|\frac{1 \text{ kg mol } C_7H_{16}}{7 \text{ kg mol } CO_2}$$
$$= 0.0468 \text{ kg mol } C_7H_{16}$$

$$\left.\begin{array}{r}\text{반응물 중}\\ \text{초기의 } C_7H_{16}\end{array}\right\} \frac{10 \text{ kg } C_7H_{16}}{}\left|\frac{1 \text{ kg mol } C_7H_{16}}{100.1 \text{ kg } C_7H_{16}}\right. = 0.0999 \text{ kg mol } C_7H_{16}$$

$$\% \text{ 전화율} = \frac{0.0468 \text{ kg mol 반응}}{0.0999 \text{ kg mol 공급}} = C_7H_{16}\text{의 } 46.8\% \text{ 전화율}$$

전화율은 반응진행도를 사용해서 다음과 같이 계산할 수도 있다. 전화율은 C_7H_{16}의 완전반응을 가정하는 반응진행도(즉 가능한 최고의 반응진행도)로 나눈, CO_2의 생성 반응진행도(즉 실제 반응진행도)와 같다.

$$\text{전화율} = \frac{\text{실제 반응진행도}}{\text{완선반응일 때의 반응진행도}} = \frac{\xi}{\xi^{max}} \tag{4.6}$$

4.2.4 선택도

선택도는 단일 반응이나 여러 반응에서 생산된 특정(보통은 원하는) 생성물 mol 수의 다른 생성물(보통은 원하지 않는 또는 부산물)의 mol 수에 대한 비율이다. 예를 들어 메탄올(CH_3OH)은 다음 반응에 의해 에틸렌(C_2H_4)이나 프로필렌(C_3H_6)으로 전환될 수 있다.

$$2CH_3OH \rightarrow C_2H_4 + 2H_2O$$
$$3CH_3OH \rightarrow C_3H_6 + 3H_2O$$

물론 공정이 경제적이기 위해서는 생성물의 가격이 반응물의 가격보다 커야 한다. 반응생성물의 농도에 대해 그림 4.2의 자료를 점검해보라. CH_3OH의 80% 전화율에서 C_3H_6에 대한 C_2H_4의 선택도는 얼마인가? 80% 전화율에서 위로 올라가 y축 좌표를 읽으면 $C_2H_4 \cong 19$ mol %, $C_3H_6 \cong 8$ mol %이다. 이 두 값의 기준이 같으므로 선택도는 C_3H_6 1 mol당 $19/8 \cong 2.4$ mol C_2H_4이다.

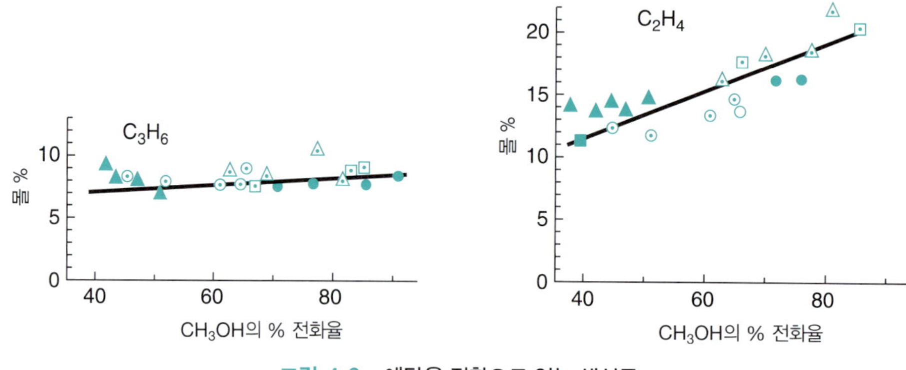

그림 4.2 ▸ **에탄올 전환으로 얻는 생성물**

4.2.5 수율

수율에 대해서는 통일된 정의가 없을 뿐 아니라 그 정의가 실제로는 아주 모순되기도 하다. 통상적인 세 가지 정의는 다음과 같다.

- **수율**(공급량 기준): 공급된 핵심 반응물(주로 한계반응물)의 양으로 나눈 원하는 생성물의 양(질량 또는 mol 수)
- **수율**(소비반응물 기준): 소비된 핵심 반응물(주로 한계반응물)의 양으로 나눈 원하는 생성물의 양(질량 또는 mol 수)
- **수율**(100% 전화율 기준): 화학반응식의 한계반응물이 완전히 소모되었을 때 한계반응물을 기준으로 얻어질 이론(기대) 생성물의 양으로 나눈 실제 생성물의 양(질량 또는 mol 수). 앞의 두 가지 수율의 정의는 무차원이 아닌 반면 이 수율은 분자와 분모가 같은 단위이기 때문에 (무차원) 분율 수율임을 유념하라.

어째서 반응의 실제 수율이 화학반응식으로 예측되는 이론 수율과 같지 않은가? 다음과 같은 몇 가지 이유가 있다.

- 반응물 중의 불순물
- 주위로의 누출
- 부반응
- 가역반응

예로서 다음 반응을 살펴보자.

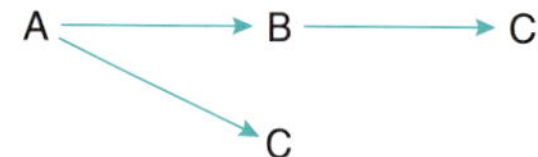

B가 원하는 생성물이고 C가 원치 않는 생성물이다. 처음 두 정의에 따른 B의 수율은 공급되거나 소모된 A의 mol 수(또는 질량)로 나눈, 생성된 B의 mol 수(또는 질량)이다. 세 번째 정의에 따른 수율은 실제로 생성된 B의 mol 수(또는 질량)를 일련의 반응에서 생산될 수 있는 B의 최대 양(즉 A의 B로의 완전전환)으로 나눈 것이다. B의 선택도는 생성된 C의 mol 수로 나눈 B의 mol 수이다.

수율과 **선택도**는 경쟁하는 다른 하나의 (원하지 않는) 반응에 비해 원하는 반응이 진행되는 정도를 측정하는 용어이다. 장치의 설계자로서 당신은 원하는 생성물의 최대생산과 원치 않는 생성물의 최소생산을 원한다. 당신은 높은 선택도를 원하는가, 아니면 낮은 선택도를 원하는가? 수율은 어떠한가?

다음 예제는 이 절에서 논의된 모든 항을 어떻게 계산하는지 보여준다.

예제 4.6 반응에 관한 여러 항의 계산

문제 Semenov[1]는 알킬클로라이드 화학의 일부를 기술했다. 이 예제에서 관심 있는 두 반응은 다음과 같다.

$$Cl_2(g) + C_3H_6(g) \rightarrow C_3H_5Cl(g) + HCl(g) \quad (1)$$

$$Cl_2(g) + C_3H_6(g) \rightarrow C_3H_6Cl_2(g) \quad (2)$$

C_3H_6는 프로펜이다(분자량 = 42.08).
C_3H_5Cl은 염화알릴(3-클로로프로펜)이다(분자량 = 76.53).
$C_3H_6Cl_2$는 염화프로필렌(1,2-디클로로프로판)이다(분자량 = 112.99).
반응이 얼마 동안 진행된 후에 회수되는 화학종은 표 E4.6에 제시했다.

표 E4.6

화학종	g mol
Cl_2	141.0
C_3H_6	651.0
C_3H_5Cl	4.6
$C_3H_6Cl_2$	24.5
HCl	4.6

표 E4.6의 생성물 분포에 근거해서 공급물이 Cl_2와 C_3H_6로만 구성되었다고 가정하고 다음을 계산하라.

a. g 몰 단위로 얼마나 많은 Cl_2와 C_3H_6가 반응기로 공급되었는가?
b. 한계반응물은 무엇인가?
c. 과잉반응물은 무엇인가?
d. C_3H_6의 C_3H_5Cl로의 분율 전화율은 얼마인가?
e. $C_3H_6Cl_2$에 대한 C_3H_5Cl의 선택도는 얼마인가?
f. C_3H_5Cl의 수율을 반응기로 공급된 C_3H_6의 질량(g)에 대한 C_3H_5Cl의 질량(g)으로 나타내면 얼마인가?
g. 반응 (1)과 (2)의 진행도는 얼마인가?

풀이

단계 1~4

문제 설명을 검토해보면 공급물의 양이 주어지지 않았으므로 공급량을 요구받지는 않았지만 반응기

1) N. N. Semenov, *Some Problems in Chemical Kinetics and Reactivity*, Vol. II, Prince- ton University Press, Princeton (1959), pp. 39-42

로 공급되는 g mol 수를 계산해야 한다. 분자량은 주어져 있다. 그림 E4.6은 이 공정을 열린 흐름계로 보여준다.

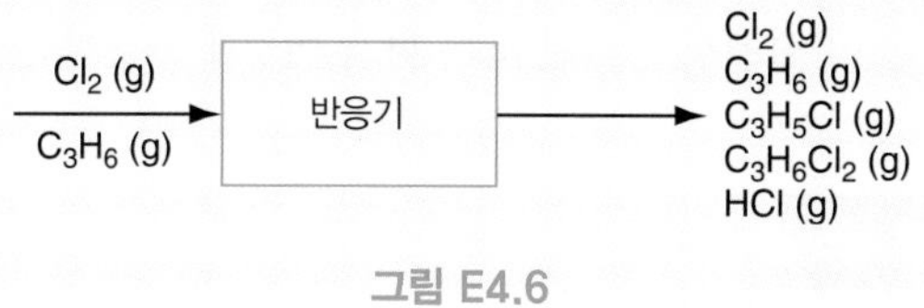

그림 E4.6

단계 5

편리한 기준은 표 E4.6의 생성물 목록에 주어진 것이다.

단계 7~9

공급물 중 화학종의 mol 수를 계산하기 위해 화학식을 사용하라. Cl_2로 시작한다.

반응 (1)

$$\frac{4.6 \text{ g mol } C_3H_5Cl}{} \bigg| \frac{1 \text{ g mol } Cl_2}{1 \text{ g mol } C_3H_5Cl} = 4.6 \text{ g mol } Cl_2 \text{ 반응}$$

반응 (2)

$$\frac{24.5 \text{ g mol } C_3H_6Cl_2}{} \bigg| \frac{1 \text{ g mol } Cl_2}{1 \text{ g mol } C_3H_6Cl_2} = 24.5 \text{ g mol } Cl_2 \text{ 반응}$$

합계	29.1 g mol Cl_2 반응
생성물 중 미반응 Cl_2	141.0
a. 공급된 총 Cl_2은	170.1

공급물 중에 C_3H_6의 양은 어떤가? 화학식으로부터 만약 반응 (1)과 (2)에 의해 총 29.1 g mol의 Cl_2가 반응하면 C_3H_6도 29.1 g mol이 반응해야 한다는 것을 알 수 있다. 생성물 중에 651.0 g mol의 미반응 C_3H_6가 남아 있으므로 651.0 + 29.1 = 680.1 g mol의 C_3H_6가 반응기로 공급되었다.

생성물 중 Cl, C, H의 g mol을 합해서 공급물에서 계산된 값과 비교함으로써 구한 답을 검산할 수 있다.

생성물에 포함된 양

Cl	2(141.0) + 1(4.6) + 2(24.5) + 1(4.6) = 340.2
C	3(651) + 3(4.6) + 3(24.5) = 2040.3
H	6(651) + 5(4.6) + 6(24.5) + 1(4.6) = 4080.6

공급물에 포함된 양

Cl	2(170.1) = 340.2	OK
C	3(680.1) = 2040.3	OK
H	6(680.1) = 4080.6	OK

나머지 계산에 대해 자세하게 분석하지는 않지만 a, b, c 부분을 위해 준비된 자료를 바탕으로 원하는 양을 간단하게 계산할 것이다. 이 예제에서는 두 반응 모두가 동일한 반응 양론계수를 포함하므로 두 반응 모두 같은 한계반응물과 과잉반응물을 가질 것이다.

$$\xi^{max}(C_3H_6 \text{ 기준}) = \frac{-680.1 \text{ g mol } C_3H_6}{-1 \text{ g mol } C_3H_6/\text{mol 반응}} = 680.1 \text{ mol 반응}$$

$$\xi^{max}(Cl_2 \text{ 기준}) = \frac{-170.1 \text{ g mol } Cl_2}{-1 \text{ g mol } Cl_2/\text{mol 반응}} = 170.1 \text{ mol 반응}$$

따라서 C_3H_6가 과잉반응물이고 Cl_2가 한계반응물이다.

d. C_3H_6의 C_3H_5Cl로의 분율 전환율은

$$\frac{\text{반응한 4.6 g mol의 } C_3H_6}{\text{공급된 680.1 g mol의 } C_3H_6} = 0.0068$$

e. 선택도는

$$\frac{4.6 \text{ g mol } C_3H_5Cl}{24.5 \text{ g mol } C_3H_6Cl_2} = 0.19 \frac{\text{g mol } C_3H_5Cl}{\text{g mol } C_3H_6Cl_2}$$

f. 수율은

$$\frac{(76.53)(4.6) \text{ g } C_3H_5Cl}{(42.08)(680.1) \text{ g } C_3H_6} = 0.012 \frac{\text{g } C_3H_5Cl}{\text{g } C_3H_6}$$

g. C_3H_5Cl은 첫 번째 반응으로만 생산되므로 첫 반응의 진행도는

$$\xi_1 = \frac{n_i - n_{io}}{\nu_i} = \frac{4.6 - 0}{1} = 4.6$$

$C_3H_6Cl_2$는 두 번째 반응으로만 생산되므로 두 번째 반응의 진행도는

$$\xi_2 = \frac{n_i - n_{io}}{\nu_i} = \frac{24.5 - 0}{1} = 24.5$$

자습문제

확인문제

1. 반응진행도는 무엇을 기반으로 하는가?

2. 반응진행도는 한계반응물 설정에 어떻게 사용되는가?

해답

1. 특정 반응 및 반응으로 인한 반응물 및/또는 생성물의 양 변화를 기반으로 한다.

2. 각 반응물을 기준으로 최대 반응진행도를 계산해서 가장 작은 최대 반응진행도를 가지는 반응물이 한계반응물이다.

적용문제

1. 에탄의 탈수소반응에서 2개의 잘 알려진 기상반응이 일어난다.

$$C_2H_6 \rightarrow C_2H_4 + H_2 \tag{a}$$

$$C_2H_6 + H_2 \rightarrow 2CH_4 \tag{b}$$

C_2H_6의 기상반응에서 측정된 생성물 분포가 다음과 같이 주어졌다.

C_2H_6	27%
C_2H_4	33%
H_2	13%
CH_4	27%

a. 어떤 화학종이 한계반응물인가?
b. 어떤 화학종이 과잉반응물인가?
c. C_2H_6의 CH_4로의 전화율은 얼마인가?
d. 반응완결도는 얼마인가?
e. CH_4에 대한 C_2H_4의 선택도는 얼마인가?
f. kg mol C_2H_6당 생산된 kg mol C_2H_4로 나타낸 C_2H_4의 수율은 얼마인가?
g. C_2H_6의 반응진행도는 얼마인가?

해답

1. (a) C_2H_6가 첫 번째 반응의 한계반응물이고 H_2가 두 번째 반응의 한계반응물이다. (b) 첫 번째 반응에는 없으며 두 번째 반응에서는 C_2H_6이 과잉반응물이다. (c) 계산 기준: 100 mol의 생성물 가스. C_2H_6의 최초량은 27 + 33 + 13.5 = 73.5 mol. 전화율 = 13.5/73.5 = 0.184. (d) 완결도는 첫 번째 반응에 대해 27/73.5 = 0.367, 두 번째 반응에 대해 13.5/73.5 = 0.184. (e) 선택도는 33/(2*13.5) = 1.22. (f) 수율 = 33/73.5 = 0.449. (g) 선택한 기준으로 반응진행도는 첫 번째 반응의 경우 33 mol, 두 번째 반응의 경우 13.5 mol

4.3 화학종 몰수지

4.3.1 단일반응을 포함하는 공정

3.1절에서 반응이 없는 종에 대한 물질수지는 단순히 들어오는 것과 나가는 것이 같다는 것을 기억하는가? 화학반응이 일어날 때, 반응에 의한 종의 소비 및/또는 생성이 고려되어야 한다. 종 i의 몰수의 측면에서, 정상상태계에 대한 종에 대한 물질수지는 다음과 같다.

$$\left\{\begin{matrix}\text{계를 떠나는}\\ i\text{의 mol 수}\end{matrix}\right\} = \left\{\begin{matrix}\text{계에 도입되는}\\ i\text{의 mol 수}\end{matrix}\right\} + \left\{\begin{matrix}\text{반응에 의해}\\ \text{생성되는}\\ i\text{의 mol 수}\end{matrix}\right\} - \left\{\begin{matrix}\text{반응으로}\\ \text{소모되는}\\ i\text{의 mol 수}\end{matrix}\right\} \tag{4.7}$$

이 방정식은 반응이 일어나지 않을 때 식 (3.1)이 되며, 반응에 의한 종의 생성이 시스템을 떠나는 종의 양을 증가시키고 반응에 의한 소비는 이를 감소시킨다고 생각하면 물리적 직관과 일치한다는 점에 유의하라. 또한 식 (4.7)을 질량이 아니라 mol로 나타낸 점에 유념하라. 화학반응이 일반적으로 mol 비율로 표현되므로 생성항과 소모항을 mol로 나타내면 더욱 편리하기 때문이다.

다행히 계에 존재하는 각 화학종 i의 생성이나 소비를 설명하기 위해서는 4.2절에서 논의된 반응진행도를 사용할 경우 하나의 변수만 추가하면 된다. 이 개념을 명확히 하기 위해 기상에서 NH_3

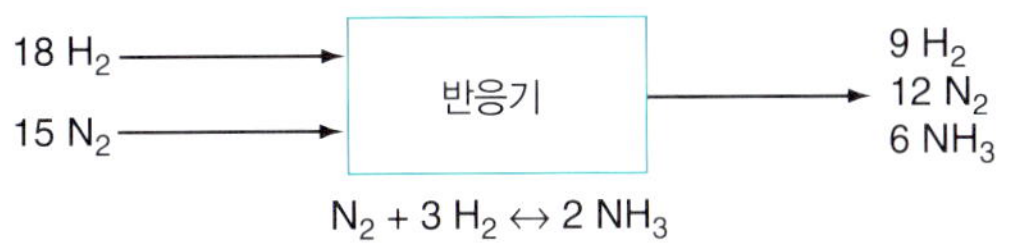

그림 4.3 ▸ NH_3를 생산하기 위한 반응기

를 형성하는 N_2와 H_2의 반응을 조사해보자. 그림 4.3은 이 공정을 정상상태, 일정 기간 동안 작동하는 개방계로 나타낸 것이다. 그림 4.3은 측정 유량을 g mol 단위로 보여준다.

이 간단한 예의 반응에 포함된 세 화학종 각각에 대해 생성 및/또는 소비된 g mol 값을 조사하거나 식 (4.7)로 계산할 수 있다.

$$NH_3: 6 - 0 = 6 \text{ g mol (생성된 생성물)}$$
$$H_2: 9 - 18 = -9 \text{ g mol (소비된 반응물)}$$
$$N_2: 12 - 15 = -3 \text{ g mol (소비된 반응물)}$$

다음 화학반응식의 양론계수 때문에

$$N_2 + 3H_2 \rightarrow 2NH_3$$

각각의 생성항과 소비항은 연계되어 있다. 만약 NH_3의 생성에 대한 값이 주어지면 반응식을 이용해 H_2와 N_2의 소비량을 계산할 수 있다. 반응물 중 소비된 질소에 대한 수소의 비율과 생성된 암모니아 중 질소에 대한 수소의 비율은 항상 3 대 1이다. 따라서 과잉 또는 비일관적인 규정을 도입하지 않고 반응으로부터 남은 N_2와 H_2 쌍의 값을 1개 이상 규정할 수 없다. 일반적으로 어떤 반응에서 한 화학종의 생성이나 소비에 대한 값을 규정하면 단일 화학반응식으로부터 다른 화학종의 값을 계산할 수 있다.

반응진행도 ξ가 유용해지는 곳이 여기이다. 식 (4.3)이 반응진행도를 화학식 중 화학종의 양론계수 ν_i로 나눈 화학종 i의 mol 수 변화와 다음과 같이 연관시킴을 기억하라.

$$\xi = \frac{n_i^{\text{out}} - n_i^{\text{in}}}{\nu_i} \qquad i = 1, \cdots, S \tag{4.3}$$

NH_3 반응에 대해서는

$$\nu_{NH_3} = 2$$
$$\nu_{H_2} = -3$$
$$\nu_{N_2} = -1$$

이며, 어느 화학종을 통하든지 반응진행도는 다음과 같이 계산된다.

$$\xi = \frac{n_{NH_3}^{\text{out}} - n_{NH_3}^{\text{in}}}{\nu_{NH_3}} = \frac{6 - 0}{2} = 3$$
$$\xi = \frac{n_{H_2}^{\text{out}} - n_{H_2}^{\text{in}}}{\nu_{H_2}} = \frac{9 - 18}{-3} = 3$$
$$\xi = \frac{n_{N_2}^{\text{out}} - n_{N_2}^{\text{in}}}{\nu_{N_2}} = \frac{15 - 12}{1} = 3$$

단일 화학반응식의 경우 생성물과 반응물의 몰 비율이 단일 독립 화학반응식에 의해 고정되므로 반응진행도의 규정이 여러 화학종 각각에 대한 식 (4.7)의 시행에서 모든 생성항과 소비항의 값을 결정할 1개의 독립적인 양을 제공한다고 결론지을 수 있다. 그림 4.3의 공정에 해당하는 3개의 화학종 수지는 식 (4.8)을 바탕으로 해서 아래에 수록되어 있는데, 식 (4.8)은 열린, 정상상태 공정에 대한 식 (4.7)로부터 바로 유도된 식이다.

$$n_i^{\text{out}} - n_i^{\text{in}} = \upsilon_i \xi \tag{4.8}$$

성분	배출	공급	=	생성량 또는 소모량
I	n_i^{out}	n_i^{in}	=	$\nu_i \xi$
NH_3	6	0	=	2(3) = 6
H_2	9	18	=	−3(3) = −9
N_2	12	15	=	−1(3) = −3

$\nu_i\xi$ 항은 식 (4.7)에서 생성되거나 소비된 화학종 i의 mol 수에 해당된다. 검사해서 3개의 물질수지가 독립적이라고 확정할 수 있겠는가? 일반적으로 계에 존재하는 각 화학종에 대해 1개의 물질수지를 세울 수 있다는 것을 기억하라. 만약 식 (4.8)이 정상상태의 계에서 반응하는 각 화학종에 적용된다면, 나머지 물질수지는 하나의 추가 변수, 즉 반응진행도 ξ를 포함할 것이다. 반응하지 않는 화학종에 대해서는 $\nu_i = 0$이다.

자주 묻는 질문

1. 양론계수가 맞을 때 화학반응식을 어떻게 쓰느냐에 따라 차이가 있는가? 아니다. 예를 들어 암모니아의 분해를 다음과 같이 표현하라.

$$NH_3 \rightarrow \frac{1}{2}N_2 + \frac{3}{2}H_2$$

그림 4.3에서와 같이 0몰의 NH_3가 반응기로 도입되며 6몰이 배출된다고 주어졌을 때 ξ를 계산하자. 그러면

$$\xi = \frac{6-0}{-1} = -6$$

NH_3에 대한 물질수지는 다음과 같다.

$$6 - 0 = (-1)(-6) = 6$$

만일 H_2에 대한 ξ를 계산하면 어떤 결과를 얻겠는가? 여기서의 요점은 각 화학종의 물질수지에 사용되는 $\nu_i\xi$ 값은 화학반응식에서의 양론계수 크기에 관계없이 변함이 없다는 것이다. 따라서 만약 화학반응식에 2를 곱해서 각각의 양론계수가 그 전 값의 2배가 되면 ξ는 반으로 줄어들 것이며, 그 결과 $\nu_i\xi$의 값은 상수로 남게 된다.

2. ξ 앞의 마이너스 기호는 무엇을 의미하는가? 음의 부호는 화학반응 방정식이 실제로 반응이 진행되는 방향과 반대되는 방향을 나타내기 위해 작성되었음을 의미한다.

3. 화학종의 수지식은 언제나 독립적인가? 거의 항상 그렇다. 비독립적인 화학종 수지식의 예는 자주 묻는 질문 1에 제시한 NH_3의 분해에서 발생한다. 한 가지 정보, 즉 1몰의 NH_3가 완전히 분해했다고 주어진다면 반응생성물은 3/2 H_2와 1/2 N_2가 될 것이며, H_2와 N_2의 mol 수지는 그 비율이 항상 3 대 1이므로 독립적이지 못할 것이다. 1몰 NH_3의 부분 분해도 같은 결론으로 귀결되겠는가? 만약 H_2와 N_2가 공급물 중에 비양론비율의 양으로 존재한다면 H_2와 N_2에 대한 화학종 수지는 독립적인 식을 형성함을 유념하라.

도입 및 배출되는 모든 화학종의 흐름을 각각 합산해서 총괄 몰 도입속도 F^{in}과 총괄 몰 배출속도 F^{out}을 계산할 수 있다.

$$F^{\text{in}} = \sum_{i=1}^{S} n_i^{\text{in}} \tag{4.9a}$$

$$F^{\text{out}} = \sum_{i=1}^{S} n_i^{\text{out}} \tag{4.9b}$$

여기서 S는 계의 총 화학종 수이다.

식 (4.9)는 유동하는 모든 화학종의 단순 합산이므로 그중 어느 것도 독립적인 식은 아니나 편리하다면 수지 중의 하나에 대해 치환될 수 있다. 계에 대해서는 단 S개의 독립적인 식만 세울 수 있다. 식 (4.9)는 단지 개방, 정상상태의 계와 회분 공정의 순 결과에만 적용된다.

만약 미지변수 ξ가 S개의 독립적인 종 방정식에서 발생하는 경우 문제를 풀 수 있으려면 당연히 기존의 정보에 1개의 정보를 더해주어야 한다. 예를 들어 한계반응물의 완전 전화가 일어난다고 듣거나 또는 한계반응물의 분율 전화값 f가 주어질 수도 있다. ξ는 f에 다음과 같이 연계되어 있다.

$$\xi = \frac{(-f)n^{\text{in}}_{\text{한계반응물}}}{\nu_{\text{한계반응물}}} \tag{4.10}$$

ξ 값을 분율 전화에 대한 값 (또는 거꾸로) 더하기 한계반응물을 결정하는 정보로부터 계산할 수 있다. 다른 경우에는 공정으로 공급되고 공정에서 배출되는 화학종의 mol 수에 대한 충분한 정보가 주어지므로 ξ는 식 (4.8)로부터 바로 계산될 수 있다.

이제 지금까지 논의된 개념을 사용해서 몇 가지 예제를 살펴보자.

예제 4.7 분율 전화가 규정된 반응

문제 메탄의 염소화는 다음 반응에 의해 일어난다.

$$CH_4 + Cl_2 \rightarrow CH_3Cl + HCl$$

한계반응물의 전화율이 67%이고 몰 퍼센트로 나타낸 공급물의 조성이 40% CH_4, 50% Cl_2, 10% N_2일 때 생성물 조성을 구하라.

풀이

단계 1~4

반응기를 열린, 정상상태 공정으로 가정하라. 그림 E4.7은 알려진 정보가 첨부된 공정 스케치이다.

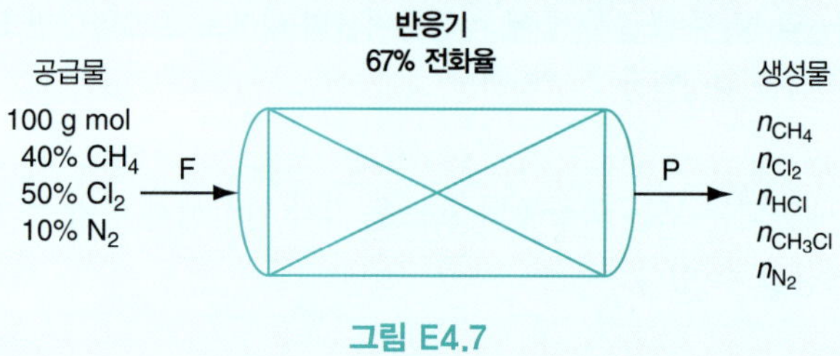

그림 E4.7

단계 5

계산 기준을 선택한다.

계산 기준: 공급물 100 g mol

단계 4 반복

67%의 전화율 정보를 이용하려면 한계반응물을 결정해야만 한다. 각 반응물에 대한 최대 반응진행도를 비교해서, 한계반응물은 최소 $\xi^{\max}$를 가진 화학종으로 결정할 수 있다.

$$\xi^{\max}(CH_4) = \frac{-n_{io}}{\nu_i} = \frac{-40}{-1} = 40$$

$$\xi^{\max}(Cl_2) = \frac{-n_{io}}{\nu_i} = \frac{-50}{-1} = 50$$

따라서 CH_4가 한계반응물이다. 이제 규정된 전화율과 식 (4.10)을 사용해서 반응진행도를 계산할 수 있다.

$$\xi = \frac{-f n^{\text{in}}_{\text{한계반응물}}}{\nu_{\text{한계반응물}}} = \frac{-(0.67)(40)}{-1} = 26.8 \text{ g mol 반응}$$

이제 1개의 미지변수, 즉 ξ에 값을 부여할 수 있다.

단계 6~7

다음 단계는 자유도 분석을 수행하는 것이다.

변수의 수: 11

$$n^{\text{in}}_{CH_4}, n^{\text{in}}_{Cl_2}, n^{\text{in}}_{N_2}, n^{\text{out}}_{CH_4}, n^{\text{out}}_{Cl_2}, n^{\text{out}}_{HCl}, n^{\text{out}}_{CH_3Cl}, n^{out}_{N_2}, F, P, \xi$$

그러나 처음 3개의 변수와 F에 값을 부여할 수 있으며 ξ를 이미 계산했으므로 미지변수의 수는 단 6개로 줄었다.

필요한 독립적인 식의 수: 6
화학종의 물질수지: 5(CH_4, Cl_2, HCl, CH_3Cl, N_2)
설계조건: 0(f는 단계 4에서 ξ 계산에 사용되었다)
묵시적 식: 1(왜 2 대신 겨우 1이지?)

$$\sum n_i^{\text{out}} = P \text{ (합산 } \sum n_i^{\text{in}} = F\text{는 과다하다)}$$

자유도는 0이다.

단계 8~9

식 (4.8)을 이용한 (mol로 표현된) 화학종 물질수지는 생성물 중의 각 화학종에 대한 해를 바로 제공한다.

$$\begin{aligned}
n_{CH_4}^{out} &= 40 - 1(26.8) = 13.2\\
n_{Cl_2}^{out} &= 50 - 1(26.8) = 23.2\\
n_{CH_3Cl}^{out} &= 0 + 1(26.8) = 26.8\\
n_{HCl}^{out} &= 0 + 1(26.8) = 26.8\\
n_{N_2}^{out} &= 10 - 0(26.8) = \underline{10.0}\\
P &= 100.0
\end{aligned}$$

따라서 생성물 흐름의 조성은 생성물의 전체 mol 수가 편리하게도 100 g mol이므로 CH_4 13.2%, Cl_2 23.2%, CH_3Cl 26.8%, HCl 26.8%, N_2 10%이다. 공급물이 100 g mol이므로 생성물도 100 g mol이며, 화학반응식은 생성물과 같은 mol 수의 반응물로 귀착한다. 만약 P의 총 mol 수가 100 g mol에 이르지 못하면 무엇을 해야만 하는가? 낙타를 기억하라!

단계 10

많은 총괄 mol 수지식이 만족되었다는 사실이 이 문제에 대한 일관성 검증 역할을 할 수 있다.

4.3.2 복합반응을 포함하는 공정

실제로 단 1개의 단일반응만 포함하는 반응계는 거의 없다. 중요한 반응(즉 원하는 반응)이 있을 수도 있으나 종종 추가반응 또는 부반응이 있다. 반응진행도의 개념을 복합반응을 포함하는 공정까지 확대하기 위한 문제는 모든 반응에 대한 ξ_i를 포함하는가이다. 통상적으로 답은 '그렇다'이지만 조금 더 엄밀하게는 '아니다'이다. 화학종 물질수지에는 반응식의 **최소 집합**(minimal set)[2)]이라고 불리는 **독립적인 화학반응의 (유일하지 않은) 집합과 관련된 ξ만 포함해야 한다**. 반응식의 최소 집합이 의미하는 것은 공정에 포함된 모든 화학종을 포함하도록 조합될 수 있는 가장 작은 수의 화학반응식 집합이다. 그것은 독립적인 선형대수식의 집합과 유사하며, 다른 어떤 화학식도 최소 집합에 포함된 반응식을 선형적으로 조합해서 구성할 수 있다. 통상적으로 최소 집합은 반응식의 완전한 모음과 같으나, 각각의 반응식 집합이 독립적인 반응의 집합을 나타낸다는 것을 반드시 확인해야 한다.

예를 들어 다음 반응식 집합을 보라.

$$\begin{aligned}
C + O_2 &\rightarrow CO_2\\
C + {}^1\!/_2 O_2 &\rightarrow CO\\
CO + {}^1\!/_2 O_2 &\rightarrow CO_2
\end{aligned}$$

2) 때로는 최대 집합이라고도 한다.

잘 살펴보면 첫째 식에서 둘째 식을 뺄 경우에 셋째 식을 얻는다는 것을 알 수 있다. 3개의 식 중에서 2개만 독립적이다. 따라서 최소 집합은 3개의 식 중에서 2개의 식으로 이루어진다.

예제 4.8 최소 집합 판단을 위한 MATLAB 또는 Python 사용

문제 다음 반응들의 최소 집합을 구하라.

$$CO + H_2O \rightleftharpoons CO_2 + H_2$$
$$CO_2 \rightleftharpoons CO + \tfrac{1}{2}O_2$$
$$\tfrac{1}{2}O_2 + H_2 \rightleftharpoons H_2O$$

첫 번째 반응은 수성 가스 전환 반응으로 알려져 있으며 CO를 H_2로 전환하는 데 사용된다.

풀이 먼저 이 식 세트를 다음 지수를 기반으로 하는 계수 행렬로 변환해보자. 1은 CO, 2는 H_2O, 3은 CO_2, 4는 H_2, 5는 O_2이다.

$$\mathbf{A} = \begin{bmatrix} 1 & 1 & -1 & -1 & 0 \\ -1 & 0 & 1 & 0 & -0.5 \\ 0 & -1 & 0 & 1 & 0.5 \end{bmatrix}$$

MATLAB 풀이:

예제 4.8의 MATLAB 풀이

```
%%%%%%%%%%%%%%%%%%%%%%%%%%%%%%%%%%%%%%%%%%%%%%%%%%%%%
%         NOMENCLATURE
%
% A - the coefficient matrix for the set of chemical
%   reactions
%
%%%%%%%%%%%%%%%%%%%%%%%%%%%%%%%%%%%%%%%%%%%%%%%%%%%%%%
%          PROGRAM
function Ex4_8_rank
clear; clc;
A=[1,1,-1,-1,0;-1,0,1,0,-0.5;0,-1,0,1,0.5];
k=rank(A);         % Apply function rank()
fprintf('Rank =%2.0d \n',k)
end
%         PROGRAM END
%%%%%%%%%%%%%%%%%%%%%%%%%%%%%%%%%%%%%%%%%%%%%%%%%%%%%
 Rank = 2
```

Python 풀이:

예제 4.8의 Python 코드

```
Ex4_8 rank.py
##################################################
#                NOMENCLATURE
```

```
#
# A - the coefficient matrix for the set of chemical reactions
#
#####################################################
Import numpy as np
Import numpy.linalg
# Specify the coefficient matrix A
A=np.array([[1,1,-1,-1,0], [-1,0,1,0,-0.5], [0,-1,0,1,0.5]])
Rank=numpy.linalg.rank(A)
#                 PROGRAM END
#################################################
```

IPython 콘솔:

In[1]: runfile(···

In[2]: Rank

Out[2]: 2

따라서 이들 식 중 2개만이 독립적이다. 즉 이들 식 중 2개가 최소 반응 집합을 형성한다.

이런 개념을 염두에 두고 복합반응이 일어나는 정상상태의 열린 공정의 경우, mol로 나타낸 i 성분에 대한 식 (4.8)이 다음과 같이 된다고 말할 수 있다.

$$n_i^{\text{out}} = n_i^{\text{in}} + \sum_{j=1}^{R} \nu_{ij}\,\xi_j \tag{4.11}$$

여기서 ν_{ij} = 최소 반응집합의 반응 j에서 화학종 i의 양론계수

ξ_j = 최소 반응집합에서 i 성분이 존재하는 j번째 반응의 진행도

R = 독립적인 화학반응식의 수(최소 집합의 수)

반응기를 나가는 전체 mol 수 N은 다음과 같다.

$$N = \sum_{i=1}^{S} n_i^{\text{out}} = \sum_{i=1}^{S} n_i^{\text{in}} + \sum_{i=1}^{S}\sum_{j=1}^{R} \nu_{ij}\,\xi_j \tag{4.12}$$

여기서 S는 계에 존재하는 화학종의 수이다.

예제 4.9 두 연속반응을 포함하는 물질수지

문제 포름알데히드(CH_2O)는 다음과 같은 반응을 따라 메탄올(CH_3OH)의 촉매 산화에 의해 공업적으로 생산된다.

$$CH_3OH + {}^1\!/_2O_2 \rightarrow CH_2O + H_2O \tag{1}$$

그러나 불행하게도 포름알데히드를 경제적인 속도로 생산하기 위해 사용되는 조건하에서 상당히 많은 부분의 포름알데히드가 산소와 반응해서 CO와 H_2O를 생산한다.

$$CH_2O + \frac{1}{2}O_2 \rightarrow CO + H_2O \tag{2}$$

메탄올과 CH_3OH의 완전산화에 필요한 양론량의 2배 공기가 반응기로 공급되어 메탄올의 90% 전화율을 얻고, [반응 (1)에 의한 CH_2O의 이론 생산량 기준으로] 포름알데히드의 75% 수율이 발생된다고 가정하라. 반응기를 나가는 생성 가스의 조성을 구하라.

풀이

단계 1~4

그림 E4.9는 y_i가 P(기체)의 각 성분 몰분율을 나타내는 공정을 보여준다.

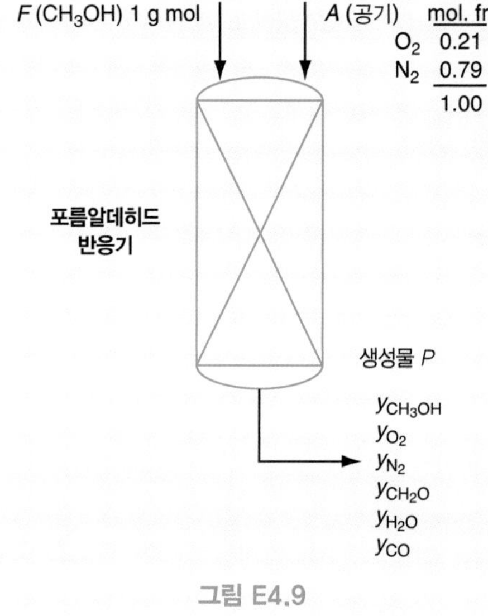

그림 E4.9

단계 5

계산 기준: 1 g mol F

단계 6

이 단계에서의 개념은 직접적 또는 (연관된 규정을 이용해서) 간접적으로 규정된 변수의 값을 부여하는 것이다. 다음 계산된 변수 전부가 (복잡성을 감소시키기 위해) 그것들의 단위로 표현되지는 않겠지만 각 단위는 쉽게 유추할 수 있다. 이 예제에서 처음으로 수행하는 계산은 두 반응에 대한 진행도를 결정하기 위해 규정된 메탄올의 전화율과 포름알데히드의 수율을 이용하는 것이다. ξ_1이 반응 (1)에 대한 진행도를, ξ_2가 반응 (2)에 대한 진행도를 나타낸다고 하자. 한계반응물은 CH_3OH이다. 다음을 유념하라.

$$n^{out,1}_{CH_2O} = n^{in,2}_{CH_2O}$$

규정된 전화율을 바탕으로 반응 (1)에 대한 진행도는

$$\xi_1 = \frac{-0.90}{-1}(1) = 0.9 \text{ g mol 반응}$$

수율은 다음과 같이 ξ_i와 연계된다.

$$\text{CH}_2\text{O의 수율} = \frac{n^{\text{out},2}_{\text{CH}_2\text{O}}}{F}$$

반응 (1)에 의해 $n^{\text{out},1}_{\text{CH}_2\text{O}} = n^{\text{in},1}_{\text{CH}_2\text{O}} + 1(\xi_1) = 0 + \xi_1 = \xi_1$

반응 (2)에 의해 $n^{\text{out},2}_{\text{CH}_2\text{O}} = n^{\text{in},2}_{\text{CH}_2\text{O}} - 1(\xi_2) = n^{\text{out},1}_{\text{CH}_2\text{O}} - \xi_2 = \xi_1 - \xi_2$

규정된 수율 $\dfrac{n^{\text{out},2}_{\text{CH}_2\text{O}}}{F} = \dfrac{\xi_1 - \xi_2}{1} = 0.75$

$$\xi_2 = (0.90 - 0.75) = 0.15 \text{ g mol 반응}$$

다음으로는 공정에 공급되는 공기(A)의 양을 계산해야 한다. 공급되는 산소는 반응 (1)에서 요구되는 산소의 2배이다. 즉

$$n^A_{\text{O}_2} = 2\left(\frac{1}{2}F\right) = 2\left(\frac{1}{2}\right)(1.00) = 1.00 \text{ g mol}$$

$$A = \frac{n^A_{\text{O}_2}}{0.21} = \frac{1.00}{0.21} = 4.76 \text{ g mol}$$

$$n^A_{\text{N}_2} = 4.76 - 1.00 = 3.76 \text{ g mol}$$

단계 6~7

자유도 분석은 다음과 같다.

변수의 수: 11

$$F, A, P, y^P_{\text{CH}_3\text{OH}}, y^P_{\text{O}_2}, y^P_{\text{N}_2}, y^P_{\text{CH}_2\text{O}}, y^P_{\text{H}_2\text{O}}, y^P_{\text{CO}}, \xi_1, \xi_2$$

일부 변수에는 다음 값을 부여할 수 있다.

단계 6에서 계산해서 F, A, ξ_1, ξ_2에 부여할 수 있는 값: 총 4개
미지변수의 수: 11 − 4 = 7
필요한 독립식의 수: 11 − 4 = 7, 선택할 7개는 다음과 같다.
화학종의 물질수지: 6

$$\text{CH}_3\text{OH}, \text{O}_2, \text{N}_2, \text{CH}_2\text{O}, \text{H}_2\text{O}, \text{CO}$$

묵시적 식: 1

$$\sum y^P_i = 1$$

단계 8

그림 E4.8의 변수가 n^P_i가 아니라 y^P_i이므로 물질수지에 y^P_i를 바로 사용하면 비선형 항인 $y^P_i P$를 포함할 것이다. 앞의 예제에서는 변수 n^P_i를 물질수지와 유사하게 사용할 수 있었으나, 예를 들기 위해 식을 y^P_i를 사용해 표현하자. 다음으로 식 (4.12)를 이용해서 P를 계산할 것이다.

$$\begin{aligned} P &= \sum_{i=1}^{S} n^{\text{in}}_i + \sum_{i=1}^{S}\sum_{j=1}^{R} \nu_{ij}\,\xi_j = 1 + 4.76 + \sum_{i=1}^{6}\sum_{j=1}^{2} \nu_{ij}\,\xi_j \\ &= 5.76 + [(-1) + (-0.5) + (1) + 0 + (1) + 0]\,0.9 \\ &\quad + [0 + (-0.5) + (-1) + 0 + (1) + (1)]\,0.15 = 6.28 \text{ g mol} \end{aligned}$$

부여된 값과 $P = 6.28$을 대입한 후의 화학종 물질수지는 다음과 같다.

$$n_{CH_3OH}^{out} = y_{CH_3OH}(6.28) = 1 - (0.9) + 0 = 0.10$$

$$n_{O_2}^{out} = y_{O_2}(6.28) = 1.0 - (0.5)(0.9) - (0.5)(0.15) = 0.475$$

$$n_{CH_2O}^{out} = y_{CH_2O}(6.28) = 0 + 1(0.9) - 1(0.15) = 0.75$$

$$n_{H_2O}^{out} = y_{H_2O}(6.28) = 0 + 1(0.9) + 1(0.15) = 1.05$$

$$n_{CO}^{out} = y_{CO}(6.28) = 0 + 0 + 1(0.15) = 0.15$$

$$n_{N_2}^{out} = y_{N_2}(6.28) = 3.76 - 0 - 0 = 3.76$$

단계 9

위의 모든 n_i^{out}을 합산해서 P 값을 검산할 수 있다.

단계 10

6개의 식은 y_i에 대해 풀 수 있다. (mol % 단위로) 다음 답을 얻었는가?

$$y_{CH_3OH} = 1.6\%,\ y_{O_2} = 7.6\%,\ y_{N_2} = 59.8\%,\ y_{CH_2O} = 11.9\%,\ y_{H_2O} = 16.7\%,\ y_{CO} = 2.4\%$$

예제 4.10 생물반응기의 분석

문제 생물반응기는 효소, 유기미생물 및/또는 동물과 식물 세포를 포함하는 생물반응이 일어나는 용기이다. 곡물의 혐기성(산소의 부재상태에서) 발효에서 효모 사카로미세스 세레비시아(*Saccharomyces cerevisiae*)는 다음의 전(全) 반응으로 식물의 글루코스($C_6H_{12}O_6$)를 소화해 생성물 에탄올(C_2H_5OH)과 프로펜산(propenoic acid, $C_2H_3CO_2H$)을 생산한다.

반응 1: $C_6H_{12}O_6 \rightarrow 2C_2H_5OH + 2CO_2$

반응 2: $C_6H_{12}O_6 \rightarrow 2C_2H_3CO_2H + 2H_2O$

공정에서는 초기에 12% 글루코스 수용액 4000 kg으로 발효조를 채운다. 발효 후에는 120 kg의 CO_2가 생산되며 90 kg의 미반응 글루코스가 용액에 남는다. 발효공정 끝에 용액 중 에탄올과 프로펜산의 무게(질량) 퍼센트는 얼마인가? 글루코스가 유기미생물에는 조금도 남아 있지 않다고 가정하라.

풀이 이 공정은 폐쇄계의 비정상상태 공정으로 취급할 수 있다. 성분 i에 대해 식 (4.11)을 다음과 같이 적용할 수 있다.

$$n_i^{최종} = n_i^{최초} + \sum_{j=1}^{R} \nu_{ij}\, \xi_j \tag{4.11}$$

미생물은 반응물이 아니라 촉매로 소량만 존재하기 때문에 풀이에 포함될 필요가 없다.

단계 1~4

그림 E4.10은 이 공정의 스케치이다.

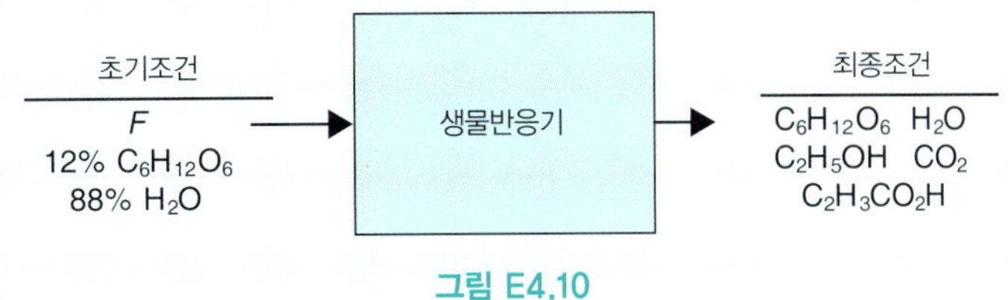

그림 E4.10

단계 5

계산 기준: 4000 kg F

단계 4 반복

반응식이 mol에 기초를 두고 있으므로 먼저 4000 kg을 H_2O와 $C_6H_{12}O_6$의 mol로 전환해야 한다.

$$n_{H_2O}^{최초} = \frac{4000(0.88)}{18.02} = 195.3 \text{ g mol}$$

$$n_{C_6H_{12}O_6}^{최초} = \frac{4000(0.12)}{180.1} = 2.665 \text{ g mol}$$

따라서 $F = 197.965$ g mol 또는 반올림해서 198 g mol이다.

단계 6~7

자유도 분석은 다음과 같다(g mol 단위가 삭제되었음을 유념하라).

변수의 수: 9

$$n_{H_2O}^{최초},\ n_{C_6H_{12}O_6}^{최초},\ n_{H_2O}^{최종},\ n_{C_6H_{12}O_6}^{최종},\ n_{C_2H_5OH}^{최종},\ n_{C_2H_3CO_2H}^{최종},\ n_{CO_2}^{최종},\ \xi_1,\ \xi_2$$

각 변수에 그 값을 부여하라.

주어진 규정으로부터 다음 값을 부여할 수 있다:

$$\left.\begin{aligned} F &= 198 \\ n_{H_2O}^{최초} &= 195.3 \\ n_{C_6H_{12}O_6}^{최초} &= 2.665 \end{aligned}\right\} \text{단 2개만 독립적이다(왜?).}$$

$$n_{C_6H_{12}O_6}^{최종} = \frac{90}{180.1} = 0.500$$

$$n_{CO_2}^{최종} = \frac{120}{44.0} = 2.727$$

그러므로 이 문제에는 5개의 미지변수가 있다.

5개의 화학종 수지를 세울 수 있다.

$$H_2O,\ C_6H_{12}O_6,\ C_2H_5OH,\ C_2H_3CO_2H,\ CO_2$$

따라서 자유도는 0이다.

단계 8

구한 변숫값을 대입한 물질수지식의 집합은 다음과 같다.

$$H_2O: \quad n^{최종}_{H_2O} = 195.3 + (0)\xi_1 + (2)\xi_2 \quad (1)$$

$$C_6H_{12}O_6: \quad 0.500 = 2.665 + (-1)\xi_1 + (-1)\xi_2 \quad (2)$$

$$C_2H_5OH: \quad n^{최종}_{C_2H_5OH} = 0 + 2\xi_1 + (0)\xi_2 \quad (3)$$

$$C_2H_3CO_2H: \quad n^{최종}_{C_2H_3OH} = 0 + (0)\xi_1 + (2)\xi_2 \quad (4)$$

$$CO_2: \quad 2.727 = 0 + (2)\xi_1 + (0)\xi_2 \quad (5)$$

단계 9

이 5개의 식 중 어느 것이라도 단 1개의 미지변수만 포함하고 있는가? 만약 그렇다면 암산이나 계산기로 그것을 풀어서 풀어야 할 연립방정식의 수를 1개 줄일 수 있다. 사실 식 (5)는 미지변수로 ξ_1만 포함하고 있다. 따라서 식 (5)를 이용해서 ξ_1을 계산할 수 있다. 그러면 식 (2)가 ξ_2를 계산하는 데 사용될 수 있다. 마지막으로 식 (1), (3), (4)가 남아 있는 미지변수를 계산하는 데 적용될 수 있다. 이 풀이과정으로 다음을 얻는다.

$$\xi_1 = 1.364 \text{ kg mol 반응} \qquad \xi_2 = 0.8015 \text{ kg mol 반응}$$

화학종	결과	질량 %로 전환		
	kg mol %	MW	kg	mass
H_3O	196.95	18.01	3547.1	89.2
C_2H_5OH	2.727	46.05	125.6	3.2
$C_2H_3CO_2H$	1.603	72.03	115.5	2.9
CO_2	2.727	44.0	120.0	2.5
$C_6H_{12}O_6$	0.500	180.1	90.1	2.3
			3977	1.00

컴퓨터 풀이:

미지변수(예: $x_1 \sim x_5$)에 대해 다음 정의를 사용: x_1는 ξ_1, x_2는 ξ_2, x_3는 $n^{최종}_{H_2O}$, x_4는 $n^{최종}_{C_2H_5OH}$, x_5는 $n^{최종}_{C_2H_3CO_2H}$, 계수 행렬 **A**와 상수 벡터 **b**는 다음과 같다.

$$\mathbf{A} = \begin{bmatrix} 0 & -2 & 1 & 0 & 0 \\ 1 & 1 & 0 & 0 & 0 \\ -2 & 0 & 0 & 1 & 0 \\ 0 & -2 & 0 & 0 & 1 \\ 2 & 0 & 0 & 0 & 0 \end{bmatrix} \qquad \mathbf{b} = \begin{bmatrix} 195.3 \\ 2.165 \\ 0 \\ 0 \\ 2.727 \end{bmatrix}$$

MATLAB:

예제 4.10의 MATLAB 풀이

```
%%%%%%%%%%%%%%%%%%%%%%%%%%%%%%%%%%%%%%%%%%%%%%%%%%%%%%%%%%%%%%%%%%%%%%%%
%
%                         NOMENCLATURE
%
% A - the coefficient matrix for the set of linear equations
```

```
% b – the constant vector for the set of linear equations
% x - the unknowns in the set of linear equations
%
%
%%%%%%%%%%%%%%%%%%%%%%%%%%%%%%%%%%%%%%%%%%%%%%%%%%%%%%%%%%%%%%
%                              PROGRAM
function Ex4_10
clear; clc;
A=zeros(5); b(1:5)=0; b=b';        % Insert zeros for the
                                 %  elements of A and b
A=[0,-2,1,0,0;1,1,0,0,0;-2,0,0,0,1;0,-2,0,0,1;2,0,0,0,0];
k=rank(A)                         % Determine rank of A
b=[195.3;2.165;0;0;2.727];       % Insert non-zero values for b
x=A\b;                            % Apply function A\b
fprintf('x1 =%8.4f x2=%8.4f x3 =%8.4f\n',x(1),x(2),x(3))
fprintf('x4 =%8.4f x5=%8.4f k=%2d\n',x(4),x(5),k)
end
%                       PROGRAM END
%%%%%%%%%%%%%%%%%%%%%%%%%%%%%%%%%%%%%%%%%%%%%%%%%%%%%%%%%%%%%%

x1 = 1.3635    x2 =  0.8015   x3 =196.903
X4 = 2.727     x5 =  1.6030   k=5
```

Python:

예제 4.10의 Python 코드

```
Ex4_10 Linear Eqns.py
################################################################
                              #
                          NOMENCLATURE
#
#  A - the coefficient matrix for the set of linear equations
#  b – the constant vector for the set of linear equations
#  x - the vector of unknowns in the set of linear equations
#
#
################################################################
                              #
                           PROGRAM
Import numpy as np
Import numpy.linalg
# Specify the coefficient matrix A
A=np.array([[0,-2 ,1,0,0],[1,1,0,0,0],[-2,0,0,1,0],[0,-2,0,0,1],
[2,0,0 ,0,0]])
k=numpy.linalg.rank(A)                    # Determine the rank of A
b=np.array([195.3, 2.165, 0, 0, 2.727])   # Define the constant vector b
#
# Apply function numpy.linalg.solve for the solution
#
xsol=numpy.linalg.solve(A,b)
```

```
                        #
                   PROGRAM END
###################################################################
```

IPython 콘솔:

In[1]: runfile(⋯

In[2]: xsol, k

Out[2]: array([1.3635, 0.8015, 196.903, 2.727, 1.6030]), 5

단계 10

전체 질량 3997 kg은 계산결과를 유효하게 하기에 충분할 정도로 공급물의 질량 4000 kg과 비슷하다.

자습문제

확인문제

1. 다음 설명이 참인지 거짓인지 밝혀라.

a. 열린, 정상상태 공정에서 화학반응이 일어나도 도입되는 전체 질량과 배출되는 전체 질량은 같다.

b. 탄소의 연소에서 정상상태, 열린 공정으로 들어가는 탄소 전부가 공정으로부터 배출된다.

c. 반응이 일어나는 정상상태 공정으로 들어가는 화합물의 mol 수는 공정을 나가는 그 화합물의 mol 수와 절대로 같을 수 없다.

2. 계로 도입되는 mol 수와 계를 나가는 mol 수가 같은 정상상태 공정에 대한 환경을 열거하라.

3. 식 (4.3)은 반응이 일어나는 공정은 물론 반응이 일어나지 않는 공정에도 응용될 수 있다. 정상상태, 열린 공정에 대해 어떤 형태의 수지가 '도입량 = 배출량'이라는 단순한 관계를 성립시키는가? 다음 표의 괄호에 '예' 또는 '아니요'를 넣으라.

수지 형태	반응 없음	반응 있음
총괄수지		
총괄 질량	[ ]	[ ]
총괄 몰	[ ]	[ ]
성분수지		
순수한 화합물의 질량	[ ]	[ ]
순수한 화합물의 몰	[ ]	[ ]

4. 반응진행도가 한계반응물의 분율 전화율에 어떻게 연계되는지 설명하라.

5. 왜 공정에 대한 성분 매트릭스의 랭크를 구하는지 설명하라.

해답

1. (a) 참, (b) C를 원소라 생각하면 참이지만 C를 화합물(CO_2)이라 생각하면 거짓이다, (c) 거짓, 화합물은 변화하지 않지만 여러 반응이 일어날 수 있다.

2. 반응물의 몰수가 생성물의 몰수와 같을 경우, 반응으로 인해 전체 몰수가 변하지 않는다.

3. 총괄 질량: 예, 예; 총괄 몰: 예, 아니요; 화합물의 질량: 예, 아니요; 화합물의 몰: 예, 아니요
4. 반응진행도는 한계반응물의 분율 전화율에 정비례한다.
5. 성분 매트릭스의 랭크는 독립방정식의 수를 나타내기 때문이다.

적용문제

1. 산소에 의한 보일러 파이프의 부식은 아황산나트륨의 사용으로 완화된다. 아황산나트륨은 다음 반응으로 보일러로 공급되는 물에서 산소를 제거한다.

$$2\ Na_2SO_3 + O_2 \rightarrow 2\ NaSO_4$$

10.0 ppm의 용존 산소를 함유한 8,330,000 lb(10^6 gal)의 물에서 (완전반응으로) 산소를 제거하려면 이론적으로 몇 파운드의 아황산나트륨이 필요한가?

2. 다음 두 반응이 일어나는 연속, 정상상태 공정을 고려하라.

$$C_6H_{12} + 6H_2O \rightarrow 6CO + 12H_2$$
$$C_6H_{12} + H_2 \rightarrow C_6H_{14}$$

공정에서는 매시간 250 mol의 C_6H_{12}와 800 mol의 H_2O가 반응기로 공급된다. H_2의 수율은 40.0%이며 두 번째 반응에 비해 첫 번째 반응의 선택도는 12.0이다. 출류 흐름에서 다섯 가지 성분 전부의 몰 흐름속도를 계산하라.

해답

1. $$\frac{8.33\times10^6 \text{ lb water}}{} \left| \frac{10 \text{ lb } O_2}{10^6 \text{ lb water}} \right| \frac{\text{lb mol } O_2}{32 \text{ lb } O_2} \left| \frac{2 \text{ lb mol } Na_2SO_3}{1 \text{ lb mol } O_2} \right| \frac{126.1 \text{ lb } Na_2SO_3}{\text{lb mol } Na_2SO_3} = 656.6 \text{ lb } Na_2SO_3$$

2. $12\ \xi_1 - \xi_2 = 0.4(250) = 100$ mol/h, $\xi_1/\xi_2 = 12$, $\xi_1 = 8.3916$, $\xi_2 = 0.6993$, C_6H_{12}: $250 - 8.3916 - 0.6993 = 240.9$ mol/h, H_2: $12(8.3916) - 0.6993 = 100$ mol/h, H_2O: $800 - 6(8.3916) = 749.65$ mol/h, C_6H_{14}: 0.6993 mol/h, CO: $6(8.3916) = 50.35$ mol/h

4.4 원소 물질수지

앞 절에서 반응계에 대해 어떻게 화학종 몰수지를 사용하는지 공부했다. 각 반응 화학종의 생성과 소비를 포함하는 식 (4.7)이 반응으로 인한 생성과 소비의 효과를 포함하기 위해 이런 문제에 사용되었다. 알고 있겠지만 공정의 원소는 반응이 일어나는지 일어나지 않는지에 관계없이 보존되며, 따라서 식 (3.1)과 (3.2)를 원소에 직접 적용할 수 있다. 정상상태 공정에서 원소가 생성되거나 소모되지 않으므로, 식 (3.1)이 원소수지에 적용된다.

$$\text{입량} = \text{출량}$$

왜 물질수지 문제를 풀기 위해 화학종 수지 대신 원소수지를 사용하지 않는가? 대부분의 문제에

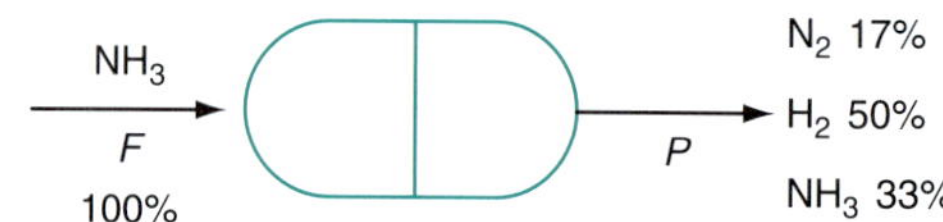

그림 4.4 ▸ 암모니아 분해의 가능한 경우를 보여주는 그림(주: 반올림된 수치이다).

대해서는 몰수지를 적용하는 것이 더 쉽지만 복잡하거나 미지의 반응식과 같은 일부 문제에 대해서는 원소수지가 선호된다.

원소수지를 이용할 수는 있으나 원소수지가 독립적임을 반드시 확인하라. 논점의 보기를 제시한다. 예로서 암모니아의 분해를 다시 사용하자. NH_3는 기상에서 다음과 같이 분해한다.

$$NH_3 \rightarrow N_2 + 3H_2$$

그림 4.4는 NH_3의 부분 분해에 대한 일부 자료를 보여준다.

두 미지변수 F와 P가 있으며, 공정은 2개의 원소 N과 H를 포함한다. 제시되는 풀이 전략의 단계 7에서 미지변수 F와 P의 값을 구하기 위해 2개의 원소수지를 사용할 수 있다고 표현될지 모르지만 실제로는 사용할 수 없다. 시도해보라. 이유는 두 원소수지가 독립적이지 않기 때문이다. 4.3.2절에서 설명한 바와 같이 원소수지 중의 하나는 독립적이다. 암모니아의 분해에 대해 다음의 원소 물질수지(mol로 또는 질량으로 표현된?)를 살펴보라. (숫자의 반올림을 무시한다면) 수소수지가 질소수지의 3배임을 관찰할 것이다.

$$\text{N 수지: } (1)\ F = (2)[P(0.17)] + P(0.33) = 0.67P$$
$$\text{H 수지: } (3)\ F = (2)[P(0.50)] + (3)[P(0.33)] = 2.0P$$

한 가지 정보를 추가할 경우, 예를 들어 $P = 100$ mol의 계산 기준을 채택하면 자유도가 0이 되므로 F에 대해 풀 수 있다. 만약 같은 암모니아 분해 문제를 풀기 위해 화학종 수지를 응용한다면 무슨 일이 일어나는가?

예제 4.11 수소화 열분해 문제를 풀기 위한 원소수지의 이용

문제 수소화 열분해는 공급물을 수소 존재하에서 고온 고압으로 제올라이트 촉매에 노출시킴으로써 저가의 중(重)탄화수소를 값비싼 저분자량 탄화수소로 전환하기 위한 중요한 정유공정이다. 연구원들은 열분해반응의 거동을 이해하기 위해 옥탄(C_8H_{18})과 같은 순수 성분의 수소화 열분해를 탐구한다. 그런 실험 중 하나에서 열분해된 생성물의 성분이 다음과 같은 몰 퍼센트 조성이다. 19.5% C_3H_8, 59.4% C_4H_{10}, 21.1% C_5H_{12}. 이 실험에서 반응한 옥탄에 대한 소비된 수소의 몰 비율을 계산하라고 요청받았다.

풀이 공정에 포함된 반응이 규정되지 않았기 때문에 이 문제를 풀기 위해 원소수지를 사용할 것이다.

단계 1~4

그림 E4.11은 흐름에 대한 자료가 포함된 실험실 수소화 열분해 반응기의 스케치이다. 이 공정은 열린, 정상상태로 가정된다.

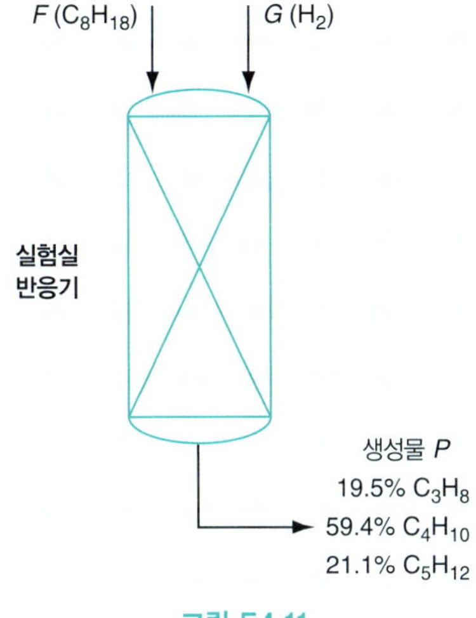

그림 E4.11

단계 5

$$\text{계산 기준: } P = 100 \text{ g mol}$$

단계 6~7

자유도 분석은 다음과 같다.

변수의 수: 3 $\qquad$ F, G, P

P가 기준으로 선택되기 때문에 $P = 100$ g mol로 설정할 수 있다. 그러므로 2개의 미지변수 F와 G가 있다.

필요한 식의 수: 2
원소수지의 수: 2(H, C)

따라서 이 문제는 자유도 0을 가진다.

단계 8~9

규정된 값과 계산 기준을 대입한 원소수지는 다음과 같다(단위는 g mol이다).

$$\text{C: } F(8) + G(0) = 100[(0.195)(3) + (0.594)(4) + (0.211)(5)]$$
$$\text{H: } F(18) + G(2) = 100[(0.195)(8) + (0.594)(10) + (0.211)(12)]$$

이 선형 연립식을 풀면

$$F = 50.2 \text{ g mol} \qquad G = 49.8 \text{ g mol}$$

비율은

$$\frac{\text{소비된 } H_2}{\text{반응한 } C_8H_{18}} = \frac{49.8 \text{ g mol}}{50.2 \text{ g mol}} = 0.992$$

단계 10

검산: $\qquad 50.2 + 49.8 = P = 100$ g mol

예제 4.12 $BaSO_4$의 용융

문제 (오로지 $BaSO_4$로 구성된) 중정석(重晶石, barite)이 도가니에서 (94.0% C와 6.0% 회분으로 구성된) 코크스와 용융되었다(고체 상태에서 반응했다). 회분은 반응하지 않는다. 193.7 g의 최종 용융 질량이 도가니에서 배출, 분석되어 다음과 같은 조성으로 밝혀졌다.

성분	%
$BaSO_4$	11.1
BaS	72.8
C	13.9
회분	2.2
	100.0

도가니에서 방출된 기체는 냄새가 나지 않아 이산화황이 없음을 나타내며 C 1몰당 1.13몰의 O를 함유한다. 도가니로 집어넣은 반응물 중(회분을 제외한) C 1몰당 $BaSO_4$의 질량비율은 얼마인가?

풀이

단계 1~4

이 공정은 고체 성분을 한꺼번에 넣고, 반응이 수행되며, 용융된 물체가 제거되는 회분 공정이다. 그림 E4.12는 알려진 자료가 기입된 이 공정을 보여준다. m_C^{in}에 대한 $m_{BaSO_4}^{in}$의 질량비율을 계산하려 한다.

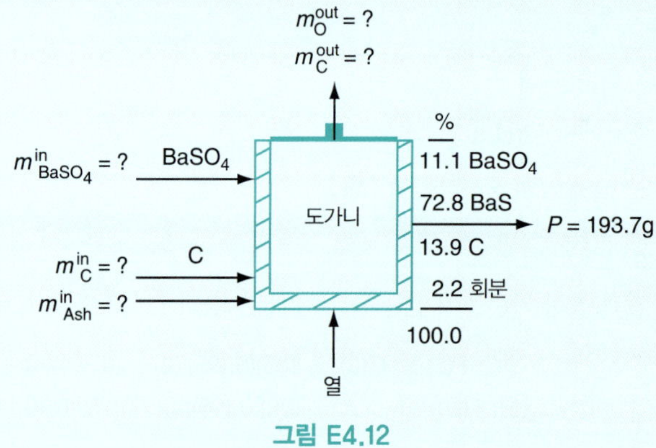

그림 E4.12

단계 5

193.7 g의 P를 계산 기준으로 선택할 수도 있으나, P에 대한 분석이 퍼센트로 주어졌으며 입량 C와 $BaSO_4$의 절대량이 아니라 상대적인 양을 계산해야 하므로 100 g의 P를 기준으로 삼는 것이 조금 더 쉽다.

단계 4 반복

P의 조성에 대한 일부 예비계산이 풀이에 도움이 될 것이다.

화합물	g	MW	g mol	g mol로 나타낸 *P*의 조성				
				Ba	S	O	C	회분
$BaSO_4$	11.1	233.3	0.0477	0.0477	0.0477	0.19	–	–
BaS	72.8	169.3	0.431	0.430	0.430	–	–	–
C	13.9	12.0	1.16	–	–	–	1.16	–
회분	2.2	–	–	–	–	–	–	*
합계	100.0			0.479	0.479	0.191	1.16	*
			MW:	137.34	32.064	16.0	12.0	*
			g:	65.8	15.36	3.06	13.9	2.2

단계 6~8

변수에 알려진 값을 부여한 후의 그림 E4.12에서 그 값이 0인 변수를 무시하면 5개의 미지변수가 존재하는 것으로 나타난다(다음의 질량값은 g 단위이다).

부여된 값:

$$P = 100 \qquad m_O^P = 3.06$$
$$m_{Ba}^P = 65.8 \qquad m_C^P = 13.9$$
$$m_S^P = 15.36 \qquad m_{Ash}^P = 2.2$$

미지변수:

$$m_{BaSO_4}^{in},\ m_C^{in},\ m_{Ash}^{in},\ m_C^{out},\ m_O^{out}$$

Ba, S, O, C 및 회분(ash) 수지를 세울 수 있다. 그러므로 이 문제는 자유도 0을 가진 것처럼 보인다. 공정은 회분식이다. 그러므로 처음과 ~~용융~~ 마지막에 도가니가 비어 있다면 사용할 물질수지식은 '들어가는 것은 반드시 나온다'이다. 다음은 원소의 물질수지이다.

$$\text{회분:}\quad m_{Ash}^{in} = 2.2\ g$$

도입 배출

$$\text{Ba:}\ \frac{m_{BaSO_4g}^{in}}{}\left|\frac{1\ g\ mol\ BaSO_4}{233.3\ g\ BaSO_4}\right|\frac{1\ g\ mol\ Ba}{1\ g\ mol\ BaSO_4}\left|\frac{137.34\ g\ Ba}{1\ g\ mol\ Ba}\right. = 65.8\ g$$

$$m_{BaSO}^{in} = 111.7\ g$$

도입 배출

$$\text{S:}\ \frac{m_{BaSO_4g}^{in}}{}\left|\frac{1\ g\ mol\ BaSO_4}{233.3\ g\ BaSO_4}\right|\frac{1\ g\ mol\ S}{1\ g\ mol\ BaSO_4}\left|\frac{32.064\ g\ S}{1\ g\ mol\ S}\right. = 15.36$$

$$m_{BaSO}^{in} = 111.7\ g,\ \text{과잉 결과}$$

도입 배출

$$\text{O:}\ \frac{m_{BaSO_4}^{in}}{}\left|\frac{1\ g\ mol\ BaSO_4}{233.3\ g\ BaSO_4}\right|\frac{4\ g\ mol\ O}{1\ g\ mol\ BaSO_4}\left|\frac{16.0\ g\ O}{1\ g\ mol\ O}\right. = m_O^{out} + 3.06$$

$m_O^{out} + 3.06$을 얻기 위해 O 수지에 $m_{BaSO_4}^{in} = 111.7$을 대입한다. 남은 유일한 수지는 탄소수지이다.

단계 9

Ba와 S 수지가 독립적이지 않으므로 1개의 정보, 즉 $m_C^{out} = m_O^{out}/1.13 = 27.56/1.13 = 24.4$가 필요한데, 이는 탄소수지에서 요구된다.

$$m_C^{in} = 24.4 + 13.92 = 38.3 \text{ g}$$

$$\frac{m_{BaSO_4}^{in}}{m_C^{in}} = \frac{111.7}{38.3} = 2.92$$

단계 10

여분의 총괄 물질수지를 이용해서 검산하라.

$$m_{BaSO_4}^{in} + m_C^{in} = m_O^{out} + m_C^{out} + P$$

$$111.7 + 38.3 \stackrel{?}{=} 27.56 + 24.4 + 100.0$$

$$150 \cong 152 \quad \text{충분히 비슷함}$$

원소수지는 공정에서 어떤 반응이 일어나는지 모르고 도입 흐름과 배출 흐름의 조성에 관한 정보만 알고 있을 때 특히 유용하다.

자습문제

확인문제

1. 원소 물질수지 각 항의 단위를 반드시 질량보다는 몰로 써야 하는가? 자신의 답을 설명하라.

2. 화학종 수지 대신 원소수지를 사용하면 자유도가 작아지는가, 커지는가?

3. 원소수지가 독립적인지 아닌지를 어떻게 판단할 수 있는가?

4. 한 문제에서 독립적인 원소수지의 수가 화학종 수지의 수보다 클 수 있는가?

해답

1. 원소수지식에서는 질량이나 몰을 기준으로 해도 차이가 없다.

2. 문제가 적절하게 만들어졌다면 자유도의 변화는 없어야 한다.

3. (a) 계수 행렬 랭크를 구한다. (b) 방정식을 풀기 위해 MATLAB 또는 Python을 적용한다. (c) 중복성에 대해 방정식을 검토한다.

4. 아니다.

적용문제

1. 전자재료 제조에 사용되는 계를 고려하라(Si를 제외하고 모두 기체이다).

$$SiH_4, Si_2, H_6, SiH_2, H_2, Si$$

이 계에 대해 얼마나 많은 원소수지를 세울 수 있는가?

2. 메탄이 O_2와 연소해서 CH_4, O_2, CO_2, CO, H_2O, H_2를 포함하는 기상 생성물을 생산한다. 이 계에 대해 얼마나 많은 독립적 원소수지를 세울 수 있는가?

3. $KClO_3$와 HCl의 반응에서 KCl, ClO_2, Cl_2, H_2O 생성물이 측정되었다. 이 계에 대해 얼마나 많은 원소수지를 세울 수 있는가?

해답

1. 2

2. 3

3. 4

4.5 연소계에 대한 물질수지

이 절에서는 연소를 화학반응을 함유한 물질수지를 포함하는 특별 주제로 고려한다. 일반적으로 연소는 수소, 탄소, 황을 포함하는 물질과 산소의 반응이며 연계된 열의 방출과 H_2O, CO_2, CO, SO_2와 같은 기체의 생성을 포함한다. 연소의 전형적인 예는 유틸리티 발전소에서 전기를 발생시키기 위해 사용하는 석탄, 난방유, 천연가스의 연소와 휘발유나 디젤 연료의 연소를 이용해서 작동하는 엔진이다. 더 복잡한 산화과정은 인체 내에서 일어나지만 연소라고 불리지는 않는다. 대부분의 연소 공정은 공기를 산소 공급원으로 사용한다. 총량이 1.0% 미만인 다른 성분을 무시한다면 편의상 공기가 79%의 N_2와 21%의 O_2를 포함하며, 공기의 평균 분자량이 29라고 가정할 수 있다. 비록 미량의 N_2가 NO_x라고 하는 기체 오염원 NO와 NO_2로 산화하지만 그 양이 매우 적기 때문에 N_2를 공기와 연료의 비반응 성분으로 취급한다. 그림 4.5는 연소에서 CO, 미연소

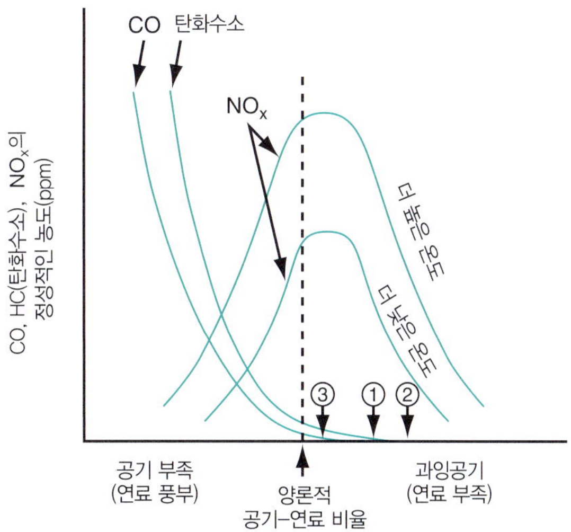

그림 4.5 ▸ 천연가스의 연소에서 발생하는 오염물은 공기-연료 비율과 연소온도에 따라 달라진다. 탄화수소와 CO의 양은 결핍된 공기량에 따라서 증가한다. 과잉공기가 너무 많으면 효율이 떨어지지만 NO_x도 감소한다. ①은 최적 공기-연료 비율을 나타낸다(CO 또는 미연소 탄화수소가 없다). ②는 비효율적 연소를 나타낸다(과잉공기가 가열되어야만 한다). ③은 불만족스러운 연소를 나타낸다(연료 전부가 연소되지는 않으며 미연소 생성물이 대기로 방출되므로).

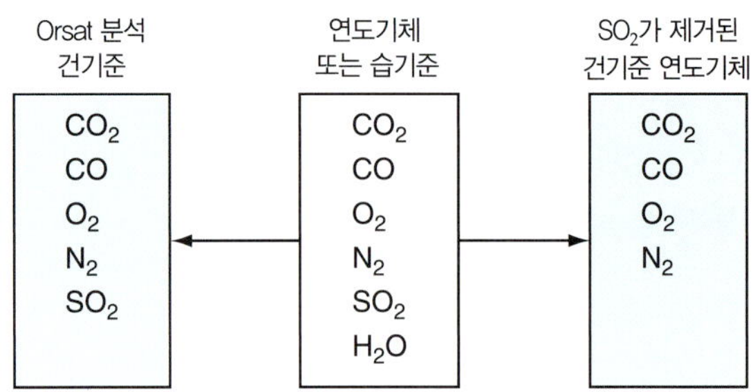

그림 4.6 ▸ **기준을 달리한 기체 분석의 비교**

탄화수소, NO_x가 공기-연료 비율에 따라서 어떻게 변하는지를 보여준다.

연소와 관계된 일부 특별한 용어와 친숙해져야 한다.

- **연도(燃道)기체**: 수증기를 포함해서 연소과정에서 발생하는 모든 기체. 종종 **습(濕)기준**으로 알려진다.
- **Orsat 분석 또는 건(乾)기준**: 수증기를 제외한 연소과정에서 나오는 모든 기체. (Orsat 분석은 물 위에서 물과 평형상태인 각 기체의 부피가 측정되는 분석 장치의 형태를 말한다. 따라서 각 성분은 수증기로 포화되어 있다. 분석의 알짜 결과는 물을 측정 성분에서 제외하는 것이다.) 그림 4.6을 살펴보라. 한 분석에서 다른 분석으로 전환하기 위해서는 제2장에서 설명한 바와 같이 성분의 퍼센트를 원하는 기준으로 조정해야 한다.
- **완전연소**: CO_2와 H_2O를 생산하는 연료의 완전반응
- **부분연소**: 탄소 공급원으로부터 적어도 일부 CO를 생산하는 연료의 연소. CO 자체가 산소와 반응할 수 있기 때문에 연소과정에서 CO를 생산하면 CO_2만 생산하는 경우만큼 발열하지 못한다.
- **이론공기(또는 이론산소)**: **완전연소를 위해** 공정으로 공급되어야 하는 공기(또는 산소)의 양. 때로는 이 양을 **필요공기**(또는 **필요산소**)라고도 한다.
- **과잉공기(또는 과잉산소)**: 4.2절에서 주어진 과잉반응물의 정의와 마찬가지로 과잉공기(또는 산소)는 **완전연소를 위해 필요로 하는 이론공기(또는 산소)를 초과하는 양**이다.

과잉공기의 계산된 양은 **얼마나 많은 물질이 실제로 연소되는가에 달려 있지 않고 완전반응이 일어나면 어떤 물질이 연소될 수 있는지에 달려 있다.** 예를 들어 CO와 CO_2 모두로 연소되는 C처럼, 비록 **부분연소만 일어난다 할지라도 과잉공기(또는 산소)는 연소과정이 마치 CO_2만 생산한 것처럼 계산된다.** 방 안의 나무의자는 보통 온도에서는 타지 않음에도 불구하고 그 부피나 질량이 알려지면 의자의 연소에 대한 방 안의 과잉공기는 계산될 수 있다.

과잉공기 퍼센트는 과잉산소 퍼센트와 같다(계산에 사용하기에는 종종 더욱 편리하다).

$$\text{과잉공기 \%} = 100\,\frac{\text{과잉공기}}{\text{필요공기}} = 100\,\frac{\text{과잉산소}/0.21}{\text{필요산소}/0.21} = 100\,\frac{\text{과잉산소}}{\text{필요산소}} \tag{4.13}$$

식 (4.13)에서 O_2에 대한 공기의 비율 1/0.21이 상쇄됨을 주목하라. 과잉공기 퍼센트는 다음과 같이 계산될 수도 있다.

$$\text{과잉공기 \%} = 100\frac{\text{공정에 도입되는 } O_2 - \text{필요한 } O_2}{\text{필요한 } O_2} \tag{4.14}$$

또는

$$\text{과잉공기 \%} = 100\frac{\text{과잉 } O_2}{\text{도입되는 } O_2 - \text{과잉 } O_2} \tag{4.15}$$

어떤 문제의 자유도 계산에서 과잉공기가 규정되어 있다면(또한 공정에 대한 화학반응식이 알려져 있다면) 얼마나 많은 공기가 연료와 함께 도입되는지 계산할 수 있다. 따라서 과잉공기량의 규정은 다른 규정과 마찬가지로 변수 중의 하나에 값을 부여하는 데 사용될 수 있다.

이제 이러한 개념을 몇몇 예제에 적용해보자.

예제 4.13 과잉공기의 계산

문제 휘발유 이외의 자동차 연료가 휘발유보다 낮은 수준의 오염물을 생성하기 때문에 주목받고 있다. 압축 프로판이 자동차 동력원으로 제안되었다. 어떤 테스트에서 20 kg의 C_3H_8이 400 kg의 공기와 연소되어 44 kg의 CO_2와 12 kg의 CO를 배출했다. 과잉공기는 몇 퍼센트였는가?

풀이 이것은 다음 반응을 포함하는 문제이다(반응의 양론계수가 맞는가?).

$$C_3H_8 + 5O_2 \rightarrow 3CO_2 + 4H_2O$$

계산 기준: 20 kg의 C_3H_8

과잉공기 퍼센트는 C_3H_8이 CO_2와 $4H_2O$로의 완전연소를 바탕으로 하므로 연소가 완전하지 않다는 사실은 과잉공기 계산에 영향이 없다. 20 kg의 C_3H_8을 기준으로 한 O_2의 필요량은

$$\frac{20 \text{ kg } C_3H_8}{} \left| \frac{1 \text{ kg mol } C_3H_8}{44.09 \text{ kg } C_3H_8} \right| \frac{5 \text{ kg mol } O_2}{1 \text{ kg mol } C_3H_8} = 2.27 \text{ kg mol } O_2$$

도입되는 O_2는

$$\frac{400 \text{ kg air}}{} \left| \frac{1 \text{ kg mol air}}{29 \text{ kg air}} \right| \frac{21 \text{ kg mol } O_2}{100 \text{ kg mol air}} = 2.90 \text{ kg mol } O_2$$

과잉공기 퍼센트는

$$100\frac{\text{과잉산소 } O_2}{\text{필요산소 } O_2} = 100\frac{\text{도입되는 } O_2 - \text{필요한 } O_2}{\text{필요한 } O_2}$$

$$\text{\% 과잉공기} = \frac{2.90 \text{ kg mol } O_2 - 2.27 \text{ kg mol } O_2}{2.27 \text{ kg mol } O_2} \left| \frac{100}{} \right. = 28\%$$

과잉공기 계산에서 과잉이란 완전연소에 필요한 양보다 더 많이 연소 공정으로 들어가는 공기의 양임을 기억하라. 연소되는 물질 내부에 산소가 어느 정도 있음을 생각하라. 예를 들어 80%의 C_2H_6와 20%의 O_2를 포함한 기체가 200%의 과잉공기와 엔진 안에서 연소된다고 가정하라. 에

탄의 80%는 CO_2로, 10%는 CO로 반응하고 나머지 10%는 미연소 상태로 남아 있다. C_2H_6 100몰당 과잉공기의 양은 얼마인가? 첫째로 과잉공기 계산의 바탕이 C_2H_6의 **완전연소**이므로 CO와 미연소 에탄에 관한 정보는 무시할 수 있다. 특히 반응생성물은 최고의 산화상태라고 가정한다. 예를 들어 C는 CO_2로, S는 SO_2로, H는 H_2O로, CO는 CO_2로 진행된다.

둘째로 연료 중의 산소는 무시할 수 없다. 다음 반응을 기반으로 하면 80몰의 C_2H_6는 완전 연소를 위해 3.5(80) = 280몰의 O_2를 필요로 한다.

$$C_2H_6 + \frac{7}{2}O_2 \rightarrow 2CO_2 + 3H_2O$$

그러나 기체가 20몰의 O_2를 이미 포함하고 있으므로 완전연소를 위해서는 도입 공기에 280 − 20 = 260몰의 O_2만 필요하다. 따라서 260몰이 필요한 O_2의 양이므로 200% 과잉 O_2(공기)의 계산은 280몰이 아니라 260몰의 O_2를 기반으로 한다:

도입 공기	몰 O_2
필요한 O_2	260
과잉 O_2 (2.00)(260)	520
합계 O_2	780

예제 4.14 메탄 연료전지

문제 '모든 차에 연료전지'는 《Chemical and Engineering News》(2001. 3. 5, p. 43)에 실린 기사의 표제이다. 본질적으로 연료전지는 연료와 공기가 공급되고 전기와 폐생산물이 배출되는 개방계이다. 그림 E4.14는 메탄(CH_4)과 공기(O_2 + N_2)의 연속흐름이 전기와 CO_2 및 H_2O를 생산하는 연료전지의 스케치이다. CH_4의 산화를 촉진하기 위해 특수막과 촉매를 필요로 한다.

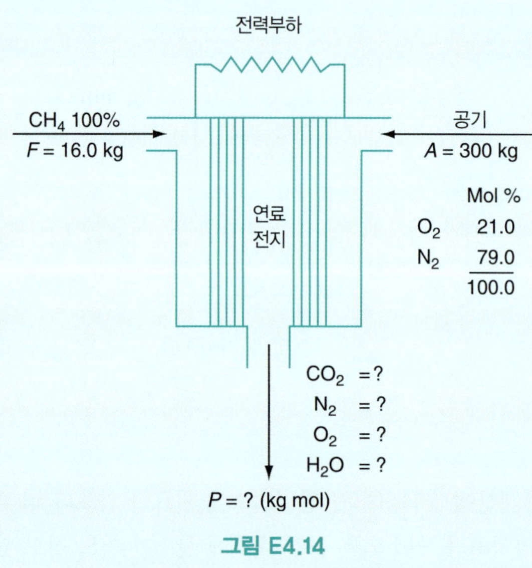

그림 E4.14

그림 E4.14의 자료를 바탕으로 P에 포함된 생성물의 조성을 구하라고 요청받았다.

풀이

단계 1~4

이것은 반응이 있는 정상상태 공정이다. 완전한 반응이 일어난다고 가정할 수 있겠는가? 그렇다. 어떻게 그러한가? P에 CH_4나 CO가 나타나지 않는다. 계는 연료전지이다(열린, 정상상태). 공정 배출물이 기체이므로 조성은 몰분율(또는 몰)로 나타날 것이다. 따라서 CH_4와 공기의 양이 kg으로 서술되었지만 이 문제에서는 질량보다는 kg mol을 사용하는 것이 더욱 편리하다. 다음과 같이 kg에서 kg mol로 필요한 전환을 수행할 수 있다.

$$\frac{300 \text{ kg } A}{} \left| \frac{1 \text{ kg mol } A}{29.0 \text{ kg } A} \right. = 10.35 \text{ kg mol } A \text{ 도입}$$

$$\frac{16.0 \text{ kg CH}_4}{} \left| \frac{1 \text{ kg mol CH}_4}{16.0 \text{ kg CH}_4} \right. = 1.00 \text{ kg mol CH}_4 \text{ 도입}$$

$$\frac{10.35 \text{ kg mol } A}{} \left| \frac{0.21 \text{ kg mol O}_2}{1 \text{ kg mol } A} \right. = 2.17 \text{ kg mol O}_2 \text{ in } A$$

$$\frac{10.35 \text{ kg mol } A}{} \left| \frac{0.79 \text{ kg mol N}_2}{1 \text{ kg mol } A} \right. = 8.18 \text{ kg mol N}_2 \text{ in } A$$

이 계에 대한 화학반응식은 다음과 같이 가정할 수 있다.

$$CH_4 + 2O_2 \rightarrow CO_2 + 2H_2O$$

단계 5

편리한 계산 기준을 선택한다.

$$\text{계산 기준: 도입되는 CH}_4 \text{ 16.0 kg} = 1 \text{ kg mol CH}_4 + \text{도입되는 } A \text{ 300 kg} = \text{공기 10.35 kg mol}$$

단계 6~7

자유도 분석은 다음과 같다.

변수의 수: 10 $\quad F, P, A, n_{CO_2}^P, n_{N_2}^P, n_{O_2}^P, n_{H_2O}^P, n_{O_2}^A, n_{N_2}^A + \xi$

계산 기준과 위에서 계산된 양이 주어지면 이 변수 중에서 4개($F, A, n_{O_2}^A, n_{N_2}^A$)는 그 값이 부여될 수 있다. 따라서 6개의 미지변수가 남는다.

식의 수: 6

5개의 독립적인 화학종 수지: CH_4, O_2, N_2, CO_2, H_2O

P에 대한 1개의 내재된 독립식: $\sum n_i^P = P$

따라서 자유도는 0이다.

단계 8

화학종 몰수지는 다음과 같다.

화합물	배출		도입		$\nu_i\xi$		g mol
CH_4	$n^P_{CH_4}$	=	1.0	−	ξ	=	0
O_2	$n^P_{O_2}$	=	2.17	−	2ξ	=	0.17
N_2	$n^P_{N_2}$	=	8.18	−	$0(\xi)$	=	8.18
CO_2	$n^P_{CO_2}$	=	0	+	ξ	=	1.0
H_2O	$n^P_{H_2O}$	=	0	+	2ξ	=	2.0

단계 9

이 식의 풀이로 다음을 얻으며,

$$n^P_{CH_4} = 0,\ n^P_{O_2} = 0.17,\ n^P_{N_2} = 8.18,\ n^P_{CO_2} = 1.0,\ n^P_{H_2O} = 2.0,\ P = 11.35$$

P의 몰 퍼센트 조성은 다음과 같다.

$$y_{O_2} = 1.5\%,\ y_{N_2} = 72.1\%,\ y_{CO_2} = 8.8\%,\ y_{H_2O} = 17.6\%$$

4개의 원소수지와 1개의 P에 대한 내재식을 사용하면 반응을 모르고도 원소수지를 사용해서 같은 답을 얻을 수 있다(ξ는 더 이상 변수가 아니다).

단계 10

출구 기체의 전체 질량을 계산해 도입되는 전체 질량(316 kg)과 비교함으로써 답을 검산할 수 있으나 여기서는 지면을 아끼기 위해 이 단계를 생략한다.

예제 4.15 석탄의 연소

문제 지역 공익시설이 건기준으로 다음과 같은 조성의 석탄을 연소시킨다. (다음의 석탄 분석은 예제의 계산에는 편리하지만 석탄에 대해 보고되는 유일한 분석 형태는 아니다. 일부 분석은 각 원소에 관해 훨씬 적은 정보를 포함하고 있다.)

성분	%
C	83.05
H	4.45
O	3.36
N	1.08
S	0.70
회분	7.36
합계	100.0

24시간의 테스트 동안 굴뚝에서 배출되는 기체의 평균 Orsat 분석은 다음과 같다.

성분	%
$CO_2 + SO_2$	15.4
CO	0.0
O_2	4.0
N_2	80.6
합계	100.0

연료 중의 수분(H_2O)은 3.90%였으며 공기는 평균 0.0048 lb H_2O/lb 건조공기를 포함하고 있다. 쓰레기는 14.0%의 미연소 석탄, 나머지가 회분이었다. 쓰레기 중의 미연소 석탄은 연료로 사용된 석탄과 같은 조성이라고 가정한다.

그림 E4.15와 같은 공정을 위해 사용된 과잉공기 퍼센트는 얼마인가?

풀이 이 공정에 대해 사용된 과잉공기 퍼센트만 질문받았음을 주목하라. 따라서 그림 E4.15는 이 문제를 풀기 위해 필요한 것보다 더 많은 정보를 포함하고 있다.

단계 1~4

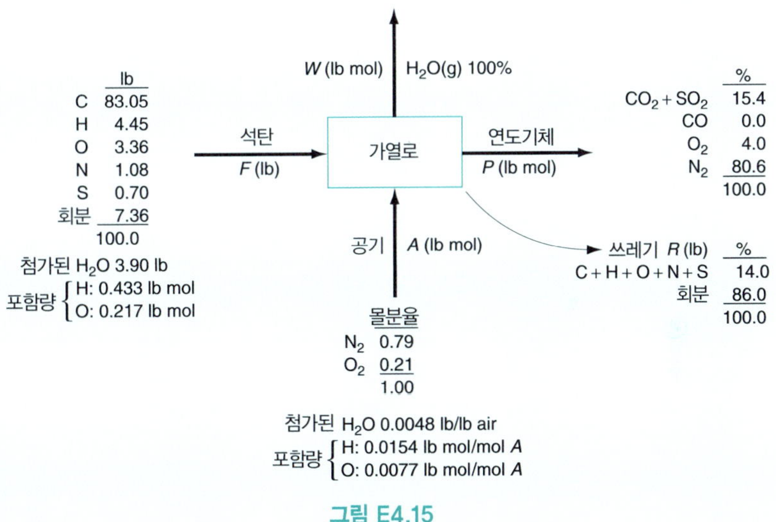

그림 E4.15

단계 5

편의상 $F = 100$ lb의 계산 기준을 선택한다.

단계 6~9

공기(A)의 공급속도에 대해 풀 필요가 있으나 그것을 위해 먼저 미지의 흐름속도 R과 P에 대해 풀 필요가 있다. 회분이 연결 성분임을 유념하라. 회분에 대해 물질수지를 적용하면

$$7.36 = 0.86\,R \Rightarrow R = 8.56 \text{ lb}$$

석탄의 일부가 반응하지 않으며 R에 포함되어 공정을 나가는 것을 주목하라. 여기서 회분이 아닌 R의 부분은 F와 같은 조성이라고 가정한다. 따라서 연소된 석탄량을 계산하기 위해 F에서 그 양을 단순히 제거한다.

$$\text{연소된 석탄량} = 100. - 0.14\,R = 98.8 \text{ lb}$$

연소하는 석탄 중의 모든 C와 S는 연도기체(P)로 귀착되기 때문에 C와 S에 대해 다음의 결합된 몰수지를 세울 수 있다.

$$\underset{\text{연소된 C의 mol 수}}{\frac{(0.8305)(98.8)}{12}} + \underset{\text{연소된 S의 mol 수}}{\frac{(0.007)(98.8)}{32}} = \underset{\text{연도기체 중 S + C의 mol 수}}{0.154P}$$

P에 대해 풀면 $P = 44.54$ lb mol이다. 이제 연소된 석탄량(98.8 lb)을 이용해서 A를 계산하기 위한 질소수지를 수행할 수 있다.

$$\underset{N_2 \text{ in } F}{\frac{(0.0108)(98.8)}{28}} + \underset{N_2 \text{ in } A}{0.79A} = \underset{N_2 \text{ in } P}{(0.806)(44.54)}$$

위 식을 풀면 $A = 45.39$ lb mol이다.

석탄에 포함된 산소가 연소에 사용되며 산소를 비롯한 미연소 가연물질이 존재하므로 과잉공기 퍼센트의 계산에는 앞서 식 (4.14)에서 보인 것처럼 도입되는 전체 산소와 요구되는 산소를 사용할 것이다.

$$\%\ \text{과잉공기} = 100\left(\frac{O_2 \text{ 도입량} - O_2 \text{ 필요량}}{O_2 \text{ 필요량}}\right)$$

필요한 O_2는 (실제로 연소되는 것을 기반으로 하지 않고) C, H, S의 완전연소를 위한 양론적인 필요량에서 석탄 중에 존재하는 O_2를 뺀 것과 동일하다.

성분	반응	lb	lb mol	O_2 필요량 (lb mol)
C	$C + O_2 \rightarrow CO_2$	83.05	6.921	6.921
H	$H_2 + \frac{1}{2}O_2 \rightarrow H_2O$	4.45	4.415	1.104
O	–	3.36	0.210	(0.105)
N	–	–	–	–
S	$S + O_2 \rightarrow SO_2$	0.70	0.022	0.022
합계				7.942

도입 공기 중의 산소는 (45.39)(0.21) = 9.532 lb mol이다. 따라서

$$\%\ \text{과잉공기} = 100\left(\frac{9.532 - 7.942}{7.942}\right) = 20.0\%$$

만약 습기준 연도기체 분석만으로 과잉공기 퍼센트를 잘못 계산했다면 석탄 중의 산소를 무시한 것이다.

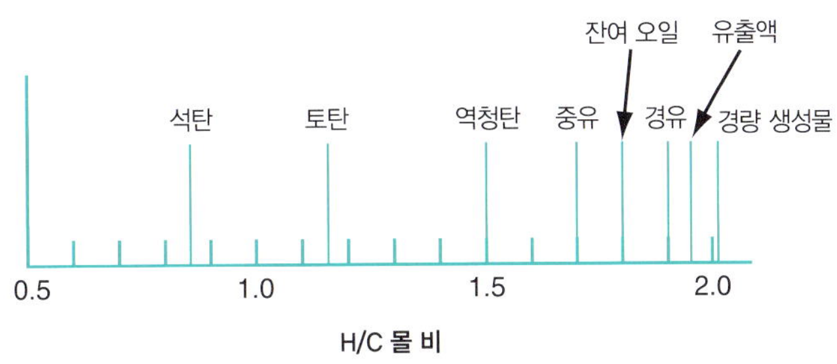

그림 4.7 ▸ 선택된 연료에서 H/C 비율의 변화

대기 중 CO_2의 관점에서 kg 연료당 예제 4.14의 CH_4가 CO_2 농도 증가에 더 많이 기여하는가? 또는 예제 4.15의 석탄이 그러한가? 몰로 나타낸 CH_4의 H/C 비율은 4/1인 반면 석탄에서는 그 값이 0.0537/0.0897 = 0.60이었다. 그러므로 석탄이 더 많은 CO_2 방출을 초래한다. 그림 4.7은 여러 가지 연료의 형태에 따라서 H/C 비율이 어떻게 달라지는지를 보여준다.

바이오매스(biomass)의 성장에서 산소의 사용이 항상 반응물이 CO_2와 H_2O로 완전 전화된다는 가정에 초점을 맞추는 것은 아니다. 화학반응식은 (용액이나 현탁액 상태의) 바이오매스를 CO_2나 H_2O와 마찬가지로 반응물과 생성물로 포함하며, 용해된 O_2(dissolved O_2, DO)에 의해 모든 반응물이 소진되는 경우는 거의 없다. DO는 일반적으로 포화도의 20%를 초과하는 경우 과잉으로 간주되며 교반 속도, 공기 주입 속도 또는 순수 산소 주입 속도로 제어할 수 있다.

만약 기질 내 1몰의 C를 기반으로 바이오매스의 성장과 가능한 부생산물에 대한 화학반응식을 다음과 같이 쓴다면 식 (4.16)을 얻을 것이다.

$$\underbrace{CH_xO_yN_z}_{\substack{\text{기질} \\ \text{(바이오매스)}}} + a\,O_2 + b\,\underbrace{H_gO_hN_i}_{\substack{\text{질소} \\ \text{근원}}} \rightarrow c\,\underbrace{CH_jO_kN_\ell}_{\substack{\text{바이오매스 세포} \\ \text{(성장으로부터),} \\ \text{세포질 생산물}}} + d\,CO_2 \tag{4.16}$$

$$+\,e\,H_2O + f\,\underbrace{C_mH_nO_oN_p}_{\text{세포 외 생산물}}$$

- **기질**: 세포 덩어리가 성장하고 생성물을 생산할 때 사용하는 주요 탄소원 영양소(예: 포도당)
- **질소 근원**: 바이오매스 성장을 위한 암모니아, 암모늄, 요소, 질산염, 2차 또는 처리 폐기물
- **세포질 생산물**: 반응에서 생산된 바이오매스. 성장은 표면 위에서만 일어나는 것이 아니라 바이오매스를 통틀어 일어난다. 반드시 바이오매스와 분리되어야 할(어느 정도의 비용을 들여서) 생성물이 바이오매스의 성장과 함께 발생할 수도 있다.
- **세포 외 생산물**: CO_2나 H_2O와 마찬가지로 아세트산, 시트르산, 포퓰레이트, 글리세롤, 피라메이트 등과 같은 여러 가지 대사물질. 다른 하나의 생성물이 함께 생산된다.

일반적으로 전체 반응 시간의 약 1/3을 차지하는 생물반응기의 초기 단계에는 일반적으로 기하급수적인 성장을 수반한다. 초기 단계 이후 반응 속도는 일반적으로 기질의 가용성에 따라 제

한되지만 다른 영양소의 가용성에 따라 제한될 수도 있다.

O_2와 반응해 CO_2와 H_2O만 생성하는 C와 H 성분의 탄화수소 연료(즉 $z = 0$, 예: 포도당)에 대해 완전연소라는 가정이 주어지면 식 (4.16)에서 양론계수 b, c, f는 0이므로 a, d, e만 남는다. 그러면 3개의 원소수지를 세울 수 있으므로 자유도는 0이다. 그러나 만약 6개 항 전부 및 그와 관련된 양론계수가 반응에 포함된다면 4개의 원소수지만 세울 수 있어서(C, H, O, N) 규정되어야 할 자유도 2개를 남겨놓는다. 반응에서 각 성분의 화학적 조성을 아마 알고 있겠지만, 그렇지 않다면 추가 규정이나 가정을 반드시 수립해야 한다. 그러므로 기질과 바이오매스 생성물의 분자량(MW)은 대개 나와 있으며, 만약 세포 외 생산물의 조성이 밝혀지지 않았으면 $CH_{1.8}O_{0.5}N_{0.2}$를 추정치로 사용할 수 있다[J. A. Roels, *Biotechnology Bioengineering*, 22, 2457(1980)]. 세포는 C, H, O, N 이외의 원소를 포함하고 있지만 P, S, K, Ca, Mg, Cl, Fe 같은 미량 성분은 거의 O_2를 필요로 하지 않으므로 종종 비반응 성분인 회분처럼 취급된다.

이런 가정과 함께 c와 f의 값은 여전히 다음 식과 같이 반드시 측정으로 얻어야 한다.

$$c = \frac{\dfrac{\text{생성된 바이오매스의 g}}{\text{바이오매스의 MW}}}{\dfrac{\text{소비된 기질의 g}}{\text{기질의 MW}}}$$

$$f = \frac{\dfrac{\text{생성된 세포 외 생산물의 g}}{\text{세포 외 생산물의 MW}}}{\dfrac{\text{소비된 기질의 g}}{\text{기질의 MW}}}$$

호흡률(respiratory quotient, RQ)을 이용하는 것도 가능하다.

$$\text{RQ} = \frac{\text{생성된 CO}_2\text{의 mol 수}}{\text{소비된 O}_2\text{의 mol 수}} = \frac{\text{d}}{\text{a}}$$

O_2 또는 기타 공급원료의 간헐적인 공급으로 인해 특정 상황에서 RQ에 노이즈가 발생할 수 있다.

자유도가 양수인 결과로 생물계의 **산소 요구량**이라고 하는 것을 측정하기 위해 많은 실증적 산소 사용량 측정법이 사용된다. 이러한 측정법의 정의는 책이나 인터넷에서 읽은 것에 따라 달라지지만 표준 시험의 수행이나 표준 테스트를 대신하는 기기에 의해 정확하게 정의된다.

- **총 산소 요구량**(total oxygen demand, TOD): (황산이나 중크롬산칼륨 같은 강산화제를 사용하는) COD 시험이나 연소로 결정하는 (수중) 시료에 존재하는 모든 유기화합물과 무기화합물을 완전히 산화시키기 위해 필요한 산소의 양. O_2의 양은 시료를 포함하는 용액 1 L당 mg 또는 시료 1 g당 O_2로 보고된다.
- **화학적 산소 요구량**(chemical oxygen demand, COD): 유기화합물만 고려한다는 점을 제외하면 TOD와 같다. COD는 가끔 TOD와 같다고 정의된다. COD는 서서히 생분해되는 유기화합물과 BOD 시험에서는 미생물로 분해되지 않는 저항성 유기화합물을 포함하기 때문에 COD 값이 (다음에 정의되는) BOD 값보다 크다. COD 값은 시료 g당 O_2의 g 단위로

보고된다.

- **생물학적 산소 요구량**(biological oxygen demand, BOD): BOD 시험으로 결정하는 미생물이 (수중) 시료의 유기화합물을 산화시키는 데 필요한 산소의 양. 시험은 20°C에서 며칠 동안 수행된다. 5일이 가장 통상적인 기간이다. 사용된 O_2의 양은 시험 초기와 5일 후의 물에 용해된 산소(DO)의 차이로 결정된다. BOD는 주로 물과 폐수의 질을 평가하는 데 사용된다. BOD5(BOD_5)의 값은 시료 g당 O_2의 g로 보고된다.
- **이론 산소 요구량**(theoretical oxygen demand, ThOD): 양론계수가 맞는 화학반응식(식 4.17)에 의해 시료에서 생성된 어떤 세포 외 생산물도 무시하고($f = 0$), 반응물을 CO_2, H_2O 및 다른 생성물의 최고 산화상태로 산화시키기 위해 요구되는 O_2의 양. ThOD는 앞에서 논의된 이론적 O_2와 같은 것이다. 질소의 최고 상태는 질산염이다. 예를 들어 글리신, $CH_2(NH_3)COOH$의 산화에서 총괄 반응식은 다음과 같다.

$$CH_2\ (NH_3)CO\ OH + 15/2\ O_2 = 2\ CO_2 + 5/2\ H_2O + HNO_3$$

이론적 O_2는 15/2 mol이다.

자습문제

확인문제

1. 연도기체 분석과 Orsat 분석의 차이를 설명하라. 건기준과 습기준의 차이를 설명하라.
2. 무(無) SO_2 기준은 무엇을 의미하는가?
3. 퍼센트 과잉공기를 필요 공기나 도입 공기와 연계시키는 관계식을 써라.
4. (산소에 의한) 연소에서 퍼센트 과잉공기는 언제나 퍼센트 과잉산소와 같은가?
5. 규정된 과잉공기가 사용되며 CO가 연소생성물 중의 하나인 연소 공정에서 결과물로 배출되는 기체의 분석치는 모든 탄소가 CO_2로 연소된 경우보다 더 많은 산소를 포함하는가, 아니면 더 적은 산소를 포함하는가?
6. 다음 설명이 참인지 거짓인지 밝혀라.
   a. 연소를 위한 과잉공기는 반응이 일어나든 그렇지 않든 완전반응의 가정을 사용해서 계산된다.
   b. 전형적인 연소 공정에 대한 생성물은 CO_2 기체와 H_2O 증기이다.
   c. 연소 공정에서 석탄이나 연료유 내의 산소는 비활성이므로 연소계산에서 무시할 수 있다.
   d. 연도기체 내 N_2의 농도는 대개 직접 측정으로 얻는다.

해답

1. Orsat 분석(건기준)은 수증기를 포함하지 않는다.
2. SO_2는 분석에 포함되지 않는다.
3. $\text{과잉공기 \%} = \dfrac{\text{도입공기} - \text{필요공기}}{\text{필요공기}}$
4. 그렇다.
5. 더 많은 산소를 포함한다.

6. (a) 참, (b) 참, (c) 거짓, (d) 거짓

적용문제

1. 순수한 탄소가 산소 속에서 연소된다. 연도기체 분석치는 다음과 같다.

CO_2	75 mol %
CO	14 mol %
O_2	11 mol %

사용된 과잉산소 퍼센트는 얼마인가?

2. 톨루엔, 즉 C_7H_8이 30% 과잉공기와 연소된다. 좋지 않은 버너가 탄소의 15%를 화덕 벽에 달라붙는 검댕(순수한 C)이 되게 한다. 화덕을 나가는 기체의 Orsat 분석치는 얼마인가?

3. CO_2 6.4%, O_2 0.2%, CO 40.0%, H_2 50.8%(나머지는 N_2)로 분석되는 합성가스가 과잉 건조 공기로 연소된다. 문제는 연도기체의 성분을 결정하는 것이다. 이 문제에는 몇 개의 자유도가 존재하는가? 즉 얼마나 많은 추가 변수가 규정된 그 값을 가져야만 하는가?

4. 탄화수소 연료가 과잉공기로 연소된다. 연도기체의 Orsat 분석치는 10.2% CO_2, 1.0% CO, 8.4% O_2, 80.4% N_2를 나타낸다. 연료의 C에 대한 H의 비율은 얼마인가?

해답

1. 계산 기준: 100 mol. 필요한 O_2 = 75 + 14 = 89 mol, 과잉 O_2 = 11 − 14/2 = 4 mol, 과잉 % = 4/89 = 4.49%

2. 계산 기준: 1 mol C_7H_8. $C_7H_8 + 9O_2 \rightarrow 7CO_2 + 4H_2O$, $x = 0.85$ mol, $(O_2)_{in} = 9(1.3) = 11.7$, $N_2 = 11.7(0.79)/0.21 = 44.01$, O_2 수지: 11.7 − 9(.85) = 4.05, CO_2 수지: 7(0.85) = 5.95, 물을 제외한 몰수 = 54.01, 7.50% O_2, 11.02% CO_2, 81.48% N_2

3. 1(예를 들면 과잉공기 %)

4. 계산 기준: 100 mol. 도입 O_2 = 80.4(0.21)/0.79 = 21.37, 반응해서 H_2O를 생성하는 O_2: 21.37 − 10.2 − 0.5 − 8.4 = 2.27, 모든 O_2 몰에 대해 4개의 H, H의 몰수 = 9.08, C의 몰수 = 10.2 + 1 = 11.2, 그러므로 H/C = 9.08/11.2 = 0.812

요약

이 장에서는 반응물과 생성물 중에서 화학반응식이 정량적 관계를 계산하기 위해 어떻게 사용될 수 있는지 설명했다. 또한 화학반응을 포함하는 계산을 수행할 때 엔지니어가 사용하는 여러 용어를 정의했다. 이 장에서는 식 (4.11) 및 그와 유사한 식을 반응을 포함하는 공정에 응용했다. 만약 원소수지를 세운다면 생성항 및 소비항이 0이므로 식 (3.1)과 (3.2)를 사용할 수 있다. 그러나 만약 화학종 수지를 세운다면 축적항과 소비항이 0이 아니므로 반드시 반응진행도를 사용해야 한다. 이런 계에는 그 특성을 인식하고 반응을 가진 일반적인 물질수지를 그냥 적용한다.

주요 용어

과잉반응물(excess reactant): 한계반응물 이외의 모든 반응물

반응진행도(extent of reaction): 화학반응식에 따라 일어나는 반응의 mol

선택도(selectivity): 일련의 여러 반응에서 생산된 특정한 생성물(대개 원하는) mol 수의 다른 생성물(대개 원치 않는 또는 부생성물)의 mol 수에 대한 비율

수율(yield): 공급물 기준－공급된 핵심(대부분 한계) 반응물의 양으로 나눈 원하는 생성물의 획득량(질량 또는몰)

소비반응물 기준－소비된 핵심(대부분 한계) 반응물의 양으로 나눈 원하는 생성물의 획득량(질량 또는 몰)

이론 기준－화학반응식의 한계반응물이 완전히 소진되면 얻어지는 생성물의 이론적(기대되는) 양으로 나눈 생성물의 획득량(질량 또는 몰)

양론계수(stoichiometric coefficient): 화학반응에서 반응하거나 생성되는 화학종의 상대적인 mol 양을 가리킨다.

양론비(stoichiometric quantity): 화학량론적 비율을 기준으로 한 물질의 양

양론비율(stoichiometric ratio): 화학반응에서 반응물과 생성물 모두를 포함한 화학종의 양론계수 사용으로 얻은 mol 비율

완결도(degree of completion): 생성물로 전환된 한계반응물의 퍼센트 또는 분율

이론공기(theoretical air): 완전 연소를 위해 공정에 도입되는 데 필요한 공기(또는 산소)의 양. 때때로 이 양을 필요공기(또는 필요산소)라고 함

전화율(conversion): 공급물이나 공급물 중 일부 핵심물질의 생성물로 전환된 분율

필요공기(required air): 완전연소를 위해 공정에 도입되는 데 필요한 공기(또는 산소)의 양. 때때로 이 양을 이론 공기(또는 이론산소)라고 함

한계반응물(limiting reactant): 반응이 일어나지 않더라도, 만약 반응이 화학식에 따라 완전히 진행되면 반응에서 이론적으로 가장 먼저 소진되는(완전히 소모되는) 화학종

화학량론(stoichiometry): 화학반응에 포함된 반응물과 생성물의 mol과 질량에 관한 계산에 관계있다.

연습문제

4.1 화학량론

***4.1.1** $BaCl_2 + Na_2SO_4 \rightarrow BaSO_4 + 2NaCl$

a. 5.00 g의 황산나트륨과 반응하기 위해서는 몇 g의 염화바륨이 필요한가?

b. 5.00 g의 황산바륨 석출을 위해서는 몇 g의 염화바륨이 필요한가?

c. 5.00 g의 염화나트륨을 생산하기 위해서는 몇 g의 염화바륨이 필요한가?

d. 5.00 g의 염화바륨 석출을 위해서는 몇 g의 황산나트륨이 필요한가?

e. 5.00 g의 황산바륨이 석출되려면 몇 g의 황산나트륨이 염화바륨에 첨가되어야 하는가?

f. 몇 lb의 황산나트륨이 5.00 lb의 염화나트륨과 대등한가?

g. 몇 lb의 황산바륨이 5.00 lb의 염화바륨에 의해 석출되는가?

h. 몇 lb의 황산바륨이 5.00 lb의 황산나트륨에 의해 석출되는가?

i. 몇 lb의 황산바륨이 5.00 lb의 염화나트륨과 대등한가?

***4.1.2** $AgNO_3 + NaCl \rightarrow AgCl + NaNO_3$

a. 5.00 g의 염화나트륨과 반응하기 위해서는 몇 g의 질산은이 필요한가?

b. 5.00 g의 염화은 석출을 위해서는 몇 g의 질산은이 필요한가?

c. 몇 g의 질산은이 5.00 g의 질산나트륨과 대등한가?

d. 5.00 g의 질산은으로부터 은을 석출하기 위해서는 몇 g의 염화나트륨이 필요한가?

e. 5.00 g의 염화은이 석출되려면 몇 g의 염화나트륨이 질산은에 첨가되어야 하는가?

f. 몇 lb의 염화나트륨이 5.00 lb의 질산나트륨과 대등한가?

g. 몇 lb의 염화은이 5.00 lb의 질산은에 의해 석출되는가?

h. 몇 lb의 염화은이 5.00 lb의 염화나트륨에 의해 석출되는가?

i. 몇 lb의 염화은이 5.00 lb의 질산은과 대등한가?

***4.1.3** 다음 반응의 양론계수를 맞추라($a_1 \sim a_6$의 값을 찾으라).

a. $a_1As_2S_3 + a_2H_2O + a_3HNO_3 \rightarrow a_4NO + a_5H_3AsO_4 + a_6H_2SO_4$

b. $a_1KClO_3 + a_2HCl \rightarrow a_3KCl + a_4ClO_2 + a_5Cl_2 + a_6H_2O$

***4.1.4** 비타민 C의 분자식은 다음과 같다.

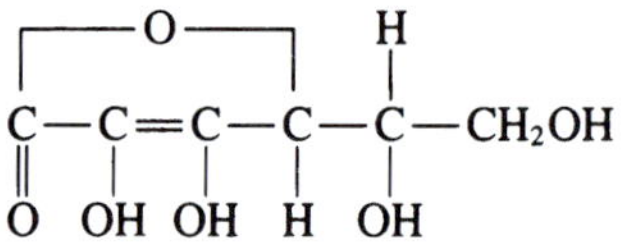

```
 ┌─────O─────┐     H
 |           |     |
 C ─ C ═ C ─ C ─ C ─ CH2OH
 ‖   |   |   |   |
 O  OH  OH   H  OH
```

그림 P4.1.4

몇 lb의 이 화합물이 3 g mol에 포함되는가?

***4.1.5** 제조 공정에서 나오는 종이의 산성 찌꺼기가 목재를 기반으로 하는 종이를 낡고 저질이 되게 한다. 종이를 중화하기 위해서는 기상 처리과정에서 반드시 질량이 책 정도인 종이의 섬유 구조를 침투해 들어가기에 충분한 휘발성을 가지지만, 약간 염기성이며 궁극적으로는 비휘발성 화합물을 산출하게 조작될 수 있는 화학적 성질의 화합물을 사용해야 한다. 1976년에 George Kelly와 John Williams가 기체상태의 다이에틸 아연(diethyl zinc, DEZ)을 사용해 대량 탈산화 공정을 설계함으로써 이 목적을 성공적으로 달성했다.

실온에서 DEZ는 무색 액체이며 117°C에서 끓는다. 산소와 결합할 때는 다음의 강한 발열반응이 일어난다.

$$(C_2H_5)_2Zn + 7O_2 \rightarrow ZnO + 4CO_2 + 5H_2O$$

공기에 노출되면 액체 DEZ가 순간적으로 발화하기 때문에 그 사용에서 주된 고려사항은 공기 제거이다. 한 사건에서는 DEZ에 기인한 화재가 중화 센터를 파괴했다. 위에 나타낸 식의 양론계수가 맞는가? 만약 아니라면 양론계수를 맞추라. 1.5 kg의 ZnO를 형성하기 위해 몇 kg의 DEZ가 반응해야 하는가? 만약 반응으로 20 cm^3의 물이 생성되고 반응이 완전했다면 몇 g의 DEZ가 반응했겠는가?

**** 4.1.6** 다음 반응이 수행된다.

$$Fe_2O_3 + 2X \rightarrow 2Fe + X_2O_3$$

79.847 g의 Fe_2O_3가 X와 반응해 55.847 g의 Fe와 50.982 g의 X_2O_3를 생성했음이 발견되었다. 원소 X를 판별하라.

**** 4.1.7** 탄소, 수소, 산소만 포함하는 화합물의 경험적 화학식을 알아내기 위해 연소장치가 사용되었다. 이 미지시료 0.6349 g이 1.603 g의 CO_2와 0.2810 g의 H_2O를 생성했다. 화합물의 경험적 화학식을 구하라.

**** 4.1.8** 어떤 수화물이 그 내부에서 이온이 1개 또는 그 이상의 물 분자에 부착되는 결정성 화합물이다. 물을 제거하기 위한 가열로 이 화합물을 건조시킬 수 있다. 10.407 g의 수화 요오드화바륨을 가지고 있으며 물을 제거하기 위해 시료를 가열한다. 건조 시료의 질량은 9.520 g이다. 바륨 요오드 BaI_2와 물 H_2O 사이의 몰 비율은 얼마인가? 수화물의 화학식은 무엇인가?

**** 4.1.9** 황산은 다음 반응에 따라 접촉 공정으로 생산될 수 있다.

1. $S + O_2 \rightarrow SO_2$

2. $2SO_2 + O_2 \rightarrow 2SO_3$

3. $2SO_3 + H_2O \rightarrow H_2SO_4$

진한 황산(무게기준 98.3% H_2SO_4)의 생산용량이 3000 tons/day인 황산 공장의 예비 설계의 일부로 다음 계산을 요청받았다.

a. 이 공장을 돌리기 위해 매일 몇 t의 순수 황산이 필요한가?

b. 산소는 매일 몇 t 필요한가?

c. 반응 3을 위해 물은 매일 몇 t 필요한가?

**** 4.1.10** 바닷물은 70 ppm의 브롬을 브롬화물 형태로 포함하고 있다. Ethyl-Dow 회수 공정에서는 산화를 위해 물 1톤(metric ton)당 0.15 kg의 98% 황산이 이론량의 Cl_2와 함께 첨가되며, 최종적으로 에틸렌(C_2H_4)이 브롬과 결합해 $C_2H_4Br_2$를 형성한다. 완전회수를 가정하고 1 kg 브롬을 계산 기준으로 사용해서 포함된 98% 황산, 염소, 바닷물, 이브롬화에탄의 무게를 계산하라.

$$2Br^- + Cl_2 \rightarrow 2Cl^- + Br_2$$
$$Br_2 + C_2H_4 \rightarrow C_2H_4Br_2$$

**** 4.1.11**

입찰 평가서

수신: *J. Coadwell*　　소속: *Water Waste Water*　　날짜: 9-29

입찰안내: 0374-AV

요건: 135949　　상품: 황산제일철

평가 의견

황산제일철 7수화물 525톤(metric tons)에 대한 Avantor의 €37,569.25 입찰은 그들이 배달조건의 이 제품에 대한 저가 응찰자이므로 채택할 것을 추천한다. 또한 50톤(metric tons) 자동차 1대분의 표준화물에 넣은 이 제품이 철도로 운송되게 하거나 또는 대형 컨테이너에 넣은 화물 트레일러를 철도로 운송되게 하는 다른 방법을 선택권으로 보유할 것을 추천한다.

만약 그들이 제출한 입찰서가 황산제일철($FeSO_4 \cdot H_2O$)에 대한 것이었다면 다른 한 회사가 Avantor 입찰과 경쟁하기 위해 무엇을 입찰해야만 하겠는가? ($FeSO_4 \cdot 4H_2O$)에 대한 것이었다면?

****4.1.12** 화재가 발생하려면 3개의 기준이 합치되어야 한다. (1) 연료가 반드시 있어야 하고, (2) 산화제가 반드시 있어야 하며, (3) 발화원이 반드시 있어야 한다. 대부분 연료의 경우 연소는 기상에서만 일어난다. 예를 들면 휘발유는 액체로는 연소하지 않지만 기화할 때는 즉시 연소한다.

공기 중에서 점화될 수 있는 연료의 최소 농도가 존재한다. 만약 연료의 농도가 가연하한(lower flammable limit, LFL) 농도보다 낮으면 점화가 일어나지 않는다. LFL은 부피 퍼센트로 나타낼 수 있는데, 그것은 LFL이 측정되는 조건(대기압과 25°C)하에서의 몰 퍼센트와 동일하다. 어떤 연료라도 점화에 필요한 최소 산소농도 역시 존재한다. 그것은 LFL과 밀접하게 연관되어 있으며 LFL로부터 계산될 수 있다. 점화에 필요한 최소 산소농도는 연소되는 연료의 mol 수에 대한 완전연소에 필요한 산소의 mol 수 비율에 LFL 농도를 곱함으로써 추산할 수 있다.

LFL 이상에서는 점화에 필요한 에너지의 양이 매우 적다. 예를 들어 스파크도 대부분의 가연성 혼합물을 쉽게 점화시킬 수 있다. 또한 그 이상에서는 연료-공기 혼합물이 점화될 수 없는 가연상한(upper flammable limit, UFL)이라는 연료농도도 있다. LFL과 UFL 사이 가연농도 영역의 연료-공기 혼합물은 점화될 수 있다. 흔한 가연성 기체와 휘발성 액체의 대부분에 대해서는 LFL과 UFL, 두 가지 모두가 측정되어 있다. 만약 어떤 연료가 대기 중에서 UFL 이상의 농도로 존재한다 할지라도 일부 지점에서는 틀림없이 가연농도 영역 안에 존재할 것이기 때문에 LFL이 가연농도 중 더 중요한 농도이다. 많은 물질에 대한 LFL 농도는 국립화재방지협회(National Fire Protection Association, NFPA)에서 발간한 《Properties of Flammable Liquids》의 NFPA 규정 325M에서 찾을 수 있다.

n-부탄에 대한 최소 허용 산소농도를 추산하라. n-부탄에 대한 LFL 농도는 1.9 mol %이다. 이 문제는 원래 D. A. Crowl과 J. F. Louvar가 집필하고 Englewood Cliffs, NJ의 Prentice Hall이 출판한 원전 《Chemical Process Safety: Fundamentals with Applications》의 문제를 바탕으로 했으나, J. R. Welker와 C. Springer, New York(1990)에 의한 AIChE 간행물 《Safety, Health, and Loss Prevention in Chemical Processes》의 10번 문제로부터 개조되었다.

****4.1.13** 제지공장에서는 수산화칼슘과의 반응으로 펄프 제조용 가성소다(NaOH)를 생성시키기 위해 소다회(Na_2CO_3)를 가성화(苛性化) 공정에 직접 첨가한다. 총괄 반응은 $Na_2CO_3 + Ca(OH)_2 \rightarrow 2NaOH + CaCO_3$이다. 소다회는 종이 응집제로 사용되는 탄산칼슘 침전물을 현장 생산할 능력도 가질 수 있다. (장치의 부식을 야기하는) 소다회 내의 염소는 정규 등급 가성소다(NaOH) 내의 것보다 40배 적은데 이것 역시 사용될 수 있다. 그러므로 제지공장용으로는 소다회의 품질이 더 좋다. 그러나 소다회로 바꾸기 위한 주된 장애는 과도한 가성 시설을 필요로

한다는 점인데, 이는 낡은 공장에서는 보통 불가능하다.

소다회와 전기분해로 생산되는 가성소다 사이에는 심한 경쟁이 존재한다. 가성소다의 평균 가격은 미터톤 FOB(free on board, 즉 배달이나 하역경비 제외)당 360파운드이나 소다회 가격은 약 £230/미터톤 FOB이다.

같은 양의 NaOH를 기준으로 £360/미터톤의 가격을 맞추려면 가성소다 가격을 얼마로 낮춰야 하는가?

***4.1.14 어떤 공장이 백운석질 석회암을 진한 황산으로 처리해 액체 CO_2를 만든다. 백운석은 68.0% $CaCO_3$, 30.0% $MgCO_3$, 2.0% SiO_2로, 산은 98.3% H_2SO_4와 1.7% H_2O로 분석된다.

a. 처리한 백운석 톤(metric tons)당 생산된 CO_2의 킬로그램 수를 계산하라.

b. 처리한 백운석 톤(metric tons)당 사용된 산의 킬로그램 수를 계산하라.

***4.1.15 위험한 폐기물의 소각로가 시간당 어떤 질량의 디클로로벤젠($C_6H_4Cl_2$)을 소각하고 있으며, 생성된 HCl은 소다회(Na_2CO_3)로 중화되었다. 만약 이 소각로가 같은 양의 혼합된 사염화바이페닐($C1_2H_6Cl_4$)의 연소로 전환된다면 소다회 소비량은 몇 배 증가하겠는가?

4.2 반응계의 용어

*4.2.1 폐수의 악취는 주로 유기 질소 및 황 함유 화합물의 혐기성 분해 생성물에 기인한다. 황화수소가 폐수 악취의 주된 성분이다. 그러나 심한 악취는 그것 없이도 발생하기 때문에 이 화학물질이 유일한 악취 생산원은 아니다. 공기산화가 악취 제거에 사용될 수 있으나 염소가 H_2S와 다른 냄새나는 성분을 분해할 뿐 아니라 무엇보다도 그 화학성분의 원인인 박테리아의 성장도 억제하기 때문에 더욱 선호되는 처리법이다. 구체적인 예로 HOCl은 pH가 낮은 용액 내에서 H_2S와 다음과 같이 반응한다.

$$HOCl + H_2S \rightarrow S + HCl + H_2O$$

만약 실제 공장 관례가 100% 과잉 HOCl을 필요로 한다면(HOCl이 다른 물질과도 반응하기 때문에 H_2S의 분해를 확신하기 위해) 50 ppm의 H_2S를 포함하고 있는 용액 1 L에는 얼마나 많은 HOCl(5% 용액)이 첨가되어야 하는가?

*4.2.2 제1차 세계대전에서 공격적으로 사용된 첫 번째 독가스로 포스겐 가스가 아마도 제일 유명하겠지만, 그것은 여러 종류의 물질을 화학적으로 처리하는 데에도 광범위하게 사용된다. 포스겐은 탄소촉매 존재하에서 CO와 염소가스 사이의 촉매반응으로 제조될 수 있다. 화학반응은 다음과 같다.

$$CO + Cl_2 \rightarrow COCl_2$$

주어진 반응기에서 나오는 반응생성물을 측정해서 염소 4.00 kg mol, 포스겐 15.00 kg mol, CO 8.00 kg mol을 포함하고 있음을 알았다고 가정한다. 반응진행도를 계산하고, 계산된 그 값을 이용해서 반응에 사용된 CO와 Cl_2의 초기량을 계산하라.

*4.2.3 135 mol의 메탄과 45.0 mol의 산소가 반응기로 도입되는 반응에서 반응이 완결될 경우의 반응진행도를 계산하라.

$$6CH_4 + O_2 \rightarrow 2C_2H_2 + 2CO + 10H_2$$

***4.2.4** FeS가 O_2 내에서 볶이면 FeO를 생성한다.

$$2FeS + 3O_2 \rightarrow 2FeO + 2SO_2$$

만약 이 슬래그(slag, 고체생성물)가 80% FeO와 20% FeS를 포함하며 배출 가스는 100% SO_2라면 반응진행도와 FeS의 초기 mol 수는 얼마인가? 100 g이나 100 lb를 기준으로 사용하라.

****4.2.5** 황산알루미늄은 수 처리를 비롯해 많은 화학 공정에서 사용된다. 그것은 분쇄된 보크사이트(알루미늄 원광)와 77.7 무게 퍼센트 황산의 반응에 의해 제조될 수 있다. 보크사이트 원광은 55.4 무게 퍼센트의 산화알루미늄과 나머지 불순물을 포함한다. 750 kg의 순수한 황산알루미늄을 포함하는 미정제 황산알루미늄을 생산하기 위해 410 kg의 보크사이트와 942 kg의 황산용액(77.7% 산)이 사용된다.

a. 과잉반응물을 판별하라.

b. 과잉반응물이 몇 퍼센트 사용되었는가?

c. 반응완결도는 얼마인가?

****4.2.6** 100% $BaSO_4$로 이루어진 중정석이 (불용성인) 6% 회분을 포함하는 코크스 형태의 탄소와 함께 용융된다. 용융 덩어리의 조성은 다음과 같다.

$BaSO_4$	11.1%
BaS	72.8
C	13.9
회분	2.2
	100.0%

$$\text{반응: } BaSO_4 + 4C \rightarrow BaS + 4CO$$

과잉반응물, 과잉반응물의 퍼센트, 반응완결도를 구하라.

****4.2.7** 문제 4.2.2를 다시 읽어보라. 주어진 반응기에서 배출되는 생성물을 측정해서 그것이 3.00 kg의 염소, 10.00 kg의 포스겐, 7.00 kg의 CO를 포함한다는 것을 알고 있다고 가정하고 다음을 계산하라.

a. 사용된 과잉반응물의 퍼센트

b. 한계반응물의 퍼센트 전화율

c. 반응기로 공급된 전체 반응물 kg mol당 생성된 포스겐의 kg mol 수

****4.2.8** 효소의 비활성도는 주어진 일련의 조건하에서 촉매작용한 용액의 양을 반응시간 × 시료의 단백질량으로 나눈 것으로 정의된다.

$$\text{비활성도} = \frac{\text{전화된 용액의 양, } \mu\text{mol}}{(\text{시간 간격, 분})(\text{시료 내 단백질의 양, mg})}$$

리터당 1.00 mg의 단백질을 포함하는 순수한 β-갈락토시데이스(β-g) 용액의 시료 0.1 mL가 5분 동안에 o-니트로페닐 갈락토시드(o-n) 0.10 m mol을 가수분해했다. β-g의 비활성도를 계산하라.

****4.2.9** 아스피린 대체물인 아세트아미노펜을 합성하는 한 가지 방법은 그림 P4.2.9에 개요를 나타낸

것처럼 세 단계 과정을 포함한다. 먼저 p-니트로페놀이 염산 수용액 존재하에서 86.9% 완결도의 p-아미노페놀의 산성 염화물염으로 촉매 수소화된다. 다음으로 이 염은 0.95 분율 전화율의 p-아미노페놀을 얻기 위해 중화된다. 마지막으로 p-아미노페놀이 무수 아세트산과의 반응으로 아세틸화되어 4 kg mol당 3 kg mol의 아세트아미노펜의 수율로 귀결된다. p-니트로페놀의 아세트아미노펜으로의 총괄 전화 분율은 얼마인가?

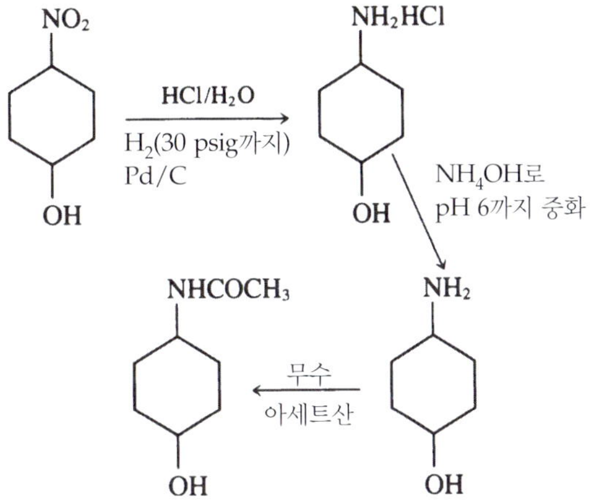

NO_2, OH, HCl/H_2O, H_2(30 psig까지), Pd/C, NH_2HCl, OH, NH_4OH로 pH 6까지 중화, NH_2, OH, 무수 아세트산, $NHCOCH_3$, OH

그림 P4.2.9

**** 4.2.10** 하수 폐수처리의 가장 경제적인 방법은 박테리아의 소화이다. 유기질소가 질산염으로 전화되는 중간 단계로, **니트로소모나스** 박테리아 세포가 암모늄 화합물을 세포조직 내로 대사시킨 다음 아래 총괄반응에 의한 부산물로서 아질산염을 축출한다고 보고되었다.

$$5CO_2 + 55NH_4^+ + 76O_2 \rightarrow C_5H_7O_2N(\text{조직}) + 54NO_2^- + 52H_2O + 109H^+$$

만약 무게로 5%의 암모늄 이온을 포함하는 20,000 kg의 폐수가 박테리아가 접종된 오수 정화조를 통해 흘러간다면, 95%의 NH_4^+가 소모될 경우 몇 kg의 세포조직이 생산되겠는가?

**** 4.2.11** 생물반응의 기질 위 생성물의 총괄수율은 기질 내 공급물(세포, 영양소 등을 포함하고 있는 액체)이 소모되는 속도로 나눈 생성속도의 절댓값이다. 에틸렌(C_2H_4)의 에폭시드(C_2H_4O)로의 산화에 대한 총괄 화학반응은 다음과 같다.

$$2C_2H_4 + O_2 \rightarrow 2C_2H_4O \quad \text{(a)}$$

반응 (a)에 대해 mol당 mol 수로 나타낸 C_2H_4O의 이론 수율(C_2H_4의 100% 전화)을 계산하라.

에폭시드의 생산을 위한 생화학적 경로는 매우 복잡하다. 공동인자 재생이 필요한데, 이는 형성된 에폭시드의 부분적 추가 산화에서 시작된다고 가정한다. 그러므로 1 mol의 에폭시드를 생산하기 위해 소모된 에틸렌의 양은 반응 (a)에 의해 요구되는 양보다 크다. 다음 두 반응 (b1)과 (b2)가 합쳐지면 총괄 경로에 근접한다.

$$C_2H_4 + O_2 + NADH + H^+ \rightarrow C_2H_4O + H_2O + NAD^+ \quad \text{(b1)}$$

$$0.33C_2H_4 + 0.33O_2 + NAD^+ + 0.67H_2O + 0.33FAD^+ \rightarrow 0.67CO_2 + NADH + 1.33H^+ + 0.33FADH \quad \text{(b2)}$$

$$\begin{aligned} &1.33C_2H_4 + 1.33O_2 + 0.33FAD^+ \rightarrow \\ &C_2H_4O + 0.33H_2O + 0.67CO_2 + 0.33H^+ + 0.33FADH \end{aligned} \qquad (b3)$$

에폭시드의 반응 (b3)에 대한 이론 수율을 계산하라.

*** **4.2.12** 안티몬은 분쇄된 휘안석(Sb_2S_3)을 쇳조각과 함께 가열한 다음 반응용기 바닥에서 녹은 안티몬을 끌어내어 얻는다.

$$Sb_2S_3 + 3Fe \rightarrow 2Sb + 3FeS$$

0.600 kg의 휘안석과 0.250 kg의 쇠부스러기가 함께 가열되어 0.200 kg의 안티몬 금속을 제공한다고 가정하라. 다음을 구하라.

a. 한계반응물

b. 과잉반응물 퍼센트

c. 완결도(분율)

d. Sb_2S_3에 기초한 퍼센트 전화율

e. 반응기로 공급된 Sb_2S_3 kg당 생산된 안티몬의 kg으로 나타낸 수율

*** **4.2.13** 단순한 관점으로는 용광로를 그 내부의 주반응은 다음과 같으나

$$Fe_2O_3 + 3C \rightarrow 2Fe + 3CO$$

일부 원치 않는 부반응은 주로 다음 반응이 일어나는 공정으로 볼 수 있다.

$$Fe_2O_3 + C \rightarrow 2FeO + CO$$

350 kg의 탄소(코크스)가 1.00 t의 순수한 산화철 Fe_2O_3와 혼합된 후 이 공정이 580 kg의 순수한 철과 110 kg의 FeO, 50 kg의 Fe_2O_3를 생산했다. 다음을 계산하라.

a. 주반응에 기초한 과잉 탄소 퍼센트

b. Fe_2O_3의 Fe로의 퍼센트 전화율

c. 넣어 준 Fe_2O_3 톤당 소모된 탄소의 kg 수와 생성된 CO의 kg 수

d. 이 공정의 선택도(FeO에 대한 Fe의)

*** **4.2.14** 하이포아염소산나트륨 표백제 제조에 사용되는 통상적인 방법은 다음 반응에 의한다.

$$Cl_2 + 2NaOH \rightarrow NaCl + NaOCl + H_2O$$

염소가스는 수산화나트륨 용액을 거품으로 통과하며, 그 후 원하는 생성물이 염화나트륨(반응의 부생성물)에서 분리된다. 545 kg의 순수한 NaOH를 포함하는 물-NaOH 용액이 375 kg의 기체상태 염소와 반응한다. 생성된 NaOCl은 275 kg이다.

a. 한계반응물은 무엇인가?

b. 사용된 과잉반응물의 과잉 퍼센트는 얼마인가?

c. 반응이 완결되었다면 생성되었을 NaOCl의 mol 수에 대한 생성된 NaOCl의 mol 수로 표현된 반응완결도는 얼마인가?

d. 염소 사용량당 NaOCl의 수율은 얼마인가(무게 기준)?

e. 반응진행도는 얼마인가?

*** **4.2.15** 공기와 HCl의 직접 산화로 촉매 위에서 Cl_2와 H_2O(만)를 생성하기 위한 염소 제조 공정에

서 출구 생성물이 HCl(4.4%), Cl_2(19.8%), H_2O(19.8%), O_2(4.0%), N_2(52.0%)로 구성되었다. **(a)** 한계반응물은 무엇이며, **(b)** 과잉반응물 퍼센트, **(c)** 반응완결도, **(d)** 반응진행도는 얼마인가?

*** **4.2.16** 수증기로 수소를 제조하는 잘 알려진 반응이 수성가스 전환반응이다. 반응기로 도입되는 기상 공급물이 800°C에서 시간당 30 mol의 CO, 시간당 12 mol의 CO_2, 시간당 35 mol의 수증기로 구성되었으며 시간당 18 mol의 H_2가 생산될 때 다음을 구하라.

a. 한계반응물
b. 과잉반응물
c. 수증기의 H_2로의 분율 전화율
d. 반응완결도
e. 공급 수증기 kg당 배출 H_2 kg
f. 공급 CO mol당 반응으로 생성된 CO_2 mol 수
g. 반응진행도

*** **4.2.17** 촉매 위 메시틸렌(C_9H_{12})으로부터 m-자일렌(C_8H_{10})의 생산에서 자일렌의 일부가 반응해 톨루엔(C_7H_8)을 생성한다.

$$C_9H_{12} + H_2 \rightarrow C_8H_{10} + CH_4$$
$$C_8H_{10} + H_2 \rightarrow C_7H_8 + CH_4$$

m-자일렌 가격이 €0.74/kg인 데 반해 톨루엔은 €0.35/kg이므로 두 번째 반응은 바람직하지 않다.

CH_4는 공장에서 순환된다. 생산되는 C_7H_8 300 kg당 1 kg의 촉매는 질이 저하되며, 사용된 촉매는 €45/kg의 경비로 반드시 저준위 독성폐기물을 취급하는 매립지에서 처리되어야 한다. 만약 반응기 체류시간을 변경함으로써 C_7H_8에 대한 C_8H_{10}의 총괄 선택도가 0.6(mol 자일렌 생성량/mol 톨루엔 생성량)에서 0.75(mol 자일렌 생성량/mol 톨루엔 생성량)로 바뀌었다면 이익 또는 손해는 반응한 메시틸렌 100 kg당 몇 유로인가?

4.3 화학종 몰수지

* **4.3.1** 기상의 순수한 A가 반응기로 들어간다. 이 A의 50%가 반응 A → 3B를 통해 B로 전환된다. 출구 흐름에서 A의 몰분율은 얼마인가? 반응진행도는 얼마인가?

** **4.3.2** 32%의 S를 포함하는 저급 황철석이 100 kg당 15 kg의 순수한 황과 혼합되며 쉽게 공기와 연소해서 14.5% SO_2, 3.1% O_2, 82.4% N_2로 분석되는 버너가스를 형성한다. 재에는 남아 있는 황이 없다. SO_3로 연소한 황의 퍼센트를 계산하라(SO_3는 분석으로 검출되지 않는다).

** **4.3.3** 그림 P4.3.3의 반응기를 살펴보라. 당신의 상관이 CH_2O의 수율이 무엇인가 잘못되었으며, 문제가 무엇인지 찾아내라고 말했다. 당신은 물질수지를 세우는 것부터 시작한다(당연히!). 모든 계산을 보여라. 어떤 문제가 있는가?

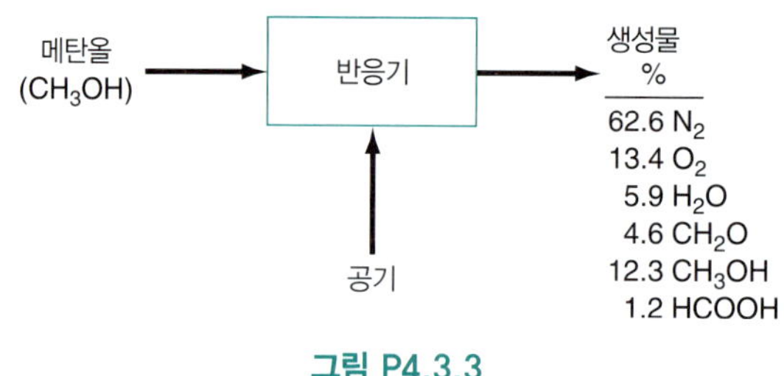

그림 P4.3.3

**4.3.4 어떤 문제의 설명이 다음과 같다.

석회석의 건조 시료가 HCl에 완전히 용해되며 Fe나 Al은 포함하지 않는다. 1.000 g의 시료가 점화될 때 중량손실이 0.450 g으로 판명되었다. 석회석 중 $CaCO_3$와 $MgCO_3$의 퍼센트를 계산하라.

답은 다음과 같다.

$$\frac{x}{84.3} + \frac{(1.000 - x)}{100} = \frac{0.450}{44.}$$

$$100x + 84.3 - 84.3 = (0.450)(84.3)(100)/44$$

$$x = 0.121 \quad MgCO_3 = 12.1\%$$

$$CaCO_3 = 87.9\%$$

다음 질문에 답하라.

a. 문제 설명의 정보에 추가해서 어떤 정보를 꼭 얻어야 하는가?
b. 이 공정에 대한 도해는 무엇처럼 보이는가?
c. 문제 풀이의 계산 기준은 무엇인가?
d. 문제 설명에서 기지변수와 그 값, 단위는 무엇인가?
e. 문제 설명에서 미지변수와 그 단위는 무엇인가?
f. 이 문제를 위해 어떤 형태의 물질수지를 세울 수 있는가?
g. 이 문제를 위해 어떤 형태의 물질수지가 세워졌는가?
h. 이 문제에 대한 자유도는 얼마인가?
i. 풀이가 올바른가?

***4.3.5 반도체 제조용 순수한 실리콘을 생산하는 가장 흔한 상업적 방법 중의 하나는 Siemens 공정(그림 P4.3.5 참조)의 화학증착(chemical vapor deposition, CVD)이다. 증착실에는 가열된 실리콘 막대와 그 위를 흘러가는 고순도 수소, 고순도 3염화실란의 혼합물이 들어 있다. 순수한 실리콘(electronic grade silicon, EGS: 전자 등급 실리콘)이 막대 위에 다결정 고체로 증착된다(단결정 실리콘은 나중에 이 EGS를 녹인 다음 그것에서 뽑아내는 방법으로 제조된다). 반응은 다음과 같다.

$$H_2(g) + SiHCl_3(g) \rightarrow Si(s) + 3HCl(g)$$

처음 막대의 무게는 1460 g이며 출구 기체의 H_2 몰분율은 0.223이다. 반응기로 도입되는 공급물 중 H_2의 몰분율은 0.580이며, 공급물은 6.22 kg mol/hr의 속도로 도입된다. 20분 후 막대의 질량은 얼마가 되는가?

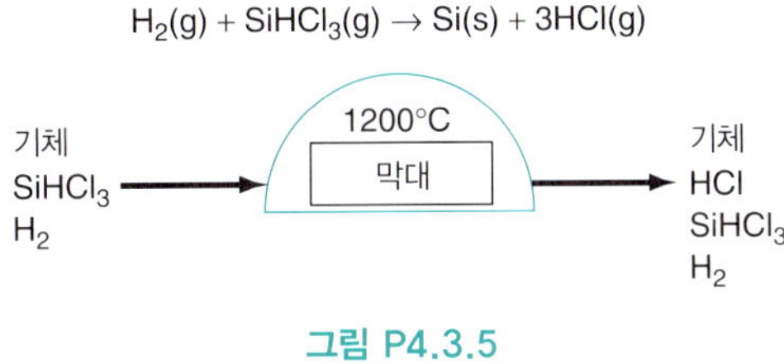

그림 P4.3.5

*****4.3.6** CuO 형태의 구리는 CuS와 비활성 고형물로 구성된 동람(銅藍, Covellite)이라는 원광에서 얻는다. 일부 CuS만 공기와 산화해서 CuO가 된다. 가열 볶음 공정을 나가는 기체는 SO_2(7.2%), O_2(8.1%), N_2(84.7%)로 분석된다. 기체분석법으로는 출구 기체 중의 SO_3를 검출할 수 없으나 SO_3가 포함된 것은 알려졌다. 반응해서 SO_3를 형성하는 일부 CuS 내 황의 퍼센트를 계산하라. 힌트: 미반응 CuS를 본래 그대로 공정을 출입하며 따라서 공정과 격리되고 무시될 수 있는 화합물로 간주할 수 있다.

*****4.3.7** 반도체 제조에는 SiO_2 표면을 HF와 접촉함으로써 웨이퍼에서 SiO_2를 제거하기 위한 반응기가 사용된다. 반응은 다음과 같다.

$$6HF(g) + SiO_2(s) \rightarrow H_2SiF_6(l) + 2H_2O(l)$$
$$H_2SiF_6(l) \rightarrow SiF_4(g) + 2HF(g)$$

반응기가 산화실리콘 표면을 가진 웨이퍼로 채워졌으며, 50% HF와 50% 질소의 흐름이 시작되어 모든 H_2SiF_6가 반응한다고 가정하라. 반응에서 10%의 HF가 소비되었다. 배출 흐름의 조성을 구하라.

*****4.3.8** 곡물의 혐기성 발효에서 효모 사카로미세스 세레비시아는 다음 총괄반응으로 식물의 글루코스를 소화해서 생성물 에탄올과 프로페놀산을 형성한다.

$$\text{반응 1: } C_6H_{12}O_6 \rightarrow 2C_2H_5OH + 2CO_2$$

$$\text{반응 2: } C_6H_{12}O_6 \rightarrow 2C_2H_3CO_2H + 2H_2O$$

열린 흐름 반응기로 12%의 글루코스-물 용액 3500 kg이 흘러 들어간다. 발효가 일어나는 동안 120 kg의 이산화탄소가 90 kg의 미반응 글루코스와 함께 생산된다. 생산물 용액에 포함된 에틸알코올과 프로페놀산의 무게 퍼센트는 얼마인가? 글루코스는 박테리아에 흡수되지 않는다고 가정하라.

*****4.3.9** 반도체 마이크로 칩 가공은 종종 박막 화학증착(CVD)을 포함한다. 증착되는 물질은 원하는 물성의 확실한 보유가 필요하다. 예를 들어 알루미늄이나 기타 기판 위에 중첩하기 위해 오산화인 피복된 이산화실리콘 코팅이 다음 동시반응에 의해 보호막으로 증착된다.

$$\text{반응 1: } SiH_4 + O_2 \rightarrow SiO_2 + 2H_2$$

$$\text{반응 2: } 4PH_3 + 5O_2 \rightarrow 2P_2O_5 + 6H_2$$

보호막에 무게로 5%인 산화인(P_2O_5) 필름을 증착하기 위해 필요한 SiH_4와 PH_3의 상대적인 질량을 계산하라.

*****4.3.10** 전자산업에서는 부품을 제자리에 연결하고 고정하기 위해 인쇄회로기판이 사용된다. 생산에

서는 0.08 cm의 구리 포일이 단열 플라스틱판에 얇게 합판으로 부착된다. 그 후 화학적 내성이 있는 고분자로 만든 회로 패턴이 그 위에 인쇄된다. 다음으로, 원치 않는 구리는 선택된 시약에 의해 화학적으로 깎여 나간다(etching). 만약 구리가 $Cu(NH_3)_4Cl_2$(염화암모늄제이구리)와 NH_4OH(수산화암모늄)로 처리된다면 생성물은 물과 $Cu(NH_3)_4Cl$(염화암모늄제일구리)일 것이다. 일단 구리가 용해되면 추가 가공용 인쇄회로를 남겨놓고 고분자도 용매에 의해 제거된다. 만약 12 cm × 22 cm 크기인 단면 기판을 이러한 시약으로 구리층의 72%를 제거하려면 각각의 시약 몇 g이 소모되는가? 주: 구리의 밀도는 8.96 g/cm^{3}이다.

*** **4.3.11** 유해 폐기물의 열분해는 산화환경에서 폐기물을 조절하며 고온(보통 900°C 또는 그 이상)에의 노출을 포함한다. 열분해 장치의 형태는 고온 보일러, 시멘트 가마(kiln), 내부에서 폐기물이 연료로 연소되는 산업용 가열로를 포함한다. 적절하게 설계된 계에서는 주 연료(100% 가연성 물질)가 폐기물과 혼합되어 보일러 공급물을 생성한다.

a. 4,4′-dichlorobiphenyl[폴리염화비페닐(PCB)의 한 예]을 무게로 30% 함유하는 모래가 과잉 헥산에 의해 연소되어 무게로 가연성 60%인 공급물을 생성하고 깨끗해지려 한다. 그런 오염된 모래 8 t의 오염물질을 제거하기 위해서는 몇 파운드의 헥산이 필요한가?

b. 만약 헥산과 오염된 모래의 혼합물이 가장 친환경적인 생성물을 생산하는 가열 산화 공정으로 도입된다면 이상적인 조건하에서 일어날 2개의 반응은 무엇인가?

c. 고온 조업을 촉진하기 위해 소각로에 40% O_2와 60% N_2를 함유하는 산소강화 공기 흐름이 제공된다. 출구기체는 x_{CO_2} = 0.1654, x_{O_2} = 0.1220의 조성으로 밝혀졌다. 이 정보와 공급물에 관한 자료를 이용해서 ⓐ 완전한 출구기체의 농도, ⓑ 반응에 사용된 과잉 O_2의 퍼센트를 계산하라.

**** **4.3.12** 폐기물 흐름(H_2SO_4와 H_2O로 이루어진)의 산을 중화하기 위해 건조 석회석(조성 95% $CaCO_3$와 5% 불활성 물질)이 혼합된다. 공정에서 수집된 건조 슬러지는 가열로에서 그것을 연소시킴으로써 일부만 분석되는데, 이는 CO_2만의 방출로 귀결된다. CO_2는 무게로 건조 슬러지의 10%를 나타낸다. 석회석 내 순수한 $CaCO_3$의 몇 퍼센트가 중화과정에서 반응하지 않았는가? 몰수지를 사용해서 이 문제를 풀라.

4.4 원소 물질수지

**** **4.4.1** 폐기물 흐름(H_2SO_4와 H_2O로 이루어진) 중의 산을 중화하기 위해 건조 석회석(조성 95% $CaCO_3$와 5% 불활성 물질)이 혼합된다. 공정에서 수집된 건조 슬러지는 가열로에서 그것을 연소시킴으로써 일부만 분석되는데, 이는 CO_2만의 방출로 귀결된다. CO_2는 무게로 건조 슬러지의 10%를 나타낸다. 석회석 내 순수한 $CaCO_3$의 몇 퍼센트가 중화과정에서 반응하지 않았는가? 원소수지를 사용해서 이 문제를 풀라.

4.5 연소계에 대한 물질수지

** **4.5.1** 6.4% CO_2, 0.2% O_2, 40.0% CO, 50.8% H_2(나머지는 N_2)로 분석되는 합성가스가 40% 건조 과잉공기로 연소된다. 연도기체의 조성은 무엇인가?

** **4.5.2** 24 kg의 석탄(회분을 무시하면 75% C, 25% H로 분석되는)이 500 kg의 공기와 연소되어 Orsat 분석으로 CO_2 대 CO의 비율이 3 대 2인 기체를 발생한다. 과잉공기 퍼센트는 얼마인가?

****4.5.3** CH_4와 N_2만 함유하는 기체가 공기로 연소되어 Orsat 분석으로 CO_2 8.7%, CO 1.0%, O_2 3.8%, N_2 86.5%인 연도기체를 발생시킨다. 연소에 사용된 과잉공기 퍼센트와 혼합물의 조성을 계산하라.

****4.5.4** 메탄(CH_4)으로만 구성된 천연가스가 40% O_2와 60% N_2 조성의 산소강화 공기와 연소된다. 실험실에서 보고한 생성 기체의 Orsat 분석치는 CO_2 20.2%, O_2 4.1%, N_2 75.7%이다. 보고된 분석치가 옳을 수 있겠는가? 모든 계산을 보여라.

****4.5.5** 4% 불활성 고체(회분), 90% 탄소, 6% 수소로 이루어진 건조한 코크스가 가열로에서 건조공기로 연소된다. 연소 후에 남는 고체 잔류물은 10% 탄소와 90% 불활성 회분(수소는 없다)을 포함한다. 불활성 회분 내용물은 반응에 참여하지 않는다.

연도기체의 Orsat 분석은 13.9% CO_2, 0.8% CO, 4.3% O_2, 81.0% N_2를 제공한다. 코크스의 완전연소를 바탕으로 과잉공기 퍼센트를 계산하라.

****4.5.6** 다음 조성의 기체가 가열로에서 50% 과잉공기로 연소된다. 연도기체의 조성을 구하라.

$$CH_4\ 60\%,\ C_2H_6\ 20\%,\ CO\ 5\%,\ O_2\ 5\%,\ N_2\ 10\%$$

****4.5.7** 지하 석탄의 기상 연소에서는 다음 반응을 포함하는 몇 개의 반응이 일어난다.

$$CO + 1/2O_2 \rightarrow CO_2$$
$$H_2 + 1/2O_2 \rightarrow H_2O$$
$$CH_4 + 3/2O_2 \rightarrow CO + 2H_2O$$

여기서 CO, H, CH_4는 석탄 열분해에서 나온다.

만약 CO 13.54%, CO_2 15.22%, H_2 15.01%, CH_4 3.20%와 나머지가 N_2로 구성된 기상이 40% 과잉공기로 연소된다면

a. 기체 100 mol당 얼마나 많은 공기가 필요하겠는가?

b. 생성 기체의 습기준 분석치는 어떻게 되겠는가?

****4.5.8** 공업 조업에서 배출되는 용매는 적절하게 처리하지 않으면 심각한 오염물이 될 수 있다. 합성섬유 공장에서 배출되는 폐기물 기체를 크로마토그래피로 조사해서 다음과 같이 몰 퍼센트로 나타낸 분석치를 얻었다.

CS_2	40%
SO_2	10%
H_2O	50%

이 기체는 과잉공기로 연소처리되어야 한다고 제안되었다. 그러면 기체상태 연소 생성물은 높은 굴뚝을 통해 공기 중으로 방출된다. 지역의 공기오염 규제는 어떤 연도기체도 24시간의 Orsat 분석 평균이 2%의 SO_2를 초과해서는 안 된다고 요구한다. 이 규제 내에 있기 위해 사용되어야 하는 최소 과잉공기 퍼센트를 계산하라.

****4.5.9** 만약 연소공정이 적절하게 수행되지 않으면 석탄연소에서 나오는 생성물과 부생성물이 환경문제를 발생시킬 수 있다. 당신의 상관이 6번 보일러 내 연소의 분석을 수행하라고 요구한다. 당신은 보유 장비를 사용해 맡은 일을 수행해서 다음 자료를 얻었다.

연료분석(석탄): 74% C, 14% H, 12% 회분

건기준 연도기체 분석: 12.4% CO_2, 1.2% CO, 5.7% O_2, 80.7% N_2

상관에게 무엇을 보고할 것인가?

****4.5.10** Euro 6 규정은 자동차 제조업자로 하여금 배기가스 조절 시스템이 100,000 km 동안 배출 기준을 만족시킨다고 보증할 것을 요구한다. 그 법은 소유자에게 그들의 엔진 조절 시스템이 정확하게 제조자의 규정에 따른 서비스를 받을 것과 항상 자동차에 맞는 휘발유를 사용할 것을 요구한다. 배출구에서의 Orsat 분석치가 15.5% CO_2, 5.5% O_2, 79% N_2로 알려진 엔진 배기가스의 테스트에서 놀랍게도 소음기 끝에서의 Orsat 분석치가 13.5%임을 발견한다. 이 차이가 소음기로 새어 들어간 공기에 의한 것일 수 있는가? (분석은 만족스러웠다고 가정하라.) 만약 그렇다면 엔진을 나가는 배출가스 mol당 새어 들어가는 공기의 mol 수를 계산하라.

****4.5.11** 하수처리 생성물 중의 하나는 슬러지이다. 영양소와 유기물을 제거하기 위한 활성 슬러지 공정에서는 미생물이 성장한 후 상당한 양의 습한 슬러지가 생성된다. 이 슬러지는 반드시 탈수되어야 하는데 대부분의 처리공장 조업에서 가장 비싼 부분 중 하나이다.

탈수된 슬러지를 어떻게 처리하느냐가 주된 문제이다. 어떤 기구는 건조 슬러지를 비료용으로 팔고, 일부는 농지에 슬러지를 뿌리며, 또 어떤 곳에서는 소각한다. 건조 슬러지를 소각하기 위해 연료유가 그것과 혼합되며 그 혼합물이 가열로에서 공기로 연소된다. 슬러지와 생성물 기체에 대해 다음 표와 같은 분석치를 수집했다.

슬러지(%)		생성물 기체(%)	
S	31	SO_2	2.5
C	37	CO_2	11.14
H_2	4	O_2	4.65
O_2	28	N_2	79.85
		CO	1.86

a. 연료유의 탄소와 수소의 무게 퍼센트를 계산하라.

b. 가열로에 공급된 혼합물의 연료유 킬로그램에 대한 건조 슬러지의 킬로그램 비율을 계산하라.

****4.5.12** 많은 산업 공정이 화학반응을 촉진하기 위해 산을 사용하거나 공정에서 일어나는 반응으로 산을 생산한다. 그 결과 이 산은 여러 번 공정에서 나오는 폐수 흐름에 더해지므로 그 물은 흘려보내기 전에 폐수처리 공정의 일부로서 반드시 중화되어야 한다. 석회(CaO)는 산성 폐수에 대한 비용효율이 높은 중화 약제이다. 석회는 다음 반응으로 물에 녹으며

$$CaO + 1/2O_2 \rightarrow Ca(OH)_2$$

이것은 바로 산과 반응한다. 예를 들어 H_2SO_4에 대해

$$H_2SO_4 + Ca(OH)_2 \rightarrow CaSO_4 + 2H_2O$$

3%의 H_2SO_4 산 농도인 4000 L/min 유속의 산성 폐수 흐름을 고려하라. 만약 25%의 과잉 석회가 사용된다면 이 흐름의 산을 중화하기 위해 필요한 석회의 흐름속도는 kg/min 단위로 얼마인가? 이 공정에서 생산되는 $CaSO_4$의 생산속도를 t/yr 단위로 계산하라. 산성폐수 흐름의 비중은 1.1로 가정하라.

****4.5.13** 공업적으로 많은 반응에 사용되는 질산(HNO_3)은 다음과 같은 암모니아(NH_3)와 공기의 총괄 반응으로 생산된다.

$$NH_3 + 2O_2 \rightarrow HNO_3 + H_2O$$

이러한 반응기에서 나오는 생성물 기체는 다음과 같은 조성이다(무수 기준).

0.8%	NH_3
9.5%	HNO_3
3.8%	O_2
85.9%	N_2

NH_3의 % 전화율과 사용된 과잉공기의 %를 계산하라.

****4.5.14** 산화에틸렌(C_2H_4O)은 글리콜과 폴리에틸렌글리콜을 생산하기 위해 다량 사용되는 화학 중간체로, 고정층 반응기에서 고체촉매를 사용한 에틸렌(C_2H_4)의 부분산화에 의해 생산된다.

$$C_2H_4 + 1/2O_2 \rightarrow C_2H_4O$$

또한 에틸렌의 일부는 완전히 반응해서 CO_2와 H_2O를 생성한다.

$$C_2H_4 + 3O_2 \rightarrow 2CO_2 + 2H_2O$$

고정층 산화에틸렌 반응기를 나가는 생성물 기체는 다음과 같은 무수 조성이다. 19.5% C_2H_4O, 74% N_2, 2.1% O_2, 4.4% CO_2. 원하는 반응에 기초해서 과잉공기 %와 100,000 t (metric ton)/yr의 산화에틸렌을 생산하는 데 필요한 에틸렌 공급물의 kg/hr를 계산하라.

*****4.5.15** 불꽃은 미연소 기체를 CO_2와 H_2O 같은 무해한 생성물로 전환하는 데 사용된다. 만약 (%로) CH_4 70%, C_3H_8 5%, CO 15%, O_2 5%, N_2 5%와 같은 조성의 기체가 불꽃 속에서 연소되고, 연도기체가 7.73% CO_2, 12.35% H_2O 및 나머지 N_2와 O_2를 포함한다면 사용된 공기의 과잉 %는 얼마인가?

*****4.5.16** 코크스 형태의 수소가 없는 탄소가 다음과 같이 연소된다.

a. 이론 산소를 사용하는 완전연소

b. 50% 과잉공기를 사용하는 완전연소

c. 50% 과잉공기를 사용하지만 10%의 탄소가 CO로만 전환하는 연소

각각의 경우에 건기준으로 연도기체를 테스트해서 알아낼 수 있는 기체 분석치를 계산하라.

*****4.5.17** 에탄올(CH_3CH_2OH)이 공기 존재하의 촉매 위에서 탈수소화되며 다음 반응이 일어난다.

$$CH_3CH_2OH \rightarrow CH_3CHO + H_2$$
$$2CH_3CH_2OH + 3O_2 \rightarrow 4CO_2 + 6H_2$$
$$2CH_3CH_2OH + 2H_2 \rightarrow 4CH_4 + O_2$$

생성물에서 CH_3CHO(아세트알데히드)를 액체로 분리하면 Orsat 분석치가 다음과 같은 배출가스가 남는다. CO_2 0.7%, O_2 2.1%, CO 2.3%, H_2 7.1%, CH_4 2.6%, N_2 85.2%. 공정으로 공급된 에탄올 kg당 몇 kg의 아세트알데히드가 생산되는가?

*****4.5.18** 예제 4.14를 참조하라. 연소하는 동안 도입되는 질소의 매우 적은 양(0.24%)이 산소와 반응해

산화질소(NO_x)를 생성한다. 또한 연도기체 중 생성된 CO는 0.18%이며, SO_2는 CO_2 + SO_2의 1.4%라고 가정하라. EPA가 열거한 기체 1 kg당 배출 부하단위(emission load unit, ELU)로 나타낸 배출물은 다음과 같다.

NO_x	0.22
CO	0.27
CO_2	0.09
SO_2	0.10

연도기체에 대한 총 ELU는 얼마인가? 주의: ELU는 가감성이다.

****** 4.5.19** 글루코스($C_6H_{12}O_6$)와 암모니아가 연속적으로 용기에 공급되는 살균용액(살아 있는 세포가 없는)을 형성한다. 글루코스와 암모니아는 양론비율로 공급되며 완전히 반응한다고 가정하라. 반응으로 형성된 한 생성물이 에탄올, 세포($CH_{1.8}O_{0.5}N_{0.2}$), 물을 포함하고 있다. 생성된 기체는 CO_2이다. 만약 반응이 혐기성(산소 없이)으로 일어난다면 4.6 kg의 에탄올을 생성하는 데 필요한 kg으로 나타낸 공급물(암모니아와 글루코스)의 최소량은 얼마인가? 나머지는 세포물질, 이산화탄소, 물로 전환된다.

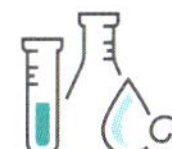

CHAPTER

05

복합장치 계에 대한 물질수지

학습목표

- 1개 이상의 장치를 포함하는 공정에 대해 독립적인 연립 물질수지식을 세운다.
- (반응이 있거나 없는) 순차적, 순환 및/또는 우회 및/또는 퍼지 배출 흐름을 포함하는 복합장치의 정상상태 문제를 풀기 위해 10단계 전략을 응용한다.
- 그리 크지 않은 수의 연결된 장치들이 적절한 수지식으로 연관되는 문제를 MATLAB 또는 Python을 적용해서 연립 선형방정식을 푼다.
- 반응기를 포함하는 순환문제 풀이에 총괄 전화율과 1회(한 번 통과) 통과 전화율 개념을 사용한다.
- 순환 흐름, 우회 흐름, 퍼지 배출 흐름의 목적을 설명한다.
- 물질수지가 산업에서 어떻게 사용되는지 일반적인 감각으로 이해한다.

서론

이 장에서는 여러 장치가 연결된 복합장치의 계에 적용된 물질수지를 고려한다. 복합장치는 장치의 순차배열, 순환(즉 물질이 후속흐름으로부터 공정으로 되돌아오는 순간)이 있는 계 및 퍼지 배출과 우회가 있는 계를 포함한다. 또한 산업적인 계에서의 물질수지 응용을 살펴본다.

5.1 기본 개념

공정 흐름도(공정도)는 제3장에서 언급했듯이 공정의 도식적 표현이다. 공정도는 실제 공정을 충분히 자세하게 기술하므로 물질(및 에너지)수지 작성에 사용할 수 있으며, 문제 해결, 작업조건 조절 및 공정성능 최적화에도 사용된다. 또한 공정도는 새로운 기술을 포함하거나 기존 공정을 개선하는 공정의 제안을 위해서도 작성된다는 것을 알게 될 것이다.

그림 5.1은 암모니아 공장 일부의 사진이다. 그림 5.2a는 장치배열과 물질 흐름을 가리키는 이 공정의 공정도이다. 그림 5.2b는 그림 5.2a에 해당하는 **블록선도**이다. 장치는 그림 5.2a의 정교한

그림 5.1 ▸ 현장 장치를 보여주는 대형 암모니아 공장의 일부

출처: nepper77/Shutterstock

묘사로 나타내기보다 **부분계**로 불리는 단순한 상자로 나타낸다. 그림 5.2b에서 혼합과 분리조작이 상자에 의해 분명하게 표현되는 반면에 같은 조작이 그림 5.2a에서는 교차하는 선으로만 나타난다는 점을 주목해야 한다. **혼합기**(즉 그림 5.2b의 Mix 1)는 다른 조성을 가진 2개 또는 그 이상의 흐름을 결합해 다른 조성의 생성물 흐름을 배출한다. 반면에 **분리기**(그림 5.2b에서 Split)는 공급 흐름 1개를 가지며 공급 흐름의 조성과 같은 둘 또는 그 이상의 생성물 흐름을 만든다. **분류기**는 1개 이상의 각각 다른 조성의 도입 흐름과 2개 또는 그 이상의 각각 다른 조성의 출류 흐름을 가질 수 있다(그림 5.2에는 나타내지 않았다).

그림 5.2b가 5.2절에서 다룰 장치의 순차적 나열 요소를 포함하고 있다는 것을 주목하라. 그러한 연속적인 일의 예는 Pump 1에서 Heat Exchanger 1까지와 그다음 Pump 2까지의 흐름이다. 이 그림은 Mix 1에서 나와 선도 끝까지 (화살을 따라) 갔다가 Flash 1을 통해 다시 Mix 1까지 되돌아온 물질의 흐름처럼 **순환**의 예도 보여준다. 순환의 두 번째 예는 Pump 2로부터 Reactor, Heat Exchanger 2와 3, Flash 2, Split를 통해 Pump 2로 다시 돌아오는 것이다. 순환은 5.3절에서 다룰 것이다. 또한 이 그림은 Split에서 5.4절의 고려 주제인 **퍼지 배출**(공정에 축적되는 것을 방지하기 위한 물질의 일부 소량 제거)의 예를 보여준다.

그림 5.2와 같이 많은 부분계를 가진 문제를 풀기 위해서는 제3장에서 논의되고 제4장에서 사용된 것과 같은 전략을 적용하라. 다음을 유념하라.

1. **독립적인 물질수지식은 분리기를 제외한 부분계에 존재하는 각 성분에 대해 세울 수 있다.**
2. **분리기로 들어가거나 나가는 각 흐름은 같은 조성을 가지기 때문에 분리기에 대해서는 단 1개의 독립적인 물질수지식만 세울 수 있다.**

경고! 복합장치를 포함하는 문제는 대부분의 경우 세울 수 있는 적절한 독립적 물질수지식의 수는 세울 수 있는 물질수지식의 전체 수보다 훨씬 적다. 그러므로 복합장치 문제를 풀 때는 귀결될

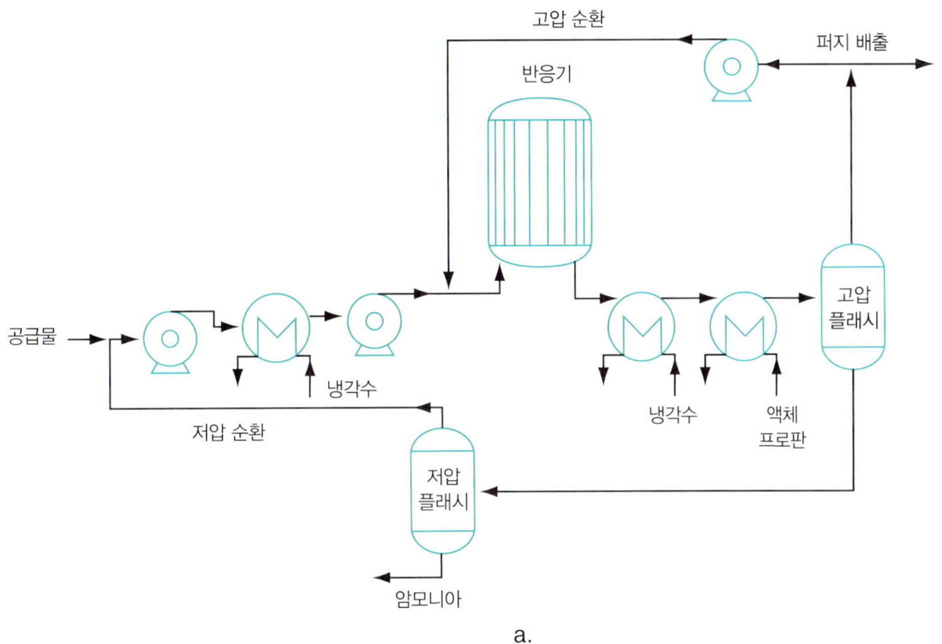

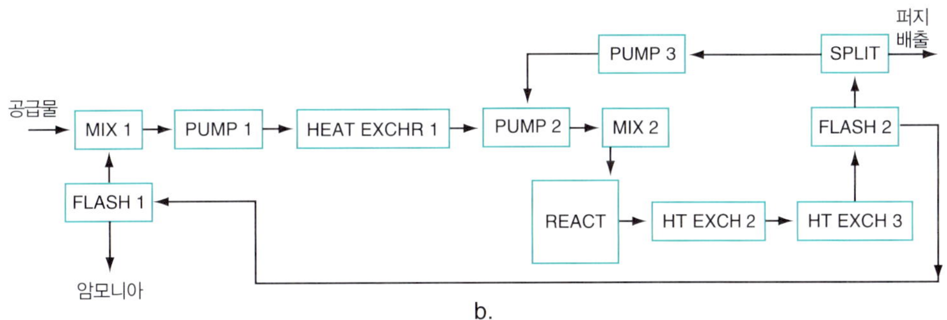

그림 5.2 ▸ (a) 장치의 중요 부분을 포함하며 물질 흐름을 보여주는 암모니아 공장의 공정도, (b) 그림 5.2a에 해당하는 블록선도

식의 조합이 독립적임을 보장하기 위해 사용하는 적절한 식의 선택에 주의하라. 변수에 부여되는 일부 조건 및/또는 일부 내재된 식은 1개 또는 그 이상의 물질수지식을 중복된 것으로 만들 수도 있다. 더욱이 만약 복합장치 문제를 손으로 풀고자 한다면 너무 많은 식을 동시에 풀어야만 하는 것을 피하기 위해 식을 푸는 순서를 조심스럽게 선택해야 한다.

5.2 순차적 복합장치 계

먼저 **장치의 순차적 조합**으로 이루어진 복합장치 계를 살펴보자. 그림 5.3a는 혼합과 분리 단의 순차적 조합을 보여준다. 흐름 1과 2가 합쳐져서 첫 혼합점을 만들고, 흐름 3과 4도 상자 안에서 합쳐져서 두 번째 혼합점을 만들며, 흐름 5는 흐름 6과 7로 분리된다(아마도 관의 연결점에서). 첫 혼합점이 흐름 1과 2의 조합(아마도 관의 연결점)에서 일어나는 반면에 두 번째 혼합은 흐름 3과 4가 상자(아마도 공정을 나타내는)로 들어가는 곳에서 일어나는 것을 주목하라. 이 책의 연습문제와 예제 및 전공 실무의 공정도에서 이 두 가지 형태의 혼합을 모두 대면하게 될 것이다.

그림 5.3a를 살펴보라. 어떤 흐름이 같은 조성을 가져야만 하는가? 흐름 5, 6, 7이 같은 조성을 가지는가? 맞다. 흐름 6과 7이 분리기에서 나와 흐르기 때문에 그렇다. 흐름 3, 4, 5가 같은 조성을 가지는가? 그럴 것 같지 않다. 흐름 5는 흐름 3, 4 조성의 일종의 평균값이다(반응이 없을 때). 계(상자) 내의 조성은 무엇인가? 그것은 상자로 표시된 부분계에서 흐름 3과 4가 정말로 **잘 섞일 때**만 흐름 5와 같은 조성을 가질 것이다.

그림 5.3a에 나타낸 계와 부분계에 대해 얼마나 많은 물질수지를 세울 수 있는가? 우선 얼마나 많은 총괄 물질수지를 세울 수 있는지 살펴보자. 1개의 **총괄 물질수지**, 즉 전체계 경계 안에 있는 3개의 부분계 전부를 포함하는 계에 대해 총괄 수지를 세울 수 있는데, 이는 그림 5.3b에 점선 I로 나타냈다.

또한 전체계를 구성하는 그림 5.3c에서 점선 II, III, IV로 경계를 나타낸 3개의 부분계 각각에 대해 총괄수지를 세울 수 있다. 마지막으로 그림 5.3d와 5.3e에 점선 경계 V와 VI으로 나타낸 것처럼 두 부분계의 조합 각각에 대해 수지를 세울 수 있다.

그림 5.3a에 보인 계에 대해 6개의 다른 부분계 조합에 총괄 물질수지를 세울 수 있다고 결론지을 수 있다.

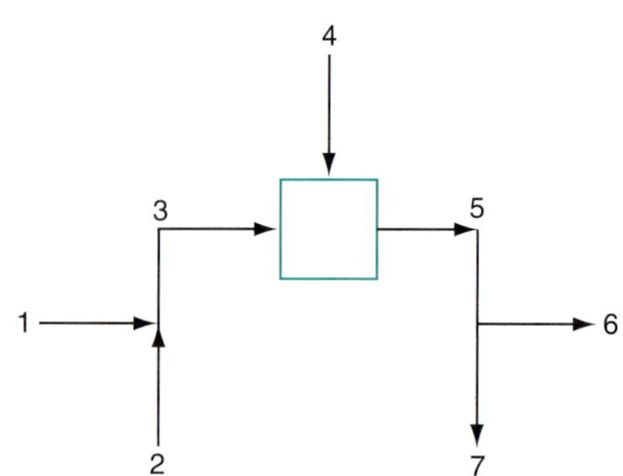

그림 5.3a ▸ 반응이 없는 공정에서의 순차적인 혼합과 분리

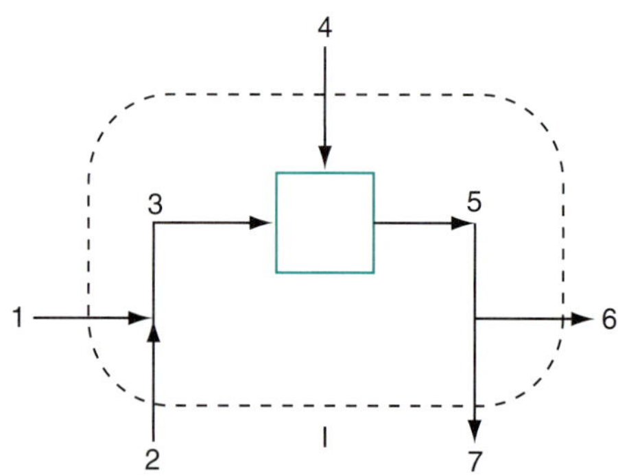

그림 5.3b ▸ 점선 I는 그림 5.3a에서 총괄 물질수지가 세워진 경계를 나타낸다.

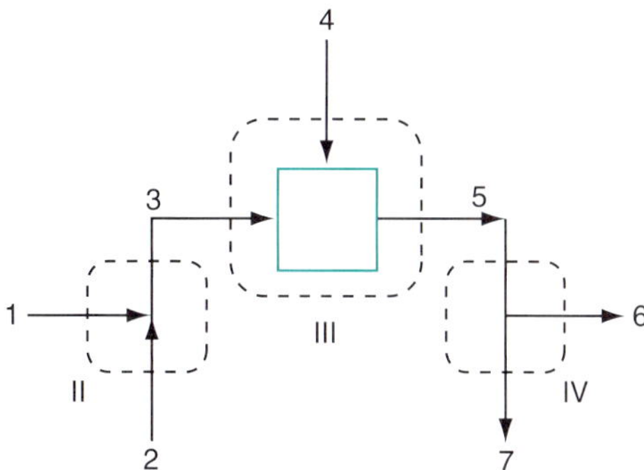

그림 5.3c ▸ 점선 II, III, IV는 전 공정을 구성하는 각 장치 주위의 물질수지를 위한 경계를 나타낸다.

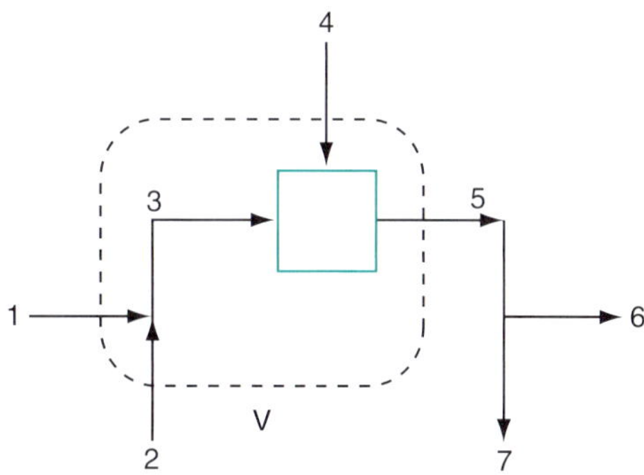

그림 5.3d ▸ 점선 V는 첫 번째 혼합점 더하기 상자로 그려진 부분계로 구성된 부분계 주위의 물질수지를 위한 경계를 나타낸다.

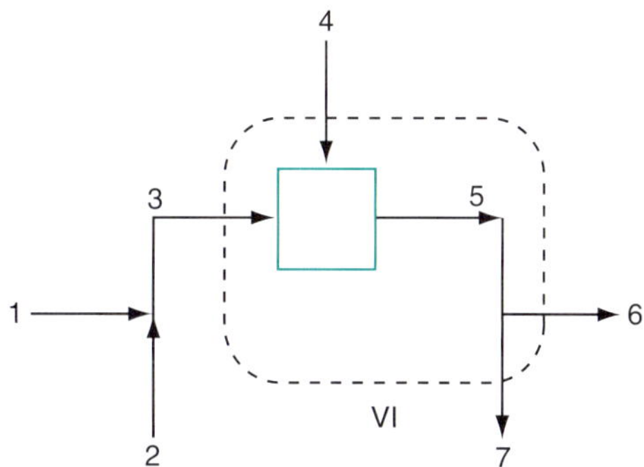

그림 5.3e ▸ 점선 VI은 상자로 그려진 공정 더하기 분리기로 구성된 부분계에 관한 물질수지를 위한 경계를 나타낸다.

중요한 질문은 다음과 같다. 만약 1개 이상의 성분이 있다면 그림 5.3a의 공정에 대해 몇 개의 독립적인 물질수지식을 쓸 수 있는가? 5.1절에서 독립식 1개만 쓸 수 있는 분리기를 제외하고는 각 부분계의 각 성분마다 독립식 1개를 쓸 수 있다고 설명했다. 그림 5.3a에 대해 그림 5.3c에 나타낸 각각의 분리된 부분계에 3개의 성분이 있다고 가정하라. 첫 번째 파이프 합류점에 대해 3개, 상자에 대해 3개, 분리기에 대해 1개를 합해 전부 7개의 독립적인 물질수지식을 쓸 수 있다. 만약 중복되는 모든 식을 포함한다면 얼마나 많은 물질수지가 가능한가? 또한 전체 성분수지는 몇 개나

가능한가?

그림 5.3b: 3 성분수지 더하기 1 전체 수지
그림 5.3c: $3 \times 3 = 9$ 성분수지 더하기 3 전체 수지
그림 5.3d: 3 성분수지 더하기 1 전체 수지
그림 5.3e: 3 성분수지 더하기 1 전체 수지

전체 수는 24이다. 24개의 식 중에서 어떤 7개가 독립성을 유지하며 쉽게 풀기 위한 선택에 가장 적절한가?

독립적인 식의 조합을 선택하기 위해 주의를 기울여야 한다. 하지 말아야 할 것의 예로 (a) 그림 5.3c에서 첫 번째 파이프 합류점에 대한 3개의 성분수지, (b) 상자에 대한 3개의 성분수지, (c) 분리기에 대한 1개의 수지에 더해서 총괄 전체 수지(그림 5.3b)를 선택하지 말라. 이 식의 조합은 알다시피 총괄수지가 개별 장치에 대한 각 화학종 수지의 합에 지나지 않기 때문에 독립적이지 않다. 그러나 전체 수지가 성분수지 중의 하나를 대신해서 치환될 수는 있다.

순차적으로 연결된 장치로 이루어진 공정에 대해 독립적인 식을 만들기 위해 특정 장치나 부분계를 선택할 때 어떤 전략을 사용해야 하는가? 결정하기에는 좋지만 시간을 필요로 하는 방법은 점검해서 선택한 여러 부분계(단일 단위 또는 단위의 조합)에 대한 자유도를 계산하는 것이다. 자유도가 0인 부분계가 좋은 출발점이다. 종종 활용하기에 좋은 시작 방법은 **총괄 공정**에 대한 물질수지를 세우고, 공정 내부의 **연결**에 관한 정보를 무시하는 것이다. 만약 연결된 부분계 내의 모든 흐름과 변수를 무시한다면 전체계를 제3장과 4장에서 취급했던 단일계처럼 취급할 수 있다.

예제 5.1 복합장치의 공정에서 독립적인 물질수지의 수 결정

문제 발효로 생산되는 젖산($C_3H_6O_3$)은 식품, 화학, 제약 산업에 사용된다. 그림 E5.1은 발효용액을 제조하기 위해 필요한 성분들의 혼합을 보여준다. 전체계는 정상상태이며 열려 있다. 화살표는 흐름의 방향을 나타낸다. 모든 부분계에서 반응은 일어나지 않는다.

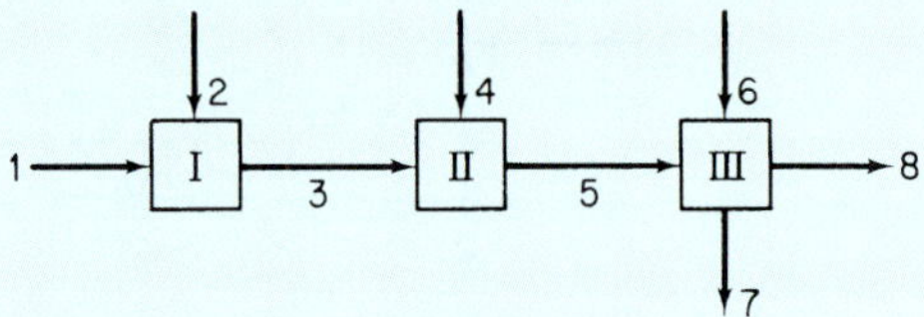

그림 E5.1

각 줄기의 질량 조성은 다음과 같다.

1. 물(W): 100%
2. 글루코스(G): 100%
3. W와 B, 알려진 농도: $\omega_W = 0.800$, $\omega_G = 0.200$
4. 젖산균(*Lactobacillus*, L): 100%
5. W, G, L, 알려진 농도: $\omega_W = 0.769$, $\omega_G = 0.192$, $\omega_L = 0.0385$

6. V, 아미노산과 인산염을 포함하는 비타민 G: 100%
7. $\omega_W = 0.962$, $\omega_V = 0.0385$
8. $\omega_G = 0.833$, $\omega_L = 0.167$

이 계에 대해 만들어질 수 있는 독립적인 질량수지의 최대 수는 몇 개인가?

풀이 3개의 장치 각각을 부분계로 고려하면 다음과 같은 9개의 성분수지식을 만들 수 있다. 3개의 부분계 각각에 대한 전체 수지, 전체계에 대한 총괄 성분수지나 전체 수지, 부분계의 조합에 대한 수지는 무시하자.

	성분수지의 수
장치 I에는 2개의 성분이 포함된다.	2
장치 II에는 3개의 성분이 포함된다.	3
장치 III에는 4개의 성분이 포함된다.	4
합계	9

그러나 모든 수지가 독립적이지는 않다. 다음 성분수지 목록에서 알려진 모든 성분의 농도를 대입했다. F_i는 아래첨자로 표시된 i번째 줄기의 흐름을 나타낸다.

부분계 I:

$$\text{성분수지}\begin{cases} \text{A}: F_1(1.00) + F_2(0) = F_3(0.800) & \text{(a)} \\ \text{B}: F_1(0) + F_2(1.00) = F_3(0.20) & \text{(b)} \end{cases}$$

부분계 II:

$$\text{성분수지}\begin{cases} \text{A}: F_3(0.800) + F_4(0) = F_5(0.769) & \text{(c)} \\ \text{B}: F_3(0.200) + F_4(0) = F_5(0.192) & \text{(d)} \\ \text{C}: F_3(0) + F_4(1.00) = F_5(0.0385) & \text{(e)} \end{cases}$$

부분계 III:

$$\text{성분수지}\begin{cases} \text{A}: F_5(0.769) + F_6(0) = F_7(0.962) + F_8(0) & \text{(f)} \\ \text{B}: F_5(0.192) + F_6(0) = F_7(0) + F_8(0.833) & \text{(g)} \\ \text{C}: F_5(0.0385) + F_6(0) = F_7(0) + F_8(0.167) & \text{(h)} \\ \text{D}: F_5(0) + F_6(1.00) = F_7(0.0385) + F_8(0) & \text{(i)} \end{cases}$$

만약 임의의 기준으로 $F_1 = 100$을 택한다면 7개의 F_i 값이 미지변수이다. 그러므로 7개의 독립식만 작성하면 된다. 전체 9개 식의 조합 중에서 2개는 실제로는 중복된 식이며, 따라서 유일한 해답은 7개의 독립식을 사용해야 얻을 수 있다는 것을 확인할 수 있는가?

만약 9개의 식을 순차적으로 식 (a)~(i)까지 손으로 푼다면, 도중에 식 (d)는 식 (c)와 중복되고 식 (h)는 식 (g)와 중복된다는 것을 알게 될 것이다. 식 (c)와 (d)의 중복은 만약 어떤 흐름의 질량분율 합이 1이라는 것을 기억한다면 분명해진다. 따라서 식 (c)와 (d) 사이에는 내재된 관계가 존재하므로 독립적이지 않다. 왜 식 (g)와 (h)는 독립적이지 않은지 알 수 있는가?

순차적으로 푼다는 관점으로 식을 (a)~(i)까지 조사해나갈 때 식을 풀때마다 1개의 변수가 풀릴 수 있다는 것을 알아챌 것이다. 다음 목록을 살펴보라.

식	구하는 변수	식	구하는 변수	식	구하는 변수
(a)	F_3	(d)	F_5	(g)	F_8
(b)	F_2	(e)	F_4	(h)	F_8
(c)	F_5	(f)	F_7	(i)	F_6

만약 식 (a)~(i)까지를 MATLAB이나 Python과 같은 문제 풀이용 소프트웨어 프로그램에 대입하면 식의 조합이 중복되는 식을 포함하고 있기 때문에 일종의 에러 경고가 나타난다. 또한 선형방정식의 계수는 9가 아니라 7이라고 해야 한다.

만약 예제 5.1의 부분계 I과 II, II와 III, I과 III을 더한 조합에 대한 물질수지 또는 3개의 부분계 전체에 걸치는 1개 또는 그 이상의 성분 물질수지를 작성하면 추가적인 독립적인 물질수지가 만들어지지 않을 것이다. 독립적인 화학종의 물질수지를 제시된 대체 가능한 물질수지 중의 하나로 바꿀 수 있을까? 일반적으로는 그렇다.

복합장치를 포함하는 문제의 자유도 분석에서는 독립적인 식만 포함하도록 하며 어떤 필수적인 미지변수도 놓치지 않도록 반드시 주의해야 한다. 제3장과 4장에서 논의된 것과 같은 원칙 전부가 복합장치의 공정에도 적용된다. 다음은 가능한 모든 미지변수가 분석에 포함되도록 도와주는 간단한 점검표이다.

문제에 포함된 모든 변수를 고려했고, 불필요한 변수는 포함하지 않았음을 확인하라. 다음을 점검하라.

- 각 부분계로 들어가거나 나가는 흐름
- 각 부분계에 대해 들어가거나 나가는 화학종 또는 성분
- 반응변수와 반응진행도

문제에 식으로 반드시 포함해야 하는 어떤 정보도 놓치지 않았음을 확인하라. 다음을 점검하라.

- 부분계나 총괄계에 대한 계산 기준의 선택
- 각 부분계와 필요할 경우 총괄계 내 각각의 화학종, 원소 또는 성분에 대한 물질수지
- 변수에 값을 부여하거나 해답 조합에 식을 추가하는 데 사용될 수 있는 부분계나 총괄계에 대한 조건(값이 부여되었다면 하나의 식으로 쓸 수 있다는 것을 기억하라)
- 명시적 또는 묵시적으로 사용된 내재된 식(몰 또는 질량분율의 합)

점검표의 검토는 만약 미지변수 풀이에서 어떤 변수와 식을 사용해야 하는지 결정하는 데 자신이 없거나 세워진 식을 풀기 전에 자유도가 0임을 확인하고자 할 때 도움이 될 것이다. 만약 여러분이 세운 식들이 서로 독립적인지 확신이 없을 때 간단하게 확인할 수 있는 방법은 MATLAB (3.6절) 또는 Python(3.7절)을 이용해서 여러분이 세운 선형식의 계수 행렬의 계수를 확인하고, 미지변수의 개수와 같은지 비교하는 것이다.

자주 묻는 질문

1. 자유도 분석을 수행할 때 처음부터 전체 공정의 모든 변수와 식을 반드시 포함해야 하는가? 아니다. 분석할 계를 선택하고 선택된 계의 경계를 건너는 흐름에 관련된 미지변수와 식(만약 비정상상태계라면 계 내의 성분도)만 반드시 고려하면 된다. 예를 들어 예제 5.1에서는 각 부분계가 독립적으로 취급될 수 있었던 것을 유념하라. 만약 전체계(3개 장치 모두)를 계로 선택하고 그 계가 정상상태라면 흐름 1, 2, 4, 6, 7, 8에 관련된 미지변수와 식만 분석에 포함될 것이다.
2. 복합장치를 포함하는 문제의 풀이에 원소 물질수지나 화학종 물질수지 중 어떤 걸 사용해야 하는가? 반응을 포함하지 않는 공정에 대해서는 화학종 수지를 사용하라. 이 경우에 원소수지는 매우 비효율적이다. 반응을 포함하는 공정에 대해서는 반응진행도를 계산할 수 있게 하는 반응과 정보가 주어진다면 화학종 수지를 사용하라. 반응이 정확히 주어지지 않더라도 C가 O_2와 연소해서 CO_2를 발생시키는 것처럼 경험에 입각해서 종종 그것을 만들어낼 수 있다. 그러나 만약 그런 자료가 없다면 원소수지가 사용하기에 더 쉽다. 단지 그것이 독립식인지 여부만 잘 확인하라.

다음으로는 복합장치로 구성된 계에 대해 물질수지를 작성하고 푸는 몇몇 예제를 살펴본다.

예제 5.2 반응이 일어나지 않는 복합장치에 대한 물질수지

문제 아세톤은 많은 화학물질 제조와 용매로도 사용되며 후자의 역할에서는 아세톤 증기의 대기방출에 관해 많은 규제가 부과된다. 그림 E5.2에 예시된 공정도의 아세톤 회수공정 계를 설계하라는 요청을 받았다. 그림 E5.2에 나타낸 기체와 액체의 모든 농도는 계산을 더욱 간단하게 만들기 위해 중량 퍼센트로 규정되어 있다. A, F, W, B, D를 시간당 kg 단위로 계산하라. G = 1400 kg/hr로 가정하라.

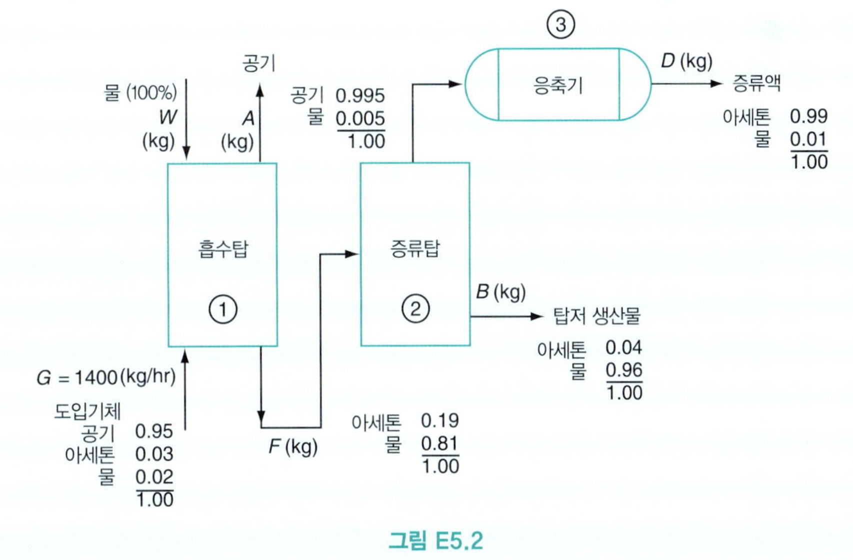

그림 E5.2

풀이 이것은 반응이 없는 정상상태 열린 공정이다. 그림 E5.2에서 분류한 것처럼 3개의 부분계가 존재한다.

단계 1~4

모든 흐름의 조성이 주어지고 값이 정해지지 않은 모든 미지의 흐름은 그림에 글자 부호로 표시되어 있다.

단계 5

1시간을 계산 기준으로 하라. 그러면 $G = 1400$ kg이 된다.

단계 6~7

총괄수지로 자유도 분석을 시작할 수도 있지만 부분계가 순차적으로 연결되므로 장치 1(흡수탑)로 분석을 시작하며 다음으로 장치 2(증류탑), 장치 3(응축기) 순서로 진행한다. 문제 풀이의 각 단계에서는 그림 E5.2에 그 값이 특별히 표기되지 않은 변수는 0으로 가정되며 미지변수의 수에 포함하지 않는다.

장치 1(흡수탑)

변수: 그 값이 알려지거나 주어진 8개의 성분(그림 E5.2 참조) 더하기 그 값이 알려지지 않은 3개의 변수(미지변수): W, F, A(3개의 미지 흐름 갈래)

식: 3개의 미지변수를 풀기 위해 식 3개가 필요하다. 계산 기준인 $G = 1400$ kg은 이미 값이 부여되었다. 어떤 관계가 남아 있는가? 성분 물질수지: 3(각 성분당 1개: 공기, 물, 아세톤).

자유도: 0. 따라서 W, F, A의 값에 대해 풀 수 있다.

장치 2(증류탑)에 대한 자유도 계산으로 진행하기 전에 증류탑으로부터 장치 3(응축기)으로 가는 흐름에 대한 정보가 전혀 주어져 있지 않음을 유념해야 한다. 유용한 정보를 포함하고 있지 않기 때문에 가능하다면 일반적으로 그런 흐름을 입력이나 출력으로 포함하는 계에 대해 물질수지를 작성하는 것은 피하는 것이 최선이다. 따라서 우리가 대신 선택하는 부분계와 그에 대한 자유도 분석은 장치 2와 3으로 구성된 결합계에 대한 분석이 될 것이다.

장치 2와 3(증류탑 더하기 응축기)

변수: F가 앞선 흡수기 분석에서 알려졌으므로 D와 B(두 갈래)만 미지변수이다. 각 흐름 성분의 질량분율 $2 \times 3 = 6$개의 값은 알려진 변수이며 이미 그 값이 부여되었다.

식: 자유도 0을 달성하기 위해 2개가 필요하다. 1개는 아세톤, 1개는 물에 대한 2개의 성분수지를 만들 수 있다.

자유도: 0

만약 부분계에 대한 자유도 분석이 +1의 결과가 나온다면 무슨 일이 일어날까? 그러면 부분계의 미지변수 중 하나에 대한 값이 다른 부분계로부터 계산될 수 있다고 기대할 수 있다. 사실 이 예에서 만약 자유도 분석을 장치 2와 3이 결합된 장치로 시작한다면 장치 1에 대한 식을 풀기 전에는 F의 값이 미지이기 때문에 +1의 값을 얻는다.

단계 8(장치 1)

장치 1에 대한 질량수지는 다음과 같다.

	도입	배출	
공기	400 (0.95)	$= A\ (0.995)$	(a)
아세톤	1400 (0.03)	$= F\ (0.19)$	(b)
물	$1400\ (0.02) + W\ (1.00)$	$= F\ (0.81) + A\ (0.005)$	(c)

모든 식이 독립적임을 잘 확인하자.

단계 9

A를 얻기 위해 식 (a)를, F를 얻기 위해 식 (b)를 풀고, 그다음 이 결과를 가지고 W를 얻기 위해 식 (c)를 풀면

$$A = 1336.7 \text{ kg/hr}$$
$$F = 221.05 \text{ kg/hr}$$
$$W = 157.7 \text{ kg/hr}$$

단계 10

(검산) 전체 질량수지식을 사용하라.

$$G + W = A + F$$

$$\begin{array}{rcr} 1400 & = & 1336 \\ \underline{157.7} & = & \underline{221.05} \\ 1557.7 & & 1557.1 \end{array} \qquad \text{충분히 비슷함}$$

단계 8(장치 2와 3)

장치 2 더하기 3에 대한 질량수지는

아세톤:	221.05(0.19)	=	$D(0.99)$	+	$B(0.04)$		(d)
물:	221.05(0.81)	=	$D(0.01)$	+	$B(0.96)$		(e)

단계 9

다음을 얻기 위해 식 (d)와 (e)를 동시에 풀면

$$D = 34.91 \text{ kg/hr}$$
$$B = 186.1 \text{ kg/hr}$$

단계 10

(검산) 전체 수지를 사용하라.

$F = D + B$ 또는 221.05　　34.91 + 186.1 = 221.01　　충분히 비슷함

이 계에 대해 다른 질량수지가 작성될 수 있으며 식 (a)~(e) 중 어느 하나와 치환될 수 있는가? 일반적으로 총괄수지를 고를 수 있을 것이다.

	도입	배출	
공기	G (0.95)	$= A$ (0.995)	(f)
아세톤	G (0.03)	$= D$ (0.99) $+ B$ (0.04)	(g)
물	G (0.02)	$= A$ (0.005) $+ D$ (0.01) $+ B$ (0.96)	(h)
합계	$G + W$	$= A + D + B$	(i)

식 (f)~(i)는 문제에 어떤 추가 정보도 제공해주지 않는다. 따라서 자유도는 여전히 0이다. 그러나 식의 조합이 독립적인 식으로 구성된다는 점만 확실하다면 식 중의 어떤 식이든 식 (a)~(e) 중 하나와 치환될 수 있다.

예제 5.3 반응이 일어나는 복합장치에 대한 물질수지

문제 고가의 연료비와 특정 연료의 공급 불확실성에 직면해서 많은 회사가 하나는 천연가스로 연소되고 또 하나는 연료유로 연소되는 2개의 가열로를 가동한다. RAMAD사에서는 각 가열로가 그 자체의 산소공급원을 가지고 있다. 기름 가열로는 산소공급원으로서 다음과 같은 조성의 흐름을 사용한다. O_2 20%, N_2 76%, CO_2 4%. 두 가열로에서 나오는 연도기체는 공동 굴뚝으로 배출된다. 그림 E5.3을 참조하라.

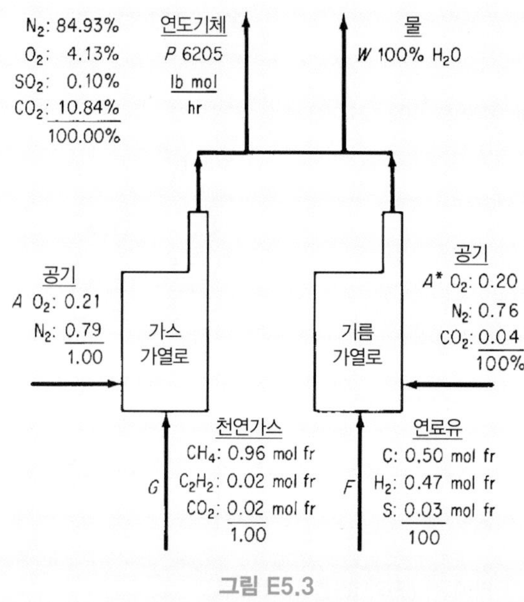

그림 E5.3

공동 굴뚝에 나타낸 두 출류 흐름은 연도기체 분석이 건기준임을 보여주기 위한 것이지만 **수증기도 존재한다**는 것을 유념하라. 연료유 조성은 질량 분율을 몰분율로 전환하는 수고를 덜어주기 위해 몰분율로 주어졌다.

눈보라가 몰아치는 동안 RAMAD 사로의 모든 수송이 두절되었으며, 공급된 천연가스가 가능한 최대속도로 사용되던 중이었기 때문에 회사의 임원들은 연료유의 재고 감소를 걱정했다. 연료유의 재고량은 겨우 560 bbl이었다. 더 이상의 연료유를 얻을 수 없다면 이 회사는 가동을 멈추기 전까지 몇 시간이나 조업할 수 있겠는가? 천연가스는 시간당 몇 lb mol로 소모되고 있는가? 이 회사의 최소 가열 부하는 연도기체 출류로 환산했을 때 마른 연도기체는 6205 lb mol/hr이었다. 이때의 연료와 연도기체의 분석치는 그림 E5.3에 제시되었다. 연료유의 분자량은 7.91 lb/lb mol, 그 밀도는 7.578 lb/gal이었다.

풀이 반응이 있는 정상상태 열린 공정이다. 2개의 부분계가 존재한다. F와 G를 lb mol/hr 단위로, 그다음에는 F를 bbl/hr 단위로 구한다.

단계 1~4

이 문제 풀이에 화학종 물질수지가 사용될 수도 있으나 이 문제에 대해서는 원소수지를 적용하기가 더 쉽기 때문에 원소수지를 사용할 것이다. 값이 정해지지 않은 모든 변수의 단위는 lb mol이다. 각 가열로의 출류 흐름에 관한 어떤 정보도 가지고 있지 않으므로 각 가열로에 대한 물질수지를 작성하기보다는 총괄수지 작성을 선택할 것이며, 따라서 계의 경계를 두 가열로를 함께 포함한 계의 둘레에 그릴 것이다.

단계 5

$$\text{계산 기준: 1시간, } P = 6205 \text{ lb mol}$$

단계 6~7

간략화된 자유도 분석은 다음과 같다. 문제에 5개의 원소가 있으며 그 값이 알려지지 않은 A, G, F, A^*, W, 5개의 흐름이 있다. 따라서 만약 각 원소의 몰수지가 독립적이면 이 문제에 대한 유일해를 얻을 수 있다.

단계 8

원소에 대한 총괄수지(lb mol 단위)는

	도입	배출
H	$G[(0.96)(4) + (.02)(2)] + F(0.47)(2)$	$= 2W$
N	$A(0.79)(2) + (0.76)(2)A^*$	$= 6205(0.8493)(2)$
O	$A\,(0.21)(2) + A^*(0.20 + 0.04)(2) + G(0.02)(2)$	$= 6205(0.0413 + 0.001 + 0.1084)(2) + W$
S	$F(0.03)$	$= 6205(0.0010)$
C	$G(0.96 + (2)\,(0.02) + 0.02) + F\,(0.50) + 0.04A^*$	$= 6205(0.1084)$

수지가 독립적임을 보일 수 있다.

단계 9

이 5개의 식을 풀어서 5개의 미지변수에 대한 답을 구한다. F를 직접 계산할 수도 있지만, 순차적으로 손으로 푸는 방식은 하기가 쉽지 않다. 따라서 여기서 우리는 이 식들을 풀기 위해 컴퓨터를 사용한다.

컴퓨터 풀이:

미지변수를 정의하기 위해 다음과 같은 정의를 사용한다($x_1 \sim x_5$). $x_1 = G$, $x_2 = F$, $x_3 = W$, $x_4 = A$, $x_5 = A^*$. 계수행렬 **A**와 상수 벡터 **b**는 다음과 같이 정의된다.

$$\mathbf{A} = \begin{bmatrix} 3.88 & 0.94 & -2 & 0 & 0 \\ 0 & 0 & 0 & 1.58 & 1.52 \\ 0.04 & 0 & -1 & 0.42 & 0.48 \\ 0 & 0.03 & 0 & 0 & 0 \\ 1.02 & 0.5 & 0 & 0 & 0.40 \end{bmatrix} \qquad \mathbf{b} = \begin{bmatrix} 0 \\ 10,540 \\ 1870.2 \\ 6.05 \\ 672.6 \end{bmatrix}$$

MATLAB:

예제 5.3의 MATLAB 풀이

```
%                              PROGRAM
function Ex5_3
clear; clc;
A=[3.88,0.94,-2,0,0;0,0,6.25,1.58,1.52;0.04,0,
-1,0.42,0.48;0,0.03,0,0,0;1.02,0.5,0,0.04,0];
k=rank(A);
```

```
b=[0,10540,1870.2,6.205,672.7]';
x=A\b;
fprintf('x1 =%8.2f x2=%8.2f\n',x(1),x(2))
fprintf('x3 =%8.2f x4=%8.2f\n',x(3),x(4))
fprintf('x5 =%8.2f rank=%2d\n',x(5),k)
end
%                                   PROGRAM END
   x1 = 501.06  x2 = 201.67
   x3 =1066.67  x4 =5211.46
   x5 =1517.13  rank = 5
```

Python:

예제 5.3의 Python 코드

```
Ex5_3.py
#                                   PROGRAM
Import numpy as np
Import numpy.linalg
# Specify the coefficient matrix A
A=np.array([[3.88,0.94,-2,0,0],[0,0,6.25,1.58,1.52],[ 0.04,0,-1,
0.42,0.48],[ 0,0.03,0,0,0],[1.02,0.5,0,0.04,0]])
k=numpy.linalg.rank(A)
b=np.array([0,10540,1870.2 ,6.205,672.7])
xsol=numpy.linalg.solve(A,b)
#                                   PROGRAM END
```

IPython 콘솔:

In[1]: runfile(···

In[2]: xsol, k

Out[2]: array([501.06, 201.67, 1066.84, 5211.36, 1517.13]),5

SO_2 농도 값의 정확도는 유효숫자 1자리이지만, 다음과 같은 계산 결과를 얻을 수 있다.

$$F = 202 \text{ lb mol/hr}$$
$$G = 501 \text{ lb mol/hr}$$
$$W = 1067 \text{ lb mol/hr}$$
$$A = 5211 \text{ lb mol/hr}$$
$$A^* = 1517 \text{ lb mol/hr}$$

마지막으로 연료유의 소모량은

$$\frac{202 \text{ lb mol}}{\text{hr}}\left|\frac{7.91 \text{ lb}}{\text{lb mol}}\right|\frac{\text{gal}}{7.578 \text{ lb}}\left|\frac{\text{bbl}}{42 \text{ gal}}\right. = 5.02 \text{ bbl/hr}$$

만약 연료유 재고량이 겨우 560 bbl이라면 최대 다음 시간 동안만 지속될 수 있다.

$$\frac{560 \text{ bbl}}{5.02 \dfrac{\text{bbl}}{\text{hr}}} = 109 \text{ hr}$$

예제 5.4 복합연속장치를 포함하는 설탕 회수 공정의 분석

문제 그림 E5.4는 공정과 알려진 자료를 보여준다. 모든 흐름 갈래의 성분 조성과 처음에 투입된 사탕수수 F에 포함된 설탕 중 M으로 회수되는 설탕의 분율을 계산하라는 요청을 받았다.

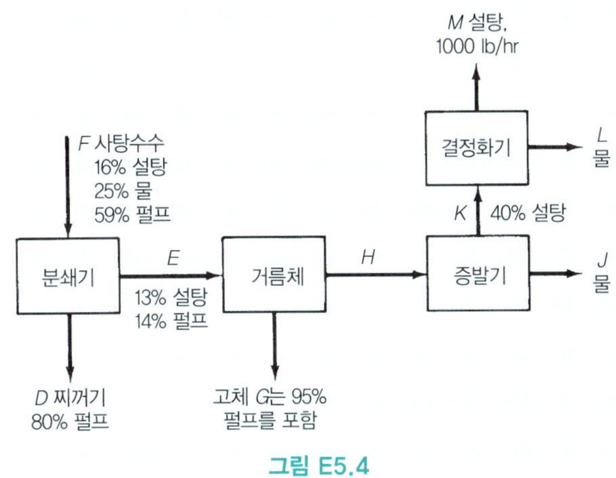

그림 E5.4

풀이

단계 1~4

알려진 모든 자료가 그림 E5.4에 제시되어 있다. 이 공정은 반응이 없는 열린, 정상상태계이다. 그림을 조사해보면 2개의 의문이 자연스럽게 떠오른다. 어떤 계산 기준을 선택해야 하며, 분석을 시작하기 위해 어떤 계를 선택해야 하는가? 어떤 기준과 어떤 계를 선택할 경우 다른 것들을 선택했을 때 비해 더 많은 식을 동시에 풀어야 할 경우가 생긴다. 계산 기준으로 $F = 100$ lb 또는 $M = 1000$ lb(1 hr와 같은) 또는 중간 흐름의 어느 한 값을 선택할 수도 있다. 총괄계를 시작하는 계로 선택할 수도 있으며, 개별 장치의 어느 하나 또는 장치의 어떤 연속적인 조합을 시작하는 계로 선택할 수도 있다. M의 값이 정의되어 있으므로 M을 선택할 것이다.

단계 5

$$\text{계산 기준: 1 hr}(M = 1000 \text{ lb})$$

단계 6~7

또 다른 중요한 결정은 흐름 D, E, G, H의 조성이 무엇인가이다. 흐름 F는 3개의 성분을 가지며 흐름 K는 짐작건대 설탕과 물만 포함한다. 흐름 H가 펄프를 포함하는가? 만약 공정의 흐름도를 조사한다면 증발기의 후속흐름 어디에서도 배출되는 펄프를 전혀 찾을 수 없기 때문에 아마도 아닐 것이다. 문제가 흐름 F의 모든 설탕이 회수되지는 않는다고 암시하므로 흐름 D와 G는 짐작건대 설탕과 물을 포함하고 있다. 만약 흐름 D와 G가 물도 포함하지 않고 설탕도 포함하지 않는다고 가정하면 무슨 일이 일어나는가? 그러면 독립적이지 않은 물질수지 및/또는 일관성 없는 식을 작성할 것이다(해답이 없다). 시도해보라. S가 설탕을, P가 펄프를, W가 물을 나타낸다고 하자. 단위는 파운드이다. 처음 분석하는 계로 결정화기를 선택하자. 왜냐하면 (a) 만약 결정화기에 대한 자유도를 확인해본다면 몇 개의 미지변수 값만 결정되면 자유도가 0이 된다는 것을 알 수 있고, (b) 결정화기는 그 값이 알려진 공급물 M을 포함하고 있으며, (c) 결정화기가 공정의 한쪽 끝에 있기 때문이다. 알려진 값을 변수에 부여하라.

$$M = 1000 \qquad L = ? \qquad K = ?$$

$$\omega^M_{설탕} = 1.00 \qquad \omega^L_{물} = 1.00 \qquad \omega^K_{설탕} = 0.40 \quad \text{또한} \quad \omega^K_{물} = 0.60$$

미지변수는 K와 L이다. 설탕과 물, 2개의 화학종 수지를 작성할 수 있다. 내포된 식은 어떤가? 3개 모두를 M, K, L의 조성을 부여하는 데 사용했다. 따라서 자유도는 0이며, 결정화기는 시작하기에 좋은 부분계로 보인다.

만약 다른 계산 기준, 예를 들어 $F = 100$ lb와 다른 시작하는 부분계, 예를 들어 분쇄기를 선택했다면 D, E, $\omega^D_{설탕}$, $\omega^D_{물}$(처음에 $\omega^E_{물} = 0.73$으로 지정했다고 가정하면) 4개의 미지변수를 가졌을 것이다. 3개의 화학종 수지를 작성할 수 있으며 1개의 내포된 식 $\sum \omega^D_i = 1$을 사용할 수 있다. 따라서 자유도는 0이 된다. 그러나 4개의 연립방정식을 풀어야만 한다. **그러므로 일반적인 규칙으로, 복합장치 공정에서는 선택하는 계산 기준과 분석을 시작하는 장치가 이어지는 계산의 복잡성 정도에 영향을 미친다.**

단계 8~9

결정화기에 대한 식은 다음과 같다.

$$\text{설탕: } K\,(0.40) = L\,(0) + 1000$$

$$\text{물: } K\,(0.60) = L + 0$$

이 식으로부터 $K = 2500$ lb, $L = 1500$ lb를 얻는다.

단계 10

총괄 흐름을 사용해 검증하라.

$$2500 = 1500 + 1000 = 2500$$

풀이에서 다음 단계는 물질수지를 적용할 다른 계를 선택하는 것이다. 증발기를 선택할 경우 문제가 생기는데, H의 조성을 모르기 때문이다. 대신에 증발기와 거름체를 같이 묶어서 H가 분석할 계의 안에 위치하도록 하자. 하지만 G에서의 설탕과 물 각각의 조성은 알려져 있지 않고, G의 5%를 차지한다는 것만 알 수 있다. 거름체를 살펴보자. 거름체는 펄프로부터 대부분의 물을 분리해낸다. 따라서 G에서의 설탕 분율은 E의 액체성분에서의 설탕 분율과 같다고 가정하자. 그러면 G에서의 설탕 분율은 5%×13%/86% = 0.756%가 된다. 이 가정은 G의 펄프에 녹지 않은 설탕 성분은 없다고 가정한다는 의미이다.

이제 거름체와 증발기에 대한 모든 조성을 알았으니 3개의 미지변수가 남았지만(E, G, J), 3개의 독립적인 물질수지를 써서 자유도를 0으로 만들 수 있다. 펄프와 설탕에 대한 수지를 고려하는데, 왜냐하면 이 식들은 순수한 물로 이루어진 J를 포함하지 않기 때문이다. 펄프 수지를 통해 우리는 설탕 수지에서 G를 없애고 E를 계산할 수 있다. 그리고 펄프 수지를 적용해서 G를 구할 수 있다. 마지막으로 물수지를 이용해서 J를 구할 수 있다. 결과는 다음과 같다.

$$E = 7759 \text{ lb}, \qquad G = 1143 \text{ lb}, \qquad J = 4115 \text{ lb}$$

이 값들을 이용해서 H와 그 조성을 쉽게 계산할 수 있다.

$$H = 6615 \text{ lb}, \qquad \omega^H_S = 15.1\%, \qquad \omega^H_W = 84.9\%$$

이제 F, D와 D의 조성만 구하면 된다. 펄프 수지를 사용하고 분쇄기에 대한 총괄 수지를 사용하면, D와 F를 구할 수 있고 다음과 같은 값이 얻어진다.

$$F = 24{,}385 \text{ lb}, \qquad D = 16{,}626 \text{ lb}$$

마지막으로, 설탕 수지를 사용해서 D에서의 설탕 분율을 구할 수 있다. 그러면 내재식을 이용해서 D에서의 물의 분율을 구할 수 있다.

$$\omega_S^D = 17.34 \text{ \%}, \qquad \omega_W^D = 2.65 \text{ \%}$$

그러면 회수된 설탕의 비율은 $1000/[(24{,}385)(0.16)] \times 100\% = 25.6\%$이다.

예제 5.5 아세틸렌 공정

문제 순수한 아세틸렌(C_2H_2)을 생산하기 위한 공정에서, 순수한 메탄(CH_4)과 순수한 산소가 연소기에서 합쳐지고 다음과 같은 반응이 일어난다.

$$CH_4 + 2O_2 \rightarrow 2H_2O + CO_2 \tag{1}$$

$$CH_4 + 1\tfrac{1}{2}O_2 \rightarrow 2H_2O + CO \tag{2}$$

$$2CH_4 \rightarrow C_2H_2 + 3H_2 \tag{3}$$

a. 연소기에 공급되는 O_2와 CH_4의 몰수 비율을 계산하라.
b. 응축기에서 나오는 가스 100 lb를 계산 기준으로 할 때, 응축기에 의해 제거되는 물이 몇 파운드인지 구하라.
c. 연소기에 공급되는 메탄의 양을 기준으로 할 때, 생산물(순수한 아세틸렌, C_2H_2)의 퍼센트 생산수율이 얼마인가?

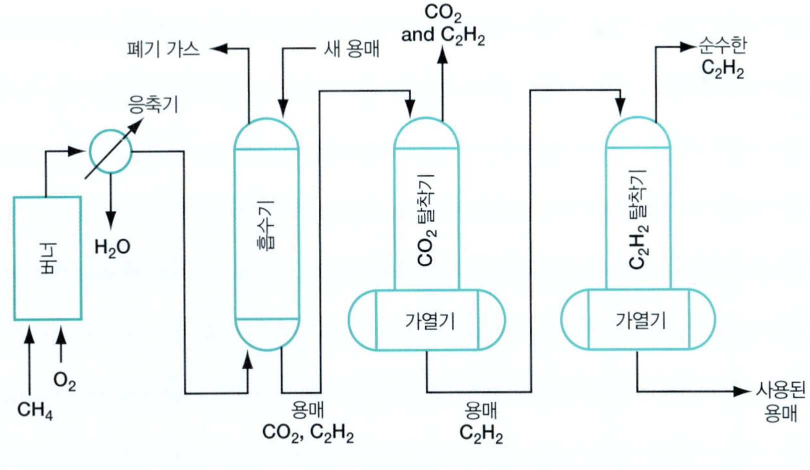

그림 E5.5

연소기에서 나온 가스는 응축기에서 냉각되면서 물이 제거된다. 응축기에서 나오는 가스의 분석 결과는 다음과 같다.

성분	mol %
C_2H_2	8.5
H_2	25.5
CO	58.3
CO_2	3.7
CH_4	4.0
합계	100.0

이 가스는 흡수탑으로 보내져서 C_2H_2의 97%와 CO_2 거의 전부를 용매로부터 제거한다. 흡수탑으로부터 나온 용매는 CO_2 탈거탑으로 이동해서 전부 제거된다. CO_2 탈거탑에서 나오는 가스의 분석 결과는 CH_2 7.5 mole %, CO_2 92.5 mol %이다. CO_2 탈거탑에서 나오는 용매는 C_2H_2 탈거탑으로 이동되어 순수한 C_2H_2를 생성물로 낸다.

풀이

단계 1~4

문제 설명에 있는 그림과 조건 정보를 파악한다.

단계 5

계산 기준: 응축기에서 나오는 가스 100 lb mol

단계 6~9

각 단계를 개별적으로 수행하기보다 자유도 분석 단계를 생략하고 이 문제를 풀고자 한다. 제시된 계산 기준과 알려진 화학반응식으로부터 3개 반응 각각에 대해 반응진행도를 계산할 수 있다.

$\xi_1 = 3.7$ lb mol reacting (발생한 CO_2에 근거)
$\xi_2 = 58.3$ lb mol reacting (발생한 CO에 근거)
$\xi_3 = 25.5/3 = 8.5$ lb mol reacting (발생한 H_2에 근거)

응축기 가스 분석으로부터 O_2가 한계 반응물이고 CH_4가 과잉 반응물이라는 것을 알 수 있다. 반응 1과 2에서 산소가 전부 소비되기 때문에 O_2의 공급 속도는 $2\xi_1 + 1.5\xi_2 = 94.84$ lb mol이고, CH_4의 공급 속도는 $\xi_1 + \xi_2 + 2\xi_3 + 4 = 83$ lb mol이다. 따라서

a. O_2와 CH_4의 공급 속도의 비율은 1.14이다.
   공정도에서 반응에 의해 생성되는 모든 물은 응축기에서 제거됨을 유의하라. 따라서
b. 응축기에 의해 제거되는 물의 양은 $2\xi_1 + 2\xi_2 = 124$ lb mol water $= 2234$ lb_m이다.
   그림 E5.5로부터 연소기에서 생성되는 모든 CO_2는 CO_2 탈거탑 위로 배출된다는 것을 알 수 있다. 그리고 모든 CO_2는 첫 번째 반응에 의해 발생한다. 그러므로 CO_2 탈거탑으로 배출되는 CO_2의 양은 ξ_1이다. 추가적으로 CO_2 탈거탑 위로 배출되는 조성은 문제의 조건에서 제시되어 있다. CO_2 탈거탑 위로 배출되어 손실되는 C_2H_2의 양은 $0.075\ \xi_1/0.925 = 0.300$ lb mol이다. 그러면 C_2H_2의 생산 속도는 $2\xi_3 - 0.300 = 16.7$ lb mol이다. 따라서
c. CH_4에 기반한 C_2H_2의 수율 비율은 $2 \times 16.7/83 = 40.2\%$이다. 숫자 2를 곱해준 이유는 C_2H_2 1 mol을 생성하는 데 CH_4 2 mol이 필요하기 때문이다.

자습문제

확인문제

1. 계가 1개 이상의 장치 또는 장비로 구성될 수 있는가?
2. 장비 1개가 몇 개 부분계의 조합으로 취급될 수 있는가?
3. 공정에 대한 흐름도가 하나 또는 그 이상의 다른 공정장치에 연결된 각 공정장치의 부분계 하나를 반드시 보여야 하는가?
4. 만약 각 개별 장치(부분계)의 자유도를 세어서 합한다면 그 합이 총괄계의 자유도와 다를 수 있는가?

해답

1. 그렇다.
2. 그렇다. 공정이 연속적일 때도 포함된다.
3. 그럴 필요 없지만 그러는 편이 도움이 된다.
4. 아니다. 각 계에 대한 자유도 계산이 정확할 경우 전체 자유도와 같아야 한다.

적용문제

1. 2단 분리장치를 그림 SAT5.2P1에 나타냈다. 입량 흐름 $F1$이 1000 lb/hr로 주어졌을 때 $F2$의 값과 조성을 계산하라.

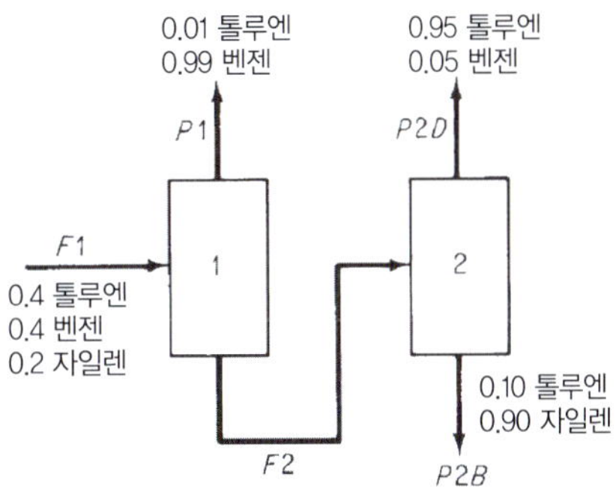

그림 SAT5.2P1

2. 황산 제조에 사용되는 SO_3 생산의 단순화한 공정을 그림 SAT5.2P2에 나타냈다. 황은 버너에서 100% 과잉공기로 연소되지만 $S + O_2 \rightarrow SO_2$ 반응으로 90%의 S만 SO_2로 전환된다. 전환기에서 SO_2의 SO_3로의 전화율은 완전전화의 95%이다. 연소되는 황 100 kg당 필요한 공기의 kg과 버너

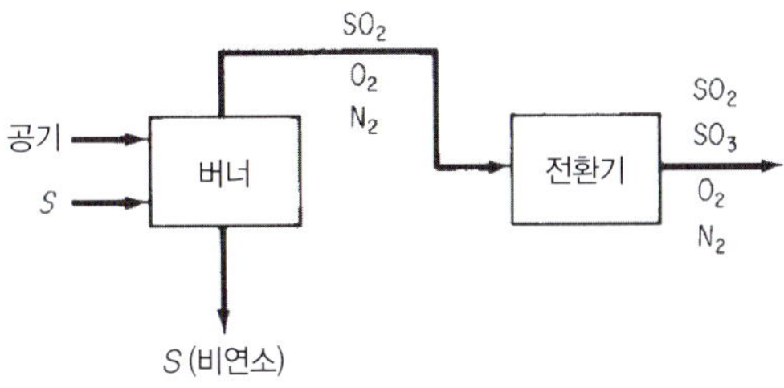

그림 SAT5.2P2

및 전환기로부터 배출되는 기체성분의 조성을 몰분율로 계산하라.

해답

1. 자일렌이 연결성분이다. $P2_{Xyl} = 200$, $P2B = 200/.9 = 222.22$
총괄 톨루엔(Tol) 수지: $0.01P1 + 0.95P2D = 377.77$
총괄 벤젠(Bz) 수지: $0.99P1 + 0.05P2D = 400$
두 개의 식을 풀면 다음의 답이 얻어진다.
$P2D = 393.40$, $P1 = 384.17$
첫 번째 장치에 대한 톨루엔 수지로부터: $F2_{tol} = 396.16$
첫 번째 장치에 대한 벤젠 수지로부터: $F2_{Bz} = 19.67$, $F2 = 615.83$, $x_{F2,Tol} = 64.3\%$, $x_{F2,Bz} = 3.2\%$, $x_{F2,Tol} = 32.5\%$

2. 계산 기준: 100 kg S = 3.1188 kg mol S
O_2 공급량 = 6.2375
공기 공급량 = 29.7025 kg mol
버너: N_2: 23.465, SO_2: 2.807, O_2: $6.2375 - .9(3.1188) = 3.431$
$y_{SO2} = 9.45\%$, $y_{O2} = 11.55\%$, $y_{N2} = 79.00\%$
전환기: N_2: 23.465, SO_2: 0.1404, SO_3: 2.6667, O_2: $3.431 - .95(0.5)(2.807) = 2.098$
$y_{SO3} = 9.40\%$, $y_{SO2} = 0.50\%$, $y_{O2} = 7.40\%$, $y_{N2} = 82.71\%$

5.3 순환계

이 절에서는 물질이 **순환되는**, 즉 그림 5.4c에 나타낸 것처럼 후속흐름 장치로부터 상류장치로 흐름이 되돌아가는 공정을 시작한다. 순환하는 물질을 함유하는 흐름은 **순환 흐름**으로 불린다. **순환계**는 무엇인가? 순환계는 하나 또는 그 이상의 순환 흐름을 포함하는 계이다.

그림 5.4c에서 순환 흐름이 공급 흐름과 혼합되며, 그 조합이 공정 1에 공급되는 것을 볼 수 있다. 공정 2(그림 5.4c)에서는 공정 1의 배출물이 (a) 생성물과 (b) 순환 흐름으로 분리된다. 순환

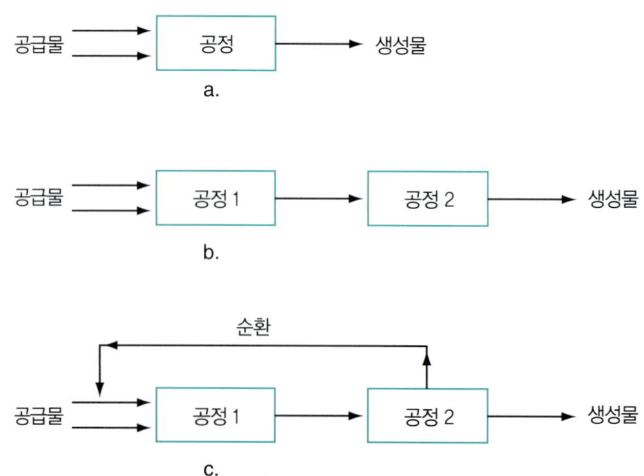

그림 5.4 ▸ (a) 연속 흐름이 있는 단일장치, (b) 여전히 연속 흐름이 있는 복합장치, (c) 순환이 추가된 복합장치

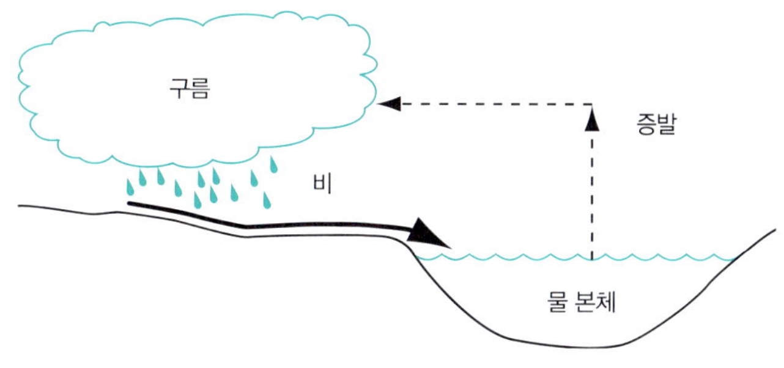

그림 5.5 ▸ 물순환의 일부

흐름은 더 가공되기 위해 공정 1로 되돌아간다.

순환 흐름은 일상생활에서도 발견할 수 있다. 다 읽은 신문은 가정으로부터 수집되어 잉크를 제거하기 위해 가공되고 새 신문 인쇄에 사용된다. 확실히 더 많은 신문이 순환될수록 신문을 만들기 위한 나무가 덜 소비된다. 유리, 알루미늄 깡통, 플라스틱, 구리, 철의 순환도 흔하고, 지속가능성에 큰 영향을 미친다(제1장 1.4절).

순환계는 자연에서도 일어난다. 예를 들어 그림 5.5의 '물순환'을 고려하라. 만약 지구의 한 영역을 계로 표시하면 응축하는 증발된 물로 이루어진 순환 흐름은 강수로 지구에 떨어지며, 그 뒤 물의 본체로 들어가는 개울과 강의 물 흐름이 된다. 물 본체로부터의 증발이 물을 구름으로 되돌려보낸다(순환시킨다).

화학반응이 공정에 포함될 때는 산업용 원료의 상대적으로 비싼 비용 때문에 사용되지 않은 반응물을 반응기로 순환시키는 것이 대량으로 생산하는 경우에 상당한 경제적 절약을 제공할 수 있다. 장치 내의 (에너지 순환을 구현하는) 열 회수는 그 공정의 총에너지 소비를 감소시킨다.

반응이 없는 순환계의 물질수지는 제3장에서 설명했으며, 이어지는 장들에서 응용한 것과 같은 전략을 사용해서 수립할 수 있다. 그림 5.6을 살펴보라.

순환을 포함하는 문제 풀이의 주된 새로운 면은 분석할 계의 적절한 순서 선택이다. 몇몇 다른 계에 대한 물질수지를 작성할 수 있으며, 그중 4개가 그림 5.6의 점선에 의해 보인다. 즉

1. 그림 5.6에서 순환 흐름을 포함해서 1로 나타낸 점선 표시 경계의 전체 공정 주위. 이런 수지는 순환 흐름에 관한 아무 정보도 포함하지 않는다. **새 공급물**이 총괄계로 들어가고 **총괄 생성물** 또는 **알짜 생성물**이 제거되며, 고려 중인 공정이 반응기이고 반응이 알려져 있을 때는

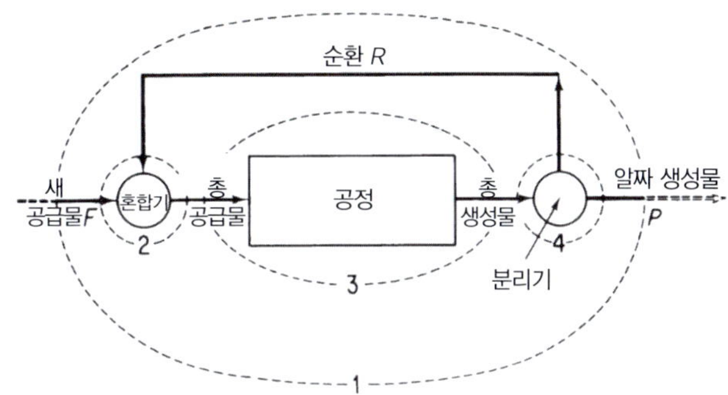

그림 5.6 ▸ 순환이 있는 공정. 숫자와 점선은 물질수지를 위한 계의 가능한 경계를 나타낸다.

반응진행도 계산에 사용될 수 있음을 주목하라. 또한 제4장에서 설명한 바와 같이 원소수지를 사용할 수도 있다.

2. 새로운 공급물이 순환류와 결합되는 연결점 주위(그림 5.6에서 2로 나타냈다)
3. 공정 자체 주위(그림 5.6에서 3으로 나타냈다). **공정 공급물**이 공정으로 들어가고 **총생성물**이 제거됨을 주목하라.
4. 총생성물이 순환류와 총괄 (순) 생성물로 분리되는 분리기 주위(그림 5.6에서 4로 나타냈다)

또한 공정 더하기 분리기와 같은 부분계의 조합에 대한 수지도 만들 수 있다. 전체 질량에 대해 작성했든 특별한 성분의 질량에 대해 작성했든 1~4로 표시된 계에 대해 작성한 4개의 수지 중에서 3개만 독립적이다. 그러나 수지 1은 순환 흐름을 포함하지 않을 것이므로 순환류 R의 값 계산에 직접 유용하지는 않을 것이다. 수지 2와 4는 R을 포함한다. 부분계 2와 3 또는 3과 4의 조합에 대한 물질수지를 작성해서 순환 흐름을 포함할 수도 있다.

그림 5.6에서 순환류는 공정 처음에 위치한 혼합기와 공정 마지막에 위치한 분리기 모두와 관련되어 있음을 주목하라. 그 결과 순환 문제는 동시에 풀어야 하는 연립식으로 이어진다. 총괄 물질수지(그림 5.6의 1)가 특히 연결 성분이 있는 순환 문제를 풀 때 대개 좋은 시작 지점이라는 것을 발견할 것이다. 만약 총괄 물질수지를 풀어서 성공적이라면, 즉 미지변수의 전부 또는 일부를 총괄수지를 이용해 계산할 수 있다면 문제의 나머지는 대개 공정에 포함된 단일 장치의 물질수지를 차례차례 적용함으로써 풀 수 있다. 그렇지 않으면 많은 물질수지식을 작성하고 그것을 동시에 풀어야 한다.

자주 묻는 질문

만약 그림 5.4c에서처럼 어떤 흐름으로 계속 물질을 공급한다면 왜 순환 흐름 중 그 물질의 값이 증가하지 않고 계속 축적되지 않는가? 이 장과 다음 장들에서는 모든 장치를 포함하는 전체 공정이, 종종 따로 언급하지 않더라도 정상상태에 있다고 가정한다. 공정이 시작하거나 폐쇄할 때 많은 갈래 속의 흐름은 변하지만 일단 정상상태가 달성되면 '들어가는 것은 반드시 나와야 한다'가 공정의 다른 흐름과 마찬가지로 순환 흐름에 적용된다.

5.3.1 반응이 없는 순환

물질의 순환은 증류, 결정화, 가열과 냉동계를 포함해 화학반응을 수반하지 않는 많은 공정에서 일어난다. 공정 흐름을 희석하기 위해 사용되는 순환계의 예로 그림 5.7의 목재 건조 공정을 살펴보라. 만약 나무를 건조하기 위해 건조공기를 사용한다면 목재는 휘고 갈라질 것이다. 건조기에서 나가는 습한 공기를 순환시켜서 외부의 건조공기와 혼합함으로써 건조기 주입구의 공기는 목재를 서서히 건조하는 동안 휨과 갈라짐을 방지하는 안전한 수분함량을 유지할 수 있다.

그림 5.8에 나타낸 다른 예는 생성물이 2개인 증류탑이다. 재가열기가 탑 바닥 액체의 일부를 증발시켜서 탑을 올라가는 증기를 만들어내는 반면 축적기 출류 흐름의 일부가 **환류**로서 탑으로 순환되는 것을 주목하라. 재가열기에서 나오는 증기의 순환과 축적기에서 나오는 액체가 탑으로 되돌아가는 것이 탑 내부 단 위에서 증기와 액체의 접촉을 좋게 유지한다. 이 접촉은 휘발성이 더

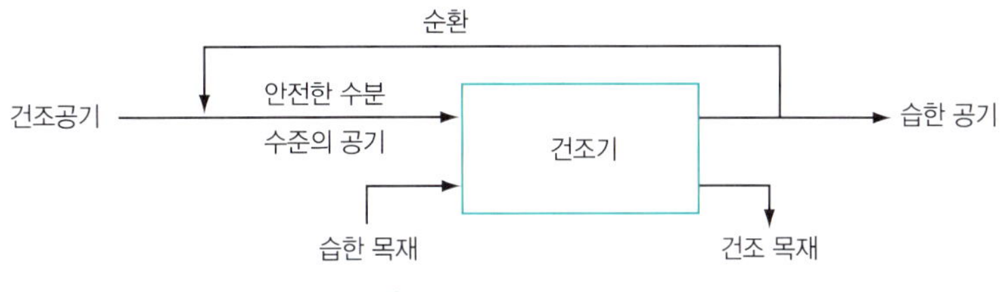

그림 5.7 ▸ 목재 건조 공정

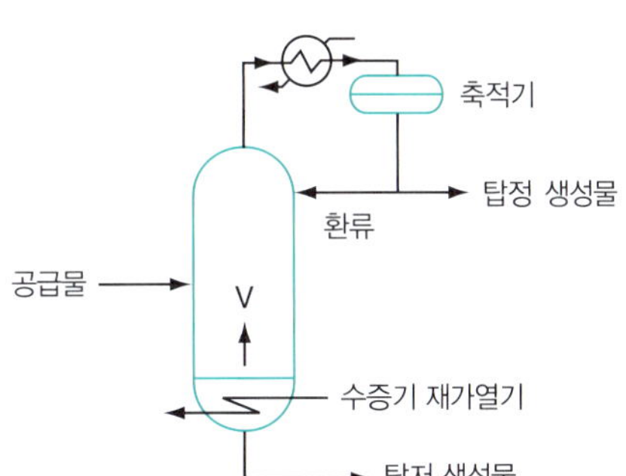

그림 5.8 ▸ 생성물이 2개인 증류탑

큰 성분을 응축기와 그다음의 축적기로 이어지는 탑정(塔頂) 증기 흐름에, 휘발성이 더 작은 성분을 탑 바닥에 모아진 액체에 농축되는 것을 가능하게 한다.

예제 5.6 순환 흐름을 수반하는 연속 여과

문제 그림 E5.6은 약품제조에 사용될 바이오매스(Bio로 나타냈다) 생산 공정을 보여준다.

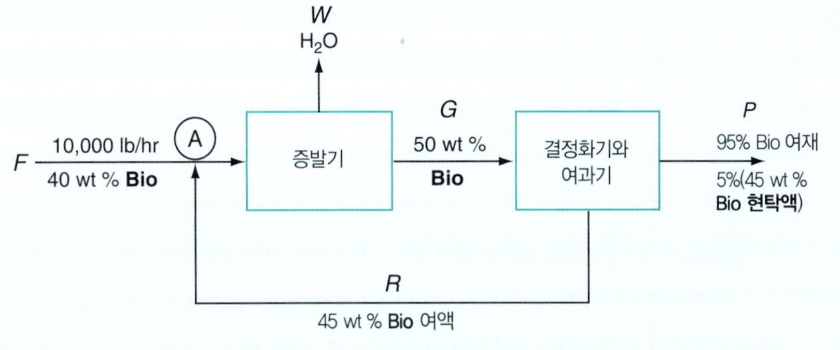

그림 E5.6 ▸ 바이오매스 생산 공정

공정으로 들어가는 새로운 공급물 F는 현탁상태의 40 wt % 바이오매스 수용액 10,000 lb/hr이다. 새로운 공급물은 여과기에서 나오는 순환된 여액과 섞여서 증발기로 공급되는데, 그곳에서 물이 제거되어 여과기로 공급되는 50 wt %의 바이오매스 용액을 생산한다. 여과기는 5 wt % 용액으로 젖은 95 wt % 건조 바이오매스 성분의 여재를 생산하는데, 이 5 wt %의 용액은 실험실에서 이 용액이 55 wt %의 물과 나머지는 건조 바이오매스로 구성되었다고 입증했다. 여액은 45 wt %의 바이오매스를 포함한다.

a. 증발기에 의해 제거되는 물의 흐름속도와 이 공정의 순환속도를 계산하라.

b. 여재 생산속도는 같으나 여액은 순환되지 않는다고 가정하라. 그렇다면 40 wt % 바이오매스의 공정 공급속도는 얼마가 되겠는가? 증발기에서 나오는 생성물 용액이 여전히 물에 50 wt % 바이오매스를 포함하고 있다고 가정하라.

풀이 a

단계 1~4

그림 E5.6은 이 문제 풀이에 필요한 정보를 포함하고 있다.

단계 5

계산 기준: 10,000 lb 새 공급물(1 hr와 같다)

단계 6~7

*F*와 각 흐름의 모든 질량 분율에 적절한 내포식을 사용해서 그 값을 부여할 수 있으므로 미지변수는 *W*, *G*, *P*, *R*이다. 3개의 부분계(혼합점 A, 증발기, 여과기)에 대해 2개의 성분수지를 세울 수 있다(각각에 대한 전체 수지도 세울 수 있다). 또한 부분계의 여러 가지 조합과 총괄계에 대해서도 유사한 수지를 세울 수 있다. 이 문제를 풀기 위해 어떤 수지를 선택해야 하는가? 만약 식을 식 계산기에 대입하면 입력한 식이 독립적인 한 아무런 차이가 없다. 그러나 이 문제를 손으로 풀고 방금 언급한 3개의 부분계 각각과 총괄계에 대해 2개의 성분수지를 작성하려 한다면 3개의 부분계 각각과 총괄계에 대해 수반되는 미지변수의 수를 셀 수 있다.

혼합점: *P* 더하기 증발기로의 공급물(및 조성)(그림 E5.6에는 표시되지 않았다)
증발기: *W*, *G* 및 증발기로의 공급물
여과기: *G*, *P*, *R*
총괄: *W*, *P*

단지 2개의 총괄 성분수지를 사용해서 적어도 *W*와 *P*의 값을 결정할 수 있다고 결론 내릴 수 있겠는가? 따라서 총괄수지로 시작하자.

단계 8~9

총괄 Bio 수지: $(0.4)(10{,}000) = [0.95 + (0.45)(0.05)]P$

$$P = 4113 \text{ lb}$$

총괄 H_2O 수지: $(0.6)(10{,}000) = W + [(0.55)(0.05)](4113)$

$$W = 5887 \text{ lb}$$

*P*와 함께 배출되는 Bio의 총량은

$$[(0.95) + (0.45)(0.05)](4113) = 4000 \text{ lb}$$

이 결과에 놀랐는가? *P* 중 물의 양은 113 lb이다. 검산으로 113 + 5887 = 6000 lb는 예측한 바와 같다.

단계 6~7(반복)

*W*와 *P*를 알고 있으므로 다음 단계는 흐름 *R*을 포함하는 부분계에 대한 수지를 작성하는 것이다. 혼합점 A나 여과기 중 하나를 선택하라. 어떤 것을 선택하겠는가? 여과기는 3개의 변수를 포함하나 이

제 P 값을 알고 있으므로 만약 혼합점 A를 계로 선택한다면 더 많은 변수가 아니라 단 2개의 변수만 포함될 것이다.

$$\text{여과기에 대한 Bio 수지: } 0.5G = 4000 + 0.45R$$

$$\text{여과기에 대한 } H_2O \text{ 수지: } 0.5G = 113 + 0.55R,\ R = 870 \text{ lb in 1 hr}$$

$$\text{검산: } 10{,}000 + 870 - 5887 = G = 4983 = 4113 + 870 \text{ OK}$$

풀이 b

이제 여과기로부터의 순환은 일어나지 않으나 P의 생산속도는 같게 유지된다고 가정하라. 이 경우에는 R이 순환되는 대신 배출되어 새 공급물과 혼합된다는 것을 유념하라. 어떻게 진행해야 하는가? 이 문제가 5.2절에서 보았던 것과 같은 종류 중의 하나라는 것을 알아보겠는가?

단계 5(반복)

이제 계산 기준은 $P = 4113$ lb(1 hr와 같다)이다.

단계 6~7(반복)

이제 미지변수는 F, W, G, R이다. 증발기에 대해 2개, 여과기에 대해 2개의 성분수지를 세울 수 있으며 더해서 2개의 총괄 성분수지를 세울 수 있으나 오직 4개만 독립적이다. 증발기 수지는 F, W, G를 포함한다. 결정화기 수지는 G와 R을 포함하는 반면 총괄수지는 F, W, R을 포함할 것이다. 어떤 수지가 시작하기에 최선인가? 만약 식을 식 계산기를 이용해 푼다면 식이 독립적인 한 어떤 4개의 식을 사용하더라도 차이가 없을 것이다. G와 R에 관한 2개의 적절한 식만 풀면 되기 때문에 여과기 수지가 최선이다.

단계 8~9(반복)

여과기에 대한 Bio 수지: $0.5G = [(0.95) + (0.05)(0.45)](4113) + 0.45R$
여과기에 대한 H_2O 수지: $0.5G = [(0.05)(0.55)](4113) + 0.55R$
동시에 풀면: $R = 38{,}870$ lb in 1 hr

순환이 없으면 Bio가 45 wt %인 다량의 여액을 처리해야 하는 것은 말할 나위도 없으며, 같은 양의 생성물을 생산하기 위한 공급물 속도가 5.37배 더 커져야 한다.

5.3.2 화학반응이 있는 순환

화학반응을 포함하는 계에서 가장 흔한 순환의 적용은 반응기에서 총괄 전화율을 증가시키기 위해 사용되는 반응물의 순환이다. 그림 5.9는 반응(A → 2B)에 대한 간단한 예를 보여준다.

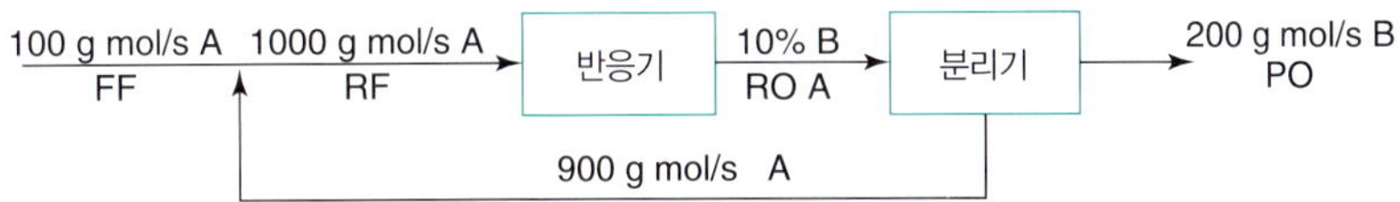

그림 5.9 화학반응(A → 2B)을 가진 간단한 순환계, FF(fresh feed, 새 공급물), RF(reactor feed, 반응기 공급물), RO(reactor outlet, 반응기 배출물), PO(process outlet, 공정 배출물)

여러분은 반응이 일어나는 공정에 적용될 수 있는 두 가지 다른 형태의 전화율과 대면하게 될 것이다.

총괄 전화율(overall conversion)은 전체 공정에 들어가고 나가는 것을 기준으로 한다.

$$\textbf{총괄 전화율} = f_{OA} = \frac{\text{새 공급물 중 한계반응물의 mol 수} - \text{총괄공정의 배출물 중 한계반응물의 mol 수}}{\text{새 공급물 중 한계반응물의 mol 수}} \tag{5.1}$$

1회 통과 전화율(single-pass conversion)은 반응기에 들어가고 나가는 것을 기준으로 한다.

$$\textbf{1회 통과 전화율} = f_{SP} = \frac{\text{반응기로 공급되는 한계반응물의 mol 수} - \text{반응기를 나가는 한계반응물의 mol 수(총생산)}}{\text{반응기로 공급되는 한계반응물의 mol 수}} \tag{5.2}$$

그림 5.9의 자료에 대해 총괄 분율 전화율은 얼마인가?

$$f_{OA} = \frac{100\text{ A} - 0}{100\text{ A}} = 1.00$$

$$f_{SP} = \frac{1000\text{ A} - 900}{1000\text{ A}} = 0.10$$

따라서 생산물로부터 반응물을 효율적으로 분리할 수만 있다면 순환을 사용함으로써, 한 번 통과할 때 1회 통과 전화율 10%인 반응기가 총괄 분율 전화율 100%를 얻기 위해 쓰일 수 있다.

새 공급물(FF)이 1개 이상의 반응물로 구성되어 있을 때, 전화율은 보통 한계반응물로 정의된 단일 성분 또는 가장 중요한(값비싼) 반응물에 대해 나타낼 수 있다. 제4장에서 설명했듯이 반응기의 전화율(1회 통과 전화율)이 화학평형 및/또는 반응속도론에 의해 제한될 수 있음을 기억하라. 반면에 총괄 전화율은 다른 화합물로부터 순환되는 화합물을 분리하는 분리기의 효율에 따라 크게 달라진다.

총괄 전화율과 1회 통과 전화율은 제4장에서 논의한 용어인 반응진행도 ξ와 어떻게 관련되는가? 식 (4.10)으로 주어진 관계식을 기억하고 있는가?

$$\xi = \frac{(-f)n^{\text{in}}_{\text{한계반응물}}}{\nu_{\text{한계반응물}}}$$

표기법이 더욱 구체적이도록 $n^{\text{in}}_{\text{한계반응물}}$을 $n^{\text{FF}}_{\text{LE}}$로, $\nu_{\text{한계반응물}}$을 v_{LR}로, f를 f_{OA}나 f_{SP}로 나타내자.

$$\text{한계반응물의 총괄 전화율} = f_{OA} = \frac{-v_{\text{LR}}\xi}{n^{\text{FF}}_{\text{LR}}} \tag{5.3}$$

또한 1회 통과 전화율에 대해서는

$$\text{1회 통과 전화율} = f_{SP} = \frac{-v_{\text{LR}}\xi}{n^{\text{RF}}_{\text{LR}}} \tag{5.4}$$

만약 반응진행도에 관한 식 (5.3)과 (5.4)를 풀어서 두 반응진행도를 같다고 놓고 새 공급물과 순환 흐름의 합류점(혼합점)에서의 물질수지 $n^{\text{RF}}_{\text{LR}} = n^{\text{FF}}_{\text{LR}} + n^{\text{순환}}_{\text{LR}}$을 사용한다면 총괄 전화율과 1회 통과 전화율 사이의 다음 관계식을 얻을 수 있다.

$$\frac{f_{SP}}{f_{OA}} = \frac{n_{LR}^{FF}}{n_{LR}^{FF} + n_{LR}^{순환}} \tag{5.5}$$

이제 식 (5.3)을 그림 5.9의 간단한 순환 예제에 적용하면 총괄 전화율에 대한 1회 통과 전화율의 비율로 얼마를 얻는가? 앞에서 언급된 결과와 일치하는 0.1을 얻는가? 똑같은 관계식이 수치 해석적으로보다는 수학적으로 증명될 수 있다. 일반적으로 **반응진행도는 총괄 물질수지를 사용하든 반응기에 대한 물질수지를 사용하든 관계없이 똑같다**. 이 중요한 사실은 반응이 있는 순환계의 물질수지를 푸는 데 사용될 수 있다.

예제 5.7 반응이 일어나는 공정에서의 순환

문제 사이클로헥세인(C_6H_{12})은 다음 반응에 따라 벤젠(Bz, C_6H_6를 줄여서)의 수소와의 반응으로 제조된다.

$$C_6H_6 + 3H_2 \rightarrow C_6H_{12}$$

그림 E5.7의 공정에서 벤젠의 총괄 전화율이 95%이고 반응기 1회 통과 전화율이 20%일 때 새 공급물 흐름에 대한 순환 흐름의 비율을 계산하라. 새 공급물에는 20%의 과잉수소가 사용되며 순환 흐름의 조성은 22.74 mol % 벤젠과 78.26 mol % 수소라고 가정하라.

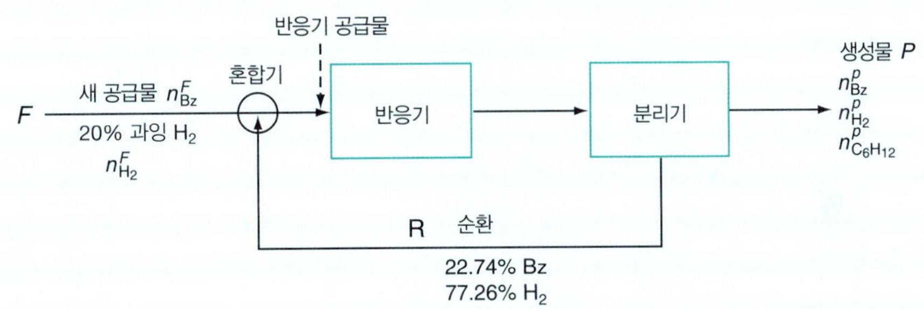

그림 E5.7 ▸ **순환반응기**

이 예제에서 통과당 전화율은 상대적으로 낮으며(20%) 총괄 전화율은 상대적으로 높은(95%) 것을 주목하라. 통과당 낮은 전화율은 어떤 경우, 예를 들어 전화율이 증가함에 따라 수율이 감소하는 경우에는 바람직할 수도 있다. 순환을 사용함으로써 높은 수율과 동시에 높은 총괄 전화율(즉 한계반응물의 높은 활용)을 얻을 수 있다.

풀이 이 공정은 열린, 정상상태이다.

단계 1~4

그림 E5.7은 문제를 풀기 위한 모든 정보를 포함하고 있다.

단계 5~7

$$\text{계산 기준: 새로 공급되는 벤젠 공급물 } n_{B_z}^F$$

20% 과잉으로 공급되는 H_2의 양은(기억할 것, 완전반응 기준으로)

$$n^F_{H_2} = 100(3)(1+0.20) = 360\,\text{mol}$$

그러면 총괄 새 공급량은 460 mol이 된다.

식 (5.3)을 벤젠에 적용하면($v_{Bz} = -1$),

$$0.95 = \frac{-(-1)\xi}{100}$$

ξ = 95 반응 mol로 계산할 수 있다.

미지변수는 R, n^P_{Bz}, $n^P_{H_2}$, $n^P_{C_6H_{12}}$이다. 3개의 계 각각에 대해 3개의 화학종 수지(혼합점, 반응기, 분리기)와 총괄수지(물론 그것들 전부가 독립적인 것은 아니다)를 작성할 수 있다. 어떤 계를 시작하는 계로 선택해야 하는가? 총괄 공정이다. 그럴 경우 반응진행도로 계산된 값을 사용할 수 있기 때문이다.

단계 8, 9

화학종 총괄수지는 다음과 같다.

$$n_i^{out} = n_i^{in} + \nu_i\xi$$

$$\text{Bz:}\quad n^P_{Bz} = 100 + (-1)(95) = 5\ \text{mol}$$

$$H_2\text{:}\quad n^P_{H_2} = 360 + (-3)(95) = 75\ \text{mol}$$

$$C_6H_{12}\text{:}\quad n^P_{C_6H_{12}} = 0 + (1)(95) = 95\ \text{mol}$$

$$\text{합계 :}\quad P = 175\ \text{mol}$$

다음 단계는 R을 얻기 위해 마지막 정보인 1회 통과 전화율과 식 (5.4)를 이용하는 것이다. 반응기로 공급되는 Bz의 양은 100 + 0.2274R이며 ξ = 95이다(총괄 전화율로부터 계산된 것과 같다). 따라서

$$0.20 = \frac{95}{100 + 0.2274R}$$

R에 대해 풀면

$$R = 1649\ \text{mol}$$

마지막으로 새 공급량에 대한 순환량의 비율은

$$\frac{R}{F} = \frac{1659\ \text{mol}}{360\ \text{mol}} = 3.59$$

예제 5.8 반응이 일어나고 있는 공정에서의 순환

문제 고정화된 글루코스 이성화 효소가 고정층 반응기에서 글루코스로 과당을 제조하는 촉매로 사용된다(물이 용매이다). 그림 E5.8a의 계에서 질량 단위로 나타낸 순환 흐름 대 출구 흐름의 비율이 8.33일 때 글루코스의 반응기 1회 통과 전화율은 몇 %인가? 반응은 다음과 같다.

$$C_{12}H_{22}O_{11} \rightarrow C_{12}H_{22}O_{11}$$

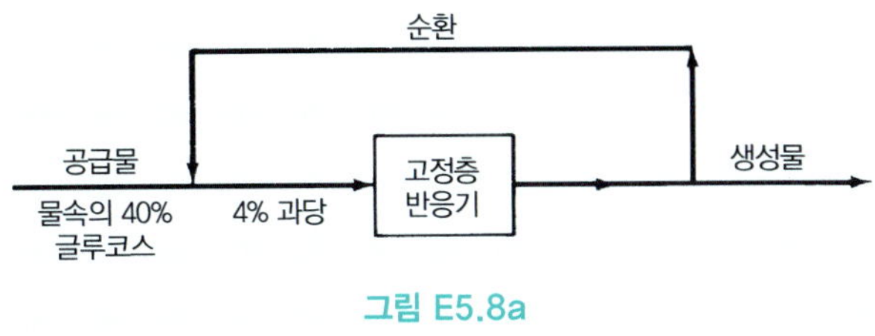

그림 E5.8a

풀이

단계 1~4

이 공정은 반응이 일어나는 동시에 순환이 있는 정상상태 공정이다. 그림 E5.8b에는 적절한 기호를 사용해서(W는 물, G는 글루코스, F는 과당) 변수의 모든 알려진 값과 미지의 값이 제시되어 있다. 순환 흐름과 생성물 흐름이 같은 조성을 가지며, 따라서 도표에서 각각의 흐름에 대해 같은 질량 부호를 가진다는 것을 주목하라.

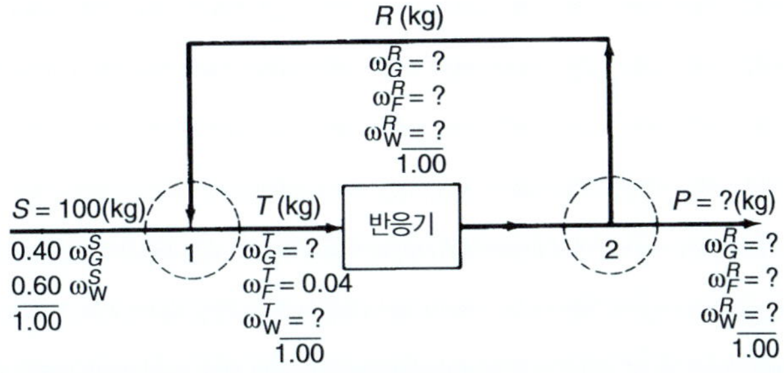

그림 E5.8b

단계 5

계산 기준으로 그림 E5.8b에 주어진 자료 $S = 100$ kg을 선택하라.

단계 6

수지식에서는 그 값을 사용하지 않을 것이므로 반응기 출구 흐름과 조성에 대한 부호를 제공하지 않았다. f를 반응기 1회 통과에 대한 분율 전화율이라 하자. 미지변수는 총 9개로 $R, P, T, \omega_G^R, \omega_F^R, \omega_W^R, \omega_G^T, \omega_W^T, f$이다.

단계 7

수지식은 $\sum \omega_i^R = 1$, $\sum \omega_i^T = 1$, $R = P/8.33$와 총괄수지를 위시해 혼합점 1, 분리기 2, 반응기에 대한 각각 3개의 화학종 수지이다. 이 수지 중에서 9개의 독립적인 수지를 발견할 수 있다고 가정하고 진행한다. 모든 식을 동시에 다 풀 필요는 없다. 단위는 질량(kg)이다.

단계 8~9

총괄수지:

$$\text{합계:} \quad P = 100 \text{ kg (얼마나 간단한가!)}$$

따라서

$$R = \frac{100}{8.33} = 12.0 \text{ kg}$$

전체적으로 물은 만들어지지도 소비되지도 않는다(즉 물은 반응에 관련되지 않는다). 따라서

물수지:

$$100(0.60) = P\omega_W^R = 100\omega_W^R$$

$$\omega_W^R = 0.60$$

이제 풀어야 할 6개의 미지변수가 남아 있다. 일부 미지변수를 계산하기 위해 조금 임의적으로 혼합점 1부터 시작한다.

혼합점 1

혼합점에서는 반응이 일어나지 않으므로 반응진행도를 포함하지 않는 화학종 수지를 사용한다.

합계: $100 + 12 = T = 112$

글루코스 수지: $100(0.40) + 12\omega_G^P = 112\omega_G^T$

과당 수지: $0 + 12\omega_F^R = 112(0.04)$

마지막 식으로부터 ω_F^R에 대해 풀면 $\omega_F^R = 0.373$을 얻는다.

또한 $\omega_F^R + \omega_G^R + \omega_W^R = 1$이므로

$$\omega_G^R = 1 - 0.373 - 0.600 = 0.027$$

다음으로 글루코스 수지로부터 반응기와 분리기에 대한 별도의 수지를 작성하기보다는 그 2개를 1개의 계로 결합할 것이다(따라서 반응기 출구 흐름과 연계된 값을 계산해야 하는 것을 피한다).

반응기 더하기 분리기 2:

	도입량	−	배출량	= 소모량
글루코스 수지:	(0.360)(112)	−	(112)(0.027)	$= f(0.360)(112)$
				$f = 0.93$

단계 10

식 (5.5)와 반응진행도를 사용해서 검산하라.

자습문제

확인문제

1. 공정에서 순환을 사용하는 목적을 설명하라.
2. 어떤 계에 대해 순환을 포함하는 공정의 물질수지를 작성할 수 있는가?
3. 만약 계에서 순환이 일어난다면 독립적이지 않을 식의 조합을 만들어낼 수 있는가?
4. 만약 공정으로 도입되는 공급물의 성분이 양론적인 양이며 그다음의 분리 공정이 완벽해서 미반응물 전부가 순환된다면 순환 흐름 중 반응물의 비율은 무엇인가?
5. 다음 설명이 참인지 거짓인지 밝혀라.
   a. 일반적인 물질수지는 다른 공정에 적용된 것과 마찬가지로 순환을 수반하는 반응 공정에도 적용된다.

b. 순환이 있는 반응공정에 대한 핵심적인 추가 정보는 분율 전화율의 규정이나 반응진행도이다.
c. 순환이 있는 화학반응 공정에 대한 자유도는 순환이 없는 공정에 대한 것과 같다.

해답

1. 순환 흐름은 공급물의 활용을 개선하고 공정의 경제성을 높이기 위해 사용된다.
2. 기본적으로 모든 계에 대해 가능, 예시를 위해 본문을 볼 것
3. 그렇다.
4. 양론비율대로
5. 모두 참

적용문제

1. 그림 SAT5.3P1에서는 얼마나 많은 순환 흐름이 일어나는가?

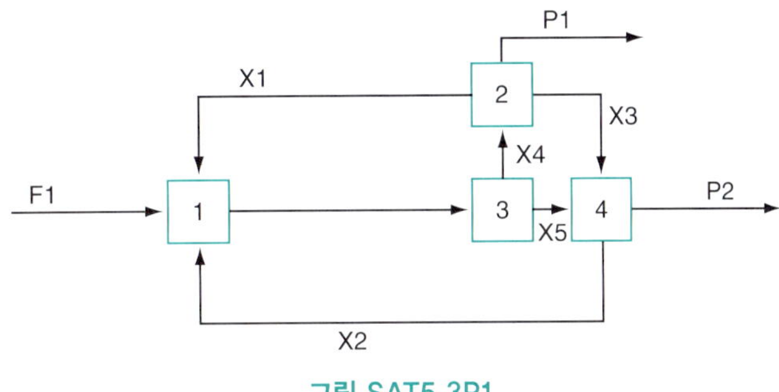

그림 SAT5.3P1

2. 볼밀(ball mill)은 플라스틱을 갈아서 매우 미세한 가루로 만든다. 그림 SAT5.3P2를 참조하라.

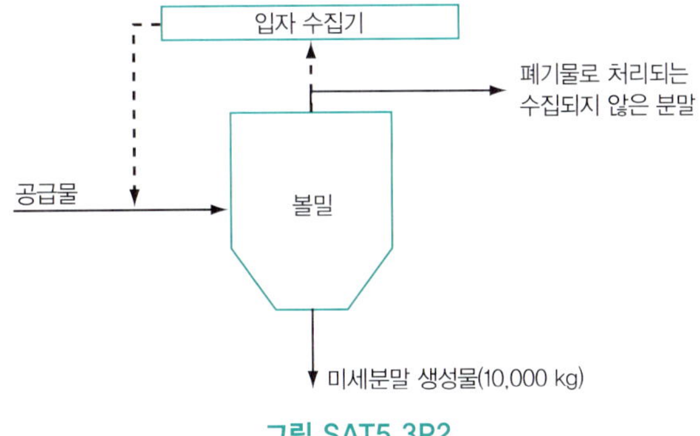

그림 SAT5.3P2

현재 하루에 10,000 kg의 가루가 생산된다. (실선으로 나타낸) 공정은 공급물의 20%가 가루로 회수되지 않기 때문에, 즉 버려지기 때문에 비효율적이다. 그것은 쓰레기가 된다.

당신은 수집되지 않은 물질이 다시 갈릴 수 있도록 (점선으로 나타낸) 공급 흐름으로 순환시킬 것을 제안한다. 당신은 수집되지 않은 200 kg의 75%를 공급 흐름으로 순환시키려고 계획한다. 만약 공급물 가격이 $1.20/kg이라면 10,000 kg의 미세가루를 생산하는 동안 하루에 얼마나 많은 돈을 절약하겠는가?

3. 그림 SAT5.3P3에 나타낸 체계를 사용해 바닷물이 역삼투에 의해 탈염될 예정이다. 다음을 계산하기 위해 그림에 주어진 자료를 사용하라. (a) 폐기 소금 제거속도(B), (b) (휴대용 식수라는) 탈염된 물의 생산속도(P), (c) (본질적으로 분리기 역할을 하는) 역삼투실을 나가는 소금의 순환되는 분율

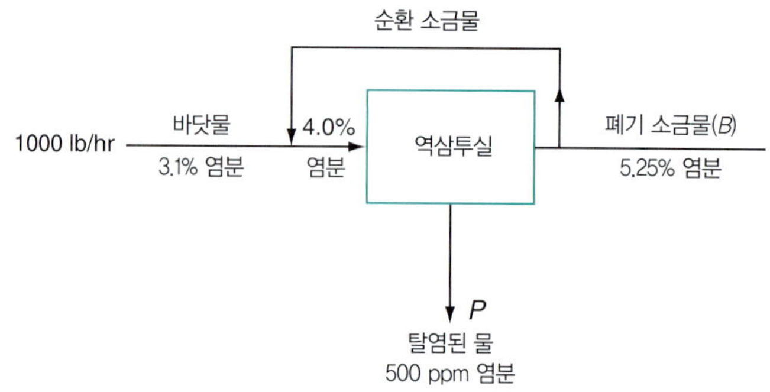

그림 SAT5.3P3

4. 그림 SAT5.3P4의 촉매 탈수소 공정은 순수한 n-부탄(C_4H_{10})으로 1,2-부타디엔(C_4H_6)을 생산한다. 생성물 흐름은 C_4H_6와 함께 75 mol/hr의 H_2와 13 mol/hr의 C_4H_{10}을 포함하고 있다. 순환 흐름의 조성은 30%(mol) C_4H_{10}과 70%(mol) C_4H_6이며 유속은 24 mol/hr이다.

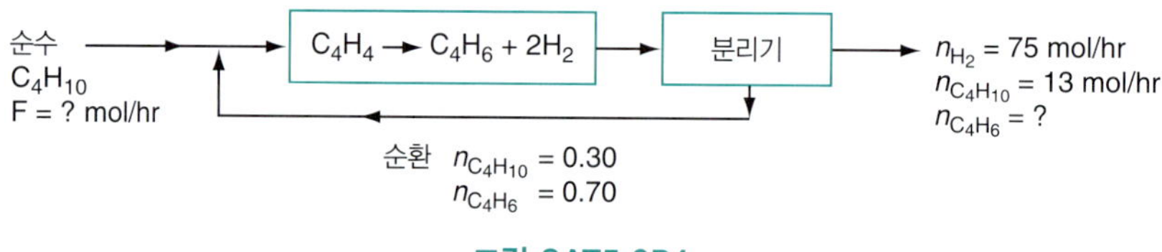

그림 SAT5.3P4

a. 공급물 속도 F 및 공정을 나가는 생성물 C_4H_6의 흐름속도는 얼마인가?

b. 공정에서 부탄의 1회 통과 전화율은 얼마인가?

5. 엘 파소에서 오는 순수한 프로판(C_3H_8)이 프로필렌(C_3H_6)을 얻기 위해 연속 공정에서 촉매 탈수소화된다. 형성된 모든 수소는 반응기 출구 기체로부터 탄화수소의 손실 없이 분리된다. 그런 다음 탄화수소 혼합물은 88 mol %의 프로필렌과 12 mol %의 프로판을 포함하는 생성물 흐름을 제공하기 위해 분류된다. 70 mol % 프로판과 30 mol % 프로필렌인 다른 흐름은 순환된다. 반응기에서의 1회 통과 전화율은 25%이며 시간당 1000 kg의 새 프로판이 공급된다. (a) 생성물 흐름의 kg/hr, (b) 순환 흐름의 kg/hr를 구하라.

해답

1. 2개(X1과 X2)

2. 계산 기준: 10,000 kg 생성물, 공급물 = 12,500 kg, 2,500 kg의 순환 75%. 순환되는 모든 미세가루가 생성물로 간다고 가정할 때 절약되는 돈 = 0.75 × 2500 × $1.20 = $2250.

3. 계산 기준: 공급물 = 1000 lb/h, 소금 수지: $31 = 0.0525B + 0.005P$, 총괄 수지: $1000 = B + P$. (a)를 풀면 B = 586.5 lb/hr, 총괄수지로부터: (b) P = 413.5 lb/hr, 혼합기의 소금 수지: $31 + 0.0525R = 0.04(1000 + R)$, $R = 720$, (c) $R/(R + B) = 0.551$

4. 수소 생산량으로부터 $\xi = 37.5$, (a) C_4H_6 = 37.5 mol/hr, C_4H_{10} 수지: $F - \xi = 13$, $F = 50.5$

mol/hr, (b) $f_{SP} = \xi/(50.5 + 24 \times 0.3)100\% = 65.0\%$

5. 계산 기준: 1000 kg/h 프로판 공급물, 22.73 kg mol 프로판, $\xi = 0.88(22.73) = 20.0$ kg mol, 프로판 수지: $22.73 - 20 = 2.727$ kg mol, (a) 생성물 질량 = 960 kg/h, $f_{SP} = \xi/(0.7R + 22.73)$, $R = 81.814$ kg mol, $R = 3550$ kg/h

5.4 우회와 퍼지 배출

통상적으로 대면하게 되는 2개의 추가 공정 흐름 형태를 그림 5.10과 5.11에서 나타냈다.

1. **우회 흐름**: 공정의 1개 또는 그 이상의 단을 생략하고 바로 다른 후속 흐름 단으로 가는 흐름 (그림 5.10)

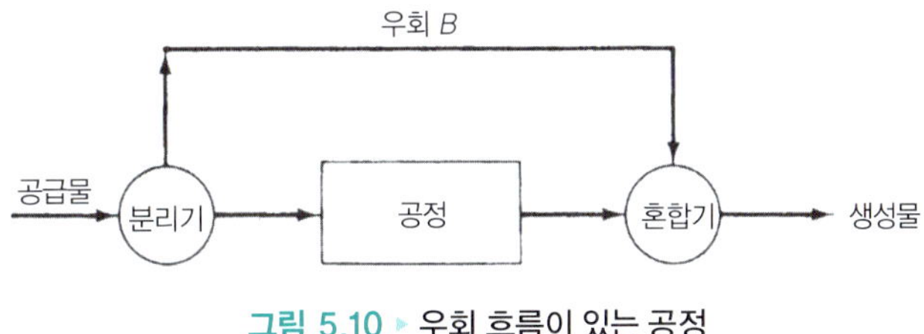

그림 5.10 ▸ 우회 흐름이 있는 공정

우회 흐름은 원하는 최종 조성을 얻기 위해 우회 흐름과 장치의 출구 흐름을 적절한 비율 로 혼합함으로써 장치의 최종 출구 조성을 조절하는 데 이용된다.

2. **퍼지 배출 흐름**: 그렇게 하지 않으면 조작시간이 증가함에 따라 순환 흐름 내에 쌓일 수 있는 비활성물질이나 원하지 않는 물질을 공정으로부터 빼내는 흐름(그림 5.11)

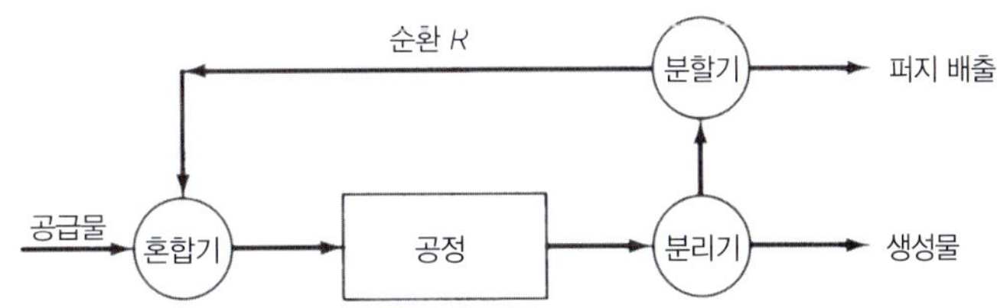

그림 5.11 ▸ 퍼지 배출을 가진 순환 흐름이 있는 공정

많은 회사는 새로운 공정의 시작에서 공정설계에 사용된 물질수지에서는 (그 양이 너무 작았기 때문에) 고려되지 않았던 미량 성분이 하나 또는 그 이상의 순환 고리에 쌓이는 당혹스러운 경험을 해왔다. 즉 공정으로 들어가는 미량의 화학종이 제거되지 않는다면, 그 공정이 더 이상 적절하게 작동하지 않을 때까지 공정 내부에 축적될 것이다. 예를 들어 탑정 퍼지 배출은 없고 공급물 중에 미량의 경량 불순물이 있는 증류탑은 탑 분리성능의 꾸준한 감소로 귀결되는 탑정 응축기의 응축을 방해함으로써 탑 압력의 꾸준한 증가를 겪을 것이다. 우회와 퍼지 배출 흐름을 포함하는 공정에 대한 계산은 지금까지 설명한 것 이상의 새로운 원리나 기법을 도입하지 않는다. 몇 개의 예제가 이를 명확히 보여줄 것이다.

예제 5.9 우회 흐름 계산

문제 천연 휘발유를 생산하는 공장의 공급 원료를 준비하는 부서에서 부탄이 제거된 휘발유로부터 이소펜탄이 제거된다. 단순화하기 위해 공정과 성분이 그림 E5.9와 같다고 가정하라. 부탄이 제거된 휘발유의 몇 %가 이소펜탄 탑을 통과하는가? 이 문제의 분석과 풀이의 자세한 단계는 제시하지 않을 것이다. 이 공정은 정상상태이며 반응은 일어나지 않는다.

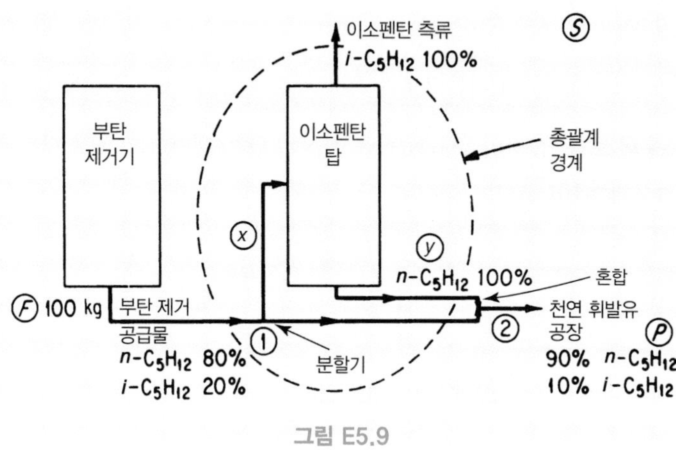

그림 E5.9

풀이 흐름도를 살펴보면 부탄이 제거된 휘발유의 일부는 이소펜탄 탑을 우회해서 천연 휘발유 공장의 다음 단으로 간다는 것을 알 수 있다. 모든 조성(흐름은 액체이다)은 알려졌으며 단위는 kg이다. 계산 기준을 선택한다.

계산 기준: 공급물 100 kg

a. 어떤 계 또는 부분계로 풀이를 시작할 것인가? 일반적으로 가장 시작하기 쉬운, 특히 이 문제에서 제공된 정보의 관점에서 총괄계로 시작하자. 미지변수는 무엇인가? 만약 $F = 100$ kg이라면 미지변수는 S와 P이다. 총괄계에 대해 어떤 수지를 세울 수 있는가? 총괄수지 1개와 성분수지 2개를 세울 수 있으나 셋 중 2개만 독립적이다.

총괄 물질수지:

$$\frac{\text{도입}}{100} = \frac{\text{배출}}{S + P} \tag{a}$$

n-C_5(연결 성분)에 대한 성분 물질수지:

$$\frac{\text{도입}}{100(0.80)} = \frac{\text{배출}}{S(0) + P(0.90)} \tag{b}$$

따라서

$$P = 100\left(\frac{0.80}{0.90}\right)$$

$$S = 100 - 88.9 = 11.1 \text{ kg}$$

b. 총괄수지는 이소펜탄 탑으로 가는 공급물 성분의 분율에 대해서는 아무것도 알려주지 않을 것이다. 이 계산을 위해서는 다른 계를 필요로 한다. 이소펜탄 탑 자체를 계로 선택하라.

이소펜탄 탑 둘레의 총괄 물질수지:
그림 E5.9에서 X는 이소펜탄 탑으로 가는 부탄이 제거된 휘발유의 kg이며 Y는 이소펜탄 탑을 떠나는 n-C_5H_{12}의 kg이다.

$$\text{도입량} = \text{배출량}$$
$$X = 11.1 + Y \tag{c}$$

성분수지(연결 성분인 n-C_5):

$$X(0.80) = Y \tag{d}$$

(c)와 (d)를 결합하면 $X = 55.5$ kg이다. 따라서 원하는 분율은 0.55이다.

c. 이 문제에 대한 또 하나의 접근은 혼합점 1과 2로 정의된 부분계에 대해 물질수지를 작성하는 것이다.

혼합점 2 주위의 총괄 물질수지:

$$(100 - X) + Y = 88.9 \tag{e}$$

성분수지(이소-C_5):

$$(100 - X)(0.20) + 0 = 88.9(0.10) \tag{f}$$

식 (f)가 Y를 포함하지 않으므로 X에 대해 바로 풀 수 있다. 전과 같이 $X = 55.5$ kg이다. 그 값이 다를 것으로 기대했는가?

예제 5.10 암모니아 공정에서의 퍼지 배출

문제 암모니아를 생산하기 위한 그 유명한 Haber 공정에서(그림 E5.10)에서, 화학반응은 압력 800~1000 atm과 온도 500~600°C 환경에서 적절한 촉매를 사용해서 이루어진다. 반응기에 들어오는 물질의 아주 작은 일부분만이 처음 통과 시 반응하므로 순환 공정이 필요하다. 또한 질소가 공기로부터 얻어지기 때문에, 거의 1% 정도의 반응하지 않는 희귀 기체(대부분 아르곤)를 포함하고 있다. 이 희귀 기체들은 순환하면서 화학평형에 안 좋은 영향을 미칠 때까지 누적될 것이고, 따라서 작은 퍼지 배출 흐름이 사용된다.

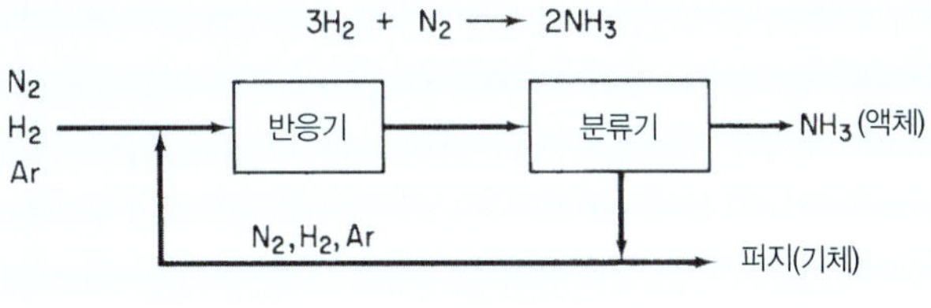

그림 E5.10

75.16% 수소, 24.57% 질소, 0.27% 아르곤으로 이루어진 새로 공급되는 기체는 순환기체와 섞이고, 79.52% 수소 농도로 반응기에 들어간다. 암모니아 분리기에서 나오는 기체 흐름은 80.01% 수소를 포함하고 있고 암모니아는 포함하고 있지 않다. 암모니아 생성물은 다른 기체 성분을 포함하고 있지 않다. 새 공급 흐름 100 mol당,

a. 몇 mol이 순환하고 퍼지 배출되는가?

b. 한 번 통과 시 한계반응물의 % 전환율은 얼마인가?

풀이 계산 기준을 새 공급 흐름 100 mol로 정하고, 자유도 계산을 건너뛰고 N_2, H_2, Ar에 대한 총괄 수지를 쓸 수 있다.

$$\begin{aligned} N_2: &\quad 24.57 - \xi = P_{N_2} \\ H_2: &\quad 75.16 - 3\xi = P_{H_2} \\ Ar: &\quad 0.27 = P_{A_r} \end{aligned}$$

이 수지식을 더하면 $P = 100 - 4\xi$이 얻어진다. 그리고 총괄 H_2 수지와 H_2의 알려진 농도 조건을 이용하면,

$$75.16 - 3\xi = 0.8001P = 0.8001(100 - 4\xi) \quad \Rightarrow \quad \xi = 24.20 \text{ mol}$$

그러면 $P = 100 - 4\xi = 3.19$ mol이 된다. 한계반응물인 N_2에 대한 총괄 수지를 이용하면, 퍼지 배출 흐름에서의 N_2 몰분율은 11.6 mol %로 얻어진다.

이제 혼합기에 대한 H_2 수지를 공급 흐름과 순환 흐름에 대해 적용할 수 있다.

$$75.16 + 0.8001R = .7952(R + 100) \quad \Rightarrow \quad R = 889.8 \text{ mol}$$

마지막으로 1회 통과 전환율의 정의에 따라 계산하면[(식 5.4)]

$$f_{SP} = \frac{-\nu_{LR}\xi}{F_{LR} + R_{LR}} = \frac{24.20}{24.57 + 0.116(889.8)} 100\% = 18.9\%$$

예제 5.11 메탄올 공정에서의 퍼지 배출

문제 석탄을 후속 화학물질 생산을 위해 더욱 편리한 액체생산물로 전환하는 것에 상당한 흥미가 존재한다. 스팀(지하수가 있으면 저절로 발생하는)이 있을 때 적절한 조건하에서 석탄의 원래 위치(땅속에서) 연소로 발생할 수 있는 주된 기체 중의 두 가지가 H_2와 CO이다. 정제된 후 이러한 기체는 다음 반응에 따라 결합되어서 메탄올을 산출한다.

$$CO + 2H_2 \rightarrow CH_3OH$$

그림 E5.11은 메탄올 생산을 위한 정상상태의 열린 공정을 보여준다. 모든 조성은 몰분율 또는 퍼센트 단위이다. 스팀 흐름은 몰 단위이다.

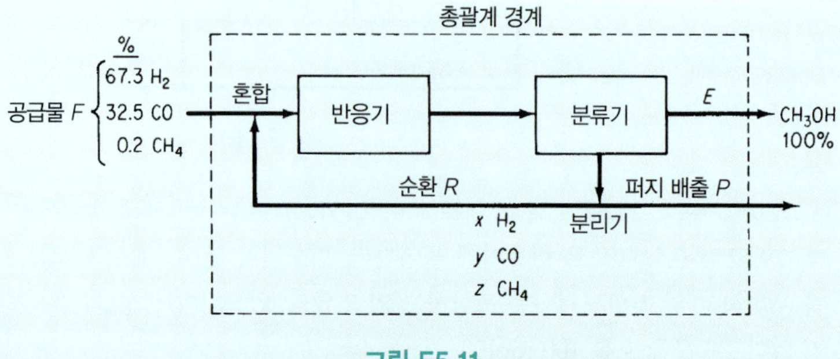

그림 E5.11

그림 E5.11에서 약간의 CH_4가 공정으로 들어가는 것을 주목할 것이다. 하지만 CH_4는 반응에 참여하지는 않는다. 분리기에서 R과 P로 가는 출구 흐름의 CH_4 농도가 3.2 mol % 이상이 되지 않도록 유지하고 H_2가 계에 축적되는 것을 방지하기 위해 퍼지 배출 흐름이 사용된다. CO의 반응기 1회 통과 전화율은 18%이다.

공급물 100 mol당 순환 흐름, R의 mol 수와 CH_3OH, E의 mol 수 및 퍼지 배출 흐름, P의 mol 수를 계산하고, 또한 퍼지 배출 가스의 조성을 계산하라.

풀이

단계 1~4

대부분의 알려진 정보를 그림 E5.11에 나타냈다. 이 공정은 반응이 있는 정상상태이다. 그림의 분리기에서 $P + R$로 가는 출력 흐름 중의 하나가 분할되는 것이 의미하는 바와 같이 퍼지 배출 흐름과 순환 흐름은 같은 조성이다. 퍼지 배출 흐름 중 각 성분의 몰분율은 H_2, CO, CH_4에 대해 각각 x, y, z로 표시했다.

단계 5

편리한 계산 기준을 선택하라.

F = 100 mol이라 하자.

단계 6

변수에 알려진 값을 부여한 후 그 값이 미지인 변수는 x, y, z, E, P, R 및 반응진행도 ξ이며, 만약 원소수지 대신 화학종 수지를 사용할 계획이라면 마지막의 것이 필요하다. 반응기와 분리기 사이의 흐름에 대해서는 묻지 않았으므로 무시할 수 있다.

단계 7~9

다음과 같은 연계된 식을 쓸 수 있다.

총괄 H_2 수지:	$67.3 - 2\xi = xP$
총괄 CO 수지:	$32.5 - \xi = yP$
총괄 CH_4 수지:	$0.2 = zP$
묵시적 식:	$x + y + z = 1$
1회 통과 전화율:	$0.18 = \dfrac{\xi}{32.5 + yR}$
조건:	$z = 0.032$
총괄 CH_3OH 수지:	$E = x$

따라서 자유도는 0이 되지만, 이 식들의 일부는 비선형식이기 때문에 비선형도가 아주 높지는 않지만 7개의 식을 동시에 풀고자 한다면 비선형 방정식을 풀기 위한 소프트웨어를 사용해야 한다. 성분 흐름을 이용한 물질수지를 적용한다고 하더라도 여전히 비선형식을 얻게 된다. 비선형식을 풀어야 하는 상황을 피할 방법을 찾을 수 있는지 한번 알아보자.

z의 값에 대한 조건에서, 총괄 CH_4 수지를 이용해서 P의 값을 구할 수 있다. 즉 $P = 0.2/0.032 = 6.25$ mol이다. 그러므로 1회 통과 전화율에 대한 식을 제외하고 모든 비선형식은 제거될 수 있다. 또한 첫 번째, 두 번째 식과 네 번째 식을 합치면, 3개의 미지변수를 포함한 3개의 선형 방정식을 얻게 된다는 점을 유의하라(ξ, x, y). ξ, x, y의 값이 계산되면, 나머지 미지변수(R과 E)는 직접 계산될

수 있다.

컴퓨터를 이용한 풀이

미지변수에 대한 다음과 같은 정의를 사용해서(즉 $x_1 \sim x_3$), x_1은 ξ, x_2는 x, x_3는 y, 계수 행렬 **A**와 상수 벡터 **b**는 다음과 같다.

$$\mathbf{A} = \begin{bmatrix} 2 & 6.25 & 0 \\ 1 & 0 & 6.25 \\ 0 & 1 & 1 \end{bmatrix} \qquad \mathbf{b} = \begin{bmatrix} 67.3 \\ 32.5 \\ 0.968 \end{bmatrix}$$

MATLAB:

예제 5.11의 MATLAB 풀이

```
%                          PROGRAM
function Ex5_11_LinEqnSolver
clear; clc;
A=[2,6.25,0;1,0,6.25;0,1,1];
k=rank(A);
b=[67.3;32.5;0.968];
x=A\b;
fprintf('x1 =%8.4f x2=%8.4f\n',x(1),x(2))
fprintf('x3 =%8.4f rank=%8.4f\n',x(3),k)
end
%                          PROGRAM END
   x1 = 31.25 x2 = 0.768
   x3 =0.200  rank = 3
```

예제 5.11의 Python 코드

```
Ex5_11 Linear Eqns.py
#                          PROGRAM
Import numpy as np
Import numpy.linalg
# Specify the coefficient matrix A
A=np.array([[2 ,1,0],[1,0,1],[0,1,1]])
k=numpy.linalg.rank(A)
b=np.array([67.3, 32.5, 0.968])
xsol=numpy.linalg.solve(A,b)
#                          PROGRAM END
```

IPython 콘솔:

```
In[1]: runfile(…
In[2]: xsol, k
Out[2]: array([31.25, 0.768, 0.200]), 3
```

1회 통과 전화율 식을 정리하면

$$R = \frac{\xi / .18 - 32.5}{y} = 705.6 \text{ mol}$$

	E	CH_3OH	31.25
	P	퍼지	6.25
	R	순환	705.6
x	H_2		0.768
y	CO		0.200
z	CH_4		0.032

단계 10

모든 식이 맞는지 확인한다.

자습문제

확인문제

1. 우회가 무엇인가?

2. 다음 설명이 참인지 거짓인지 밝혀라.

a. 퍼지 배출은 공정 흐름에서 중요하지 않은 성분의 농도를 어떤 설정된 값 이하로 유지함으로써 그것이 공정에 축적되지 않도록 하기 위해 사용된다.

b. 우회는 어떤 공정 흐름이 그 공정으로 들어가는 공급물보다 먼저 공정에 들어가는 것을 의미한다.

c. 어떤 흐름 또는 반응기 생산물의 미량성분은 순환이 일어날 때 총괄 물질수지에 무시할 수 있는 영향을 미칠 것이다.

3. 공정에서 폐기물 흐름은 퍼지 배출 흐름과 같은가?

해답

1. 우회는 어떤 흐름이 중간의 공정 단위나 계를 건너뛰고 후속 흐름에 합류하는 공정이다.

2. a. 참, b. 거짓, c. 참

3. 꼭 그렇지는 않다. 퍼지 배출은 적은 양의 공정 안에 누적되는 것을 막기 위해 배출하는 폐기물 흐름은 보통 원하지 않는 성분이 많은 양으로 포함되어 있다.

적용문제

1. 그림 SAT5.4P1은 냉동에 의해 바닷물로부터 민물을 제조하는 개요도를 보여준다. 미리 냉각된 바닷물을 저압의 진공으로 뿌린다. 공급되는 바닷물의 일부를 얼리는 데 필요한 냉각은 냉각실로 들어가는 물의 일부 증발에서 비롯된다. 소금물 흐름의 농도 B는 소금 4.8%이다. 염분이 없는 순수한 물의 증기가 압축되어 증기의 응축열이 소금을 포함하지 않은 얼음의 용융열을 통해 제거되는 고압의 용융실로 공급된다. 그 결과 순수한 냉각수와 농축된 소금물(6.9%)이 생성물로서 공정을 나간다.

a. 만약 공급속도가 1000 kg/hr이라면 줄기 W와 D의 흐름속도는 얼마인가?

b. 줄기 C, B, A의 흐름속도를 계산하라.

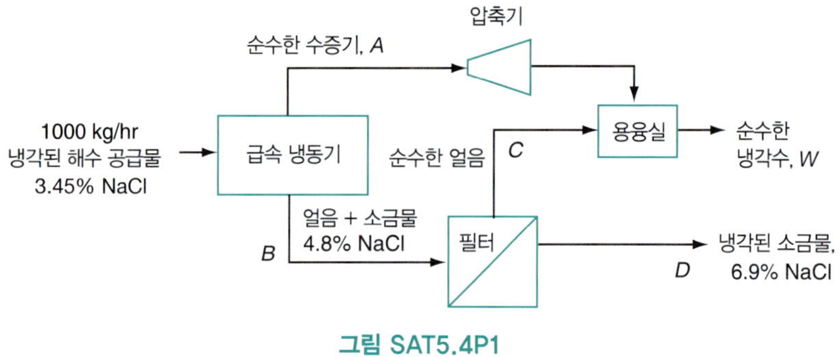

그림 SAT5.4P1

해답

1. 총괄 수지에서 소금이 연결 성분이다. 34.5 kg = 0.069*D*, *D* = 500 kg. 총괄 질량수지로부터 *W* = 500 kg, 급속 냉동기 수지로부터 34.5 = 0.048*B*, *B* = 718.75 kg, *A* = 281.25 kg, 용융질 총괄 수지로부터 *C* = 500 − 281.25 = 218.75 kg

5.5 물질수지의 공업적 응용

공정 공학자는 공정설계, 공정분석, 공정 최적화를 포함하는 여러 가지 용도에 **공정모사 프로그램**(process simulator)을 사용한다. **공정설계**는 공정으로 들어가는 공급물이 원하는 생성물로 효율적으로 전환될 수 있도록 하는 적절한 공정장치(예: 반응기, 혼합기, 증류탑)를 선택하는 것과 그 크기를 결정하는 것을 포함한다. **공정분석**은 공정장치 모델이 공정가동에서 만들어진 측정치로 예측한 공정변수의 비교를 포함한다. 변수의 해당 값을 비교함으로써 특정한 공정장치가 적절하게 작동하는지를 판단할 수 있다. 만약 차이가 존재한다면 모델의 예측은 이러한 차이의 근본원인에 대한 통찰력을 제공한다. 또한 공정 모델은 대안 공정과 장애물 해소, 즉 총괄 공정의 생산성 증가를 위해 고안된 방법을 평가하는 연구의 수행에 사용될 수 있다. **공정 최적화**는 가장 이윤이 많이 남는 공정 가동방법의 결정으로 직결된다. 공정 최적화를 위해 공정의 중요한 가공장치 모델이 생성물 조성이나 반응기 온도와 같이 공정의 최대 이윤을 도출하는 (적절한 제약을 전제로) 조업조건 결정에 사용된다.

세 가지 공정응용의 각각에 대한 공정장치의 모델은 물질수지를 기반으로 한다. 간단한 장치에 대해서는 계의 각 성분에 대한 단 몇 개의 물질수지가 그 장치를 모사하는 데 필요한 전부이다. 증류탑과 같이 더욱 복잡한 장치에 대한 모델은 탑 내 각각의 단에 대한 물질수지식의 조합을 포함하며, 일부 공업적인 증류탑에는 200개가 넘는 단이 있다. 공정설계와 공정분석의 많은 응용을 위해 각각의 공정장치는 따로따로 분석하고 풀 수 있다. 최신 컴퓨터 코드로 수많은 연립식의 조합을 풀 수 있다. 예를 들어 에틸렌 공장의 최적화 모델은 전체 식의 90%가 넘는 식이 물질수지로 구성되어 있으며 전체 공장에 대한 최적 조업조건을 결정하기 위해 많은 해답을 요구하는 보통 150,000개가 넘는 식으로 이루어졌다.

이제 산업공정에 대한 물질수지의 합치도를 고려하라. 각각의 물질수지를 산업적으로 응용하는 한 가지 중요한 방법은 '도입량 = 배출량', 즉 물질수지가 공정 측정치를 사용해 식의 좌·우변을 얼마나 잘 맞추는지를 점검하는 것이다. 소위 합치도라는 것, 즉 '도입량'과 '배출량' 사이의 오차로 받아들일 만한 것을 모색한다. 공정장치를 들어가고 나가는 모든 줄기의 측정된 흐름속도와 측정된 조성이 적절한 물질수지식에 치환된다. 이상적으로는 계로 들어가는 각 성분의 양(조성)이 계를 나가는 성분의 양과 같아야 한다. 그러나 불행하게도 그런 계산을 할 때 어떤 공정으로 들어가는 한 성분의 양이 그 계를 떠나는 양과 좀처럼 같지 않다. 산업공정에 대한 물질수지에서 합치도의 결여는 다음과 같은 몇 가지 이유로 인해 일어난다.

1. 공정이 정상상태로는 거의 가동되지 않는다. 산업공정은 거의 항상 유동상태로 있으며 진정한 정상상태 거동에는 좀처럼 도달하지 못한다.
2. 흐름 및 조성 측정치는 그것과 연계된 여러 가지 오차를 가진다. 우선 센서 눈금 읽기에는 오차 요인(noise, 공정의 변화에 부합되지 않고 다소 임의적 변화에 기인하는 눈금 읽기 측정치의 변화)이 있다. 눈금 읽기는 다른 여러 가지 이유로도 부정확할 수 있다. 예를 들어 센서 장치는 노화되므로 재보정이 필요할 수도 있고, 설계목적이 아닌 측정에 사용될 수도 있다.
3. 관심의 대상인 성분이 공정 공학자가 고려하지 않았던 반응에 의해 공정에서 생성되거나 소비될 수 있다.

그 결과 대부분의 산업공정에 대한 물질수지에 대해 상대적으로 정상상태인 가동기간 동안 ±5% 이내의 물질수지 합치도는 합리적인 것으로 고려된다(여기서 합치도는 공정으로 들어가고 나가는 특정 물질량의 차이를 들어가는 양으로 나누고 100을 곱한 것으로 정의된다). 만약 센서의 보정에 특별한 주의를 기울인다면 ±2~3%까지의 물질수지 합치도를 얻을 수 있다. 만약 특별한 고정밀도의 센서를 사용한다면 더 작은 물질수지 합치도를 얻을 수 있으나 불완전한 센서 측정치가 사용된다면 물질수지에서 훨씬 더 큰 오차가 관찰될 수 있다. 사실 물질수지는 불완전한 센서 측정이 언제 존재하는지를 판단하는 데 사용될 수 있는데, 이는 **자료 재결합**으로 알려졌다.

요약

이 장에서는 1개 이상의 부분계로 이루어진 계가 어떻게 단일계를 취급하기 위해 사용했던 것과 같은 원리로 취급될 수 있는지를 보았다. 몇 개의 부분계 각각의 물질수지 조합을 사용하든 그 모든 장치를 하나의 계로 뭉치든, 작성한 독립식의 수가 그 값이 알려지지 않은 변수에 대해 풀기에 적절한지 반드시 검증해야 한다. 흐름도는 여러 식의 작성에 도움을 줄 수 있다. 이 장에서 도출된 새로운 한 가지 요소는 반응기에 대한 순환이 단지 총괄 공정과 반응기에 대한 반응물의 분율 전화율에 관한 정보만 포함한다는 것이다.

주요 용어

공정 공급물(process feed): 반응기로 들어가는 공급 흐름. 대개 반응기와 순환이 있는 공정에 사용된다.

공정도(flowchart): 공정 배치를 그림으로 나타낸 것

공정 흐름도(process flowsheet): 공정의 도표로 된 표현. 공정도 참조

부분계(subsystem): 완전한 계의 지정된 일부

분류기(separator): 장치로 들어가는 유체로부터 조성이 다른 2개 또는 그 이상의 흐름을 만드는 장치

분리기(splitter): 하나의 흐름을 2개 또는 그 이상의 흐름으로 나누는 장치

블록선도(block diagram): 공정 흐름도의 가동 특성을 나타내기 위해 사용된 상자, 동그라미 및 기타 형태의 연속

새 공급물(fresh feed): 계로 들어가는 총괄 공급물

순환(recycle): 다시 가공하기 위해 후속 흐름인 공정장치를 떠나 같은 장치 또는 상류 흐름의 장치로 되돌아가는 물질(또는 에너지)

순환계(recycle system): 하나 또는 그 이상의 순환 흐름을 포함하는 계

순환 흐름(recycle stream): 물질(또는 에너지)을 순환시키는 흐름

연결(connections): 부분계(장치) 사이를 흐르는 흐름

우회 흐름(bypass stream): 공정의 하나 또는 그 이상의 장치를 건너뛰고 바로 후속 흐름 장치로 가는 흐름

자료 재결합(data reconciliation): 물질수지를 이용해서 공정 측정치의 검증을 평가하는 과정

잘 교반된 계(well-mixed system): 계(장치) 내의 물질이 균일한 조성이며 출구 흐름이 계 내의 조성과 같은 조성

장치의 순차적 조합(sequential combination of units): 연이어 배치된 장치의 조합

총괄 공정(overall process): 부분계(장치)로 구성된 전체계

총괄 분율 전화율(overall fractional conversion): 순환이 있는 공정에서 반응물의 새 공급량과 생산물의 총량을 기반으로 한 반응물의 전화율

총괄 생성물(overall products): 공정을 나가는 흐름

총생성물(gross product): 반응기를 나가는 생성물 흐름

퍼지 배출(purge): 불활성 물질이나 원하지 않는 물질의 축적을 공정에서 제거하기 위해 공정으로부터 빼내는 흐름

혼합기(mixer): 2개 또는 그 이상의 흐름을 결합하는 장치

1회 통과 분율 전화율(once-through fractional conversion): 반응기로 들어가고 나가는 물질의 양을 기반으로 한 반응물의 전화율

1회 통과 분율 전화율(single-pass fractional conversion): 반응기로 들어가고 나가는 것을 기반으로 한 전화율. 1회 통과 분율 전화율 참조

연습문제

5.1 기본 개념

***5.1.1** 그림 P5.1.1에서 몇 개의 독립식이 전체계 주위와 장치 *A*, *B*에 대한 총괄수지로부터 얻어지는가? 각 흐름에 1개의 성분만 있다고 가정하라.

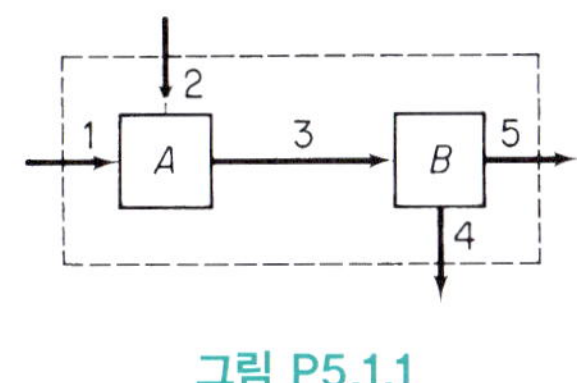

그림 P5.1.1

** **5.1.2** 그림 P5.1.2의 공정에 대해 작성할 수 있는 독립적인 물질수지의 최대 수는 몇 개인가?

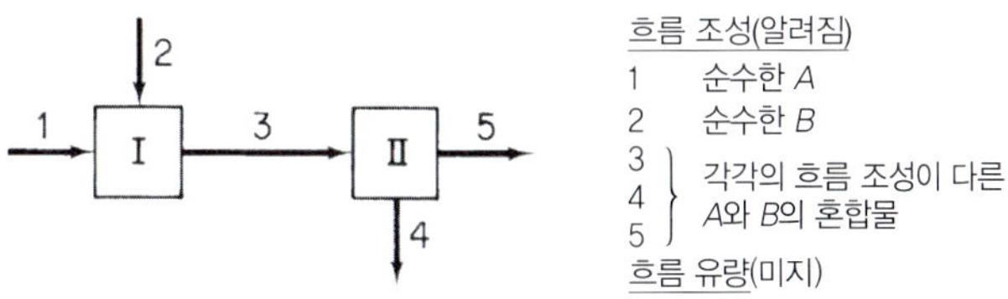

그림 P5.1.2

** **5.1.3** 그림 P5.1.3의 공정에 대해 작성할 수 있는 독립적인 물질수지의 최대 수는 몇 개인가? 흐름의 유량은 알려져 있지 않다. 각 흐름에서 *A*와 *B*는 항상 같은 비율로 결합한다는 것을 알아냈다고 가정하라. 얼마나 많은 독립적인 식을 작성할 수 있는가?

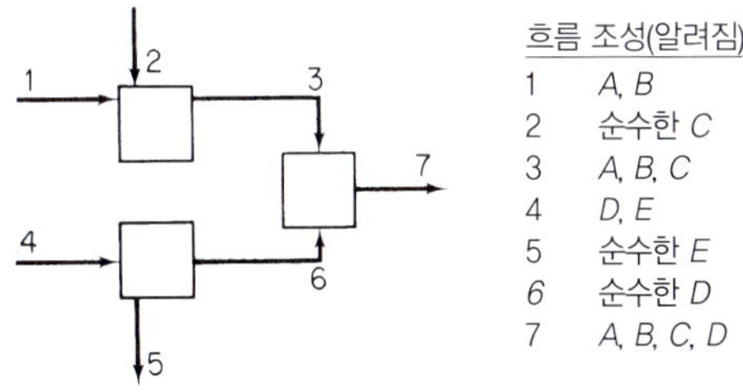

그림 P5.1.3

** **5.1.4** 그림 P5.1.4는 단순화된 전형적인 증류탑을 나타낸 것이다. 흐름 3과 6은 각각 스팀과 물로 이루어졌으며 탑 내에서 두 성분을 포함하는 액체와 접촉하지 않는다. 탑의 세 부분에 대한 총괄

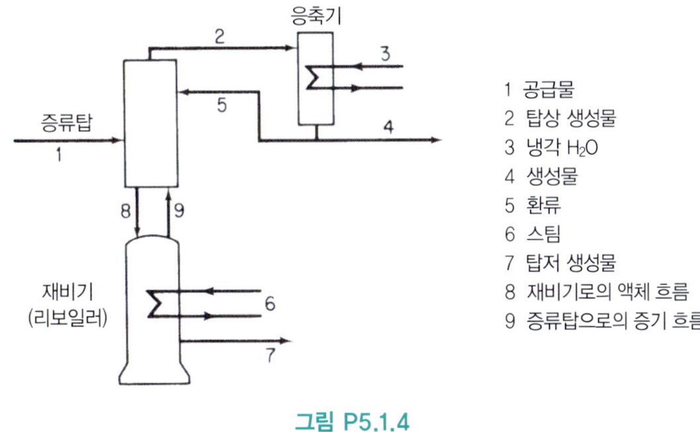

그림 P5.1.4

물질수지와 성분 물질수지를 작성하라. 이러한 수지가 얼마나 많은 독립식을 나타냈는가? 흐름 1이 n개의 성분을 포함한다고 가정하라.

**** 5.1.5** 증류공정을 그림 P5.1.5에 나타냈다. 모든 흐름의 유량과 조성의 값에 대해 풀라는 요청을 받았다. 이 계에는 얼마나 많은 변수와 미지변수가 있는가? 얼마나 많은 독립 물질수지식을 작성할 수 있는가? 각각의 답을 설명하고 어떻게 그 답에 도달했는지 상세하게 보이라. 각 흐름에 대해 (F를 제외화고) 오직 나타나는 성분만 흐름 밑에 표시했다.

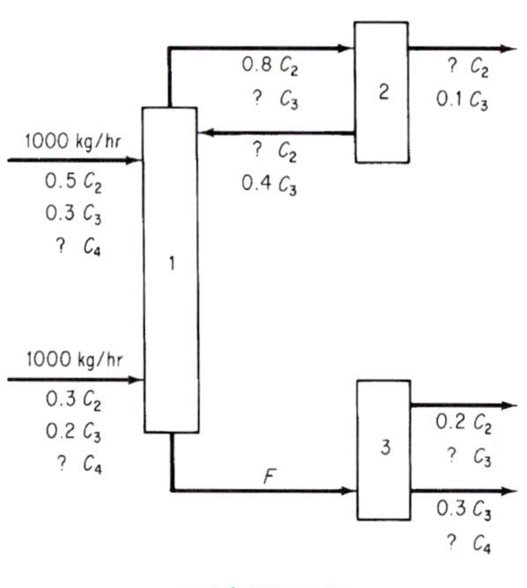

그림 P5.1.5

***** 5.1.6** 연이어서 정상상태로(또한 반응이 일어나지 않는) 작동하는 2개의 나란히 선 액체 분리탑을 그림 P5.1.6에 나타냈다. 공급물과 생성물의 조성은 그림에 표시된 바와 같다. W_2의 양은 공급량의 20%이다. 오직 물질수지에만 집중하라. 각각의 장치에 대해(각 장치마다 한 세트의 식) 물질수지의 이름과 이름 옆에 해당 물질수지식을 쓰라. 또한 각 탑에 대한 독립적인 식의 조합을 구성할 수 있는 수지의 이름 앞에 별표를 붙이고, 각 탑에 대한 미지변수를 기록하라. 각 탑에 대한 자유도를 각각 계산하라.

그런 다음 불필요한 식과 중복되는 변수 그리고 사용되지 않은 조건을 나열하고, 그것들을 앞서 찾은 값에서 적절하게 더하거나 빼줌으로써 두 탑으로 구성되는 총괄계에 대한 독립식의

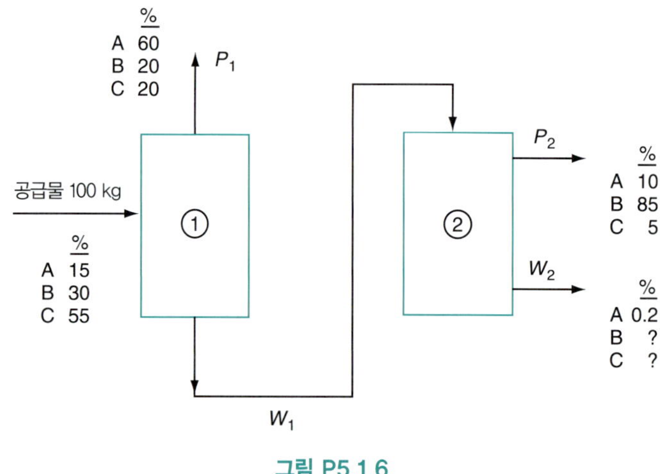

그림 P5.1.6

수를 구하라. 총괄계에 대한 자유도를 계산하라.

총괄계에 대해 독립식, 미지변수, 자유도의 전체 분석과정을 되풀이함으로써 두 번째 단락에서 얻은 결과를 검증하라. 일치하는가? 당연히 일치해야 한다. 이 문제의 어떤 식도 풀지는 말라.

5.2 순차적 복합장치 계

**** 5.2.1** Mike Cutlip 교수가 제공한 그림 P5.2.1을 살펴보라.

a. *D*1, *D*2, *B*1, *B*2의 몰 흐름속도를 계산하라.

b. 화합물 각각의 공급속도를 차례차례 1%씩 줄이라. *D*1, *D*2, *B*1, *B*2의 흐름속도를 다시 계산하라. 무엇인가 비정상적인 것을 알아차렸는가?
결과를 설명하라.

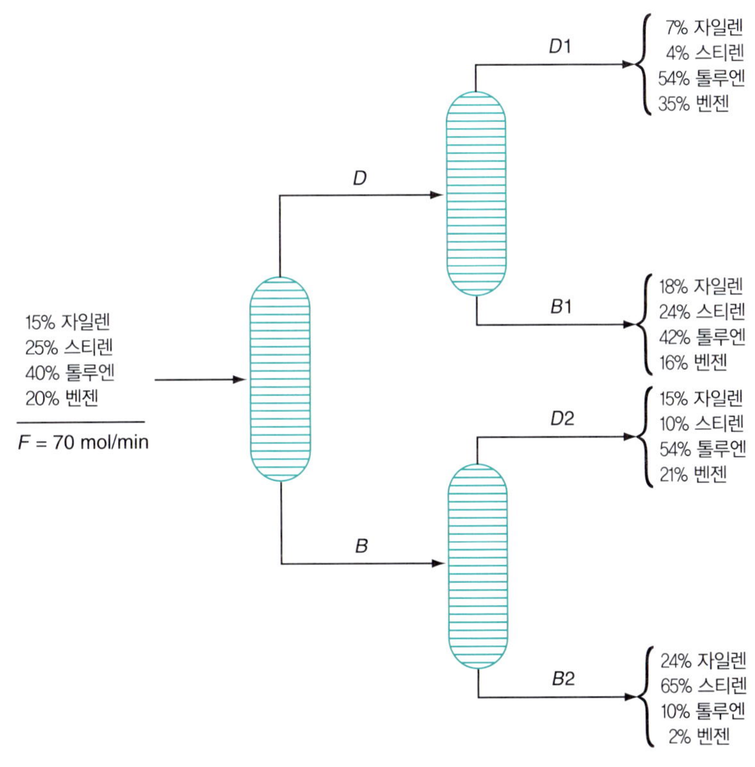

그림 P5.2.1

**** 5.2.2** 그림 P5.2.2는 에틸렌 다이클로로라이드를 만들기 위한 간소화된 공정을 보여준다. 공급되는 물질의 정보가 그림에 표기되어 있다. 반응기를 한 번 통과할 때 C_2H_4의 전화율은 90%이다. 분류기의 위로 나오는 흐름에는 분류기로 들어가는 Cl_2의 98%, 들어가는 C_2H_4의 92%, 들어가는 $C_2H_4Cl_2$의 0.1%가 들어 있다고 한다. 분류기 위로 나오는 흐름의 5%가 퍼지 배출된다. 다음을 계산하라. 퍼지 배출 흐름의 (a) 흐름속도, (b) 조성 성분

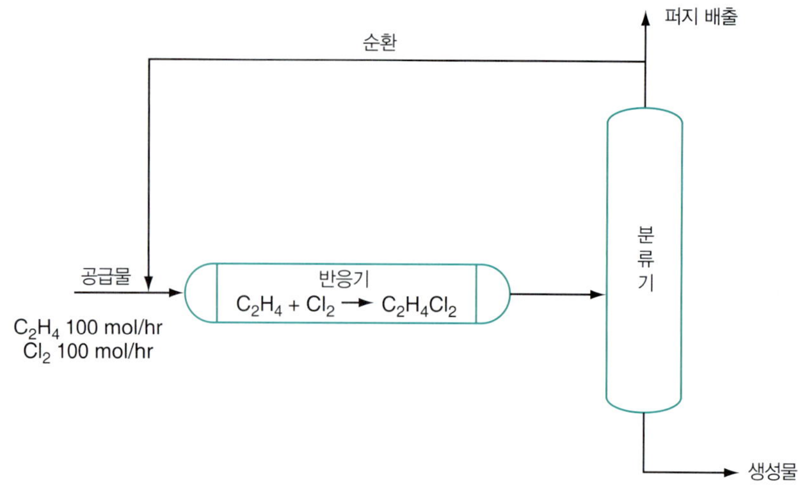

그림 P5.2.2

**** 5.2.3** 단일항체는 진단 목적 이외에 여러 질병 치료에도 사용된다. 그림 P5.2.3은 단일항체를 생산하는 데 사용되는 전형적인 공정을 보여준다. 교반탱크 생물반응기가 관심 있는 항체, 즉 면역 글로불린 G(IgG)를 만드는 세포를 배양한다. 반응기에서 발효된 다음 2200 L의 1회분 양은 220 g의 IgG 생성물을 포함하고 있다. 1회분 양은 정제된 생성물을 얻기 전에 그림 P5.2.3과 같이 여러 단계를 통과하며 가공된다. 정용여과(diafiltration) 단계에서는 여과기로 들어가는 IgG의 95%가 회수되고, 초여과(ultrafiltration) 단계에서는 IgG의 95%가 회수되며, 색층분석(chromatography) 단계에서는 90%가 회수된다.

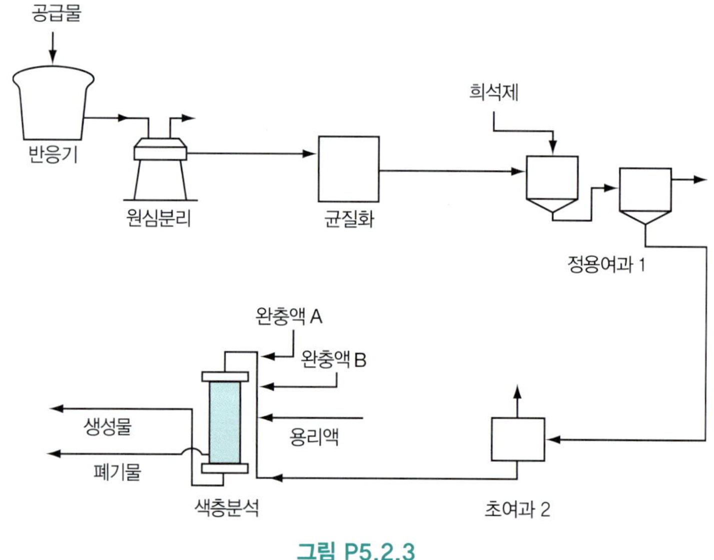

그림 P5.2.3

총괄 공정을 들어가고 나가는 필수성분을 1회분당 kg 단위로 표 P5.2.3에 정리했다. 반응기에서 생산된 IgG 생성물 220 g의 분율 수율은 얼마인가?

표 P5.2.3

성분	총도입량	총배출량	생성물
황산암모늄	64.69	64.69	
바이오매스	0.00	0.87	
글리세롤	1.85	1.85	
IgG	0.00	0.22	0.14
증식배지	21.76	8.41	
Na_3 구연산염	0.80	0.80	
인산	1040.96	1040.96	
하이드로인산나트륨	6.83	6.81	
염화나트륨	55.18	55.19	
트리스-HCl	0.69	0.69	
물	11,459.59	11,458.80	
주입하는 물	18,269.54	18,269.54	
합계	**30,928.72**	**30,928.72**	**0.14**

**** 5.2.4** 화장지 제조기(그림 P5.2.4)에서 흐름 *N*은 85%의 섬유소를 포함한다. 각 흐름에 대한 미지의 섬유소 값을 kg 단위로 구하라(그림의 모든 값은 kg 단위이다).

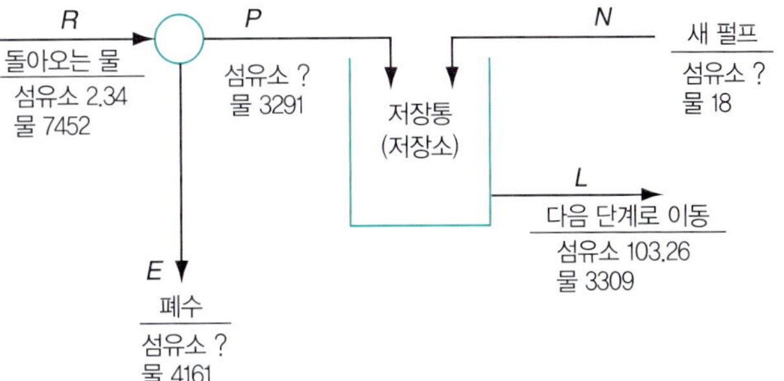

그림 P5.2.4

**** 5.2.5** 효소는 특정 반응을 촉진하는 단백질이며, 그 활성은 '단위(unit)'라는 양으로 표시된다. 비(比)활성은 효소 순도를 반영하는 수치이다. 효소의 분율 회수율은 가공 후 비활성(mg당 단위)과 가공 전 최초의 비활성에 대한 비율로부터 계산한다. 효소정제의 3단 공정은 다음을 포함한다.

1. 세포 사이의 생성물을 방출하기 위한 바이오매스 세포 분해
2. 세포 분해 생성물로부터 효소 분리
3. 단계 2의 산출물로부터 효소 추가분리

1회분 바이오매스에 관한 다음 자료를 기반으로 3단 공정의 각 단 다음 효소의 퍼센트 회수율을 계산하라. 또한 초기 비활성에 대한 정제 후 비활성의 비율로 정의되는 효소의 정제도(精製度)를 계산하라. 다음 표의 빈칸을 채우라.

단 No.	활성(단위)	부존 단백질(mg)	비(比)활성 (단위/mg)	퍼센트 회수율	정제도
1	6860	76,200			
2	6800	2200			
3	5300	267			

*** **5.2.6** 그림 P5.2.6에 나타낸 바와 같이 몇몇 흐름이 혼합된다. 각 흐름의 유량을 kg/sec 단위로 계산하라.

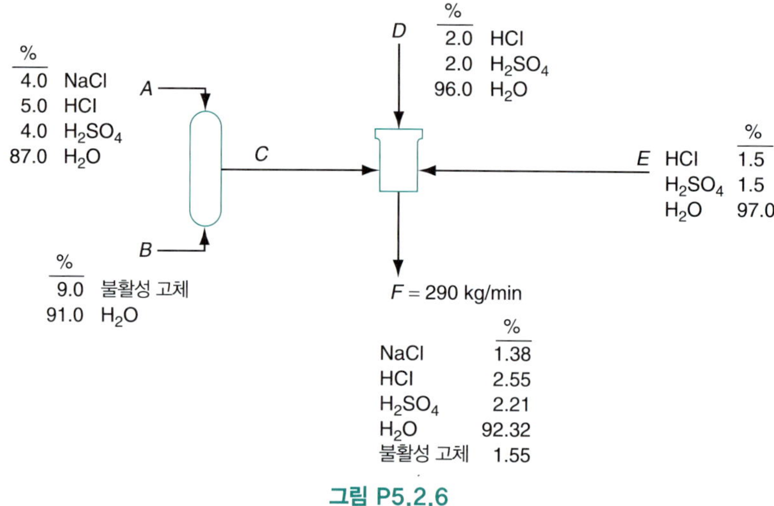

그림 P5.2.6

*** **5.2.7** 1988년에 미국 화학물질제조자협회(Chemical Manufactures Association, CMA)는 야심 차고 포괄적인 환경개선 노력인 화학산업의 환경안전, 보건개선 활동을 위한 Responsible Care를 시작했다. Responsible Care는 CMA의 전 회원 185명에게 그들의 생산품과 조업에 관한 대중적 관심의 도출과 대응은 물론 건강, 안전, 환경의 질 분야에서 지속적인 개선을 보장하도록 위임했다.

유해 폐기물을 저감하거나 폐기하는 최선의 방법 중 하나는 오염원의 감소를 통하는 것이다. 일반적으로 이는 다른 원료의 사용이나 유해 부생성물의 발생을 제거하기 위한 생산공정의 재설계를 의미한다. 예를 들어 무게로 10%의 자일렌과 90%의 고체를 포함하는 흐름에서 자일렌을 회수하기 위한 다음의 향류 추출 공정(그림 P5.2.7)을 고려하라.

자일렌이 회수될 흐름이 2000 kg/hr의 유속으로 장치 2로 들어간다. 추출용매를 제공하기 위해 순수한 벤젠이 1000 kg/hr의 유속으로 장치 1에 공급된다. 고체 흐름(F)과 깨끗한 액체 흐름(S)의 자일렌 질량분율은 다음과 같은 관계이다.

$$\omega^{F^1}_{\text{자일렌}} = \omega^{S^2}_{\text{자일렌}}, \quad \omega^{F^2}_{\text{자일렌}} = \omega^{S^1}_{\text{자일렌}}$$

모든 흐름에서 벤젠과 자일렌의 농도를 계산하라. 공정으로 들어가는 자일렌의 장치 2에서의 회수율은 얼마인가?

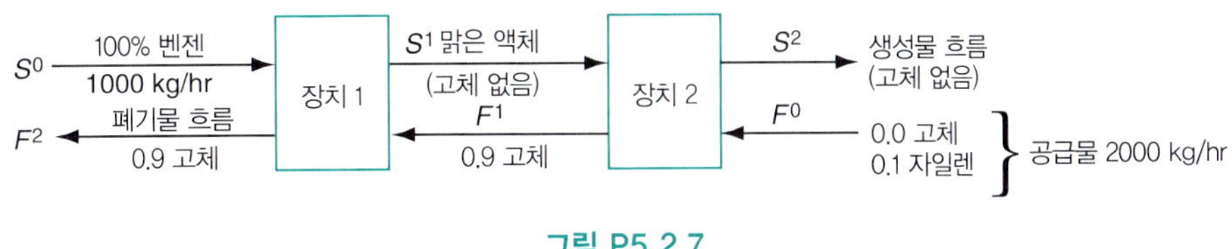

그림 P5.2.7

*** **5.2.8** 그림 P5.2.8은 3단 분리 공정을 보여준다. P_3/D_3의 비율은 3이며 P_2/D_2는 1, 흐름 P_2의 B에 대한 A의 비율은 4 대 1이다. 흐름 E에서 각 성분의 조성과 %를 계산하라.

힌트: 이 문제는 연결된 장치로 구성되어 있지만 문제 풀이의 표준전략을 응용하면 과도한 수의 식을 동시에 풀지 않고도 이 문제를 풀 수 있을 것이다.

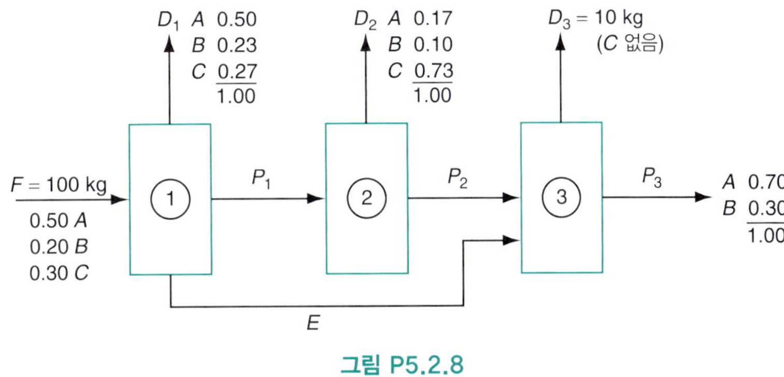

그림 P5.2.8

*** **5.2.9** 야금등급의 실리콘은 불순물로부터 화학적으로 분리함으로써 반도체 산업용 전자등급으로 정제된다. Si 금속은 300°C에서 염화수소 가스와 다양한 정도로 반응해 몇 가지 폴리염화실란을 형성한다. 3염화실란은 상온에서 액체이며 분별증류로 다른 기체로부터 쉽게 분리된다. 만약 100 kg의 실리콘이 그림 P5.2.9와 같이 반응했다면 얼마나 많은 3염화실란이 생산되겠는가?

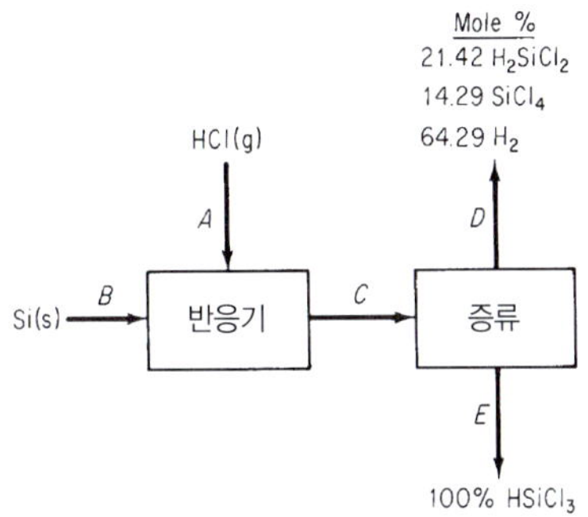

그림 P5.2.9

*** **5.2.10** 가열로가 다음 조성의 연료기체를 과잉공기로 연소시킨다—70% 메탄(CH_4), 20% 수소(H_2), 10% 에탄(C_2H_6). 가열로 출구에 설치된 산소 탐침에서 출구기체 중 산소 농도가 2%로 검출된다. 그 후 기체는 긴 도관을 통해 열교환기로 보내진다. 열교환기 입구에서의 Orsat 분석은 6%의 O_2를 검출한다. 이 차이는 첫 번째 분석이 습기준이고 두 번째 분석이 건기준이라는 사실

때문인가(도관 내에 물은 응축하지 않는다), 아니면 도관 내 공기 누출 때문인가? 만약 전자라면 가열로 출구기체의 Orsat 분석치를 제시하고, 만약 후자라면 연소되는 연료기체 100 mol 당 도관으로 새어 들어가는 공기의 양을 계산하라.

***** 5.2.11** 어떤 전력회사가 보일러 중의 하나는 천연가스로, 다른 하나는 기름으로 가동한다. 천연가스 연료에 대한 분석은 96% CH_4, 2% C_2H_2, 2% CO_2를 나타내며 기름에 대해서는 $C_nH_{1.8n}$을 나타낸다. 두 연료에서 나오는 연도기체는 같은 굴뚝으로 들어가며, 합쳐진 이 연도기체의 Orsat 분석치는 10.0% CO_2, 0.63% CO, 4.55% O_2를 나타낸다. 연소된 전체 탄소의 몇 %가 기름에서 비롯되었는가?

***** 5.2.12** 수산화나트륨은 보통 소금의 전기분해로 제조된다. 그 계의 필수 요소를 그림 P5.2.12에 나타냈다.

a. 소금의 수산화나트륨으로의 % 전화율은 얼마인가?

b. 생성물 1 kg당 얼마나 많은 염소기체가 생산되는가?

c. 생성물 1 kg당 얼마나 많은 물이 증발기에서 증발되어야 하는가?

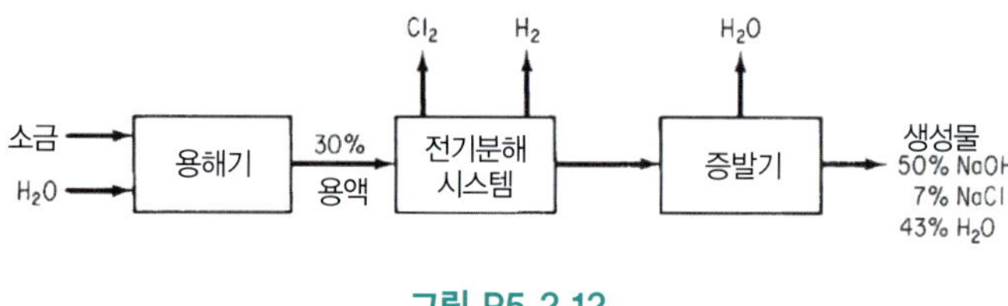

그림 P5.2.12

****** 5.2.13** 그림 P5.2.13의 흐름도는 퀘벡주 바렌의 캐나다티타늄염료 회사가 사용하는 이산화티타늄(TiO_2)의 제조 공정을 나타낸 것이다. 다음과 같은 분석치의 광재(Sorel slag, 鑛滓)가 침지기(digester, 浸漬器)로 공급되며, 수용액으로 도입되는 64 wt %의 H_2SO_4와 반응한다.

	wt %
TiO_2	68
Fe	8
비활성 규산염	24

침지기에서의 반응은 다음과 같다.

$$TiO_2 + H_2SO_4 \rightarrow TiOSO_4 + H_2O \tag{1}$$

$$Fe + 1/2O_2 + H_2SO_2 \rightarrow FeSO_4 + H_2O \tag{2}$$

두 반응 모두 완전반응이다. 광재에 대해 이론적으로 필요한 H_2SO_4의 양이 공급된다. 광재에 포함된 모든 Fe에 대해 이론적으로 필요한 양의 순수한 산소가 공급된다. 쇳조각(순수한 Fe)이 황산제이철의 형성을 무시할 만한 양으로 감소시키기 위해 침지기로 첨가된다. 광재 1 kg당 36 kg의 쇳조각이 첨가된다.

침지기의 생성물은 정화장치로 보내지는데, 그곳에서 모든 비활성 규산염과 미반응 Fe가 제거된다. $TiOSO_4$와 정화장치에서 오는 $FeSO_4$의 용액은 $FeSO_4$를 결정화하면서 냉각되는데, 그 결정은 여과기로 완전하게 제거된다. 여과기에서 나오는 $TiOSO_4$ 생성물 용액은 증발되어 무게로 83%인 $TiOSO_4$ 슬러리가 된다.

이 슬러리는 순수한 수화물 $TiOSO_4 \cdot H_2O$가 생성물로 얻어지는 건조기로 보내진다. 이 수화물 결정은 직화 회전식 가마로 보내지는데, 그곳에서 순수한 TiO_2가 다음 반응에 따라 생산된다.

$$TiOSO_4 \cdot H_2O \rightarrow TiO_2 + H_2SO_4 \quad (3)$$

반응 (3)은 완전반응이다. 100 kg의 광재 공급을 기반으로 다음을 계산하라.

a. 증발기에 의해 제거된 물의 kg 수

b. 만약 건조기로 들어가는 공기가 건조공기 1 mol당 0.037 mol의 H_2O를 포함하며 공기 도입속도가 광재 100 kg당 18 kg mol의 건조공기라면, 건조기 출구의 건조공기 1 kg당 출구 H_2O의 kg 수

c. 생산된 생성물 TiO_2의 kg 수

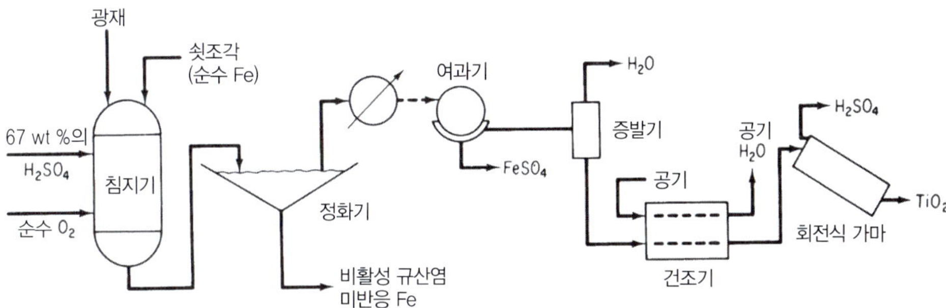

그림 P5.2.13

5.3 순환계

*5.3.1 다음 각 공정에 몇 개의 순환 흐름이 있는가?

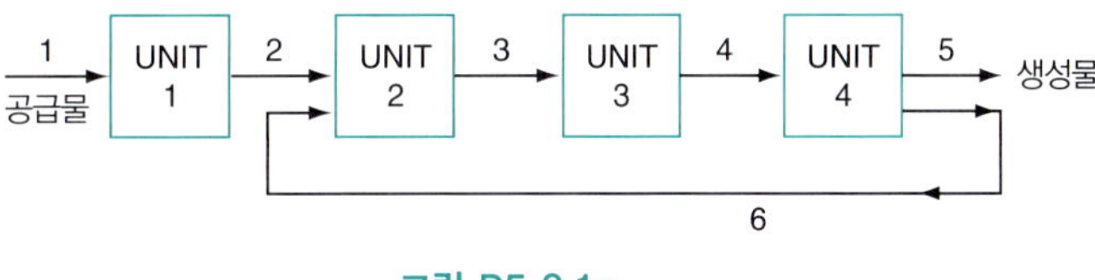

그림 P5.3.1a

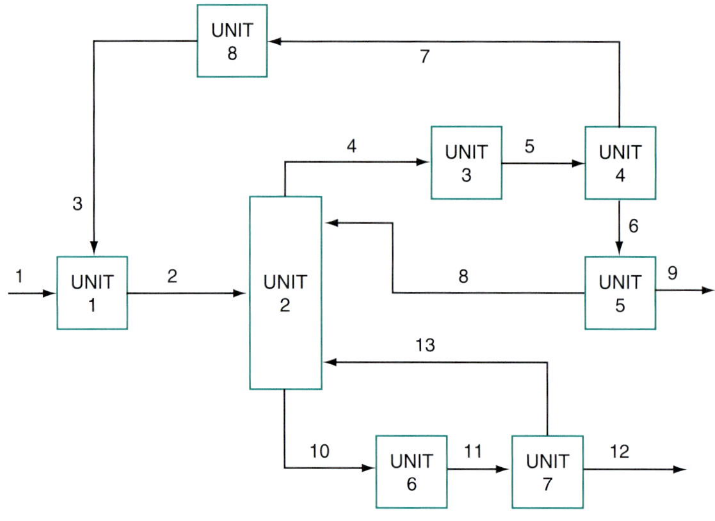

그림 P5.3.1b

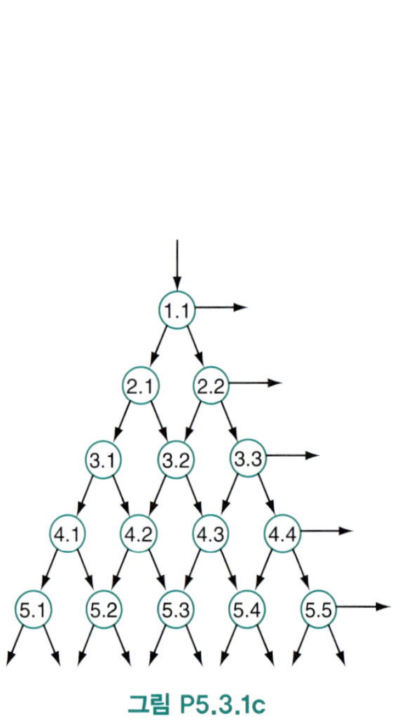

그림 P5.3.1c

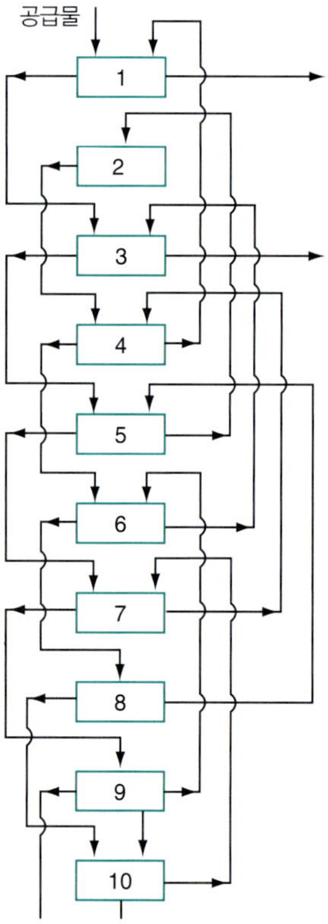

공급물

1

2

3

4

5

6

7

8

9

10

그림 P5.3.1d

*5.3.2 그림 P5.3.2에서, A의 물(W)의 양이 60 kg이라면 공급량 kg당 순환류의 kg 수를 구하라.

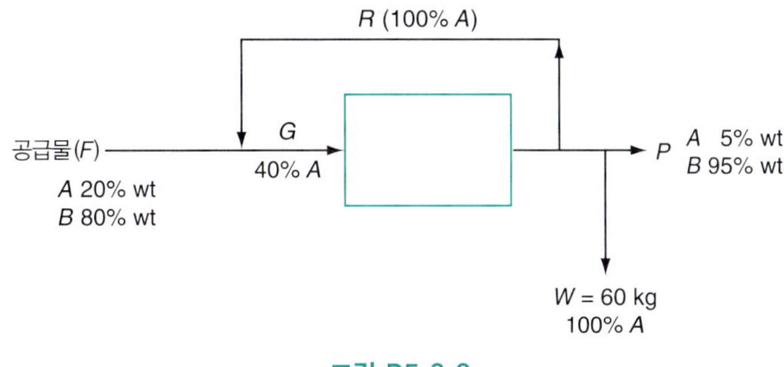

그림 P5.3.2

*5.3.3 새 공급물 100 kg당 R의 kg 수를 구하라.

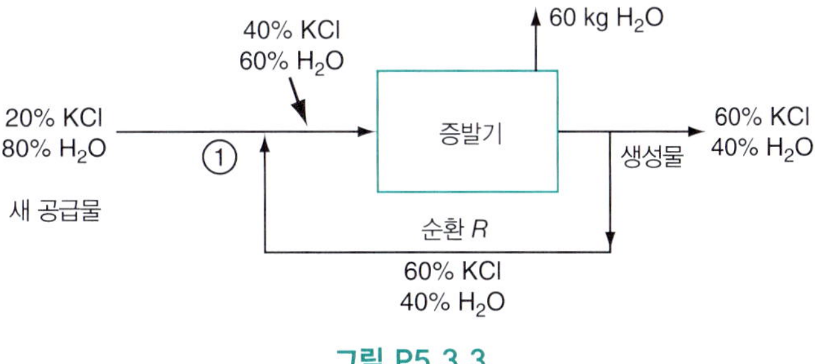

그림 P5.3.3

*5.3.4 그림 P5.3.4의 공정에서 장치 I은 액-액 용매추출기이고 장치 II는 용매회수계이다. 흐름 C와 D를 위한 파이프 크기를 설계하기 위해 설계자는 제공된 자료로부터 C = 4520 kg/hr과 D = 820 kg/hr의 값을 얻었다. 이 값이 맞는가? 반드시 모든 계산과정을 자세히 보이고, 만약 계산과정을 사용하지 않으면 설명하라.

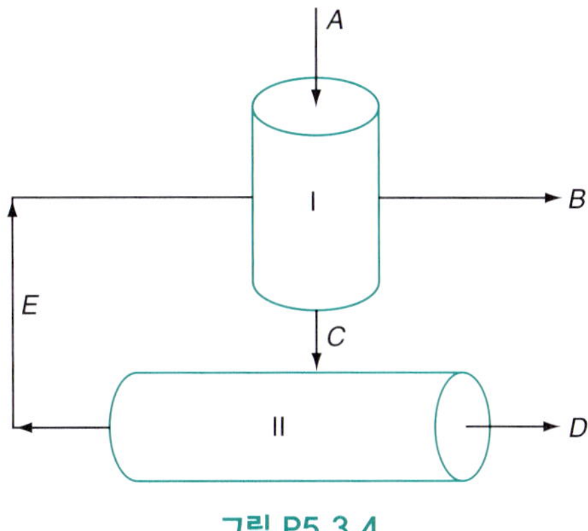

그림 P5.3.4

알려진 자료

구분	유속(kg/hr)	조성		
		부텐	부타디엔	용매
A	2500	0.7	0.3	
B		1.00		
C				
D		0.05	0.95	
E	10,000		0.01	0.99

**** 5.3.5** 유전공학을 통한 미생물 균체와 포유류 세포에서 단백질을 생산할 수 있는 능력과 고순도 치료용 단백질에 대한 수요로 인해 효율적인 대규모 단백질 정제 방안의 필요성이 생겨났다.

연속 친화성 순환 추출(continuous affinity-recycle extraction, CARE) 계는 회분조작과 탑 운용에 내재하는 결점을 회피하는 반면 친화성 색층분석(chromatography), 액체 추출, 막 여과와 같이 잘 채택되는 분리방법의 장점을 결합한다.

CARE 계의 기술적 실행 가능성을 β-갈락토시데이스 친화성 정제를 테스트 시스템으로 사용해서 연구했다. 그림 P5.3.5는 그 공정을 보여준다. 순환 흐름의 속도는 몇 mL/hr인가? U의 농도가 용액의 β-갈락토시데이스 농도와 같으며 정상상태라 가정하라.

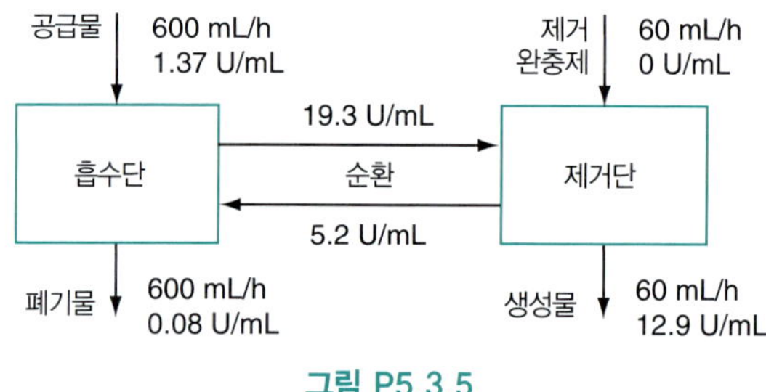

그림 P5.3.5

**** 5.3.6** 수직 건조기 내에서 시리얼이 시리얼에 대해 향류로 흐르는 공기에 의해 건조되고 있다. 시리얼 조각의 파손을 방지하기 위해 건조기 출구의 공기가 순환된다. 건조기로 공급되는 습한 시리얼 각 1000 kg/hr에 대해 새로 들어가는 습한 공기의 양과 순환되는 공기의 속도를 kg/hr 단위로 계산하라(일부는 질량 단위, 나머지는 몰분율 단위임을 유의하라).

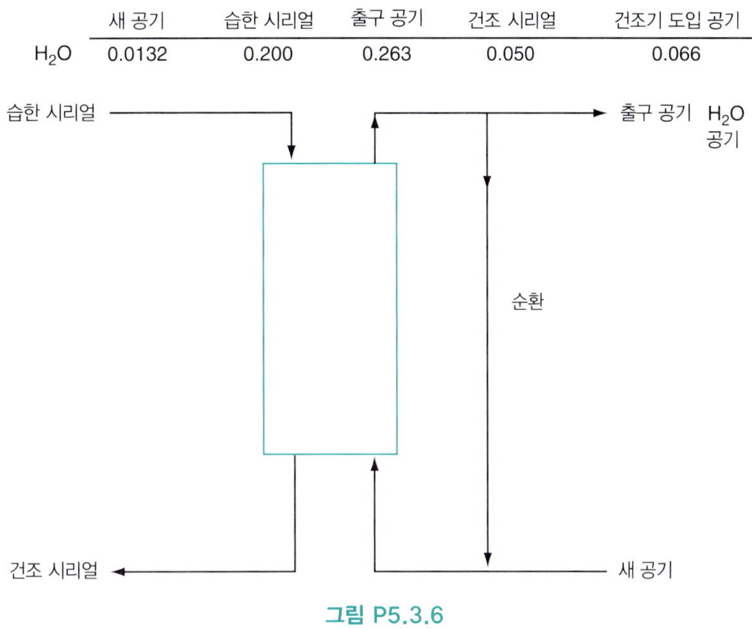

그림 P5.3.6

** **5.3.7** 그림 P5.3.7을 살펴보라. 순환 흐름의 양은 kg/hr 단위로 얼마인가? 흐름 C의 조성은 물 4%와 KNO_3 96%이다.

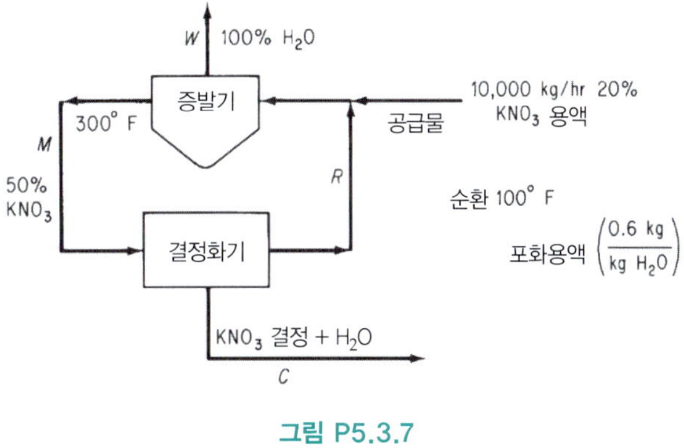

그림 P5.3.7

** **5.3.8** 그림 P5.3.8을 살펴보라(자료는 1시간에 대한 것이다).

a. 반응기에서 H_2의 단일 통과 전화율은 얼마인가?

b. CO의 단일 통과 전화율은 얼마인가?

c. H_2의 총괄 전화율은 얼마인가?

d. CO의 총괄 전화율은 얼마인가?

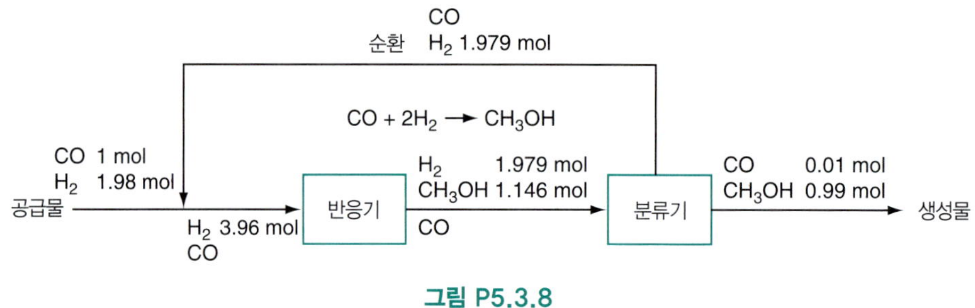

그림 P5.3.8

** 5.3.9 수많은 공정에 중요한 수소는 다음 전화반응으로 생산될 수 있다.

$$CO + H_2O \rightarrow CO_2 + H_2$$

그림 P5.3.9에 나타낸 반응기 계에서 전환조건은 반응기 퍼지 배출기체의 H_2 함량이 3 mol %가 되도록 조절되었다. 그림 P5.3.9의 자료를 바탕으로 다음을 계산하라.

a. 새 공급물의 조성

b. 생산되는 수소 1 mol당 순환되는 mol 수

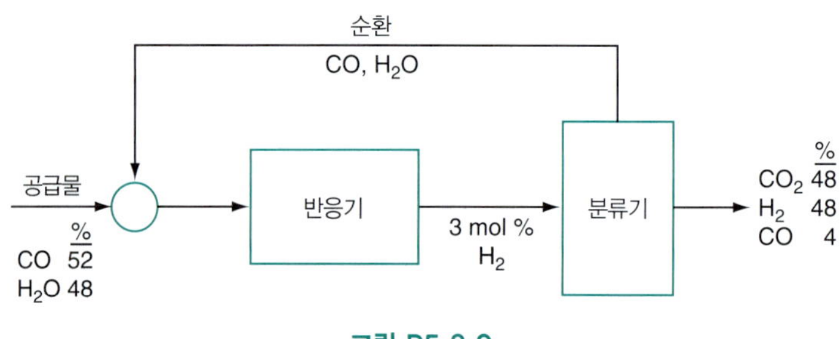

그림 P5.3.9

** 5.3.10 10%의 과잉 황산을 아세트산칼슘($Ca(Ac)_2$)에 첨가함으로써 초산(HAc)을 제조하려 한다. 반응 $Ca(Ac)_2 + H_2SO_4 \rightarrow CaSO_4 + 2HAc$는 반응기 단일 통과 기준으로 완전반응의 90%가 진행된다. 미사용 $Ca(Ac)_2$는 반응생성물로부터 분리되어 순환된다. HAc는 나머지 생성물로부터 분리된다. 시간당 1000 kg의 $Ca(Ac)_2$ 공급량을 기준으로 시간당 순환되는 양을 구하고, 또한 시간당 생산되는 HAc의 kg 수를 계산하라. 공정을 보여주는 그림 P5.3.10을 참조하라.

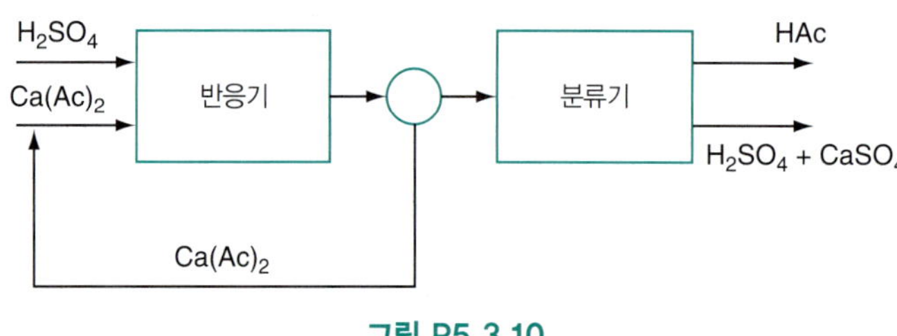

그림 P5.3.10

**** 5.3.11** 아연분말과 4브롬화에틸의 반응이 그림 P5.3.11과 같이 진행된다.

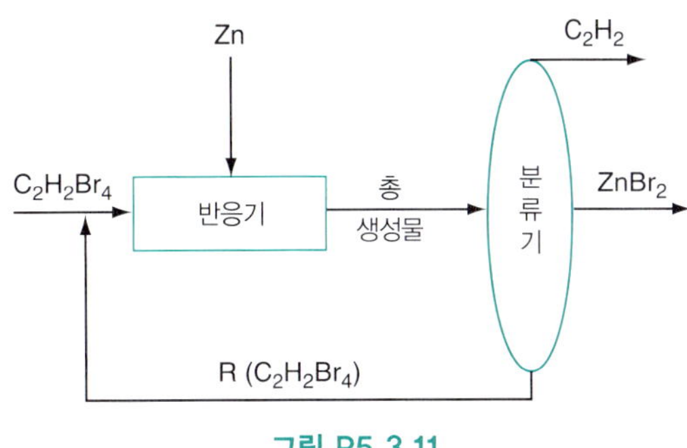

그림 P5.3.11

반응은 $C_2H_2Br_4 + 2Zn \rightarrow C_2H_2 + 2ZnBr_2$이다. 반응기 1회 통과를 기준으로 80%의 $C_2H_2Br_4$가 반응하며 나머지는 순환된다. 반응기로 공급되는 시간당 1000 kg의 $C_2H_2Br_4$를 기준으로 다음을 계산하라.

a. 시간당 얼마나 많은 C_2H_2가 생산되는가(kg 단위)?

b. kg/hr 단위의 순환속도

c. 20% 과잉량에 필요한 Zn의 공급속도

d. 최종 생성물 중의 C_2H_2에 대한 $ZnBr_2$의 몰 비율

**** 5.3.12** 그림 P5.3.12를 살펴보라. NaCl과 공급용액이 반응해 $CaCl_2$를 생성한다. 반응기에서 $CaCO_3$의 전화율은 완결도의 76%이다. 미반응 $CaCO_3$는 순환된다. 다음을 계산하라.

a. 공급량 1000 kg당 분리기를 나가는 Na_2CO_3의 kg 수

b. 공급량 1000 kg당 순환되는 $CaCO_3$의 kg 수

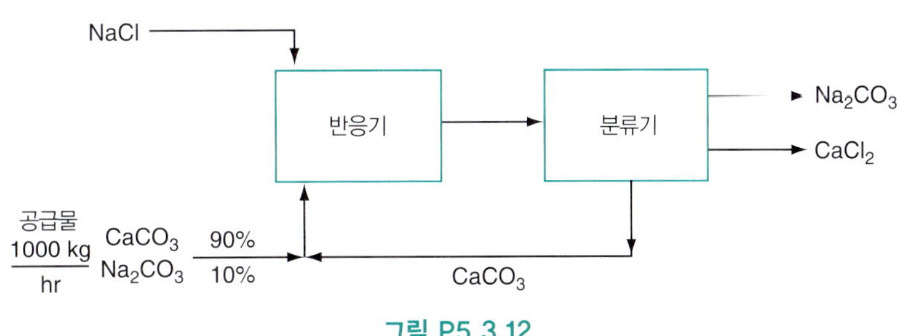

그림 P5.3.12

**** 5.3.13** 천연가스(CH_4)가 CH_4의 완전연소를 기준으로 15%의 과잉공기를 사용하며 가열로에서 연소된다. 염려사항 중 하나는 NO(N_2의 연소에서 나오는)의 출구농도가 약 415 ppm이라는 것이다. 연도기체 중의 NO 농도를 50 ppm까지 낮추려면 연도기체의 일부를 가열로를 통해 거꾸로 순환시키도록 계를 재설계해야 한다고 제안되었다. 순환에 필요한 양을 계산하라는 요청을 받았다. 이 계획이 제대로 작동하겠는가? N_2의 NO로의 전환에 대한 온도의 효과는 무시하라. 즉 전환인자는 상수라고 가정하라.

***** 5.3.14** 어떤 도금공장이 하수관으로 방류가 허용되는 양을 초과하는 아연과 니켈의 폐기물 흐름을 가지고 있다. Zn과 Ni의 농도를 감소시키는 첫 번째 단계로 제안된 공정을 그림 P5.3.14에 나타

냈다. 각 흐름은 물을 포함하고 있다. 흐름 중 몇몇 성분의 농도는 표에 정리했다. 만약 공급량이 1 L/hr라면 순환 흐름 R_{32}의 유량은 얼마인가(l/hr 단위)?

흐름	농도(g/L)	
	Zn	Ni
F	100	10.0
P_0	190.1	17.02
P_2	3.50	2.19
R_{32}	4.35	2.36
W	0	0
D	0.10	1.00

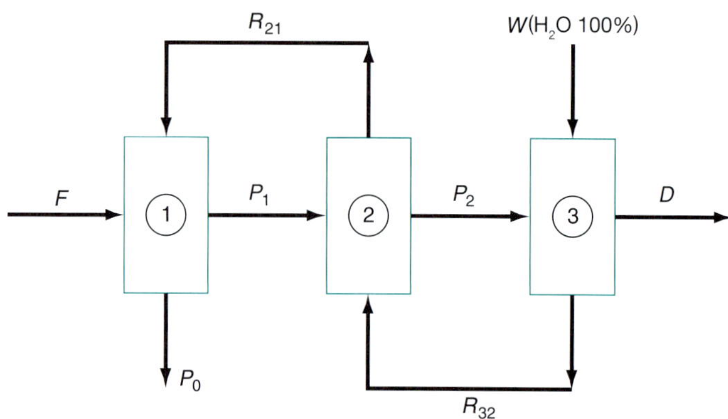

그림 P5.3.14

*** **5.3.15** 한외여과는 수많은 산업공정에서 도입 및 배출 흐름을 정화하는 방법이다. 이 기법의 매력은 물리적으로 바람직하지 않은 기름, 먼지, 금속조각, 고분자 등을 걸러내는 막을 흐름을 가로질러 놓아두기만 하는 단순함이다. 물론 요령은 올바른 막을 마련하는 것이다. 거름막 재료는 까다로운 조건들을 충족해야 한다. 매우 얇은(1 μ 이하) 고다공성 물질이면서도 액체 흐름, pH, 입자에 의한 마모, 온도 및 기타 공장 가동 특성의 심각한 압박을 몇 달간 견딜 수 있을 정도로 튼튼해야 한다.

상업적인 계는 그 내부가 일련의 등록된 무기 성분으로 코팅 처리된 다공성 탄소튜브 뭉치의 표준부품으로 이루어졌다. 표준부품의 지름은 6 in.이며 122 cm 길이의 탄소튜브 151개를 포함하고 있어 3.48 m^2의 작동 면적으로 하루에 7500~20,000 L의 여액을 생산한다. 최적 튜브 지름은 약 0.25 in.이다. 계는 막 위에 너무 많은 찌꺼기가 쌓여서 튜브를 교체할 때까지 2, 3년은 견딜 것이다. 주기적으로 시행되는 튜브 뭉치의 자동적인 화학적 청소는 그 계의 정상적인 가동의 일부이다. 여과기를 통과하면 출구 흐름의 기름과 먼지를 더한 것의 농도는 들어가는 흐름보다 20배 증가한다.

그림 P5.3.15의 설비에 대해 순환속도를 1일당 리터(liters per day, L.p.d)로 계산하고, 여과 모듈로 들어가는 흐름의 기름과 먼지를 더한 것의 농도를 계산하라. 그림의 동그라미 안에 있는 숫자들은 기름과 먼지를 더한 것의 알려진 농도들이다.

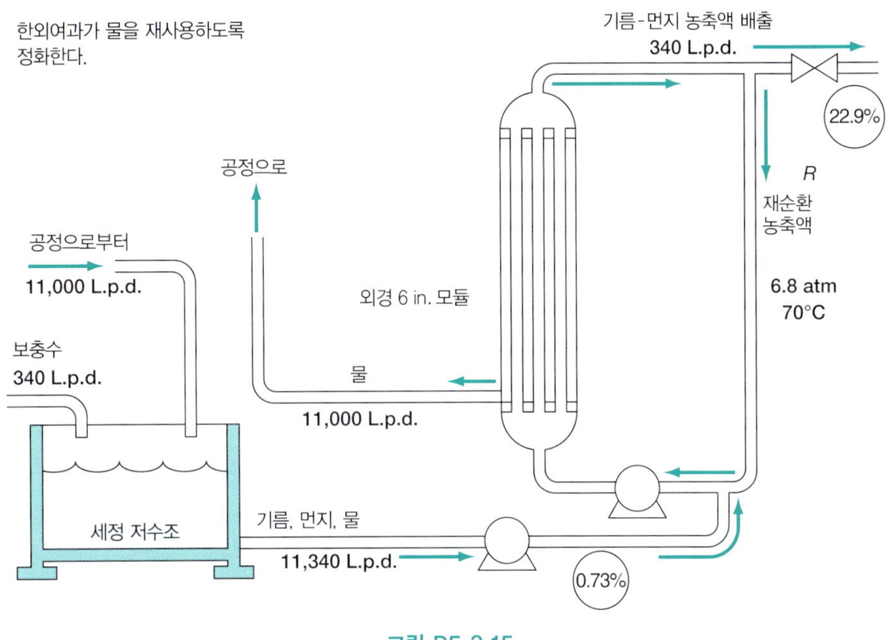

그림 P5.3.15

*** **5.3.16** 에너지를 절약하기 위해 가열로에서 나오는 연도기체가 벼의 건조에 사용된다. 흐름도와 알려진 자료는 그림 P5.3.16과 같다. 만약 건조기로 들어가는 기체 흐름의 수분 농도가 4.78%라면 P 100 kg당 순환기체의 양은 얼마인가(kg mol 단위)?

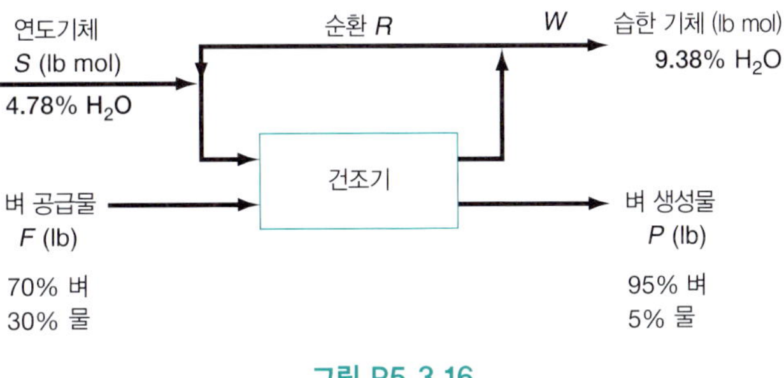

그림 P5.3.16

*** **5.3.17** 이 문제는 G. F. Payne의 자료를 기반으로 한다["Bioseparations of Traditional Fermentation Products," in *Chemical Engineering Problems in Biotechnology*, edited by M. L. Schuler, American Institute of Chemical Engineers, New York (1989)]. 그림 P5.3.17을 살펴보라. 3개의 분리 계획안이 원하는 발효 생성물을 용액의 나머지와 분리하기 위해 제안되었다. 100 g/L의 바람직하지 않은 생성물을 포함하고 있는 용액이 분당 10 L가 분리되어 출구 폐기물 농도를 0.1 g/L(이상은 아닌)로 감소시킨다. 3개의 흐름도 중에서 어떤 것이 가장 덜 순수한 새 유기용매를 필요로 하는가? 용액 내 가능한 밀도변화는 무시하라. 그림 P5.3.17b의 유기용매와 같은 값을 사용하라. 즉 $F_1^0 + F_2^0 + F_3^0 = F^0$이다. 각 장치 배출 흐름의 수용액 상(相)의 바람직하지 않은 물질 농도와 유기용매 상의 바람직하지 않은 물질 농도 사이 관계는 10 대 1, 즉 $c^A/c^O = 10$이다.

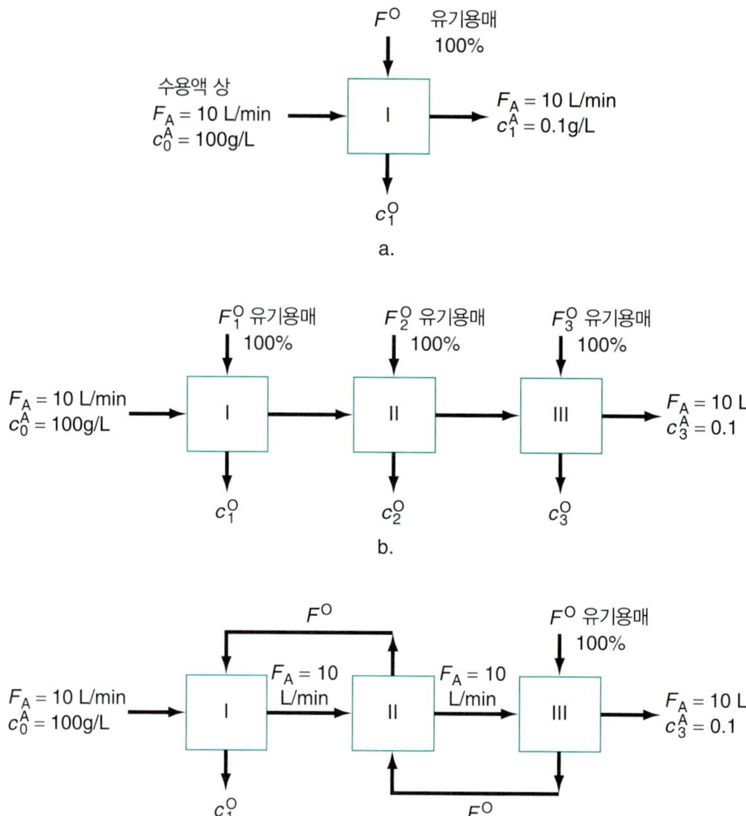

그림 P5.3.17

*** **5.3.18** 그림 P5.3.18의 공정에서 반응 $Na_2S + CaCO_3 \rightarrow Na_2CO_3 + CaS$에 의해 Na_2CO_3가 생산된다. 반응기 1회 통과로 완전반응의 80%가 일어나며, 반응기로 들어가는 $CaCO_3$의 양은 필요량의 50% 과잉이다. 새 공급량 500 kg/hr를 기반으로 **(a)** 순환되는 Na_2S의 kg 수, **(b)** 시간당 생성되는 Na_2CO_3 용액의 kg 수를 계산하라.

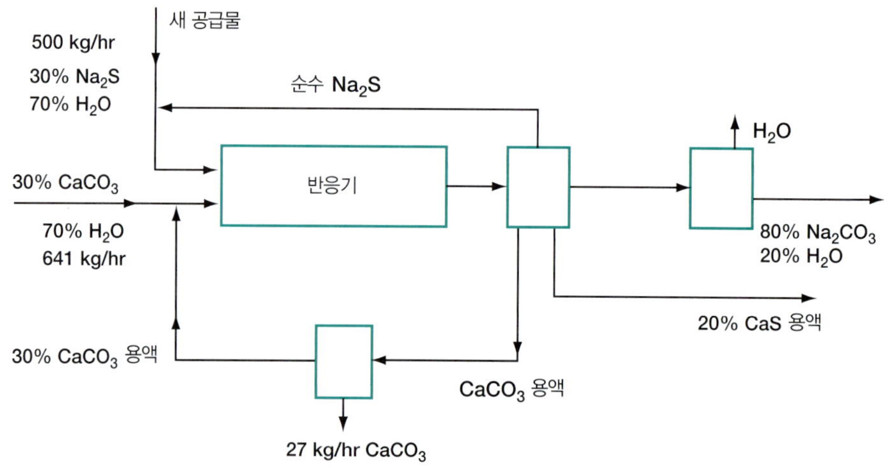

그림 P5.3.18

***5.3.19 톨루엔은 H_2와 반응해 벤젠(B)을 생성하지만, 부산물 디페닐(D)이 생성되는 부반응이 일어난다.

$$\underset{\text{톨루엔}}{C_7H_8} + \underset{\text{수소}}{H_2} \rightarrow \underset{\text{벤젠}}{C_6H_6} + \underset{\text{메탄}}{CH_4} \quad \text{(a)}$$

$$2\,C_7H_8 + H_2 \rightarrow \underset{\text{디페닐}}{C_{12}H_{10}} + 2CH_4 \quad \text{(b)}$$

공정은 그림 P5.3.19와 같다. 순환되는 기체가 혼합기로 들어가기 전에 H_2의 CH_4에 대한 비율을 1 대 1로 만들기 위해 수소가 기체 순환 흐름에 첨가된다. G에서 반응기로 들어가는 H_2의 톨루엔에 대한 비율은 $4H_2$ 대 1 톨루엔이다. 톨루엔의 벤젠으로의 반응기 1회 통과 전화율은 85%이며, 톨루엔의 부산물 디페닐로의 전화율은 같은 통과 기준으로 7%이다.

시간당 R_G의 mol 수와 R_L의 mol 수를 계산하라.

자료:	성분:	H_2	CH_4	C_2H_6	C_7H_8	$C_{12}H_{10}$
	분자량:	2	16	78	92	154

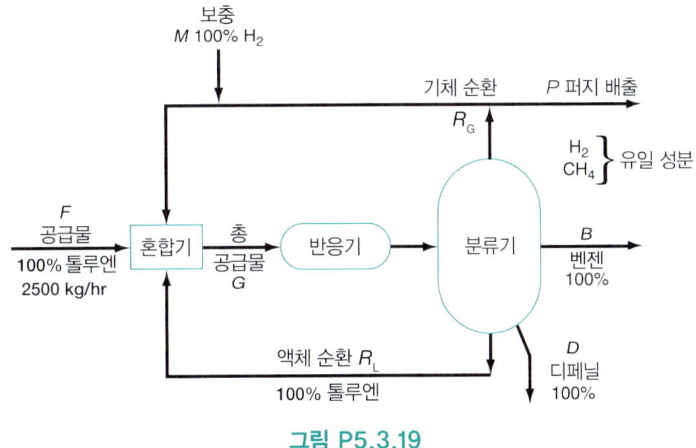

그림 P5.3.19

***5.3.20 그림 P5.3.20의 공정은 다음 반응에 따른 프로판(C_3H_8)의 프로필렌(C_3H_6)으로의 탈수소반응이다.

$$C_3H_8 \rightarrow C_3H_6 + H_2$$

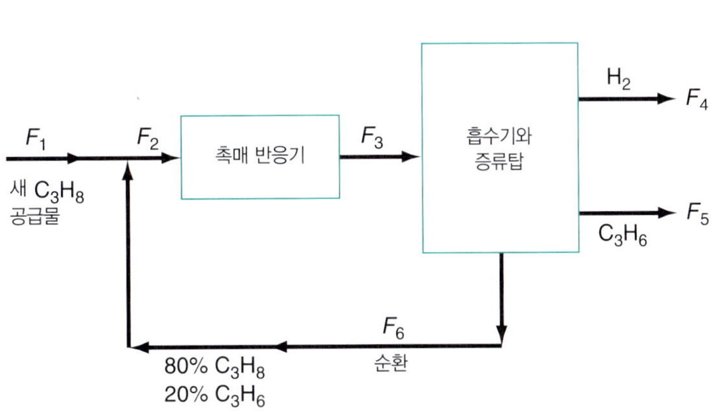

그림 P5.3.20

F_2에서 반응기로 들어가는 전체 프로판 공급량을 기준으로 한 프로판의 프로필렌으로의 전화율은 40%이다. 생성물 흐름속도 F_5는 50 kg mol/hr이다.

a. F_1에서 F_6까지 6개 모두의 유속을 kg mol/hr 단위로 계산하라.

b. 공정으로 공급되는 새 프로판(F_1)을 기준으로 반응기에서 프로판의 % 전화율은 얼마인가?

*** **5.3.21** 이산화황은 H_2SO_4 생산과 세제의 술폰화를 포함해 많은 용법을 가진 SO_3로 전환될 수도 있다. 그림 P5.3.21에 나타낸 조성의 기체 흐름이 2단 전환기를 통과할 예정이다. 첫째 단에서 SO_2의 SO_3로의 전화율(1회 통과 기준)은 0.75이며, 둘째 단에서는 0.65이다. 총괄 전화율을 0.95로 높이기 위해 둘째 단 출구기체의 일부가 둘째 단 입구로 순환된다. 도입기체(흐름 F) 100 mol당 얼마나 순환되어야 하는가? 전화율에 대한 온도의 효과는 무시하라.

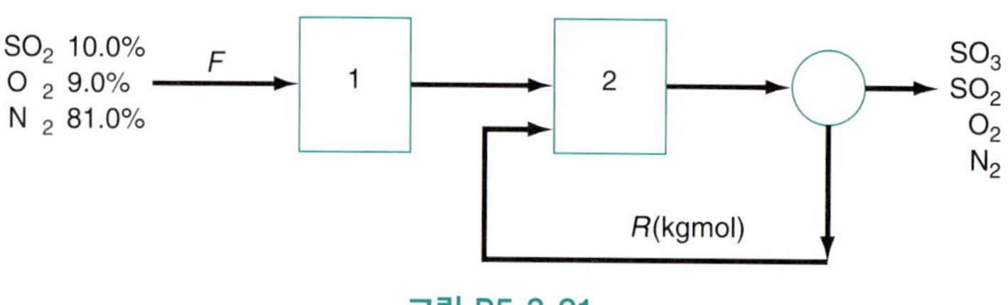

그림 P5.3.21

**** **5.3.22** 벤젠, 톨루엔, 기타 방향족 화합물은 이산화황을 사용하는 용매추출로 회수된다. 예를 들어 무게 기준으로 70%의 벤젠과 30%의 벤젠 이외 물질을 포함하는 촉매 개질 흐름이 그림 P5.3.22에 나타낸 향류 추출회수 설비로 통과된다. 시간당 1000 kg의 개질 흐름과 3000 kg의 이산화황이 이 계로 공급된다. 벤젠 생성물 흐름은 벤젠 kg당 0.15 kg의 이산화황을 포함하고 있다. 폐기물 흐름은 벤젠 이외 물질 1 kg당 0.25 kg의 벤젠과 함께 처음 도입된 벤젠 이외의 모든 물질을 포함하고 있다. 폐기물 흐름의 나머지 성분은 이산화황이다.

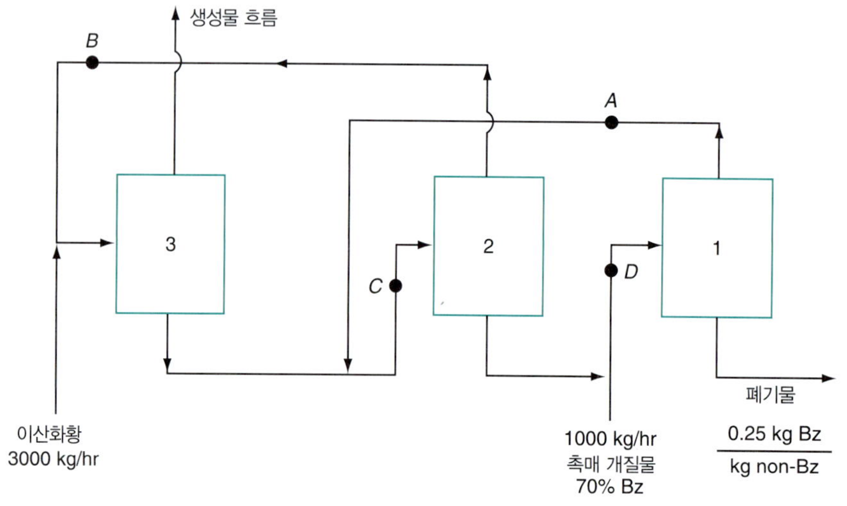

그림 P5.3.22

a. 시간당 몇 kg의 벤젠이 추출되는가(생성물 흐름에 있는가)?

b. 만약 지점 A에서 벤젠 1 kg당 벤젠 이외 물질 0.25 kg을 포함하는 800 kg의 벤젠이 흘러

가고 있으며 지점 B에서 벤젠 1 kg당 벤젠 이외 물질 0.07 kg을 포함하는 700 kg의 벤젠이 흘러가고 있다면 지점 C와 D에서는 몇 kg이 흐르겠는가(이산화황은 제외)?

생성물 벤젠은 $\dfrac{0.15 \text{ kg SO}_2}{\text{kg Bz}}$을 포함하고 있다.

****** 5.3.23** 광범위하게 사용되는 고성능 폭약인 니트로글리세린은 목재분말과 섞일 때 '다이너마이트'로 불린다. 이는 고순도의 글리세린(99.9+% 순도)을 무게 기준으로 50.00%의 H_2SO_4와 43.00%의 HNO_3, 7.00%의 물을 포함하는 질화산(窒化酸)을 혼합해 제조한다. 반응은 다음과 같다.

$$C_3H_8O_3 + 3HNO_3 + (H_2SO_4) \rightarrow C_3H_5O_3(NO_2)_3 + 3H_2O + (H_2SO_4)$$

황산은 반응에는 참여하지 않지만 생성된 물을 '포집하기 위해' 존재한다. 질화기에서 글리세린의 전화율은 1이며 부반응이 없으므로 질화기로 공급되는 모든 글리세린은 니트로글리세린으로 생성된다. 질화기로 들어가는(흐름 G) 혼합된 산은 모든 글리세린이 반응하는 것을 보장하기 위해 20.00%의 과잉 HNO_3를 포함한다. 그림 P5.3.23은 공정 흐름도이다.

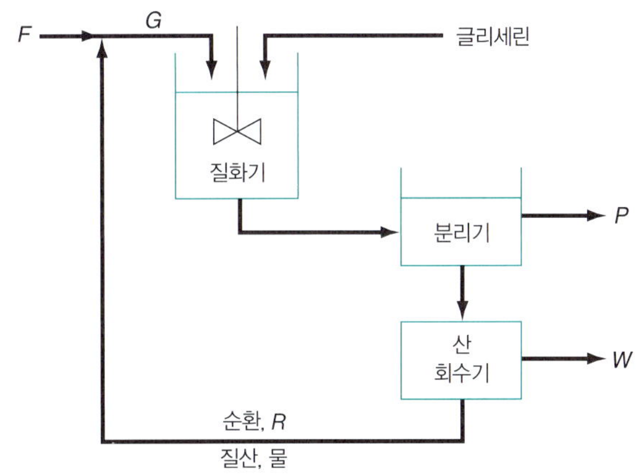

그림 P5.3.23

질화반응 이후에 니트로글리세린과 사용된 산의 혼합물(HNO_3, H_2SO_4, 물)은 분리기(침전탱크)로 간다. 니트로글리세린은 사용한 산에 불용성이며 그 밀도가 산보다 작기 때문에 위로 떠오른다. 그것은 조심스럽게 떠내져서 생성물 흐름 P로 정화를 위한 세척탱크로 이송된다. 사용한 산은 분리기 바닥에서 빼내 산 회수기로 이송하는데, 그곳에서 HNO_3와 H_2SO_4가 분리된다. H_2SO_4-H_2O 혼합물은 흐름 W이며 농축되어 산업용으로 매각된다. 질화기로의 순환 흐름은 무게 기준 70.00%의 HNO_3 수용액이다. 도표에서 생성물 흐름 P는 무게로 96.50%의 니트로글리세린과 3.50%의 물이다.

요약하면,

흐름 F = 50.00 wt % H_2SO_4, 43.00% HNO_3, 7.00% H_2O
흐름 G = 20.00%의 과잉 질산 포함
흐름 P = 96.50 wt % 니트로글리세린, 3.50 wt % 물
흐름 R = 70.00 wt % 질산, 30.00% 물

a. 만약 질화기로 시간당 1000×10^3 kg의 글리세린이 공급된다면 시간당 몇 kg의 흐름 P를

얻는가?

b. 순환 흐름은 시간당 몇 kg인가?

c. 시간당 몇 kg의 새 공급량, 흐름 *F*가 제공되는가?

d. 흐름 *W*는 시간당 몇 kg인가? 무게 % 기준으로 그것의 조성은 어떻게 되는가? 분자량: 글리세린 = 92.11, 니트로글리세린 = 227.09, 질산 = 63.01, 황산 = 98.08, 물 = 18.02

주의: 이 공정을 집에서는 시도하지 말라.

****** 5.3.24** 이 문제는 D. T. Allen과 D. R. Shonnard의 책 《Green Engineering》[Prentice Hall, Upper Saddle River, NJ (2002)]의 예제 10.3-1로부터 축약되었다. 아크릴로니트릴(AN)은 프로필렌과 암모니아의 기상반응으로 생산될 수 있다.

$$C_3H_6 + NH_3 + 1.5O_2 \rightarrow C_3H_3N + 3H_2O$$

그림 P5.3.24는 자료를 덧붙인 공정의 흐름도이다. 우려되는 유일한 오염물은 암모니아이다. 다음 질문에 답하라.

a. 수집되어 처리시설로 이송되는 폐기물 흐름 중의 어떤 것이라도 보일러 공급물의 일부로 대신 사용될 수 있는가?

b. 세정기로 도입되는 공급물의 일부를 대체할 후보로 고려할 수 있는 흐름은 무엇인가?

c. 만약 증류탑과 연관된 응축기로부터 배출되는 흐름이 세정기에서 사용되는 0.7 kg/s의 물을 대체하기 위해 세정기로 순환된다면 공정의 유량과 농도에 어떤 변화가 일어나는가?

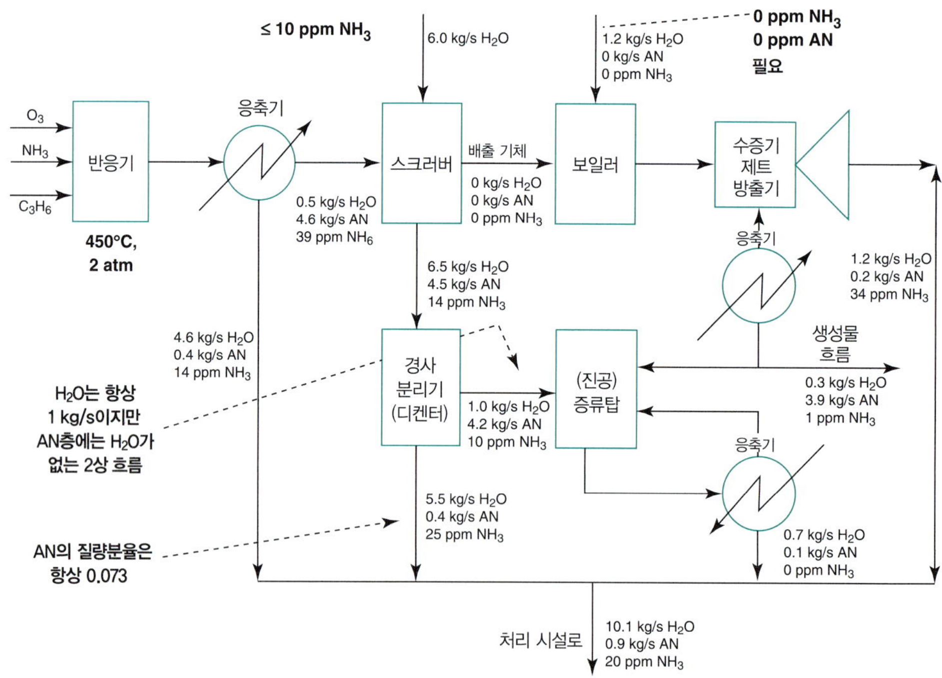

그림 P5.3.24

5.4 우회와 퍼지 배출

**** 5.4.1** 많은 화학 공정이 규제가 필요한 휘발성 화합물의 배출을 발생시킨다. 그림 P5.4.1의 공정에서

배출된 CO는 반응기 배출물로부터 분리된 후에 일부 반응물과 함께 반응기에서 발생된 100% CO가 반응기 공급물로 순환됨으로써 제거된다.

생성물이 회사 전유의 재산일지라도 공급 흐름이 40% 반응물과 50%의 불활성물질, 10%의 CO를 포함하고 있다는 정보와 2 mol의 반응물이 반응으로 2.5 mol의 생성물을 산출한다는 정보는 제공된다. 반응물의 생성물로의 전화율은 반응기 1회 통과에는 단 73%이며 총괄 전화율은 90%이다. 생성물의 mol 수에 대한 순환되는 mol 수의 비율을 계산하라는 요청을 받았다. 이 문제에서 잘못된 점을 발견했는가?

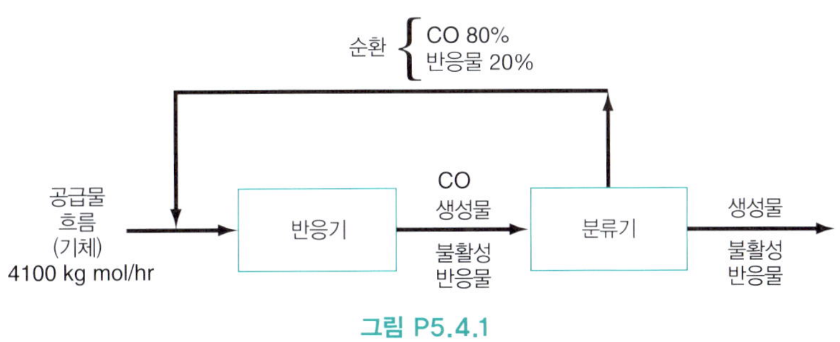

그림 P5.4.1

** 5.4.2 할로겐화 알킬은 여러 가지 화학적 변환에 알킬화제로 사용된다. 할로겐화 알킬 염화에틸은 다음 화학반응으로 제조된다.

$$2C_2H_6 + Cl_2 \rightarrow 2C_2H_5Cl + H_2$$

그림 P5.4.2의 반응공정에서 새 에탄과 염소기체 및 순환된 에탄이 합쳐져서 반응기로 공급된다. 만약 100%의 과잉 염소가 에탄과 혼합되면 60%의 1회 통과 최적 전화율이 얻어지며, 반응하는 에탄의 전부가 생성물로 전환되고 원하지 않는 생성물로 가는 것이 실험 결과 밝혀졌다. **(a)** 조업에 필요한 새 공급물의 농도, **(b)** 새 공급물 F_1의 C_2H_6 1 mol당 P 중 생성된 C_2H_5Cl의 mol 수를 계산하라는 요청을 받았다.

계산에서 어떤 어려움을 발견할 수 있는가?

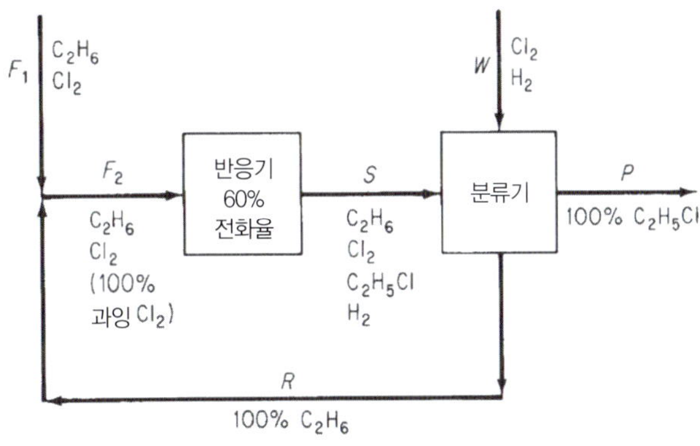

그림 P5.4.2

****** 5.4.3** 메탄올 합성 공정을 그림 P5.4.3에 나타냈다. 포함된 적절한 화학반응은 다음과 같다.

$$CH_4 + 2H_2O \rightarrow CO_2 + 4H_2 \qquad \text{(a)}$$

$$CH_4 + H_2O \rightarrow CO + 3H_2 \qquad \text{(b)}$$

$$2CO + O_2 \rightarrow 2CO_2 \quad \text{(CO 전환반응)} \qquad \text{(c)}$$

$$CO_2 + 3H_2 \rightarrow CH_3OH + H_2O \quad \text{(메탄올 합성반응)} \qquad \text{(d)}$$

반응 (a)를 기반으로 한 10%의 과잉 스팀이 개질기로 공급되며 메탄의 전화율은 100%이고 CO_2의 수율은 90%이다. 메탄올 반응기의 전화율은 반응기 1회 통과 기준으로 55%이다.

양론량의 산소가 CO 전환기로 공급되며 CO는 CO_2로 완전히 전환된다. 그런 다음 CO_2의 추가 보충량이 메탄올 반응기로 공급되는 흐름의 CO_2에 대한 H_2의 비율을 3 대 1로 확립하기 위해 도입된다.

메탄올 반응기의 배출기체는 메탄올과 물을 전부 응축시키기 위해 냉각되며 응축할 수 없는 기체는 메탄올 반응기 공급 흐름으로 순환된다. 순환 흐름의 H_2/CO_2 비율 역시 3 대 1이다.

메탄 공급물이 불순물로서 1%의 질소를 포함하고 있기 때문에 순환 흐름의 일부는 계에 질소의 축적을 방지하기 위해 그림 P5.4.3과 같이 반드시 퍼지 배출되어야 한다. 퍼지 배출 흐름의 분석치는 5%의 질소이다.

100 mol의 메탄 공급물(불순물 포함)을 기반으로 해서 다음을 구하라.

a. 퍼지 배출에서 몇 mol의 H_2가 유실되는가?

b. 몇 mol의 보충 CO_2가 필요한가?

c. 퍼지 배출되는 mol당 순환되는 mol 수의 비율은 얼마인가?

d. 어떤 강도(무게 %)의 메탄올 용액이 얼마나(kg 단위) 생산되는가?

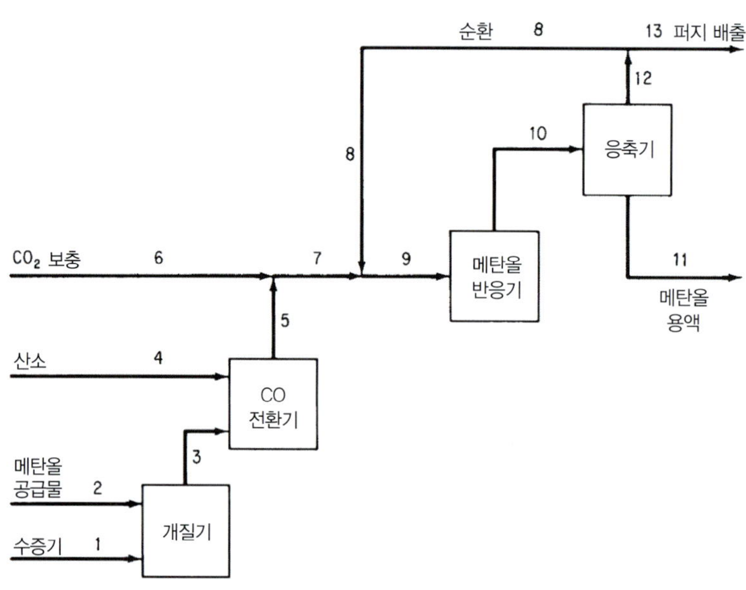

그림 P5.4.3

PART 03

기체, 증기, 액체

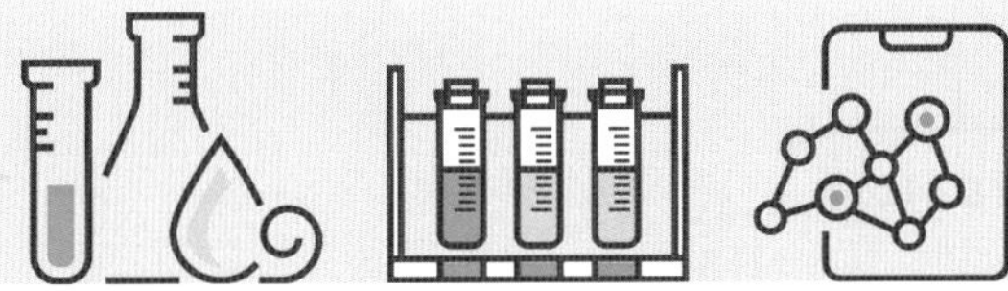

CHAPTER

06

이상기체와 실제기체

학습목표

- 이상기체법칙이 적용되는 조건과 실제기체 관계가 사용되어야 하는 조건을 이해한다.
- 기체 특성을 결정하기 위해 관계에서 사용되는 p와 T의 값이 상대 값이 아니라 절대 값임을 기억한다.
- 다성분 이상기체과 관련된 계산에 부분 압력을 사용한다.
- 이상기체 또는 실제기체를 포함한 물질수지를 해결한다.

서론

그림 6.1에 나타난 것처럼 연소기체를 대기로 배출하기 위한 연로와 연결된 스택을 고려해보자. 스택의 평균 연소기체 속도를 기반으로 스택(예: 그 직경 결정)을 설계하려고 한다. 연로에 대한 물질 및 에너지 수지에서 연소기체의 각 구성 요소의 몰유량을 계산할 수 있지만, 스택에서의 평균 속도를 계산하기 위해서는 연소기체의 몰밀도 및 기타 특성이 필요하다. 이 장에서는 몰밀도, 온도, 압력을 포함한 기체의 특성을 계산하는 다양한 방법을 소개한다.

이 장에서는 순수한 성분과 혼합물의 물리적 성질을 고려한다. **물성**은 압력, 부피, 온도와 같이 물질의 모든 측정할 수 있는 특성 또는 제8장에서 논의되는 내부에너지와 같이 계산되거나 추론될 수 있는 특성을 의미한다. 계의 **상태**는 그 물성에 의해 규정되는 계의 조건을 제공한다. 화합물과 혼합물에 관한 여러 성질의 값은 다음과 같은 많은 방식으로 찾을 수 있다.

그림 6.1 ▸ 연료와 연소기체 그림

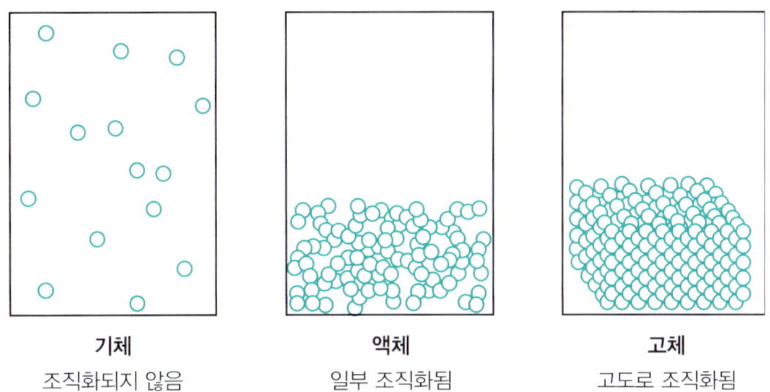

그림 6.2 ▸ 조직 정도로 분류를 보여주는 한 화합물의 세 가지 상

1. 실험 자료
2. 표(실험 자료 또는 이론으로부터 발생한)
3. 그래프
4. 식

분명히 당신이 관여하게 될 모든 유용한 순수 화합물과 혼합물의 성질에 대해 신뢰할 수 있고, 상세한 실험 데이터를 현실적으로 가지고 있거나, 데이터베이스에서 찾을 수 있을 것이라 기대하기는 어렵다. 그러므로 실험적인 정보가 없을 때는 경험적 관계식이나 그래프를 기반으로 해서 물성을 추산(예측)할 수밖에 없으므로 물질수지와 에너지 수지에 적절한 매개변수를 도입할 수 있다.

화합물(또는 화합물의 혼합물)은 1개 또는 그 이상의 상으로 구성될 수 있다. **상**은 물질이 완전하게 균일하며 한결같은 상태로 정의된다. 그림 6.2를 살펴보라. 액체 물은 1개의 상이며 얼음은 다른 상이다. 같은 용기 내의 수은과 물처럼 섞이지 않는 두 액체는 각각 균일하다 할지라도 다른 물성을 가지므로 2개의 다른 상을 나타낸다.

6.1 이상기체

물리와 화학에서 이상기체의 개념을 접해보았을 것이다. 왜 이상기체를 거듭 살펴보는가? 적어도 두 가지 이유가 있다. 첫째, 이상기체의 실험적 및 이론적 물성은 액체와 고체의 해당 물성보다 훨씬 더 단순하다. 둘째, 이상기체의 개념을 사용하는 것이 산업적으로 상당히 중요하다.

이 절에서는 다량의 기체의 압력, 온도, 부피, 몰수를 계산하는 데 이상기체법칙이 어떻게 사용될 수 있는지 설명하며, 기체 혼합물 중 한 기체의 분압을 정의한다. 또한 기체의 비중과 밀도를 어떻게 계산하는지 논의한다. 그리고 이 개념을 물질수지의 풀이에 응용한다.

6.1.1 이상기체

기체에 대한 p, V, n, T를 연결하는 가장 유명하고 광범위하게 사용되는 식은 **이상기체법칙**이다.

$$pV = nRT \tag{6.1}$$

여기서 p는 기체의 **절대압력**
V는 기체가 차지한 전체 부피
n은 기체의 몰수
R은 적절한 단위의 이상(보편적)기체 상수
T는 기체의 **절대온도**이다.

이 책 뒷면지에서 여러 단위의 R 값을 찾을 수 있다. 때로는 이상기체법칙이 다음과 같이 표현된다.

$$p\hat{V} = RT \tag{6.1a}$$

식 (6.1a)에서 $\hat{V}$은 기체의 비(比)몰 부피(몰당 부피, V/n)임을 유념하라. 문제에 기체의 부피가 포함될 때 $\hat{V}$은 질량당 부피가 아니라 몰당 부피일 것이다. $\hat{V}$의 역수는 몰밀도, 부피당 mol의 수이다. 그림 6.3은 식 (6.1a)에 의해 만들어진 표면을 3개의 물성 p, $\hat{V}$, T로 보여준다. 그림 6.3에서 두 매개변수 평면에 투영된 표면을 보라. 그 해석은 다음과 같다.

1. 상부 좌측으로 $p-T$ 평면에 투영된 면은 $\hat{V}$ 값이 일정한 직선을 이룬다. 왜 그런가? 비(比)체적이 일정한 경우에는 식 (6.1a)가 p = (상수)(T), 즉 원점을 지나는 직선의 식으로 되기 때문이다.
2. 상부 우측으로 $p-\hat{V}$ 평면에 투영된 면은 T 값이 일정한 곡선을 이룬다. 이는 어떤 곡선인가?

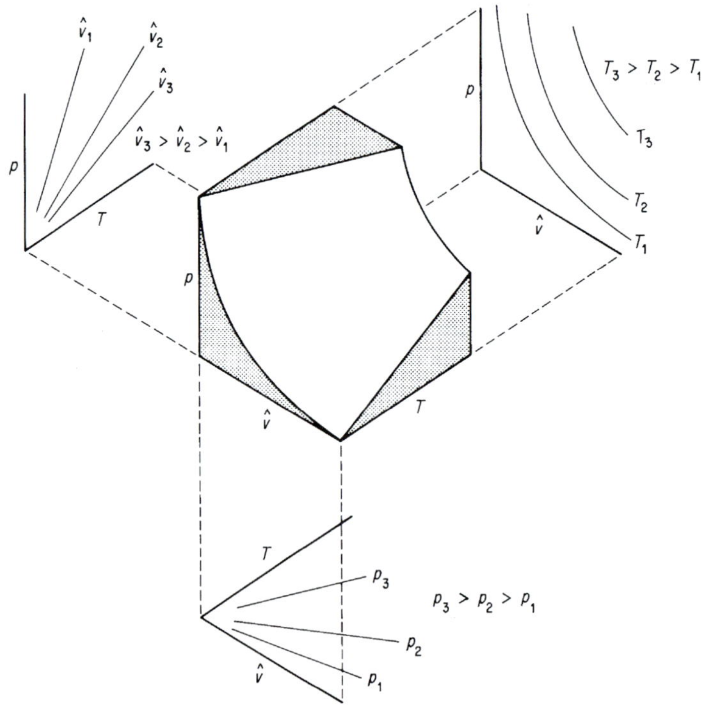

그림 6.3 ▸ 3차원에서 면으로 표현한 이상기체법칙

T가 상수이면 식 (6.1a)는 $p\hat{V}$ = 상수, 즉 쌍곡선이 된다.

3. 밑으로 $T-\hat{V}$ 평면에 투영된 면은 다시 직선을 이룬다. 왜 그런가? p가 상수이면 식 (6.1a)는 $\hat{V}$ = (상수)(T)이기 때문이다.

이상기체에 대해서는 식 (6.1)이 순수한 성분이나 혼합물에 적용될 수 있다. 어떤 기체가 이상기체법칙으로 예측되는 것처럼 거동하기 위한 조건은 무엇인가? 어떤 기체가 이상기체가 되기 위해 중요한 것은 다음과 같다.

1. 분자는 어떤 공간도 차지하지 않는다. 그것은 무한히 작다.
2. 분자 간 인력이 없으므로 분자는 서로 완전히 독립적으로 움직인다.
3. 기체 분자는 임의로 직선으로 움직이며, 분자 간 충돌 및 분자와 용기 벽의 충돌은 완전 탄성충돌이다.

저압 및/또는 고온의 기체는 이 조건을 충족한다. 고체, 액체 및 고밀도(즉 고압 및/또는 저온)의 기체는 그렇지 않다. 실용적인 관점으로는 대부분의 통상적인 조건하에서 만나게 되는 공기, 산소, 질소, 수소, 이산화탄소, 메탄, 심지어 수증기도 합리적 오차 범위 내에서 이상기체로 취급할 수 있다.

기체에 대한 온도와 압력의 **표준상태**(standard conditions, S.C. 또는 'standard temperature and pressure'의 머리글자인 STP)로 알려진 몇 가지 대등한 표준상태가 관습으로 규정되었다. 표 6.1을 참조하라. SI, 보편적 과학, 보편적 과학 B, 미국공학계의 표준상태는 정확하게 똑같은 조건이지만 다른 단위로 표현된 점을 유념하라. 반면에 천연가스 산업에서는 다른 표준온도(15°F)를 사용하지만 같은 표준압력(1 atm)을 사용한다.

표 6.1 ▸ 이상기체에 대한 일반적인 표준상태

계	T	p	$\hat{V}$	R
SI	273.15 K	101.325 kPa	22.415 m^3/kg mol	8.315 kPa m^3 kg mol^{-1} K^{-1}
보편적 과학	0.0°C	760 mm Hg	22.415 L/g mol	62.325 mm Hg L g mol^{-1} K^{-1}
보편적 과학 B	273.15 K	1 atm	22.415 L/g mol	0.08206 atm L g mol^{-1} K^{-1}
미국 공학	491.67°R (32°F)	1 atm	359.05 ft^3/lb mol	0.7303 atm ft^3 lb mol^{-1} °R^{-1}
천연가스 산업	59.0°F (15.0°C)	14.696 psia	379.4 ft^3/lb mol	10.73 psia ft^3 lb mol^{-1} °R^{-1}

원하는 어떤 단위로라도 R을 계산하기 위해 S.C.의 값을 이상기체식에 대입할 수 있다. 예를 들어 cm^3 단위의 부피, 기압 단위의 압력 및 켈빈 단위의 온도로 1 g mol의 이상기체에 대한 R은 무엇인가?

$$R = \frac{p\hat{V}}{T} = \frac{1 \text{ atm}}{273.15 \text{ K}}\left|\frac{22{,}415 \text{ cm}^3}{1 \text{ g mol}}\right. = 82.06\,\frac{(\text{cm}^3)(\text{atm})}{(\text{K})(\text{g mol})}$$

어떤 물질이 0°C, 1 기압에서 기체로 존재할 수 없다는 사실은 중요하지 않다. 따라서 나중에 보게 되겠지만 0°C의 수증기는 0.61 kPa(0.18 in. Hg)인 물의 증기압보다 큰 압력에서는 응축이 일

어나지 않고 존재할 수 없다. 그러나 표준상태의 가상적인 부피를 계산할 수 있으며, 부피-몰 관계의 계산에서 그것은 마치 그것이 존재할 수 있는 것처럼 중요한 양이다. 이후의 논의에서 부호 V는 전체 부피를, $\hat{V}$은 mol당 부피를 나타낼 것이다.

SI, 보편적 과학, 보편적 과학 B, AE의 표준상태는 모두 p, $\hat{V}$, T 공간에서 같은 지점을 나타내므로 그 단위를 포함하는 표 6.1의 값을 한 단위계에서 다른 단위계로 바꾸는 데 이용할 수 있다. 만약 표준 조건을 기억해둔다면, 다른 계의 단위가 혼용된 상황에서도 작업하는 것이 쉬워질 것이다.

다음 예제가 질량이나 몰을 부피로 바꾸는 데 어떻게 표준상태를 사용할 수 있는지 보여준다.

예제 6.1 질량으로부터 부피를 계산하기 위한 표준상태의 이용

문제 CO_2가 이상기체로 작동한다고 가정하고, 표준상태의 CO_2 40 kg에 의해 점유된 부피를 m^3 단위로 계산하라.

풀이

계산 기준: 40 kg의 CO_2

$$\frac{40\text{ kg CO}_2}{}\left|\frac{1\text{ kg mol CO}_2}{44\text{ kg CO}_2}\right|\frac{22.42\text{ m}^3\text{ CO}_2}{1\text{ kg mol CO}_2} = 20.4\text{ m}^3\text{ CO}_2(\text{S.C.에서})$$

이 문제에서 S.C.의 기체 22.42 m^3 = 기체 1 kg mol이라는 정보가 알려진 몰수를 그와 대등한 수의 m^3로의 변환에 적용했다는 것을 주목하라. 표준상태의 부피를 계산하는 대안은 식 (6.1)을 이용하는 것이다. 그런데 m^3나 ft^3가 분리되어 있으면 실제로는 기체 물질의 어떤 특정한 양이 아니기 때문에 부피를 알릴 때면 언제나 그 **부피 값이 측정된 온도와 압력의 조건을 확실히 해야 한다.**

초기상태에서 최종상태로 진행되는 많은 공정에서 각 상태의 이상기체법칙 비율을 사용하므로 다음과 같이 R을 소거한다(아래첨자 1은 초기상태를, 아래첨자 2는 최종상태를 나타낸다).

$$\frac{p_1V_1}{p_2V_2} = \frac{n_1RT_1}{n_2RT_2}$$

또는

$$\left(\frac{p_1}{p_2}\right)\left(\frac{V_1}{V_2}\right) = \left(\frac{n_1}{n_2}\right)\left(\frac{T_1}{T_2}\right) \tag{6.2}$$

식 (6.2)는 같은 변수의 비율을 포함하는 것을 유념하라. 이 결과는 압력이 두 상태에 대해 같은 단위가 사용되는 한(양쪽 경우에 압력은 모두 절대압임을 잊지 말라) kPa, in Hg, mm Hg, 기압 등 우리가 선택하는 어떤 단위계로도 표현될 수 있다는 편리한 특성을 내포하고 있다. 마찬가지로 절대온도의 비율과 부피의 비율도 무차원 비를 야기한다. 이상기체 상수 R이 이러한 비율을 취할 때 어떻게 제거되는지 유념하라.

식 (6.2)와 식 (6.1), 두 형태의 문제에 이상기체법칙을 어떻게 응용할 수 있는지 살펴보자.

예제 6.2 부피계산에 이상기체법칙의 응용

문제 15°C, 32.2 ft H_2O 압력의 CO_2 88 lb에 의해 점유된 부피를 계산하라.

풀이 그림 E6.2를 살펴보라. 식 (6.2)를 사용하기 위해서는 예제 6.1과 같이 먼저 초기부피를 계산해야 한다.

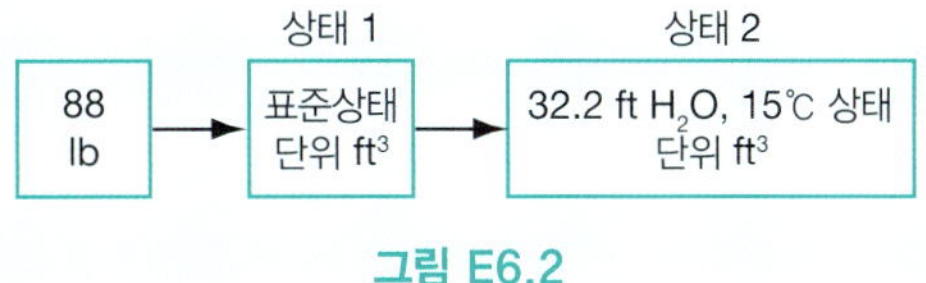

그림 E6.2

그런 다음 R과 (n_1/n_2) 2개 모두 상쇄되는 식 (6.2)를 통해 최종부피가 계산된다. 표 6.1에는 S.C.에서 ft H_2O 단위의 압력이 수록되어 있지 않다. 어디서 그 값을 얻겠는가? 압력을 논의한 제2장을 보거나 그 값을 계산하라($\rho gh = p$).

$$V_2 = V_1\left(\frac{p_1}{p_2}\right)\left(\frac{T_2}{T_1}\right)$$

주어진 압력을 절대압으로 가정하라.

S.C.에서 (상태 1)	p와 T에서 (상태 2)
$p = 33.91$ ft H_2O	$p = 33.2$ ft H_2O
$T = 273$ K	$T = 273 + 15 = 288$ K

계산 기준: CO_2 88 lb

$$\frac{88 \text{ lb } CO_2}{} \left| \frac{44 \text{ lb } CO_2}{1 \text{ lb mol } CO_2} \right| \frac{359 \text{ ft}^3}{1 \text{ lb mol}} \left| \frac{288}{273} \right| \frac{33.91}{32.2} = \frac{798 \text{ ft}^3 \ CO_2}{32.2 \text{ ft } H_2O, 15°C}$$

이 계산을 다음 사항을 고려하며 마음속으로 검산할 수 있다. 온도는 S.C. 상태의 0°C로부터 최종상태의 15°C까지 상승한다. 그러므로 부피는 S.C.로부터 반드시 증가해야 하며, 온도비는 반드시 1보다 커야 한다. 마찬가지로 다음 사항을 고려할 수도 있다. 압력은 S.C.로부터 최종상태까지 하강하므로 부피는 반드시 S.C.로부터 증가해야 하며, 따라서 압력비도 반드시 1보다 커야 한다.

식 (6.1)을 사용해도 같은 결과를 얻을 수 있다. 먼저 변수 p, $\hat{V}$, T와 같은 단위의 R 값을 얻으라. 그 단위에 해당하는 값을 찾아보거나 S.C. 상태의 p, $\hat{V}$, T로부터 그 값을 계산하라.

$$R = \frac{p\hat{V}}{T}$$

S.C.에서 $p = 33.91$ ft H_2O $\qquad \hat{V} = 359$ ft³/lb mol $\qquad T = 273$ K

$$R = \frac{33.91}{} \left| \frac{359}{273} = 44.59 \frac{(\text{ft } H_2O)(\text{ft}^3)}{(\text{lb mol})(\text{K})} \right.$$

이제 식 (6.1)을 사용해서 주어진 값을 대입하고 필요한 계산을 한다.

계산 기준: CO_2 88 lb

$$V = \frac{nRT}{p} = \frac{88 \text{ lb } CO_2}{\frac{44 \text{ lb } CO_2}{\text{lb mol } CO_2}} \left| \frac{44.59\ (\text{ft } H_2O)(\text{ft}^3)}{(\text{lb mol})(\text{K})} \right| \frac{288 \text{ K}}{32.2 \text{ ft } H_2O}$$

$$= 32.2 \text{ ft } H_2O,\ 15°\text{C의 } 798 \text{ ft}^3\ CO_2$$

두 가지 풀이를 점검해보면 두 경우 모두에 같은 수치를 얻으므로 그 답이 동일함을 알게 될 것이다.

파이프를 통한 m^3/s 또는 ft^3/s 같은 기체의 **부피유속** $\dot{V}$를 계산하기 위해 일정 시간 동안 파이프를 통과해 흐르는 기체의 부피를 그 시간 동안의 값으로 나눈다. 흐름의 **속도** $\dot{v}$를 얻기 위해 부피유속을 파이프의 면적 A로 나눈다.

$$\dot{V} = A\dot{v} \qquad \text{여기서} \qquad \dot{v} = \dot{V}/A \tag{6.3}$$

기체의 (질량) **밀도**는 단위부피당 질량으로 정의되며 kg/m^3, lb/ft^3, g/L 등 여러 가지 단위로 표현될 수 있다. 단위부피에 포함된 질량은 온도와 압력에 따라 변하기 때문에, 이미 정확하게 언급했듯이 밀도 계산에서는 이 두 조건의 규정에 언제나 반드시 주의해야 한다. 만일 다르게 규정되지 않는다면 밀도는 S.C.에서의 것으로 간주된다. 예를 들어 27°C, 100 kPa에서 N_2의 밀도는 SI 단위로 얼마인가?

계산 기준: 27°C, 100 kPa의 N_2 1 m^3

$$\frac{1 \text{ m}^3}{} \left| \frac{273 \text{ K}}{300 \text{ K}} \right| \frac{100 \text{ kPa}}{101.3 \text{ kPa}} \left| \frac{1 \text{ kg mol}}{22.4 \text{ m}^3} \right| \frac{28 \text{ kg}}{1 \text{ kg mol}} = 1.123 \text{ kg/m}^3$$

27°C(300 K), 100 kPa의 N_2

질량밀도에 더해서 가끔 어떤 기체의 '밀도'가 몰밀도, 즉 단위부피당 mol 수를 나타낸다. 만약 밀도에 대해 같은 부호가 사용된다면 어떻게 그 차이를 말할 수 있겠는가?

기체의 **비중**은 대개 어떤 온도, 압력의 공기(또는 규정된 여하한 기준기체)의 밀도에 대한 원하는 온도와 압력의 그 기체의 밀도의 비율로 정의된다. 때로는 '메탄의 비중은 얼마인가?'와 같이 T와 p의 인용 없이 비중값이 언급되는 엉성한 상황 탓에 비중의 사용이 혼란스러울 수도 있다. 질문에 대한 답은 명확하지 않다. 따라서 기체와 기준기체에 대해 S.C.를 가정하라.

$$\text{비중} = \frac{\text{S.C.에서 메탄의 밀도}}{\text{S.C.에서 공기의 밀도}}$$

6.1.2 이상기체 혼합물

공학도로서 각각의 기체 대신 기체 혼합물에 대한 계산의 수행을 자주 하게 될 것이다. 물론 기체 혼합물에 대해 적절한 가정하에 p를 혼합물의 절대 전압, V를 혼합물이 차지한 부피, n을 혼합물 모든 성분의 전체 몰 수, T를 혼합물의 절대온도로 해석함으로써 이상기체법칙을 사용할 수 있다. 가장 분명한 예로서 공기는 N_2, O_2, Ar, CO_2, Ne, He, 기타 미량의 기체로 구성되지만 이상기체

법칙의 적용에서는 공기를 단일성분으로 취급할 수 있다.

공학자들은 여러 기체를 포함하는 많은 계산에서 **분압**이라는, 허구이지만 유용한 양을 사용한다. Dalton의 분압 p_i, 즉 혼합물에 의해 점유된 것과 같은 부피에 혼합물과 같은 온도로 기체 혼합물 중의 단일성분이 홀로 존재할 때 그 단일성분에 의해 가해진 압력은 다음과 같이 정의된다.

$$p_i V_{\text{total}} = n_i RT_{\text{total}} \tag{6.4}$$

여기서 p_i는 혼합물 중 i 성분의 분압이다. 식 (6.4)를 식 (6.1)로 나누면

$$\frac{p_i V_{\text{total}}}{p_{\text{total}} V_{\text{total}}} = \frac{n_i RT_{\text{total}}}{n_{\text{total}} RT_{\text{total}}}$$

이며

$$p_i = p_{\text{total}} \frac{n_i}{n_{\text{total}}} = p_{\text{total}}\, y_i \tag{6.5}$$

여기서 y_i는 i 성분의 몰분율이다. 공기에서 산소의 퍼센트는 20.95이다. 따라서 1기압의 표준상태에서 산소의 분압은 $p_{O2} = 0.2095(1) = 0.2095$ atm이다. 식 (6.5)를 사용해서 분압의 합에서 Dalton의 법칙이 사실임을 보일 수 있겠는가?

$$p_1 + p_2 + \cdots + p_n = p_{\text{total}} \tag{6.6}$$

기체성분의 분압을 상업적 장비로 쉽게 바로 측정할 수는 없지만 식 (6.5)와 식 (6.6)으로부터 그 값을 계산할 수 있다. 식 (6.5)와 분압의 의미의 중요성을 보이기 위해 2개의 비반응성 이상기체로 다음 실험을 수행했다고 가정하라. 그림 6.4를 살펴보자. 부피가 1.50 m^3인 2개의 탱크, 300 kPa의 기체 A를 담고 있는 탱크와 400 kPa의 기체 B를 담고 있는 다른 탱크가 (두 기체 모두 20°C의 같은 온도에 있는) 같은 부피의 비어 있는 세 번째 탱크(C)에 연결되어 있다. 탱크 A와 B의 모든 기체가 등온상태로 탱크 C에 강제로 채워신다. 이세 이 혼합물을 위한 700 kPa, 20°C, 1.50 m^3인 A + B의 탱크를 가지고 있다. 식 (6.5)에 따라 탱크 C에서 기체 A는 300 kPa의 분압을 발하며 기체 B는 400 kPa의 분압을 발한다. 물론 압력계가 전압만 읽을 것이기 때문에 탱크

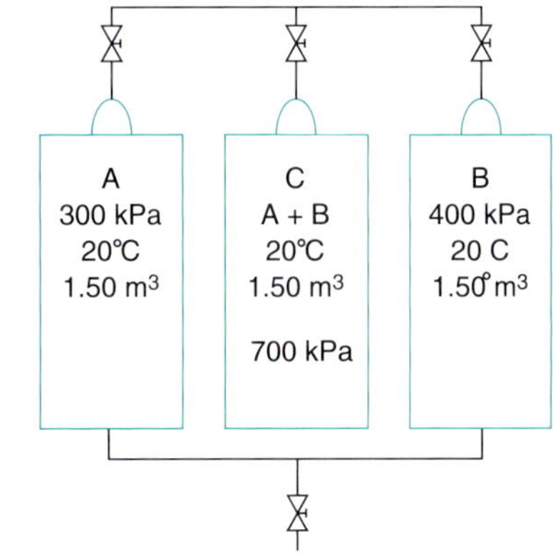

그림 6.4 ▸ 이상기체 혼합물 성분의 분압의 의미를 보여주는 그림

C에 압력계를 꽂아서 이 결론을 검증할 수는 없다. 이러한 분압은 만약 각 기체가 같은 온도에서 따로 같은 부피에 채워진다면 발휘할 탱크 C에서의 가상적 압력이다.

1991년 9월 애리조나에서 시작된 1억 5000만 달러 규모의 바이오스피어 프로젝트는 모든 것이 재활용되는 병 속의 밀봉된 유토피아 행성으로 홍보되었다. 그곳의 거주자 8명은 인간을 위한 최초의 거대한 자족 거주지에서 2년간 생활했다. 그러나 공기에서 산소가 서서히 사라져 갔으며 3.15에이커의 유리 돔 내에서 4명의 여자와 4명의 남자는 마침내 약 13,400 ft 고도에서 발견되는 것과 비슷한 농도의 산소를 지닌 공기를 호흡하고 있었다. 그 '희박한' 공기는 구성원들을 무척 피로하고 못 견디게 해서 그들은 가끔씩 숨이 턱 막혔다. 최종적으로 바이오스피어 2의 지도자들은 산소 수준을 14.5%에서 19.0%까지 상승시키기 위해 21,000 lb의 산소를 돔 내부로 펌프질했다. 산소 감소에 대한 후속연구는 생물권 설계에서 고려되지 않았던 인자인 토양 내 미생물의 산소 소모가 문제의 원인이라고 결론지었다.

예제 6.3 기체분석에서 기체 내 성분의 분압 계산

문제 메탄이나 메탄올같이 단 1개의 탄소원자를 포함하는 유기화합물을 사용하는 용액에서 성장할 수 있는 유기체는 거의 없다. 그러나 *methylococcus capsulates* 박테리아는 C-1 탄소화합물을 바탕으로 호기성 조건(공기 존재하에서)에서 성장할 수 있다. 그 결과물인 바이오매스는 가축이나 어류의 사료로 바로 사용할 수 있는 훌륭한 단백질원이다.

300°F, 765.0 mm Hg 압력인 한 공정의 배출기체가 14.0% CO_2, 6.0% O_2, 80.0% N_2로 분석된다. 각 성분의 분압을 계산하라.

풀이 식 (6.5)를 사용하라.

계산 기준: 배출기체 1.00 kg(또는 lb) mol

성분	kg(또는 lb) mol	p_i(mm Hg)
CO_2	0.140	107.1
O_2	0.060	45.9
N_2	0.800	612.0
합계	1.000	765.0

배출기체 1.00 mol을 기준으로, 각 성분의 몰분율 y_i는 전압을 곱하면 그 성분의 분압을 제공한다. 연도기체의 온도측정치가 실제로는 337°F이지만 전압 측정치는 옳다는 것을 발견한다면 분압이 바뀌겠는가? 힌트: 식 (6.5)에 온도가 포함되어 있는가?

6.1.3 이상기체를 포함하는 물질수지

이제 간단한 문제에 적용된 이상기체법칙을 돌아볼 기회를 가졌으니 이상기체법칙을 물질수지에 응용해보자. 제3~5장까지의 주제 문제와 이 장의 유일한 차이는, 여기서는 물질의 양이 오로지 질량이나 몰로 규정되기보다는 p, V, T의 항으로 규정될 수 있다는 것이다. 예를 들어 문제의 계산 기준 또는 풀려야 될 양이 기체의 질량보다는 주어진 온도와 압력에서 기체의 부피가 될 수도 있다. 다음 두 예제는 전에 다루었던 문제와 유사한 문제에 대한 수지를 보여주지만 이제는 기체를 포함하고 있다.

예제 6.4 연소를 포함하는 공정에 대한 물질수지

문제 재활용 가능 자원의 사용을 평가하기 위해 왕겨로 실험을 수행했다. 열분해 후 생성물 기체는 6.4% CO_2, 0.1% O_2, 39% CO, 51.8% H_2, 0.6% CH_4, 2.1% N_2로 분석되었다. 그것은 90°F와 35.0 in. Hg 압력의 연소실로 들어가서 70°F와 29.4 in. Hg의 대기압에서 40% (건조) 과잉공기로 연소되며, 10%의 CO가 남는다. 도입기체 ft^3당 몇 ft^3의 공기가 공급되었는가? 만약 출구 기체가 29.4 in. Hg와 400°F였다면 도입기체 ft^3당 몇 ft^3의 생성물 기체가 생산되었는가?

풀이 이것은 반응이 있는 정상상태 개방계이다. 계는 연소실이다.

단계 1~4

그림 E6.4가 공정과 표기법을 보여준다. 40%의 과잉공기로는 CO, H_2, CH_4 전부가 확실하게 CO_2와 H_2O로 연소되어야 하겠지만, 외관상 알 수 없는 이유로 CO의 전부가 CO_2로 연소하지는 않는다. 생성물 기체에 CH_4나 H_2는 나타나지 않는다. 생성물 기체의 조성은 그림에 나타냈다.

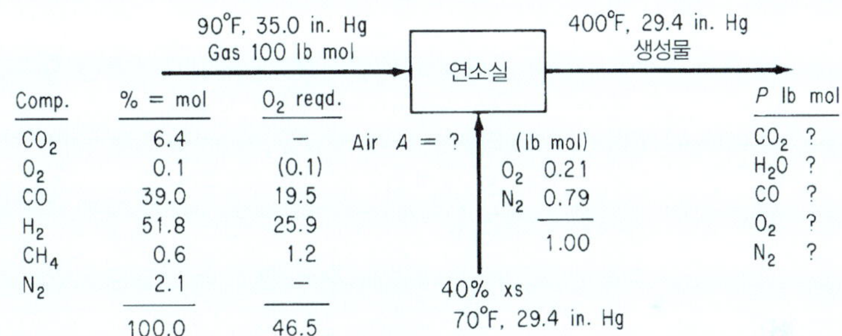

그림 E6.4

단계 5

90°F와 35.0 in. Hg의 1 ft^3를 계산 기준으로 택하고 부피를 몰로 전환할 수도 있으나 그것은 100 lb (또는 kg) mol을 계산 기준으로 택하는 것만큼이나 쉬운데, 그렇게 하면 % = lb(또는 kg) mol이기 때문이다. 문제 마지막에 절대량이 아니라 부피의 비율만 묻기 때문에 lb(또는 kg) mol을 ft^3로 전환할 수 있다.

계산 기준: 열분해 기체 100 lb mol

단계 4(계속)

들어가는 공기는 규정된 40% 과잉공기로부터 계산될 수 있다. 완전연소에 대한 반응은 다음과 같다.

$$CO + \frac{1}{2}O_2 \rightarrow CO_2 \tag{1}$$

$$H_2 + \frac{1}{2}O_2 \rightarrow H_2O \tag{2}$$

$$CH_4 + 2O_2 \rightarrow CO_2 + 2H_2O \tag{3}$$

필요한 산소의 몰수는 그림 E6.4(46.3 lb/mol)에 수록되어 있다. [다음에 따라오는 것에서 단위(lb mol)를 생략할 것이다.] 과잉공기는

$$\text{과잉 } O_2 : 0.4 + 46.5 \ = 18.6$$

$$\text{전체 } O_2 : 46.5 + 18.6 = 65.1$$

$$\text{도입 } N_2\text{는 } (65.1)\left(\frac{79}{21}\right) = 244.9$$

단계 6~7

자유도 분석:

미지변수 (5): $n_{CO_2}, n_{O_2}, n_{N_2}, n_{H_2O}, P$

식의 수 (5):

원소수지 (4): C, H, O, N

묵시적 식 (1): $P = \sum n_i$

단계 8~9

미지의 양을 계산하기 위해 몰 단위로 원소수지를 세우고 배출되는 CO의 몰수에 대해 3.9의 값을 치환하라.

	도입		배출
N	(2)(2.1) + (2)(244.9)	=	$2n_{N_2}$
C	6.4 + 39.0 + 0.6	=	$n_{CO_2} + 3.9$
H	(2)(51.8) + (0.6)(4)	=	$2n_{H_2O}$
O	(2)(6.4) + (2)(0.1) + 39 + (2)(65.1)	=	$2n_{O_2} + 2n_{CO_2} + n_{H_2O} + n_{CO}$

이러한 식의 답은 다음과 같다.

$$n_{N_2} = 247 \quad n_{CO_2} = 42.1 \quad n_{H_2O} = 53.0 \quad n_{O_2} = 20.55$$

묵시적 식으로부터 계산되는 나가는 전체 몰수는 합해서 366.6 mol이다.

마지막으로 이상기체법칙을 사용해서 100 lb mol의 열분해 기체를 기반으로 계산된 공기와 생성물의 lb mol 수를 요청된 상태의 기체의 부피로 다음과 같이 전환할 수 있다.

$$T_{gas} = 90 + 460 = 550°R \rightarrow 306 \text{ K}$$

$$T_{air} = 70 + 460 = 530°R \rightarrow 294 \text{ K}$$

$$T_{product} = 400 + 460 = 860°R \rightarrow 478 \text{ K}$$

$$\text{기체의 ft}^3\text{: } \frac{100 \text{ lb mol 도입 기체}}{} \left| \frac{359 \text{ ft}^3 \text{ at S.C.}}{1 \text{ lb mol}} \right| \frac{550°R}{492°R} \left| \frac{29.92 \text{ in. Hg}}{35.0 \text{ in. Hg}} \right. = 343 \times 10^2$$

$$\text{공기의 ft}^3\text{: } \frac{310 \text{ lb mol air}}{} \left| \frac{359 \text{ ft}^3 \text{ at S.C.}}{1 \text{ lb mol}} \right| \frac{530°R}{492°R} \left| \frac{29.92 \text{ in. Hg}}{29.4 \text{ in. Hg}} \right. = 1220 \times 10^2$$

$$\text{생성물의 ft}^3\text{: } \frac{366.6 \text{ lb mol } P}{} \left| \frac{359 \text{ ft}^3 \text{ at S.C.}}{1 \text{ lb mol}} \right| \frac{860°R}{492°R} \left| \frac{29.92 \text{ in. Hg}}{29.4 \text{ in. Hg}} \right. = 2341 \times 10^2$$

질문에 대한 답은 다음과 같다.

$$\frac{1220 \times 10^2}{343 \times 10^2} = 3.56 \frac{\text{ft}^3\ 530°\text{R, 29.4 in. Hg의 공기}}{\text{ft}^3\ 550°\text{R, 35.0 in. Hg의 기체}}$$

$$\frac{2255 \times 10^2}{343 \times 10^2} = 6.57 \frac{\text{ft}^3\ 860°\text{R, 29.4 in. Hg의 생성물}}{\text{ft}^3\ 550°\text{R, 35.0 in. Hg의 기체}}$$

예제 6.5 반응이 없는 물질수지

문제 15°C와 105 kPa의 기체가 비정상적인 도관을 통해 흘러간다. 기체의 흐름속도를 측정하기 위해 탱크에서 나오는 CO_2가 꾸준히 기체줄기의 일부가 되었다. CO_2와 섞이기 직전의 흘러가는 기체는 부피로 1.2%의 CO_2로 분석된다. 섞인 이후 하류의 흘러가는 기체는 부피로 3.4%의 CO_2로 분석된다. 주입된 CO_2가 탱크를 나갔을 때 로터미터를 통해 보내졌으며 7°C, 131 kPa에서 0.0917 m^3/min의 속도로 흘러간다고 알려졌다. 도관으로 들어가는 기체의 흐름속도는 m^3/min 단위로 얼마였는가?

풀이 이것은 반응이 없는 정상상태 개방계이다. 계는 도관이다. 그림 E6.5는 이 공정의 스케치이다.

단계 1~4

자료는 그림 E6.5에 제시되어 있다.

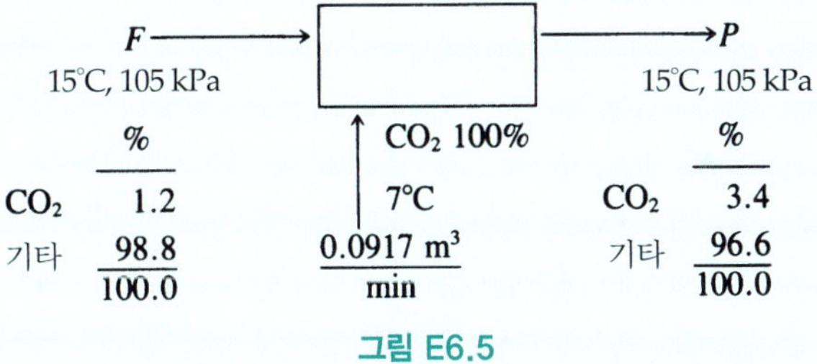

그림 E6.5

*F*와 *P*는 모두 같은 온도, 압력상태에 있다.

단계 5

7°C와 131 kPa에서의 CO_2 0.0917 m^3를 1분 계산 기준으로 선택해야 하는가? 기체분석치는 부피 퍼센트 단위인데 이는 몰 퍼센트와 동일하다. 모든 기체의 부피를 몰로 변환하고 문제를 몰의 관점에서 풀 수 있지만, 추가된 CO_2의 알려진 유량을 15°C와 105 kPa로 변환하는 것이 쉽기 때문에 그렇게 할 필요는 없다. 즉 0.0917(273.15 + 7)/(273.15 + 15) = 0.1112 m^3로 변환해서 각 스트림에 대해 m^3를 사용해 문제를 풀 수 있다. 이때 모든 스트림은 동일한 조건에서 있을 것이다. 15°C와 105 kPa에서 CO_2의 부피를 계산할 때, 온도를 낮추면 부피가 줄어들지만, 압력을 낮추면 부피가 증가하는 것에 유의하라.

단계 6~7

미지변수는 *F*와 *P*이며 CO_2와 '기타'에 대한 2개의 독립적인 성분수지를 세울 수 있다. 따라서 이 문제는 자유도 0을 가진다.

단계 7~9

'기타' 수지는(15°C, 105 kPa에서 m^3 단위로)

$$F(0.988) = P(0.966) \tag{a}$$

CO_2 수지는(15°C, 105 kPa에서 m^3 단위로)

$$F(0.012) + 0.1112 = P(0.034) \tag{b}$$

총괄수지는(15°C, 105 kPa에서 m^3 단위로)

$$F + 0.1112 = P \tag{c}$$

'기타'가 연결성분임을 유념하라. 풀기 위해 두 식 (a)와 (c)를 선택하라. (a)와 (c)의 해는 다음을 제공한다.

$$F = 4.884 \text{ m}^3/\text{min}(15°\text{C, 105 kPa})$$

단계 10(검산)

식 (b)를 사용하라.

$$4.884(0.012) + 0.1112 = 0.1698 \stackrel{?}{=} \left(4.884\frac{0.988}{0.966}\right)(0.034) = 0.1698$$

이 식은 만족할 정도로 정확하게 사실로 확인된다. 15°C와 105 kPa에서 CO_2의 부피를 잘못 계산했지만 방정식 세트를 올바르게 풀었다면 중복된 방정식은 만족하지만 답은 틀릴 것이다. 이는 중복된 방정식이 방정식 세트가 올바르게 풀렸는지만을 확인하고, 실제로 그 세트의 방정식이 올바른지는 확인하지 않기 때문에 발생한다.

자습문제

확인문제

1. T, P, V, n, R의 차원은 무엇인가?
2. 기체에 대한 표준상태를 SI 단위계와 AE 단위계로 나열하라.
3. 표준상태 이상기체의 밀도를 어떻게 계산하는가?
4. 어떤 기체의 비중을 계산하기 위해 그 기체와 표준기체 각각의 비(比)몰밀도(몰/부피)를 사용할 수 있는가?
5. 100 mm Hg의 허파 속 산소분압이 인체 혈액의 산소 포화유지에 충분하다. 이 값이 해수면에서의 공기 중 산소분압보다 작은가, 큰가?
6. 공기 중에서 1200 mm Hg의 N_2 분압에 노출되는 것이 N_2 중독 증상이 나타나도록 하지는 않는다는 것이 실험을 통해 밝혀졌다. 30 m의 다이빙 선수는 공기 중 N_2로 호흡에 영향을 받는가?

해답

1. T는 절대온도(예: 켈빈 또는 랭킨), p는 단위 면적당 절대 힘, V는 부피, n은 몰수, R은 T, p, V, n의 단위에 따라 달라지는 단위를 가진다.

2. SI 단위계의 표준 조건: 273.15 K, 101.325 kPa, 22.415 m^3/kg mol, AE 단위계의 표준 조건: 32°F, 1 atm, 359.05 ft^3/lb mol

3. $\rho = \mathrm{M}n/V = Mp/\mathrm{R}T$

4. 그렇다.

5. 해수면의 산소 부분압이 $0.21 \times 760 = 159.6$ mm Hg이기 때문에 이보다 더 낮다.

6. 그렇다. 왜냐하면 질소 부분압 $0.79 \times 760 \times 30$ m/10 m per atm $= 1801.2$ mm Hg이 1400 mm Hg보다 크기 때문이다.

적용문제

1. 68°F, 30 psia 상태 이상기체 10 lb mol의 부피를 ft^3 단위로 계산하라.

2. 부피 2 m^3인 강철 실린더가 50°C, 절대압 250 kPa에서 메탄가스(CH_4)를 담고 있다. 실린더 내에는 몇 kg의 메탄이 있는가?

3. 압력은 기압으로, 온도는 켈빈으로, 부피는 ft^3로, 물질의 양은 lb mol로 표시될 경우에 사용해야 할 R의 값은 얼마인가?

4. 시간당 22 kg의 CH_4가 30°C, 920 mm Hg의 가스 파이프라인 속을 흘러가고 있다. CH_4의 시간당 부피유속은 몇 m^3이겠는가?

5. 어떤 기체가 120°F, 13.8 psia에서 다음과 같은 조성이다.

성분	mol %
N_2	2
CH_4	79
C_2H_6	19

   a. 각 성분의 분압은 얼마인가?
   b. 각 성분의 부피분율은 얼마인가?

6. 가열로가 다음 부피 분석치를 가진 60°F, 1기압의 천연가스 1000 ft^3/hr로 불태워진다. CH_4 80%, C_2H_6 16%, O_2 2%, CO_2 1%, N_2 1%. 출구 연도기체의 온도는 800°F이며 압력은 절대압 760 mm Hg이다. 15% 과잉공기가 사용되며 연소는 완전하다. 다음을 계산하라.
   a. 시간당 생성되는 CO_2의 부피
   b. 시간당 생성되는 H_2O 증기의 부피
   c. 시간당 생성되는 N_2의 부피
   d. 시간당 생성되는 연도기체의 전체 부피

해답

1. (359.05 ft^3/lb mol)(10 lb mol)(14.69/30.)(459 + 68 − 32)/459 = 1896 ft^3

2. (250 kPa)(2 m^3)(16 kg/kg mol)/323.15 K/8.315 = 2.98 kg

3. $\mathrm{R} = pV/nT$ = (1 atm)(359.05 ft^3/kg mol)/(273.15 K) = 1.3144 atm ft^3 kg mol^{-1} K^{-1}

4. (22 kg)/(16 kg/kg mol)(22.414 m^3/kg mol)(303.15/273.15)(760/920) = 28.26 m^3/h

5. (a) P_{N2} = 0.276 psia, P_{CH4} = 10.9 psia, P_{C2H6} = 2.62 psia, (b) 몰 백분율과 같음

6. 도입 피드의 몰수 = (1000 ft^3/h)/(359.05 ft^3/lb mol)(491.16/519.67) = 2.635 lb mol. 여기에 도입 피드의 몰 백분율을 곱해서 값을 구한다. 이에 따라 ξ_1 = 2.108, ξ_2 = 0.4216. 필요한 (O_2) = $2\xi_1 + 3.5\xi_2 - 0.0527$ = 5.639, 공기 = 5.639(1.15)/0.21 = 30.88. 성분 몰수지에 따라 배기가스 구성은 CO_2 8.83%, H_2O 16.25%, O_2 2.50%, N_2 72.40%. 배기가스의 부피 = (33.73 lb mol)(359.05 ft^3/lb mol)(459.67 + 800)/491.67 = 31,208 ft^3/hr. 각 구성 요소의 시간당 부피 유량은 전체 배기가스 유량에 몰분율을 곱한 값과 같다.

6.2 실제기체: 상태방정식

그 성질이 이상기체법칙으로 표현될 수 없는 기체를 **비이상기체** 또는 **실제기체**라 한다. 실제기체의 성질은 **상태방정식**이라는 식으로 예측된다.

6.2.1 상태방정식

상태방정식이라고 하는 것의 가장 간단한 예는 이상기체법칙 그 자체이다. 비이상기체에 대한 상태방정식은 자료 조합을 맞추기 위해 선택된 경험적 관계식일 수도 있고 또는 이론에 기초할 수도 있으며, 그 둘의 조합일 수도 있다. 그림 6.5는 1863년 Andrews에 의한 여러 일정 온도에서 CO_2의 압력 대 비체적 측정값을 보여준다. 31°C에서는 점 C가 평형에서 액체와 기체의 CO_2가 공존할 수 있는 최고 온도임을 유념하라. 31°C 이상에서는 단지 **임계**유체만 존재하므로 CO_2의 **임계온도**라는 것은 31°C(304 K)이다. 즉 그림 6.5의 점 C이다. 해당하는 기체(유체)의 임계**압력**은 72.9 atm(7385 kPa)이다. 또한 50°C와 같은 더 높은 온도에서는 pV가 상수, 쌍곡선이므로 자

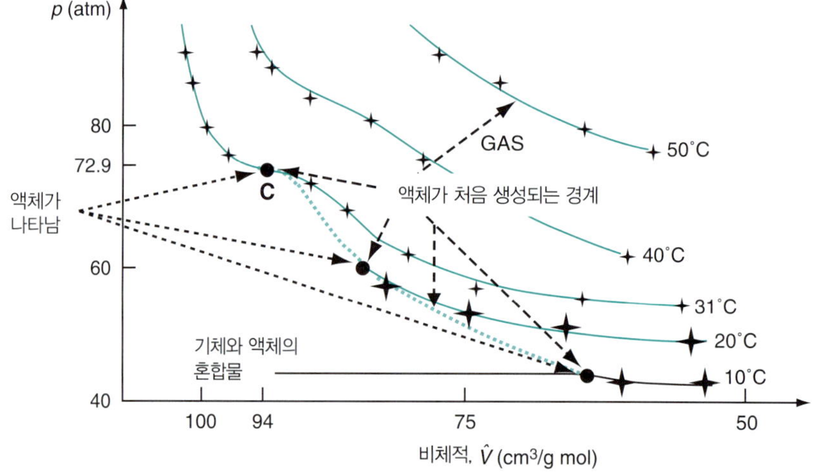

그림 6.5 ▸ Andrews에 의한 CO_2의 실험 측정값(+).[1] 실선은 부드럽게 한 자료를 나타낸다. C는 액체가 존재하는 최고 온도이다. 검은 동그라미에서 액체와 증기가 공존하기 시작한다. 횡축의 비선형 축척을 유념하라.

1) Andrews, Thomas. "The Bakerian lecture: On the Continuity of the Gaseous and Liquid States Of Matter," *Philosophical Transactions of the Royal Society* (London), **159** : 575-590 (1869).

료가 이상기체법칙으로 표현될 수 있다는 것도 유념하라. 여러 가지 화합물에 대한 임계온도(T_c)와 임계압력(p_c)의 실험값은 여러 가지 화합물에 대한 임계상수를 설명하고 추산 방법을 평가하는 Reid 등의 책에서 찾아볼 수 있다(이 장 끝의 참고문헌 참조).

이상기체법칙이 유효한 영역과 기체가 액체로 응축하는 영역 사이에 있는 기체의 p, $\hat{V}$, T 성질을 어떻게 예측할 수 있는가? 한 가지 방법은 1개 또는 그 이상의 상태방정식을 사용하는 것이다. 곡률에 상당한 변화가 일어나는 곳에서는 그 영역을 정확하게 망라하기 위해 아마 몇몇 다른 식을 사용해야 할 것이다. 표 6.2에 잘 알려진 단일 상태방정식의 일부가 나열되어 있다.

표 6.2 ▸ $\hat{V}$에 관한 상태방정식의 예*

van der Waals	Redlich-Kwong (RK 식)
$\left(p+\frac{a}{\hat{V}^2}\right)(\hat{V}-b)=RT$ $a=\left(\frac{27}{64}\right)\frac{R^2T_c^2}{p_c}$ $b=\left(\frac{1}{8}\right)\frac{RT_c}{p_c}$	$p=\frac{RT}{(\hat{V}-b)}-\frac{a}{T^{1/2}\hat{V}(\hat{V}+b)}$ $a=0.42748\frac{R^2T_c^{2.5}}{p_c}$ $b=0.08664\frac{RT_c}{p_c}$
Soave-Redlich-Kwong (SRK 식)	**Kammerlingh-Onnes (비리알 식)**
$p=\frac{RT}{\hat{V}-b}-\frac{a'\lambda}{\hat{V}(\hat{V}+b)}$ $a'=\frac{0.42748R^2T_c^2}{p_c}$ $b=\frac{0.08664RT_c}{p_c}$ $\lambda=[1+\kappa(1-T_r^{1/2})^2]$ $\kappa=(0.480+1.574\omega-0.176\omega^2)$	$p\hat{V}=RT\left(1+\frac{B}{\hat{V}}+\frac{C}{\hat{V}^2}+\ldots\right)$ Holborn (비리알 식): $p\hat{V}=RT(1+B'p+C'p^2+\ldots)$

* $\hat{V}$은 비체적, T_c와 p_c는 본문에서 설명했으며, ω 역시 본문에서 설명하고 있는 편심인자(偏心因子)이다.

이 식의 계수 계산에 사용되는 단위는 R에 대해 선택된 단위에 의해 결정된다.

고전적 상태방정식 중의 일부는 (**비리알** 유형이라고 하는) 3~6개 항의 $1/\hat{V}$의 함수인 p 또는 p의 함수인 $\hat{V}$의 멱급수로 표현된다. van der Waals, Peng-Robinson(PR), Soave-Redlich-Kwong(SRK), Redlich-Kwong(RK) 식의 계수는 특정 물성으로부터 계산될 수 있으나(다음에서 논의), 비리알 식에서는 실험 측정에 의해 엄밀하게 결정된다는 것을 반드시 유념해야 한다. 그 정확성으로 인해 많은 상업적 공정 모사기의 데이터베이스에서 SRK 상태방정식을 광범위하게 사용한다. 일반적으로 이러한 식은 기체로부터 액체까지 상을 가로지르는 변화의 p-$\hat{V}$-T 값을 매우 잘 예측하지는 못할 것이다. 기체가 액화하기 시작하는 것과 같은 조건하에서는 기체법칙이 단지 계의 증기 상 부분에만 적용된다는 것을 명심하라.

상태방정식은 얼마나 정확한가? 표 6.2에 수록된 Redlich-Kwong, Soave-Redlich-Kwong,

Peng-Robinson과 같은 3차 방정식은 많은 화합물에 대해 광범위한 조건에 거쳐 1~2%의 정확도를 보일 수 있다. 데이터베이스의 상태방정식은 높은 정확도를 달성하기 위해 30 또는 40개까지의 계수를 가질 수도 있다(예: AIChE 웹사이트에서 찾을 수 있는 AIChE DIPPR 보고서를 참조하라). 어떤 상태방정식이라도 반드시 그 유효영역을 알아야 하며 그 영역 밖, 특히 CO_2, NH_3와 같은 기체와 아세톤, 에틸알코올 등과 같은 저분자량 유기화합물의 응축 가능성을 무시함으로써 액체영역으로 외삽하지 않아야 함을 명심하라. 만약 표 6.2에 수록된 것 중의 하나와 같은 특정한 상태방정식을 사용할 계획이라면 수많은 선택권이 있으나 그중 어떤 것도 지속적으로 최선의 결과를 제공하지는 않을 것이다.

p, $\hat{V}$, T 값의 예측을 위한 용도 이외로는 상태방정식의 무엇이 좋은가?

1. 방대한 실험 자료를 간략하게 요약할 수 있고 실험 자료 포인트 사이의 정확한 내삽을 가능하게 한다.
2. p-$\hat{V}$-T 관계식의 미분과 적분을 기반으로 물성의 계산을 쉽게 하기 위한 연속함수를 제공한다.
3. 혼합물의 물성을 취급하기 위한 출발점을 제공한다.

추가로 예측하기 위해 상태방정식을 사용할 때의 일부 장점과 단점은 다음과 같다.

장점:

1. 자료가 없는 영역에서 합리적 오차를 지닌 p-$\hat{V}$-T 값을 예측할 수 있다.
2. 방정식에서는 실험을 통해 표나 그래프에 대량의 데이터를 수집하는 대신 기체 특성을 예측하기 위해 몇 가지 계수 값만 필요하다. 이 계수 값은 쉽게 구할 수 있는 물리적 성질, 즉 임계 온도와 압력을 기반으로 한다.
3. 식은 컴퓨터에서 다룰 수 있는 반면에 그래프를 이용하는 방법은 그렇지 않다.

단점:

1. 새롭거나 더 좋은 자료에 맞추기 위해 식의 형태를 변경하기 어렵다.
2. p-$\hat{V}$-T에 대한 식과 다른 물성에 대한 식 사이에 모순이 있을 수 있다.
3. 대개 식은 매우 복잡하며 그 비선형성으로 인해 p, $\hat{V}$, T에 대해 풀기가 쉽지 않을 수 있다.

단점 3이 비선형 대수방정식을 풀기 위한 컴퓨터와 컴퓨터 프로그램이 그림에 작용할 때까지 상태방정식의 광범위한 사용을 막았다. 표 6.2의 SRK 식이 T와 $\hat{V}$에 대한 값이 주어지면 p에 대해 또는 p와 $\hat{V}$에 대한 값이 주어지면 T에 대해 풀기 쉬우나, T와 p에 대한 값이 주어져도 컴퓨터의 도움 없이는 $\hat{V}$에 대해 풀기가 매우 어렵고 지루하다는 것을 알 수 있다. 유사한 언급이 비리알 식에도 적용된다.

예를 들어 Redlich-Kwong(RK) 식을 살펴보라. p와 T가 제공된다면 RK 식이 $\hat{V}$에 대해 3차인가? 그렇다. p, T, $\hat{V}$가 제공된다면 RK 식이 n에 대해 3차인가? 그렇다. p와 $\hat{V}$가 제공된다면 그것이 T에 3차인가? 아니다.

예제 6.6 RK 식을 이용한 p 또는 $\hat{V}$ 계산

문제 RK 식을 사용해서 300 K에서 V = 0.674 L인 C_2H_4 1 g mol의 압력을 (기압 단위로) 계산하라. C_2H_4에 대해 T_c = 282.8 K, p_c = 50.44 atm이다.

풀이 표 6.2로부터 RK 식은

$$p = \frac{RT}{(\hat{V} - \mathrm{b})} - \frac{\mathrm{a}}{T^{1/2}\hat{V}(\hat{V} + \mathrm{b})}$$

무엇을 먼저 해야 하겠는가? 제공된 V, n, T의 값을 계산 기준으로 택한 다음 a, b, $\hat{V}$을 계산하라.

$$\mathrm{a} = 0.42748\frac{R^2T_c^{2.5}}{p_c} = \frac{0.42748}{}\left|\frac{(0.08206)^2(\mathrm{L})^2(\mathrm{atm})^2}{(\mathrm{g\ mol})^2(\mathrm{K})^2}\right|\frac{(282.8)^{2.5}(\mathrm{K})^{2.5}}{50.44\ \mathrm{atm}}$$

$$= 76.75\frac{(\mathrm{L})^2(\mathrm{atm})(\mathrm{K})^{0.5}}{(\mathrm{g\ mol})^2}$$

$$\mathrm{b} = 0.08664\frac{RT_c}{p_c} = \frac{0.08664}{}\left|\frac{(0.08206)(\mathrm{L})(\mathrm{atm})}{(\mathrm{g\ mol})(\mathrm{K})}\right|\frac{282.8\ \mathrm{K}}{50.44\ \mathrm{atm}} = 0.03986\frac{\mathrm{L}}{\mathrm{g\ mol}}$$

$$\hat{V} = \frac{0.674\ \mathrm{L}}{1\ \mathrm{g\ mol}} = 0.674\ \mathrm{L/g\ mol}$$

다음으로 변수의 알려진 값과 계수를 대입하라.

$$p = \frac{(0.08206)(\mathrm{L})^2(\mathrm{atm})}{1\ (\mathrm{g\ mol})(\mathrm{K})}\left|\frac{300\ \mathrm{K}}{}\right|\frac{1\ \mathrm{g\ mol}}{(0.674 - 0.03986)\ \mathrm{L}} -$$

$$\frac{76.75(\mathrm{L})^2(\mathrm{atm})(\mathrm{K})^{0.5}}{1\ (\mathrm{g\ mol})^2}\left|\frac{}{(300\ \mathrm{K})^2}\right|\frac{1\ \mathrm{g\ mol}}{0.674\ \mathrm{L}}\left|\frac{1\ \mathrm{g\ mol}}{(0.674 + 0.03986)\ \mathrm{L}}\right. = 29.6\ \mathrm{atm}$$

만약 p와 T 대신 p와 $\hat{V}$를 안다면, 방정식을 재배열하거나 문제 풀이 프로그램을 사용함으로써 T에 대해 명쾌하게 풀 수 있다. 그림 E6.6은 이상기체법칙과 RK 식에 의한 p의 예측치를 비교하고 있다.

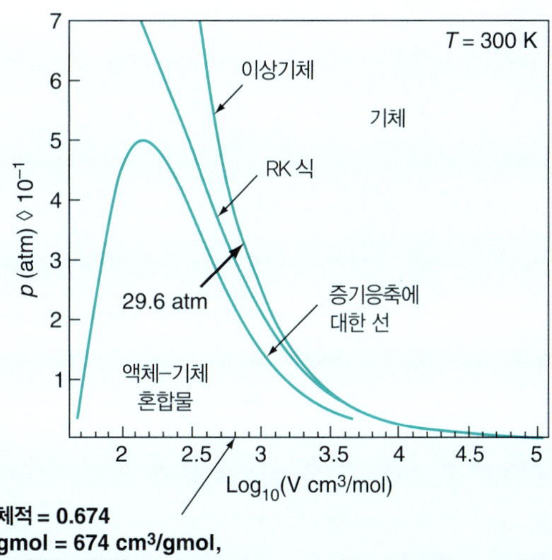

그림 E6.6

6.2.2 비선형 방정식 해결기

MATLAB과 Python은 비선형인 상태방정식을 풀기 위해 사용할 수 있는 내장된 비선형 방정식 해결기를 제공한다(예: RK 방정식에 대한 $\hat{V}$를 푸는 것). 또한 내장된 비선형 방정식 해결기는 나중에 다루게 될 다른 비선형 방정식 문제를 풀기 위해서도 사용될 수 있다.

MATLAB

단일 비선형 방정식은 MATLAB의 fzero 함수를 사용해서 해결할 수 있다. 'fzero'의 호출문은 다음과 같다.

```
x=fzero(fx,x0)
```

여기서 x는 비선형 방정식의 해이며, fx는 0이 되어야 하는 함수의 함수 핸들(함수를 간접적으로 호출하기 위함)이고, x0는 해의 초기 추정값이다.

예제 6.7 RK 방정식의 $\hat{V}$를 계산하기 위한 MATLAB의 활용

문제 예제 6.6에 나온 에틸렌의 물리적 특성 데이터를 사용해서, RK 방정식을 이용해 300 K와 30 atm에서의 C_2H_4의 특정 부피를 구하라. RK 방정식으로는 $\hat{V}$에 대해 양함수로 풀 수 없기 때문에, 이 문제를 해결하기 위해 함수 fzero를 사용한다.

풀이 예제 6.6에서 a와 b의 값은

$$\mathrm{a} = 0.42748\frac{\mathrm{R}^2 T_c^{2.5}}{p_c} = 76.75\frac{(\mathrm{L})^2(\mathrm{atm})(\mathrm{K})^{0.5}}{(\mathrm{g\,mol})^2} \qquad \mathrm{b} = 0.08664\frac{\mathrm{R}T_c}{p_c} = 0.03986\frac{\mathrm{L}}{\mathrm{g\,mol}}$$

이는 에틸렌의 임계 성질이 일정하게 유지되기 때문이다. RK 방정식을 단일 비선형 방정식으로 변환하면

$$\text{RK 식: } p = \frac{\mathrm{R}T}{(\hat{V}-b)} - \frac{\mathrm{a}}{T^{1/2}\hat{V}(\hat{V}+b)}$$

$$\text{비선형 방정식: } f(x) = p - \frac{\mathrm{R}T}{(x-b)} + \frac{\mathrm{a}}{T^{1/2}x(x+b)}$$

가 된다. 여기서 x는 미지의 몰부피, $\hat{V}$이다. 다음은 MATLAB 코드로 fzero 함수를 사용해서 이 비선형 방정식을 푸는 방법이다.

예제 6.7의 MATLAB 풀이

```
%%%%%%%%%%%%%%%%%%%%%%%%%%%%%%%%%%%%%%%%%%%%%%%%%%%%%%%%%%%
%                     NOMENCLATURE
%  a - parameter in RK equation
%  b - parameter in RK equation
%  p - pressure (30 atm)
%  R - gas constant (0.08206 atm L/gmol-K)
%  T - temperature (300 K)
```

```
%  xsoln - the root of f(x) determined by function fzero
%%%%%%%%%%%%%%%%%%%%%%%%%%%%%%%%%%%%%%%%%%%%%%%%%%%%%%%%%%
%                         PROGRAM
function Ex6_7
clear; clc;
a=76.75; b=0.03986; p=30;       % Input the problem data
T=300; R=0.08206;               % Input the problem data
x0=R*T/p;                       % Set initial guess for x
                                % Define anonymous function
fx=@(x)p-R*T/(x-b)+a/(T^0.5*x*(x+b));
xsoln=fzero(fx,x0)              % Call built-in function fzero
end
%                       PROGRAM END
%%%%%%%%%%%%%%%%%%%%%%%%%%%%%%%%%%%%%%%%%%%%%%%%%%%%%%%%%%%%%%%%%%
x =
    0.6629
```

결과 설명 특정 부피에 대한 수치 해답의 초기 추측값을 만들기 위해 이상기체법칙이 사용된다는 것에 주목하라. RK 방법이 $\hat{V}$에 대해 세제곱이므로, 그 해는 최대 3개의 다른 해를 가질 수 있다. 따라서 $\hat{V}$에 대해 잘못된 초기 추측값을 사용하면, 방정식의 계산된 해가 문제에서 구하고자 하는 증기의 해가 아닐 수 있다(예를 들어 액체에 해당하는 해). 또한 이 문제는 예제 6.6에서 압력이 양함수로 계산된 경우와 거의 정확히 같다는 것도 주목해야 한다. 따라서 이 문제의 해(0.6629 L/g mol)는 예제 6.6에서 사용된 특정 부피(0.647 L/g mol)와 상대적으로 비슷해야 하며, 실제로 그렇기 때문에 수치 해답이 타당함을 확인할 수 있다.

Python

단일 비선형 방정식은 scipy.optimize.newton 함수를 사용해서 해결할 수 있다.

```
xsoln5scipy.optimize.newton (f, x0)
```

여기서 f는 $f(x)$의 사용자 정의 함수이며, x0는 $f(x)$의 해의 초기 추측값이고, xsoln은 $f(x)$를 0으로 만드는 x의 계산된 값이다.

예제 6.8 RK 방정식의 $\hat{V}$를 계산하기 위한 Python의 활용

문제 예제 6.6에 나온 에틸렌의 물리적 특성 데이터를 사용해서, RK 방정식을 이용해 300 K와 30 atm에서의 C_2H_4의 특정 부피를 구하라. RK 방정식으로는 $\hat{V}$에 대해 명시적으로 풀 수 없기 때문에, 이 문제를 해결하기 위해 함수 fzero를 사용한다.

풀이 예제 6.6에서 a와 b의 값은

$$a = 0.42748\frac{R^2T_c^{2.5}}{p_c} = 76.75\frac{(L)^2(atm)(K)^{0.5}}{(g\,mol)^2} \qquad b = 0.08664\frac{RT_c}{p_c} = 0.03986\frac{L}{g\,mol}$$

이는 에틸렌의 임계 성질이 일정하게 유지되기 때문이다. RK 방정식을 단일 비선형 방정식으로 변환하면

$$\text{RK 식: } p = \frac{RT}{(\hat{V}-b)} - \frac{a}{T^{1/2}\hat{V}(\hat{V}+b)}$$

$$\Rightarrow \text{비선형 방정식: } f(x) = p - \frac{RT}{(x-b)} + \frac{a}{T^{1/2}x(x+b)}$$

가 된다. 여기서 x는 미지의 몰부피, $\hat{V}$이다. 다음은 Python 코드로 fzero 함수를 사용해서 이 비선형 방정식을 푸는 방법이다.

예제 6.8의 Python 풀이

```
Ex6_8 Soln RK method.py
############################################################################
#                                   NOMENCLATURE
#  a - parameter in RK equation
#  b - parameter in RK equation
#  f - the UD function (f(x))
#  fx - the value of the function f(x)
#  p - pressure (30 atm)
#  R - gas constant (0.08206)
#  T - temperature (300 K)
#  x0 - the initial guess for the root of function f(x) using ideal gas law.
#  xsol - the root of f(x) determined by function scipy.optimize.newton
############################################################################
#                                   PROGRAM
import numpy as np
import scipy.optimize
#  Define the UD function for the function value
def f(x):
    fx=p-R*T/(x-b)+a/(T**0.5*x*(x+b))
    return fx
a, b, p, R, T = 76.75, 0.03986, 30, 0.08206, 300     # Input data
x0=R*T/p                                                                   #
Initial guess based on ideal gas law
#  Apply function scipy.optimize.newton to determine a root of the
nonlinear equation
xsol=scipy.optimize.newton(f, x0)
#                                   PROGRAM END
############################################################################
```

```
IPython 콘솔:
In[1]: runfile(…
In[2]: %precision 4
```

```
In[3]: xsol
Out[3]: 0.6629
```

결과 설명 특정 부피에 대한 수치 해답의 초기 추측값을 만들기 위해 이상기체법칙이 사용된다는 것에 주목하라. RK 방법이 $\hat{V}$에 대해 세제곱이므로, 그 해는 최대 3개의 다른 해를 가질 수 있다. 따라서 $\hat{V}$에 대해 잘못된 초기 추측값을 사용하면, 방정식의 계산된 해가 문제에서 구하고자 하는 증기의 해가 아닐 수 있다(예를 들어 액체에 해당하는 해). 또한 이 문제는 예제 6.6에서 압력이 양함수로 계산된 경우와 거의 정확히 같다는 것도 주목해야 한다. 따라서 이 문제의 해(0.6629 L/g mol)는 예제 6.6에서 사용된 특정 부피(0.647 L/g mol)와 상대적으로 비슷해야 하며, 실제로 그렇기 때문에 수치 해답이 타당함을 확인할 수 있다.

6.2.3 임계상태와 압축률

그림 6.4와 연계해서 임계압력 p_c와 임계온도 T_c를 언급했다. 기체-액체 전이에 대한 **임계상태(점)**는 액체와 증기의 밀도 및 기타 물성이 같아지는 물리적인 조건의 집합이다. 그림 6.6에서 기체(증기)가 응축하기 시작하는 일정 온도선 위의 점은 파선(- - -)으로 연결되어 있다. 그림 반대편에는 응축이 완성되는, 즉 증기가 모두 액체로 되는 각 온도점의 궤적이 점-파(—·—) 곡선으로 나타나 있다. 이 두 경계 사이에 증기와 액체의 혼합물이 존재한다.

두 경계의 교차점이 **임계점**으로 표현되며 기체와 액체가 공존할 수 있는 가능한 최고 온도와 압력(T_r = 1, p_r =1)에서 일어난다.

초임계 유체는 화합물이 그 임계점 위의 상태에 있는 것이다. 초임계 유체는 트리클로로에틸렌과 염화메틸렌같이 그 배출과 접촉이 엄격하게 제한되는 용매의 대체재로 사용된다. 예를 들어 커피 카페인 제거, CO_2로 달걀노른자에서 콜레스테롤 제거, 바닐라 추출물 생산, 원하지 않는 유기화합물의 해체 모두가 초임계 물을 사용해서 일어날 수 있다. 초임계 물(H_2O)이 이러한 유기화합물 속 모든 중요 형태 독소의 99.99999%를 파괴시기는 것을 보여주었다.

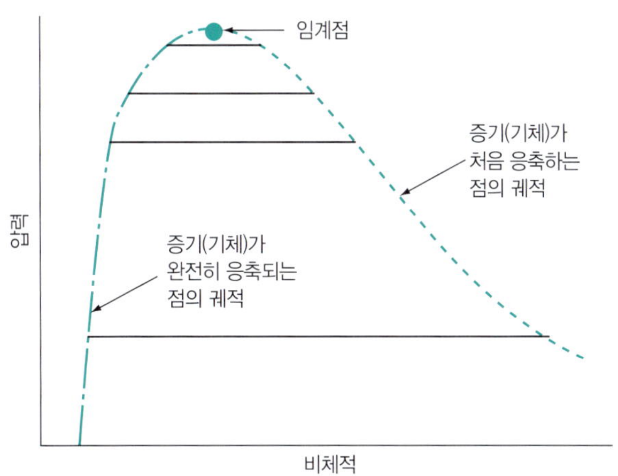

그림 6.6 ▸ 임계점은 선(실선)의 길이가 0이 되는 곳에 위치한다. 실선은 여러 온도에서 응축이 시작하는 점을 그 온도의 응축이 완성되는 대응점과 연결한다.

반드시 익숙해져야 할 다른 용어는 **환산변수**이다. 이것은 다음과 같이 각각의 임계상태로 **상태화(常態化)**된(나누어진) 온도, 압력, 비체적의 상태이다.

$$\text{환산온도:} \qquad T_r = \frac{T}{T_c}$$

$$\text{환산압력:} \qquad p_r = \frac{p}{p_c}$$

$$\text{환산 비체적:} \qquad \widetilde{V}_r = \frac{\hat{V}}{\hat{V}_c}$$

이론에서는 **대응상태법칙**이 어떤 화합물도 같은 환산온도와 환산압력에서는 반드시 같은 환산부피를 가져야 하므로 일반적인 기체법칙이 다음과 같아질 수도 있다.

$$P_r\widetilde{V}_r = kT_r \tag{6.7}$$

안타깝게도 식 (6.7)은 일반적으로 정확한 예측을 하지 못한다. 이 결론은 물과 같은 화합물을 선택하고, 어떤 저온, 고압에서 식 (6.7)을 적용해서 $\hat{V}$을 계산한 후 그 결과를 이 책에 포함된 수증기표에서 얻은 그 조건에 해당하는 $\hat{V}$의 값과 비교함으로써 검증할 수 있다.

그럼에도 불구하고 환산변수의 개념은 실제기체의 성질 예측에 적용되어 왔다. 통상적인 한 가지 방법은 실제기체의 비이상성을 보충하며, 비이상성의 척도로 간주될 수 있는 조절이 가능한 계수, 즉 **압축인자** z를 삽입함으로써 이상기체법칙을 수정하는 것이다. 따라서 이상기체법칙은 **일반화된 상태방정식**이라는 실제기체법칙으로 바뀐다.

$$pV = zn\text{R}T \tag{6.8}$$

또는

$$p\hat{V} = z\text{R}T \tag{6.8a}$$

z를 살펴보는 한 가지 방법은 그것을 식 (6.8)의 등호를 만드는 인자로 고려하는 것이다. $z = 1$은 이상기체에 대한 것이다. 이 장에서는 기체만 다루지만 식 (6.8)은 액체에 적용되어 왔다.

만약 식 (6.8)을 사용할 계획이라면, z의 값을 어디에서 찾을 수 있는가? 예를 들어 석유 정제에서 쓰이는 화합물과 같이 특정한 화합물과 종류에 대한 식은 문헌에 있다. 분자 구조에 기반한 이론적 계산이 때때로 유용하게 쓰이기도 한다. 보통 z의 그래프나 표를 찾는 것이 공학용으로 편리한 공급원이 될 것이다. 실험에서 파생된 압축인자가 주어진 온도에 대해 다른 기체들의 압력에 대해 그려진다면, 그림 6.7a와 같은 그림을 얻을 것이다. 그러나 만약 압축인자를 환산온도의 함수로서 환산압력에 대해 그린다면 비슷한 기체의 경우에는 같은 환산온도와 환산압력에서 압축인자 값이 그림 6.7b에 나타낸 바와 같이 거의 같은 점에 떨어질 것이다.

편심인자 ω는 분자의 비구심성 또는 비구형성의 정도를 나타낸다. 헬륨과 아르곤의 경우 ω는 0과 같다. 분자량이 높은 탄화수소 및 극성이 증가한 분자의 경우 ω 값이 증가한다. 몇 가지 선택된 물질들의 비구심 계수 값이 표 6.3에 정리되어 있다.

p, $\hat{V}$, T의 성질을 예측하는 다른 방법은 순수 화합물의 성질 추산에 성공적이었던 **작용기 기여도법**(group contribution method)이다. 이 방법은 화합물 각 작용기의 기여도를 조합하는 것

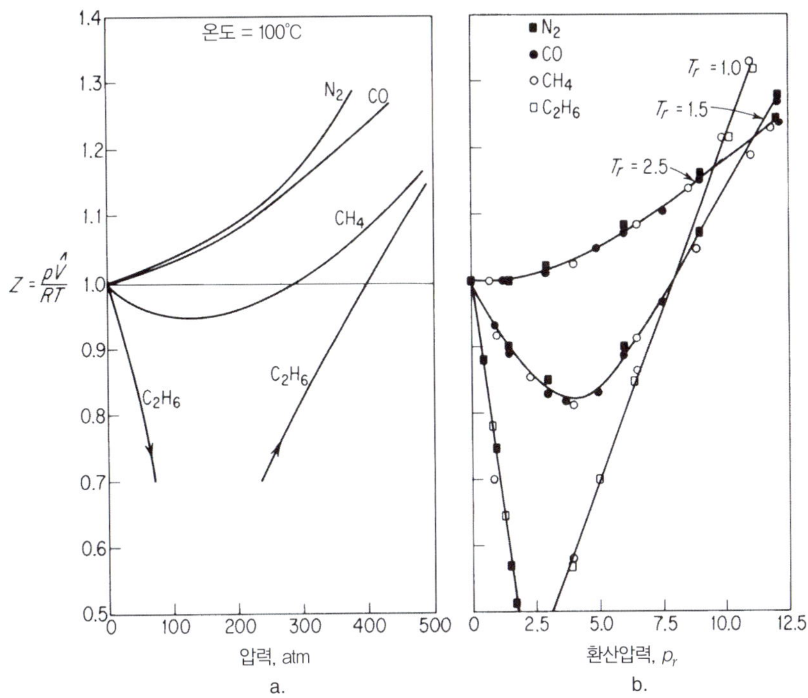

그림 6.7 ▸ (a) 압력의 함수로서 몇몇 기체들에 대한 100°C에서의 압축인자, (b) 환산온도와 환산압력의 함수로서 몇몇 기체에 대한 압축인자

표 6.3 ▸ Pitzer* 편심인자의 선택된 값

화합물	편심인자	화합물	편심인자
화합물	0.309	황화수소	0.100
벤젠	0.212	메탄	0.008
암모니아	0.250	메탄올	0.559
아르곤	0.000	n-부탄	0.193
이산화탄소	0.225	n-펜탄	0.251
일산화탄소	0.049	산화질소	0.607
염소	0.073	질소	0.040
에탄	0.098	산소	0.021
에탄올	0.635	프로판	0.152
에틸렌	0.089	프로필렌	0.148
프레온-12	0.176	이산화황	0.251
수소	−0.220	수증기	0.344

* K. S. Pitzer, *J. Am. Chem. Soc.*, **77**, 3427 (1955).

을 기반으로 하고 있다. 핵심적인 가정은 $-CH_3$나 $-OH$ 같은 작용기가 그것이 나타나는 분자와 관계없이 똑같이 행동한다는 것이다. 이 가정이 정말 맞는 것은 아니므로 어떤 작용기 기여도법도 기체 물성에 대한 근삿값을 제공한다. 가장 광범위하게 사용되는 작용기 기여도법은 아마도 **UNIFAC**[2]일 텐데, 이는 많은 컴퓨터 데이터베이스의 일부를 형성한다. **UNIQUAC**은 UNIFAC의 변종이며 화학산업에서 비이상계(분자 사이에 강한 상호작용이 있는 계)의 모델링에 사용된다.

자습문제

확인문제

1. van der Waals와 Redlich-Kwong (상태)방정식이 p에 대해서는 풀기 쉬운데 $\hat{V}$에 대해서는 풀기 어려운 이유를 설명하라.

2. 어떤 조건하에서 상태방정식이 가장 정확한가?

3. Redlich-Kwong 식에 대한 a와 b의 단위는 SI 단위계로 무엇인가?

해답

1. 이 상태방정식들을 사용하면 p나 T를 명확하게 풀 수 있지만, $\hat{V}$는 세제곱 방정식의 형태가 된다.

2. 저압과 고온에서 가장 정확한 값을 가진다.

3. b는 $m^3/g\ mol$ 단위로, a는 $(K)0.5(m)^6(kPa)/g\ mol^2$ 단위로 표현된다.

적용문제

1. (표 6.2의) Kammerlingh-Onnes와 Holborn의 비리알 (멱급수) 식을 z에 대한 표현을 제공하는 형태로 전환하라.

2. 압력 100 kPa, 부피 0.0515 m^3일 때, $a = 1.35 \times 10^{-6}\ m^6\ (atm)(g\ mol^{-2})$, $b = 0.0322 \times 10^{-3}\ (m^3)(g\ mol^{-1})$인 van der Waals 식을 사용해서 어떤 기체 2 g mol의 온도를 계산하라.

3. 다음 두 상태방정식을 사용해서 300 K, 4.86 m^3 부피인 용기 속의 에탄 10 kg mol의 압력을 계산하라.

a. 이상기체

b. Soave-Redlich-Kwong

구한 답을 실험으로 관찰된 값 34.0 atm과 비교하라.

해답

1. $z=\left(1+\frac{B}{\hat{V}}+\frac{C}{\hat{V}^2}+\ldots\right),\quad z=(1+B'p+C'p^2+\ldots)$

2. $T=\left(p+\frac{a}{\hat{V}^2}\right)(\hat{V}-b))/R=\left(100/101.3+a/0.02575^2\right)$

$(0.02575-b/0.02575)/8.206\ 10^{-5}=295\,K$

3. (a) 50.7 atm, (b) 34.0 atm

2) A. Fredenslund, J. Gmehling, and P. Rasmussen, *Vapor-Liquid Equilibria Using* UNIFAC, Elsevier, Amsterdam (1977); D. Tiegs, J. Gmehling, P. Rasmussen, and A. A. Fredenslund, *Ind. Eng. Chem. Res.*, 26, 159 (1987).

6.3 실제기체: 압축인자 도표

일반화된 방정식 $p\hat{V} = zRT$를 이용한 변수 p, T, $\hat{V}$, z 중 어떤 것의 계산은 **일반화된 압축인자 도표** 또는 z 인자 도표라고 하는 그래프 사용이 도움이 될 수 있다.

그림 6.8은 4개의 매개변수를 보여준다. 그중 어떤 두 값도 다른 두 값을 구할 수 있는 한 점을 고정할 것이다. 예를 들어 만약 p_r과 T_r이 알려지면(점 1) $\widetilde{V}_{ri}$ 값은 가장 가까운 두 $\widetilde{V}_{ri}$ 곡선 사이에서 내삽으로 구할 수 있으며, z는 점 1에서 z축까지 수평선을 그림으로써 구할 수 있다.

그림 6.9a와 그림 6.9b는 Nelson과 Obert에 의해 작성된 2개의 **일반화된 압축인자** 도표의 예를 보여준다.[3] 이 도표는 기체 30개에 대한 자료에 기초하고 있다. 그림 6.9a는 (H_2, He, NH_3, H_2O를 제외한) 26개 기체에 대해 최대편차 1%로, H_2와 H_2O는 1.5% 편차 이내로 z를 나타낸다. 그림 6.9b는 9개 기체에 대한 것이며 오차는 5%까지 될 수 있다. 그림 6.9b의 수직축이 z가 아니라 zT_r임을 유념하라. 이 도표를 H_2와 He(이 두 기체만)에 대해 사용하기 위해서는 실제 상수를 수정해서 다음과 같은 **유사임계** 상수를 얻는다.

$$T_c' = T_c + 8\text{ K}$$
$$p_c' = p_c + 8\text{ atm}$$

그렇게 하면 실젯값 대신 유사임계 상수를 사용해서 두 기체에 대한 그림 6.9a와 6.9b를 사용할 수 있다.

환산 비체적 대신 도표에 보인 제3의 매개변수는 다음과 같이 정의되는 무차원 **이상 환산부피**이다.

$$\widetilde{V}_{ri} = \frac{\hat{V}}{\widetilde{V}_{ci}} \text{ (무차원 양)}$$

여기서 $\widetilde{V}_{ci}$는 **이상 임계 비체적**(더 못한 예상치를 제공하는 임계 비체적의 실험값이 아닌)이며 다음 식으로 계산된다.

$$\widetilde{V}_{ci} = \frac{RT_c}{p_c} \tag{6.9}$$

p_c와 T_c가 알려진 것으로 가정되거나 화합물에 대해 추산될 수 있으므로 $\widetilde{V}_{ri}$와 $\widetilde{V}_{ci}$ 모두 계산하

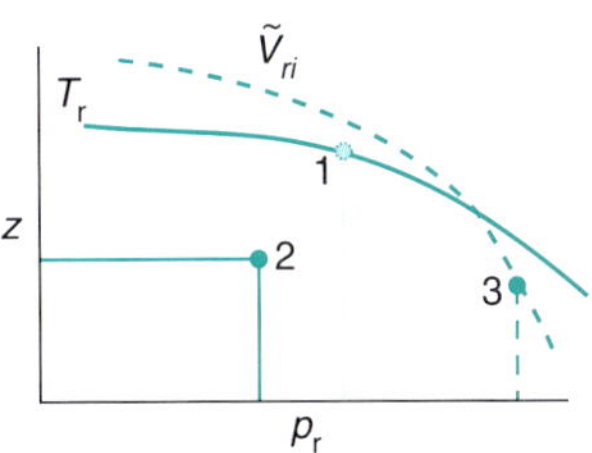

그림 6.8 ▸ 4개의 매개변수 z, pr, Tr, $\widetilde{V}ri$를 포함하는 압축인자 도표

3) L. C. Nelson and E. F. Obert, *Chem. Eng.*, 61, No. 7, 203-8 (1954). 그림 6.8a와 6.8b는 P. E. Liley가 *Chem. Eng.*, 123(July 20, 1987)에 보고한 자료를 포함하고 있다.

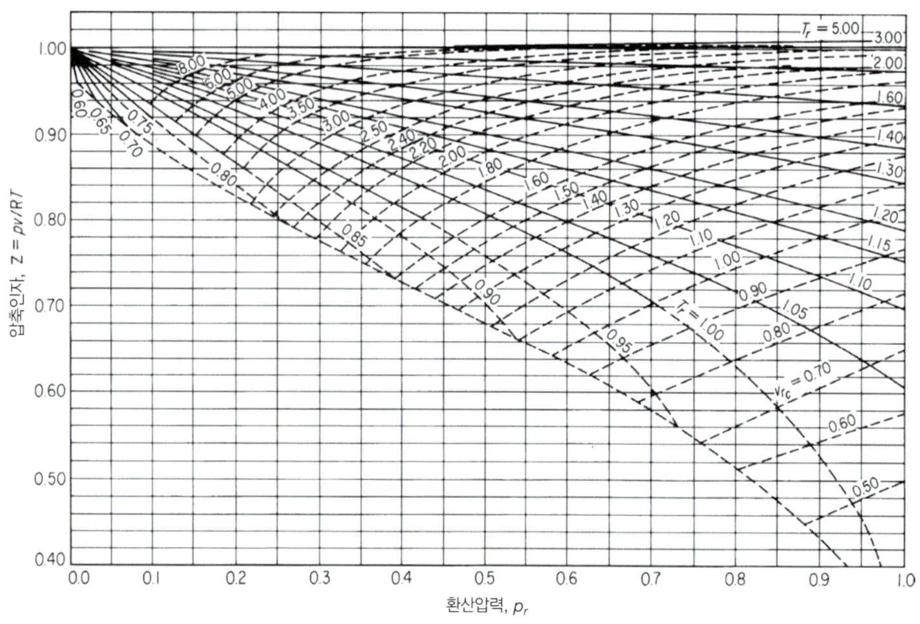

그림 6.9a ▸ pr, Tr, $\hat{V}_{ri}$의 함수인 z를 보여주는 저압에서의 일반화된 압축인자 도표

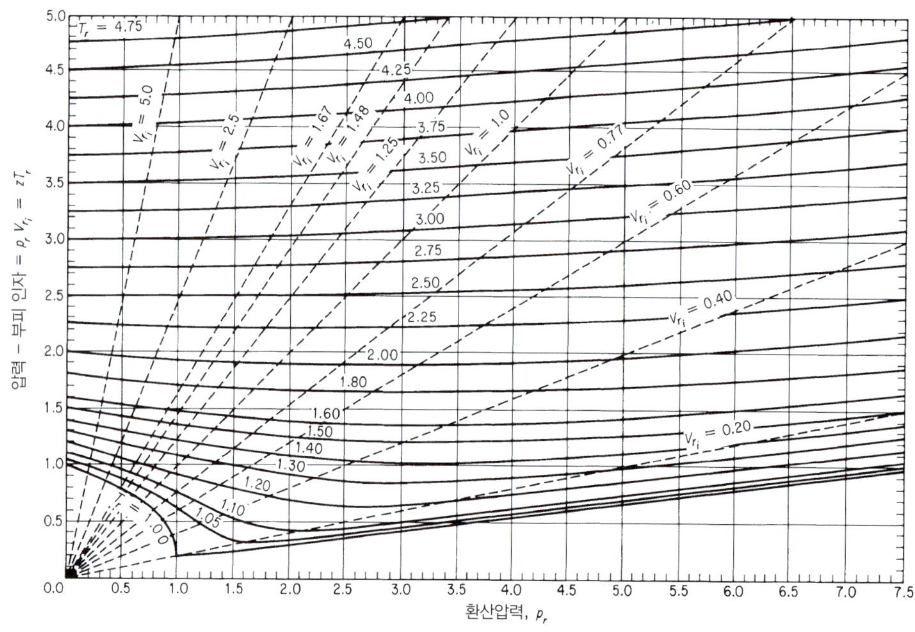

그림 6.9b ▸ 큰 값의 p_r에 대한 일반화된 압축인자 도표

기 쉽다. 일반화된 압축인자 도표의 개발은 공학계산을 상당히 쉽게 할 수 있도록 해주며 실험 자료를 구할 수 없는 기체에 대한 열역학 함수의 개발을 허용하기 때문에 교육적 가치가 있고 매우 실용적이다.

자주 묻는 질문

1. 그림 6.9a에서 T_r과 $\hat{V}_{ri}$에 대한 곡선 밑의 빈 영역에는 무엇이 있는가? 빈 영역은 다른 상, 즉 액체에 해당한다.
2. $p\hat{V} = zRT$가 액상에서도 유효한가? 그렇다. 그러나 z를 정확하게 계산하기 위한 관계식이 기상에 대한 그것보다 더 복잡하다. 또한 액체는 매우 비압축성이므로 지금은 액체에 대한 p-$\hat{V}$-T 관계식을 우회할 수 있다.
3. 필요한 자료를 핸드북이나 웹에서 찾아낼 수 있을 때도 왜 반드시 $p\hat{V} = zRT$를 사용해야만 하는가? 상당히 많은 자료가 존재하더라도 자료의 정확성을 평가하고 자료점 안에서 내삽하기 위해 $p\hat{V} = zRT$를 사용할 수 있다. 만약 원하는 영역의 자료를 가지고 있지 않다면 $p\hat{V} = zRT$의 사용이 외삽의 가장 좋은 방법이다. 마지막으로 관심 있는 기체에 대한 어떤 자료도 가지고 있지 않을 수도 있다.

예제 6.9 압축인자를 사용한 비체적 계산

문제 액체 암모니아 비료의 살포에서 사용된 NH_3의 양에 대한 비용은 포함된 시간 더하기 흙으로 살포된 NH_3의 파운드 수에 기초한다. 액체 암모니아를 뿌린 후에도 여전히 약간의 암모니아가 공급 탱크(부피 = 120 ft^3)에 남아 있으나 기체의 형태이다. 무게 차이로 얻어진 검수가 292 psig의 탱크 속에 남아 있는 125 lb의 NH_3 알짜 무게를 나타낸다고 가정하라. 탱크가 햇빛에 노출되어 있기 때문에 그 내부온도는 125°F이다.

상관이 자신의 계산에 의하면 NH_3 기체의 비체적이 1.20 ft^3/lb이므로 탱크 내에는 단 100 lb의 NH_3만 있다고 불평한다. 그가 옳을 수도 있는가? 그림 E6.9를 보라.

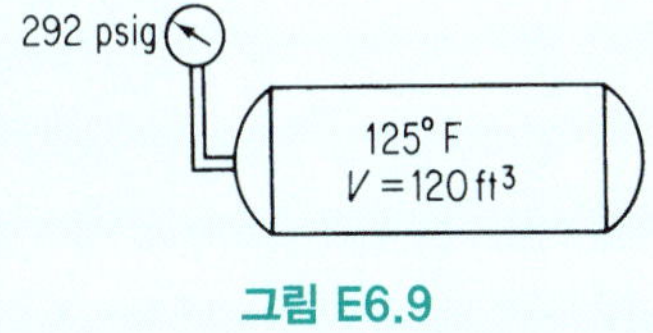

그림 E6.9

풀이 탱크 속 암모니아의 비체적을 얻기 위한 가장 간단한 계산은 계산 기준으로 1 lb 또는 1 lb mol을 선택하는 것이다.

계산 기준: NH_3 1 lb

듣자 하니 상관은 NH_3의 1.20 ft^3/lb 수치 획득에 이상기체법칙(z = 1)을 사용했다.

$$R = 10.73\frac{(\text{psia})(\text{ft}^3)}{(\text{lb mol})(°\text{R})} \qquad p = 292 + 14.7 = 306.7 \text{ psia}$$

$$T = 125°\text{F} + 460 = 585°\text{R} \qquad n = \frac{1 \text{ lb}}{17 \text{ lb/lb mol}}$$

$$\hat{V} = \frac{nRT}{p} = \frac{\frac{1}{17}(10.73)(585)}{306.7} = 1.20 \text{ ft}^3/\text{lb}$$

무엇을 해야만 하는가? 관찰된 온도와 압력 조건하에서는 아마도 암모니아가 이상기체처럼 행동하지 않을 것이다. 만약 맞는 압축인자를 실제기체법칙에 포함한다면 n을 계산하고 탱크 속 실제

NH_3의 양을 구하기 위해 $pV = znRT$를 응용할 수 있다. z를 계산하자. z는 p_r과 T_r의 함수이다. 부록 E에서 필요한 매개변수의 모든 값을 찾아낼 수 있다.

$$T_c = 405.5 \text{ K} \Rightarrow 729.9°\text{R} \qquad p_c = 111.3 \text{ atm} \Rightarrow 1636 \text{ psia}$$

그러면

$$T_r = \frac{T}{T_c} = \frac{585°\text{R}}{729.9°\text{R}} = 0.801 \qquad p_r = \frac{p}{p_c} = \frac{306.7 \text{ psia}}{1636 \text{ psia}} = 0.187$$

따라서 Nelson과 Obert(N&O) 도표, 그림 6.9a로부터 $z \cong 0.855$로 찾을 수 있다. 이 값은 암모니아가 그 그림의 제작에 포함된 기체 중 하나가 아니었기 때문에 다소의 오차 내에 있을 수 있다. 비체적을 직접 계산하기보다는 $pV_{real} = z_{real}nRT$에 대한 $pV_{ideal} = z_{ideal}nRT$의 비율로부터 계산하자. 알짜 결과는 다음과 같다.

$$\frac{\hat{V}_{real}}{\hat{V}_{ideal}} = \frac{z_{real}}{z_{ideal}}$$

1 lb NH_3의 계산 기준에서

$$\hat{V}_{real} = \frac{1.20 \text{ ft}^3 \text{ ideal}}{\text{lb}} \left| \frac{0.855}{1} \right. = 1.03 \text{ ft}^3/\text{lb NH}_3$$

탱크 내 120 ft^{3}의 계산 기준에서

$$\frac{1 \text{ lb NH}_3}{1.03 \text{ ft}^3} \left| \frac{120 \text{ ft}^3}{} \right. = 117 \text{ lb NH}_3$$

117 lb가 100 lb보다 확실히 더 실제적인 수치이지만 탱크 속 나머지 NH_3의 무게가 차이에 의해 결정된다는 것을 고려하면 여전히 오차 내에 있을 수 있다.

계산수행의 대안으로 탱크 속의 조건에 있는 NH_3의 비체적을 핸드북에서 찾아낼 수도 있다. 그렇게 한다면 맞는 값인 123 lb의 NH_3와 동일한 $\hat{V} = 0.973$ ft^3/lb를 찾을 수 있을 것이다. 상관에게 맞는 압축인자를 사용하라고 할 것인가? 아니면 핸드북의 $\hat{V}$ 값을 사용했다고 할 것인가?

예제 6.10 압축인자를 사용한 압력 계산

문제 액체 산소는 철강 산업, 화학 산업, 병원, 로켓 연료 산화제 및 폐수처리용으로도 사용된다. 병원에 매각되는 탱크는 −25°C에서 증발할 3.500 kg의 액체 산소 부피 0.0284 m^{3}를 담고 있다. 탱크 속의 모든 O_2가 증발한 후의 탱크 내압이 10^4 kPa로 규정된 탱크에 대한 안전한계를 초과하겠는가?

풀이

계산 기준: O_2 3.500 kg

부록 E에서 산소에 대한 다음 자료를 찾을 수 있다.

$$T_c = 154.4 \text{ K} \qquad p_c = 49.7 \text{ atm} \Rightarrow 5035 \text{ kPa}$$

그러나 계산을 시작할 탱크의 내압을 알지 못하므로 앞 예제와 똑같은 방법으로는 풀이를 진행할 수 없다. 그렇지만 Nelson과 Obert 도표에서 매개변수로 이용할 수 있는 유사 매개변수 $\widetilde{V}_{ri}$를 압축인자 도표상의 한 점을 고정하기 위한 제 2의 매개변수로 사용할 수 있다.

먼저 다음을 계산하라.

$$\hat{V}(\text{비 몰 부피}) = \frac{0.0284\ \text{m}^3}{3.500\ \text{kg}}\left|\frac{32\ \text{kg}}{1\ \text{kg mol}}\right. = 0.260\ \text{m}^3/\text{kg mol}$$

$\hat{V}_{ci}$가 mol당 부피이므로 $\widetilde{V}_{ri}$ 계산에는 반드시 비(比) 몰 부피가 사용되어야 함을 유념하라.

$$\widetilde{V}_{ci} = \frac{RT_c}{p_c} = \frac{8.313(\text{m}^3)(\text{kPa})}{(\text{kg mol})(\text{K})}\left|\frac{154.4\ \text{K}}{5{,}035\ \text{kPa}}\right. = 0.255\frac{\text{m}^3}{\text{kg mol}}$$

그러면

$$\widetilde{V}_{ri} = \frac{\hat{V}}{\widetilde{V}_{ci}} = \frac{0.260}{0.255} = 1.02$$

이제 2개의 매개변수 $\widetilde{V}_{ri}$와 T_r의 값을 안다.

$$T_r = \frac{248\ \text{K}}{154.4\ \text{K}} = 1.61$$

Nelson과 Obert의 도표(그림 6.9b)에서 p_r을 읽을 수 있다.

$$p_r = 1.43$$

그러면

$$p = p_r p_c$$

$$= 1.43(5035) = 7200\ \text{kPa}$$

10^4 kPa의 압력은 초과되지 않을 것이다. 비록 실온에서도 압력은 10^4 kPa보다 작을 것이다.

이 장에서 논의된 두 기지 방법에 의한 z의 추산치 사이의 차이를 일목요연하게 파악하도록 표 6.4는 에틸렌에 대한 z의 실험값을 두 가지 방법, 즉 N&O 도표, 이상기체법칙에 의한 예측값과 비교하고 있다.

표 6.4 ▸ 두 가지 다른 방법을 통해 구한 에틸렌*의 압축인자 z의 값과 그와 연관된 실험값의 비교

구분	350 K, 500 kPa		300 K, 3000 kPA		274 K, 3600 kPa	
	z	% 편차	z	% 편차	z	% 편차
실험값	0.983	–	0.812	–	0.563	–
이상기체	1	1.8	1	23.1	1	78
N&O 도표	0.982	0.0	0.815	0.0	0.57	1

* T_c = 282.8 K, p_c = 50.5 atm

자습문제

확인문제

1. 유사임계 부피는 무엇인가? $\hat{V}_{ci}$ 사용의 장점은 무엇인가?

2. 다음 설명이 참인지 거짓인지 밝혀라.
   a. 같은 환산온도와 환산압력 및 같은 환산부피를 가진 두 액체는 대응상태에 있다고 표현한다.
   b. 어떤 특정 T_r과 p_r에서 모든 기체는 같은 z를 가진 것으로 기대된다. 따라서 T_r과 p_r의 항으로 표시된 z의 관계식은 모든 기체에 적용될 것이다.
   c. 대응상태의 법칙은 임계상태(T_c, p_c)에서 모든 물질이 똑같이 거동해야 한다고 말한다.
   d. 물질의 임계상태는 액체와 증기의 밀도와 다른 물성이 같아지는 물리적 조건의 조합이다.
   e. 대응상태의 법칙에 의해 어떤 물질도 (이론상) 같은 환산 T_r과 p_r에서는 반드시 같은 환산부피를 가져야 한다.
   f. 식 $pV = znRT$가 이상기체에 대해서는 사용될 수 없다.
   g. 정의에 의해 유체의 온도와 압력이 임계점을 초과할 때 초임계 유체가 된다.
   h. 초임계 조건하에서는 상 경계가 존재하지 않는다.
   i. 정상 조건하 일부 기체와 고온 조건하 대부분 기체의 경우, 이상기체법칙을 사용해서 얻어지는 기체의 물성값은 실험 증거에 따라 광범위하게 분산될 것이다.

3. 압축인자에 대한 다음 식의 의미를 설명하라.

$$z = f(T_r, p_r)$$

4. $p_r = 0$에서 z의 값은 얼마인가?

해답

1. $\hat{V}_{ci} = RTc/p_c$. 이 식은 압축성 차트에서 p나 T 값이 알려지지 않았을 때 매개변수로 사용될 수 있다.
2. f를 제외한 모든 것이 참이다.
3. z는 환산온도 T_r과 환산압력 p_r의 함수이다.
4. $z = 1.00$

적용문제

1. 압축인자 z를 계산하고, 다음 기체가 나열된 온도와 압력에서 이상기체로 취급될 수 있는지 판단하라.
   a. 1000°C와 2000 kPa에서의 물
   b. 35°C와 1500 kPa에서의 산소
   c. 10°C와 1000 kPa에서의 메탄

2. 이산화탄소 소화기가 40 L의 부피를 가지고 있으며 20°C의 저장온도에서 20 atm의 압력까지 채워질 예정이다. 소화기 내 CO_2의 질량을 kg 단위로 계산하라.

3. 25°C에서 6.25×10^{-3} m^3 소화기에 담긴 4.00 g mol CO_2의 압력을 계산하라.

해답

1. (a) 그렇다, (b) 그렇다, (c) 아니다($z = 0.98$).

2. $T_r = 0.964$, $p_r = 0.275$, 도표에서 $z = 0.88$, $n = PV/(zRT) = (20)(40)/(0.88(293.15)(0.08206))$ $= 37.8$ g mol $= 1.66$ kg

3. $\hat{V}_{ci} = 0.3428$ L/g mol, $V_r = 4.92$, $T_r = 0.98$, 도표에서 $z = 0.92$, $p = znRT/V = (0.92)(0.08206)$ $(298.15)/1.69 = 13.3$ atm

6.4 실제기체 혼합물

지금까지는 실제기체의 순수한 성분에 대해 p-V-T 성질 예측을 논의해왔다. 실제기체의 혼합물은 어떻게 다루어야 하는가? 이성분 혼합물의 실제 임계점은 CO_2와 SO_2 조합에 대한 그림 6.10에서 보는 것처럼 두 성분 물성의 선형적 조합이 아니다. 셋 또는 그 이상의 성분에 대해서는 너무 많은 차원이 관여되어 있어서 그림으로 그릴 수 없다.

공학적 목적으로 z와 $\widetilde{V}_{ri}$에 대해 합리적인 예측을 하는 한 가지 방법은 Kay의 방법[4]과 압축인자 도표를 사용하는 것이다. **Kay의 방법**에서는 혼합물 중의 각 성분이 기체 중 그 성분의 몰분율과 같은 비율로 **유사임곗값**에 기여한다는 가정하에 기체 혼합물의 유사임곗값이 계산된다. 따라서 유사임곗값은 다음과 같이 몰 평균으로 계산된다.

$$p'_c = p_{c_A}y_A + p_{c_B}y_B + \cdots \tag{6.10}$$

$$T'_c = T_{c_A}y_A + T_{c_B}y_B + \cdots \tag{6.11}$$

여기서 y_i는 몰분율, p'_c는 유사임계 압력, T'_c는 유사임계 온도이다. 이것들이 선형적으로 가중된

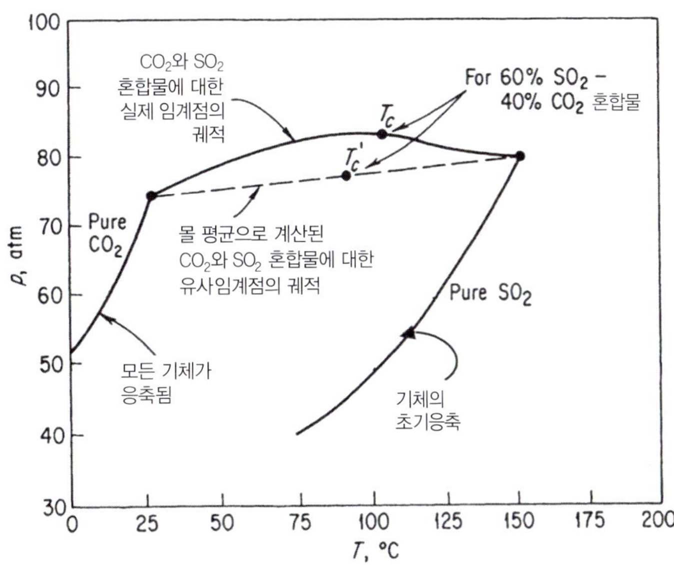

그림 6.10 ▸ CO_2와 SO_2의 혼합물에 대한 임계점 및 유사임계점

4) W. B. Kay, "Density of Hydrocarbon Gases and Vapors at High Temperature and Pressure", *Ind. Eng. Chem.*, 28, 1014-19 (1936).

몰 평균 유사임계 물성이라는 것을 알 수 있을 것이다. CO_2와 SO_2의 기체상태 혼합물의 참 임곗값을 각각의 유사임곗값과 비교하는 그림 6.10을 보라. 각각의 **유사환산변수**는 다음과 같다.

$$p'_r = \frac{p}{p'_c} \qquad T'_r = \frac{T}{T'_c}$$

Kay의 방법은 z의 계산에 단지 각 성분에 대한 p_c와 T_c만 포함되기 때문에 2-매개변수 법칙으로 알려져 있다. 만약 압축인자의 결정에 z_c나 Pitzer 편심인자, 즉 $\widetilde{V}_{ci}$와 같은 제3의 매개변수가 포함된다면 3-매개변수 법칙을 가질 것이다. 추가되는 매개변수를 가진 다른 유사임계 방법은 p-V-T 물성 예측에서 Kay의 방법보다 더 나은 정확도를 제공하지만 Kay의 방법이 우리 작업에 충분하며 사용하기도 쉽다.

기체 혼합물의 온도나 압력이 알려지지 않았을 때는 일반화된 압축인자 도표를 사용하는 시행착오 풀이를 피하기 위해 **유사임계 이상부피**와 **유사환산 이상부피** $\widetilde{V}_{ri}$, 즉 다음을 계산할 수 있다.

$$\widetilde{V}'_{ci} = \frac{RT'_c}{p'_c} \qquad \widetilde{V}'_{ri} = \frac{\hat{V}}{\widetilde{V}_{ci}}$$

$\widetilde{V}_{ri}$는 p'_r이나 T'_r 대신 압축인자 도표에 사용될 수 있다.

상태방정식이 순수 성분에 대해 사용된 것처럼 상태방정식을 위한 혼합법칙 같은 가중된 값이 같은 상태방정식을 써서 그 계수나 각 순수한 성분의 예측값을 가중하기 위한 법칙의 제안에 대해 설명하는 수많은 문헌이 존재한다. 이 장 끝의 참고문헌을 참조하거나 인터넷에서 예를 찾아보라.

예제 6.11 실제기체 혼합물에 대한 p-V-T 물성의 계산

문제 기체 혼합물이 90 atm의 압력과 100°C에서 (mol %로) 다음과 같은 조성이다.

메탄, CH_4	20
에틸렌, C_2H_4	30
질소, N_2	50

(a) 이상기체법칙과 (b) 유사 환산 기법(Kay의 방법)에 의해 계산된 mol당 부피를 비교하라. 어떤 다른 평균화 형태를 사용할 수 있겠는가?

풀이

계산 기준: 기체 혼합물 1 g mol

추가로 필요한 자료는 다음과 같다.

성분	T_c (K)	p_c (atm)
CH_4	191	45.8
C_2H_4	283	50.5
N_2	126	33.5

사용된 단위는 R의 단위에 의해 고정된다. $R = 82.06\frac{(\text{cm}^3)(\text{atm})}{(\text{g mol})(\text{K})}$로 놓자.

a. 이상기체법칙:

$$\hat{V} = \frac{RT}{p} = \frac{(82.06)(373)}{90} = 340 \text{ cm}^3/\text{g mol} \;\; 90 \text{ atm}, 373 \text{ K}$$

b. Kay의 방법에 따라 먼저 혼합물에 대한 유사임계값을 계산한다.

$$p'_c = p_{c_A}y_A + p_{c_B}y_B + p_{c_C}y_C = (45.8)(0.2) + (50.5)(0.3) + (33.5)(0.5)$$
$$= 41.1 \text{ atm}$$
$$T'_c = T_{c_A}y_A + T_{c_B}y_B + T_{c_C}y_C = (191)(0.2) + (283)(0.3) + (126)(0.5) = 186 \text{ K}$$

다음으로 혼합물에 대한 유사환산값을 계산한다.

$$p'_r = \frac{p}{p'_c} = \frac{90}{41.2} = 2.19, \qquad T'_r = \frac{T}{T'_c} = \frac{373}{186} = 2.01$$

이 2개의 매개변수를 써서 그림 6.9b에서 $zT'_r = 1.91$, 따라서 $z = 0.95$를 찾을 수 있다. 그러면

$$\hat{V} = \frac{zRT}{p} \approx \frac{0.95(1)(82.06)(373)}{90} = 323 \text{ cm}^3/\text{g mol} \; 90 \text{ atm}, 373 \text{ K}$$

많은 가능한 평균화 방법 중의 두 가지는 몰-평균화된 계수를 가진 상태방정식을 사용하는 것 또는 각 상태방정식으로 얻은 $\hat{V}$의 몰-평균화된 예측값을 사용하는 것이다.

자습문제

확인문제

1. Kay의 방법은 기체 혼합물의 p-$\hat{V}$-T 행동을 예측하기 위해 어떻게 사용하는가?

해답

1. Kay의 방법은 혼합물의 임계 압력과 임계 온도를 추정하기 위해 임계 압력과 임계 온도의 몰 평균을 사용한다. 그 후 추정된 환산 특성을 사용해서 혼합물의 압축성 인자를 계산한다.

적용문제

1. 50°C에서 N_2가 40 mol %, C_2H_4가 60 mol % 포함된 혼합물이 30 atm의 압력에서 용기 내에 있다. 용기 내 가스의 특정 부피는 ft^3/lb mol 단위로 얼마인가? Kay의 방법으로 답을 계산하라.

해답

1. $T'_c = 220.2$ K, $p'_c = 43.7$ atm, $T_r = 1.47$, $p_r = 0.68$, 그림 6.9a에서 $z = 0.94$

$$\hat{V} = \frac{zRT}{p} = \frac{0.94}{} \left| \frac{0.7303 \text{ atm ft}^3}{\text{lb mol °R}} \right| \frac{581.67 \text{ °R}}{30 \text{ atm}} = 13.3. \text{ ft}^3/\text{lb mol}$$

요약

이상기체법칙을 복습하고 어떻게 그것을 물질수지와 함께 사용하는지 살펴보았다. 대응상태법칙을 도입하고, 환산조건을 기반으로 한 표로부터 압축인자를 계산함으로써 어떻게 이상기체법칙을 수정하는지 알아보았다. 몇몇 통상적으로 사용되는 상태방정식을 제시했으며, 비이상기체의 알려지지 않은 물성 계산에 상태방정식을 사용했다. 또한 비선형인 상태방정식을 MATLAB과 Python을 사용해서 풀이하는 방법을 소개했다.

주요 용어

기체의 밀도(density of gas): kg/m^3, lb/ft^3, g/L 또는 대등한 단위로 표현된 단위부피당 질량

대응상태(corresponding states): 어떤 기체도 같은 환산온도와 환산압력에서는 반드시 같은 환산부피를 가져야 한다.

대응상태법칙(law of corresponding states): 대응상태 참조

분압(partial pressure): 혼합물과 같은 온도에서 혼합물에 점유된 것과 같은 부피에 단일 성분 하나만 존재한다면 혼합물 중의 그 성분에 의해 가해질 압력

비리알 상태방정식(virial equation of state): 물성 중 한 가지 물성의 연속되는 항으로 전개된 상태방정식

비중(specific gravity): 한 온도, 압력상태에 있는 기체밀도의 어떤 온도, 압력상태에 있는 표준기체의 밀도에 대한 비율

수정된(corrected): 상태화(常態化)된

실제기체(real gases): 거동이 이상성의 근본인 가정을 따르지 않는 기체

압축인자(compressibility factor): 기체의 비이상성을 보충하기 위해 이상기체법칙에 도입된 인자

압축인자 도표(compressibility charts): 환산온도, 환산압력, 이상 환산부피의 함수로서의 압축인자 그래프

유사임계(pseudocritical): 압축인자 계산에 사용되는 도표 또는 식과 함께 사용되도록 보정된 온도, 압력 및/또는 비체적

이상기체법칙(ideal gas law): 저밀도(고온 및/또는 저압)의 많은 기체에 적용되는 p, V, n, T를 연관시키는 식

이상기체 상수(ideal gas constant): 부호 R로 표시되는 이상기체법칙(및 기타 식)에서의 상수

이상 임계부피(ideal critical volume): $\hat{V}_{ci} = RT_c / p_c$

이상 환산부피(ideal reduced volume): $V_{ri} = \hat{V} / \hat{V}_{ci}$

임계상태(critical state): 액체와 기체의 밀도 및 기타 물성이 같아지는 물리적인 조건의 모음

일반화된 상태방정식(generalized equation of states): 압축인자 도입으로 인해 실제기체법칙으로 변환된 이상기체법칙

일반화된 압축인자(generalized compressibility): 압축인자 도표 참조

작용기 기여도법(group contribution method): 화합물 중에서 원자로 이루어진 분자 작용기의 물성을 이용해 화합물의 물성을 추산하는 기법

초임계 유체(supercritical fluid): 임계점 위의 상태에 있는 물질

편심인자(acentric factor): 분자의 비구형도(非球形度)를 나타내는 매개변수

표준상태(standard conditions, S.C.): 기체의 경우 온도와 압력에 대해 관습상 확립된 임의로 규정된 기준상태

환산변수(reduced variables): 각각의 임계조건에 의해 수정 또는 정규화된 온도, 압력, 부피 조건

Dalton의 법칙(Dalton's law): 계의 각 성분분압의 합은 전압과 같다. (분압이) 연관된 다른 법칙은 전압 곱하기 계의 성분 몰분율은 그 성분의 분압이다.

Holborn: p로 전개된 다중 매개변수 상태방정식

Kammerlingh-Onnes: $\hat{V}^{-1}$로 전개된 다중 매개변수 상태방정식

Kay의 방법(Kay's method): 기체 혼합물의 압축인자 계산을 위한 법칙

Pitzer 편심인자(Pitzer acentric factor): 편심인자 참조

Soave-Redlich-Kwong(SRK): 매개변수가 3개인 상태방정식

UNIFAC: 물성을 추산하는 관능기 기여도법

UNIQUAC: 물성을 추산하는 UNIFAC 방법의 확장 버전

van der Waals: 매개변수가 2개인 상태방정식

참고문헌

Ben-Amotz, D., A. Gift, and R. D. Levine. "Updated Principle of Corresponding States," *J. Chem. Edu.*, **81**, No. 1 (2004).

Castillo, C. A. "An Alternative Method for the Estimation of Critical Temperatures of Mixtures," *AIChE J.*, **33**, 1025 (1987).

Chao, K. C., and R. L. Robinson. *Equations of State in Engineering and Research*, American Chemical Society, Washington, DC (1979).

Copeman, T. W., and P. M. Mathias. "Recent Mixing Rules for Equations of State," *ACS Symposium Series*, **300**, 352–69, American Chemical Society, Washington, DC (1986).

Eliezer, S., A. K. Ghatak, and H. Hora. *An Introduction to Equations of State: Theory and Applications*, Cambridge University Press, Cambridge, UK (1986).

Elliott, J. R., and T. E. Daubert. "Evaluation of an Equation of State Method for Calculating the Critical Properties of Mixtures," *Ind. Eng. Chem. Res.*, **26**, 1689 (1987).

Gibbons, R. M. "Industrial Use of Equations of State," in *Chemical Thermodynamics in Industry,"* edited by T. I. Barry, Blackwell Scientific, Oxford, UK (1985).

Lawal, A. S. "A Consistent Rule for Selecting Roots in Cubic Equations of State," *Ind. Eng. Chem. Res.*, **26**, 857–59 (1987).

Manavis, T., M. Volotopoulos, and M. Stamatoudis. "Comparison of Fifteen Generalized Equations of State to Predict Gas Enthalpy," *Chem. Eng. Commun.*, **130**, 1–9 (1994).

Masavetas, K. A. "The Mere Concept of an Ideal Gas," *Math. Comput. Modelling*, **12**, 651–57 (1989).

Mathias, P. M., and M. S. Benson. "Computational Aspects of Equations of State," *AIChE J.*, **32,** 2087 (1986).

Mathias, P. M., and H. C. Klotz. "Take a Closer Look at Thermodynamic Property Models," *Chem. Eng. Progress*, 67–75 (June, 1994).

Orbey, H., S. I. Sander, and D. S. Wong. "Accurate Equation of State Predictions at High Temperatures and Pressures Using the Existing UNIFAC Model," *Fluid Phase Equil.*, **85,** 41–54 (1993).

Reid, R. C., J. M. Prausnitz, and B. E. Poling. *The Properties of Gases and Liquids*, 4th ed., McGraw-Hill, New York (1987).

Sandler, S. I., H. Orbey, and B. I. Lee. "Equations of State," in *Modeling for Thermodynamic and Phase Equilibrium Calculations*, Chapter 2, edited by S. I. Sander, Marcel Dekker, New York (1994).

Span, R. *Multiparameter Equations of State*, Springer, New York (2000).

Sterbacek, Z., B. Biskup, and P. Tausk. *Calculation of Properties Using Corresponding State Methods*, Elsevier Scientific, New York (1979).

Yaws, C. L., D. Chen, H. C. Yang, L. Tan, and D. Nico. "Critical Properties of Chemicals," *Hydrocarbon Processing*, **68**, 61 (July, 1989).

연습문제

6.1 이상기체

***6.1.1** 15.5 mm Hg, 23°C의 증기 100 ft^3에는 몇 lb의 H_2O가 있는가?

***6.1.2** 1 L의 기체가 780 mm Hg의 압력하에 있다. 온도가 일정하게 유지될 때 표준압력에서 부피는 얼마인가?

***6.1.3** 표준압력하에서 1 m^3의 부피를 차지하는 기체가 일정 온도에서 1.200 m^3로 팽창된다. 새 압력은 얼마인가?

***6.1.4** 25°C, 1 atm의 공기에 대한 질량 비체적과 몰 비체적을 계산하라.

***6.1.5** 잠수부는 수면 밑 150 m까지 작업한다. 수온이 10°C라고 가정하라. 이러한 조건하에 이상기체의 몰 비체적은 얼마인가(m^3/kg mol 단위)?

***6.1.6** 25 L 유리용기가 질소 1.1 g mol을 담을 예정이다. 이 용기는 대기압보다 단지 20 kPa만 더 높은 압력을 견딜 수 있다(적절한 안전인자를 고려하면). 용기 내 N_2는 최고 몇 도까지 상승할 수 있는가?

****6.1.7** 대기용 산소공급원으로 사용되는 산소 실린더가 21°C의 O_2를 담고 있다. 30 L 부피의 산소 실린더에 붙어 있는 계기를 보정하기 위해 처음 온도가 21°C인 모든 O_2는 부피가 알려진(400 L) 진공 탱크로 이송된다. 평형에서 그 기체의 계기압은 5 in. H_2O로 측정되었으며 두 실린더의 온도는 25°C였다. 그림 P6.1.7을 참조하라. 기압계 눈금은 29.99 in. Hg였다.

산소 탱크 위의 압력계가 Bourdon 계기였다면 처음 그 눈금값은 psig로 얼마인가?

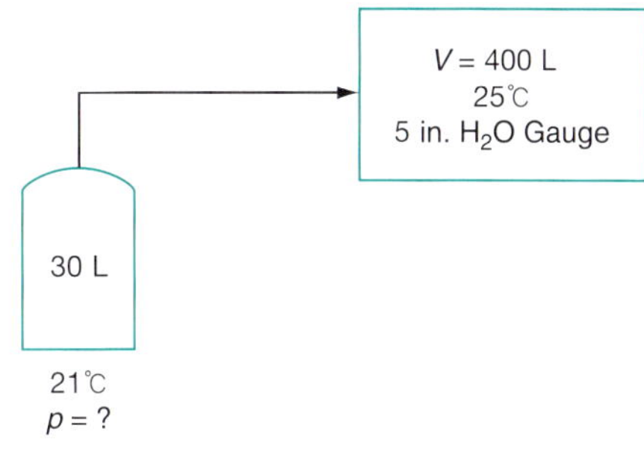

그림 P6.1.7

***6.1.8** 평균적인 사람들의 허파는 정상조건에서 약 5 L의 기체를 포함하고 있다. 만약 잠수부가 (호흡 장비가 없는) 자유 다이빙을 한다면 신체 전부를 통해 압력이 균일해질 때 허파 부피는 압축된다. 만약 압축이 1 L 이하로 진행된다면 비가역적 허파 손상이 발생할 것이다. 바닷물에서 자유 다이빙을 위한 최대 안전 깊이를 계산하라(바닷물 밀도가 민물 밀도와 같다고 가정하라).

***6.1.9** 추울 때 25°C의 자동차 바퀴는 바퀴 계기에 32 psig로 읽힌다. 고속도로를 운전한 다음에는 바퀴 속 온도가 70°C로 된다. 바퀴 속 압력이 바퀴 위에 부착된 생산자 소인의 압력한계 39 psi를 초과할 것인가?

***6.1.10** 에어컨 도관의 부하능력을 검사하기 위해 도관을 측정 중이다. 원형 도관을 통해 흐르고 있는 따뜻한 공기 밀도는 1.2 kg/m^3이다. 도관 속 공기속도를 조심스럽게 측정해서 평균속도가 4 m/s임을 밝혔다. 도관의 내경은 50 cm이다.

a. m^3/hr 단위로 공기의 부피유속은 얼마인가?

b. kg/day 단위로 공기의 질량유속은 얼마인가?

***6.1.11** 1 kg mol의 연도기체가 다음과 같은 조성이다. 이것을 이상기체로 취급하라.

$$CO_2(11.2\%),\ CO(1.2\%),\ SO_2(1.2\%),\ O_2(5.3\%),\ N_2(81.0\%),\ H_2O(0.1\%)$$

37°C, 155 kPa에서 이 기체는 몇 m^3를 점유하겠는가?

***6.1.12** 알려진 표준상태로부터 다음 단위로 된 기체법칙 상수 R의 값을 계산하라.

a. cal/(g mol)(K)

b. Btu/(lb mol)(°R)

c. (psia)(ft^3)/(lb mol)(°R)

d. J/(g mol)(K)

e. (cm^3)(atm)/(g mol)(K)

f. (ft^3)(atm)/(lb mol)(°R)

***6.1.13** 90°F, 720 mm Hg O_2의 밀도는 **(a)** lb/ft^3 단위, **(b)** g/L 단위로 얼마인가?

***6.1.14** 200 kPa, 40°C에서 프로판(C_3H_8) 기체의 밀도는 kg/m^3 단위로 얼마인가? 프로판의 비중은 얼마인가?

***6.1.15** 20°C, 760 mm Hg 공기에 비교한 45°C, 780 mm Hg 프로판(C_3H_8) 기체의 비중은 얼마인가?

***6.1.16** 5°C, 110 kPa에서 H_2 1 m^3의 질량은 얼마인가? 5°C, 110 kPa의 공기에 비교한 이 H_2의 비중

은 얼마인가?

***6.1.17** 화재 진압에 사용되는 기체는 CO_2 80%와 N_2 20%로 구성되며 200 kPa, 25℃의 2 m^3 탱크에 보관된다. 탱크 속 CO_2의 분압은 kPa 단위로 얼마인가?

***6.1.18** 천연가스가 부피로 다음 조성을 가진다.

CH_4	94.1%
N_2	3.0
H_2	1.9
O_2	1.0
	100.0%

이 가스는 20℃의 온도와 30 psig의 압력의 유정으로부터 도관으로 운송된다. 이상기체법칙이 적용된다고 가정할 수도 있다. 산소의 분압을 계산하라.

***6.1.19** 760 mm Hg의 산소 1 L가 760 mm Hg의 질소 1 L를 담고 있는 용기로 강제로 운송된다. 결과로 초래되는 압력은 얼마가 되겠는가? 답을 위해서 어떤 가정이 필요한가?

***6.1.20** 다음 설명이 참인지 거짓인지 밝혀라.

a. 이상기체 혼합물의 부피는 혼합물 중 각 개별 기체 부피의 합과 같다.

b. 이상기체 혼합물의 온도는 혼합물 중 각 개별 기체 온도의 합과 같다.

c. 이상기체 혼합물의 압력은 혼합물 중 각 개별 기체 분압의 합과 같다.

****6.1.21** 예비 산소공급원으로 사용되는 산소 실린더가 20℃, 1378 kPa의 O_2 30 L를 담고 있다. 32℃, 대기압보다 10 cm H_2O 높은 압력의 건조기체 용기에서 이 O_2의 부피는 얼마가 될 것인가? 기압계의 눈금값은 29.92 in. Hg이다.

****6.1.22** 560 L의 소화 탱크에 4.5 kg의 CO_2를 보유하고 있다. 이상기체법칙이 적용된다고 가정하면 소화기가 가득 차 있는지 확인하는 시험에서 탱크에 부착된 계기의 눈금은 얼마인가?

****6.1.23** 그림 P6.1.23에 묘사된 U-튜브 압력계는 45 cm 높이의 왼쪽 가지와 100 cm 높이의 오른쪽 가지를 가지고 있다. 이 압력계는 처음에는 각 가지에 28 cm 깊이까지 수은을 담고 있다. 왼쪽 가지를 코르크로 막고, 오른쪽 가지로는 (막힌) 왼쪽 가지의 수은이 34 cm 높이에 도달할 때까지 수은을 부어 넣는다. 오른쪽 가지의 수은 깊이는 압력계 바닥으로부터 얼마나 되는가?

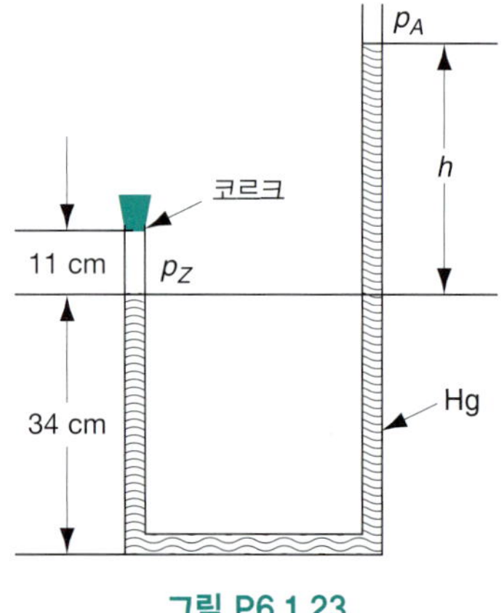

그림 P6.1.23

**** 6.1.24** 연료시험 실험실의 여러 실험 중 하나가 특정 기압계 수은 기둥 위의 약간의 공기로 인해 잘못된 눈금을 제공하기 때문에 계속 문제를 일으키고 있다. 실제 기압 755 mm Hg에서 기압계 눈금은 748 mm Hg이며, 실제 740 mm Hg에서는 736 mm Hg이다. 실제 압력이 760 mm Hg일 때 압력계 눈금은 얼마인가?

**** 6.1.25** 1000°C의 연도기체가 내경이 1.5 m인 관을 통해 세정기로 도입된다. 세정기로 들어가고 나가는 속도가 각각 8 m/s와 5 m/s이다. 세정기가 연도기체를 40°C로 냉각시킨다. 장치 출구에서 요구되는 도관 크기를 계산하라.

**** 6.1.26** 10 kg의 황화철(FeS)로부터 생산될 수 있는 30°C 온도와 15.71 cm Hg 압력에서 측정된 황화수소의 m^3 수를 계산하라.

**** 6.1.27** 유해폐기물을 250 kg/hr으로 연소시키는 소각로에서 나오는 연도기체 속 헥사클로로벤젠(HCB)을 관찰할 예정이다. HCB 전부가 시료로부터 제거되어 용매 30 mL에 농축된다고 가정하라. HCB에 대한 분석 검출한계는 용매 중 10 μg/mL이다. 연도기체 중 HCB의 존재를 검출하기 위해 반드시 채취해야 하는 연도기체 시료의 최소부피를 계산하라. 또한 1.0 L/min의 속도로 기체 시료를 채취할 수 있다고 가정하고 채취에 필요한 시간을 계산하라. 표준상태에서 측정된 연도기체의 유속은 12,000 m^3/hr이다.

**** 6.1.28** 환기는 작업장에서 공기로 운반되는 유독성 오염물질의 수준을 낮추는 매우 중요한 방법이다. 공정에서 작업장으로의 모든 누출을 완전히 차단하는 것은 불가능하기 때문에 유독성 물질이 공정 흐름 속에 존재할 때는 밀폐공간의 공기로부터 그런 물질을 제거하기 위한 어떤 방법이 항상 필요하다. 염화비닐(vinyl chloride, VC, MW = 78)은 인체 발암물질로 간주되기 때문에 직업안전위생관리국(Occupational Safety and Health Administration, OSHA)이 8시간 근무일에 대한 최대 시간가중평균(time weighted average, TWA)으로서 VC의 허용노출한계(permissible exposure limit, PEL)를 1.0 ppm으로 설정했다. 만약 VC가 공기 중으로 누출되면 그 농도는 반드시 PEL 또는 그 이하로 유지되어야 한다. 만약 희석 환기 방법이 사용될 것이라면, 작업장 공기가 완전히 혼합된다고 가정한 다음 다시 그 공간을 통과하는 공기 흐름이 1.0 ppm의 농도로 VC를 운반해 나갈 것이라고 가정함으로써 필요한 공기 흐름 속도를 추산할 수 있다.

만약 어떤 공정이 실내 공기 속으로 10 g/min의 VC를 유실한다면 희석환기로 1.0 ppm의 PEL을 유지하기 위해 얼마의 공기 부피유속이 필요한가? (실제로는 실내에서 완전혼합이 실현되지 않는다는 점 또한 반드시 보정해야 하므로 계산된 공기 흐름 속도에 반드시 안전인자를, 이를테면 인자 10을 곱해야 한다.)

만약 안전성 분석이나 환기의 경제성이 공기 중에 존재하는 VC의 안전한 농도를 보여주지 않는다면 VC가 실내로 들어가지 않도록 이 공정을 후드 속으로 이전해야 할 수도 있다. 만약 이 공정이 75 cm 폭과 60 cm 높이의 구멍을 가진 후드 속에서 수행되며 '얼굴 속도(후드 구멍을 통과하는 공기의 평균속도)'가 30 m/s라면 S.C.에서 공기의 부피유속은 얼마인가? 오염 문제를 다루는 어떤 방법이 더 좋아 보이는가? 왜 희석환기를 공기질 유지에 추천하지 않는지 설명하라. 후드 사용에 무엇이 문제가 될 수 있는가? 이 문제는 미국화학공학회(American Institute of Chemical Engineers, AIChE)가 1990년 뉴욕에서 발간한 《Safety, Health, and Loss Prevention in Chemical Processes》의 허락을 얻어 개작한 것이다.

**** 6.1.29** 환기는 작업장에서 공기로 운반되는 유독성 오염물질의 수준을 낮추는 매우 중요한 방법이다. 트리클로로에틸렌(trichloroethylene, TCE)은 수없이 응용되는 뛰어난 용매이며, 특히 그리스 제거에 유용하다. 불행하게도 TCE는 많은 건강에 유해한 효과로 이어질 수 있으며 환기가 필수적이다. TCE는 동물 시험에서 발암성으로 알려졌다(발암성은 작용제로의 노출이 미래의 어느 때 그 주체가 암에 걸릴 공산을 증가시킬 수도 있다는 것을 의미한다). 또한 눈과 기도(氣道)에 자극성인 물질이다. 급성노출은 중추신경계의 저하, 현기증 증상의 발현, 수전증 및 불규칙적인 심장박동 등을 유발한다.

TCE의 분자량이 약 131.5이므로 공기보다 훨씬 더 밀도가 크다. 우선 생각으로는 그 증기가 바닥에 가라앉을 것으로 가정할 수도 있기 때문에 개방된 탱크 위에서는 고농도의 이 물질을 기대하지 않을 것이다. 만약 이것이 사실이라면 그런 탱크에 대한 건물 배기 후드의 입구를 바닥 근처에 배치할 것이다. 그러나 많은 물질의 유독 농도는 공기 자체보다 많이 농밀하지는 않으므로 공기와 섞일 수 있는 곳에서는 모든 증기가 바닥으로 갈 것으로 가정하지 못할 수도 있다. OSHA는 트리클로로에틸렌에 대해 100 ppm의 시간 가중평균 8시간 PEL을 제정했다. 만약 TCE가 100 ppm 농도와 25°C 상태에 있다면 공기 중 TCE 혼합물 밀도가 공기의 밀도보다 증가된 분율은 얼마인가? 이 문제는 *Safety, Health, and Loss Prevention in Chemical Processes*, Vol. 3, American Institute of Chemical Engineers, New York (1990)을 개작한 것이다.

**** 6.1.30** 벤젠에 만성적으로 노출되면 빈혈증이나 백혈병 같은 만성적인 혈액 이상반응을 유발할 수 있다. 벤젠은 8시간 노출 동안 1.0 ppm의 PEL을 가진다. 만약 액체 벤젠이 공기 중으로 2.5 cm^3 액체/min의 속도로 증발 중이라면 그 농도를 PEL 이하로 유지하기 위한 환기속도는 부피/min로 얼마여야만 하는가? 주위 온도는 68°F이며 압력은 740 mm Hg이다. 이 문제는 *Safety, Health, and Loss Prevention in Chemical Processes*, Vol. 6, American Institute of Chemical Engineers, New York (1990)을 개작한 것이다.

**** 6.1.31** 다음은 최근의 신문기사 내용이다.

> 연료가스 가정용 계량기는 표준온도인 통상 22°C를 기준으로 가스 사용량을 측정한다. 그러나 가스는 추울 때 수축하고 따뜻할 때 팽창한다. East Ohio 가스회사는 쌀쌀한 클리블랜드에서 실외 계량기가 있는 주택 소유자는 계량기가 제시하는 것보다 가스를 더 사용하므로 회사의 가스요금에 그것이 포함된다고 계산한다. 손해를 보는 사람은 실내 계량기를 가진 사람이다. 만약 그의 집이 22°C 또는 그 이상을 유지한다면 그는 사용하는 것보다 더 많은 가스요금을 지불할 것이다. (몇몇 회사가 온도보정 계량기를 제작하지만 경비가 더 들며 광범위하게 사용되지 않는다. 놀랄 것도 없이 그것은 주로 북쪽에 있는 가스회사에 매각된다.)

실외 온도가 22°C에서 −13°C로 떨어졌다고 가정하라. 일정 압력에서 작동하는 보정되지 않은 실외 계량기를 통과하는 가스의 질량은 몇 % 증가하는가? 가스는 CH_4이라고 가정하라.

**** 6.1.32** 부드러운 아이스크림은 보통 CO_2로 거품을 일게 한 상업적 아이스크림이다(공기 중 O_2가 변질을 일으키기 때문에). 당신은 Pig-in-a-Poke 드라이브인에서 근무 중이며 기계 가득(15 L) 부드러운 아이스크림을 만들 필요가 있다. 거품 내지 않은 혼합물의 비중은 0.95이며 지역 법령은 비중 0.85 이하의 아이스크림 제조를 금하고 있다. CO_2 탱크는 상업적 등급(최소 99.5%

CO_2) 이산화탄소의 No. 1 실린더(지름 20 cm, 높이 130 cm)이다. 압력계기 조사에서 그 눈금이 470 kPa임을 주목한다. 또 하나의 CO_2 실린더를 주문해야만 하는가? 이 문제에 대한 모든 가정을 반드시 구체적으로 언급하라.

**** 6.1.33** 천연가스가 다음과 같은 조성이다.

CH_4 (메탄)	87%
C_2H_6 (에탄)	12%
C_3H_8 (프로판)	1%

a. 무게 %로 조성은 얼마인가?
b. 부피 %로 조성은 얼마인가?
c. 9°C, 600 kPa의 이 기체 80 kg에 의해 몇 m^3가 점유되겠는가?
d. 표준상태에서 이 기체의 밀도는 몇 kg/m^3인가?
e. 표준상태의 공기에 대한 9°C, 600 kPa의 이 기체 비중은 얼마인가?

**** 6.1.34** 공기 중 브롬 증기 혼합물이 부피로 2%의 브롬을 포함하고 있다.
a. 브롬의 무게 %는 얼마인가?
b. 혼합물의 평균분자량은 얼마인가?
c. 그 비중은 얼마인가?
d. 브롬에 비교한 그것의 비중은 얼마인가?
e. 15°C, 31 in. Hg의 공기에 비교한 37°C, 700 kPa의 비중은 얼마인가?

**** 6.1.35** 가스 실린더의 내용물이 740 mm Hg의 압력과 20°C의 20% CO_2, 60% O_2, 20% N_2로 밝혀졌다. 각 성분의 분압은 얼마인가? 만약 온도가 40°C로 상승되면 분압이 변하는가? 만약 그렇다면 얼마일까?

**** 6.1.36** 메탄이 22% 과잉공기로 탄소의 25%가 CO로 되며 완전히 연소된다. 만약 압력계 눈금이 740 mm Hg, 연도기체 온도기 150°C이고 그 기체가 지상 76 m의 굴뚝을 나간다면 CO의 분압은 얼마인가?

**** 6.1.37** 20°C, 600 kPa의 수소를 담고 있는 0.5 m^3의 단단한 탱크가 30°C, 150 kPa의 수소를 보유하는 또 다른 0.5 m^3의 단단한 탱크에 밸브로 연결되어 있다. 이제 밸브가 개방되며 이 계가 15°C인 주위와 열적 평형에 도달하는 것이 허용된다. 탱크 속 최종압력을 계산하라.

**** 6.1.38** 12 m^3의 압축수소 탱크가 400 kPa의 압력상태에 있다. 그것이 밸브와 짧은 파이프 선을 가진 더 작은 탱크와 연결된다. 작은 탱크는 1.5 m^3의 부피이며 절대압 1 atm과 같은 온도의 H_2를 담고 있다. 만약 서로 연결하고 있는 밸브가 열리고 온도변화가 일어나지 않는다면 이 계의 최종압력은 얼마인가?

**** 6.1.39** 부피가 3 m^3인 N_2 탱크의 초기온도는 27°C이다. 1 kg의 N_2가 탱크에서 제거되며 탱크 속 기체 온도가 17°C 감소하는 동안 압력은 7 atm 감소한다. N_2는 이상기체처럼 거동한다고 가정하고 압력계기의 초기 압력 눈금값을 계산하라.

**** 6.1.40** 여러 가지 이유로 전통적 방법에 의한 연도기체의 흐름 속도 측정은 어렵다. 6불화유황(SF_6)을 사용하는 추적자 기체 흐름 측정이 더 정확하다고 판명되었다. 그림 P6.1.40은 굴뚝배열과 SF_6

주입 및 시료채취 지점을 보여준다. 1회 실험에 대한 자료가 다음과 같다.

주입된 SF_6의 부피(표준상태로 전환된):	28.2 m^3/min
연도기체 시료채취 지점에서 SF_6의 농도:	4.15 ppm
상대습도 보정:	없음

분당 배출되는 연도기체의 부피를 계산하라.

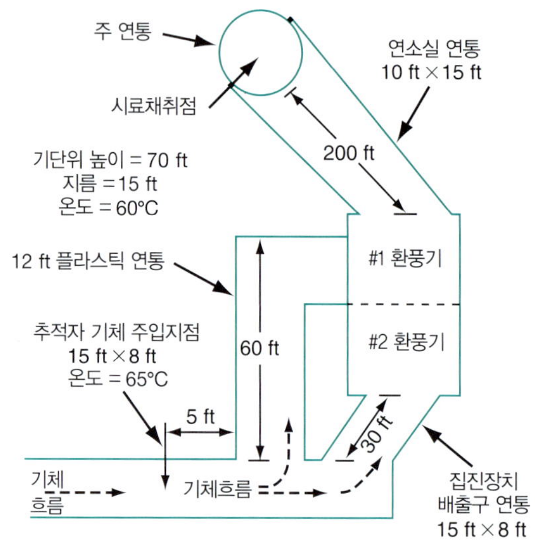

그림 P6.1.40

**6.1.41 16°C, 31.2 in. Hg(절대압)의 이상기체가 변칙적인 도관을 통해 흐르는 중이다. 기체 흐름 속도를 측정하기 위해 CO_2가 기체 갈래 속으로 주입된다. 기체 분석치가 CO_2 첨가 전에는 1.3 mol %, 첨가 후에는 3.5 mol % CO_2이다. CO_2 탱크를 저울 위에 놓고 30분 동안 6 kg이 유실된다는 것을 발견했다. 도입되는 기체 유속은 m^3/min 단위로 얼마인가?

*6.1.42 드라이아이스 제조에서 연료가 16.2% CO_2, 4.8% O_2와 나머지 N_2를 포함하는 연도기체로 연소된다. 이 연도기체가 열교환기를 통과한 다음 흡수기로 들어간다. 흡수기로 들어가는 기체의 분석 자료는 나머지가 O_2와 N_2인 13.1%의 CO_2를 나타낸다. 겉보기로도 무엇인가 일어났다. 열교환기에서 공기 누출이 진행되었다는 처음 가정을 검증하기 위해 열교환기에 대해 건기준으로 다음 자료를 수집한다.

3분 동안 들어가는 연도기체: 320°C, 740 mm Hg에서 3400 L
3분 동안 배출되는 연도기체: 16°C, 720 mm Hg에서 2100 L

공기 누출에 관한 가정이 바람직한 것이었는가, 아니면 가스분석이 잘못되었는가? 또는 둘 다였는가?

**6.1.43 21°C의 메탄과 n-부탄을 포함하는 3000 m^3/day의 기체혼합물이 흡수탑으로 들어간다. 이러한 조건에서 분압은 메탄의 경우 103 kPa, n-부탄의 경우 586 kPa이다. 흡수탑 내에서 80%의 부탄이 제거되며 나머지 기체는 38°C, 전압 550 kPa에서 탑을 나간다. 출구에서 기체의 부피 유속은 얼마인가? 이 공정에서 하루에 몇 몰의 부탄이 제거되는가? 이상 거동을 가정하라.

**6.1.44 가열기가 40%의 과잉공기를 사용해서 *n*-부탄(*n*-C_4H_{10})을 연소시킨다. 연소는 완전연소이다. 연도기체는 100 kPa의 압력과 260°C의 온도로 굴뚝을 나간다.

a. 완전한 연도기체 분석치를 계산하라.

b. 연도기체의 부피는 m^3/(kg mol *n*-부탄)으로 얼마인가?

**6.1.45 정밀전자산업에서 사용되는 세미콘닥터의 대부분은 전도도를 증가시키기 위해 미량의 물질로 도포된 실리콘으로 제조된다. 처음 실리콘은 반드시 20 ppm 이하의 불순물을 포함하고 있어야 한다. 실리콘 막대는 다음과 같은 3염화실란과 수소의 화학증착반응으로 성장된다.

$$HSiCl_3 + H_2 \underset{1000°C}{\rightarrow} 3HCl + Si$$

이상기체법칙이 적용된다고 가정하면 1 m 길이의 막대 지름을 1 cm에서 10 cm로 증가시키기 위해 1000°C, 1atm에서 반드시 반응시켜야 할 수소의 부피는 얼마인가? 고체 실리콘의 밀도는 2.33 g/cm^3이다.

**6.1.46 정상상태에서 작동하는 10 L 생물반응기의 기상 산소와 이산화탄소의 농도가 바이오매스가 존재하는 액상의 용해산소와 pH를 조절한다.

a. 만약 액체에 의한 산소 흡수속도가 2.5×10^{-7} g mol/(1000 cells)(hr)이고, 액상의 배양균이 2.9×10^6 세포/mL를 포함한다면 시간당 밀리몰 속의 산소 흡수속도는 얼마인가?

b. 만약 기상으로 공급된 기체가 40%의 산소를 포함하는 110 kPa, 25°C의 기체 45 L/hr라면 생물반응기로 공급된 산소의 속도는 시간당 몇 밀리몰인가?

c. 1시간 후 기상의 산소농도는 초기 산소농도에 비해 증가하는가, 감소하는가?

**6.1.47 천연가스(주로 CH_4)가 10% 과잉공기로 연소될 때 주된 기체 생성물 CO_2와 H_2O와 더불어 다른 기체 생성물도 소량 발생한다. 환경보호청(Environmental Protection Agency, EPA)이 다음 자료를 작성했다.

배출인자(표준상태에서 kg/10^6 m^3)

	SO_2	NO_2	CO	CO_2
규제받지 않는 대형 공용보일러	9.6	3040	1344	1.9×10^6
기체 재순환으로 규제된 대형 공용보일러	9.6	1600	1344	1.9×10^6
주택 가구	9.6	1500	640	1.9×10^6

이 자료는 표준상태에서 측정된 연소된 메탄 10^6 m^3를 기준으로 하고 있다. 각 연소 장비 종류에 대한 SO_2, NO_2, CO(건기준)의 대략적인 몰분율은 얼마인가?

**6.1.48 기름연소 버너에서 연소되는 No. 6 연료유에 대해 배출가스 조정 없는 다음 자료가 주어진다면 No. 6 연료유 미터톤(1000 kg)당 생산된 각 화합물의 배출량을 표준상태에서 측정된 m^3 단위로 계산하라.

EPA의 오염배출 인자(kg/10^3 L oil)

SO_2	SO_3	NO_2	CO	CO_2	입자성 물질
19S*	0.69S*	8	0.6	3025	1.5

S* = 황의 무게 %

No. 6 연료유는 0.84%의 황을 포함하며 15°C에서 비중이 0.86이다.

**6.1.49 비중이 0.86인 No. 6 연료유의 Perry 핸드북에서 찾은 조성은 질량 %로 다음과 같다.

C	87.26
H	10.49
O	0.64
N	0.28
S	0.84
회분	0.04

연료유 10^3 L당 각 성분의 kg 수를 계산하고 그 결과로 얻은 배출량을 연습문제 6.1.48의 EPA 분석에 나열된 배출량과 비교하라.

***6.1.50 휘발유 자동차 엔진 배출물의 중요한 스모그 유발 공급원은 산화질소 NO와 NO_2이다. 이는 연소가 완전하든 완전하지 않든 다음과 같이 생성된다. 내연기관에서 연소과정 중에 일어나는 고온에서는 산소와 질소가 결합해 산화질소(NO)를 생성한다. 최고온도가 높으면 높을수록, 또한 산소가 많으면 많을수록 더 많은 NO가 생성된다. NO가 다시 N_2와 O_2로 분해되기에는 엔진의 팽창 및 배기 사이클 동안 연소된 기체가 너무 빨리 냉각되기 때문에 시간이 충분하지 않다. 비록 NO와 이산화질소(NO_2) 둘 모두 심각한 공기 오염원이지만(합쳐서 NO_x라 한다) NO_2는 NO가 산화될 때 대기 중에서 생성된다.

NO-NO_2 혼합물의 시료를(N_2, O_2, H_2O를 포함하는 다른 기체 연소생성물을 다양한 분리과정으로 제거한 다음에) 30°C의 100 cm^3 표준 용기에 수집했다고 가정하라. 확실히 일부 NO는 수집, 저장 및 연소기체의 가공 동안 NO_2로 산화되었을 것이므로

$$2NO + O_2 \rightarrow 2NO_2$$

따라서 NO만 측정하는 것은 오해의 소지가 있다. 만약 표준용기가 0.291 g의 NO_2와 NO를 포함하며 측정된 용기 내압이 170 kPa이라면 NO + NO_2의 몇 %가 NO 형태로 존재하겠는가?

***6.1.51 100°C, 150 kPa의 암모니아가 20% 과잉 O_2로 연소된다.

$$4NH_3 + 5O_2 \rightarrow 4NO + 6H_2O$$

반응은 80% 완결된다. NO는 NH_3와 물로부터 분리되며 NH_3는 그림 P6.1.51과 같이 순환된다.

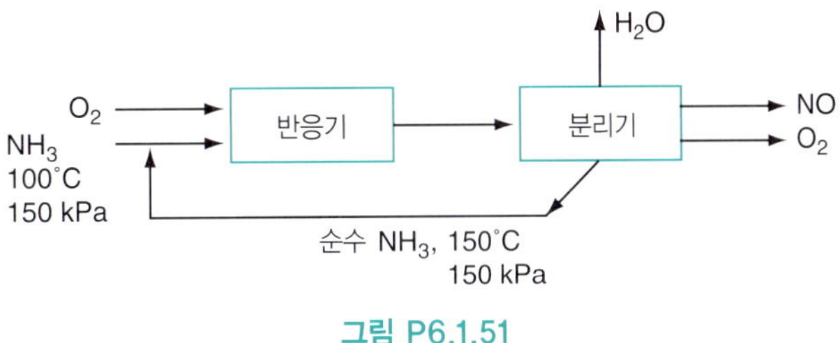

그림 P6.1.51

공급되는 100°C, 150 kPa의 NH_3 m^3당 순환되는 150°C, 150 kPa의 NH_3의 m^3 수를 계산하라.

*** **6.1.52** 벤젠(C_6H_6)은 H_2와 직접반응에 의해 시클로헥산(C_6H_{12})으로 전환된다. 공정으로 도입되는 새 공급물은 C_6H_6 260 L/min와 100°C, 150 kPa의 H_2 950 L/min이다. 공정에서 H_2의 총괄 전화율이 75%인 반면에 반응기에서 H_2의 1회 통과 전화율은 48%이다. 순환 흐름은 90%의 H_2와 나머지 벤젠(시클로헥산은 없이)을 포함한다. 그림 P6.1.52를 참조하라.

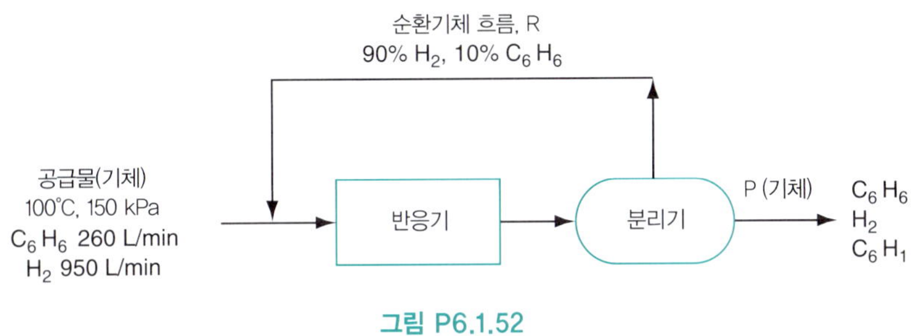

그림 P6.1.52

a. 배출되는 생성물 중 H_2, C_6H_6, C_6H_{12}의 몰유속을 계산하라.

b. 생성물이 100 kPa, 200°C로 배출된다면 생성물 흐름 속 성분의 부피유속을 계산하라.

c. 만약 순환 흐름이 100°C, 100 kPa이라면 순환 흐름의 몰유속과 부피유속을 계산하라.

*** **6.1.53** 순수한 에틸렌(C_2H_4)과 산소가 산화에틸렌(C_2H_4O) 제조를 위해 공정으로 공급되었다.

$$C_2H_4 + \frac{1}{2}O_2 \rightarrow C_2H_4O$$

그림 P6.1.53은 이 공정에 대한 흐름도이다. 촉매 반응기는 300°C, 1.2 atm에서 작동된다. 이 조건에서 반응기에 대한 1회 통과 측정이 통과당 반응기로 들어가는 에틸렌의 50%가 소비되며 그중 70%가 산화에틸렌으로 전환된다는 것을 보여준다. 나머지 에틸렌은 CO_2와 물로 반응한다.

$$C_2H_4 + 3O_2 \rightarrow 2CO_2 + 2H_2O$$

매일 10,000 kg의 산화에틸렌을 생산하기 위해

a. 공급되는 $O_2(g)$의 새로운 $C_2H_4(g)$에 대한 비율이 3 대 2라면 반응기로 들어가는 표준상태의 전체 기체의 m^3/hr를 계산하라.

b. 순환비, 표준상태로 공급되는 새 C_2H_4 1 m^3당 10°C, 100 kPa로 순환되는 C_2H_4의 m^3 비율을 계산하라.

c. 80°C, 100 kPa로 분리기를 나가는 O_2, CO_2, H_2O 혼합물의 유속 m^3/day를 계산하라.

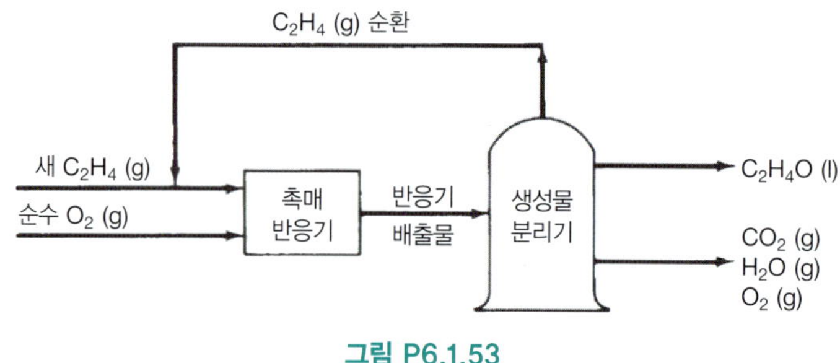

그림 P6.1.53

*** **6.1.54** 소각로가 60°F, 절대압 30 in. Hg에서 측정된 다음과 같은 Orsat 조성의 건조한 출구기체를 발생시키고 있다. 4.0% CO_2, 26.0% CO, 2.0% CH_4, 16.0% H_2, 52.0% N_2. 다음과 같은 (Orsat) 조성의 건조한 천연가스가(80.5% CH_4, 17.8% C_2H_6, 1.7% N_2) 소각 배출가스를 공기로 연소시키기 위해 16°C, 절대압 80 cm Hg에서 35 m^3/min의 속도로 사용된다. 연소의 최종 생성물은 건기준으로 12.2% CO_2, 0.7% CO, 2.4% O_2, 84.7% N_2로 분석된다. 다음을 계산하라.

a. 16°C, 절대압 80 cm Hg의 건기준 소각로 배출기체의 유속을 m^3/min로

b. 27°C, 절대압 76 cm Hg의 건기준 공기 유속을 m^3/min로

*** **6.1.55** 50 mol% 수소와 50 mol% 아세트알데히드(C_2H_4O)로 이루어진 기체혼합물이 처음에는 전압 760 mm Hg 절대압의 단단한 용기에 담겨 있다. 다음 반응으로 에탄올(C_2H_6O)이 생성된다.

$$C_2H_4O + H_2 \rightarrow C_2H_6O$$

얼마 후 단단한 용기 내의 전압이 700 mm Hg의 절대압으로 떨어진 것이 알려졌다. 다음 가정을 사용해서 그 시각의 반응 완결도를 계산하라. **(a)** 모든 반응물과 생성물이 기체상태이며, **(b)** 두 압력이 측정되었을 때 용기와 내용물은 같은 온도였다.

**** **6.1.56** 바이오매스($CH_{1.8}O_{0.5}N_{0.5}$)는 암모니아나 글루코스와의 혐기성(공기가 없는) 반응으로 글리세롤로 전환될 수 있다. 반응물 1회분에서 반응기 내의 글루코스 1 mol당 300 K, 95 kPa에서 측정된 52.4 L의 CO_2를 얻었다. 반응식에서 반응된 암모니아에 대한 생성된 질소의 몰 양론비는 일대일이며 몰 CO_2/몰 $C_6H_{12}O_6$ =2이다.

g mol 단위로 **(a)** 얼마나 많은 글리세롤이 생산되었는가? **(b)** 52.4 L의 CO_2를 생산하기 위해 얼마나 많은 바이오매스가 반응했는가?

6.2 실제기체: 상태방정식

** **6.2.1** 700 kPa, 25°C에서 에탄의 비체적에 관해 즉시 답을 알고 싶다. 가장 선호하는 것을 맨 위에 두고 사용하려는 기법을 내림차순으로 나열하라.

a. 이상기체법칙

b. 압축인자 도표

c. 상태방정식 1개

d. 웹에서 값을 검색하기

e. 핸드북에서 값을 검색하기

자신의 선택에 대해 설명하라.

** **6.2.2** 120°F, 1500 psia 이산화탄소의 밀도를 계산하기 위해 어떤 과정을 추천하겠는가? 자신의 선택에 대해 설명하라.

a. 이상기체법칙

b. Redlich-Kwong 상태방정식

c. 압축인자 도표

d. 웹에서 값을 검색하기

e. 핸드북에서 값을 검색하기

** **6.2.3** 다음 문장을 완성하라.

________________하므로 P-V-T 계산에는 상태방정식이 선호된다.

** **6.2.4** 273 K의 CH_4에 대한 다음 질문에 답하기 위해 4개 항을 가진 Kammerlingh-Onnes 비리알 방정식을 사용하라.

a. 얼마의 압력까지 1개의 항(이상기체법칙)이 훌륭한 근사식인가?

b. 얼마의 압력까지 2개의 항으로 절단된 식이 훌륭한 근사식인가?

c. CH_4에 대해 (a)와 (b)를 사용할 때의 오차는 각각 얼마인가?

자료: 273K에서 비리알 계수의 값은 다음과 같다.

$$
\begin{aligned}
B &= -53.4\ \text{cm}^3/\text{mol} \\
C &= 2620\ \text{cm}^6/\text{mol}^{-2} \\
D &= 5000\ \text{cm}^9/\text{mol}^{-3}
\end{aligned}
$$

** **6.2.5** Peng-Robinson 식은 표 6.2에 수록되어 있다. 만약 p가 압력, $\hat{V}$이 g mol당 L, T가 켈빈온도라면 a, b, α의 단위는 무엇인가?

** **6.2.6** 겨울에 -15°C의 실외에 보관된 O_2 실린더의 압력계기가 90 atm을 가리킨다(부피가 0.2 m^3). 이 실린더를 계량함으로써 알짜 무게, 즉 O_2가 30 kg임을 알아낸다. 입력계기가 가리키는 눈금이 맞는가? 계산하기 위해 상태방정식을 사용하라.

** **6.2.7** '천연' 카페인 제거 공정에서 1970년대에 처음 추출용제로 상용화된 초임계 유체(supercritical fluids, SCFs), 특히 이산화탄소와 물은 더 개선되고 더 저렴한 장치가 가공경비를 저감하며 여러 가지 제약이 화학 공정 산업을 유기용매로부터 멀리 몰아내기 때문에 새로운 응용법을 계속 찾아내고 있다.

초임계 추출, 산화, 침출은 폐기물 정화 작업에 적용 중인 반면, SCFs의 추출능력은 제약 및 환경의 새로운 영역에서 빈번하게 사용되고 있다.

이산화탄소 압축기가 20°C, 500 kPa의 이산화탄소 2000 m^3/min를 110°C, 4800 kPa로 압축한다. 고압에서 얼마나 많은 m^3가 분당 생산되는가? van der Waals의 식을 사용하라.

*** **6.2.8** 290 K에서 CO_2가 저장될 강철 탱크의 설계를 요청받았다. 탱크의 부피는 10.4 m^3이며 그 속에 460 kg의 CO_2를 저장하고자 한다. CO_2가 가할 압력은 얼마인가? 탱크 내압 계산에 Redlich-Kwong 식을 사용하라. SRK 식을 사용해서 되풀이하라. 압력 예측에 식 사이에 중요한 차이가 있는가?

*** **6.2.9** 만약 21 atm, 205°C의 암모니아 3100 L가 175°C, 170 L의 부피로 압축된다면 어떤 압력이 가해지겠는가? 답을 얻기 위해 Peng-Robinson 식을 사용하라.

*** **6.2.10** 흥미로운 특허(U.S. 3,718,236)가 어떻게 CO_2를 깡통 속에서 연무제 분무기체로 사용하는지 설명하고 있다. 플라스틱 주머니가 탄산수소나트륨 정제를 담고 있는 작은 격실로 채워진다. 주머니 밑바닥에는 구연산 용액이 비치되며 소량의 이산화탄소가 압력하에서 분무개시제로 주머니 속으로 주입된다. CO_2가 주머니 속으로 주입됨에 따라 제일 밑바닥 격실의 막을 파열시키며, 탄산수소나트륨 정제를 구연산 속으로 떨어뜨린다. 그것이 주머니에서 내압을 더욱 가하면서 팽창해서 더 많은 분무제를 밀어내는 것을 도와주는 이산화탄소를 더 발생시킨다(CO_2는 깡통에서 새어 나오지 않으며 분무제만 방출된다).

만약 원통형 깡통의 지름이 8.10 cm, 높이가 17.0 cm라면 분무제의 마지막 cm^3를 내뿜기 위한 잔류 깡통 내압 81.0 psig를 발생시키기 위해 몇 g의 $NaHCO_3$가 필요한가?

*** **6.2.11** 375 K, 21 atm의 프로판의 몰부피를 (cm^3/g mol 단위로) 계산하라. Redlich-Kwong과 Peng-Robinson 식, 비선형 방정식 풀이 프로그램을 사용해서 몰부피에 대해 풀라. Peng-Robinson 식에 사용할 프로판의 편심인자는 0.1487이다.

*** **6.2.12** 문제 6.2.8에 언급된 탱크를 제작하고 시험 중인데, 상관이 당신에게 그 탱크 설계에서 안전인자 추가를 잊었다고 통보한다. 그것은 3500 kPa까지 만족스럽게 시험을 통과했으나 당신은 설계에 안전인자 3을 반드시 추가했어야 했다. 즉 그 탱크 압력이 (3500/3) = 1167 kPa, 이를테면 1200 kPa를 초과하지 않았어야 했다. 만약 안전인자를 적용한다면 몇 kg의 CO_2가 탱크에 저장될 수 있겠는가? Redlich-Kwong 식을 사용하라. 힌트: Polymath를 이용한다.

*** **6.2.13** 어떤 대학원생이 기체의 압력-부피-온도 관계를 표현하기 위해 van der Waals의 식을 사용하고자 한다. 그녀의 프로젝트는 p-V-T 계산에서 합리적인 정확도를 요구한다. 따라서 그녀는 실험 용이성에 관한 개념을 얻기 위해 자신의 장치로 다음 실험측정을 시행했다.

온도, K	압력, atm	부피, L/kg mol
273.1	192.1	120
273.1	1006.8	46

van der Waals의 식에 사용될 실험 자료와 가장 잘 맞는 상수 a와 b의 값을 계산하라.

*** **6.2.14** 37 kg의 사각 얼음덩어리를 290 L의 용기에 넣어 900 K까지 가열한다. 용기의 최종 내압은 얼마인가? 두 가지 방법으로 이 문제를 수행하라.

a. 압축인자 방법을 사용하라.

b. Redlich-Kwong 식을 사용하라.

두 결과를 비교하라.

*** **6.2.15** 에탄기체가 38°C, 137 atm 상태에 있다면 부피 30 L의 기체 실린더에 들어 있는 에탄의 무게는 얼마인가? 두 가지 방법으로 이 문제를 수행하라.

a. van der Waals 식을 사용하라.

b. 압축인자 방법을 사용하라.

실험값은 10.5 kg이다.

*** **6.2.16** 다음 질문에 답하라.

a. van der Waals 식의 상수 a는 메탄에 대한 것이 프로판에 대한 것보다 큰가, 작은가? 다른 van der Waals 식의 상수 b에 대해 되풀이하라.

b. 메탄에 대한 SRK 식의 상수 a'이 프로판에 대한 것보다 큰가, 작은가? 다른 SRK 식의 상수 b에 대해 되풀이하라.

**** **6.2.17** 5 L의 H_2 탱크가 밤새 남극대륙에 있었다. 탱크 속에 몇 g mol의 H_2가 있는지 계산하라는 요청을 받는다. 압력계기 눈금은 계기압 39 atm을 가리키며 온도는 −50°C이다. 탱크 속에는 얼마나 많은 g mol의 H_2가 있는가?

이 문제를 풀기 위해 van der Waals와 Redlich-Kwong 상태방정식을 사용하라. (힌트: 6.2.2절에서 설명한 것과 같은 비선형 방정식 풀이 프로그램을 사용하면 계산 수행이 상당히 쉬워진다.)

**** **6.2.18** 6250 cm^3의 용기에 298.15K, 14.5 atm의 CO_2 4.00 g mol이 담겨 있다. 몰부피에 대한 Redlich-Kwong 식을 풀기 위해 비선형 방정식 풀이 프로그램(Python, Polymath, MATLAB)을 사용하라. 용기 속 CO_2의 계산된 몰부피를 실험값과 비교하라.

6.3 실제기체: 압축인자 도표

** **6.3.1** N_2 3120 g이 50°C에서 21 L 부피의 실린더에 저장된다. 실린더 내압을 **(a)** N_2를 이상기체로 가정하고, **(b)** N_2를 실제기체로 가정하고 압축인자를 사용해서 계산하라.

** **6.3.2** 에틸렌(C_2H_4) 2 g mol이 95°C에서 418 cm^3를 점유하고 있다. 압력을 계산하라. (이러한 조건에서 에틸렌은 비이상기체이다.) 자료: T_c = 283.1K, p_c = 50.5 atm

** **6.3.3** 어떤 실제기체의 임계온도가 500 K로 알려졌으나 임계압력은 알려지지 않았다. 252°C의 기체 3 kg mol이 32 atm의 압력에서 1500 L를 점유할 때 임계압력을 추산하라.

** **6.3.4** 27 atm의 n-옥탄 1 kg에 의해 점유된 부피가 60 L이다. n-옥탄의 온도를 계산하라.

** **6.3.5** 23 kg 무게의 드라이아이스 덩어리가 부피가 150 L였던 빈 강철 탱크 속으로 떨어졌다. 그 탱크는 압력계기가 110 atm를 가리킬 때까지 가열되었다. 기체의 온도는 얼마인가? CO_2 전부가 기체로 되었다고 가정하라.

** **6.3.6** CH_4 10 kg을 담고 있는 실린더가 폭발했다. 그것은 계기압 14,000 kPa의 폭발압력과 계기압 7000 kPa의 안전 조업압력이고, 0.0250 m^3의 내부 부피이다. 실린더가 폭발했을 때의 온도를 계산하라.

** **6.3.7** 어떤 실린더가 30 L의 부피이고 27°C, 14.5 atm의 드라이 메탄을 담고 있다. 실린더 속에 있는 메탄(CH_4)의 무게는 얼마인가? 기압계 압력은 29.0 mm Hg이다.

** **6.3.8** 실온(25°C)과 절대압 200 kPa에서 25 L 실린더 속으로 몇 kg의 CO_2가 채워질 수 있는가?

** **6.3.9** 100% 메탄으로 이루어진 천연가스를 69 atm, 50°C의 지하 저장소에 저장하려 한다. 16°C, 1 atm에서 측정된 29,000 m^3의 기체를 위해 필요한 저장소의 부피는 얼마인가?

** **6.3.10** 6000 kPa의 압력과 230°C의 온도에서 프로판의 비체적을 계산하라.

**6.3.11 계산에서 다음 기체가 이상기체로 취급될 수 있는지 판단하라.

a. 100 kPa, 25°C의 질소
b. 10,000 kPa, 25°C의 질소
c. 200 kPa, 25°C의 프로판
d. 2000 kPa, 25°C의 프로판
e. 100 kPa, 25°C의 물
f. 1000 kPa, 25°C의 물
g. 1000 kPa, 0°C의 이산화탄소
h. 400 kPa, 0°C의 프로판

**6.3.12 염화벤젠(C_6H_5Cl) 1 g mol이 230 kPa, 380 K의 탱크를 딱 맞게 채운다. 탱크의 부피는 얼마인가?

**6.3.13 논쟁을 해결하라는 요청을 받았다. 그 논쟁은 A1 기체실린더 안에서 허용되는 최대허용작업압력(maximum allowable working pressure, MAWP)에 관한 것이다. 동료 중 한 명은 이상기체법칙이 탱크 속에서 실제로 일어날 수 있는 것보다 보수적인(더 큰) 압력값을 제공하기 때문에 그것을 통한 탱크 내압 계산이 최선이라고 말한다. 다른 동료는 이상기체법칙이 실제압력보다 더 작은 값을 제공하므로 실제기체의 압력을 계산하기 위해서는 반드시 그것이 사용되지 않아야 한다는 것을 모두가 알고 있다고 말한다. 누가 옳은가?

***6.3.14 크기가 A1인 에틸렌(T_c = 9.7°C) 실린더는 FOB Tamil Nadu 조건으로 3400루피의 경비가 든다. 실린더 외부규격은 지름 23 cm와 높이 135 cm이다. 기체는 (최소) 99.5% C_2H_4이며 실린더 요금은 3300루피이다. 실린더 압력은 100 atm이며 청구서는 그것이 '5 m³'의 기체를 담는다고 한다. 135 atm의 CP-등급 메탄을 담고 있는 똑같은 실린더는 (최소) 99.0%의 CH_4이며 FOB Maharashtra 조건으로 7150루피의 경비가 든다. CH_4 실린더는 '7 m³'의 기체를 담는다. CH_4 실린더가 75 kg의 총중량을 가진 반면, 에틸렌 실린더는 (실린더 포함) 65 kg의 총중량을 가진 것으로 가정된다. 다음 질문에 답하라.

a. '5 m³'의 기체와 '7 m³'의 기체가 무엇을 의미하는가? 계산으로 설명하라.
b. 왜 CH_4 실린더가 더 많은 기체를 담고 있다고 보이는 때 C_2H_4 실린더보다 더 작은 총중량을 가지는가? 실린더는 27°C 상태에 있는 것으로 가정하라.
c. 각 실린더에는 실제로 몇 kg의 기체가 있는가?

***6.3.15 현대 병원의 안전규정은 기체 실린더를 후드 또는 유틸리티 회랑에 적치할 것을 요구한다. 누출의 경우에는 유독성 기체가 적절히 관리될 수 있다. 금요일에 1 atm, 25°C에서 5000 L의 부피인 CO 실린더를 계기눈금 137 atm로 기체 배급업체로부터 수령해서 유틸리티 회랑에 놓아두었다. 월요일에 그 기체를 사용할 채비가 되었을 때 당신은 계기눈금이 130 atm를 가리킴을 발견한다. 회랑은 공기조화가 되므로 온도는 25°C로 일정하게 유지되었으며, 따라서 당신은 탱크가 CO(냄새가 나지 않는다)를 누출했다고 결론짓는다.

a. 탱크에서 누출되는 속도는 얼마인가?
b. 만약 그 탱크가 부피 46 m³의 유틸리티 회랑에 놓였다면, 주말에 공기조화기가 가동하지 않았을 경우 통로의 CO 농도가 주(州) 대기오염통제위원회가 설정한 100 ppm의 최고 허용농돗값(Threshold Limit Value Ceiling, TLV-C)에 도달하기 위한 최단 시간은 얼마

인가?

c. 최악의 경우 누출이 금요일 오후 3시부터 월요일 오전 9시까지 계속되었다면 회랑의 CO 농도는 얼마인가?

d. 왜 (b)나 (c)가 실제로는 일어나지 않는가?

*** **6.3.16** 가공 동안 공중에 뜬 고체물질은 그 순도를 담보하는 최선의 알려진 방법이다. 전자, 광학 및 기타 분야에서 수요가 대단히 많은 고순도 물질은 대개 고체의 용융으로 생산된다. 불행히도 그 물질을 담는 데 사용되는 용기 역시 그것을 오염시키는 경향이 있다. 또한 용융된 물질이 냉각될 때 용기 벽에서 불균일 핵형성이 일어난다. 가공 중인 물질은 용기와 접촉하지 않기 때문에 공중부양은 이런 문제를 방지한다.

전자기적 부양은 시료의 전기전도성을 필요로 하지만 부력을 기반으로 하는 부양법에서는 물질의 밀도가 유일한 제한인자이다.

실리콘(비중 2.0)이 기체 중 떠 있도록 하기 위해 아르곤과 같은 기체가 실온에서 압축될 예정이라고 가정하라. 아르곤의 압력이 얼마여야만 하는가? 만약 더 낮은 압력을 사용하고자 한다면 어떤 다른 기체를 선택할 수 있겠는가? 이런 제조계획에 대한 가공온도의 제한이 있는가?

*** **6.3.17** 창고의 화재에서 발생한 온도를 알아내는 동안 방화 조사원은 메탄 저장탱크의 안전밸브가 규정된 값 205 atm에서 팍 열렸다는 것에 주목했다. 화재가 발생하기 전에는 아마도 탱크가 약 27°C와 계기눈금 133 atm의 주변조건에 있었을 것이다. 만약 탱크의 부피가 2800 L였다면 화재 동안의 온도를 추산하라. 사용한 모든 가정을 나열하라.

6.4 실제기체 혼합물

** **6.4.1** 어떤 기체가 다음과 같은 조성이다.

CO_2	10%
CH_4	40%
C_2H_4	50%

실린더당 이 기체 15 kg 분배가 요망된다. 실린더는 온도가 80°C일 때 최대압력이 164 atm를 초과하지 않도록 설계될 예정이다. Kay의 방법으로 필요한 실린더의 부피를 계산하라.

** **6.4.2** 20% 에탄올과 80% 이산화탄소로 이루어진 기체가 500 K 상태에 있다. g mol당 부피가 180 cm^3/g mol이라면 압력은 얼마인가?

** **6.4.3** 절대압 3500 kPa와 120°C에서 채취된 천연가스 시료가 표준상태에서 크로마토그래피로 분리된다. 기체 중 각 성분의 g 수가 계산에 의해 다음과 같이 밝혀졌다.

성분	g
메탄(CH_4)	100
에탄(C_2H_6)	240
프로판(C_3H_8)	150
질소(N_2)	50
합계	540

원래 기체시료의 밀도는 얼마였는가?

**** 6.4.4** 기체 혼합물이 120 atm의 압력과 25℃에서 (몰 %로) 다음과 같은 조성이다.

C_2H_4	57
Ar	40
He	3

0.14 L/g mol 의 실험부피와 Kay의 방법으로 계산된 부피를 비교하라.

***** 6.4.5** 당신은 60% 에틸렌(C_2H_4)과 40% 아르곤(Ar)으로 구성된 비반응성 대기를 사용하는 파일럿 플랜트를 담당하고 있다. 100 atm, 150℃의 파일럿 플랜트 조건에서 측정된 9060 L의 기체를 사용하려면 얼마나 큰(또는 얼마나 많은) 실린더를 구매해야만 하는가? 가장 저렴한 배열을 구매하라.

실린더 형태	경비	압력(atm)	kg Gas
1A	€52.30	136	29
2	€42.40	101	21
3	€33.20	101	14

모든 추가 가정을 언급하라. 한 가지 형태의 실린더만 구매할 수 있다.

***** 6.4.6** 반응기를 위한 50% 에틸렌과 50% 질소로 구성된 공급물을 반드시 제조해야 한다. 한 기체 공급원은 20% 에틸렌과 80% 질소 조성인 다량의 기체를 담고 있는 실린더이다. 100 atm, 21℃의 순수한 에틸렌을 담고 있는 또 다른 실린더의 내부 부피는 41 L이다. 나중 실린더 속의 에틸렌 전부가 혼합물 제조에 소진된다면 반응기 공급물이 얼마나 제조되며, 또한 얼마나 많은 20% 에틸렌 혼합물이 사용되는가?

***** 6.4.7** 어떤 기체가 2800 scmh(standard cubic meters per hour)의 속도로 흐르는 중이다. 만약 압력이 14.3 atm이고 온도가 62℃라면 기체의 실제 부피유속은 얼마인가? 임계온도는 4.62℃이고 임계압력은 14.3 atm이다.

***** 6.4.8** 강철 실린더가 14 atm에서 에틸렌(C_2H_4)을 담고 있다. 실린더와 기체의 무게는 95 kg이다. 기체 공급자는 이 실린더를 압력이 68 atm에 이를 때까지 에틸렌으로 다시 채우며, 그때 실린더와 기체의 무게는 115 kg이다. 온도는 25℃로 일정하다. 만약 에틸렌이 kg당 1.24유로에 매각된다면 에틸렌에 대해 작성될 요금을 계산하라. 또한 실린더 무게의 얼마가 화물운송료 청구용인가? 빈 실린더의 부피도 L 단위로 계산하라.

****** 6.4.9** 고압 분리 공정에서 50% 벤젠, 30% 톨루엔, 20% 자일렌의 **질량** 조성인 기체가 607 K, 26.8 atm에서 483 m^3/hr의 속도로 공정에 공급된다. 배출 흐름 하나는 91.2% 벤젠, 7.2% 톨루엔, 1.6% 자일렌을 포함하는 증기이다. 두 번째 배출 흐름은 6.0% 벤젠, 9.0% 톨루엔, 85.0% 자일렌을 포함하는 액체이다.

만약 세 번째 배출 흐름이 9800 kg/hr의 속도로 흐르며, 흐름 속 자일렌에 대한 벤젠의 비율이 3 kg 벤젠 대 2 kg 자일렌이라면 그것의 조성은 무엇인가?

CHAPTER

07 다상계 평형

학습목표

- 다상계 평형과 분리기술과의 연관성을 이해한다.
- 상도표와 상률은 물론 관련된 용어들을 이해한다.
- 순수 성분의 증기압을 결정하고 그것을 이용해서 응축성 기체의 기화도와 응축도를 결정한다.
- 이성분계의 기액평형을 이해한다.

이 장에서는 공정산업에서 광범위하게 사용되는 분리기술을 소개한다. 먼저 상도표와 상률을 다루고 다양한 단일 성분 2상계의 특성을 알아본 다음 2상계의 평형에 대해 설명한다.

7.1 서론

공정산업에서 가장 보편적인 장치는 분리 장치이며, 이것은 흐름으로부터 한 성분 혹은 몇 개의 성분을 분리해 다른 흐름에 농축시킨다. 자연에서는 성분들의 혼합이 주기적으로 발생하지만(예: 물이 시내 바닥을 흐르면서 광물이 빗물에 녹아든다), 성분을 분리하기 위해서는 에너지와 물질을 필요로 하는 분리 장치가 필요하다. 생성물 내의 주성분을 분리 장치를 이용해 희박한 용액으로부터 취해 매우 농축된 형태로 만들면 생성물의 가치가 한층 증가한다는 것은 잘 알려져 있다(예: 제약 제품). 그러므로 분리기술은 가공회사에 획기적인 경제적 이익을 가져다준다. 이 장에서는 여러 종류의 분리계를 개발하고 고안하는 데 이용되는 다상계에 대한 설명을 다룬다. 분리계가 응용되는 예는 다음과 같다.

- **해수로부터 음용수**: 해수로부터 음용수를 생산할 수 있는 한 가지 방법은 해수를 끓여 수증기를 발생시킨 후 냉각해서 음용수를 얻는 것이다. 비등과 응축의 과정이 **증류**의 간단한 예이다.
- **원유로부터 가솔린**: 원유를 정제해 생산하는 가솔린의 일부는 직접 증류해서 얻는다. 원유는

각각 비등점이 다른 여러 생산물로 증류되며 그중 하나가 가솔린이다.

- **배출 흐름으로부터 공해물질 제거**: 물과 기체를 주위로 배출하는 공장은 공해물질을 정해진 수준까지 감소시켜야 하는데 일반적으로 이 과정에서 분리계가 필요하다. 예를 들어 발전소에서 석탄을 연소하면 석탄에 포함된 황으로부터 SO_2가 생성된다. SO_2는 대기 중에서 황산염으로 전환되어 산성비를 만든다. 그러므로 석탄을 연소하는 발전소는 대기 중으로 배출하기 전에 배기가스(즉 대부분의 열에너지가 제거된 연소기체)로부터 SO_2를 제거하도록 요구받는다. 대부분의 발전소에서는 배기가스가 세척탑을 통과하는데, 그곳에서는 석회수에 배기가스를 접촉시킨다. SO_2를 제거하기 위해 접촉하는 이 탑 내에서는 석회수가 배기가스의 SO_2를 **흡수**하기 때문에 흡수탑이라 부른다.
- **의약품**: 어떤 처방약은 생물반응기에서 얻어진 낮은 농도의 원하는 생성물 용액을 추출공정을 통해 농축해서 얻는다. **추출공정**에서는 반응기 배출물에 포함된 다른 성분보다 원하는 생성물질에 대한 친화도가 훨씬 큰 액체를 이용한다. 그러므로 추출공정을 이용하면 거의 순수한 생성물을 얻을 수 있다.
- **일반적인 화학공장**: 전형적인 화학공장에서는 반응기를 이용해 생성물질과 미반응 물질을 생산해서 생성물을 안정한 형태로 농축하고 미반응 물질을 반응기로 되돌리는 일련의 분리공정(예: 연속된 분리 장치)에 주입하게 된다. 대부분의 화학공장의 일련의 분리공정은 주로 증류탑이고 몇몇의 흡수탑과 추출기로 구성되어 있다.

7.2 상도표와 상률

상도표(phase diagram)를 이용하면 화합물의 성질을 편리하게 나타낼 수 있다. 아는 바와 같이 순수물질은 여러 상으로 동시에 존재할 수 있는데, 고체, 액체, 기체 등이 가장 일반적이다. 상도표를 이용하면 두 상 혹은 그 이상의 상에 대한 성질을 온도, 압력, 비체적, 농도 및 그 외 변수의 함수로 나타낼 수 있다.

보통 물의 세 가지 상, 즉 얼음, 물, 물의 증기(수증기)에 익숙할 것이므로 물을 이용해 상도표를 설명할 테지만 이 설명은 다른 순수물질에도 그대로 적용된다. 실제에서는 증기(vapor)와 기체(gas)를 명확히 구분하지 않는다. 임계온도 이하에 존재하는 기체는 응축될 수 있기 때문에 증기라 부른다. **증기**라는 단어는 상전이가 주된 관심이 되는 공정 내에 존재하는 임계점 이하의 기체를 나타내기 위해 사용되며, **기체** 또는 **비응축성 기체**(noncondensable gas)는 임계점 이상에 존재하거나 응축될 수 없는 조건하에 있는 공정 내에 존재하는 기체를 나타낸다.

상도표는 평형조건을 전제로 한다. 즉 상평형에서는 각 상이 불변(예: 일정 조건에서 일정한 양)인 상태를 유지하는 것이다. 분자 수준에서는 둘 혹은 그 이상의 상이 존재하는 경우에 한 상에서 다른 상으로 이동하는 분자가 언제나 존재하기 마련이지만 평형에서는 순 플럭스는 0이다. 예를 들어 액체와 증기가 평형을 이루고 있는 경우에는 액체로부터 증기로의 분자들의 플럭스는 증기에서 액체로의 플럭스와 같아야 한다. 실제로 여러 상이 존재하는 경우에는 평형에서도 상 사이의 교환이 끊임없이 일어난다.

그림 7.1과 같은 장치를 이용해서 실험한다고 가정하자. 피스톤 아래 갇힌 공간에 얼음덩어리를 넣고 공기를 모두 배출시켜 진공으로 만든다(피스톤 안에 순수한 물만 존재하게 한다). 피스톤의 위치를 고정해 공간의 부피를 일정하게 유지하면서 천천히 얼음을 가열한다(그리해서 만들어지는 물의 여러 상이 평형을 이룰 것이다). 온도에 따른 압력을 측정하고 모든 측정값을 매끈하게 나타내어 보기 쉽게 만들면 그림 7.2(상도표)를 얻게 된다.

공간 내의 p와 T의 초기상태는 고체가 증기와 평형을 이루는 그림 7.2의 0점이다.

온도를 높이면 점 A에서 얼음이 녹기 시작하는데, 이 점이 고체, 액체, 기체가 평형을 이루는 p-$\hat{V}$-T 조합인 **삼중점**(triple point)이다. 더욱 온도를 높이면 고체가 갑자기 녹고 수증기가 발생되어 압력이 증가하는데 이 과정은 곡선 AB로 표시되어 있다. 점 B는 임계점으로 기체와 액체의 성질이 같아지는 점이다.

만약 온도를 거의 일정하게 유지하면서 얼음에 대한 압력을 증가시키면 얼음은 고액 평형선 AC를 따라 액체 물과 평형을 이룬다. 선 AC는 거의 수직선이므로 **압축액체의 성질을 포화액체의 성질로 대체해서 사용할 수 있다.** 스케이트 타기가 가능한 것은 얇은 날이 얼음에 가하는 높은 압

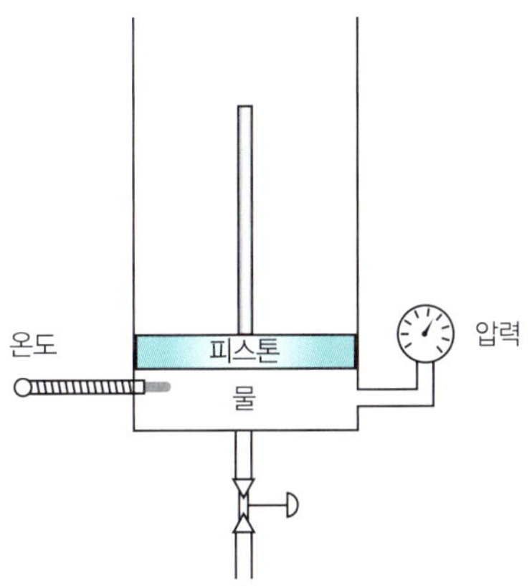

그림 7.1 ▸ 물의 p-$\hat{V}$-T 관계 실험장치

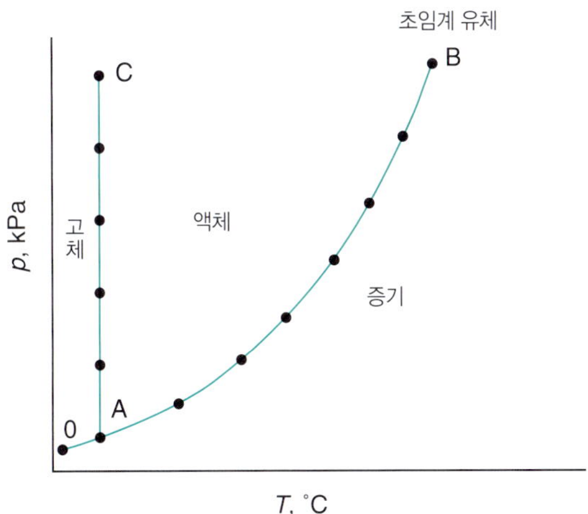

그림 7.2 ▸ 일정한 $\hat{V}$에서 p-T 관계를 나타내는 p-T 상도표. 밀폐용기(정용)에서 순수 성분 일정량을 가열해서 실측한 결과를 보여준다.

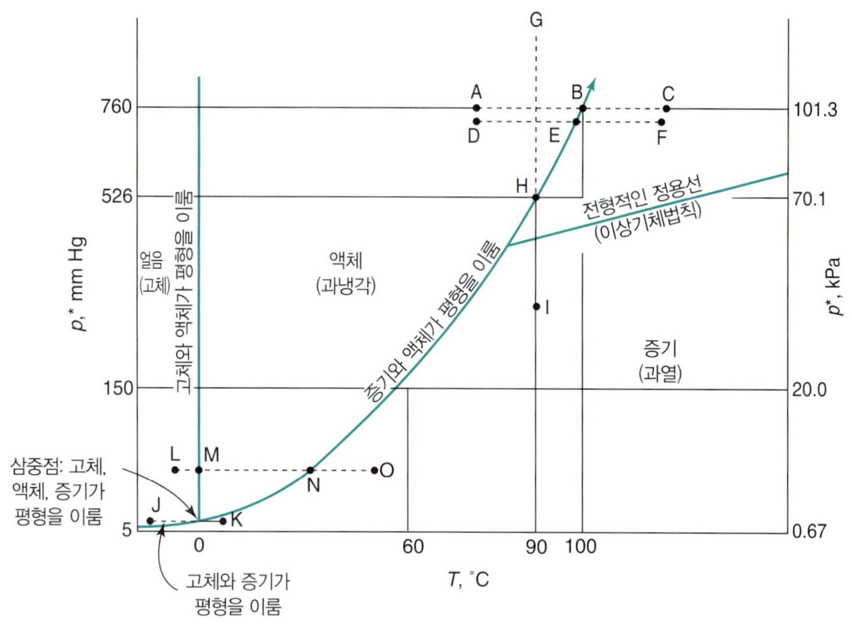

그림 7.3 ▸ p^*-T 도표. 여러 일반적 과정을 나타냈다.

력으로 인해 물 층이 생겨서 스케이트에 대한 마찰이 적어지기 때문이다.

순수한 성분의 증기와 액체가 **평형**을 이룰 때의 **평형압력(equilibrium pressure)을 p^*로 표기하고 증기압(vapor pressure)이라 한다. 주어진 온도에서 순수 성분의 증기와 액체가 평형으로 존재하는 압력은 오직 1개만 존재한다.** 물론 각각의 상이 단독으로 넓은 범위에서 존재할 수도 있다.

다음으로 그림 7.3과 같은 p^*-T 상도표에서 편리하게 표시된 과정과 관련된 몇 가지 용어를 설명한다(다음의 설명에서 괄호 안의 문자는 그림 7.3에서 같은 순서의 문자로 표시한 과정을 나타낸다).

- **비등**: 액체에서 기체로의 상전이(예: B, E, N, 비등은 일정한 온도와 압력에서 일어나므로 비등과정은 p-T 도표에서 한 개의 점으로 표시됨을 유의하라)
- **기포점**: 액체가 증발하기 시작하는 온도(N, H, E가 예이다)
- **응축**: 증기에서 액체로의 상전이(예: N, E, B, 응축은 일정한 온도와 압력에서 일어나므로 비등과정은 p-T 도표에서는 한 개의 점으로 나타남을 유의하라)
- **이슬점**: 특정 압력에서 증기가 응축하기 시작하는 온도. 즉 증기압 곡선의 수평축(N, H, E가 예이다)
- **증발**: 액체에서 증기로의 상전이(예: D에서 F로, A에서 C로, M에서 O로)
- **응고(고체화)**: 액체에서 고체로의 상전이(N에서 L로)
- **융해(녹음)**: 고체에서 액체로의 상전이(L에서 M으로, 비등과 유사하게 용해 혹은 녹음과정은 p-T 도표에서 단일점으로 나타난다)
- **융해곡선**: 삼중점에서 시작되어 M까지 거의 수직으로 올라가는 고체-액체 평형 곡선
- **표준비등점**: 증기압(p^*)이 1 atm(101.3 kPa)이 되는 온도(물의 경우 점 B). 표준 대기압에서 액체가 끓기 시작하는 온도

- **표준녹는점**: 1기압(101.3 kPa)에서 고체가 녹는 온도
- **포화액체/포화증기**: 기체-액체 평형선상의 값(증기압 곡선 예: N에서 B까지)
- **과냉액체**: 융해곡선과 증기압 곡선 사이의 액체에 대한 T와 p(액체 D가 예이다)
- **승화**: 고체에서 증기로의 상전이(J에서 K로)
- **승화곡선**: J(혹은 그 이하)로부터 삼중점까지의 기체-고체 평형선
- **승화압**: 승화곡선상의 압력(온도의 함수이다)
- **초임계영역**: 임계점 이상의 p-T 값(그림 7.3에는 나타나 있지 않다)
- **과열증기**: 포화상태 이상의 온도와 압력을 가지는 증기. I가 하나의 예이다. **과열도**는 주어진 압력에서 실제 T와 포화 T 사이의 온도차이다. 예를 들어 500°F과 100 psia의 수증기(100 psia에서 포화온도는 327.8°F이다)의 과열도는 (500 − 327.8) = 172.2°F이다.
- **기화**: 액체에서 증기로의 상전이(예: D에서 F로)

그림 7.3에서 1 atm의 물의 증발(A에서 C) 및 응축(C에서 A) 과정을 선 ABC로 나타냈는데, 100°C에서 상전이가 일어난다. 백두산 꼭대기에 올라가서 대기에 개방된 상태로 증발과 응축과정을 반복한다면 어떻게 되는가? 과정은 마찬가지겠지만(점 DEF) 물이 끓기 시작하거나 응축하기 시작하는 온도와 압력은 달라질 것이다. 백두산 꼭대기의 대기압은 101.3 kPa 이하이므로 낮은 온도에서 끓기 시작한다. 물을 끓여서 병원균을 멸균하려 했다면 불행한 결과가 초래될 수도 있다. 또한 고도가 높으면 비등점이 낮아지므로 그 고도에서 쌀로 밥을 지으려면 더욱 오래 걸릴 것이다.

결론적으로 평형에서는 (a) 정해진 온도에서 물은 유일한 증기압을 나타내며, (b) 온도가 올라가면 증기압도 증가하고 온도가 내려가면 증기압은 감소한다. (c) 이러한 현상은 물이 공기 중으로 기화하거나, 피스톤으로 갇힌 실린더 내에서 기화하거나, 진공 실린더에서 기화하거나 혹은 대기 중으로 기화하거나 차이가 없다는 것을 알 수 있다. 즉 물이 수증기와 평형을 이루는 한 주어진 온도에서는 동일한 증기압을 가진다.

일정한 부피를 유지하면서 순수 성분은 정압과정뿐만 아니라 등온과정을 통해 액체에서 증기로 혹은 그 역으로 상전이가 가능하다. 등온 기화 또는 응축과정은 그림7.3에서 각각 선 GHI와 선 IHG로 표현된다. 등온에서 압력이 증기압 곡선의 H에 도달하면 물이 기화하거나 응축할 것이다. 일정 온도일 경우 H에서 일어나는 변화에 의해 증기나 액체의 분율이 각각 증가하거나 감소한다. 증기나 액체의 상전이가 완결되기 전에는 압력이 변하지 않는다.

이제 실험장치로 돌아가서 p-$\hat{V}$ 상도표를 만들기 위한 자료를 수집하자. 장치 내의 온도를 일정하게 유지하면서 부피가 바뀌면서 변하는 압력을 측정한다. 얼음 대신에 압축된 액체 물(과냉각된 물)에서 시작해서 피스톤을 올려서 압력을 감소시켜 물이 기화하도록 한다. 두 온도 T_1과 T_2에서의 측정값을 그림 7.4에 파선으로 나타냈다. 일정 온도 T_1에서 압력을 감소시키면 액체 압력이 증기압 p^*(점 A)에 이를 때까지 $\hat{V}$가 아주 조금 증가한다(액체는 매우 비압축성이다).

피스톤을 계속 올리면(즉 $\hat{V}$이 증가함에 따라) 모든 액체가 기화할 때까지 포화 증기선상에 점 B로 나타낸 압력과 온도로 일정하게 유지한다. 이어서 점 B에서 시작해 압력을 감소시키면 이상기체식이나 실제기체식을 이용해서 $\hat{V}$를 계산할 수 있다. 일정 온도 T_2에서의 압축과정은 T_1에서

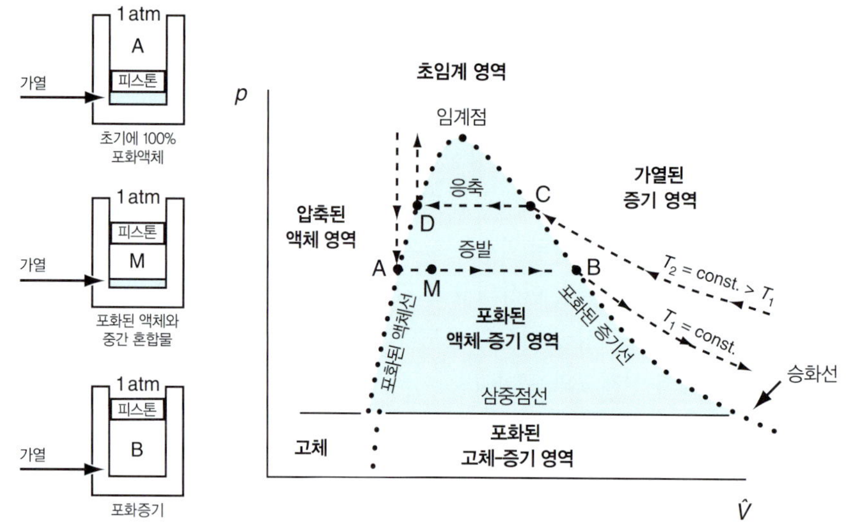

그림 7.4 ▸ 실험으로 p-$\hat{V}$ 상도표 결정하기. 파선은 일정한 온도 T_1과 T_2에서 구한 측정 결과이다. 점선은 각각 포화액체와 포화증기의 기화와 응축이 일어나는 점을 나타낸 것으로, 2상 영역을 둘러싸게 된다.

의 과정에 대한 역과정이다. 그림 7.4의 점들은 액체와 증기의 포화상태를 측정해서 나타낸 것으로, 그림 7.2와 7.3에서는 다른 각도에서 보았을 때 증기압 곡선으로 나타나는 2상(two-phase) 영역을 둘러싸게 된다. 2상 영역(즉 A에서 B 또는 D에서 C)은 액체와 증기가 평형으로 존재할 수 있는 영역을 나타낸다. 그림 7.4로부터 삼중점에서 액체에서 고체로 변하면 불연속적인 비체적의 변화가 나타난다는 것을 유의하라. 달리 말하면 물은 얼면서 팽창하는데, 이것이 북극지방의 빙하에 갇힌 배가 팽창하는 얼음의 힘에 의해 파괴되는 이유이다. 그림 7.3과 7.4를 비교하면 p-$\hat{V}$(그림 7.4) 도표에서 선 AB와 CD는 p-T 도표(그림 7.3)의 단일 점에 해당된다는 것을 알 수 있다.

그림 7.4에서는 증기와 액체의 혼합물에 대한 증기(습한 증기)의 분율 혹은 백분율인 **질**(quality)이라는 용어가 포함되어 있다. 그림 7.5를 살펴보자. 포화액체와 포화증기의 부피 분율을 합해서 그림 7.5의 점 B에 위치한 액체-증기 혼합물의 부피를 구할 수 있다.

$$\hat{V} = (1 - x)\hat{V}^{\text{sat.}}_{\text{liquid}} + x\,\hat{V}^{\text{sat.}}_{\text{vapor}} \tag{7.1}$$

여기서 x는 분율로 나타낸 질(fractional quality)이다. x에 대해 풀면 다음과 같다.

$$x = \frac{\hat{V} - \hat{V}^{\text{sat.}}_{\text{liquid}}}{\hat{V}^{\text{sat.}}_{\text{vapor}} - \hat{V}^{\text{sat.}}_{\text{liquid}}}$$

즉 $\hat{V}^{\text{sat}}_{\text{vapor}}$와 $\hat{V}^{\text{sat}}_{\text{liquid}}$에 대한 $\hat{V}$의 위치로부터 질을 구할 수 있다.

p-$\hat{V}$-T의 관계를 나타내는 3차원 평면(그림 7.6)을 살펴보면 그림 7.3과 7.4를 유추할 수 있다.

증기압 곡선은 삼차원 평면의 면을 2차원 p-T 평면에 투영해 얻은 곡선이다. 평형상태에 있는 증기와 액체는 온도가 같기 때문에 p-T 평면상의 증기압 곡선은 실제로 3차원 도시에서는 면이라는 것을 유의하라(그림 7.6을 보라). 그러므로 그림 7.3은 그림 7.6에서 보인 전체 영역의 일부

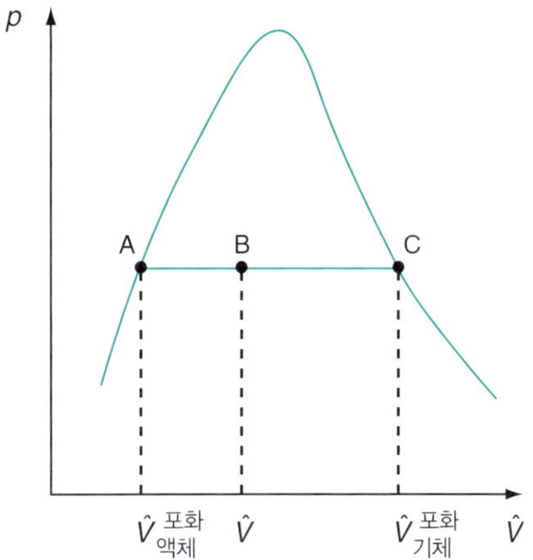

그림 7.5 ▸ 상도표상의 증기 질의 표시. A는 포화액체이고 C는 포화증기이다. B는 액체와 증기로 구성되어 있으며, 이 중 증기의 분율을 질이라 한다.

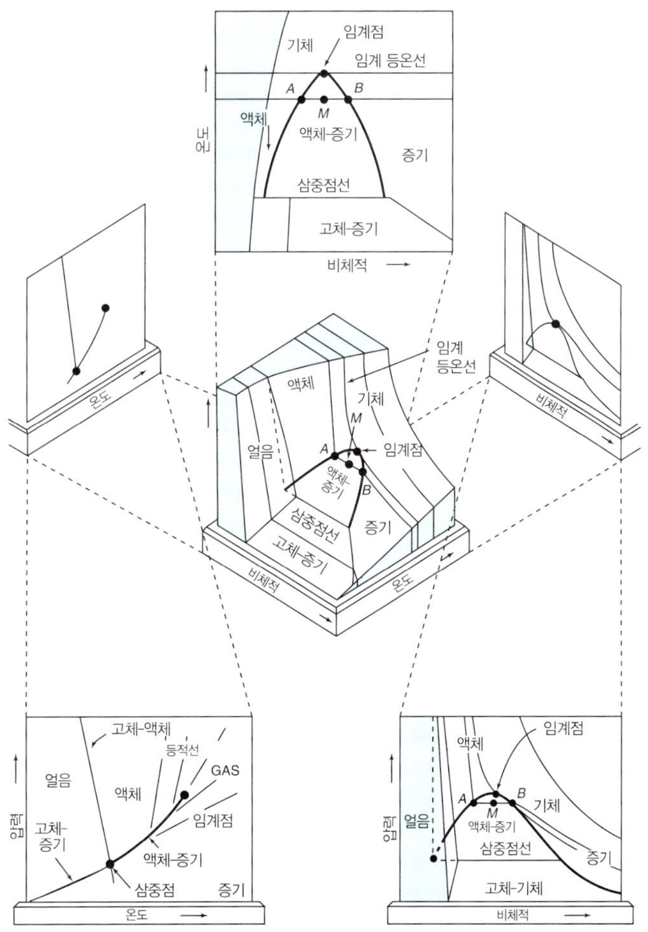

그림 7.6 ▸ 3차원으로 표현된 물의 p-$\hat{V}$-T 표면. 세 변수의 각 쌍에 대한 2차원 투영도를 나타냈다(물은 응고하면 팽창한다).

라는 것을 알 수 있다.

상률은 상도표에 나타난 상 사이의 주요 관계를 정의한다. 상률은 평형계에만 적용된다. 평형(equilibrium)이란 다음의 상태를 말한다.

- 절대적 휴지상태
- 상태 변화의 경향이 없다.
- 작용하는 과정이 없다(물리적 평형).
- 에너지, 질량, 운동량의 전달이 없다.
- 온도, 압력, 농도의 구배가 없다.
- 일어나는 반응이 없다(화학적 평형).

그러므로 **상평형**이란 계에 존재하는 상이 변하지 않고 상의 성질이 변하지 않는 상태를 의미한다. 여기서 **상**(phase)이란 화학적 그리고 물리적으로 균일한 계의 부분을 말한다. 이 정의에서 상이 연속적일 필요는 없다. 예를 들어 물속의 얼음 조각은 두 상으로 구성된 계를 나타낸다. 상에 대해 기억해야 할 중요한 개념은 평형상태의 기체와 액체는 각각 개별적인 영역을 가지는 것으로 취급할 수 있다는 점이다. 각각의 얼음 조각은 화학적으로나 물리적으로 동일하다. 그러므로 모든 조각은 하나의 상을 구성한다고 생각할 수 있다. 고체가 단일상인지 그 이상의 상을 가지는지 여부는 항상 명확하지는 않다.

식탁용 소금과 설탕을 섞으면 단일 고체계가 만들어지지만, 그 계는 구분되는 두 고체상으로 구성되어 있다. 한 상의 작은 입자가 다른 상의 작은 입자와 섞여 있는 것이다. 설탕의 입자와 소금의 입자는 겉으로 보기에는 물리적으로 동일해 보이지만, 화학적으로는 같지 않다. 한편 여기서 평형에 있는 대부분의 기체와 액체는 균일하다고 가정할 수 있다는 것을 강조할 필요가 있다.

상률에서는 계의 **세기**성질만 관여한다. 세기성질이란 **물질의 존재량과는 무관한 성질이다.** 이 책에서 지금까지 다룬 성질을 생각해보면 압력과 온도는 물질의 존재량과는 무관하다는 것을 느끼는가? 농도는 세기성질이지만 부피는 어떤가? 계의 총부피는 존재하는 물질의 양에 따라 달라지므로 크기성질이라 한다. 그러나 물질의 존재량과 독립적인 **비체적**(예를 들어 단위 킬로그램당 세제곱미터)과 **밀도**(질량/부피)는 **세기성질**이다. 비성질(단위 질량당)은 세기성질이고, 총량은 크기성질이다. 더욱이 계의 상태는 크기성질이 아니라 세기성질에 의해 규정된다.

Gibbs의 상률(Gibbs phase rule)은 어떤 물리적 계에 대한 세기성질의 값과 공존하는 상의 개수를 명확하게 나타내기 위해 필요한 독립적인 세기성질(압력, 온도 등)의 수를 결정하는 유용한 지침이다. **이 법칙은 평형계에만 적용**되며 **화학반응이 없는** 경우에 식 (7.2)로 계산된다.

$$F = 2 - P + C \tag{7.2}$$

여기서

F = 자유도(즉 계의 각 상의 모든 세기성질을 규정하기 위한 독립 세기성질의 수). 세기성 질과 크기성질을 모두 포함한 물질수지 문제에서 계산되는 자유도와 혼동하지 말아야 한다.

P = 계에 공존하는 상의 수. 상이란 기체, 순수 액체, 용액, 균질 고체처럼 물질의 균일한 양이다.

C = 계에 존재하는 독립적인 성분(화학종)의 수

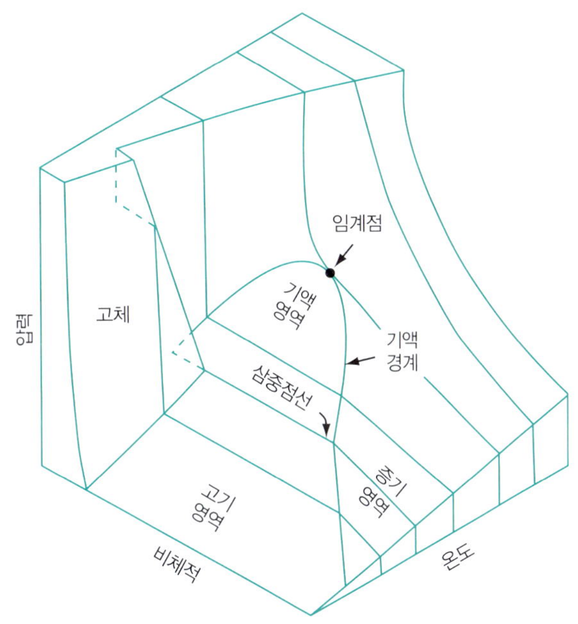

그림 7.7 ▸ p, $\hat{V}$, T를 축으로 하는 물에 대한 고상-액상-기상의 표면

그림 7.6의 부분적인 표면을 나타낸 그림 7.7을 살펴보자. 기체 상을 고려해보자.

순수한 기체의 경우에 이상기체방정식 $pV = nRT$ 식에 포함된 네 변수 중에서 세 변수를 고정하면 나머지 변수가 결정된다는 것을 상기하자. 따라서 $F = 3$이라 생각할지 모르지만, 단일 상의 경우 $P = 1$이고 순수 기체에 대해 $C = 1$이므로

$$F = 2 - P + C = 2 - 1 + 1 = 2(\text{규정해야 하는 변수의 수})$$

앞의 설명과 대치되는 이 모순을 어떻게 설명할 수 있을까? 아주 쉽다. 상률은 세기성질만을 다루므로 이상기체법칙에서의 상률변수는 다음과 같다.F

$$\left.\begin{array}{l} p \\ \hat{V}\ (\text{비 몰 부피}) \\ T \end{array}\right\} \text{3개의 세기성질}$$

따라서 이상기체법칙을 다음과 같이 나타내야 한다.

$$p\hat{V} = RT \tag{7.3}$$

이러한 형식에서는 두 세기성질만 규정하면($F = 2$) 세 번째는 구할 수 있다. 따라서 수증기표의 과열 영역에서는 2개의 세기성질을 규정하면 수증기의 다른 모든 성질은 거기에 따라 정해진다.

상의 수가 줄어들지 않고는 조건을 변화시킬 수 없는 계를 **불변계**(invariant system)라 한다. 그림 7.7에서 얼음-물-수증기로 된 계는 오직 유일한 온도(0.01°C)와 압력(0.611 kPa), 삼중점(p-T 도표의 한 점)에서 존재하며 물로 이루어진 불변상태를 나타낸다.

$$F = 2 - P + C = 2 - 3 + 1 = 0$$

3개의 상이 공존하려면 상의 수가 감소하지 않는 한 p, T, $\hat{V}$ 중 어떤 물리적 조건도 변화시킬 수

없다. 결과적으로 3개의 상이 공존하려면 온도, 비체적 등의 모든 값이 일정한 값으로 고정되어 있어야 한다. 이러한 현상은 온도계를 비롯한 기구를 검정하는 데 유용하다. 다음에서 상률을 적용한 몇 가지 예제를 다룬다.

예제 7.1 상률의 적용

문제 평형상태에 있는 다음 물질에 상률을 적용해서 자유도(계를 규정하기 위한 독립 세기성질의 수)를 계산하라.

a. 순수 액체 벤젠
b. 얼음과 물만의 혼합물
c. 액체 벤젠, 벤젠 증기, 헬륨가스의 혼합물
d. 특정 증기압을 가지도록 조제된 소금과 물의 혼합물

각 경우에 어떤 변수를 규정해야 하는가?

풀이

a. $P = 1, C = 1$. 따라서 $F = 2 - 1 + 1 = 2$
벤젠이 액체로 존재하는 온도와 압력을 규정할 수 있다.

b. $P =2, C = 1$. 따라서 $F = 2 - 2 + 1 = 1$
온도와 압력 중 하나만 규정하면 다른 세기성질은 고정된다.

c. $P =2, C = 2$. 따라서 $F = 2 - 2 + 2 = 2$
온도, 압력, 몰분율 중 둘을 규정할 수 있다.

d. $P =2, C = 2$. 따라서 $F = 2 - 2 + 2 = 2$
특정 증기압이 주어졌으므로, 소금 농도와 용액 온도를 조정해야 한다.

(a)와 (b)에서 실제로 기상이 존재한다면 P 값이 1만큼 증가하므로 F 값도 1만큼 감소한다는 것을 유의하라.

자습문제

확인문제

1. 왜 드라이아이스는 상온 상압에서 승화하는가?

2. 세기성질과 크기성질의 예를 둘씩 들어라.

3. 다음 설명이 참인지 거짓인지 밝혀라.

a. 굴절률, 점도, 밀도, X선 패턴과 같이 확실히 구별되는 성질을 가지는 물질의 집합을 상이라 한다.
b. 둘 혹은 그 이상의 성분을 포함하는 용액은 단일상이다.
c. 실제기체의 혼합물은 단일상이다.

4. 물에 관한 다음 표의 빈칸을 채우라.

상의 수	예	자유도 F	평형에서 조정될 수 있는 변수의 수
1	수증기		
2	수증기와 물		
3	수증기, 물, 얼음		

해답

1. 상온, 상압의 위치는 액체 영역의 아래에 위치하고 있기 때문에 고체와 증기의 평형만 존재한다.

2. 세기성질: 압력, 온도, 농도, 밀도 등 중 아무거나. 크기 성질: 부피, 질량, 몰수 중 아무거나

3. 모두 참

4. 상의 수 = 1: 자유도 2, 상의 수 = 2: 자유도 1, 상의 수 = 3: 자유도 0. 자유도는 평형상태에서 바뀔 수 있는 변수의 개수와 같음을 유의하라.

적용문제

1. 다음 평형계에 상률을 적용해서 자유도를 구하라.
 a. 물, 수증기, 질소
 b. 아세톤 수용액이 증기와 평형을 이루는 계
 c. 높은 온도에 있는 $O_2(g)$, $CO(g)$, $CO_2(g)$, $C(s)$

2. 1000 kg의 아세톤(C_3H_6O)이 담겨 있는 탱크의 절반은 액체로, 나머지 절반은 증기로 채워져 있다. 각 상의 온도를 50°C로 유지하면서 아세톤 증기를 탱크로부터 천천히 배출시킨다. 100 kg의 증기를 배출시킨 후의 압력을 구하라.

3. 물에 대한 p-T 상도표를 작성하라. 증기압 곡선, 이슬점 곡선, 포화영역, 과열영역, 과냉각영역, 삼중점을 명확하게 표시하라. 화살표를 이용해서 증발과정, 응축과정, 승화과정을 나타내라.

해답

1. **a.** $F = 2 - 2 + 2 = 2$, **b.** $F = 2 - 2 + 2 = 2$, **c.** $F = 2 - 2 + 4 = 4$

2. 평형이 유지된다면 압력은 50°C에서의 아세톤의 증기압이다(즉 610 mm Hg).

3. 그림 7.2, 7.3 참조

7.3 단일 성분 2상계(증기압)

단일 성분 2상계의 거동은 관심 대상 성분에 대한 상도표를 살펴봄으로써 이해할 수 있다. 예를 들어 그림 7.3의 물에 대한 p^*-T 도표(일정한 $\hat{V}$에서)를 생각해보자. 평형에 있는 수증기와 액체 물 상에 대한 온도와 압력의 관계는 삼중점에서 점 B로 연장되는 선으로 표시된다. 이 절에서는 일정 온도에서의 증기압 또는 일정 증기압에서의 온도를 구하는 방법을 설명한다.

7.3.1 수식을 이용한 추산

그림 7.2에서 본 바와 같이 온도에 대한 p^* 함수(선 AB)는 선형 함수가 아니다(아주 좁은 온도 범

위를 제외하고). p^*로부터 T를 추산하는 여러 함수 형태가 제안되었으나 이 책에서는 **Antoine 식**을 사용하기로 한다. 이 식의 정확도는 사용하기에 충분하며, 5000종 이상의 화합물에 관한 계숫값을 문헌에서 찾을 수 있다.

$$\ln(p^*) = A - \frac{B}{C + T} \tag{7.4}$$

여기서 A, B, C = 물질에 따른 상수

T = 온도, K

부록 G(저자 서문 참조)에서 다양한 물질에 대한 A, B, C의 값을 알 수 있다.

MATLAB 또는 Python의 회귀 분석 프로그램을 이용해 실험 데이터들로부터 식 (7.4)의 A, B, C의 값을 예측할 수 있다. 3개의 증기압과 온도에 관한 실험값만 있으면 식 (7.4)를 적합시킬 수 있다. 더 많은 값을 가지고 있으면 더욱 좋다.

예제 7.2 박막 증착을 위한 금속의 기화

문제 박막 증착용 기화 금속을 만드는 방법에는 보트(boat) 또는 필라멘트에서의 증발, 전자 빔(beam)에 의한 수송 등 세 가지가 있다. 그림 E7.2는 진공실 내에 위치한 보트로부터의 증발을 예시한 것이다.

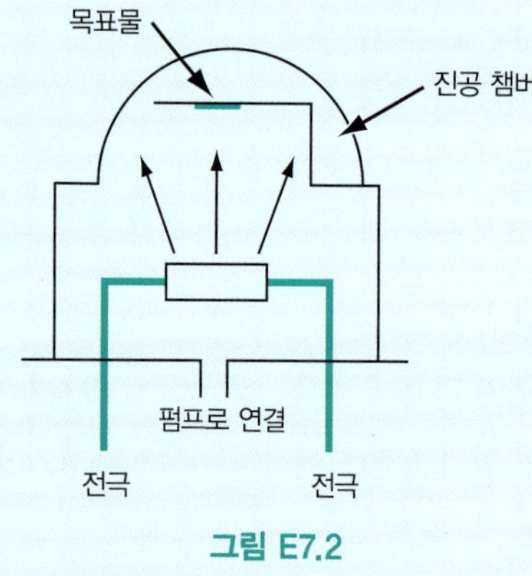

그림 E7.2

보트를 구성하는 텅스텐은 알루미늄(660°C에서 용융해 보트에 채워졌다)의 기화의 조작 온도인 972°C에서 무시할 만한 증기압을 가진다. g/(cm^2)(s)의 단위로 주어지는 알루미늄의 증발속도 m은 다음과 같다.

$$m = 0.437\frac{p^*(MW)^{1/2}}{T^{1/2}}$$

여기서 p^*는 kPa로 주어지는 증기압이고 MW는 분자량, T는 단위가 K인 온도이다. 972°C에서의 Al의 증발속도를 g/(cm^2)(s)의 단위로 구하라.

풀이 972°C에서의 Al의 p^*을 구해야 한다. Al의 증기압에 관한 자료가 있으면 Antoine 식을 사용할 수 있다. 고온의 Al에 관한 자료는 변동이 심하지만 $A = 8.779$, $B = 1.615 \times 10^4$, $C = 0$을 사용

할 것이다. p^*의 단위는 mm Hg, T의 단위는 K이다.

$$\ln p^*_{972°C} = 8.799 - \frac{1.615 \times 10^4}{972 + 273} = 0.0154 \text{ mm Hg}(0.00201 \text{ kPa})$$

$$m = 0.437 \frac{(0.00201)(26.98)^{1/2}}{(972 + 273)^{1/2}} = 1.3 \times 10^{-4} \text{ g}/(\text{cm}^2)(\text{s})$$

7.3.2 표에서 증기압 검색

물질의 증기압은 편람, 물성에 관한 단행본, 웹사이트 등에서 찾을 수 있다. 여기서는 물을 예로 들 것이다. 물과 수증기의 물성을 표로 나타낸 것을 **수증기표**(steam table)라고 하는데, 이름과는 달리 수증기뿐만 아니라 물에 대한 표이기도 하다. 또한 미국기계공학회의 Property of Steam Property Tables, Spirax Sarco, TLV와 같은 곳에 기재된 물성은 수식을 이용해서 생성된 것이다. 이런 웹사이트에는 물에 대한 물성들이 여러 단위로 가능한 범위 안에서 연속적인 값으로 구할 수 있어 표에서의 내삽을 하지 않아도 된다. 각각 다른 정확도를 가진 수식을 이용해서 얻어진 숫자들이기 때문에, 한 곳에서 얻은 물과 수증기에 대한 물성은 다른 곳에서 구한 값들과 정확히 일치하지 않을 수 있다.

여기에 앞에서 언급된 웹사이트로부터 만들어지거나 다른 문헌에서 찾을 수 있는 네 가지 종류의 수증기표에 대한 예시가 나와 있다.

1. $\hat{V}$와 같은 다른 성질이 수록된 p^*-T 표(포화 물과 수증기)

포화 물의 물성(SI 단위)

압력 kPa	T(온도) K	부피, m^3/kg	
		V_t	V_g
0.80	276.92	0.001000	159.7
1.0	280.13	0.001000	129.2
1.2	282.81	0.001000	108.7
1.4	285.13	0.001001	93.92
1.6	287.17	0.001001	82.76
1.8	288.99	0.001001	74.03
2.0	290.65	0.001002	67.00
2.5	294.23	0.001002	54.25
3.0	297.23	0.001003	45.67
4.0	302.12	0.001004	34.80

2. $\hat{V}$와 같은 다른 성질이 수록된 T-p^* 표(포화 물과 수증기)

포화 물의 물성(SI 단위)

T(온도) K	압력 kPa	부피, m^3/kg	
		V_t	V_g
273.16	0.6113	0.001000	206.1
275	0.6980	0.001000	181.7
280	0.9912	0.001000	130.3
285	1.388	0.001001	94.67
290	1.919	0.001001	69.67
295	2.620	0.001002	51.90
300	3.536	0.001004	39.10
305	4.718	0.001005	29.78
310	6.230	0.001007	22.91
315	8.143	0.001009	17.80

3. T와 p의 함수로 나타낸 과열 증기(수증기)표

과열 수증기의 물성(AE 단위)*

절대압력 lb/in.^{2} (포화온도)		포화물	포화증기	400°F	420°F	440°F
	Sh			29.23	49.23	69.23
175	*v*	0.0182	2.601	2.730	2.814	2.897
(370.77)	*h*	343.61	1196.7	1215.6	1227.6	1239.9
	Sh			26.92	46.92	66.92
180	*v*	0.0183	2.532	2.648	2.731	2.812
(373.08)	*h*	346.07	1197.2	1214.6	1226.8	1239.2
	Sh			24.66	44.66	64.66
185	*v*	0.0183	2.466	2.570	2.651	2.731
(375.34)	*h*	348.47	1197.6	1213.7	1226.0	1238.4

* *Sh*: 과열(superheat) 정도, °F; *v*: 비체적, ft^3/lb_m; *h*: 엔탈피, Btu/lb_m

4. p와 T의 함수로 나타낸 과냉각 물(액체)의 물성표(표의 h와 u는 각각 엔탈피, 비내부에너지 관계이며 제8장에서 소개한다)

액체 물의 물성(SI 단위)

액체 물의 성질				
p, kPa		400	425	450
Sat.	ρ, kg/m³	937.35	915.08	890.25
	h, kJ/kg	532.69	639.71	748.98
	u, kJ/kg	532.43	639.17	747.93
500	ρ, kg/m³	937.51	915.08	
	h, kJ/kg	532.82	639.71	
	u, kJ/kg	532.29	639.17	
700	ρ, kg/m³	937.62	915.22	
	h, kJ/kg	532.94	639.84	
	u, kJ/kg	532.19	639.07	

원하는 물성을 얻기 위해 어떤 표를 사용할 것인가? 물의 상도표 중 하나를 살펴보는 것이 한 가지 방법이다. 예를 들어 25°C, 4 atm에 있는 것은 액체 물, 포화 물-수증기 혼합물, 수증기 중 어느 것인가? 물의 상태를 결정하기 위해서 수증기표의 값과 상에 대한 지식을 함께 사용할 수 있다. 포화된 물에 대한 p^*-T의 SI 수증기표로부터 온도는 $p^* = 3.536$ kPa일 때의 온도인 300 K보다 약간 낮다. 주어진 압력이 298 K에서의 포화 압력보다 훨씬 높은 약 400 kPa이므로 물은 확실히 과냉각(압축된 액체)되어 있다.

그림 7.8을 이용해서 $p^* = 250$ kPa, $\hat{V} = 1.00$ m³/kg인 위치를 확인할 수 있는가? 이 물은 과열 영역에 위치하는가? 비체적이 250 kPa의 포화 부피인 0.7187 m³/kg보다 크다. $T = 300$ K이고 $\hat{V} = 0.505$ m³/kg인 점은 어떤 상태인가? 이 상태의 물은 포화된 물과 수증기의 혼합물이다. 식 (7.1)을 사용해서 이 혼합물의 수증기 질을 구할 수 있다. 수증기표로부터 포화된 물과 포화 수

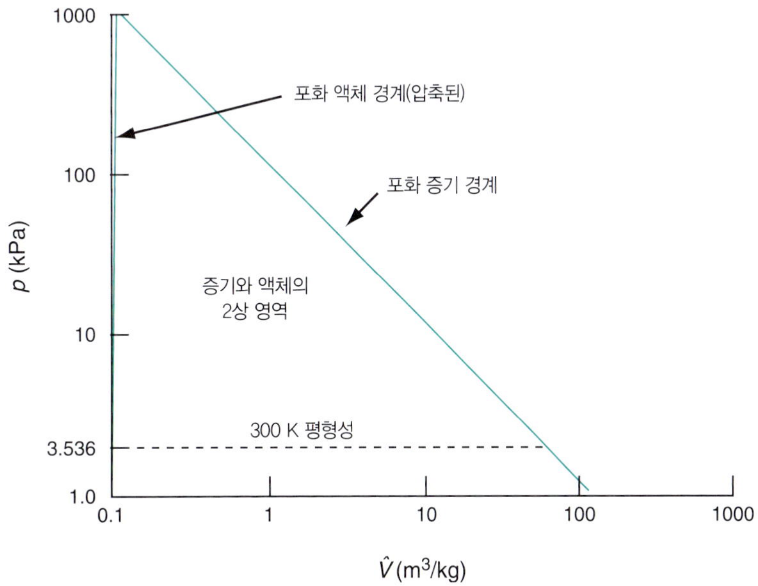

그림 7.8 ▸ 물의 상선도의 일부(두 축은 로그눈금이다)

증기의 비체적은 각각 다음과 같다.

$$\hat{V}_\ell = 0.001004 \text{ m}^3/\text{kg}, \quad \hat{V}_g = 39.10 \text{ m}^3/\text{kg}$$

계산 기준: 습한 수증기 혼합물 1kg

수증기 분율을 x라 하자.

$$\frac{0.001004 \text{ m}^3}{1 \text{ kg 액체}}\left|\frac{(1-x) \text{ kg 액체}}{}\right. + \frac{39.10 \text{ m}^3}{1 \text{ kg 증기}}\left|\frac{x \text{ kg 증기}}{}\right. = 0.505 \text{ m}^3$$

$$x = 0.0129 \text{ (분율로 나타낸 질)}$$

특정 온도나 압력에서 포화 물과 수증기의 비질량이 주어지고, 물의 상태가 2상 영역에서 있다는 것을 안다고 하면, 수증기표를 이용해 여러 가지를 계산할 수 있다. 예를 들어 10.0 m^{3}인 용기에 10 atm에서 물과 수증기 2000 kg이 들어 있을 때 각 상의 부피를 구할 수 있다. 물의 부피를 V_l, 수증기의 부피를 V_g라 하면 각 상의 질량은 각각 $V_l/\hat{V}_l$ 및 $V_g/\hat{V}_g$이다. 총부피와 총질량은 다음과 같다.

$$V_\ell + V_g = 10$$

그리고

$$V_\ell/\hat{V}_\ell + V_g/\hat{V}_g = 2000$$

수증기표로부터 $\hat{V}_l = 0.0011274 \text{ m}^3/\text{kg}$, $\hat{V}_g = 0.19430 \text{ m}^3/\text{kg}$이다. 위의 두 식을 연립해서 V_l과 V_g에 대해 풀면 물의 부피는 2.21 m^{3}이고 수증기의 부피는 7.79 m^{3}이다. 또한 물의 질량은 1960 kg이고 수증기의 질량은 40 kg이다.

수증기표에 주어진 값은 연속적인 값이 아니므로 두 값 사이의 값은 내삽해야 구할 수 있다. 하지만 웹사이트에서 정보를 구한다면 값이 직접적으로 주어지므로 내삽 기술이 필요하지 않다. 다음 예제에서는 수증기표의 값을 내삽하는 방법을 다룬다.

예제 7.3 수증기표 값의 내삽

문제 312 K에 있는 물의 포화압력을 구하라.

풀이 이 문제를 풀려면 수증기표의 값을 단순 내삽하면 된다. 357~359쪽의 수증기표에서 312 K를 포함하는 위와 아래 온도에서의 포화 물에 대한 p^*를 구한다.

T (K)	p^*
310	6.230
315	8.143

310 K과 315 K 사이에서의 선형 내삽에 대한 개념을 그림 E7.3에 나타냈다. T에 따른 p^*의 변화를 구한다.

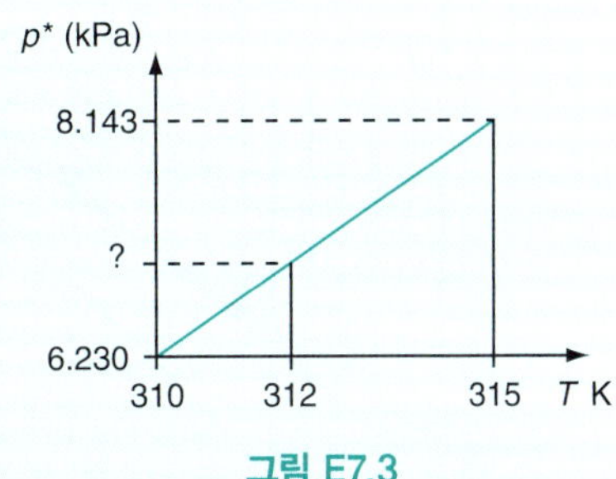

그림 E7.3

$$\frac{\Delta p^*}{\Delta T} = \frac{8.143 - 6.230}{315 - 310} = \frac{1.91}{5} = 0.383$$

변화율에 p^*의 변화에 해당되는 310 K로부터 온도의 변화를 곱한 값에 310 K의 p^* 값인 6.230 kPa을 더한다.

$$p^*_{312\,\text{K}} = p^*_{310\,\text{K}} + \frac{\Delta p^*}{\Delta T}(T_{312} - T_{310}) = 6.230 + 0.383(2) = 7.00\ \text{kPa}$$

7.3.3 기준물질 도표를 이용한 증기압 추산

증기압 자료와 온도의 관계를 나타내는 곡률(그림 7.2)로 인해, 계수가 둘이나 셋인 간단한 식을 사용해서 삼중점에서 임계점에 이르는 자료를 정확하게 맞출 수는 없다. Othmer는 여러 논문에서[1] 증기압과 온도의 관계를 직선으로 나타낼 수 있는 **기준물질 도표**(reference substance plot)를 제안했다. 가장 유명한 한 예는 Cox 선도이다.[2] Cox 선도를 이용해서 증기압값을 구하기도 하고 실험값의 신뢰성을 검증할 수도 있으며, 내삽과 외삽을 수행할 수도 있다. 그림 7.9가 Cox 선도이다.

Cox 선도를 만드는 방법은 다음과 같다.

1. 원하는 p^*의 범위를 나타낼 수 있도록 횡축을 $\log p^*$ 눈금으로 나타낸다.
2. 다음으로 종축에 표시할 온도 범위를 포함할 수 있도록 이 그림에 적당한 각도, 예를 들면 45°의 직선을 그린다.
3. 종축의 눈금을 일반적으로 25, 50, 100, 200도와 같은 일반적인 정수로 나타내기 위해 **기준물질**, 일반적으로 물을 사용한다. 첫 번째 정수를 위해, 예를 들어 T = 100°F에 대해 수증기표나 Antoine 식으로부터 물의 증기압을 구하면 0.9487 psia이다. 이 값을 횡축에 위치시키고 45° 직선과 만날 때까지 수직선을 긋는다. 이 점으로부터 종축과 만날 때까지 수평선을 긋는다. 두 선이 만나는 곳의 값을 100°F로 표시한다.
4. 다음 온도, 예를 들어 200°F로 취하면 증기압은 11.525 psia이다. 횡축의 압력 p^* = 11.525 psia에서 출발해 45° 직선과 만난 뒤 수평으로 종축과 만나는 점을 200°F로 표시한다.
5. 원하는 종축의 온도 범위를 포함할 때까지 3, 4단계를 반복한다.

1) See, for example, D. F. Othmer, *Ind. Eng. Chem.*, **32**, 841 (1940); and J. H. Perry and E. R. Smith, *Ind. Eng. Chem.*, **25**, 195 (1933).
2) E. R. Cox, *Ind. Eng. Chem.*, **15**, 592 (1923).

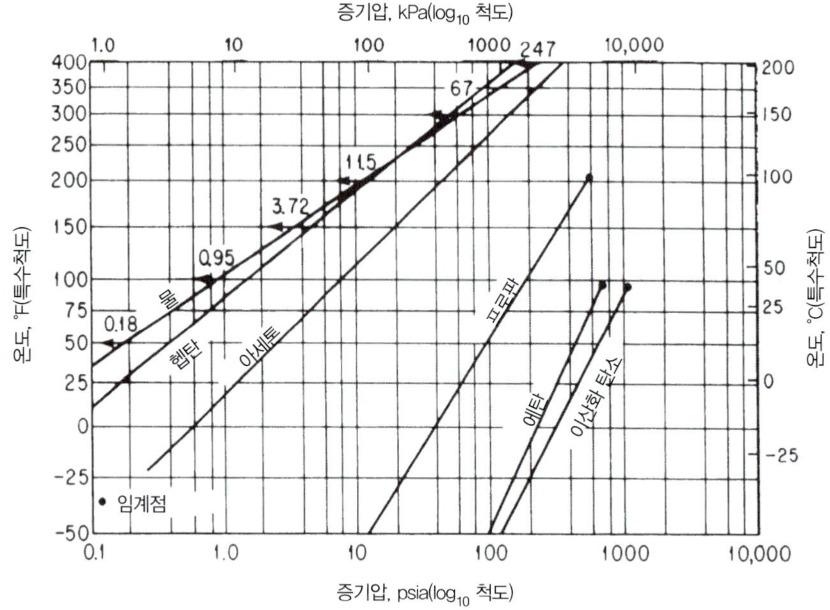

그림 7.9 ▸ Cox 선도. 기준물질(여기서는 물)을 사용해서 Cox가 개발한 특수 눈금에 화합물의 증기압을 나타내면 직선이 된다.

그림 7.9에서와 같이 다른 화합물에 대한 p^*-T 관계를 나타내면 직선이 된다. Cox 선도가 유용한 것은 이렇게 특수하게 만든 좌표에서 다른 물질의 증기압이 넓은 온도 범위에서 직선으로 나타나서 쉽게 내삽하거나 외삽할 수 있다는 것이다. 탄화수소와 같이 서로 유사한 화합물에 대해 작성한 선은 모두 한 점에서 만난다. Cox 선도에서는 직선이 얻어지므로 두 점의 증기압 자료만 있으면 상당한 온도 범위에 걸쳐 물질의 증기압에 관한 정확한 정보를 얻을 수 있다.

Cox 선도를 이용하는 예제를 살펴보자.

예제 7.4 증기압 자료의 외삽

문제 용제에 대한 규제는 *Federal Register*[36, No. 158(August 14, 1971)]의 Title 42, Chapter 4, Appendix 4.0, “Control of Organic Compound Emissions”에서 처음으로 규정되었다. 공업적 마감처리와 가공, 드라이클리닝, 금속 탈지, 인쇄 등에서 사용되는 염소계를 비롯한 용매를 순환시켜서 재사용하기 위해 활성탄 흡착 장치를 사용한다. 흡착탑 크기를 정하려면 공정조건에서 흡착 대상 화합물의 증기압을 알아야 한다.

클로로벤젠의 증기압은 110°C에서 400 mm Hg, 205°C에서 5 atm이다. 245°C와 임계점(359°C)에서 증기압을 추정하라.

풀이 Cox 선도를 사용해 증기압을 추산한다. 그림 7.9의 방법으로 온도 눈금(종축)과 증기압 눈금(횡축)을 만든다. 그림 E7.4에서 보듯이 $\log_{10}$으로 나타낸 p^*의 횡축에 150~700°F에 해당하는 3.72~3,094 psia의 증기압을 표시하고 종축에는 각각의 온도를 표시한다.

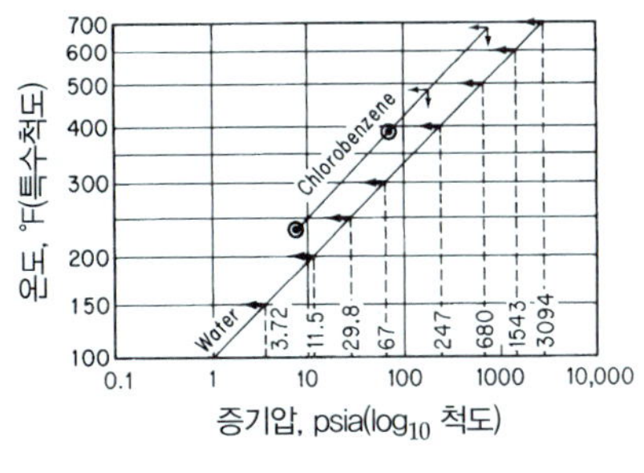

그림 E7.4

다음으로 클로로벤젠의 두 증기압값을 psia 단위로 환산한다.

$$\frac{400 \text{ mm Hg}}{} \left| \frac{14.7 \text{ psia}}{760 \text{ mm Hg}} \right. = 7.74 \text{ psia} \quad 110°\text{C} = 230°\text{F}$$

$$\frac{5 \text{ atm Hg}}{} \left| \frac{14.7 \text{ psia}}{1 \text{ atm Hg}} \right. = 73.5 \text{ psia} \quad 205°\text{C} = 401°\text{F}$$

이 두 점을 그래프에 도시한다. 원으로 표시된 점들을 살펴보라. 마지막으로 이 두 점을 지나는 직선을 그리고 이 직선을 471°F(245°C)와 678°F(359°C)까지 외삽한다. 이 온도에서 증기압을 읽으면 다음과 같다.

	471°F (245°C)	678° (359°C)
추산값:	150 psia	700 psia
실험값:	147 psia	666 psia

비교하기 위해 실험값을 함께 나타냈다.

7.3.4 비선형 데이터를 내삽하기 위한 MATLAB과 Python의 활용

선형 내삽은 어떤 종류의 데이터에는 상당히 정확하지만 다른 경우에는 그렇지 않을 수 있다. 어떤 데이터에 대해 선형 내삽이 적절할지 또는 비선형 내삽이 필요한지 어떻게 판단할 수 있을까? 다음 두 가지 데이터를 활용해서 이 문제에 대해 접근해볼 수 있다.

액체 포화증기의 증기압과 비체적

T(K)	증기압(kpa)	$\frac{dp_{vp}}{dT}$	$\hat{V}_{liq}(m^3/kg)\times10^4$	$\frac{d\hat{V}_{liq}}{dT}\times10^4$
275	0.6980	0.059	9.9959	0.0013
280	0.9912	0.059	10.0022	0.0012
285	1.388	0.079	10.0084	0.0012
290	1.919	0.106	10.0147	0.0012
295	2.620	0.140	10.0209	0.0019
300	3.536	0.183	10.0334	0.0025
305	4.718	0.236	10.0459	0.0037
310	6.230	0.302	10.0709	0.0044
315	8.143	0.383	10.0896	0.0037

이 데이터는 액체 물의 비체적과 증기압을 온도에 대한 함수로 표현한 포화증기 데이터로부터 온 것이다. 비선형 데이터에 관해서는 데이터의 기울기가 급격하게 변하는 반면 상대적으로 선형 데이터인 경우에는 기울기가 조금씩 변한다. 또한 선형 스케일로 데이터를 그래프로 그리게 되면, 비선형 데이터의 경우 그래프가 상당한 곡선을 그리게 된다. 온도에 대한 증기압의 도함수는 보여진 온도 범위에서 6배 정도 변하고, 액체의 비체적은 3배 정도 변하는 것에 유의하라. 따라서 두 가지 데이터 모두 상당한 비선형성을 지니고 있다.

이제 이 데이터의 경우 비체적 값의 총변화율은 1% 미만인 반면, 증기압의 총변화율은 약 250%라는 점에 유의하자. 그러므로 데이터 값들 사이에서 비체적의 상대적인 변화량은 상당히 작다. 그 결과로 비체적에 대한 선형 내삽은 상당히 정확한 추정치를 제공할 것이다. 한편 증기압에 대한 데이터 값은 상당한 차이를 보인다. 그러므로 데이터의 비선형성에 더해 데이터 값들 사이의 상대적으로 큰 차이로 인해 선형 내삽을 적용할 경우 상당한 오차를 보일 것이다. 이 점은 다음 2개의 예시에 의해 잘 드러난다.

MATLAB과 Python 모두 3차 스플라인에 의한 내삽을 위한 함수를 제공한다. 스플라인은 유연한 곡선을 수학적으로 표현하는 비선형 함수라고 할 수 있는데, 왜냐하면 그 함수는 각각의 데이터 포인트를 지나지만 데이터 값에 따라 변하는 기울기를 가질 것이기 때문이다. 다음 예시들은 선형 내삽으로는 정확히 표현할 수 없는 데이터에 적용하기 위한 3차 스플라인 함수를 사용하는 방법을 보여준다.

MATLAB

MATLAB은 3차 스플라인 내삽을 위한 내재 함수를 제공한다(스플라인 함수). 스플라인 함수의 호출은 다음과 같이 한다.

```
fv=spline(xd,fd,xv)
```

여기서 fv는 xv에 따른 내삽 값이고, xd는 내삽을 위한 $f(x)$ 데이터 값을 표현하는 벡터이며, xv는 내삽에 사용되는 x의 값이다. 스플라인 함수는 데이터의 비선형성에 따라 선형, 4차, 3차 내삽을 사용한다.

예제 7.5 MATLAB을 이용한 3차 스플라인 내삽

문제 앞서 살펴본 표에 나온 포화증기의 증기압 데이터를 사용해, 307.5 K에서의 증기압을 예측하라.

풀이

예제 7.5의 MATLAB 풀이

```
%%%%%%%%%%%%%%%%%%%%%%%%%%%%%%%%%%%%%%%%%%%%%%%%%%%%%%%%%%%%%%%%%%%%
%                          NOMENCLATURE
%
```

```
% fv - the interpolated value
% xd - a vector containing the x values of the data
% fd - a vector containing the y values of the data
% xv- the value of x that is to be interpolated
%
%%%%%%%%%%%%%%%%%%%%%%%%%%%%%%%%%%%%%%%%%%%%%%%%%%%%%%%%%%%%%%%%%%%%%%%%
%                                   PROGRAM

function Ex7_5_Spline
clear; clc;
                                  % Insert data
xd=[275,280,285,290,295,300,305,310,315];
fd=[0.6968,0.9912,1.388,1.919,2.62,3.536,4.718,6.23,8.143];
xv=[307.5];                        % Set value to be interpolated
fv=spline(xd,fd,xv)                 % Call built-in function spline
end
%                                 PROGRAM END
%%%%%%%%%%%%%%%%%%%%%%%%%%%%%%%%%%%%%%%%%%%%%%%%%%%%%%%%%%%%%%%%%%%%%%%%
fv =
    5.4284
```

결과 분석 이 예시에 대해 선형 내삽이 사용되었다면, 결과는 5.474 kPa가 얻어졌을 것이고, 선형내삽과 3차 스플라인 내삽법 사이에 0.046 kPa의 차이가 나게 되는데, 이 값은 상대적으로 작은 값이긴 하지만 증기압 데이터에 사용된 소수점 숫자를 고려했을 때 상당한 차이이다.

Python

Python은 내삽을 위한 내재 함수를 제공한다(scipy.interpolate.interp1d). interp1d를 호출하는 방법은 다음과 같다.

```
f=scipy.interpolate.interp1d(xd, yd, kind='linear')
yi=f(xv)
```

여기서 f는 내삽을 위해 사용되는 함수, xd는 내삽을 위한 데이터에 사용된 x 값의 벡터, yd는 내삽을 위해 사용된 $y(x)$ 데이터의 값들의 벡터, xv는 내삽을 적용하는 x의 값, yi는 xv를 내삽한 값이다. scipy.interpolate.interp1d는 kind에 주어진 값에 따라 선형, 4차, 3차 스플라인 내삽법을 제공한다('linear', 'quadratic', 'cubic' 중 하나이고 기본값은 linear). 이 함수에 의해 정해지는 함수 f는 한 번 또는 여러 번의 내삽법 적용에 사용될 수 있다는 점에 유의하자.

예제 7.6 Python을 이용한 3차 스플라인 내삽

문제 앞서 살펴본 표에 나온 포화증기의 증기압 데이터를 사용해, 307.5 K에서의 증기압을 예측하라.

풀이

예제 7.6의 Python 코드

```
Ex7_6 Interpolation.py
############################################################################
#                               NOMENCLATURE
#
#  xd - a vector containing the x values for the data
#  xv- a vector containing the values of x that are to be used for
   interpolation
#  yd - a vector containing the y values for the data
#  yi - the interpolated value
############################################################################
#                                  PROGRAM
import scipy.interpolate
import numpy as np
#  Input the x,y data
xd=np.array([275, 280, 285, 290, 295, 300, 305, 310, 315])
yd=np.array([0.6968, 0.9912, 1.388, 1.919, 2.62, 3.536, 4.718, 6.23,
   8.143])
#
#  Apply function scipy.interpolate.interp1d to implement cubic spine
   interpolation
#
f=scipy.interpolate.interp1d(xd, yd, kind='cubic')
#  Specify the value that will be used to perform the interpolation
xv=307.5
#  Use the function determined by scipy.interpolate.interp1d to perform
   the interpolation
yi=f(xv)
print("The interpolated value for x={0:5.2f} is {1:6.4f}".format(xv, yi))
#                               PROGRAM END
############################################################################
```

IPython 콘솔:

```
In[1]: runfile(…
Out[1]:
The interpolated value for x=307.5 is 5.4284 kPa
```

결과 분석 이 예시에 대해 선형 내삽이 사용되었다면, 결과는 5.474 kPa가 얻어졌을 것이고, 선형 내삽과 3차 스플라인 내삽법 사이에 0.046 kPa의 차이가 나게 되는데, 이 값은 상대적으로 작은 값이긴 하지만 증기압 데이터에 사용된 소수점 숫자를 고려했을 때 상당한 차이이다.

이 장에서는 순수 성분의 증기압을 다루었지만, 증기압은 혼합물의 용액에도 적용된다는 것을 언급해두어야 할 것 같다. 예를 들어 배출 기준에 맞추기 위해 정유회사에서는 여름용과 겨울용 휘발유와 경유의 배합을 달리한다. 연료의 증기압에 따라 배출에 대한 규제는 RVP(Reid Vapor Pressure)를 이용해서 규정하는데, 이것은 부분적으로 기화시킨 100°F의 용기(bomb) 내에서 측정한다. 순수 성분에 대한 RVP는 그 성분의 실제 증기압이지만, 혼합물(주로 연료)에 대한 RVP 값은 혼합물의 증기압보다 낮다(휘발유의 경우 10% 정도 낮다).[3)]

자습문제

확인문제

1. 온도가 증가함에 따라 화합물의 증기압에는 어떤 변화가 생기는가?

2. Antoine 식이나 이것의 변형된 식을 사용하는 것보다 수증기표나 이와 유사한 다른 화합물에 대한 표를 사용하면 보다 정확하게 증기압을 나타낼 수 있는가?

3. 값을 알고 있는 범위 밖의 증기압이 필요한 경우 그 값을 추산하기 위한 최선의 방법은 무엇인가?

4. 물에 대한 Cox 선도를 만들 수 있는가?

5. 주어진 데이터에 대해 선형 내삽 또는 비선형 내삽 중 어떤 것을 쓸지 어떻게 결정해야 하는가?

해답

1. 화합물의 증기압은 온도가 증가함에 따라 증가한다.

2. 그렇다.

3. Cox 선도를 이용한다.

4. 그렇다(다른 물질을 기준 물질로 사용한다면).

5. 만약 데이터가 비선형적이고 데이터 값 사이의 상대적인 차이가 크다면 비선형 내삽을 사용한다. 그렇지 않다면 선형 내삽을 사용한다.

적용문제

1. 초기에 20°F인 물의 온도가 일정한 부피에서 250°F까지 높아질 경우 그 상태와 증기압에 대해 설명하라.

2. Antoine 식을 사용해서 50°C의 에탄올의 증기압을 계산하고 실험값과 비교하라.

3. Antoine 식으로부터 벤젠의 표준비점을 구하라.

4. −20∼140°C의 온도 범위에서 톨루엔의 증기압을 추정할 수 있는 Cox 선도를 작성하라.

---

3) Refer to J. J. Vazquez-Esparragoza, G. A. Iglesias-Silva, M. W. Hlavinka, and J. Bulin, "How to Estimate RVP of Blends," *Hydrocarbon Processing*, **135** (August, 1992), for specific details about estimating the RVP.

해답

1. 초기에는 얼음이다. 가열되면서 얼음은 32°F의 물로 녹는다. 더 가열되면, 250°F까지는 액체와 증기가 평형상태에서 존재한다.
2. 실험값은 219.9 mm Hg이다. 계산값은 220.9 mm Hg이다.
3. 80.1°C
4. 그림 7.9를 볼 것

7.4 이성분 기체/단일 성분 액체 계

단일 성분 2상계로부터 보다 복잡한 계, 즉 기상에는 두 성분이 존재하고 단일 성분의 액상으로 이루어진 계로 설명을 확장해보자. 이러한 예로는 물과 공기처럼 비응축성의 기체로 이루어진 계가 있다. 물과 공기의 평형관계로부터 비가 만들어지는 원리를 설명할 수 있으며 이슬점과 공기의 습도 등과 같은 기상학적인 용어도 유래한다. 더욱이 이성분 기체/단일 성분 액체 계에 대한 평형관계는 산업적으로 물의 증발을 이용한 냉각탑과 비응축성 기체를 접촉시켜 휘발성 성분을 제거하는 탈거 시스템을 설명하고 설계하기 위해 이용된다.

7.4.1 포화

임의의 비응축성 기체(혹은 기체 혼합물)가 액체와 접촉하면 그 기체는 액체로부터 분자를 포획하게 된다. 충분한 시간 동안 접촉이 이루어지면 평형이 이루어질 때까지 기화가 계속되고, 평형에 이르면 기체 중의 증기의 분압이 계의 온도에 대한 액체의 증기압과 같아진다. 평형에 도달한 이후에는 액체와 기체의 접촉시간에 상관없이 더 이상 액체의 순 기화는 일어나지 않는다. 이런 기체는 주어진 온도에서 특정 증기로 **포화**되었다고 하며, 이 기체 혼합물은 **이슬점**에 있다고 한다. **순수 증기와 비응축성 기체 혼합물에 대한 이슬점이란** 온도를 아주 조금 내렸을 때 **증기가 응축하기 시작하는 온도이다. 이슬점에서는 증기의 분압이 휘발성 액체의 증기압과 같다.**

p와 T에서 수증기에 의해 부분적으로 포화되어 있는 기체를 생각하자. 계의 전압(총압력)을 높여 수증기의 분압을 증가시키면 수증기의 분압은 온도 T에서 p^*와 같아질 것이다. 그 온도에서 물의 증기압은 p^*보다 클 수 없으므로 더욱 압력을 증가시키면 일정 T와 p에서 수증기의 응축이 일어난다. 따라서 p^*는 온도 T에서 도달할 수 있는 최대 수증기의 분압이다.

포화가 일어나기 위해 액체가 필요한가? 실제로 그렇지는 않다. 다만 평형상태에 있는 아주 작은 양의 액체와 그것의 증기면 충분하다.

비응축성 기체의 포화에 관한 정보나 조건을 어디에 활용할 수 있는가? 기체가 포화되었다면 증기압(또는 포화 혼합물의 온도)에 관한 정보로부터 증기-기체 혼합물의 조성을 구해 물질수지에 이용할 수 있다. 제6장에서 학습했듯이 상온 상압의 조건에서는 공기와 수증기에 대해 이상기체법칙을 적용해도 오차가 거의 없음을 상기할 수 있을 것이다. 따라서 포화상태에서는 다음 관계가 성립한다고 할 수 있다.

$$\frac{p_{H_2O}V}{p_{air}V} = \frac{n_{H_2O}RT}{n_{air}RT} \tag{7.5}$$

또는 공기와 수증기의 V와 T가 같으므로

$$\frac{p_{H_2O}}{p_{air}} = \frac{p^*_{H_2O}}{p_{air}} = \frac{n_{H_2O}}{n_{air}} = \frac{p_{total} - p_{air}}{p_{air}} \tag{7.6}$$

또는

$$y_{H_2O} = \frac{p_{H_2O}}{p_{total}} = \frac{p_{H_2O}}{p_{air} + p_{H_2O}} = 1 - y_{air} \tag{7.7}$$

수치적인 예로 온도가 51°C이고 계의 절대압력이 750 mm Hg인 포화기체, 예를 들어 물로 포화된 공기를 생각하자. 공기의 분압은 얼마인가? 공기가 포화되어 있으면 수증기 분압은 51°C에서의 물의 증기압 p^*과 같다는 것을 알 수 있다. 수증기표를 이용해 $p^* = 97$ mm Hg임을 알 수 있다. 따라서

$$P_{air} = 750 - 97 = 653 \text{ mm Hg}$$

또한 수증기-공기 혼합물은 다음과 같은 조성이다.

$$y_{H_2O} = \frac{p_{H_2O}}{p_{total}} = \frac{97}{750} = 0.13$$

$$y_{air} = \frac{p_{air}}{p_{total}} = \frac{653}{750} = 0.87$$

예제 7.7 연소 생성물의 이슬점 계산

문제 상압에서 4% 과잉공기를 이용해서 옥살산($H_2C_2O_4$)을 연소시켰더니 65%의 탄소가 연소되어 CO로 되었다. 생성기체의 이슬점을 구하라.

풀이 다음 과정을 거쳐 문제를 푼다.

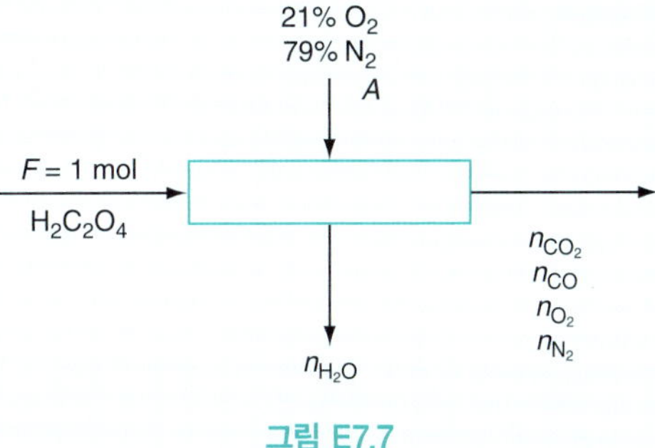

그림 E7.7

1. 물질수지식을 이용해서 연소기체의 조성을 구한다.
2. 직전의 예제에서 제시한 바와 같이 연소기체 중의 수증기의 몰분율을 구한다.

3. 예를 들어 전압을 1기압으로 가정하고 연소 생성물 중의 $y_{H_2O}p_{total} = p_{H_2O}$를 구한다. 평형에서는 p_{H_2O}가 증기압 $p^*_{H_2O}$가 된다.
4. $p^*_{H_2O}$가 계산값 p_{H_2O}와 같아지면 응축(일정한 전압에서)이 일어난다. 이 값이 이슬점이 된다.
5. 포화 수증기표에서 p_{H_2O}에 해당하는 온도를 찾는다.

단계 1~5

계산 기준: 1 mol의 $H_2C_2O_4$

그림과 자료가 주어져 있다. 옥살산의 연소에 대한 화학반응식은 다음과 같다.

$$H_2C_2O_4 + 0.5\ O_2 \rightarrow 2\ CO_2 + H_2O$$

$$H_2C_2O_4 \rightarrow 2\ CO + H_2O + 0.5\ O_2$$

단계 4

O_2 필요량:

$$\frac{1\ \text{mol}\ H_2C_2O_4}{1} \frac{0.5\ \text{mol}\ O_2}{1\ \text{mol}\ H_2C_2O_4} = 0.5\ \text{mol}\ O_2\ (\text{옥살산 내의 산소를 유의하라})$$

과잉량이 포함된 공기 중의 O_2 몰수는

$$(1 + 0.04)(0.5\ \text{mol}\ O_2) = 0.52\ \text{mol}\ O_2$$

그러므로 0.52/0.21 = 2.48 mol의 공기가 도입되고 여기에 포함되는 질소의 몰수 n_{N2}는 1.96 mol이다.

제한조건: 탄소의 65%가 연소되어 CO가 된다. (0.65)(2) = 1.30

원소의 물질수지:

원소	도입(mol)	배출(mol)
C	2	$n_{CO_2} + n_{CO}$ 또는 0.70 + 1.30
H	2	$2n_{H_2O}$
N	1.96 × 2	1.96 × 2
O	0.52 × 2 + 4	$2n_{CO_2} + n_{CO} + n_{O_2}$ 또는 2(0.70) + 1.30 + $2n_{O_2}$

결과는 다음과 같다.

$$n_{H_2O} = 1.0,\ n_{CO_2} = 0.7,\ n_{CO} = 1.3,\ n_{O_2} = 0.67,\ n_{N_2} = 1.96,\ \text{총몰수} = 5.63$$
$$y_{H_2O} = 1\ \text{mol}\ H_2O / 6.78\ \text{mol} = 0.178$$

생성물 중의 수증기의 분압을 이용해서 배기가스(상압이라고 가정)의 이슬점을 구한다. 즉 물의 분압과 같은 포화 수증기의 온도가 생성가스의 이슬점이 된다.

$$p^*_{H_2O} = y_{H_2O}(p_{total}) = 0.178(101.3\,\text{kPa}) = 18.0\,\text{kPa}\,(\text{즉}\ 2.61\,\text{psia})$$

수증기표에서 이슬점 온도를 구하면 T = 136°F이다.

자습문제

확인문제

1. 포화기체란 무엇인가?
2. 공기가 수증기로 포화되었을 때 다음 경우의 수증기와 공기의 상태를 설명하라.
   a. 정압에서 가열한다.
   b. 정압에서 냉각한다.
   c. 등온에서 팽창한다.
   d. 등온에서 압축한다.
3. 분석하기 전에 오염된 기체의 이슬점을 어떻게 낮출 수 있는가?
4. 가스-증기 혼합물에서 증기압이 그 혼합물 내 증기의 분압과 같아지는 것은 언제인가?

해답

1. 포화기체란 액체와 평형상태에 있는 기체를 의미한다. 즉 기체에서 응축 가능한 성분의 분압은 액체의 증기압과 같다.
2. (a) 모두 기체이다. (b) 기체로부터 일부 액체 물이 응결된다. (c) 모두 기체이다. (d) 기체로부터 일부 물이 응결된다.
3. 오염된 기체로부터 물을 제거하거나 불활성의 건조 기체로 희석한다.
4. 포화상태, 즉 평형상태이다.

적용문제

1. 대기 중 수증기의 이슬점이 82°F이다. 대기압이 750 mm Hg일 경우 공기 중의 수증기의 몰분율을 구하라.
2. 전압이 100 kPa이고 온도가 21°C인 경우 수증기로 포화된 공기의 조성을 몰분율로 구하라.
3. 25°C와 770 mm Hg의 압력에서 8.00 L의 실린더 내에 수증기로 포화된 가스가 들어 있다. 포화상태에서 이 가스를 건조했을 때의 부피를 구하라.

해답

1. 82°F의 물의 증기압 = 0.5409 psia

$$y = \frac{0.5409 \text{ psia}}{} \left| \frac{760 \text{ mm Hg}}{14.69 \text{ psia}} \right| \frac{}{750 \text{ mm Hg}} = 0.0373$$

2. 수증기의 몰분율 = 2.501/100 = 0.0250, 공기 = 0.9750
3. 물의 몰분율 = 3.197(760)/101.3/770 = 0.0312, 총몰수 = PV/RT = 0.3315 g mol, 공기의 몰수 = (1 − 0.0312)0.3315 = 0.3212 g mol, 표준상태에서 건조 기체의 부피 = 0.3212(22.415) = 7.20 L

7.4.2 응축

현대의 자동차들은 다른 첨단기술 제품 못지않은 공학기술의 결정체이다. 제대로 정비가 된다면, 이 기계들은 긴 시간 동안 작동할 수 있다. 차량의 내구성과 높은 성능을 보장하기 위해서 발생하는 문제들은 즉시 처리되어야 한다. 자동차의 기계들은 여러 가지 오류의 유체를 사용한다(윤활, 냉각 등등을 위해). 그리고 차량 아래에 고여 있는 물웅덩이는 문제가 일어날 것이라는 신호일 수 있다. 차량의 소유자/관리자가 자동차 배기구 밑에서 가끔 보이는 몇 인치 정도 지름의 기름기 없는 물방울에 대해 걱정해야 하는가? 물 위쪽에는 검은색 탄소 물질이 있기는 하지만, 기름 같아 보이지는 않는다. 배기구 밑 물은 짧은 운전 거리에서는 보이지만 장거리 운전 시에는 잘 보이지 않는다. 반대로 이 차량 소유자/관리자의 이웃은 운전 거리에 상관없이 이런 물방울을 본 적이 없다.

차량 밑의 물웅덩이가 일반적으로 환영받지 못하는 신호이지만, 이 현상은 문제가 없고 연료가 연소되면서 응결되는 물 때문에 발생하는 현상으로, 특히 짧은 운전 거리에서는 시스템이 연소생성물을 기체 상태로 유지할 만큼 충분히 뜨겁지 않기 때문에 일어난다. 검은색 탄소나 검댕은 단순히 불완전연소의 산물이다. 이것은 차량의 정상적인 운행 상태이다. 그리고 물론 이웃은 전기차를 몬다.

그림 7.10의 연소기체 분석 장치를 살펴보라. 이 장치 구성에서 무엇이 잘못되었는가? 탐지기(probe)로 채집한 가스 시료를 가열하지 않거나 혹은 펌프 전에 중간 응축기를 설치하지 않으면 가스 시료가 냉각됨에 따라 분석 장치에 액체가 차서 작동하지 않을 것이다.

응축은 비응축성 가스 중의 증기가 액상으로 변하는 것이다. 증기를 응축시키는 몇 가지 전형적인 방법은 다음과 같다.

1. 정압에서 냉각한다(당연히 부피가 변한다).
2. 정용에서 냉각한다(압력이 변한다).
3. 등온에서 압축한다(부피가 변한다).

물론 이 세 가지를 조합하거나 다른 방법과 조합할 수도 있다.

응축의 한 가지 예로 공기와 10% 수증기의 혼합물을 정압에서 냉각하는 경우를 생각해보자. 공기-물의 증기 혼합물을 계로 선택하자. 750 mm Hg의 정압에서 이 혼합물을 51°C(물에 대한

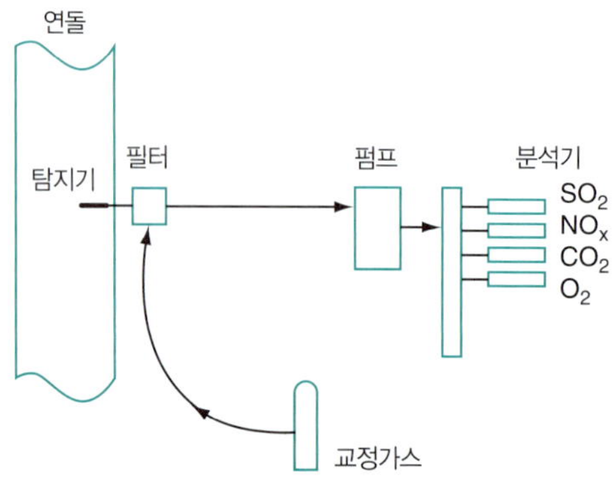

그림 7.10 ▸ 연소기체 분석 장치

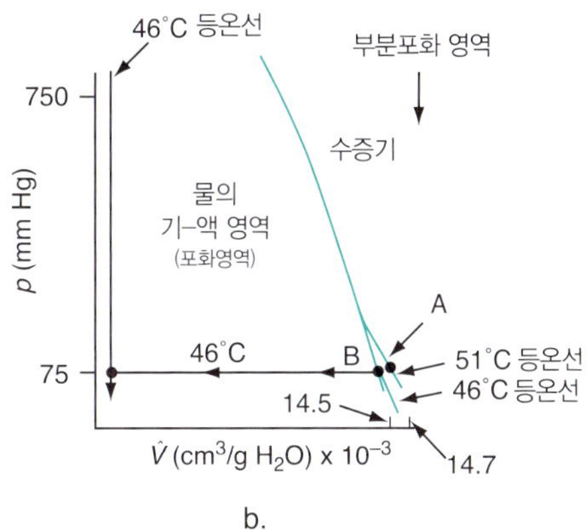

그림 7.11 ▸ 정압에서 공기-수증기 혼합물의 냉각. 물에 대한 선과 곡선은 설명하기 용이하도록 왜곡시켰으며 척도는 대수적인 단위가 아니다.

그림 7.11a와 b의 점 A)에서 냉각하면 얼마나 낮은 온도에서 응축(점 B)이 시작되는가? 온도가 물의 분압에 해당되는 이슬점에 다다를 때까지 혼합물을 냉각할 수 있을 것이다.

$$p^*_{H_2O} \equiv p_{H_2O} = 0.10(750) = 75 \text{ mm Hg}$$

수증기표에서 대응되는 온도를 구하면 T = 46°C이다(증기압 곡선상의 점 B). 점 B의 p^* = 75 mm Hg에 도달한 뒤 정압(750 mm Hg)과 등온(46°C)에서 응축이 계속되어 모든 수증기가 물이 된다(점 C). 더욱 냉각하면 물의 온도가 46°C 이하로 낮아진다.

10%의 수증기를 포함한 공기-수증기 혼합물을 60°C와 750 mm Hg에서 시작해 정압에서 냉각을 시작하는 같은 공정에서는 몇 도에서 응축이 일어나겠는가? 이슬점은 변하겠는가? 아직도 p_{H_2O} = (0.10)(750) = 75 mm Hg이므로 똑같다. 응축이 시작되기 전의 공기와 수증기의 부피는 $pV = nRT$를 이용해서 구할 수 있으며 응축이 시작된 이후에는 남아 있는 수증기에만 이상기체 법칙을 적용할 수 있고 물에는 적용할 수 없다. 초기상태에서 응축이 시작될 때까지 H_2O의 몰수는 변하지 않지만, 응축이 시작된 이후에는 기상의 수증기 몰수는 줄어든다. 이 계의 공기의 몰수는 과정 전체를 통해 변하지 않는다.

증기-기체 혼합물의 압력을 증가시켜도 응축이 일어날 수 있다. 75°F의 포화공기 1 lb를 등온 압축하면(물론 부피는 줄어든다) 공기로부터 액체 물이 응축되어 나온다(그림 7.12).

예를 들어 75°F(75°F에서 물의 증기압은 0.43 psia)와 1 atm의 포화공기 1 lb를 4 atm(58.8 psia)으로 등온 압축하면 초기 수증기의 3/4 정도가 액체 물이 되지만 공기의 이슬점은 여전히 75°F이다. 물을 제거하고 공기를 등온과정을 통해 1 atm으로 환원시키면 이슬점이 약 36°F로 낮아졌음을 알 수 있을 것이다. 수학적으로 (1 = 1 atm 상태, 4 = 4 atm 상태) 성분의 압축인자 = 1.00이라 하자.

75°F, 4 atm의 포화공기에 대해

$$\left(\frac{n_{H_2O}}{n_{air}}\right)_4 = \left(\frac{p^*_{H_2O}}{p_{air}}\right)_4 = \frac{0.43}{58.4}$$

75°F, 1 atm의 포화공기에 대해

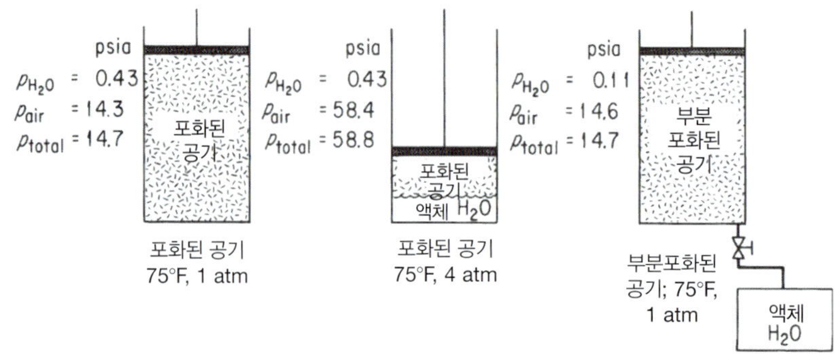

그림 7.12 ▸ 포화공기의 압력 증가 영향. 응축수의 제거 및 등온에서 초기 압력으로의 환원의 영향

$$\left(\frac{n_{H_2O}}{n_{air}}\right)_1 = \left(\frac{p^*_{H_2O}}{p_{air}}\right)_1 = \frac{0.43}{14.3}$$

H_2O에 대한 물질수지식은 다음과 같다.

$$\left(\frac{n_4}{n_1}\right)_{H_2O} = \frac{\dfrac{0.43}{58.4}}{\dfrac{0.43}{14.3}} = \frac{14.3}{58.4} = 0.245$$

달리 말하면 압축 이후에도 초기 수증기의 24.5%가 여전히 수증기로 남아 있다.

공기-수증기 혼합물을 전압 1 atm으로 환원하면 이제는 75°F에서 다음 두 식이 적용된다.

$$p_{H_2O} + p_{air} = 14.7$$

$$\frac{p_{H_2O}}{p_{air}} = \frac{n_{H_2O}}{n_{air}} = \frac{0.43\ (0.245)}{58.4} = 0.00737$$

이 두 식을 풀어서 정리하면

$$\begin{aligned} p_{H_2O} &= 0.108 \text{ psia} \\ p_{air} &= \underline{14.6 \text{ psia}} \\ p_{total} &= 14.7 \text{ psia} \end{aligned}$$

이 수증기 분압은 약 36°F의 이슬점에 해당한다.

이제는 기체-증기 혼합물로부터 응축되는 몇 가지 예제를 살펴보자.

예제 7.8 증기 회수장치로부터 벤젠의 응축

문제 공정으로부터 배출되는 휘발성 유기화합물(VOC)에 대한 규제는 엄격하다. EPA와 OSHA는 모두 배출과 노출빈도에 관한 규제와 기준을 정하고 있다. 이 예제에서는 그림 E7.8a와 같이 배기 흐름으로부터 벤젠 증기를 압축공정을 통해 95%를 제거하기 위해 고안된 공정의 첫 번째 단계를 다루고자 한다. 압축기 배출 압력은 얼마인가?

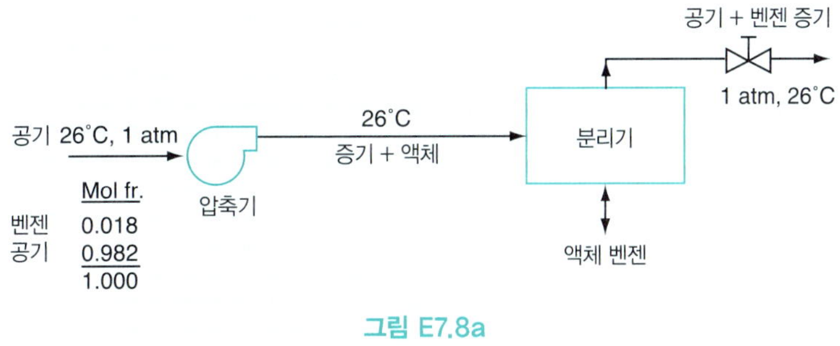

그림 E7.8a

풀이 그림 E8.6b는 공정 중의 벤젠에 적용되는 p-$\hat{V}$ 선도이다. 공정은 등온 압축과정이다.

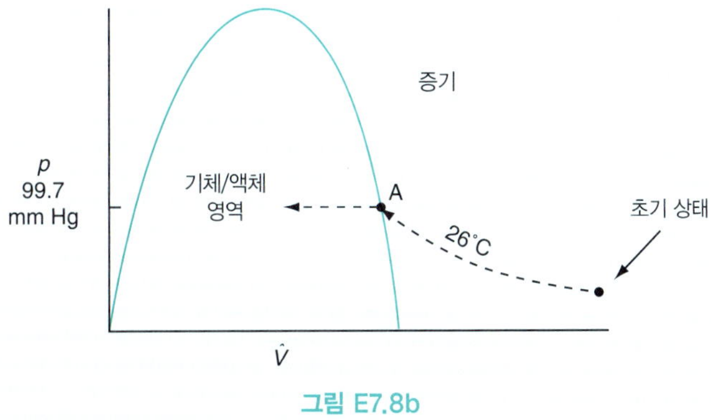

그림 E7.8b

압축기를 계로 택하면 등온 압축과정을 통해 포화기체가 생성된다. 26°C에서의 벤젠의 증기압은 Antoine 식으로부터 구할 수 있으며, 그 값은 $p^* = 99.7$ mm Hg이다.

다음으로 압축기 배출 흐름의 조성을 구하기 위해 간단한 물질수지식을 세운다.

계산 기준: 26°C, 1 atm의 도입기체 1 g mol

압축기에 도입되는 기체의 조성:

$$\begin{aligned}\text{벤젠의 몰수} &= 0.018(1) = 0.018 \text{ g mol}\\ \text{공기의 몰수} &= 0.983(1) = \underline{0.982} \text{ g mol}\\ \text{전체 기체} &= 1.000 \text{ g mol}\end{aligned}$$

압축기에서 배출되는 기상의 조성:

$$\begin{aligned}\text{벤젠의 몰수} &= 0.018(0.05) \quad = 0.90 \times 10^{-3} \text{ g mol}\\ \text{공기의 몰수} &= 0.982 \text{ g mol}\\ \text{전체 기체} &= 0.983 \text{ g mol}\end{aligned}$$

$$y_{\text{Benzene exiting}} = \frac{0.90 \times 10^{-3}}{0.983} = 0.916 \times 10^{-3} = \frac{p_{\text{Benzene}}}{p_{\text{Total}}}$$

이제 벤젠의 분압은 99.7 mm Hg이므로

$$p_{\text{total}} = \frac{99.7 \text{ mm Hg}}{0.916 \times 10^{-3}} = 108 \times 10^3 \text{ mm Hg (143 atm)}$$

압축기 출구 압력을 143 atm 이상으로 높일 수 있는가? 모든 벤젠 증기를 액체로 응축시키는 경우에만 가능하다. 그림 E7.8b의 파선을 왼쪽으로 연장해서 포화 액체선(기포점 선)과 만나도록 한다고 생각해보자. 그다음으로 액체의 압력을 증가시킬 수 있다. (액체 벤젠은 거의 압축성이 없으므로 수직선이 된다.)

예제 7.9 연소기체와 오염

문제 지역 오염방지 단체는 Simtron Co.의 보일러를 공기오염 배출원으로 지적하면서 20일에 걸쳐 찍은 굴뚝에서 나오는 짙은 연기의 증거사진을 제시했다. 당신은 Simtron Co.의 주임 기술자로서 이 공장에서는 천연가스(주로 메탄)를 연소하고 보일러도 적절하게 운전되고 있기 때문에 이 공장이 공기오염원이 아니라는 것을 알고 있다. Simtron Co.의 사장은 오염방지 단체가 석탄을 사용하는 옆 공장의 굴뚝과 혼동했을 수 있다고 믿고 있다. 사장이 옳은가? 그림 E7.9a를 보라.

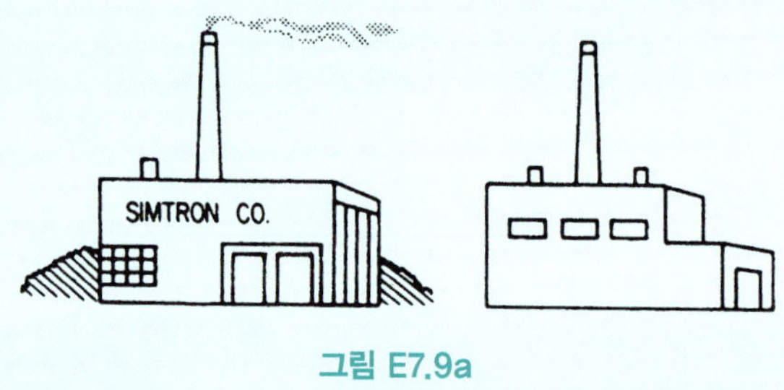

그림 E7.9a

풀이 메탄(CH_4)의 원소 몰비는 2 kg mol H_2/kg mol C이다. 제2장을 살펴보면 석탄의 조성은 석탄 100 kg당 C 71 kg과 H_2 5.6 kg임을 알 수 있다. 석탄의 분석결과는 다음과 같다.

$$\frac{71\text{ kg C}}{}\left|\frac{1\text{ kg mol C}}{12\text{ kg C}}\right. = 5.92\text{ kg mol C} \qquad \frac{5.6\text{ kg H}_2}{}\left|\frac{1\text{ kg mol H}_2}{2.016\text{ kg H}_2}\right. = 2.78\text{ kg mol H}_2$$

혹은 원소 몰비로는 2.78/5.92 = 0.47 kg mol H_2/kg mol C이다. 각각의 연료를 40% 과잉공기를 이용해 완전히 연소시켰다고 가정한다. 각 연돌기체 중의 수증기 몰분율을 구해서 각각의 분압을 구할 수 있다.

단계 1~4

그림 E7.9b에 공정이 나타나 있다.

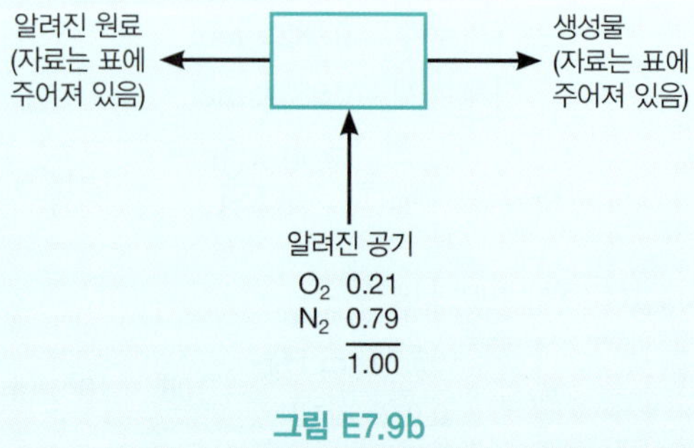

그림 E7.9b

단계 5

$$\text{계산 기준: 1 kg mol의 C}$$

단계 6~7

연소문제는 연료와 공기 흐름이 주어지고 직접 생성 흐름을 계산하는 전형적인 자유도가 0인 문제이다.

단계 7~8

표를 이용하면 분석과 계산을 간결하게 행할 수 있다.

천연가스:

$$CH_4 + 2O_2 \rightarrow CO_2 + 2H_2O$$

$$O_2 \text{ 필요량: } 2$$

$$O_2 \text{ 과잉량: } 2(0.40) = 0.80$$

$$N_2\text{: } (2.80)(79/21) = 10.5$$

연소기체의 조성(kg mol 단위)은 다음과 같다.

연소기체의 조성(kg mol)

성분	kg mol in	CO_2	H_2O	과잉 O_2	N_2
C	1.0	1.0			
H	4.0		2.0		
공기				0.80	10.5
합계		1.0	2.0	0.80	10.5

생성되는 가스의 총 kg mol은 14.3 kg mol이고, H_2O 몰분율은 다음과 같다.

$$\frac{2.0}{14.3} = 0.14$$

석탄:

$$C + O_2 \rightarrow CO_2 \qquad H_2 + \frac{1}{2}O_2 \rightarrow H_2O$$

$$O_2 \text{ 필요량: } 1 + 0.47(1/2) = 1.24$$

$$O_2 \text{ 과잉량: } (1.24)(0.40) = 0.49$$

$$N_2\text{: } (1.40)(79/21)\,[1 + 0.47(1/2)] = 6.50$$

연소기체의 조성(kg mole)

성분	kg mol in	CO_2	H_2O	과잉 O_2	N_2
C	1	1			
H	0.94		0.47		
공기				0.49	6.5
합계		1	0.47	0.49	6.5

생성기체의 총 kg mol은 8.46 kg mol이고, H_2O 몰분율은 다음과 같다.

$$\frac{0.47}{8.46} = 0.056$$

예를 들어 대기압이 100 kPa이고 연돌기체가 수증기로 포화되어 $p^*_{H_2O}$에서 응축하기 시작한다면 응축된 수증기가 사진에 찍힐 것이다.

구분	천연가스	석탄
분압(p^*) 해당되는 온도	100(0.14) = 14 kPa 52.5°C	100(0.056) = 5.6 kPa 35°C

따라서 더 높은 기온에서 굴뚝으로 응축된 수증기를 배출하는 것은 석탄이 아니라 천연가스를 연소하는 보일러이다. 많은 사람은 굴뚝에서 나오는 것이 모두 오염물이라고 생각한다. 천연가스가 석유나 석탄에 비해 더 많은 오염물을 배출하는 것으로 보이지만 실제로는 수증기가 배출되는 것이다. 석탄이나 석유는 황이 이산화황의 형태로 대기 중에 배출되며 적절하게 연소되는 경우에는 석유에 포함된 수은과 중금속의 오염능력은 천연가스보다 월등히 높다. 소비자에게 배달되는 연료 중의 황 함유량은 다음과 같다. 즉 천연가스는 4×10^{-4} mol %(안전을 위해 냄새가 나도록 첨가한 메르캅탄), No.6 연료유는 2.6 % 이내, 석탄은 0.5~5 %이다. 또한 석탄은 입자상물질도 배출한다. 연돌기체를 신선한 공기와 혼합하고 연돌 위에서의 대류 혼합을 이용해 수증기의 몰분율을 낮춤으로써 응축온도를 낮출 수 있다. 그러나 이처럼 희석하더라도 석탄을 연소시키는 공장에서는 항상 응축온도가 낮다.

처음에 제기된 문제를 이러한 계산 결과로부터 어떻게 해결할 수 있는가?

자습문제

확인문제

1. 증기-기체 혼합물의 이슬점은 증기압과 동일한 변수인가?
2. 증기-기체 혼합물의 증기를 응축시키기 위해 어떤 변수를 어떻게 변화시키는가?
3. 과열증기가 포함된 기체를 응축시킬 수 있는가?

해답

1. 아니다. 이슬점은 압력이 아니고 온도이다.
2. 온도를 낮추고, 압력을 높이고, 부피를 감소시킨다.
3. 그렇다. 문제 2의 해답 참조

적용문제

1. 43°C, 105 kPa인 공기와 벤젠 혼합물 중의 벤젠이 10 mol %이다. 액상이 처음 생성되기 시작하는 온도는? 이 액상의 조성은 어떻게 되는가?
2. 1000 lb의 물 중에서 200 lb를 25°C, 740 mm Hg에서 전기분해해서 수소와 산소를 만든다. 이 수소와 산소를 740 mm Hg에서 분리해 25°C, 5.0 atm인 2개의 다른 탱크에 저장한다. 각 탱크에서

얼마나 많은 물이 기체로부터 응축되는가?

해답

1. P_{Bz} = 10.5 kPa = 0.105 bar, VP Bz: $\log_{10}(0.105) = 0.14591 - 39.165/(T - 261.236)$, T에 대해 풀면 296.56K = 23.4°C. 액체는 순수한 벤젠이다.

2. 25°C, 740 mm Hg에서 $y_{H_2O} = 0.03215$, 25°C 그리고 5 atm에서 $y_{H_2O} = 0.00626$, 처음 수소탱크의 물의 양 = 0.36905 lb mol, 5기압에서 물의 양 = 0.06774 lb mol, 차이는 0.3013 lb mol = 5.42 lb 수소에서 응축됨, O_2에 대해 0.5(5.42) = 2.71 lb 산소에서 응축됨

7.4.3 기화

평형에서 액체를 비응축성 기체 중으로 기화시켜서 기체 중의 증기 분압을 증가시키면 포화 압력(증기압)에 도달한다. 그림 7.13은 건조공기 중으로 물이 증발할 때 시간에 따른 수증기와 공기에 대한 분압 변화를 보여준다. 그림 7.2와 같은 p-T 도표상에서 액체는 그림의 선 AB인 포화 온도 C(이슬점 온도와 동일한 기포점)에서 공기가 포화될 때까지 증발할 것이다.

p-$\hat{V}$ 도표(그림 7.4)에서 일정한 온도와 압력에서 공기가 포화될 때까지 A에서 B를 따라 증발이 일어난다. 그림 7.14와 같이 일정한 압력에서는 공기의 부피는 일정하게 유지되지만 수증기 부피가 증가해 혼합물의 전체 부피가 증가한다.

실린더의 온도, 압력, 부피를 일정하게 유지하면서 물을 공기 중으로 증발시켜서 공기가 포화되게 할 수 있는가? (힌트: 기체-증기 혼합물의 일부를 계에서 빼내면 어떤 일이 일어나는가?)

식 (7.5)~(7.7)을 이용해서 기화 문제를 풀 수 있다. 예를 들어 15°C, 754 mm Hg의 건조기체 중에 물을 충분히 공급하고 온도와 부피를 일정하게 유지하면서 계속 기화시키면 계의 최종 압력이 어떻게 되겠는가? 건조기체에 대한 n, V, T가 일정하므로 분압도 일정하게 유지된다. 수증기 분압은 15°C의 증기압 12.8 mm Hg에 도달한다. 따라서 전압은 다음과 같이 증가한다.

$$p_{\text{tot}} = p_{\text{H}_2\text{O}} + p_{\text{air}} = 12.8 + 754 = 766.8 \text{ mm Hg}$$

기화뿐 아니라 비응축성 기체로의 승화도 일어날 수 있다.

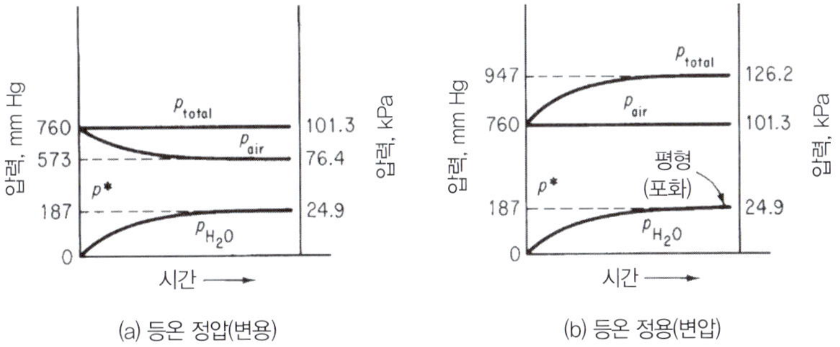

그림 7.13 ▸ 건조되어 있는 공기로 물의 증발이 시작하는 초기의 분압과 전압의 변화. (a) 일정한 온도와 전압에서 (부피가 변화함), (b) 일정한 온도와 부피에서(압력이 변화함)

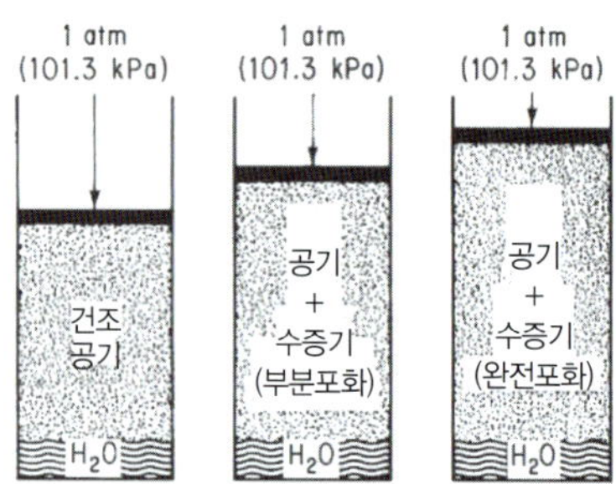

그림 7.14 ▸ 정압과 65℃에서의 정압 등온에서의 물의 증발

예제 7.10 기화에 의한 건조공기의 포화

문제 전압과 온도가 각각 100 kPa, 20°C로 일정하게 유지되는 경우 액체 에탄올 6.0 kg을 증발시키는 데 필요한 20°C, 100 kPa인 건조공기의 최소 부피(m^3)를 구하라. 공기를 에탄올에 불어넣어 기화시키며 공기-에탄올 혼합물의 배출 압력은 100 kPa이라 가정한다.

풀이 그림 E7.10을 보라. 이 공정은 등온과정이다. 필요한 추가 자료는 다음과 같다.

$$p^*_{\text{alcohol}}(20°\text{C}) = 5.93 \text{ kPa}, \text{ 에탄올 분자량} = 46.07$$

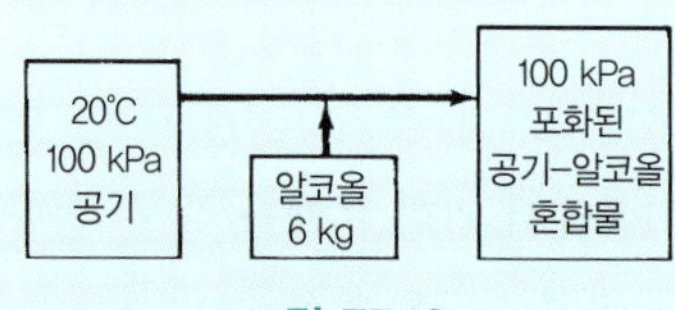

그림 E7.10

공기의 최소 부피란 최종 혼합물이 포화된다는 의미이다. 포화되지 않으면 더 많은 공기가 필요하다.

계산 기준: 에탄올 6.0 kg

최종 기체 혼합물의 에탄올 증기/공기 몰비는 두 물질의 분압비와 같다. 에탄올의 분자량을 알고 있으므로 기화에 필요한 공기의 몰수를 구할 수 있다.

$$\frac{p^*_{\text{alcohol}}}{p_{\text{air}}} = \frac{n_{\text{alcohol}}}{n_{\text{air}}}$$

공기의 몰수를 계산하면 이상기체법칙을 적용할 수 있다. $p^*_{\text{alcohol}} = 5.93$ kPa이므로

$$p_{\text{air}} = p_{\text{total}} - p^*_{\text{alcohol}} = (100 - 5.93) \text{ kPa} = 94.07 \text{ kPa}$$

$$\frac{6.0 \text{ kg alcohol}}{} \left| \frac{1 \text{ kg mol alcohol}}{46.07 \text{ kg alcohol}} \right| \frac{94.07 \text{ kg mol air}}{5.93 \text{ kg mol alcohol}} = 2.07 \text{ kg mol air}$$

$$V_{\text{air}} = \frac{2.07 \text{ kg mol air}}{} \left| \frac{8.314 \text{ (kPa)} (\text{m}^3)}{(\text{kg mol})(\text{K})} \right| \frac{293 \text{ K}}{100 \text{ kPa}} = 50.3 \text{ m}^3 \text{ (20°C, 100 kPa에서)}$$

치누크: 눈을 먹는 바람

매년 캐나다 남서부의 Bow River 계곡 주위의 영역에서는 온도가 –40°F까지 떨어진다. 거의 매년 치누크라는 바람이 불면 온도는 60°F까지 올라간다. 불과 몇 시간 만에 이 캐나다 땅은 거의 1008F의 온도 상승을 경험하는 것이다. 어떻게 이런 일이 일어나는가?

계속적인 대양의 증발로 인해 태평양상의 공기는 항상 습하다. 공기 기단이 서쪽에서 동쪽으로 이동하는 경향이 있으므로 이 습한 공기는 태평양에서 로키산맥의 언저리로 이동한다.

이 습한 공기 기단이 로키산맥의 서쪽 비탈을 따라 상승함에 따라 온도가 낮아져서 거기에 포함된 수증기가 응축되어 나온다. 비가 내리고 비의 형태로 물을 잃어버린 공기 기단은 더욱 건조해진다. 공기가 건조해지면 무거워진다. 무거운 건조공기는 로키산맥의 동쪽 경사를 따라 하강하고 공기가 지면으로 가까워짐에 따라 하강하는 기체에 가해지는 대기압은 증가한다. 압력이 증가하면서 공기는 더워진다. 산의 경사면을 따라 공기가 하강함에 따라 100 ft마다 5.5°F의 온도가 상승한다. 이리해서 로키산맥의 바닥에 위치한 Bow River 계곡으로 따뜻하고 무거운 건조공기가 내려오는 것이다. 치누크는 시속 50마일로 로키산맥에서 내려오는 따뜻한 공기(바람)이다.

지금 Bow River 계곡은 겨울이고 지면은 눈으로 덮여 있으며 상당히 춥다(–40°F)는 것을 상기하라. 바람이 따뜻하므로 Bow River 계곡의 온도는 빠르게 상승한다. 바람은 매우 건조해서 녹은 눈의 물을 흡수한다. 치누크는 인디언 말로 '눈을 먹는 사람'을 뜻한다. 치누크는 하룻밤 사이에 1 ft의 눈을 먹어 치울 수 있다. 기후가 온화해지고 눈은 깨끗이 치워진다. 그것은 뉴욕주 버펄로 사람들이 지닌 환상이다.

허락을 받고 다음 기사를 인용, 각색했다. *Problem Solving in General Chemistry,* 2nd ed., by Ronald DeLorenzo, Wm. C. Brown Publ. (1993), pp. 130-32.

자습문제

확인문제

1. 일정한 부피와 온도에서 건조기체와 액체를 혼합하면 시간에 따라 압력이 일정하게 유지되는가?

2. 정압에서 건조기체를 액체와 접촉시켜서 평형에 도달하게 했다.
  a. 전압은 시간에 따라 증가하는가?
  b. 기체와 액체, 증기의 전체 부피는 시간에 따라 증가하는가?
  c. 온도는 시간에 따라 증가하는가?

해답

1. 아니다. 약간 증가할 것이다.

2. (a) 아니다, (b) 그렇다, (c) 아니다

적용문제

1. 20°C에서 이황화탄소(CS_2)의 증기압은 352 mm Hg이다. 20°C에서 이황화탄소에 건조공기를 불어넣어서 4.45 lb가 증발하도록 한다. 공기의 초기 상태는 20°C, 10 atm이고, 공기와 CS_2 증기 혼합물의 최종 압력은 750 mm Hg일 때 CS_2를 증발시키기 위한 건조공기의 부피를 구하라(공기는 포화된다고 가정한다).

2. 아세톤 회수장치에서 아세톤을 건조 N_2로 증발시킨다. 이 아세톤 증기와 질소의 혼합물이 지름 2 ft인 도관에서 10 ft/sec로 흐른다. 시료 채취점의 압력은 850 mm Hg이고 온도는 100°F, 이슬점은 80°F이다. 단위 시간당 도관에 흐르는 아세톤 증기의 질량을 lb로 구하라.

3. 래커 제조에서 톨루엔을 희석제로 사용한다. 톨루엔의 증기압은 30°C에서 36.7 mm Hg이다. 대기압이 780 mm Hg에서 740 mm Hg로 낮아지면 톨루엔 10 kg을 증발시키기 위해 필요한 건조공기의 부피가 얼마나 달라지는가?

4. 21°C의 물 10 kg을 증발시키는 데 필요한 21°C, 101 kPa에서의 건조공기의 최소 부피를 구하라.

해답

1. $y_{CS_2} = 352/750 = 0.4693$, $y_{air} = 0.5307$, 계산 기준: 4.45 lb CS_2 = 0.05855 lb mol, lb mol 공기 = 0.05855(0.5307)/0.4693 = 0.06621 lb mol 공기, $V = nRT/p$ = (0.06621)(0.7303)(527.67)/10 = 2.55 ft^3

2. 80°F의 아세톤의 증기압 = 2.465 mm Hg, y_A = 2.465/850 = 0.00290, 부피유속 = 20π ft^3/s, $n = pV/(RT) = 20\pi(1.333)/((0.7303)(560))$ = 0.1536 lb mol/s, n_A = (0.00290)(0.1536)(3600)(58.08) = 93.16 lb acetone/hr

3. 초기에 y_{Tol} = 36.7/780 = 0.04705, y_{air} = 0.9530, 이후에 y_{Tol} = 36.7/740 = 0.04959, y_{air} = 0.9504, 계산 기준: 총 1 g mol 증발됨, 초기에 공기 유량 = 0.9530/0.04705 = 20.26 g mol, 이후에 공기 유량 = 0.9504/0.04959 = 19.17 g mol. 그러므로 필요한 공기의 유량은 5.4% 감소한다.

4. 21°C에서 물의 증기압 = 2.493 kPa, y_{H_2O} = 2.493/101 = 0.02468, y_{air} = 0.9753, 계산 기준: 10 kg water, n_{air} = (10/18)(0.9753/0.02458) = 21.95 kg mol, V = 21.95(22.315)(294.15/273.15)(101/101.325) = 518.3 m^3

7.5 이성분 기체/이성분 액체 계

7.3절에서는 순수 성분에 대한 기액평형을 다루고 7.4절에서는 비응축성 기체와 존재하는 순수 성분의 평형을 설명했다. 이 절에서는 보다 일반적인, 즉 액체와 증기가 모두 두 성분으로 되어 있는 경우, 즉 액체와 기체 상 모두 두 가지 성분을 가지고 있는 경우를 다룬다. 곡물 발효 혼합물로부터 밀주(moonshine)를 증류하는 것이 물과 에탄올이 계의 주성분을 이루고 증기와 액체에 모두 존재하는 이성분계 기액평형의 한 예이다.

기액평형의 주된 결과는 휘발성이 큰 성분(주어진 온도에서 증기압이 높은)은 기상에 농축되고 휘발성이 낮은 성분은 액상에 농축된다는 것이다. 이러한 원리를 이용해 혼합물을 각 성분으로 분리하는 장치가 증류탑이다. 증류탑은 내부에서 액체 흐름과 증기 흐름의 접촉을 유도하는 여러 개의 단으로 구성되어 있다. 각 단에서는 그 단을 떠나는 증기에는 휘발성이 높은 성분의 농도가, 액체에는 휘발성이 낮은 성분의 농도가 증가한다. 이런 방식으로 여러 단을 직렬로 연결하면 휘발성이 큰 성분은 탑상 흐름에 농축되고 휘발성이 작은 성분은 탑저 흐름에 농축된다. 이러한 증류탑을 설계하고 해석하려면 기액평형을 정량적으로 다룰 수 있어야 한다.

7.5.1 이상 용액 관계

용액을 구성하는 순수성분의 증기압, 비체적 등에 대한 정보와 해당 용액의 조성만을 이용해서 증기압, 비체적 등과 같은 성질을 계산할 수 있는 혼합물이 **이상 용액**(ideal solution)이다. 이상 용액의 거동을 보이는 용액은

- 모든 종류의 분자의 크기가 비슷하다.
- 모든 분자들은 유사한 상호작용을 한다.

대부분의 실제 용액은 이상 용액이 아니지만 어떤 실제 용액은 거의 이상적인 거동을 보인다.

Raoult의 법칙

이상 용액의 거동에 대한 가장 잘 알려진 관계식이다.

$$p_i = x_i p_i^*(T) \tag{7.8}$$

여기서 p_i = 기상 중 성분 i의 분압
x_i = 액상 중 성분 i의 몰분율
$p_i^*(T)$ = 온도 T에서 성분 i의 증기압

그림 7.15는 80°C일 때 이성분 이상 용액의 두 성분에 대한 분압의 합이 전압과 같아진다는 것을 보여준다. 그림 7.15를 비이상 용액에 대한 압력을 나타낸 그림 7.16과 비교하라.

Raoult의 법칙은 주로 곧은 사슬 탄화수소처럼 화학적 성질이 매우 유사한 성분으로 구성된 용액에 대해 몰분율 0과 1 사이에서 적용된다.

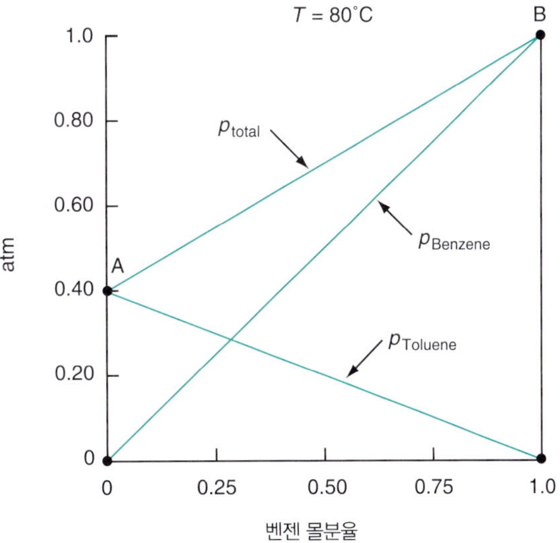

그림 7.15 ▸ 이상 용액에 대한 조성의 함수로 나타낸 전압을 얻기 위해 벤젠과 톨루엔의 이상 용액(유사한 성분들)에 Raoult의 법칙을 적용했다. 벤젠의 몰분율이 0과 1.0인 경우 각각의 증기압은 점 A와 B로 나타냈다.

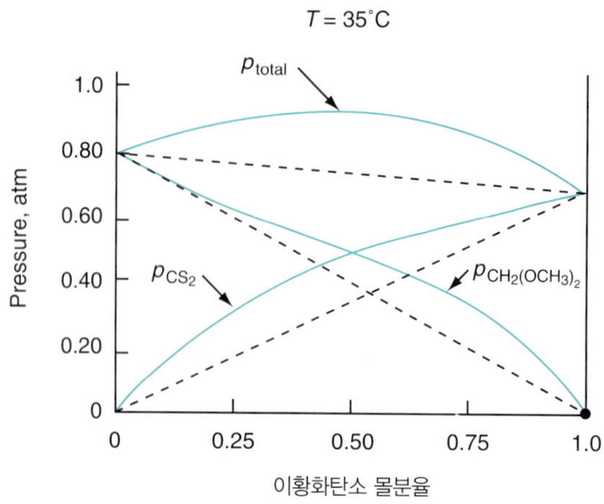

그림 7.16 ▸ 조성의 함수로 나타낸 이황화탄소(CS_2)-메틸알[$CH_2(OCH_3)_2$] 용액에 작용하는 분압과 전압의 도시(실선). 파선은 이상 용액일 경우의 압력을 나타낸다.

Henry의 법칙

Herny의 법칙은 주로 액상 중에 녹아 있는 희박기체와 같이 용액 중의 몰분율이 0에 가까운 성분에 적용된다.

$$p_i = H_i x_i \tag{7.9}$$

여기서 p_i는 임의 온도에서 평형에 있는 기상 중의 희박 성분에 대한 분압이며, H_i는 Henry 상수이다. $x_i \to 0$인 극한에서는 $p_i \to 0$이다. H 값은 여러 편람이나 인터넷에서 찾을 수 있다.

액상에 용해되어 있는 기체와 평형을 이루는 기상 중의 기체에 대한 분압의 계산에 Herny의 법칙을 적용하는 것은 간단하다. 예를 들어 40°C에서 물에 녹아 있는 CO_2의 경우 H가 69,000 atm/몰분율이다. [H_i 값이 큰 것은 $CO_2(g)$가 물에 잘 녹지 않는다는 의미이다.] 만약 $x_{CO_2} = 4.2 \times 10^{-6}$이라면 기상 중의 CO_2의 분압은 다음과 같다.

$$p_{CO_2} = 69{,}600(4.2 \times 10^{-6}) = 0.29 \text{ atm}$$

즉 기상에서는 1기압의 거의 30% CO_2가 함유되어 있지만, 액상에는 0.00042% CO_2만 포함되어 있다.

7.5.2 기액평형 상도표

7.2절에서 다룬 순수 성분에 관한 상도표를 이성분 혼합물에 대해 확장할 수 있다. 실험 자료는 일반적으로 일정 온도에서 압력을 조성의 함수로 나타내거나, 일정 압력에서 온도를 조성의 함수로 나타낸다. 순수 성분의 경우에 기액평형계에 대한 자유도는 1이다.

$$F = 2 - P + C = 2 - 2 + 1 = 1$$

1 atm에서는 한 온도, 즉 표준 비점에서만 기액평형이 이루어진다. 그러나 이성분인 경우에는 2개의 자유도를 가진다.

$$F = 2 - 2 + 2 = 2$$

고정된 압력의 계라도 한정된 범위에서 상의 조성과 온도를 변화시킬 수 있다. 그림 7.17과 7.18에는 거의 이상적인 벤젠-톨루엔 이성분 혼합물에 대한 기액 포락선을 나타냈다.

상도표에 나온 정보를 다음과 같이 해석할 수 있다. 그림 7.17의 기상에서 온도 80°C, 압력 0.3 atm 조건인 벤젠-톨루엔의 50-50 혼합물에서 시작한다고 하자. 그리고 0.47 atm에서 증기가 응결하는 이슬점에 도달할 때까지 압력을 계속 높인다고 하자. 0.62 atm에서는 연결선으로 표시된 바와 같이 기상에서의 몰분율은 약 0.75일 것이고, 액상에서의 몰분율은 약 0.38일 것이다. 압력

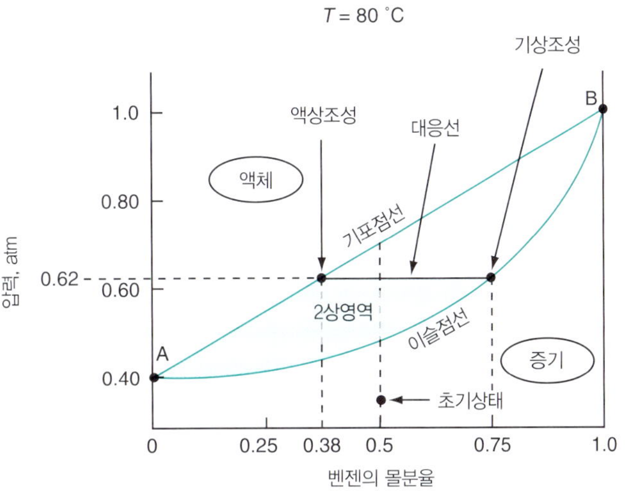

그림 7.17 ▸ 80℃에서 벤젠-톨루엔 혼합물에 대한 상도표. 벤젠의 몰분율이 0인 경우(점 A), 80℃에서의 톨루엔의 증기압이 전압이 된다. 벤젠의 몰분율이 1인 경우(점 B)에는 80℃에서의 벤젠에 대한 증기압이 전압이 된다. 대응선(tie line)은 압력이 0.62 atm(온도는 80℃)인 경우의 액체와 증기 조성을 나타낸다.

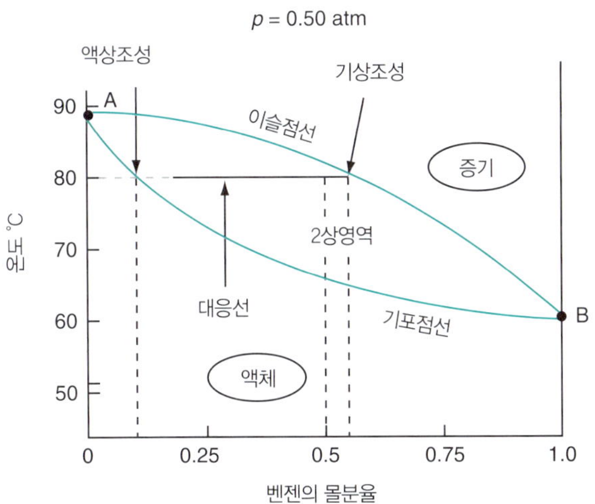

그림 7.18 ▸ 0.5 atm에서 벤젠-톨루엔 혼합물에 대한 상도표. 벤젠의 몰분율이 0인 경우(점 A) 톨루엔의 증기압이 0.5 atm이 되는 온도이다. 벤젠의 몰분율이 1인 경우(점 B) 벤젠의 증기압이 0.5 atm이 되는 온도이다. 대응선은 80℃(그리고 0.50 atm)에서 평형을 이루는 액체와 증기의 조성을 나타낸다.

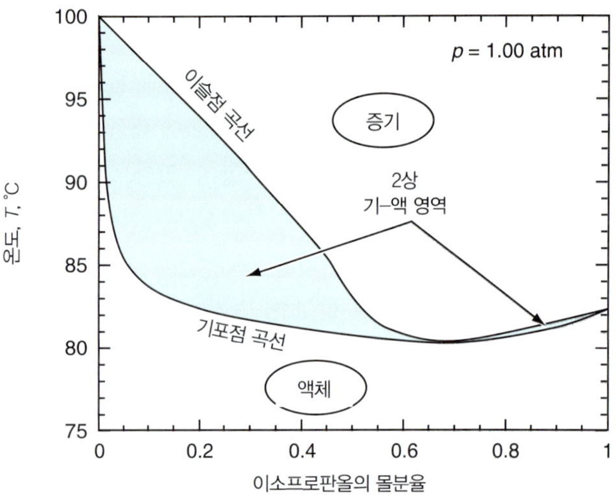

그림 7.19 ▸ 1 atm에서 비이상적인 이소프로판올-물 혼합물의 상도표

을 0.70 atm 이상으로 올리면, 모든 증기는 액체로 응결되었을 것이다. 액체의 조성은 어떻게 되는가? 물론 0.5 벤젠이다! 온도-조성 그래프인 그림 7.18에 대해서도 비슷한 방식으로 증기에서 액체로의 변환과정을 해볼 수 있는가?

비이상 용액에 대한 상도표도 많이 있다. 그림 7.19는 1 atm에서 이소프로판올 수용액의 온도-조성 도표이다. 이소프로판올의 몰분율이 약 0.68일 때 **공비점**[y_i 대 x_i 도표에서 (y_i/x_i) 함수가 $y_i = x_i$인 직선을 가로지르는 점]이라 불리는 최소 기포점을 주목하라. 공비점은 단순한 증류에 의한 분리를 어렵게 하는데, 그 이유는 이슬점과 기포점이 일치하면서 병목점이 생기고, 휘발성이 높은 물질과 낮은 물질의 분리가 일어나지 않기 때문이다. 이러한 공비 혼합물은 증류를 이용해 분리하기 어렵다.

7.5.3 *K* 값(기액평형비)

두 상 혹은 그 이상의 상으로 구성된 이상 혼합물뿐만 아니라 비이상 혼합물에 대해 동일 물질의 두 상에서의 몰분율의 비를 흔히 ***K* 값**(*K*-value)이라 부르는 **분배계수**(distribution coefficient) 혹은 **평형비 *K***(equilibrium ratio *K*)를 이용해서 나타내면 편리하다. 예를 들어

$$\text{성분 } i\text{의 기체-액체비:} \quad \frac{y_i}{x_i} = K_i \tag{7.10}$$

기상에 이상기체법칙 $p_i = y_i p_{\text{total}}$을 적용하고 액상에는 Raoult의 법칙 $p_i = x_i p_i^*(T)$를 적용하면 이상계에 대해 다음과 같이 표시된다.

$$K_i = \frac{y_i}{x_i} = \frac{p_i^*(T)}{p_{\text{total}}} \tag{7.10a}$$

식 (7.10a)를 이용하면 임계온도보다 아주 낮은 상태에 있는 성분에 대한 낮은 압력에서의 K_i 값은 잘 추산할 수 있지만, 고압에서 임계온도보다 높은 상태에 있는 성분과 극성 화합물에 대해서는 지나치게 큰 값을 얻게 된다. K_i를 온도, 압력, 조성의 함수로 나타내어 K_i에 대한 관계식을 실

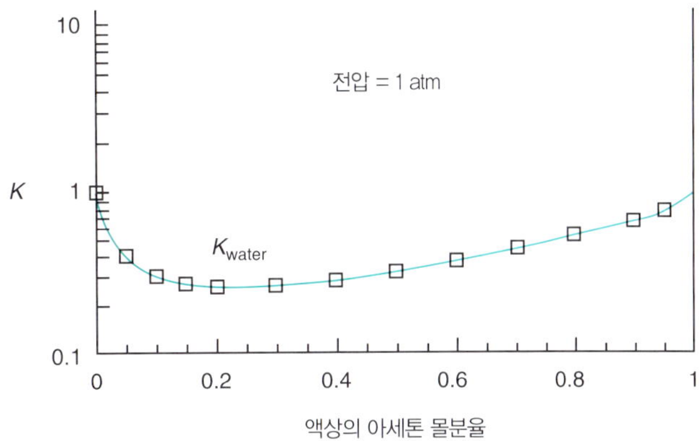

그림 7.20 ▸ p = 1 atm에서 물의 조성에 따른 값의 변화

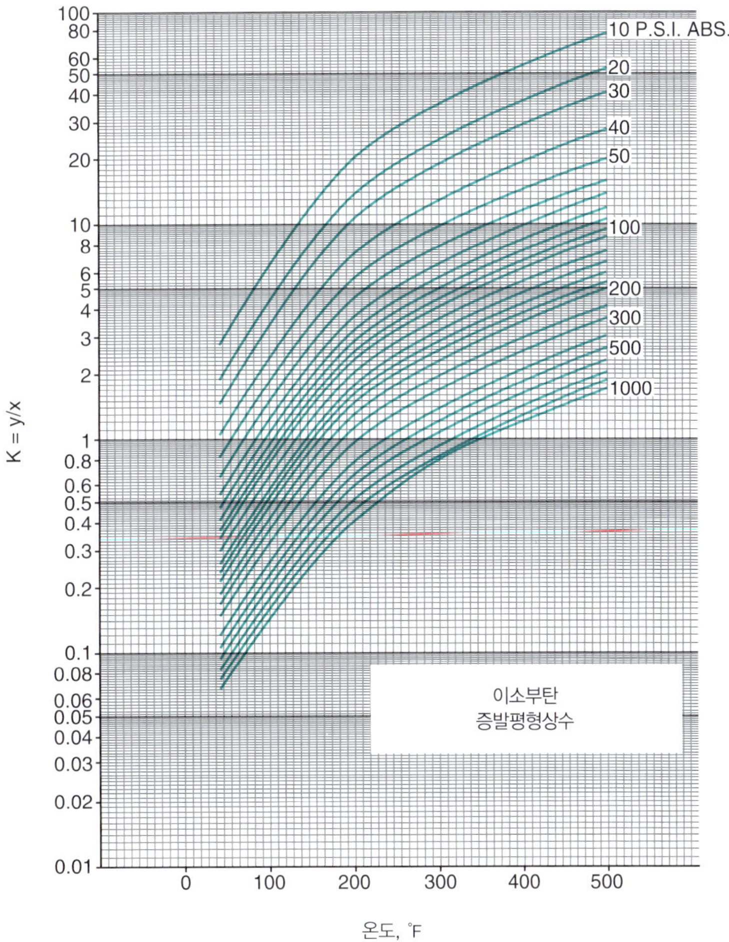

그림 7.21 ▸ 온도와 압력의 함수로 나타낸 이소부탄의 K 값

출처: *Natural Gasoline Association of America Technical Manual,* 4th ed. (1941), with permission (based on data provided by George Granger Brown).

험 자료에 적합한 형태나 도표로 나타내어 이 장의 말미에 수록된 참고문헌에서 설명하는 바와 같이 설계 계산에 직접 활용할 수 있다면 비이상 혼합물에 대해서도 식 (7.10)을 적용할 수 있다. 그림 7.20은 1 atm의 비이상적인 아세톤-물 혼합물에 대한 조성에 따른 K 값의 변화를 보인 것이다. 이 값은 1보다 크거나 작을 수는 있지만 음의 값이 될 수는 없다.

이상 용액인 경우에는 식 (7.10a)를 이용해서 값을 구할 수 있고, 비이상 용액일 경우에는 다음과 같이 K 값의 근삿값을 구할 수 있다.

1. 다음과 같은 실험식[4)]

$$T_{c,i}/T > 1.2: \qquad K_i = \frac{(p_{c,i})\exp[7.224 - 7.534/T_{r,i} - 2.598 \ln T_{r,i}]}{p_{\text{total}}}$$

2. 데이터베이스 — 이 장 끝의 참고문헌 참조
3. 그림 7.21과 같은 도표
4. 열역학 관계식 — 이 장 끝의 참고문헌 참조

7.5.4 기포점과 이슬점 계산

물질수지식과 함께 평형계수 K_i를 사용해야 하는 전형적 문제는 다음과 같다.

1. **전압과 액상 조성을 알고 액체 혼합물의 기포점을 계산한다.**

기포점 온도(전압과 액체의 조성이 주어지고)를 계산하려면 식 (7.10)을 $y_i = K_i x_i$로 나타낸다. 또한 기상에서 $\sum y_i = 1$이므로 이성분계의 경우 다음과 같다.

$$1 = K_1 x_1 + K_2 x_2 \tag{7.11}$$

여기서 K_i는 온도만의 함수이다. 각각의 K_i는 온도에 따라 증가하므로 식 (7.11)의 하나는 양의 근을 가진다. 직접 계산하거나 컴퓨터를 이용한 반복계산을 통해 기포점을 찾을 수 있다. 직접 계산해서 기포점을 찾고자 한다면, 온도를 변화시켜 가면서 K_i 값을 찾거나 계산해서 식 (7.11)의 각 항을 계산할 수 있다. 기포점을 찾기 위해 직접 계산을 하고자 한다면, 온도를 변화하면서 K_i의 값을 찾거나 계산하고, 식 (7.11)의 각 항을 계산해야 한다. 그런 다음에 $(K_1 x_1 + K_2 x_2)$가 1보다 큰 값과 작은 값을 이용해 식 (7.11)을 만족하는 T를 구한다.

이상 용액일 경우 식 (7.11)은 다음과 같다.

$$p_{\text{total}} = p_1^* x_1 + p_2^* x_2 \tag{7.12}$$

pi^*에 대해서는 Antoine 식을 사용할 수 있다. 일단 기포점 온도가 결정되면 증기의 조성은 다음 식으로부터 구할 수 있다.

$$y_i = \frac{p_i^* x_i}{p_{\text{total}}}$$

이성분 혼합물의 기포점 온도에 대한 자유도를 분석하면 0이다.

---

4) S. I. Sandler, in *Foundations of Computer Aided Design*, Vol. 2, edited by R. H. S. Mah and W. D. Seider, American Institute of Chemical Engineers, New York (1981), p. 83.

변수의 총수 $= 2 \times 2 + 2 = 6$: $x_1, x_2; y_1, y_2; p_{\text{total}}; T$
규정한 변수 $= 2 + 1 = 3$: $x_1, x_2; p_{\text{total}}$
독립식 $= 2 + 1 = 3$: $y_1 = K_1x_1, y_2 = K_2x_2; y_1 + y_2 = 1$

그러므로 세 미지변수와 그것을 결정할 수 있는 3개의 식이 주어진다.

2. **전압과 증기조성을 알고 기체 혼합물의 이슬점을 계산한다.**

이슬점 온도(전압과 증기 조성을 알고)를 구하려면 식 (7.10)을 $x_i = y_i/K_i$로 나타내고 액상에 대해 $\sum x_i = 1$이므로 다음 식을 풀면 된다.

$$1 = \frac{y_1}{K_1} + \frac{y_2}{K_2} \tag{7.13}$$

여기서 기포점 온도 계산에서 설명한 바와 같이 K 값은 온도의 함수이다. 이상 용액에 대해 다음과 같다.

$$1 = p_{\text{total}}\left[\frac{y_1}{p_1^*} + \frac{y_2}{p_2^*}\right] \tag{7.13a}$$

기포점 온도 계산의 경우와 마찬가지로 자유도를 해석한다.

평형 계산에 사용하기 위한 방정식의 특정 형태를 선택함에 있어서 바람직한 수렴성을 나타내는 풀이 방법을 선택해야 한다. 해로의 수렴은 다음과 같아야 한다.

- 방정식이 다중근을 가진 경우에는 원하는 근으로 수렴해야 한다.
- 해로 수렴함에 있어서 진동수렴보다는 단순수렴으로 안정적이어야 한다.
- 해에 접근함에 따라 수렴속도가 느려지지 않고 빨라야 한다.

기포점과 이슬점을 찾는 식은 온도가 미지변수인 한 개의 비선형 방정식이기 때문에 제6장 6.2.2절에서 소개되었던 MATLAB의 `fzero` 함수 또는 Python의 `scipy.optimize.newton` 함수를 사용해서 찾을 수 있다. 이 식들은 더 선형적인 형태로 먼저 변환함으로써 더 효율적이고 안정적으로 풀 수도 있다.[5)]

표 7.1에는 일반적인 상평형 계산을 정리했다.

다음 예제에서는 기액평형 계산에 대한 자세한 내용을 설명한다.

표 7.1 ▸ 전형적인 상평형 계산과 관련된 정보의 요약

형태	알고 있는 정보*	계산할 변수	사용할 식	수렴특성
기포점 온도	p_{Total}, x_i	T, y	7.10	좋음
이슬점 온도	p_{Total}, y_i	T, x_i	7.12	좋음
기포점 압력	T, x_i	p_{Total}, y_i	7.10	보통
이슬점 압력	T, y_i	p_{Total}, x_i	7.12	보통

* K는 알려진 T와 P_{total}의 함수로 가정한다.

5) J. B. Riggs, *Computational Methods for Chemical Engineers* (Austin, TX: Ferret Publishing, 2020), 95–97.

예제 7.11 기포점 계산

문제 n-옥탄 중에 n-헥산이 4.0% 들어 있는 액체 혼합물이 기화한다고 생각하자. 전압이 1.00 atm 이라면 맨 처음 생성되는 기상의 조성은 어떻게 되겠는가?

풀이 이 문제와 관련된 것과 같은 일정한 p에서의 T-x 관계를 알아보기 위해서는 그림 7.18을 참조하라. 혼합물에 포함된 성분이 서로 비슷하므로 이상 혼합물로 취급할 수 있다. 중간 단계로 식 (7.12)를 이용해서 기포점 온도를 계산해야 한다. 두 성분의 증기압을 구하려면 Antoine 식의 계수를 알아야 한다.

$$\ln(p^*) = A - \frac{B}{C + T}$$

여기서 p^*의 단위는 mm Hg이고, T의 단위는 K이다.

	A	B	C
n-헥산	15.8737	2697.55	−48.784
n-옥탄	15.9798	3127.60	−63.633

계산 기준: 액체 1 kg mol

기포점 온도를 구하기 위해서는 다음의 만만치 않은 방정식을 풀어야 한다. MATLAB이나 Python과 같은 비선형 방정식 풀이 프로그램을 이용하라.

$$760 = \exp\left(15.8737 - \frac{2697.55}{-48.784 + T}\right)0.040 + \exp\left(15.9787 - \frac{3127.60}{-63.633 + T}\right)0.960$$

예제 7.11의 MATLAB 결과

```
%%%%%%%%%%%%%%%%%%%%%%%%%%%%%%%%%%%%%%%%%%%%%%%%%%%%%%%%%%%%%%%%%%%%%%%%%%%%%%%%
%                         NOMENCLATURE
%
% x0 – initial guess for the root of the equation
% xsoln - the root of f(x) determined by function fzero
%%%%%%%%%%%%%%%%%%%%%%%%%%%%%%%%%%%%%%%%%%%%%%%%%%%%%%%%%%%%%%%%%%%%%%%%%%%%%%%%
%                           PROGRAM
function Ex7_11_Bubble Point
clear; clc;
x0=350.
                              % Define anonymous function
fx=@(x)760-exp(15.8737-2697.55/(-48.784+x))*0.04 …
-exp(15.9787-3127.6/(-63.633+x))*0.96;
xsoln=fzero(fx,x0)            % Call built-in function fzero
end
%                         PROGRAM END
```

```
%%%%%%%%%%%%%%%%%%%%%%%%%%%%%%%%%%%%%%%%%%%%%%%%%%%%%%%%%%%%%%%%%%%%%%%%%%%%
xsoln =
    393.3
```

예제 7.11의 Python 코드

```
Ex7_11 Bubble Point.py
############################################################################
#                               NOMENCLATURE
#
#  x0 – the initial guess for the root of function f(x)
#  xsol - the root of f(x) determined by function scipy.optimize.newton
############################################################################
#                                 PROGRAM
import numpy as np
import scipy.optimize
#  Define the UD function for the function value
def f(x):
    fx=760-exp(15.8737-2697.55/(-48.784+x))*
    0.04-exp(15.9787-3127.6/(-63.633+x))*0.96
    return fx
x0=350.                                       Initial guess for x
#  Apply function scipy.optimize.newton to determine a root of the
   nonlinear equation
xsol=scipy.optimize.newton(f, x0)
#                               PROGRAM END
############################################################################
```

IPython 콘솔:

```
In[1]: runfile(…
In[2]: %precision 1
In[3]: xsol
Out[3]: 393.3
```

해는 T = 393.6 K이고 헥산과 옥탄의 증기압은 각각 3114 및 661 mm Hg이다. 몰분율은 다음과 같다.

$$y_{C_6} = \frac{p^*_{C_6}}{p_{tot}} x_{C_6} = \frac{3114}{760} \times 0.04 = 0.164$$

$$y_{C_8} = 1 - 0.164 = 0.836$$

자습문제

확인문제

1. Henry의 법칙과 Raoult의 법칙은 어떤 경우 사용할 수 있는가?

2. 주어진 온도에서 헵탄과 옥탄의 증기압이 각각 92 mm Hg, 31 mm Hg이라는 것만 이용해서 이 두 혼합물에 대한 전압과 각 성분의 분압을 도시할 수 있는가?

해답

1. Henry의 법칙은 용매에 녹아 있는 기체에 대한 것이다. Raoult의 법칙은 이상 용액에서 용매에 대한 것이다.

2. 그렇다. 왜냐하면 이 계는 이상 용액처럼 행동하기 때문이다.

적용문제

1. 1 atm의 에틸렌 글리콜(부동액, $C_2H_6O_2$) 70% 수용액 1 kg의 비등점을 구하라. 이상 용액으로 간주한다.

해답

1. 이 문제는 시행착오를 통한 해법이 필요하다. 거의 모든 압력이 물로부터 온다는 것을 알면, 온도의 초기 추정치를 포화 물의 증기압인 101.325/0.33 = 307.0 kPa로 둘 수 있다. 즉, 초기 추정치는 134.5°C로 둘 수 있다. 시행착오를 통해, 기포점 온도 = 135.1°C로 구할수 있다. 이 온도에서 물의 증기압 = 312.095 kPa이고, 에틸렌 글리콜의 증기압 = 10.819 kPa이다. 그러므로 0.7(10.819) + 0.3(312.095) = 101.2 kPa(충분히 근접)이다.

7.6 다성분계 기액평형

소위 '백색 오일'은 압축되고 냉각된 가스정의 증기이다. 얼마 전 텍사스에서 독자적인 생산업자들은 텍사스철도위원회 법률 고문단(오일과 기체 생산을 관장하는 기관)으로부터 '백색 오일'은 기체라기보다는 오일로 간주한다는 1977년의 서신 내용에 따라 각자의 유공에서 냉각장치(−20°F까지 낮은 온도로)를 가동했다. 유공이 오일유공으로 분류되는 데 따른 장점이 있었다. 즉 오일유공은 10에이커당 한 개씩 뚫을 수 있지만 가스유공은 640에이커가 필요하고, 그 당시에 '백색 오일'은 가스의 가격(가격이 통제되고 있었다)의 6배에 팔 수 있었다. 여러 해에 걸친 논란 끝에 1984년 Clark 판사는 철도 위원회의 결정을 파기했다. 결과적으로 위원회는 원유로 취급받기 위해서는 저장고에서나 천공에서나 표면에 올라왔을 때 액체여야 한다는 새로운 명령을 발령했다. 270억 달러가 넘는 기체 저장고가 이 논란에 연관되어 있었다. 석유 제품의 실제 상태와 조성을 결정하는 것이 매우 중요한 일이라는 것을 알 수 있다.

다성분계 기액평형은 증기상과 액상에 세 가지 이상의 성분이 포함된 계에 적용된다. 다성분계에 대한 기액평형 계산은 이성분계에서와 유사한 방법으로 실행한다. 기포점 계산에서 $\sum_i y_i = 1$이므로 기포점 방정식은 알고 있는 액체의 조성(x_i)과 성분의 K 값(K_i)을 이용해서 나타낼 수 있다.

$$\sum_i^n x_i K_i = 1$$

이슬점 계산에서는 $\sum_i x_i = 1$이므로 이슬점 방정식을 알고 있는 기체 조성(y_i)과 성분의 K 값(K_i)을 이용해서 나타낼 수 있다.

$$\sum_{i}^{n}\frac{y_i}{K_i}=1$$

일반적으로 **기포점과 이슬점 방정식 모두 유일한 미지변수인 온도에 대해 비선형 방정식**이다.

이러한 방정식을 이용해 기포점이나 이슬점을 계산하기 위해서는 계의 각 성분에 대한 K 값을 알아야 한다. 상업적 소프트웨어에서는 이슬점과 기포점 계산을 이용해 증류탑과 다른 분리공정을 모사한다. 예를 들어 일상적으로 SRK 상태방정식을 이용해 비극성계에 대한 K 값을 계산하며 UNIQUAC은 넓은 범위의 극성계(수소결합과 같은 강한 분자 간 상호작용을 가지는 계)에 대한 K 값을 계산하기 위해 사용된다.

요약

이 장에서는 상도표와 상률을 소개하고 증기압과 같은 순수 성분의 성질과의 연관성을 알아보았다. 순수 성분의 증기압을 이용해 비응축성 기체를 포함하는 기액계의 거동을 나타내어 포화상태, 응축, 기화를 설명했다. 또한 이성분계 기액평형 관계를 살펴보았다.

주요 용어

공비점(azeotrope point): 일정한 압력에서 둘 혹은 그 이상의 성분으로 구성된 액체의 최소 비등점
공비혼합물(azeotrope): 액상과 기상의 조성이 같은 끓는점이 일정한 혼합물
과냉액체(subcooled liquid): 포화 압력과 온도 이하의 액체
과열도(degrees of superheat): 일정 압력에서 실제 T와 포화 T 사이의 온도차
과열증기(superheated vapor): 온도와 압력이 포화상태를 초과하는 값을 가지는 증기
기액평형(vapor-liquid equilibria): 기액계에서 한 성분의 농도를 온도와 압력의 함수로 나타낸 그래프
기준물질(reference substance): 기준물질 도표에서 기준으로 사용하는 물질
기준물질 도표(reference substance plot): 기준물질의 성질에 대해 다른 물질의 성질을 거의 직선으로 나타낸 선도
기포점(bubble point): (임의 압력에서) 액체가 기화하기 시작하는 온도
기화(vaporization): 액체에서 증기로의 상전이, 즉 끓음
불변계(invariant): 조성을 변화시키면 한 상이 소멸되는 계
비등(boiling): 액상에서 기상으로의 변화
비응축성 기체(noncondensable gas): 응축해 액체나 고체가 될 수 없는 상태에 있는 기체
삼중점(triple point): p-V-T 조합에서 고상, 액상, 기상이 평형으로 존재하는 점
상도표(phase diagram): 2차원 또는 3차원으로 화합물의 여러 상을 나타낸 그래프
수증기표(steam table): 물과 수증기의 물성을 나타낸 표
승화(sublimation): 고체에서 증기로의 상전이
승화압(sublimation pressure): 승화곡선상의 압력(온도의 함수)
융해(melting 또는 fusion): 고체에서 액체로의 상전이

응고(freezing): 액체에서 고체로의 상전이
응축(condensation): 증기에서 액체로의 상 변화
이상 용액(ideal solution): 증기압, 비체적 등의 성질을 이에 대응하는 순수 성분의 성질과 용액의 조성에 관한 지식만으로 구할 수 있는 용액
이슬점(dew point): 특정한 압력에서 증기로부터 액체가 생기기 시작하는 온도. 즉 증기압상의 온도 값
절대압력(absolute pressure): 완전 진공을 기준으로 한 압력
증기(vapor): 삼중점 이하에 있어서 응축할 수 있는 기체
증발(evaporation): 액체에서 증기로의 상전이
질(quality): 기액 혼합물(습한 증기)에서 증기의 분율
초임계영역(supercritical region): 임계점 이상에서 p-T 값을 가지는 물질의 물상도표 상 영역
평형(equilibrium): 자발적으로 변하는 경향이 없는 계의 상태
포화액체(saturated liquid): 증기와 평형상태에 있는 액체
포화증기(saturated vapor): 액체와 평형상태에 있는 증기
표준녹는점(normal melting point): 1 atm(101.3 kPa)에서 고체가 녹는 온도
표준비등점(normal boiling point): 증기압(p^*)이 1 atm(101.3 kPa)이 되는 온도
Antoine 식(Antoine equation): 증기압과 절대온도의 상관관계를 나타낸 식
Gibbs의 상률(Gibbs phase rule): 상의 수와 성분 수의 함수로, 계의 독립변수에 관한 자유도를 구하는 관계
Henry의 법칙(Henry's law): 평형에 있는 기상 중 기체의 분압과 액상 중 그 성분의 몰분율의 관계
***K* 값(*K*-value):** 두 상에서 한 성분의 몰분율의 비를 나타내는 매개변수(분배계수)
Raoult의 법칙(Raoult's law): 기상 중 한 성분의 분압과 액상 중 그 성분의 몰분율을 상관시킨 관계
2상 영역(two-phase region): 물성 도표에서 두 상이 공존하는 영역

참고문헌

American National Standards, Inc. *ASTM D323-79 Vapor Pressure of Petroleum Products (Reid Method)*, Philadelphia (1979).

Bhatt, B. I., and S. M. Vora. *Stoichiometry (SI Units)*, Tata McGraw-Hill, New Delhi (1998).

Henley, E. J., and J. D. Seader. *Equilibrium—Stage Separation Operations in Chemical Engineering*, Wiley, New York (1981).

Horvath, A. L. *Conversion Tables in Science and Engineering*, Elsevier, New York (1986).

Jensen, W. B. "Generalizing the Phase Rule," *J. Chem. Educ.*, **78**, *1369–70 (2001).*

Perry, R. H., et al. Perry's Chemical Engineers' Handbook, McGraw-Hill, New York (2000).

Rao, Y. K. "Extended Form of the Gibbs Phase Rule," *Chem. Engr. Educ.*, 40–49 (Winter, 1985).

Yaws, C. L. *Handbook of Vapor Pressure* (4 volumes), Gulf Publishing Co., Houston, TX (1993–1995).

웹사이트

www.youtube.com/watch?v=gbUTffUsXOM

연습문제

7.2 상도표와 상률

*7.2.1 옳은 답을 골라라.

a. 1.00 L 용기에 들어 있는 톨루엔의 증기압이 103 mm Hg이다. 증기압이 같은 용기는 어떤 것인가?

① 같은 온도에서 톨루엔이 들어 있는 2.00 L 용기
② 절대온도가 처음의 중간인 온도에서 톨루엔이 들어 있는 1.00 L 용기
③ 같은 온도에서 알코올이 들어 있는 1.00 L 용기
④ 같은 온도에서 알코올이 들어 있는 2.00 L 용기

b. 화합물이 녹는 온도는 어떤 온도와 같은가?

① 승화온도 ② 응고온도 ③ 응축온도 ④ 증발온도

c. 어떤 압력의 액체가 먼저 끓는가?

① 1 atm ② 2 atm ③ 200 mm Hg ④ 101.3 kPa

d. 액체의 증기압이 주변의 기압과 같아지면 무슨 일이 일어나는가?

① 언다. ② 응축한다. ③ 녹는다. ④ 끓는다.

e. 승화는 어떤 상변화인가?

① 고상에서 액상으로
② 액상에서 고상으로
③ 고상에서 기상으로
④ 기상에서 고상으로

f. 상온에서 빨리 증발하는 액체는?

① 증기압이 높다.
② 증기압이 낮다.
③ 끓는점이 높다.
④ 분자 간 인력이 강하다.

*7.2.2 순수 성분에 대한 p-T 선도를 그리고 그림 7.3에 열거한 선과 점을 표시하라.

*7.2.3 용기 안에 액체 에탄올, 에탄올 증기, N_2가 평형상태에 있다. 상률에 따라 상의 수, 성분의 수, 자유도를 구하라.

*7.2.4 **a.** 고체 요오드가 그 증기와 평형에 있는 경우
b. 물과 액체 옥탄(서로 섞이지 않는다)이 그 증기와 평형에 있는 경우
이에 대해 상률의 자유도를 구하라.

*7.2.5 물과 수증기의 평형계에 대한 자유도를 구하라.

*7.2.6 물과 습한 공기의 평형계에 대한 자유도를 구하라.

*7.2.7 폐쇄 용기에 NH_4Cl(s), NH_3(g), HCl(g)이 평형에 있다. 이 계의 자유도를 구하라.

*7.2.8 공기를 제거한 폐쇄 용기에서 $CaCO_3$가 일부 분해되어 CO_2와 CaO가 생성되었다. 평형상태에서 $CaCO_3$의 전부가 분해되지 않았다면, Gibbs의 상률에 따라 이 계의 자유도를 구하라.

**7.2.9 그림 P7.2.9를 기준으로 다음 물음에 답하라.

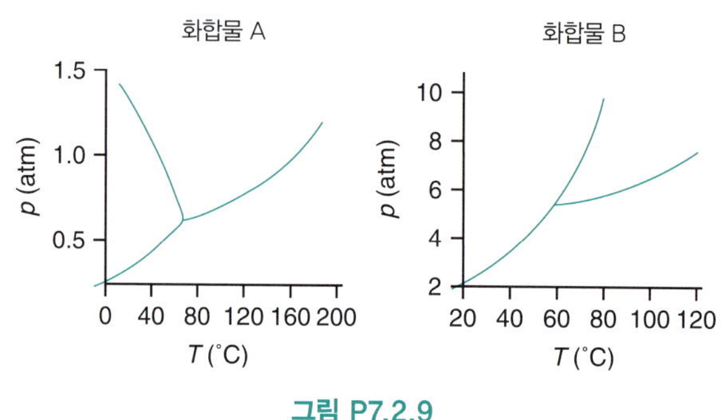

그림 P7.2.9

a. 화합물 A에 대한 대략적인 표준녹는점은?
b. 화합물 A에 대한 대략적인 표준비등점은?
c. 화합물 B에 대한 대략적인 삼중점 온도는?
d. 어느 화합물이 상압에서 승화하는가?

**7.2.10 압력솥(밀폐된 용기)을 사용하면 음식의 조리 시간을 줄일 수 있다. 압력솥은 음식을 요리하는 데 걸리는 시간을 단축시켜 준다. 압력솥이 어떻게 작동하는지에 대한 설명으로 옳은 것은?

a. $p_1T_1 = p_2T_2$이므로 압력을 2배로 하면 온도도 2배가 되어 빨리 조리된다.
b. 압력솥의 원리는 $p \propto T$에 기반을 두고 있다. 즉 압력은 온도에 정비례한다. 정용에서 압력을 증가시키면 온도도 증가해 조리 시간이 줄어든다.
c. 압력이 높으면 음식이 빨리 조리된다. 이것은 단위 표면적당 분자의 충돌 횟수가 늘어나 음식의 온도를 높인다는 것을 의미한다.
d. 음식이 조리되는 압력을 높이면 뜨거운 증기가 음식과 더욱 많이 충돌하므로 조리가 빨라진다. 개방 솥에서는 증기가 주변으로 빠져나가므로 음식에 한 번밖에 충돌하지 않는다.
e. 밀폐된 솥 내부의 압력이 높아지면 물의 기화로 인해 물의 끓는점이 상승하고 음식이 조리되는 온도가 높아지므로, 즉 더욱 뜨거운 온도가 되므로 조리 시간은 줄어든다.

**7.2.11 물, 초산, 에틸알코올의 혼합물이 40°C인 밀폐된 용기 내에 있다. 이 계에 대해 상률을 적용하면 자유도는 얼마인가? 각 자유도에 대한 구체적인 변수를 열거하라.

7.2.12 **a. 두 성분을 포함하는 계가 평형에 있다. 이 계에서 가능한 최대 상의 개수는 얼마인가? 답에 대해 설명하라.
b. 온도, 압력, 한 성분의 양이 고정되어 상태가 규정된 2상계가 있다. 평형을 이루고 있는 이 계에 얼마나 많은 성분이 존재하는가? 설명하라.

7.3 단일 성분 2상계(증기압)

*7.3.1 다음 설명이 참인지 거짓인지 밝혀라.

a. p-T 도표의 증기압 곡선은 액상과 증기상을 분리하는 선이다.
b. p-V 도표의 증기압 곡선은 액상과 증기상을 분리하는 선이다.
c. p-T 도표의 응고선은 액상과 고상을 분리하는 선이다.
d. p-V 도표의 응고선은 액상과 고상을 분리하는 선이다.
e. 삼중점의 평형에서는 액체와 고체가 공존한다.
f. 삼중점의 평형에서는 고체와 증기가 공존한다.

*7.3.2 다음의 순수 성분에 대한 압력의 변화(증가, 감소, 불변)를 설명하라.

a. 포화액체가 들어 있는 계를 등온에서 압축한다.
b. 포화액체가 들어 있는 계를 등온에서 팽창한다.
c. 포화액체가 들어 있는 계를 정용에서 가열한다.
d. 포화액체가 들어 있는 계를 정용에서 냉각한다.
e. 포화증기가 들어 있는 계를 등온에서 압축한다.
f. 포화증기가 들어 있는 계를 등온에서 팽창한다.
g. 포화증기가 들어 있는 계를 정용에서 가열한다.
h. 포화증기가 들어 있는 계를 정용에서 냉각한다.
i. 증기와 액체가 평형상태에 있는 계를 정용에서 가열한다.
j. 증기와 액체가 평형상태에 있는 계를 정용에서 냉각한다.
k. 과열증기가 들어 있는 계를 등온에서 팽창한다.
l. 과열증기가 들어 있는 계를 등온에서 압축한다.

*7.3.3 아이스 스케이트가 가능한 것은 스케이트 날이 접촉하는 얼음 표면에 형성되는 액상 막이 윤활제 역할을 하기 때문이다. 도표를 이용해서 25°F의 얼음 표면에 액상 막이 형성되는 이유를 설명하라.

*7.3.4 자동차의 대체 연료로 메탄올이 제안되었다. 메탄올은 천연가스, 석탄, 바이오매스, 음식쓰레기 등 다양한 원료로부터 만들 수 있고, 휘발유에 비해 오존 전구물질을 45%나 덜 배출한다는 것이 제안자들의 주장이다. 비판자들은 메탄올 연소에는 독성이 있는 포름알데히드가 배출되고 자동차 부품을 쉽게 부식시킨다고 주장한다. 더구나 메탄올을 사용하는 엔진은 40°F 이하의 온도에서는 시동이 쉽지 않다. 시동이 어려운 이유는 무엇인가? 이 문제를 어떻게 개선할 수 있는가?

*7.3.5 Antoine 식과 부록 G의 상숫값을 사용해 주어진 온도에서 다음 화합물의 증기압을 구하라. 계산한 값을 부록 G에 기재된 Antoine 식으로부터 계산된 값들과 비교해보기 바란다.

a. 5°C의 아세톤
b. 100°F의 벤젠
c. 320 K의 사염화탄소

**7.3.6 다음의 실험 자료를 근거로 Antoine 식을 사용해서 40°C 에틸에테르의 증기압을 추정하라.

p^* (kPa):	2.53	15.0	58.9
T (°C):	−40.0	−10.0	20.0

**7.3.7 삼중점에서 액체 및 고체 암모니아의 증기압은 각각 $\ln p^* = 15.16 - 3063/T$과 $\ln p^* = 18.70 - 3754/T$이며, 여기서 p^*의 단위는 atm이고 T의 단위는 K이다. 삼중점 온도는 얼마인가?

**7.3.8 편람에서는 고체와 액체 데카보란(decaborane, $B_{10}H_{14}$)의 증기압이 각각 다음과 같이 주어졌다.

$$\text{고체:} \quad \log_{10} p^* = 8.3647 - \frac{2642}{T}$$

$$\text{액체:} \quad \log_{10} p^* = 10.3822 - \frac{3392}{T}$$

이 편람에는 $B_{10}H_{14}$의 융점이 89.8°C로 주어졌다. 옳은 값인가?

**7.3.9 Antoine 식을 사용해서 벤젠과 톨루엔의 표준비등점을 구하라. 이 결과를 편람이나 데이터베이스의 값과 비교하라.

**7.3.10 박막 증착법에서 금속의 증발에는 다양한 방법이 채용된다. 증발속도는 다음과 같다.

$$W = 5.83 \times 10^{-2} \frac{p_v M^{1/2}}{T^{1/2}} \text{g/(cm}^2\text{)(s)} \quad (p_v \text{ in torr, } T \text{ in K, } M = \text{분자량})$$

p_v도 역시 온도에 의존하므로 이 식에 대한 증기압-온도의 관계를 정의할 필요가 있다. 증기압 모델은 다음과 같다.

$$\log_{10} p_v = A - \frac{B}{T}$$

여기서 T의 단위는 K이다. 알루미늄의 증발속도가 10^{-4} g/(cm^2)(s)가 되는 온도를 구하라.

자료: $A = 8.79$, $B = 1.594 \times 10^4$

**7.3.11 다음 조건에 있는 물의 비체적을 구하라.

a. $T = 100°C$, $p = 101.4$ kPa, $x = 0.5$(m^3/kg 단위로)
b. $T = 406.70$ K, $p = 300.0$ kPa, $x = 0.5$(m^3/kg 단위로)
c. $T = 100.0°F$, $p = 0.9487$ psia, $x = 0.3$(ft^3/lb 단위로)
d. $T = 860.97°R$, $p = 250$ psia, $x = 0.7$(ft^3/lb 단위로)

**7.3.12 다음 설명이 참인지 거짓인지 밝혀라.

a. 끓는 물이 가득 찬 주전자를 무거운 뚜껑으로 밀폐하면 물이 더 이상 끓지 않는다.
b. 수증기 질은 수증기 순도와 같은 것이다.
c. 수증기와 평형에 있는 물은 포화되어 있다.
d. 물은 세 가지 이상의 상으로 존재할 수 있다.
e. 300°C의 과열수증기란 끓는점보다 300°C 높은 수증기를 말한다.
f. 물을 가열하지 않고도 끓일 수 있다.

**7.3.13 부피가 0.35 m^{3}인 용기에 450 kPa의 압력에서 물과 수증기 혼합물 2 kg이 평형으로 들어 있

다. 수증기의 질을 구하라.

**7.3.14 부피를 알 수 없는 용기에 90°C의 물 10 kg이 들어 있다. 평형에서 액체 물의 질량이 8 kg이었다. 용기 내의 압력과 부피는 얼마인가?

**7.3.15 내경이 7.4 cm인 관으로 5500 Kpa, 500°C의 과열 수증기가 10,000 kg/hr로 흐른다. 유속을 m/s의 단위로 구하라.

**7.3.16 가열기를 관리하기 위해 가열기 바닥에 남아 있는 응축수를 제거했다. 그런데 수리공이 밸브를 잘못 조작해서 150°C의 뜨거운 기름이 가열기로 유입되는 사고가 일어났다. 폭발이 일어나 수리공이 다치고 작업하던 가열기가 망가졌다. 사고보고서를 작성할 때 이 사고에서 일어난 일에 대한 설명을 포함하라.

***7.3.17 부피가 3.00 m^3인 용기에 물 0.03 m^3과 수증기 2.97 m^3을 주입해 압력이 101.33 kPa이 되게 했다. 이것을 가열해서 물이 막 전부 증발했을 때의 온도와 압력을 구하라.

***7.3.18 부피가 300 L인 용기에 물과 수증기의 혼합물 1.0 kg을 주입한다. 평형에 도달했을 때 압력은 500 kPa로 측정되었다. 용기 내부의 수증기 질을 구하고, 500 kPa에서 물과 수증기의 상대적인 질량 및 부피를 각각 구하라.

***7.3.19 수증기표에서 물의 어는점에서부터 500 K에 이르는 온도에 따른 증기압 자료 10개를 취해 다음 함수에 적합하라.

$$p^* = \exp[a + b \ln T + c(\ln T)^2 + d(\ln T)^3]$$

여기서 p의 단위는 kPa, T의 단위는 K이다.

***7.3.20 다음에 열거한 온도와 압력에서 물이 고상, 액상, 기상, 과열상, 포화 혼합물 중 어느 것인지 밝히고, 포화 혼합물이라면 수증기의 질을 구하는 방법을 설명하라. 계산을 위해 수증기표를 참고하라.

상태	p(kPa)	T(K)	$\hat{V}$(m^3/kg)
1	2000	475	-
2	1000	500	0.2206
3	101.3	200	-
4	245.6	400	0.7308
5	1000	453.06	0.001127
6	200	393.38	0.8857

***7.3.21 **(a)** 아세톤 증기, **(b)** 헵탄, **(c)** 암모니아, **(d)** 에탄에 대한 0°C에서 임계점까지의 Cox 선도를 작성하라. 그리고 임계점에서의 압력을 추산해 임계 압력과 비교하라.

***7.3.22 벤젠에 관한 다음 증기압 자료를 이용해서 Cox 선도를 작성하고 125°C에서의 증기압을 추산하라.

T (°F):	102.6	212
p^* (psia):	3.36	25.5

*** 7.3.23 아닐린에 관한 다음 증기압 자료를 이용해서 350°C에서의 증기압을 추산하라.

T (°C):	184.4	212.8	254.8	292.7
p^* (atm):	1.00	2.00	5.00	10.00

*** 7.3.24 산업현장에서는 들이마시거나 피부를 통한 흡착으로 화학물질에 노출된다. 피부는 많은 화합물에 대한 보호 장벽 역할을 하므로 흡입에 의한 노출이 주된 관심이다. 작업장에서의 노출에 대한 척도로는 일반적으로 증기압이 사용된다. 휘발유에 첨가되는 세 가지 화합물, 즉 메탄올, 에탄올, MTBE(methyl ter-butyl ether)에 대한 상대적 증기압을 비교하라. 이러한 화합물에 대한 OSHA의 허용노출한계(PEL)는 부피 ppm 단위로 다음과 같다.

메탄올	200
에탄올	1000
MTBE	100

7.4 이성분 기체/단일 성분 액체 계

* 7.4.1 부피가 변하는 용기에 담겨 있는 건조기체에 일정량의 액체를 주입해 일정한 온도와 압력에서 평형에 도달하게 했다고 생각하자. 용기의 부피는 초기의 부피에 비해 증가하는가, 감소하는가, 그대로인가? 용기의 부피가 변하지 않고 액체가 증발함에 따라 온도를 일정하게 유지했다고 가정하자. 용기 내의 압력은 증가하는가, 감소하는가, 그대로인가?

** 7.4.2 대형 용기에 27°C, 101.3 kPa의 건조 N_2가 들어 있다. 이 용기에 물을 주입해서 N_2가 수증기로 포화된 후 온도는 27°C이다.

a. 포화된 후 용기 안의 압력은 얼마인가?

b. 포화 혼합물 내 N_2 1 mol당 수증기의 몰수는 얼마인가?

** 7.4.3 헥산(C_6H_{14})의 증기압은 −20°C에서 14.1 mm Hg(절대압력)이다. 이 온도와 전압 760 mm Hg에서 건조공기가 헥산 증기로 포화되어 있다. 연소용 공기의 과잉률을 구하라.

** 7.4.4 새로운 훈증제(fumigant)로 클로로피크린(CCl_3NO_2)이 제안되었다. 효과가 있으려면 공기 중의 클로로피크린 증기의 농도가 2.0%여야 한다. 이 농도로 만드는 가장 쉬운 방법은 액체가 들어 있는 용기에서 공기를 클로로피크린으로 포화시키는 것이다.

용기 안의 압력을 100 kPa로 가정한다. 농도가 2.0%가 되도록 하려면 온도를 몇 도로 해야 하는가? 편람에서 증기압 자료를 찾아보면 다음과 같다(T는 °C이고 증기압은 mm Hg).

0, 5.7; 10, 10.4; 15, 13.8; 20, 18.3; 25, 23.8; 30, 31.1

이 온도와 압력에서 공기 100 m^3을 포화시키는 데 필요한 클로로피크린의 질량(kg)을 구하라.

** 7.4.5 공기의 몰분율이 12%인 60°C, 1 atm의 공기-수증기 혼합물의 이슬점을 구하라. 혼합물의 전압은 일정하다.

** 7.4.6 용기의 압력을 잘못 계산하면 위험할 수 있다. 27°C에서 증기압이 90 kPa인 유해성 액체 1 gal을 70 kPa, 27°C에서 공기 300 L이 들어 있는 탱크로 옮긴다. 이 탱크의 안전밸브는 210 kPa에서 파손된다. 액체를 옮기면서 안전밸브의 파손에 대비해야 하는가?

** 7.4.7 340 m^3의 방 안에 24°C, 100.6 kPa(절대)의 공기가 들어 있다. 이 공기의 이슬점은 16°C이다.

이 공기 중의 수증기의 질량(kg)을 구하라.

****7.4.8** 크기가 6 m × 6 m × 3 m이고 기압 1 atm(절대), 온도 21°C인 방 안에서 벤젠(C_6H_6) 5 L가 기화한다. 공기 중의 벤젠의 폭발하한은 1.4%이다. 이 방 안의 벤젠은 이 값을 초과하는가?

****7.4.9** 아세틸렌(C_2H_2)과 과잉산소의 혼합물에 대한 부피가 25°C, 745 mm Hg(절대)에서 10 m^3이다. 폭발 후의 건조기체 생성물의 부피가 60°C, 745 mm Hg에서 8.5 m^3이었다. 초기 혼합물 중의 아세틸렌과 산소의 부피를 구하라. 최종 기체는 포화되어 있다. 반응에서 생성된 물은 반응 후 모두 기상으로 존재한다고 가정한다.

****7.4.10** 질의응답을 다루는 과학 칼럼에 다음과 같은 질문이 있었다. 캘리포니아에서 바다코끼리를 구경하던 중에 알았지만, 수컷 바다코끼리가 큰 소리로 울면 내쉬는 숨이 보인다. 하지만 우리의 숨은 보이지 않는다. 왜 그런가?

****7.4.11** 점화하면 불이 붙을 수 있는 공기 중의 증기 조성을 규정해서 안전 규격을 설정할 수 있다. 공기 중에서 벤젠의 점화 농도 범위는 1.4~8.0%이다. 저장탱크 내 증기 공간의 공기가 벤젠으로 포화되었을 경우, 이 농도 범위에 대응하는 온도를 구하라. 증기 공간의 전압은 100 kPa이다.

****7.4.12** 탱크나 밀폐 용기를 채울 때는 그 안에 있던 공기가 도입되는 액체의 증기로 즉시 포화된다. 따라서 도입되는 액체와 대체되어 탱크로부터 배출되는 공기에서는 주유소에서 휘발유를 주입할 때와 같이 주입하는 액체 증기의 냄새가 난다.

부피가 20 L인 폐쇄 용기를 20°C의 벤젠으로 채운다고 가정하자. 공기가 포화된 후에 용기로부터 배출되는 포화공기에 포함된 공기 1 mol당 벤젠의 몰수는 얼마인가? OSHA에서 정한 공기 중 벤젠의 한계(현재 0.1 mg/cm^3)를 초과하는가? 겨울에 밀폐된 차고에서 이런 작업을 해도 되는가?

****7.4.13** 습한 공기를 실리카겔에 통과시켜서 수분을 전부 제거(탈수라 한다)하고자 한다. 이슬점이 10°C인 공기를 1 atm, 1.4 m^3/min로 탈수할 때 제거되는 수분의 유량은 몇 kg/hr인가?

*****7.4.14** 드라이클리닝 시설에서는 옷이 들어 있는 회전 드럼에 건조공기를 불어넣어서 Stoddard 용매를 전부 제거한다. 이 용매를 48.9°C에서 0.0788 atm의 증기압인 n-옥탄(C_8C_{18})으로 가정할 수 있다. 48.9°C의 공기가 옥탄으로 포화된다고 가정하고 다음을 구하라. (a) 옥탄 1 kg을 증발시키는 데 필요한 공기의 질량(kg), (b) 드럼에서 배출되는 기체 중의 옥탄의 부피분율, (c) 옥탄 단위 질량당 필요한 도입 공기의 부피(m^3/kg 옥탄). 대기압은 1 atm이다.

*****7.4.15** 농도가 비교적 낮더라도 독성 화합물에 장기간 노출되면 독성의 영향을 받게 된다. 수은이 그런 화합물이다. 낮은 농도의 수은에 만성적으로 노출되면 영구적인 정신이상, 식욕부진, 불안, 불면증, 손과 발의 통증 및 마비 등의 원인이 된다. 이러한 증상을 일으키는 수준의 수은은 농도가 매우 낮아서 작업자가 눈으로 보거나 냄새를 맡을 수가 없으므로 대기 중의 농도가 이러한 수준이라도 작업자가 알지 못한다.

다양한 화합물의 독성에 기초한 연방정부 기준으로 OSHA가 정한 PEL(허용 노출한계)이 있다. 이 PEL은 시간-가중평균(time-weighed average, TWA) 노출에 기초해 작업장에서 허용되는 최고 노출 수준이다. TWA 노출은 악영향을 미치지 않으면서 매일 노출이 허용되는 평균 농도로서, 작업장에서 평생 동안 하루 8시간 노출을 기준으로 한 것이다.

공기 중 수은에 대한 노출은 현재의 연방정부 기준(OSHA/PEL)으로 최댓값이 0.1 mg/m^3이다. 수은을 사용하는 작업장에서는 이보다 높은 농도로부터 작업자를 보호해야 한다.

환기장치가 없는 소규모 저장실에서 마노미터에 수은을 채우고 검정한다. 이 과정에서 수은을 흘렸지만 바닥에 여기저기로 흩어져서 말끔하게 걷어낼 수가 없었다. 저장실 온도가 20°C일 경우 수은의 최대 농도를 구하라. 저장실에는 환기시설이 없어서 평형 농도에 도달할 수 있다고 가정한다. 이 농도는 작업자의 노출 허용 수준인가?

자료: $p^*_{Hg} = 1.729 \times 10^{-4}$ kPa, 대기압 = 99.5 kPa. 이 문제는 American Institute of Chemical Engineers가 1990년 출판한 《Safety, Health, and Loss Prevention in Chemical Processes》에서 허락을 받고 인용했다.

****** 7.4.16*** 전형적인 n-부탄 공급시설을 그림 P7.4.16에 나타냈다. 폭발을 방지하려면 (a) 부탄 농도가 공기 중에서의 폭발상한(UEL)인 8.5% 이상이 되도록 하기 위해 주입배관(그림에는 보이지 않는다)에 부탄을 더 첨가하거나, (b) 부탄 농도가 폭발하한(LEL)인 1.9% 이하가 되도록 하기 위해 공기를 더 첨가해야 한다(그림에 나와 있다). 수봉(water seal) 장치를 떠나는 부탄가스의 농도는 1.5%이며, 배출가스는 20°C에서 수증기로 포화되어 있다. 탱크를 떠나는 기체의 압력은 120.0 kPa이다. 하나의 탱크 카(tank car)와 두 트럭에서 새고 있는 유량이 20.0°C, 100.0 kPa에서 300 cm^3/min일 경우, 이 버너 장치에 공급해야 할 공기의 유량(m^3/min, 20.0°C, 100.0 kPa)을 구하라.

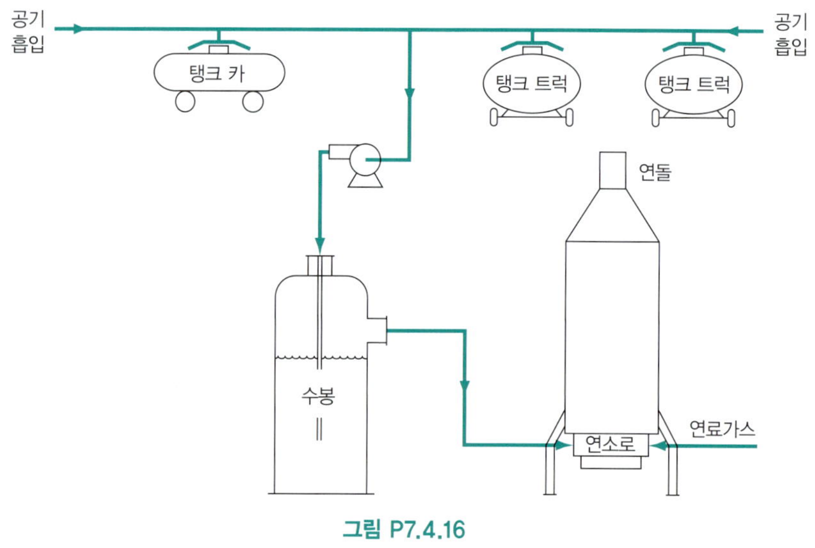

그림 P7.4.16

****** 7.4.17*** 수은이 0.023% 들어 있는 슬러지를 소각로에서 태운다. 생성기체(MW = 32)의 유량은 260°C에서 20,000 kg/hr이며, 물로 급랭해서 온도를 65°C로 낮춘다. 이 흐름을 여과해서 입자상 물질을 모두 제거한다. 수은은 어떻게 되겠는가? 공정 압력은 1 atm이라 가정한다. 65°C에서 수은의 증기압은 0.0344 kPa이다.

****** 7.4.18*** 냉장실의 냉각코일에 얼음의 과도한 생성을 방지하기 위해 습한 공기를 부분적으로 탈수하고 냉각해서 냉장실을 통과시킨다(그림 P7.4.18을 보라). 냉각기를 통과해 냉장실로 공급되는 습한 공기의 유량은 도입 온도와 압력에서 560 m^3/day이다. 30일간 운전 후에 냉장실을 가열해

서 코일에 붙은 얼음을 제거한다. 코일의 얼음이 다 녹을 경우 냉장실에서 제거되는 물의 질량을 구하라.

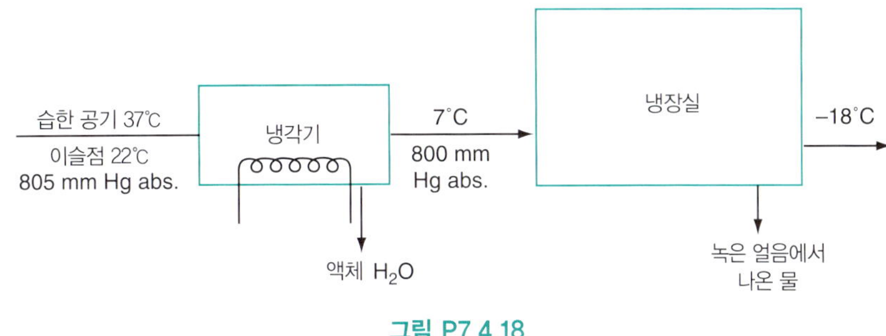

그림 P7.4.18

*** **7.4.19** 25°C, 100 kPa의 공기의 이슬점이 16°C이다. 100 kPa의 정압에서 이 습한 공기의 초기 수분 중 50%를 제거하려면 공기를 몇 도까지 냉각해야 하는가?

*** **7.4.20** 30°C, 99.0 kPa에서 수증기로 포화된 공기 1000 m^3를 14°C까지 냉각한 다음 133 kPa까지 압축한다. 응축되는 물의 질량(kg)을 구하라.

*** **7.4.21** 100 kPa로 운전되는 연소로에서 에탄(C_2H_6)을 20% 과잉공기로 연소한다. 완전 연소를 가정하고 연돌기체의 이슬점을 구하라.

*** **7.4.22** 조성이 CO_2 4.5%, CO 26.0%, H_2 13.0%, CH_4 0.5%, N_2 56.0%인 합성가스를 10% 과잉공기로 연소한다. 대기압은 98 kPa이다. 연돌기체의 이슬점을 구하라. 응축과 이로 인한 부식을 방지하기 위해 연돌기체는 이슬점 이상으로 유지되어야 한다.

*** **7.4.23** CH_4을 공기로 완전 연소한다. 산소가 포함되어 있지 않은 연소장치 배출가스를 흡수장치에 통과시켜서 수분의 일부를 제거한다. 흡수장치 배출가스는 55°C, 138 kPa이고, 이 중의 질소의 몰분율은 0.8335이다. 다음을 구하라.

a. 정압에서 냉각할 때 수분의 응축이 시작되는 온도

b. 등온에서 압축할 때 수분의 응축이 시작되는 압력

*** **7.4.24** 3M에서는 합성수지로 만든 사포(sandpaper)에서 벤젠을 제거하기 위해 건조장치를 통과시켜서 더운 공기로 벤젠을 증발시킨다. 배출 공기는 40°C(104°F)에서 벤젠으로 포화되어 있다. 벤젠의 p^*는 40°C에서 181 mm Hg이고 대기압은 742 mm Hg이다. 이 벤젠을 회수하기 위해 10°C(p^* = 45.4 mm Hg)까지 냉각하고 25 psig까지 압축한다. 회수되는 벤젠의 분율은 얼마인가? 그다음 다시 2 psig까지 압력을 낮추고 공기는 건조장치로 재순환시킨다. 이 순환 공기 중 벤젠의 분압을 구하라.

*** **7.4.25** 수분이 40 wt %인 습한 고체에 94°C, 106 kPa의 습한 공기를 통과시켜서 고체의 수분 함유량을 10%로 낮춘다. 도입 공기 중의 수증기 분압은 1.33 kPa이고, 배출 공기의 이슬점은 60°C이다.

도입되는 습한 고체 100 kg을 기준으로 필요한 습한 공기의 부피(m^3, 94°C, 106 kPa)를 구하라.

****7.4.26 바이오매스의 호기성 증식(공기 존재하의 증식)에서는 산소를 섭취하고 이산화탄소를 배출한다. 이산화탄소 배출량/산소 소비량의 몰비를 호흡상(respiratory quotient, RQ)이라 한다. 다음 자료를 이용해 완전 혼합 정상상태의 생물반응기에서 액상 중에 현탁 배양하는 효모 세포의 RQ를 구하라.

a. 액상의 부피는 600 m^3

b. 기체 공간으로 도입되는 공기(건조)의 유량은 120 kPa, 300 K에서 600 m^3/hr

c. 도입되는 공기 조성은 O_2 21.0%, CO_2 0.055%

d. 생물반응기 내의 압력은 120 kPa

e. 생물반응기 내의 온도는 300 K

f. 배출기체는 수증기로 포화되어 있고 조성은 O_2 8.04%, CO_2 12.5%

g. 배출기체의 압력은 110 kPa

h. 배출기체의 온도는 300 K

****7.4.27 연소되는 석탄에는 3.0%의 수분이 포함되어 있다. 건기준으로 석탄을 분석하면 C는 75%, H는 8%, O는 8%, 회분은 9%이다. 배기가스는 CO_2 15.0%, CO 0.5%, O_2 4.5%, N_2 80.0%를 포함하고 있다. 사용된 공기의 이슬점은 10°C이고 대기압은 101.253 kPa이다. 연돌가스의 이슬점을 구하라.

7.5 이성분 기체/이성분 액체 계

*7.5.1 다음 설명이 참인지 거짓인지 밝혀라.

a. 임계온도와 압력은 이성분 혼합물의 증기와 액체가 평형으로 존재할 수 있는 최고 온도와 압력이다.

b. Raoult의 법칙은 희박 용액 내의 용질에 잘 맞는다.

c. Henry의 법칙은 진한 용액 내의 용질에 잘 맞는다.

d. 액체 부탄과 펜탄의 혼합물은 이상 용액으로 취급할 수 있다.

e. p-x-y 도표상에서 액상 영역은 기상 영역 상부에 있다.

f. T-x-y 도표상에서 액상 영역은 기상 영역 하부에 있다.

*7.5.2 다음 설명이 옳은지 검토하라. 이 설명들이 정확한가? 정확하지 않다면 어떤 정보가 더 주어져야 하는가?

a. 가솔린의 증기압은 55°C에서 약 96.53 kPa이다.

b. 물-푸르푸랄 디아세테이트로 된 계의 증기압은 99.96°C에서 760 mm Hg이다.

**7.5.3 30°C의 다음 측정값을 바탕으로 H_2O 중의 H_2S에 대해 Henry의 법칙을 적용할 수 있는지 검토하라.

액체 몰분율 × 10^2	압력(kPa)
0.0003599	20
0.0004498	30
0.0005397	40
0.0008273	50
0.0008992	60
0.001348	90
0.001528	100
0.003194	200
0.004712	300
0.007858	500
0.01095	700
0.01376	900
0.01507	1000

**** 7.5.4** 20°C, 1 atm 물 중 클로로포름의 평형 농도(mg/L)를 구하라. 기상과 액상은 이상적이며, 기상의 클로로포름 몰분율은 0.024라고 가정한다. 클로로포름의 Henry 상수는 H = 170 atm/몰분율이다.

**** 7.5.5** 17°C의 폐쇄 용기에 있는 물의 용존산소 농도가 6.0 mg/L이다. 평형에서 물 위의 공기 중 산소 농도(몰분율) 압력(kPa)을 구하라. Henry 상수는 4.07×10^6 kPa/몰분율이다.

**** 7.5.6** 1 atm, 15.55°C의 탱크 내에 톨루엔 40 mol %와 벤젠 60 mol %(몰 기준)인 액체가 기상 및 공기와 평형에 있다.

a. 기상 중의 탄화수소의 농도를 구하라.

b. 공기 중의 톨루엔과 벤젠의 가연하한(lower flammability limit)이 각각 1.27%, 1.4%라면 기상은 가연성인가?

**** 7.5.7** 바비큐용 연료통에 프로판과 n-부탄이 들어 있다. 48.9°C에서 액상과 기상이 평형에 있으며 압력이 8.0 atm일 경우, 부탄의 총괄 몰분율(기상 + 액상)을 구하라.

**** 7.5.8** 다음 증기압 자료를 이용해서 1 atm의 벤젠-톨루엔 계의 온도-조성 도표를 작성하라. 이상적 거동을 한다고 가정한다.

온도(°C)	증기압(mm Hg)	
	벤젠	톨루엔
80	760	300
92	1078	432
100	1344	559
110.4	1748	760

**** 7.5.9** 공비혼합물을 보여주는 T-x-y 도표를 작성하고 기포점 곡선, 이슬점 곡선, 공비점을 표시하라.

**** 7.5.10** 메탄올의 발화점은 12°C이고, 이 온도에서의 증기압은 62 mm Hg이다. 메탄올 75%와 물

25%인 혼합물의 발화점을 구하라. 힌트: 물은 불타지 않는다.

**7.5.11 82.3°C(허용 최고 온도)에서 나프타를 수증기 증류할 수 있는 최대 압력을 구하라. 수증기를 액체 나프타에 주입해 나프타를 기화시킨다. 또한 71.1°C에서 증류하고 액체 나프타 중에서 8.0%(질량 기준)의 비휘발성 불순물이 들어 있으며, 증류탑의 초기량이 물 1500 kg와 나프타 6000 kg일 경우, 나프타를 전부 증류했을 때 남아 있는 물의 양을 구하라. 자료: 나프타의 분자량은 약 107, p^*(82.3°C) = 460 mm Hg, p^*(71.1°C) = 318 mm Hg

***7.5.12 공기와 이산화황으로 된 기상 흐름에서 이산화황 90%를 제거하고자 한다. 기상은 유량이 $85 m^3$/min이고, 이산화황이 3% 들어 있다. 이산화황은 물로 제거한다. 주입되는 물에는 이산화황이 포함되어 있지 않다. 공정의 온도는 290 K이고, 압력은 1 atm이다. (a) 이산화황을 제거하는 데 필요한 물의 유량(kg/min)을 구하라. 배출 물은 도입 기체와 평형에 있다고 가정한다. (b) 물 흐름과 기체 흐름의 비를 구하라. 290 K에서 이산화황의 Henry 상수는 43 atm/몰분율이다.

***7.5.13 펜탄 30%, 헵탄 70%인 액상 혼합물이 10°C에서 기상과 평형에 있다. 기상의 (a) 압력, (b) 조성을 구하라. 이상 혼합물이라고 가정한다.

***7.5.14 60°C에서 벤젠과 톨루엔의 50:50 혼합물 2 kg이 있다. 이 계의 전압을 감소시킬 경우 끓기 시작하는 압력을 구하라. 또한 처음 생기는 기포의 조성을 구하라.

***7.5.15 프로판과 n-부탄의 표준비등점은 각각 −42.1°C, −0.5°C이다.

a. −32.1°C, 1 atm에서 끓는 액체 혼합물 중의 프로판의 몰분율을 구하라.

b. −32.1°C에서 기상 중의 프로판의 몰분율을 구하라.

c. 프로판-부탄 계의 온도-프로판 몰분율의 관계를 그려라.

***7.5.16 93.3°C의 n-헵탄과 n-옥탄 계에서 액상 n-헵탄의 물질량분율이 0, 0.2, 0.4, 0.6, 0.8, 1.0일 때 기상 중 각 성분의 분압을 구하라. 그리고 용액 상부의 전압을 구하라.

이 결과를 이용해서 압력(mm Hg)을 종축으로 하고 왼쪽과 오른쪽의 종축은 각각 C_8, C_7의 몰분율인 p-x 도표를 작성하라.

이 도표를 이용해 액상에서 C_7 = 0.47일 때 전압과 각 성분의 분압을 구하라.

***7.5.17 n-헥산 60 mol %와 n-펜탄 40 mol %(물질량 기준)로 된 액체 혼합물에 대한 10,342 mmHg에서의 기포점을 구하라.

***7.5.18 n-헥산 75 mol %와 n-펜탄 25 mol %(몰 기준)로 된 증기 혼합물에 대한 690 kPa에서의 이슬점을 구하라.

***7.5.19 900 mm Hg인 실린더에 벤젠과 톨루엔의 60:40(몰 기준) 혼합물이 들어 있다. 두 상이 공존할 수 있는 온도 범위를 구하라.

***7.5.20 n-펜탄이 50 mol %인 n-펜탄과 n-헥산의 액상 혼합물을 121.1°C, 6.0 atm에서 운전되는 플래시 분리 장치에 연속적으로 도입한다. 다음을 구하라.

a. 공급액 단위 물질량 기준으로 분리 장치에서 생성되는 증기와 액체의 양

b. 분리 장치에서 배출되는 기상과 액상의 조성

***7.5.21 대부분의 연소반응은 기상에서 일어난다. 가연성 물질이 연소되려면 연료와 산화제가 모두 있어야 하고, 기상 중 가연성 가스나 증기의 농도는 가연하한(LFL) 이상이어야 한다. 가연하한이란 점화될 수 있는 최소 농도를 말한다. 증기의 농도가 LFL에 도달하는 액체온도는 실험으로 구할 수 있다.

이때 일반적으로 '밀폐 컵 발화점(closed cup flash point)' 시험이라는 표준시험법을 사용한다. 액체 연료의 '발화점'이란 점화원이 있을 경우 연료 표면에서 발화될 수 있을 정도로 공기 중 연료 증기의 농도가 충분히 농축되는 액체의 온도이다.

발화점과 LFL 농도는 연료 액체의 증기압을 통해 연결되어 있다. 그러므로 발화점을 알면 LFL 농도를 추산할 수 있고, 반대로 LFL 농도를 알면 발화점을 추산할 수 있다.

펜탄의 함유량이 5.0 mol %인 액체 n-데칸의 발화점을 구하라. 펜탄의 LFL은 1.8%이고, n-데칸의 LFL은 0.8%이다. 펜탄과 n-데칸의 혼합물은 이상 용액이라 가정하고, 대기압은 100 kPa로 가정한다. 이 문제는 American Institute of Chemical Engineers가 1990년 출판한 *Safety, Health, and Loss Prevention in Chemical Processes*, edited by J. R. Welker and C. Springer의 허락을 받고 인용했다.

***7.5.22 1986년 8월 21일 늦은 저녁 카메룬 북서부의 니오스 호수 바닥에서 다량의 독성가스가 분출되었다. 독성가스와 혼합된 물방울이 이 호수 북쪽의 계곡을 휩쓸어서 1700명 이상이 사망했다. 이 호수의 표면적은 1.48 km^{2}이고 깊이는 200~250 m이다. 이 호수를 다시 채우는 데 4일이 걸렸으므로, 가스 분출 중에 방출된 물은 200,000 t으로 추산된다. 이 호수의 남쪽과 방수로 바로 동쪽의 작은 골짜기에서는 25 m 높이의 파도가 일었다.

조사단은 화산에서 방출된 CO_2가 이 호수에 포화되어 있었던 것이 사고의 원인이라고 결론지었다. 8월 21일 늦은 저녁 화산가스(주로 CO_2이고 약간의 H_2S가 포함됨)가 이 호수 북동쪽의 화산 분화구 위로 분출되었다. 표면으로 분출되는 기포 흐름이 CO_2 농도가 높은 하부의 물을 끌어 올렸는데, 마치 가압하에 있던 더운 소다수 병의 뚜껑을 열었을 때 내용물이 분출되는 것처럼 호숫물이 분출되었다. 호수 표면에서는 분출된 가스가 동반하고 있던 물을 미세한 안개로 만들어 호수를 가로지르는 물의 물결을 만들었던 것이다. 이 물방울과 소량의 H_2S가 포함된 CO_2가 호수 북쪽의 계곡을 휩쓸어서 무수한 사망자와 부상자가 발생하는 끔찍한 사고가 발생한 것이다.

호수 바닥의 용액이 Henry의 법칙에 따른다면 200,000 t의 물과 함께 방출된 CO_2의 양은 얼마이고 표준상태 부피(m^3)로는 얼마인가? 25°C에서 Henry 상수는 1.7×10^3 atm/몰분율이다.

***7.5.23 생물반응기 상부(기상 공간)의 압력이 110 kPa이고 온도가 25°C이며 산소 농도를 39.7%로 농축한 경우, 액상의 용존 산소 농도는 얼마인가? 공기만 있을 경우의 용존 산소 농도에 비해 얼마나 더 녹아 있는가?

****7.5.24 A 50%와 B 50%로 된 이성분 혼합물 100 mol/min을 직렬 2단 공정에서 분리한다. 제1단에서 배출되는 액체와 증기의 유량은 각각 50 mol/min이다. 액상 흐름은 제1단과 동일한 온도에서 조작되는 제2단으로 보낸다. 제2단에서는 배출되는 액체와 증기의 유량이 각각 25 mol/min이다. 각 단에서의 온도는 동일하고, 조작온도에서 A와 B의 증기압은 각각 10 kPa, 100 kPa이다. 증기와 액체는 이상적이다.

이 공정의 모든 흐름의 조성을 구하고 각 단의 압력을 계산하라.

7.6 다성분계 기액평형

7.6.1 어떤 공장에서 하천에 방류하는 세 가지 폐수 중의 화학물질 함유량이 다음과 같다.

구분	농도(g/100 g water)	K
글리세롤	5.5	1.20×10^{-7}
메틸에틸케톤(MEK)	1.1	3.065
페놀	2.1	0.00485

K 값은 Aspen tech process simulator에서 인용한 20°C에서의 값이다.

20°C의 방류수 상부의 기상에서 각 화합물의 농도를 추산하라. 방류수의 휘발성이 심각한 정도인가?

PART 04

에너지 수지

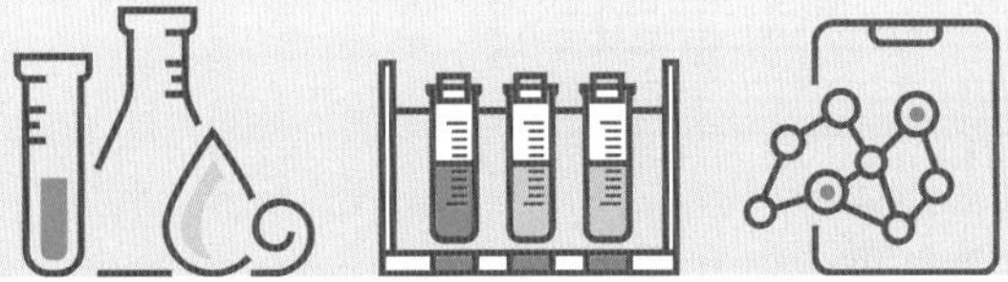

CHAPTER

08

반응이 없는 에너지 수지

학습목표

- 에너지 수지 관련 용어를 이해한다.
- 일반적인 에너지 수지식을 이해한다.
- 비정상상태 닫힌계, 정상상태 개방계, 유체 흐름 문제에 에너지 수지식을 적용하는 방법을 이해한다.
- 성질의 출처를 표, 차트, 식, 컴퓨터 데이터베이스에서 신속하게 찾는다.
- 특수한 경우의 계에서 주어진 문제의 특정 조건을 적용해 일반적인 에너지 수지식을 간단히 한다.

서론

그림 8.1의 열교환기 도식을 살펴보자. 열교환기로 도입된 차가운 유체는 병렬로 배치된 여러 개의 관을 통해 흐르고, 뜨거운 유체는 관의 바깥쪽을 통해 흐른다. 이러한 과정을 통해 열에너지가 뜨거운 유체에서 차가운 유체로 전달된다.

화학 공정 산업에서 사용되는 가장 일반적인 단위 조작 중 하나인 열교환기는 열에너지를 한 유체에서 다른 유체로 전달하며, 원하는 온도로 유체를 가열하고, 액체를 기화하거나 증기를 응축하고, 열에너지를 회수하는 데 사용된다. 예를 들어 대부분의 증류 탑에서는 두 개의 열교환기가 사용된다(그림 8.2). 탑 상부에 위치한 열교환기는 상부의 증기를 액체로 응축시켜 탑 외부로

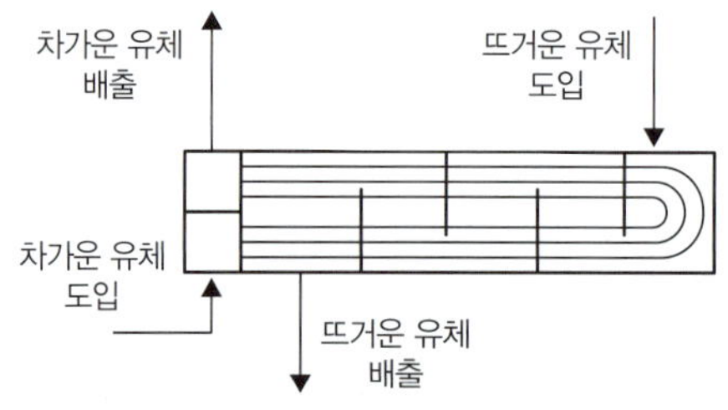

그림 8.1 ▸ **열교환기의 도식**

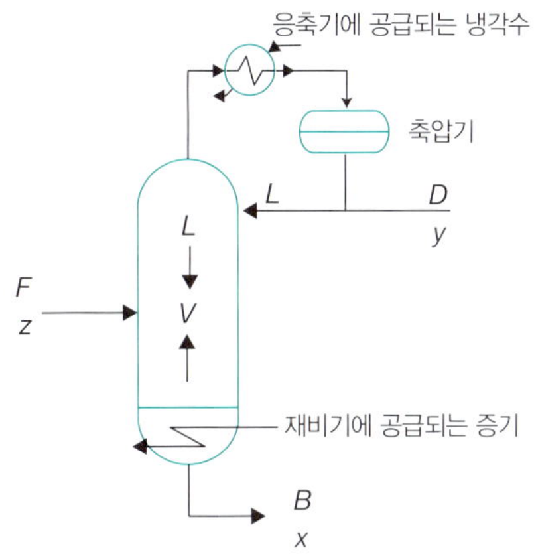

그림 8.2 ▸ 증류 탑의 도식

배출하며(콘덴서), 탑 하부에 위치한 열교환기는 탑으로 흘러 들어가는 증기를 생성하기 위해 열을 제공한다(리보일러). 리보일러는 탑 하부에서 증기를 만들기 위해 응축된 증기를 사용하기도 하며, 상부의 증기를 응축시키기 위해 냉각수가 사용된다. 이 장에서는 열교환기를 비롯한 다른 많은 공정의 성능을 기술하기 위해 다양한 형태의 에너지 관점에서 에너지 수지를 사용하는 방법을 설명한다.

에너지 자체는 종종 일을 하거나 열을 전달하는 능력으로 정의되며, 이것은 모호한 개념이다. 특정 종류의 에너지를 이해하는 것이 더 쉽다. 에너지가 아닌 두 가지는 (a) 보이지 않는 유체와 (b) 직접 측정할 수 있는 것이다.

에너지는 어떤 경제에도 지배적인 요소이다. 어떤 제품의 생산부터 폐기까지의 총 에너지 소비를 고려할 때, 에너지는 하드웨어, 전자제품, 운송과 같은 부분에서 항상 중요한 요소이다. 현대의 생활은 집을 난방하고 냉각시키는 것부터 자동차에 연료를 공급하고 거리의 조명을 밝히며 컴퓨터와 인터넷을 구동하는 데까지 에너지의 사용을 기반으로 구축되어 있다. 에너지는 원자재를 수집해서 제품을 제조하고 제품을 소비자에게 전달하는 데 필수적인 요소이다.

에너지의 장기간 사용량 증가에 대한 의문은 없다. 그림 8.3은 미국의 과거 에너지 수요와 공급의 통계와 2050년까지의 전망을 보여준다. 에너지에서 석탄이 차지하는 비중은 급격히 감소해왔고 앞으로도 지속적으로 감소할 것으로 예상되며, 신재생 에너지원의 지속적인 증가에 대한 전망은 주목할 필요가 있다. 그림 8.4는 미국의 과거 전기 에너지 생산에 사용된 연료의 비중과 향후 전망을 보여준다. 원자력과 석탄의 비중은 2050년까지 2배 감소할 것으로 예상되는 반면 신재생 에너지의 기여도는 2배 증가할 것으로 예상된다. 신재생 에너지 중에서도 대부분의 성장은 태양광으로부터 나올 것으로 기대되고 2021~2050년까지 8배 증가할 것으로 예상되는 반면, 풍력 에너지는 2배 증가할 것으로 예상된다.

이 장에서는 에너지 수지식을 이해하고 적절히 적용하기 위해 필요한 부수적인 배경 정보를 함께 설명한다. 주된 관심은 화학반응이 없을 때 열, 일, 엔탈피, 내부에너지, 에너지 수지식을 세우는 것이다. 제9장에서는 화학반응이 수반되는 에너지 수지식을 다룬다.

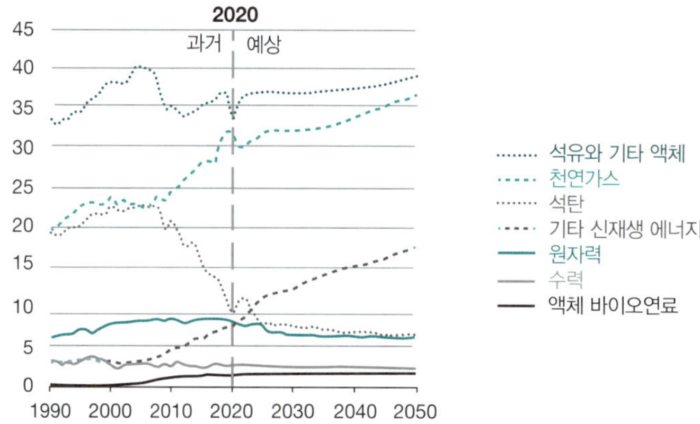

그림 8.3 ▸ 연료별 과거 에너지 소비량과 향후 예상되는 에너지 소비량(10^{15} Btu)

출처: Energy Information Administration, *Annual Energy Outlook 2021*, AEO21(2021), Washington, DC (February, 2021).

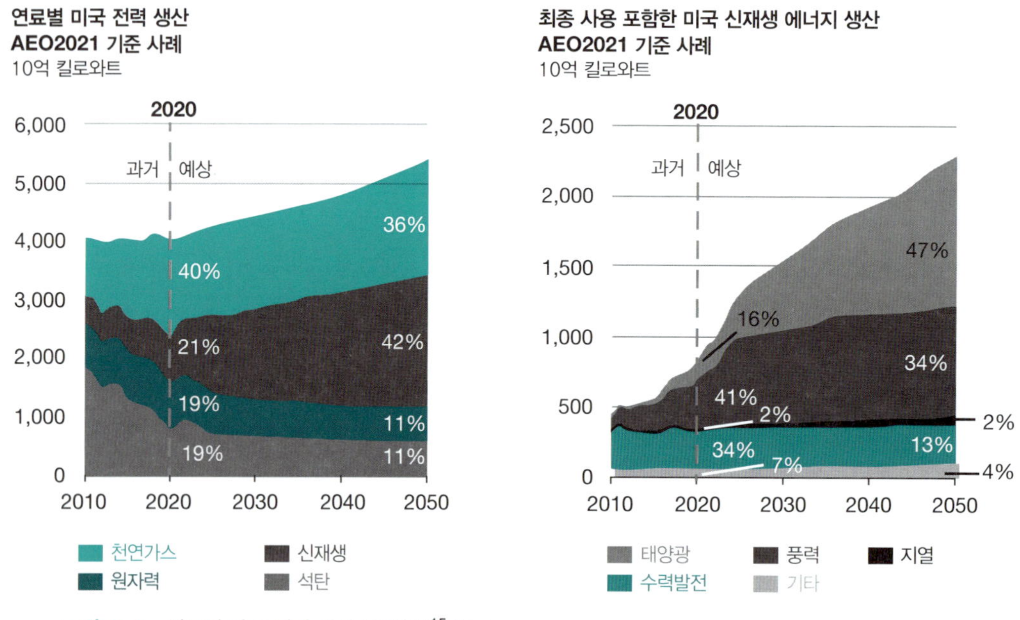

그림 8.4 ▸ 연료별 미국 전기 생산 비중(10^{15} Btu)

출처: Energy Information Administration, *Annual Energy Outlook 2021*, AEO21(2021), Washington, DC (February, 2021)

8.1 에너지 수지 관련 용어

에너지 수지식이 포함된 공정의 분석에서 어려운 점은 정확한 의미를 전달하지 못하는 언어의 결점 때문에 일어난다. 표 8.1과 8.2에 열거한 용어의 의미를 신경 써서 알아두면 대부분의 어려움은 사라질 것이다. 표 8.1에는 이전 장에서 다룬 용어를 정리했으며 표 8.2에는 에너지 수지식과 관련해 새롭게 등장하는 용어를 나열했다.

표 8.1에 열거된 새로운 용어에 대해 잠시 살펴보자. **단열**, **등온**, **등압**, **정용**은 변하지 않는 공정 상태를 규정하는 데 유용한 용어이다. 등온, 등압, 정용은 각각 온도, 압력, 부피의 변화가 일어나

표 8.1 ▸ 이전에 정의된 에너지 수지에 관한 용어

용어	정의 혹은 설명
경계	계와 외계를 구분하는 표면. 현실적이거나 가상적일 수도 있고, 고정적이거나 이동성일 수도 있다.
폐쇄계(비흐름계)	외계와 질량을 교환하지 않는 폐쇄계. 열과 일은 교환할 수 있다.
평형(상태)	계의 성질이 불변하는 균형상태. 열적 평형, 기계적 평형, 상평형, 화학평형 등을 들 수 있다.
크기성질	질량과 부피처럼 계에 존재하는 물질의 양에 그 값이 의존하는 성질
세기성질	온도나 밀도(비체적의 역수)처럼 계에 존재하는 물질의 양에 그 값이 의존하지 않는 성질
거시적 수지	질량이나 에너지와 같은 크기성질을 포함하는 수지식
개방계(흐름계)	외계와 질량을 교환하는 개방계. 열과 일도 교환할 수 있다.
상	물리적으로 구분해서 거시적으로 균일한 계의 부분(또는 전체). 조성은 일정하거나 가변적이다. 기상, 액상, 고상이 있다.
성질	압력, 온도, 부피처럼 관찰하거나 계산할 수 있는 계의 특성
상태	계의 조건(온도, 압력, 조성 등의 값으로 규정)
정상상태	계의 축적량이 0이고, 도입량과 배출량이 일정하며, 계의 성질이 시간에 따라 변하지 않는다.
외계	계 경계 외부의 모든 것
계	경계로 둘러싸인 관심 공간의 영역 또는 물질의 양
비정상상태(과도상태)	정상상태가 아닌 상태

지 않는 계를 간단하게 나타내는 용어이다. 단열은 계와 외계 사이에 경계를 통해 열전달이 일어나지 않는 것을 의미한다. 어떤 조건의 공정이 단열과정이 되는가?

- 계가 단열되었을 때
- 에너지 수지식에서 Q가 다른 항에 비해 아주 작아 무시할 만할 때
- 공정이 매우 빠르게 진행되어 열전달이 일어날 수 있는 시간 여유가 없을 때

상태함수(상태변수, 점함수)의 개념은 매우 중요하므로 잘 이해해야 한다. 온도, 압력을 비롯한 세기성질을 상태변수라 하는데, 두 상태 사이의 값의 변화는 두 상태 사이의 경로와 무관하게 동

표 8.2 ▸ 에너지 수지와 관련된 추가 용어

용어	정의 혹은 설명
단열계	공정 중에 외계와 열을 교환하지 않는 계(완전 절연)
등압계	공정 중에 압력이 일정한 계
정용계	공정 중에 부피가 일정한 계
등온계	공정 중에 온도가 일정한 계
경로변수(경로함수)	공정이 진행되는 방법과 계의 과거 이력에 따라 값이 달라지는 변수(함수)(예: 열, 일)
상태변수(점함수, 상태함수)	계의 과거 이력과는 무관하고, 계의 상태에 따라서만 값이 달라지는 변수(함수)(예: 압력, 온도)

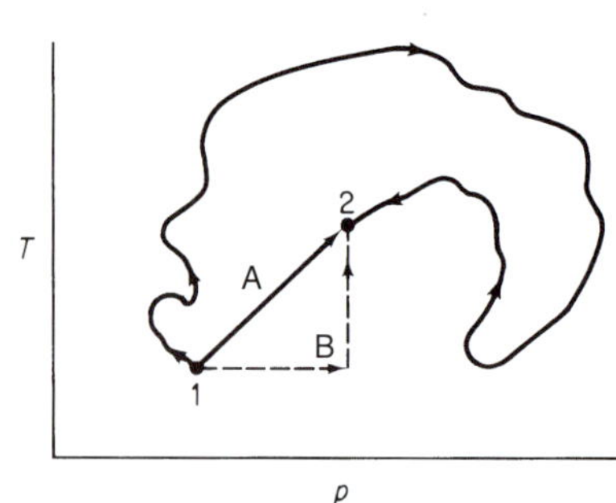

그림 8.5 ▸ 상태 1에서 상태 2에 이르는 경로 A와 경로 B 또는 어떤 경로에서도 상태변수의 변화는 동일하다.

일하기 때문이다. 과정 A와 B가 표시된 그림 8.4를 보라. 두 과정 모두 상태 1에서 시작해서 상태 2에서 종결된다. 두 공정에 의한 상태변숫값의 변화는 동일하다.

두 계가 같은 상태에 있으면 온도나 압력과 같은 상태변수도 같다. 이를테면 가열에 의해 에너지가 유입되어 계의 상태를 변화시키면 상태변수의 값도 변한다. 냉각에 의해 에너지를 배출해서 이 계의 상태를 처음 상태로 되돌리면 상태변수의 값은 처음 값과 같아진다.

상태 1에서 상태 2에 이르는 변화에서, 처음에 등온과정으로 진행되고 이어서 정압과정으로 진행되는 경로나, 처음에 정압과정으로 진행되고 이어서 등온과정으로 진행되는 경로에서의 상태변수(점함수)의 변화값은 최종점이 같으면 동일하다. 이를테면 항공 여객이 시카고에서 출발해 직접 뉴욕으로 가든 악천후로 인해 신시내티를 둘러서 가든 출발지점(시카고)에서 도착지점(뉴욕)까지의 직선거리는 비행경로에 관계없이 동일하다. 그러므로 상태변수의 값은 오직 처음과 마지막 상태에만 의존한다. 그러나 항공기의 연료 소비량은 비행경로에 따라 상당히 차이가 날 수 있다. 이처럼 열과 일은 에너지 수지식에 포함되는 경로에 따라 값이 달라지는 두 가지 **경로함수** 또는 **경로변수**이다. 승객이 뉴욕에서 시카고로 되돌아가면 여행을 마친 후 시카고로부터의 거리는 0이다. 그러므로 상태 1에서 상태 2가 되었다가 다시 상태 1로 되돌아가는 순환과정에서는 상태변수의 변화가 0이다.

이제 에너지의 단위에 관해 설명한다. 아는 바와 같이 SI 단위계에서 에너지의 단위는 joule(J)이다. AE 단위계에서는 Btu, (ft)(lb_f), (kW)(hr) 등의 단위를 사용한다. 이러한 에너지 단위 간 환산계수는 이 책의 앞면지에 실려 있다.

calorie는 어떤 단위인가? 이 단위는 고전적인가? 그런 것 같지는 않다. 대부분의 사람은 Btu나 joule보다는 calorie에 더 관심이 있다. 식품 포장지에는 calorie에 관한 정보가 표시되어 있다(그림 8.6). 1 calorie는 물 1 mL의 온도를 1°C 올리는 데 필요한 에너지이다. 그러나 식품에 대한 칼로리라는 용어는 잘못 쓰이고 있다. 일반적으로 대문자 C를 사용해서 *Calorie*로 표기되는데, 이는 *kilocalorie*(kcal)에 해당한다. 1 kcal는 1000 calorie(열화학 칼로리)와 같다.

그러므로 음식물 섭취량이 2000 Calorie/day일 때 단위 시간당 joule로 나타내면 다음과 같다.

$$\frac{2000\ \text{Calories}}{\text{day}}\left|\frac{1\ \text{kcal}}{\text{Calorie}}\right|\frac{1000\ \text{cal}}{\text{kcal}}\left|\frac{4.184\ \text{J}}{\text{cal}}\right|\frac{1\ \text{day}}{24\ \text{hr}} = 350{,}000\ \text{J/hr}$$

Nutrition Facts
Serving Size 2 cookies (26 g)
Servings Per Container 8

Amount Per Serving	
Calories 110	Calories from Fat 35
	% Daily Value*
Total Fat 4g	6%
Saturated Fat 3g	15%
Cholesterol 0mg	0%
Sodium 50mg	2%
Total Carbohydrate 18g	6%
Dietary Fiber 0g	0%
Sugars 12g	
Protein 1g	

Vitamin A 0%	•	Vitamin C 0%
Calcium 0%	•	Iron 2%

*Percent Daily Values are based on 2,000 calorie diet. Your daily values may be higher or lower depending on your calorie needs:

	Calories:	2,000	2,500
Total Fat	Less than	65g	80g
Sat Fat	Less than	20g	25g
Cholesterol	Less than	300mg	300mg
Sodium	Less than	2400mg	2400mg
Total Carbohydrate		300g	375g
Dietary Fiber		25g	30g

그림 8.6 ▸ 과자의 영양가에 관한 정보

우리 몸에서는 섭취한 음식물을 지방으로 축적하는 것을 제외하고 매시간 열이나 일로 전환한다.

자습문제

확인문제

1. 계와 외계의 근본적 차이는 무엇인가? 개방계와 폐쇄계의 차이는? 성질과 상의 차이는?
2. 세기성질인 동시에 크기성질일 수 있는가?
3. 상태변수와 경로변수는 어떻게 다른가?

해답

1. 계는 분석을 위해 선택된 공간의 영역 또는 일부이다. 외계는 계 외부의 모든 것이다. 개방계는 물질이 계에 들어가고/떠나는 시스템이다. 폐쇄계는 그러한 물질 교환이 없다. 상은 계의 물리적으로 구분된 부분 또는 전체이다. 성질은 계의 관찰하거나 계산 가능한 특성이다.
2. 없다.
3. 상태변수에 대한 성질 변화는 초기상태와 최종상태에만 의존하며 경로에는 의존하지 않는다. 경로변수의 값은 변수가 초기상태에서 최종상태로 어떻게 이동했는지에 따라 달라진다.

적용문제

1. 폐쇄 용기 안의 기체를 100 atm으로 압축한 다음 가열해서 온도를 20% 올리고 다시 처음 상태로 되돌렸을 때, 이 기체의 비체적의 변화를 구하라.
2. 1800 Calorie/day의 음식을 섭취하면 체중이 감소한다는 광고가 있다. 편람을 보면 정상적으로 일어나고 잠을 자는 사람은 20,000 kJ/day가 필요하다고 한다. 광고대로 음식을 섭취하면 체중이 줄어드는가?

해답

1. 변화 없음

2. 20,000 kJ/day는 하루에 약 4,800 칼로리이다. 너무 커서 현실적이지 않다. 대부분의 다이어트는 하루에 약 1,200 칼로리를 권장하므로, 대부분의 사람들은 하루에 1,800 칼로리 다이어트로는 체중을 줄이기 어렵다.

8.2 에너지와 에너지 수지의 종류에 대한 개요

아는 바와 같이 **에너지 보존**(conservation of energy)의 원리에 따르면 계와 외계의 총에너지는 생성되지도 않고 소멸하지 않는다.[1] Julius Mayer(1814~1878)는 처음으로 에너지 보존 원리를 정량적으로 공식화했다. 그러나 전문 학술지는 처음에 그의 아이디어 출판을 거절했으며, 그가 아이디어를 설명할 때 당시 많은 사람이 그를 비웃었다. 독일 물리학자 Johann Philipp Gustav Von Jolly는 만약 Mayer가 제안한 것이 사실이라면 물을 흔들어 가열할 수 있어야 한다고 빈정거렸다. 물론 이것은 실험을 적절하게 수행한다면 가능한 일이다.

이 원리는 실험적 측정에 근거한 것이다. 계와 외계의 상호작용에서 계가 얻은 에너지의 양은 외계가 잃은 에너지의 양과 정확히 일치해야 한다. 이 책에서는 에너지 보존의 법칙이라는 표현 대신에 에너지 수지식이라는 표현을 사용해서 에너지 낭비의 감소나 에너지 사용 효율의 향상을 의미하는 에너지 보존이란 용어에 따르는 혼동을 피하고자 한다. 이 책을 공부하면서 다음의 세 가지 요점을 염두에 두기 바란다.

1. 미시적 관점(계 안의 요소 부피)이 아니라 거시적 관점(계 전체)에서 에너지 수지식을 세워서 사용한다.
2. 에너지 수지식은 제3, 4, 5장의 물질수지식과 유사하게 주어진 시간 간격에 걸친 순 양을 나타내는 차분 방정식으로 표현된다. 미분식은 제11장에서 다룬다.
3. 가능한 한 에너지 수지식을 간단히 하기 위해 하전되지 않고 표면효과가 없는 균일계를 다룬다.

많은 다양한 형태의 에너지가 존재하지만, 공정 시스템의 에너지 수지식에 일반적으로 적용되는 에너지는 다음의 형태로 제한한다.

- Q − 경계를 통해 계로 전달되는 열
- H − 계로 들어오거나 나가는 흐름의 에너지 양(즉 엔탈피, 8.4절)
- ΔU − 계 내부 물질의 열에너지의 변화(즉 내부에너지, 8.3절)
- W − 외계에서 계에 행해진 일
- ΔPE − 위치에너지의 변화(즉 높이 변화로 인한 에너지 변화)
- ΔKE − 운동에너지의 변화(즉 속도 변화로 인한 에너지 변화)

에너지 보존의 원리에 기반한 **열역학 제1법칙**에 따르면 폐쇄계에서 계의 총내부에너지 변화

1) 질량은 $E = mc^2$에 따라 에너지로 전환되는가? $E = mc^2$가 질량이 에너지로 전환된다는 것을 의미한다는 것은 옳지 않다. 등식 부호는 실험에서 두 질량의 측정값이 동일한 값을 가진다는 것을 의미하거나, (일반 상대성 원리에서처럼) 두 변수가 동일하거나 동등함을 의미한다. $E = mc^2$가 적용되는 것은 후자의 의미이며 질량 일부가 에너지로 전환된다는 것은 아니다. $\Delta E = c^2\Delta m$이라고 쓸 수도 있다. Δm이 음이면, ΔE 역시 음이다. 이는 질량 일부의 손실이 이 식에 의해 동등한 양의 에너지 손실로 간주됨을 의미한다. 계에서는 계로부터 에너지 손실($-\Delta E$)은 외계의 에너지 이득으로 나타난다.

(U_{total})는 계에 공급된 열(Q)과 외계에 의해 계에 가해지는 일(W)의 합과 같다.

$$\Delta U_{total} = Q + W \tag{8.1}$$

계 내부 물질의 총내부에너지는 위치에너지(ΔPE), 운동에너지(ΔKE), 열에너지(ΔU)와 같은 여러 구성 요소로 이루어져 있다. 따라서 이 식은 일정 시간 동안 계의 총내부에너지 변화가 계에 공급된 총에너지(Q와 W)와 같다는 것을 나타낸다. 이것은 계에 대한 전반적인 표현이고, 크기성질을 포함하기 때문에 거시적 에너지 수지식인 것을 기억하라.

만약 식 (8.1)을 개방 공정에 대해 확장하려면, 계에 들어오는 흐름에 의해 제공되는 에너지가 계에 추가되는 것과 계에서 빠져나가는 흐름에 의해 에너지가 제거되는 것을 고려해야 한다. 여기서 물질과 함께 계에 들어오고 빠져나가는 에너지는 **대류 에너지**(ΔE_{conv})라고 하며, 열에너지(H), 운동에너지, 위치에너지로 구성된다. 개방계에 대한 일반적인 에너지 수지식은 다음과 같다.

$$\Delta U_{total} = Q + W + \Delta E_{conv} \tag{8.2}$$

여기서 ΔE_{conv}는 계를 빠져나가는 흐름에서 계에 들어오는 흐름을 뺀 순 에너지 양으로 정의된다. 따라서 ΔE_{conv}가 계에 에너지를 더하는 경우 음의 부호를 가지며, 들어오는 에너지 양이 나가는 에너지 양보다 큰 경우가 이에 해당한다. 즉 **식 (8.2)는 일정 기간 동안 계 내의 물질의 총에너지 변화가 계에 공급된 총에너지**(열전달, 일, 대류 에너지)**와 동일하다는 것을 나타낸다.** ΔU_{total}과 ΔE_{conv}를 구체적으로 어떻게 계산하는지에 대한 세부 내용은 여기서 다루지 않는다. 왜냐하면 여기서 강조하는 것은 에너지 수지식에 대한 전반적인 이해이며, 일반적으로 식 (8.2)를 세 가지 주요 계인 비정상상태 폐쇄계(즉 회분 공정), 정상상태 개방계(즉 정상상태 연속 공정), 기계적 에너지 수지에 적용하는 방식을 이해하는 것이다. 기계적 에너지 수지는 특정 유체가 흐르는 계를 표현하는 데 사용될 수 있다. 8.3~8.5절은 ΔU_{total}과 ΔE_{conv}를 계산하는 방법과 다양한 공정 시스템에 에너지 수지식을 적용하는 방법에 대해 자세히 다룬다.

8.2.1 비정상상태 폐쇄계

이 범주는 운동에너지 및 위치에너지 변화가 무시되는 회분 공정에 해당한다. 또한 폐쇄계이므로 ΔE_{conv}는 0이다. 8.3절에서는 이 에너지 수지식을 적용하는 법을 보여주기 위해 특정 기체/피스톤 시스템을 사용한다. 따라서 일반적인 에너지 수지식은 다음과 같이 단순화된다.

$$\Delta U = Q + W \tag{8.3}$$

이 식은 일정 기간 동안 계의 내부에너지 변화가 해당 기간 동안 계로 전달된 열과 외계에서 계에 행해진 일의 합과 같다는 것을 나타낸다.

8.2.2 정상상태 개방계

이 범주는 대용량 연속 공정(정유나 에틸렌과 같은 중간체를 생산하는 공장의 단위공정)에 적용되는 가장 일반적인 유형의 에너지 수지식이다. 이 경우 일, 위치에너지 및 운동에너지 변화가 상대적으로 작으므로 계로 들어오고 나가는 흐름의 열전달과 열에너지 양만 고려하면 된다. 이러한 계는 정상상태에서 운영되는 것으로 간주하므로 시간에 따라 계 내부 물질의 에너지 양은 변하지 않으며, 따라서 ΔU_{total}은 0이다.

이러한 계의 에너지 수지식은 다음과 같다.

$$\Delta H = Q \tag{8.4}$$

이 식은 공정을 떠나고 들어오는 흐름의 열에너지 양의 변화(즉 엔탈피)가 계에 전달된 열과 같다는 것을 나타낸다. 이 식은 계 내에서 화학반응이 일어나지 않는 것을 가정한다. 화학반응이 에너지 수지에 미치는 영향은 제9장에서 다룬다.

8.2.3 기계적 에너지 수지

기계적 에너지 수지는 정상상태 개방계에 가해진 일, 위치에너지 및 운동에너지 변화를 고려하는 것으로, 특정 유체가 흐르는 계를 표현하는 데 사용될 수 있다. 예를 들어 기계적 에너지 수지는 정상상태 연속계에서 관로 시스템을 통해 유체를 펌핑할 때, 펌프의 크기 결정이나 유속을 계산하는 데 적용될 수 있다. 또한 기계적 에너지 수지는 수력 발전에서 전력 생산을 추산하는 데 사용될 수 있다. 이것은 정상상태에 대한 분석이며 열전달이 고려되지 않기 때문에 기계적 에너지 수지는 다음과 같이 단순화된다.

$$W = \Delta E_{\text{conv}} \tag{8.5}$$

이 식은 계에 의해 외계에 가해진 일이 같은 기간 동안 ΔE_{conv}의 변화와 동일하다는 것을 나타낸다. ΔE_{conv}에는 엔탈피, 운동에너지, 위치에너지가 포함되어 있다는 점에 유의하자.

8.2.4 특수한 경우

비정상상태 폐쇄계, 정상상태 개방계, 기계적 에너지 수지는 공정 엔지니어가 직면할 대부분의 상황을 다룬다. 그럼에도 불구하고 비정상상태 개방계와 같은 특수한 경우가 발생할 수 있다. 이러한 경우에는 식 (8.2)의 일반적인 에너지 수지식으로 돌아가서 각 항목을 유지하면 된다. 예를 들어 비정상상태 연속 공정의 경우, 운동에너지와 위치에너지 및 일을 무시할 수 있다고 가정하면 일반적인 에너지 수지식은 다음과 같다.

$$\Delta U = Q - \Delta H$$

마찬가지로 가해진 일이 상당한 정상상태 개방계의 경우에는 에너지 수지식이 다음과 같다.

$$\Delta H = Q + W$$

자습문제

확인문제

1. 일반적인 에너지 수지식은 계의 에너지 변화가 계에 전달된 열과 계에 가해진 일 및 물질에 의해 계로 운반되는 순 에너지의 합과 같다는 것을 나타낸다. 이는 참인가 거짓인가?
2. 정상상태, 대용량, 연속 공정계에서 가장 일반적으로 사용되는 에너지 수지식이 $\Delta H = Q$인 이유는 무엇인가?

3. 비정상상태 폐쇄계나 정상상태 개방계 또는 유체가 흐르는 경우가 아닌 계에서 에너지 수지식을 어떻게 적용할 수 있는가?
4. 위치에너지와 운동에너지의 변화를 무시할 수 없는 정상상태 개방계에는 어떤 종류의 에너지 수지식을 사용할 수 있는가?

해답

1. 참
2. 정상상태의 계는 $\Delta E_{total} = 0$이고, 열전달에 비해 일, 운동에너지 및 위치에너지가 작기 때문이다.
3. 일반적인 에너지 수지식을 적용한다.
4. 기계적 에너지 수지식

8.3 비정상상태 폐쇄계의 에너지 수지식

여기서는 회분계에 대한 에너지 수지를 다룬다. 에너지 수지식은 앞의 식 (8.3)에 제시된 것과 같다.

$$\Delta U = Q + W$$

이 계에서는 운동에너지와 위치에너지 변화가 포함되지 않고 폐쇄계이므로 ΔE_{conv}는 0이다. 따라서 우선 열전달, 일, 내부에너지를 자세히 정의하고, 이 유형의 에너지 수지식을 어떻게 적용하는지에 대한 예시를 다룬다.

8.3.1 열전달(Q)

식 (8.2)의 일반적인 에너지 수지식에서 사용되는 열 Q는 일반적인 용어로 **정해진 시간 동안에 계로 전달되거나 방출되는 순 열량이다**. 그 과정에는 한 가지 형태 이상의 열전달이 포함될 수 있으며, 물론 그것들의 합이 Q이다. 전달속도는 Q 위에 점을 찍은 $\dot{Q}$로 나타내고 단위는 단위 시간당 열전달량이며, 단위 질량당 열전달량은 꺾쇠를 위에 표시한 $\hat{Q}$로 나타낸다.

열전달의 경우, 에너지 변화를 나타내는 법칙을 적용할 때 **열**이라는 용어를 매우 제한적으로 사용하므로, 일상적으로 사용되는 열이라는 용어와 일부 혼란을 일으킬 수도 있다. 일반적으로 **열전달**(heat transfer, Q)이란 계와 외계(또는 두 계) 사이의 온도차(퍼텐셜)로 인해 계의 경계를 통과하는 총에너지 흐름의 일부로 정의한다. 그림 8.7을 보라. 엔지니어들은 '열전달'이나 '열흐름'의 의미로 '열'이란 말을 사용한다. 열은 에너지의 전달이므로 저장되지 않는다. **계로 전달되는 열은 양의 값이고 계로부터 방출될 때는 음의 값을 가진다.** 열은 **경로변수**이다.

열전달이 일어나지 않는 과정($Q = 0$)은 **단열과정**(adiabatic process)이라는 것을 명심하라.

열에 관한 오해를 예시하면 다음과 같다(**열전달**이라고 하면 도움이 될 것이다).

- 열은 물질이다.
- 열은 온도에 비례한다.
- 찬 물체에는 열이 없다.

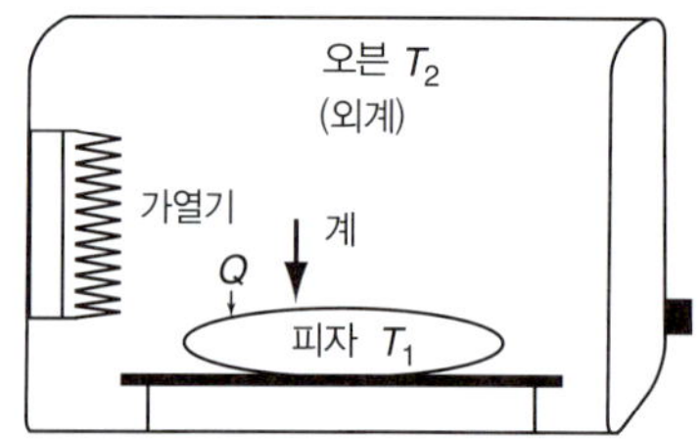

그림 8.7 ▸ 열전달은 온도차로 인해 계의 경계를 통과해서 흐르는 에너지이다.

- 가열하면 언제나 온도가 올라간다.
- 열은 올라가기만 한다.

열전달은 일반적으로 전도, 대류, 복사로 구분된다. 열전달은 정량적으로 실험식을 이용해서 추산할 수 있다. 이러한 공식의 한 예로 대류에 의한 열전달 속도는 다음 식으로 구할 수 있다.

$$\dot{Q} = UA(T_2 - T_1) \tag{8.6}$$

여기서 $\dot{Q}$는 열전달 속도(예: J/s), A는 열전달 면적(예: m^2), $(T_2 - T_1)$는 외계의 온도(T_2)와 계의 온도(T_1) 간의 온도차(예: °C), U는 일반적으로 사용하는 장치에 대해 실험적으로 측정한 실험적인 계수[예: J/(s)(m^2)(°C)]이다. 예를 들어 전도와 복사를 무시하고 한 사람(계)으로부터 방(외계)으로 전달되는 대류에 의한 열전달은 U = 7W/(m^2)(°C)와 그림 8.8의 데이터를 이용해서 계산할 수 있다.

$$\dot{Q} = \frac{7\text{W}}{(\text{m}^2)(°\text{C})}\left|\frac{1.6\ \text{m}^2}{}\right|\frac{(25-29)°\text{C}}{} = -44.8\ \text{W} \text{ 또는 } -44.8\ \text{J/s}$$

열이 계로부터 외계로 전달되므로 $\dot{Q}$는 음의 값임을 유의하라. $\dot{Q}$에 시간 간격을 곱하면 Q(Wh)가 된다. 공기를 계로 택하면 공기로의 열전달 속도는 +44.8 W이다.

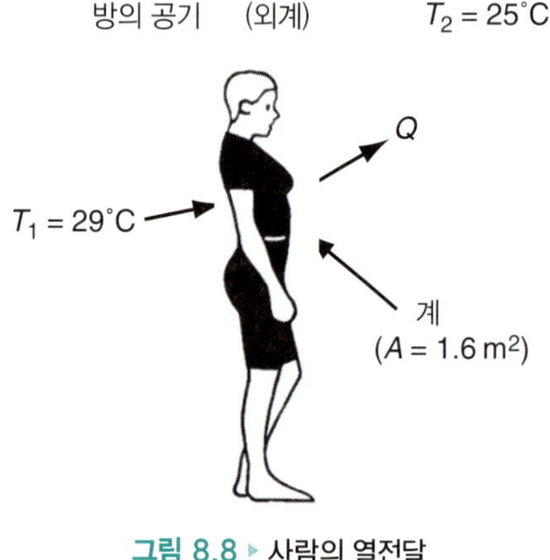

그림 8.8 ▸ 사람의 열전달

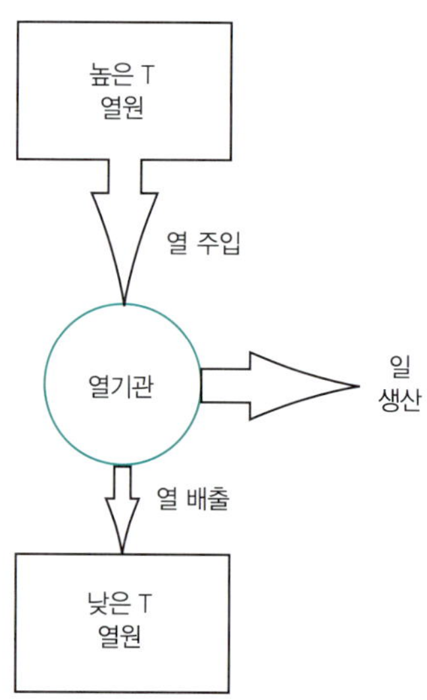

그림 8.9 ▸ 열기관은 고온 유체와 저온 유체 사이에서 작동해 일을 한다.

고온의 유체와 저온의 유체를 이용해서 일을 생산하는 장치(계)를 '열기관'이라 한다. 그림 8.9를 살펴보라. 발전소, 증기기관, 열펌프 등이 그 예이다.

예제 8.1 에너지 변환

문제 에너지 보존은 주택, 상업용 건물 등에 중요하다. 오래된 단일창(single-pane window)을 아르곤 가스로 채워진 에너지 효율적인 이중창(double-pane window)으로 교체하기로 결정했다. 이중창은 기존 단일창보다 훨씬 효율적이기 때문에 2.5 ft × 5 ft 크기에서 5 ft × 5 ft 크기로 더 큰 창을 설치하려고 한다. 각 창의 내부에너지는 다음과 같이 가정한다.

$$U_{\text{single pane}} = 5.5\,\text{Btu}/(\text{hr})\left(\text{ft}^2\right)(°\text{F}) \quad U_{\text{double pane}} = 0.36\,\text{Btu}/(\text{hr})\left(\text{ft}^2\right)(°\text{F})$$

에너지 비용이 $8.50/$10^6$ Btu라면 창문을 교체해서 절약되는 비용이 한 달(30일)에 얼마인가? 내부 온도는 75°F이고 외부 온도는 25°F이며 주어진 온도가 일정하게 유지된다고 가정한다.

풀이 식 (8.1)을 이용해서 각각의 경우에 대한 $\dot{Q}$를 계산할 수 있으나 두 값의 비를 취하면 빠르다.

$$\frac{\dot{Q}_2}{\dot{Q}_1} = \frac{U_{\text{new}}}{U_{\text{original}}}\frac{A_2}{A_1}\frac{\Delta T_2}{\Delta T_1} = \frac{(0.36)(25)}{(5.5)(12.5)} = 0.131$$

$$\text{절약} = \frac{5.5\ \text{Btu}}{(\text{hr})\left(\text{ft}^2\right)(°\text{F})}\left|\frac{(2.5)(5)\,\text{ft}^2}{}\right|\frac{(75-25)°\text{F}}{}\left|\frac{\$8.50}{10^6\ \text{Btu}}\right|\frac{24\ \text{hr}}{1\ \text{day}}\left|\frac{30\ \text{day}}{1\ \text{month}}\right|\frac{(1-0.131)}{}$$

$$= \$18.28/\text{월}$$

같은 크기의 창문을 선택하면, 한 달에 19.67달러를 절약할 수 있다.

자습문제

확인문제

1. 온도가 같은 두 계 사이에서는 열이 전달되지 않는다. 옳은가?

2. 다음 중 열전달과 관련된 용어는 무엇인가?

열 첨가	열 발생
열 제거	열저장
열 흡수	전기적 가열
열 획득	저항 가열
열손실	마찰 가열
반응열	가스 가열
비열	폐열
열 함량	체열
열의 질	공정열
열 싱크	열원

3. 열에 관해 잘못된 설명은?

a. LA의 겨울이 온화한 것은 바다가 다량의 열을 가지고 있기 때문이다.

b. 난로의 연통을 통해 열이 올라간다.

c. 천장 밑에 새로운 단열 시공을 했으므로 이번 겨울에는 열손실이 아주 적을 것이다.

d. 핵발전소에서는 강에 다량의 열을 폐기한다.

e. 문을 닫아라. 그래야 열이 빠져나가지 않는다(미네소타나 텍사스에서).

해답

1. 참

2. 에너지 전달을 명시적 또는 암시적으로 나타내는 모든 용어는 괜찮지만, 에너지의 생성이나 저장을 나타내는 용어는 분명히 잘못되었다. 열전달의 메커니즘을 나타내는 용어 중에서도 단순히 열을 나타내지 않는 것은 괜찮다. 반응열, 비열, 열의 질, 열 싱크, 열원, 체열과 같은 용어는 잘못되었다.

3. (a), (b), (d), (e)

적용문제

1. 열량계(열전달 측정기구)를 검정한다. 이것은 0°C의 얼음물이 들어 있는 잘 단열된 폐쇄 용기 안에 물이 들어 있는 폐쇄 실린더를 설치한 것이다. 실린더 안의 물을 전열코일로 가열해 물에 1000 J의 에너지를 공급한다. 그다음 이 물이 15분 동안 냉각되어 0°C에 도달해 얼음물과 열적 평형을 이루도록 한다.

a. 이 시험 중에 얼음물 용기에서 외계로 전달된 열량은?

b. 이 시험 중에 실린더에서 얼음물 용기로 전달된 열량은?

c. ① 얼음물 용기, ② 실린더라는 서로 다른 2개의 계를 선택했을 때, 얼음물 용기로 전달된 열이 얼음물 용기에서 실린더로 전달된 열과 정확하게 일치하는가?

d. 외계와 얼음물 용기 사이에 상호작용하는 것은 일인가, 열인가, 둘 다인가?

2. 다음 과정에서 전달된 에너지는 일인가, 열인가, 둘 다 인가 혹은 둘 다 아닌가?

a. 실린더 안의 기체를 피스톤으로 압축했더니 기체의 온도가 올라갔다. 기체가 계이다.

b. 방 안에서 전기난로를 작동했더니 공기의 온도가 올라갔다. 계는 방이다.

c. 상황은 위의 (b)와 같지만 이번에는 계가 전기난로이다.

d. 창문을 통해 들어오는 햇볕 때문에 방 안 공기의 온도가 올라갔다.

해답

1. (a) 얼음물 용기는 단열되었기 때문에 0 J, (b) 1000 J, (c) 양은 같지만 부호가 다르다. (d) 열

2. (a) 일, (b) 일, (c) 일과 열, (d) 열

8.3.2 일(W)

다음으로 설명할 에너지 형태는 일(W)이다. '일하러 간다'처럼 일상생활에서 일이란 말을 자주 쓰지만, 에너지 수지식과 관련해서는 특별한 의미를 지닌다. 일은 계와 외계 사이에서의 에너지 **전달**의 한 형태이다. 일은 축적할 수 없다. **일은 경로변수이다. 외계가 계에 일을 행하면 양의 값을 가**

지고, 계가 외계에 일을 하면 음의 값으로 나타낸다. 일부 책에서는 부호가 반대이다. 이 책에서는 부호 W는 일의 속도가 아니라 일정한 시간 동안의 순 일을 나타낸다. 일의 속도는 $\dot{W}$이고 **동력**, 즉 단위 시간당의 일이다. 단위 질량당의 일은 $\hat{W}$로 나타낸다.

일어날 수 있는 여러 형태의 일(W 표기에 모두 포함된다) 중 일부는 다음과 같다.

- **기계적 일**: 계의 **경계를 움직이는** 기계적 힘에 의한 일로서, 계에 한 일이나 계가 한 일(부호를 적절하게 조정해서)을 다음과 같이 계산한다.

$$W = \int_{\text{state 1}}^{\text{state 2}} \vec{F} \cdot d\vec{s} \tag{8.7}$$

  여기서 F는 계의 경계에 작용하는 $\mathbf{s}$(벡터) 방향의 외력(벡터)이다(혹은 계의 경계에서 외계에 작용하는 계의 힘이다). 그러나 계가 하거나 계에 행한 기계적 일의 양은 구하기가 쉽지 않은데, (a) 변위 $d\vec{s}$를 정의하기가 어렵고, (b) 관련 에너지의 일부는 Q로 소산되어 $\vec{F} \cdot d\vec{s}$의 적분값이 실제로 계가 하거나 계에 한 일과 같지 않을 수도 있기 때문이다. 예를 들어 예제 8.2의 그림 E8.2a를 보라.

- **전기적 일**: 회로의 전기저항을 통해 전류가 흐르면 전기적 일을 한다. 계가 전류를 발생하고(예: 계 안의 발전기) 이 전류가 계 외부의 전기저항을 통과하면 외계에 전기적 일을 한 것이므로 이 전기적 일은 음의 값이 된다. 계 외부에서 전압을 가해 계 내부에서 전기적인 일을 행하면 이 전기적 일은 양의 값이 된다.

- **축일**: 축에 작용한 힘이 외부의 기계적 저항에 대해 축을 회전시키는 일을 축일이라 한다. 계 외부의 펌프를 사용해 계 내부로 유체를 순환시키면 이 축일은 양의 값이다. 그림 8.10을 보라. 계 내부의 유체를 사용해 축을 회전시켜 외계에 일을 행하면 이 축일은 음의 값이다. 그림 8.10의 축은 시계방향 혹은 반시계방향 중 어느 방향으로 회전하는가? 계로부터 물을 퍼내면 어떤 식으로 축이 회전하는가?

- **흐름일**: 외계가 계 내부로 유체를 밀어 넣을 때 계에 하게 되는 일이 흐름일이다. 그림 8.11을 보라. 예를 들어 유체가 관 내부로 들어갈 때는 새로운 유체를 관 내부로 밀어 넣기 위해 계(이미 관 내부를 차지하고 있던 물)에 일을 행하게 된다. 마찬가지로 유체가 관으로부터 배출될 때는 유체를 외계로 밀어 내보내기 위해 계가 외계에 일을 행한다. 흐름일은 다음 절에서 자세하게 다룬다.

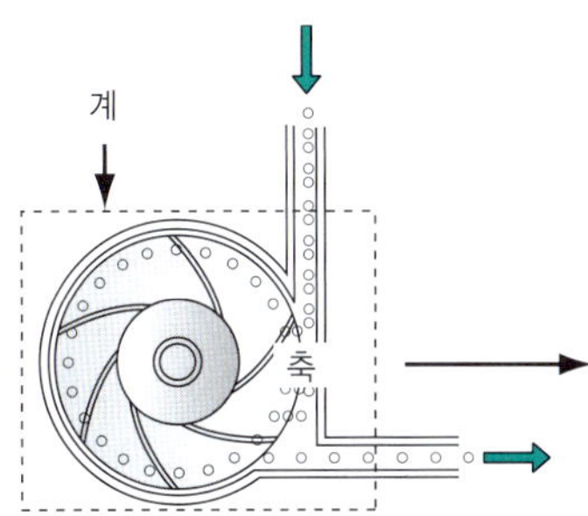

그림 8.10 ▸ 축일. 그림에서는 주위로부터 흘러오는 물의 흐름으로 인해 날개에 가해지는 힘이 축을 회전시킨다. 여기서 일은 양의 값이다. 주위가 계에 일을 행한다.

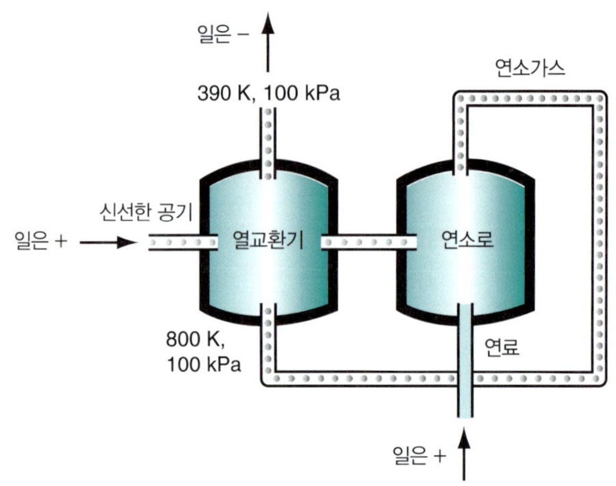

그림 8.11 ▸ **흐름일. 외계가 유체를 조금 계로 밀어 넣거나(양의 값) 계가 외계로 유체를 밀어내면(음의 값) 흐름일이 발생한다.**

부피가 고정된 용기 내부의 기체를 가열해서 온도를 2배로 증가시켰다고 하자. 이 과정에 서 행하거나 기체에 의해 행해진 일은 얼마인가? 이러한 질문은 쉽게 답할 수 있다. 계(기체)의 경계가 일정하게 유지되므로 아무 일도 하지 않았다. 경계가 변하는 경우는 나중에 다룬다.

예제 8.2 기체가 피스톤에 한 기계적 일의 계산

문제 실린더 안에 300 K, 200 kPa의 이상기체가 마찰이 없는 피스톤으로 갇혀 있으며 기체가 천천히 피스톤을 밀어내어 부피가 0.1 m^3에서 0.2 m^3가 되었다. 그림 E8.2a를 살펴보라. 기체가 피스톤(계의 경계 중에서 유일하게 움직일 수 있는 부분)에 한 일을 구하라. 이때 처음 상태에서 나중 상태에 이르는 경로는 다음 두 경우이다.

경로 A: 정압에서 팽창한다(**정압과정**). (p = 200 kPa)

경로 B: 등온에서 팽창한다(**등온과정**). (T = 300 K)

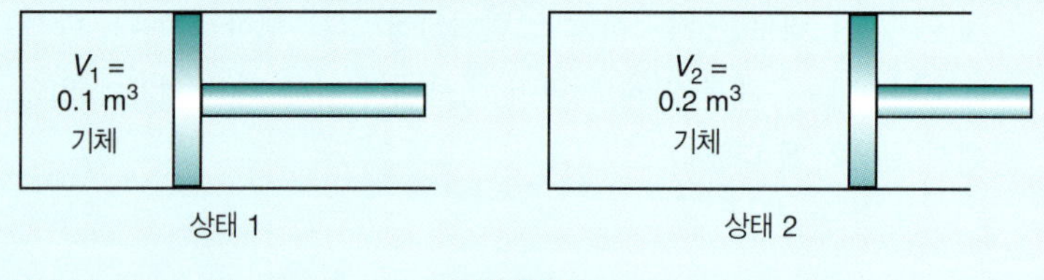

그림 E8.2a

풀이 피스톤은 마찰이 없고 과정은 이상적이라야(아주 천천히 일어나야) 다음의 계산이 유효하다. 그렇지 않으면 계산된 일의 일부가 측정될 수 없는 다른 형태의 에너지(예: 열에너지)로 변환되므로 그 값이 달라진다. 여기서 계는 기체이고, 피스톤은 외계의 일부이다. 식 (8.3)을 이용해서 일을 계산할 수 있지만, 기체가 피스톤에 미치는 힘을 모르므로 압력(힘/넓이)을 구동력으로 사용해야 한다. 피스톤의 면적을 알지 못하지만 p는 피스톤 표면에 수직으로 작용하므로 상관없다. 필요한 모든 자료는 문제의 설명에 주어져 있다. 문제의 설명에서 언급한 기체의 양을 계산 기준으로 선택한다.

$$n = \frac{200\ \text{kPa}}{} \left| \frac{0.1\ \text{m}^3}{} \right| \frac{}{300\ \text{K}} \left| \frac{(\text{kg mol})(\text{K})}{8.314\ (\text{kPa})\ (\text{m}^3)} \right. = 0.00802\ \text{kg mol}$$

두 과정을 그림 E8.2b에 나타냈다. 하나는 정압경로이고 또 하나는 등온경로이다.

계가 단위 면적의 피스톤에 한 일(계의 경계를 움직인 일)은 다음과 같다.

$$W = -\int_{\text{state 1}}^{\text{state 2}} \left(\frac{\boldsymbol{F}}{\text{A}}\right)(\text{A}\boldsymbol{ds}) = -\int_{V_1}^{V_2} p\,dV$$

정의에 따라 계가 한 일은 음의 값이다. dV 적분값이 양이면(이를테면 계가 팽창하면) 이 식의 적분값은 양의 값이 되고 W는 음의 값이 된다(외계에 일을 한다). dV가 음이면 W는 양의 값이 된다(계에 일을 한다).

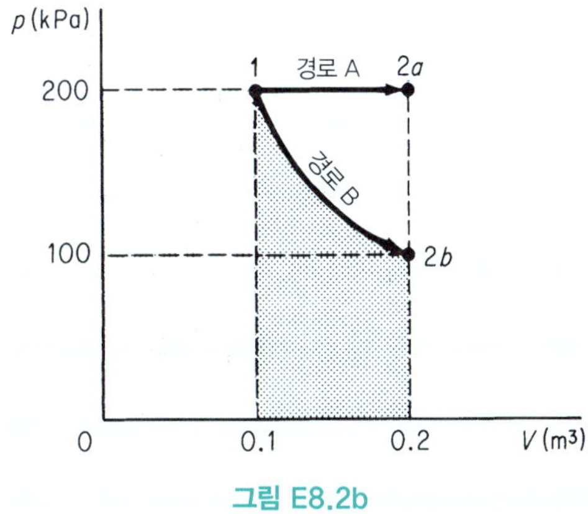

그림 E8.2b

경로 A(정압과정):

$$W = -p\int_{V_1}^{V_2} dV = -p(V_2 - V_1)$$

$$= -\frac{200 \times 10^3\ \text{Pa}}{} \left| \frac{1\ \text{N}}{1\ (\text{m}^2)(\text{Pa})} \right| \frac{0.1\ \text{m}^3}{} \left| \frac{1\ \text{J}}{1(\text{N})(\text{m})} \right. = -20\ \text{kJ}$$

경로 B(등온과정):

기체는 이상기체이므로

$$W = -\int_{V_1}^{V_2} \frac{n\text{R}T}{V}\,dV = -n\text{R}T\ln\left(\frac{V_2}{V_1}\right)$$

$$= -\frac{0.00802\ \text{kg mol}}{} \left| \frac{8.314\ \text{kJ}}{(\text{kg mol})(\text{K})} \right| \frac{300\ \text{K}}{} \ln 2 = -13.86\ \text{kJ}$$

그림 E8.2b에서 이 두 적분값은 p-V 도표상에서 각각의 곡선 아래쪽 넓이가 된다. 어느 경로를 통해 계가 더 많은 일을 하는가?

자습문제

확인문제

1. 폐쇄계의 경계를 통과하는 에너지가 열이 아니면 일뿐이다. 옳은가?

2. 물 주전자를 난로 위에 올려놓고 10분 동안 가열했다. 물을 계로 선택하면 이 계는 10분 동안 일을 하는가?

3. 두 발전소 A와 B에서 전력을 생산한다. A는 1시간에 800 MW를, B는 2시간에 500 MW를 생산한다. 다음 설명 중 옳은 것은?

a. A가 B보다 많은 전력을 생산한다.

b. A가 B보다 적은 전력을 생산한다.

c. A와 B의 전력 생산량은 같다.

d. 정보가 부족해서 판단할 수 없다.

해답

1. 참. 여기서 다루는 에너지의 형태를 고려하면 옳다.

2. 그렇다. 기화하면서 공기를 밀어내며 일을 한다.

3. (a) MW는 전력의 단위이기 때문이다.

적용문제

1. 가스 실린더에 200 kPa, 80°C의 N_2가 들어 있다. 밤에 냉각되어 압력은 190 kPa로, 온도는 30°C로 낮아졌다. 이 기체에 행해진 일은?

2. 그림 SAT8.2.2P2에서 보는 바와 같이 실린더 안의 질소기체가 네 가지 이상적 단계의 과정을 거친다. 각 단계에서 기체가 한 일(Btu)을 구하라.

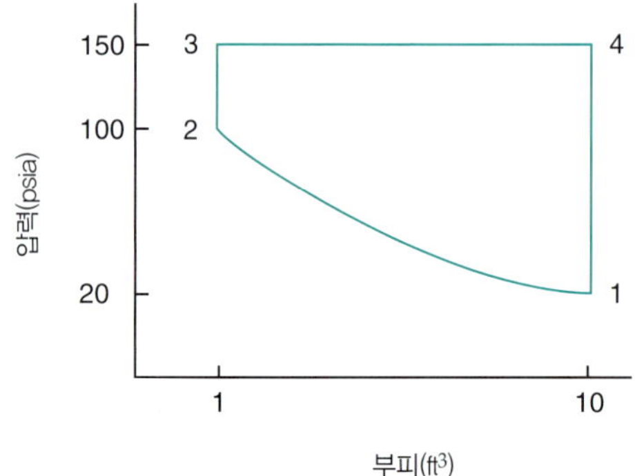

그림 SAT8.2.2P2

해답

1. 열은 전달되지만, 실린더 자체의 수축을 무시하면서 일은 행해지지 않는다.

2. 3에서 4로의 일은 $W = p\Delta V = \frac{150\ \text{lb}_\text{m}}{\text{in}^2}\Big|\ 9\ \text{ft}^3\Big|\frac{144\ \text{in}^2}{\text{ft}^2}\Big|\frac{\text{Btu}}{778.2\ \text{lb}_\text{m}\text{-ft}} = 249.8$ Btu이다. 2에서 3으로, 4에서 1로의 일은 부피가 일정하므로 0이다. 1에서 2로의 일은 $W = \int_1^2 p\,dV \approx -\left\{\left[\frac{100+60}{2}\right]4.5+\right.$

$\left[\frac{60+20}{2}\right]4.5\Bigg\}\frac{144}{778.2}=-99.9$ Btu이며, 이는 $\Delta V = 4.5\ \text{ft}^3$의 값을 이용해서 사다리꼴 법칙으로 계산된 값이다.

8.3.3 내부에너지(U)

내부에너지(internal energy, U)는 계를 구성하는 분자, 원자, 미립자의 에너지를 모두 고려한 거시적 개념으로, 이러한 에너지는 동적인 계의 미시적 보존의 법칙을 따른다. 비내부에너지는 상태 변수이며 저장될 수 있다. 거시적 척도에서 내부에너지를 직접 측정할 수 있는 기구가 없으므로 압력, 부피, 온도, 조성 등과 같은 거시적으로 측정할 수 있는 변수로부터 계산해야 한다.

측정 가능한 변수로부터 단위 질량당 내부에너지($\hat{U}$)를 계산하기 위해 상률을 이용한다. 순수 성분의 경우 $\hat{U}$는 한 상에 관한 상률에 따라 두 세기성질의 함수로 나타낼 수 있다.

$$F = 2 - P + C = 2 - 1 + 1 = 2$$

두 변수로는 일반적으로 온도와 비체적을 선택한다. 따라서 단일상 단일 성분의 경우 $\hat{U}$는 T와 $\hat{V}$의 함수라고 한다. 즉 $\hat{U} = \hat{U}(T, \hat{V})$이다.

상에 두 성분이 존재하면 F는 어떻게 되는가? $C = 2$이므로 $F = 3$이 되어 $\hat{U}$는 조성에 대한 함수도 될 것이다. $\hat{U}$는 상태함수이므로 $\hat{U}$는 T와 $\hat{V}$에 대해 미분할 수 있다. 전미분을 취하면 다음과 같다.

$$d\hat{U} = \left(\frac{\partial \hat{U}}{\partial T}\right)_{\hat{V}} dT + \left(\frac{\partial \hat{U}}{\partial \hat{V}}\right)_{T} d\hat{V} \tag{8.8}$$

정의에 의해 $(\partial\hat{U}/\partial T)_{\hat{V}}$는 정용 **열용량**(heat capacity, 비열)이며 기호 C_v로 나타낸다. C_v를 달리 정의하면 폐쇄계의 정용과정에서 물질 단위 질량의 온도를 1도 올리는 데 필요한 열량으로, SI 단위는 J/(kg)(K)이다. 실제로 $(\partial\hat{U}/\partial\hat{V})_T$는 아주 작으므로 이 책에서는 식 (8.8) 우변의 둘째 항을 무시한다(수증기표에서는 식 8.8 우변의 둘째 항을 무시할 수 없다). 따라서 특정 시간 동안의 비내부에너지의 변화는 다음과 같이 식 (8.8)을 적분해 구한다.

$$\Delta\hat{U} = \hat{U}_2 - \hat{U}_1 = \int_{\hat{U}_1}^{\hat{U}_2} d\hat{U} = \int_{T_2}^{T_2} C_v dT \tag{8.9}$$

이상기체에서는 $\hat{U}$가 온도만의 함수이다. **상변화가 있는 과정에 대해 식 (8.8)을 적용할 수 없다**는 것을 유의하라.

내부에너지는 변화만을 계산할 수 있다. 즉 내부에너지의 **절댓값이 아니라** 기준상태에 대한 상대적인 내부에너지만을 계산할 수 있다. 기준상태의 물에 대한 $\hat{U}$가 0인 p와 $\hat{V}$을 찾아보라. 포화증기의 경우, 수증기표에서 0°C, $\hat{V} = 0.001000\ \text{m}^3/\text{kg}$인 액체 물에 해당되는 $p = 0.612$ kPa인가? 기준상태가 동일하면 내부에너지 변화를 구할 때는 기준상태의 내부에너지가 상쇄된다.

$$\Delta\hat{U} = (\hat{U}_2 - \hat{U}_{\text{ref}}) - (\hat{U}_1 - \hat{U}_{\text{ref}}) = \hat{U}_2 - \hat{U}_1 \tag{8.10}$$

동일한 표, 도표, 식을 사용하지 않으면 $\hat{U}_{\text{ref}}$가 자동적으로 상쇄되지 않는다.

정용계에서 100 kPa의 물 1 kg을 0°C에서 100°C로 가열하고 다시 0°C, 100 kPa로 냉각하면 $\Delta\hat{U} = 0$인가? 그렇다. 내부에너지는 상태변수이고, $\hat{U}_2 = \hat{U}_1$이므로 식 (8.9)의 적분이 0이 되기 때문이다.

한 성분 이상으로 구성된 계의 내부에너지는 각 성분의 내부에너지의 합과 같다.

$$U_{\text{tot}} = m_1\hat{U}_1 + m_2\hat{U}_2 + \cdots + m_n\hat{U}_n \tag{8.11}$$

이 식에서는 혹시 있을 수도 있는 혼합열(제12장 참조)을 무시했다.

C_v에 대한 식이나 도표 혹은 표가 드물다. 그러므로 일반적으로는 식 (8.9)보다는 다른 방법을 이용해서 $\Delta\hat{U}$를 계산한다. 그러나 C_v에 대한 관계를 찾을 수만 있다면 다음 예제에서 보는 바와 같이 ΔU를 구하는 것은 간단하다.

예제 8.3 열용량을 이용한 내부에너지 변화 계산

문제 정용과정에서 공기 10 kg mol을 60°C에서 30°C로 냉각할 때의 내부에너지 변화를 구하라.

풀이 먼저 공기의 C_v를 구하면 이 온도 범위에서 2.1×10^4J/(kg mol)(°C)이다. 식 (8.9)를 사용해 다음과 같이 계산한다.

$$\Delta U = 10\,\text{kg mol}\int_{60°\text{C}}^{30°\text{C}}\left(2.1\times10^4\frac{\text{J}}{(\text{kg mol})(°\text{C})}\right)dT$$

$$= 2.1\times10^5(30-60) = -6.3\times10^6\,\text{J}$$

자습문제

확인문제

1. 대학원 입시 문제에 나온 사지선다형 문제이다. 옳은 답을 골라라.

a. 고체의 내부에너지는 무엇과 같은가?

① 고체의 절대온도
② 구성 분자의 총운동에너지
③ 구성 분자의 총위치에너지
④ 구성 분자의 운동에너지와 위치에너지의 합

b. 물체의 내부에너지는 무엇에 따라 달라지는가?

① 온도에 따라서만 달라진다.
② 질량에 따라서만 달라진다.
③ 상에 따라서만 달라진다.
④ 온도, 질량, 상에 따라 달라진다.

2. 식 (8.9)의 온도 범위에서 C_v는 일정한 값이 아니다. 그런데도 C_v를 적분해서 ΔU를 구할 수 있는가?

해답

1. 내부에너지의 절대값이 아닌, 내부에너지의 변화만 계산할 수 있음을 기억하라. 따라서 (a)의 보기는 모두 옳지 않다. (b)의 보기도 모두 옳지 않으며, 다만 압력이 포함된다면 ④는 옳은 답이 될 수 있다.

2. 있다.

적용문제

1. 데이터베이스에 있는 $\hat{U}$에 관한 식이 다음과 같다.

$$\hat{U} = 1.10 + 0.810T + 4.75 \times 10^{-4}\,T^2$$

$\hat{U}$의 단위는 kJ/kg이고 T의 단위는 °C이다.

a. 이에 대응하는 C_v에 관한 식은?

b. $\hat{U}$의 기준 온도는?

2. 수증기표를 이용해서 1000 kPa, 450 K의 물과 3000 kPa, 800 K의 수증기의 내부에너지 차이를 구하라. 물의 상변화는 어떻게 고려해야 하는가?

해답

1. (a) $C_v = 9.5 \times 10^{-4}T + 0.810$, $\hat{U}$을 0으로 설정하면 기준온도는 −1.36°C이다.

2. 1000 kPa, 450 K의 포화된 물의 내부에너지는 749.0 kJ/kg이고, 3000 kPa, 800 K의 과열 수증기의 내부에너지는 3154.7 kJ/kg이다. 따라서 $\Delta\hat{U}$는 2405.7 kJ/kg이다. 수증기표는 상변화를 데이터에 자동으로 포함시킨다.

8.3.4 비정상상태 폐쇄계

폐쇄된 비정상상태계에 대해 에너지 수지식은 식 (8.3)에 의해 나타내면 다음과 같다.

$$\Delta U = Q + W$$

식 (8.3)의 각 항에 대해 이미 다뤘으므로, 우리는 이 식을 폐쇄된 비정상상태계에 적용할 준비가 되었다.

이 과정에 여러 성분이 관여되어 있다면 U_{inside}는 각 성분 i의 질량(혹은 몰수)에 각 성분의 해당되는 비내부에너지 $\hat{U}_i$를 곱해 합한 값이다. ($Q + W$)는 폐쇄계 내부로 유입되는 에너지의 총 흐름임을 유의하라. 이 식에서 최종상태와 초기상태의 차를 의미하는 기호 Δ를 붙이지 않고 Q와 W를 나타낸 것은 이 두 값이 상태변수가 아니기 때문이다. Q와 W는 모두 계로 순 전달이 이루어지면 양의 값을 가지며 ΔU는 계 내부의 질량 그 자체와 연관되어 있는 내부에너지의 변화를 나타낸다는 것을 기억하라. 식 (8.3)의 각 항은 시간간격 t_1과 t_2 사이의 순 누적값이며, 위에 점을 찍어 나타내는 단위 시간당의 값(유량)이 아니라는 것을 명심하라.

폐쇄계의 경우에는 ΔU_{total} 중에서 ΔPE나 ΔKE는 0이거나 무시할 수 있다. 따라서 식 (8.3)에는 이러한 항이 포함되지 않는다.

$Q + W$가 양이면 ΔU가 증가하고 음이면 ΔU가 감소한다. $W_{\text{system}} = -W_{\text{surroundings}}$가 성립하는가? 뒤에서 공부하겠지만 반드시 그렇지는 않다. 예를 들어 그림 8.12c에서는 외계가 계에 전기적 일을 하지만 계의 경계는 팽창하지 않고 내부에너지로 열화된다(온도가 상승한다).

식 (8.3)을 간단한 비정상상태 폐쇄계에 적용한 세 가지 예를 그림 8.12에 나타냈다. 그림 8.12a에서는 용기의 고정된 경계(바닥)를 통해 10 kJ의 열이 계로 도입되고 같은 시간 동안에 2 kJ의 열이 용기의 윗부분으로 배출된다. 따라서 계의 내부에너지 ΔU는 8 kJ만큼 증가한다. 그림 8.12b에서는 피스톤이 기체에 대해 5 kJ의 일을 해 내부에너지는 5 kJ만큼 증가한다. 그림 8.12c에서는 계와 외계 사이의 전압차에 의해 계 내부로 전류가 흐르며, 단열계이기 때문에 열전달이 없다.

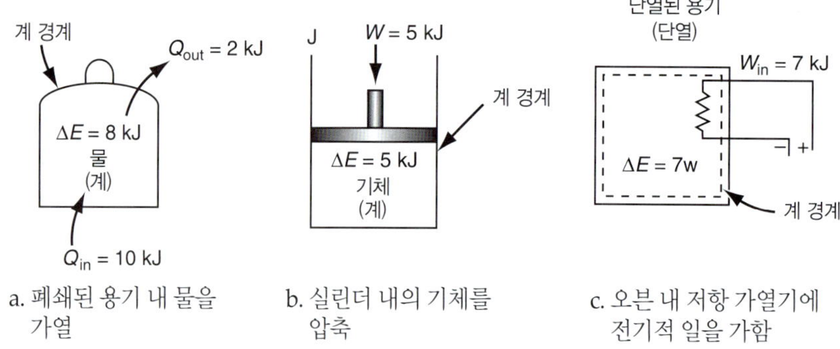

a. 폐쇄된 용기 내 물을 가열
b. 실린더 내의 기체를 압축
c. 오븐 내 저항 가열기에 전기적 일을 가함

그림 8.12 ▸ 에너지 변화가 관여된 비정상상태 폐쇄계의 예

식 (8.3)에는 ΔU, Q, W 등 풀어야 할 변수가 많다. 더구나 비내부에너지 $\Delta \hat{U}$는 계 내부의 T, $\hat{V}$ 혹은 T, p의 함수이다. 식 (8.3)이 관여되는 자유도 분석에서 고려해야 하는 변수의 수는 ΔU를 사용하면 5개이고, ΔU를 T와 p로 대체하면 6개이다. 에너지 수지식인 식 (8.3)만으로도 물질수지식을 고려하지 않으면 미지변수는 2개 혹은 3개가 된다.

다음 예제를 공부하면 비정상상태 폐쇄계에 적용되는 에너지 수지의 개념이 한층 명확해질 것이다.

예제 8.4 에너지 수지식을 반응이 없는 폐쇄된 비정상상태계에 적용

문제 질소를 포함하는 화합물인 알칼로이드는 식물 세포에 의해 생산할 수 있다. 한 실험에서 부피가 1.673 m^3인 폐쇄 용기에 아즈말리신(ajmalicine), 서펜타인(serpentine) 두 알칼로이드가 들어있는 10℃의 묽은 수용액을 주입한다. 건조 알칼로이드를 얻기 위해 용기 중의 물을 전부 기화시킨다. 용액의 성질은 물의 성질과 같다고 가정한다. 초기의 10℃ 포화물 1 kg을 완전히 기화해 100℃, 1 atm의 최종상태가 되게 하기 위해 용기에 전달해야 할 열을 구하라. 그림 E8.4를 참조하라. 용기 내의 공기는 무시하라(혹은 초기에 진공이었다고 가정하라).

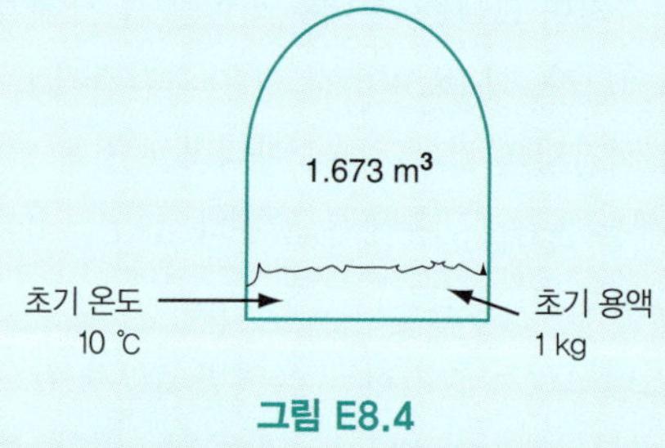

그림 E8.4

풀이 계는 폐쇄된 용기이다. 그러므로 물질수지식의 관점에서는 정상상태이지만 에너지 수지식의 측면에서는 비정상상태이다.

문제에 충분한 자료가 주어졌으므로 물의 초기상태와 최종상태를 규정할 수 있다. 물의 성질은 수증기표에서 찾을 수 있다. 100℃, 1 atm 수증기의 비체적은 1.673 m^3/kg이다.

	초기상태(액체)	최종상태(기체)
p	증기압	1 atm
T	10.0°C	100°C
$\hat{U}$	17.7 kJ/kg	2506.0 kJ/kg

$\hat{V}$, $\hat{H}$와 같은 물의 성질도 구할 수 있지만 이 문제에서는 필요 없다.

비정상상태 폐쇄계이므로 식 (8.3)을 적용한다.

$$\Delta U = Q + W$$

일은 없다(탱크 경계가 고정되어 있고 기관도 없다). 다음과 같이 결과를 얻을 수 있다.

계산 기준: 1 kg H_2O 기화량

$$Q = \Delta U = m\Delta\hat{U} = m(\hat{U}_2 - \hat{U}_1)$$

$$Q = \frac{1 \text{ kg } H_2O}{} \left| \frac{(2506.0 - 17.7)\text{ kJ}}{\text{kg}} \right. = 2488 \text{ kJ}$$

수증기표의 데이터가 이 계산에 사용된다. **서로 다른 두 출처의 자료를 사용할 경우에는 각 출처에서 정한 기준상태를 확인하도록 주의해야 한다.** 주입 전에 용기에 1 atm의 건조공기가 들어 있었다면 용액은 어떻게 달라지겠는가?

예제 8.5 폐쇄계에 대한 에너지 수지식의 응용

문제 상온(80°F)의 물 10 lb가 부피가 4.0 ft^{3}인 탱크 내에 저장되어 있다. 40%의 물이 기화되게 하려면 탱크에 열을 얼마만큼 전달해야 하는가? 또한 최종 온도와 압력은 얼마가 되겠는가?

풀이 이 문제는 반응이 없는 폐쇄된 비정상상태계(그림 E8.5)이다. 필요한 성질의 값을 얻기 위해서 수증기표를 이용할 수 있다.

단계 1~4

용액의 비체적은 4.0/10 = 0.40 ft^3/lb이다. 탱크 내의 공기를 무시하면 초기 내부에너지는 48.02 Btu/lb이다.

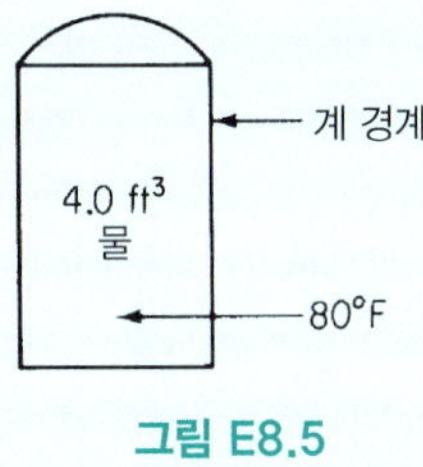

그림 E8.5

단계 5

계산 기준: 10 lb의 H_2O

단계 6~7

물질수지식은 간단하다. 즉 계의 질량은 10 lb로 일정하다. 에너지 수지식에 대해서는

$$\Delta U = Q + W$$

계의 경계가 고정되어 있으므로 W는 0이고 전기적 일도 없다.

$$Q = \Delta U$$

최종상태의 부피가 4 ft^3로 고정되고 최종상태가 40%로 설정되었으므로 이러한 조건을 만족하는 온도와 압력을 구하는 데 사용할 수 있다. 필요한 속성 값은 수증기표에서 얻을 수 있다. 40%에서는 포화증기 4 lb와 액체 6 lb가 있을 것이다. 시행착오를 통해 온도를 선택하고 액체와 증기의 비체적을 기반으로 총부피를 계산할 수 있다. 예를 들어 400°F에서 증기의 비체적은 1.863 ft^3/lb이고 액체의 비체적은 0.019 ft^3/lb이다. 따라서 이 경우의 총부피는 다음과 같다.

$$V(400°\text{F}) = 0.019(6) + 1.863(4) = 7.566 \text{ ft}^3$$

따라서 가정한 온도가 너무 높다. 이 시행착오를 지속하면 375°F의 온도가 총부피가 4 ft^3가 된다. 해당 압력은 184.4 psia이다. 또한 증기와 액체의 내부에너지는 수증기표에서 제공되므로 최종상태의 총내부에너지는 6538.5 Btu이다. 따라서

$$Q = \Delta U = -\ 6538.5 - 480.2 = 6058.3 \text{ Btu}$$

예제 8.6 에너지 수지식을 플라스마 식각에 적용

문제 부피가 2 L인 단열된 플라스마 증착 용기 내의 아르곤 기체를 전기저항 전열기를 이용해서 가열한다. 이상기체로 취급할 수 있는 초기 기체는 1.5 Pa과 300 K이다. 1000 Ω의 전열기가 40 V로 5분 동안 작동되었다(즉 480 J의 일이 외계에서 계로 가해졌다). 이 용기 내의 최종 온도와 압력은 얼마인가? 전열기의 질량은 12 g이고 열용량은 0.35 J/(g)(K)이다. 이 낮은 압력과 짧은 시간 동안의 기체로부터 용기 벽을 통한 열전달은 무시할 만하다고 가정하라.

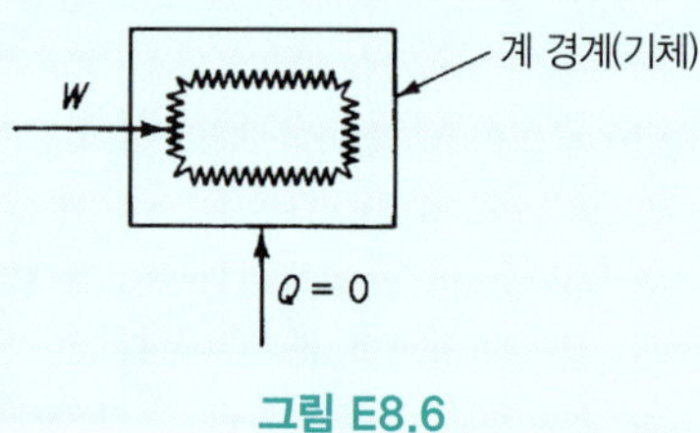

그림 E8.6

풀이 그림 E8.6처럼 계를 선정하라. 반응은 수반되지 않는다. 전기코일을 이용해 용기 내 아르곤을 '가열'한다(온도를 높인다)는 것이 외계로부터 정해진 계로 열이 전달된다는 것을 의미하지는 않는다. 결과적으로 온도가 상승하지만 일이 가해질 뿐이며, 전기적 일은 모두 열에너지로 변환된다. 계는 외계와 물질을 교환하지도 않는다. 그러므로 물질에 대해서는 정상상태, 에너지에 대해서는 비정상상태이다.

단계 1~4

용기 벽으로부터의 열전달에 대한 가정으로부터 $Q = 0$이다. W는 5분 동안에 +480 J(계에 가한 일)

이 가해진다.

단계 5

계산 기준: 5분

단계 6~7

식 (8.3)의 적용 결과 $\Delta U = 480$ J이다. 문제는 $\Delta U = 480$ J인 경우에 대해 T와 p를 구하는 것이다. 아르곤에 대한 표, 식, 도표를 이용하면 과정이 쉽다. 이러한 자료 출처가 없는 경우에는 아르곤 기체가 이상기체이므로 $pV = nRT$가 된다고 가정한다. 초기에 p, T, V를 알고 있으므로 기체의 물질의 양을 계산할 수 있다.

$$n = \frac{pV}{RT} = \frac{1.5\ \text{Pa}}{}\left|\frac{2\ \text{L}}{}\right|\frac{10^{-3}\ \text{m}^3}{1\ \text{L}}\left|\frac{1\ (\text{g mol})(\text{K})}{8.314\ (\text{Pa})(\text{m}^3)}\right|\frac{}{300\ \text{K}}$$

$$= 1.203 \times 10^{-6}\ \text{g mol}$$

전열기의 질량과 $C_v = 0.35$ J/(g)(K)인 열용량이 주어졌다.

기체의 C_v는 계산할 수 있다. $C_p = \frac{5}{2}R$(표 8.3 참조)이므로

$$C_v = C_p - R = \frac{5}{2}R - R = \frac{3}{2}R$$

계산을 위한 기준온도를 선정해야 한다. 가장 편리한 기준상태는 300 K이다. 그러므로 기체와 전열기의 ΔU는 전열기와 기체의 최종 온도가 같다고 가정해서 계산할 수 있다.

$$\text{기체:}\quad \Delta U_g = 1.203 \times 10^{-6}\int_{300}^{T} C_v dT = 1.203 \times 10^{-6}\left(\frac{3}{2}R\right)(T - 300)$$

$$\text{전열기:}\quad \Delta U_h = 12\ \text{g}\left(\frac{0.35\ \text{J}}{(\text{g})(\text{K})}\right)(T - 300)$$

물질수지식은 간단하다. 용기 내의 물질은 변하지 않는다. 미지변수는 T이고 관련된 식은 에너지 수지식이 있으므로 자유도는 0이다.

단계 8~9

$\Delta U = 480$ J이므로 에너지 수지식으로부터 T를 계산할 수 있다.

$$\Delta U = 480\ \text{J} = (12)(0.35)(T - 300) + (1.203 \times 10^{-6})\left(\frac{3}{2}\right)(8.314)(T - 300)$$

$$T = 414\ \text{K}$$

최종압력은 다음과 같다.

$$\frac{p_2 V_2}{p_1 V_1} = \frac{n_2 R T_2}{n_1 R T_1}$$

또는

$$p_2 = p_1\left(\frac{T_2}{T_1}\right) = 1.5\left(\frac{414}{300}\right) = 2.07\ \text{Pa}$$

자습문제

확인문제

1. 다음 설명이 참인지 거짓인지 밝혀라.

a. 에너지 보존의 법칙에 따르면 계의 총에너지 변화는 0이다.

b. 에너지 보존의 법칙에 따르면 계 내부에서는 에너지가 파괴되지도 않고 창조되지도 않으므로 실질 변화는 0이다.

c. 에너지 보존의 법칙에 따르면 계 내부의 열 변화가 이에 반대되는 일의 변화와 일치하지 않으면 내부에너지가 변한다.

d. 계와 외계 사이에서 열이 흐를 수 있다. 계가 외계에 일을 할 수도 있고 그 반대일 수도 있다. 이러한 과정에 따라 계의 내부에너지는 증가하거나 감소할 수 있다.

e. 폐쇄계의 두 지정된 상태 간의 모든 단열과정에서 행한 실질 일은 폐쇄계의 성질과 과정의 세부 내용과 상관없이 동일하다.

f. 비정상상태 폐쇄계는 등온계가 아니다.

g. 비정상상태 폐쇄계에 대한 열전달은 0이 아니다.

h. 폐쇄계는 단열계이다.

2. 열을 완전히 일로 변환할 수 있는가?

해답

1. (e)를 제외하고 모두 거짓

2. 없다.

적용문제

1. 폐쇄계가 순차적으로 세 단계를 거치는데, 각각의 열전달은 $Q_1 = +10$ kJ, $Q_2 = +30$ kJ, $Q_3 = -5$ kJ이다. 1단계와 3단계에서 각각 $\Delta E = +20$ kJ 및 $\Delta E = -20$ kJ이다. 2단계의 일과 전체 3단계 과정에 대해 $\Delta E = 0$이라고 가정할 때 세 단계 모두에서의 일의 배출량을 구하라.

2. 폐쇄 탱크에 물 20 lb가 들어 있다. 200 Btu를 물에 가했을 때 물의 내부에너지 변화를 구하라.

3. 140°F의 더운물을 50°F의 찬물과 재빨리 혼합했더니 110°F가 되었다. 더운물과 찬물의 질량비를 구하라. 자료는 수증기표에서 찾을 수 있다.

해답

1. $W_1 = +\ 10$ kJ, $W_3 = -15$ kJ, $\Delta E_2 = 0$이므로 $W_2 = -30$ kJ, 순일 $= -35$ kJ

2. 200 Btu

3. 더운물이 잃은 에너지는 찬물이 얻은 에너지와 같다. $m_h(140 - 110) = m_c(110 - 50)$, $m_h/m_c = 60/30 = 2$

8.4 정상상태 개방계

이미 언급했지만 산업공정의 대부분은 정상상태 개방계 연속 조건에서 운전한다. 정유산업과 화학산업의 공정은 대부분 정상상태 개방계이다. 생물학적 공정은 폐쇄계(회분계)인 경우가 훨씬 많다. 연속 공정이 대용량 생산에서는 경제적이라는 것을 알게 될 것이다.

그림 8.13은 개방된 정상상태계의 몇 가지 예를 보여준다. 그림 8.13a에서는 보일러에서 연료를 연소시켜 튜브를 가열해 그 안에 흐르는 물을 수증기로 만든다. 그림 8.13b에서는 용질이 들어 있는 묽은 용액을 농축해서 '농축액'을 만든다. 액체에서 발생하는 증기는 탑 위쪽에서 제거한다. 필요한 열을 공급하기 위한 수증기는 수증기실(열교환기)을 통해 흐른다. 그림 8.13c에서는 목표 용질이 들어 있는 액체가 추출탑을 통과하는데, 용액과 섞이지 않는 용매가 향류로 흐르면서 용질을 추출한다.

일반적인 에너지 수지식인 식 (8.4)를 어떻게 정상상태 개방계에 적용할 수 있을까? 정상상태는 계의 최종상태와 초기상태가 같으므로 $\Delta U_{\text{total}} = 0$이다. 또한 W, ΔKE, ΔPE는 일반적으로 열

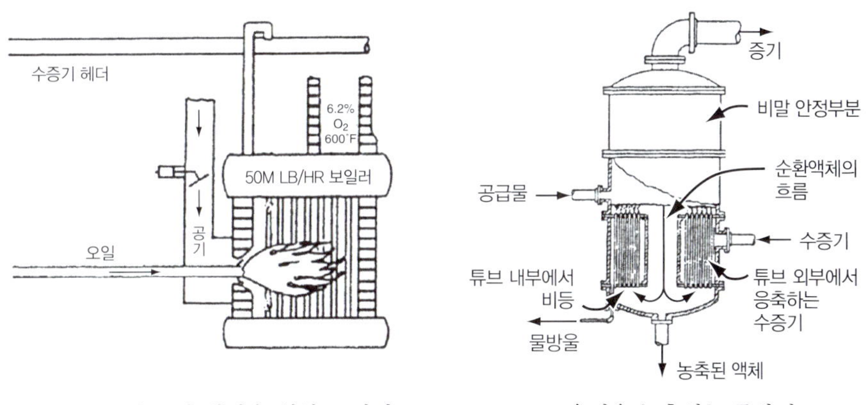

a. 수증기 생성을 위한 보일러

b. 용질을 농축하는 증발기

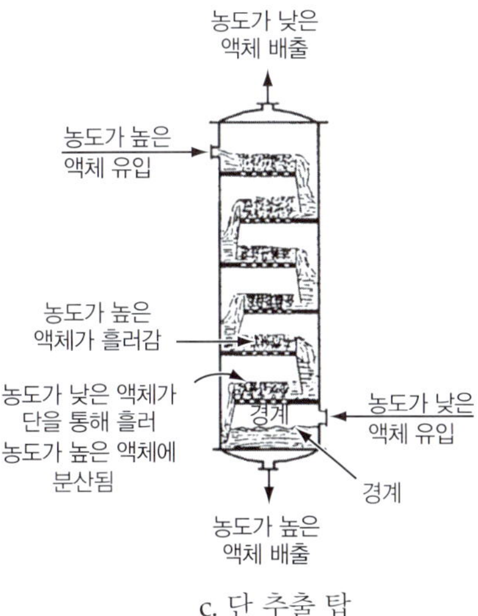

c. 단 추출 탑

그림 8.13 ▸ 정상상태 개방 공정의 예(반응이 일어나지 않는 경우)

전달(Q)에 비해 매우 작다. 따라서 식 (8.2)는 식 (8.4)가 된다.

$$\Delta H = Q$$

어떤 경우에 ΔPE나 ΔKE를 무시할 수 있을까? 대부분의 개방 공정에서는 에너지 수지에서 지배적인 에너지 항이 Q, ΔH이므로 식 (8.4)에서 ΔPE나 ΔKE를 고려해야 할 경우는 흔치 않다. 식 (8.4)의 우변에서 현실적으로 1,000 J/kg의 엔탈피 변화는 아주 작은 값에 속하는데, 이에 대응하는 공기의 온도 변화는 1 K 정도이기 때문이다. 식 (8.4)의 우변의 항에서 1000 J에 대응하는 변화는 다음과 같다.

1. PE의 변화가 1000 J이 되려면 1 kg의 높이가 100 m 정도 변해야 한다.
2. KE의 변화가 1000 J이 되려면 1 kg의 유속이 0에서 45 m/s로 변해야 한다.

에너지 수지식을 적용하는 방법을 살펴보기에 앞서 엔탈피를 설명하고 사용하는 방법을 설명할 필요가 있다. 열전달(Q)은 이미 다뤘다.

8.4.1 엔탈피

8.3.2절에서 소개한 흐름일을 상기해보자. 개방계에서 흐름일을 일(W)로 간주하는 대신, 내부에너지(U)와 결합해 **엔탈피**(enthalpy)라는 다른 변수를 형성한다.

$$H = U + pV \tag{8.12a}$$

이 식에서 p는 압력이고 V는 부피이며 단위 질량 기준으로 나타내면 다음과 같다.

$$\hat{H} = \hat{U} + p\hat{V} \tag{8.12b}$$

내부에너지의 경우와 마찬가지로 비엔탈피(단위 질량의 엔탈피)를 구할 때도 엔탈피는 완전 미분이라는 성질을 이용한다. 내부에너지에서와 같이 **단일상** 단일 성분의 엔탈피는 두 세기변수를 사용해서 완전히 규정할 수 있다. 따라서 온도와 압력(비체적보다 편리하다)의 함수로 엔탈피를 나타내면 다음과 같다.

$$\hat{H} = \hat{H}(T, p)$$

전미분을 취하면 식 (8.8)과 유사한 다음 식을 얻을 수 있다.

$$d\hat{H} = \left(\frac{\partial \hat{H}}{\partial T}\right)_p dT + \left(\frac{\partial \hat{H}}{\partial p}\right)_T dp \tag{8.13}$$

정의에 의해 $(\partial \hat{H}/\partial T)_p$는 정압 열용량이며, 기호 C_p로 나타낸다. 대부분의 경우에 높지 않은 압력에서 $(\partial \hat{H}/\partial p)_T$는 아주 작은 값이므로 식 (8.13)의 우변에 있는 두 번째 항은 무시한다. 그러면 비엔탈피의 변화는 다음과 같이 식 (8.13)을 적분해서 구한다.

$$\Delta \hat{H} = \hat{H}_2 - \hat{H}_1 = \int_{H_1}^{H_2} d\hat{H} = \int_{T_1}^{T_2} C_p dT \tag{8.14}$$

그러나 고압으로 운전되는 공정에서는 식 (8.13)의 우변의 두 번째 항을 무시할 수 없는 경우가 있으므로 실험 자료로부터 구해야 한다. 자세한 내용은 이 장 말미의 참고문헌을 참조하기 바란다. **기억해야 할 이상기체의 한 가지 성질은 엔탈피와 내부에너지가 온도만의 함수**이며 압력이나 비체적의 변화와는 무관하다는 것이다. 또한 이상기체에 대한 C_p와 C_v의 관계는 $C_v = C_p - R$이다.

엔탈피 값이나 그 값을 계산할 수 있는 데이터는 어디서 구할 수 있을까? 몇 가지 출처는 다음과 같다.

1. 열용량 수치와 식
2. 상전이 엔탈피를 추산할 수 있는 식
3. 표
4. 엔탈피 도표
5. 컴퓨터 데이터베이스

엔탈피와 다른 열물성 속성 값은 온라인상의 많은 자료로부터 제공받을 수 있다. 그중 많은 자료는 무료로 접근할 수 있으나, 라이선스 비용을 지불해야 하는 것도 있다. 일부 자료의 목록은 448쪽에 나와 있다. 그림 8.14는 열물성 속성 데이터 목록을 보여주며, 미국 국립표준기술연구소(National Institute of Standards and Technology, NIST, https://webbook.nist.gov/chemistry/fluid/)에서 이용 가능하다. 여기서 물질을 지정하고 속성 단위, 데이터 유형, 표준 상태 조건을 선택할 수 있다. 'Press to Continue' 버튼을 클릭하면 압력 및 온도 값을 입력할 수 있는 화면이 표시되며, 소프트웨어가 즉시 속성 값을 반환한다.

대응상태의 원리나 가법적 결합의 기여(additive bond contribution) 이론에 기초한 일반적 방법으로도 엔탈피를 추산할 수는 있지만, 이에 관해서는 이 장 말미의 참고문헌을 참조하기 바

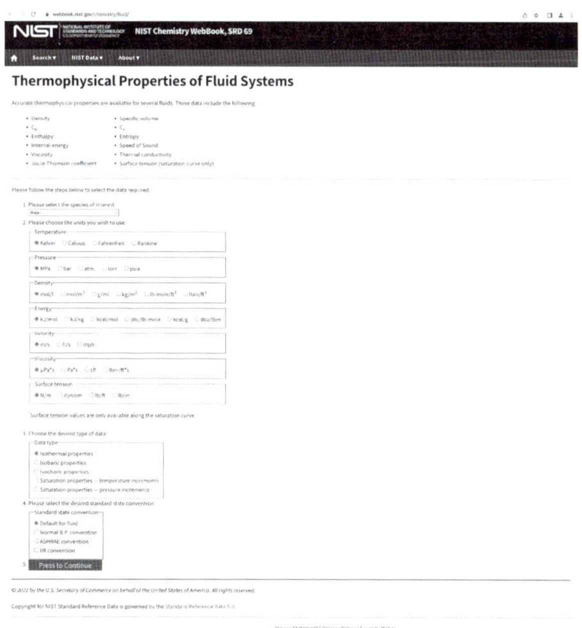

그림 8.14 ▸ NIST 웹페이지의 스크린샷

란다.

내부에너지와 마찬가지로 **엔탈피도 절댓값은 알 수 없으며, 변화 값만을 계산할 수 있다.** 엔탈피 변화의 계산에서는 자주 기준상태(함축적인 형태로라도)를 사용할 것이다. 예를 들어 수증기표의 기준상태는 0°C(32°F)와 이에 대응하는 증기압에 있는 물이다. 그렇다고 해서 이 상태에서의 엔탈피가 0이라는 뜻은 아니며, 단지 이 상태의 엔탈피가 0이라고 가정할 뿐이다. 엔탈피 변화의 계산에서는 다음과 같이 기준상태는 소거된다.

계의 처음 상태(1)	계의 나중 상태(2)
비엔탈피 $= \hat{H}_1 - \hat{H}_{\text{ref}}$	비엔탈피 $= \hat{H}_2 - \hat{H}_{\text{ref}}$

비엔탈피 변화 $= (\hat{H}_2 - \hat{H}_{\text{ref}}) - (\hat{H}_1 - \hat{H}_{\text{ref}}) = \hat{H}_2 - \hat{H}_1$

예제 8.7 엔탈피 변화 계산

문제 10 kg mol 아르곤의 온도가 60°C에서 30°C로 변할 때의 엔탈피 변화를 계산하라. C_p는 2.913 × 10⁴ J/(kg mol)(°C)로 가정한다.

풀이 식 (8.14)를 사용해서 계산하면 다음과 같다.

$$\Delta H = 10 \text{ kg mol} \int_{60°\text{C}}^{30°\text{C}} (2.913 \times 10^4) \frac{\text{J}}{(\text{kg mol})(°\text{C})} dT = 2.913 \times 10^5 (30 - 60)$$
$$= -8.7 \times 10^6 \text{ J}$$

H 표시는 일반적으로 총엔탈피가 아니라 단위 질량(혹은 몰)당의 엔탈피를 나타내기 때문에 표나 도표로부터 엔탈피 값을 읽을 때는 주의해야 한다. $\hat{H}$ 표기는 이 책을 제외하고는 널리 사용되지 않으므로 H의 의미는 표제나 주석에 있는(이상적으로) 단위를 살펴서 결정해야 한다. H = 100 kJ은 H = 0과 같은 H의 기준값이나 다른 기준값으로부터 100 kJ/kg 값을 나타낼 수도 있다.

식 (8.14)는 상전이가 발생하는 경우에는 적용되지 않는다. 그림 8.15를 보라. 총 ΔH(혹은 $\Delta \hat{H}$)의 계산에는 상전이와 관련된 엔탈피가 포함되어야 한다.

제7장에서 설명했듯이 고상과 액상, 액상과 기상 등 사이에서 **상전이**(phase transition)가 일어난다. 이러한 상전이 중에는 물질의 엔탈피(그리고 내부에너지)가 매우 크게 변하는데, 이때 온도 변화가 없으므로 **잠열**이라 한다. 상전이와 관련된 엔탈피는 비교적 크게 변하므로, 상전이를 포함하는 에너지 수지에서는 잠열을 정확하게 산출해야 한다. 그림 8.15에서 보듯이 단일상에서는 엔탈피가 온도에 따라 달라지므로 이를 **현열**(sensible heat) 변화라 한다.

상전이 중의 엔탈피 변화는 융해의 경우 **융해열**(용해에 따른) ΔH_{fusion}, 기화의 경우 **기화열**(기화에 따른) ΔH_v가 있다. 여기서 열이란 말이 습관적으로 쓰이는 것은, 아주 오래전의 실험에서 주로 열전달을 포함하는 실험 자료로부터 엔탈피 변화를 계산했기 때문이다. 융해엔탈피나 기화엔탈피가 옳은 표현이지만 널리 쓰이지는 않는다. **응축열**은 기화열의 음의 값이고 **고화열**(heat of solidification)은 융해열의 음의 값이다. 고상에서 기상으로 직접 변할 때의 엔탈피 변화는 **승화**

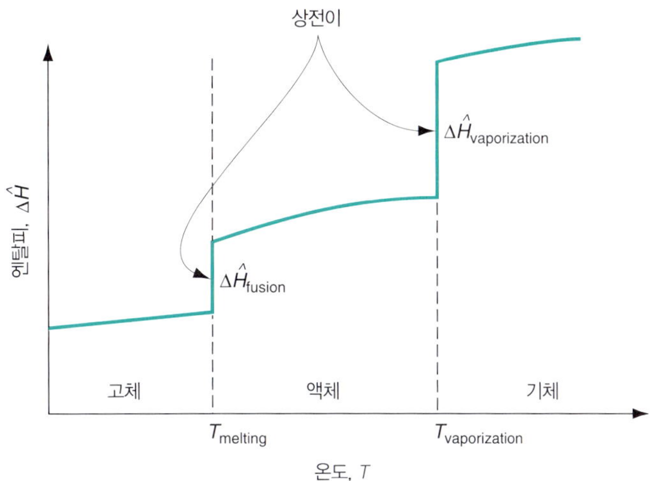

그림 8.15 ▸ **전체 엔탈피 변화는 현열(동일상 내의 엔탈피 변화)과 잠열(상전이에 따른 엔탈피 변화)의 합이다.**

열이라 한다.

그림 8.15에 나타낸 순수 성분에 대한 전체 비엔탈피 변화는 초기상태에서 최종상태까지의 현열과 잠열을 합해서 구할 수 있다.

$$\underbrace{\Delta\hat{H} = \hat{H}(T) - \hat{H}(T_{\text{ref}})}_{\text{전체 엔탈피 변화}} = \underbrace{\int_{T_{\text{ref}}}^{T_{\text{fusion}}} C_{p,\text{solid}}dT}_{\text{고체의 현열}} + \underbrace{\Delta\hat{H}_{\text{fusion at } T_{\text{fusion}}}}_{\text{용융}} + \underbrace{\int_{T_{\text{fusion}}}^{T_{\text{vaporization}}} C_{p,\text{liquid}}dT}_{\text{액체의 현열}}$$
$$+ \underbrace{\Delta\hat{H}_{\text{vaporization}} \text{ at } T_{\text{vap}}}_{\text{증발}} + \underbrace{\int_{T_{vap}}^{T} C_{p,\text{vapor}}dT}_{\text{기체의 현열}} \tag{8.15}$$

한 가지 이상의 성분을 포함하는 계나 흐름의 전체 엔탈피의 경우에는 혼합 엔탈피(엔탈피 변화)를 무시하면 각 성분에 대한 엔탈피의 합이다(제12장에서 설명).

$$H_{\text{tot}} = m_1\hat{H}_1 + m_2\hat{H}_2 + \cdots + m_nH_n$$

자습문제

확인문제

1. 수증기표에서 인접한 열(列)을 보면 $\hat{U}$ = 1022.6 kJ/kg이고 $\hat{H}$ = 1022.6 kJ/kg이다. 물은 액상인가, 수증기인가?

2. 수증기표에서 $\hat{U}$ = 2577.1 kJ/kg이고 $\hat{H}$ = 2770.1 kJ/kg이다. 물은 액상인가, 수증기인가?

해답

1. 내부에너지와 엔탈피가 같으므로 액상이다.

2. 엔탈피가 내부에너지보다 크기 때문에 수증기이다.

적용문제

1. 실제 기체의 엔탈피 변화는 다음 식으로 계산할 수 있다.

$$\hat{H}_2 - \hat{H}_1 = \int_{T_1}^{T_2} C_p dT + \int_{P_1}^{P_2} \left[\hat{V} - T\left(\frac{\partial \hat{V}}{\partial T}\right)_p \right] dp$$

(a) 등온과정, **(b)** 정용과정, **(c)** 등압과정의 엔탈피 변화를 나타내라.

2. 그림 SAT8.2.5P2에서 실선 경로와 파선 경로 중 어느 경로의 엔탈피 변화가 큰가?

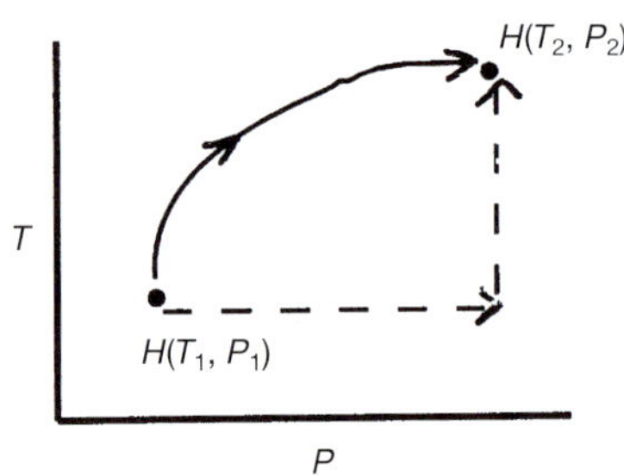

그림 SAT8.2.5P2

해답

1. (a) $\hat{H}_2 - \hat{H}_1 = \int_{P_1}^{P_2} \left[\hat{V} - T\left(\frac{\partial \hat{V}}{\partial T}\right)_p \right] dp$

(b) $\hat{H}_2 - \hat{H}_1 = \int_{T_1}^{T_2} C_p\, dT + \int_{P_1}^{P_2} \hat{V}\, dp$

(c) $\hat{H}_2 - \hat{H}_1 = \int_{T_1}^{T_2} C_p\, dT$

2. 엔탈피는 상태함수이므로 두 경로의 엔탈피 변화는 같다.

열용량

C_p를 온도의 함수로 나타내는 식에 대한 출처는 얼마 안 되지만 C_p를 온도의 함수로 도시한 도표는 수없이 많다. 그림 8.16을 보라.

역사적으로는 열용량식을 적분해서 현열(엔탈피)을 계산했다. 부록 F는 일반 화합물에 대한 열용량식을 나열한다. 물론 C_p는 온도에 대해 연속함수이지만 엔탈피 변화는 그렇지 않은 경우도 있다. 왜 그러한가? 상전이가 일어날 수 있기 때문이다.

그러므로 낮은 온도부터 임의의 높은 온도까지의 범위에 적용되는 물질에 대한 한 가지 열용량식은 불가능하다. 열용량에 대한 물리적 의미는 C_p가 물질의 단위 질(또는 몰) 온도를 1도 올리는 데 필요한 에너지의 양이라고 생각할 수 있다.

그림 8.16의 함수관계는 어떻게 결정되는가? 상전이가 일어나는 온도 사이의 열용량을 실험적으로 측정하고 MATLAB 또는 Python의 내장 함수를 이용해서 수식에 맞추면 된다. 이상기체로 가정할 수 있으면 등압열용량은 온도가 변하더라도 일정하다(표 8.3).

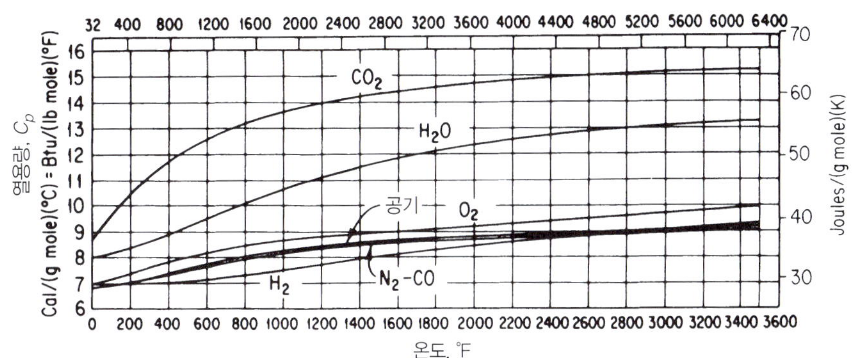

그림 8.16 ▸ 1기압에서 연소기체의 열용량 곡선

표 8.3 ▸ 이상기체의 열용량

분자종류	대략적인 열용량, C_p	
	고온(병진, 회전, 진동 자유도)	상온(병진과 회전 자유도만)
단원자	$\frac{5}{2}R$	$\frac{5}{2}R$
다원자, 선형	$\left(3n - \frac{3}{2}\right)R$	$\frac{7}{2}R$
다원자, 비선형	$(3n - 2)R$	$4R$

* n은 분자당 원자수, R은 기체상수

예제 8.8 열용량식의 단위 변환

문제 0~1500 K에서 적용할 수 있는 CO_2의 열용량식이 다음과 같다.

$$C_p = 2.675 \times 10^4 + 42.27\,T - 1.425 \times 10^{-2}\,T^2$$

C_p의 단위는 J/(kg mol)(K)이고, T의 단위는 K이다. 각각의 단위를 Btu/(lb mol)(°F)와 (°F)로 바꾼 식을 구하라.

풀이 한 단위의 열용량식을 다른 단위의 식으로 바꾸는 것은 단순한 단위 환산의 문제이다. 열용량식의 모든 우변 항의 단위는 좌변 항의 단위와 같아야 한다. 단위 변환 과정에서 혼동을 피하려면 온도와 온도차의 단위를 분명히 구분해야 한다. 다음의 환산에서는 제2장에서와 같이 명확성을 위해 온도와 온도차를 구별할 것이다.

먼저 주어진 열용량식의 양변에 적절한 환산인자를 곱해서 J/(kg mol)(ΔK)을 Btu/(lb mol)(Δ°F)로 환산한다. 주어진 식의 좌변을 다음과 같이 환산한다.

$$C_p \frac{\text{J}}{(\text{kg mol})(\Delta\text{K})} \times \left[\frac{1\ \text{Btu}}{1055\ \text{J}}\left|\frac{1\ \Delta\ \text{K}}{1.8\ \Delta°\text{R}}\right|\frac{1\ \Delta°\text{R}}{1\ \Delta°\text{F}}\left|\frac{0.4536\ \text{kg}}{1\ \text{lb}}\right.\right] \rightarrow C_p \frac{\text{Btu}}{(\text{lb mol})(\Delta°\text{F})}$$

주어진 식의 우변에도 마찬가지 환산인자를 곱한다.

다음으로 열용량식 우변의 각 온도 T에 K 단위의 온도 값과 °F 단위의 온도 값의 관계식을 대입한다.

$$T_K = \frac{T_{°R}}{1.8} = \frac{T_{°F} + 460}{1.8}$$

마지막으로 나타낸 수학적 조작을 수행하면 다음을 얻는다.

$$C_p \frac{\text{Btu}}{(\text{lb mol})(\Delta°\text{F})} = 8.702 \times 10^{-3} + 4.66 \times 10^{-6} T_{°F} - 1.053 \times 10^{-9} T_{°F}^2$$

기체에 대한 열용량식을 찾지 못하는 경우에는 이 장 말미의 참고문헌에 주어진 수많은 식 중 하나를 이용해서 추산할 수 있다. 액체에 대한 C_p 추산은 오차를 포함하고 있지만 몇몇 관계식이 주어져 있다. 수용액에 대해서는 대략적으로 순수한 물에 대한 C_p를 사용할 수 있다.

자습문제

확인문제

1. 다음 설명이 참인지 거짓인지 밝혀라.

a. 실제 기체에서 $\Delta\hat{H} = \int_{T_1}^{T_2} C_p dT$는 완전히 성립된다.

b. $T_r = 0.75$ 이하의 액체나 고체에서는 $\Delta U \approx \int_{T_1}^{T_2} C_p dT$이다.

c. 상온 부근의 이상기체에서는 $C_p = 5/2\text{R}$이다.

d. $\Delta\hat{H}$의 계산에 C_p는 이용할 수 없고 C_v를 사용해야 한다.

2. 비열을 비에너지로 나타내면 더 좋지 않을까?

3. O_2는 이상기체라 가정하고 상온에서의 정용열용량을 구하라.

해답

1. (b)를 제외하고 모두 거짓

2. 기술적으로는 맞을 수 있지만, 거의 사용되지 않는다.

3. 7/2R

적용문제

1. 열용량식을 사용해서 0°C , 500 kPa의 물을 기준으로 400 K, 500 kPa의 물의 비엔탈피를 구하라. 수증기표의 값과 비교하라.

2. 어떤 화합물의 엔탈피를 다음 실험식으로 추산할 수 있다.

$$\hat{H}\ (\text{J/g}) = -30.2 + 4.25T + 0.001T^2\ (T\text{의 단위는 K})$$

이 화합물에 대한 등압열용량을 나타내라.

3. 암모니아 가스의 열용량[cal/(g mol)(K)]을 다음 식으로 나타낼 수 있다.

$$C_p = 8.4017 + 0.70601 \times 10^{-2} T + 0.10567 \times 10^{-5} T^2 - 1.5981 \times 10^{-9} T^3$$

T의 단위는 °C이다. 이 식의 각 계수에 대한 단위를 구하라.

해답

1. 액체 물의 C_p는 4.184 kJ/(kg)(°C)로 일정하다고 가정하면, 비엔탈피 변화는 531 kJ/kg이고, 수증기표를 사용하면 532.947 kJ/kg의 값을 얻는다.

2. $C_p(\text{J/g}) = 4.25 + 0.002\text{T}$

3. (a) cal/(g mol)(K), (b) cal/(g mol)(K)(°C), (c) cal/(g mol)(K)(°C)^2, (d) cal/(g mol)(K)(°C)^3

상전이에 대한 엔탈피

상변화의 엔탈피 값을 어디에서 구할 수 있는가? 많은 화합물의 상변화에 대한 ΔH 값은 448쪽에 나열된 것처럼 여러 온라인 출처로부터 구할 수 있다. 기타 실험 자료 및 추산 방법에 관해서는 이 장 말미의 참고문헌을 참조하기 바란다. 또한 다음에 소개하는 관계식을 이용해서 $\Delta\hat{H}_v$를 추산할 수 있다. 가능하면 기화열에 대한 실험값을 사용할 것을 권한다.

Chen 식[2] 이 식에서는 $\Delta\widetilde{H}_v$ (kJ/g mol)(H 위의 ~는 단위 질량당이 아니고 단위 몰당을 나타낸다) 값을 2% 오차 이내로 얻을 수 있다.

$$\Delta\widetilde{H}_v = RT_b\left(\frac{3.978\,(T_b/T_c) - 3.938 + 1.555\ln p_c}{1.07 - (T_b/T_c)}\right) \tag{8.16}$$

여기서 T_b는 kelvin으로 나타낸 액체의 표준비등점이고, T_c는 kelvin 단위의 임계온도이며, p_c는 기압으로 나타낸 임계 압력이다.

Riedel 식

$$\Delta\widetilde{H}_v = 1.093\,R\,T_c\left[\frac{T_b\,(\ln p_c - 1)}{T_c\,(0.930 - (T_b/T_c))}\right] \tag{8.17}$$

Watson 식[3] Watson은 임계온도 이하에서는 두 기화열의 비를 다음 관계로 나타낼 수 있음을 실험적으로 발견했다.

$$\frac{\Delta\widetilde{H}_{v_2}}{\Delta\widetilde{H}_{v_1}} = \left(\frac{1 - T_{r2}}{1 - T_{r1}}\right)^{0.38} \tag{8.18}$$

여기서 $\Delta\hat{H}_{v1}$과 $\Delta\hat{H}_{v2}$는 각각 T_1, T_2에서의 순수 액체의 기화열이다. Yaws[4]는 여러 가지 물질의 지숫값을 정리했다.

대부분 물질의 표준비등점(1기압)에서 기화열 데이터는 많은 출처로부터 쉽게 구할 수 있으며, 이 중 일부는 448쪽에 나열되어 있다. 따라서 데이터가 없고 에너지 수지식 계산을 위해 기화열이 필요한 경우, 부록 E의 물리적 특성에서 표준비등점의 증발열을 사용하고 온도 보정을 위해 식 (8.18)을 사용할 것을 권장한다.

2) N.H. Chen, *Ind. Eng. Chemi.*, 51,1494(1959).

3) K.M. Watson, Ind. Eng. Chemi., 23, 360(931); 35, 398(1943).

4) C.L. Yaws, H.C. Yang, and Cawley, "Predict Enthalpy of vaporization", *Hydrocarbon Processing*, 87-100(June, 1990).

예제 8.9 추산한 기화열과 실험값의 비교

문제 Chen 식을 이용해서 표준비점에서의 아세톤의 기화열을 구하고, 부록 E에 수록된 실험값 30.2 kJ/g mol과 비교하라.

풀이 계산 기준은 1 g mol이다. 부록 E에서 아세톤에 대한 몇 가지 자료를 구한다.

표준비등점:	329.2 K
T_c:	508.0 K
p_c:	47.0 atm

다음으로 추산식에 필요한 몇 가지 변숫값을 계산한다.

$$\frac{T_b}{T_c} = \frac{329.2}{508.0} = 0.648$$

$$\ln p_c = \ln(47.0) = 3.85$$

식 (8.16)으로부터

$$\Delta \widehat{H}_v = \frac{8.314 \times 10^{-3}\ \text{kJ}}{(\text{g mol})(\text{K})} \bigg| \frac{329.2\ \text{K}}{} \bigg| \frac{[(3.978)(0.648) - 3.938 + (1.555)(3.85)]}{1.07 - 0.648}$$

$$= 30.0\ \text{kJ/g mol}\ (\text{무시할 수 있는 오차})$$

자습문제

확인문제

1. 다음 설명이 참인지 거짓인지 밝혀라.
   a. 물의 기화열은 40.7 kJ/g mol이다.
   b. 참고문헌이나 데이터베이스에 있는 기화열 자료는 모두 실험 자료에 근거한 것이다.
   c. 몰 융해열은 융해점에서 물질 1 g mol을 용해하거나 응고시키는 데 필요한 에너지의 양이다.
2. (a) 기화열, (b) 응축열, (c) 전이열(heat of transition)을 정의하라.
3. 기술자들이 상전이와 관련된 에너지 변화를 엔탈피 변화라 하지 않고 열이라 하는 이유는 무엇인가?

해답

1. (a) 거짓. 기화열은 온도의 함수이기 때문이다. (b) 참, (c) 거짓. 융해열은 용해시키는 데 필요한 에너지이다.
2. 본문 참조
3. 전통적으로 사용되어 왔기 때문이다.

적용문제

1. 184.6 K에서 에탄(C_2H_6)의 기화열은 14.707 kJ/g mol이다. 210 K에서의 기화열을 추산하라.
2. 0°C에서 315 g의 H_2O를 녹인다. 이 과정에 따른 에너지 변화를 구하라.

3. 100 g의 H_2O가 395 K에서 기상으로 존재한다. 이 온도에서 수증기 전부를 응축시키기 위한 에너지를 구하라.

해답

1. Watson 식을 이용하면 13.445 kJ/g mol로 추산된다(실험치는 13.527 kJ/g mol).
2. 물의 ΔH_{fusion} = 334 J/g이므로, 에너지 변화 = (334)(315) = 105 kJ이다.
3. 수증기표에서 ΔH_{vap}(395 K) = 2197 kJ/kg이므로, 100 g의 수증기를 응축시키기 위한 에너지는 –219.7 kJ이다.

엔탈피 값을 구하기 위한 표와 도표

실험 자료를 표로 나타내면 하나의 식이 적용되는 범위 이상으로 정확하게 물성을 나타낼 수 있다. 가장 일반적으로 측정하는 물성은 온도와 압력이므로, 순수 화합물의 엔탈피(그리고 내부에너지)표에서는 T와 p를 독립변수로 해서 열과 행으로 구성한다. 표의 값에 대한 간격이 충분히 작으면 선형적으로 내삽해도 비교적 정확하게 두 값 사이의 값을 얻을 수 있다. 예를 들어 수증기표를 이용해서 SI 단위로 포화 수증기에 대한 다음의 계산을 보라. 단위는 kJ/kg이다. 수증기표와 연관해서 제7장에서 설명한 바와 같이 5도 간격으로 작성된 표로부터 선형 내삽을 이용해서 305 K에서 307 K로의 포화 수증기의 엔탈피 변화를 계산하기 위해 다음의 계산을 수행할 수 있을 것이다.

$$\hat{H}_{307} = \hat{H}_{305} + \frac{\hat{H}_{310} - \hat{H}_{305}}{T_{310} - T_{305}}(T_{307} - T_{305})$$

$$= 2558.9 + \frac{2567.9 - 2558.9}{310 - 305}(307 - 305) = 2562.5$$

또는 MATLAB이나 Python을 사용해서 예제 7.5와 7.6과 같이 3차 스플라인 보간법을 적용할 수 있다. 그러나 온라인 수증기표를 사용하면 307 K를 대화 상자에 입력해서 선형 보간으로 계산한 동일한 값을 얻을 수 있다.

일반적으로 수증기표에는 액체 물과 수증기에 대한 엔탈피뿐만 아니라 기화열의 값도 수록되어 있다. $\Delta\hat{H}_v$는 자동적으로 $\hat{H}_g$에 포함된다. 수증기표(유사한 표도 마찬가지)에는 상전이뿐만 아니라 압력의 영향도 포함되어 있다는 것을 유의하라. **포화 압력보다 높은 압력의 압축액체의 경우에는 필요하다면 같은 온도의 포화액체의 성질을 사용할 수 있다.** 그림 8.17의 거의 수직선인 600°F 등온선을 보라. 점 B에서는 점 A의 $\hat{H}$로 대신할 수 있을 것이다.

부록 E의 표 E.2~E.6에서 선택된 기체의 1 atm에서의 엔탈피표를 살펴보라. 엔탈피 값은 어떤 기준상태에 대한 상대적인 값이라는 것을 기억하라. 표 E.6에 있는 기체에 대한 기준상태는 무엇인가? 273 K(0°C)와 1기압으로 결정했는가? 엔탈피 변화 값은 **기준상태가 무엇이든지** 최종상태의 엔탈피 값에서 초기상태의 엔탈피 값을 빼서 계산한다는 것을 기억하라. 그러므로 기체 엔탈피표에 대한 기준상태는 수증기표의 기준상태와 약간 다르지만 엔탈피 변화를 위한 기준으로, 예를 들어 도입 흐름과 같은 다른 온도를 문제의 기준상태로 삼을 수 있다.

'백 번 듣는 것이 한 번 보는 것만 못하다'라는 속담을 들어보았을 것이다. 그림 8.17과 같은 2

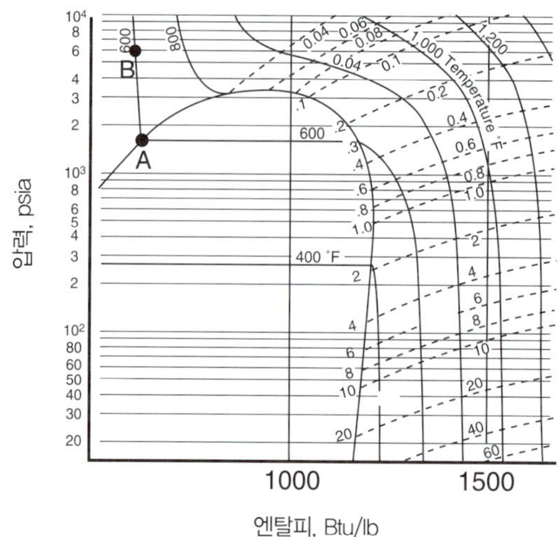

그림 8.17 ▸ 액체 화합물은 높은 압력에서 등온선(600°F와 같이)이 거의 수직선이므로 필요하면 포화액체의 엔탈피로 실제 엔탈피를 대체할 수 있다.

차원 선도에 대해 도표에 제시되는 모든 영역에서 물질의 엔탈피와 다른 성질의 값에 대해 그럴듯한 감을 잡을 수 있다고 말할 수 있을 것이다. 이러한 도표로부터 읽는 값의 정확도는 도표의 스케일과 정확성에 따라 확실히 한계가 있으나, 관심 대상의 과정을 나타내면 무슨 일이 일어나는지를 빠르게 시각화해서 해석할 수 있다. 도표에서는 엔탈피 변화를 계산하기 위한 자료를 간단하고 빠르게 얻을 수 있다. n-부탄에 대한 그림 8.18이 한 예이다. 이 장 말미의 참고문헌에는

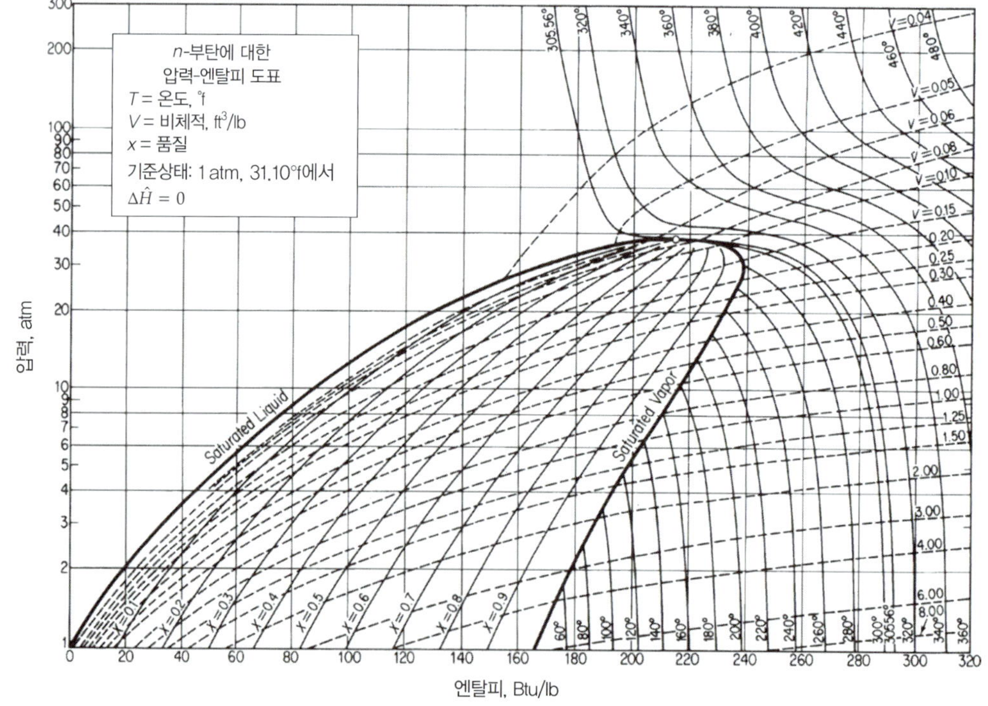

그림 8.18 ▸ 등온선과 등비체적선이 나타나 있는 부탄에 대한 압력-엔탈피 도표

많은 도표의 출처가 나열되어 있다. 부록 J에는 톨루엔과 이산화탄소에 관한 도표를 실었다. p-H 도표를 이용하면 물성을 한층 정확하게 읽을 수 있다. 인터넷에서도 관련 도표를 찾을 수 있을 것이다.

도표의 좌표는 다양해서 p-$\hat{H}$ 도표, p-$\hat{V}$ 도표, p-T 도표 등이 있다. 도표는 2차원이므로 좌표에는 두 변수만을 나타낼 수 있다. 다른 변수는 도표 전체에 걸쳐 일정값을 가진 선이나 곡신으로 표시된다. 이제 그림 8.18의 점 C와 같은 2상 영역에 대한 몇 가지 사항을 설명한다. 2상 영역에서는 포화액체와 포화증기의 값만 표에 나열된다. 제7장에서 설명한 바와 같이 증기-액체 혼합물에 대한 성질은 포화액체와 포화증기의 성질을 내삽해서 구한다. 유사한 방법으로 압력과 엔탈피를 축으로 하는 도표에서 일정 비체적선 혹은 등온선을 그림 8.18과 같이 그릴 수 있다. 이 경우에는 표에 제시할 수 있는 변수의 수가 제한을 받는다. 순수 기체의 상태를 정의하기 위해서는 몇 가지 성질을 규정해야 하는가? 순수 기체에 대해 두 세기성질을 규정하면 다른 모든 세기성질은 모두 고유의 값을 가지므로, 상률로부터 두 독립적인 세기성질을 임의로 선택해서 다른 세기성질의 값이 정해지게 할 수 있다는 것을 알 수 있다.

예제 8.10 부탄에 대한 압력-엔탈피 도표를 이용한 두 상태의 엔탈피 차 계산

문제 n-부탄의 포화증기 1 lb를 2 atm에서 20 atm(포화)로 변화시켰을 때 $\Delta\hat{H}$, $\Delta\hat{V}$, ΔT를 구하라.

풀이

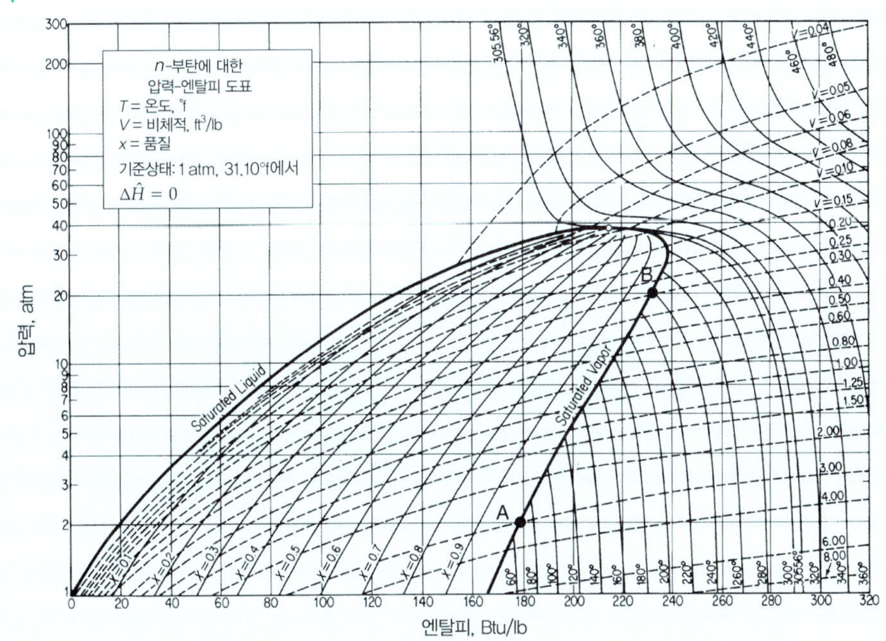

그림 E8.10

그림 8.18이나 그림 E8.10으로부터 필요한 자료를 구한다.

	$\hat{H}$ (Btu/lb)	$\hat{V}$ (ft^3/lb)	T (°F)
2기압에서의 포화증기: 점 A	179	3.00	72
20기압에서의 포화증기: 점 B	233	0.30	239

$$\Delta\hat{H} = 233 - 179 = 54 \text{ Btu/lb}$$

$$\Delta\hat{V} = 0.30 - 3.00 = -2.70 \text{ ft}^3/\text{lb}$$

$$\Delta T = 239 - 72 = 167°\text{F}$$

컴퓨터 데이터베이스

주어진 상태의 물성 자료를 제공하는 소프트웨어 프로그램을 이용해서 접근할 수 있는 데이터베이스 내에는 수천 가지의 순수 성분과 화합물의 물성값이 주어졌다. 따라서 내삽이나 ΔU를 구하기 위해 $\Delta U = \Delta H - \Delta(pV)$를 계산하는 보조계산을 피할 수 있다. 이 데이터베이스 중 일부는 온라인에서 무료로 사용할 수 있다.

많은 수의 화합물에 대한 물성을 다른 방법으로 계산할 수 있는 종합 데이터베이스나 설계패키지를 구입할 수도 있고, 인터넷에서 정보를 무료로 구할 수도 있다. 다음은 표, 식, 소프트웨어를 포함한 정보의 출처이다.

www.aiche.org/DIPPR[5)]

https://guides.lib.berkeley.edu/physical-chemical-properties

www.molknow.com

www.nist.gov/srd

www.pirika.com/chem/index.html

일부 사이트는 그 사이트의 프로그램을 사용하도록 요구한다. 어떤 곳은 개인적인 면허를 판매해서 자신의 컴퓨터에 소프트웨어를 내려받을 수 있다.

이 책과 관련된 어떤 데이터를 찾을 수 있는가? 다음과 같은 매개변수를 확인할 수 있다.

비등점	응축열
이성분계의	생성열
기포점과 이슬점	기화열
임계성질	기체와 액체에 대한 p, $\hat{V}$, $\hat{T}$의 값
액체의 밀도	기액평형
열용량	증기압

몇몇 사이트는 원유, 수지, 용매 등의 성질을 다루는 것과 같이 상당히 특화되어 있다. 또 어떤 사이트는 원자와 분자 데이터, 유전상수, 이온화 에너지, 굴절률, 냉매, 안전 등과 같은 특화된 주제와 관련된 다른 사이트의 주소를 제공한다. 많은 사이트가 도움이 되는 다른 사이트로의 연결

5) 사무직원이나 개발자는 여기서 제공하는 정보에 대해 아무런 법적 책임을 지지 않는다. 스스로 책임지고 사용하라!

을 제공한다.

인터넷 출처로부터 수집한 자료는 얼마나 유효(일관성, 정확도, 수정)한가? 신뢰성 있는 출처의 자료인가? 자료를 검토해보았는가? 불확실성은 어떠한가? 사용하기 수월한가? 이런 질문에 대한 답변으로는 다음의 한 자료 사이트의 주석이 가장 잘 어울릴 것이다.

8.4.2 정상상태 개방계의 에너지 수지 예시

문제를 푸는 전략의 첫 번째 단계가 자유도 분석인데, 물질수지식에서 사용할 때보다 에너지 수지식에서 사용할 때 약간 더 복잡하다. 왜냐하면 세기변수인 엔탈피 $\hat{H}$(및 내부에너지 $\hat{U}$)를 결정하는 세기변수가 T와 p의 함수이기 때문이다. 따라서 계 내의 각 흐름과 물질은 온도와 압력에 의해 분석될 수 있다. 일부 소프트웨어 프로그램은 $\hat{H}$ 및 p의 값을 입력하고 $\hat{H}$ 및 p로 지정된 상태에서 T의 값을 출력한다. 흔히 흐름의 온도만 지정되며 압력 값은 언급되지 않기도 하는데, 어떻게 하나의 변수로 상태를 지정할 수 있는가? 이러한 상황에서는 포화된 액체의 경우 액체의 증기 압력을 압력 값으로 가정할 수 있다. 액체 또는 기체가 포화되지 않은 경우, 압력에 대한 더 나은 값이 없을 때 1 atm을 가정할 수 있다. 2상의 경우, 자유도를 0으로 만들기 위한 더 나은 정보가 없다면 균형상태라고 가정해야 할 수 있다.

그림 8.19는 차가운 흐름이 뜨거운 흐름을 냉각시키고, 뜨거운 흐름이 차가운 흐름을 가열하는 열교환기의 개략도이다.

차가운 물은 헤더로 들어가서 다수의 관을 통해 열교환기로 공급된다. 차가운 물이 이러한 관을 통과하는 동안, 관 벽을 통해 뜨거운 물에서 차가운 물로 열이 전달되므로 차가운 물의 온도가 증가하고 뜨거운 물의 온도가 감소한다. 뜨거운 물은 열교환기의 반대쪽 끝에서 추가되며, 열교환기 내부의 배플(baffle) 때문에 관 다발 주위를 왕복하며 흐르고 차가운 물의 주입구 부근에서 열교환기를 빠져나온다. 열교환기가 적절히 단열되었다고 가정하면, 뜨거운 물이 잃는 열은 차가운 물이 얻는 열과 같으며, 이것은 그림 8.20에 도식화되었다. 따라서 열수지식(즉 $\Delta H = Q$)을 뜨거운 물과 차가운 물 계에 모두에 적용하면 다음과 같다.

$$\dot{Q} = -F_{hw}C_p\Delta T_{hw}$$

$$\dot{Q} = F_{cw}C_p\Delta T_{cw}$$

여기서 F_{cw}와 F_{hw}는 차가운 물과 뜨거운 물의 질량유량, C_p는 물의 열용량이고, ΔT_{cw}와 ΔT_{hw}는 차가운 물과 뜨거운 물의 온도 변화이다. 이 식에서 뜨거운 물의 항 앞에 음수 부호가 나타나는

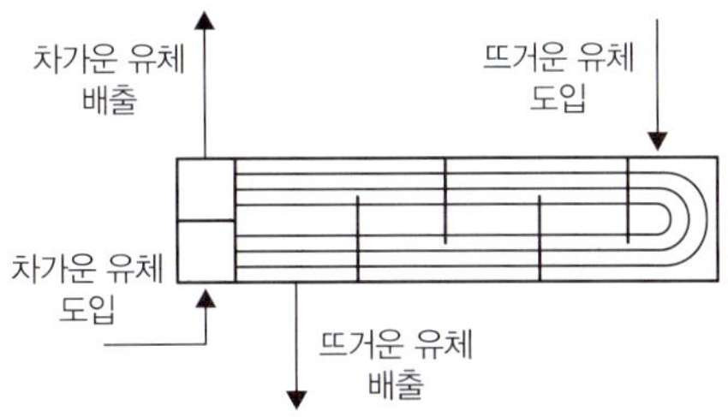

그림 8.19 ▸ 열교환기의 개략도

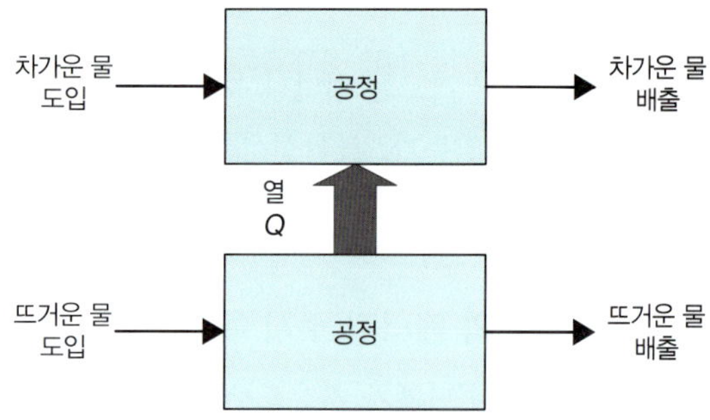

그림 8.20 ▸ 열교환기의 기능적인 도표

것에 유의하라. 이는 뜨거운 물이 열교환기를 통과하면서 온도가 감소하기 때문이다.

열교환기에 대한 전체 수지식을 세우면(즉 $\Delta H = 0$), 열교환기가 외계로부터 단열되기 때문에 다음과 같다.

$$F_{cw}C_p\Delta T_{cw} + F_{hw}C_p\Delta T_{hw} = 0$$

뜨거운 물과 차가운 물의 열용량이 거의 같으므로 다음과 같이 표현할 수 있다.

$$F_{cw}\Delta T_{cw} = -F_{hw}\Delta T_{hw}$$

이 식에서 뜨거운 물과 차가운 물의 유량이 같다면, 뜨거운 물과 차가운 물의 온도 변화량은 같을 것이다. 더욱이 뜨거운 물의 유량이 차가운 물의 2배인 경우, 뜨거운 물의 온도 변화량의 크기는 차가운 물의 반으로 감소할 것이다.

예제 8.11 유체 가열기

문제 그림 E8.11a는 특별한 일회용 장치 대신에 표준 IV 튜빙을 사용하는 유체 가열기를 보여준다. 전기적으로 작동하는 250 W의 가열기는 IV 튜빙 장치에 들어 있는 플라스틱관에 열을 전달한다. IV 튜빙은 알루미늄 가열판 사이에 있는 S자 모양의 관로에 쉽게 넣을 수 있다.

장치의 크기가 작아서 환자와 장치 사이의 거리를 최소화할 수 있으므로 배출되는 유체의 냉각은 무시할 수 있다. 이 장치는 2~3분 만에 가열되고 장치 내를 관통하는 최대 유량은 12 cm^3/min이다. 온도 감지기는 유체의 온도를 조절하기 위해 가열판의 전력을 조절하는 데 사용된다.

Acyclovir는 정맥에 주사하는 생식기의 포진(Herpes simplex)과 대상포진(수두바이러스)에 대한 항바이러스 약품이다. 주입되는 용액이 1.67 g/min의 속도로 가열기를 통과한다. 도입되는 유체는 24°C이고 주입되기 전의 출구 유체는 37°C이다. 주입액에는 Acyclovir 이외에 0.45%의 NaCl과 2.5%의 포도당이 포함되어 있다.

이 용액을 가열하기 위해 필요한 가열기는 몇 watt여야 하는가?

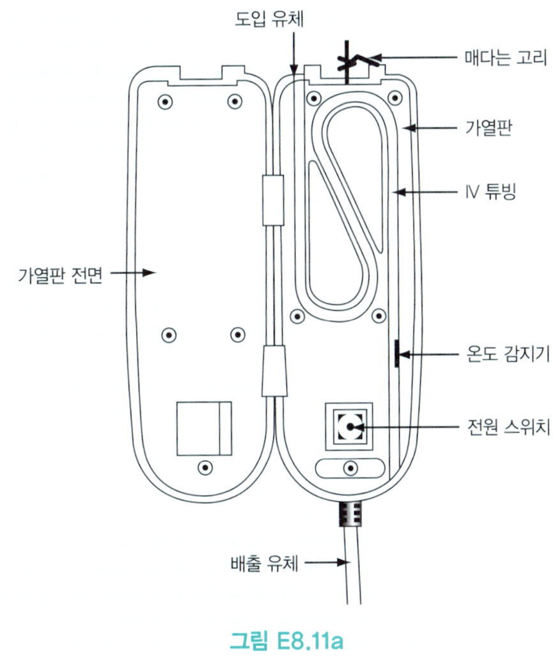

그림 E8.11a

풀이

단계 1~4

그림 E8.11b는 공정의 개략도이다. 전기적 일은 동력인 watt(J/s)로 주어졌음을 유의하라. 간단히 하기 위해(그리고 자료가 없는 경우에도) 유체에 대해 물속에 들어 있는 설탕(포도당)의 성질로 대체한다.

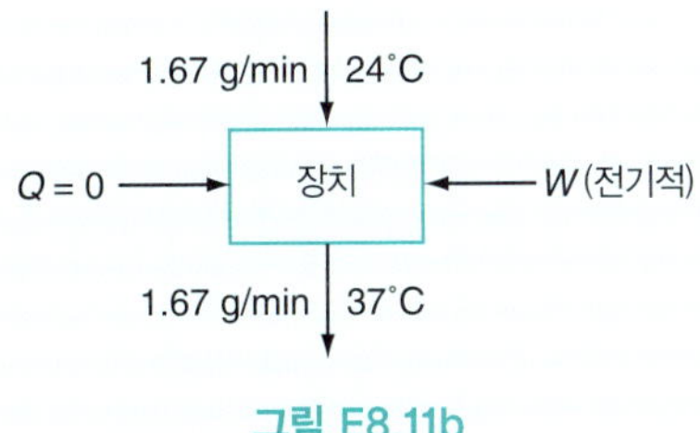

그림 E8.11b

단계 5

계산 기준: 1분

단계 6~8

무엇을 계로 취할 것인가? 가열 장치를 취하자. 그러면 계는 개방된 정상상태이므로(짧은 시동시간은 무시하고) 전체 가열 장치를 고려하면 전기적 일이 포함되지만, 전기 히터를 제외한 가열 장치를 고려하면 에너지 수지식은 $\Delta H = Q$가 된다. 여기서 Q는 히터에 의해 제공되는 전기 열이다.

$$Q = \Delta H_{\text{flow}} = mC_p(T_{\text{out}} - T_{\text{in}}) = \frac{1.67\ \text{g}}{\text{min}}\left|\frac{4.18\ \text{J}}{(\text{g})(°\text{C})}\right|\frac{13℃}{}\left|\frac{1\ \text{min}}{60\ \text{s}}\right.$$

$$= 1.51\ \text{J/s} \equiv 1.51\ \text{W}$$

4%의 설탕물에 대한 인터넷에서 구한 열용량(작은 양의 NaCl은 무시)을 사용했다. 동력은 watt 단위로 대략 1.5 W이다.

예제 8.12 뜨거운 기체의 희석

문제 한 공장에서 1000°F, 1 atm에서 황을 함유하는 석탄을 연소해서 연소기체 10,000 ft^3/hr을 생성한다. 연소기체는 1.1%의 SO_2, 14.5%의 CO_2, 3.4%의 O_2, 81.0%의 N_2로 구성되며, 65°F, 760 mmHg의 공기와 혼합해서 1000°F에서 400°F로 냉각시킨다. 그림 E8.12를 참조하라. 400°F의 온도를 가진 공기-기체 혼합물을 생성하기 위해 시간당 얼마나 많은 부피의 공기가 필요한가?

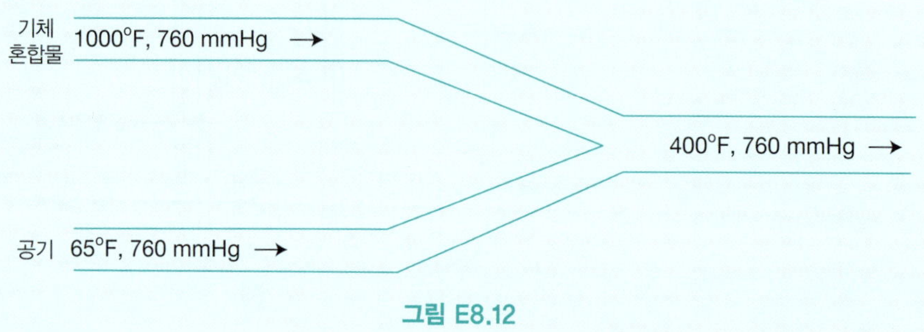

그림 E8.12

풀이 기체 혼합물을 운반하는 관이 단열되었다고 가정하면, 이 계에 대한 에너지 수지식은 $\Delta H = 0$이다. 즉 기체 혼합물이 잃어버린 열에너지를 공기가 얻는다.

계산 기준: 연소기체의 유속은 10,000 ft^3/hr이다.

첫 번째 단계는 고온 기체 혼합물의 몰 유속을 계산하는 것이다.

$$n_{GM} = \frac{10,000\ ft^3}{hr}\left|\frac{lbmol}{359.05\ ft^3}\right|\frac{(459.67+32)}{(459.67+1000)} = 9.381\ lb\,mol/hr$$

식 (8.14)를 사용해서 각 구성 요소의 엔탈피 변화를 계산한다.

성분	$\Delta H_{sensible}$(J/g mol)	온도 변화
SO_2	−16,454.3	1000 °F → 400 °F
CO_2	−15,382.4	1000 °F → 400 °F
O_2	−10,635.4	1000 °F → 400 °F
N_2	−10,308.5	1000 °F → 400 °F
공기	5480.6	65 °F → 400 °F

에너지 수지식을 적용하면 다음과 같다.

$$0 = \frac{n_{air}\ lbmol}{hr}\left|\frac{453.6\ g\ mol}{lbmol}\right|\frac{5480.6\ J}{g\ mol} + \frac{9.381\ lbmol}{hr}\left|\frac{453.6\ g\ mol}{lbmol}\right. \times$$

$$\left|[0.011(-16,454.3)+0.145(-15,382.4)+0.034(-10,635.4)+0.81(-10,308.5)]\frac{J}{g\ mol}\right.$$

n_{air}에 대해 풀면 다음과 같다.

$$n_{air} = 19.04\ lbmol/hr$$

n_{air}를 ft^3/hr로 변환하면 다음과 같다.

$$Q_{air} = \frac{19.04\ \text{lbmol}}{\text{hr}} \left| \frac{359.05\ \text{ft}^3}{\text{lbmol}} \right| \frac{(459.67+65)°\text{R}}{(459.67+32)°\text{R}} = 7295\ \text{ft}^3/\text{hr at } 65°\text{F, } 1\ \text{atm}$$

예제 8.13 물질수지식과 에너지 수지식의 결합

문제 그림 E8.13에서는 500°C인 고온의 기체 흐름이 20°C로 도입되는 액체 물을 213°C로 가열하기 위한 열을 전달하고 300°C로 냉각된다. 열교환기는 단열되었다고 가정하라. 냉각수는 기체와 혼합되지 않는다. 물의 출구 질량(m_{out})을 계산하라.

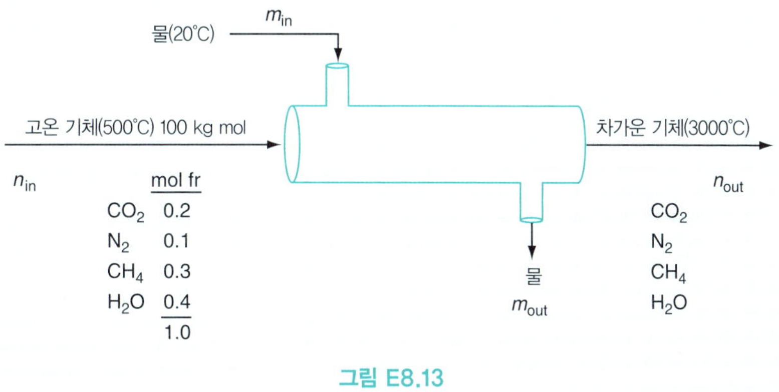

그림 E8.13

풀이

단계 1~4

그림 E8.13에 공정에 대한 모든 자료가 주어졌다.

단계 5

계산 기준: 도입되는 고온 기체 100 kg mol = 1분

단계 6~8

열교환기를 계로 취한다. 물질수지식에 대한 간단한 몇 가지 계산을 하면 계에 대한 미지변수는 몇 개 안 남는다.

a. 머릿속으로 물질수지식을 풀면 출구기체는 100 kg mol이고 각 성분에 대한 kg mol 수를 알 수 있다.
b. 다시 한 번 물질수지식을 풀면 도입되는 물 = 배출되는 물 = m_{water}임을 알 수 있다.

물질수지식을 풀고 나면 결과적으로 단 하나의 미지변수 m_{water}만 남는다. 다른 변수들은 알고 있는 값을 부여할 수 있으나, 너무 분명한 것이라서 공간을 절약하기 위해 열거하지는 않을 것이다.

어떻게 m_{water}를 계산할 수 있는가? 에너지 수지식을 사용하라. 다음과 같은 일반적인 에너지 수지식은

$$\Delta H = Q = 0$$

그러면 결과는 $\Delta H = 0$이고 전체를 펼치면 다음과 같다.

$$[(n_{gas})(\hat{H}_{gas\ out}) + (m_{water})(\hat{H}_{water\ out})] - [(n_{gas})(\hat{H}_{gas\ in}) + (m_{water})(\hat{H}_{water\ in})] = 0$$

재정렬하면

$$n_{gas}\Delta\hat{H}_{gas} - m_{water}\Delta\hat{H}_{water} = 0$$

간략화된 식에서는 기체와 물에 대한 기준상태의 차이를 감안해야 되는 것을 피하기 위해 $\hat{H}$보다는 $\Delta\hat{H}$를 이용해서 나타냈음을 유의하라.

간략화된 에너지 수지식에 필요한 기체 성분과 물에 대한 $\Delta\hat{H}$ 값은 어디에서 구하는가? 입구와 출구의 흐름에 대한 온도와 압력(1 atm으로 가정)을 알고 있으므로 기체 100 kg mol에 포함된 각 성분의 값을 부록 E와 F로부터 찾을 수 있다. 기체의 각 성분에 대해

$$n_{gas\ component}(\hat{H}_{gas\ component\ at\ 300°C} - \hat{H}_{gas\ component\ at\ 500°C}) \equiv n_i\Delta\hat{H}_i$$

열용량식을 적분하거나(적절하지 못한 선택), 500°C에서 300°C로의 전이에 대한 $\Delta\hat{H}_i$ 값을 직접 구할 수 있는 소프트웨어를 사용하라. 그러면 다음과 같은 결과를 얻게 될 것이다.

성분	$\Delta\hat{H}_i$ (kJ/kg mol)	n_i (kg mol)	$\Delta H = n_i\Delta\hat{H}_i$ (kJ)
CO_2	−9333	20	−186,660
N_2	−6215	10	−62,150
CH_4	−11,307	30	−339,210
H_2O	−7441	40	−297,640
합계		100	$-855{,}600 = \Delta H_{gas}$

액체 물에 대해서는 수증기표를 이용하면 다음 단계는 쉬울 것이다. 온도가 상승함에 따라 물의 증기압과 엔탈피는 변하겠지만, 큰 정확도의 손실 없이 포화 물의 $\hat{H}$ 값을 사용할 수 있다.

수증기표의 포화 성분에 대한 부분으로부터 다음 값을 얻는다.

T(°C)	$\hat{H}$(kJ/kg)
20	83.92
213	911.44

$$\left.\begin{matrix}83.92\\911.44\end{matrix}\right\}\Delta\hat{H} = 827.52\ \text{kJ/kg}$$

$$m_{water} = \frac{-\Delta H_{gas}}{\Delta\hat{H}_{water}} = \frac{-(-885{,}660)\ \text{kJ}}{827.52\ \text{kJ/kg}} = 1070\ \text{kg}$$

m_{water}1070 kg /min (계산 기준이 1분이었다)

자습문제

확인문제

1. 에너지 수지식 $\Delta H = Q$가 되기 위한 가정은 무엇인가?
2. ΔH가 무엇을 나타내는가?
3. 이러한 에너지 수지식에서 흐름일은 어떻게 고려되는가?

해답

1. 정상상태 열린계에서 계에 들어오고 나가는 물질의 W, ΔKE, ΔPE는 Q에 비해 무시할 수 있을 정도로 작다.
2. 출구 흐름과 입구 흐름 간의 엔탈피 차이
3. 흐름일은 엔탈피의 정의의 일부이다.

적용문제

1. 그림 SAT8.4.2P1에 나타낸 계에서 Q(kJ/min)를 구하라.

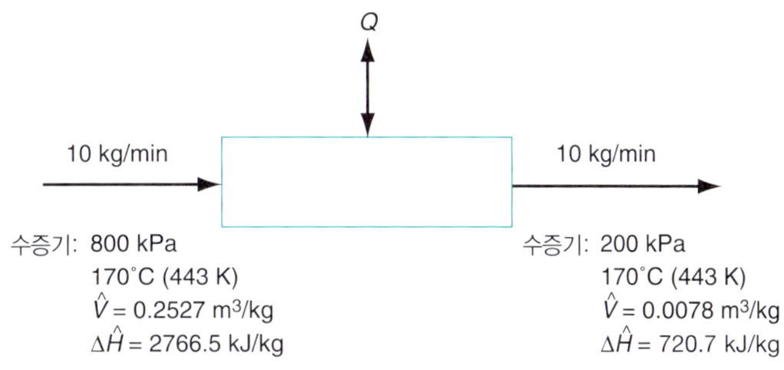

그림 SAT8.4.2P1

2. 열교환기에서 500갤런/분의 물이 50 psig의 수증기로 65°F에서 150°F로 가열된다. 이 증기는 50 psig에서 포화액체로 응축된다고 가정하자. 이 열교환기에 필요한 증기의 유속은 얼마인가?

해답

1. $\hat{H}_{\text{inlet}} = 2768.7 \text{ kJ/kg}$, $\hat{H}_{\text{outlet}} = 720.7 \text{ kJ/kg}$(즉 443 K에서 포화 액체),
$Q = 10 \text{ kg/min } (2768.7 - 720.7)\text{kJ/kg} = 20{,}480 \text{ kJ/min}$

2. $$Q = \dot{m}C_p\Delta T = \frac{500 \text{ gal}}{\text{min}}\left|\frac{\text{ft}^3}{7.481 \text{ gal}}\right|\frac{62.4 \text{ lb}_m}{\text{ft}^3}\left|\frac{1 \text{ Btu}}{\text{lb}_m - °F}\right|\frac{85\ °F}{} = 35{,}450 \text{ Btu/min}$$
$\Delta \text{H}_{\text{vap,stm}} = 1059.4 \text{ Btu/lb}_{\text{m}}$, $\dot{m}_{\text{stm}} = 20{,}480 / 1059.4 = 19.3 \text{ lb}_m/\text{min}$

8.5 기계적 에너지 수지

기계적 에너지 수지는 열전달과 열적 변화가 중요하지 않은 정상상태의 경우에 적용된다(예: 유체 흐름). 일반적인 에너지 수지식은 다음과 같다.

$$W = \Delta E_{\text{conv}}$$

이 경우 가해진 일, 흐름일, 운동에너지 및 위치에너지 변화가 고려되어야 한다. 열적 변화는 무시 가능하므로 엔탈피 변화는 흐름일의 변화인 $\Delta(pV)$로 축소된다. 따라서 기계적 에너지 수지식은 다음과 같다.

$$\underset{\text{축일}}{W} = \underset{\text{운동에너지 변화}}{\Delta KE} + \underset{\text{위치에너지 변화}}{\Delta PE} + \underset{\text{흐름일 변화}}{\Delta(pV)} \tag{8.19}$$

축일, 운동에너지, 위치에너지, 흐름일의 변화는 '나가는 것'에서 '들어오는 것'을 빼서 계산한다. 일이 외계에서 계로 행해지는 것으로 간주할 때, 흐름일은 '들어오는 것'에서 '나가는 것'을 빼서 계산한다. 결과적으로 흐름일의 변화(즉 나가는 것에서 들어오는 것을 빼는 것)는 식 (8.19)의 오른쪽에서 양의 부호를 가지게 된다.

이제 운동에너지와 위치에너지를 더 자세히 설명하고, 몇 가지 예제에 기계적 에너지 수지식을 적용해보겠다.

8.5.1 운동에너지(*KE*)

반드시 그런 것은 아니지만 일반적으로 정지상태에 있는 외계에 대한 상대적 속도로 인해 계나 물질이 가지게 되는 에너지는 운동에너지(kinetic energy, *KE*)이다. 바람, 주행 중인 자동차, 폭포수, 흐르는 유체 등은 운동에너지를 가진다. 물질의 운동에너지는 **거시적 에너지**로 계나 물질의 총체적 운동(속도)과 관련되는 에너지이며, 개별 분자의 운동에너지는 내부에너지 U에 속하는 에너지로 앞서 이미 다루었다.

정지상태의 외계에 대해 상대적인 운동에너지를 계산하는 다음 식을 기억하는가?

$$KE = \frac{1}{2}mv^2 \tag{8.20a}$$

상태변수인 단위 질량당 운동에너지(비운동에너지)는 다음과 같다.

$$\widehat{KE} = \frac{1}{2}v^2 \tag{8.20b}$$

식 (8.20a)에서 m은 물질의 무게중심이고 v는 적절하게 평균한 물질의 속도이다. 비운동에너지의 변화($\Delta\widehat{KE}$)는 대류 흐름의 입구와 출구 값 및 물질의 속도에만 의존한다.

예제 8.14 흐르는 유체의 비운동에너지

문제 저장탱크의 물을 내경 3.00 cm인 관을 통해 0.001 m^3/s의 유속으로 퍼낸다. 그림 E8.14를 참조해 관에 흐르는 물의 비운동에너지를 구하라.

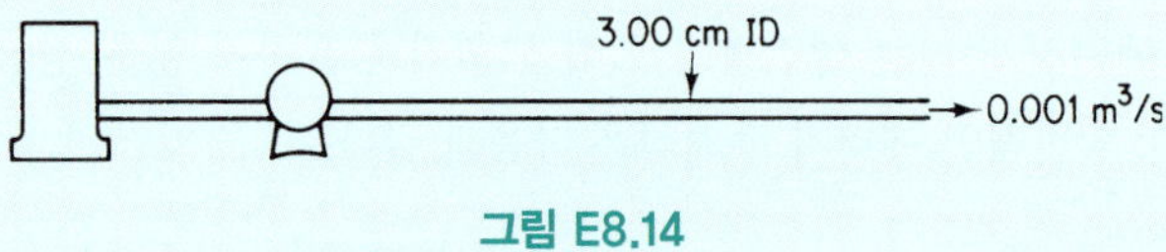

그림 E8.14

풀이

계산 기준: 물 0.001 m^3/s

다음을 가정하자.

$$\rho = \frac{1000\ \text{kg}}{\text{m}^3}, \quad r = \frac{1}{2}(3.00) = 1.50\ \text{cm}$$

$$v = \frac{0.001\ \text{m}^3}{\text{s}}\left|\frac{}{\pi(1.50)^2\ \text{cm}^2}\right|\left(\frac{100\ \text{cm}}{1\ \text{m}}\right)^2 = 1.415\ \text{m/s}$$

$$\widehat{KE} = \frac{1}{2}\left|\left(\frac{1.415\ \text{m}}{\text{s}}\right)^2\right|\frac{1\ (\text{N})(\text{s}^2)}{1(\text{kg})(\text{m})}\left|\frac{1\ \text{J}}{1(\text{N})(\text{m})}\right. = 1.00\ \text{J/kg}$$

자습문제

확인문제

1. 어떤 질량이 임의의 속도로 움직일 때도 운동에너지가 0이 될 수 있는가?
2. 온도는 물질의 평균 운동에너지의 척도이다. 사실인가?
3. 100 mile/hr로 주행하는 자동차의 운동에너지는 자동차 축전지에 저장된 에너지(300 Wh)보다 크다. 사실인가?

해답

1. 될 수 없다.
2. 참
3. 3000 lb의 자동차를 가정하면 ΔKE = 1360 kJ이고 300 Wh = 1080 kJ이다. 따라서 자동차 무게가 3000 lb인 경우에는 참이지만 2350 lb 미만인 경우 거짓이다.

적용문제

1. 관의 지름이 2 in.에서 1 in.로 축소될 때, 이 관에 10,000 lb/hr로 흐르는 물의 운동에너지 변화를 구하라.

해답

1. $v_2 = \frac{10{,}000\ \text{lb}}{\text{hr}}\left|\frac{\text{ft}^3}{62.4\ \text{lb}}\right|\frac{\text{hr}}{3600\ \text{s}}\left|\frac{4}{3.14(1\ \text{in})^2}\right|\frac{144\ \text{in}^2}{\text{ft}^2} = 8.166\ \text{ft/s},\ v_1 = 2.052\ \text{ft/s}$

$$\Delta KE = \frac{1}{2}\left|\frac{10{,}000\ \text{lb}_\text{m}}{\text{hr}}\right|\frac{\text{hr}}{3600\ \text{s}}\left|\frac{(8.166^2 - 2.052^2)\text{ft}^2}{\text{s}^2}\right|\frac{\text{lb}_\text{f}\text{-s}^2}{32.2\ \text{lb}_\text{m}\text{-ft}} = 2.695\ \text{lb}_\text{m}\text{-ft/s}$$

8.5.2 위치에너지(*PE*)

중력장이나 자력장이 질량에 작용하는 힘으로 인해 기준면에 대해 상대적으로 계가 가지게 되는 에너지가 위치에너지(potential energy, *PE*)이다. 전기자동차나 버스가 언덕으로 올라가면 위치에너지를 획득하게 되며(그림 8.21), 이 자동차가 다시 다른 쪽 언덕을 내려올 때는 축전지를 충전해서 부분적으로 회수할 수 있다. 중력장에서의 위치에너지를 다음 식으로 계산할 수 있다.

$$PE = mgh \tag{8.21a}$$

그림 8.21 언덕을 올라가는 전기자동차의 위치에너지 획득

단위 질량당 위치에너지는 다음과 같다.

$$\widehat{PE} = gh \tag{8.21b}$$

여기서 h는 기준면으로부터 계의 질량 중심까지의 높이이고 위첨자(^)는 단위 질량당 위치에너지를 의미한다. h는 계의 무게 중심까지의 거리이다. 그러므로 용기 내부에 떠 있던 공이 용기 꼭대기에서 바닥으로 떨어지면 이 과정에서 계의 열에너지가 약간 증가하지만, 이때 계에 대해 일을 했다고 하지 않고 대신에 무게 중심이 약간 변했으므로 계의 위치에너지가 감소(약간)했다고 말한다. 비위치에너지의 **변화**, 즉 $\Delta\widehat{PE}$는 기준면에 대한 유체의 도입 및 배출 위치에만 의존하며, 상태변수이므로 경로와는 무관하다.

예제 8.15 물의 위치에너지 계산

문제 그림 E8.15와 같이 한 저장탱크로부터 300 ft 떨어진 다른 저장탱크로 물을 수송한다. 두 저장탱크 사이의 수면의 차이는 40 ft이다. 물의 비위치에너지 증가(Btu/lb)를 구하라.

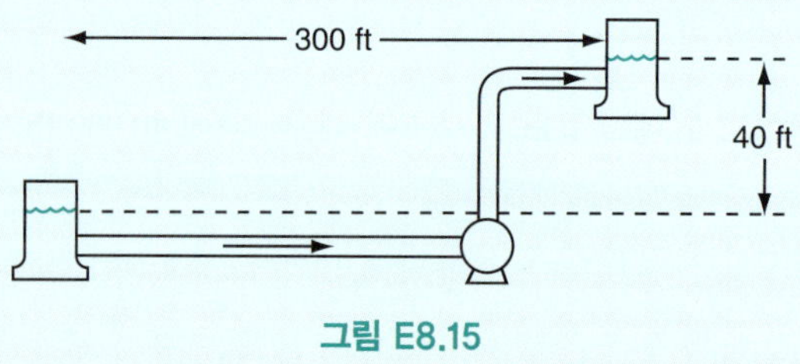

그림 E8.15

풀이 이 예제는 저장탱크 전체가 아니라 물 1 lb의 위치에너지 변화를 구하는 것이므로 이 수송과정에서 물 1 lb의 높이 변화가 40 ft라고 가정할 수 있다. 높이 차이를 결정하는 물 위에 떠 있는 탁구공을 상상하라.

첫 탱크의 수면을 기준면으로 하면 h = 40 ft이다.

$$\Delta\widehat{PE} = \frac{32.2\text{ft}}{s^2}\left|\frac{(40-0)\text{ft}}{}\right|\frac{1(\text{lb}_f)(s^2)}{32.2(\text{lb}_m)(\text{ft})}\left|\frac{1\text{Btu}}{778.2(\text{ft})(\text{lb}_f)}\right. = 0.0514\ \text{Btu/lb}_m$$

자습문제

확인문제

1. 다음 설명이 참인지 거짓인지 밝혀라.

a. 위치에너지는 특정한 절댓값을 가지지 않는다.

b. 위치에너지는 마이너스 값이 될 수 없다.

c. 물질 내의 분자 간 인력이나 반발력은 계의 위치에너지에 기여한다.

2. AE 단위계에서 위치에너지나 운동에너지의 단위는? (옳은 것을 모두 골라라.)

a. $(\text{ft})(\text{lb}_f)$

b. $(\text{ft})(\text{lb}_m)$

c. $(\text{ft})(\text{lb}_f)/(\text{lb}_m)$

d. $(\text{ft})(\text{lb}_m)/(\text{lb}_f)$

e. $(\text{ft})(\text{lb}_f)/(\text{hr})$

f. $(\text{ft})(\text{lb}_m)/(\text{hr})$

해답

1. (a) 참, (b) 거짓, (c) 거짓

2. (a), 단 (c)는 비에너지를 나타냄을 주의하라.

적용문제

1. 높이 5 m인 사다리 꼭대기에 놓여 있던 100 kg짜리 공이 땅에 떨어졌다. 땅을 기준면으로 해서 다음을 구하라.

a. 공의 처음 운동에너지와 위치에너지

b. 공의 나중 운동에너지와 위치에너지

c. 이 과정에서의 운동에너지와 위치에너지의 변화

d. 초기 위치에너지가 열로 변했다면 이를 cal, Btu, J 단위로 나타내라.

2. 10 m 높이에 있던 1 kg의 공이 땅에 떨어졌다. 위치에너지 변화를 구하라.

해답

1. (a) $KE = 0$, $PE = (100)(9.8)(5) = 4900$ J, (b) $KE = 0$ J, $PE = 0$, (c) $\Delta KE = 0$, $\Delta PE = -4900$ J, (d) 1171 cal, 4.644 Btu, 4900 J

2. $\Delta PE = mgh = (10\ \text{kg})(9.8\ \text{m/s}^2)(-10\ \text{m}) = -980$ J

8.5.3 기계적 에너지 수지 예제

위치에너지와 운동에너지를 정의했으므로, 식 (8.19)를 기계적 에너지 수지 문제를 푸는 데 바로 사용할 수 있는 형태로 변환할 수 있다.

$$W = \frac{1}{2}\dot{m}\Delta v^2 + \dot{m}g\Delta h + \frac{\dot{m}\Delta p}{\rho}$$

여기서 $\dot{m}$은 계를 통과하는 물질의 유량, Δv는 계를 나가고 들어오는 흐름의 속도 변화, Δh는 계를

나가고 들어오는 흐름의 높이 변화, Δp는 계를 나가고 들어오는 흐름 간의 압력 차이이다. 특정 흐름일은 $\hat{V}p = p/\rho$이므로, 총흐름일의 변화는 $\dot{m}\Delta p/\rho$이다. 이 식은 필요한 일은 운동에너지, 위치에너지, 흐름일의 변화를 모두 더한 것과 같음을 나타낸다. $\dot{m}$으로 나누면 다음과 같이 된다.

$$\frac{W}{\dot{m}} = \frac{1}{2}\Delta v^2 + g\Delta h + \frac{\Delta p}{\rho} \tag{8.22}$$

계에 일이 더해지지 않으면, 계를 통과하는 흐름은 여기에 적용되는 압력 강하(즉 Δp)로 인해 발생할 수 있다. 이 경우 다음 식이 적용된다.

$$-\frac{\Delta p}{\rho} = \frac{1}{2}\Delta v^2 + g\Delta h$$

Δp는 출력 압력에서 입력 압력을 뺀 값이므로, 계를 통과하는 흐름을 구동시키는 압력 Δp는 음수이므로 마이너스 부호를 가진다. 이 식은 **베르누이의 식**(Bernoulli's equation)으로 불린다.

식 (8.22)는 마찰 손실(예: 관을 흐르는 유체의 마찰 손실)이 없는 완전 가역 공정을 가정한다. 식 (8.22)는 마찰 손실 항 E_v를 추가해서 다음과 같이 나타낼 수 있다.

$$\frac{W}{\dot{m}} = \frac{1}{2}\Delta v^2 + g\Delta h + \frac{\Delta p}{\rho} + E_v$$

E_v는 계 내의 선 속도와 경로 길이에 따라 달라진다. Bird가 쓴 이동현상에 관한 교재는 관을 통과하는 흐름의 마찰 손실을 계산하는 공식을 제공한다.[6]

다음 예제에서는 식 (8.22)를 어떻게 적용하는지를 보여준다.

예제 8.16 정상상태 개방계에서 물의 수송에 필요한 동력

문제 수면이 지면보다 20 ft 낮게 유지되는 우물물을 0.5 ft^3/s의 유량으로 지면보다 5 ft 높은 곳으로 퍼 올린다(그림 E8.16). 이 과정에서 열전달은 무시하고, 이 수송에 필요한 펌프의 동력(hp)을 구하라. 펌프 효율은 100%이고, 관과 펌프에서의 마찰은 무시한다.

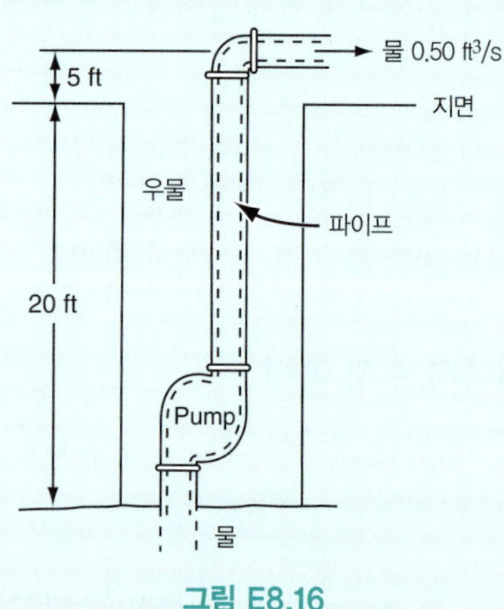

그림 E8.16

6) Bird, R. B., W. E. Stewart, and E. N. Lightfoot. *Transport Phenomena* (New York, Wiley and Sons, 1960), 216–217.

풀이 펌프를 포함한 우물의 수면부터 물이 배출되는 지상 5 ft까지의 관을 계로 선택한다. 식 (8.22)를 단순화한다. 정상상태의 계이며 관의 지름은 입구와 출구 모두 같아 보이므로, $\Delta KE = 0$이다. 또한 출구의 압력은 입구의 압력과 동일하다. 식 (8.22)는 다음과 같이 단순화된다.

$$\frac{W}{\dot{m}} = g\Delta h$$

$$W = \frac{0.5\,\text{ft}^3}{\text{s}}\left|\frac{62.4\ \text{lb}_\text{m}\text{H}_2\text{O}}{\text{ft}^3}\right|\frac{32.2\ \text{ft}}{\text{s}^2}\left|\frac{25\ \text{ft}}{}\right|\frac{(\text{s}^2)(\text{lb}_\text{f})}{32.2(\text{ft})(\text{lb}_\text{m})}\left|\frac{\text{hp-s}}{550(\text{lb}_\text{f})(\text{ft})}\right. = 1.42\ \text{hp}$$

마찰과 펌프의 효율을 고려하지 않았으므로, 펌프의 크기는 실제 필요한 펌프 크기보다 작게 추정되었다.

예제 8.17 가솔린 사이폰

문제 가솔린 탱크에서 내경이 0.5 in.인 호스를 사용해 가솔린을 사이폰한다고 가정한다. 그림 8.17의 배치를 고려할 때, 가솔린의 유속(gal/min)을 계산하라. 가솔린과 호스 사이의 마찰은 무시한다.

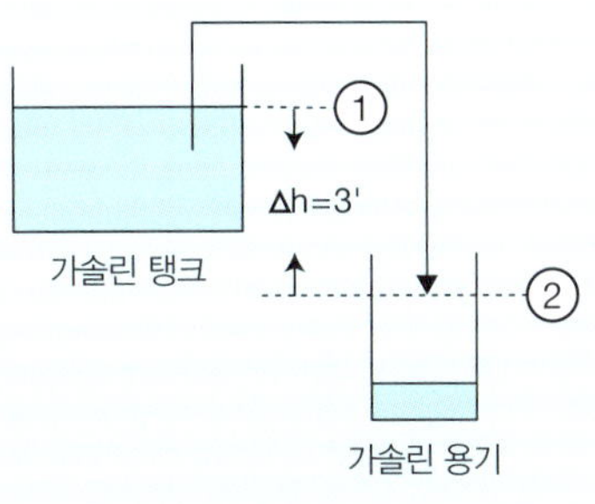

그림 E8.17

풀이 식 (8.22)를 간소화한다. (1) 이 계의 입구와 출구 압력은 모두 대기압이므로 흐름일은 0이다. (2) 이 계에 가해진 일이 없다. 따라서 기계적 에너지 수지식은 다음과 같이 간소화된다.

$$0 = \frac{1}{2}\Delta v^2 + g\Delta h$$

출구 속도를 계산하기 위해 입구 속도(즉 가솔린 탱크 내 가솔린 수위의 속도)가 0이라고 가정한다.

$$v = \sqrt{2g\Delta h} = \sqrt{\frac{2}{}\left|\frac{32.2\ \text{ft}}{\text{s}^2}\right|\frac{2\ \text{ft}}{}} = 11.35\ \text{ft/s}$$

마지막으로 단면적을 이용해 평균 속도를 부피유속으로 변환한다.

$$Q = Av = \frac{\pi}{4}\left|\frac{(0.5\ \text{in})^2}{4}\right|\frac{11.35\ \text{ft}}{\text{s}}\left|\frac{\text{ft}^2}{(12\ \text{in})^2}\right|\frac{7.481\ \text{gal}}{\text{ft}^3}\left|\frac{60\ \text{s}}{\text{min}}\right. = 6.947\ \text{gpm}$$

예제 8.18 수력 발전 시스템

문제 그림 E8.18의 수력 발전 시스템을 고려해보자. 후버 댐은 2080 MW의 전기 생산 용량을 가지고 있다. 댐의 현재 수위는 1070 ft이다. 후버 댐의 수력 공정 효율이 100%라고 가정할 때, 이 수력 공정을 통해 흐르는 물의 유속을 kg/s와 gpm 단위로 계산하라.

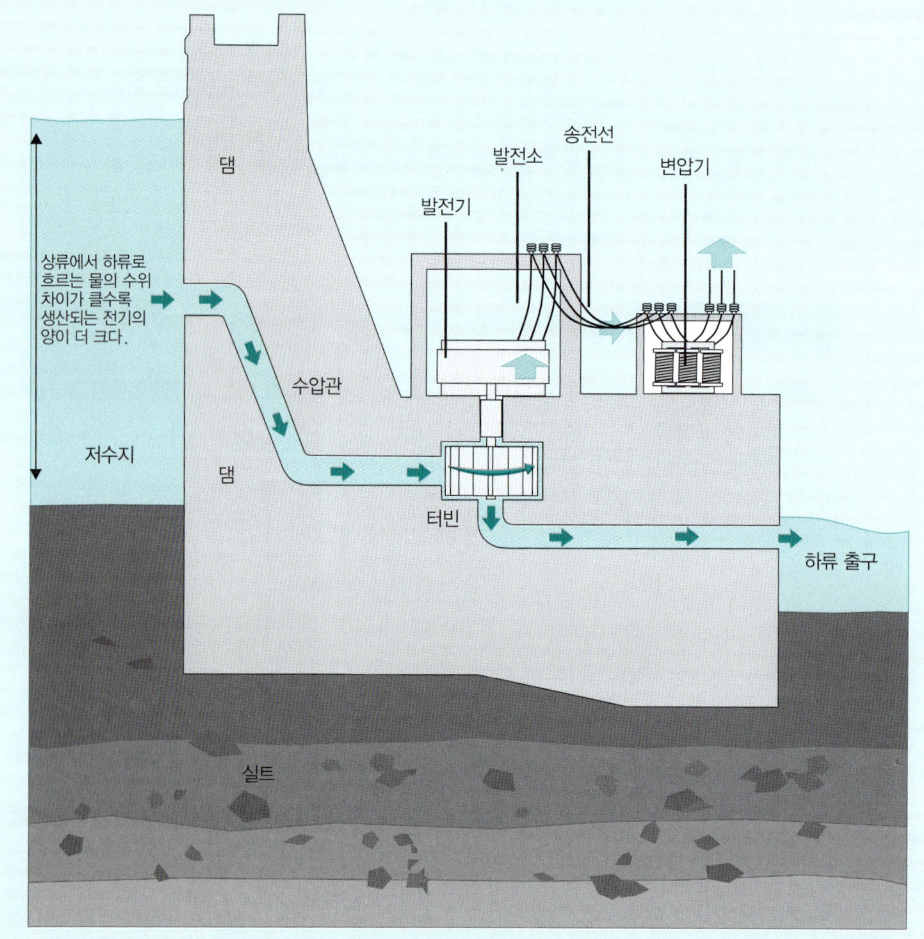

그림 E8.18

풀이 운동에너지 변화와 흐름일을 무시할 수 있으므로, 식 (8.22)는 다음과 같이 단순화된다.

$$\frac{W}{\dot{m}} = g\Delta h$$

$\dot{m}$을 구하고 적절한 단위로 변환한다.

$$\dot{m} = \frac{2080\ \text{MW}}{1070\ \text{ft}}\left|\frac{\text{s}^2}{9.807\ \text{m}}\right|\frac{3.2808\ \text{ft}}{m}\left|\frac{10^6\ \text{W}}{\text{MW}}\right|\frac{\text{kg-m}^2}{\text{W-s}^3} = 6.503\times 10^5\ \text{kg/s}\left(1.031\times 10^7\ \text{gpm}\right)$$

예제 8.19 펌프가 연결된 관 시스템의 유속 계산

문제 그림 E8.19의 계에서 탱크 A에서 탱크 B로의 유속을 gpm 단위로 계산하라. 0.25 hp의 펌프로 흐르는 유체는 물이며, 관의 내경은 2 in.이고 파이프와 펌프의 마찰은 무시한다.

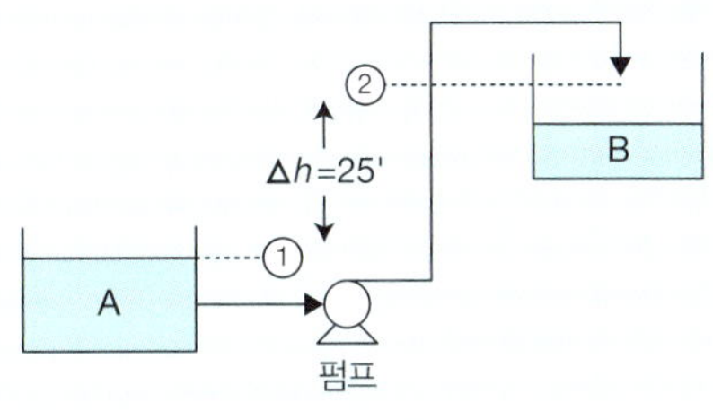

그림 E8.19

풀이 식 (8.22)를 단순화하면 이 계의 입구와 출구의 압력은 모두 대기압일 것이므로, 흐름일은 0이다. 따라서 기계적 에너지 수지식은 다음과 같이 간소화된다.

$$\frac{W}{\dot{m}} = \frac{1}{2}\Delta v^2 + g\Delta h$$

$\dot{m}$와 v는 모두 두 탱크 사이의 유량 Q에 의존한다. 즉 $\dot{m} = Q\rho$, $v = Q/A$이며, 여기서 A는 탱크 사이의 관의 단면적이다. 따라서 이전의 식은 다음과 같이 된다.

$$\frac{W}{Q\rho} = \frac{Q^2}{2A^2} + g\Delta h$$

이것은 미지변수 Q에 대한 3차 방정식이므로 MATLAB과 Python을 사용해서 풀겠지만, 이 문제의 단위에 주의하라. 각 항은 $g\Delta h$의 단위와 일치하도록 ft^2/s^2의 단위를 가져야 한다.

$$\frac{W\ \text{hp}}{}\left|\frac{\text{ft}^3}{\rho\ \text{lb}_\text{m}}\right|\frac{\text{s}}{Q\ \text{ft}^3}\left|\frac{550\ \text{ft lb}_\text{f}}{\text{hp-s}}\right|\frac{32.2\ \text{ft lb}_\text{m}}{\text{lb}_\text{f}\ \text{s}2}\bigg| = 17{,}710\frac{W}{\rho Q}\ [=] \text{ft}^2/\text{s}^2$$

$$\frac{2Q^2\ \text{ft}^6}{\text{s}^2}\left|\frac{}{A^2\ \text{ft}^4}\right| = 2Q^2/A^2\ [=]\ \text{ft}^2/\text{s}^2$$

따라서 차원이 맞춰진 식은 다음과 같다.

$$71{,}710\frac{W}{Q\rho} = \frac{Q^2}{2A^2} + g\Delta h$$

여기서 W는 마력(horsepower) 단위이고, Q는 ft^3/s, ρ는 $\text{lb}_\text{m}/\text{ft}^3$, A는 ft^2, g는 ft/s^2, Δh는 ft 단위이다. 이것은 비선형 방정식이므로 MATLAB과 Python의 내장 함수를 사용해서 푼다.

예제 8.19의 MATLAB 결과

```
%%%%%%%%%%%%%%%%%%%%%%%%%%%%%%%%%%%%%%%%%%%%%%%%%%%%%%%%%%%%%%%%%%%%%%%%%%%%
%                             NOMENCLATURE
%
%  x0 – initial guess for the root of the equation
%  xsoln - the root of f(x) determined by function fzero
%%%%%%%%%%%%%%%%%%%%%%%%%%%%%%%%%%%%%%%%%%%%%%%%%%%%%%%%%%%%%%%%%%%%%%%%%%%%
%                               PROGRAM
function Ex8_19_MechEnBal
clear; clc;
x0=1.
W=0.25; den=62.4; A=3.14159*2^2/4/144; g=32.2; Dh=25;
                          % Define anonymous function
fx=@(x)71710/(den*x)-x^2/(2*A)+g*Dh
xsoln=fzero(fx,x0)        % Call built-in function fzero
end
%                             PROGRAM END
%%%%%%%%%%%%%%%%%%%%%%%%%%%%%%%%%%%%%%%%%%%%%%%%%%%%%%%%%%%%%%%%%%%%%%%%%%%%
xsoln =
   0.3151
```

예제 8.19의 Python 코드

```
Ex8_19 MechEnBal.py
############################################################################
#                             NOMENCLATURE
#
#  x0 – the initial guess for the root of function f(x)
#  xsol - the root of f(x) determined by function scipy.optimize.newton
############################################################################
#                               PROGRAM
import numpy as np
import scipy.optimize
#  Define the UD function for the function value
def f(x):
    A, W, den, g, Dh =3.14159*2**2/4/144, 0.25, 62.4, 32.2, 25
    fx=71710*W/(x*den)-x**2/2/A-g*Dh
    return fx
x0=1.                                                                   #
Initial guess for x
#  Apply function scipy.optimize.newton to determine a root of the
   nonlinear equation
xsol=scipy.optimize.newton(f, x0)
#                             PROGRAM END
############################################################################
```

IPython 콘솔:

```
In[1]: runfile(…
In[2]: %precision 4
In[3]: xsol
Out[3]: 0.3151
```

따라서 이 계를 흐르는 유속은 0.3151 ft^3/s로 계산된다. 이 값은 마찰을 무시한 것이지만, 이 유속은 관 내 평균 속도가 104 ft/s에 해당하므로 실제로는 마찰이 주요 인자이다.

자습문제

확인문제

1. 터빈과 펌프는 비정상상태 계에 해당하는가?

2. 다음 각 문장이 참인지 거짓인지 밝혀라.

a. 공정에 도입되는 흐름은 운동에너지를 가지고 있다.
b. 공정에 도입되는 흐름은 위치에너지를 가지고 있다.
c. 공정에 도입되는 흐름은 내부에너지를 가지고 있다.
d. 계에서 나가는 흐름은 흐름일을 한다.
e. 계에서 유체에 의해 회전하는 터빈이 하는 축일은 양의 값을 가진다.

3. 기계적 에너지 수지에서 관을 통한 유체의 흐름을 유발할 수 있는 것은 무엇인가?

해답

1. 그렇지 않다. 터빈과 펌프는 일반적으로 정상상태에서 작동한다.

2. (a) 참, (b) 참일 가능성은 있으나 기준면으로부터 위치에 따라 달라질 수 있다, (c) 참, (d) 참, (e) 거짓

3. 일, 위치에너지, 운동에너지, 압력차

적용문제

1. 35 ft 높이의 언덕 위로 물을 운송하는 펌프를 가정하자. 1.0 hp의 펌프를 사용한다면 유속은 얼마인가?

해답

1. $\dot{m} = \dfrac{W}{g\Delta h} = \dfrac{1.0\text{ hp}}{} \Big| \dfrac{s^2}{32.2\text{ ft}} \Big| \dfrac{}{35\text{ ft}} \Big| \dfrac{550\text{ ft-lb}_f}{\text{hp-s}} \Big| \dfrac{32.2\text{ lb}_m\text{-ft}}{\text{lb}_f\text{-s}^2} = 17.08\text{ lb}_m/\text{s}$

8.6 특수한 경우에 대한 에너지 수지식

지금까지 공정 산업에서 가장 흔한 에너지 수지식 유형을 다루었다. 그러나 때로는 앞서 다룬 세 가지 범주 중 하나에 맞지 않는 계를 다뤄야 할 수도 있으며, 이 경우 일반적인 에너지 수지식을 적용해야 한다.

$$\Delta U_{\text{total}} = Q + W - \Delta E_{\text{conv}}$$

ΔU_{total}에는 계 내 물질의 내부에너지뿐만 아니라 운동에너지와 위치에너지가 포함되어 있고, ΔE_{conv}는 계에 드나드는 물질의 엔탈피뿐만 아니라 운동에너지와 위치에너지도 포함하고 있음을 기억하자. 일반적인 에너지 수지식의 각 항은 앞서 다루었다.

다음 예제는 특수한 경우에 대한 일반적인 에너지 수지식의 적용 방법을 보여준다.

예제 8.20 비정상상태 개방계

문제 10분 동안에 35°F의 물 10 lb가 초기에 32°F의 얼음 4 lb가 들어 있는 부피가 125 ft^{3}인 단열용기 내부로 흘러간다. 얼음과 물을 가열하고 혼합하기 위해 250°F, 20 psia인 수증기 6 lb를 도입한다. 10분 후 용기 내부의 온도는 얼마가 되겠는가? (모든 물질은 잘 섞인다고 가정한다.)

풀이

단계 1~4

그림 E8.20은 공정의 개략도이다. 용기를 계로 선택한다. T_2를 계의 최종온도라 한다.

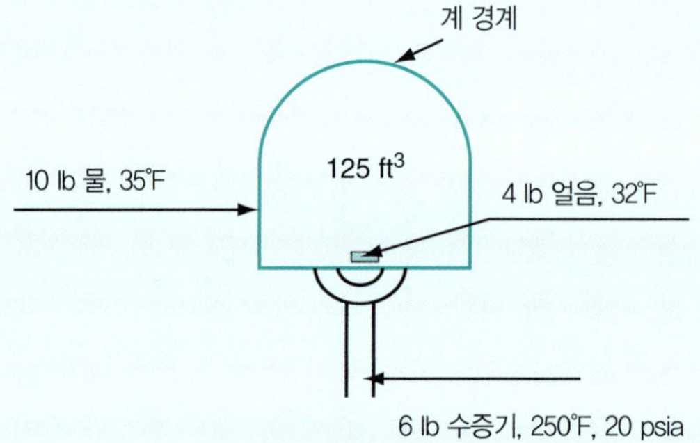

그림 E8.20

단계 5

계의 최종상태에서 20 lb(물과 수증기의 합)가 되는 10분을 계산 기준으로 한다.

단계 6

풀이의 이 단계에서 값을 부여할 수 있는 변수와 그럴 수 없는 변수의 목록을 작성한다.

구분	상태 1: 계의 초기상태(얼음)	계로 도입되는 물	계로 도입되는 수증기	상태 2: 알고 있는 계의 최종상태
m(lb)	4	10	6	20
T(°F)	32	35	250°F	
$\hat{U}$(Btu/lb)	−143.6*	3.025	1090.26	
$\hat{H}$(Btu/lb)	−143.6*	3.025	1167.15	
$\hat{V}$(ft^3/lb)	무시	무시(0.016)	20.80	6.25
p(psia)	무시	무시(증기압)	20	

* 융해열

데이터의 출처는 온라인에서 쉽게 찾을 수 있는 수증기표이다. 일반적으로 무시하게 되는 특별히 중요한 정보는 $\hat{V}_2 = \hat{V}_{\text{inside, final}} = \dfrac{125 \text{ ft}^3}{20 \text{ lb}} = 6.25 \text{ ft}^3/\text{lb}$이다. 최종상태를 규정하기 위해서는 두 세기변수의 값을 알아야 되며 그중 하나가 $\hat{V}_2$가 될 수 있다는 것을 기억하라. 다른 하나는 무엇인가?

값이 주어지지 않은 변수의 목록을 간단히 살펴보면 T_2, $\hat{U}_2$, $\hat{H}_2$가 미지변수라는 것을 알 수 있다. 그러나 세 미지변수는 모두 세기변수이고 서로 연관되어 있어 그중 하나만 고정하면 최종상태를 결정할 수 있으므로 상황은 보이는 것만큼 나쁜 것은 아니다.

단계 7~9

자유도를 0으로 만들기 위해 단 하나의 독립적인 식이 필요하다. 물질수지식으로 충분한가? 총괄 물질수지식을 이용해 최종상태에서 계가 20 lb가 된다는 것을 구했기 때문에 그렇지 않다. 어떤 다른 정보가 관련되어 있는가? 물론 에너지 수지식이다!

$$\Delta U_{\text{total}} = Q + W - \Delta E_{\text{conv}}$$

일반적인 에너지 수지식을 간단히 하기 위해 다음을 가정한다.

1. 계의 내부와 흐름에 대한 모든 ΔKE와 ΔPE는 0이다.
2. $Q = 0$(단열)
3. $W = 0$

그러면

$$\Delta U = -\Delta E_{\text{conv}} = \left(m_2\hat{U}_2 - m_1\hat{U}_1\right) = -\left[0 - \left(m_{\text{water in}}\hat{H}_{\text{water in}} + m_{\text{steam in}}\hat{H}_{\text{steam in}}\right)\right]$$

$$\left[20\,\hat{U}_2 - 4(-143.6)\right] = [10(3.025) + 6(1167.15)]$$

$$\hat{U}_2 = 6458.75/20 = 322.9 \text{ Btu/lb}$$

$\hat{U}_2 = 322.9$ Btu/lb와 $\hat{V}_2 = 6.25$ ft^3/lb로 해를 구할 수 있지만 아직도 T_2를 구하는 문제가 남아 있다. T_2를 어떻게 구하는가? 쉽지는 않다. $\hat{U}_2$와 $\hat{V}_2$를 컴퓨터에 입력해서 T_2를 얻을 수 있는 방법이 있다면 모든 것이 끝난다. $\hat{V}_2$ 대 $\hat{U}_2$ 도표도 도움이 될 것이다. 아마 언젠가는 이런 도구가 사용 가능해질 것이다. 그러나 지금 당장은 용액이 실제로 그렇듯이 2상 영역에 위치한다면 $\hat{U} \geqslant \hat{H}$로 가정해서 $p, T, \hat{V}, \hat{H}$가 나타나 있는 도표를 이용해 T_2 값을 찾는다.

다음 방법으로는 $\hat{U}$는 280~360 Btu/lb, $\hat{V}$는 3~9 ft^3/lb인 범위의 좁은 영역에 대한 $\hat{V}_2$ 대 $\hat{U}_2$ 도표를 준비할 수 있을 것이다. 포화 수증기표를 이용해서 점 $\hat{V}_2 = 6.25$ ft^3/lb와 $\hat{U}_2 = 322.9$ Btu/lb 주변에서 $\hat{U}_2$와 $\hat{V}_2$ 값을 계산하라. p와 x 선은 직선이 될 것이다. 합리적인 유효자릿수의 답을 얻기까지는 반 시간 정도 걸릴 것이다. 미지변수에 대한 최종값은 다음과 같다.

$$T_2 = 195.6°\text{F}$$
$$P_2 = 10.5 \text{ psia}$$
$$x = 17.1\%$$

얼음을 용기 내에 위치시킬 때 용기가 대기압의 공기로 채워졌다면 어떻게 되는가? 답이 바뀌는가?

예제 8.21 바이오매스의 가열

문제 수증기실에 250°C의 포화 수증기를 도입한다(발효조를 가열하기 위해 사용된다). 수증기는 예열기에서 바이오매스 용액으로부터 분리되어 수증기실에서 완전히 응축된다. 발효조에서 외계로의 열손실은 1.5 kJ/s이다. 가열할 물질은 20°C로 도입되어 45°C까지 가열한다. 평균 열용량이 C_p = 3.26 J/(g)(K)인 내용물이 단위 시간당 150 kg 속도로 공정에 도입된다면 단위 시간당 필요한 수증기의 질량(kg)은 얼마인가?

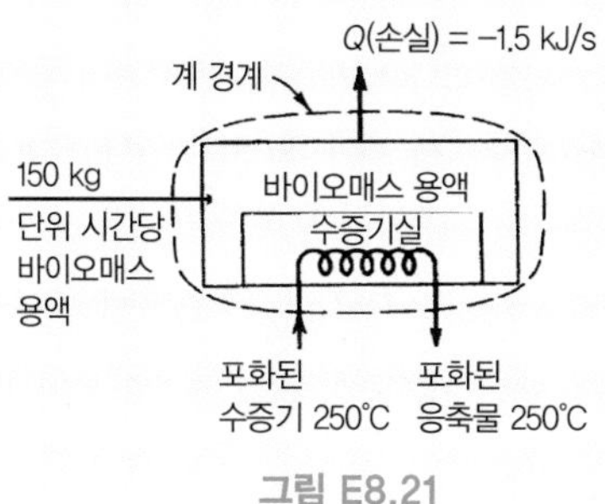

그림 E8.21

풀이

단계 1~4

그림 E8.21에서 계를 정의하고 알고 있는 조건을 나타냈다. 바이오매스와 수증기실(열교환기)을 계로 택하면 개방계이지만 비정상상태이다. 계 내부의 바이오매스의 질량뿐 아니라 온도가 증가하기 때문이다. 도입되는 용액에 의해 바이오매스가 잘 혼합된다고 가정한다.

단계 5

계산 기준: 1시간 운전(가열되는 바이오매스는 150 kg)

단계 6~8

수증기에 대한 물질수지식은 $m_{in} = m_{out} = m$이며, m은 미지변수이다. 바이오매스 용액에 대한 물질수지식도 간단하다. 초기에 용기 내에 바이오매스가 없었으며 1시간이 지난 후에는 용기 내부에 150 kg의 용액이 존재하게 된다. 결과적으로 하나 혹은 그 이상의 미지변수가 바이오매스 용액과 결부되어 있다.

다음으로 계에 대한 에너지 수지식을 이용해서 m에 대해 풀 수 있는지 살펴보자. 에너지 수지식은 다음과 같다.

$$\Delta U_{total} = Q + W - \Delta E_{conv} \quad (a)$$

이 에너지 수지식을 간단히 한다.

1. 이 공정은 정상상태가 아니므로 $\Delta U_{total} \neq 0$이다.
2. 계의 내부와 도입되는 흐름에 대해 $\Delta KE = \Delta PE = 0$이라 가정한다.
3. $W = 0$

따라서 식 (a)는 다음과 같다.

$$\Delta U = Q - \Delta\left[m\hat{H}\right] \quad (b)$$

ΔU는 바이오매스의 상태 변화에서 구할 수 있으며, 수증기실의 물은 포함하지 않는다. 계산 기준인 1시간 이전이나 이후에는 수증기실에 아무것도 없다고 가정할 수 있기 때문이다.

$$(150\text{ kg})(\hat{U}_{\text{final}}) - (0\text{ kg})(\hat{U}_{\text{initial}}) = \frac{-1.50\text{ kJ}}{s}\bigg|\frac{3600\text{ s}}{1\text{ hr}}\bigg|\frac{1\text{ hr}}{} - m_{\text{steam}}(\hat{H}_2 - \hat{H}_1) \quad \text{(c)}$$

기준온도를 0°C나 20°C로 택한다. 압력 기준은 1 atm으로 가정한다. $T_{\text{reference}} = 20°\text{C}$를 택하고 $\Delta\hat{U} = \Delta\hat{H}$로 가정한다.

$$\hat{U}_{\text{final}} = \frac{3.26\text{ kJ}}{(\text{kg})(°\text{C})}\bigg|\frac{(45-20)°\text{C}}{} = 81.5\text{ kJ/kg}$$

$$\hat{U}_{\text{initial}} = 0 \ (20°\text{C가 기준온도이므로})$$

$$(\hat{H}_2 - \hat{H}_1) = \Delta\hat{H}_{\text{condensation of steam}} = -\Delta\hat{H}_{\text{vaporization}}\ (250°\text{C 에서}) = -170\text{ kJ/kg}$$

이 값을 대입하면 다음과 같다.

$$12{,}225 = -5400 - m(-1701)$$
$$m_{\text{steam}} = 10.4\text{ kg/hr}$$

자습문제

확인문제

1. 다음 설명이 참인지 거짓인지 밝혀라.

a. 계 내부에 위치한 펌프와 모터가 하는 축일은 플러스 값이다.

b. 정상상태계의 에너지 수지식에서 Δ 기호는 계에 들어가는 물질의 특성에서 계를 나가는 물질의 특성을 뺀 값을 나타낸다.

c. 계에 들어가는 도입 흐름은 계에 흐름일을 한다.

d. 계에 들어가는 도입 흐름은 내부에너지를 가진다.

e. 전기 발전기와 함께 연결된 터빈을 작동시키는 계에서 유체가 흐르면서 하는 일은 흐름일이다.

2. 일반적인 에너지 수지식에서 열전달 항을 무시할 수 있는 두 가지 상황은 무엇인가?

3. 정상상태 공정에서 일반적인 에너지 수지식의 어떤 항이 항상 0인가?

4. 엔탈피의 값을 지정하는 데 일반적으로 사용되는 세기변수는 무엇인가?

5. 어떤 조건에서 일반적인 에너지 수지식의 KE 항을 무시하거나 삭제할 수 있는가?

6. 어떤 공학 교과서에 다음과 같은 식이 있다.

$$U_2 - U_1 = Q - W_{\text{nonflow}}$$

기호 설명은 없다. 이 식은 비정상상태 개방계의 에너지 수지식이라 할 수 있는가?

7. 움직이는 부품이 없는 계는 비정상상태 개방계로 간주할 수 있는가?

해답

1. (a) 외계에 대해 축일이 행해질 경우 거짓, (b) 거짓. 계를 나가는 물질의 특성에서 계에 들어가는 물

질의 특성을 뺀 값이다. (c) 참, (d) 참, (e) 거짓

2. 단열계, 계와 외계 사이의 온도 차이가 없는 경우

3. $\Delta E = 0$

4. T, p

5. 유체 흐름의 속도차가 없어서 $KE_{in} = KE_{out}$인 경우 또는 에너지 수지식의 다른 항들에 비해 ΔKE가 무시할 수 있을 정도로 작은 경우

6. 그렇다. 다만 계에 의해서 외계에 일이 행해질 때 W는 양의 값으로 정의된다.

7. 간주할 수 있다.

적용문제

1. 정상상태에서 3 MW의 증기 터빈이 2.0 kg/s의 증기로 작동한다. 증기의 입구 조건은 p = 3000 kPa과 450°C이며, 출구 조건은 500 kPa에서 포화증기이다. 증기의 입구 속도는 250 m/s이고 출구 속도는 40 m/s이다. 계로서 터빈의 열전달량은 얼마(kW)인가? 증기가 공급한 에너지 중에서 생산된 전력의 비율은 얼마인가?

2. 다음 각 경우에 대해 일반 에너지 수지식인 식 (8.2)를 간단히 하라(제거한 항과 그 이유를 설명하라).
   a. 계에 움직이는 부분이 없다.
   b. 계와 외계의 온도가 같다.
   c. 계에 도입되는 유속과 계에서 배출되는 유속이 같다.
   d. 계에서 배출되는 흐름의 유속이 커서 3 m 높이까지 올라간다.

3. 비정상상태 개방계에서 어떤 경우에 $\Delta U = \Delta H$가 되는가?

4. 서비스 스테이션에서 300 K, 100 kPa의 압축기에서 배출되는 공기를 이용해 초기 조건이 그와 같은 공기 0.8 kg이 들어 있는 탱크를 채운다. 공기 1 kg을 주입한 뒤에 탱크의 공기가 300 kPa, 400 K의 상태가 되었다. 이 과정에서 탱크에 도입하거나 탱크로부터 제거한 열을 구하라. 힌트: 탱크 내 초기의 공기량을 잊지 말라. 공기의 자료는 다음과 같다.

	$\hat{H}$(kJ/kg)	$\hat{U}$(kJ/kg)	$\hat{V}$(m^3/kg)
100 kPa, 300 K	458.85	337.75	0.8497
300 kPa, 400 K	560.51	445.61	0.3830

해답

1. $\Delta H = -2$ kg/s (3389.1 − 639.8)kJ/kg = −6778 kW, $\Delta KE = -0.5$(20 kg/s)(2502 − 402) m^2/s^2 = −609 kW, W = −3000 kW, $W = \Delta H + \Delta KE + Q$, Q = 3000 − 6778 − 609 = −4387 kW, 증기가 공급한 에너지 중 생산된 전력 비율 = 3000/(6778 + 609) = 0.406

2. (a) 제거되는 항 없음, (b) $Q = 0$, (c) $\Delta KE_{conv} = 0$, (d) 제거되는 항 없음

3. 계 내부와 계로 들어오고 나가는 흐름에서 $\Delta KE = \Delta PE = 0$인 경우, $Q = W = 0$인 경우

4. $Q = m_{total}\hat{U}(300\text{ kPa, }400\text{ K}) - m_1\hat{U}(100\text{ kPa, }300\text{ K}) - m_2\hat{H}(100\text{ kPa, }400\text{ K})$ = 445.61(1.8) − 337.75(.8) − 458.85 = 73.04 kJ

요약

이 장에서는 여러 형태의 에너지와 그것을 이용해서 에너지 수지식을 공식화하는 방법과 중요한 새로운 용어에 대해 소개했다. 일반적인 에너지 수지식은 네 가지 유형, 즉 비정상상태 폐쇄계, 정상상태 개방계, 기계적 에너지 수지, 일반적인 경우로 분류된다. 공정 산업에 적용되는 에너지 수지식의 대부분은 처음 세 가지 범주 중 하나에 속하며 마지막 경우는 예외 사례로 처리한다.

주요 용어

개방계(open system): 외계와 질량을 교환하는 계. 열린계

경계(boundary): 계를 정의하기 위한 가상적 둘레

경로변수(함수)[path variable(function)]: 과정이 일어나는 경로에 따라 달라지는 변수(함수). 예: 일, 열

계(system): 해석 대상으로 선택한 물질의 양이나 특정 공간

고화열(heat of solidification): 융해열의 마이너스 값

과도상태(transient state): 비정상상태 참조

기준물질선도(reference substance plots): 기준물질의 물성과 비교해서 대상물질의 물성치 추산에 사용되는 선도

기화열(heat of vaporization): 액체가 증기로 변하는 상전이에 따른 엔탈피 변화

내부에너지(internal energy, U): 동태적 계에 관한 거시적 보존의 법칙에 따르는 모든 분자, 원자, 미립자의 에너지를 거시적으로 고려한 에너지

단열(adiabatic): 과정 중 외계와 열교환이 없는 상태

단열과정(adiabatic process): 열전달이 없는 과정($Q = 0$)

단일상(single phase): 물리적으로 구분되면서 균일한 계의 일부. 예: 기상, 액상

동력(power): 단위 시간당의 일

등압(isobaric): 과정 중에 압력이 변하지 않는 계를 나타낸다.

등온(isothermal): 과정 중에 온도가 변하지 않는 계를 나타낸다.

비정상상태(unsteady state): 정상상태가 아닌 상태(정상상태 참조)

비흐름계(nonflow system): 폐쇄계 참조

상전이(phase transition): 고상에서 액상으로, 액상에서 기상으로, 고상에서 기상으로, 그리고 그 반대로의 상전이

상태(state): 계의 조건, 즉 온도, 압력 등의 값

상태변수(함수)[state variable(function)]: 계의 상태에 따라서만 달라지고 과거 이력과는 무관한 변수(함수). 점함수라고도 한다. 예: 온도

성질(property): 관찰하거나 계산할 수 있는 계의 특성. 예: 온도, 엔탈피

세기성질(intensive property): 물질의 존재량과 무관한 성질. 예: 온도, 압력, 비성질(specific property, 물질 단위량의 성질)

승화열(heat of sublimation): 고체가 직접 증기로 변하는 상전이에 따른 엔탈피 변화

에너지(energy): 일을 하거나 열을 전달할 수 있는 능력

에너지 보존(conservation of energy): 계와 외계의 전체 에너지는 일정

에너지 전달(energy transfer): 한 곳이나 상태에서 다른 곳이나 상태로 에너지의 이동

엔탈피(enthalpy): $H = U + pV$

열(heat, *Q*): 계와 외계의 온도차(퍼텐셜)로 인해 계의 경계를 통과하는 에너지 전달

열용량(heat capacity): 정용 열용량 C_v는 정용에서 온도에 따른 내부에너지 변화이고, 등압 열용량 C_p는 등압에서 온도에 따른 엔탈피 변화

외계(surroundings): 계 외부의 모든 것

운동에너지(kinetic energy, *KE*): 외계에 상대적인 속도로 인해 계가 가지는 에너지

융해열(heat of fusion): 융해의 상전이에 따른 엔탈피 변화

위치에너지(potential energy, *PE*): 중력장이나 전자장에서 질량에 미치는 힘으로 인해 계가 가지는 에너지. 기준면에 상대적인 값으로 나타낸다.

응축열(heat of condensation): 기화열의 마이너스 값

일(work, *W*): 계와 외계 사이에서 전달되는 에너지의 한 형태

일반적인 에너지 수지식(general energy balance): 계 안의 에너지 변화는 외계와 교환하는 열과 일, 계에서 출입하는 질량 흐름이 동반하는 에너지의 합계와 같다.

잠열(latent heat): 상전이에 따른 엔탈피 변화

전기적 일(electric work): 전위차로 인해 전류가 흘러서 계에 하거나 계가 하는 일

점함수(point function): 상태변수 참조

정상상태(steady state): 계의 축적량이 0이고, 도입 흐름과 배출 흐름이 일정하며, 계의 성질이 불변하는 상태

정용(isochoric): 과정 중에 부피가 변하지 않는 계를 나타낸다.

축일(shaft work): 축에 작용하는 힘에 의해 축을 돌리는 일

크기성질(extensive property): 물질의 존재량에 따라 달라지는 성질. 예: 부피, 질량

평형상태(equilibrium state): 퍼텐셜의 균형이 이루어져서 불변하는 계의 성질

폐쇄계(closed system): 외계와 질량을 교환하지 않는 계

현열(sensible heat): 상전이를 포함하지 않는 엔탈피 변화

흐름계(flow system): 개방계 참조

흐름일(flow work): 유체 요소를 계 안으로 들여보내기 위해 계에 하는 일. 또는 유체 요소를 외계로 밀어내기 위해 계가 하는 일

참고문헌

Abbott, M. M., and H. C. Van Ness. *Schaum's Outline of Thermodynamics with Chemical Applications*, 2nd ed., McGraw-Hill, New York (1989).

Blatt, F. J. *Modern Physics*, McGraw-Hill, New York (1992).

Boethling, R. S., and D. McKay. *Handbook of Property Estimation Methods for Chemicals*, Lewis Publishers (CRC Press), Boca Raton, FL (2000).

Crawly, G. M. *Energy*, Macmillan, New York (1975).

Daubert, T. E., and R. P. Danner. *Data Compilation of Properties of Pure Compounds*, Parts 1, 2, 3 and 4, Supplements 1 and 2, DIPPR Project, AIChE, New York (1985-1992).

Gallant, R. W., and C. L. Yaws. *Physical Properties of Hydrocarbons*, 4 vols., Gulf Publishing, Houston, TX (1992-1995).

Guvich, L. V., I. V. Veyts, and C. B. Alcock. *Thermodynamic Properties of Individual Substances*, Vol. 3, Parts 1 & 2, Lewis Publishers (CRC Press), Boca Raton, FL (1994).

Levi, B. G. (ed.). *Global Warming, Physics and Facts*, American Institute of Physics, New York (1992).

Pedley, J. B. *Thermochemical Data and Structures of Organic Compounds*, Vol. 1, TRC Data Distribution, Texas A&M University System, College Station, TX (1994).

Poling, B. E., J. M. Prausnitz, and J. P. O'Connell. *The Properties of Gases and Liquids*, 5th ed., McGraw-Hill, New York (2001).

Raznjevic, K. *Handbook of Thermodynamic Tables*, 2nd ed., Begell House, New York (1995).

Stamatoudis, M., and D. Garipis. "Comparison of Generalized Equations of State to Predict Gas-Phase Heat Capacity," *AIChE J.*, **38**, 302-7 (1992).

Vargaftik, N. B., Y. K. Vinogradov, and V. S. Yargin. *Handbook of Physical Properties of Liquids and Gases*, Begell House, New York (1996).

Yaws, C. L. *Handbook of Thermodynamic Diagrams*, Vols. 1, 2, 3 and 4, Gulf Publishing Co., Houston, TX (1996).

웹사이트

http://hyperphysics.phy-astr.gsu.edu/hbase/thermo/inteng.html

www.molknow.com

www.taftan.com/steam.htm

www.taftan.com/thermodynamics

http://webbook.nist.gov/chemistry

연습문제

8.1 에너지 수지 관련 용어

***8.1.1** 45.0 Btu/lb_m를 다음 단위의 값으로 환산하라.

a. cal/kg

b. J/kg

c. kWh/kg

d. $(ft)(lb_f)/lb_m$

***8.1.2** 0°C, 1 atm의 액체 물의 물성의 SI 단위 값을 AE 단위 값으로 환산하라.

a. 열용량 4.184 J/(g)(K) → Btu/(lb)(°F)

b. 엔탈피 −241.6 J/kg → Btu/lb

c. 열전도도 0.59 $(kg)(m)/(s^3)(K)$ → Btu/(ft)(hr)(°F)

***8.1.3** 다음 단위를 환산하라.

a. 열플럭스 6000 Btu/(hr)(ft^2) → cal/(s)(cm^2)

b. 열용량 2.3 Btu/(lb)(°F) → cal/(g)(°C)

c. 열전도도 200 Btu/(hr)(ft)(°F) → J/(s)(cm)(°C)

d. 기체상수 10.73 (psia)(ft^3)/(lb mol)(°R) → J/(g mol)(K)

***8.1.4** 지표면에 도달하는 일사량은 평균 32.0 cal/(min)(cm^2)이다. 따라서 지상 36,000 km의 정지궤도에 우주정거장을 만들자는 안이 제안되었다. 10^8 W(100 MW 발전소에 대응)의 전력을 얻는 데 필요한 표면적(m^2)을 구하라. 수집 에너지의 10%를 전력으로 변환할 수 있다고 가정한다. 얻은 답은 합당한 크기인가?

***8.1.5** 다음 설명이 참인지 거짓인지 밝혀라.

a. 어떤 성질이 크기성질인지를 알아보는 간단한 시험법은, 계를 반으로 분할하고 각 반쪽의 성질의 합이 2배가 되는지를 알아보는 것이다.

b. 상태변수(점함수)의 값은 상태에 따라서만 달라지고 그 상태에 도달한 경로와는 무관하다.

c. 세기성질이란 존재하는 질량에 따라 달라지는 성질이다.

d. 온도, 부피, 농도는 세기성질이다.

e. 단위 질량 기준의 '비성질(specific property)'은 세기성질이라 할 수 있다.

***8.1.6** 다음 설명이 참인지 거짓인지 밝혀라.

a. 등압과정은 압력이 일정한 과정이다.

b. 등온과정은 온도가 일정한 과정이다.

c. 정용과정은 부피가 일정한 과정이다.

d. 폐쇄계는 질량이 계의 경계를 통과하지 않는 계이다.

e. SI 단위계에서 에너지의 단위는 joule이다.

f. AE 단위계에서 에너지의 단위는 (ft)(lb_f)/lb_m이다.

g. 개방계와 폐쇄계의 차이점은 전자에서는 계와 외계 사이에 열전달이 일어나지만 후자에서는 그렇지 않다는 것이다.

***8.1.7** 다음은 세기성질인가 크기성질인가?

a. 분압

b. 부피

c. 비중

d. 위치에너지

e. 상대포화도

f. 비체적

g. 표면장력

h. 굴절률

***8.1.8** 이성분 기체 혼합물의 물성을 나타내는 다음 변수를 각각 세기성질, 크기성질, 둘 다 또는 둘 다 아님으로 분류하라.

a. 온도

b. 압력

c. 조성

d. 질량

**** 8.1.9** 관에서 공기로의 열전달계수를 다음 식으로 나타낼 수 있다.

$$h = \frac{0.026G^{0.6}}{D^{0.4}}$$

여기서 h = 열전달계수, Btu/(hr)(ft^2)(°F)
G = 단위 면적당 물질흐름 속도, lb$_m$/(hr)(ft^2)
D = 관의 외경, ft

이 식에서 G와 D의 단위는 그대로 두고 h의 단위를 J/(s)(cm^2)(°C)로 나타내면 식에서 0.026 자리의 새로운 상수는 얼마가 되는가?

**** 8.1.10** 많은 미국인의 문제 중 하나는 지방 축적으로 인한 과체중이다. 체중을 줄이려고 많은 노력을 하지만 헛수고인 경우가 많다. 그러나 에너지 보존의 관점에서 보면 수분을 빼는 대신에 체중을 줄이는 실질적인 방법은 ① 칼로리 섭취량을 줄이거나, ② 칼로리 소비량을 늘리는 두 가지 방법뿐이다. 지방의 에너지는 대략적으로 7700 kcal/kg이라 가정하고 물음에 답하라. (1 kcal는 영양에서 말하는 1칼로리와 같다.)

a. 2400 kcal/day의 정상적 음식 섭취량을 500 kcal/day만큼 줄이면 지방 1 lb를 줄이는 데 며칠이 걸리는가?

b. 12 km/hr의 일반적인 속도로 달리면 400 kJ/km가 소비된다고 할 경우, 지방 1 lb를 줄이기 위해 몇 마일을 걸어야 하는가?

c. 두 사람이 모두 10 km/day를 조깅한다고 하자. 한 사람은 5 km/hr의 속도로 달리고 다른 사람은 10 km/hr로 달릴 경우, 누구 체중이 더 빠지겠는가? (수분 손실은 무시한다.)

**** 8.1.11** 재생에너지원으로 태양에너지를 제안한다. 사막에서 오전 10시부터 오후 3시까지의 일사량(320일 동안)은 975 W/m^{2}이다. 전력으로의 변환효율이 21.0%라 가정하고, 미국의 연간 에너지 소비량인 3×10^{20} J에 해당하는 에너지를 얻는 데 필요한 면적(m^2)을 구하라. 이러한 면적의 집광설비 설치가 가능한가?

한편 석탄의 전력으로의 변환효율은 70%이다. 3×10^{20} J을 생산하는 데 필요한 석탄(발열량 10,000 Btu/lb)의 양(톤)을 구하라. 이는 미국의 전체 석탄 자원(1.7×10^{12} t으로 추산)의 몇 %에 해당하는가?

**** 8.1.12** 물질의 열전도도를 나타내는 식은 $k = a + bT$이다. 여기서 k의 단위는 (Btu)/(hr)(ft)(°F), T는 °F로 표시되는 온도, a와 b는 적절한 단위를 가진 상수이다.

온도를 °C, 열전도도를 (J)/(sec)(cm)(K)의 단위로 바꾸어 이 식을 다시 나타내라. 변환과정을 모두 보이라.

**** 8.1.13** 달리기와 같은 운동으로 체중을 얼마나 줄일 수 있는가?

자료: 지방 1 kg = 7700 Calorie = 7700 kcal = 32,000 kJ

5 min/km로 달리면 약 400 kJ/km를 소비한다.

****8.1.14** 과체중인 사람이 운동으로 체중을 줄이고자 한다. 격렬한 에어로빅에서는 700 W가 필요하다. 1/4 시간 동안의 운동은 4000 kJ의 식사량에 해당하는가?

****8.1.15** 방 안에 있던 소다수 병을 냉장고에 넣어 냉각했다. 이 소다수 병은 패쇄계인가 개방계인가? 설명하라.

*****8.1.16** 레이저는 다양한 기술에서 이용되지만 CD 플레이어에서 보는 것처럼 기구가 상당히 크다. 마이크로칩에서 레이저를 발생하는 연구를 하는 한 재료과학자의 주장에 따르면, 그의 발생 장치는 10,000 W에 이르는 레이저를 발생하므로 눈 수술, 위성통신 등에 쓸 수 있다고 한다. 아주 작은 기구에서 이처럼 강력한 레이저를 발생할 수 있다고 생각하는가?

*****8.1.17** 지역 신문의 편집자에게 보낸 편지의 내용이 다음과 같다.

> 지방 함유량이 30% 이내인 식품을 섭취하려고 합니다. '지방 80% 제거'라고 광고하는 칠면조 소시지를 구입했습니다. 포장 뒷면의 통계적인 분석에는 각각의 소시지가 지방이 8 g이고 100칼로리라고 합니다. 1 g의 지방이 9칼로리라면 소시지의 지방 함량은 75%가 됩니다. 너무 혼란스럽습니다. 광고 내용이 맞습니까?

이 질문에 어떻게 답해야 하는가?

****8.1.18** 온도가 다른 두 물체에 '열저장고(heat reservoir)'가 있다고 한다. 이 개념이 옳은가?

****8.1.19** '열이 보존되는가?'라는 시험 문제에 대해 학생의 60%는 '아니요'라고 답하고 40%는 '예'라고 답했다. 가장 공통적인 설명의 예를 들면 다음과 같다.

a. 열은 에너지의 한 형태이므로 보존된다.
b. 열은 에너지의 한 형태이므로 보존되지 않는다.
c. 열은 보존된다. 어떤 것이 냉각되면 다른 것을 가열한다. 처음에 열을 얻으려면 무엇보다도 에너지를 사용해야 한다. 열은 에너지의 한 형태일 뿐이다.
d. 열은 계와 외계 사이에서 전달된다. 한 계가 잃은 양은 외계가 얻은 양과 같다.

열이 보존되는지를 설명하고, 위의 설명을 비평하라.

****8.1.20** 열에 관한 개념 중에서 옳은 것과 틀린 것을 골라라.

a. 열은 물질이다.
b. 열은 사실상 에너지가 아니다.
c. 열과 냉(冷)은 같은 것이다. 동전의 양면과 같다.
d. 열과 온도는 같은 것이다.
e. 열은 온도에 비례한다.
f. 열은 측정해서 정량화할 수 있는 개념이 아니다.
g. 열은 매체이다.
h. 열은 한 물체에서 다른 물체로 흐르고 저장할 수 있다.
i. 연소에 의해 열을 생성할 수 있다.
j. 열은 파괴할 수 없다.

****8.1.21** 한 냉장고 운전에 관한 설명이 전문 뉴스 잡지에 투고되었다.

> 일반 냉장고에서는 비등점이 낮은 액상 냉매가 저압에서 기화하면서 냉장고 내용물로부터

열을 흡수한다. 이 열에너지는 압축기에 의해 농축되어 응축기에서 소산되고, 기체는 고압에서 액체가 된다. 이 액체는 팽창노즐을 통과해서 다시 냉장실로 들어가 새로운 냉각 사이클이 시작된다.

잡지의 편집자에게 분명하게 설명하라.

****8.1.22** 다음 설명이 참인지 거짓인지 밝혀라.

a. 단열과정에서는 열전달이 일어나지 않는다.

b. 실린더 안에서 기체를 압축할 때는 열전달이 일어나지 않는다.

c. 단열된 방 안에서 냉동기를 운전할 경우, 방을 계로 택하면 열전달이 일어나지 않는다.

d. 열과 열에너지는 같은 말이다.

e. 폐쇄계로 에너지가 전달될 수 있는 메커니즘은 열과 일뿐이다.

f. 빛은 열의 한 형태이다.

g. 계의 열을 온도에 의해 측정할 수 있다.

h. 열은 계의 온도의 척도이다.

****8.1.23** 다음 설명이 참인지 거짓인지 밝혀라.

a. 순수물질을 특정 온도와 압력에서 시작해서 여러 온도와 압력을 거쳐 원상태로 복귀시키는 과정에서의 $\Delta U = 0$이다.

b. 수증기표에서 엔탈피의 기준상태($\Delta H = 0$)는 25°C, 1 atm이다.

c. 상태 1에서 상태 2로 변하는 과정의 일은 언제나 $\Delta(pV)$로 계산할 수 있다.

d. 등온과정은 온도 변화가 0인 과정이다.

e. 단열과정은 압력 변화가 0인 과정이다.

f. 폐쇄계에서는 반응이 일어나지 않는다.

g. 세기성질은 물질의 양에 따라 증가하는 물성이다.

h. 열은 한 과정 중에 반응에 의해 방출되는 에너지의 양이다.

i. 위치에너지는 기준면에 상대적인 계의 에너지이다.

j. 열용량의 단위를 (cal)/(g)(°C)이나 Btu/(lb)(°F) 중 어느 것으로 나타내더라도 수치는 같다.

8.2 에너지와 에너지 수지의 종류에 대한 개요

***8.2.1** 에너지가 계의 경계를 통과하는 계는 무엇인가?

a. 정상상태 개방계

b. 비정상상태 개방계

c. 정상상태 폐쇄계

d. 비정상상태 폐쇄계

****8.2.2** 다음 공정의 그림을 그리고 계의 경계를 표시한 다음 계 안에서의 열전달, 일, 내부에너지 변화, 엔탈피 변화, 위치에너지 변화, 운동에너지 변화를 설명하라. 개방계와 폐쇄계, 정상상태와 비정상상태 중 어디에 속하는가?

a. 모터로 구동되는 펌프가 일정 온도의 물을 일정 유속으로 건물의 1층과 3층으로 수송한다. 계는 펌프이다.

b. (a)에서 계가 펌프와 모터이다.

c. 얼음덩어리가 햇빛을 받아 녹는다. 계는 얼음덩어리이다.

d. 혼합기로 고분자를 용매와 혼합한다. 계는 혼합기이다.

**8.2.3 다음 공정을 간단히 그리고 계의 경계, 계, 외계, 계의 경계를 통과하는 물질과 에너지의 흐름을 나타내라.

a. 물이 보일러에 도입되어 기화해서 수증기가 배출된다. 기화에 필요한 에너지는 보일러 표면 외부에서 기체 연료를 공기로 연소해서 공급한다.

b. 수증기가 회전 수증기 터빈으로 들어가 발전기와 연결된 축을 돌린다. 수증기는 터빈으로부터 저압으로 배출된다.

c. 축전지를 전원에 연결해 충전한다.

**8.2.4 다음 공정에서 계를 정하고, 열과 일에 의한 에너지 전달 유무를 나타내라(기호 Q와 W로 표시하라).

a. 잘 단열된 금속 통 안의 액체를 진동 교반기를 사용해서 아주 빨리 교반한다.

b. 모터와 프로펠러를 사용해 보트를 움직인다.

c. 관 내부에서 물이 1.0 m/min로 흐른다. 관 내부의 물의 온도와 외계의 공기온도는 같다.

**8.2.5 다음 변화에 관해 간략화된 에너지 수지식을 써라.

a. 70~250°F로 가열하는 코일을 통해 유체가 정상상태로 흐른다. 코일의 설계가 좋지 않아서, 코일 입구의 압력은 120 psia이고 출구의 압력은 70 psia이다. 코일의 단면적은 일정하며 도입 유속은 2 ft/sec이다.

b. 잘 설계된 단열 노즐을 통해 200 psia, 650°F의 유체가 팽창해서 40 psia, 350°F가 된다. 노즐 도입 유속은 25 ft/sec이다.

c. 발전기에 직접 연결된 터빈이 단열적으로 운전된다. 작동 유체는 1400 kPa(절대), 340°C에서 터빈에 도입되어 275 kPa(절대), 180°C로 배출된다. 입구와 출구의 높이 차이는 무시할 수 있다.

d. (b)에서 노즐 배출 흐름이 단열 터빈 로터(rotor)의 날개를 통해 흘러서 40 psia, 400°F로 배출된다.

8.3 비정상상태 폐쇄계의 에너지 수지식

*8.3.1 폐쇄계 공정에서 63.5 kJ의 열이 계에 추가되고, 계의 내부에너지가 232 kJ 증가했다. 이 공정의 일을 계산하라.

*8.3.2 어떤 물체에 35.0 N의 일정한 힘을 가해서 5.00 m를 움직였다. 이 이상적 계에 한 일을 다음 단위의 값으로 각각 구하라.

a. J

b. (ft)(lb_f)

c. cal

d. Btu

*8.3.3 부피 0.02 m^3인 수평형 피스톤-실린더 기구에 기체가 350 kPa의 압력으로 들어 있다. 실린더를 가열해서 부피를 0.15 m^3로 증가시켰을 때 피스톤이 기체에 한 일을 구하라. 이 과정에서 압력은 일정하며 이상적 과정이라 가정한다.

*8.3.4 단단한 탱크에 400 kPa, 600°C의 공기가 들어 있다. 외계로의 열전달로 인해 온도와 압력이 각각 100°C, 200 kPa로 내려갔다. 이 과정에서 한 일을 구하라.

**8.3.5 다음 상태에 있는 물의 내부에너지(기준상태에 대한 상댓값)를 구하라.

a. 0.4 MPa, 725°C

b. 3.0 MPa, 0.01 m^3/kg

c. 1.0 MPa, 100°C

**8.3.6 열과 내부에너지는 어떻게 다른가?

**8.3.7 기체를 200 kPa에서 300 K으로부터 400 K으로 가열했다가 350 K으로 냉각한다. 다른 과정에서는 200 kPa에서 300 K으로부터 350 K으로 직접 가열한다. 이 두 과정에서의 내부에너지와 엔탈피 변화의 차이를 구하라.

**8.3.8 다음에서 정의한 계에서 Q, W, ΔH, ΔU는 0인가, 플러스 값인가, 마이너스 값인가? 0이 아닐 경우 상댓값을 비교하라.

a. 달걀(계)을 끓는 물에 넣는다.

b. 단열 비전도성 실린더에서 처음에 외계와 평형에 있던 기체(계)를 단열 비전도성인 피스톤으로 재빨리 압축한다. ① 새로운 평형상태에 도달하기 전, ② 새로운 평형상태에 도달한 후에 대해 각각 답하라.

c. 보온병 안의 커피(계)를 흔든다.

**8.3.9 전구의 필라멘트와 같은 상태의 진공 중에 있는 알루미늄선을 25°C에서 660°C(액상)까지 가열해 증착(vapor deposition) 장치에서 사용하고자 한다. 이 가열에 필요한 전력(kWh)을 구하라. 알루미늄의 융점은 660°C이고, 선은 지름이 2.5 mm, 길이가 5.5 cm이다. (증착은 900°C 부근에서 이루어진다.)

자료: Al의 $C_p = 20.0 + 0.0135T$, T의 단위 K, C_p의 단위 J/(g mol)(°C). 660°C에서 $\Delta H_{\text{fusion}} = 10{,}670$ J/(g mol)(°C). 알루미늄의 밀도 = 18.35 g/cm^3

***8.3.10 한쪽이 막힌 수평 실린더에 움직일 수 있는 피스톤이 장착되어 있다. 처음에 이 실린더 안에 7.3 atm의 기체 0.034 m^3이 들어 있었다. 피스톤 면에 미치는 압력을 아주 천천히 감소시켜서 1 atm이 되도록 했다. 기체가 피스톤에 한 일을 구하라. 기체에 대해 $pV^{1.3}$ = 일정하다고 가정한다.

***8.3.11 단원자 이상기체의 온도를 0°C에서 50°C로 올릴 때 내부에너지 변화(J/mol)를 구하라.

**8.3.12 실린더 안의 이상기체를 등온에서 단열과정으로 압축할 수 있는가? 간단히 설명하라.

**8.3.13 난로 위의 폐쇄 주전자의 물을 가열하면서 패들(paddle)로 교반한다. 이 과정에서 30 kJ의 열이 물로 전달되고 5 kJ의 열이 외계로 방출되었다. 패들이 한 일은 500 J이다. 물의 초기 내부에너지가 10 kJ이었을 때 최종 내부에너지를 구하라.

**8.3.14 크기가 4 m × 5 m × 5 m인 방 안의 상태가 100 kPa, 30°C이다. 100 W 선풍기를 켜 놓은 채 외출했다. 5시간 뒤에 돌아왔을 때 방 안의 공기가 식었는가? 방은 단열적이라 가정한다. 공기의 정용 열용량은 30 kJ/kg mol이다.

**** 8.3.15** 93.33°C로 유지되는 물통 안에 두 탱크가 매달려 있다. 첫 탱크에는 건조 포화 수증기 0.0283 m^3이 들어 있고 둘째 탱크는 비어 있다. 두 탱크를 연결해 평형에 도달하도록 한 결과 두 탱크의 압력이 모두 6894.75 Pa가 되었다. (a) 이 과정에서 한 일, (b) 두 탱크로 전달된 열, (c) 수증기의 내부에너지 변화, (d) 둘째 탱크의 부피를 구하라.

**** 8.3.16** 그림 P8.3.16에 두 상태 1과 2를 나타냈다. 경로 A는 1에서 2로 변하는 경로이고, 경로 B와 C는 2에서 1로 되돌아오는 경로이다. 따라서 사이클은 두 가지이다. 하나는 경로 A와 B로 된 사이클이고, 또 하나는 경로 A와 C로 된 사이클이다. 이러한 사이클에 대해 다음 식이 타당한가?

$$Q_A + Q_B = W_A + W_B$$
$$Q_A + Q_C = W_A + W_C$$

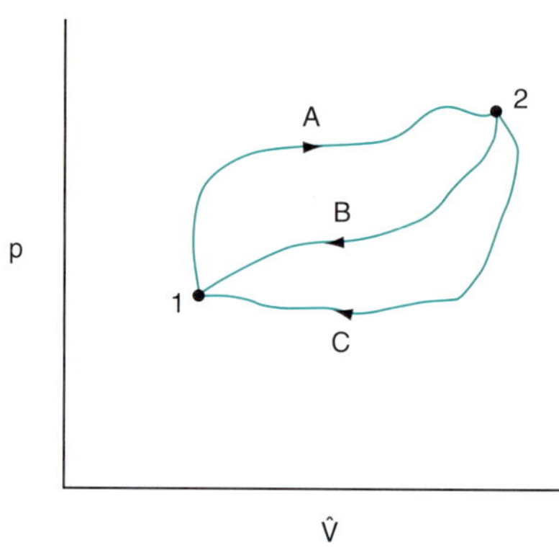

그림 P8.3.16

***** 8.3.17** 300 kN/m^2, 100°C의 이상기체 1 kg mol의 비엔탈피가 6.05×10^5 J/kg mol(0°C, 100 kN/m^2 기준)이다. 이 기체의 300 kPa, 100°C에서의 비내부에너지를 구하라.

***** 8.3.18** 프로판가스통을 채우고 잠근 다음 바비큐 그릴에 연결한다. 이 탱크 안 프로판의 상태는? 탱크 안의 온도와 압력은? 탱크 안 프로판의 80%를 사용한 후 압력은?

***** 8.3.19** **a.** 10,132 kPa, 4.44°C의 탱크에 들어 있는 이상기체 4536 g mol을 226.66 °C로 가열한다. 이 이상기체의 비몰엔탈피는 $\hat{H} = 300 + 8.00T$로 주어진다. 여기서 $\hat{H}$의 단위는 Btu/lb mol이고, 온도 T의 단위는 °F이다.

① 용기의 부피(m^3)를 구하라.

② 기체의 최종 압력(kPa)을 구하라.

③ 기체의 엔탈피 변화(J)를 구하라.

b. 위 식을 이용해서 J/g mol의 단위로 얻어지는 내부에너지를 계산하는 식을 °C 단위인 T의 함수로 나타내라.

**** 8.3.20** 전국 규모의 통신판매 회사에서 시가 1,1980.00달러짜리 '콜드 프런트'라는 휴대용 에어컨을 698.99달러에 판다고 선전한다. 이 에어컨은 외부 배기가 필요 없다고 한다. 방 안에서 이리저리 끌고 다닐 수 있으며, AC 110 V 전원에 연결하기만 하면 된다고 한다. 또한 695 W의 전력으로 5.8 MJ/hr의 냉방능이 있다고 한다. 타당한 선전인가? 어디에 함정이 있는가?

****8.3.21** 고압 탱크에 수증기 10 kg이 들어 있다. 단열했지만 2050 kJ/hr의 열이 외계로 방출된다. 이 수증기를 3000 kPa, 600 K으로 유지하는 데 필요한 동력(kW)을 구하라.

****8.3.22** 37.77°C의 물 3.62 kg이 들어 있는 밀폐 용기에서 고가의 약품을 제조한다. 용기의 내용물을 1/4 hp 모터로 교반한다. 온도를 37.77°C로 유지하기 위해 용기로부터 제거해야 할 열(J/min)을 구하라.

****8.3.23** 개방 용기에 들어 있는 27°C의 물 1 kg을 기화하는 데 필요한 열을 구하라. 대기압은 760 mm Hg이다. 수증기표를 이용하라.

****8.3.24** 100 kPa, 255 K의 공기(엔탈피 489 kJ/kg)를 1000 kPa, 278 K(엔탈피 509 kJ/kg)으로 압축한다. 압축기 배출속도는 60 m/s이다. 공기 100 kg/hr을 압축하는 데 필요한 압축기의 동력(kW)을 구하라.

****8.3.25** 다음의 변화에 대해 간략화된 에너지 수지식을 쓰라. 어느 경우에나 물질 1 lb를 계산 기준으로 사용하고, 초기상태는 100 psia, 370°F이다.

a. 마찰 없이 움직이는 피스톤이 있는 실린더 안의 물질이 정압하에서 팽창해 온도가 550°F로 올라갔다.

b. 마찰 없이 움직이는 피스톤이 있는 실린더 안의 물질의 온도가 정용상태에서 250°F로 낮아진다.

c. 마찰 없이 움직이는 피스톤이 있는 실린더 안의 물질을 단열적으로 압축해 온도를 550°F로 상승시킨다.

d. 마찰 없이 움직이는 피스톤이 있는 실린더 안의 물질을 등온 압축해 압력을 200 psia로 증가시킨다.

e. 물질이 들어 있는 실린더를 부피가 같으면서 비어 있는 실린더와 폐쇄된 밸브를 이용해서 연결한다. 밸브를 열어서 단열적으로 압력과 온도가 평형에 이르도록 한다.

****8.3.26** 부피가 0.0566 m^3인 단열 밀폐 탱크에 37.77 °C의 H_2O 3.63 kg이 들어 있다. 1/4 hp 교반기로 이 물을 1시간 동안 교반한 후 수증기 분율을 구하라. 교반기의 에너지는 전부 탱크 안으로 도입된다고 가정한다.

이 문제의 답을 구하지 말고 다음 순서에 따라 답하라.

a. 선택한 계를 설명하라.

b. 개방계인가 폐쇄계인가?

c. 그림을 그려라.

d. 그림의 적절한 위치에 아는 자료와 계산한 자료를 기입하라.

e. 이 책의 기호를 사용해 에너지 수지를 쓰고, 간단히 하라. 이때의 가정을 분명히 밝혀라.

f. W를 구하라.

g. 문제 풀이에 사용할 자료를 도입해서 식을 써라.

h. 문제를 푸는 방법을 단계적으로 설명하라(답은 구하지 말라).

****8.3.27** 550 kPa, 25°C의 CO_2 기체 1 kg을 피스톤으로 3500 kPa까지 압축한다. 이때 기체에 한 일은 4.016×10^3 J이다. 용기를 등온으로 유지하기 위해 용기 외부의 핀(fin)에 송풍해서 냉각한다. 이 계에서 제거된 열(J)을 구하라.

**8.3.28 가정용 냉장고가 단열된 밀폐실 안에 있다. 냉장고 문을 열어둔 채 가동하면 실내의 온도가 올라가는가, 내려가는가? 설명하라.

***8.3.29 탱크 안에 700 kPa, 500 K의 과열 수증기 4 kg이 들어 있다. 이 수증기를 400 K으로 냉각했을 때 열전달을 구하라.

***8.3.30 부피가 2.83 m^3인 폐쇄 용기에 1827.11 kPa의 포화 수증기가 들어 있다. 일정한 시간이 흐른 뒤 이용기로부터의 열손실로 인해 압력이 689.48 kPa로 내려갔다. 이때의 용기 내용물은 689.48 kPa에서 평형상태에 있다고 가정하고 용기에서 손실된 열량을 구하라.

***8.3.31 실린더에 설치된 피스톤이 16,947 J의 일을 해서 공기 0.085 m^3를 172.37 kPa로 압축했다. 이 과정에서 실린더 외부의 재킷(jacket)에 있는 물 2.26 kg의 온도가 0.57 ℃만큼 올라갔다. 공기의 내부에너지 변화를 구하라.

$$C_{p,\text{ water}} = 4.186 \frac{\text{J}}{(\text{g})(°\text{C})}$$

***8.3.32 폐쇄계에서 896.32 kPa, 315.55 ℃의 수증기 453.6 g을 등온 팽창시켜서 517.10 kPa가 되게 했다. 이어서 정용에서 냉각해 413.69 kPa이 되게 한 다음 마지막으로 단열 압축해서 초기상태로 되돌렸다. 단계의 각각에 대해 ΔH와 ΔU를 구하라. 가능하다면 각 단계에 대한 Q와 W도 구하라.

****8.3.33 이상기체 일정량이 그림 P8.3.33에 보인 사이클을 거친다. 다음을 구하라.

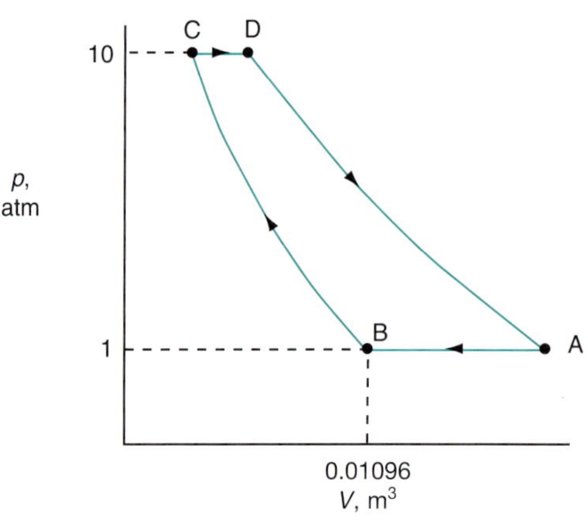

그림 P8.3.33

a. 작동되는 기체의 mol 수
b. V_D (m^3)
c. W_{AB} (J)
d. W_{BC} (J)
e. W_{CD} (J)
f. W_{DA} (J)
g. 전체 사이클의 W (J)

h. 전체 사이클의 ΔH (J)

i. 전체 사이클의 Q (J)

자료: $T_A = 76.66$ °C, $T_D = 329.44$ °C, $T_B = 21.11$ °C

BC = 등온과정, DA = 단열과정, $C_V = 5/2R$라 가정한다.

**8.3.34 다음 설명이 참인지 거짓인지 밝혀라.

a. 정용계가 하는 일은 언제나 0이다.

b. 한 상태에서 시작해 같은 상태로 되돌아오는 사이클에서 하는 순 일은 0이다.

c. 일은 계와 외계 사이의 에너지 교환이다.

d. 기체의 $+pdV$를 적분하면 언제나 일을 계산할 수 있다.

e. 폐쇄계에서는 일이 언제나 0이다.

f. 이상기체가 등압 단계와 등온 단계를 거쳐 상태 1에서 상태 2로 팽창할 경우, 등온 단계에서 기체가 하는 일이 더 크다.

g. 계에 정방향의 일이 가해지면 외계는 같은 양의 역방향 일을 하고 그 역도 성립한다.

**8.3.35 마찰이 없는 수평형 피스톤-실린더 기구에 160°C의 포화 물 4.536 kg가 들어 있다. 이 물에 열을 전달해서 절반을 기화시킨다. 피스톤은 천천히 움직인다. 이 과정에서 계(피스톤-실린더)가 한 일을 구하라.

**8.3.36 수증기를 사용해서 고분자 반응물을 냉각한다. 수증기실의 수증기를 아침에 측정한 결과 250.5°C, 4000 kPa(절대)이었고, 저녁에는 650°C, 10,000 kPa이었다. 이 수증기 1 kg의 내부 에너지 변화를 구하라. 수증기표에서 자료를 구하라.

8.4 정상상태 개방계

*8.4.1 다음 중 발열 상변화는?

a. 액상 → 고상

b. 액상 → 기상

c. 고상 → 액상

d. 고상 → 기상

**8.4.2 실린더 안에서 N_2 2 g mol을 50°C에서 250°C로 가열한다. 다음 열용량식을 이용해서 이 과정의 ΔH를 구하라.

$$C_p = 27.32 + 0.6226 \times 10^{-2}T - 0.0950 \times 10^{-5}T^2$$

T의 단위는 K, C_p의 단위는 J/(g mol)(°C)이다.

*8.4.3 열이 일정한 속도로 물질에 전달되지만 물질의 온도는 일정하게 유지된다. 이 물질은

a. 용융점에서 용융된다.

b. 용융점 이하의 고체이다.

c. 응고점 이상의 액체이다.

d. 응고점에서 응고된다.

**8.4.4 지름이 5 cm이고 길이가 100 m인 원형관에 평균 온도가 120°C인 수증기가 흐르고 있다. 외기

온도가 20°C일 때 이 원형관으로부터 외기로의 열전달을 구하라. 열전달은 다음 관계로 추산할 수 있다.

$$Q = hA\Delta T$$

$h = 5\ \text{J/(s)(m}^2\text{)(°C)}$, A = 원형관의 표면적, ΔT = 원형관 표면과 외기 사이의 온도차

****8.4.5** 액체가 기화할 때 내부에너지 변화보다 엔탈피 변화가 큰 이유를 설명하라.

****8.4.6** 물 1 lb가 575°F의 비등점에 있다. 등압에서 650°F로 가열하고 등온(650°F)에서 압축해서 부피를 절반으로 줄인 다음 처음 상태(575°F)로 되돌렸다. 전체 과정에서의 ΔH와 ΔU를 구하라.

****8.4.7** 다음 설명이 참인지 거짓인지 밝혀라.

a. 물질의 엔탈피 변화는 마이너스 값이 없다.
b. 수증기의 엔탈피는 0보다 작은 값이 될 수 없다.
c. Q와 ΔH는 모두 상태(점)함수이다.
d. 내부에너지에는 절댓값이 없다.
e. $U = H - (pV)$이다.
f. 진공 중으로 팽창하는 기체가 하는 일은 0이다.
g. 세기성질은 계에 존재하는 물질의 양에 따라 달라지는 성질이다.
h. 계의 엔탈피 변화는 초깃값과 최종값의 차이만으로 계산할 수 있다.
i. 절대 0도에서의 내부에너지는 0이다.
j. 회분계와 개방계는 같은 것이다.
k. 이상기체에 대해 $\left(\frac{\partial U}{\partial p}\right)_T = 0$이다.
l. 엔탈피는 세기성질이다.
m. 내부에너지는 크기성질이다.
n. 물의 내부에너지 값은 엔탈피 값과 비슷하다.

****8.4.8** 그림 P8.4.8은 일정한 열원에서 순물질을 가열하는 과정을 다음 그림에 나타낸 것이다.

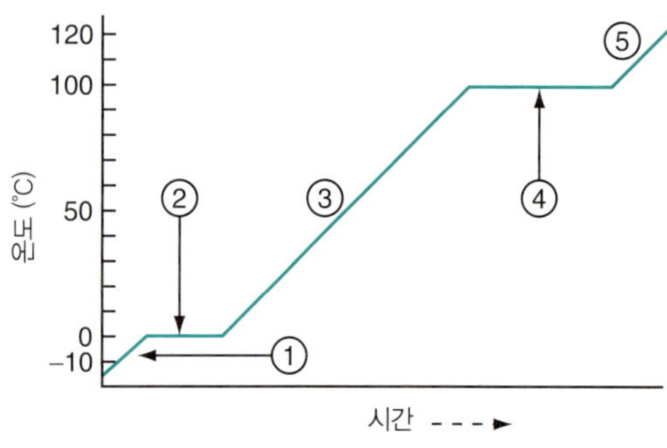

그림 P8.4.8

그림의 번호는 어떤 단계인가?

a. 고체가 더워진다.
b. 액체가 더워진다.
c. 기체가 더워진다.

d. 고체가 액체로 변한다.

e. 액체가 기체로 변한다.

이 물질의 비등점과 응고점은 각각 얼마인가?

****8.4.9** Chen 식을 사용해 n-헵탄의 표준 비등점에서의 ΔH_v를 구하라. T_b = 98.43°C, T_c = 540.2 K, p_c = 27 atm이다. 표의 값 31.69 kJ/g mol과의 오차(%)를 구하라.

****8.4.10** 1000 K, 200 mm Hg의 기상 이소부탄의 열용량을 다음 Kothari-Doraiswamy 식으로 추산하라.

$$C_p = A + B \log_{10} T_r$$

200 mm Hg에서의 실험값은 다음과 같다.

C_p[J/(K)(g mol)]	97.3	149.0
온도 (K)	300	500

실험치는 227.6이다. 추산값의 오차(%)는?

****8.4.11** 아세틸렌을 37.8°C에서 93.3°C로 가열할 때 엔탈피 변화를 구하라.

****8.4.12** 6894.757 kPa의 폐쇄용기에 수증기와 물이 부피비 4:1로 들어 있다. 수증기의 품질을 구하라.

****8.4.13** 1654 kPa에서 4.55 L의 물을 15.55 ℃에서 621.11 ℃로 가열할 때의 엔탈피 변화(J)를 구하라.

****8.4.14** 101.3 kPa, 300 K의 물 3 kg을 기화시켜서 15,000 kPa, 800 K으로 만들 때 엔탈피 변화를 구하라.

****8.4.15** +50°C의 물과 −40°C의 얼음을 같은 질량으로 혼합했다. 최종온도를 구하라.

****8.4.16** 부록 J의 CO_2에 관한 도표를 보면 −40°F의 포화 CO_2 액체의 엔탈피는 0이다. 정말인가? 이유를 설명하라.

*****8.4.17** 제안된 용융철 석탄 가스화법[*Chemical Engineering*, 17(July, 1985)]에서 3 mm 크기로 분쇄한 석탄을 용융철 용기 중에 불어넣고, 용기 하부로부터 산소를 주입한다. 이와 함께 슬래그(slag) 침전용 석회와 같은 물질이나 냉각과 수소 발생용 수증기를 동시에 불어넣을 수도 있다. 석탄 중의 황이 석회와 반응해 황화칼슘으로 생성되어 슬래그 속으로 용해된다. 이 공정은 대기압과 1400~1500°C에서 운전된다. 이 조건에서 석탄의 휘발성 성분은 즉시 빠져나와 분해된다. 탄소 전화율은 98% 이상이며, 일반적인 가스의 조성은 CO 65~70%, H_2 25~35%, CO_2 2% 미만, 황 함유량은 20 ppm 미만이다. 생성된 가스의 조성이 CO 68%, H_2 30%, CO_2 2%라 가정하고, 1400°C, 1 atm의 가스 생성물 1000 m^3을 25°C, 1 atm으로 냉각할 때의 엔탈피 변화를 구하라. 연소기체의 엔탈피표를 이용하라.

*****8.4.18** 150°C, 100 kPa의 벤젠 증기 1 kg을 응축시켜서 −20.0°C, 100 kPa의 고체로 만들 때 엔탈피 변화(joule)를 구하라.

*****8.4.19** 수증기표를 이용해 다음을 구하라.

a. 0 ℃의 물 1.36 kg을 1 atm, 148.88 ℃의 수증기로 변화시킬 때 엔탈피 변화

b. 413.685 kPa, 0 ℃의 물 1.36 kg을 1 atm, 148.88 ℃의 수증기로 변화시킬 때 엔탈피 변화

c. 413.685 kPa, 4.44 °C의 물 0.456 kg을 413.685 kPa, 148.88 °C의 수증기로 변화시킬 때 엔탈피 변화

d. 수증기 품질이 60%인 물-수증기 혼합물 0.456 kg을 148.88 °C의 품질 80%인 혼합물로 변화시킬 때의 엔탈피 변화

e. 827.370 kPa, 260 °C의 수증기를 정압에서 포화 물로 변화시킬 때 ΔH

f. 등온과정에 대해 위의 문제 (e)를 반복하라.

g. 232.22 °C의 포화 수증기를 98.88 °C, 48.263 kPa로 변화시키면 엔탈피는 증가하는가, 감소하는가? 부피는 증가하는가, 감소하는가?

h. 275.790 kPa, 130.68 °C의 H_2O는 어떤 상태인가? 482.633 kPa, 150 °C에서의 상태는? 482.633 kPa, 151.11 °C에서의 상태는?

i. 1103.161 kPa, 184.16 °C에서 0.0708 m^3의 탱크에 들어 있는 물의 부피(m^3)는? H_2O 0.456 kg에서 시작하라. 이 상태에서 H_2O 2.268 kg이 들어 있는가?

j. 6894.757 kPa, −6.67 °C의 H_2O 0.907 kg을 1689.215 kPa, 237.77 °C로 팽창시킬 때 부피 변화는?

k. 689.475 kPa에서 습한 수증기 4.536 kg의 엔탈피가 9495.5 kJ이다. 습한 수증기의 품질을 구하라.

*** **8.4.20** 수증기표를 이용해 수증기 2 kg mol을 400 K, 100 kPa에서 900 K, 100 kPa로 가열할 때 엔탈피 변화(J)를 구하라. 부록의 연소기체 엔탈피표와 수증기의 열용량식을 이용해서 각각 다시 구해보라. 답을 비교해보라. 어느 방법이 가장 정확한가?

*** **8.4.21** 부록 J의 CO_2 도표를 이용해 다음을 구하라.

a. −6.66 °C의 포화액체 CO_2 1.81 kg을 4,136 kPa, 82.22 °C로 가열한다.

① 최종상태의 CO_2의 비체적을 구하라.

② 최종상태의 CO_2는 기체, 액체, 고체, 이 중 두 가지 또는 세 가지 혼합물 중 무엇인가?

b. 이 1.81 kg의 CO_2를 4,136 kPa에서 냉각해 비체적이 0.00437 m^3/kg이 되게 한다.

① 최종상태의 온도를 구하라.

② 최종상태의 CO_2는 기체, 액체, 고체, 이 중 두 가지 또는 세 가지 혼합물 중 무엇인가?

*** **8.4.22** 1 atm에서 CO_2 1 g mol을 50°C로부터 100°C로 가열할 때 엔탈피 변화를 다음 방법으로 구하라.

a. 부록 F의 열용량식 이용

b. 부록 J의 CO_2 도표 이용

c. 부록 E의 연소기체표 이용

*** **8.4.23** *n*-부탄 도표(그림 8.18)를 이용해 182.22 °C에서 부피가 0.0708 m^3인 부탄 4.536 kg을 1,013,250 Pa의 포화액체로 변화시킬 때 엔탈피 변화를 구하라.

**** **8.4.24** 습한 수증기가 700 kPa로 관 내부로 흐른다. 품질을 구하기 위해 다른 관에서 이 습한 수증기를 100 kPa로 단열 팽창시킨다. 이 관에 설치한 열전대는 팽창된 수증기의 온도가 125°C임을 가리킨다. 팽창 전 수증기의 품질을 구하라.

** **8.4.25** 반응기로부터 537.77 °C인 고온의 반응생성물(공기와 성질이 같다고 가정)이 배출된다. 더 이

상의 반응 진행을 막기 위해 이 기체흐름에 물을 분무해서 온도를 즉시 204.44 °C로 낮추었다. 그림 P8.4.25를 보라.

204.44 °C의 반응생성물 45.35 kg을 얻기 위해 필요한 21.11 °C의 물의 질량(kg)을 구하라.

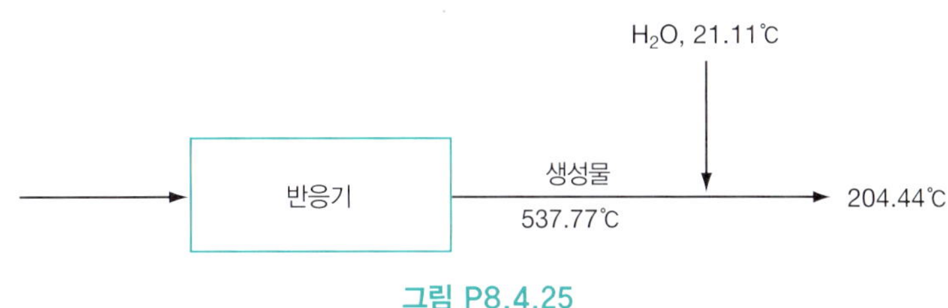

그림 P8.4.25

이 문제의 답을 구하지 말고 다음 순서에 따라 답하라.

a. 선택한 계를 설명하라.

b. 개방계인가 폐쇄계인가?

c. 그림을 그려라.

d. 그림의 적절한 위치에 아는 자료와 계산한 자료를 기입하라.

e. 이 책의 기호를 사용해서 물질수지와 에너지 수지를 쓰고 간단히 하라. 이때 가정을 설명하라.

f. 간단히 만든 수식에 알고 있는 자료를 대입하라.

*** **8.4.26** 강당을 공기로 난방한다. 가열 장치에 도입되는 공기는 17°C, 100 kPa, 150 m^3/min이다. 이 공기는 가열장치에서 15 kW의 전열코일을 통과한다. 가열 장치의 열손실이 200 W일 때, 배출공기의 온도를 구하라.

*** **8.4.27** 급수 가열 장치를 사용해 수증기 발전소의 효율을 향상한다. 그림 P8.4.27에서와 같이 한 가열 장치에서 1200 kPa, 20°C의 보일러 급수를 터빈에서 배출되는 1200 kPa, 188°C의 수증기와 혼합해서 물의 온도를 188°C로 예열한다. 가열장치를 단열하기는 했지만 열손실이 50 J/g(배출 혼합물)이다. 배출 흐름 중 수증기의 분율을 구하라.

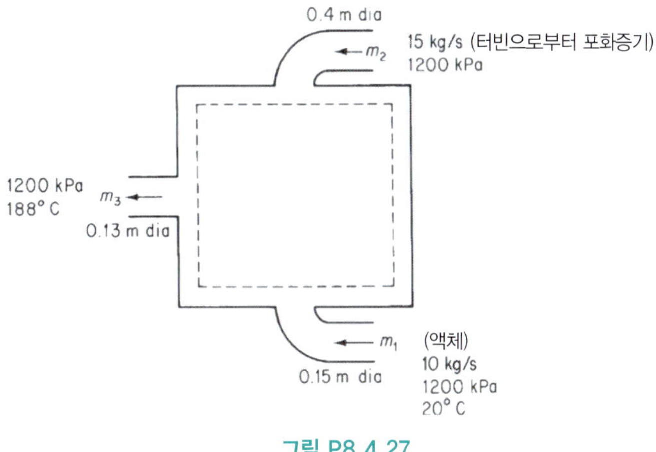

그림 P8.4.27

**** **8.4.28** 수소 존재하의 촉매 탈수소 공정을 수소첨가 개질법(hydroforming)이라 한다. 이 방법에 의해

나프타 원료로부터 톨루엔, 벤젠 등의 방향족 물질을 경제적으로 생산할 수 있다. 톨루엔을 다른 성분과 분리한 다음 응축 냉각하는 공정을 그림 P8.4.28에 나타냈다. 이 계의 응축기에 C 100 kg과 함께 톨루엔 증기와 수증기(8.1%)의 혼합물 27.5 kg을 도입해서 C에 의해 응축시킨다. 다음을 구하라.

a. 응축기에서 배출되는 C 흐름의 온도

b. 냉각수 필요량(kg/hr)

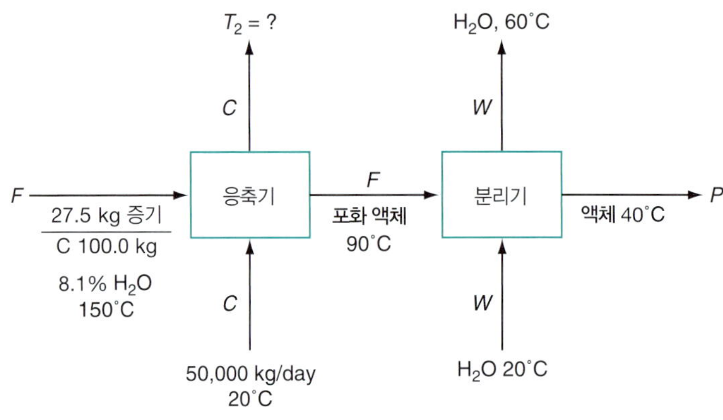

그림 P8.4.28

추가 자료는 다음과 같다.

흐름	C_p[kJ/(kg)(°C)]	B.P.(°C)	ΔH_{vap}(kJ/kg)
$H_2O(l)$	4.2	100	2260
$H_2O(g)$	2.1	–	–
$C_7H_8(l)$	1.7	111	230
$C_7H_8(g)$	1.3	–	–
C(s)	2.1	–	–

**** **8.4.29** 에틸렌-에탄 혼합물을 분리하기 위한 증류공정이 그림 P8.4.29와 같다. 생성 흐름 중의 에틸렌은 98%이며 공급물 중 에틸렌의 97%를 회수하려 한다. 공급물 중의 에틸렌은 35%이고 유량은 453.59 kg/hr이며 과냉 액체(−73.33 °C, 1723.68 kPa) 상태로 예열기에 도입한다. 여기서 온도를 6.66 °C 높여 증류탑에 도입한다. 액체 에탄과 에틸렌의 열용량은 각각 2721.42 J/(kg)(°C), 2302.74 J/(kg)(°C)로 일정하다고 가정한다. 혼합물의 열용량과 포화온도는 질량분율 기준으로 구할 수 있다. 최적 환류비는 6.1 kg 환류/kg 생성물이다. 증류탑 조작 압력은 1723.68 kPa이다. 추가 자료는 다음과 같다.

다음을 구하라.

a. 재비기에서 필요한 206.842 kPa 수증기의 양(kg/kg 공급물)

b. 응축기에서 필요한 냉매의 유량(L/hr). 냉매의 온도는 13.88 °C 상승하며, 열용량은 4186 J/(kg)(°C), 밀도는 800 kg/m^3이라 가정한다.

c. 예열기에 도입되는 탑저 생성물의 온도

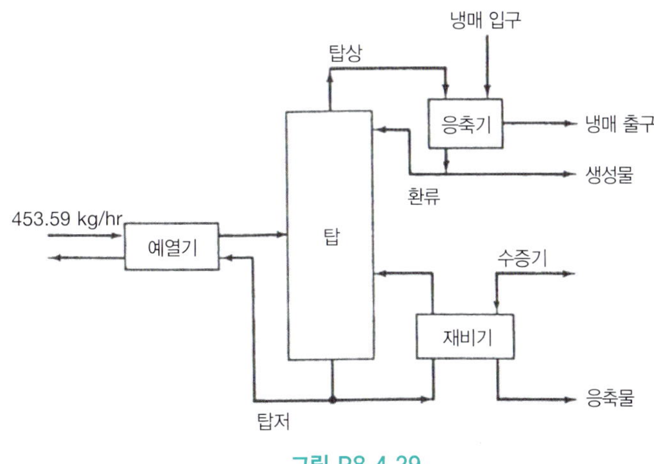

그림 P8.4.29

**** **8.4.30** 그림 P8.4.30은 화학공정의 보일러실 공정도이다. 4136 kPa의 과열 수증기 생산량은 45,359 kg/hr이고, 순환 응축수 유량은 22,679 kg/hr이다. 다음을 구하라.

a. 탈기 장치(deaerator)에서 필요한 206.84 kPa 수증기의 유량(kg/hr)

b. 보충 공급수의 유량(kg/hr)

c. 펌프 동력(W)

d. 펌프 효율이 55%일 때 펌프의 전력 소비량(kW)

e. 펌프 운전에 필요한 연간 전기료(0.05$/kWh)

f. 펌프의 배출 압력을 4136 kPa로 놓고 운전할 때의 연간 전력 절약량

g. 수증기 드럼에 공급되는 열(J/hr)

h. 과열장치에 공급되는 열(J/hr)

i. 대기 중으로 손실되는 206.84 kPa 수증기의 양(kg/hr)

j. 대기 중으로 손실되는 206.84 kPa 응축물의 양(kg/hr)

압력 = 1723.68 kPa

성분	포화온도(°C)	증발열(kJ/kg)
C_2H_6	−12.22	325.64
C_2H_4	−34.44	314.01

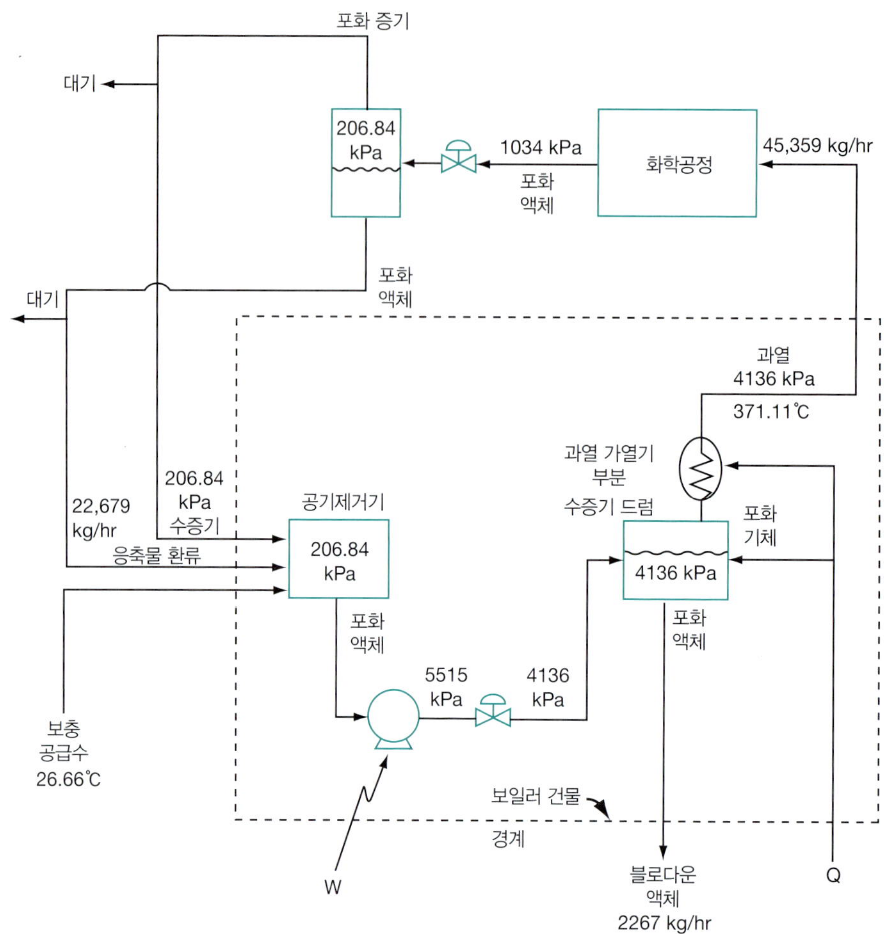

그림 P8.4.30

**** **8.4.31** 대기압에서 Cl_2를 액체상태로 저장할 수 있는 방법이 뉴스가 되었다. 운전 조건은 그림 P8.4.31과 같다. Cl_2의 표준비등점은 −34.44°C이다. 저장탱크에서 생성되는 증기는 배기구를 통해 방출되며, 이를 −17.77 °C에서 압축해 액체로 만들어 다시 저장탱크로 보낸다. 구형탱크에 규정량을 채웠을 때 기화속도는 1.135 kg/day이고, 외기 온도는 26.66 °C이다. 압축기는 전기모터로 구동하고 효율은 30% 정도이다. 이 방법을 성공적으로 수행하기 위해 압축기에 도입해야 하는 동력(W)을 구하라. 배관과 열교환기는 잘 단열되어 있다고 가정한다. 액체 Cl_2의 열용량은 477.65 J/(kg)(°C)로 한다. $\Delta H_{\text{vaporization}}$ = 287.65 kJ/kg Cl_2이다.

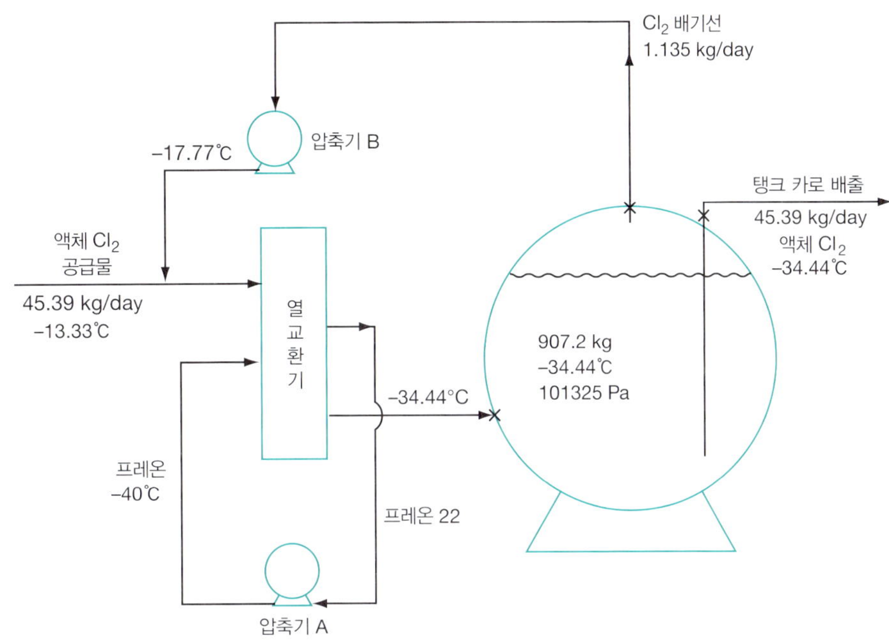

그림 P8.4.31

**** **8.4.32** 정유공정의 초기 방법인 단증류(simple distillation)에서는 원유를 다양한 유분으로 분리한다. 공정에 대한 흐름도를 그림 P8.4.32에 나타냈다. 증류 장치 전체와 열교환기 및 응축기를 포함한 각 단위 장치에 대해 완전한 물질수지와 에너지 수지를 취하라. 또 다음을 구하라.

a. 연소로(furnace)에서 공급해야 할 열부하(J/hr)

b. 공급 원유를 93.33°C로 예열하지 않고 도입할 경우 연소로에서 추가로 공급해야 할 열부하

열교환기에서 저장탱크로 가는 흐름의 온도 계산치가 타당한가?

추가 자료

구분	액체의 비열 J/(kg)(°C)	증발잠열 kJ/kg	증기의 비열 J/(kg)(°C)	응축 Temp. °C
원유	2219	232.6	1884	248.9
탑상, 증류탑 I	2470	258.2	2135	121.1
탑저, 증류탑 I	2135	214.0	1758	260.0
탑상, 증류탑 II	2637	274.5	2428	65.6
탑저, 증류탑 II	2428	248.9	2219	126.6

탑 I의 환류비: 환류 3/생성물 1

탑 II의 환류비: 환류 2/생성물 1

여기서 환류비(reflux ratio)란 응축기에 도입되는 탑상 생성물(overhead)의 질량에 대해 응축기로부터 탑으로 순환되는 흐름의 질량의 비를 말한다.

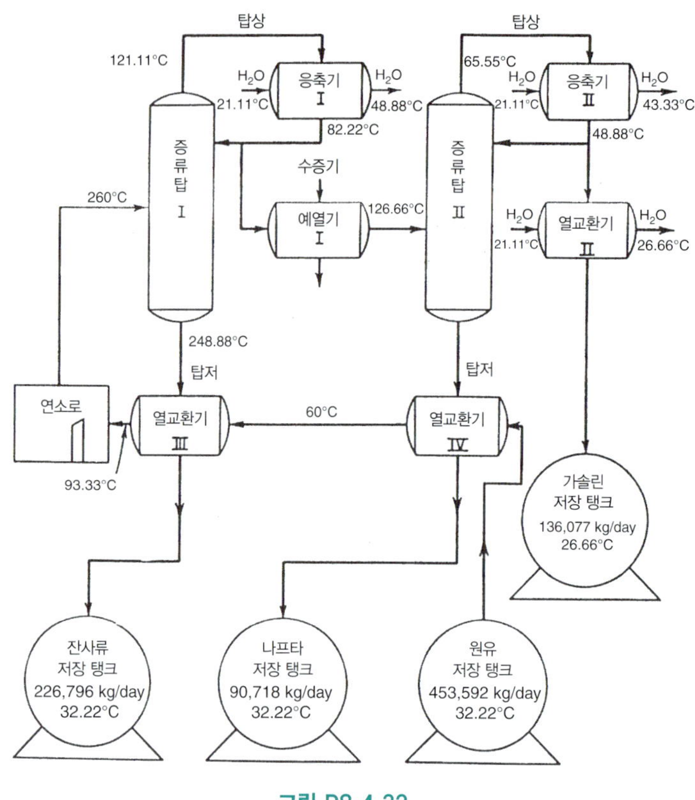

그림 P8.4.32

*** **8.4.33** 어떤 교과서의 문제와 풀이가 다음과 같다.

문제: 100°C, 101.3 kPa의 포화 물 1.00 kg을 기화시키는 데 필요한 열(kJ)을 구하라.

풀이:

$$n = 1.00 \text{ kg}$$
$$\Delta E = Q + W + E_{\text{flow}}$$
$$\Delta U = Q + W = Q - p\Delta V$$
$$Q = \Delta H = (1 \text{ kg})(2256.9 \text{ kJ/kg}) = 2256.9 \text{ kJ}$$

이 풀이가 맞는가?

8.5 기계적 에너지 수지

* **8.5.1** 기준면 위 25 m에 위치한 12 kg의 질량이 가진 위치에너지는 몇 J인가?

** **8.5.2** 내경이 5 cm인 관에 500 kg/min으로 흐르는 액체의 운동에너지를 구하라. 액체의 밀도는 1.15 g/cm^{3}이다.

** **8.5.3** 내경이 0.0508 m인 관에 3.04 m/s로 흐르는 물의 운동에너지를 J/kg 단위로 구하라.

** **8.5.4** 발사속도가 Mach 4(약 1341 m/s)인 전기총을 원한다고 하자. 이 속도는 가능하다고 볼 수 있는데, 문을 통과하는 밀짚처럼 초고속효과를 얻기 시작하는 속도가 1066 m/s이기 때문이다.

문제는 6.09 m 동안에 총탄의 속도를 0에서 1341 m/s로 가속시키는 것인데, 가속도가 일정하다면 가능한 일이다. Newton 법칙에서 계산하면 발사시간은 9 ms이다. 총탄의 무게가 1.5 kg이라면 탱크 포탄보다 아주 가볍지만, Mach 4로 명중한다면 운동에너지가 1.3 MJ이므로 충분히 탱크를 부술 수 있다. 9 ms 동안에 총탄이 이러한 에너지를 얻으려면 발사시간 9 ms 동안에 약 150 MW를 총탄에 전달해야 한다. 실제로 에너지 전달량은 150 MW가 되는가?

*** **8.5.5** 설계와 풍속에 따라 다르지만 풍차는 바람의 운동에너지를 30% 정도의 효율로 전기에너지로 변환한다. 풍차 날개의 지름이 15 m이고, 바람이 27°C, 1 atm에서 35 km/hr로 풍차에 직각 방향으로 불 때 동력(kW)을 추산하라.

*** **8.5.6** 비행체가 우주로부터 되돌아올 때는 막대한 운동에너지를 열로 변환해야 한다. 예를 들어 달에서부터 40,233 km/hr로 되돌아오는 비행체의 운동에너지가 내부에너지로 변환된다면 비행체가 기화할 정도가 된다. 따라서 총운동에너지의 대부분은 비행체로부터 전달되어야 한다. 이 비행체의 운동에너지(J/kg)는? 이 비행체의 온도를 80°C/kg만큼만 올라가도록 할 경우 열로 전달되는 에너지를 구하라. 열용량은 4186 J/(kg)(°C)이다.

*** **8.5.7** 간만의 차로부터 에너지를 획득하는 세계 최대의 플랜트는 프랑스의 생말로에 있다. 이 플랜트는 상승 및 하강 사이클을 모두 활용한다. (한 번 들어오거나 나가는 기간은 6시간 10분이다.) 간만의 차는 14 m이고, 랑스강 어귀는 길이 21 km, 면적이 23 km^2이다. 이 플랜트에서 위치에너지를 전기에너지로 변환하는 효율이 85%라 가정하고, 이 플랜트가 생산하는 평균 동력을 구하라. (주의: 만조 이후에는 해수면이 7 m로 하강한 뒤에 물을 방출하고, 간조 이후에는 해수면이 7 m로 상승한 뒤에 물이 도입되게 해서 방출 및 도입 중의 수위차를 유지한다.)

*** **8.5.8** 액체 공기의 제조 단계에서 4 atm(절대), 250 K의 공기(기체)가 길고 단열된 ID 0.072 m 관을 통과하면서 마찰저항에 의해 압력이 20.6 kPa 줄어들었다. 이 관의 출구 부근에서 밸브를 통해 팽창해 2 atm(절대)이 된다.

a. 밸브 출구에서의 공기온도를 계산하라. 적용된 모든 가정에 대해 기술하라.

b. 관에 도입되는 공기 유량이 45.35 kg/hr일 경우, 밸브 출구에서의 유속을 계산하라. 공기의 밀도는 1.4 kg/m^3이라고 가정한다.

*** **8.5.9** 수증기로 발전하는 터빈이 있다. 수증기는 지름 10 cm인 관을 통해 600°C, 1000 kPa에서 2.5 kg/s로 터빈에 도입되고, 25 cm 관을 통해 400°C, 100 kPa에서 배출된다. 단열 조작이라 가정하고, 터빈에서 얻을 수 있는 발전량을 구하라.

** **8.5.10** 공정의 폐수증기를 터빈에서 팽창시켜서 발전하는 소형 플랜트를 생산한다. 터빈의 효율을 향상하는 한 가지 방법은 단열적으로 운전하는 것이다. 260 °C, 1723 kPa의 수증기를 이용할 때의 측정값은 다음과 같다.

a. 터빈의 출력 = 64.4 kW

b. 수증기 사용량 = 453.6 kg/hr

c. 터빈에서 배출되는 수증기의 압력은 101.3 kPa이고 수분(액체 H_2O)이 15% 들어 있다.

이 터빈은 단열적으로 운전되는가? 답의 계산 근거를 밝혀라.

8.6 특수한 경우에 대한 에너지 수지식

***8.6.1 실린더에 4136 kPa, 260 °C의 수증기 0.4535 kg이 들어 있다. 이 실린더를 부피가 같고 비어 있는 실린더와 연결한 다음 중간 밸브를 연다. 수증기가 비어 있던 실린더로 팽창하고, 두 실린더의 최종 온도가 모두 260 °C가 되었다. 두 실린더를 계로 택하고 Q, W, ΔU, $\Delta \hat{H}$를 구하라.

***8.6.2 1378 kPa, 4.44 °C로 유지되는 CO_2 배관으로부터 진공상태의 실린더에 CO_2를 채운다. 실린더의 압력이 1378 kPa에 도달하자마자 배관과의 연결을 끊는다. 실린더 부피가 0.08495 m^3이고, 외계로의 열손실이 적을 때 다음을 구하라.

a. 실린더 안 CO_2의 최종온도

b. 실린더 안 CO_2의 질량(kg)

**8.6.3 990 g짜리 피스톤이 있는 수직형 실린더 안에 공기 100 g이 1 atm, 25°C로 들어 있다. 이 공기에 100 J의 일을 했을 때 피스톤은 어느 높이까지 올라갈 수 있는가? 일은 전부 피스톤의 상승에 이용되었다고 가정한다.

***8.6.4 물 0.4535 kg을 100 °C에서 (a) 비흐름 공정, (b) 비정상상태 흐름 공정으로 기화한다. Q, W, ΔU, $\Delta \hat{H}$를 구하라.

***8.6.5 1 atm, 25°C의 질소가 들어 있는 실린더를 50 atm, 25°C의 고압 질소 배관에 연결한다. 실린더 압력이 40 atm에 도달한 시점에서 실린더의 밸브를 잠근다. 단열과정이고 질소가 이상기체라 가정하고, 실린더의 내부 온도를 구하라. 이상기체의 열용량은 표 8.3을 참조하라.

***8.6.6 1 atm의 포화 수증기가 들어 있는 부피 1.416 m^3인 단열 탱크를 344.73 kPa, 143.88 °C로 유지되는 수증기 배관과 연결한다. 수증기가 천천히 탱크로 흘러들어 압력이 344.73 kPa에 도달했을때 탱크 안의 온도를 구하라. 힌트: 수증기표를 이용하면 문제를 쉽게 풀 수 있다.

***8.6.7 일반적인 에너지 수지식에서 시작해 다음의 공정에 적용되도록 식을 간단히 하라. 일반적인 에너지 수지식의 각 항에 번호를 매기고, 남아 있거나 제거한 항의 번호를 열거하고 설명하라. (어느 항이나 수치를 계산할 필요는 없다.)

a. 열교환기에서 물 100 kg/s를 100°C에서 50°C로 냉각한다. 이때 방출된 열은 20°C의 벤젠 250 kg/s를 가열하는 데 사용된다. 벤젠의 배출온도를 구하라.

b. 발전 사이클의 급수펌프가 500 kg/min의 물을 터빈 응축기에서 수증기 발생 플랜트로 수송하면서 압력을 6.5 kPa에서 2800 kPa로 증가시킨다. 펌프는 단열적으로 운전하며 총괄 기계적 효율은 50%이다(펌프와 모터 포함). 펌프 모터에 필요한 동력(kW)을 구하라. 펌프의 도입 및 배출 배관의 지름은 같고, 펌프에서 마찰에 의한 온도 상승은 무시한다(펌프는 등온에서 운전한다고 가정한다).

***8.6.8 5% 유기 용액의 농축에 사용할 증발 장치의 성능을 평가하고자 한다. 비등점 상승은 없다고 가정한다. 이미 구한 자료는 다음과 같다.

$U = 1.89 \times 10^6$ J/(hr)(m^2)(°C), $A = 185.80$ m^2, 가열 수증기(S)의 압력 = 31.02 kPa, 급액 온도 = 60 °C이다.

측정해야 할 것이 더 있는가? 수증기 코일에서 액체로의 열전달속도는 $\dot{Q} = UA(T_S - T_V)$이다.

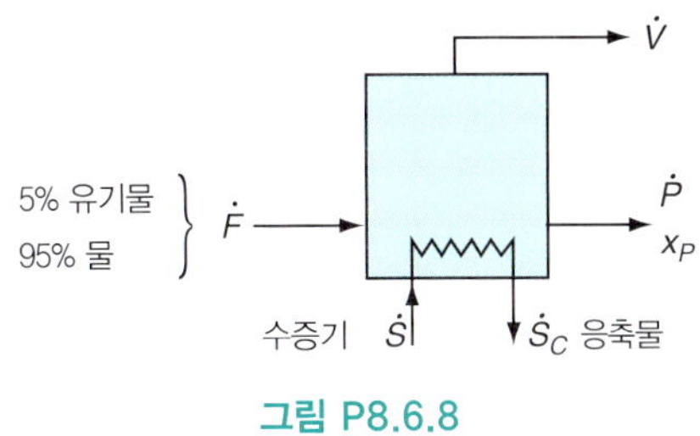

그림 P8.6.8

***8.6.9 1 m^3의 용기에서 물로 취급할 수 있는 액체를 교반기로 혼합한다. 교반기는 300 W의 동력을 용기로 도입한다. 용기에서 외계로의 열전달은 용기와 외계(20°C) 사이의 온도차에 비례한다. 용기에서의 액체의 도입과 배출 유량은 모두 1 kg/min이다. 도입 액체의 온도가 40°C일 경우 배출 액체의 온도를 구하라. 열전달 비례상수는 100 W/°C이다.

***8.6.10 그림 P8.6.10에 나타낸 증기 재압축 증발 장치에서는 증발에 의해 생성된 증기를 고압으로 압축하고 가열 코일을 통과시켜서 증발에 필요한 에너지를 조달한다. 압축기 도입 수증기는 68.95 kPa에서 수증기 98%와 물 2%로 되어 있으며, 압축기 배출 수증기는 344.73 kPa, 204.44 °C이다. 압축기에서는 통과하는 수증기 1 kg당 13958.1 J의 열이 손실된다. 또한 가열 코일에서 배출되는 응축수는 344.73 kPa, 93.33 °C이다.

a. 압축기에서 압축에 필요한 일당 가열 코일에서 증발용으로 공급하는 열(J/hr)을 구하라.

b. 증발 장치에는 1.055×10^9 J/hr의 열을 전달한다. 압축기의 흡입 용량(m^3 습한 수증기/min)을 구하라.

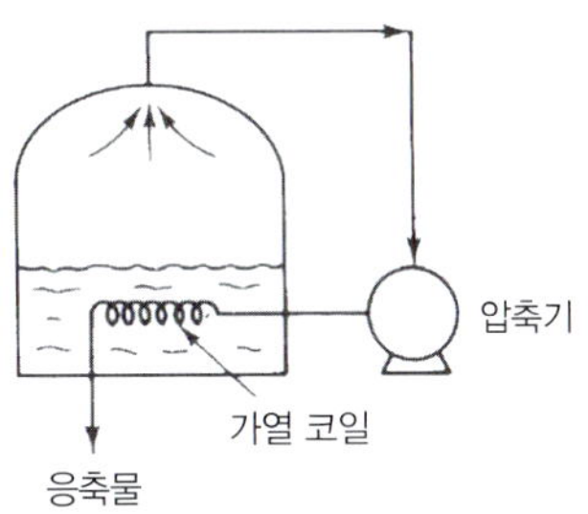

그림 P8.6.10

****8.6.11 발전소의 운전 상황을 그림 P8.6.11에 나타냈다. 배관, 보일러, 과열 장치 등은 잘 단열되어 있고 마찰 손실은 무시할 수 있다고 가정한다. 다음을 구하라(J/kg 수증기).

a. 보일러에 공급되는 열

b. 과열 장치에 공급되는 열

c. 응축기에서 제거되는 열

d. 터빈이 공급한 일

e. 액체 펌프에서 필요한 일

또한 공정 전체의 효율을 구하라.

$$효율 = \frac{생성된\ 실질\ 일/kg\ 수증기}{공급한\ 총열/kg\ 수증기}$$

보일러 급수의 유량이 907.18 kg/hr일 때 터빈의 출력(W)을 구하라. 마지막으로 이 발전소의 효율을 향상할 수 있는 방안을 제시하라.

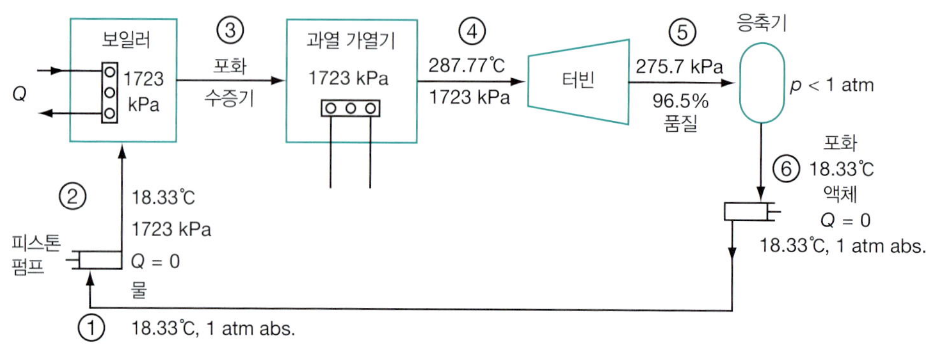

그림 P8.6.11

**** 8.6.12** 다음 각 공정에 대해 일반 에너지 수지식을 간단히 하라. 일반 에너지 수지식의 각 항에 번호를 매기고, 남겨두거나 제거한 이유를 설명하라.

a. 봄베(bomb) 열량계를 사용해서 천연가스의 발열량을 측정한다. 일정량의 가스를 봄베에 도입한 다음 산소를 주입해 압력이 10 atm이 되도록 하고, 열선을 사용해서 이 혼합물을 폭발시킨다. 발생하는 열은 봄베로부터 외계의 수조(水槽)로 전달된다. 봄베 안의 최종 생성물은 CO_2와 물이다.

b. 수증기를 생산해서 전력과 열을 발생하는 열병합발전(cogeneration)에서는 가스 터빈이나 엔진을 원동기로 사용해 배출 수증기를 열원으로 이용한다. 전형적 시설을 그림 P8.6.12에 나타냈다.

c. 기계적 냉동기에서 소형의 단열 오리피스를 통해 프레온(Freon) 액체의 일부를 플래시시켜서 증기가 되게 한다. 이 액체와 증기의 배출온도는 도입 액체의 온도보다 낮다.

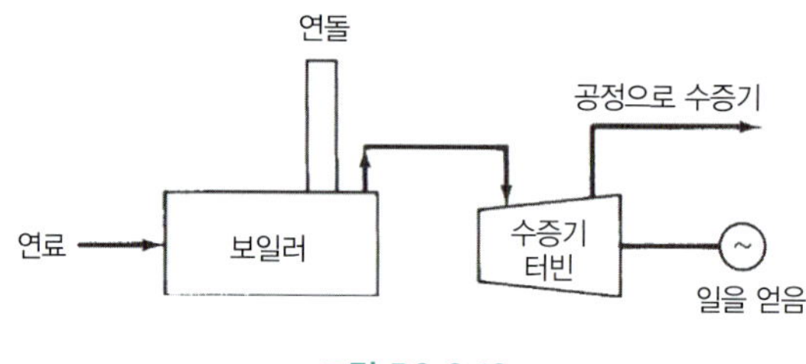

그림 P8.6.12

CHAPTER

09

반응이 있는 에너지 수지

학습목표

- 표준생성열, 반응열, 고발열량 및 저발열량의 의미를 설명한다.
- 표준생성열과 연소열에 관련해서 반응의 표준상태 및 기준상태를 안다.
- 표준생성열 또는 연소열로부터 표준반응열을 구한다.
- 생성열과 현열 변화를 결합해서 반응이 포함되는 문제를 어떻게 푸는지 이해한다.
- 간단한 반응계의 물질수지 및 에너지 수지 문제를 푼다.

서론

그림 9.1에 표시된 반응기의 개략도를 보자. 이 반응기에서 일어나는 반응이 열에너지를 방출하는 경우 열전달 유체(예: 냉각수)는 열을 제거해서 반응기가 원하는 온도에서 작동하게 한다. 반대로 반응이 열에너지를 소비하는 경우 열전달 유체(예: 증기)는 열을 전달해서 원하는 작동 온도를 유지한다. 앞으로 나올 내용은 그림 9.1에 표시된 반응기와 같이 화학반응이 포함된 시스템에 에너지 수지를 적용하는 방법을 설명한다. 화학반응은 일반적으로 시스템의 에너지 수지에 지배적인 영향을 미친다.

화학반응은 여러 산업공정의 핵심이 되며 공장 전체의 경제성에 직접적인 영향을 미친다. 또한 화학반응은 복잡한 생물 시스템의 기초가 된다. 에너지 수지에서 생성항과 소멸항을 논의하면서 지금까지 화학반응의 영향을 포함하지 않은 것은 혼동을 피하기 위해서이다. 이제 화학반응계를 다룰 차례가 되었다. 이 장에서는 에너지 수지에 화학반응의 영향을 포함하는 방법을 다룬다. 화학반응에 의한 에너지의 발생 또는 소멸의 영향은 두 가지 방법으로 표현한다. 한 방법에서는 모든 에너지의 영향을 하나의 항으로 통합해 에너지 수지에서 **반응열**로 나타낸다. 다른 방법에서는 반응 에너지 영향을 계에서 출입하는 각 흐름에 관련된 엔탈피와 통합한다. 두 방법 모두 **생성열**을 바탕으로 하므로 먼저 생성열에 관해 설명하기로 한다.

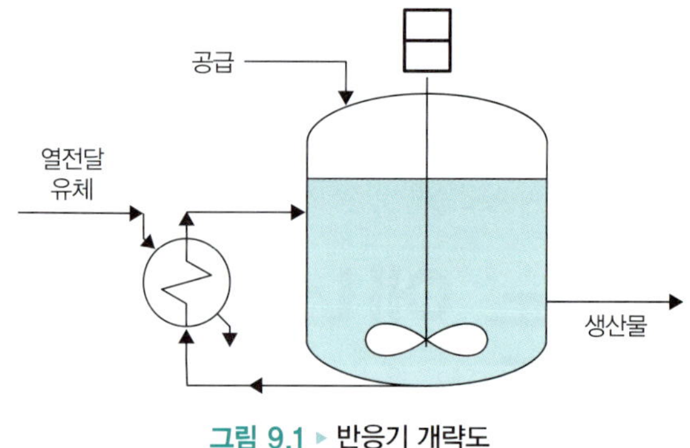

그림 9.1 ▸ 반응기 개략도

9.1 표준생성열

화학반응이 일어나는 폐쇄 등온계에서 관찰할 수 있는 열전달은 반응하는 분자 중의 원자 결합의 계 배치와 관련한 에너지 변화에 기인하는 것이다. **발열반응**(exothermic reaction)에서는 시스템 온도를 일정하게 유지하기 위해 공정에서 열을 제거하며, 반응에 의해 에너지가 생겨나면서 등온 조건이 유지된다. **흡열반응**(endothermic reaction)에서는 역이 성립되며, 시스템에 열을 가한다.

반응으로 인한 에너지 변화를 에너지 수지에 포함하려면 **표준생성열**(standard heat of formation, 표준생성**엔탈피**)이라는 양을 이용해야 하는데, 이를 단순히 생성열[1)]이라고도 한다. 반응의 표준상태는 25°C, 1 atm이다. **표준상태**(기준상태)를 위첨자(°), '생성'을 아래첨자($_f$)로 표시해서 표준생성열을 $\Delta\hat{H}_f^o$로 나타낸다. 삽입기호(^)는 몰당 값이라는 의미로 사용될 것이다.

표준생성열은 화합물 1 mol이 25°C, 1 atm 표준상태에서 성분 원소로부터 생성될 때의 비엔탈피 변화를 일컫는 말이다. 이를테면 25°C, 1 atm에서 탄소와 산소로부터 이산화탄소가 생성되는 반응을 그림 9.2에 예시했다.

$$C(s) + O_2(g) \rightarrow CO_2(g)$$

화학반응식에서는 화합물의 상태를 괄호 안에 명시하는 것에 유의해야 한다.

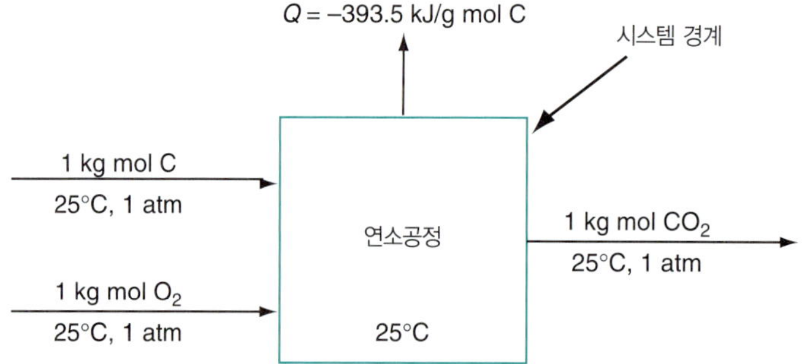

그림 9.2 ▸ 반응 $C(s) + O_2(g) \rightarrow CO_2(g)$의 정상상태 연소공정에서 반응물과 생성물이 모두 25°C, 1 atm일 때 전달되는 열이 표준생성열이다.

1) 역사적으로 화학반응과 관련한 엔탈피 변화는 주로 열량계에서 흡수되거나 제거되는 열을 측정해서 구했기 때문에 '생성엔탈피'보다는 '생성열'이라는 용어가 통용된다.

표준상태에서는 모든 원소의 엔탈피를 0으로 놓는다. 따라서 C와 O_2는 그림 9.2의 반응에서 0이란 값으로 지정된다. 식 (8.2)의 일반 에너지 수지식을 그림 9.2(정상상태 흐름이면서 *KE*와 *PE* 등이 없는 공정)의 등온공정에 대해 적용해 단순화하면 CO_2의 표준생성열을 다음 식으로부터 구할 수 있다.

$$-393.5\ \text{kJ/kg mol CO}_2 = Q = \Delta H = (1)\Delta\hat{H}^{\circ}_{\text{f,CO}_2} - (1)\Delta\hat{H}^{\circ}_{\text{f,C}} - (1)\Delta\hat{H}^{\circ}_{\text{f,O}_2}$$

$$= (1)\Delta\hat{H}^{\circ}_{\text{f,CO}_2} - 0 - 0 = \Delta\hat{H}^{\circ}_{\text{f,CO}_2}$$

엔탈피 $\hat{H}$는 상태변수이므로 어떤 상태라도 표준 기준상태로 할 수 있지만, 관습상 25°C, 1 atm (절대)압력을 물질(반응물과 생성물)의 표준상태로 한다.[2] 우리가 관심 가지는 것은 엔탈피 차이로서, 계산 중에 기준상태는 상쇄되기 때문에 기준상태를 고정하면 문제 되지 않는다.

또한 $\Delta\hat{H}^{\circ}_{\text{f}}$의 기반이 되는 반응이 반드시 등온에서 진행되는 실제 반응이어야 할 필요는 없으며, 원소로부터 화합물이 생성되는 가상적 과정이어도 상관없다. **표준상태에서 안정한**(예: N_2 대 N) **원소의 생성열을 0으로** 정의하면 25°C, 1 atm에서 모든 화합물의 생성열을 나타내는 방법을 고안할 수 있다. 여러 분자의 표준생성열을 부록 C에 실었다. 또한 Yaws 교수가 보고한 상관관계를 사용해서 700개 이상의 화합물에 대한 생성열을 얻을 수 있다.[3] 발열반응의 표준생성열은 마이너스 값이고 흡열반응의 표준생성열은 플러스 값이다.

생물공학자들이 관심을 두는 화합물은 $\Delta\hat{H}^{\circ}_{\text{f}}$를 구하기 쉽지 않다. 식 (4.16)은 C, H, O, N을 포함하는 일반적인 기질과 세포생성물을 보여준다. $C_wH_xO_yN_z$에 대한 $\Delta\hat{H}^{\circ}_{\text{f}}$를 구하려면 수지식에서 출발해야 한다. 제4장에서 제시한 전자 수지 테크닉을 사용하면 시간이 절약된다. 예를 들어 가장 작은 아미노산인 $CH_2(NH_3)COOH$(글리신)의 $\Delta\hat{H}^{\circ}_{\text{f}}$를 구하려면 보고된 연소열 966.1 kJ/g mol을 기반으로 수지 화학반응식을 작성해야 한다.

$$\text{CH}_2(\text{NH}_3)\text{COOH(s)} + 15/2\,\text{O}_2\text{(g)} \rightarrow 2\text{CO}_2\text{(g)} + 5/2\,\text{H}_2\text{O(g)} + \text{HNO}_3\text{(g)}$$

$$-\Delta H^{\circ}_{\text{c, glycine solid}} = (2)\Delta H^{\circ}_{\text{f, CO}_2} + (5/2)\Delta H^{\circ}_{\text{f, H}_2\text{O}} + (1)\Delta H^{\circ}_{\text{f, HNO}_3} - \Delta H^{\circ}_{\text{f, glycine solid}} - \Delta H^{\circ}_{\text{f, O}_2}$$

$$-966.1 = (2)(-393.51) + (5/2)(-241.826) + (1)(-173.23) - \Delta H^{\circ}_{\text{f, glycine solid}} - 0$$

$$\Delta H^{\circ}_{\text{f, glycine solid}} = -235.98\ \text{kJ/g mol}$$

이러한 분석은 이 경우의 반응열이 상대적으로 작다는 가정에 기초한다. 글리신은 물에 잘 녹는 무취의 하얀 결정이므로 실제로 물속에서 반응을 진행한다. 그에 따라 일부 용매화 영향도 나타난다.

예제 9.1 열전달을 측정해 생성열 구하기

문제 실험 자료로부터 CO의 표준생성열을 구하려 한다. 실험에서 C와 O_2를 반응시켜 순수 CO를 만들면서 열전달을 측정할 수 있는가? 이 반응을 진행하기는 매우 어려울 것이다. 이보다는 그림

2) 표준압력을 1 bar(100 kPa)로 해서 나타낸 표도 있다.

3) 3 C. L. Yaws, "Correlation for Chemical Compounds," *Chem. Engr.*, **79** (August 15, 1976).

E9.1에 나타낸 것처럼 두 반응의 표준반응열을 실험적으로 구해서 계산하는 편이 쉽다(반응을 시작할 순수한 CO가 있다고 가정).

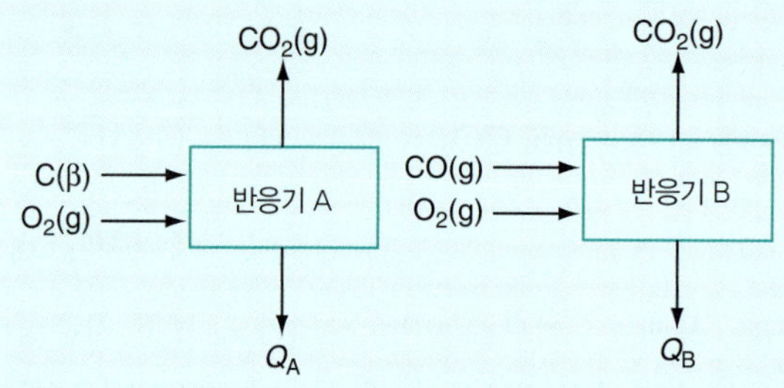

그림 E9.1 ▸ 쉬운 두 반응을 이용해 어려운 반응의 반응열을 구한다.

풀이

$$C(s)+\frac{1}{2}O_2(g)\rightarrow CO(g)$$

$$C(s)+O_2(g)\rightarrow CO_2(g) \quad Q=-393.51 \text{ kJ/g mol C} \equiv \Delta\hat{H}_A \tag{a}$$

$$CO+\frac{1}{2}O_2(g)\rightarrow CO_2(g) \quad Q=-282.99 \text{ kJ/g mol CO} \equiv \Delta\hat{H}_B \tag{b}$$

계산 기준: C 및 CO 1 g mol

Hess의 법칙에 따라 반응 (a)에서 반응 (b)를 빼고, 이에 해당하는 $\Delta\hat{H}i$를 뺀 다음 정리하면 원하는 반응식을 얻을 수 있다.

$$C(s) + \frac{1}{2}O_2(g) \rightarrow CO(g) \tag{c}$$

이로부터 CO의 g mol당 표준생성열을 구하면 다음과 같다.

$$\Delta\hat{H}^{o}_{f,\,CO} = -393.51 - (-282.99) = -110.52 \text{ kJ/g mol CO}$$

화합물의 위험을 평가하는 방법 중 하나는 급속한 에너지 방출량을 평가하는 것이다. 이러한 방출량을 추정하는 방법에서는 화합물 1 g의 생성열을 지침으로 사용한다. 예를 들어 아세틸렌(가스), 아지드화 납(고체), 트리니트로톨루엔(TNT, 액체), 질산암모늄(고체)의 상대적 위험을 어떻게 평가할 수 있는가? 폭발성이 가장 큰 것은 TNT인가? 틀렸을지 모른다. 각각의 생성열을 구해서 1 g 기준으로 환산해보라.

자습문제

확인문제

1. 다음 반응에서 열전달은 $Q = -941$ kJ이다. N_2(g)의 생성열은 얼마인가?

$$2N(g) \rightarrow N_2(g)$$

2. 다음 CO 분해반응은 고온 고압에서만 진행된다. 고온 고압이 CO의 표준생성열 값에 어떤 영향을 미치는가?

$$CO(g) \rightarrow C(\beta) + \frac{1}{2}O_2(g)$$

3. 반응식을 역으로 쓰면 화합물의 생성열 값의 부호도 바뀌는가?

해답

1. 자연상태에 있는 원소의 생성열은 0으로 정의된다.

2. 표준생성열은 25°C, 1 atm의 값으로 정했으므로 영향을 미치지 않는다.

3. 생성열이 특정 방향으로 정의되기 때문에 바뀌지 않는다.

적용문제

1. HBr(g)의 표준생성열은?

2. 그림 9.1의 공정에서 어떤 가정을 도입하면 일반 에너지 수지식이 $Q = \Delta H$로 간단히 되는가?

3. 회분 공정 실험에서 생성열을 구할 수 있는가? 그렇다면 어떤 가정하에서 어떤 계산을 해야 하는가?

4. 25°C, 1 atm에서의 실험 결과가 다음과 같다(Q는 완결 반응의 값). CH_4의 표준생성열을 구하라.

$$H_2(g) + \frac{1}{2}O_2(g) \rightarrow H_2O(1) \qquad Q = -285.84 \text{ kJ/g mol } H_2$$

$$C\ (\text{흑연}) + O_2(g) \rightarrow CO_2(g) \qquad Q = -393.51 \text{ kJ/g mol C}$$

$$CH_4(g) + 20_2(g) \rightarrow CO_2(g) + 2H_2O(1) \qquad Q = -890.36 \text{ kJ/g mol } CH_4$$

계산으로 얻은 값을 부록 C의 생성열 값과 비교하라.

해답

1. 36.4 kJ/g mol HBr

2. 정상상태 열린계이고 KE와 PE, W의 변화를 무시할 수 있는 경우

3. 구할 수 있다. $W = \Delta KE = \Delta PE = 0$이면 $\Delta U = \Delta H - \Delta(pV) = Q$이다. 또한 V가 일정하며 25°C, 1 atm에서 유지되면 $\Delta\hat{H}_f^o = Q$이다.

4.

$$2H_2(g) + O_2(g) \rightarrow 2H_2O(l) \qquad Q = 2(-285.84) \text{ kJ/g mol } H_2$$

$$C(\text{흑연}) + O_2(g) \rightarrow CO_2(g) \qquad Q = -393.51 \text{ kJ/g mol C}$$

$$CO_2(g) + 2H_2O(l) \rightarrow CH_4(g) + 20_2(g) \qquad Q = 890.36 \text{ kJ/g mol } CH_4$$

따라서 생성열은 −74.83 kJ/g mol이며 부록 C의 값은 −74.84 kJ/g mol이다.

9.2 반응열

앞에서 언급했듯이 에너지 수지에 화학반응의 영향을 포함하는 한 가지 방법은 반응열을 이용하는 것이다. **반응열(반응엔탈피)**은 여러 T와 p에서 반응물이 반응해 일정 T와 p에서 생성물이 될 때의 엔탈피 변화이다. 표준상태(25°C, 1 atm)에서 **이론량의 반응물이 완전히 반응해 이론량의 생성물이 될 때**의 반응열을 **표준반응열**($\Delta\hat{H}^o_{rxn}$)이라 한다. 이 표준반응열($\Delta\hat{H}^o_{rxn}$)을 임의 물질량

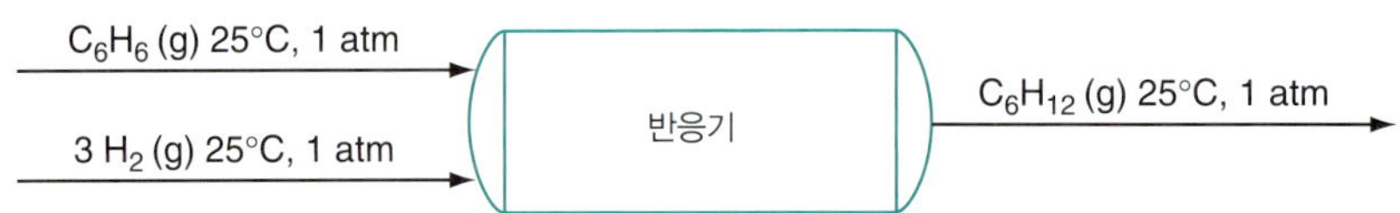

그림 9.3 ▸ 표준상태에서 벤젠과 수소가 반응해 시클로헥산이 생성되는 반응

이 임의 조건에서 반응하는 공정에서의 반응열(ΔH_{rxn})과 혼동하지 말아야 한다. $\Delta\hat{H}^o_{rxn}$의 단위는 에너지(kJ, 영국 열량 단위)이며 $\Delta\hat{H}^o_{rxn}$의 단위는 화학반응식에서 반응 1 mol당 에너지이다.

반응열은 실험으로 구할 수도 있지만 표에 있는 생성열 값을 이용해 표준반응열을 구하는 편이 쉽다. 그림 9.3과 같이 일이 포함되지 않는 정상상태 흐름공정을 고려한다. 여기서는 표준상태에서 벤젠(C_6H_6)이 이론량의 수소(H_2)와 반응해 시클로헥산(C_6H_{12})이 생성된다.

$$C_6H_6\,(g) + 3H_2\,(g) \rightarrow C_6H_{12}\,(g)$$

이 공정에 대해 에너지 수지를 취하면 $Q = \Delta H$가 되며, 이 특정 반응식에서 ΔH는 ΔH^o_{rxn}이 된다.

반응열에서는 생성열의 정의에서와 마찬가지의 기준상태(25°C, 1 atm에서 원소의 엔탈피는 0)를 사용하므로, 반응에 관여하는 각 성분의 엔탈피 값은 각각의 생성열 값과 같다.

화합물	비엔탈피 = $\Delta\hat{H}^o_f$ (kJ/g mol)	몰수
$C_6H_6(g)$	82.927	1
$H_2(g)$	0	3
$C_6H_{12}(g)$	−123.1	1

C_6H_6 1 mol이 반응할 때의 표준반응열을 구하면 다음과 같다.

$$\Delta H^o_{rxn} = n_{C_6H_{12}}\Delta\hat{H}^o_{f,C_6H_{12}} - n_{C_6H_6}\Delta\hat{H}^o_{f,C_6H_6} - n_{H_2}\Delta\hat{H}^o_{f,H_2}$$
$$= (1)(-123.1) - (1)(82.927) - (3)(0) = -206.0\text{ kJ}$$

또는 H_2를 기준으로 하면

$$\Delta H^o_{rxn} = -206.0\text{ kJ}/3\text{ g mol H}_2,\ \text{그러므로}\ \Delta H^o_{rxn} = -68.67\text{ kJ/g mol H}_2$$

반응식에 2를 곱하면 반응열은 2배가 되는가? 그렇다. 표준반응열도 그런가? 그렇지 않다.

일반식으로 **완결**반응에 대해 표준반응열을 나타내면 다음과 같다.

$$\Delta H^o_{rxn} = \left(\sum_i^{\text{Products}} v_i\Delta\hat{H}^o_{f,i} - \sum_i^{\text{Reactants}} |v_i|\Delta\hat{H}^o_{f,i}\right) = \sum_i^{\text{All Species}} v_i\Delta\hat{H}^o_{f,i} \tag{9.1}$$

여기서 v_i는 반응식의 양론계수이다. v_i에 대한 부호 규칙을 염두에 두어라. 반응열은 사실상 **엔탈피 변화**이며, 시스템에서 들어오고 나가는 열전달과는 별개이다. 생성열 값이 없으면 추산할 수 있는데, 이에 관해서는 이 장 말미의 참고문헌을 참조하기 바란다. 반응의 양론관계가 분명치 않을 경우에는 실험을 해서 반응열을 구할 수도 있다.

예제 9.2 표준생성열로부터 표준반응열 구하기

문제 4 g mol의 NH_3가 5 g mol의 O_2와 반응하는 다음 반응의 ΔH°_{rxn}를 구하라.

$$4NH_3(g) + 5O_2(g) \rightarrow 4NO(g) + 6H_2O(g)$$

풀이

계산 기준: NH_3 4 g mol

차트 데이터	$NH_3(g)$	$O_2(g)$	$NO(g)$	$H_2O(g)$
$\Delta\hat{H}^{\circ}_{f}$ (kJ/g mol) 25°C, 1 atm	−46.191	0	+90.374	−241.826

식 (9.1)을 이용해서 NH_3 4 g mol이 완전히 반응할 때의 ΔH°_{rxn}(25°C, 1 atm)를 구한다.

$$\begin{aligned}\Delta H^{\circ}_{rxn} &= [4(90.374) + 6(-241.826)] + [(-5)(0) + (-4)(-46.191)]\\ &= -904.696 \text{ kJ}\end{aligned}$$

그러므로 NH_3 몰당 반응열은

$$\Delta\hat{H}^{\circ}_{rxn} = \frac{904.646 \text{ kJ}}{4 \text{ g mol } NH_3} = -226.174 \text{ kJ/g mol } NH_3$$

예제 9.3 녹색화학: 대체 공정의 검토

문제 녹색화학(green chemistry)은 상용공정에서 환경에 미치는 영향을 줄이기 위해 화학물질을 채택하는 것과 관련된다. 예를 들어 카바릴(carbaryl: 1-napthalenyl methyl carbamate) 생산공정에서는 독성이 매우 강한 메틸이소시아네이트(methyl isocyanate)를 제거한다. 1984년에 인도의 보팔에서는 메틸이소시아네이트가 방출되는 사고가 주거지역에서 발생해 수천 명이 사망하고 수천 명 이상이 다쳤다. 보팔 공정에서는 다음과 같은 반응 (a)와 (b)가 진행된다.

$$\underset{\text{메틸아민}}{CH_3NH_2} + \underset{\text{포스진}}{COCl_2} \rightarrow \underset{\text{메틸이소시아네이트}}{C_2H_3NO} + 2\ HCl \quad \text{(a)}$$

$$\underset{\text{메틸이소시아네이트}}{C_2H_3NO} + \underset{\text{1-나프톨}}{C_{10}H_8O} \rightarrow \underset{\text{카바릴}}{C_{12}H_{11}O_2N} \quad \text{(b)}$$

대안으로 메틸이소시아네이트를 제거한 공정에서는 다음 2개의 반응이 진행된다.

$$\underset{\text{1-나프톨}}{C_{10}H_8O} + \underset{\text{포스진}}{COCl_2} \rightarrow \underset{\text{1-나프탈레닐 클로로포메이트}}{C_{11}H_7O_2C} + HCl \quad \text{(c)}$$

$$\underset{\text{1-나프탈레닐 클로로포메이트}}{C_{11}H_7O_2Cl} + \underset{\text{메틸아민}}{CH_3NH_2} \rightarrow \underset{\text{카바릴}}{C_{12}H_{11}O_2N} + HCl \quad \text{(d)}$$

모든 반응은 기상에서 진행된다. 공정에서 생산되는 카바릴 g당 각 공정의 각 단계에서 요구되는 열전달량을 구하라. 좀 더 녹색 친화적 공정을 사용하면 열전달 비용이 늘어나는가?

자료: 수록한 값의 일부는 추정치이다. 모든 $\Delta\hat{H}^{\circ}_{f}$ 값은 g mol당 kJ이다.

성분	ΔH^{o}_{rxn} (kJ/g mol)
카바릴	−26
염화수소	−92.311
메틸아민	−20.0
메틸이소시아네이트	-9.0×10^4
1-나프탈레닐 클로로포메이트	−17.9
1-나프톨	30.9
포스진	−221.85

풀이

계산 기준: 카바릴 1 g mol

가장 단순한 해석으로서 $\Delta H^{o}_{rxn} = Q$를 도입하면 표준반응열 값이 각 공정의 에너지 수지에 기여하는 정도를 대략 알 수 있다.

반응 (a)

$$\Delta H^{o}_{rxn} = [2(-92.311) + 1(-90{,}000)] - [1(-20.0) + 1(-221.85)] = -9.0 \times 10^4 \text{ kJ}$$

반응 (b)

$$\Delta H^{o}_{rxn} = [1(-26)] - [1(-90{,}000) + 1(30.9)] = \underline{9.0 \times 10^4 \text{ kJ}}$$

$$\text{합계} \approx 0 \text{ kJ}$$

반응 (c)

$$\Delta H^{o}_{rxn} = [1(-17.9) + 1(-92.311)] - [1(30.9) + 1(-221.85)] = 81.64 \text{ kJ}$$

반응 (d)

$$\Delta H^{o}_{rxn} = [1(-26) + 1(-92.311)] - [1(-17.9) + 1(-20.0)] = \underline{-80.41 \text{ kJ}}$$

$$\text{합계} = 1.23 \text{ kJ} \ (\approx 0 \text{ kJ})$$

원래 공정과 제안한 대체 공정 모두 상대적으로 적은 양의 열을 제거하면 된다. 그러나 보팔 공정은 두 단계 공정의 각 단계에서 많은 양의 열전달이 필요하다. 즉 반응 (a)에서는 많은 양의 열 제거, 반응 (b)에서는 많은 양의 가열이 필요하다. 따라서 보팔 공정에서 대체 공정보다 더 많은 자본비용이 들어간다.

지금까지는 완결되는 반응의 반응열을 고려했다. 반응이 완결되지 않으면 어떻게 되겠는가? 제4장에서 언급했듯이 대부분의 공정에서 도입되는 반응물의 몰수는 양론비가 아니며 반응이 완결되지 않을 수 있으므로, 일부 반응물이 반응기의 생성물에 나타나기도 한다. 이러한 경우에는 표준상태에서의 반응열 ΔH_{rxn}(25°C, 1 atm)을 어떻게 구하는가? (표준반응열은 아니다. 왜 그러한가?) 한 가지 방법은 식 (9.1)에서 시작해서 반응진행도를 이용하는 것이다(반응진행도를 모르면 계산한다). 비정상상태이고, 들어오고 나가는 흐름이 없는 폐쇄계에서 반응에 관여하는 각 성분의 초기량과 최종량의 관계는 다음과 같다.

$$n_i^{최종} = n_i^{초기} + v_i\xi$$

정상상태 흐름계에서는 도입량과 배출량의 관계가 다음과 같다.

$$n_i^{out} = n_i^{in} + v_i\xi$$

따라서 정상상태의 흐름계에서 다음 식을 쓸 수 있다.

$$\Delta H_{rxn}(25°C, 1\text{ atm}) = \sum_i^{\text{Flow out}} (n_i^{in} + v_i\xi)\Delta\hat{H}^o_{f,i} - \sum_i^{\text{Flow in}} (n_i^{in})\Delta\hat{H}^o_{f,i}$$

$$= \xi\sum v_i\Delta\hat{H}^o_{f,i} = \xi\,\Delta H^o_{rxn} \quad (9.2)$$

식 (9.2)에서는 반응에 관여되는 모든 성분을 합하는 기호를 사용했다. 생성물이나 반응물에 존재하지 않는 성분은 $n_i = 0$, $v_i = 0$이다.

예를 들어 그림 9.3의 반응에서 전화율을 0.80이라 가정하고 한계반응물은 1 mol의 C_6H_6으로 놓으면 식 (4.10)으로부터

$$\xi = \frac{(-f)(n^{in}_{한계반응물})}{v_{한계반응물}} = \frac{-(0.80)(1)}{-1} = 0.80$$

$$\Delta H_{rxn}(25°C, 1\text{ atm}) = (0.80)[(1)(-123.1) + (-3)(0) + (-1)(82.927)]$$

$$= -164.8\text{ kJ}$$

표준상태(25°C, 1 atm)가 아닌 조건에서 반응물이 들어오고 생성물이 나가더라도 반응열을 구할 수 있는가? 물론이다. 엔탈피는 상태(점)변수이므로 초기 상태와 최종 상태를 알면 경로에 상관없이 엔탈피 변화를 구할 수 있다.

그림 9.4에서 온도 T에서의 반응열 ΔH_{rxn}, 즉 (1)과 (2) 사이의 엔탈피 변화를 구해보자. 이 엔탈피 변화는 상태 (1)과 (3), (3)과 (4), (4)와 (2) 사이의 엔탈피 변화를 모두 더한 것과 같다. 반응물과 생성물의 엔탈피 변화는 현열과 잠열을 결합한 것으로 표에서 구하거나 각 성분의 비열식을 이용해서 계산한다. 생성물은 함께 같은 온도로 나가는 것으로 나타냈지만, 반응물은 각기 서로 다른 온도 T_i에서 존재할 수도 있다. 혼합 효과는 배제하고 각 성분의 현열과 상전이를 모두 포함하면 다음 식을 쓸 수 있다.

$$H_i(T_i) - H_i(25°C) = n_i\int_{25°C}^{T_i} C_{p,i}dT + n_i\Delta\hat{H}_{i,상변화} \quad (9.3)$$

요컨대 압력이나 혼합의 사소한 영향을 무시하면 정상상태에서 기준온도가 아닌 온도 T에서의 반응열은 다음과 같다.

$$\Delta H_{rxn}(T) = \sum_i^{반응물} n_i[\hat{H}_i(25°C) - \hat{H}_i(T)] + \Delta H_{rxn}(25°C) + \sum_i^{생성물} n_i[\hat{H}_i(T) - \hat{H}_i(25°C)] \quad (9.4)$$

간단히 표시하면

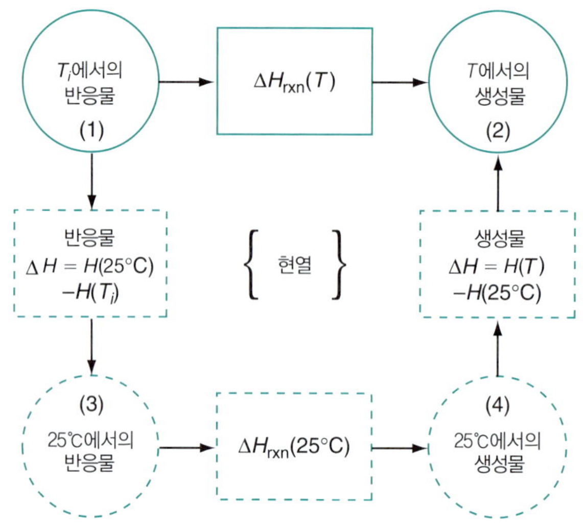

그림 9.4 ▸ ΔH_{rxn}[(1)과 (2) 사이]의 엔탈피를 구하기 위한 정보

$$\Delta H_{rxn}(T) = [H(T) - H(25°C)]_{\text{생성물}} - [H(T) - H(25°C)]_{\text{반응물}} + \Delta H_{rxn}(25°C) \tag{9.4a}$$

지금부터는 정상상태의 흐름계에서 반응열을 일반 에너지 수지 $\Delta E = 0 = Q + W - \Delta H - \Delta PE - \Delta KE$에 집어넣는 방법을 설명한다.

에너지 수지에서 반응에 참여하는 화합물의 엔탈피 변화는 다음과 같다.

$$\Delta H = [H(25°C) - H(T^{\text{in}})]_{\text{반응물}} + \Delta H_{rxn}(25°C) + [H(T^{\text{out}}) - H(25°C)]_{\text{생성물}} \tag{9.5}$$

반응에 참여하지 않는 화합물(예: 연소반응의 N_2)은 식 (9.5) 우변의 첫 번째와 세 번째 항에 포함할 수 있지만 25°C에서 반응열에는 영향을 미치지 않는다.

식 (9.5)에서 알 수 있지만, 계 안에서 반응이 일어날 경우 에너지 수지에는 단 하나의 항이 추가될 뿐인데 바로 25°C에서의 반응열이다. 에너지 발생이나 소멸의 모든 영향은 한데 묶어서 $\Delta H_{rxn}(25°C)$에 포함할 수 있다. 비정상상태, 회분식 폐쇄계에 대해서는 식 (9.5)와 유사한 형태가 무엇인가? $\Delta U = \Delta H - \Delta(pV)$임을 기억하라.

에너지 수지에서 25°C에서의 반응열을 이용해서 ΔH를 구할 때는 몇 가지 관습을 염두에 두어야 한다.

1. 반응식에서 반응물은 좌변에, 생성물은 우변에 나타낸다. 예를 들면 다음과 같다.

$$CH_4(g) + H_2O(l) \rightarrow CO(g) + 3H_2(g)$$

2. 표준상태가 아닐 때는 온도와 압력은 물론 상을 명시해야 한다. 앞의 방정식에서 표준조건을 가정해서 상만 명시되었다. H_2O처럼 보통 상태에서 두 상 이상으로 존재하는 화합물은 특히 상을 분명히 밝혀야 한다.
3. 반응하는 물질의 양은 화학반응의 양론관계 및 반응진행도로 구해지는 양과 같다고 가정

한다.

$$2\,Fe(s) + \frac{3}{2}O_2(g) \rightarrow Fe_2O_3(s) \quad \Delta H_{rxn} = -822.2\ kJ$$

이 반응에서 −822.2 kJ이란 수치는 Fe(s) 2 g mol에 대해 나타낸 값이다(1 g mol이 아니다). 따라서 Fe(s) 1 g mol 기준의 반응열은 −411.1 kJ/g mol Fe가 된다.

예제 9.4 반응물이 들어오고 생성물이 나가는 온도가 서로 다른 공정에서 반응열 구하기

문제 대기 중의 이산화탄소 농도 증가에 관한 대중적 관심이 늘어나면서 이산화탄소를 줄이거나 제거하기 위한 다양한 방안이 제안되고 있다. 다음 기상 반응을 CO_2의 전화율 40%로 진행시킬 수 있는 새로운 촉매를 개발했다는 발명가도 있다.

$$CO_2(g) + 4H_2(g) \rightarrow 2H_2O(g) + CH_4(g)$$

이 반응에 필요한 수소는 태양전지에서 생겨난 전기로 물을 전기분해해서 얻을 수 있다. 1.5 mol의 CO_2가 700°C로 들어가고 4 mol의 H_2는 100°C로 들어간다고 가정한다. 출구 가스가 1 atm, 500°C에서 나올 때 반응열을 구하라.

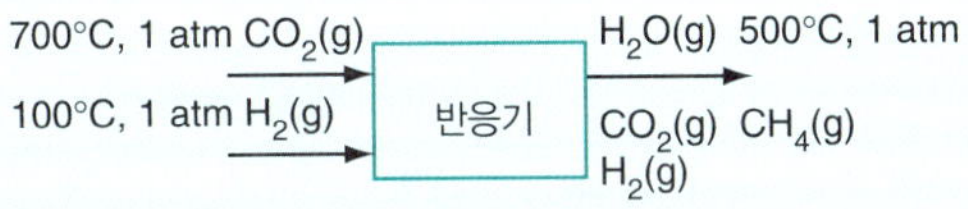

그림 E9.4

풀이 정상상태의 개방계에서 반응이 진행된다고 가정한다. 생성물과 반응물을 1 atm으로 가정하고, 풀이에서 모든 단계를 다 서술하지 않는다. 우선 물질수지를 완성하고, 에너지 수지를 다음 과정으로 완성한다. (1) 25°C에서 표준반응열, (2) 25°C에서 반응열, (3) 현열

계산 기준: $CO_2(g)$ 1.5 g mol

기준온도는 25°C이다. 물질수지식을 푼 결과를 얻으면 엔탈피 자료가 필요하다.

성분	g mol		반응한 분율	$\Delta\hat{H}_f^o$(kJ/g mol)	$\Delta\hat{H}^o_{sensible}$(kJ/ g mol)		
	도입	배출		25°C	100°C	500°C	700°C
$CO_2(g)$	1.5	0.90	0.40	−393.250		20.996	30.975
$H_2(g)$	4	1.60	0.60	0	2.123	13.826	
$H_2O(g)$	2	1.20		−241.835		17.010	
$CH_4(g)$	1	0.60		−74.848		23.126	

첫 번째 단계에서는 기준온도에서 표준반응열을 계산한다. 반응식은

$$CO_2(g) + 4H_2(g) \rightarrow 2H_2O(g) + CH_4(g)$$

완결된 반응으로 표준반응열을 나타낸다. 한계반응물은 H_2이다.

$$\Delta \hat{H}^{\circ}_{rxn} = [(1)(-74.848) + (2)(-241.835)] - [(1)(-393.250) + (4)(0)] = -165.27 \text{ kJ/g mol } CO_2$$

과잉반응물인 CO_2의 전화율은 40%이고 한계반응물인 H_2의 전화율은 0.60이다. 따라서 반응진행도는

$$\xi = \frac{(-0.60)(4)}{-4} = 0.60$$

$$\Delta H_{rxn}(25°C) = (0.60)(-165.27) = -99.16 \text{ kJ}$$

그다음 단계에서는 25°C에서 화합물이 반응기로 들어오고 나가는 온도까지 엔탈피 변화(현열)를 계산한다.

도입물의 현열				
성분	g mol	T(°C)	$\Delta \hat{H}_{sensible}$(kJ/g mol)	$\Delta H_{sensible}$(kJ)
CO_2(g)	1.5	700	30.975	46.463
H_2(g)	4.0	100	2.123	8.492
합계				54.955

배출물의 현열				
성분	g mol	T(°C)	$\Delta \hat{H}_{sensible}$(kJ/g mol)	$\Delta H_{sensible}$(kJ)
CO_2(g)	0.90	500	20.996	18.896
H_2(g)	1.60	500	13.826	28.122
H_2O(g)	1.20	500	17.010	20.412
CH_4(g)	0.60	500	23.126	13.876
합계				75.306

물은 500°C에서 기체이므로 상변화가 포함되지 않는다. 반응열은

$$\Delta H_{rxn} = 75.306 - 54.955 + (-99.161) = -78.85 \text{ kJ/g mol } CO_2$$

글루코스 기질이 있는 데에서 효모가 성장하는 반응과 같은 미생물반응에서 표준반응열은 양론관계식인 식 (4.16)을 이용해서 계산할 수 있다. 그러나 그러한 계산에서는 기질이 용액에 들어있을 수 있다는 점을 명심해야 한다. 순수한 용질이나 용매가 아니라 용액에 대한 ΔH°_{f}를 구해야 한다. 예를 들어 흔히 질소의 공급원이 되는 NH_3의 물에 대한 용해열은 물 안의 NH_3 농도에 따라 달라진다(F. O. Rossini et al.).[4)]

4) *Selected Values of Chemical Thermodynamic Properties* [National Bureau of Standards Circular 500, USGPU (1952)].

화학종	$\Delta\hat{H}^o_{solution}$(25°C, 1 atm, kJ/g mol)	$\Delta\hat{H}^o_f$(kJ/g mol)
NH_3(g)	0	−67.20
NH_3(1 H_2O)	−7.06	−74.26
NH_3(5 H_2O)	−8.03	−75.25
NH_3(50 H_2O)	−8.25	−75.45
NH_3(100 H_2O)	−8.28	−75.48

괄호 속 숫자는 NH_3(g) 1 mol당 가해진 H_2O의 총몰수이다. 전체 용액에서 NH_3의 압력과 용액의 pH는 평형상태의 농도에 따라 변한다. 물속에서 NH_3의 생성열은 NH_3(g)의 생성열과 용해열의 합이다.

용질의 서로 다른 농도 사이의 $\Delta H^o_{solution}$이 반응열에 비해 작다면 용해열은 무시해도 되지만 일부 경우에는 상대적으로 클 수도 있다. 용액 내 화합물 생성열은 《Perrys Chemical Engineers' Handbook》, 《CRC Handbook of Chemistry and Physics》 등의 출처에서 확인할 수 있다. 많은 화합물의 경우 값이 용질 농도의 함수로 보고되므로 계산 시 용해열을 고려해서 정확도를 높일 수 있다.

자습문제

확인문제

1. 표준반응열은 플러스 값이 될 수 있는가?
2. 반응이 완결되지 않은 공정에서 구한 반응열값이 옳은 값이라 할 수 있는가?
3. 물이 수증기가 되는 것과 같은 상변화는 반응열에 어떤 영향을 미치는가?
4. 표준반응열이 (a) 마이너스 값이거나 (b) 플러스 값이면 어떤 반응을 말하는가?
5. 에너지 수지에서 25°C, 1 atm이 아닌 상태를 기준상태로 택할 수 있는가?
6. 반응열과 표준반응열은 어떻게 다른가?

해답

1. 그렇다.
2. 아니다.
3. 반응식이 적절한 상으로 표현되고 적용되었다면 반응열에 상변화가 고려된다.
4. (a) 발열반응, (b) 흡열반응
5. 그렇다. 하지만 편리하지 않을 수 있다.
6. 표준반응열은 반응식의 화학량론에 기초한 완전 반응 및 표준 조건에서의 엔탈피 변화이다. 반응열은 특정 온도 및 압력에서 부분 또는 전체 반응이 일어나는 반응에 대한 엔탈피 변화이다.

적용문제

1. 생성열을 이용해서 다음 반응의 표준반응열을 구하라.

$$C_6H_6(g) \rightarrow 3C_2H_2(g)$$

2. LPG의 부분 산화에 의해 아세틸렌을 만드는 Sachse 공정은 다음과 같다. 90°C에서의 반응열을 구하라.

$$C_3H_8(g) + 2O_2(g) \rightarrow C_2H_2(g) + CO(g) + 3H_2O(l)$$

해답

1. 3(226.75) − 82.927 = 597.323 kJ/g mol

2. 표준반응열 = 226.75 − 110.52 + 3(−285.84) − (−103.85) = −637.44 kJ/g mol, 반응물 현열 = 7.189, 생성물 현열 = 19.48, 90°C에서의 반응열 = −637.44 − 7.189 + 19.48 = 625.15 kJ/g mol

9.3 생성열과 현열의 통합

예제 9.3에서 용액에 대한 표를 작성한 것에서 짐작할 수 있듯이, 반응이 일어나는 공정에서 총엔탈피 변화를 계산하는 과정은 각 성분의 표준생성열로부터 표준반응열을 계산한 뒤 각 성분의 현열과 합치는 것으로 단순화할 수 있다. 또한 생성열과 현열은 모두 몰당 기준으로 계산된다. 따라서 반응열이 겉으로 드러날 필요는 없다. 그림 9.4를 보라.

결과적으로 정상상태의 개방계에서 엔탈피 변화 항은 다음처럼 단순하게 표현된다.

$$\Delta H = \sum_{\text{outputs}} n_i \Delta \hat{H}_i - \sum_{\text{inputs}} n_i \Delta \hat{H}_i \tag{9.6}$$

생성열은 H_i 안에 포함된다.

한 흐름 속 모든 성분이 반응을 하든지 안 하든지 관계없이 'output'이나 'input'에 대한 총합계에 포함되어야 함에 유의하라. 흐름에 존재하지 않는 성분은 $n_i = 0$으로 놓는다면 각 흐름의 문제에 존재하는 모든 성분을 들어오든지 나가든지 일관성 있게 모두 포함할 수 있다. ΔH 계산에

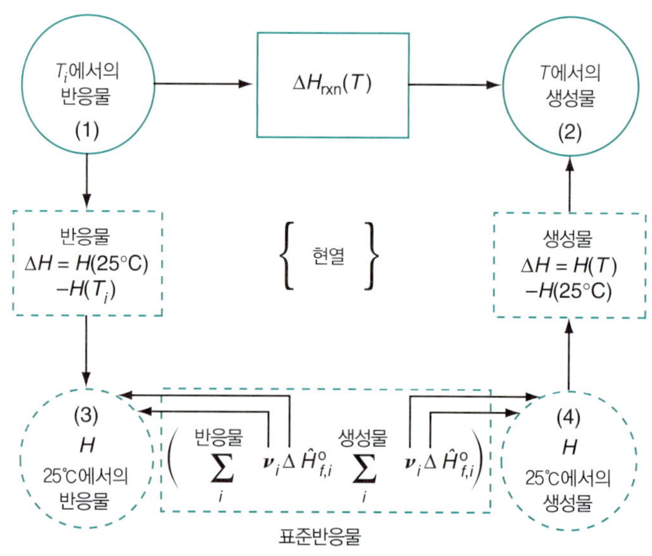

그림 9.5 ▸ 표준반응열로부터 각 생성열을 나누어 적당한 현열에 합치기

서 일부 중요한 특성을 잃을지 모르지만, 그림 9.4에서 생성열을 다른 순서로 여러 곳에 분산시키면서 계산에 사용하면 더 이상 **표준반응열** 항에는 합쳐지지 않는다. 반응이 완결되지 않는다면 물질수지로부터 생성물에 포함되는 반응물의 양이 구해진다. 그리고 에너지 수지에서 그림 9.5에 보이는 계산 순서를 따른다면, 들어가는 화합물의 총반응물에서 미반응물을 빼주면 된다. 이러한 접근법은 다음 예제를 통해 알 수 있듯이 반응열을 사용하는 접근법보다 오차가 적고 적용하기 쉬운 편이다.

예제 9.5 생성열을 현열과 합치는 계산을 다시 하기

문제 문제와 모든 자료는 예제 9.3과 똑같다. 다음 표에는 용액에 대한 자세한 자료가 나와 있다.

풀이

도입물 엔탈피					
성분	g mol	$T(K)$	$\Delta\hat{H}_f^o$(kJ/g mol)	$\Delta\hat{H}_{sensible}$(kJ/g mol)	ΔH(kJ)
$CO_2(g)$	1.5	700	−393.250	30.975	−543.413
$H_2(g)$	4.0	100	0	2.123	8.492
합계					−534.546

배출물 엔탈피					
성분	g mol	$T(K)$	$\Delta\hat{H}_f^o$(kJ/g mol)	$\Delta\hat{H}_{sensible}$(kJ/g mol)	ΔH(kJ)
$CO_2(g)$	0.90	500	−393.250	20.996	−335.029
$H_2(g)$	1.60	500	0	13.826	28.122
$H_2O(g)$	1.20	500	−241.835	17.010	−269.790
$CH_4(g)$	0.60	500	−74.848	23.126	−13.033
합계					−613.130

$$\Delta H = -613.130 - (-534.546) = -78.209 \text{ kJ}$$

들어오고 나가는 흐름에 변화가 나타난다면 문제를 풀 때 무엇을 해야만 하는가? CO_2의 정확한 반응에 변화가 있는가? 힌트: 어떤 수지식을 제일 먼저 세우는가?

자주 묻는 질문

1. 예제 9.5에서 표를 만들어 ΔH를 계산하는 과정에서 반응열은 어디로 갔는가? ΔH_{rxn} (25°C)가 여전히 존재하지만 하나의 합쳐진 형태의 항으로 있지는 않다. 각 부분이 분산되어 각 성분의 현열에 더해진다. 원한다면 앞에서처럼 분리해서 계산할 수도 있다.

2. 식 (9.2)에서 ΔH^o_{rxn}를 수정하는 데 사용한 전화율이나 반응진행도를 반응이 완결되지 않았을 때 ΔH를 계산하는 데 어떻게 포함할 수 있을까? 기초적인 물질수지는 공정으로 들어오고 나가는 반응물의 양을 다룬다. 똑같은 양이 들어오는 흐름과 나가는 흐름에 동시에 들어 있다면, 즉 반응의 진행에 아무 상관없다면 그 결과는 현열과 상변화의 ΔH에 해당한다. 즉 $(n_i\Delta H^o_{f,i})_{in} - (n_i\Delta H^o_{f,i})_{out} = 0$.

3. 예제 9.5에서 표를 만들어 사용하는 과정에 특정 반응을 알아야 할 필요가 있는가? 아니다. 반응진행도는 공정에서 측정하거나 (모르지 않는 한) 자동으로 물질수지에 고려된다. 생물반응에서는 반응 자체와 반응진행도가 불분명하지만 총괄 ΔH_{rxn}은 계산할 수 있다.

반응이 일어날 때 엔탈피 변화를 에너지 수지에서 어떻게 계산할 수 있는지 지금까지 자세히 살펴보았다. 앞으로 몇 개의 예제를 더 살펴보겠다. 정상상태의 개방계에서 자주 다루게 되는 문제의 유형은 다음과 같다.

1. 다른 흐름의 자료를 주고 남은 한 흐름의 온도를 구한다.
2. 공정에서 첨가하거나 제거해야 할 열을 구한다.
3. 반응온도를 구한다.
4. 열전달량을 규정한 공정에서 첨가하거나 제거해야 할 물질의 양을 구한다.

예제 9.6 1개 이상의 반응이 진행되는 계의 에너지 수지

문제 연속 수직 가마(kiln)에서 석회석($CaCO_3$)을 산화칼슘(CaO)으로 전화한다(그림 E9.6a). 석회석을 분해하는 데 필요한 에너지는 천연가스(CH_4)의 연소를 통해 공급하는데, 50% 과잉 공기를 석회석과 직접 접촉시키면서 연소시킨다. $CaCO_3$는 25°C에서 도입되고 CaO는 900°C에서 배출된다. CH_4는 25°C에서 도입되고 생성가스는 500°C에서 배출된다. CH_4 1000 ft^3(0°C, 1 atm의 표준상태)로 처리할 수 있는 $CaCO_3$의 최대 질량(lb)을 구하라. 계산을 간단히 하기 위해 $CaCO_3$와 CaO의 열용량은 각각 56.0, 26.7 Btu/(lb mol)(°F)로 일정하다고 가정한다.

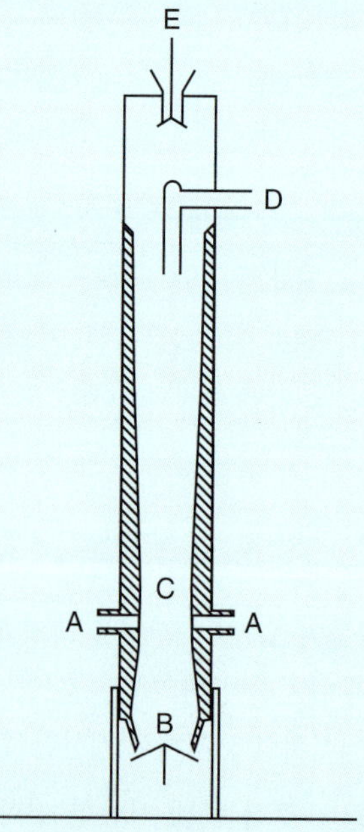

그림 E9.6a ▸ 수직 가마는 내화물로 내장한 강철 실린더로서 대략 높이 80 ft, 지름 10 ft이다. 연료는 A에서, 공기는 B에서, 석회석($CaCO_3$)은 E에서 공급하고, 연소생성물과 CO_2는 D에서 배출된다.

풀이

단계 1~3

먼저 계산 단위(SI 또는 AE 단위) 또는 둘 다를 선택한다. 여기서는 대부분의 풀이에서 편의상 SI 단위를 사용한다. 전체 공정은 1 atm에서 운전되고(따라서 *H*는 온도만의 함수이다), 공기는 25°C에서 도입된다고 가정한다. 또한 계산 기준을 정해야 한다.

단계 5

편의상 CH_4 1 g mol을 계산 기준으로 선택한다. 물론 다른 기준을 선택해도 된다. 계산이 끝날 때 계산 결과를 원하는 단위로 바꾸어줄 수도 있다.

단계 1~4

그림 E9.6b에 공정의 개요도를 나타냈다. 개방계의 정상상태로 가정한다. 정상상태의 가정에서 가마가 운전되기 시작할 때와 끝날 때 가마 안에 물질이 없으며, 시작하고 끝나는 사이의 시간은 상대적으로 짧아서 무시한다. 우선은 물질수지를 푼다.

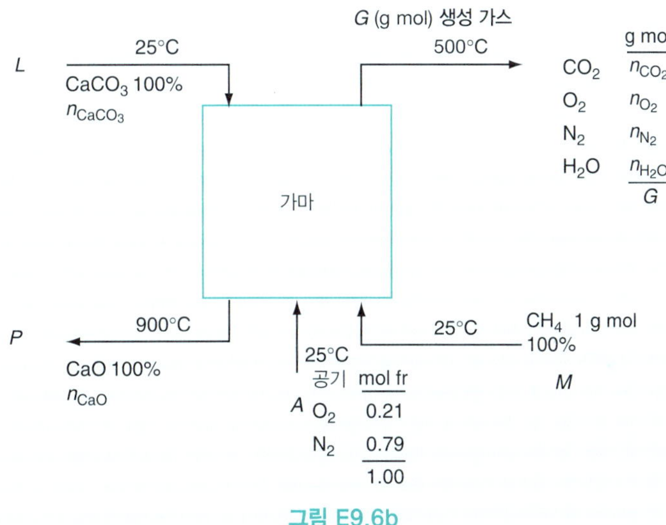

그림 E9.6b

확인할 수 있고 쉽게 계산할 수 있는 모든 변숫값부터 명시하면서 풀이를 시작한다. 예비 과제에서 사용한 모든 물질수지를 잘 파악해서 나중에 무심코 불필요한 정보를 사용하지 않도록 한다.

단계 3~4

들어가는 O_2와 N_2의 값을 얻기 위해 문제 서술에 인용된 값이 다음 반응과 관련된다고 가정한다.

$$CH_4(g) + 2O_2(g) \rightarrow CO_2(g) + 2H_2O(g)$$

따라서 O_2와 N_2의 도입 물질량은 다음과 같다.

1 mol CH_4에 필요한 양	2 g mol O_2
50% 과잉량	$\underline{1}$
총 O_2	3
도입 N_2	3(0.79/0.21) = (11.29) g mol

다른 어떤 값이 지정될 수 있는가? 그림 E9.6b를 보면서 N_2 도입량이 N_2 배출량과 같음에 주목하라

(N_2는 반응하지 않는다). 따라서 $n^G_{N_2} = 11.29$ g mol이다. 또한 CH_4의 모든 H는 G 흐름 속으로 이동하므로 $n^G_{H_2O} = 2.00$ g mol이다. 흐름 속 mol의 합 사이의 관계를 이용하면 다음을 g mol로 얻을 수 있다.

$$n^L_{CaCO_3} = L \quad A = 14.29$$
$$n^P_{CaO} = P \quad M = 1.00$$

칼슘 수지로부터 $L = P$임을 알게 된다. L은 풀이의 마지막 부분에서 사용되어야 하므로 L을 미지변수로 설정한다.

단계 6~7

미지변수로 남는 변수는

$$L,\ G,\ n^G_{CO_2},\ n^G_{O_2} \qquad \text{(총 4개)}$$

값을 정하는 데 아직 사용되지 않은 독립식으로는

원소수지: C, O(H와 N은 사용되었음)	2
몰의 합: $n^G_{CO_2} + n^G_{O_2} + 11.29 + 2.00 = G$	1
합계	3

이에 따라 자유도는 4 − 3 = 1이다.

공정의 출구에 $CaCO_3$와 CH_4가 없기 때문에 $CaCO_3$와 CH_4 반응이 완결된다고 나타내는 것은 불필요하다(따라서 이 값들은 자동으로 0으로 놓는다). $CaCO_3$ 또는 CH_4가 불완전하게 반응된다고 놓으면 문제에 주어진 다른 정보와 모순된다.

물질수지 문제에서 분자수지를 사용한다면 14개의 변수(L, P, A, M, G, 7개 분자, 반응진행도 2개)로 시작하게 된다. 변수 10개에 값을 지정하고(2개의 반응진행도는 1로 지정), 계산 기준은 $CH_4 = 1$ mol, CH_4는 반응해서 H_2O와 $CaCO_3$가 생겨나므로 $L = M$, 그 외 원소수지에서와 마찬가지로 지정하고, 3개의 분자수지(O_2, CO_2, $CaCO_3$)가 있으며, 4개의 미지변수를 구하게 된다. 원소수지를 사용해도 똑같은 결과가 나온다.

따라서 1개의 독립식이 더 필요하므로 에너지 수지식을 세운다.

$$\Delta H = Q$$

가정: $Q = 0$ (내화벽돌로 잘 단열되어 있어서 Q를 어떻게 계산할지 모른다.)

결론: $\Delta H = 0$

H는 온도의 함수임을 기억하라(p는 1 atm으로 가정했다). 그리고 온도는 각 흐름에 대해 명시되어 있다. 따라서 몰당 값 $\Delta\hat{H}(T)$를 찾은 뒤 각 몰수를 곱해서 각 흐름에 대한 $\Delta H(T)$를 구한다(기체의 혼합열은 본질적으로 0이다).

$$\overbrace{(L)(\Delta\hat{H}^P_{CaO}) + (n^G_{CO_2})(\Delta\hat{H}^G_{CO_2}) + (n^G_{O_2})(\Delta\hat{H}^G_{O_2}) + (11.29)(\Delta\hat{H}^G_{N_2}) + (2)(\Delta\hat{H}_{H_2O})}^{\text{배출물(500°C, 900°C)}}$$
$$-\overbrace{-(1)(\Delta\hat{H}_{CH_4}) - (3)(\Delta\hat{H}_{O_2}) - (11.29)(\Delta\hat{H}_{N_2}) - (L)(\Delta\hat{H}_{CaCO_3})}^{\text{도입물(25°C)}} = 0$$

기준 상태로는 25°C와 1 atm을 선택한다.

계산을 효율적으로 하기 위해 표의 형태를 사용한다. 흐름의 ΔH(kJ)는 각 i 성분에 대한 $(\Delta\hat{H}_f^o + \Delta\hat{H}_{sensible})\, n_i$를 합한 것이다.

성분	몰수	$\Delta\hat{H}_f^o$(kJ/g mol)	T(°C)	현열(kJ/g mol)*	흐름 ΔH(kJ)
도입물					
CH_4(g)	1	−49.963	25	0	−49.963
O_2(g)	3	0	25	0	0
N_2(g)	11.29	0	25	0	0
$CaCO_3$(g)	$n^L_{CaCO_3} = L$	−1206.9	25	0	$-1206.9L$
배출물					
CaO(s)	$n^G_{CaO} = P = L$	−635.6	900	(0.062)(900 − 25)	$-581.35L$
CO_2(g)	$n^G_{CO_2}$ (} $\Sigma = G$)	−393.25	500	21.425	$-371.825\, n^G_{CO_2}$
O_2(g)	$n^G_{O_2}$ (} $\Sigma = G$)	0	500	15.034	15.034
N_2(g)	11.29 (} $\Sigma = G$)	0	500	14.241	160.781
H_2O(g)	2 (} $\Sigma = G$)	−241.835	500	17.010	−449.650

* 부록 E, 참고문헌의 데이터(Kobe)

몰로 표현된 2개의 남은 원소 물질수지를 에너지 수지와 함께 풀어야 한다.

수지	도입량		배출량	
C:	$1 + L$	=	$n^G_{CO_2}$	(1)
O:	$3L + 2(3)$	=	$n^G_{CO_2} + 2n^G_{O_2} + 2 + 2L$	(2)

$$\Delta H = 0$$

$$(-581.35L - 371.825n^G_{CO_2} + 15.034 + 160.781 - 449.650) - (-49.963 - 1206.9L) = 0 \quad (3)$$

$$L = 2.56 \text{ g mol}$$

CH_4 1 g mol을 기준으로 하면

$$\frac{2.56 \text{ g mol } CaCO_3}{1 \text{ g mol } CH_4}\left|\frac{100.09 \text{ g } CaCO_3}{1 \text{ g mol } CaCO_3}\right. = \frac{256\text{g } CaCO_3}{1 \text{ g mol } CH_4}$$

적절한 가정으로서 CH_4를 이상기체로 가정해서 다음 비를 구한다.

$$\frac{1000 \text{ ft}^3\ CH_4}{}\left|\frac{1 \text{ lb mol } CH_4}{359.05 \text{ ft}^3}\right|\frac{256 \text{ lb } CaCO_3}{1 \text{ lb mol } CH_4} = \frac{713 \text{ lb } CaCO_3}{1000 \text{ ft}^3\ CH_4 \text{ at S.C.}}$$

도입 공기를 예열하기 위해 가마로부터 나오는 가스를 사용하기로 결정한다면 위에 계산된 비가 증가하는가, 감소하는가? 만약에 열교환을 한다면 전체 시스템에서 배출되는 가스는 온도가 더 낮아지는가, 높아지는가? 그렇다면 배출가스의 현열은 어떻게 되는가? 표의 형태로 계산을 하면 답을 얻는 데 도움이 되는가?

단열반응온도(연소의 이론불꽃온도)는 다음과 같은 연소공정에서 나타나는 온도로 정의된다.

1. 단열 조건에서 반응이 진행된다. 즉 반응이 일어나는 계와 외계 사이의 열교환이 없다.
2. 전기적 효과, 일, 이온화, 자유 라디칼 생성 등의 다른 효과가 없다.
3. 한계반응물이 완전히 반응한다.

연소반응의 단열반응온도 계산에서는 완전 연소를 가정하지만, 실제로는 평형을 고려하면 완전 반응이 아닐 수 있다. 예를 들어 이론 공기를 사용한 CH_4의 단열불꽃온도의 계산 결과가 2070°C일 경우, 불완전 연소를 고려하면 1920°C일 수도 있다. 실제 측정치는 1885°C이다.

단열반응온도는 한 공정의 최고 온도를 말해준다. 그 이상 올릴 수 없고, 실제 온도는 이보다 낮아진다. 단열반응온도를 감안해서 반응장치 재료의 종류를 선택할 수 있다. 공기를 사용한 연소에서는 최대 온도가 대략 2500 K이지만, 산소나 특수 산화제를 사용하면 3000 K에 이르거나 이보다 높아질 수도 있으므로 심각한 안전 문제가 발생할 수도 있다. 이러한 고열의 가스는 신물질의 제조, 미세가공, 레이저빔을 이용한 용접, 이온화 가스를 구동 유체로 사용한 직접 발전 등에서 활용된다.

앞에서 보았듯이 개방계의 정상상태에서 $Q = 0$인 경우의 에너지 수지는 $\Delta H = 0$이다. 문제에서 불꽃온도를 미리 모르기 때문에 부록 F의 열용량 데이터를 사용하는 경우에는 시행착오 과정이 필요하다.

25°C에서 T까지 열용량식을 적분해서 현열을 구한다면 ΔH가 최소한 3차식이나 4차식으로 나타난다. 이 식을 풀어서 배출온도를 구하면 된다. 다항식에는 1개 이상의 해가 존재할 수 있고, 해에는 음수나 복소수가 존재할 수 있지만 합리적인 해는 하나만 얻어야 한다.

비정상상태 폐쇄계 내부에서 $\Delta KE = \Delta PE = 0$이고 $W = 0$이면 에너지 수지가 다음과 같이 간단히 된다.

$$Q = \Delta U = U_{\text{최종}} - U_{\text{최초}}$$

$\hat{U}$ 값을 알지 못한다면 다음 식으로부터 Q를 구해야 한다.

$$Q = [H(T) - H(25°\text{C})]_{\text{최종}} - [H(T) - H(25°\text{C})]_{\text{최초}} - [(pV)_{\text{최종}} - (pV)_{\text{최초}}]$$

$\Delta(pV)$의 기여도는 일반적으로 무시할 수 있어서 U 대신에 H를 사용할 수 있다. 이때 개방계와 폐쇄계에 대한 계산에서 똑같은 결과를 얻는다. 그러나 $\Delta(pV)$가 무시될 수 없다면 정용과정에서는 $\Delta(pV) = V\Delta p$이고, 등압에서 팽창되는 폐쇄계에서는 $\Delta(pV) = p\Delta V$이다.

예제 9.7 단열반응(불꽃)온도의 계산

문제 정압에서 100% 과잉공기로 CO를 연소시킬 때의 이론불꽃온도를 구하라. 반응물은 100°C, 1 atm에서 도입된다.

풀이 공간절약을 위해 압축된 풀이를 보여줄 것이다. 계를 그림 E9.7에 보였다. 부록 C의 데이터와 온라인에서 이용 가능한 기타 리소스(예: 448쪽에 나열된 웹사이트) 그리고 Yaws 교수(499쪽)가 보고한 상관관계와 같은 문헌을 사용한다. 이 공정은 정상상태 흐름계이고, 어떤 평형 효과도 무시한다.

계산 기준: CO(g) 1 g mol (기준상태 25°C, 1 atm)

$$CO(g) + \frac{1}{2}O_2(g) \rightarrow CO_2(g)$$

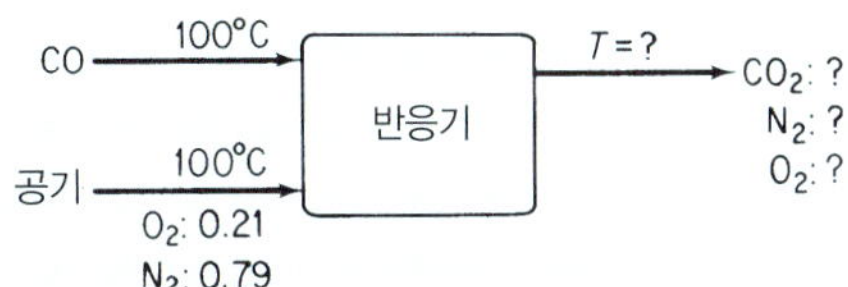

그림 E9.7

한계반응물(CO)이 완전히 반응한다고 가정한다. 과잉공기와 질소는 반응에 참여하지 않지만, 그럼에도 불구하고 공정 흐름에 대한 적절한 총현열(엔탈피)을 얻으려면 관련 현열을 계산해야 한다. 계에 들어오고 나가는 각 화합물에 대한 모든 관련 엔탈피 변화에 대해 이전에 사용된 표 형식의 방법을 사용한다. 에너지 수지와 별도로 물질수지를 풀 수 있다(자유도가 0이다). 물질수지에 대한 풀이는 다음과 같이 요약된다.

도입 성분		배출 성분	
성분	g mol	성분	g mol
CO(g)	1.00	CO_2(g)	1.00
O_2(req. + xs) 0.50 + 0.50	1.00	O_2(g)	0.50
N_2	3.76	N_2(g)	3.76
(공기 = 4.76)			

먼저 부록 E에서 연소기체의 엔탈피 값이 수록된 표로부터 '현열(엔탈피)'을 구한다. $Q = 0$이므로 에너지 수지는 $\Delta H = 0$이 된다. 에너지 수지에 필요한 자료는 다음과 같다.

성분	g mol	T(K)	$\Delta\hat{H}_{sens.}$(J/g mol)	$\Delta\hat{H}_f^\circ$(J/g mol)	ΔH(J)
			도입물		
CO	1.00	373	(2917−728)	−110,520	−108,331
O_2	1.0	373	(2953−732)	0	2221
N_2	3.76	373	(2914−728)	0	8219
		합계			**−97,891**
			배출물		
			Assume T = 2000 K		
CO_2	1.00	2000	(92,466−912)	−393,510	−301,956
O_2	0.50	2000	(59,914−732)	0	29,591
N_2	3.76	2000	(56,902−728)	0	211,214
		합계			**−61,151**
		$\Delta H = \Delta H_{outputs} - \Delta H_{inputs} = (-61{,}151) - (-97{,}891) = 36{,}740 > 0$			
			Assume T = 1750 K		
CO_2	1.00	1750	(77,455−912)	−393,510	−316,977
O_2	0.50	1750	(50,555−732)	0	24,912
N_2	3.76	1750	(47,940−728)	0	177,517
		합계			**−114,548**
		$\Delta H = (-114{,}548) - (-97{,}891) = -16{,}657 < 0$			

$\Delta H = 0$이 둘 사이에 포함하는 두 값을 구했으므로 선형 내삽에 의해 단열불꽃온도(AFT)를 구한다.

$$\text{AFT} = 1750 + \frac{0-(-16{,}657)}{36{,}740-(-16{,}657)}(250) = 1750 + 78 = 1828\ \text{K}(1555°\text{C})$$

이 문제는 다른 방법으로 풀 수도 있다. 즉 T로 표현되는 식을 세우고 이를 풀어서 AFT를 구하면 시행착오법에 의존하지 않아도 된다. 다만 이 경우에는 각 화합물의 현열을 구하기 위해 각각의 열용량식을 적분해서 AFT에 관한 비선형 다항식을 만들어야 한다. 열용량식이 T의 3차식이면 적분식은 AFT의 4차식이 된다. 이렇게 구한 현열을 에너지 수지에 도입해서 통합하고, MATLAB이나 Python과 같은(다음 예제 참조) 방정식 풀이 프로그램을 사용해서 에너지 수지를 푼다. 대략적인 예비 결과를 얻기 위해 4차식에서 2차식 부분만을 풀어보고 나서 다시 완전히 풀 수도 있다.

예제 9.8 MATLAB과 Python을 이용한 단열반응(불꽃)온도의 계산

문제 MATLAB 및 Python을 사용해서 화학량론적 공기를 사용해 메탄의 단열불꽃온도를 구하라. 다음 표들의 필요 데이터를 참조하라.

성분	ΔH_f°(kJ/g mol)
CH_4	–74.84
O_2	0
N_2	0
CO_2	–393.51
H_2O	–241.826

성분	Cp(T) (J/g mol °C)
N_2	$29.0 + 0.2199T \times 10^{-2} + 0.5723T^2 \times 10^{-5} - 2.871T^3 \times 10^{-7}$
CO_2	$36.11 + 4.233T \times 10^{-2} - 2.887T^2 \times 10^{-5} - 7.464T^3 \times 10^{-7}$
H_2O(g)	$33.46 + 0.6880T \times 10^{-2} + 0.7604\,T^2 \times 10^{-5} - 3.593T^3 \times 10^{-7}$

풀이

계산 기준: 1g mol CH_4

화학반응식은 다음과 같다.

$$CH_4 + 2O_2 \rightarrow CO_2 + 2H_2O$$

이 문제에 대한 물질수지는 다음 표와 같이 요약된다.

성분	초기 몰수	반응 후 몰수
CH_4	1	0
O_2	2	0
N_2	7.524	7.524
CO_2	0	1
H_2O	0	2

초기 성분의 결합 엔탈피는 다음과 같다.

$$\Delta H_{N_2} = 0 \qquad \Delta H_{O_2} = 0 \qquad \Delta H_{CH_4} = \Delta H^o_{f, CH_4}$$

성분들의 초기 온도는 25°C, 1 atm이므로 현열은 없다.

생성물의 결합 엔탈피는 다음과 같이 주어진다.

$$\Delta H_{N_2} = 0 + n_{N_2} \int_{25°C}^{T} C_{p, N_2} \, dT$$

$$\Delta H_{CO_2} = \Delta H^o_{f, CO_2} + n_{CO_2} \int_{25°C}^{T} C_{p, CO_2} \, dT$$

$$\Delta H_{H_2O} = \Delta H^o_{f, H_2O} + n_{H_2O} \int_{25°C}^{T} C_{p, CO_2} \, dT$$

각 열용량이 동일한 형태를 가지고 있기 때문에[즉 $C_p(T) = a + bT + cT^2 + dT^3$], 일반적인 방정식을 해석적으로 적분해서 나중에 매개 변수(즉 a, b, c, d)를 특정 성분에 대해 변경할 수 있다. 그러므로 다음과 같다.

$$\int_{25°C}^{T} C_p \, dT = a(T - 25) + b(T^2 - 25^2)/2 + c(T^3 - 25^3)/3 + d(T^4 - 25^4)/4$$

이 문제의 이러한 공식에 대한 에너지 수지는 단순히 $\Delta H = 0$이다. 대입하면 다음과 같다.

$$\Delta H = n_{N_2}\Delta H_{N_2} + n_{CO_2}\Delta H_{CO_2} + n_{H_2O}\Delta H_{H_2O} - n_{CH_4}\Delta H_{CH_4} = 0$$

이는 단일 미지변수 T를 가진 단일 비선형 방정식이다. 따라서 MATLAB과 Python을 이용해서 단열불꽃온도를 구한다.

예제 9.8의 MATLAB 풀이

```
%%%%%%%%%%%%%%%%%%%%%%%%%%%%%%%%%%%%%%%%%%%%%%%%%%%%%%%%%%%%%%%%%%%%%%
%
%                          NOMENCLATURE
%
% A(I) - the constant term for the gas heat capacity equation for I
% B(I) - the linear term for the gas heat capacity equation for I
% C(I) - quadratic term for the gas heat capacity equation for I
% D(I) - the cubic term for the gas heat capacity equation for I
% DHCO2 - the combined heat of formation and sensible heat for CO2
% DHf(I) - the heat of formation of component I
% DHN2 - the combined heat of formation and sensible heat for N2
% DHH2O - the combined heat of formation and sensible heat for H2O
% error - the error in the energy balance
% fun - m-file function that calculates the error in the energy balance
% N* - moles of component *
% T - the unknown in the energy balance
% T0 - the initial guess for the adiabatic flame temperature
% T_AFT - the solution for the adiabatic flame temperature
```

```
%
%%%%%%%%%%%%%%%%%%%%%%%%%%%%%%%%%%%%%%%%%%%%%%%%%%%%%%%%%%%%%%%%%%%%%%%%%
%                                  PROGRAM
function Ex9_8_AdFlmTemp
clear;
T0 = 1000;      % Initial guess for adiabatic flame temp (deg C)
             % Input constants for heat capacity equations
A(1) = 36.11; A(2) = 33.46; A(3) = 29.00;
B(1) = 4.233e-2; B(2) = 0.688e-2; B(3) = 0.2199e-2;
C(1) = -2.887e-5; C(2) = 0.7604e-5; C(3) = 0.5723e-5;
D(1) = 7.464e-9; D(2) = -3.593e-9; D(3) = -2.871e-9;
NCO2 = 1; NH2O = 2; NN2 = 7.524; NCH4 = 1;
             % Input heats of formation
DHf(1) =  -393510; DHf(2) =  -241826; DHf(3) = 0.0; DHfCH4 = -74840;
T_AFT = fzero(@fun,T0)
fprintf('Adiabatic flame temp is %8.2f deg C\n',T_AFT)
% Nested m-file function
    function [error] = fun(T)
           % Combine heat of formation and sensible heat
    DHCO2 = DHf(1)+A(1)*(T-25)+B(1)*(T^2-25^2)/2+ ...
          C(1)*(T^3-25^3)/3+D(1)*(T^4-25^4)/4
    DHH2O = DHf(2)+A(2)*(T-25)+B(2)*(T^2-25^2)/2+ ...
          C(2)*(T^3-25^3)/3+D(2)*(T^4-25^4)/4
    DHN2 = DHf(3)+A(3)*(T-25)+B(3)*(T^2-25^2)/2+ ...
          C(3)*(T^3-25^3)/3+D(3)*(T^4-25^4)/4
    error = NCO2*DHCO2+NH2O*DHH2O+NN2*DHN2-NCH4*DHfCH4
    end
end
%                               PROGRAM END
%%%%%%%%%%%%%%%%%%%%%%%%%%%%%%%%%%%%%%%%%%%%%%%%%%%%%%%%%%%%%%%%%%%%%%%%%
>> Ex9_8_AdFlmTemp
Adiabatic flame temp is 2071.91 deg C
```

프로그램 및 결과 설명 m-파일 함수가 fzero 함수와 함께 사용되는 경우 fzero 함수 호출에서 @ 기호가 m-파일 핸들 앞에 나와야 한다. 새로운 단열불꽃온도가 사용될 때마다 ΔH_{N_2}, ΔH_{CO_2}, ΔH_{H_2O}를 재계산해야 하므로 익명 함수 대신 m-파일을 사용했다.

예제 9.8의 Python 코드

```
Ex9_8 AdFlmTemp.py
#########################################################################
#                              NOMENCLATURE
#  A, B, C, D - the heat capacity parameters
#  DHf - the heat of formation (J/g mol)
#  DH* - the combined heat of formation and sensible heat (J/g mol)
```

```
#  error - the error in the energy balance equation (J)
#  N* - the number of moles of component * (g mol)
#  T0 - the initial guess for the root of function fun(x)
#  TAF - the root of fun(x) determined by function scipy.optimize.newton
##########################################################################
#                                  PROGRAM
import numpy as np
import scipy.optimize
def fun(T):
    NCO2, NH2O, NN2, NCH4 = 1, 2, 7.524, 1
    A = np.array([36.11, 33.46, 29.00])
    B = np.array([4.233e-2, 0.688e-2, 0.2199e-2])
    C = np.array([-2.887e-5, 0.7604e-5, 0.5723e-5])
    D = np.array([ 7.464e-9, -3.593e-9, -2.871e-9])
              # Input heats of formation
    DHf = np.array([-393510,  -241826, 0.0])
    DHfCH4 = -74840
    DHCO2 = DHf[0]+A[0]*(T-25)+B[0]*(T**2-25**2)/2+C[0]*
            (T**3-25**3)/3+D[0]*(T**4-25**4)/4;
    DHH2O = DHf[1]+A[1]*(T-25)+B[1]*(T**2-25**2)/2+C[1]*
            (T**3-25**3)/3+D[1]*(T**4-25**4)/4;
    DHN2 = DHf[2]+A[2]*(T-25)+B[2]*(T**2-25**2)/2+C[2]*
           (T**3-25**3)/3+D[2]*(T**4-25**4)/4;
    error = NCO2*DHCO2+NH2O*DHH2O+NN2*DHN2-NCH4*DHfCH4;
    return error
T0 = 1000       # Initial guess for adiabatic flame temp (deg C)
     # Input constants for heat capacity equations
TAF = scipy.optimize.newton(fun,T0)
#                                  PROGRAM END
##########################################################################
```

IPython 콘솔:

```
In[1]: runfile(…
In[2]: %precision 2
In[3]: TAF
Out[3]: 2071.91
```

예제 9.9 곰팡이에 의한 시트르산 생산

문제 시트르산($C_6H_8O_7$, 구연산)은 식물이나 동물의 세포에 들어 있는 화합물이다. 시트르산 사이클은 살아 있는 세포에서 일어나는 일련의 화학반응으로서 글루코스의 산화에 필수적이며, 세포의 중요한 에너지원이다. 반응은 매우 복잡해서 여기서 나타낼 수는 없지만 거시적(총괄적)으로 보면 시트르산을 상업적으로 생산하는 회분(폐쇄) 공정은 세 단계로 이루어진다. 각 단계에서 양론관계는 조금씩 다르다. 초기 단계(80~120 hr)의 개시반응은

$$1\text{ g mol 글루코스} + 1.5\text{ g mol } O_2(g) \rightarrow 3.81\text{ g mol 바이오매스} + 0.62\text{ gmol 시트르산} + 0.76\text{ g mol } CO_2(g) + 0.37\text{ g mol 폴리올}$$

중간 단계(120~180 hr)의 글루코스 추가 소비는

$$1\text{ g mol 글루코스} + 2.40\text{ g mol } O_2(g) \rightarrow 1.54\text{ g mol 바이오매스} + 0.74\text{ g mol 시트르산} + 1.33\text{ g mol } CO_2(g) + 0.05\text{ g mol 폴리올}$$

최종 단계(180~220 hr)의 글루코스 추가 소비는

$$1\text{ g mol 글루코스} + 3.91\text{ g mol } O_2(g) + 0.42\text{ g mol 폴리올} \rightarrow 0.86\text{ g mol 시트르산} + 2.41\text{ g mol } CO_2$$

호기성(산소 존재하) 회분 공정에서는 30% 글루코스 수용액을 25°C에서 발효조에 공급한다. 시트르산이 곰팡이 아스페르길루스 니제르(Aspergillus niger)에 의해 생산된다. 100 hp의 포기장치(aeraor)를 사용해서 이론량의 멸균한 공기를 배양액과 혼합한다. 공급한 글루코스의 시트르산으로의 총괄 전화율은 60%에 불과하다. 초기 단계는 32°C에서, 중간 단계는 35°C에서, 최종 단계는 25°C에서 운전한다.

이러한 자료를 바탕으로 시트르산 10,000 kg을 생산하는 발효조에서 첨가하거나 제거해야 할 열을 구하라.

풀이 풀이의 상세 과정을 통합하겠다. 글루코스와 시트르산 각각의 용해열은 역할은 복잡하지만 영향이 적기 때문에 포함하지 말자. 오직 최종상태와 초기상태의 값에만 관심이 있으므로 자세한 중간 단계는 무시한다(가열과 냉각이 둘 다 필요할지 모르는 동적 공정을 위한 장치 설계가 아니라면). 시트르산을 CA, 바이오매스를 BM으로 표기하기로 한다. 바이오매스의 조성을 대략 안다면 총괄 공정에 대한 물질수지를 세울 수 있으며, 이때 세 단계의 총괄 반응은 다음과 같다.

$$3\text{ 글루코스} + 7.81\ O_2 \rightarrow 5.35\text{ BM} + 2.22\text{ CA} + 4.50\ CO_2$$

전체 전화율이 세 단계에 균등하게 나누어진다고 가정한다.

CA 물질수지는

계산 기준: CA 생산량 10,000kg

$$\frac{10{,}000\text{ kg CA}}{} \left| \frac{1\text{ kg mol CA}}{192.12\text{ kg CA}} \right. = 52.05\text{ kg mol CA 생산}$$

$$\frac{52.05\text{ kg mol CA}}{} \left| \frac{3\text{ kg mol 글루코스}}{2.22\text{ kg mol CA}} \right| \frac{1.00\text{ kg mol 글루코스 초기량}}{0.60\text{ kg mol 글루코스 소모량}}$$

$$= 117.23\text{ kg mol 글루코스}$$

$$\frac{117.23\text{ kg mol 글루코스}}{} \left| \frac{180.16\text{ kg 글루코스}}{1\text{ kg mol 글루코스}} \right| \frac{1.00\text{ kg 용액}}{0.30\text{ kg 글루코스}}$$

$$= 70{,}400\text{ kg의 30\% 용액이 반응 초기에 필요하다.}$$

물은 배양액(일종의 일정한 환경) 역할을 하며 전체 화학량론 관계에 포함되지 않는다. 물질수지를 종합하면 다음과 같다.

도입 성분	초기(kg mol)	최종(kg mol)
글루코스 (70,400)(0.3)/180.16 =	117.23	46.92
BM (52.05)(5.35/2.22) =		125.44
CA		52.05
O_2 (117.23)(7.8/3) =	305.03	
CO_2 (117.23)(4.5/3)(0.60) =		105.59

계에 도입되는 공기(O_2와 N_2) 및 계에서 배출되는 CO_2와 N_2는 각각 폐쇄계를 유지하는 계의 초기 및 최종상태의 일부라 가정한다. 불특정 온도에서 기체가 도입되고 여러 온도에서 가스가 배출되기 때문에 흐름이 없다는 가정은 정확히 맞는 것은 아니다. 하지만 개방계에서 기체흐름에 연관되는 에너지 차이를 계산해본다면 계에 한 일과 반응열에 비해 무시할 수 있는 정도임을 알 수 있다.

에너지 수지:

폐쇄계에서 내부의 *KE*와 *PE* 변화가 없으므로

$$\Delta U = Q + W$$

계에 한 일은

$$W = \frac{100\text{ hp}}{} \left| \frac{745.7\text{ J}}{1\text{ (hp)(s)}} \right| \frac{220\text{ hr}}{} \left| \frac{3600\text{ s}}{1\text{ hr}} \right| \frac{1\text{ kJ}}{1000\text{ J}} = 5.906 \times 10^7\text{ kJ}$$

이 시스템에서 *U*에 대한 값을 모르기 때문에 다음과 같이 가정해야 한다.

$$\Delta U = \Delta H - \Delta(pV) \cong \Delta H \quad [\Delta(pV)\text{가 무시되므로}]$$

그러면 다음 단계에서는 엔탈피 변화를 계산한다. 구할 수 있는 $\Delta\hat{H}$ 자료는 다음과 같다.

성분	MW	ΔH_f°(kJ/g mol)
d-글루코스($C_6H_{12}O_6$)	180.16	−1266
시트르산($C_6H_8O_7$)	192.12	−1544.8
건조 세포(바이오매스)	28.6	−91.4

기준온도는 25°C로 한다. 초기상태와 최종상태 모두 25°C이므로 현열은 0이다. 질소는 도입량과 배출량이 똑같으며 입구와 출구온도 모두 25°C이므로 에너지 수지에서 질소는 제외한다.

성분	kg mol	$\Delta\hat{H}_f^\circ$(kJ/g mol)	ΔH(kJ)
초기			
글루코스	117.32	−1266	$-148{,}530 \times 10^3$
O_2	305.03	0	0
합계			$\mathbf{-148{,}530 \times 10^3}$
최종			
글루코스	46.93	−1266	$-59{,}410 \times 10^3$
BM	125.44	−91.4	$-11{,}470 \times 10^3$
CA	52.05	−1544.8	$-80{,}410 \times 10^3$
CO_2	105.59	−393.51	$-41{,}550 \times 10^3$
합계			$\mathbf{-192{,}840 \times 10^3}$

$$\Delta H = [(-192{,}840) - (-148{,}530)] \times 10^3 = -44{,}310 \times 10^3 \text{ kJ}$$
$$Q = -4.43 \times 10^7 - 5.91 \times 10^7 = -1.03 \times 10^8 \text{ kJ (열 제거)}$$

예제 9.10 다단 공정의 에너지 수지

문제 그림 E9.10a에 보인 반응기 1에서 CO를 이론 공기의 80%로 연소시킨다. 이 연소기체를 사용해서 수증기를 발생시키고 반응기 2의 반응물에 열을 전달한다. 반응기 2의 반응물을 가열하는 데 사용한 연소기체의 일부는 순환시킨다. 반응기 2에서는 SO_2가 산화된다. 반응기 1에서 연소되는 CO의 유량(lb mol/hr)을 구하라. 주의: SO_2 산화반응의 반응물과 생성물은 가열용 연소기체와 직접 접촉하지 않는다.

SO_2 산화반응에 관한 자료는 다음과 같다.

반응물	몰분율	T(°F)
SO_2	0.667	77
O_2	0.333	77
	1.00	
생성물		
SO_3	0.586	1000
SO_2	0.276	1000
O_2	0.138	1000
	1.000	1000

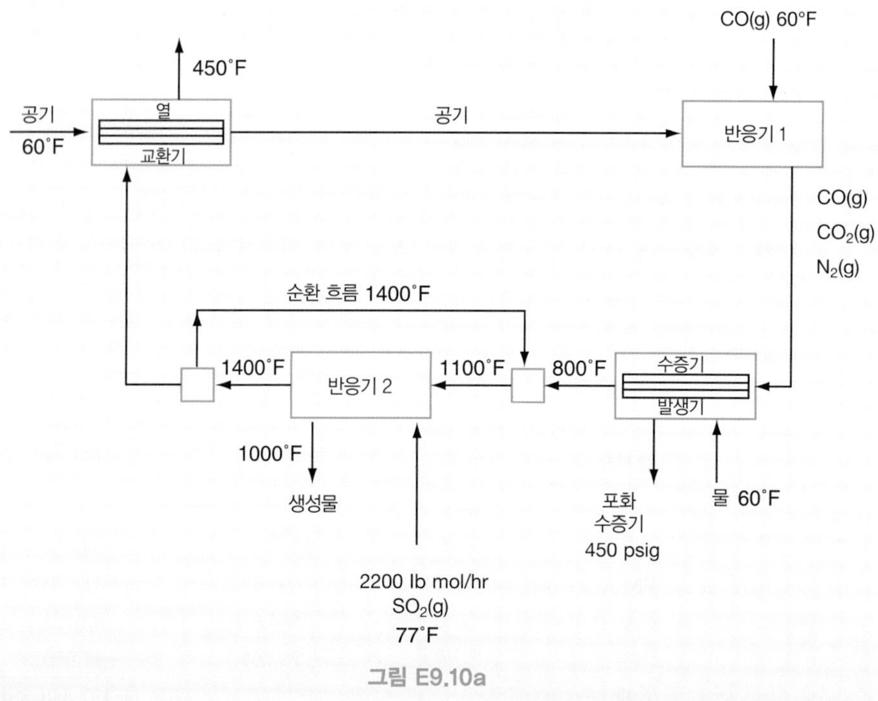

그림 E9.10a

풀이 이 문제를 풀기 위한 계산을 시작하기 전에 몇 가지 중요한 결정을 내려야 한다.

1. 어떤 단위를 사용할 것인가? 그림에 주어진 단위는 AE 단위이지만 편리한 엔탈피 자료는 SI 단위 값이므로 SI 단위를 사용하겠다. 온도를 환산하면 다음과 같다.

T(°F)	T(K)
77	298
800	700
1000	811
1400	1033

2. 어떤 계를 선택해 계산을 시작할 것인가? 공정 전체를 계로 선택한다면 미지변수가 15개이므로 15개의 독립식이 필요하다. 미지변수와 수식이 적은 계를 찾는 것이 합리적이다. 공정 중의 부분계를 살펴보면 순환흐름을 배제하고 반응기 2를 계로 선택하면 좋다. 이 계에는 SO_2가 포함되고, 도입 및 배출 온도를 알고 있다. 그러나 우선적으로 반응기 1에서 배출흐름의 조성을 먼저 결정해야 한다.
3. 계산 기준을 어떻게 선택할 것인가? 주어진 값은 SO_2 2200 lb mol/hr이지만, 들어가는 CO 1 g mol을 계산 기준으로 택하면 편리할 것이다. 그러면 반응기 1을 떠나는 연소기체 흐름의 조성을 먼저 결정할 수 있다. 어느 것이나 계산 기준으로 적절하지만 후자를 사용하겠다. 계산의 맨 마지막에 SO_2 2200 lb mol/hr 기준인 것을 시간당 CO lb mol로 환산할 수 있다.

이러한 세 가지 결정에 더해 다음과 같은 몇 가지 가정을 한다.

1. 공정과 그 성분은 정상상태 연속 흐름계이다. 따라서 전체적으로 $\Delta U_{total} = 0$이다.
2. 압력은 어디서나 1 atm이다.
3. 열손실이 없다(에너지 수지에서 $Q = 0$이다).
4. $\Delta KE = \Delta PE = W = 0$(에너지 수지에서)

단계 5

계산 기준: 반응기 1에 도입되는 CO(g) 1 g mol

단계 3

반응기 1에서 배출되어 전체 공정을 통과하는 연소기체 중의 O_2, N_2, CO, CO_2를 계산해야 한다. 과잉공기를 사용하지 않았으므로 연소 생성물 중에는 O_2가 들어 있지 않다. 따라서 연소기체는 다음과 같이 계산한다.

계산 기준: 반응기 1에 도입되는 CO(g) 1 g mol

반응:	$CO + 1/2\, O_2 \rightarrow CO_2$
도입 O_2:	1(0.5)(0.8) = 0.4 g mol
도입 N_2:	0.4(79/21) = 1.5 g mol

반응기 1 생성물의 요약

성분	g mol	몰분율
CO	1(1 − 0.8) = 0.2	0.32
CO_2	1(0.8) = 0.8	0.08
N_2	= 1.5	0.60
합계	2.5	**1.00**

이제 반응기 2를 보자. 그림을 그리면 해석에 도움이 된다(그림 E9.10b). 순환 흐름을 배제한 계를 선택한다.

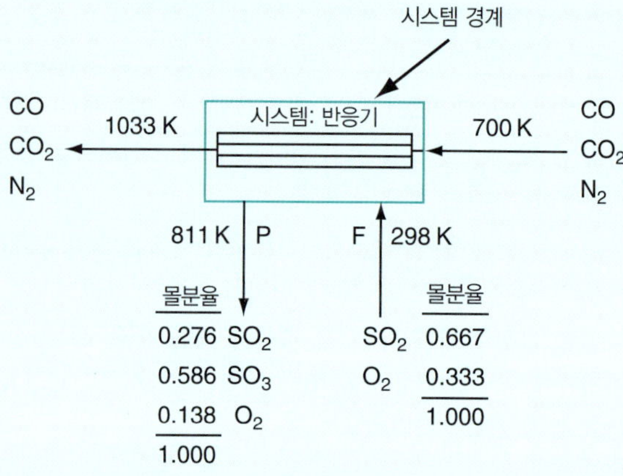

그림 E9.10b

단계 6~7

반응기 2에 대해 자유도를 해석하면 다음과 같다. 앞의 계산으로부터 CO, CO_2, N_2 흐름의 들어오고 나가는 기체에 값을 지정할 수 있다. 들어오고 나가는 온도와 압력은 알고 있다. 또한 들어오고 나가는 F와 P 흐름의 몰분율 값도 안다. 따라서 명시된 몰분율(예: $n^F_{SO_2} = 0.667F$)로부터 $n^F_{SO_2}$, $n^F_{O_2}$, $n^P_{SO_2}$, $n^P_{SO_3}$, $n^P_{O_2}$의 값을 계산할 수 있다. 들어오고 나가는 온도는 지정되어 있다.

그림 E9.10b의 계에서 미지변수는 $n^F_{SO_2}$, $n^F_{O_2}$, $n^P_{SO_2}$, $n^P_{SO_3}$, $n^P_{O_2}$, ξ, F, P로 총 8개이다. 독립식의 수는 몇 개인가? 물질수지의 전형적인 해석은 다음과 같다.

(a) SO_2, SO_3, O_2 수지	3
(b) 성분 몰의 합에서 P와 F 구하기(중복)	0
(c) 지정된 값($n^F_{SO_2}$, $n^F_{O_2}$, $n^P_{SO_2}$, $n^P_{SO_3}$, $n^P_{O_2}$)	5

세 성분 수지식은 다음과 같다.

$$SO_2: \quad P(0.276) - F(0.667) = -1(\xi) \tag{a}$$

$$SO_3: \quad P(0.586) - F(0) = 1(\xi) \tag{b}$$

$$O_2: \quad P(0.138) - F(0.333) = -0.5(\xi) \tag{c}$$

이 수지식 중의 두 식만 독립식이다. 식 (a)~(c)를 풀어보면 이 말이 사실임을 알게 될 것이다. 따라서 1개의 수식이 더 필요하다. 무슨 식을 사용할 수 있는가? 이 장의 주제가 무엇인가? 에너지 수지를 사용하라!

만약에 원소수지식을 사용해서 자유도 해석을 한다면 7개의 미지변수가 존재하고(ξ는 포함되지 않는다), 식은 2개의 원소수지와 5개의 지정된 조건으로 구성된다.

단계 8~9

에너지 수지를 취하려면 생성열과 현열에 관한 정보를 구해야 한다. 아래에 사용된 데이터는 부록 F에서 가져온 것이다. 가정에 의해 에너지 수지는 $\Delta H = 0$으로 줄어든다.

에너지 수지 자료와 계산

성분	g mol	T(K)	$\Delta\hat{H}_f^o$(kJ/g mol)	$\Delta\hat{H}_{sensible}$(kJ/g mol)	ΔH(kJ)
배출물					
CO(g)	0.2	1033	−109.054	35.332	−14.744
CO_2(g)	0.8	1033	−393.250	35.178	−286.458
N_2(g)	1.5	1033	0	22.540	33.810
SO_2(g)	$n^P_{SO_2}$	811	−296.855	20.845	$-276.010\ n^P_{SO_2}$
SO_3(g)	$n^P_{SO_3}$	811	−395.263	34.302	$-360.961\ n^P_{SO_3}$
O_2(g)	$n^P_{O_2}$	811	0	16.313	$16.313\ n^P_{O_2}$
도입물					
CO_2(g)	0.8	700	−393.250	17.753	−300.398
N_2(g)	1.5	700	0	11.981	17.972
SO_2(g)	$n^F_{SO_2}$	298	−296.855	0	$-296.855\ n^F_{SO_2}$
O_2(g)	$n^F_{O_2}$	298	0	0	0

에너지 수지는 다음과 같다.

$$-276.010n^P_{SO_2} - 360.961n^P_{SO_3} + 296.855n^F_{SO_2} + 16.313n^P_{O_2} = -33.41n^F_{SO_2} \quad \text{(d)}$$

단계 9

식 (d)의 변수에 다음 값을 대입해서 식 (d)를 F와 P의 항으로 나타낸다.

$$n^P_{SO_2} = P(0.276) \qquad n^P_{O_2} = P(0.138)$$
$$n^P_{SO_3} = P(0.586) \qquad n^F_{SO_2} = F(0.667)$$

문제 풀이용 프로그램(MATLAB 또는 Python)을 사용해서 F와 P로 쓰인 식 (d)를 식 (a), (b)와 함께 풀면 다음과 같다(n_i의 단위는 mol).

$$n^P_{SO_2} = 0.312 \qquad n^F_{SO_2} = 0.974$$
$$n^P_{SO_3} = 0.662 \qquad n^F_{O_2} = 0.486$$
$$n^P_{O_2} = 0.156$$
$$P = 1.33 \qquad \xi = 0.66$$
$$F = 1.46$$

단계 10

독립식이 아닌 물질수지인 산소수지를 이용해서 검산한다.

$$\text{O:} \quad 2n^P_{SO_2} + 3n^P_{SO_3} + 2n^P_{O_2} - 2n^F_{O_2} - 2n^F_{SO_2} = 0$$
$$2(0.312) + 3(0.662) + 2(0.156) - 2(0.486) - 2(0.974) = 0$$

반응기 1에 도입되는 CO의 물질량 유량(lb mol/hr)을 구한다. 반응기 2를 통과하는 과정에서 연소 기체는 손실되지 않기 때문에 (반응기 1에 도입되는 CO 1 g mol을 기준으로) 다음 결과를 얻는다.

$$\frac{1 \text{ lb mol CO}}{0.974 \text{ lb mol SO}_2}\left|\frac{2200 \text{ lb mol SO}_2}{\text{hr}} = 2259 \frac{\text{lb mol CO}}{\text{hr}}\right.$$

이것이 문제에서 요청된 전부이지만 나머지 미지변수도 순차적으로 확인할 수 있다. 예를 들어 공기 열교환기의 에너지 수지는 반응기 1로 도입되는 공기의 온도를 구할 수 있다. 그런 다음 반응기 1의 에너지 수지를 사용해서 반응기 1에서 나가는 연소기체의 온도를 계산할 수 있다.

자습문제

확인문제

1. 에너지 수지에서 표준 조건에서의 반응열에 관한 항을 제외하더라도, 적절한 ΔH 값을 구해서 사용할 수 있는 이유를 설명하라.

2. 에너지 수지에서 사용하기 위해 공정 중의 화합물의 엔탈피 변화를 계산하는 방법으로 9.2절의 방법에 대한 9.3절의 방법의 장단점을 각각 설명하라.

해답

1. 에너지 수지에서 사용하는 반응열은 생성열을 함께 통합한 것이다. 생성열을 현열 및 상변화 엔탈피와 통합하면 반응열의 성분이 분할되어 더 이상 하나의 항으로 나타나지 않는다.

2. 장점: (1) 여러 반응이 일어나는 문제, (2) 반응 방정식을 알 수 없는 문제, (3) 온라인 물성 데이터베이스를 사용하는 문제에 사용하기 쉽다. 단점: (1) 화합물의 생성열을 알 수 없고 추정할 수 없는 경우, (2) 반응 엔탈피에 대한 실험 데이터만 사용할 수 있는 경우

적용문제

1. 메탄이 산소와 완전히 반응해 이산화탄소와 수증기가 되는 반응기에서의 열전달을 이 절에서 다룬 방법으로 구하라. CH_4(g) 1 g mol은 400 K에서 도입되고 O_2(g) 2 g mol은 25°C에서 도입된다. 생성가스는 1000 K에서 배출된다.

2. 1번 문제의 반응에서 전화율이 60%이면 어떻게 되는가?

3. 400°C의 CO(g)와 H_2(g)의 이론량이 반응해서 400°C의 CH_3OH(g)(메탄올)이 생성되는 반응기에서의 열전달을 구하라.

해답

1. $Q = 1(-393.51 + 32.37) + 2(-241.826 + 26.02) - (-74.84) = -717.91$ kJ (제거)

2. $Q = 0.6(-393.51 + 32.37) + 0.6{*}2(-241.826 + 26.02) + 0.4{*}2(22.4) + 0.4{*}(-74.84 + 38.5) - (-74.84) = -397.43$ kJ (제거)

3. $Q = 1(-201.45 + 17.19) - 1(-110.52 + 11.45) - 2(10.84) = -106.87$ kJ (제거)

9.4 연소열(엔탈피)

화학반응에 따른 엔탈피 변화를 구하는 더 오래된 방법은 **표준연소열**(standard heat of combustion), 즉 $\Delta\hat{H}_c^o$에 의한 방법이다. 연소열의 기준 상태는 생성열의 경우와 다르다. 표준연소열에 관한 약정은 다음과 같다.

1. 산소를 비롯한 물질에 의해 화합물이 산화되면 $CO_2(g)$, $H_2O(l)$, $HCl(aq)$ 등이 생성된다.
2. 기준상태는 25°C, 1 atm이다.
3. $CO_2(g)$, $H_2O(l)$, $HCl(aq)$ 등의 산화 생성물과 $O_2(g)$ 자체의 $\Delta\hat{H}_c^o$는 0으로 지정한다.
4. S, N_2 또는 Cl_2 같은 산화물질이 존재하면 생성물의 상태를 분명히 규정하고 표준상태의 조건(또는 표준상태로 변환할 수 있는 조건)을 명시해야 한다.
5. 이론량은 완전히 반응한다.

표준생성열과 표준연소열의 주된 차이점은 위 목록에서 세 번째 항목에 해당한다. 어떤 경우는 생성물의 연소열이 0인 반면, 다른 경우는 반응물의 연소열이 0의 값을 가진다.

연소열은 유해폐기물의 소각특성(incinerability) 등급을 정하는 지표의 하나로 이용된다. 화합물의 연소열이 크면 연소 중에 다른 화합물에 비해 더 많은 에너지를 방출하므로 소각하기가 쉽다고 보기 때문이다. 생물반응에서는 연소열이 반응열보다 더 자주 보고된다. 화합물의 표준연소열 값을 그에 상응하는 표준생성열 값으로 어떻게 전환하는지를 다음 예제에서 살펴보자.

예제 9.11 표준연소열을 표준생성열로 전환하기

문제 액상(>17°C)의 젖산($C_3H_6O_3$)의 연소열은 문헌에 따라 다소 다르다. 여기서는 −1361 kJ/g mol[*Electronic J. Biotech.*, 7, No.2 (2004)]을 사용한다. 이에 상응하는 표준생성열은 얼마인가?

풀이 젖산($C_3H_6O_3$)이 생성되는 다음 화학반응에서 $\Delta\hat{H}_f^o$를 구하면 된다.

$$3\,C(\beta) + 3\,H_2(g) + 1.5\,O_2(g) \rightarrow C_3H_6O_3(l) \qquad \text{(a)}$$

그 과정은 $\Delta\hat{H}_c^o$를 보여주는 화학식에서 출발해[다음에서 식 (b)] 표준연소열이 알려진 다른 화학식과 더하거나 빼서 원하는 식 (a)를 만든다.

	$\Delta\hat{H}_c^o$(kJ/g mol)	
$C_3H_6O_3(l) + 3\,O_2(g) \rightarrow 3\,CO_2(g) + 3\,H_2O(l)$	−1361	(b)
$C(\beta) + O_2(g) \rightarrow CO_2(g)$	−393.51	(c)
$H_2(g) + \frac{1}{2}O_2(g) \rightarrow H_2O(l)$	−285.84	(d)

식 (d)는 물에 대한 상변화를 포함한다(그림 9.6을 보라).

식 (a)는 다음과 같이 식 (b), (c), (d)를 결합해서 얻을 수 있다.

−(b) + 3(c) + 3(d)이므로 연소열도 같은 비율로 결합해서 다음을 얻을 수 있다.

$$1361 + 3\,(-393.51) + 3\,(-285.84) = \Delta\hat{H}_f^o = -677\text{ kJ/g mol}$$

25°C, 1 atm에서 ΔH°_{vap} = 44,000 J/g mol	$H_2O(l)$ 25°C, 1 atm	$H_1 = 0$ J/g mol
	↓ $\Delta H_1 \cong 0$ J/g mol	
	$H_2O(l)$ 25°C, 25°C의 증기압	$H_2 = 0$ J/g mol
	↓ $\Delta H_2 = \Delta H_{vap}$(물의 증기압에서) ($p$ = 3.17 kPa) = 44,004 J/g mol	
	$H_2O(g)$ 25°C, 25°C의 증기압	H_3 = 44,004 J/g mol
	↓ $\Delta H_3 = -4$ J/g mol	
	$H_2O(g)$ 25°C, 1 atm	H_4 = 44,000 J/g mol

그림 9.6 ▸ 25°C, 1 atm에서 $H_2O(l)$가 $H_2O(g)$가 될 때의 엔탈피 변화. 각 단계가 명확하지 않으면 수증기표를 보라.

1 atm, 25°C에서 물과 같은 화합물의 정확한 기화열은 그림 9.6에 제시한 방법으로 계산할 수 있지만, 대부분의 공학 계산에서는 25°C와 해당 증기압에서의 기화열을 사용해도 좋다. $H_2O(l)$의 연소열은 0이지만 $H_2O(g)$의 연소열은 −44.00 kJ/g mol이다. $H_2O(l)$의 연소열에서 25°C, 1 atm에서 물의 기화열을 뺀 값이 $H_2O(g)$의 연소열이 된다. 그림 9.6에서 $\Delta \hat{H}_{vap} = -44.00$ kJ/g mol을 볼 수 있다.

석탄이나 석유와 같은 연료에서는 표준연소열의 마이너스 값을 연료의 발열량(heating value)이라 한다. 발열량에는 저발열량[lower (net) heating value, LHV]과 고발열량[higher (net) heating value, HHV] 두 종류가 있다. 연소생성물 중의 H_2O가 수증기인 경우는 저발열량(LHV), 액체 물인 경우는 고발열량(HHV)이 된다. 그림 9.7을 참조하라.

$$\text{HHV} = \text{LHV} + (n_{H_2O(g)} \text{ 생성물})(\Delta \hat{H}_{vap} \text{ 25°C에서 1 atm})$$

연소열로부터 다음 식에 의해 표준반응열을 계산할 수 있다. **완전 연소**에 대해

$$\Delta H^{\circ}_{rxn}(25°C) = -\left(\sum^{\text{Products}} n_i \Delta \hat{H}^{\circ}_{c,i} - \sum^{\text{Reactants}} n_i \Delta \hat{H}^{\circ}_{c,i}\right) \tag{9.7}$$

우변의 합산식 앞에 마이너스 부호가 붙어 있는 것은, 표준반응에서 우변의 생성물의 엔탈피가 0인 상태를 기준상태로 정했기 때문이다. $\Delta \hat{H}^{\circ}_c$ 값은 부록 C에 실려 있다.

연소열 자료로부터 반응열 $\Delta H^{\circ}_{rxn}(25°C)$을 구하는 예를 들어 보면 다음과 같다(부록 C에서

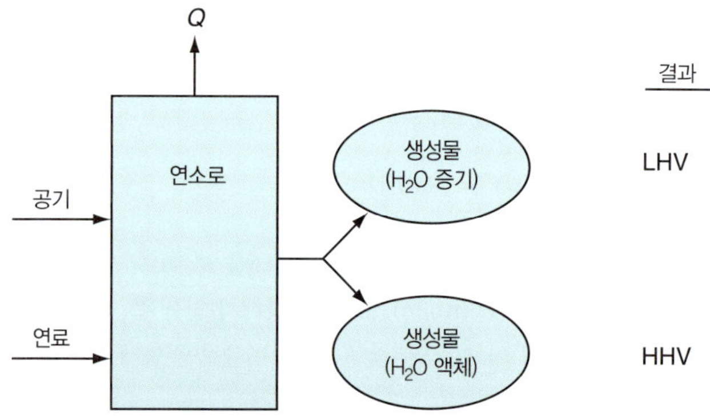

그림 9.7 ▸ 계에서 배출되는 H_2O의 상태가 수증기인 경우를 LHV, 물인 경우를 HHV로 구분한다.

kJ/g mol 단위로 자료를 취한다).

$$CO(g) + H_2O(g) \rightarrow CO_2(g) + H_2(g)$$

$$\Delta H^{o}_{rxn}(25℃) = -\{[(1)(0) + (1)(-285.84)] - [(1)(-282.99) + (1)(-44.00)]\} = -41.15 \text{ kJ}$$

분석치가 복잡한 연료와 화합물의 반응열 계산에는 실험식을 사용할 수도 있다. 다음의 Dulong 식[5)]을 사용하면 석탄의 발열량을 오차 3% 이내에서 추산할 수 있다.

$$\text{석탄의 고발열량(HHV)(Btu/lb)} = 14{,}544\ C + 62{,}028\left(H - \frac{O}{8}\right) + 4050\ S$$

이 식에서 C, H, S, O는 연료 속에서의 질량분율이다.

$$\text{석탄의 순발열량(LHV)(Btu/lb)} = \text{석탄의 총발열량(Btu/lb)} - 91.23 \times \text{H의 질량 백분율(\%)}$$

석유의 HHV(Btu/lb)는 다음 식으로 추산할 수 있다.

$$\text{HHV} = 17{,}887 + 57.5°\text{API} - 102.2\ (\%S)$$

예제 9.12 석탄의 발열량

문제 석탄가스화에서는 고체 석탄을 화학적으로 변환해서 가연성 가스를 만든다. 천연가스를 광범위하게 사용하기 전에는 석탄에서 발생하는 가스를 연료와 광원(illuminant)으로 사용했다. 석탄에 따라 발열량이 다른데, 발열량이 큰 석탄일수록 발생하는 가스의 에너지도 크다. 분석치가 다음 표와 같은 석탄의 발열량이 29,770 kJ/kg이라 한다. 이 수치가 1 atm, 25°C의 개방계에서 구한 총발열량이라 가정한다.[6)] Dulong의 식을 사용해서 보고된 값의 타당성을 검토하라.

성분	백분율(%)
C	71.0
H_2	5.6
N_2	1.6
Net S	2.7
회분	6.1
O_2	13.0
합계	**100.0**

풀이

$$\text{HHV} = 14{,}544(0.71) + 62{,}028\left[(0.056) - \frac{0.130}{8}\right] + 4050(0.027)$$

$$= 12{,}901 \text{ Btu/lb}$$

여기서 H_2(수소 분자) 0.056 lb는 H(수소 원자) 0.056lb를, O_2(산소 분자) 0.130 lb는 O(산소 원자)

5) H. H. Lowry(ed.), *Chemistry of Coal Utilization*, Wiely, New York (1945), Chap. 4.

6) 보고된 값이 폐쇄계에서 구한 값이라면 $\Delta\hat{H}$가 아니라 $\Delta\hat{U}$일 것이다.

0.130 lb를 의미한다. 많은 원자가 모여서 하나의 분자가 될 때 원소의 총질량은 변함이 없기 때문이다.

$$\frac{12{,}901 \text{ Btu}}{\text{lb}}\left|\frac{1 \text{ lb}}{0.454 \text{ kg}}\right|\frac{1.055 \text{ kJ}}{1 \text{ Btu}} = 29{,}980 \text{ kJ/kg}$$

이 계산값은 보고된 값과 거의 비슷하다.

예제 9.13 SO_2 방출량을 줄이기 위한 연료 선택

문제 발전소에서 방출되는 SO_2가 산성비(acid rain)의 주된 원인이다. 대기 중의 SO_2가 작은 물방울에 흡수되고 비가 되어 내리면 하천이나 호수의 산도가 증가한다. 다음 표에 두 가지 연료를 수록했다. 연소 시 10^6 Btu의 열에너지를 공급하면서 SO_2 배출이 적은 것은 어떤 연료인가? SO_2 제거 장치를 설치해서 연도 기체로부터 SO_2 방출을 줄일 수 있지만 비용이 추가되므로 이 역시 연료 선택에서 중요 요소가 된다.

	No.6 중유	No.2 중유
밀도(lb/ft^3)	60.2	58.7
저발열량(Btu/gal)	155,000	120,000
탄소(질량 %)	87.2	87.3
수소(질량 %)	10.5	12.6
황(질량 %)	0.72	0.62
회분(질량 %)	0.04	

풀이

계산 기준: 연소에 의한 발열량 10^6 Btu

No.6 중유:

$$\frac{10^6 \text{ Btu}}{}\left|\frac{1 \text{ gal}}{155{,}000 \text{ Btu}}\right|\frac{60.2 \text{ lb fuel}}{1 \text{ gal}}\left|\frac{0.0072 \text{ lb S}}{1 \text{ lb fuel}}\right. = 2.80 \text{ lb S}$$

No.2 중유:

$$\frac{10^6 \text{ Btu}}{}\left|\frac{1 \text{ gal}}{120{,}000 \text{ Btu}}\right|\frac{58.7 \text{ lb fuel}}{1 \text{ gal}}\left|\frac{0.0062 \text{ lb S}}{1 \text{ lb fuel}}\right. = 3.03 \text{ lb S}$$

No.6 중유는 질량당 황 함유량은 많지만 동일한 발열량당 배출하는 SO_2가 적으므로 이것을 선택한다.

자습문제

확인문제

1. ΔH를 계산하는 과정에서 생성열을 이용할 때는 생성물의 ΔH에서 반응물의 ΔH를 빼지만, 연소열을 이용할 때는 반응물의 ΔH에서 생성물의 ΔH를 빼는 이유는 무엇인가?

2. HHV가 LHV와 같아질 수 있는가?

3. HHV가 LHV보다 작은 값이 될 수 있는가?

4. HHV나 LHV를 계산하려면 연소열을 이용해야 하는가?

5. 25°C, 1 atm에서 다음 반응의 반응열은 −241.83 kJ이다.

$$H_2(g) + 1/2O_2(g) \Sigma H_2O(g)$$

이 반응식을 다음과 같이 쓴다면 반응열이 2(−243.83) kJ이 되는가?

$$2H_2(g) + O_2(g) \Sigma 2H_2O(g)$$

6. 25°C, 1 atm에서 CO를 O_2로 연소시킬 경우 HHV와 LHV에 어떤 차이가 있는가?

해답

1. 연소열에 대한 기준은 화학 반응식의 오른쪽(생성물)에 대해 0인 반면, 생성열에 대한 기준은 화학 반응식의 왼쪽(반응물)에 대해 0이다.

2. 그렇다. 생성물 중 어느 성분도 상변화가 일어나지 않는 경우이다(예: 물이 형성되지 않는 경우).

3. 아니다.

4. 아니다. 생성열을 사용할 수 있다.

5. 반응열에 대해 동일한 기준, 즉 1g mol H_2를 선택하면 아무런 차이가 없다. 그러나 쓰여진 그대로의 화학 반응식의 반응열을 원한다면 두 번째 반응식의 반응열은 첫 번째 반응식의 2배가 된다.

6. 물이 관여하지 않고 CO_2가 상 변화를 겪지 않기 때문에 차이가 없다.

적용문제

1. 합성가스의 분석치가 다음과 같다.

CO_2 6.1%, C_2H_4 0.8%, O_2 0.1%, CO 26.4%, H_2 30.2%, CH_4 3.8%, N_2 32.6%

기압이 30.0 in. Hg이고 60°F에서 포화된 이 가스의 발열량(Btu/ft^3)을 구하라.

2. 연소열 자료를 이용해서 다음 반응의 표준반응열을 구하라.

$$CO(g) + 3H_2(g) \rightarrow CH_4(g) + H_2O(l)$$

해답

1. 기준: 1 ft^3, $n = pV/RT$ = (1 ft^3)(1.0026 atm)/((0.7303)(419.6°R)) = 0.003272 lb mol, C_2H_4: 0.003272 lb mol(0.008)(1410.99kJ/g mol)(429.95 Btu-g mol/kJ-lb mol) =15.88 Btu/ft^3, CO: 105.47, H_2: 121.44, CH_4: 47.60, 합계 = 290.39 Btu/ft^3

2. 연소열을 이용하면 전체 반응은 다음과 같은 세 가지 연소반응으로 나타낼 수 있다.

$$CO+0.5O_2 \rightarrow CO_2 \qquad \Delta\hat{H}^o_{c,CO}$$
$$3H_2+1.5O_2 \rightarrow 3H_2O \qquad 3\Delta\hat{H}^o_{c,H2}$$
$$CO_2+2H_2O \rightarrow CH_4+2O_2 \qquad -\Delta\hat{H}^o_{c,CH4}$$

그러므로 반응열은 −282.99 + 3(−285.84)(−890.4) = −250.11 kJ/g mol이다.

요약

이 장에서는 생성열의 개념을 소개했으며, 반응이 일어나는 경우의 에너지 수지를 풀 때 이것을 사용할 수 있는 두 가지 방법, 즉 (1) 반응열을 활용하는 방법, (2) 생성열과 현열의 변화를 결합하는 방법을 설명했다. 또한 기준이 다른 생성열과 똑같은 정보를 지닌 연소열을 설명하고, 반응이 수반되는 에너지 수지 문제를 푸는 데 사용했다.

주요 용어

고발열량(higher heating value, HHV): 연소생성물의 H_2O가 액체인 경우의 연소열의 마이너스 값. 총발열량(gross heating value)이라고도 한다.

기준상태(reference state): 엔탈피의 경우 그 엔탈피 값이 0인 상태

반응열(heat of reaction): 반응에 수반되는 엔탈피 변화

발열량(heating value): 석탄이나 석유 같은 연료의 표준연소열의 마이너스 값

발열반응(exothermic reaction): 등온을 유지하기 위해 계로부터 열이 제거되어야 하는 반응

저발열량(lower heating value, LHV): 연소생성물의 H_2O가 수증기인 경우의 연소열의 마이너스 값. 순발열량(net heating value)이라고도 한다.

표준반응열(standard heat of reaction): 표준상태(25°C, 1 atm)에서 이론량의 반응물이 완전히 반응해서 표준상태의 생성물이 생겨날 때의 반응열

표준상태(standard state): 반응열의 경우 25°C, 1 atm

표준생성열(standard heat of formation): 25°C, 1 atm에서 화합물 1 mol이 그 구성원소로부터 생성되는 과정의 엔탈피 변화

표준연소열(standard heat of combustion): 25°C, 1 atm에서 화합물 1 mol 산화의 엔탈피 변화. 정의에 의해 반응식 우변의 물과 이산화탄소에 대한 값은 0으로 한다.

현열(sensible heat): 상변화를 포함하지 않은 엔탈피 변화 값($\hat{H}_{T,P} - \hat{H}^{o}_{ref}$)

흡열반응(endothermic reaction): 등온을 유지하기 위해 계에 열을 가해야 하는 반응

참고문헌

Benedek, P., and F. Olti. *Computer Aided Chemical Thermodynamics of Gases and Liquids Theory, Model and Programs*, Wiley-Interscience, New York (1985).

Benson, S. W., et al. "Additivity Rules for the Estimation of Thermophysical Properties," *Chem Rev.*, **69**, 279 (1969) [cited in Reid, R. C., et al. *The Properties of Gases and Liquids*, 4th ed., McGraw-Hill, New York (1987)].

Danner, R. P., and T. E. Daubert. "Manual for Predicting Chemical Process Design Data," *Documentation Manual*, Chapter 11 "Combustion," American Institute of Chemical Engineers, New York (1987).

Daubert, T. E., et al. *Physical and Thermodynamic Properties of Pure Chemicals: Data Compilation,*

American Institute of Chemical Engineers, New York, published by Taylor and Francis, Bristol, PA, periodically.

Garvin, J. "Calculate Heats of Combustion for Organics," *Chem. Eng. Progress*, 43–45 (May, 1998).

Kraushaar, J. J. *Energy and Problems of a Technical Society*, John Wiley, New York (1988).

Poling, B. E., J. M. Prausnitz, and J. P. O'Connell. *The Properties of Gases and Liquids*, 5th ed., McGraw-Hill, New York (2001).

Rosenberg, P. *Alternative Energy Handbook*, Association of Energy Engineers, Lilbum, GA (1988).

Seaton, W. H., and B. K. Harrison. "A New General Method for Estimation of Heats of Combustion for Hazard Evaluation," *Journal of Loss Prevention*, **3**, 311–20 (1990).

Vaillencourt, R. *Simple Solutions to Energy Calculations*, Association of Energy Engineers, Lilbum, GA (1988).

웹사이트

http://webbook.nist.gov/

http://en.wikipedia.org/wiki/Standard_enthalpy_change_of_formation_(data_table)

연습문제

9.1 표준생성열

***9.1.1** 다음 생성열 중에서 흡열반응을 나타낸 것은?

- **a.** −32.5 kJ
- **b.** 32.5 kJ
- **c.** −82 kJ
- **d.** 82 kJ
- **e.** (a)와 (c)
- **f.** (b)와 (d)

***9.1.2** 다음 상변화 중에서 발열 과정은?

- **a.** 기상 → 액상
- **b.** 고상 → 액상
- **c.** 고상 → 기상
- **d.** 액상 → 기상

***9.1.3** 일반적으로 발열반응이 자체적으로 진행되는 이유는 무엇인가?

- **a.** 발열반응은 일반적으로 활성화 에너지가 낮다.
- **b.** 발열반응은 일반적으로 활성화 에너지가 높다.
- **c.** 방출되는 에너지가 반응을 유지하는 데 충분하다.

d. 생성물의 위치에너지가 반응물에 비해 크다.

****9.1.4** 25°C, 1 atm에서 기상 플루오르(불소)의 생성열을 구하는 방법을 설명하라.

****9.1.5** 25°C, 1 atm에서 반응열 값이 다음과 같을 경우 FeO(s)의 표준생성열을 구하라.

$$2Fe(s) + \tfrac{3}{2}O_2(g) \longrightarrow Fe_2O_3(s): -822{,}200\ J$$

$$2FeO(s) + \tfrac{1}{2}O_2(g) \longrightarrow Fe_2O_3(s): -284{,}100\ J$$

*****9.1.6** 25°C, 1 atm에서 몇몇 반응의 엔탈피 변화가 다음과 같다. 이 자료를 이용해 프로필렌(C_3H_6)의 생성열을 구하라.

No.				$\Delta H°$(kJ/g mol)
1	$C_3H_6(g) + H_2(g)$	→	$C_3H_8(g)$	−123.8
2	$C_3H_8(g) + 5O_2(g)$	→	$3CO_2(g) + 4H_2O(l)$	−2220.0
3	$H_2(g) + \frac{1}{2}O_2(g)$	→	$H_2O(l)$	−285.8
4	$H_2O(l)$	→	$H_2O(g)$	43.9
5	C(다이아몬드) + $O_2(g)$	→	$CO_2(g)$	−395.4
6	C(흑연) + $O_2(g)$	→	$CO_2(g)$	−393.5

*****9.1.7** 유동층 가스화 장치에서 다음 자료를 이용해서 조성(화학식)이 C_5H_2인 고형 슬러지의 생성열을 구하라.

			ΔH(kJ/g mol)
$C(s) + \frac{1}{2}O_2(g)$	→	$CO(g)$	−110.4 kJ/g mol C
$C(s) + O_2(g)$	→	$CO_2(g)$	−394.1 kJ/g mol C
$H_2(g) + \frac{1}{2}O_2(g)$	→	$H_2O(g)$	−241.826 kJ/g mol H_2
$CO(g) + \frac{1}{2}O_2(g)$	→	$CO_2(g)$	−283.7 kJ/g mol CO
$H_2O(g) + CO(g)$	→	$H_2(g) + CO_2(g)$	−38.4 kJ/g mol H_2O
$C_5H_2(s) + 5\frac{1}{2}O_2(g)$	→	$5CO_2(g) + H_2O(l)$	−2110.5 kJ/g mol C_5H_2
ΔH(25°C에서 H_2O 기화열)			+43.911 kJ/g mol H_2O_2

*****9.1.8** 다음 생성열을 찾아보라.

a. 액체 암모니아

b. 포름알데히드 가스

c. 액체 아세트알데히드

값을 찾을 수 없으면 자료를 찾아 계산하라.

9.2 반응열

***9.2.1** 다음 반응에서 반응식 좌변의 첫 반응물 1 mol 기준의 표준(25°C, 1 atm) 반응열을 구하라.

a. $NH_3(g) + HCl(g) \rightarrow NH_4Cl(s)$

b. $CH_4(g) + 2O_2(g) \rightarrow CO_2(g) + 2H_2O(l)$

c. $C_6H_{12}(g) \rightarrow C_6H_6(l) + 3H_2(g)$

*9.2.2 다음 반응의 표준반응열을 구하라.

a. $CO_2(g) + H_2(g) \rightarrow CO(g) + H_2O(l)$

b. $CaO(s) + 2MgO(s) + 4H_2O(l) \rightarrow 2Ca(OH)_2(s) + 2Mg(OH)_2(s)$

c. $Na_2SO_4(s) + C(s) \rightarrow Na_2SO_3(s) + CO(g)$

d. $NaCl(s) + H_2SO_4(l) \rightarrow NaHSO_4(s) + HCl(g)$

e. $NaCl(s) + 2SO_2(g) + 2H_2O(l) + O_2(g) \rightarrow 2Na_2SO_4(s) + 4HCl(g)$

f. $SO_2(g) + ½O_2(g) + H_2O(l) \rightarrow H_2SO_4(l)$

g. $N_2(g) + O_2(g) \rightarrow 2NO(g)$

h. $Na_2CO_3(s) + 2Na_2S(s) + 4SO_2(g) \rightarrow 3Na_2S_2O_3(s) + CO_2(g)$

i. $CS_2(l) + Cl_2(g) \rightarrow S_2Cl_2(l) + CCl_2(l)$

j. $C_2H_4(g) + HCl(g) \rightarrow CH_3CH_2Cl(g)$
에틸렌 염화에틸

k. $CH_3OH(g) + ½O_2(g) \rightarrow H_2CO(g) + H_2O(g)$
메탄올 포름알데히드

l. $C_2H_2(g) + H_2O(l) \rightarrow CH_3CHO(l)$
아세틸렌 아세트알데히드

m. $n\text{-}C_4H_{10}(g) \rightarrow C_2H_4(g) + C_2H_6(g)$
부탄 에틸렌 에탄

**9.2.3 J. D. Park 등[*JACS*, 72, 331-3 (1950)]은 프로필렌(프로펜)과 시클로프로판의 브롬화수소화 반응(hydrobromination)의 반응열을 구했다. 프로필렌이 2-브로모프로판이 되는 브롬화반응(HBr 첨가)의 반응열은 $\Delta H = -84.441$ J/g mol로, 프로필렌이 프로판이 되는 수소화반응의 반응열은 $\Delta H = -126{,}000$ J/g mol로 구해졌다. N. B. S. Circ. 500에 따르면 액체 브롬으로부터 HBr(g)의 생성열은 −36,233 J/g mol이고, 브롬의 기화열은 30,710 J/g mol이다. 이러한 자료를 이용해, 기체 브롬과 프로판이 반응해서 2-브로모프로판이 되는 브롬화반응의 반응열을 구하라.

**9.2.4 다음 반응에서 $FeS_2(s)$의 $Fe_2O_3(s)$로의 완결도는 80%이다.

$$4FeS_2(s) + 11O_2(g) \rightarrow 2Fe_2O_3(s) + 8SO_2(g)$$

이 반응의 표준반응열이 −567.4 kJ/g mol $FeS_2(s)$이라면 에너지 수지에서 FeS_2 1 kg의 ΔH^o_{rxn}으로 어떤 값을 사용해야 하는가?

**9.2.5 생물반응기에서 고정화 효소(E)를 이용해 글루코스(G)를 프룩토스(F)로 전화한다[M. Beck et.al., *Can J. Ch.E.*, 64, 553 (1986)].

$$G + E \leftrightarrow EG \leftrightarrow E + F$$

평형에서의 총괄 반응은 $G + E \leftrightarrow E + F$라 할 수 있다.

글루코스		프룩토스
CHO		CH_2OH
|		|
CHOH		C = O
|		|
CHOH	⇒	CHOH
|		|
CHOH		CHOH
|		|
CHOH		CHOH
|		|
CH_2OH		CH_2OH
$\Delta\hat{H}_f^o$: 0.990×10^9 J/g mol		$\Delta\hat{H}_f^o$: 1.040×10^9 J/g mol

전화율은 반응기 통과 유량과 반응기 크기에 따라 달라지는데, 효소층 높이가 0.44 m인 반응기를 3×10^{-3} m/s 유속으로 통과할 때의 전화율은 0.48이다. 전화된 G 1 mol 기준으로 25°C에서의 반응열을 구하라.

**** 9.2.6** 가연성 물질로 메탄만 들어 있는 천연가스의 25°C에서 반응열을 구해달라고 컨설팅 연구실로 의뢰가 들어왔다. Sargent 흐름 열량계는 없지만 Parr 봄 열량계가 있다. 천연가스 일정량을 Parr 봄 열량계에 주입하고 전압 1000 kPa이 될 때까지 산소를 첨가한 다음, 이 가스-산소 혼합물을 열선으로 폭발시켰다. 실험 결과 발열량이 39.97 kJ/m^3로 계산되었다. 이 값을 반응열로 보고해도 되는지 설명하라. 어떤 수치를 보고해야 하는가?

**** 9.2.7** 서로 다른 기준상태에서 얻은 자료를 이용해 반응열을 계산할 수 있는가? 그 이유를 설명하라.

**** 9.2.8** 지방은 글리세롤 분자와 지방산이 결합한 것이다. 일반적으로 글리세롤 세 분자가 지방산과 결합해서 트리글리세리드를 만든다. 지방산 중의 탄소 원자 사이에 이중결합이 없는 지방은 포화지방이라 한다.

인체의 소화기관에서 지방은 어떻게 처리되는가? 먼저 효소에 의해 지방산과 글리세롤의 작은 분자로 분해된다. 이를 소화라 하며, 장에서 진행되거나 리소좀에 의해 세포적으로 진행된다. 다음으로 효소가 사슬의 카르복실기 끝에서 한 번에 두 탄소를 제거하며, 이 과정에서 아세틸 CoA, NADH, $FADH_2$ 분자가 생성된다. 아세틸 CoA는 고에너지 분자로서 시트르산 사이클에서 분해되어 CO_2와 H_2O가 된다.

체내에서 트리스테아린을 이용할 때의 반응열을 구하라.

자료	$\Delta\hat{H}_f^o$(kJ/g mol)
스테아르산(s)($C_{18}H_{36}O_2$), 지방산	−964.3
글리세롤(l)($C_3H_8O_3$)	−159.16
트리스테아린(s)($C_{63}H_{132}O_{15}$), 트리글리세리드	−3.820

**** 9.2.9** 다음 물음에 세 문장 이내로 답하라.

a. 발열반응의 공정으로 들어가는 반응물에 희석제를 첨가하면 이 공정에서의 열전달이 증가하는가, 감소하는가, 그대로인가?

b. 반응이 완결되지 않으면 표준반응열에 어떤 영향을 미치는가? 증가하는가, 감소하는가, 그

대로인가?

c. 반응 $H_2(g) + \frac{1}{2}O_2(g) \rightarrow H_2O(g)$에서 들어오는 반응물과 나가는 생성물의 온도가 500 K일 때의 반응열은 표준반응열에 비해 큰가, 작은가, 같은가?

****9.2.10** 다음 반응의 600 K에서의 반응열을 구하라.

$$S(l) + O_2(g) \rightarrow SO_2(g)$$

****9.2.11** 다음 프로판의 분해반응의 500°C에서의 반응열을 구하라.

$$C_3H_8 \rightarrow C_2H_2 + CH_2 + H_2$$

****9.2.12** 다음 반응이 식에 표시한 온도에서 진행될 때의 반응열을 각각 구하라.

a. $\underset{\text{메탄올}}{CH_3OH(g)} + \frac{1}{2}O_2(g) \xrightarrow{200°C} \underset{\text{포름알데히드}}{H_2CO(g)} + H_2O(g)$

b. $SO_2(g) + \frac{1}{2}O_2(g) \xrightarrow{300°C} SO_3(g)$

****9.2.13** 저품질의 광석에서 주석을 회수하는 신공정에서는 주석을 일산화주석(SnO)이나 이산화주석(SnO_2)으로 산화한 다음 가성 용액에 녹인다. 반응 $SnO + \frac{1}{2}O_2 \rightarrow SnO_2$의 90°C, 1 atm에서의 반응열을 구하라. 자료는 다음과 같다.

	$\Delta\hat{H}^\circ_f$(kJ/g mol)	C_p [J/(g mol)(K)], T in K
SnO	−283.3	$39.33 + 15.15 \times 10^{-3}\,T$
SnO_2	−577.8	$73.89 + 10.04 \times 10^{-3}\,T - \dfrac{2.16 \times 10^4}{T^2}$

****9.2.14** 300°C의 CO 100 g mol을 100°C의 O_2 100 g mol로 연소시킨다. 출구 가스의 온도는 400°C이다. 반응계에서의 열전달(kJ)을 구하라.

****9.2.15** 효모 세포의 조성이 $C_{3.92}H_{6.5}O_{1.94}$이고, 연소열은 −1518 kJ/g mol(효모)이다. 효모 100 g의 생성열을 구하라.

*****9.2.16** 생리학자들은 식품 단위 질량의 대사에 소비되는 O_2의 부피(L O_2/g 식품) 값을 이용해 체내에서 식품의 전화에 의한 대사율(metabolic rate)을 구한다. 간단한 예로 글루코스의 반응은 다음과 같다.

$$C_6H_{12}O_6(\text{글루코스}) + 6O_2(g) \rightarrow 6H_2O(l) + 6CO_2(g)$$

체내에서 이 반응의 전화율이 90%일 때 글루코스 1 g당 소비되는 O_2의 부피(L)를 구하라. 그리고 체내에서 생성되는 열량(kJ/g 글루코스)을 구하라.
자료: 글루코스의 $\Delta\hat{H}^\circ_f$ = −1260 kJ/g mol. 체온은 37°C이지만 이를 무시하고 25°C로 간주한다.

*****9.2.17** 다음 반응에 관해 주어진 자료를 이용해서 $C_3H_8(l)$ 1 mol의 표준상태에서의 반응열을 구하라.

$$C_3H_8(l) + 5O_2(g) \rightarrow 3CO_2(g) + 4H_2O(l)$$

화합물	$-\Delta\hat{H}_f^o$(kcal/g mol)	기화열 25°C(kcal/g mol)
$C_3H_8(g)$	24.820	3.823
$CO_2(g)$	94.052	1.263
$H_2O(g)$	57.798	10.519

*** **9.2.18** 수소는 비료용 암모니아의 생산을 비롯해 많은 산업에서 사용된다. 수소는 연소되면 청정 생성물이 생기고, 금속 수소화물의 형태로 저장할 수 있기 때문에 에너지원으로도 가치가 크다. 풍부한 천연 화합물인 물로부터 수소를 생산하는 과정에 열화학 사이클(반응물의 일부를 순환시키는 일련의 반응)을 이용할 수 있다. 다섯 단계로 된 공정을 그림 P9.2.18에 예시했다. 화합물의 상태에 대해 어떤 가정을 했는가?

$$3Fe_2O_3 + 18HCL \xrightarrow{120℃} 6FeCl_3 + 9H_2O(g) \quad (1)$$

$$6FeCl_3 \xrightarrow{420℃} 6FeCl_2 + 3Cl_2 \quad (2)$$

$$6FeCl_2 + 8H_2O(g) \xrightarrow{650℃} 2Fe_3O_4 + 12HCl + 2H_2 \quad (3)$$

$$2Fe_3O_4 + \tfrac{1}{2}O_2 \xrightarrow{350℃} 3Fe_2O_3 \quad (4)$$

$$3H_2O(g) + 3Cl_2 \xrightarrow{800℃} 6HCl + \tfrac{3}{2}O_2 \quad (5)$$

a. 각 단계의 표준반응열을 구하라.

b. 총괄 반응식을 써라. 이 총괄 반응의 표준반응열은?

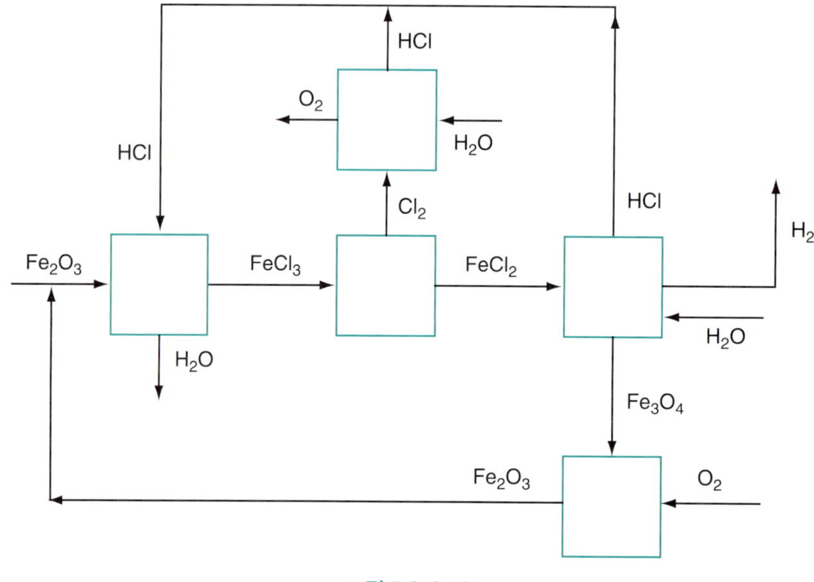

그림 P9.2.18

*** **9.2.19** 원유의 30% 정도는 자동차용 휘발유로 사용된다. 석유 가격이 상승하고 자원이 줄어들어서 대체물질을 개발해야 한다. 자동차 엔진을 조정하면 단순한 알코올로 움직이도록 할 수 있다. 메

탄올이나 에탄올은 각각 석탄이나 식물로부터 만들 수 있다. 이러한 알코올은 휘발유에 비해 오염물질의 생성량이 적지만, 같은 거리를 주행하는 데 필요한 연료탱크 용량이 커야 한다. 휘발유를 알코올로 대체할 경우 연료탱크의 크기는 몇 %나 증가하는가? 비중이 0.84인 휘발유는 40 kJ/g이고 연소생성물은 가스상태의 물이라 가정한다. **(a)** 메탄올, **(b)** 에탄올에 대해 각각 구하라.

*** **9.2.20** 다음 반응의 발열량을 구하라. 이 반응은 25°C의 정용에서 진행된다.

$$C_2H_4(g) + 2H_2(g) \rightarrow 2CH_4(g)$$

*** **9.2.21** 봄 열량계(bomb calorimeter)에서 Cu 2000 g mol과 H_2SO_4(100%) 2000 g mol을 완전히 반응시킨다. 흡수되거나 발생한 열량(kJ)을 구하라. 생성물은 $H_2(g)$와 $CuSO_4$라 가정한다. 봄의 초기 및 최종 온도는 25°C이다.

*** **9.2.22** 시클로헥산이 벤젠으로 전화되는 다음 반응의 표준반응열을 구하라.

$$C_6H_{12}(g) \rightarrow C_6H_6(g) + 3H_2(g)$$

반응기에서 C_6H_{12}의 전화율이 70%일 때 다음 각 경우에 대해 반응기에서 제거하거나 첨가해야 할 열을 구하라. **(a)** 배출가스 온도 25°C, **(b)** 배출가스 온도 300°C. 어느 경우나 도입물은 25°C이며, C_6H_{12} 1 mol에 대해 N_2 1/2 mol이 동반된다.

*** **9.2.23** 다음 세 가지 연료 1 gal에서 발생하는 이산화탄소의 질량(lb)을 구하라.

a. 에탄올(C_2H_5OH)

b. 벤젠(C_6H_6)

c. 이소옥탄(2,2,4-트리메틸펜탄, C_8H_{18})

또한 각각에 대해 단위 열량당 CO_2 발생량(lb CO_2/Btu) 및 연료 단위 부피의 열량(Btu/gal)을 비교하라. 이론량의 공기가 100°C에서 도입되고, 다른 성분은 77°F에서 도입되어 배출된다.

*** **9.2.24** 연소열을 이용해서 $H_2(g)$ 1 g mol의 표준상태에서의 반응열을 구하고, 0°C에서 $H_2(g)$에 대한 ΔH_{rxn}을 계산하라.

*** **9.2.25** 글루코스를 유일한 탄소원으로 사용한 배양액에서 효모 세포를 증식시킬 수 있다. 글루코스 소비량의 50%는 세포 증식에 이용된다. 이 반응은 다음 식으로 나타낼 수 있다.

$$6.67CH_2O + 2.10O_2 \rightarrow C_{3.92}H_{6.5}O_{1.94} + 2.75CO_2 + 3.42H_2O(l)$$

글루코스의 화학식은 $C_6H_{12}O_6$이므로, CH_2O의 물질량은 글루코스의 물질량과 정비례한다. 다음 연소열 자료를 이용해서, 건조 세포 100 g 기준의 표준반응열을 구하라.

	$\Delta \hat{H}_c^o$ (kJ/g mol)	MW
건조 세포($C_{3.92}H_{6.5}O_{1.94}$)	−1517	84.58
글루코스(CH_2O)	−2817	30.02

9.3 생성열과 현열의 통합

*** **9.3.1** 조성이 CO_2 6.4%, O_2 0.2%, CO 40.0%, H_2 50.8%, 기타 N_2인 500°C의 합성가스를 25°C의

40% 과잉 건조공기로 연소시킨다. 연도기체는 720°C이고 조성은 CO_2 13.0%, H_2O 14.3%, N_2 67.6%, O_2 5.1%이다. 연소공정에서의 열전달을 구하라.

*** **9.3.2** 불활성 고형분(회분) 4%, 탄소 90%, 수소 6%인 40°C의 건조 코크스를 연소로에서 40°C의 건조공기로 연소시킨다. 노에서 200°C로 배출되는 고형 폐기물은 탄소 10%와 불활성물 90%로 되어 있으며 수소는 들어 있지 않다. 이 불활성물은 반응하지 않는다. 1100°C에서 배출되는 연도 기체의 Orsat 분석치는 CO_2 13.9%, CO 0.8%, O_2 4.3%, N_2 81.0%이다. 이 공정에서의 열전달을 구하라. 불활성물의 C_p는 8.5 J/g으로 일정하다고 가정한다.

**** **9.3.3** 과거에는 산화몰리브덴-산화바나듐 촉매를 통해 벤젠 증기(C_6H_6)를 부분 산화시켜 무수말레산($C_4H_2O_3$)을 생성했다. (이 공정은 벤젠이 유해물질이기 때문에 부탄을 공급원료로 사용하는 공정으로 대체되었다.) 화학반응식은 다음과 같다.

$$C_6H_6(g) + 4\tfrac{1}{2}O_2 \rightarrow C_4H_2O_3 + 2CO_2 + 2H_2O(g)$$
$$C_6H_6(g) + 4\tfrac{1}{2}O_2 \rightarrow 6CO + 3H_2O(g)$$

이 과정에서 미반응 벤젠과 부산물은 무수말레산과 물을 분리한 후 소각 처리된다. 반응은 발열 반응이므로 냉각되는 관형 고정층 반응기가 사용된다. 벤젠이 무수말레산으로 전환되는 비율이 70%이고, 전체 전환율이 95%이며, CO가 형성된 유일한 부산물로 간주된다. 반응기에서 나가는 흐름의 온도는 400°C이고 반응기로 들어가는 흐름의 온도는 300°C이다.

무수말레산 정보

$$\Delta\hat{H}_f^o = -470.38 \text{ kJ/mol}$$
$$\Delta\hat{H}_{sub,\ 308\text{ to }325\text{ K}} = 71.5 \text{ kJ/mol}$$
$$\hat{C}_p\ (500\text{ K, g}) = 128.54 \text{ J/mol K}$$

a. 반응기로의 공급물이 화학량론적인 경우, 반응기 공급물에 포함된 벤젠 1 kg mol당 반응기에서 제거해야 하는 에너지의 양은 얼마인가? 9.3절에서 주어진 방법을 사용하라.
b. 벤젠의 유해성 외에 부탄이 벤젠보다 더 나은 공급 원료인 다른 이유는 무엇인가?

9.4 연소열(엔탈피)

** **9.4.1** 다음 연료의 고발열량(HHV)과 저발열량(LHV)을 Btu/lb 단위로 구하라.
a. 석탄: C 80%, H 0.3%, O 0.5%, S 0.6%, 회분 18.6%
b. 중유: 30°API, H 12.05%, S 0.5%

** **9.4.2** 연료의 고발열량이 저발열량과 같아질 수 있는가? 설명하라.

** **9.4.3** 0°C의 $H_2(g)$의 고발열량을 구하라.

** **9.4.4** 가스의 분석치가 CO_2 9.2%, C_2H_4 0.4%, CO 20.9%, H_2 15.6%, CH_4 1.9%, N_2 52.0%일 때 이 가스의 총발열량은 얼마인가?

*** **9.4.5** 25°C, 1 atm에서 상대습도가 40%인 n-프로필벤젠 1 m^3의 고발열량을 구하라.

*** **9.4.6** 원유 상압증류장치 배출가스(off-gas)의 조성이 다음과 같다.

성분	부피 %
메탄	88
에탄	6
프로판	4
부탄	2
합계	100

다음 단위로 고발열량과 저발열량을 각각 구하라.

a. kJ/kg mol

b. kJ/kg

c. kJ/m^3(20°C, 101.3 kPa)

**** 9.4.7** 43 g의 고에너지 바(bar)에 지방 10 g, 탄수화물 28 g, 단백질 4 g이 들어 있다고 표시되어 있다. 또한 이 바 1개는 200 calorie라고 쓰여 있다. 이러한 광고 문구가 맞는가? 다음 자료를 사용해서 검토하라.

성분	$\Delta\hat{H}_c^\circ$ (kJ/g)
탄수화물	17.1
지방	39.5
단백질	14

**** 9.4.8** 어떤 경우에 생성열과 연소열이 같아지는가?

***** 9.4.9** 폐기물 중의 염소화탄화수소를 분해하는 방법은 연료(이 경우 톨루엔)와 혼합해서 태우는 것이다. 연소장치 시험에서 1,1,2-트리클로로에탄($C_2H_3Cl_3$) 4.87%, 테트라클로로에텐(C_2C_{l4}) 5.03%, 클로로벤젠(C_6H_5Cl) 29.52%, 나머지 톨루엔으로 이루어진 혼합액 500 kg를 공기와 함께 완전히 연소시켰다. 연소열 자료를 이용해서 이 혼합물의 HHV(kJ/kg)를 구하라. 이 값을 Dulong 식에서 구한 값과 비교하라. 실측치는 35,350 kJ/kg이다. 이러한 소각 공정에 어떤 중요한 문제가 있는가?

**** 9.4.10** 에탄올과 휘발유를 혼합한 가소올(gasohol)은 연료의 산소 함유량이 많아져서 자동차 배기가스 중의 오염물질을 줄인다. 연소열 자료를 이용해서 에탄올 10%와 나머지는 옥탄으로 된 연료 혼합물 1 kg의 반응열을 구하라. 순수 휘발유인 옥탄에 에탄올 10%를 가함으로써 반응열이 얼마나 줄어드는가?

PART 05

물질수지 및 에너지 수지 결합

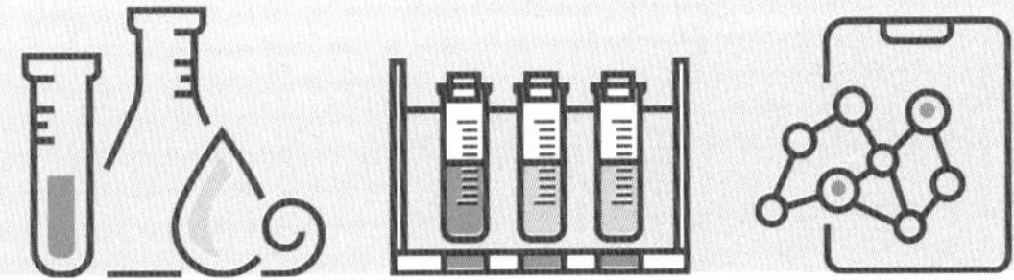

CHAPTER

10

습도선도

학습목표

- 습도, 건구온도, 습구온도, 습도선도, 습용, 단열냉각선을 정의하고 이해한다.
- 습도선도를 이용해 습한 공기의 성질을 구한다.
- 습한 공기의 가열과 냉각이 포함되는 문제를 풀고 엔탈피 변화를 구한다.

서론

냉각탑은 대규모 처리 시스템에서 과도한 열에너지를 제거하기 위해 선택되는 방법이다. 냉각탑은 가열된 물을 주변 공기와 접촉시켜 뜨거운 물의 일부를 공기 중으로 증발시켜서 물을 냉각시킨다. 그런 다음 냉각수는 공정 전반에 걸쳐 공정 흐름(예: 증류탑의 응축기)에서 열을 제거하는 데 사용된다. 그림 10.1은 공정 산업에서 일반적으로 사용되는 냉각탑의 구성 요소를 보여준다. 그림 10.1의 '교환 표면'에서 공기와 뜨거운 물의 접촉은 상대적으로 적은 양의 물을 공기 중으로 증발시키고, 결과적으로 뜨거운 물의 온도를 감소시킨다. 이 장의 자료는 냉각탑 및 습한 공기와 관련된 기타 공정의 거동을 이해하고 분석적으로 표현하는 데 도움이 된다.

공기를 물로 가습하고 건조하는 것은 흔히 접하는 시스템이다. 따라서 공학자들은 이러한 시스템에 물질 및 에너지 수지를 적용하는 대신 1기압의 공기-물 시스템용으로 특별히 개발된 습도선도를 사용해서 이러한 시스템의 가습 및 건조를 나타낼 수 있다. 이 장에서는 이 분야에 몇 가지 새로운 용어를 소개하고, 습도선도를 제시하며, 습도선도를 사용해 물질 및 에너지 수지를 적용하는 방법을 보여준다.

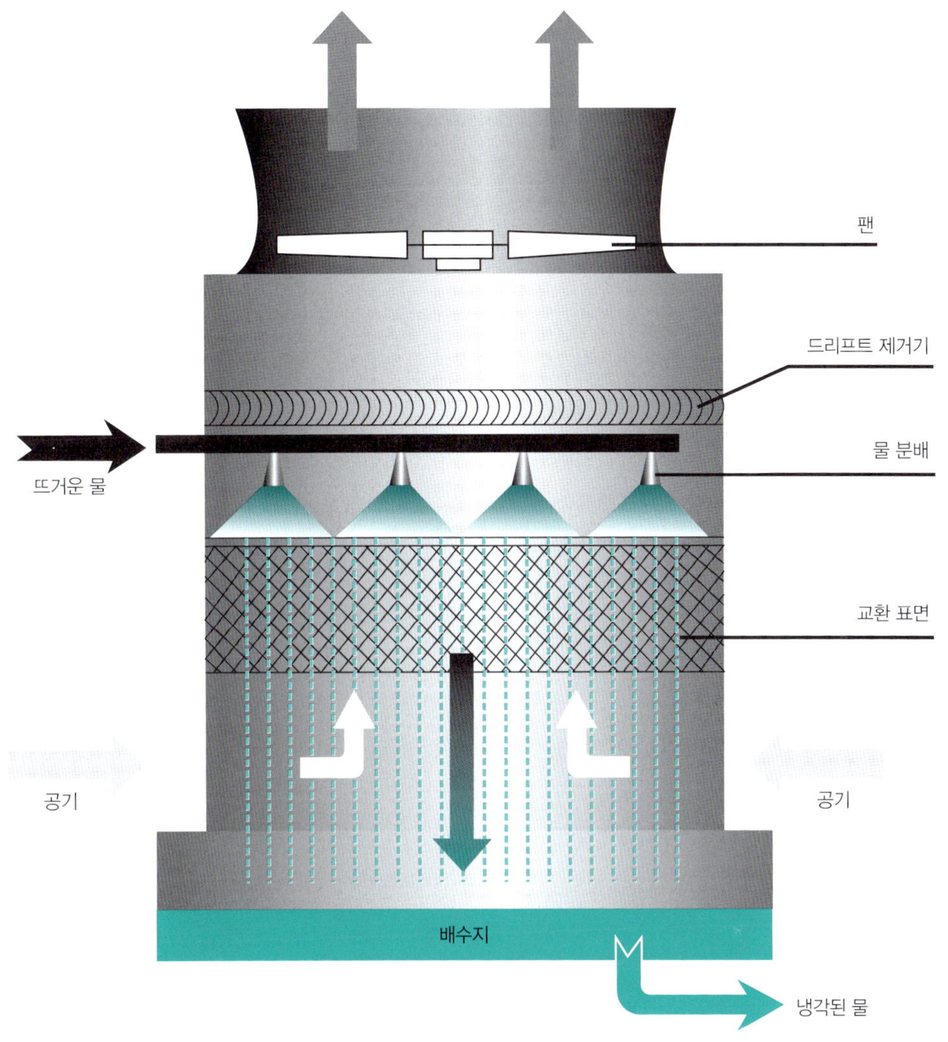

그림 10.1 ▸ 냉각탑의 구성 요소

10.1 용어

가습과 건조에 관계되는 용어는 다음과 같다.

a. **상대포화도(상대습도)**는 다음과 같이 정의된다.

$$\mathcal{RS} = \frac{p_{\text{vapor}}}{p^*} = \text{상대포화도} \tag{10.1}$$

p_{vapor} = 기체 혼합물 중의 증기의 분압

p^* = 기체 혼합물의 주어진 온도에서 가스가 포화되었을 경우 수증기의 부분압(즉 물의 증기압). 물을 아래첨자 1로 간단히 나타내면 다음과 같다.

$$RS = \frac{p_1}{p^*_1} = \frac{p_1/p_{\text{tot}}}{p^*_1/p_{\text{tot}}} = \frac{V_1/V_{\text{tot}}}{V_{\text{satd}}/V_{\text{tot}}} = \frac{n_t}{n_{\text{satd}}} = \frac{\text{mass}_1}{\text{mass}_{\text{satd}}} \tag{10.2}$$

상대포화도는 총포화도에 대한 분율인 셈이다. 라디오나 TV의 일기예보에서 기온이 30°C (86°F)이고 '습도'가 60%라 했다면 이 '습도'는 다음과 같은 상대습도를 의미한다.

$$\frac{p_{H_2O}}{p^*_{H_2O}}(100) = \%RH = 60$$

이 식에서 p_{H_2O}와 $p^*_{H_2O}$는 모두 30°C에서 측정한 값이다. 기체 혼합물에 물이 들어 있지 않다면 상대포화도는 0이다. 상대포화도 100%에서는 기체 내 수증기의 분압이 물의 증기압과 동일하다(즉 기체가 물로 포화됨).

b. **습도**: 습도 H(비습: specific humidity)는 수분이 없는 건조공기의 질량(파운드 또는 킬로그램)당 수증기 질량(파운드 또는 킬로그램)을 나타낸다(책에 따라서는 습도를 건조공기 몰당 수증기 몰로 나타낸다).

$$H = \frac{m_{H_2O}}{m_{\text{dry air}}} = \frac{18p_{H_2O}}{29(p_{\text{total}} - p_{H_2O})} = \frac{18n_{H_2O}}{29(n_{\text{total}} - n_{H_2O})} \tag{10.3}$$

c. **건구온도**(T_{DB}): 일상적으로 말하는 기체의 온도이다. °F나 °C(또는 °R이나 K)로 나타낸다.

d. **습구온도**(T_{WB}): 이 용어는 새로울지 모른다. 수은온도계 구를 젖은 솜이나 거즈로 감싸고 다음과 같이 한다. (1) 그림 10.2와 같이 공기 중에서 온도계를 빙빙 돌린다(건구온도계와 습구온도계를 함께 돌리도록 한 장치를 **회전 건습구온도계**라 한다). (2) 선풍기를 습구를 향해 센 바람이 불도록 한다. 이러한 경우 습구온도계에 나타나는 온도는 어떻겠는가?

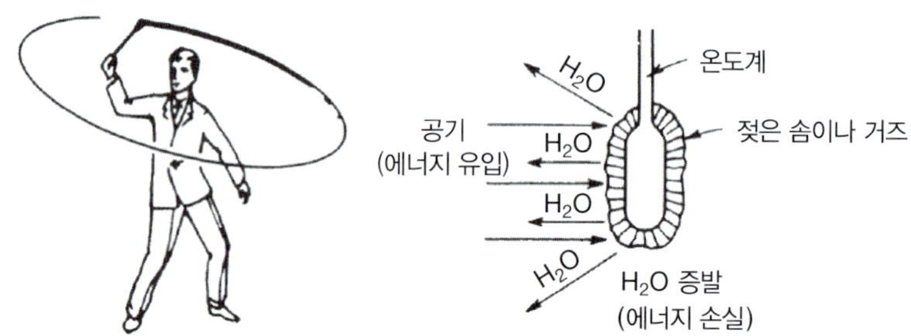

그림 10.2 ▸ 회전 건습구온도계에서 나타나는 습구온도

솜에서 물이 증발하면 솜이 냉각되는데, 공기에서 솜으로 전달되는 에너지와 솜에서 증발하는 물로 인해 손실되는 에너지가 정상상태에 이를 때까지 냉각된다. 젖은 솜의 물이 공기 중의 수증기와 평형상태에 있을 때의 온도를 습구온도라 한다(물론 솜의 물이 계속 증발해 다 사라지면 건구온도와 같아진다). 이러한 과정의 평형온도는 습도선도에서 100% 상대습도 곡선(포화공기 곡선)상에 놓이게 될 것이다. 그림 10.3을 보라.

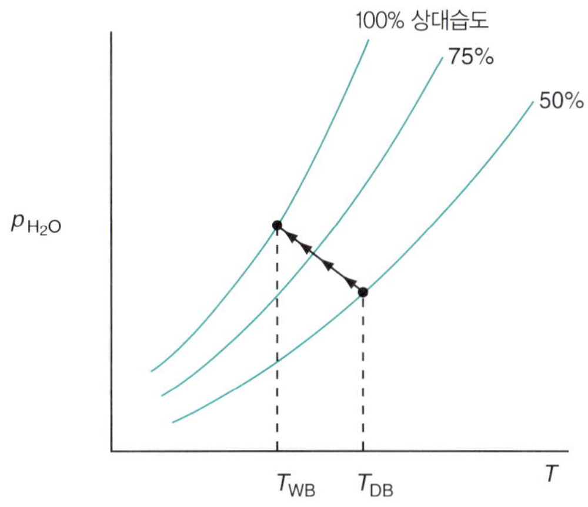

그림 10.3 ▸ 건구온도(T_{DB})와 습구온도(T_{WB}). 처음에 T_{DB}이던 젖은 솜이 증발에 의해 냉각되어 T_{WB}에서 평형에 도달한다.

예제 10.1 상대습도를 이용해 이슬점 구하기

문제 아침 라디오 일기예보에서 오후에 기온이 94°F에 도달하고, 상대습도는 43%, 기압은 29.67 in. Hg, 구름이 조금 끼다가 맑겠으며 바람은 SSE 8 mi/hr라고 한다. 오늘 오후의 공기 1 mi^3 중에 들어 있을 수증기의 질량(lb)과 공기의 이슬점을 구하라.

풀이 94°F에서 물의 증기압은 1.61 in. Hg이다. 주어진 상대습도로부터 수증기의 분압을 계산한다.

$$p_{H_2O} = (1.61 \text{ in. Hg})(0.43) = 0.692 \text{ in. Hg}$$

계산 기준: 94°F, 0.692 in. Hg의 수증기 1 mi^3

$$\frac{1 \text{ mi}^3}{} \left| \left(\frac{5280 \text{ ft}}{1 \text{ mi}}\right)^3 \right| \frac{492°\text{R}}{555°\text{R}} \left| \frac{0.692 \text{ in. Hg}}{29.92 \text{ in. Hg}} \right| \frac{1 \text{ lb mol}}{359 \text{ ft}^3} \left| \frac{18 \text{ lb H}_2\text{O}}{1 \text{ lb mol}} \right.$$
$$= 1.52 \times 10^8 \text{ lb H}_2\text{O}$$

일정한 압력 및 일정한 조성에서 공기를 냉각했을 때 수증기가 처음 응축하기 시작하는 온도가 이슬점이다. 식 (10.1)에서 알 수 있듯이 공기를 냉각하면 수증기의 분압은 그대로이지만 물의 증기압은 온도에 따라 감소하므로 상대습도가 증가한다. 상대습도가 100%에 이르면 수증기가 응축하기 시작한다.

$$100 \frac{p_{H_2O}}{p^*_{H_2O}} = 100\% \quad \text{또는} \quad p_{H_2O} = p^*_{H_2O} = 0.692 \text{ in. Hg}$$

TLV 계산기를 보면 이 온도가 68.05°F에 해당함을 알 수 있다. 웹사이트에서는 표에서 얻은 온도 범위가 아닌 단일 온도를 제공한다.

자습문제

확인문제

1. 공기의 $p-H$ 선도 위에 다음을 표시하라.

  a. 건구온도

  b. 습구온도

2. 이슬점 온도가 습구온도와 같아질 수 있는가?

3. 물-공기 이외의 혼합물에 대해서도 건습구온도 선도를 만들 수 있는가?

4. 습구온도와 건구온도는 어떻게 다른가?

5. 습구온도가 건구온도보다 높아질 수 있는가?

해답

1. 그림 10.3 참조

2. 그렇다.

3. 그렇다.

4. 건구온도인 주변 공기와 평형을 이루는 증발하는 물의 온도가 습구온도이다.

5. 아니다.

적용문제

1. Gibbs의 상률(phase rule)을 공기-수증기 혼합물에 적용해 자유도(세기변수에 대한)를 구하라. 이 혼합물에서 압력을 고정하면 자유도가 어떻게 되는가?

2. 세로축에 식 (10.1)의 질량습도(kg H_2O/kg dry air)를 나타내고 가로축에 온도(°C)를 나타내어 선도를 작성하라. 이 선도에 수증기의 상대습도가 100%인 선을 나타내라.

해답

1. 자유도 $= 2 - P + C = 2 - 1 + 2 = 3$. 고정된 압력에 대해 DOF = 2

2. 그림 10.4 참조

10.2 습도선도

습공기선도(psychrometric chart)로도 알려진 **습도선도**(humidity chart)는 습한 공기의 물질 및 에너지 수지를 취하는 데 필요한 여러 매개변수를 나타낸다. 여기서 다루는 습도선도의 일종인 Carrier 선도에서는 세로축(일반적으로 오른쪽에 표시)에 질량습도를 나타내고 가로축에 건구온도를 나타낸다. 그림 10.4를 살펴보자. 이 선도에 여러 매개변수를 나타내기로 한다.

먼저 10.1절에서 소개한 두 가지 새로운 개념과 관계를 살펴보자.

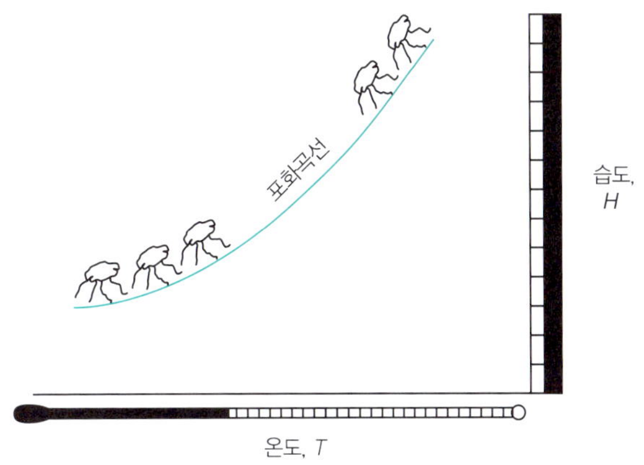

그림 10.4 ▸ 습도선도의 기본 좌표

10.2.1 습구온도선(습구온도식)

습구온도선(wet-bulb line)을 식으로 나타내려면 몇 가지 가정이 필요한데 이에 대해서는 생략하겠다. 10.1절에서 언급했듯이 습구온도는 온도계 구로 향한 에너지 전달속도와 물의 증발속도 사이의 평형에 근거한 것이다. 이때 다량의 공기가 소량의 물과 접촉하므로, 물이 증발하더라도 공기의 온도와 습도는 변하지 않으며 물의 온도만 변한다고 본다. 습구온도선의 식은 물을 향한 열전달과 물의 기화열이 같다고 보고 에너지 수지로부터 구한다. 이러한 습구온도선 몇 개를 물-공기의 습도선도인 그림 10.5에 나타냈다. H_{WB}(질량습도) 대 T_{WB}(습구온도)의 관계, 즉 습구온도선은 거의 직선이며 기울기는 마이너스 값이다.

습구온도선의 용도는 무엇인가? 습도선도에서 상태(그림 10.5의 점 A)를 정하려면 두 가지 정보가 필요하다. 한 가지 정보로 T_{DB}(건구온도), H_{DB}, RS(상대습도) 등을 사용할 수 있다. 다른 정보로 T_{WB}를 사용할 수 있다. 습도선도에서 T_{WB}(습구온도)를 어떻게 구하는가? Carrier 선도에서는 포화곡선을 따라서 습구온도 값을 읽게 된다(점 B처럼). 가로축의 온도(점 C: T_{WB})에서 위로 올라가는 수직선이 포화곡선과 만나는 점(B)을 찾으면 된다. 어떠한 과정이 습구온도 과정이라면 그 과정의 모든 상태는 습구온도선상에 놓인다.

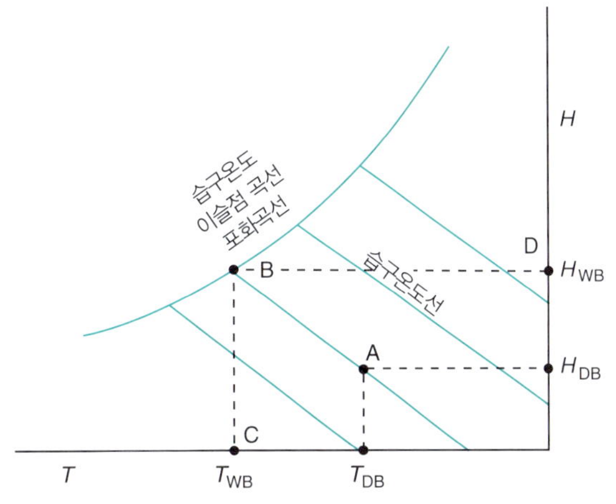

그림 10.5 ▸ H-T 선도에 나타낸 습구온도선

예를 들어 습구온도 과정에서 초기의 T_{DB}(가로축)와 H_{DB}(세로축)를 알면 이 공기의 상태는 점 A가 된다. 이 점을 지나는 습구온도 과정(선)을 따라 왼쪽으로 올라가면 포화곡선과 만난다(점 B). 점 B를 지나는 수직선이 온도 축과 만나는 점(C)이 T_{WB}이고, 점 B를 지나는 수평선이 질량습도 축과 만나는 점(D)이 H_{WB}이다. 추가로 정보가 하나 더 있으면 습구온도선상의 모든 점이 정해진다.

10.2.2 단열냉각선

또 하나의 중요한 과정으로는 공기와 순환수 사이의 **단열냉각** 또는 **단열가습**을 들 수 있다(그림 10.6). 이 과정에서는 순환수가 소량 증발해 공기가 냉각되는 동시에 가습된다(공기의 수분 함유량이 증가한다). 이때 소량의 물을 보충한다. 정상상태 **평형**에서는 배출 공기의 온도와 물의 온도가 같으며, 배출 공기는 이 온도에서 포화된다. 이 공정에 대해 총괄 에너지 수지를 취하면 $Q = 0$(단열)일 때 공기의 단열냉각식을 구할 수 있다.

수증기만 관여할 경우, 습구온도식은 단열냉각식과 실질적으로 같아지므로 이 두 과정을 동일한 선으로 나타낼 수 있다. 습도선도에서 습한 공기의 매개변수를 구하려면 습구온도 과정을 그대로 단열가습 과정에 적용할 수 있다. 이처럼 일치되는 이유에 관한 자세한 내용은 이 장 말미의 참고문헌을 보기 바란다. 물이 아닌 다른 물질의 경우에는 대체적으로 두 식의 기울기가 달라진다.

H-T의 관계를 나타낸 습도선도에서 습구온도선이 단열냉각선과 일치한다는 것 이외에도 여러 다른 내용을 알 수 있다. 그림 10.7을 보라.

그림 10.7을 보면서 다음과 같은 선을 확인한다.

1. 상대습도(%)선
2. 습윤부피선(비습윤부피)
3. 단열냉각선. 수증기만 있을 경우 습구온도선 또는 습공기선(psychrometric line)과 같다.
4. 상대습도 100% 선(포화공기선)
5. 포화공기-수증기 혼합물의 비엔탈피(수증기 없는 건조공기 단위 질량 기준). 이는 다음과 같다.

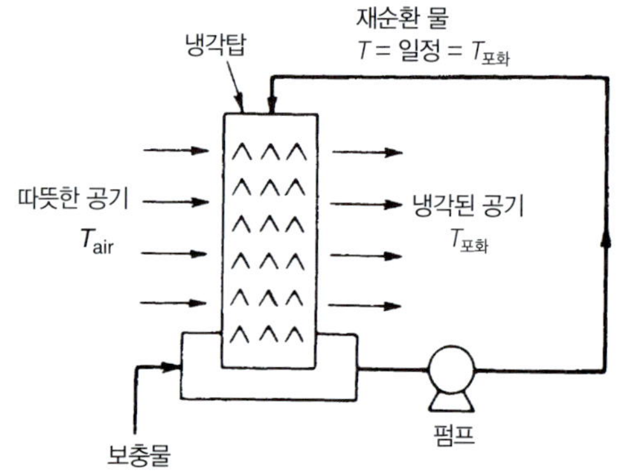

그림 10.6 ▸ 물을 순환시키는 단열가습 공정

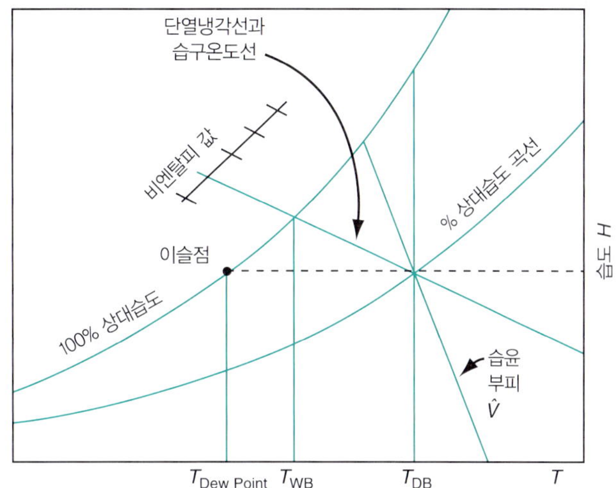

그림 10.7 ▸ 습도선도. 온도, 이슬점, 습구온도 및 건구온도, 상대습도, 습용(습윤 부피), 습도(질량습도), 비엔탈피, 단열냉각선 및 습구온도선을 나타냈다.

$$\Delta\hat{H} = \Delta\hat{H}_{\text{air}} + \Delta\hat{H}_{\text{H}_2\text{O vapor}}(\mathcal{H}) \tag{10.4}$$

포화상태가 아닌 공기의 비엔탈피를 보정하기 위한 선(마이너스 부호로 표시)이 습도선도에 표시되어 있다.

그림 10.8a와 10.8b는 둘 다 Carrier 선도로서 단위를 다르게 나타낸 것이다.

상률을 적용해 세기변수의 자유도를 해석하면 다음과 같다.

$$F = 2 - P + C = 2 - 1 + 2 = 3$$

위의 설명에서는 두 매개변수만 알면 습도선도에서 한 점을 정할 수 있다고 했으므로 이에 상치되지 않는가? 그렇지 않다. 습도선도에서는 압력을 1 atm으로 고정했으므로 $F = 2$가 된다. 따라서 여러 변수 중에서 2개의 값을 정하면 습도선도에서 상태가 한 점으로 고정되며, 나머지 변수의 값은 종속적으로 정해진다.

단열냉각선은 도입 공기-수증기 혼합물의 엔탈피가 거의 일정한 선으로, 이를 사용해도 오차는 1~2% 정도이다. 습도선도에서 이 선을 따라 왼쪽 위로 올라가면 포화공기의 엔탈피 값을 알 수 있다. 이 값을 사용해 포화되지 않은 공기-수증기 혼합물의 엔탈피를 구하려면 습도선도에 나타낸 엔탈피 보정선의 값을 이용한다. 이를 다음 예제에서 다룬다.

습도선도(또는 수식)에서 구한 자료를 바탕으로 일반적 물질 및 에너지 수지를 이용해 물을 순환시키는 습구 과정이나 단열 과정이 아닌 모든 과정을 해석할 수 있다. 공기의 수분 함유량이 증가하거나 감소하면 이러한 공기 중의 수분 증감에 따른 엔탈피 영향을 에너지 수지에 포함하면 더욱 정확한 계산을 할 수 있는데, 이를 다음 예제에서 다루고 있다.

습도선도에서 구할 수 있는 것보다 정확한 자료가 필요하면 물성표나 컴퓨터 프로그램을 이용할 수 있으며, 습도 자료를 인터넷에서 검색할 수도 있다. 이 책에서는 습도선도만 다루었지만, CCl_4와 공기, 아세톤과 질소처럼 임의의 두 기상 물질의 혼합물에 관한 선도를 작성할 수도 있다.

습도선도에서 자료를 구하는 방법을 다음 예제에서 다룬다.

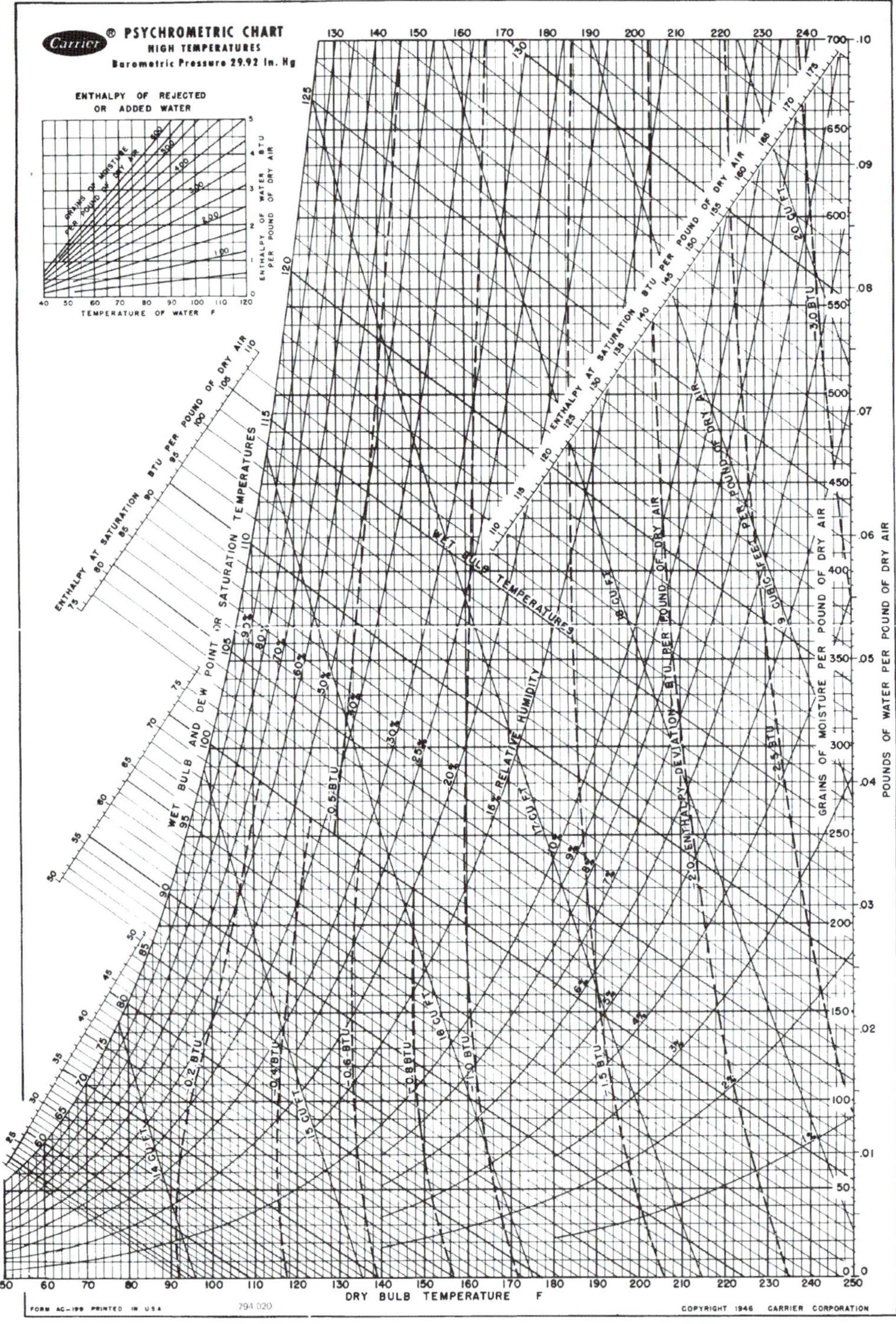

그림 10.8a ▸ 습도선도(AE 단위)

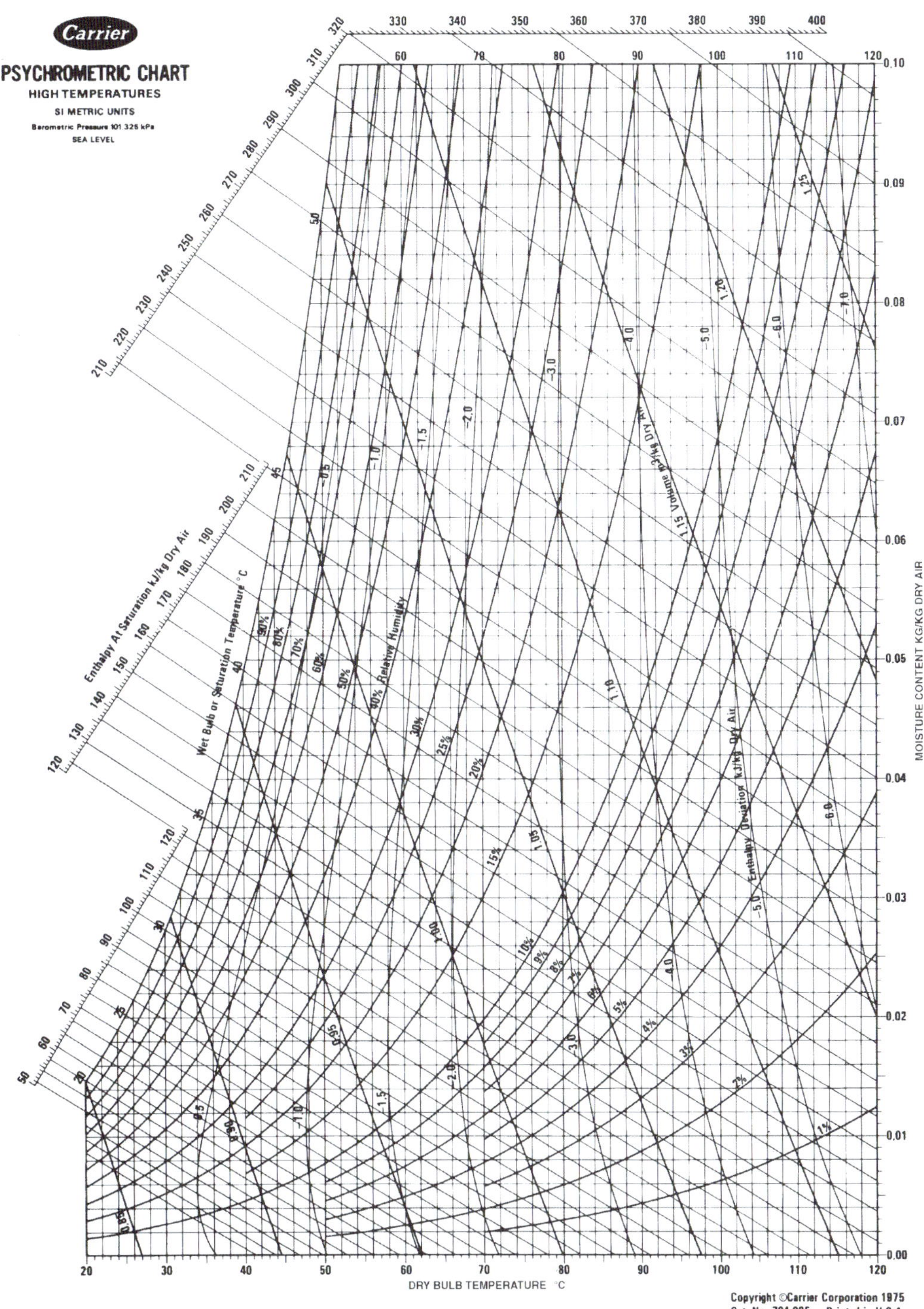

그림 10.8b ▸ 습도선도(SI 단위)

예제 10.2 습도선도에서 습한 공기의 성질 구하기

문제 습도선도(AE)에서 건구온도 90°F, 습구온도 70°F인 공기의 모든 성질을 구하라. 건구온도는 일반 수은온도계로 측정하고, 습구온도는 회전 건습구온도계로 구했다고 가정한다.

풀이 습도선도에서 여러 가지 물성을 구하는 방법을 그림 E10.2에 나타냈다.

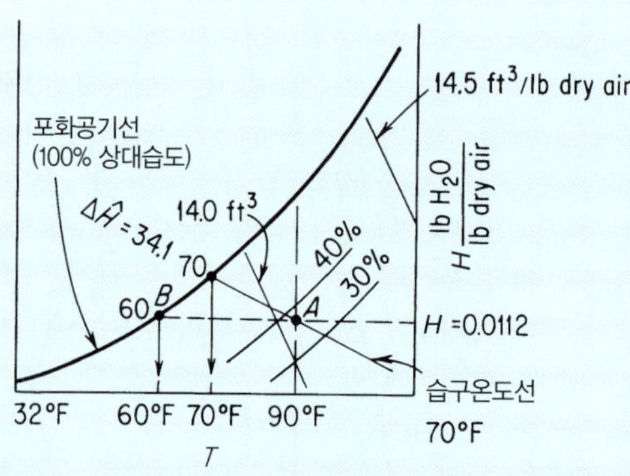

그림 E10.2

건구온도 T_{DB} = 90°F에서 위로 올린 수직선이 습구온도 70°F인 선과 만나게 해서 점 A를 정한다. 습구온도선이 상대습도 100% 선(포화곡선)과 만나는 점을 구하면 포화온도 70°F가 된다. 또는 가로축의 70°F에서 위로 올린 수직선이 상대습도 100% 선과 만나게 한다.

그다음 습구온도 70°F에서 단열냉각선(습도선도에서는 습구온도선)을 따라 오른쪽 아래로 내려가다가 건구온도 90°F인 수직선과 만나는 점 A를 구한다. 일단 공기의 상태(점 A)가 정해지면 습도선도에서 다음과 같이 습한 공기의 성질을 구할 수 있다.

a. **이슬점**: 점 A의 공기를 정압(사실상 일정 질량습도)에서 냉각하면 수분이 응축하는 온도에 이르게 된다. 그림 E10.2에서 점 A를 지나는 수평선이 왼쪽의 상대습도 100% 선과 만나는 점(B)의 온도가 이슬점이며, 약 60°F이다.

b. **상대습도**: 점 A는 상대습도 40% 선과 30% 선 사이에 있으므로 적절히 내삽하면 이 공기의 상대습도는 약 37%이다.

c. **습도(H)**: 점 A를 지나는 수평선의 오른쪽 세로축 좌표를 읽으면 0.0112 lb H_2O/lb dry air이다.

d. **습용**: 점 A는 14.0 ft^3/lb 선과 14.5 ft^3/lb 선 사이에 있으므로 내삽하면 14.1 ft^3/lb dry air를 얻는다.

e. **엔탈피**: 습구온도 70°F인 포화공기의 엔탈피는 $\Delta\hat{H}$ = 34.1 Btu/lb dry air이다(건습구온도표를 사용하면 더욱 정확한 값을 구할 수 있다). 포화되지 않은 공기의 엔탈피 편차는 그림 10.7a의 점선에서 읽을 수 있는데(그림 E10.2에는 나타내지 않았다), 이를 읽으면 약 −0.2 Btu/lb dry air이다. 따라서 상대습도 37%인 공기의 실제 엔탈피는 34.0 − 0.2 = 33.8 Btu/lb dry air이다.

자주 묻는 질문

1. 습도선도에서 적용되는 온도는 어느 범위인가? 공기조절 공정에 적용되는 온도의 범위는 −10°C에서 50°C까지이다. 이 온도 범위를 벗어나면 다른 선도나 표를 이용해야 한다(압력 범위를 벗어나도 마찬가지이다).
2. 이 범위 안에서 공기와 수증기는 이상기체로 취급할 수 있는가? 그렇다. 오차는 0.2% 미만이다.
3. 수증기의 엔탈피는 온도만의 함수인가? 그렇다. 이상기체로 간주했기 때문이다.
4. 습도선도에서 읽는 값보다 정확한 값을 어떻게 구할 수 있는가? 10.1절과 10.2절에 나온 수식이나 컴퓨터 프로그램을 이용한다.

자습문제

확인문제

1. 습도선도에는 공기-수증기 혼합물의 어떤 성질이 나타나 있는가?
2. 공기와 수증기를 단열냉각하면 어떻게 되는가?
3. 젖은 수건에 공기를 불어서 말리는 건조장치 설계에 Carrier 습도선도가 도움이 되는가?
4. 습도선도에서 단위 질량의 값 대신에 단위 몰의 값을 사용할 수 있는가?

해답

1. 수분 함량(즉 건조한 공기 1파운드당 물 파운드), 건구온도, 습구온도, 포화 시 엔탈피, 비습윤 부피, 상대습도
2. 단열냉각의 경우 물이 공기 중으로 증발해 혼합물을 냉각시킨다.
3. 그렇다.
4. 그렇다.

적용문제

1. 건구온도 200°F인 공기의 습도가 0.20 mol H_2O/mol dry air이다.
   a. 이슬점은?
   b. 이 공기를 150°F로 냉각하면 이슬점은 어떻게 되는가?
2. 공기의 건구온도가 71°C이고 습구온도가 52°C이다.
   a. 상대습도는?
   b. 이 공기가 냉각수를 사용하지 않는 수랭탑을 통과할 때 도달할 수 있는 최저 온도는?
3. 1 atm에서 건구온도 70°C, 상대습도 15%의 공기에 대해 다음을 구하라.
   a. kg H_2O/kg dry air
   b. m^3/kg dry air
   c. 이슬점(°C)

해답

1. **a.** 0.2 lb mol 물/lb mol 건조공기 = 0.0124 lb 물/lb 건조공기, 습도선도로부터 이슬점 = 63°F
   b. 동일하다.

2. **a.** 39% *RH*, **b.** 52°C

3. **a.** 0.03 kg H20/kg 건조공기, **b.** 16.25 ft^3/lb 건조공기 = 1.015 m^3/kg 건조공기, **c.** 이슬점 = 31.7°C

10.3 습도선도의 이용

습도선도에 나타낸 물성을 이용하는 산업공정은 다양하다. 예를 들면 다음과 같다.

- **건조**: 습한 공기가 도입되어 덜 습한 공기가 배출된다.
- **가습**: 공기 중에 물을 기화해서 습한 공기를 만든다.
- **연소**: 도입되는 습한 공기에 연소 생성물 중의 수분이 첨가된다.
- **공기조절**: 습한 공기를 냉각한다.
- **응축**: 습한 공기를 포화온도까지 냉각하고, 추가 냉각을 통해 습한 공기에서 수분을 응축시킨다.

예제 10.3 가정용 난방기구로 일정 습도의 공기 가열

문제 38°C, 상대습도 49%인 공기를 난방기구를 사용해 86°C로 가열한다. 초기 습한 공기 단위 부피(m^3)당 가열해야 할 열량과 가열된 공기의 이슬점을 구하라.

풀이 이 과정을 그림 E10.3에 나타냈다. 도입되는 공기는 T_{DB} = 38°C, *RH* = 49%인 점 *A*이고, 습도가 일정한 수평선과 건구온도 86°C인 선과 만나는 점 *B*가 배출되는 공기이다. 이 과정에서는 습도가 변하지 않으므로 이슬점은 변하지 않는다. 점 C의 온도를 읽으면 이슬점은 24.8°C이다.

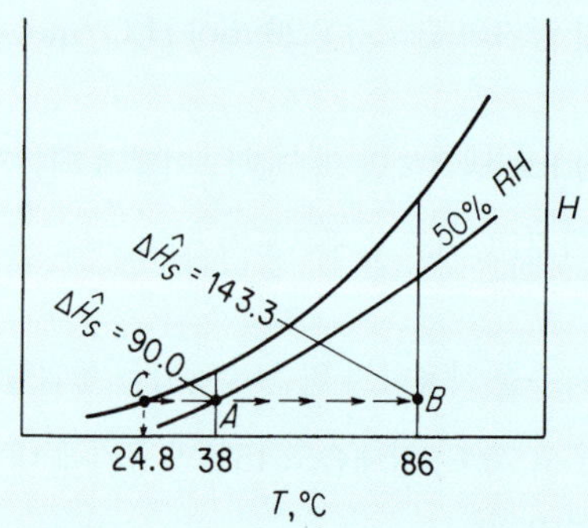

그림 E10.3

엔탈피(kJ/kg dry air) 변화는 다음과 같다.

점	$\Delta\hat{H}_{satd}$	ΔH	$\Delta\hat{H}_{actual}$
A	90.0	−0.5	89.5
B	143.3	−3.3	140.0

$\Delta\hat{H}_{actual}$로부터 ΔH만큼의 엔탈피 변화는 습도선도의 엔탈피 보정선(그림 E10.2에는 나타내지 않았다)을 이용해서 구한다. 또한 A의 습한 공기의 부피는 0.91(m^3/kg dry air)이다. 에너지 수지는 $\hat{Q} = \Delta\hat{H}$이므로 첨가한 열은 140.0 − 89.5 = 50.5 kJ/kg dry air이다.

$$\frac{50.5\ \text{kJ}}{\text{kg dry air}}\bigg|\frac{1\ \text{kg dry air}}{0.91\ \text{m}^3} = 55.5\ \text{kJ/m}^3\ \text{초기 습한 공기}$$

예제 10.4 물 분무에 의한 냉각 가습

문제 공기에 수분을 첨가하는 한 가지 방법은 공기를 물 분무탑에 통과시키는 방법이다(그림 E10.4a). 일반적으로 물은 버리지 않고 순환 사용한다. 정상상태에서 물은 단열 포화온도에 있으며, 이는 습구온도와 같다. 분무탑을 통과하는 공기는 냉각되는데, 공기와 물의 접촉시간이 충분하면 공기도 습구온도에서 배출된다.

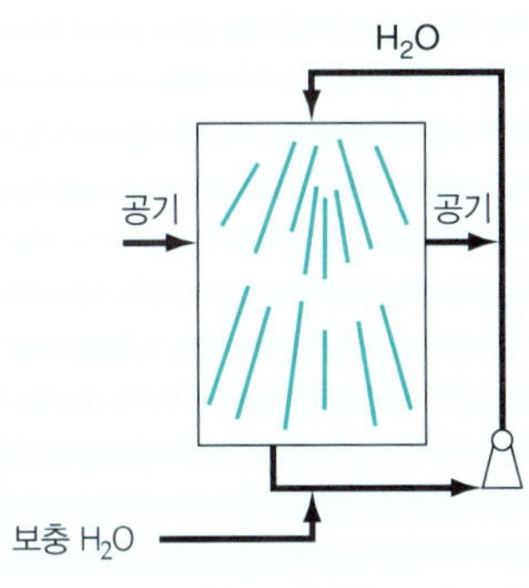

그림 E10.4a

그러나 여기서는 분무탑이 아주 작아서 공기는 습구온도에 이르지 못하고 다음 상태에서 배출된다고 본다.

	T_{DB}(°C)	T_{WB}(°C)
도입 공기	40	22
배출 공기	27	

이 가습장치에서 공기에 첨가되는 수분(kg/kg dry air)을 구하라.

풀이 공정 전체가 단열이라 가정한다. 그림 E10.4b에서 도입 조건은 점 A이다. 배출상태는 점 B로, 단열냉각선(습구온도선과 같다)과 T_{DB} = 27°C에서 수직으로 올린 선의 교점이다. 습구온도는 22°C로 변하지 않는다. 습도는 그림 E10.4b로부터 다음과 같이 구한다.

$$H_B = 0.0145 \qquad H_A = 0.0093 \qquad \text{여기서 } H\left(\frac{\text{kg } H_2O}{\text{kg dry air}}\right)$$

$$\text{차이: } 0.0052 \frac{\text{kg } H_2O}{\text{kg dry air}} \text{ 첨가}$$

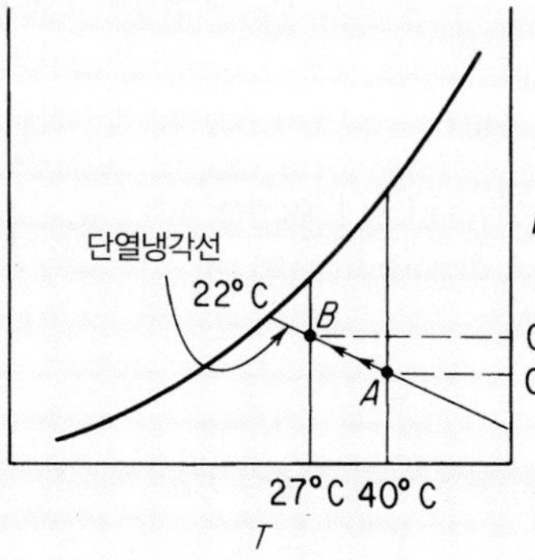

그림 E10.4b

예제 10.5 냉각탑에서 물질 및 에너지 수지

문제 습한 공기 8.30×10^6 ft^3/hr 용량을 가진 송풍기가 설치되어 있는 수랭탑을 재설계하려 한다. 습한 공기는 건구온도 80°F, 습구온도 65°F에서 도입되어 건구온도 95°F, 습구온도 90°F로 배출된다. 물은 120°F에서 들어와서 90°F로 나가며 순환되지 않는다. 이때 물의 유량(lb/hr)을 구하라.

풀이 이 공정과 공기의 상태를 나타낸 습도선도를 그림 E10.5에 나타냈다.

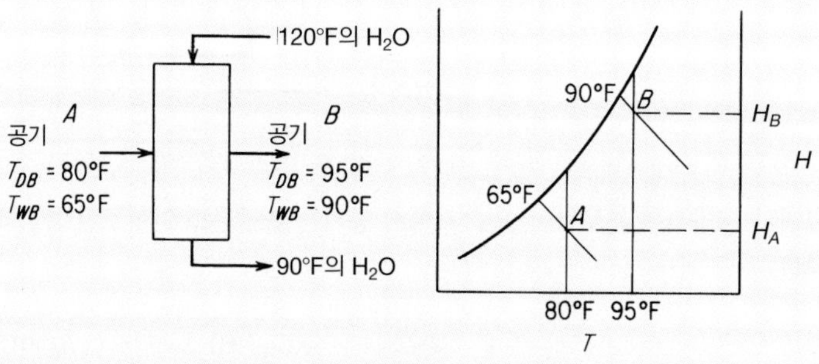

그림 E10.5

습도선도에서 공기의 엔탈피, 습도, 습용을 구하면 다음과 같다.

	A	**B**
$H\left(\frac{\text{lb } H_2O}{\text{lb dry air}}\right)$	0.0098	0.0297
$\Delta\hat{H}\left(\frac{\text{Btu}}{\text{lb dry air}}\right)$	30.05 − 0.12 = 29.93	55.93 − 0.10 = 55.83
$\hat{V}\left(\frac{ft^3}{\text{lb dry air}}\right)$	13.82	14.65

냉각수 배출 유량은 이 공정에 대한 에너지 수지에서 구한다.

$$\text{계산 기준: 습한 공기 } 8.30 \times 10^6 \text{ ft}^3 \equiv 1 \text{ hr}$$

도입 건조공기 질량은

$$\frac{8.30 \times 10^6 \text{ ft}^3}{} \bigg| \frac{1 \text{ lb dry air}}{13.82 \text{ ft}^3} = 6.01 \times 10^5 \text{ lb dry air}$$

들어오는 물의 비엔탈피(32°F, 1 atm 기준)는

$$\Delta \hat{H} = C_{p_{H_2O}} \Delta T = (120 - 32)(1) = 88 \text{ Btu/lb } H_2O$$

나가는 물의 비엔탈피는 90 − 32 = 58 Btu/lb H_2O이다. 수증기표에는 120°F인 물의 비엔탈피가 87.92 Btu/lb H_2O로, 이 값과 약간 차이가 있다. 수증기표의 값은 32°F와 이 온도에서의 증기압(1.69 psia)을 기준상태로 한 값이기 때문이다. 물에 대해서는 32°F 이외의 다른 상태를 기준으로 택할 수도 있다. 예를 들어 90°F를 기준으로 하면 물 흐름 하나는 엔탈피가 0이므로 계산에서 제외된다. 어떤 기준을 택하든지 엔탈피 차이 계산에서는 기준상태의 엔탈피가 소거된다.

공기로 전달되는 물의 양은 다음과 같다.

$$0.0297 - 0.0098 = 0.0199 \text{ lb } H_2O/\text{lb dry air}$$

a. 물의 물질수지
냉각탑에 도입되는 물을 W(lb H_2O/lb dry air)라 하면 탑에서 배출되는 물은 (W − 0.0199) (lb H_2O/lb dry air)이다.

b. 건조공기의 물질수지

$$\text{도입량} = \text{배출량} = 6.01 \times 10^5 \text{ lb}$$

c. 공정 전체의 에너지 수지(엔탈피 수지)
습한 공기의 기준상태(0°F)와 물의 기준상태(32°F)가 같지 않아도 위에서 언급한 것처럼 기준상태 값은 소거된다.

도입 공기 중의 공기와 수분 　　　　　　 도입 물

$$\frac{29.93 \text{ Btu}}{1 \text{ lb dry air}} \bigg| \frac{6.01 \times 10^5 \text{ lb dry air}}{} + \frac{88 \text{ Btu}}{1 \text{ lb } H_2O} \bigg| \frac{W \text{ lb } H_2O}{1 \text{ lb dry air}} \bigg| \frac{6.01 \times 10^5 \text{ lb dry air}}{}$$

배출 공기 중의 공기와 수분 　　　　　　 배출 물

$$= \frac{55.83 \text{ Btu}}{\text{lb dry air}} \bigg| \frac{6.01 \times 10^5 \text{ lb dry air}}{} + \frac{58 \text{ Btu}}{\text{lb } H_2O} \bigg| \frac{(W - 0.0199)1 \text{ lb } H_2O}{\text{lb dry air}} \bigg| \frac{6.01 \times 10^5 \text{ lb dry air}}{}$$

이 식을 정리하면

$$29.93 + 88W = 55.83 + 58(W - 0.0199)$$

$$W = 0.825 \text{ lb } H_2O/\text{lb dry air}$$

$$W - 0.0199 = 0.805 \text{ lb } H_2O/\text{lb dry air}$$

냉각탑에서 배출되는 물의 총량은

$$\frac{0.805 \text{ lb } H_2O}{\text{lb dry air}} \left| \frac{6.01 \times 10^5 \text{ lb dry air}}{\text{hr}} \right. = 4.83 \times 10^5 \text{ lb/hr}$$

자습문제

확인문제

1. 앞 장의 연소 계산에서 공기 중의 수분을 무시했다. 이 가정은 합리적인가?

2. 습도선도는 단열냉각이나 습구온도 과정에만 이용할 수 있는가?

해답

1. 일반적으로는 별문제가 없다. 그러나 예를 들어 연도기체의 수분이 연도 안에서 응축되지 않게 하려면 도입 공기의 수분이 중요하므로 이를 고려해서 계산해야 한다.

2. 아니다.

적용문제

1. 공기를 물 분무탑에 통과시켜서 공기 중의 수분을 제거한다고 하면 이상하게 들릴지 모르지만, 물의 온도가 공기의 이슬점보다 낮으면 된다. 그림 SAT10.3P1과 같은 장치에서 이러한 작업을 할 수 있다. 도입 공기의 이슬점이 70°F이고 상대습도가 40%일 때, 건조 장치에서 제거해야 할 열량과 제거되는 수분을 구하라. 배출 공기의 온도는 56°F이고 이슬점은 54°F이다.

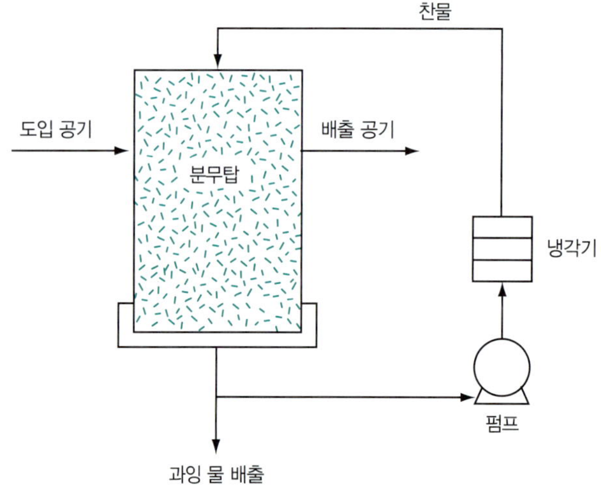

그림 SAT10.3P1

해답

1. 도입 공기－습도 0.016 lb/lb 건조공기, 엔탈피 41 Btu/lb 건조공기; 배출공기－습도 0.009 lb/lb 건조공기, 엔탈피 23 Btu/lb 건조공기. 따라서 수분 제거량 0.007 lb/lb 건조공기, 열제거량 18 Btu/lb 건조공기.

요약

이 장에서는 습도선도의 구성과 이로부터 얻을 수 있는 정보를 다루었다. 또한 이를 물질 및 에너지 수지에서 이용하는 방법을 설명했다.

주요 용어

건구온도(dry-bulb temperature): 기체나 액체에서 일반적으로 통용되는 온도
습공기선(psychrometric line): 습구온도선 참조
습공기선도(psychrometric chart): 습한 공기의 여러 성질과 함께 습도를 온도에 대해 나타낸 선도
습구온도(wet-bulb temperature): 소량의 물이 다량의 공기 중으로 증발할 때 평형에 도달하는 온도
습구온도선(wet-bulb line): 공기로부터 물로의 열전달이 물의 증발 엔탈피와 같다는 가정하에 에너지 수지를 습도선도에 나타낸 선
습도선도(humidity chart): 습공기선도 참조
습열(humid heat): 건조공기 단위 질량 기준으로 나타낸 공기-수증기 혼합물의 열용량
습용(humid volume): 건조공기 단위 질량 기준으로 나타낸 공기-수증기 혼합물의 부피

참고문헌

Barenbrug, A. W. T. *Psychrometry and Psychrometric Charts*, 3d ed., Chamber of Mines of South Africa (1991).

Bullock, C. E. "Psychrometric Tables," in *ASHRAE Handbook Product Directory*, paper No. 6, American Society of Heating, Refrigeration, and Air Conditioning Engineers, Atlanta (1977).

McCabe, W. L., J. C. Smith, and P. Harriott. *Unit Operations of Chemical Engineering*, McGraw-Hill, New York (2001).

McMillan, H. K., and J. Kim. "A Computer Program to Determine Thermodynamic Properties of Moist Air," *Access*, **36** (January, 1986).

Shallcross, D. C. *Handbook of Psychrometric Charts—Humidity Diagrams for Engineers*. Kluwer Academic Publishers (1997).

Treybal, R. E. *Mass Transfer Operations*, 3d ed., McGraw-Hill, New York (1980).

Wilhelm, L. R. "Numerical Calculation of Psychrometric Properties in SI Units," *Trans. ASAE*, **19**, 318 (1976).

웹사이트

www.handsdownsoftware.com
https://www.weather.gov/mfl/calculator

연습문제

10.1 용어

*10.1.1 60.0°C, 101.6 kPa(절대압)인 가스의 몰 습도(molar humidity)가 0.030이다. 다음을 구하라.

a. 상대습도

b. 이슬점(°C)

**10.1.2 27.0°C의 습한 공기 28.0 m^3에 수증기 0.636 kg이 들어 있다. 상대습도를 구하라.

**10.1.3 40°C, 101.3 kPa의 공기의 상대포화도(상대습도)는 28%이다. 이 공기의 습구온도는 대략 얼마인가? 이 공기의 습도(kg H_2O/kg 건조공기)는 얼마인가? 공기가 15°C로 냉각되면 생성된 공기의 상대포화도는 얼마인가?

**10.1.4 폐쇄계 내 1기압 공기에 대해 습구온도와 건구온도는 모두 초기에 25°C이다. 공기는 36°C로 가열된다. 초기 및 최종 온도의 경우 상대포화도와 습도(kg H_2O/kg 건조 공기)는 얼마인가?

**10.1.5 30°C, 100.0 kPa에서 상대습도 75.0%인 습한 가스를 275 kPa로 압축하고 20°C로 냉각한다. 냉각장치에 연결된 분리장치에서 응축수 0.341 kg이 제거되었을 때 처음 가스의 부피(m^3)를 구하라.

***10.1.6 부피가 일정한 통에 20.0°C, 150kPa의 공기가 들어 있다. 여기에 물 1 kg를 첨가한 다음 90.0°C까지 가열한다. 평형에 도달한 후 통의 압력은 230 kPa이다.

a. 90.0°C에서의 증기압은 얼마인가?

b. 90.0°C 물이 모두 증발했는가?

c. 통의 부피를 구하라.

d. 최종상태에서 통 안에 있는 공기의 습도(kg H_2O/kg 건조공기)를 구하라.

***10.1.7 건조장치에서 어떤 물질로부터 수분을 200 kg/hr로 제거하고자 한다. 도입 공기는 22°C, 상대습도 50%이고 배출 공기는 72°C, 상대습도 80%이다. 건조장치를 통과하는 완전건조공기(bone-dry air)의 질량유량(kg/hr)을 구하라. 기압은 103.0 kPa이다.

***10.1.8 환경에 배출한 폐열이 환경의 질에 악영향을 미치는 것을 열오염(thermal pollution)이라 한다. 대부분의 열오염은 냉각수 방출에 의한 것이다. 따라서 발전소에서는 냉각수를 하천에 폐기하는 대신에 냉각해서 순환 사용해야 할 것이다. 제안된 냉각탑에서는 열교환기에서 배출되는 더운 물이 배플(baffle)을 통해 흘러내리는 동안 공기가 통과하도록 되어 있다. 공기는 80°F에서 도입되어 70°F에서 배출된다. 도입 공기와 배출 공기 중의 수증기 분압은 각각 5 mm Hg, 18 mm Hg이다. 전압은 740 mm Hg이다. 냉각탑에 도입되는 습한 공기와 배출되는 습한 공기에 대해 다음을 구하라.

a. 도입 및 배출되는 습한 공기의 상대습도

b. 도입 및 배출되는 습한 공기의 부피 조성(부피 %)

c. 도입 및 배출되는 습한 공기의 질량 조성(질량 %)

d. 도입 및 배출되는 습한 공기의 비교습도(실제 상태 및 포화상태의 물질량 습도의 비)

e. 도입 및 배출되는 습한 공기 1000 ft^3 중의 수증기 질량(lb)

f. 도입 및 배출되는 공기에서 수증기를 제외한 공기 1000 ft^3 중의 수증기 질량(lb)

g. 냉각탑 도입 공기의 유량이 800,000 ft^3/day(740 mm Hg, 80°F)일 경우 물의 증발량(lb)

10.2 습도선도

***10.2.1** 가을에 미국 남서부 사막의 낮 공기는 대개 덥고 건조하다. 어느 날 정오에 공기의 건구온도가 27°C, 습구온도가 17°C일 때 다음을 구하라.

a. 이슬점

b. 상대습도

c. 습도

***10.2.2** 어떤 상태에서 건구온도, 습구온도, 이슬점이 같아지는가?

***10.2.3** 습한 공기의 상태를 알고 습도선도에서 이슬점을 구하는 방법을 설명하라.

***10.2.4** 어떤 상태에서 건구온도와 습구온도가 같아지는가?

***10.2.5** 어떤 상태에서 단열포화온도와 습구온도가 같아지는가?

***10.2.6** 습한 공기의 습도가 0.020 kg H_2O/kg air이고, 습윤 부피가 0.90 m^3/kg air이다. 다음을 구하라.

a. 이슬점

b. 상대습도(%)

***10.2.7** 습도선도를 이용해서 건구온도 30°C, 상대습도 65%인 습한 공기의 수증기 함유량(kg H_2O/kg dry air)을 구하라.

***10.2.8** 세포는 단백질 대사산물로 요소(urea)를 배출한다. 이것은 세포로부터 순환계를 통해 흘러서 신장에서 추출되며 소변으로 배설된다. 한 실험에서 에탄올을 사용해 소변에서 요소를 분리하고 이산화탄소로 건조한다. 40°C, 100 kPa에서 배출 기체의 조성은 알코올 10%(부피)와 나머지 이산화탄소로 되어 있다. 이 기체에 대해 다음을 구하라.

a. 알코올/CO_2 질량비(g/g)

b. 상대포화도(%)

***10.2.9** 습도선도에서 일정 엔탈피선과 일정 습구온도선은 어떻게 다른가?

***10.2.10** 집에서 가정용 에어컨은 실내 공기를 냉각하는 일 외에 어떤 일을 하는가?

***10.2.11** 100 kPa에서 건구온도 90°C, 습구온도 46°C인 습한 공기가 단단한 용기 안에 들어 있다. 이 용기와 내용물을 43°C로 냉각했을 때 다음을 구하라.

a. 냉각된 습한 공기의 몰 습도

b. 용기 안의 최종 전체 압력(atm)

c. 냉각된 습한 공기의 이슬점(°C)

***10.2.12** 1 atm의 습한 공기의 건구온도는 70.0°C이고 습도는 0.0820 kg H_2O/kg 건조공기이다. 그런 다음 공기는 1 atm에서 이슬점까지 냉각된다. 건조공기 1 kg당 엔탈피 변화를 계산하라.

***10.2.13** 1 atm에서 29°C, 상대습도 40%인 공기가 증발냉각장치로 도입되어 도달할 수 있는 최저 온

도를 구하라.

**** 10.2.14** 건조장치에 공급될 공기의 건구온도는 32°C, 습구온도는 25.5°C이다. 이 공기를 코일에 의해 90°C로 가열해서 건조장치로 보낸다. 건조장치 내부에서는 탈습되는 물질로부터 공기 쪽으로 수분이 옮겨 오면 단열냉각선에 따라 냉각되며, 완전 포화상태에서 건조장치로부터 배출된다. 다음을 구하라.

a. 처음 공기의 이슬점

b. 처음 공기의 질량습도

c. 처음 공기의 상대습도

d. 처음 공기 100 m^3를 90°C로 가열하는 데 필요한 열

e. 건조장치에 도입되는 공기 100 m^3당 증발되는 물의 양

f. 건조장치에서 배출되는 공기의 온도

10.3 습도선도의 이용

**** 10.3.1** 대기압에서 운전하는 회전 건조기에서 24°C의 습한 곡물 10 t(metric tonnes)/day를 수분 함유량 10%에서 1%로 건조한다. 공기 흐름은 곡물의 흐름과 역류하며, 도입 공기는 건구온도 102°C, 습구온도 43°C이고, 배출 공기는 건구온도 52°C이다. 다음을 구하라. 그림 P10.3.1을 참조하라.

a. 수분 제거량(kg/hr)

b. 도입 및 배출 공기의 습도(배출 공기는 포화되어 있다.)

c. 건조기에 도입되는 공기 속도(kg 건조공기/hr)

d. 도입 및 배출 공기의 비엔탈피

e. 건조장치에 도입되는 열

고려하는 온도범위에서 $\hat{C}_{p,\text{ dry grain}} = 754$ J/(kg)(K)이며, 건조기로부터의 열손실은 없다고 가정하고 곡물은 102°C에서 배출된다.

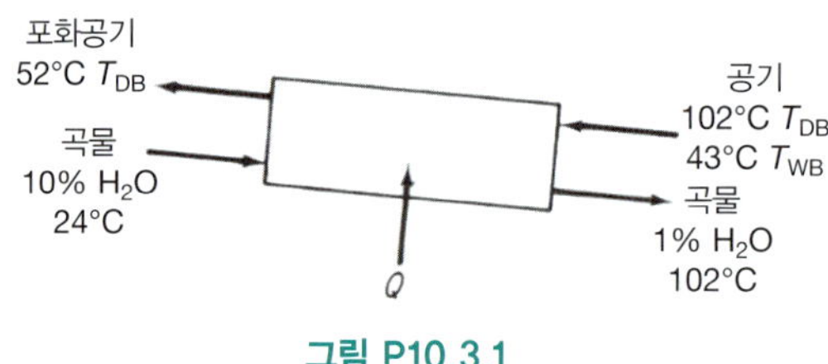

그림 P10.3.1

**** 10.3.2** 건구온도 40°C, 습구온도 32°C인 더운 공기를 18°C의 찬 포화공기와 단열 혼합한다. 더운 공기와 찬 공기 흐름에서 건조공기의 유량은 각각 8 kg/s, 6 kg/s이다. 전압은 1 atm이라 가정하고, 혼합 공기의 **(a)** 온도, **(b)** 질량습도, **(c)** 상대습도를 구하라.

**** 10.3.3** 강제송풍 냉각탑에서 측정한 온도(°C)가 다음과 같다.

	도입	배출
공기	28	31
물	40	30

도입 공기의 습구온도는 25°C이다. 냉각탑 배출 공기는 포화되어 있다고 가정하고 다음을 구하라.

a. 도입 공기의 습도

b. 도입되는 물의 질량당 건조공기의 질량

c. 냉각탑에서 증발되는 수분의 비율(%)

**** 10.3.4** 사람은 단순히 숨을 쉬면서도 에너지를 소비한다. 호흡량이 5.0 L/min이고, 흡기는 25°C, 상대습도 30%이며, 호기는 37°C의 포화공기라 가정한다. 이 상태를 유지하기 위해 혈액으로부터 폐로 전달되는 열(kJ/hr)을 구하라. 기압은 97 kPa이다.

***** 10.3.5** 건조장치에서 1.25 g H_2O/g dry material을 포함하는 원료를 수분 8%로 건조해서 제품으로 생산한다. 건조물의 생산량은 180 kg/hr이다. 건조장치 도입 공기는 건구온도 100°C, 습구온도 38°C이고, 배출 공기는 건구온도 53°C, 상대습도 60%이다. 그림 P10.3.5에서 보는 것처럼 배출 공기의 일부는 21°C, 상대습도 52%인 새 공기와 혼합한다. 공기의 공급량과 가열기에 공급하는 열량을 구하라. 열손실은 무시한다. 생산하는 제품의 비열은 0.18이다.

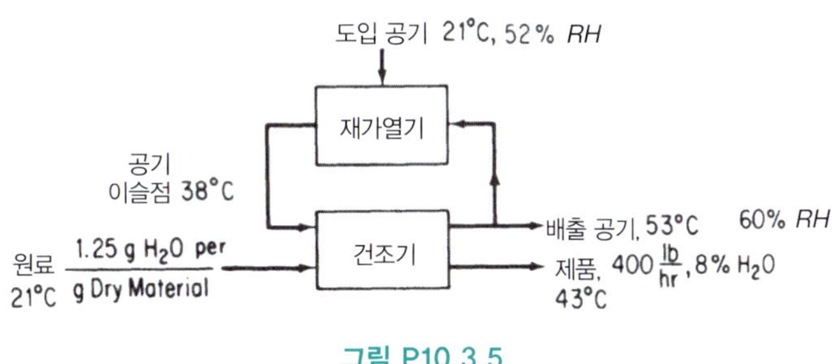

그림 P10.3.5

***** 10.3.6** 건구온도 38°C, 습구온도 27°C인 공기를 물로 세척해서 먼지를 제거한다. 물은 24°C로 유지한다. 접촉시간이 충분해서 공기와 물은 완전한 평형상태에 도달한다고 가정한다. 배출 공기는 수증기 코일을 통과시켜서 93°C로 가열한 다음, 단열 회전 건조기를 통과시켜서 49°C에서 배출된다. 건조 물질은 도입 온도와 배출 온도가 모두 46°C이다. 물질에서 제거되는 수분은 0.05 kg H_2O/kg 제품이다. 총생산량은 1000 kg/hr이다.

a. 다음 공기의 습도를 구하라.

① 처음 공기, ② 물을 분무한 후 공기, ③ 재가열한 후 공기, ④ 건조장치 배출 공기

b. 위의 각 공기의 상대습도를 구하라.

c. 시간당 사용되는 건조 공기의 총무게를 구하라.

d. 건조장치 배출 공기의 총부피를 구하라.

e. 전체 과정에 공급된 총열량(J/hr)을 구하라.

***** 10.3.7** 페니실린의 공업적 생산의 마지막 단계에서 건구온도 34°C, 습구온도 17°C인 공기로 건조한다. 습한 공기의 유량은 1 atm에서 4500 m^3/hr, 배출 공기의 온도는 34°C이다. 페니실린은 34°C에서 수분 80%로 도입되어 수분 50%로 배출된다. 습한 페니실린의 성질은 혼합물의 수분의 성질과 같다고 가정한다. 다음을 구하라.

a. 페니실린에서 증발되는 수분의 양(kg/hr)

b. 도입 공기와 배출 공기의 엔탈피 변화(kJ/hr)

c. 건조장치에 도입되는 페니실린의 유량(kg/hr)

***10.3.8 어떤 공장에서 소각 처분하기에는 수분 함유량이 너무 많은 폐기물을 배출한다. 수분 함유량을 63.4%에서 22.7%로 줄이기 위해 회전 가마 건조장치에 통과시킨다. 공기는 수증기 코일로 예열해서 건조장치에 도입한다. 에너지를 절약하기 위해 건조장치 배출 공기의 일부를 재순환시켜 예열한 공기와 혼합해 건조장치에 도입한다. 가열기에 도입되는 공기를 측정한 결과 건구온도 27°C, 습구온도 12°C이고, 건조장치 배출 공기는 건구온도 49°C, 습구온도 34°C이다. 건조장치 도입 공기는 습도 0.0094 kg H_2O/kg dry air이다. 건조장치는 1013.25 mbar의 대기압에서 작동한다. 다음을 구하라.

a. 재건조장치 배출 공기 중 재순환되는 비율(%)과 가열기에서 건조장치로 도입되는 공기의 비율(%)

b. 공기 도입량(kg air/ton dried waste)

c. 건조장치에서 배출되는 습한 공기의 부피(m^3/ton dried waste)

****10.3.9 그림 P10.3.9에 나타낸 공정은 공기를 냉각해 한 공정에서 냉매로 사용하고, 그 공기는 계속 재사용한다. 이 공정에서는 공기가 가열되지만 수분 함유량은 변하지 않으며, 이 공정에서 배출되는 공기의 온도는 55°C이고 습구온도는 30°C로 도입 온도나 유량과는 무관하다고 가정한다. 이 공기가 공정에서 제거하는 열은 450,000 kJ/hr이다. 물은 분무탑에 30°C로 들어간다. 이 탑은 단열적으로 조작되며, 배출 공기는 포화상태이다. 그런 다음 공기는 응축기에서 냉각되고 응축수는 공장에서 냉각에 사용되기 전에 제거된다. 다음을 구하라.

a. 공정에서 배출되는 공기의 습도와 상대습도

b. 냉각장치에서 배출되는 공기의 이슬점

c. 이 과정을 습도선도에 나타내라.

d. 공기의 순환 유량(kg bone-dry air/hr)

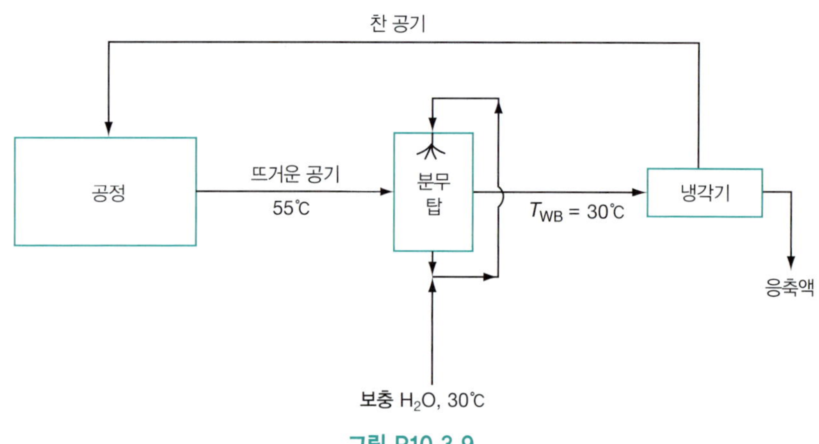

그림 P10.3.9

CHAPTER

11

비정상상태의 물질수지식과 에너지 수지식

학습목표

- 비정상상태 거시적 계에 대한 미분식을 세운다.
- 비정상상태 계에 대한 미분식을 수치적으로 풀기 위해 MATLAB이나 Python을 사용한다.

서론

그림 11.1의 회분식 반응기에서 초기에 원료가 반응기에 첨가되고(그림 11.1a), 반응이 일어나는 온도까지 반응기를 가열한다(그림 11.1b). 반응이 완료되면 생성물을 반응기에서 제거하며, 추가 공정을 통해 원하는 생성물만 회수한다(그림 11.1.c). 그림 11.2는 1차 반응에 대한 반응기 내 반응물 농도(C_A)를 보여준다. 이 경우 C_A가 반응 중에 지수적으로 감소한다. 이 장에서는 C_A가 시간에 따라 어떻게 변하는지를 나타내는 미분식을 세우는 방법과 수치적으로 푸는 방법을 보여준다.

앞 장에서 다룬 물질수지식과 에너지 수지식은 정상상태 분석을 기반으로 거시적인 접근 방법을 사용했다. 이 장에서는 여전히 거시적인 접근 방식을 사용하지만 이러한 계의 비정상상태 거동을 나타내는 방법을 다룬다. 즉 앞 장에서는 회분식 공정에 대해 일정 시간 동안 정상상태 분석을 적용해 끝나는 시점의 미지 변숫값을 찾는 방법을 다루었지만, 이 장에서는 회분식 계와 다른 비정상상태 계에 대해 종속 변수(예: 조성 또는 온도)를 시간의 함수로 나타내는 방법을 다룬다.

시간의 함수로 주어지는 상태(종속 변수)의 값을 중점적으로 다루어보자. **비정상상태**라는 용어는 계 내의 양이나 작동 조건이 시간에 따라 변하는 계를 지칭하며, 과도상태에 있다고도 한다. 비정상상태는 일반적으로 정상상태보다 더 복잡할 수 있으며, 비정상상태 공정을 포함한 문제는

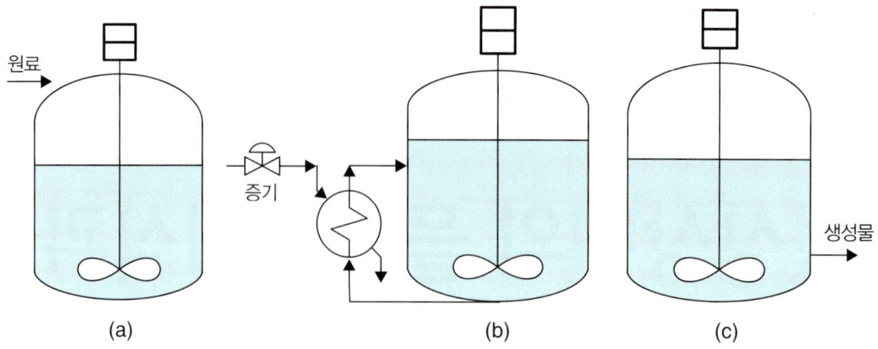

그림 11.1 ▸ 회분식 반응기의 세 단계: (a) 원료 공급 단계, (b) 반응 단계, (c) 생성물 제거 단계

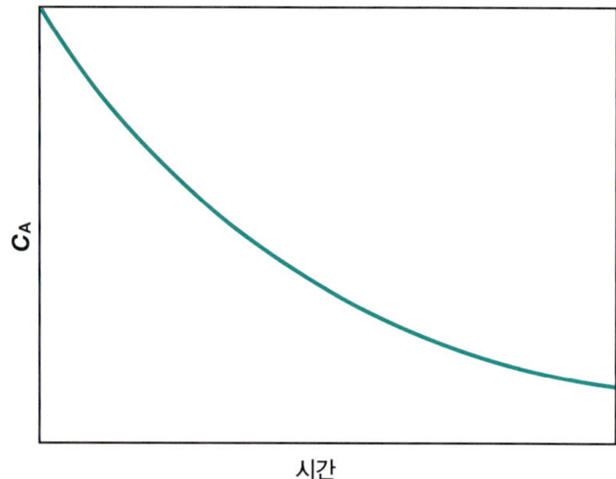

그림 11.2 ▸ 회분식 반응기의 시간에 따른 원료 농도의 변화

일반적으로 식을 세우고 풀기 더 어려울 수 있다. 그러나 이러한 범주에 속하는 다양한 중요한 산업 문제가 있으며, 여기에는 공정의 가동, 회분 가열 또는 반응, 하나의 작동 조건에서 다른 조건으로 전환, 공정 조건이 흔들릴 때 발생하는 변동 등이 포함된다.

11.1 비정상상태 수지식

비정상상태의 수지식은 축적(accumulation)이라는 항이 추가되는 것을 제외하면 정상상태의 수지식과 유사하다. 축적은 계 내의 수지식 항목의 증가나 감소와 같다. 예를 들어 몰 기반 물질수지식의 경우 축적량은 계 내의 몰수의 증가나 감소와 같다. 에너지 수지식의 경우 축적량은 계 내의 열에너지의 증가나 감소와 같다.

11.1.1 비정상상태 물질수지식

이전의 수지식은 정상상태에 기반했다. 예를 들어 식 (4.7)은 화학반응을 고려한 정상상태 몰수지식이다.

$$\begin{Bmatrix}\text{계를 떠나는}\\ i\text{의 mol 수}\end{Bmatrix}=\begin{Bmatrix}\text{계에 도입되는}\\ i\text{의 mol 수}\end{Bmatrix}+\begin{Bmatrix}\text{반응에 의해}\\ \text{생성되는}\\ i\text{의 mol 수}\end{Bmatrix}-\begin{Bmatrix}\text{반응으로}\\ \text{소모되는}\\ i\text{의 mol 수}\end{Bmatrix} \quad (4.7)$$

비정상상태 몰수지식에서는 축적 항이 추가되어야 한다. 축적 항은 계 내의 성분의 몰 증가나 감소와 같다. 따라서 비정상상태 수지식은 다음과 같이 된다.

$$\begin{Bmatrix}\text{계에 축적된}\\ i\text{의 mol 수}\end{Bmatrix}=\begin{Bmatrix}\text{계에 도입되는}\\ i\text{의 mol 수}\end{Bmatrix}+\begin{Bmatrix}\text{반응에 의해}\\ \text{생성되는}\\ i\text{의 mol 수}\end{Bmatrix}-\begin{Bmatrix}\text{반응으로}\\ \text{소모되는}\\ i\text{의 mol 수}\end{Bmatrix}-\begin{Bmatrix}\text{계를 떠나는}\\ i\text{의 mol 수}\end{Bmatrix} \quad (11.1)$$

이 식은 등호의 오른쪽에 있는 각 항이 계 내의 성분 i의 몰수에 어떻게 영향을 미치는지 고려함으로써 이해할 수 있다. 즉 성분 i의 도입 및 반응에 의한 생성은 계 내의 성분 i의 양을 증가시키기 때문에 두 항목 모두 양의 부호를 가진다. 반대로 계를 떠나는 유동 및 반응에 의한 소모는 성분 i의 양을 감소시키기 때문에 두 항목 모두 음의 부호를 가진다.

계 내의 전체 질량에 대해 식 (11.1)을 적용하면 다음 식이 나온다.

$$M(t_{\text{final}})-M(t_{\text{initial}})=F^{\text{in}}(t_{\text{final}}-t_{\text{initial}})-F^{\text{out}}(t_{\text{final}}-t_{\text{initial}})$$

여기서 M은 계 내의 질량, t_{final}은 시간 간격의 끝지점, t_{initial}은 시간 간격 시작지점, F^{in}은 계로 들어가는 질량유량, F^{out}은 계를 떠나는 질량유량이다. 무한히 작은 시간 간격($dt = t_{\text{final}} - t_{\text{initial}}$)을 고려하면, 이전의 식은 다음과 같이 된다.

$$M(t_{\text{initial}}+dt)-M(t_{\text{initial}})=dM=F^{\text{in}}dt-F^{\text{out}}dt$$

이 식을 dt로 나누고 dt가 0으로 수렴함에 따라 얻어지는 비정상상태 물질수지식은 다음과 같은 상미분식(ODE)이다.

$$\frac{dM}{dt}=F^{\text{in}}-F^{\text{out}} \quad (11.2)$$

식 (11.2)의 각 항의 단위는 시간당 질량 또는 몰이다. 다음 절에서 MATLAB과 Python을 사용해서 이 유형의 미분을 수치적으로 어떻게 푸는지 살펴본다.

식 (11.1)을 성분 A에 대해 전개하면 다음 식이 나온다.

$$n_{\text{A}}(t_{\text{final}})-n_{\text{A}}(t_{\text{initial}})=F_{\text{A}}^{\text{in}}(t_{\text{final}}-t_{\text{initial}})+\nu_A rV_{\text{r}}(t_{\text{final}}-t_{\text{initial}})-F_{\text{A}}^{\text{out}}(t_{\text{final}}-t_{\text{initial}})$$

여기서 n_{A}는 계 내 성분 A의 총몰수이며, $F_{\text{A}}{}^{\text{in}}$은 계에 들어오는 A의 몰유량, $F_{\text{A}}{}^{\text{out}}$은 계를 떠나는 A의 몰유량, r은 A가 관여하는 반응속도, v_{A}는 반응에서 A의 화학량론 계수이며, V는 계의 부피이다.

무한히 작은 시간 간격($dt = t_{\text{final}} - t_{\text{initial}}$)을 고려하면, 이전의 식은 다음과 같이 된다.

$$\frac{dn_{\text{A}}}{dt}=F_{\text{A}}^{\text{in}}+\nu_A r(C_{\text{A}})V - F_A^{\text{out}} \quad (11.3)$$

이전의 식은 관계식 $n_{\text{A}} = C_{\text{A}}V$와 $F_{\text{A}} = C_{\text{A}}Q$를 사용해서 A의 농도($C_{\text{A}}$)로 표현되었으며, 여기서

V는 계의 부피이고 Q는 부피 유량이다. 또한 식 (11.3)을 관계식 $n_A = x_A M$을 사용해서 질량 또는 몰분율로 표현할 수 있으며, 여기서 M은 계 내 총질량 또는 몰이며, x_A는 A의 질량 또는 몰분율이다. F_A는 $x_A F$와 같으며, F는 입구 또는 출구 흐름의 질량 또는 몰유량이다.

예제 11.1 탱크의 수위

문제 그림 E11.1의 탱크에 물질이 추가되고 제거될 때, 탱크의 수위를 고려해보자. 시간의 함수로 탱크의 수위를 나타내는 미분식(즉 ODE)를 세우라. 시간이 0일 때 수위가 L_0이고, F_{in}과 F_{out}은 시간당 질량으로 표시되며, 탱크의 단면적은 A_c이고, 액체의 밀도는 ρ로 가정한다.

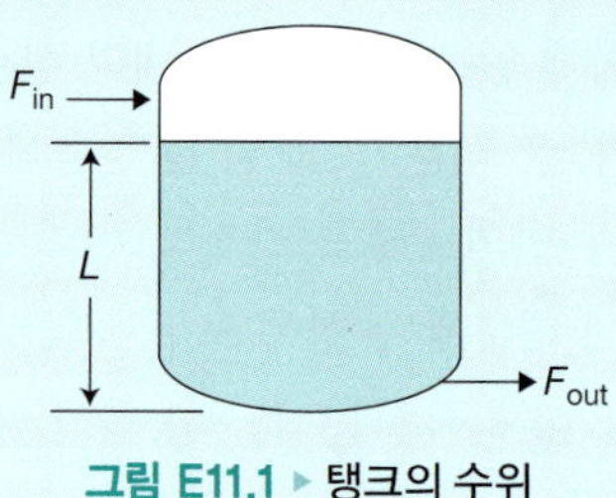

그림 E11.1 ▸ 탱크의 수위

풀이 식 (11.2)를 이 문제에 적용하면 다음과 같다.

$$\frac{dM}{dt} = \frac{d(A_c L\rho)}{dt} = F_{in} - F_{out}$$

이 식은 다음과 같이 단순화된다.

$$A_c\rho\frac{dL}{dt} = F_{in} - F_{out} \quad \text{이때 } t=0 \quad L=L_0$$

이 미분식과 초기 조건은 시간의 함수로 탱크의 수위를 결정하는 데 사용될 수 있다.

예제 11.2 회분식 반응기

문제 A → B 반응이 kC_A^2의 속도로 일어나고 반응기로 도입되는 부피가 V_r인 회분식 반응기(그림 11.1b)를 나타내는 ODE를 세우라. 초기 반응기 내의 A 농도는 C_{A_0}이다.

풀이 반응기에 드나드는 흐름이 없다는 점을 고려해 식 (11.3)을 적용하면 다음과 같은 식이 나온다.

$$V_r\frac{dC_A}{dt} = -kC_A^2 V_r \quad \text{이때 } t=0 \ C_A = C_{A_0}$$

11.1.2 비정상상태 에너지 수지식

제8장의 일반적인 에너지 수지식인 식 (8.2)로 돌아가 보자.

$$\Delta U_{total} = Q + W - \Delta E_{conv}$$

유체 흐름계와 기체-피스톤계의 동역학은 일반적으로 매우 빠른 반면, 개방계의 동역학은 일반적으로 훨씬 느리다. 일반적으로 매우 빠른 동역학을 가진 계는 정상상태에서 작동한다고 가정하며, 훨씬 더 느린 동역학을 가진 개방계는 비정상상태 움직임을 나타내는 동적 모델링이 필요하다. 따라서 일반적인 에너지 수지식은 다음과 같이 단순화된다.

$$\Delta U = Q - \Delta H$$

ΔU 항은 특정 시간 동안 계 내부의 열에너지 축적량을 나타내며 $MC_v(T_{\text{final}} - T_{\text{initial}})$로 나타낸다. 여기서 M은 계 내부의 질량으로 단순화를 위해 일정하다고 가정한다. C_v는 계 내부 물질의 정용 열용량이다. T_{final}은 종료 시점의 계 내부 물질의 온도이며, T_{initial}은 시작 시점의 계 내부 물질의 온도이다. 이를 이전 식에 대입하면 다음 식이 나온다.

$$MC_v(T_{\text{final}} - T_{\text{initial}}) = Q - \Delta H = Q - FC_p(T - T_{in})(t_{\text{final}} - t_{\text{initial}})$$

여기서 Q는 계에 전달된 총열에너지이고, F는 계에 들어가는 물질의 유량, T는 계 내부 물질의 온도, T_{in}은 계에 들어가는 물질의 온도이다. 따라서 $FC_p(T - T_{\text{in}})(T_{\text{final}} - T_{\text{initial}})$은 $(t_{\text{final}} - t_{\text{initial}})$ 시간 동안 대류에 의해 계에 추가된 총열에너지를 나타낸다. 이 식은 M이 일정하다고 가정하는데, 그렇지 않으면 M에 대한 ODE를 세워야 하며 이에 따라 이전 식도 변경된다. M이 일정하다고 가정하면 입구 유량(F)이 출구 유량(F)과 같으며 출구 유량의 온도는 계의 온도 T와 같다.

이 식에 무한히 작은 시간 간격 dt(즉 $t_{\text{final}} - t_{\text{initial}}$)를 적용하면, 다음 식이 나온다.

$$MC_p dT = \dot{Q}dt - FC_p(T - T_{\text{in}})dt$$

$dt \to 0$으로 수렴하면, 비정상상태 에너지 수지식은 다음과 같이 상미분식(ODE)이 된다.

$$MC_v \frac{dT}{dt} = \dot{Q} - FC_p(T - T_{\text{in}}) \tag{11.4}$$

다음 절에서는 MATLAB과 Python을 사용해서 이 유형의 미분식을 수치적으로 푸는 방법을 보여준다.

화학반응이 일어나는 계에서 화학반응은 열에너지를 계에 추가(발열반응)하거나 에너지를 소비(흡열반응)하게 되며, 다음과 같은 식이 나온다.

$$MC_p \frac{dT}{dt} = \dot{Q} - FC_p(T - T_{\text{in}}) - rV\Delta H_{\text{rxn}} \tag{11.5}$$

여기서 r은 반응 속도, V는 계의 부피이며, ΔH_{rxn}은 반응열이다. 마지막 항이 음수 부호인 것은 발열반응의 ΔH_{rxn}이 음수이기 때문이다. M은 일정하다고 가정한다. r은 일반적으로 반응물의 조성에 따라 달라지기 때문에 식 (11.5) 자체로는 풀 수 없고 식 (11.3)과 함께 풀어야 한다. 즉 에너지 수지식은 물질수지식과 함께 풀어야 한다(예제 11.4 참조).

예제 11.3 열 혼합 탱크

문제 그림 E11.3의 열 혼합 탱크를 나타내는 상미분식(ODE)을 세우라. 이 계에서 흐름 F_1은 흐름 F_2와 혼합 탱크에서 합쳐진다. 생성물의 유량은 F_1과 F_2의 합계와 같다고 가정하며, M은 탱크 내 액체의 질량, 혼합 탱크 내 액체의 초기 온도는 T_0이며, 혼합 탱크는 단열이다. F_1과 F_2는 단위 시간당 질량으로 표현된다.

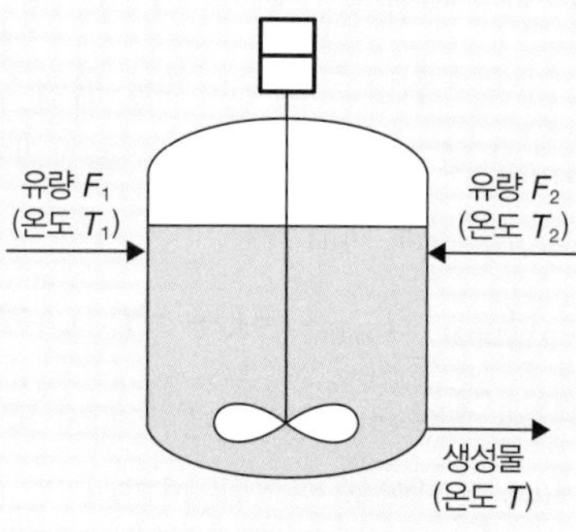

그림 E11.3 ▸ **열 혼합 탱크**

풀이 식 (11.4)를 이 문제에 적용하면, 다음 식이 나온다.

$$MC_v \frac{dT}{dt} = -F_1C_p(T - T_1) - F_2C_p(T - T_2)$$

두 공급 흐름이 있기 때문에 식 (11.4)의 마지막 항이 두 번 적용되는 것에 주의하라. 액체 흐름과 혼합 탱크 내의 액체를 다루고 있기 때문에 C_v가 C_p와 같다고 가정하는 것이 적절하다. 따라서 상미분식은 다음과 같이 된다.

$$M\frac{dT}{dt} = -F_1(T - T_1) - F_2(T - T_2) \quad \text{이때 } t = 0 \quad T = T_0$$

예제 11.4 단열 발열 회분식 반응기

문제 다음과 같은 반응 속도를 가진 단열 발열 회분식 반응기를 나타내는 미분식을 세우라.

$$r = k_0 \exp(-E_r/RT)C_A$$

풀이 식 (11.3)을 이 계에 적용하면 다음과 같다.

$$\frac{dn_A}{dt} = V\frac{dC_A}{dt} = -Vk_0 \exp(-E_r/RT)C_A$$

그리고 식 (11.5)를 적용하면 다음의 식이 나온다.

$$MC_p \frac{dT}{dt} = \rho VC_p \frac{dT}{dt} = -r\, V\Delta H_{rxn} = -V\Delta H_{rxn} k_0 \exp(-E_r/RT)C_A$$

여기서 ρ는 반응기 내 액체의 몰밀도이다. 이 식을 단순화하면 다음과 같다.

$$\frac{dC_A}{dt} = -k_0 \exp(-E_r/RT)C_A \quad \text{이때 } t=0 \quad C_A = C_{A0}$$

$$\rho C_p \frac{dT}{dt} = -\Delta H_{rxn} k_0 \exp(-E_r/RT)C_A \quad \text{이때 } t=0 \quad T = T_0$$

C_A를 정의하는 첫 번째 상미분식(ODE)은 T의 함수이며, T를 정의하는 두 번째 상미분식은 C_A의 함수이다. 따라서 이러한 미분식은 동시에 풀어야 한다.

자습문제

확인문제

1. 거시적인 비정상상태식에서 시간은 독립 변수인가, 아니면 종속 변수인가?
2. 비정상상태 물질수지식에서 축적은 무엇을 나타내는가?
3. 정상상태와 비정상상태 수지식의 차이는 무엇인가?
4. 상미분식(ODE) 문제를 풀기 위해 필요한 정보는 무엇인가?

해답

1. 시간은 독립 변수이다.
2. 물질수지식에서 축적은 계 내의 몰수나 질량의 증가나 감소를 나타낸다.
3. 비정상상태 수지식은 축적이 포함되는 것을 제외하면 정상상태 수지식과 유사하다. 비정상상태 수지식의 축적 항을 0으로 설정하면 정상상태 수지식이 된다.
4. 종속 변수의 초기 조건

적용문제

1. 하나의 흐름이 들어오고(F_1) 두 개의 흐름이 나가는(F_2와 F_3) 혼합 탱크에 대한 비정상상태 수지식을 고려해보자. 전체 비정상상태 물질수지를 나타내는 상미분식(ODE)을 작성하라.

해답

1. $\frac{dM}{dt} = F_1 - F_2 - F_3$

11.2 상미분식(ODE)의 수치 적분

이 절은 **초깃값 문제**(initial value problems, IVPs)라고도 알려진 1차 상미분식의 수치해법에 대해 다룬다. 상미분식은 하나의 독립 변수에 대한 미분을 포함하는 식이다. 단일 1차 상미분식의 일반적인 형태는 다음과 같다.

$$\frac{dy}{dx} = f(x, y), \quad y(x_0) = y_0$$

여기서 y는 종속 변수, x는 독립 변수이며 $y(x_0)$는 종속 변수의 초기 조건이다. 간단한 문제의 경우 다음과 같이 $f(x, y)$를 분리할 수도 있다.

$$\frac{dy}{dx} = f(x, y) = g(x)h(y)$$

이 경우 다음과 같이 초깃값 문제에 대한 해석적인 풀이가 가능하다.

$$\frac{dy}{h(y)} = g(x)dx$$

$$\int_{y_0}^{y} \frac{dy}{h(y)} = \int_{x_0}^{x} g(x)\,dx$$

그러나 대부분의 산업 문제에는 이 접근법이 적합하지 않으므로 수치적인 해석으로 풀어야 한다.

초깃값 문제를 수치적으로 푸는 가장 쉬운 방법은 Euler 방법이다. Euler 방법을 사용하면 시작점에서 상미분식을 사용해서 기울기[즉 $f(x, y)$]를 계산할 수 있다. 그런 다음 x에서의 증가분(즉 Δx)을 선택하고 기울기를 곱해서 해당하는 y의 변화를 계산한다.

$$\Delta y = f(x, y)\Delta x$$
$$y_1 = y_0 + \Delta y = y_0 + \Delta x f(x_0, y_0)$$
$$y_2 = y_1 + \Delta x f(x_1, y_1)$$

Euler 방법의 일반적인 재귀 관계식은 다음과 같다.

$$y_{i+1} = y_i + \Delta x f(x_i, y_i)$$

Euler 방법은 적용하기 간단하지만 정확도가 높지 않다. Runge-Kutta 방법은 더 복잡하지만 더 정확하다.

Runge-Kutta(RK) 방법 4차 RK 방법은 Δy의 근삿값을 구하기 위해 k_1~k_4까지 네 개의 기울기 계산을 사용한다.

$$y_{i+1} = y_i + \frac{\Delta x}{6}(k_1 + 2k_2 + 2k_3 + k_4) \tag{11.6}$$

$$k_1 = f(x, y) \qquad k_2 = f(x + \tfrac{1}{2}\Delta x, y + \tfrac{1}{2}k_1\Delta x) \qquad k_3 = f(x + \tfrac{1}{2}\Delta x, y + \tfrac{1}{2}k_2\Delta x)$$
$$k_4 = f(x + \Delta x, y + k_3\Delta x)$$
$$\Delta y = \frac{\Delta x}{6}(k_1 + 2k_2 + 2k_3 + k_4)$$

그러므로 4차 RK 방법에서 Δx에 대한 유효한 기울기는 $(k_1 + 2k_2 + 2k_3 + k_4)/6$이다.

그림 11.3 a~d는 4차 RK 방법을 도식화한 것이다. k_1은 $x = x_0 + \Delta x/2$에서 y를 추산하는 데 사용되며, 이를 통해 k_2를 계산하는 데 사용된다. 마찬가지로 k_2는 k_3를 계산하는 데 사용되고, k_3는 k_4를 계산하는 데 사용된다. 마지막으로 k 값은 식 (11.6)을 적용해서 $(x_0, x_0 + \Delta x)$ 구간에서 y의 기울기를 추산하는 데 사용된다.

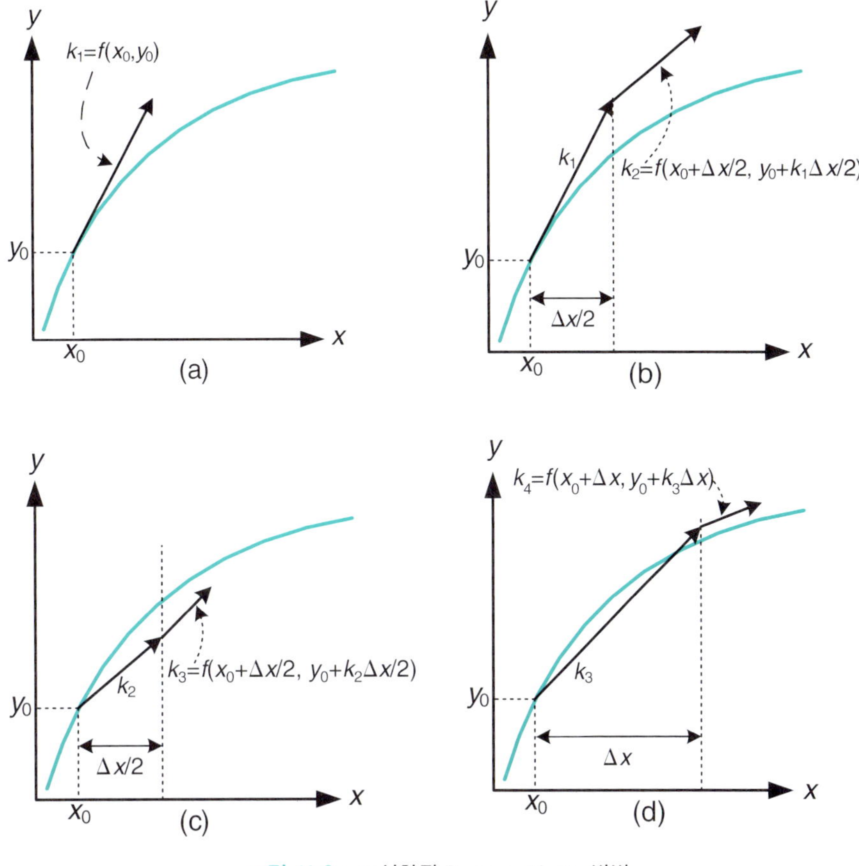

그림 11.3 ▸ 도식화된 Runge-Kutta 방법

11.2.1 MATLAB

MATLAB은 다양한 적분 공식을 기반으로 다양한 상미분 적분을 제공한다. 상미분 적분을 위한 권장 내장 함수는 ode45이며, 4차 RK 방법을 제공한다.

MATLAB의 ode45는 단계 크기를 조절할 수 있는 4차 RK 적분기이다. 단계 크기는 각 단계에서 4차 및 5차 RK 적분기를 사용해 오차 기준을 충족시키는 적절한 단계 크기를 선택해서 조정된다. 5차 RK의 결과는 정확도 요구 사항을 충족하는지 여부를 결정하기 위해 정확한 해로 사용되며, 4차 및 5차 RK 적분기의 결과는 다음 단계의 크기를 추산하는 데 사용된다. ode45의 호출문은 다음과 같다.

$$[\mathbf{t},\mathbf{Y}]=\text{ode45}(\text{함수이름},[t_0,dt,t_f],\ [\mathbf{y}_0],\text{옵션})$$

여기서 **t**는 t_0부터 t_f까지 범위에서 독립 변수의 값들로 이루어진 열 벡터이며, **Y**는 벡터 **t**의 독립 변수 값에 대해 적분기로 계산된 독립 변수 값으로 이루어진 행렬(예: 데이터 구조)이다. 함수이름은 독립 변수에 대한 종속 변수의 도함수를 계산하는 데 사용되는 함수의 이름이고, $[t_0,dt,t_f]$는 초기 조건 t_0에서부터 dt 간격으로 t_f까지 ODE의 적분 범위이며, $[\mathbf{y}_0]$는 종속 변수의 초기 조건을 나타내는 열 벡터이다. tspan을 사용해 ode45를 호출하는 다른 형식도 있으며, 이때 tspan은 ODE 적분기 호출 전에 정의되어야 한다. 예를 들어 tspan은 다음과 같이 정의할 수 있으며, t_0, dt, t_f는 앞서 정의한 것들이다.

$$tspan=t_0:dt:t_f$$

예제 11.5 MATLAB을 이용한 초깃값 문제(IVP)의 수치 해석

문제 MATLAB의 ode45 함수를 사용해서 다음 초깃값 문제를 $x = 0$에서 $x = 0.6$까지의 범위에서 수치적으로 해석하라.

$$\frac{dy}{dx} = y\exp(yx) \qquad y(0) = 1$$

예제 11.5의 MATLAB 코드

```
%%%%%%%%%%%%%%%%%%%%%%%%%%%%%%%%%%%%%%%%%%%%%%%%%%%%%%%%%%%%%%%%%%%%%%%%%%%
%                        NOMENCLATURE
%
% dydx - the vector of functions of the derivative of y with respect
%          to x
% soln - the solution matrix for the ODE problem
% x - a vector containing the values of the independent variable
% x0 - the initial value of x (0)
% xf - the final value of x (0.6)
% y - a vector containing the values of the dependent variable
% y0 - the initial value of y (1)
%%%%%%%%%%%%%%%%%%%%%%%%%%%%%%%%%%%%%%%%%%%%%%%%%%%%%%%%%%%%%%%%%%%%%%%%%%%
%                           PROGRAM
function Ex11_5_ode45
clear; clc;
x0=0; xf=0.6; y0=[1];          % Input problems specifications
soln=ode45(@f,[x0 xf],y0);     % Call ode45 and store solution in soln
x=linspace(0,xf,100);          % Generate the values of x
y=deval(soln,x,1);             % Retrieve value of y from soln
%% Output Plot %%
axes('FontSize',20);
plot(x,y,'k-','LineWidth',2.5)
xlabel('x','FontSize',20)
ylabel('y','FontSize',20)
grid on;
title('MATLAB Solution','FontSize',24);
end
%
% User-specified function for dydx for each dependent variable
%
function dydx=f(x,y)
                               % Specify dydx in column vector form
dydx=[y*exp(y*x)];
```

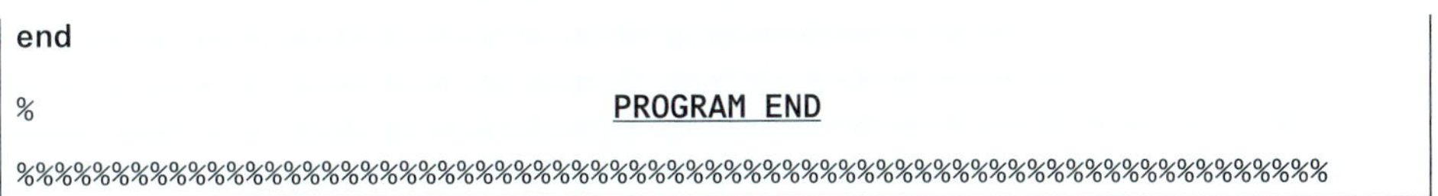

```
end
%                              PROGRAM END
%%%%%%%%%%%%%%%%%%%%%%%%%%%%%%%%%%%%%%%%%%%%%%%%%%%%%%%%%%%%%%%%%%%%%%%
```

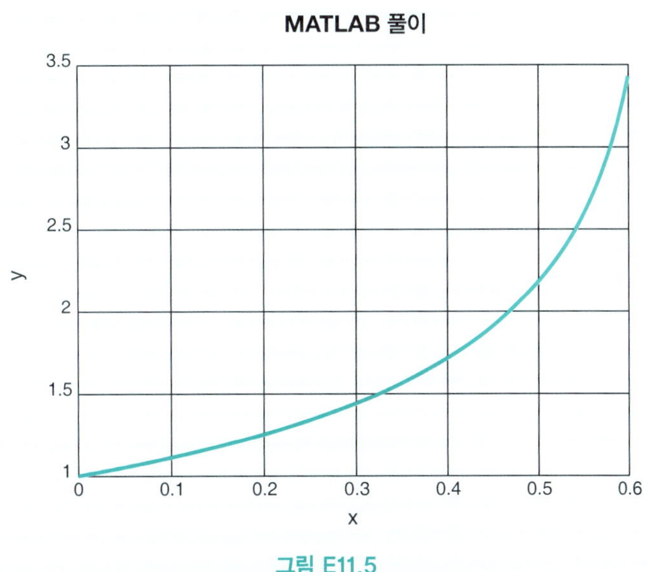

그림 E11.5

프로그램 및 결과 설명 상미분식(ODE)은 사용자 정의 함수이며 ode45 함수 호출에서 참조된다. 해가 생성된 후에는 `linspace` 함수를 사용해 x의 여러 값이 생성된다. `deval` 함수를 사용해 각 생성된 x 값에 해당하는 y 값을 가져온다. 마지막으로 결과가 그래프로 표시된다(그림 E11.5).

11.2.2 Python

Python은 다양한 적분 공식을 기반으로 다양한 상미분 적분을 제공한다. 상미분 적분을 위한 권장 내장 함수는 RK45이며, 호출문은 다음과 같다.

```
soln=scipy.integrate.solve_ivp(fun, tspan, y0, method='RK45', t_eval=tvalues)
```

여기서 `fun`은 y와 x의 값에서 dy/dx를 계산하는 사용자 정의 함수의 이름이며, `tspan`은 x의 초기 및 최종 값이 들어 있는 투플이다. y0는 종속 변수의 초깃값이 포함된 벡터이며, `method`는 적용될 적분기를 정의하고(예: RK45), `t_eval`은 해당 값들의 y를 결정할 x 값들의 벡터이다.

예제 11.6 Python을 이용한 초깃값 문제(IVP)의 수치 해석

문제 Python의 RK45 함수를 사용해서 다음 초깃값 문제를 $x = 0$에서 $x = 0.6$까지의 범위에서 수치적으로 해석하라.

$$\frac{dy}{dx} = y\exp(yx) \qquad y(0) = 1$$

풀이 이 상미분식은 $f(x,y)$를 $g(x)h(y)$로 분리할 수 없기 때문에 해석적인 해에는 부적합하다.

예제 11.6의 Phython 코드

```
Ex11_6 High Order ODE.py
#
#                              NOMENCLATURE
#
# dydx - the vector of functions of the derivative of y with respect to x
# soln - the solution matrix for the ODE problem
# time - the values of the independent variable used for the plot of the
         results
# tspan - a tuple that contains the initial and final condition for the
          independent variable ([0,0.6])
# tvalues - the values for y that will be used to plot the solution
# x - a vector containing the values of the independent variable
# x0 - the initial value of x (0)
# xf - the final value of x (0.6)
# y - a vector containing the values of the dependent variable
# y0 - the initial value of y (1)
#                                PROGRAM
import scipy.integrate
import numpy as np
import matplotlib.pyplot as plt
#
# The user-defined function for dydx for each dependent variable
#
def fun(x, y):
    dy1=y[0]*np.exp(y[0]*x)
    return [dy1]
# Define input variables
xspan = [0.0,0.6]
y0=[1]
xvalues=np.linspace(0, 0.6, 100)
#
# Apply scipy.integrate.solve_ivp with method equal to RK45
#
soln=scipy.integrate.solve_ivp(fun, xspan, y0, method='RK45',
t_eval=xvalues)
#
# Plot solution
#
x=soln.t                # Retrieve the independent variable vector from
                          soln matrix

y1=soln.y[0]            # Retrieve y1 from soln matrix
plt.plot(x, y1, 'k-', linewidth=2)
```

```
plt.axis([0, 0.6, 1.0, 3.5])
plt.title('Python Solution', fontsize=20)
plt.xlabel('x ', fontsize=14)
plt.ylabel('y', fontsize=14)
plt.show
plt.savefig("FigE11.6 ODE integrate.jpg")
#
#                              PROGRAM END
########################################################################
```

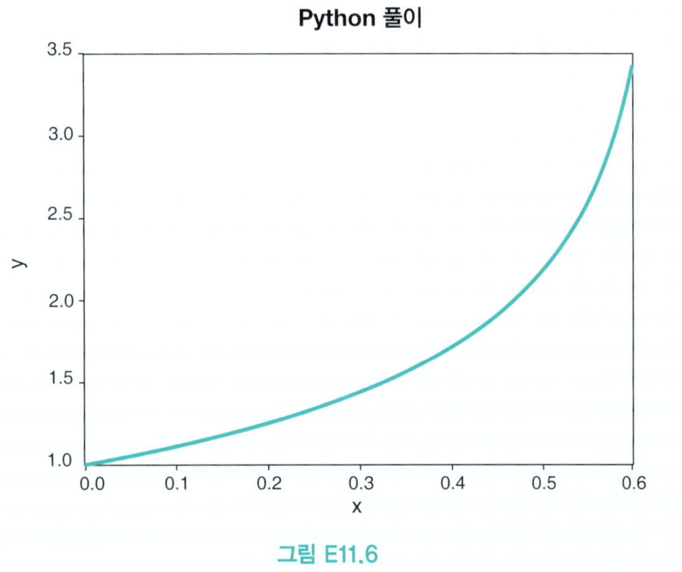

그림 E11.6

프로그램 및 결과 설명 상미분식(ODE)은 사용자 정의 함수이며 scipy.integrate.solve_ivp 함수 호출에서 참조된다. 해가 생성된 후에는 np.linspace 함수를 사용해 x의 여러 값이 생성된다. 그리고 x와 y의 값은 soln으로부터 도출된다. 마지막으로 결과가 그래프로 표시된다(그림 E11.6).

자습문제

확인문제

1. 어떤 조건에서 초깃값 문제(IVP)에 대한 해석적인 해법을 개발하는 것이 가능한가?
2. 왜 Runge-Kutta 방법이 Euler 방법보다 선호되는가?
3. RK 방법의 한 단계당 필요한 함수 계산 횟수[예: $f(x,y)$]는 얼마인가?

해답

1. $f(x,y)$를 $h(x)g(y)$로 분리할 수 있는 경우
2. RK 방법이 Euler 방법보다 훨씬 정확하기 때문
3. 4

적용문제

1. 4차 RK 방법을 사용해서 $\Delta t = 0.1$인 다음 초깃값 문제(IVP)의 $y(0.1)$을 계산하라.

$$\frac{dy}{dt} = (t^2 - 1)y \qquad y(0) = 1$$

해답

1. 4차 RK 방법을 적용한다.

$$k_1 = [(0)^2 - 1]y(0) = -1, \quad k_2 = [(0.05)^2 - 1](y(0) + 0.05k_1) = -0.9476,$$
$$k_3 = [(0.05)^2 - 1](y(0) + 0.05k_2) = -0.9502, \quad k_4 = [(0.1)^2 - 1](y(0) + 0.1k_3) = -0.8959$$
$$y(0.1) = y(0) + \frac{0.1}{6}[-1 + 2(-0.9476) + 2(-0.9502) - 0.8959] = 1 - 0.09485 = 0.9051$$

11.3 예제

예제 11.7 열 혼합기의 수치 해석 사례

문제 예제 11.3에서 소개한 열 혼합기에 대해 고려해보자.

$$M\frac{dT}{dt} = -F_1(T - T_1) - F_2(T - T_2) \quad \text{이때 } t = 0 \quad T = T_0$$

매개변수로 다음 값을 사용한다.

- F_1 – 흐름 1의 질량유량(5 kg/s)
- F_2 – 흐름 2의 질량유량(5 kg/s)
- M – 혼합기 내 액체의 질량(100 kg)
- T – 혼합된 액체의 온도(°C)
- T_0 – 혼합 탱크 내 혼합된 액체의 초기 온도(50°C)
- T_1 – 흐름 1의 온도(25°C)
- T_2 – 흐름 2의 온도(75°C)
- t – 시간(s)

10초에서 F_1의 유량이 5에서 4 kg/s로 바뀐다. MATLAB과 Python을 사용해서 이 문제의 상미분식을 적분해 0에서 75초까지의 온도를 구하라. $F_1 \times T$와 $T_2 \times T$의 곱은 이 상미분식을 비선형 및 분리할 수 없게 만들며, 따라서 해석적인 해법이 사용될 수 없다.

풀이

예제 11.7의 MATLAB 코드

```
%%%%%%%%%%%%%%%%%%%%%%%%%%%%%%%%%%%%%%%%%%%%%%%%%%%%%%%%%%%%%%%%%%%%%%%%%%%
%                          NOMENCLATURE
%
% dTdt - the vector of functions of the derivative of T with
%          respect to t
```

```
% F1 - the flow rate of stream 1 (5 kg/s)
% F2 - the flow rate of stream 2 (initially 5 kg/s, t>10, 4 kg/s)
% soln - the solution matrix for the ODE problem
% M - the mass of liquid in the mixer (100 kg)
% t - a vector containing the values of the independent variable
% t0 - the initial value of t(0)
% tf - the final value of t (75 s)
% T - a vector containing the values of the dependent variable
% T0 - the initial value of T (50oC)
% T1 - the temperature of stream 1 (25oC)
% T2 - the temperature of stream 2 (75oC)
%
%%%%%%%%%%%%%%%%%%%%%%%%%%%%%%%%%%%%%%%%%%%%%%%%%%%%%%%%%%%%%%%%%%%%%
%                              PROGRAM
function Ex11_7 MATLAB
clear; clc;
t0=0; tf=75;                    % Input problems specifications
soln=ode45(@f,[x0 xf],y0);      % Call ode45 & store solution in soln
T1=25; T2=75; F1=5; F2=5;       % Specify problem parameters
T0=50; M=100;                   % Specify problem parameters
t=linspace(0,tf,100);           % Generate the values of x
T=deval(soln,t,1);              % Retrieve value of y from soln
%% Output Plot %%
axes('FontSize',20);
plot(t,T,'k-','LineWidth',2.5)
xlabel('t (s)','FontSize',20)
ylabel('T (oC)','FontSize',20)
grid on;
title('MATLAB Solution','FontSize',24);
%
% User-specified function for dTdt
%
function dTdt=f(t,T)
if t>=10
    F2=4
end
dTdt=[(-F1*(T-T1)-F2*(T-T2))/M]
end
end
%                           PROGRAM END
%%%%%%%%%%%%%%%%%%%%%%%%%%%%%%%%%%%%%%%%%%%%%%%%%%%%%%%%%%%%%%%%%%
```

프로그램 및 결과 설명 상미분식(ODE)은 사용자 정의 함수이며 ode45 함수 호출에서 참조된다. t = 10초에서 F_2를 5에서 4로 바꾸기기 위해 if 구문을 사용한다. 마지막으로 결과는 그래프로 나타낸다(그림 E11.7a). 그래프에서 볼 수 있는 t = 10초 주변의 작은 언덕은 실제로 존재하지 않지만

MATLAB이 데이터를 도식화하기 위해 사용한 필터링 함수로 인해 발생한 것이다. 즉 실제 데이터는 t = 10초에서 T = 50°C여야 하고, t > 10초에서 급격히 감소해야 하지만, 데이터를 도식화하기 위해 MATLAB에서 사용된 필터링 함수가 급격한 변화를 완화시키는 과정에서 이러한 작은 언덕을 유발했다.

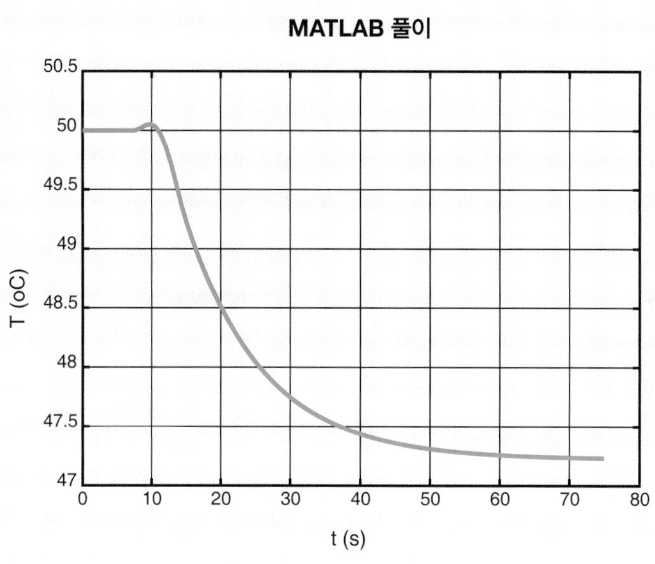

그림 E11.7a

예제 11.7의 Python 코드

```
Ex11_7 High Order ODE.py

#                              NOMENCLATURE

#
#  dTdt - the vector of functions of the derivative of T with
#         respect to t
#  F1 - the flow rate of stream 1 (5 kg/s)
#  F2 - the flow rate of stream 2 (initially 5 kg/s, t>10, 4 kg/s)
#  soln - the solution matrix for the ODE problem
#  M - the mass of liquid in the mixer (100 kg)
#  t - a vector containing the values of the independent variable
#  t0 - the initial value of t(0)
#  tf - the final value of t (75 s)
#  T - a vector containing the values of the dependent variable
#  T0 - the initial value of T (50oC)
#  T1 - the temperature of stream 1 (25oC)
#  T2 - the temperature of stream 2 (75oC)

#
#                              PROGRAM

import scipy.integrate
import numpy as np
```

```
import matplotlib.pyplot as plt
#
# The user-defined function for dydx for each dependent variable
#
def fun(t, T) :
    T1, T2, F1, F2, M = 25, 75, 5, 5, 100
    if t>=10 :
        F2=4
    dy1=(-F1*(T[0]-T1)-F2*(T[0]-T2))/M
    return [dy1]
#  Define input variables
xspan = [0.0,75]
T0=[50]
xvalues=np.linspace(0, 75, 100)
#
#  Apply scipy.integrate.solve_ivp with method equal to RK45
#
soln=scipy.integrate.solve_ivp(fun, xspan, T0, method='RK45',
t_eval=xvalues)
#
#  Plot solution
#
time=soln.t                #  Retrieve the independent variable vector from
                              soln matrix
Tsoln=soln.y[0]            #  Retrieve y1 from soln matrix
plt.plot(time, Tsoln, 'k-', linewidth=2)
plt.axis([0, 75, 47, 50.5])
plt.title('Python Solution', fontsize=20)
plt.xlabel('t (sec) ', fontsize=14)
plt.ylabel('T (oC)', fontsize=14)
plt.show
plt.savefig(" FigE11_7 Python.jpg ")
#                              PROGRAM END
```

프로그램 및 결과 설명 상미분식(ODE)은 사용자 정의 함수이며 `scipy.integrate.solve_ivp` 함수 호출에서 참조된다. 결과는 그래프로 그려진다(그림 E11.7b). t = 10초에서 F_2를 5에서 4로 바꾸기 위해 `if` 구문을 사용한다. 그래프에서 볼 수 있는 t = 10초 주변의 작은 언덕은 실제로 존재하지 않지만 데이터를 도식화하기 위해 사용한 필터링 함수로 인해 발생한 것이다. 즉 실제 데이터는 t = 10초에서 T = 50°C여야 하고, t > 10초에서 급격히 감소해야 하지만, 데이터를 도식화하기 위해 Python에서 사용된 필터링 함수가 급격한 변화를 완화시키는 과정에서 이러한 작은 언덕을 유발했다.

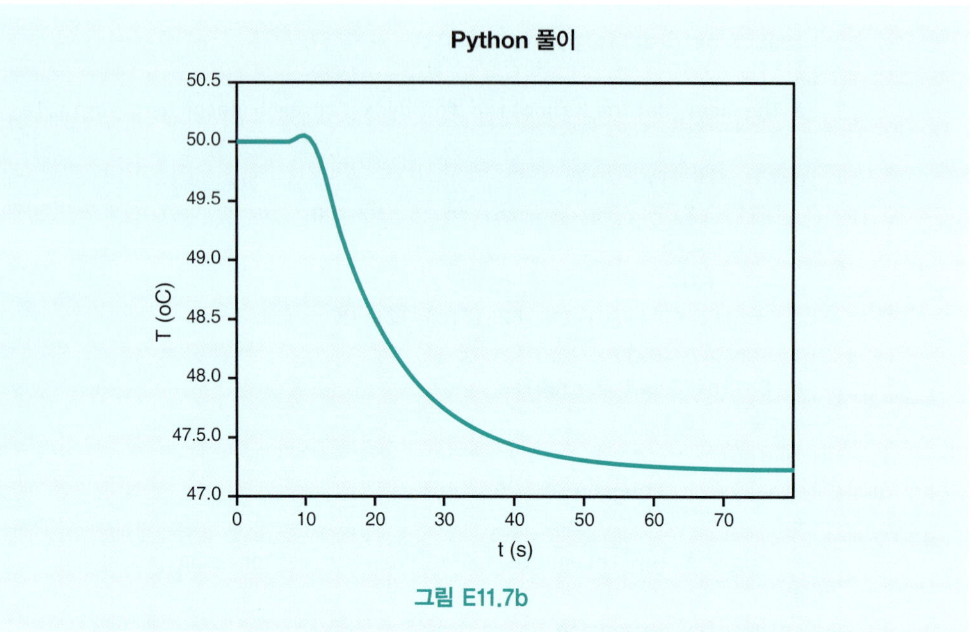

그림 E11.7b

예제 11.8 회분식 증류 공정의 물질수지식

문제 부탄으로부터 프로판을 분리하는 그림 E11.8의 회분식 증류 공정을 고려하자. 초기의 계는 10 기압에서 50% 프로판과 50% 부탄으로 구성된 10 kg 몰의 혼합물로 채워져 있다. 회분식 증류 장치 내의 프로판 농도를 30%로 줄이는 데 필요한 시간과 해당 생성물의 양과 조성을 구하라. 증류 속도는 시간당 1 kg mol로 일정하다고 가정한다.

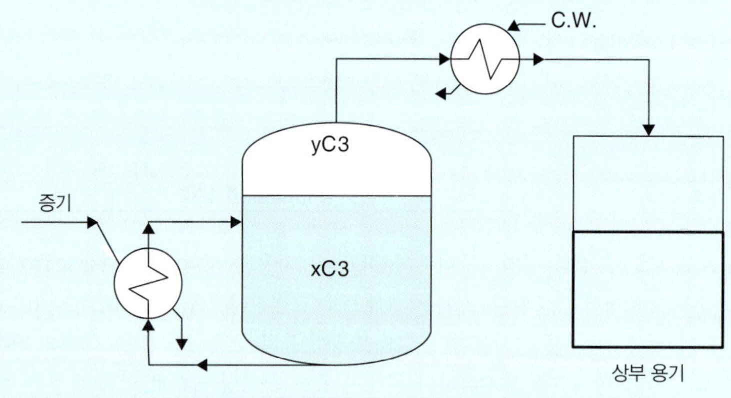

그림 E11.8a ▸ 회분식 증류 장치의 개략도

풀이 이 문제를 풀려면 회분식 증류 장치를 떠나는 증류 흐름의 조성을 계산할 수 있어야 한다. 회분식 증류 장치의 조성이 프로판 50%에서 프로판 30%로 변화함에 따라 기포점 온도와 증류물의 조성이 변한다. 따라서 조성의 변화에 따른 기포점 온도를 먼저 계산한다. 회분식 증류 장치의 조성이 프로판 50%에서 프로판 30%로 변함에 따른 기포점 온도를 구하는 데 제7장 예제 7.11의 컴퓨터 코드를 활용한다. 기포점 온도가 각 시간대에서 결정되면 증류 흐름 내 프로판의 구성은 다음과 같다.

$$y_{C3} = \frac{x_{C3} P^0_{C3}(T_{BP})}{P_{Tot}}$$

여기서 y_{C3}는 증류 흐름 내 프로판의 조성, x_{C3}는 회분식 증류 장치 내 액체의 프로판 조성, $P^0_{C3}(T_{BP})$는 기포점 온도(T_{BP})에서 프로판의 증기 압력이고, P_{Tot}는 회분식 증류 장치 내의 총압력이다.

프로판과 부탄은 이상용액을 형성하기 때문에 증기압을 나타내기 위해 Antoine 상수를 사용한다.[1)]

프로판: $\log_{10} P^0 = 4.53678 - 1149.36 / (T + 24.906)$

부탄: $\log_{10} P^0 = 4.35576 - 1175.581 / (T - 2.071)$

여기서 P^0의 단위는 bar이고, T의 단위는 kelvin이다.

식 (11.3)을 프로판에 대한 이 문제에 적용하면 다음과 같다.

$$\frac{dn_{C3}}{dt} = \frac{d(x_{C3}M)}{dt} = M\frac{dx_{C3}}{dt} + x_{C3}\frac{dM}{dt} = M\frac{dx_{C3}}{dt} - x_{C3} = -F^{out}_{C3} = -1y_{C3}$$

여기서 y_{C3}는 회분식 증류 장치를 떠나는 증기 중 프로판의 조성이다. 이전 식을 단순화하면 다음과 같다.

$$M(t)\frac{dx_{C3}}{dt} = -y_{C3} + x_{C3} \quad x_{C3}(t=0) = 0.5 \quad M(t) = 10 - t \quad t[=]\text{hr}$$

30% 프로판 농도에 도달하는 데 걸리는 시간을 구하기 위해 시행착오 방식이 사용되었다. 즉 모델식을 적분해서 얻는 시간이 30% 프로판 농도를 얻을 때까지 조절된다. x_{C3} = 0.3이 되는 시간을 구한 후, 상부 수령기에 수집되는 양과 조성을 결정하기 위해 전체 물질수지식을 적용할 수 있다.

예제 11.8의 MATLAB 코드

```
%%%%%%%%%%%%%%%%%%%%%%%%%%%%%%%%%%%%%%%%%%%%%%%%%%%%%%%%%%%%%%%%%%%%
%                          NOMENCLATURE
%
% dxC3dt - the derivative of xC3 with respect to t
% M - the moles of liquid in the batch unit (initially 10 kg mol)
% PoC3 - the partial pressure of C3 at the bubble point (atm)
% Ptot - the operating pressure of the still (10 atm)
% soln - the solution matrix for the ODE problem
% t - a vector containing the values of the independent variable
% t0 - the initial value of t(0)
% tf - the final value of t (4.949 h)
% T - a vector containing the values of the dependent variable
% xC30 - the initial value of xC3 (0.5)
% xC3 - the mole fraction of C3 in the still
% yC3 - the mole fraction of C3 in the vapor leaving the still
%
%%%%%%%%%%%%%%%%%%%%%%%%%%%%%%%%%%%%%%%%%%%%%%%%%%%%%%%%%%%%%%%%%%%%
```

1) National Institute of Standards and Technology 웹사이트의 NIST 데이터베이스(https://webbook.nist.gov).

```
%                                        PROGRAM
function Ex11_8 Batch Distillation
clear; clc;
t0=0; tf=4.949; xC30=0.5;          % Input problems specifications
soln=ode45(@fode,[t0 tf],xC30);    % Call ode45 and store solution
t=linspace(0,tf,100);              % Generate the values of x
T=deval(soln,t);                   % Retrieve value of y from soln
%% Output Plot %%
axes('FontSize',20) ;
plot(t,T,'k-','LineWidth',2.5)
xlabel('t (h)','FontSize',20)
ylabel('xC3','FontSize',20)
grid on;
title('MATLAB Solution','FontSize',24);
%
% User-specified function for dxC3dt
%
function [dxc3dt]=fode(t,xC3)
[yC3]=BubPt(xC3);                  % Call bubble point function for yC3
M=10-t;                            % Calculate current mass in still
dxC3dt=[(-yC3+xC3)/M] ;
end
% Function for bubble point and yC3 calculation
function [yC3]=BubPt(xC3)
Ptot=10.;
TBP=fzero(@TBPt,350)               % Bubble point calculation
PoC3=10^(4.53678-1149.36/(24.906+TBP))/1.013;
yC3=xC3*PoC3/Ptot                  % Calculate yC3 from Bub Pt
% Function for error in bubble point calculation
function [er]=TBPt(TBP)
er=10*1.013-10^(4.53678-1149.36/(24.906+TBP))*xC3-10^(4.35576-... 1175.581/
(-2.071+TBP))*(1-xC3);
end
end
end
%                                     PROGRAM END
%%%%%%%%%%%%%%%%%%%%%%%%%%%%%%%%%%%%%%%%%%%%%%%%%%%%%%%%%%%%%%%%%%%%%%%%%%%%%%%%
```

프로그램 및 결과 설명 상미분식(ODE)은 사용자 정의 함수 fode에 지정되며 ode45 함수 호출에서 참조된다. 함수 fode가 dc3dt를 계산하기 전에 증기의 조성(즉 yC3)은 함수 BubPt에 의해 계산되어야 한다. 함수 BubPt는 기포점 온도(TBP)를 계산하기 위해 함수 fzero를 사용하며, TBP는 함수 er을 0으로 만들어서 yC3를 계산하는 데 사용된다. 함수 BubPt와 TBPt는 중첩된 함수이며, 함수 TBP가 xC3의 현재 값을 가지도록 한다. 시행착오를 통해 xC3를 0.3으로 줄이는 데 필요한 시간이 4.949시간임을 찾았으며(그림 E11.8b에 도식화됨), 전체 정상상태 물질수지식에 따르면 실행 종료 시점에 수령기 내의 액체 양은 4.949 kg mol이며 프로판의 몰분율은 0.704이다.

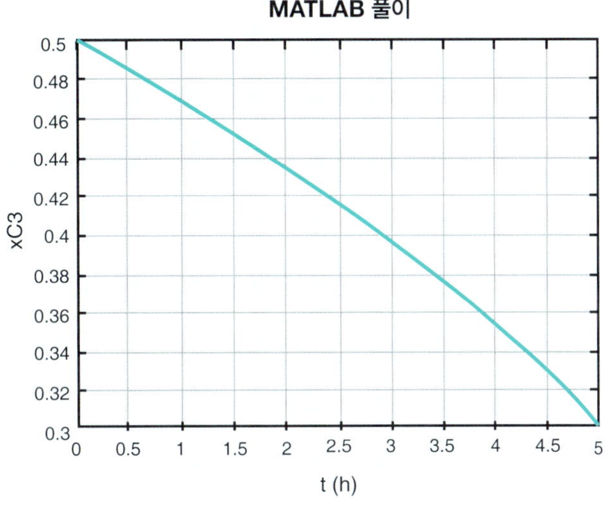

그림 E11.8b

예제 11.8의 Python 코드

```
#                          NOMENCLATURE
#
#  dxC3dt – the derivative of xC3 with respect to t
#  M – the moles of liquid in the batch unit (initially 10 kg mol)
#  PoC3 – the partial pressure of C3 at the bubble point (atm)
#  Ptot – the operating pressure of the still (10 atm)
#  soln – the solution matrix for the ODE problem
#  t – a vector containing the values of the independent variable (h)
#  t0 – the initial value of t(0)
#  tf – the final value of t (4.949 h)
#  xC30 – the initial value of xC3 (0.5)
#  xC3 – the mole fraction of C3 in the still
#  yC3 – the mole fraction of C3 in the vapor leaving the still
#  y1 – a vector containing the values of the dependent variable
#
#                            PROGRAM
import numpy as np
import matplotlib.pyplot as plt
import scipy.optimize
#
# The user-defined function for error in bubble point calculation
#
def er(T,xC3):
    fx=10*1.013-10.**(4.53678-1149.36/(24.906+T))*xC3 -10.
    **(4.35574-1175.581/(-2.071+T))*(1.-xC3)
    return fx
#
```

```
# The user-defined function for calculation of yC3
#
def BPT(xC3):
    Ptot=10.
    TBP=scipy.optimize.newton(er, 350, args=(xC3,))
    PoC3=10.**(4.53678-1149.36/(24.906+TBP))/1.013
    yC3=xC3*PoC3/Ptot
    return yC3
#
# The user-defined function for dxC3dt
#
def fode(t, xC3):
    M=10-t
    yC3=BPT(xC3)
    dxC3dt=(-yC3+xC3)/M
    return [dxC3dt]
#  Define input variables
xspan = [0.0, 4.949]
xC30=[0.5]
xvalues=np.linspace(0, 4.949, 100)
#
#  Apply scipy.integrate.solve_ivp with method equal to RK45
#
soln=scipy.integrate.solve_ivp(fode, xspan, xC30, method='RK45',
t_eval=xvalues)
#
#  Plot solution
#
time=soln.t                    #  Retrieve the independent variable vector
from soln matrix
y1=soln.y[0]                   #  Retrieve y1 from soln matrix
plt.plot(time, y1, 'k-', linewidth=2)
plt.axis([0, 4.949, 0.3, 0.5])
plt.title('Python Solution', fontsize=20)
plt.xlabel('Time (h) ', fontsize=14)
plt.ylabel('xC3', fontsize=14)
plt.show
plt.savefig("FigE11_7 Batch Distill.jpg")
#                                PROGRAM END
################################################################################
```

프로그램 및 결과 설명 상미분식(ODE)은 사용자 정의 함수 fode에 지정되며 scipy.integrate.solve_ivp 함수 호출에서 참조된다. 함수 fode가 dc3dt를 계산하기 전에 증기의 조성(즉 yC3)은 함수 BPT에 의해 계산되어야 한다. 함수 BPT는 기포점 온도(TBP)를 계산하기 위해 함수 scipy.optimize.newton을 사용하며, TBP는 함수 er을 0으로 만들어서 계산한다. 그리고 TBP는 yC3를 계산하는 데 사용된다. 함수 er은 xC3의 값이 필요하기 때문에, xC3의 값을 scipy.optimize.newton

호출의 인수로서 `args`를 이용해서 `scipy.optimize.newton` 함수를 통해 함수 `er`에 제공한다. 시행착오를 통해 xC3를 0.3으로 줄이는 데 필요한 시간이 4.949시간임을 찾았으며(그림 E11.8c에 도식화됨), 전체 정상상태 물질수지식에 따르면 실행 종료 시점에 수령기 내의 액체 양은 4.949 kg mol이며 프로판의 몰분율은 0.704이다.

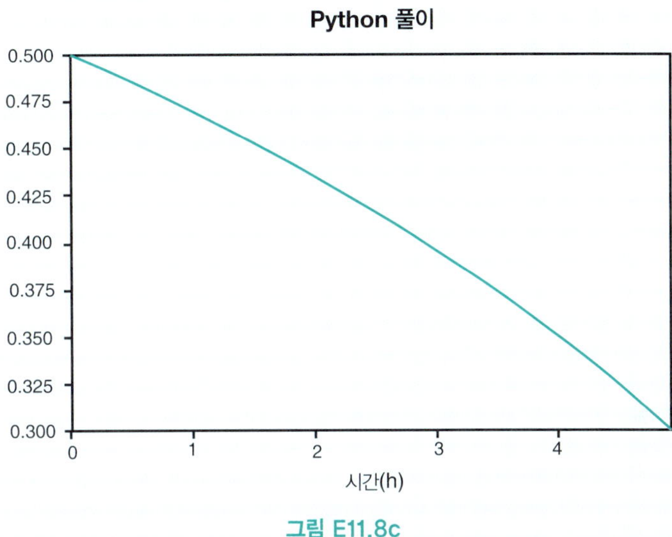

그림 E11.8c

예제 11.9 단열 발열 회분식 반응기의 수치 해석

문제 MATLAB과 Python을 사용해서 예제 11.4의 단열 발열 회분식 반응기에 대한 상미분식 한 쌍을 수치 해석하라. 다음 데이터를 사용하라.

- C_{A_0} – 초기 반응물 농도(1 g mol/L)
- T_0 – 초기 반응기 온도(300 K)
- k_0 – 사전-지수 속도상수(0.1)
- E_r/R – 반응에 대한 정규화된 활성화 에너지(900 K)
- C_p – 회분식 반응기 내 물질의 열용량(4.18 J/g mol-K)
- ΔH_{rxn} – 반응열(−4000 J/g mol)
- ρ – 반응 혼합물의 몰밀도(50 g mol/L)

풀이 이 단열 발열 반응기의 조성과 온도를 정의하는 상미분식은 다음과 같다.

$$\frac{dC_A}{dt} = -k_0 \exp(-E_r/RT)C_A \quad \text{이때 } t=0 \quad C_A = C_{A0}$$

$$\rho C_p \frac{dT}{dt} = -\Delta H_{\mathrm{rxn}} k_0 \exp(-E_r/RT)C_A \text{ 이때 } t=0 \quad T = T_0$$

예제 11.9의 MATLAB 코드

```
%%%%%%%%%%%%%%%%%%%%%%%%%%%%%%%%%%%%%%%%%%%%%%%%%%%%%%%%%%%%%%%%%%%%%%%%%%%
%                                NOMENCLATURE
%
% dydx - the vector of functions of the derivative of y with respect
%        to x
% soln - the solution matrix for the ODE problem
% x - a vector containing the values of the independent variable
% x0 - the initial value of x (0)
% xf - the final value of x (500)
% y - a vector containing the values of the dependent variable
% y0 - the initial value of y (1, 300)
%
%%%%%%%%%%%%%%%%%%%%%%%%%%%%%%%%%%%%%%%%%%%%%%%%%%%%%%%%%%%%%%%%%%%%%%%%%%%
%                                  PROGRAM
function Ex11_9
clear; clc;
x0=0; xf=500; y0=[1, 300]';     % Input problems specifications
soln=ode45(@f,[x0 xf],y0);      % Call ode45 and store solution in soln
x=linspace(0,xf,100)            % Generate the values of x
y1=deval(soln,x,1);             % Retrieve value of y from soln
%% Output Plot %%
axes('FontSize',20);
plot(x,y1,'k-','LineWidth',2.5)
xlabel('t (sec)','FontSize',20)
ylabel('CA (gmol/L)','FontSize',20)
grid on;
title('MATLAB Solution','FontSize',24);
y2=deval(soln,x,2);             % Retrieve value of y from soln
%% Output Plot %%
axes('FontSize',20);
plot(x,y2,'k-','LineWidth',2.5)
xlabel('t (sec)','FontSize',20)
ylabel('T(K)','FontSize',20)
grid on;
title('MATLAB Solution','FontSize',24);
end
%
% User-specified function for dydx for each dependent variable
%
function dydx=f(x,y)
                                % Specify dydx in column vector for
k0=1.E-1; ER=900; Cp=4.18; den=50; DHrxn=-4000;
dydx=[-k0*y(1)*exp(-ER/y(2)), -DHrxn*k0*y(1)*exp(-ER/y(2))/Cp/den]';
end
```

```
%                                  PROGRAM END
%%%%%%%%%%%%%%%%%%%%%%%%%%%%%%%%%%%%%%%%%%%%%%%%%%%%%%%%%%%%%%%%%%%%%%%%%%%%
```

프로그램 및 결과 설명 상미분식(ODE)은 사용자 정의 함수 f에 지정되며 ode45 함수 호출에서 참조된다. 이 문제의 대부분의 데이터는 사용자 정의 함수 f에서 지정된다. 반응물 농도는 급격하게 감소했으며, 반면에 반응기 온도는 18°K 상승했다(그림 E11.9a).

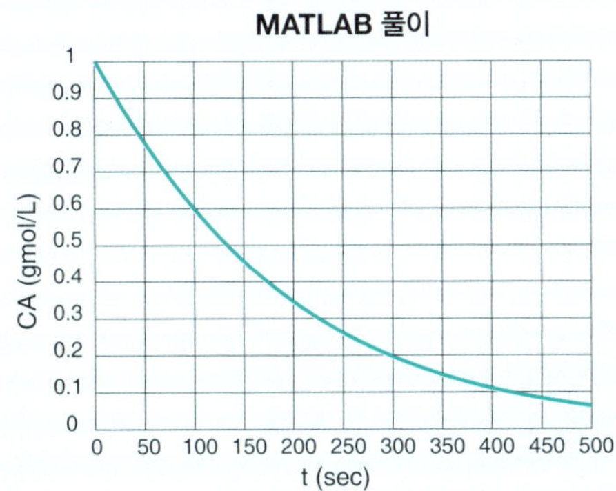

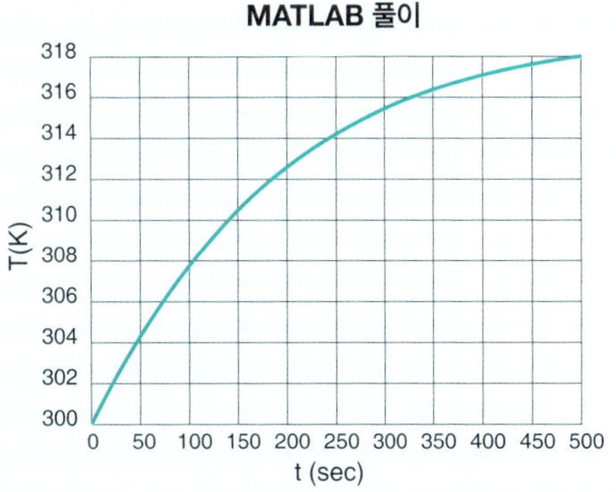

그림 E11.9a

예제 11.9의 Python 코드

```
##############################################################################
#                              NOMENCLATURE
#
# dydx - the vector of functions of the derivative of y with respect to x
# soln - the solution matrix for the ODE problem
# time - the values of the independent variable used for the plot of the
#        results
# tspan - a tuple that contains the initial and final condition for the
#         independent variable ([0, 150])
# tvalues - the values for y that will be used to plot the solution
# x - a vector containing the values of the independent variable
# x0 - the initial value of x (0)
# xf - the final value of x (500)
# y - a vector containing the values of the dependent variable
# y0 - the initial value of y , i.e., [1, 300]
#
##############################################################################
#                                PROGRAM
import scipy.integrate
import numpy as np
import matplotlib.pyplot as plt
#
# The user-defined function for dydx for each dependent variable
#
```

```
def fun(x, y):
    k0, ER, Cp, den, DHrxn = 0.1, 900, 4.18, 50, -4000
    dy1=-k0*y[0]*np.exp(-ER/y[1])
    dy2=-DHrxn*k0*y[0]*np.exp(-ER/y[1])/Cp/den
    return [dy1, dy2]
#  Define input variables
xspan = [0.0,500]
y0=[1, 300]
xvalues=np.linspace(0, 500, 100)
#
#  Apply scipy.integrate.solve_ivp with method equal to RK45
#
soln=scipy.integrate.solve_ivp(fun, xspan, y0, method='RK45',
t_eval=xvalues)
#
#  Plot solution CA
#
time=soln.t                 #  Retrieve the independent variable vector
                               from soln matrix
y1=soln.y[0]                #  Retrieve y1 from soln matrix
plt.plot(time, soln.y[0], 'k-', linewidth=2)
plt.axis([0, 500, 0, 1])
plt.title('Python Solution', fontsize=20)
plt.xlabel('Time (sec)', fontsize=14)
plt.ylabel('CA', fontsize=14)
plt.show
plt.savefig("FigE11.9 CA.jpg")
y1=soln.y[0]                #  Retrieve y1 from soln matrix
#
#  Plot solution T
#
plt.plot(time, soln.y[1], 'k-', linewidth=2)
plt.axis([0, 500, 300, 318])
plt.title('Python Solution', fontsize=20)
plt.xlabel('Time (sec)', fontsize=14)
plt.ylabel('T (K)', fontsize=14)
plt.show
plt.savefig("FigE11.9 T.jpg")
#
#                          PROGRAM END
############################################################################
```

프로그램 및 결과 설명 상미분식(ODE)은 사용자 정의 함수 fode에 지정되며 scipy.integrate.solve_ivp 함수 호출에서 참조된다. 이 문제의 대부분의 데이터는 사용자 정의 함수 fun에서 지정된다. 반응물 농도는 급격하게 감소했으며, 반면에 반응기 온도는 18°K 상승했다(그림 E11.9b).

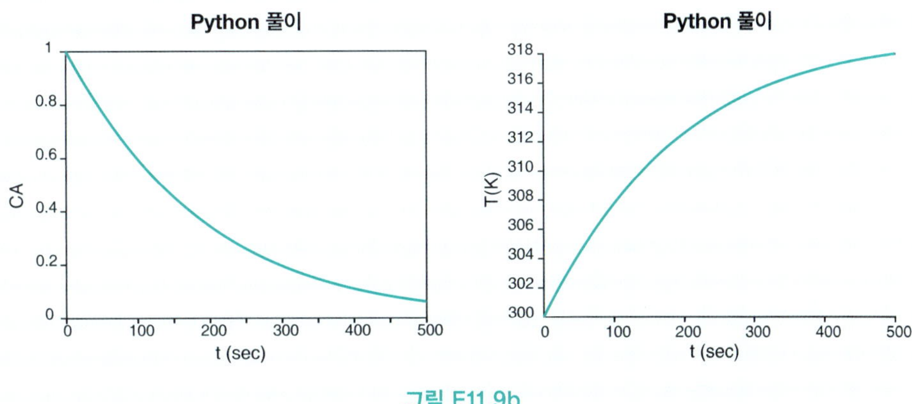

그림 E11.9b

참고문헌

Clements, W. C. Unsteady-State Balances, AIChE Chemi Series No. F5.6, American Institute of Chemical Engineers, New York (1986).

Himmelblau, D. M., and K. B. Bischoff. Process Analysis and Simulation, Swift Publishing Co., Austin, TX (1980).

Porter, R. L., Unsteady-State Balances—Solution Techniques for Ordinary Differential Equations, AIChE Chemi Series No. F5.5, American Institute of Chemical Engineers, New York (1986).

Riggs, J. B., Computational Methods for Chemical Engineers, Ferret Publishing, Austin, Texas (2020).

웹사이트

www.aspentech.com
www.hyprotech.com
www.intergraph.com

주요 용어

초깃값 문제(initial value problems, IVPs): 모든 종속 변수의 값이 독립 변수의 동일한 값으로 지정된 상미분식 계를 포함하는 문제

Runge-Kutta 방법(Runge-Kutta Method): 초깃값 문제를 해결하기 위한 기법으로, 구간 내에서 함수의 기울기를 근사화하기 위해 구간 내 여러 위치에서 함수의 기울기에 가중치를 할당해서 계산하는 방법

연습문제

이 장의 연습문제는 난이도를 표시하지 않았다.

11.3.1 60%의 소금물(60% 소금) 100 kg이 담겨 있는 탱크를 10 kg/min의 속도로 10%의 소금물을 이용해서 채운다. 용액은 탱크로부터 15 kg/min의 속도로 배출된다. 완전한 혼합을 가정해서 10분 후 탱크 내 소금의 양(kg)을 구하라.

11.3.2 100% 프로판(1 atm)이 담겨 있는 부피가 60 m^3인 결함이 있는 탱크를 프로판의 농도가 0.5% 미만이 될 때까지 공기(1 atm)를 이용해서 씻어낸다. 이 프로판 농도에서 땜질을 해 흠을 수리한다. 탱크로 도입되는 유속이 1.2 m^3/min이면 몇 분 동안 탱크를 씻어내야 하는가? 씻어내는 작업 중 탱크 내 기체는 잘 혼합된다고 가정하라.

11.3.3 2%의 우라늄 산화물 슬러리(2 kg UO_2/100 kg H_2O)가 0.20 m^3/min의 속도로 부피가 1 m^3인 탱크로 도입된다. 탱크에는 초기에 800 kg의 H_2O가 담겨 있었으며 UO_2는 없었다. 슬러리는 잘 혼합되어 도입된 속도로 배출된다. 1시간이 흐른 뒤 탱크 내 슬러리의 농도를 구하라.

11.3.4 부피가 200 m^3인 유동층 내의 촉매를 수소 흐름과 접촉해서 재생한다. 수소를 탱크 내로 주입하기 전에 반응기 내에 있는 공기 중의 O_2 함량을 0.1%까지 감소시켜야 한다. 순수한 N_2를 20 m^3/min으로 주입할 수 있다면 N_2를 이용한 퍼지를 얼마 동안 지속해야 하는가? 촉매 고체가 반응기 부피의 6%를 차지하며 기체는 잘 혼합된다고 가정한다.

11.3.5 어떤 광고회사가 가게 밖에 부풀린 구형의 간판을 설치하려 한다. 간판의 지름은 3 m이고 1.2 atm(게이지)의 H_2로 채워져 있다. 안타깝게도 가게 문틀로는 2.8 m밖에 통과할 수 없다. 풍선으로부터 안전하게 H_2를 배기할 수 있는 속도는 140 L/min(상온상압에서 측정함)이다. 문을 통해 통과할 수 있는 크기만큼 간판이 작아지기까지는 얼마나 걸리겠는가?

a. 먼저 풍선 내부의 압력이 일정해서 유속이 일정하다고 가정하라.

b. 다음으로 빠져나가는 H_2의 양은 풍선 부피에 비례하고 초기에 140 L/min이라고 가정하라.

c. 빠져나가는 H_2의 양이 풍선의 내부와 외부의 압력 차이에 비례할 경우 이 문제에 대한 풀이를 구할 수 있는가?

11.3.6 캐나다의 노바스코샤주 칸소의 어떤 공장에서 물고기 단백질 농축액(FPC)을 만든다. FPC 1 kg을 만들기 위해서는 6.6 kg의 통물고기가 필요하며 이것이 문제인데, 돈을 벌기 위해서는 거의 1년 내내 공장을 가동해야 한다. 한 가지 운전상의 문제는 FPC의 건조이다. 대략적으로 수분 함량에 비례하는 속도로 유동 건조기에서 건조시킨다. 어떤 FPC 회분에서 처음 15분 동안 초기 수분의 절반이 감소된다면 이 FPC 회분에서 90%의 물을 제거하기 위해서는 얼마나 걸리겠는가?

11.3.7 그림 P11.3.7에서와 같이 물이 원뿔 탱크로부터 $0.020(2 + h^2)$ m^3/min의 속도로 흐른다. 초기에 탱크가 가득 차 있었다면 75%의 물이 탱크로부터 빠져나가는 데 걸리는 시간은 얼마인가? 그때 유속은 얼마인가?

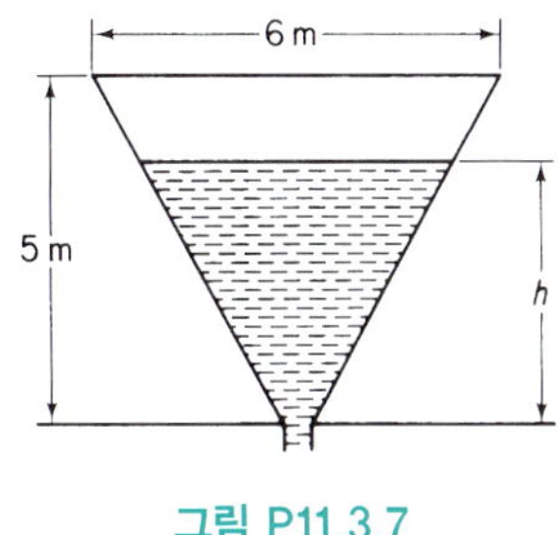

그림 P11.3.7

11.3.8 오수처리시설에 용량이 400 m^3인 콘크리트 저장탱크가 있다. 처음에 3/4이 액체로 채워져 있었으며 25톤의 유기물질이 현탁되어 있다. 물이 76 m^3/hr의 속도로 저장탱크에 도입되고 용액은 58 m^3/hr의 속도로 배출된다. 3시간이 흐른 뒤 탱크에 남아 있는 유기물질은 얼마나 되겠는가?

11.3.9 연습문제 11.3.8에서 탱크의 바닥이 슬러지(유기 침전물)로 덮여 있으며 교반하면 임의의 시간 (t)에서 탱크의 슬러지 농도와 슬러지 농도 1000 g/L 차이에 비례하는 속도로 떠오른다고 생각하자. 만약 유기물질이 없다면, 탱크 내에 용액이 300 m^3인 경우에는 60 g/(min)(L 용액)의 속도로 현탁된다. 3시간이 흐른 뒤 탱크 내에는 유기물질이 얼마나 남아 있을까?

11.3.10 화학반응에서 생성물 X와 Y가 다음 반응식에 따라 생성된다.

$$C \rightarrow X + Y$$

이 생성물이 생성되는 속도는 존재하는 C의 양에 비례한다. 초기에 $C = 1$, $X = 0$, $Y = 0$이다. X의 양이 C의 양과 같아지는 시간을 구하라.

11.3.11 어떤 탱크가 물로 채워져 있다. 임의의 순간에 탱크 쪽 2개의 오리피스가 개방되어 물을 배출한다. 시작할 때 물의 깊이는 3 m이고 하나의 오리피스는 위로부터 2 m 아래에, 또 하나는 2.5 m 아래에 각각 설치되어 있다. 각 오리피스에 대한 배출계수는 0.61로 알려졌다. 탱크는 지름이 2 m인 수직 원통 실린더이다. 위와 아래의 오리피스 지름은 각각 5 cm와 10 cm이다. 물이 배출되어 수위가 1.5 m에 위치할 때까지 걸리는 시간은 얼마인가?

11.3.12 그림 P11.3.12와 같이 2개의 탱크가 일렬로 연결되어 있다고 가정하자. 각 탱크는 물이 넘치도록 설계되어 있기 때문에 탱크 내의 액체 부피는 일정하게 유지된다. 각 탱크는 10 kg의 A가 포함된 500 L의 수용액으로 채워져 있다고 가정한다. 새로운 물이 50 L/hr의 속도로 주입된다면 5시간 후 각 탱크 내 A의 농도는 얼마인가? 각 탱크 내에서는 완전한 혼합을 가정하고 농도에 따른 부피변화는 무시하라.

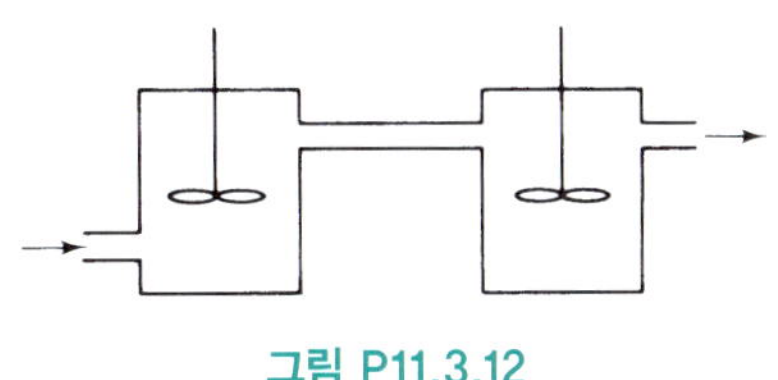

그림 P11.3.12

11.3.13 어떤 완전 혼합 탱크의 최대 용량은 600 L이고 초기에는 절반이 채워져 있었다. 바닥에 설치

된 배수 파이프는 매우 길어서 그 속을 흐르는 물에 저항이 작용한다. 물을 흐르게 하는 힘은 탱크 내의 수위이므로 실제로 흐름은 높이에 비례한다. 높이는 탱크 내 총 물의 부피에 비례하므로 물의 배출 부피유량 q_o는 다음과 같다.

$$q_o = kV$$

탱크로 도입되는 물의 유량 q_i는 일정하다. 그림 P11.3.13에 주어진 정보를 이용해서 탱크 내 물의 양이 증가하는지, 감소하는지, 일정하게 유지되는지 결정하라. 물의 양이 변한다면 그 경우에 따라 탱크를 완전히 비우거나 채우는 데 걸리는 시간은 얼마인가?

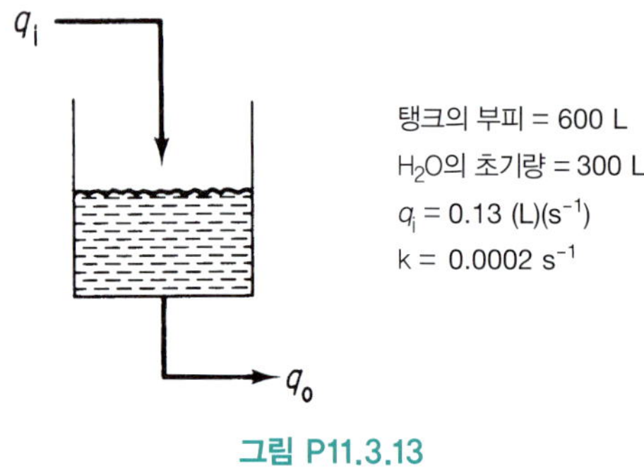

그림 P11.3.13

11.3.14 붕괴상수가 0.0100 hr^{-1}(즉 $dn/dt = -0.0100\ n$)인 방사능 핵분열 생성물이 포함된 흐름이 500 L/hr의 속도로 저장탱크에 24시간 동안 흘러 들어가고 있다. 초기의 핵분열 생성물의 농도가 10 mg/L이고 탱크의 부피가 50 m^3(500 L/hr) 용액으로 일정하다면 **(a)** 처음 24시간이 흐른 뒤, **(b)** 두 번째 24시간이 흐른 뒤 방사능 핵분열 생성물의 농도는 얼마인가? (c) 핵분열 생성물의 최고 농도는 얼마인가? 탱크 내에서는 완전혼합을 가정하라.

11.3.15 1500 ppm의 ^{92}Sr가 포함된 방사능 폐기물을 $1.5 \times 10^{-3}\ m^3/min$의 속도로 부피가 0.40 m^3인 저장탱크로 펌핑한다. ^{92}Sr은 다음과 같이 붕괴한다.

$$^{92}Sr \longrightarrow {}^{92}Y \longrightarrow {}^{92}Zr$$

반감기: 2.7시간 3.5시간

초기에 탱크에는 순수한 물이 담겨 있었으며 용액은 $1.5 \times 10^{-3}\ m^3/min$의 속도로 배출되고 완전혼합을 가정하면

a. 하루 뒤 ^{92}Sr, ^{92}Y, ^{92}Zr의 농도는?

b. 탱크 내 ^{92}Sr과 ^{92}Y의 평형 농도는?

동위원소의 붕괴속도는 $dN/dt = -\lambda N$이고, 여기서 $\lambda = 0.693/t_{1/2}$, 반감기는 $t_{1/2}$이다. N은 몰수이다.

11.3.16 탱크에 3 m^3의 산소가 대기압으로 담겨 있다. 공기를 천천히 탱크 안으로 주입하고 내용물과 완전히 혼합시키며 같은 양의 내용물은 탱크 밖으로 배출시킨다. 9 m^3의 공기를 주입한 후 탱크 내 산소의 농도는 얼마인가?

11.3.17 유기화합물이 다음과 같이 분해된다고 가정하자.

$$C_6H_{12} \rightarrow C_4H_8 + C_2H_4$$

t = 0일 때 1 mol의 C_6H_{12}는 존재했으나 C_4H_8과 C_2H_4는 없었을 경우에 대해 C_4H_8과 C_2H_4의 농도를 시간의 함수로 나타내라. C_4H_8과 C_2H_4의 생성속도는 존재하는 C_6H_{12}의 몰수에 비례한다.

11.3.18 큰 탱크가 밸브로 작은 탱크에 연결되어 있다. 큰 탱크에는 690 kPa의 N_2가 채워져 있고 작은 탱크는 비어 있다. 두 탱크 사이의 밸브가 누출되고 그 기체 누출 속도가 두 탱크의 압력차 $(p_1 - p_2)$에 비례한다면 작은 탱크의 압력이 최종 압력의 절반이 될 때까지 걸리는 시간은 얼마인가? 작은 탱크가 비어 있던 초기 순간 흐름 속도는 0.091 kg mol/hr이다.

	탱크 1	탱크 2
초기 압력(kPa)	700	0
부피(m^3)	30	15

탱크의 온도는 20°C로 일정하게 유지된다고 가정하라.

11.3.19 다음 연쇄반응이 일정한 부피의 회분식 탱크에서 일어난다.

$$A \xrightarrow{k_1} B \xrightarrow{k_2} C$$

각 반응은 1차 반응이고 비가역적이다. 초기 A의 농도는 C_{A_0}이고 초기에는 A만 존재할 경우 C_B를 시간의 함수로 나타내라. 어떤 조건하에서 B의 농도가 주로 A의 반응속도에 의존하게 되는가?

11.3.20 부피가 일정한 회분식 탱크 내에서 일어나는 다음 반응을 생각하자.

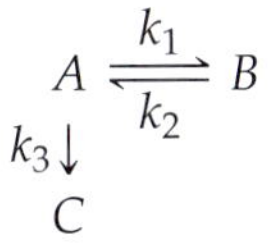

$$A \underset{k_2}{\overset{k_1}{\rightleftharpoons}} B, \qquad A \xrightarrow{k_3} C$$

그림 P11.3.20

표시된 모든 반응은 1차 반응이다. A의 초기 농도는 C_{A_0}이며 그때 다른 것은 존재하지 않는다. A, B, C의 농도를 시간의 함수로 구하라.

11.3.21 탱크 A, B, C가 각각 5000 L의 물로 채워져 있다. 그림 P11.3.21을 보라. 인부들은 각 탱크에 1000 kg의 소금을 녹이라는 지시를 받았다. 실수로 탱크 A와 C에는 각각 1500 kg의 소금을 녹이고 B에는 전혀 소금을 녹이지 않았다. 각 탱크의 농도를 규정된 0.2 kg/L의 5% 범위로 만들고 싶다. A-B-C-A의 형태로 배열된 장치가 용량이 250 L/min인 3대의 펌프로 연결되어 있다.

a. 농도 C_A, C_B, C_C를 t(시간)의 함수로 나타내라.

b. 모든 농도가 규정된 범위에 도달할 수 있는 최단 시간을 구하라. 탱크는 모두 잘 혼합된다고 가정하라.

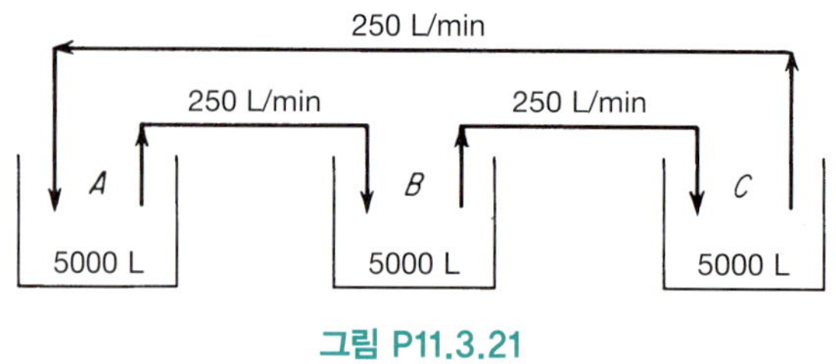

그림 P11.3.21

11.3.22 면적이 28 m^2인 외부 향류 열교환기를 이용해서 50,000 kg의 회분 액체를 15°C에서 50°C로 가열하기 위해 필요한 시간을 구하라. 1.2 bar의 포화 수증기가 가열매체로 사용되며 수증기 흐름의 속도는 수증기와 액체 간의 온도차에 의한 구동력이 감소함에 따라 조절된다. 총괄 열전달계수는 230 W/(m^2)(K)로 가정할 수 있다. 가열에 대한 Newton 법칙을 사용하라. 액체는 12,000 kg/hr의 속도로 순환되며 정용 열용량은 $\hat{C}_v$ = 4.178 kJ/(kg)(K)이고 15~50°C의 온도 범위에서 일정하다고 가정한다. 외부 열교환기 내 액체의 체류시간은 아주 짧고 이 경로에서 액체의 정체는 없으며 두 흐름이 잘 섞인다고 가정하라.

11.3.23 화학반응을 준비하기 위해 분쇄한 물질을 물에 분산시키고 가열한다. 교반기와 수증기 코일이 장착된 탱크에서 혼합과 가열을 동시에 실행하는 것이 바람직하다. 차가운 액체와 고체가 연속적으로 투입되고 가열된 현탁물은 같은 속도로 회수된다. 시동을 위한 작업의 한 가지 방법은 (1) 초기에 탱크를 적절한 비율의 물과 고체로 채우고, (2) 교반을 시작하며, (3) 적절한 비율의 새로운 물과 고체를 투입함과 동시에 반응을 위한 현탁물을 회수하기 시작한다. 그리고 (4) 수증기를 튼다. 수증기를 튼 후 배출되는 현탁물이 특정 높은 온도에 도달하기 위해 필요한 시간을 추정해야 한다.

a. 다음에 주어진 명명법을 이용해서 이 공정에 대한 미분방정식을 유도하라. 그 식을 적분해서 n을 B와 ϕ(명명법을 보라)의 함수로 나타내라.

b. 초기 탱크 내 내용물과 도입 흐름의 온도가 모두 50°C이고 수증기의 온도가 105°C일 때, 배출온도가 85°C에 도달하는 데 걸리는 시간을 계산하라. 열전달 면적은 2.22 m^2이고, 열전달계수는 580 W/(m^2)(K)이다. 탱크는 3500 kg을 수용하며 모든 흐름의 유속은 600 kg/hr이다. 현탁물의 비열은 4.184 kJ/(kg)(K)으로 가정할 수 있다.

c. 열전달을 위한 면적이 2배가 되면 필요한 시간에는 어떤 영향이 있는가?

d. 왜 (b)에서 필요한 시간이 (a)에서 필요한 시간의 절반보다 짧은가? 전달되는 열은 $Q = UA(T - T_s)$이다.

명명법

M = 가득 찬 탱크의 내용물의 무게, kg

G = 현탁물의 유속, kg/hr

T_S = 수증기의 온도, °C

T = 완전혼합을 가정한 임의 시간에서의 탱크의 온도, °C

T_0 = 탱크에 도입되는 현탁물의 온도. 또한 탱크 내용물의 초기온도, °C

U = 열전달계수, W/(m^2)(°C)

A = 열전달 표면 넓이, m^2

C_p = 현탁물의 비열, kJ/(kg)(K)

t = 수증기를 켠 순간으로부터 흐른 시간, hr

n = 무차원 시간, Gt/W

B = 무차원 비, $UA/(G\hat{C}_p)$

ϕ = 무차원 온도(수증기 온도에 대한 상대적 근접도), $(T - T_0)/(T_S - T_0)$

11.3.24 열전달 면적이 코일 형태로, 바닥에서 상부까지 균일하게 분포되어 있는 완전히 교반되는 원통형 탱크를 생각하자. 탱크 자체는 완전 단열되어 있다. 액체가 전혀 담겨 있지 않던 탱크에 액체가 일정한 속도로 도입되며, 액체가 탱크로 도입되기 시작하는 순간에 수증기가 켜진다.

a. 연습문제 11.3.23의 명명법을 이용해서 이 공정에 대한 미분방정식을 유도하라. 미분방정식을 적분해서 ϕ를 B와 n의 함수로 나타내라. 여기서 n은 채워진 분율, 즉 $W/W_{\text{filled}} = Gt/M$이다.

b. 열전달 면적은 1 in.의 바깥지름을 가진 튜브가 지름 1.2 m로 10바퀴 감긴 코일로 구성되어 있으며, 원료의 주입속도는 600 kg/hr이고, 액체의 열용량은 4.184 kJ/(kg)(K), 열전달계수는 580 W/(m^2)(K)이고 수증기 온도는 95°C이며, 탱크로 도입되는 액체의 온도가 20°C이라면 탱크가 완전히 채워질 때 온도는 얼마인가?

c. 탱크가 절반 채워질 때의 온도는 얼마인가? 열전달은 $Q = UA(T - T_s)$로 주어진다.

11.3.25 지름이 2 m이고 높이가 2 m인 원통형 탱크가 20°C의 물로 가득 채워져 있다. 물은 측면에만 장착된 수증기 재킷을 이용해 가열한다. 포화 수증기의 온도는 110°C이고 총괄 열전달계수는 238 W/(m^2)(K)로 일정하다. 열전달을 추산하기 위해 냉각(가열)에 대한 Newton 법칙을 이용하라. (a) 상부와 하부로부터의 열손실은 무시하고 탱크 내용물의 온도를 75°C까지 올리는 데 걸리는 시간을 계산하라. 물의 밀도와 비열은 해당 온도 범위에서 일정하다고 가정하고, 물의 열용량은 60°C의 값을 사용하라. (b) 상부와 하부로부터의 열손실을 감안하고 계산을 다시 하라. 탱크 주변의 공기 온도는 25°C이고 상부와 하부의 열전달계수는 70.4 W/(m^2)(K)로 일정하다.

CHAPTER

12

용해열과 혼합열

학습목표

- 이상 용액과 실제 용액을 구분한다.
- 혼합에 따른 에너지 변화를 이해한다.
- 적분용해열, 미분용해열, 무한희석 용해열, 표준 용해열을 구분한다.
- 혼합물을 만드는 물질의 물질량과 실험 자료로부터 표준 혼합열이나 용해열을 구한다.
- 표준 적분용해열을 구한다.
- 혼합열이 중요한 문제에 에너지 수지를 적용한다.
- 물질수지와 에너지 수지 풀이에서 엔탈피-농도 선도를 이용한다.

지금까지 용해열과 혼합열을 다루지 않은 것은 에너지 수지가 복잡해지는 것을 피하기 위함이었다. 그러나 용해열이나 혼합열이 아주 커서 무시할 수 없는 공정이 아주 많다. 화학에서 본 다음과 같은 경고를 상기하기 바란다. "황산에 물을 부으면 안 된다. 물에 황산을 조금씩 첨가한다."

서론

이 장에서는 주로 2성분 혼합물에 국한해서, 한 성분을 다른 성분과 혼합해 2성분 용액을 만드는 경우 에너지 수지에 어떤 영향을 미치는지를 설명한다. 일반 에너지 수지의 엔탈피 항에 영향을 미치는 몇 개의 새로운 용어와 관련되는 계산을 학습한다.

12.1 용해열과 혼합열

지금까지는 여러 성분으로 이루어진 흐름의 총괄 성질이 각 성분의 성질의 가중평균치에 해당한다고 가정했다. 이러한 **이상 용액**에 대해서는, 예컨대 이상 혼합물의 열용량은 다음과 같이 나타낼 수 있다.

$$C_{p\,\text{mixture}} = x_A C_{p_A} + x_B C_{p_B} + x_C C_{p_C} + \cdots$$

한편 엔탈피는 다음과 같이 나타낼 수 있다.

$$\Delta\hat{H}_{\text{mixture}} = x_A \Delta\hat{H}_A + x_B \Delta\hat{H}_B + x_C \Delta\hat{H}_C + \cdots$$

특히 기체 혼합물은 이상 용액으로 취급했다.

그러나 실제로는 다양한 혼합물을 고려해야 한다. 2성분 용액이나 혼합물의 예를 들면 다음과 같다.

a. 기체-기체
b. 기체-액체
c. 기체-고체
d. 액체-액체
e. 액체-고체
f. 고체-고체

a, c, f의 경우에는 혼합에 따른 에너지 변화를 무시할 수 있다. 그러나 **실제 용액**에서는 이를 무시할 수 없다. 기상이나 고상의 **용질**(용해되는 성분)을 액상 **용매**(용질이 용해되는 성분)와 혼합하면 에너지 효과가 나타나는데, 이를 **용해열**(실제로는 **용해엔탈피**)이라 한다. 액체를 액체와 혼합할 때의 에너지 효과는 **혼합열**(**혼합엔탈피**)이라 한다. 또한 용해열이나 혼합열의 마이너스 값을 **녹임열**(**녹임엔탈피**)이라고도 한다.

용해열은 플러스 값(흡열)일 수도 있고 마이너스 값(발열)일 수도 있다. 벤젠(C_6H_6)과 플루오르화탄소(C_6F_6) 혼합물의 상대적 엔탈피를 그림 12.1에 나타냈다.

용해열/혼합열은 화학반응과 마찬가지로 취급할 수 있다. 에너지 수지에서는 (a) 용해열/혼합열을 생성열과 통합할 수도 있고, (b) 반응열처럼 용해열/혼합열의 영향을 하나의 항으로 묶을 수도 있다. 예를 들어 5 g mol의 $H_2O(l)$에 대한 1 g mol의 HCl(g)의 용해를 다음과 같은 화학반응식으로 나타내자.

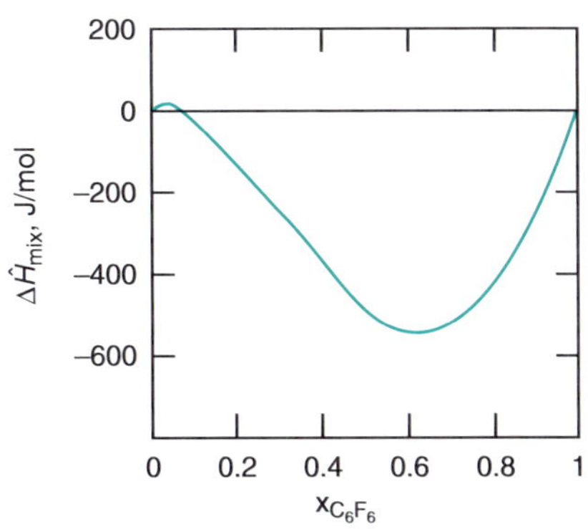

그림 12.1 ▸ C_6H_6와 C_6F_6의 혼합에 의한 상대적 엔탈피 변화(25℃)

$$HCl(g) + 5H_2O(l) \rightarrow HCl[5H_2O]$$

25°C, 1 atm으로 유지되는 실험 장치에서 HCl 물을 계속 추가하면서 열전달을 측정하고, 에너지 수지를 $Q = \Delta H$로 나타낸다면, 물을 추가할 때마다 증가하는 ΔH 값은 표 12.1의 셋째 열과 같다(이때의 값은 용액의 증기압을 표준상태인 1 atm에서 Q를 측정한 것이 되게끔 약간 조절한 것이다). 이러한 ΔH 증가분을 누적시키면 넷째 열이 만들어진다. 부록 H에는 일반적 화합물의 용해열을 나타낸 다른 표가 포함되어 있다. 표 12.1에서는 '용해열'에 관한 두 가지 개념을 볼 수 있다.

a. **미분용해열**(제3열)
b. **적분용해열**(제4열): HCl(g) 1 mol의 $H_2O(l)$ n mol에 대한 용해열

일반적으로 '용해열'이라 하면 적분용해열을 의미하며, **용질 1 mol 기준의 엔탈피 변화**로 나타낸다.

표 12.1의 제4열을 그림으로 나타내면 그림 12.2처럼 된다. 점근값은 무한한 양의 물에 용해되는 HCl의 용해열로서 **무한희석 용해열**(−75,144 J/g mol HCl)이라 한다.

HCl(g) 용액의 생성열을 계산하려면 표 12.1의 제5열에 표시된 HCl(g)의 생성열에 용해열을 더하기만 하면 된다.

$$\Delta\hat{H}^{o}_{f,\ solution} = \Delta\hat{H}^{o}_{f,\ solute} + \Delta\hat{H}^{o}_{solution} \tag{12.1}$$

이 식에서 $\Delta\hat{H}^{o}_{solution}$은 표준상태에서 HCl 1 mol 기준의 적분용해열이고, $\Delta\hat{H}^{o}_{f,solution}$은 HCl 1 mol 기준 용액의 생성열이다. **H_2O의 생성열은 식 (12.1)의 계산에서는 고려하지 않으며,** 용해 과정에서는 0으로 정한다. 참고서에서는 대개 용해열이 아니라 표준상태에서의 용액의 생성열을 나타낸다. 이 책의 공정과 예제에서는 정상상태 개방계를 가정했으며, 폐쇄계의 경우에는 에너지 수지에서 축적량은 $\Delta U = \Delta H$로 엔탈피만을 고려했다.

에너지 수지 계산에서는 용액을 단일 성분으로 보고, 용액의 엔탈피와 같은 성질을 상태변수로 취급할 수 있다. 표 12.1의 제5열과 식 (12.1)에서 보듯이 한 성분의 용해열을 생성열과 통합하면 편리하다. 이 경우 S.C.에 대한 상대적인 비용해엔탈피(specific enthalpy of solution)는 다음과 같다.

$$\hat{H}_{solution}(T) = \Delta\hat{H}^{o}_{f,\ solution} + [\hat{H}(T) - \hat{H}(\ S.C.\ )]_{solution} \tag{12.2}$$

여기서 괄호 안의 용어는 용액 자체의 현열을 나타낸다(상변화 가능성은 낮음).

예를 들어 S.C.에서 1 g mol의 HCl(g)을 1 g mol의 $H_2O(l)$에 녹인 용액을 무한히 많은 물에 넣는 경우의 $\Delta\hat{H}^{o}_{solution}$을 구한다고 하자. 표 12.1의 제5열 자료를 사용하면 최종상태의 엔탈피에서 초기상태의 엔탈피를 빼면 된다.

$$(-167,455) - (-118,536) = -48,911 \text{ J/g mol HCl}$$

또 다른 사례로 HCl의 묽은 용액을 농축하는 공정을 고려하자. 용해엔탈피는 상태변수이므로 각 농도에서 HCl 용액의 생성열을 사용하면 된다. 폐쇄계에서는 최종상태와 초기상태의 엔탈피 변화를 계산하고, 흐름계에서는 배출 흐름과 도입 흐름의 엔탈피 변화를 계산한다. 만약

표 12.1 ▸ 용해열 자료(25℃, 1 atm)

성분	HCl 1 mol에 첨가한 H_2O의 총물질량	각 단계의 미분용해열 $\Delta\hat{H}^o$ (J/g mol HCl)	적분용해열 (누적 $\Delta\hat{H}^o$) (J/g mol HCl)	생성열 $\Delta\hat{H}_f^o$ (J/g mol HCl)
HCl(g)	0			−92,311
$HCl[1H_2O(aq)]$	1	−26,225	−26,225	−118,536
$HCl[2H_2O(aq)]$	2	−22,593	−48,818	−141,129
$HCl[3H_2O(aq)]$	3	−8033	−56,851	−149,161
$HCl[4H_2O(aq)]$	4	−4351	−61,202	−153,513
$HCl[5H_2O(aq)]$	5	−2845	−64,047	−156,358
$HCl[8H_2O(aq)]$	8	−4184	−68,231	−160,542
$HCl[10H_2O(aq)]$	10	−1255	−69,486	−161,797
$HCl[15H_2O(aq)]$	15	−1503	−70,989	−163,300
$HCl[25H_2O(aq)]$	25	−1276	−72,265	−164,576
$HCl[50H_2O(aq)]$	50	−1013	−73,278	−165,589
$HCl[100H_2O(aq)]$	100	−569	−73,847	−166,158
$HCl[200H_2O(aq)]$	200	−356	−74,203	−166,514
$HCl[500H_2O(aq)]$	500	−318	−74,521	−166,832
$HCl[1000H_2O(aq)]$	1000	−163	−74,684	−166,995
$HCl[50{,}000H_2O(aq)]$	50,000	−146	−75,077	−167,388
$HCl[\infty H_2O]$		−67	−75,144	−167,455

출처: *National Bureau of Standards Circular* 500, U.S. Government Printing Office, Washington, D.C., 1952.

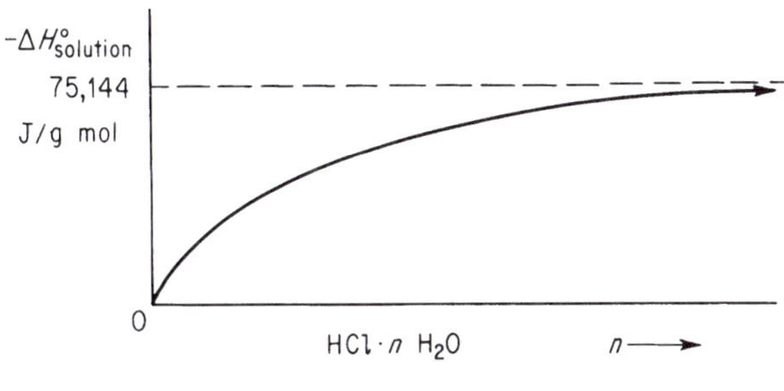

그림 12.2 ▸ HCl 수용액의 적분용해열

$HCl[15H_2O]$ 1 mol과 $HCl[5H_2O]$ 1 mol을 혼합하면 $HCl[10H_2O]$ 2 mol이 되며, 25°C, 1atm에서의 엔탈피 변화는 다음과 같이 구한다.

$$\begin{aligned}\Delta H^o &= [2(-69{,}486)] - [1(-70{,}989) + 1(-64{,}047)] \\ &= -3936\ \text{J}\end{aligned}$$

최종 혼합물을 25°C로 유지하려면 3936 J을 제거해야 한다.

계산에서 $CaCl_2 \cdot H_2O$와 같은 수화물의 용액을 다룰 때는 주의가 필요하다. 수화물을 물이나 $CaCl_2$ 용액과 혼합할 경우의 엔탈피 변화는 다음과 같이 구한다. 먼저 수화물을 고체 성분과 물로 분해한다. 이어서 전체 고체를 전체 물에 녹이는 것으로 본다. 예를 들어 연습문제 12.3의 자료를 이용하면 $Na_2CO_3 \cdot 7\ H_2O$ 1 g mol을 $H_2O(l)$ 8 g mol에 녹이면 Na_2CO_3 1 g mol과 H_2O 15 g mol의 수용액이 된다. 분해 단계의 엔탈피 변화는 다음과 같다.

$$\begin{array}{lccccc} & Na_2CO_3 \cdot 7H_2O(s) & \rightarrow & Na_2CO_3(s) & + & 7H_2O(l) \\ \Delta \hat{H}_f^o (kJ/gmol): & -3201.18 & & -1130.92 & & -285.840 \end{array}$$

$$\Delta H^o = [7(-285.840) + 1(-1130.92)] - [1(-3201.18)] = +69.38\ kJ$$

용해 단계의 엔탈피 변화는 다음과 같다.

$$\begin{array}{lccccc} & Na_2CO_3(s) & + & 15H_2O(l) & \rightarrow & Na_2CO_3[15H_2O] \\ \Delta \hat{H}_f^o (kJ/gmol): & -1130.92 & & 0 & & -1163.70 \end{array}$$

$$\Delta H^o = (-1163.70) - (-1130.92) = -32.78\ kJ$$

전체적인 엔탈피 변화는 69.38 − 32.78 = 36.60 kJ이다.

예제 12.1 용해열 자료의 이용

문제 77°F에서 NH_3 가스를 물에 녹여서 수산화암모늄 수용액을 만들려 한다. 다음을 구하라.

a. NH_3 1 lb mol이 들어 있는 3.0% 수용액을 만들 때 냉각해야 할 열량(Btu/lb mol NH_3)

b. NH_3 32.0% 수용액 100 gal을 만들 때 냉각해야 할 열량(Btu/100 gal soln)

자료: 다음 용해열 자료 출처는 *NBS circular 500*이다.

조성	상태	$-\Delta \hat{H}_f^o$ (Btu/lb mol)	$-\Delta \hat{H}_{soln}^o$ (Btu/lb mol)
	g	19,900	0
$1H_2O$	aq	32,600	12,700
$2H_2O$	aq	33,600	13,700
$3H_2O$	aq	34,000	14,100
$4H_2O$	aq	34,200	14,300
$5H_2O$	aq	34,350	14,450
$10H_2O$	aq	34,600	14,700
$20H_2O$	aq	34,700	14,800
$30H_2O$	aq	34,700	14,800
$40H_2O$	aq	34,700	14,800
$50H_2O$	aq	34,750	14,850
$100H_2O$	aq	34,750	14,850
$200H_2O$	aq	34,800	14,900
$\infty\ H_2O$	aq	34,800	14,900

풀이 풀이 과정을 간단히 살펴보자.

기준 온도: 77°F

a. 계산 기준: 1 lb mol $NH_3 \equiv 17$ lb NH_3

$$\text{wt \% NH}_3 = \frac{\text{lb NH}_3}{\text{lb H}_2\text{O} + \text{lb NH}_3}(100)$$

$$3 = \frac{17(100)}{17 + m_{H_2O}} \quad m_{H_2O} = 550 \text{ lb} \quad \text{또는 약} \quad 30 \text{ lb mol H}_2\text{O}$$

위 표에서 $\Delta\hat{H}^{o}_{soln} = -14{,}800$ Btu/lb mol NH_3이다. 즉 14,800 Btu 열을 계에서 제거해야 한다.

b. 계산 기준: 100 gal 용액

Lange의 《Handbook of Chemistry》에서 구하면 NH_3 32.0% 수용액의 성질은 다음과 같다.

	NH_3	H_2O
Sp.gr.:	0.889	1.003

32.0% 수용액의 밀도(lb/100 gal)는 다음과 같다.

$$\frac{(0.889)(62.4)(1.003)(100)}{7.48} = 744\text{lb}/100\text{gal}$$

$$\frac{744(0.32)}{17} = 14.0 \text{ lb mol NH}_3/100 \text{ gal solution}$$

계산 기준: 1 lb mol NH_3

$$32.0 = \frac{1700}{17 + m_{H_2O}} \quad m_{H_2O} = 36 \text{ lb} \quad n_{H_2O} = 2 \text{ lb mol}$$

$$\left.\begin{matrix}\text{Cooling req'd}\\ \text{Btu/100 gal}\end{matrix}\right\} = \left(\frac{\text{lbmolNH}_3}{100\text{gal}}\right)\left(-\Delta H^{o}_{soln}\,\frac{\text{Btu}}{\text{lbmolNH}_3}\right)$$

$$\left.\begin{matrix}\text{32.0\% NH3 용액 100 gal}\\ \text{제조에서 필요한}\\ \text{냉각해야 할 열}\end{matrix}\right\} = (14.0)(-13{,}700) = -191{,}000\text{Btu}/100 \text{ gal soln}\,(\text{제거})$$

자습문제

확인문제

1. 다음을 정의하고 그림으로 나타내라.

a. 적분용해열

b. 미분용해열

2. 다음 설명이 참인지 거짓인지 밝혀라.

a. 반응열과 용해열은 동일한 물리적 현상을 나타내는 것이다.

b. 모든 혼합물은 용해열이 무시될 수 없을 정도로 크다.

c. 무한희석 혼합열은 무한히 많은 양의 용매에 관한 것이다.

d. 용해열은 플러스 값이나 마이너스 값이 될 수 있다.

e. 기체 혼합물은 일반적으로 이상 용액이다.

3. a. HCl의 용해열 표에서 H_2O의 기준상태는?

b. 기준상태에서 H_2O의 엔탈피 값은?

4. HCl에 대해 3번 문제를 반복하라.

적용문제

1. 표준상태에서 20 mol % HCl 수용액 1 mol과 25 mol % HCl 수용액 1 mol을 혼합할 때의 용해열을 구하라.

2. 1 g mol HCl과 10 g mol H_2O로 된 용액을 1 g mol HCl과 4 g mol H_2O로 된 용액으로 농축할 때 가해야 할 열을 구하라.

3. H_2SO_4의 생성열은 −811.319 kJ/g mol H_2SO_4이다. 20% 황산 수용액의 생성열(H_2SO_4 1 gmol 기준)을 구하라.

사고문제

1. 부주의로 인해 황산 저장용 대형 탱크에 염산을 부었다. 3000 gal의 절반 정도를 붓자 격렬한 폭발이 일어나 배관과 저장탱크가 파손되었다. 이 폭발의 원인은 무엇인가?

2. 진한 수산화나트륨 수용액(73%)을 저장한 용기가 있다. 이 수용액이 필요하면 용기에 압축 공기를 주입해 수용액을 꺼내 쓴다. 공기 주입 작업이 제대로 이루어지지 않을 때는 수용액이 고화된 것으로 간주하고, 맨홀을 통해 물을 주입해 희석함으로써 압축 공기 배관을 뚫는다. 그러나 어느 날 폭발이 일어나서 수용액이 맨홀을 통해 15 ft나 튀어 올랐다. 이 사고의 원인은 무엇인가?

토의문제

담수와 염수를 혼합하면 다량의 열이 방출된다. 다량의 해수를 담수 1 m^3/s로 희석하면 대략 2.3 MW가 소실되면서 해수가 가열된다. 이러한 에너지를 활용할 수 있으면 컬럼비아 강물의 흐름에서 15,000 MW를 얻을 수 있다는 기술이 제안되었다. 즉 선택적 막을 사용해서 특정 분자는 통과시키고 다른 분자는 체류시키는 방법이다. 해수 탈염에서처럼 막에 전위를 걸어서 해수로부터 담수를 분리하는 것과는 반대로 담수를 해수와 혼합해서 전류를 발생시킨다는 것이다. 막은 양이온과 음이온이 서로 반대 방향으로 흐르도록 배열한다. 이 제안에 대해 어떻게 생각하는가?

12.2 에너지 수지와 혼합효과

12.1절에서는 표준상태(25°C, 1 atm)에 관해서만 설명했다. 이 절에서는 도입 및 배출 흐름의 온도가 25°C가 아닌 정상상태 개방계의 2성분 혼합물에 대해 살펴보자(폐쇄계의 경우에는 초기 및 최종상태의 내부에너지를 고려하면 된다). 용해열/혼합열이 관련되는 문제는 반응열이 관련되는 문제와 완전히 똑같은 방법으로 다루면 된다. 에너지 수지에서 용해열/혼합열은 반응열과 유사하다. 필요한 계산은 다음과 같이 할 수 있다.

a. 각 화합물의 생성열과 용액의 생성열을 각각 통합하거나,

b. 기준상태에서의 총괄 용해열을 계산한다.

이어서 각각의 방법에서 기준상태에 대한 화합물과 용액의 현열과 상변화 영향을 계산한다. 다음 예제에서 자세한 과정을 보여준다.

예제 12.2 용해열 자료의 이용

문제 염산은 중요한 공업 약품이다. 공업용 등급의 염산('muriatic acid'라고도 한다)을 만들려면 그림 E12.2에서 보는 것처럼, 정제된 HCl(g)을 정상상태 연속공정으로 탄탈제(tantallum) 흡수탑에서 물에 흡수시킨다. 120°C의 뜨거운 HCl(g)을 흡수탑에 도입할 때 제품 100 kg당 냉각수로 제거해야 할 열량을 구하라. 도입되는 물은 25°C이고, 제품은 25 wt % HCl 수용액으로 35°C에서 배출된다. 냉각수는 HCl 수용액과 혼합되지 않는다.

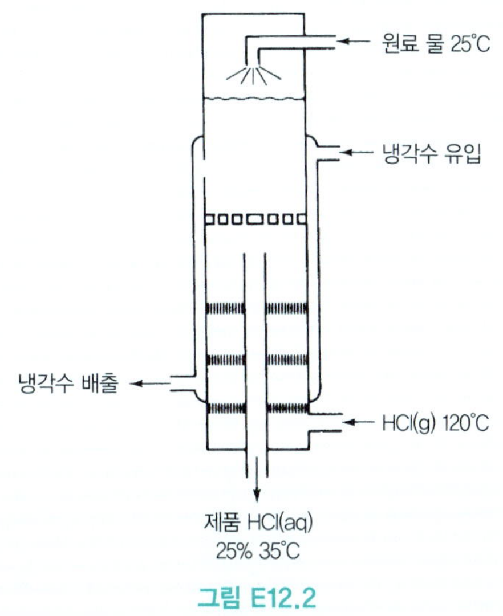

그림 E12.2

풀이

단계 1~4

표 12.1의 자료를 이용하려면 공정 자료를 HCl 물질량 기준으로 환산해야 한다. 먼저 제품을 HCl과 H_2O의 mol로 환산하면 다음과 같다.

표 E12.2a

성분	질량(kg)	분자량	kg mol	몰분율
HCl	25	36.37	0.685	0.141
H_2O	75	18.02	4.163	0.859
합계	100		4.848	1.000

H_2O/HCl 몰 비 = 4.163/0.685 = 6.077

단계 5

수지식을 세우기 위한 계로서 HCl과 물을 택한다(냉각수는 포함하지 않는다).

계산 기준: 제품 100 kg

기준 온도: 25°C

단계 6~7

에너지 수지는 $Q = \Delta H$로 간단히 줄어든다. 모든 흐름의 초기 및 최종 엔탈피를 알거나 직접 구할 수 있으므로 이 문제의 자유도는 0이다. 간단한 물질수지로부터 HCl과 물의 도입 및 배출 질량과 물 질량을 구해 표 E12.2a에 나타냈다.

단계 3(계속)

다음으로 각 흐름의 엔탈피를 구해야 한다. HCl(g)의 C_p는 부록 F의 표 F.1에서 구한다. 제품의 C_p는 약 2.7 J/(g)(°C)로서 55.6 J/(g mol)(°C)에 해당한다. $HCl \cdot 6.077\ H_2O$의 $\Delta \hat{H}_f^\circ \cong -157{,}753$ J/gmol HCl이다. ΔH의 계산에서는 각 흐름에 대한 $\Delta \hat{H}_f^\circ$를 사용한다.

단계 8~9

표 E12.2b

흐름	g mol	T(°C)	$\Delta \hat{H}_f^\circ$(J/g mol HCl)	$\Delta \hat{H}_{sensible}$(J/g mol)
배출				
HCl(aq)	4.848*	35	−157,753	$\int_{25°C}^{35°C} (2.7)dT$
도입				
H_2O(l)	4.163	25	–	
HCl(g)	0.685	120	−92,311	$\int_{25°C}^{120°C} \left(29.13 - 0.134 \times 10^{-2} T\right) dT = 2758$

* HCl = 0.685

$$Q = \underset{\text{배출}}{\Delta H_{out}} - \underset{\text{도입}}{\Delta H_{in}}$$
$$= [0.685(-157{,}753) + 4.848(27)] - [0 + 0.685(-92{,}311) + 0.685(2758)]$$
$$= -46{,}586\text{J}$$

용해열 값을 사용할 경우에는 다음과 같이 계산한다(표 12.1에서 HCl/H_2O 비 = 6.077일 때의 용해열은 −65,442 J/g mol HCl이다).

$$Q = \Delta H_{\text{out, sensible}} - \Delta H_{\text{in, sensible}} + \Delta H_{\text{solution}}$$
$$= (4.848)(27) - [0.685(2753) + 0] + (0.685)(-65{,}442)$$
$$= -46{,}586\ \text{J (예상과 같다.)}$$

공정모사 코드에서는 표에서 찾거나 식을 사용해서 25°C 및 1 atm이 아닌 여러 온도와 압력에서의 생성열을 계산한다. 자세한 내용은 컴퓨터 코드 안에 들어 있다. 수식을 사용하는 대신에 그래프를 사용하면 정확도가 떨어지지만 에너지 수지를 이해하기는 쉬울 것이다.

2성분 용액의 엔탈피 자료는 **엔탈피-농도 선도**(H-x 선도)로 잘 나타낼 수 있다. 이 H-x 선도는 온도를 매개변수로 해서 비엔탈피를 농도(대개 질량분율이나 몰분율)에 대해 나타낸 것이다. 한 예를 그림 12.3에 나타냈다. 이러한 선도[1]는 증류, 결정화, 모든 종류의 혼합 및 분리 문제에서

1) Robert Lemlich, Chad Gottschlich, and Ronald Hoke, *Chem. Eng. Data Ser.*, 2, 32 (1957). CCl4 자료: M. M. Krishniah, et al., *J. Chem. Eng. Data*, 10, 117 (1965). 에탄올-EtAc 자료: Robert Lemlich, Chad Gottschlich, and Ronald Hoke, *Br Chem. Eng.*, 10, 703 (1965). 메탄올-톨루엔 자료: C. A. Plank and D. E. Bruke, *Hydrocarbon Process*, 45, 8, 167 (1966). 아세톤-이소프로판올 자료: S.

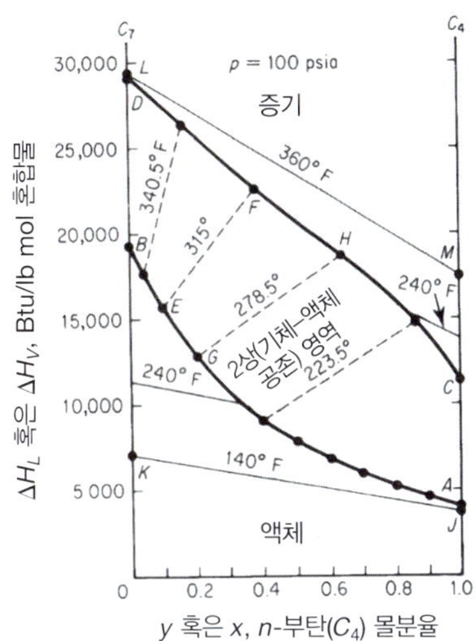

그림 12.3 ▸ *n*-부탄-*n*-헵탄의 엔탈피-농도 선도(100 psia). 곡선 *DFHC* = 포화증기, *BEGA* = 포화액체. 점선은 동일 온도에서 *y*(기상의 C_4 몰분율)와 *x*(액상의 C_4 몰분율)를 연결하는 평형대응선(equilibrium tie line)이다.

물질수지와 에너지 수지를 결합해서 계산하는 데 유용하게 이용할 수 있다. 엔탈피-농도 선도의 예를 부록 I에 실었다.

엔탈피-농도 선도를 작성하려면 많은 계산이 필요하고 여러 농도에서 용액의 엔탈피나 열용량 자료가 있어야 한다. 이러한 선도의 작성법에 관해서는 《Unit Operations of Chemical Engineering》[W. L. McCabe and J. C. Smith, 3rd ed., McGraw-Hill, New York(1976)]을 참고하기 바란다. 다음 예제는 H-x 선도를 이용하는 방법을 보여준다.

예제 12.3 엔탈피-농도 선도의 이용

문제 단열 용기에서 200°F의 10% NaOH 600 lb/hr와 비등점에 있는 50% NaOH 400 lb/hr를 혼합한다. 다음을 구하라.

a. 배출 용액의 최종 온도
b. 배출 용액의 최종 농도
c. 이 공정에서 물의 증발량(lb/hr)

풀이 수증기표와 부록 I의 NaOH-H_2O 엔탈피-농도 선도를 이용할 수 있다. 선도의 기준 상태는 무엇인가? 이 엔탈피-농도 선도의 기준상태는 순수 물, NaOH의 무한희석 용액의 32°F로서 $\Delta \hat{H}_f^o = 0$이다. 이 기준에서 68°F의 순수 NaOH의 엔탈피는 455 Btu/lb이다. 이 공정은 연속공정처럼 취급한다. 에너지 수지는 간단히 $\Delta H = 0$이 된다.

계산 기준: 최종 용액 1000 lb = 1 hr

N. Balasubramanian, *Br. Chen. Eng.*, 12, 1231 (1967). 아세토니트릴-물-에탄올 자료: Reddy and Murti, ibid., 13, 1443 (1968). 알코올-지방족 탄화수소 자료: Reddy and Murti, ibid., 16, 1036 (1971). H2SO4 자료: D. D. Huxtable and D. R. Poole, Proc. *Int. Solar Energy Soc.*, Winnipeg, August 15, 1976, 8, 178 (1977). 최근 자료는 인터넷에서 구할 수 있다.

물질수지는 다음과 같다.

성분	10% 용액	+	50% 용액	=	최종 용액	질량 %
NaOH	60		200		260	26
H_2O	540		200		740	74
합계	600		400		1000	100

H-x 선도에서 엔탈피 자료를 구한다.

	10% 용액	50% 용액
$\Delta\hat{H}$(Btu/lb):	152	290

에너지 수지는 다음과 같다.

10% 용액		50% 용액		최종 용액
600(152)	+	400(290)	=	ΔH
91,200	+	116,000	=	207,200

비등점에 있는 50% 용액의 엔탈피는 $\omega_{\text{NaOH}} = 0.50$의 비등점에서 구한다. 최종 용액의 질량(lb)당 엔탈피는 다음과 같다.

$$\frac{207{,}200 \text{ Btu}}{1000 \text{ lb}} = 207 \text{ Btu/lb}$$

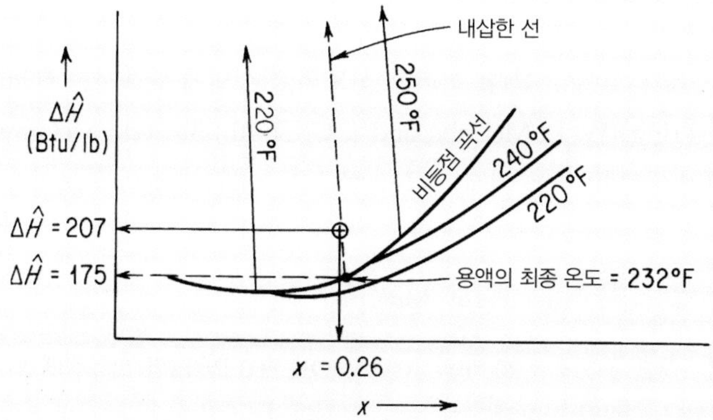

그림 E12.3

NaOH-H_2O 엔탈피-농도 선도에서 26% NaOH의 엔탈피가 207 Btu/lb인 점은 (a) 포화 수증기, (b) 비등점에 있는 NaOH-H_2O 용액의 혼합물을 나타낸다. 수증기의 분율을 구하려면 에너지(엔탈피) 수지를 추가로 취해야 한다. 도식적 내삽에 의해 $x = 0.26$, $H = 207$인 점을 통과하는 대응선(tie line)을 그린다(220°F 선 및 250°F 선과 평행하게 그린다). 그림 E12.3에서 이 대응선의 최종 온도는 232°F로 나타난다. 이 온도에서 끓는점에 있는 액체의 엔탈피는 약 175 Btu/lb이다. 기상에는 NaOH가 들어 있지 않으므로, 수증기표에서 232°F의 포화 수증기의 엔탈피를 구하면 1158 Btu/lb이다. 증발한 수증기의 질량(lb)을 x라 하자.

계산 기준: 최종 용액 1000 lb

$$x(1158) + (1000 - x)175 = 1000(207.2)$$

$$x = 32.8 \text{ lb } H_2O \text{ 증발/hr}$$

자습문제

확인문제

1. 기체 혼합물은 이상 용액인가?

2. 경험에 기초해서 다음에 관해 각각 두 가지 예를 들라.
   a. 액체의 발열 혼합
   b. 흡열 혼합

3. 다음 설명이 참인지 거짓인지 밝혀라.
   a. 무한희석 혼합열은 용질 1 mol과 무한한 양의 용매의 혼합에 관한 것이므로 정의되지 않는다.
   b. 반응열과 혼합열은 모두 분자 재배치에 관한 것이므로 거의 같다.
   c. 에탄올과 물은 이상 용액을 이룬다.

4. 그림 12.3의 H-x 선도가 그림 12.2의 적분용해열 선도와 근본적으로 다른 것은 무엇인가?

적용문제

1. 25°C의 50 mol % 황산 수용액 2 g mol과 25°C의 물을 혼합해 25°C에서 H_2O/H_2SO_4 몰 비가 10/1인 용액을 만든다. 도입 수용액 1 mol을 기준으로 이 과정에서 제거하거나 첨가되는 열전달량을 구하라. 부록 I의 용해열 자료를 이용하라.

2. 그림 SAT12.2P2의 공정에서 생성되는 50 wt % H_2SO_4 수용액 1 t을 기준으로 제거하거나 첨가해야 할 열량을 구하라.

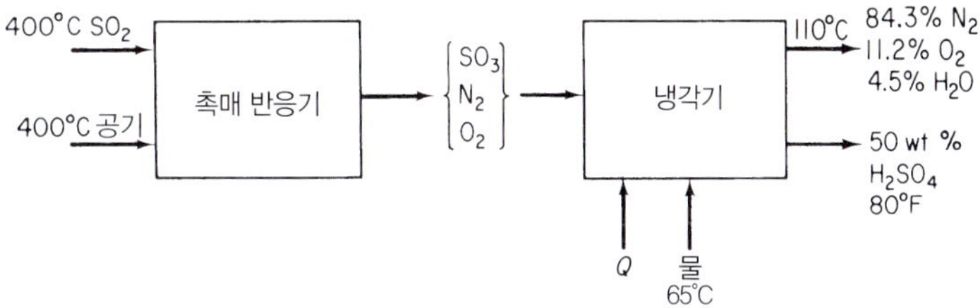

그림 SAT12.2P2

3. 황산-물 계의 T = 260°F일 때 존재하는 상, 조성, 엔탈피를 구하라.

4. 부록 I의 엔탈피-농도 선도를 이용해 1 atm에서 에탄올의 질량분율이 0.50인 에탄올-물 혼합물의 기화열을 구하라.

사고문제

1. 염산 탱크를 실은 트럭의 운전사가 염산 6000 gal을 급하게 다른 탱크로 옮기다가 실수로 농축 황산 탱크에 부었다. 절반 정도 옮겼을 때 급격하게 폭발이 일어나 탱크가 찌그러지고 주입관과 배출관이 파괴되었다. 폭발의 원인은 무엇인가?

2. 그림 SAT12.2TP2와 같은 탱크에서 일어난 사고의 예를 들면 다음과 같다. 액중배관을 통해 압축공기를 불어넣어 NaOH 수용액을 방출시키던 중에 이 배관의 끝이 파손되는 문제가 발생했다. 맨

홀 뚜껑을 열고 갈퀴를 수용액 속으로 밀어 넣어 파손된 관 조각을 꺼내려고 하자 폭발이 일어나 NaOH 용액이 30 ft나 튀어 올라 한 명이 사망했다. 이 폭발의 원인은 무엇인가?

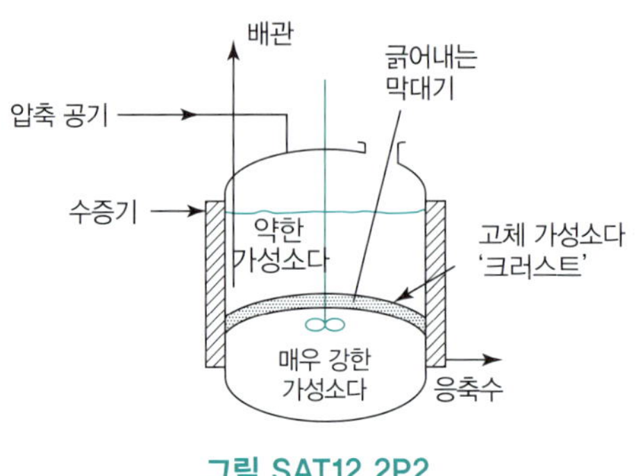

그림 SAT12.2P2

요약

이 장에서는 용해열/혼합열로 인해 엔탈피가 변하는 경우에 에너지 수지를 취하는 방법을 설명했다. 또한 2성분 엔탈피-농도 선도의 이용법을 살펴보았다.

주요 용어

녹임열(녹임엔탈피)[heat(enthalpy) of dissolution]: 용해열/혼합열의 마이너스 값

무한희석 용해열(heat of solution at infinite dilution): 용질 1 mol이 무한한 양의 용매에 녹을 때의 용해열의 점근값

미분용해열[incremental(differential) heat of solution]: 누적용해열 곡선의 미분값

실제 용액(real solution): 이상 용액이 아닌 용액

엔탈피-농도 선도(enthalpy-concentration diagram): 이성분 용액의 엔탈피 자료를 간편하게 나타낸 그래프. 온도를 매개변수로 해서 비엔탈피를 농도(주로 질량분율 또는 몰분율)에 대해 나타낸다.

용매(solvent): 용질을 녹이는 성분

용질(solute): 용매에 녹는 성분

용해열(용해엔탈피)[heat(enthalpy) of solution]: 용질을 용매에 녹일 때의 엔탈피 변화

이상 용액(ideal solution): 여러 성분으로 이루어진 용액의 성질을 각 성분의 성질의 가중치를 합산해서 나타낼 수 있는 용액

적분용해열(integral heat of solution): 1 mol의 용질이 n mol의 용매에 녹을 때의 용해열

혼합열(혼합엔탈피)[heat(enthalpy) of mixing]: 액체와 액체를 혼합할 때 나타나는 엔탈피 변화

참고문헌

Berry, R. S. *Physical Chemistry,* Oxford University Press, Oxford, UK (2000).

Brandani, V., and F. Evangelista. "Correlation and Predication of Enthalpies of Mixing for Systems Containing Alcohols with UNIQUAC Associated-Solution Theory," *Ind. Eng. Chem. Res.,* **26,** 2423 (1987).

Christensen, C., J. Gmehling, and P. Rasmussen. *Heats of Mixing Data Collection,* Dechema, Frankfurt (1984).

Christensen, J. J., R. W. Hanks, and R. M. Izatt. *Handbook of Heats of Mixing,* John Wiley, New York (1982).

Dan, D., and D. P. Tassios. "Prediction of Enthalpies of Mixing with a UNIFAC Model," *Ind. Eng. Chem. Process Des. Develop.,* **25,** 22 (1986).

Johnson, J. E., and D. J. Morgan. "Graphical Techniques for Process Engineering," *Chem. Eng.,* 72 (July 8, 1985).

Sandler, S. I. *Chemical and Engineering Thermodynamics,* 3rd ed., John Wiley, New York (1998).

Smith, J. M., H. C. Van Ness, and M. M. Abbot. *Introduction to Chemical Engineering Thermodynamics,* 5th ed., McGraw-Hill, New York (1998).

웹사이트

http://www.factmonster.com/ce6/sci/A0861176.html

http://newton.dep.anl.gov/askasci/chem99/chem99198.htm

연습문제

*__12.1__ LiCl(s)의 생성열은 −408.78 kJ/kg이다. 물 10 mol 중의 LiCl 생성열을 구하라. 용해열은 −32.84 kJ/kg LiCl이다.

**__12.2__ 가정용 아이스크림 제조기는 얼음 3부와 소금(NaCl) 1부의 혼합물을 사용해서 아이스크림을 얼게 한다. 이렇게 할 수 있는 이유를 설명하라.

소금이 물과 함께 냉동제로 사용하기에 가장 좋은 화합물인가? 다음 자료를 이용해서 설명하라.

화합물	$\Delta\hat{H}_f^\circ$(kJ/g mol)
$H_2O(s)$	−290.852
(l)	−285.840
(g)	−241.826
NaCl(s)	−411.00
$NaCl[10H_2O]$	−408.99
$NH_4Cl(s)$	−315.43
$NH_4Cl\ [10H_2O]$	−301.33
$CaCl_2(s)$	−794.97
$CaCl_2\ [10H_2O]$	−860.03
$CaCl_2 \cdot 6H_2O$	−2586.5
$CaCl_2\ [6H_2O]$	−854.4

****12.3** S.C.에서 Na_2CO_3에 관한 자료가 다음과 같다.

화합물	$\Delta\hat{H}_f^\circ$(kJ/g mol)
$Na_2CO_3(s)$	−1130.92
in 15 mol H_2O	−1163.70
20	−1162.78
25	−1161.98
40	−1160.72
75	−1158.01
100	−1157.17
200	−1155.50
400	−1154.39
$Na_2CO_3 \cdot H_2O(s)$	−1430.09
$Na_2\ CO_3 \cdot 7H_2O(s)$	−3201.18
$Na_2CO_3 \cdot 10H_2O(s)$	−4081.9

a. 탄산나트륨을 물에 녹일 때의 표준 적분용해열 곡선을 작성하라. 이 곡선에서 용해열(kJ/mol Na_2CO_3)을 H_2O mol에 대해 나타내라.

b. 탄산나트륨 143 kg을 물 180 kg에 단열 상태에서 녹일 경우 용액의 최종 온도를 구하라.

****12.4** (a) 다음 자료를 사용해 27°C에서 용액 1 mol의 엔탈피를 HNO_3 wt %에 대해 도시하라. 0°C의 액체 물과 0°C의 액체 HNO_3를 기준상태로 한다. C_p는 H_2O가 75 J/(g mol)(°C), HNO_3가 125 J/(g mol)(°C)라 가정한다.

27°C에서 $-\Delta H_{soln}$ (J/g mol HNO_3)	1 g mol HNO_3에 첨가한 H_2O mol
0	0.0
3350	0.1
5440	0.2
6900	0.3
8370	0.5
10,880	0.67
14,230	1.0
17,150	1.5
20,290	2.0
24,060	3.0
25,940	4.0
27,820	5.0
30,540	10.0
31,170	20.0

b. 27°C에서 33 1/3 mol % 질산과 60 mol % 질산을 혼합해서 HNO_3 4 mol과 H_2O 4 mol로 된 용액을 만들 때 흡수하거나 방출되는 에너지를 구하라.

**** 12.5** 염화칼슘(분자량 111)과 물에 관한 자료가 다음과 같다(*National Bureau of Standards Circular 500*).

화학식	상태	$-\Delta H_f$, 25°C(kcal/g mol)
H_2O	액체	68.317
	기체	57.798
$CaCl_2$	H_2O	190.0
	25 mol당 결정	208.51
	50	208.86
	100	209.06
	200	209.20
	500	209.30
	1000	209.41
	5000	209.60
	∞	209.82
$CaCl_2 \cdot H_2O$	결정	265.1
$CaCl_2 \cdot 2H_2O$	결정	335.5
$CaCl_2 \cdot 4H_2O$	결정	480.2
$CaCl_2 \cdot 6H_2O$	결정	623.15

다음을 구하라.

a. 1 lb mol의 $CaCl_2$로 77°F에서 20% 수용액을 만들 때 발생하는 에너지

b. $CaCl_2 \cdot H_2O$를 육수화물로 만들 때의 수화열(heat of hydration)

c. $CaCl_2$ 1 lb mol이 들어 있는 20% 수용액을 77°F에서 물로 5%로 희석할 때 발생하는 에너지

***12.6** 다음 각 공정이 등온의 정상상태 개방계에서 일어난다. 계에서 전달되는 열을 구하라.

a. O_2 1000 g을 CO_2 1000 g과 혼합한다.

b. 물 900 kg을 질산 63 kg과 혼합한다.

S.C.에서의 자료:

화합물	$\Delta\hat{H}_f^o$(kJ/kg)
HNO_3(액체)	−173.234
In 1 g mol H_2O	−186.347
$2H_2O$	−193.318
$5H_2O$	−201.962
$10H_2O$	−205.014
$50H_2O$	−205.978
$100H_2O$	−205.983

****12.7** 단열 폐쇄 탱크에 20% 황산 250 kg이 비등점에 있다. 이 용액에 98% 황산 100 lb를 조심스럽게 첨가하면서 교반한다. 이 용액의 최종 온도, 조성, 질량을 구하라. 부록 I를 이용한다.

***12.8** 단열 탱크에 340 K의 20% 황산 500 kg이 들어 있다. 여기에 310 K의 96% 황산 300 kg을 첨가한다. 이 용액을 가열하기 위해 1 atm, 400 K의 과포화 수증기 100 kg을 주입한다. 이 최종 용액의 온도, 황산의 농도와 물의 농도를 구하라.

****12.9** 용기에 1 atm에서 NH_4OH가 15.0%(질량)인 NH_4OH-H_2O 액상 혼합물 100 g이 들어 있다. 여기에 25°C, 1 atm의 H_2SO_4 수용액(H_2SO_4 25 mol %)을 이론량만큼 도입해 $(NH_4)_2SO_4$ 생성반응이 완결되게 한다. 생성물은 25°C, 1 atm이 되게 한다. 이 과정에서 흡수 또는 방출된 열(J)을 구하라. 이 과정에서 용액의 부피 변화는 없다고 가정한다.

*****12.10** 기체 NH_3를 물에 녹여서 77°F의 수산화암모늄 수용액을 만들려 한다. 다음을 나타내는 선도를 작성하라.

a. NH_3 1 lb mol로 임의 농도의 수용액을 만들 때 냉각해야 할 열(Btu)

b. NH_3 농도 35%까지의 수용액 100 gal을 만들 때 냉각해야 할 열(Btu)

냉각하지 않고 NH_3 10.5% 수용액을 만들 때 혼합 후 용액의 온도를 구하라.

***12.11** 대기압의 증발기는 70°F에서 10% NaOH 용액 10,000 lb/hr를 40% 용액으로 농축하도록 설계되었다. 수증기실 내부의 증기 압력은 40 psig이다. 열교환기에서 출구의 진한 수산화나트륨이 들어오는 묽은 수산화나트륨을 예열하고 열교환기를 100°F로 나가는 경우 시간당 필요한 수증기의 질량(lb)을 구하라.

****12.12** 다음을 혼합해 50% 황산 수용액을 만들려 한다.

a. 32°F의 얼음

b. 100°F의 80% H_2SO_4

c. 100°F의 20% H_2SO_4

단열적으로 혼합하고 최종 온도를 100°F로 할 경우, 50% 수용액 1000 lb를 만드는 데 필요한 각각의 양을 구하라.

*12.13 70°F의 30% H_2SO_4가 들어 있는 탱크에 300°F의 포화 수증기를 연속적으로 불어넣는다. 이 과정에서 도달할 수 있는 H_2SO_4 수용액의 최고 농도를 구하라.

**12.14 100°F의 10% NaOH 1000 lb에 200°F의 73% NaOH를 혼합해 NaOH 30% 수용액을 만든다. 73% 수용액의 사용량을 구하라. 최종 온도를 70°F로 할 때 얼마나 냉각해야 하는가?

*12.15 250 psia에서 포화된 증기상의 암모니아-물 혼합물을 10,000 lb/hr의 유량으로 응축기에 통과시킨다. 이 혼합물은 암모니아를 80%(질량) 포함한다. 혼합물이 냉각기를 통과하는 과정에서 혼합물로부터 5,800,000 Btu/hr의 열이 제거된다. 이어서 압력 100 psia로 팽창시킨 다음 분리 장치로 보낸다. 공정 흐름도는 그림 P12.15에 나타냈다. 장치에서 외계로의 열손실을 무시하고, 물질수지와 에너지 수지를 세워서 분리 장치에서 배출되는 액상의 조성을 구하라.

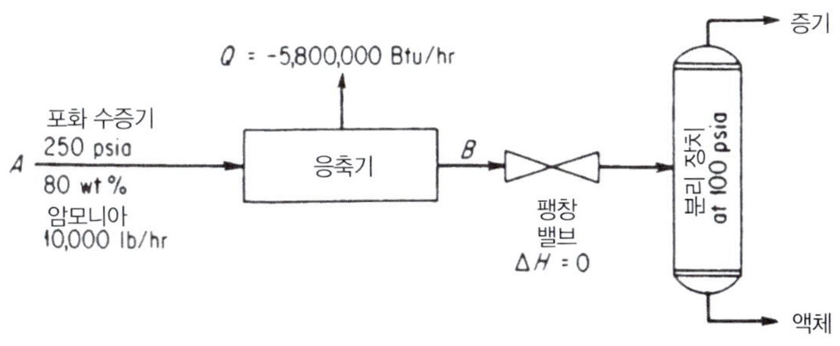

그림 P12.15

CHAPTER 13

고체에 대한 기체와 액체의 흡착평형

학습목표

- 고체에 대한 기체 및 액체의 평형 흡착량을 예측한다.
- 물성 측정치로부터 흡착평형 관계식의 계숫값을 구한다.

제8장에서는 기체와 액체의 평형을 다루었다. 유체와 고체 사이의 평형 역시 중요하므로 무시할 수 없다.

서론

이 장에서는 **평형계**에서 고체에 대한 기체 및 액체의 흡착을 다룬다. 흡착량을 예측하는 데 사용할 수 있는 관계식과 이러한 관계식의 계숫값을 구하기 위해 어떤 종류의 자료를 얻어야 하는지에 대해 설명한다.

13.1 기본 개념

고체에 대한 기체나 액체의 흡착에 관련된 중요한 공정이 많다. 액체 흡착의 예를 들면 다음과 같다.

- 석유 유분의 탈색, 건조, '고무질 제거(degumming)'
- 상수에서 냄새, 맛, 색깔 제거
- 식물성 및 동물성 기름, 조제 설탕 시럽의 탈색
- 음료와 약제의 청정화

- 공정 배출물과 오염가스의 정화
- 공기로부터 용매 회수(예: 증발한 드라이클리닝 용매의 회수)
- 기체의 탈수
- 공기와 폐가스로부터 냄새 및 독성가스 제거
- 희유가스의 저온 분리
- 공기의 저온 분별 증류에 앞서 불순물 제거
- 수소 저장

흡착이란 무엇인가? **흡착**(adsorption)은 기체나 액체 분자가 고체 **흡착제**(adsorbent)의 표면에 접촉했을 때 일어나는 물리적 현상이다. **흡착질**(adsorbate)인 일부 분자는 고체의 외부 표면, 틈, 세공에서 응축한다. 그러한 과정을 고체와 응축 분자 사이의 인력이 약하면 물리 흡착이라 하고, 인력이 화학반응처럼 강하면 **화학 흡착**(chemisorption) 또는 활성화 흡착이라 한다. 이 장에서는 물리 흡착에서의 평형에 중점을 둔다.

흡착평형은 앞의 장에서 다룬 기액평형이나 액액평형과 비슷하다. 흡착제 표면의 한 부분을 생각하자. 분자가 표면 가까이에 오면 일부가 표면에 응축한다. 전형적인 분자는 흡착제 표면에 일정 시간 머물다가 충분한 에너지를 획득하면 떠나간다. 시간이 충분하면 평형상태에 도달해, 표면에서 떠나는 분자와 표면에 도달하는 분자의 수가 같아진다.

평형에서 표면에 흡착되어 있는 분자의 수는 (1) 고체 흡착제의 성질, (2) 흡착되는 분자인 흡착질의 성질, (3) 계의 온도, (4) 흡착제 표면의 흡착질 농도에 따라 달라진다. 흡착질 양과 흡착 제양 사이의 관계를 제안한 이론에는 여러 가지가 있다. 이러한 이론을 바탕으로 흡착계의 평형상태를 나타내는 식을 만든다. 이론적 모델에서는 물리적 상태에 관해 여러 가지 가정을 하는데, 이를테면 (1) 고체 표면의 단분자층 흡착, (2) 다분자층 흡착, (3) 모세관 응축 등을 들 수 있다.

그림 13.1은 흡착등온선의 전형적인 예로, 온도에 따른 5A 분자체에 대한 수증기의 흡착을 나타낸 것이다. 온도가 상승하면 기체의 흡착량이 감소한다.

그림 13.2는 여러 형태의 **흡착등온선**(adsorption isotherm)을 보여준다. 현실적인 모든 종류의 평형 자료를 하나의 관계식으로 나타낼 수는 없다.

유형 I의 평형 흡착에서 흡착제에 대한 단일 성분(흡착질)의 흡착량을 기상 흡착질의 분압 또는 액상 중의 농도의 함수로 나타낸 간단한 두 관계식은 다음과 같다. 이러한 식은 저농도의 평형에 적용된다.

Freundlich 흡착등온선

기체: $y = k_1 p^{n1}$

액체: $y = k_2 x^{n2}$

p = 기상 중의 흡착질의 분압

y = 고상 중의 흡착제 단위 질량당 흡착된 흡착질(용질 또는 기체)의 누적 질량

x = 액상 중의 용액 단위 질량당 용질의 질량

n_i, k_i = 계수

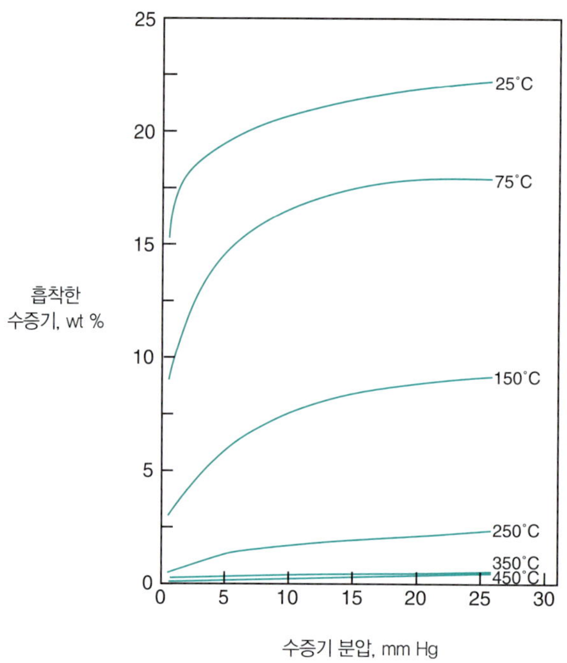

그림 13.1 ▸ 5A 분자체에 대한 수증기의 평형 흡착

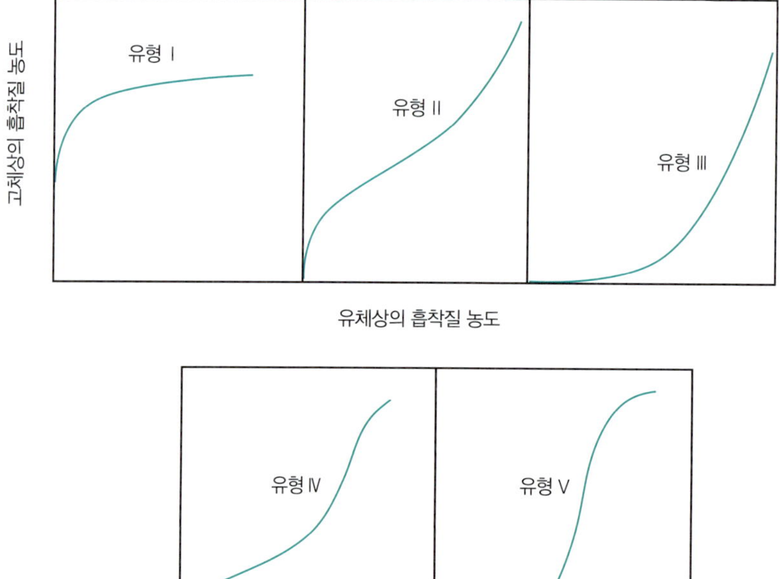

그림 13.2 ▸ 여러 가지 흡착등온선의 예[S. Brunauer, *J. Am. Chem. Soc.*, 62, 1723 (1940)]

Langmuir 흡착등온선

기체:

$$y = \frac{(1 + ak_3)p}{1 + k_3 p}$$

$a, b, k_i =$ 계수

액체:

$$y = \frac{(1 + bk_4)x}{1 + k_4 x}$$

이 두 식은 단분자층(monolayer) 흡착을 나타낸다. 그림 13.2에 제시한 다양한 형태의 흡착평형 자료를 나타내기 위해 여러 식이 개발되었다. 자세한 내용은 이 장 말미의 참고문헌을 참고하기 바란다.

평형 흡착등온선의 계숫값을 구하려면 실험 자료(예제 13.1 참조)를 수식에 맞춰야 한다. 이때 $(1 + ak_3)$와 $(1 + bk_4)$ 등은 하나의 계수로 취급할 수 있다.

환경 조사에서는 토양 수착(sorption) 분배계수 K_{oc}가 사용된다. 이것은 토양 중의 고상과 액상 사이의 화합물의 분배를 나타내는 것으로 토양 중 화합물의 이동을 구하는 데 사용한다.

$$K_{oc} = \frac{\dfrac{\mu g \text{ 흡착 화학물}}{g \text{ 토양 중의 유기탄소}}}{\dfrac{\mu g \text{ 액상 중의 화학물}}{mL \text{ 액상 중의 액체}}}$$

예제 13.1 실험 자료를 흡착등온선에 맞추기

다음의 표는 298 K에서 5A 분자체에 대한 CO_2 흡착실험 결과이다. 자료는 박사학위 논문[*Periodic Countercurrent Operation of Pressure-Swing Adsorption Processes Applied to Gas Separation*, Carol L. Blaney, University of Delaware (1985), p.131]에서 발췌했다.

p_{CO_2}(mm Hg)	y(g 흡착량/g 분자체)
0	0
25	6.69×10^{-2}
50	9.24×10^{-2}
100	0.108
200	0.114
400	0.127
760	0.137

'Polymath 5'의 회귀 함수를 이용해서 각 등온선의 계수를 추정한 결과는 다음과 같다.

Freundlich 흡착등온선			Langmuir 흡착등온선		
모델:	ap^n	$R^2 = 0.993$	**모델:**	$ap/(1 + bp)$	$R^2 = 0.981$
변수	초기 추정치	최종치	변수	초기 추정치	최종치
a	1	0.0448	a	100	0.0052
n	0.5	0.1729	b	1	0.0386

R^2은 맞춤 정도의 척도이다. $R^2 = 1$이면 실험 자료와 이론계산값이 완전히 일치함을 나타낸다. 실험 자료와 흡착등온선을 그림 E13.1에 나타냈다.

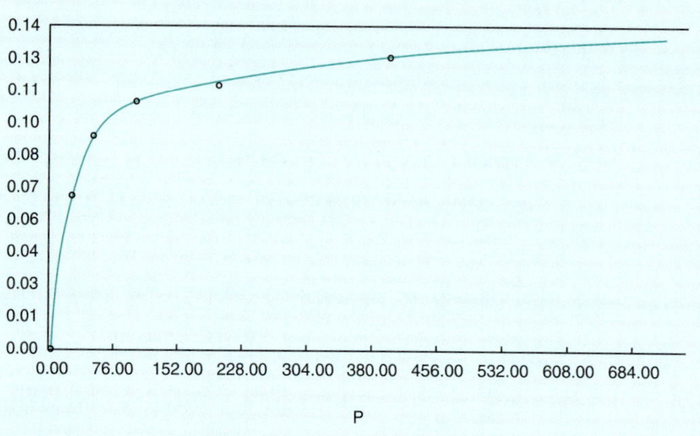

그림 E13.1 ▸ 5A 분자체에 대한 CO_2의 흡착에서 Freundlich와 Langmuir 흡착등온선의 일치. ○는 실험 자료점이다.

흡착 정보를 실제로 어떻게 이용할 수 있는가? 이 정보를 물질수지와 결합해서 흡착 장치를 설계할 수 있다. 그림 13.3의 공정에서는 운반체 G(기체나 액체)가 흡착제 A(고체)와 접촉한다. 장치 안에서는 완전한 혼합이 이루어지고, 배출 흐름은 서로 평형에 있다고 가정한다.

G는 용질을 제외한 운반체(carrier)의 질량이고, A 역시 용질을 제외한 흡착제만의 질량이다. 도입되는 용액은 충분히 희석되어 있어서 G는 총유량과 같다고 가정한다. 그림 13.3의 공정에 대해 물질수지를 취하면 다음과 같다(여기서 x, y는 질량분율이 아니다).

$$\underset{\text{도입}}{G(x_0 - x_1)} = \underset{\text{배출}}{A(y_1 - y_0)} \tag{13.1}$$

일반적으로 도입되는 A에는 용질이 들어 있지 않으므로 $y_0 = 0$이다. 따라서 물질수지식은 다음과 같다.

$$G(x_0 - x_1) = Ay_1 \tag{13.2}$$

물질수지와 Freundlich 흡착등온선을 결합해서 설계 문제를 푸는 방법을 예제 13.2에서 다룬다.

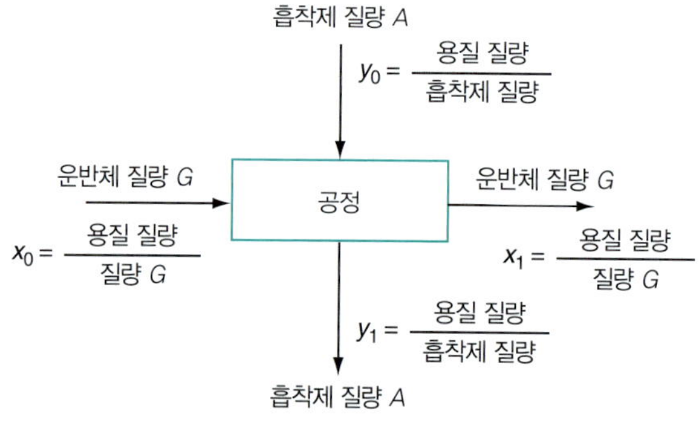

그림 13.3 ▸ 흡착 공정

예제 13.2 흡착등온선과 물질수지의 결합

활성탄에 대한 흡착으로, 발효 장치에 있는 오염 용질의 농도를 x_0 = 19.2 g solute/L solution으로부터 x_1 = 1.4 g solute/L solution으로 줄이는 데 필요한 활성탄의 최소 질량을 구하라. 여기서 편의상 g/L는 g/1000 g와 같다고 가정한다. 발효액의 부피는 1 L이고, 장치 안 내용물은 잘 혼합되어 평형에 있다고 가정한다. 이 예제를 풀기 위해 다음과 같은 액체-고체 평형 실험 자료를 얻었다. 표에서 제3열의 값은 측정치가 아니라 계산치이다.

평형에서의 측정치		
용액 1000 g당 활성탄의 누적 첨가량	x g 용질 / 1000 g 용액	y(계산치) g 흡착된 용질 / g 활성탄
0	19.2	-
0.01	17.2	(19.2 − 17.2)/0.01 = 200
0.04	12.6	(19.2 − 12.6)/0.04 = 165
0.08	8.6	(19.2 − 8.6)/0.08 = 133
0.20	3.4	(19.2 − 3.4)/0.20 = 79
0.40	1.4	(19.2 − 1.4)/0.40 = 45

풀이

단계 1~4

문제 풀이용 프로그램을 이용해서 실험 자료를 Freundlich 흡착등온선에 맞추면 다음과 같다.

$$y = 37.919\, x^{0.583} \qquad R^2 = 0.999 \tag{a}$$

Langmuir 흡착등온선에 맞추면 다음과 같다.

$$y = (29.698x)\ /\ (1 + 0.0955x) \qquad R^2 = 0.987 \tag{b}$$

이 계로 들어오고 나가는 흐름을 그림 E13.2에 나타냈다. 이 공정은 운전을 시작할 때 비어 있는 장치에 물질을 넣고, 마칠 때 내용물을 전부 꺼내는 방식의 회분 공정으로 간주할 수도 있다. 용액의 질량(g)을 G로 나타내자. 용액은 아주 묽으므로, G는 용질을 제외한 용매와 같다고 볼 수 있다. 원한다면 이 공정의 도입 흐름과 배출 흐름에서 '용질'과 '용질을 제외한 용매'의 비를 구할 수도 있다.

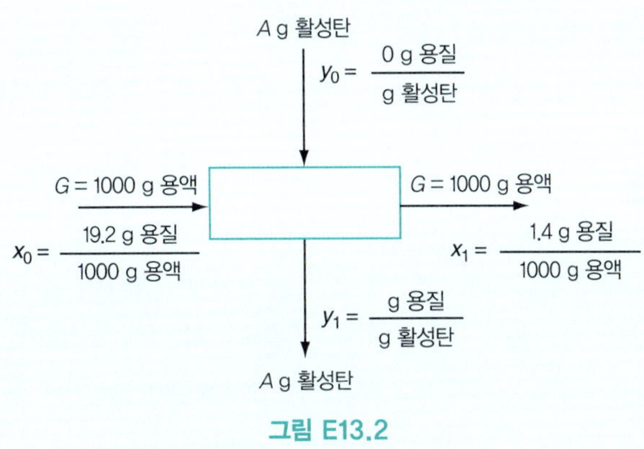

그림 E13.2

단계 5

계산 기준: 용액 1000 g(1 L)

단계 6~9

평형 관계와 물질수지의 독립식을 2개 세우고 미지변수로는 y_1과 A/G, 2개가 있다.

식 (a)와 식 (13.2)를 결합하면 다음 식을 얻는다.

$$\frac{A}{G} = \frac{x_0 - x_1}{y_1} = \frac{(19.2 - 1.4)\dfrac{\text{g 용질}}{\text{1000 g 용액}}}{37.919(1.4)^{0.583}\dfrac{\text{g 용질}}{\text{g 활성탄}}} = \frac{17.8}{46.1} = 0.39\frac{\text{g 활성탄}}{\text{1000 g 용액}}$$

즉 활성탄 0.39 g이 필요하다.

단계 10

Langmuir 흡착등온선과 물질수지를 함께 사용해서 답을 검산한다.

$$\frac{A}{G} = \frac{19.2 - 1.4}{y_1}$$

$$y_1 = \frac{29.698(1.4)}{1 + 0.0955(1.4)} \quad \text{또는 } y_1 = 36.67$$

$$\frac{A}{G} = \frac{17.8}{36.67} = 0.48 \text{ g 활성탄}/1000 \text{ g 용액}$$

Freundlich 등온선에서 얻은 $y_1 = 46.1$이 Langmuir 등온선에서 얻은 36.7보다 실험치 45에 더 가까우므로 0.39 g 값이 답으로 더 타당하다. 물론 실제로는 평형에 도달하기까지 오랜 시간이 걸리므로 활성탄을 더 많이 사용해야 할 것이다.

이제 오염 용질 전부를 제거하는 데 필요한 활성탄의 양을 계산할 수 있겠는가?

자습문제

확인문제

1. 활성탄에서 이슬점 이하의 수증기 응축을 흡착이라 할 수 있는가?
2. HCl에 의해 고체 NaOH가 NaCl로 전환되는 것을 흡착이라 할 수 있는가?
3. 활성탄에 의한 습한 공기의 건조를 흡착이라 할 수 있는가?
4. 고체 흡착제를 사용해서 기체나 액체의 여러 성분을 동시에 제거할 수 있는가?

적용문제

1. 습도가 0.01 lb H_2O/lb dry air인 70°F의 습한 공기 100 lb/min를 건조 장치에서 0.002 lb H_2O/lb dry air인 건조공기로 탈습한다. 건조 장치에는 70°F의 실리카겔을 7 lb/min로 공급한다. 공급되는 실리카겔 1 lb당 건조 장치에서 배출되는 H_2O의 질량(lb)을 구하라.
2. Blaney의 학위논문(예제 13.1 참조)에는 298 K에서 활성탄에 대한 N_2의 흡착에 관한 다음 자료가 있다. Langmuir 등온식[$y = k_0k_1p/(1 + k_1p)$]의 계숫값을 구하라.

P(mm Hg)	y(g mol N_2/g 활성탄) × 10^4
0	0
26.8	0.1562
45.93	0.2945
67.72	0.4149
88.21	0.5354
108.05	0.6360
127.91	0.7406
147.42	0.8477
166.77	0.9458
246.86	1.3786
369.93	1.9808
428.79	2.2396
492.32	2.5430
587.86	2.9713
688.05	3.3996
761.10	3.6851

3. 물에 들어 있는 유기색소를 명반과 석회로 추출하려 한다. 물 100만에 대해 명반과 석회 5를 사용하면 초기 색소의 25%로 감소하고, 10을 사용하면 3.5%로 감소한다.

초기 색소의 0.5%로 감소시키는 데 필요한 명반과 석회의 양을 추산하라.

사고문제

1. 액체 혼합물의 분리에 증류 대신에 고체 흡착제를 사용하는 이유는 무엇인가?

2. **(a)** 기체, **(b)** 액체 혼합물의 분리에 사용한 흡착제를 어떻게 재생할 수 있는가?

주요 용어

화학 흡착(chemisorption): 물리 흡착에 비해 고체와 응축 분자 사이의 인력이 상대적으로 강한 흡착

흡착(adsorption): 기체나 액체 분자를 고체 표면과 접촉하면 응축이 일어나는 물리적 과정

흡착등온선(adsorption isotherm): 고체상인 흡착제에 흡착하는 단일 성분 흡착질의 양과 다른 상인 기상 또는 액상에 존재하는 흡착질 총량 사이의 관계를 일정 온도에서 기상의 분압이나 액상의 농도로 나타낸 식. 수학적으로 표현한 관계식이거나 실험적으로 표현한 관계식이다.

흡착제(adsorbent): 기체나 액체가 응축해서 막을 형성할 수 있는 고체 표면

Freundlich 흡착등온선(Freundlich isotherm): 평형 흡착을 나타낸 관계식

Langmuir 흡착등온선(Langmuir isotherm): 평형 흡착을 나타낸 관계식

참고문헌

Basmadjian, D. *The Little Adsorption Book: A Practical Guide for Engineers and Scientists,* CRC Press, Boca Raton, FL (1996).

De Nevers, N. *Physical and Chemical Equilibrium for Chemical Engineers,* Wiley-Interscience, New York (2002).

Masel, R. I. *Principles of Adsorption and Reaction on Solid Surfaces,* Wiley-Interscience, New York (1996).

Thomas, W. J. *Adsorption Technology and Design,* Butterworth-Heinemann, Oxford, UK (1998).

Toth, J. *Adsorption,* Marcel Dekker, New York (2002).

웹사이트

http://ias.vub.ac.be/

연습문제

***13.1** 0°C에서 고분자 입자에 의한 이산화황의 흡착 자료가 다음과 같다. Langmuir 식과 Freundlich 식의 상수를 각각 구하라. 두 등온선이 실험 자료와 잘 맞는가?

p_{SO_2}(mm Hg)	흡착량(mg mol/g)
5	1.75
10	2.20
15	2.40
20	2.62
30	2.75
40	2.85
50	3.00
60	3.05
70	3.12

***13.2** 아르곤이 −183°C에서 실리카겔 0.606 g에 흡착한 실험 자료가 다음과 같다. 이로부터 Langmuir 식과 Freundlich 식의 상수를 각각 구하라. 등온선이 자료와 잘 맞는가?

p(mm Hg)	흡착량(cm^3, S.C.)
78.46	55.03
176.92	72.73
224.62	80.00
378.46	106.67
432.31	117.58
515.38	138.18
584.62	166.06

***13.3** Glessner와 Myer(1969)는 에탄이 35°C에서 5A 분자체에 흡착한 실험 자료를 얻었다. 다음 실험 자료로부터 각 흡착등온식을 구하라.

a. Langmuir 식

b. Freundlich 식

p(mm Hg)	흡착량(cm^3, S.C./g)
0.17	0.059
0.95	0.318
5.57	1.638
12.09	3.613
111.32	24.236
220.87	34.278
300.05	38.340
401.25	41.779
500.18	44.037
602.74	45.693

***13.4** 다공질 활성탄에 대한 부탄올-2(성분 1)와 t-아밀알코올(성분 2) 혼합물의 흡착등온선을 오차 ±2% 이내에서 다음 식으로 나타낼 수 있다.

$$c_{s1} = \frac{1.06{c_{f1}}^{1.217}}{{c_{f1}}^{0.812} + 0.626{c_{f2}}^{0.764}}$$

c_s = 고체상의 용질의 농도(g/cm^3)

c_f = 유체상의 용질의 농도(g/cm^3)

부탄올-2의 순수 용액에 대한 Freundlich 식을 구할 수 있는가?

***13.5** 활성탄을 흡착제로 사용해서 용액 중의 클로로포름(CCl_4) 농도를 12 mg/L에서 1 μg/L로 줄이려 한다. 이 공정에 적용할 수 있는 Freundlich 식은 다음과 같다.

$$y = k\,C^n$$

C = 처리 후의 흡착질 농도(mg/L)

y = 누적 흡착량(mg 흡착질/g 흡착제)

k = 100, n = 0.30(공정 온도에서의 값)

용액 1 L당 필요한 활성탄의 양을 구하라.

****13.6** 수증기 1 lb가 들어 있는 습한 공기 100 lb/min를 탈수기에 통과시킨다. 이 공정에 건조 실리카겔을 공기와 향류로 도입해 배출 공기의 수분 함유량을 10^{-3} lb H_2O/lb dry air까지 감소시킨다. 배출되는 실리카겔의 수분은 도입되는 공기의 수분과 평형에 있다. 필요한 실리카겔의 유량(lb/min)을 구하라. 이 공정에 적용할 수 있는 흡착평형 관계는 다음과 같다.

$$y = 0.0375p^{0.65}$$

y는 흡착량(g H_2O/g silica gel), p는 도입 공기 중의 수증기 분압(mm Hg)이다.

****13.7** 40°C의 공기 속에 1,1-디클로로에탄(DE)이 들어 있는 혼합물의 이슬점이 12°C이다. DE를 2 kg/min 속도로 도입되는 활성탄으로 제거한다. 도입 활성탄 중의 DE 함유량은 50 g DE/kg 순활성탄이고 배출 활성탄 중의 DE 함유량은 300 g DE/kg 순활성탄이다. 배출 공기 흐름 중의 DE 농도를 구하라. 배출 공기 중의 DE는 배출 활성탄과 평형에 있다고 가정한다. 기압은 770 mm Hg이다. DE에 대한 평형 관계식은 다음과 같다.

$$y = 0.089p^{0.51}$$

y는 흡착량(g DE adsorbed/g 활성탄), p는 기상 속 DE의 분압(mm Hg)이다. 이 공정을 통과하는 완전건조공기(bone-dry air)의 유량(mol/min)을 구하라.

***13.8** 토양과 물 사이의 화합물의 분배는 토양 흡착계수 K_{OC}로 추산할 수 있다.

$$K_{OC} = \frac{\dfrac{\mu\text{g 흡착 화합물}}{\text{g 토양 중의 유기탄소}}}{\dfrac{\mu\text{g 액상 중의 화합물}}{\text{mL 액상 중의 액체}}}$$

K_{OC}의 범위는 $2.5 > \log_{10}(K_{OC}) > 1.5$이다.

20°C의 포화 수용액 1 L가 탄소 함유량 11%인 토양 1 kg과 평형에 있을 때 니트로벤젠의 흡착량을 구하라. 자료: 20°C에서 물에 대한 니트로벤젠의 용해도는 0.19 g/100 H_2O이고, $\log_{10}(K_{OC}) = 2.27$이다.

CHAPTER

14

공정 시뮬레이터(플로시팅 코드)를 이용한 물질수지 및 에너지 수지의 해법

학습목표

- 수식형과 모듈형 플로시팅의 차이를 이해한다.
- 플로시팅 코드를 이용해서 물질 및 에너지 수지를 취할 줄 안다.

서론

이 장에서는 물질수지와 에너지 수지를 풀기 위해 산업체 실제 업무에서 사용하는 공정 시뮬레이터(플로시팅 코드)에 대해 알아본다.

14.1 기본 개념

제6장에 설명했듯이 그림 14.1의 간단한 도표와 같은 플랜트의 **흐름도**(flowsheet)는 공정에서의 흐름망(stream network)과 장치 배열을 반영한다. 일단 공정 흐름도를 정한 다음이나 구성하는 과정에서 물질 및 에너지 수지 풀이를 **공정 시뮬레이션**(process simulation) 또는 **플로시팅**(flowsheeting)이라 하며, 이 풀이에 사용되는 컴퓨터 코드를 **공정 시뮬레이터**(process simulator) 또는 **플로시팅 코드**(flowsheeting code)라 한다. 정상상태 공정에 대한 코드도 있고, 동적 공정에 대한 코드도 있다. 플로시팅에서의 기본 문제는 선형 및 비선형 방정식과 제약조건으로 이루어진 큰 집합을 풀어서 용납될 정도로 정확한 해를 구하는 일이다. 동시에 그런 프로그램은 장치와 배관의 크기를 결정하고, 비용을 계산하고, 성능을 최적화한다. 그림 14.2는 공정 시뮬레이터에서 일어나는 정보의 흐름을 보여준다.

이러한 소프트웨어는 장치와 흐름 사이의 정보를 신속하게 전달해야 하고, 신뢰성이 있는 데이터베이스에 접근할 수 있으며, 또 사용자가 제시하는 장치 규격에 맞춰서 코드와 함께 제공되는 프로그램의 라이브러리를 보충할 수 있도록 융통성이 있어야 한다. 모든 플로시팅 코드의 기본은

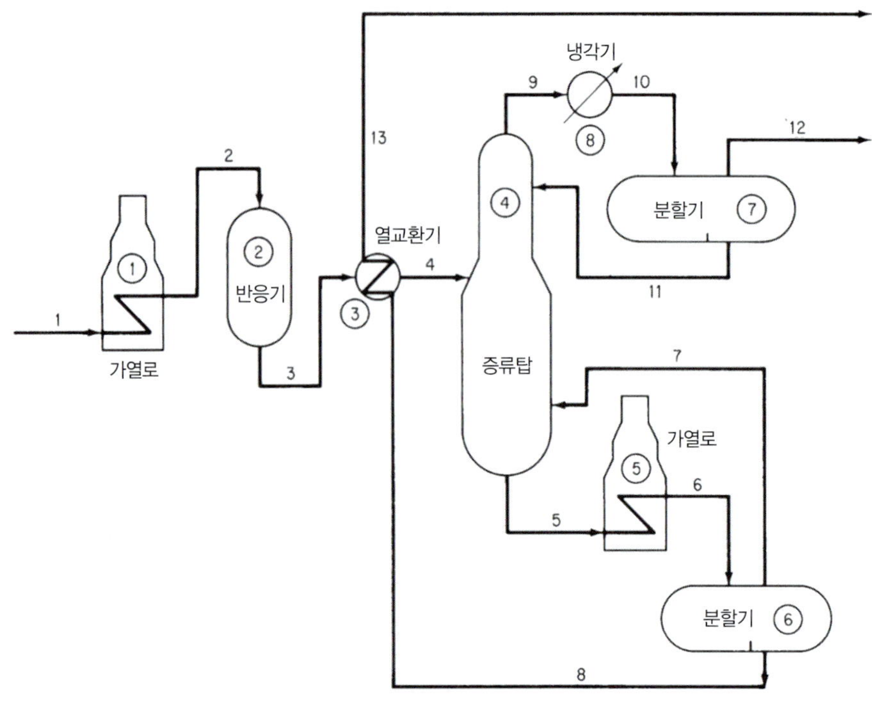

그림 14.1 ▸ 가상적 공정 플로시트. 반응이 포함되는 공정에서 물질 흐름을 보여준다. 원 안의 숫자는 장치의 표시이며 다른 숫자는 장치를 연결하는 흐름을 나타낸다.

전체 공정의 물질 및 에너지 수지 계산이다. 흐름도에서 물질 및 에너지 수지의 계산 단계에 대한 타당한 입력을 아주 상세하게 정의해야만 모든 중간 및 생성물 흐름과 모든 단위 장치의 성능변수(performance variable)를 구할 수 있다.

공정 플랜트에는 흔히 순환 흐름과 제어 루프가 있기 마련이므로 이러한 흐름 특성을 구하려면 반복 계산이 필요하다. 따라서 효율적인 수치해석법을 사용해야 한다. 또한 데이터 베이스로부터 적절한 물성치와 열역학적 자료를 검색할 수 있어야 한다. 끝으로 마스터 프로그램이 있어서 모든 모듈(빌딩 블록), 물성 자료, 열역학 계산 서브루틴, 수치 계산 서브루틴을 서로 링크시키고 정보 흐름을 관리할 수 있어야 한다. 플로시팅 코드 사용의 궁극적인 목적은 흔히 최적화와 경제성 분석임을 알게 될 것이다.

그 외 구체적인 응용은 다음과 같다.

1. 공정 설계를 개선하고 정확한지 확인하는 것을 도와서 정상상태 및 비정상상태의 시뮬레이션 수행. 복잡하고 위험한 설계 검토
2. 오퍼레이터의 훈련
3. 자료 수집 및 조정
4. 공정 제어, 모니터링, 진단, 문제 해결
5. 공정 성능의 최적화
6. 정보의 관리
7. 안전에 대한 분석

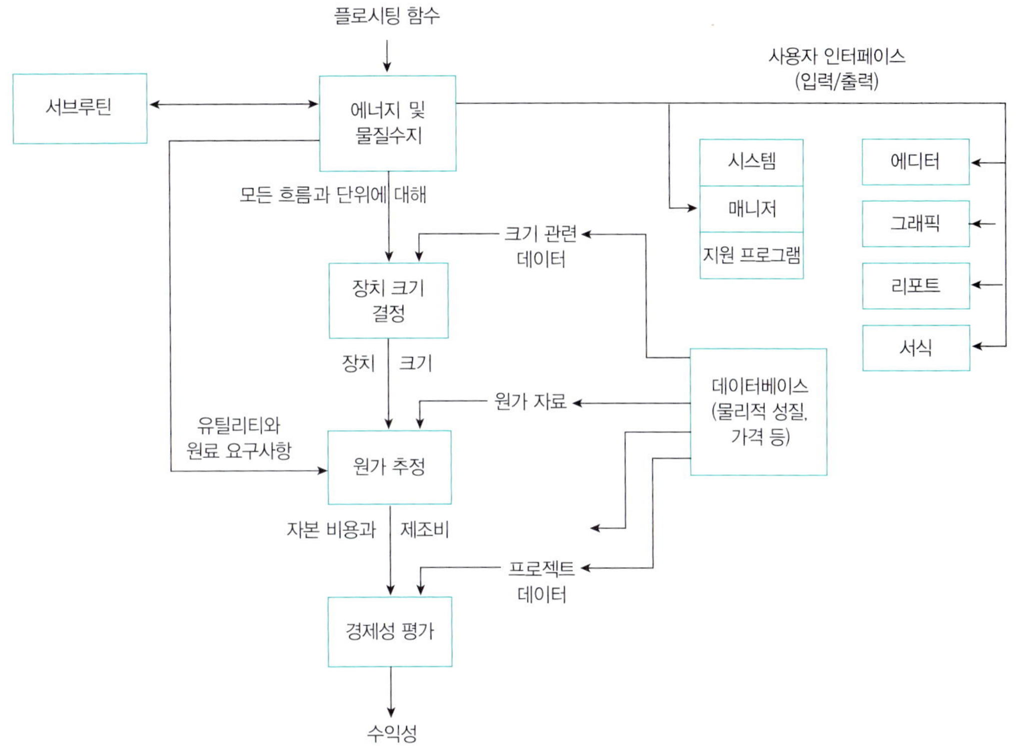

그림 14.2 ▸ 전형적인 플로시팅 코드에서의 정보 흐름

공정 시뮬레이터에서 보게 되는 정상상태 및 비정상상태 조업에 대한 전형적인 단위 프로세스 모델은 다음을 포함한다.

1. 여러 종류의 반응기
2. 상 분리 장치
3. 이온교환 및 흡수
4. 건조
5. 증발
6. 펌프, 압축기, 송풍기
7. 혼합기 및 분할기(splitter)
8. 열교환기
9. 고체-액체 분리기
10. 고체-기체 분리기
11. 저장 탱크

일반적인 공정 시뮬레이터의 특성은 다음과 같다.

1. 조업과정을 나타내 주는 단위 장치 모델
2. 물질수지와 에너지 수지를 풀기 위한 소프트웨어
3. 물성치의 광범위한 데이터베이스

표 14.1 ▸ 상용 공정 시뮬레이터의 판매 회사

프로그램 이름	업체명
ABACUSS II	MIT, Cambridge, MA
Aspen Engineering Suite (AES)	Aspen Technology, Cambridge, MA
CHEMCAD	Chemstations, Houston, TX
DESIGN II	WinSim, Houston, TX
D-SPICE	Fantoft Process Technologies, Houston, TX
HYSIM, HYSYS	Hyprotech, Calgary, Alberta
PRO/II, PROTISS	Simulation Sciences, Fullerton, CA
ProSim	Bryan Research and Engineering, Bryan, TX
SPEEDUP	Aspen Technology Corp., Cambridge, MA
SuperPro Designer	Intelligen, Scotch Plains, NJ

4. 장치 규격과 비용을 구하는 함수
5. 회분식 조업의 일정 관리
6. 환경에 미치는 영향 평가
7. 보조 그림, 스프레드시트, 문서작성 함수와 호환성
8. 데이터 입출력 기능

표 14.1에는 일부 상용 프로세스 시뮬레이터가 열거되어 있다.

공정 시뮬레이터에 대한 최신 자료와 정보는 www.interduct.tudeltft.nl/Pltools/news/news.html이나 각 회사의 웹사이트에서 찾아볼 수 있다.

공정 시뮬레이터의 사용자 관점에서 다음과 같은 사실을 인식해야 한다.

1. 단순하게 물질수지를 푸는 것을 넘어서서 물질수지와 에너지 수지의 결합, 장치 크기의 결정, 수익성 분석 등 몇 단계의 해석방법이 수행될 수 있다. 완벽하게 자세한 플로시트에 앞서서 대략적인 플로시트를 연구한다.
2. 시뮬레이터에서 얻은 결과는 물리적 물성치 패키지를 어떤 종류를 선택하고 얼마나 타당한지에 따라서 크게 좌우된다.
3. 공정 시뮬레이터의 기본 함수는 식을 풀기 위한 것임을 알아야 한다. 식을 푸는 프로그램이 지난 50년 동안 발전해왔지만, 사용자가 코드에 입력하는 정보의 구조에 따라서 에러가 나올 수도 있고 또는 결과가 아예 안 나올 수도 있다. 극히 중요한 결과는 수작업으로 확인해보라. 변수의 범위에 대한 한계가 유효해야만 한다.
4. 공정 시뮬레이터에는 학습 곡선이 존재해서 처음에는 간단한 문제를 푸는 데 많은 시간이 걸리다가, 시뮬레이터에 익숙해지면 똑같은 문제를 푸는 데 몇 분밖에 걸리지 않게 된다.
5. GIGO(Garbage In Garbage Out: 입력이 불완전하면 출력도 불완전하다). 단위 장치 사이 연결을 위해 적절한 데이터를 코드의 데이터 파일 안으로 입력할 때 조심해야 한다. 진단 기능이 일부 제공되지만 실수에 대한 모든 문제점을 해결해주지는 못한다.

공정 시뮬레이션 소프트웨어에는 전혀 다른 두 가지가 있다. 하나는 물질 및 에너지 수지, 흐

름 연결, 장치 기능을 나타내는 관계식을 비롯해서 프로세스를 나타내는 수식(등식 및 부등식)의 전체 집합을 작성하는 것인데, 이를 **수식형 플로시팅**(equation-oriented method of flowsheeting)이라 한다. 이러한 수식은 순차적으로 풀 수도 있고 Newton 법과 같은 방법에 의해 연립시켜서 풀 수도 있으며, 희소 행렬(sparse matrix) 기법을 활용해서 풀 수도 있다. 자세한 내용은 이 장 끝의 참고문헌을 참고하기 바란다.

또 하나는 프로세스를 모듈의 집합으로 나타내는 **모듈형 플로시팅**(modular method of flowsheeting)인데, 각 부분계나 장치의 일부를 나타내는 수식과 기타 정보를 모아서 코드화한 것이다. 이러한 모듈은 흐름도의 다른 부분과 격리시켜서 사용할 수 있으므로 한 흐름도에서 다른 흐름도로 이동할 수도 있고, 한 흐름도 안에서 반복적으로 사용할 수도 있다. 모듈은 흐름도의 개별 요소(예: 반응 장치)의 모델이므로 그 자체로서 코드화하고 분석하며 수정하고 해석할 수 있다. 흔한 형태는 입력출력 모델로서 입력값이 주어지면 모듈은 출력값을 계산하며, 역과정의 계산은 불가능하다. 식에 의해서만 나타낼 수 있는 단위 장치는 때로는 출력이 주어질 때 입력을 얻을 수도 있다. Aspen과 같은 일부 모듈 형태의 소프트웨어는 모듈과 식을 통합해서 계산을 빠르게 해준다.

두 번째로 플로시팅 코드는 수식이나 모듈을 푸는 방법에 따라서 분류할 수도 있다. 한 가지 방법은 식이나 모듈을 순차적으로 푸는 것이고, 또 다른 방법은 연립시켜서 동시에 푸는 것이다. 특히 순환 흐름이 많은 프로세스일 경우, 프로그램이나 그 사용자는 순환 흐름에 관한 결정 변수를 잘 선택하고 임의 흐름에 관한 추산치를 잘 제공함으로써 계산 결과가 수렴될 수 있도록 해야 한다.

플로시팅 코드의 세 번째 분류는 정상상태 문제를 푸는 것과 동적 문제를 푸는 것으로 나누는 것이다. 여기서는 전자에 관해서만 언급하기로 한다.

역사적으로는 모듈형 코드가 먼저 개발되었지만, 이 책에서 지금까지 설명한 것은 수식형 공정 시뮬레이터에 훨씬 더 가깝기 때문에 그것부터 설명하고 이어서 모듈형 플로시팅을 다룰 것이다.

14.1.1 수식형 공정 시뮬레이터

적절한 컴퓨터 코드를 선택하면 선형이나 비선형 방정식의 집합을 연립시켜서 동시에 풀 수 있다. 수식형 플로시팅 코드는 계산 도중 적절한 시점에 수식의 계수로 필요한 물성 자료를 데이터베이스에서 직접 찾아다 쓸 수 있다는 것이 장점이다. 그림 14.3은 그림 14.1의 플로시트에 해당하는 정보의 흐름을 보여준다.

그림 14.4는 플래시 드럼에 대한 기본 조작을 나타내는 식의 집합이다.

단위 모듈 사이의 상호 연결은 정보 흐름과 동시에 물질과 에너지의 흐름을 나타내게 된다. 플랜트의 수학적 표현에서 상호 연결 방정식은 모델 부분계 사이의 물질수지와 에너지 수지를 나타낸다. 혼합, 반응, 열교환 등의 모델에 관한 방정식 역시 열거해서 컴퓨터 코드에 도입해야 이러한 수식을 풀 수 있다. 그림 14.5와 표 14.2는 단일 부분계에서 사용할 수 있는 방정식의 일반적인 형태를 나타낸 것이다.

일반적으로 임의 플랜트에서는 유사한 공정 단위 장치를 반복해서 사용하므로 동일한 방정식의 집합으로 나타낼 수 있는데, 이때 단위 장치의 특성에 따라서 변수의 이름, 합산식의 항의 수,

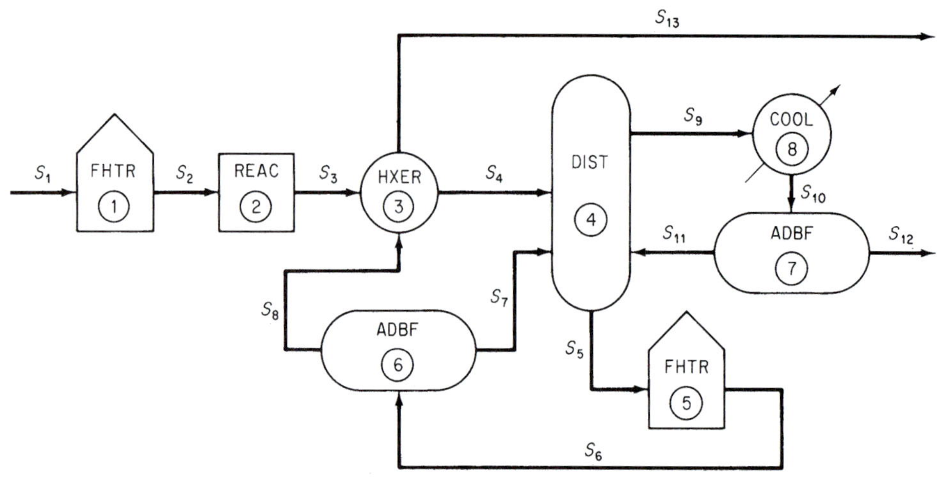

그림 14.3 ▸ 가상적 공정(그림 14.1)의 정보 흐름도(S = 흐름, 원 안의 숫자 = 모듈이나 컴퓨터 코드)

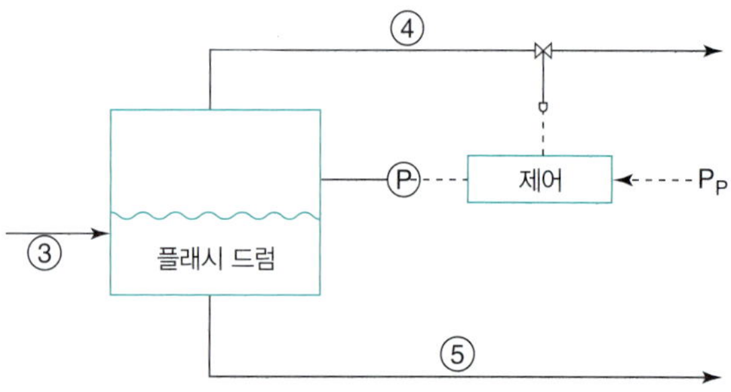

물질수지:

$$x_{A3}F_3 - y_{A4}F_4 - x_{A5}F_5 = 0$$
$$x_{P3}F_3 - y_{P4}F_4 - x_{P5}F_5 = 0$$
$$x_{G3}F_3 - y_{G4}F_4 - x_{G5}F_5 = 0$$
$$y_{A4} + y_{P4} + y_{G4} = 1$$
$$x_{A5} + x_{P5} + x_{G5} = 1$$

평형 관계:

$$T_4 = T_5$$
$$y_{A4} = K_A x_{A5}$$
$$y_{P4} = K_P x_{P5}$$
$$y_{G4} = K_G x_{G5}$$

여기서 $\kappa_i = p_i{}^*(T_4)/p_F \; (i = A,P,G)$

에너지 수지:

$$F_5\,(x_{A3}C_A + x_{P3}C_P + x_{G3}C_G)T_3 = F_5(x_{A5}C_A + x_{P5}C_P + x_{G5}C_G)\,T_5$$
$$+ F_4[(y_{A4}C_A + y_{P4}C_P + y_{G4}c_G)T_4 + y_{A4}\lambda_A + y_{P4}\lambda_P + y_{G4}\lambda_G]$$

그림 14.4 ▸ 플래시 드럼을 통과하는 A, P, E 세 성분 시스템을 나타내는 선형 및 비선형 식

시스템 도표

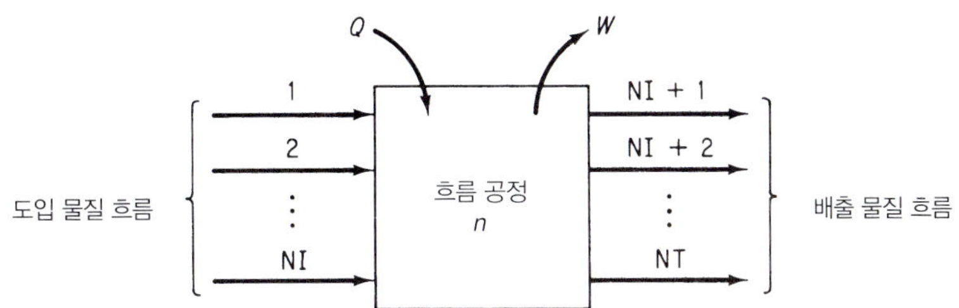

총질량 또는 몰수지(반응이 없을 때)

$$\sum_{i=1}^{NI} F_i = \sum_{i=NI+1}^{NT} F_i$$

에너지 수지

$$\sum_{i=1}^{NI} F_i H_i + Q_n - W_{s,n} = \sum_{i=N+1}^{NI} F_i H_i$$

증기–액체 평형 분배

$$y_j = K_j x_j \qquad j = 1, 2, \cdots, \text{NC}$$

평형 증발 계수

$$K_j = K(T_i, P_i, \overline{W}_i) \quad j = 1, 2, \text{for} \cdots, \text{NC}$$

성분 질량 또는 몰수지

$$\sum_{i=1}^{NI} F_i w_{i,j} = \sum_{i=NT+1}^{NT} F_i w_{i,j}$$

$$j = 1, 2, \cdots, \text{NC}$$

몰분율 또는 질량분율의 합

$$\sum_{j=1}^{NC} w_{i,j} = 1.0 \qquad i = 1, 2, \cdots, \text{NI}$$

물리적 성질 함수

$$\left.\begin{aligned} H_i &= H_{VL}(T_i, P_i, \overline{W}_i) \\ S_i &= S_{VL}(T_i, P_i, \overline{W}_i) \end{aligned}\right\} i = 1, 2, \cdots, \text{NI}$$

총몰수지(반응이 있을 때)

$$\sum_{i=1}^{NI} F_i + \sum_{l=1}^{NI} R_l \left[\sum_{j=1}^{NC} V_{j,l}\right] = \sum_{i=NI+1}^{NI} F_i$$

성분수지(반응이 있을 때)

$$\sum_{i=1}^{NI} F_i w_{i,j} + \sum_{l=1}^{NR} V_{j,l} R_l = \sum_{i=NI+1}^{NT} F_i w_{i,j} \qquad j = 1, 2, \cdots, \text{NC}$$

원소수지

$$\sum_{i=1}^{NI} F_i \left[\sum_{j=1}^{NC} w_{i,j} a_{j,k}\right] = \sum_{i=NI+1}^{NT} F_i \left[\sum_{j=1}^{NC} w_{i,j} a_{j,k}\right] \qquad k = 1, 2, \cdots, \text{NE}$$

기계적 에너지 수지

$$\sum_{i=1}^{NI} (K_i + P_i) + \sum_{i=1}^{NI} \int_{P_{1,i}}^{P_{2,i}} V_i \, dp_i = \sum_{i=NI+1}^{N} (K_i + P_i) + \sum_{i=NI+1}^{NT} \int_{P_{1,i}}^{P_{2,i}} V_i \, dP_i + W_{s,n} + E_{v,n}$$

그림 14.5 ▸ 정상상태 개방계에 관한 일반 방정식

방정식 중의 임의 계수의 값만 다르게 해주면 된다.

수식형 코드는 등식과 함께 부등식 제약조건을 포함해서 작성할 수 있다. 이러한 제약조건은 $a_1 x_1 + a_2 x_2 + \cdots \leq b$의 형태로 나타낼 수 있는데, 다음과 같은 요인 때문에 생긴다.

1. 비선형 방정식을 선형화할 때의 조건

표 14.2 ▸ 그림 14.5의 기호 설명

$a_{j,k}$	성분 j 중의 화학 원소 k의 원자 수
F_i	흐름 i의 총유량
H_i	흐름 i의 상대 엔탈피
K_j	성분 j의 기화계수
NC	화학 성분(화합물)의 수
NE	화학 원소의 수
NI	도입 물질 흐름의 수
NR	화학반응의 수
NT	물질 흐름의 총수
p_i	흐름 i의 압력
Q_n	공정 단위 장치 n에서의 열전달
R_l	화학반응 l에서의 반응속도
T_i	흐름 i의 온도
$V_{j,l}$	화학반응 l 중의 성분 j의 양론계수
$w_{i,j}$	흐름 i 중의 성분 j의 조성(질량분율 또는 몰분율)
$\bar{W}_i$	흐름 i의 평균 조성
$W_{s,n}$	공정 단위 장치 n에서의 일
x_j	액상 중의 성분 j의 몰분율
y_j	기상 중의 성분 j의 몰분율

2. 온도, 압력, 농도에 대한 공정 허용치
3. 변수의 특정 순위에 관한 요건
4. 변수가 플러스 값이거나 정수여야 하는 요건

그림 14.4와 14.5에서 볼 수 있듯이 물질수지와 에너지 수지, 상평형, 화학 평형관계식, 열역학 및 동적 관계의 모든 식이 결합되면 거대한 희소(모든 방정식에 변수가 거의 없는) 배열을 형성한다. 식의 집합은 더 이상 분해될 수 없는 여러 식의 부분 집합으로 나뉘어 동시에 풀려야 한다. 수식형이든 모듈형이든 플로시팅 코드에서 비선형 방정식의 집합을 풀 때는 다음 두 가지 측면을 중시해야 한다.

1. 방정식 풀이의 우선순위를 설정하는 절차
2. 정보, 물질, 에너지의 순환(피드백) 처리

이러한 중요한 쟁점을 어떻게 효과적으로 수용하는지 자세한 것은 이 장 끝부분의 참고문헌에서 찾아볼 수 있다.

물질수지와 에너지 수지 문제를 풀기 위해 어떤 코드를 이용하든 적절한 형식(format)의 특정 입력 정보를 그 코드에 제공해야 한다. 플로시팅 코드를 이용하려면 흐름도(그림 14.1 참조)의 정보를 그림 14.3에 예시한 것과 같은 정보 흐름도(information flowsheet)로 변환할 필요가 있다. 이러한 정보 흐름도에서는 공정 단위 장치의 이름 대신에, 계산용으로 사용할 수식 모델(또는 모듈형 플로시팅에서는 서브루틴)의 이름을 사용한다.

이처럼 정보 흐름도를 작성하고 나면 공정 토폴로지(topology)는 쉽게 정할 수 있다. 즉 입력 자료의 집합에 포함해야 할 모듈(또는 서브루틴) 사이의 흐름의 상호 연결을 즉시 작성할 수 있다. 그림 14.3의 경우 흐름 연결 행렬인 **공정 행렬**(process matrix)은 다음과 같다(− 부호는 배출 흐름을 나타낸다).

단위	관련 흐름				
1	1	−2			
2	2	−3			
3	3	8	−4	−13	
4	4	7	11	−9	−5
5	5	−6			
6	6	−8	−7		
7	10	−11	−12		
8	9	−10			

14.1.2 모듈형 플로시팅

플랜트는 증류, 열전달과 같은 여러 단위 조작과 알킬화반응, 수소화반응과 같은 단위 공정으로 이루어졌기 때문에 화학공학자는 이러한 단위 장치와 공정 각각을 독립적인 모듈 형태로 표현해 왔다. 그림 14.6을 보면 각 모듈은 해당 장치의 크기, 물질 및 에너지 수지의 관계, 성분의 유량, 모듈로 나타낸 물리적 장치에 출입하는 각 흐름의 온도, 압력, 상을 표현한다.

그림 14.7은 주어진 입력에 대해 출력을 내보내는 컴퓨터 코드와 플래시 모듈을 보여준다.

어떠한 매개변수나 변수의 값은 해당 단위 장치의 자본 비용이나 운전 비용을 결정해준다. 물

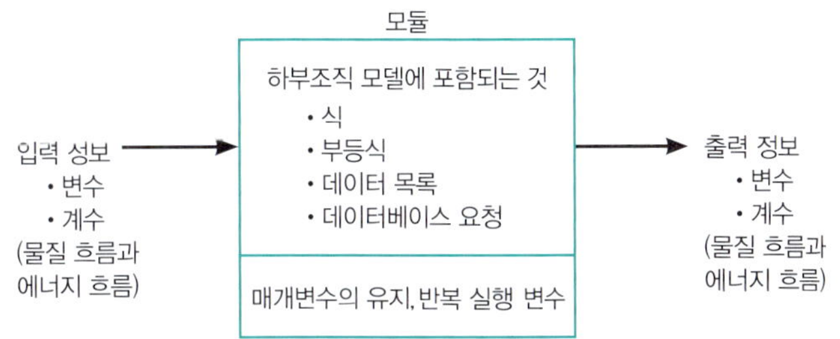

그림 14.6 ▸ 전형적 모듈의 예. 필요한 정보의 상호 연결을 나타낸다.

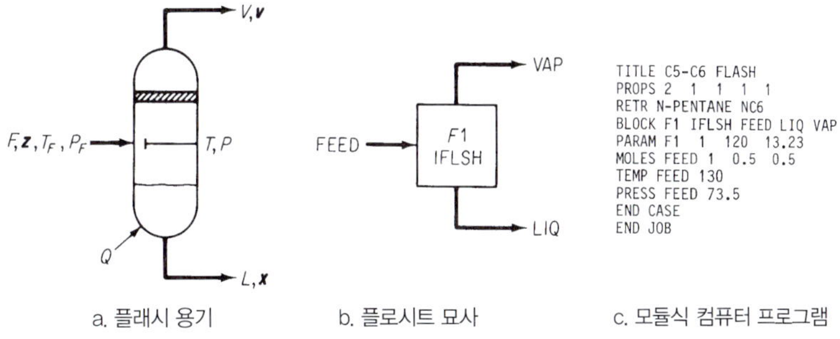

그림 14.7 ▸ 플래시 장치를 나타내는 모듈[J.D. Seader, W.D. Seider. and A.C. Pauls, *Flowtran Simulation: An Introduction*, CACHE, Austin, TX (1987)]

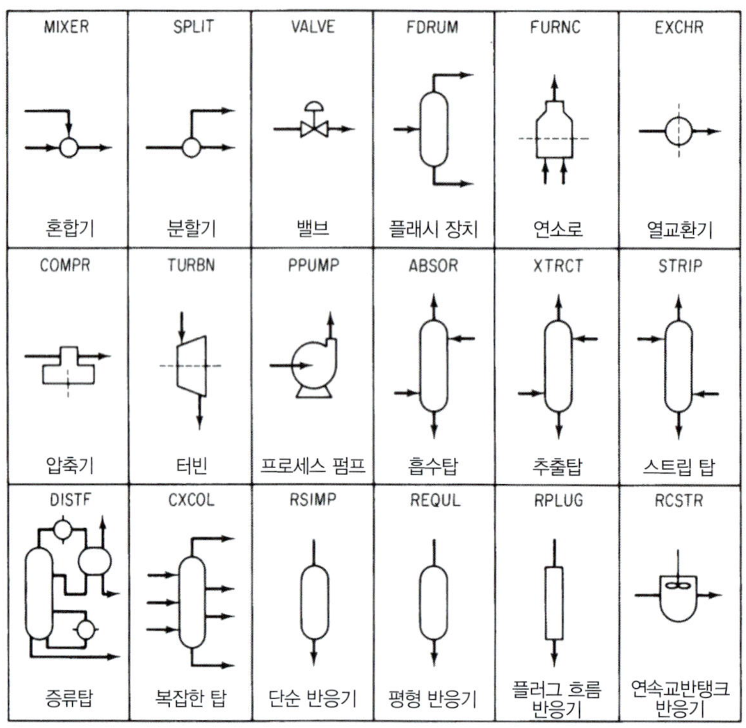

그림 14.8 ▸ **전형적 공정 모듈과 서브루틴 명칭. 순차 모듈형 플로시팅 코드에서 사용된다.**

론 상호 연결된 모듈 사이에서는 흐름, 조성, 유량, 계수 등에 관한 정보가 한 모듈에서 다른 모듈로 전달될 수 있어야 한다. 다시 말해 모듈은 일반적인 방법으로 배열해 어떤 공정이라도 나타낼 수 있는 빌딩 블록의 집합을 구성한다.

순차 모듈법(sequential modular method) 플로시팅은 가장 일반적인 상용 컴퓨터 소프트웨어의 하나로서, 정보 흐름도의 각 공정 단위 장치에 대해 모듈이 작성되어 있다. 각 도입 흐름의 조성, 유량, 온도, 압력, 엔탈피, 장치 매개변숫값을 입력하면 모듈은 배출 흐름의 성질을 계산해서 출력한다. 이 출력값은 다른 모듈의 입력값이 되어 순차적으로 계산이 이루어진다. 이 과정이 전체 공정에 대해 물질 및 에너지 수지가 해결될 때까지 진행된다. 모듈은 휴대용이다. 휴대용이란 의미는 모듈에 해당하는 서브루틴이 결합되어 대형 서브루틴군을 이루고, 어떤 공정에서 어떤 형태의 장치라도 성공적으로 나타낼 수 있다는 의미이다. 그림 14.8은 전형적인 표준 단위 조작 모듈에 대한 아이콘을 보여준다.

이 밖에도 장치의 크기를 결정하고 비용을 추산하며, 수치 계산을 수행하고, 순환 흐름을 계산하며(뒤에서 자세히 설명한다), 최적화하고, 적절한 순서대로 기능하도록 모듈의 전체 집합의 컨트롤러(관리자) 역할을 하는 모듈도 있다. 내부적으로 아주 간단한 모듈은 단순히 표를 찾는 프로그램인 것도 있다. 하지만 대부분의 모듈은 연속적으로 계산을 실행해가는 Fortran이나 C로 작성된 서브루틴으로 이루어졌다. 서브루틴은 수백에서 수천 행의 코드로 구성된다.

모듈 사이에서는 물질 흐름을 통해 정보가 흐른다. 각 흐름과 관련해서 변수 번호의 일람표를 만들어서 그 흐름을 특성화한다. 흐름과 관련된 전형적인 매개변수의 집합을 표 14.3에 예시했다.

표 14.3 ▸ 흐름 매개변수

1. 흐름 번호*
2. 흐름 표지(흐름 형태 지정)
3. 총유량, lb mol/hr
4. 온도, °F
5. 압력, psia
6. 성분 1 유량, lb mol/hr
7. 성분 2 유량, lb mol/hr
8. 성분 3 유량, lb mol/hr
9. 분자량
10. 증기 분율
11. 엔탈피
12. 감도

*정보 흐름도의 번호 부여 방법에 따라 임의로 정한다.

시뮬레이션의 결과를 나타내는 것 역시 표 14.3의 형식을 따른다.

모듈형 코드를 사용하려면 다음 사항을 준비해야 한다.

1. 공정 토폴로지
2. 도입 흐름 정보: 물성치, 연결 등 포함
3. 설계 매개변수: 모듈과 장치 규격에서 필요
4. 수렴 판별 기준

또한 때로는 모듈에 대해 원하는 계산 순서를 삽입해야 하며, 경제성 평가나 최적화를 수행할 경우에는 비용 자료와 최적화 판별 기준이 있어야 한다.

모듈형 플로시팅은 설계상 몇 가지 장점이 있다. 흐름도 구조가 실제 공정 흐름도와 유사하기 때문에 이해하기 쉽다. 컴퓨터 패키지에서 개별 모듈을 쉽게 추가하거나 제거할 수 있다. 특히 새로운 모듈을 다른 모듈에 영향을 미치지 않으면서 추가하거나 제거할 수 있다. 물론 정확도 수준이 다른 두 모듈을 서로 대체할 수도 있다.

한편 모듈형 플로시팅에는 다음과 같은 단점이 있다.

1. 한 모듈의 출력이 다른 모듈의 입력이 된다. 한 컴퓨터 모듈에서는 입력 및 출력 변수가 고정되어 있어 수식형 코드에서와 달리 임의의 출력을 도입하거나 입력을 발생시킬 수 없다.
2. 특히 모듈에 표가 들어 있는 경우와 이산변수(discrete variable)가 있고 불연속인 함수가 들어 있는 경우에는 적절한 도함수나 그 대체 함수를 정확하게 발생시키려면 시간이 많이 든다. 이때 한 모듈에 대한 입력을 변동시키는 방법을 주로 사용해 도함수 대신에 차분을 발생시킨다.
3. 모듈에서 풀이의 우선순위를 정해야 한다. 즉 한 모듈의 출력은 반드시 다른 모듈의 입력이 되어야 한다. 따라서 수식법에 비해 수렴 속도가 느려지므로 계산 비용이 더 든다.
4. 한 모듈의 어떤 매개변수를 설계변수로 규정하려면 그 모듈 주변에 제어 블록(control block)을 두고 설계 규격에 맞도록 매개변수를 조정해야 한다. 이러한 배열로 인해 루프가

생긴다. 여러 설계변수의 값을 정하려면 몇 개의 네스트 루프(nested loop)의 계산이 끝나기를 기다려야 한다(이 경우 안정성은 향상된다). 제약조건을 설정할 경우에도 유사한 배열을 사용해야 한다.

5. 어떤 공정(또는 관련 수식의 집합)에 조건을 부여하면 단위 장치의 물리적 상태가 달라져서 2상 조작이 단일상 조작이 되거나 또는 그 반대로 되는 원인이 될 수 있다(이런 현상은 수식형 코드에서도 나타난다). 그러한 변화는 예견하고 수용해야 한다.

흐름도가 아주 복잡하지 않을 경우 일반적으로 엔지니어는 검사(inspection)를 통해 분할(partitioning)과 네스팅(nesting: 서브루틴 중에 다른 서브루틴을 짜 넣는 것)을 수행해 정한다. 코드에 따라서는 사용자가 연산 순서를 입력시켜야 하는 것도 있고, 자동적으로 연산 순서가 정해지는 것도 있다. 가령 Aspen에서는 코드가 전체 연산 순서를 정하도록 되어 있지만, 사용자가 전체 순서를 정할 수도 있고 원하는 만큼만 순서를 정할 수도 있다. 이 책에서 다루는 범위를 넘어서는 시뮬레이터 기법을 이용하는 최적의 방법에 대한 자세한 정보는 이 장 끝에 있는 참고문헌에서 찾아보라.

일단 계산 순서를 규정하고 나면 모든 것이 순서대로 진행되어 물질수지와 에너지 수지를 풀게 된다. 이제 문제는 흐름의 유량과 물성의 올바른 값을 계산해내는 일이다. 계산을 수행하기 위해 사용자는 여러 수치 알고리즘을 선택하거나 시뮬레이터를 결정한다. 그 결과는 표, 그림, 도표 등으로 나타낼 수 있다.

요약

이 장에서는 공정 시뮬레이터에서 물질수지와 에너지 수지를 푸는 방법으로 수식형과 모듈형 컴퓨터 소프트웨어에 대해 설명했다.

토의문제

종이컵의 재료로 '종이'와 '플라스틱' 중 어떤 것이 좋은지를 논한 기사가 많이 발표되었다. 이 각각에 대해 기초 원료에서부터 최종 제품에 이르기까지의 생산 흐름도를 작성하고, 긍정적인 것과 부정적인 것을 포함해 모든 정량적 및 정성적 인자를 표시하라. 필요한 물질수지와 에너지 수지를 나타내고, 가능하면 자료를 수집해서 풀어라. 컵의 제조에서 물질과 에너지의 사용량을 요약하라.

참고문헌

American Institute of Chemical Engineers. *CEP Software Directory*, AIChE, New York (issued annually on the Web).

Benyaha, F. "Flowsheeting Packages: Reliable or Fictitious Process Models?" *Transactions Inst. Chemical Engineering*, 840–44 (2000).

Bequette, B. W. *Process Dynamics: Modeling, Analysis, and Simulation*, Prentice Hall, Upper Saddle River, NJ (1998).

Biegler, L. T., I. E. Grossmann, and A. W. Westerberg. *Systematic Methods of Chemical Process Design,* Prentice Hall, Upper Saddle River, NJ (1997).

Canfield, F. B., and P. K. Nair. "The Key of Computed Integrated Processing," in *Proceed. ESCAPE-1,* Elsinore, Denmark (May, 1992).

Chen, H. S., and M. A. Stadtherr. "A Simultaneous-Modular Approach to Process Flowsheeting and Optimization: I. Theory and Implementation," *AIChE J.,* **30** (1984).

Clark, G., D. Rossiter, and P. W. H. Chung. "Intelligent Modeling Interface for Dynamic Process Simulators," *Transactions Inst. Chemical Engineering,* **78A**, 823–39 (2000).

Gallun, S. E., R. H. Luecke, D. E. Scott, and A. M. Morshedi. "Use Open Equations for Better Models," *Hydrocarbon Processing,* 78 (July, 1992).

Lewin, D. R., et al. *Using Process Simulators in Chemical Engineering: A Multimedia Guide for the Core Curriculum,* John Wiley, New York (2001).

Mah, R. S. H. *Chemical Process Structures and Information Flows,* Butterworths, Seven Oaks, UK (1990).

Seider, W. D., J. D. Seader, and D. R. Lewin. *Process Design Principles,* John Wiley, New York (1999).

Slyberg, O., N. W. Wild, and H. A. Simons. *Introduction to Process Simulation,* 2nd ed., TAPPI Press, Atlanta (1992).

Thome, B. (ed.). *Systems Engineering—Principles and Practice of Computer-Based Systems Engineering,* John Wiley, New York (1993).

Turton, R., R. C. Bailie, W. B. Whiting, and J. A. Shaeiwitz. *Analysis, Synthesis, and Design of Chemical Processes,* Prentice Hall, Upper Saddle River, NJ (1998).

Westerberg, A. W., H. P. Hutchinson, R. L. Motard, and P. Winter. *Process Flowsheeting,* Cambridge University Press, Cambridge, UK (1979).

웹사이트

가장 좋은 사이트

www.interduct.tudelft.nl/Pltools/news/news.html

기타 사이트

http://members.ozemail.com.au/~wadsley/models.html

www.umsl.edu/~chemist/books/softpubs.html

www.virtualmaterials.com

표 14.1에 열거된 각 업체는 상당한 양의 정보와 특별한 데모 소프트웨어를 포함하는 웹사이트를 가지고 있다.

연습문제

14.1 정유 플랜트에서는 윤활유를 황산으로 처리해서 불포화 화합물을 제거하고 침강시킨 다음 윤활유층과 산층을 분리한다. 산층은 물에 첨가하고 가열해서, 이 중에 들어 있는 슬러지로부터 황산을 분리한다. 이 묽은 황산은 82°C의 20% H_2SO_4인데, Simonson-Mantius 증발 장치에 도입한다. 이 장치의 가열 코일에는 400 kPa의 포화 수증기를 공급하며, 응축수는 포화온도에서 배출된다. 장치는 4.0 kPa의 진공을 유지한다. 황산은 80%로 농축되며, 이 진한 황산의 4.0 kPa에서의 비등점은 121°C이다. 응축 수증기 1000 kg을 기준으로 농축할 수 있는 황산의 질량을 구하라.

14.2 현재 사용하지 않는 연속교반탱크 반응기(그림 P14.2)를 다음 2차 반응을 진행시키는 데 사용할 수 있는지 검토하려 한다.

$$2A \rightarrow B + C$$

발열반응이므로 냉각 재킷을 사용해서 반응온도를 조절한다. 총열전달량은 총괄 열전달 계수(U)로부터 다음 식으로 구할 수 있다.

$$\dot{Q} = UA\,\Delta T$$

$\dot{Q}$ = 총열전달속도(정상상태에서 반응물로부터 물 재킷으로 전달되는 속도)
U = 총괄 열전달 계수(경험 계수)
A = 열전달 면적
ΔT = 온도차($T_4 - T_2$)

반응에서 방출되는 에너지의 일부는 흐름 F_2의 현열로 나타난다. 전환율이 제대로 얻어지는 동안 일정한 유량을 유지하면서도 유체가 끓지 않도록 할 수 있는지 검토할 필요가 있다. 자료는 다음과 같다.

성분	공급 유량(lb mol/hr)	C_p[Btu/(lb mol)(°F)]	MW
A	214.58	41.4	46
B	23.0	68.4	76
C	0.0	4.4	16

A의 소비 속도는 다음과 같다.

$$-2k(C_A)^2V_R$$

이 식에서

$$C_A = \frac{(F_{1,A})(\rho)}{\Sigma(F_{1,i})(MW_i)} = A\text{의 농도 lb mol/ft}^3$$

$$k = k_0 \exp\left(\frac{-E}{RT}\right)$$

k_0, E, R은 상수, T는 절대온도이다.

다음 자료를 이용해 정상상태 반응기에서 배출 흐름의 온도와 생성물 조성을 구하라.

고정 매개변수

반응기 부피 = V_R = 13.3 ft^3

열전달 면적 = A = 29.9 ft2

열전달 계수 = U = 74.5 Btu/(hr)(ft^2)(°F)

변수 입력

반응물 공급 유량 = F_i (앞의 표 참조)

반응물 공급 온도 = T_1 = 80°F

물 공급 유량 = F_3 = 247.7 lb mol/hr water

물 공급 온도 = T_3 = 75°F

물성 및 열역학 자료

반응 속도 상수 = k_0 = 34 ft^3/(lb mol)/(hr)

활성화 에너지/기체 상수 = E/R = 1000°R

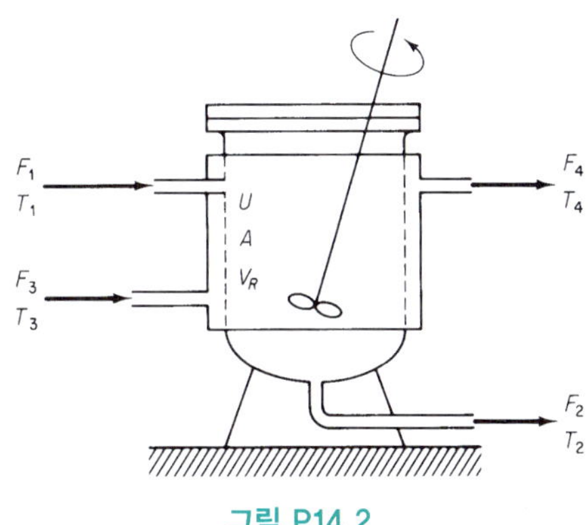

그림 P14.2

반응열 = ΔH = −5000 Btu/lb mol A

물의 열용량 = C_{pw} = 18 Btu/(lb mol)(°F)

생성물 밀도 = ρ = 55 lb/ft^3

생성물 성분의 밀도는 실질적으로 모두 같다. 반응 장치 내용물과 재킷 안의 물은 완전히 혼합되며, 각각의 배출 흐름 온도는 해당 반응기 내부 온도와 같다고 가정한다.

14.3 어떤 플랜트에서의 수증기 흐름을 그림 P14.3에 나타냈다. 이 계의 물질수지와 에너지 수지를 취하고, 그림 중의 미지량(A~F)을 구하라. 수증기는 600 psig, 50 psig이다. 엔탈피는 수증기 표에서 구하라.

14.4 하소로(calciner)와 공정 자료를 그림 P14.4에 나타냈다. 천연가스를 연료로 사용한다. 이 공정을 어떻게 수정하면 에너지 효율이 개선될 수 있는지 설명하라. 공기와 연료의 공급 조건은 일정하다는 가정하에서 최소한 두 가지 방법을 제시하라(공기와 연료는 열교환기를 통과시킬 수 있다). 이때 계산 근거를 밝혀라.

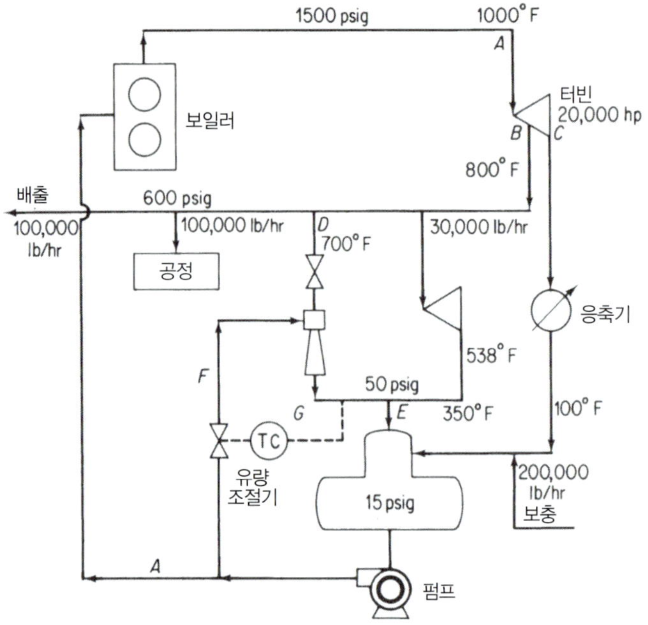

그림 P14.3

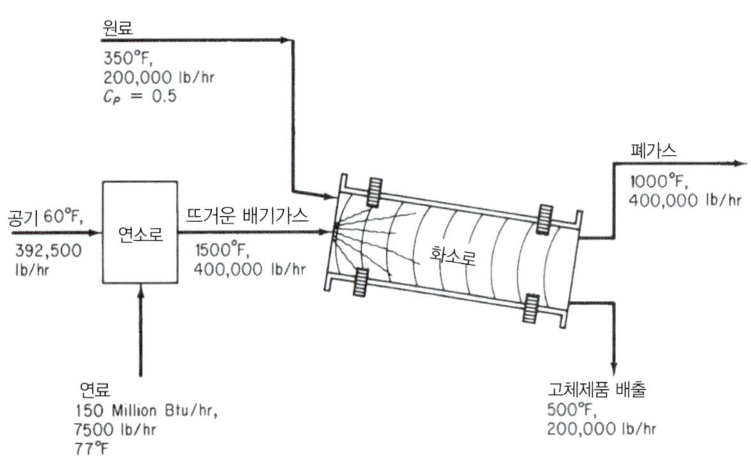

그림 P14.4

14.5 연속 수직 킬른(그림 P14.5 참조)에서 석회석($CaCO_3$)을 CaO로 전환시킨다. 열은 천연가스(CH_4)를 50% 과잉 공기로 연소시켜서 공급하는데, 석회석과 직접 접촉한다. 천연가스 단위 질량당 처리할 수 있는 석회석의 질량(kg/kg)을 구하라. 열용량의 평균치는 다음과 같다고 가정한다.

$$C_p(CaCO_3) = 234 \text{ J/(g mol)(°C)}$$
$$C_p(CaO) = 111 \text{ J/(g mol)(°C)}$$

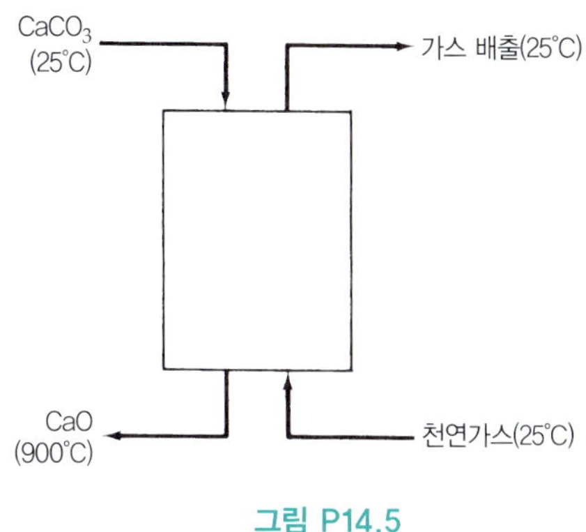

그림 P14.5

14.6 증발 장치에 7% NaCl 수용액을 16,000 lb/hr로 공급해 40%로 농축한다. 공급액은 증발 장치에서 180°F로 가열되며, 증발된 수증기와 농축액은 180°F에서 배출된다. 가열용 수증기는 230°F에서 15,000 lb/hr로 도입되어 230°F의 응축수로 배출된다. 다음을 구하라. 그림 P14.6을 참조하라.

a. 증발기로 들어가는 원료의 공급 온도

b. 40% NaCl 수용액의 생성량(lb/hr)

다음 자료를 적용할 수 있다고 가정한다.

평균 C_p 7% NaCl 용액: 0.92 Btu/(lb)(°F)

평균 C_p 7% NaCl 용액: 0.85 Btu/(lb)(°F)

H_2O의 $\Delta \hat{H}_{vap}$, 180°F = 990 Btu/lb

H_2O의 $\Delta \hat{H}_{vap}$, 230°F = 990 Btu/lb

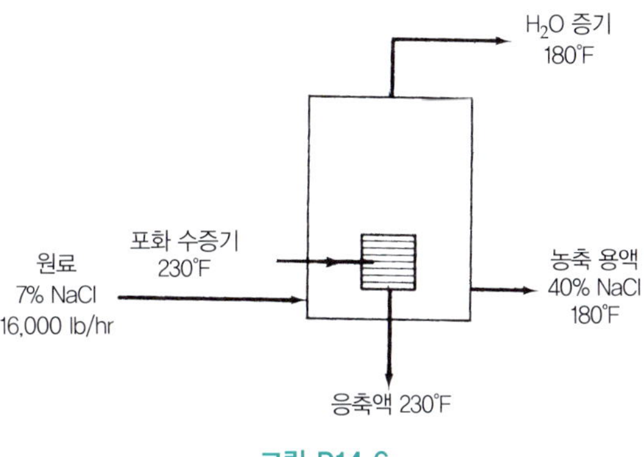

그림 P14.6

14.7 Blue Ribbon Sour Mash 회사에서는 그림 P14.7의 공정을 사용해서 공업용 알코올을 만들려고 한다. 곡물 매시(mash)를 열교환기에서 170°F로 가열해 도입한다. 제1분류탑에서는 에탄올 60%(질량)의 증류액이 배출되며, 탑 밑 흐름에는 알코올이 포함되어 있지 않다. 60% 알코올 흐름은 다시 제2분류탑에서 95% 알코올 흐름과 거의 순수한 물로 분리한다. 이 두 분류탑에서 환류비는 3:1이고, 열은 탑 하부에 수증기로 공급하며, 응축수의 배출 온도는 80°F이다. 운전 자료와 흐름의 물성은 다음과 같다.

흐름	상태	비등점(°F)	Cp[Btu/(lb)(°F)]		기화열(Btu/lb)
			액상	기상	
공급액	액상	170	0.96	-	950
60% 알코올	액상/기상	176	0.85	0.56	675
탑 밑 흐름 I	액상	212	1.00	0.50	970
95% 알코올	액상/기상	172	0.72	0.48	650
탑 밑 흐름 II	액상	212	1.0	0.50	970

이 공정의 물질수지를 취하고 풀이의 우선순위를 구하라.

a. 다음 흐름의 유량(lb/hr)을 구하라.

① 탑 위 생성물, 탑 I

② 환류비, 탑 I

③ 탑 밑 생성물, 탑 I

④ 탑 위 생성물, 탑 II

⑤ 환류비, 탑 II

⑥ 탑 밑 생성물, 탑 II

b. 열교환기 III의 배출 흐름 온도를 구하라.

c. 이 계에 대한 열의 총도입량(Btu/hr)을 구하라.

d. 각 응축기와 열교환기 II에서 필요한 물의 필요량(gal/hr)을 구하라. 이 장치에서의 최고 배출 온도는 130°F이다.

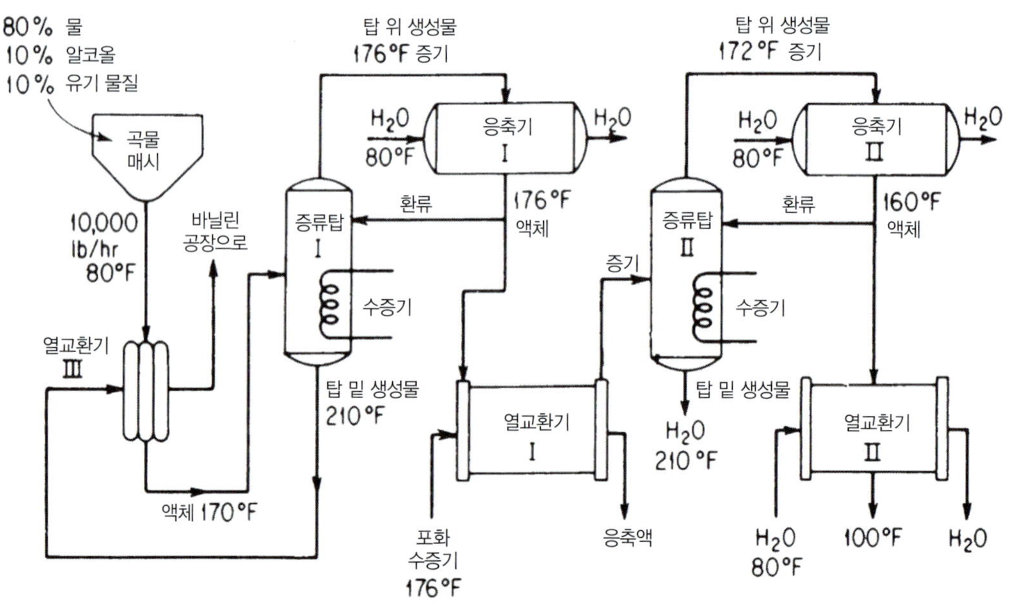

그림 P14.7

14.8 톨루엔은 Cr_2O_3-Al_2O_3를 촉매로 사용해서 n-헵탄을 전환시키는 수소화 개질(hydroforming)법으로 제조하고, 용매를 사용해서 회수한다. 공정과 조건은 그림 P14.8에 나타냈다.

$$CH_3CH_2CH_2CH_2CH_2CH_2CH_3 \rightarrow C_6H_5CH_3 + 4H_2$$

반응 장치에 도입한 n-헵탄 기준으로 한 톨루엔의 수율은 15 mol %이다. 추출 장치에서 용매 사용량은 10 kg solvent/kg toluene이다.

a. 반응온도를 425°C의 등온으로 유지할 때 촉매반응 장치에서 제거하거나 도입해야 할 열량을 구하라.

b. 혼합-침강 장치에서 배출되는 n-헵탄과 용매의 온도를 구하라. 이 두 흐름의 온도는 같다.

c. 열교환기에서 배출되는 용매 흐름의 온도를 구하라.

d. 이 공정에 공급되는 n-헵탄을 기준으로 분류탑의 열부하(kJ/kg n-heptane)를 구하라.

구분	$-\Delta H_f^{o*}$ (kJ/g mol)	C_p[J/(g)(°C)]		$\Delta H_{vaporization}$ (kJ/kg)	비등점 (K)
		액체	증기		
톨루엔[†]	12.00	2.22	2.30	364	383.8
n-헵탄	−224.4	2.13	1.88	318	371.6
용매	-	1.67	2.51	-	434

* 액상 기준

† 용매 중 톨루엔의 용해열은 −23 J/g toluene이다.

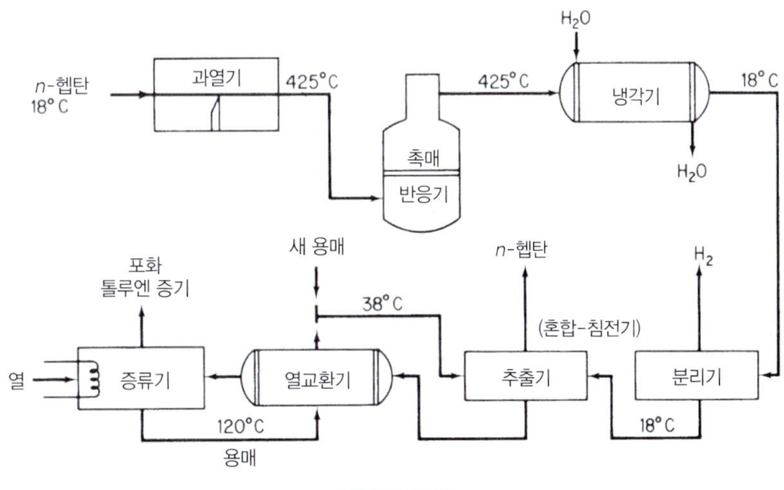

그림 P14.8

14.9 그림 P14.9의 분별 증류 플랜트에서 벤젠 50%, 톨루엔 40%, o-자일렌 10%로 된 혼합물 100,000 lb/day를 분리한다.

환류비는 탑 I에서 6:1, 탑 II에서 4:1이다. 탑 I과 II의 도입물은 모두 액상이다. 다음을 구하라.

a. 열교환기 배출 혼합물의 온도(T^*)

b. 각 탑에서 수증기 리보일러에 공급되는 열량(Btu)

c. 플랜트 전체에서 필요한 냉각수의 양(gal/day)

d. 탑 I의 에너지 수지

성분	비등점(°C)	C_p 액체 [cal/(g)(°C)]	증기의 기화 잠열 (cal/g)	C_p 증기 [cal/(g)(°C)]
벤젠	80	0.44	94.2	0.28
톨루엔	109	0.48	86.5	0.30
o-자일렌	143	0.48	81.0	0.32
도입물	90	0.46	88.0	0.29
탑 위 흐름 T_I	80	0.45	93.2	0.285
탑 밑 흐름 T_I	120	0.48	83.0	0.31
탑 밑 흐름 T_{II}	413	0.48	81.5	0.32

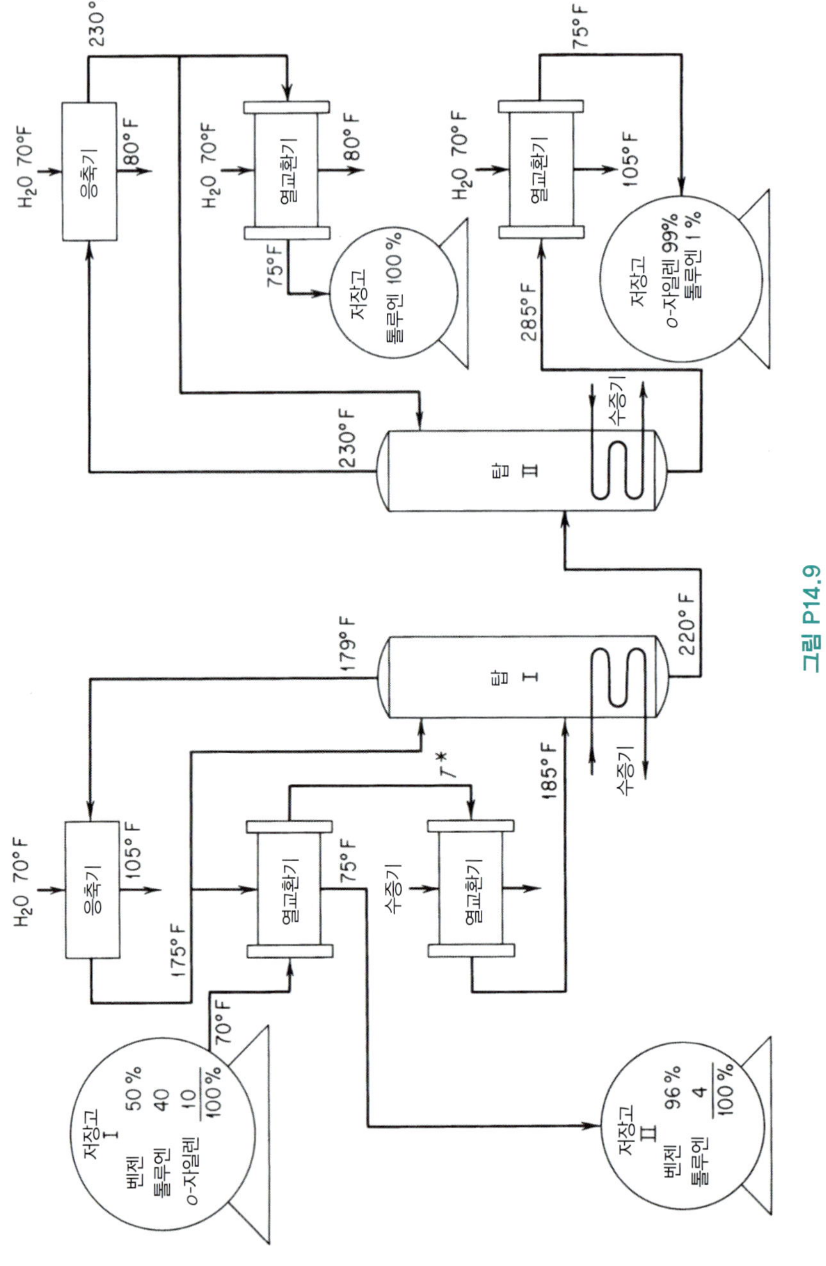

그림 P14.9

14.10 미국 동부와 중서부에서는 석탄발전소에서의 이산화황 배출이 심각한 대기 오염의 원인이 되고 있다. 그러나 저황 석탄의 공급은 수요에 미치지 못하고 있다. 이러한 상황을 개선하기 위해 석탄 가스화에 의한 탈황과 배기가스 정화를 고려한다. 유망한 배기가스 정화법 중 하나는, 연소가스 중의 SO_2와 O_2를 고체 금속 산화물 흡수제와 반응시켜서 금속 황산염을 만들고, 열적으로 흡수제를 재생시켜 생성되는 SO_3를 황산 제조에 이용하는 방법이다. 최근 실험 결과에 따르면 몇 가지 금속 산화물을 사용해서 흡착과 재생을 수행할 수 있다. 하지만 아직까지 시험 공장이나 생산 공장이 가동되지는 않는다.

1000 MW급 발전소의 연소가스로부터 SO_2의 95%를 제거하는 공정을 예비 설계한다고 하자. 자료와 플로시트를 그림 P14.10에 나타냈다. 흡착제는 불활성의 다공질 Al_2O_3 담체에 CuO를 30%(질량) 분산시킨 미립자로 되어 있다. 이 고체는 315°C의 유동층 흡수탑에서 반응한다. 배출 고체를 재생탑으로 보내면 700°C에서 SO_3가 방출되며, 존재하는 $CuSO_4$는 전부 CuO로 재생된다. 흡수 장치에서 CuO의 $CuSO_4$로의 전화율 α는 중요한 설계변수이다. α = 0.2, 0.5, 0.8일 경우에 대해 계산하고자 한다. 재생탑에서 생성되는 SO_3는 순환 공기에 동반시켜서 산(acid)탑으로 보내 순환되는 황산과 발연 황산에 흡수시키고, 그 일부를 배출시켜서 부산물로 판매한다. 흡수탑, 재생탑, 산탑은 단열적이며, 그 온도는 도입 흐름을 이용해 열교환기에서 조정한다. 열교환기의 일부(No.1과 3)에서는 공급 흐름과 배출 흐름 사이의 향류 열교환으로 열을 회수한다. 추가로 필요한 열은 발전소에서 배출되는 연소가스에 의해 보충하는데, 그 온도는 1100°C까지 조정할 수 있으며 저온에서 순환시킨다. 냉각에는 25°C 물을 사용한다. 일반적으로 이 두 흐름을 분리하는 열교환기 벽 내외에서의 온도차는 평균 28°C 정도라야 한다. 전체 공정의 공칭 조업압력은 10 kPa인데, 세 송풍기를 사용해서 6 kPa의 헤드를 추가함으로써 장치에서의 압력 손실을 보상한다. 산(acid) 펌프의 배출 압력은 90 kPa(게이지)이다. 다음 장치에 대해 물질수지와 에너지 수지를 취하라.

a. 흡수탑, 재생탑, 산탑. 모든 도입 및 배출 흐름의 유량, 조성, 온도를 구하라.

b. 열교환기. 모든 흐름의 열부하, 유량, 온도, 엔탈피를 구하라.

c. 송풍기. 유량과 이론 동력을 구하라.

d. 산(acid) 펌프. 유량과 이론 동력을 구하라.

모든 계산에서 SI 단위를 사용하고, 연소 석탄 100 kg을 계산 기준으로 사용하라. 나중에 계산 기준을 실제 조업 기준으로 바꾸어라.

발전소 운전. 발전소에서는 340 t/hr의 석탄을 연소시키며, 분석치는 다음 표와 같다. 석탄 연소에는 18% 과잉 공기(CO_2, H_2O, SO_2로의 완전 연소 기준)를 사용한다. 회분과 질소만 연소되지 않으며, 회분은 연소가스에서 분리한다.

원소	Wt %
C	76.6
H	5.2
O	6.2
S	2.3
N	1.6
분	8.1

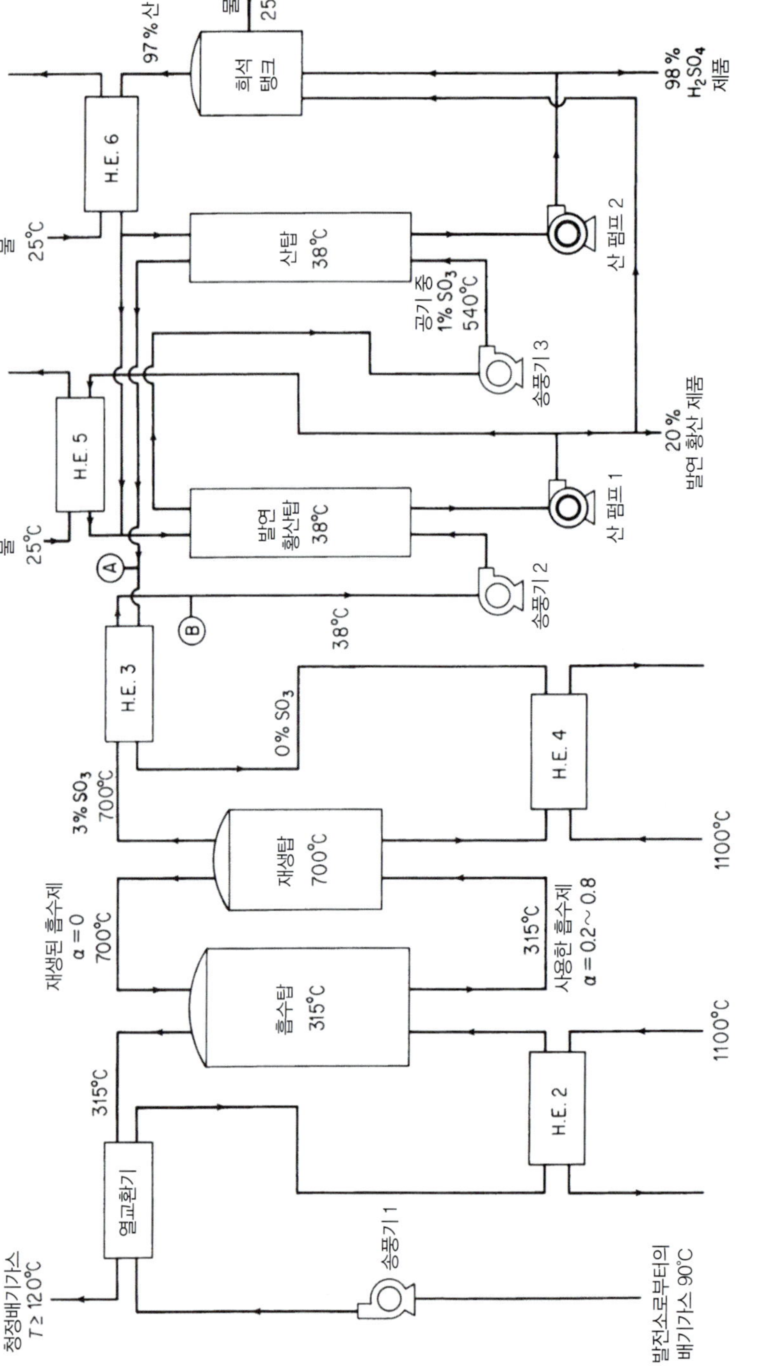

물
25°C
97% 산
희석 탱크
98% H₂SO₄ 제품
H.E. 6
물
25°C
산탑
38°C
공기 중
1% SO₃
540°C
산 펌프 2
송풍기 3
H.E. 5
물
25°C
20% 발연 황산 제품
발연 황산탑
38°C
산 펌프 1
A
송풍기 2
B
38°C
H.E. 3
0% SO₃
H.E. 4
3% SO₃
700°C
재생탑
700°C
1100°C
재생된 흡수제
α = 0
700°C
315°C
사용한 흡수제
α = 0.2 ~ 0.8
흡수탑
315°C
1100°C
315°C
H.E. 2
열교환기
송풍기 1
청정배기가스
T ≥ 120°C
발전소로부터의
배기가스 90°C

그림 P14.10

고체에 관한 자료[C_p의 단위는 J/(g mol)(K), H의 단위는 kJ/(g mol)]

T(K)	Al_2O_3		CuO		$CuSO_4$	
	C_p	$H_T - H_{298}$	C_p	$H_T - H_{298}$	C_p	$H_T - H_{298}$
298	79.04	0.00	42.13	0.00	98.9	0.00
400	96.19	9.00	47.03	4.56	114.9	10.92
500	106.10	19.16	50.04	9.41	127.2	23.05
600	112.5	30.08	52.30	14.56	136.3	36.23
700	117.0	41.59	54.31	19.87	142.9	50.25
800	120.3	53.47	56.19	25.40	147.7	64.77
900	122.8	65.65	58.03	31.13	151.0	79.71
1000	124.7	77.99	59.87	37.03	153.8	94.98

14.11 석탄을 공기와 접촉하지 않으면서 건류하면 공업적으로 다양한 고체, 액체, 기체 생성물이 생성되지만, 동시에 공기 오염물질도 발생한다. 생성물의 성질이나 양은 분해 온도와 석탄의 종류에 따라 달라진다. 저온(400~750°C)에서는 액상 생성물에 비해 합성 가스의 수율이 적지만 고온(900°C 이상)에서는 반대가 된다. 그림 P14.11의 전형적 흐름도에 대해 다음을 구하라.

a. 여러 생성물의 생산량(ton)

b. 1차 건류탑과 벤졸 탑에 대한 에너지 수지

c. 페놀의 정제에 사용되는 40% NaOH 용액의 양(lb/day)

d. 피리딘 정제에 사용되는 50% H_2SO_4의 양(lb/day)

e. 이 플랜트에서 발생하는 Na_2SO_4의 양(lb/day)

f. 가스 생성량(ft^3/day)과 오븐에서 필요한 가스의 백분율(부피 기준)

생성물 생성량 (석탄 1 t 기준)	평균 C_p 액체 (cal/g)	평균 C_p 기체 (cal/g)	평균 C_p 고체 (cal/g)	융점(°C)	비점(°C)
합성 가스-10,000ft^3 (555 Btu/ft^3)					
$(NH_4)_2SO_4$, 22 lb					
벤졸, 15 lb	0.50	0.30	-	-	60
톨루올, 5 lb	0.53	0.35	-	-	109.6
피리딘, 3 lb	0.41	0.28	-	-	114.1
페놀, 5 lb	0.56	0.45	-	-	182.2
나프탈렌, 7 lb	0.40	0.35	0.281	80.2	218
크레졸류, 20 lb			$+0.00111\ T_{°F}$		
	0.55	0.50	-	-	202
피치, 40 lb	0.65	0.60	-	-	400
코크스, 1500 lb	-	-	0.35		-

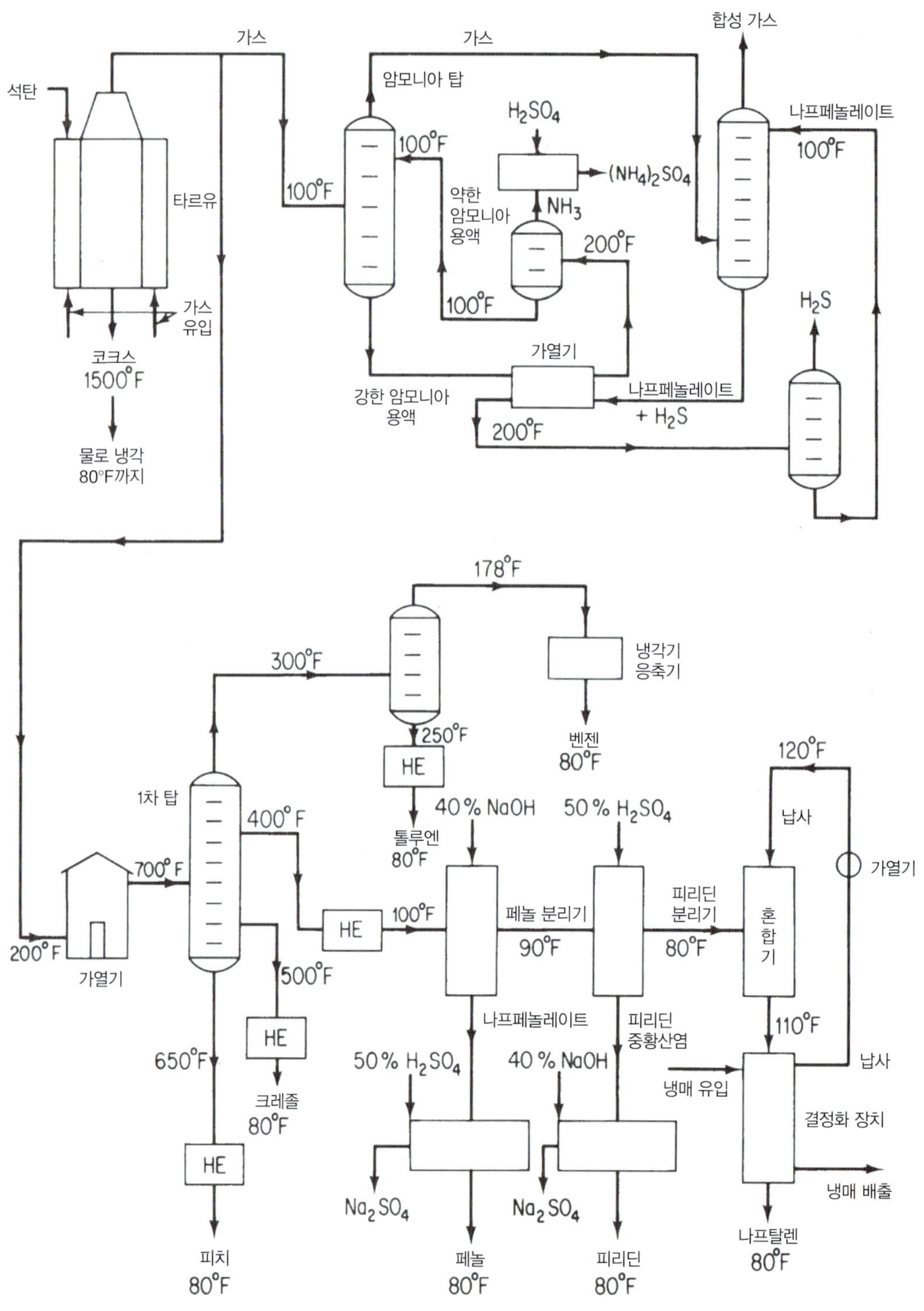

가스
가스
합성 가스
석탄
암모니아 탑
H_2SO_4
나프페놀레이트
100°F
100°F
$(NH_4)_2SO_4$
타르유
100°F
약한 암모니아 용액
NH_3
200°F
100°F
H_2S
가스 유입
코크스 1500°F
가열기
강한 암모니아 용액
나프페놀레이트 + H_2S
200°F
물로 냉각 80°F까지
178°F
냉각기 응축기
300°F
250°F
HE
벤젠 80°F
120°F
1차 탑
400°F
40 % NaOH
50 % H_2SO_4
납사
톨루엔 80°F
가열기
700°F
HE
100°F
페놀 분리기
피리딘 분리기
혼합기
200°F
90°F
80°F
가열기
500°F
나프페놀레이트
피리딘 중황산염
110°F
HE
650°F
50 % H_2SO_4
40 % NaOH
납사
크레졸 80°F
냉매 유입
결정화 장치
HE
냉매 배출
Na_2SO_4
Na_2SO_4
나프탈렌 80°F
피치 80°F
페놀 80°F
피리딘 80°F

그림 P14.11

	ΔH_{vap}(cal/g)	ΔH_{fusion}(cal/g)
벤졸	97.5	-
톨루올	86.53	-
피리딘	107.36	-
페놀	90.0	-
나프탈렌	75.5	35.6
크레졸류	100.6	-
피치	120	-

14.12 수소 95 mol %, 메탄 5 mol %인 100°F, 30 psia의 가스 440 lb mol/hr를 569 psia로 압축한다. 2단 압축 장치를 사용하는데 중간 냉각기에서 열교환기를 사용해서 가스를 100°F로 냉각한다. 그림 P14.12를 보라. 열교환기에서 도입 흐름(S1)과 배출 흐름(S2) 사이의 압력 손실은 2.0 psia이다. 공정 시뮬레이터 프로그램을 이용해서 모든 흐름 매개변수를 해석하라. 제약조건은 다음과 같다. 제1단의 배출 흐름은 100 psia이다. 두 압축기는 모두 정변위형으로 기계적 효율은 0.8, 폴리트로프 효율(polytropic efficiency)은 1.2, 틈새율(clearance fraction)은 0.05이다.

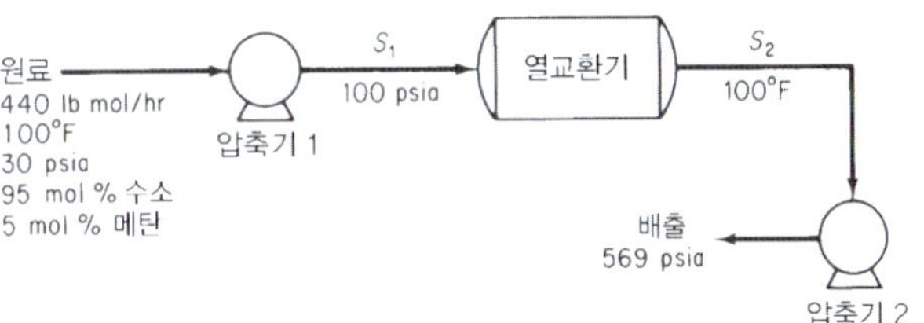

그림 P14.12

14.13 그림 P14.13에 조성을 나타낸 85°C, 100 psia의 가스 혼합물을 플래시시켜서 중질 성분으로부터 경질 성분의 대부분을 분리한다. 플래시탑은 5°C, 25 psia에서 운전한다. 분리 공정을 개선하기 위해 그림에 나타낸 것처럼 순환 흐름을 도입하기로 했다. 탑 밑 생성물의 25%를 순환시킨다면 효율이 크게 개선되는가? 50% 순환은 어떠한가? 컴퓨터 공정 시뮬레이터를 이용해 각 경우의 몰유량을 구하라.

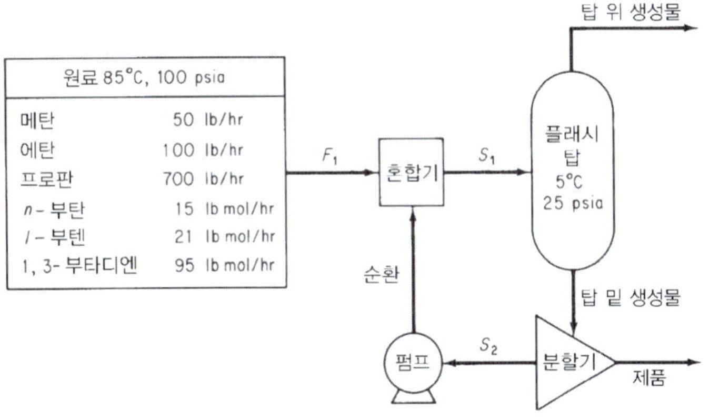

그림 P14.13

14.14 경질 탄화수소로 가지 석유 유분의 혼합물을 정제해서 공정으로 다시 순환시킨다. 각 유분은 표준비등점에 따라 BP135, BP260, BP500으로 표시하기로 한다. 공급 원료로부터 분리되는 기체는 그림 14.14에 나타낸 것처럼 압축시킨다. 도입원액 흐름(1)은 45°C, 450 kPa에 있고 조성은 그림과 같다. 이 공급액에서 분리되는 배출 가스(10)는 3단 압축 장치를 사용해서 6200 kPa까지 압축하는데, 열교환기를 통과시켜 증기 흐름을 60°C까지 중간 냉각한다. 압축기 1의 배출 압력은 1100 kPa이고, 압축기 2의 배출 압력은 2600 kPa이다. 단열 압축을 기준으로 한 압축기 1, 2, 3의 효율은 각각 78%, 75%, 72%이다. 분리 장치에서 배출되는 액체는 모두 그 앞 단으로 순환시킨다. 열교환기의 열부하(kJ/hr)와 각 흐름의 유량(kmol/hr)을 구하라. 분리 장치는 압력 손실이 없는 단열 플래시 탱크로 간주한다. 이 문제는 Simulation Science, Inc.의 컴퓨터 모사 소프트웨어 패키지의 사용 설명서 *Application Briefs of Process*를 활용해서 만든 것이다.

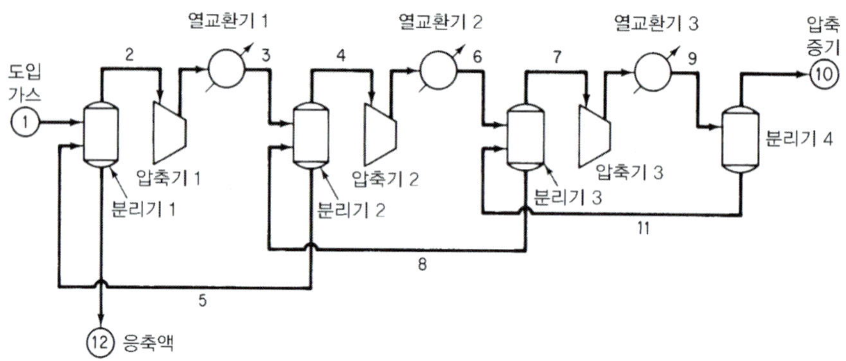

그림 P14.14

성분	유량(kg mol/hr)	MW	Sp.Gr.	표준 비점(°C)
질소	181			
이산화탄소	1920			
메탄	14515			
에탄	9072			
프로판	7260			
이소부탄	770			
n-부탄	2810			
이소펜탄	953			
n-펜탄	1633			
헥산	1542			
BP135	11975	120	0.757	135
BP260	9072	200	0.836	260
BP500	9072	500	0.950	500

14.15 메탄 제거탑을 사용해서 천연가스로부터 경질 탄화수소 가스 혼합물 흐름 (1)(조성은 다음의 표와 같다)을 분리한다. 그러나 초기 계산에 의하면 프로세스에 상당한 에너지 낭비가 있다. 개선된 공정을 그림 P14.15에 나타내었다. 모든 공정 흐름의 온도(°F), 압력(psig), 유량(lb mol/hr)을 구하라.

도입 가스 흐름 (1)(120°F, 588 psig)은 가스-가스 열교환기의 관측에서 냉각되고, 셸 측에는 메탄 제거탑 위에 흐름 (8)이 흐른다. 열교환기 배출 흐름 (2)와 (10) 사이의 온도차는 10°F이다. 압력 손실은 관측에서 10 psia이고 셸 측에서 5 psia이다. 흐름 (2)는 냉동기를 통과하면서 −84°F로 냉각되는데, 이때의 압력 손실은 5 psia이다. 단열 플래시 분리탑을 이용해서 부분 응축된 증기를 나머지 가스와 분리한다. 증기는 팽창 터빈을 통과해 메탄 제거탑의 첫 단에 125 psig로 도입된다. 분리탑 밑에서 배출되는 액상 흐름 (5)는 밸브를 통과시켜서 압력을 낮춘 다음 메탄 제거탑의 제3단의 하부에 도입한다. 팽창 터빈은 그 에너지 출력의 90%를 압축기에 전달한다. 단열 압축을 기준으로 할 때 효율은 팽창 터빈에서 80%이고 압축기에서 75%이다. 이 공정에서 메탄 제거탑 밑의 액상 흐름 (9)에서의 메탄/에탄 부피비는 0.015여야 하는데, 이 비에 따라 리보일러의 열부하가 변동한다. 또 도입 흐름 (1)의 유량은 23.06×10^6 ft^3 SC/day로 한다.

메탄 제거탑은 리보일러를 포함해 10단으로 되어 있다. 이 문제에서 시행착오의 횟수를 줄이려면 흐름 (3)의 조성을 흐름 (1)을 기준으로 나타내고, 냉동기의 배출 흐름을 더미(dummy) 기호로 나타내면 분리 장치에서 계산을 시작할 수 있으므로 순환 루프가 제외된다.

그림 14.15의 플로시트에 대해 물질수지와 에너지 수지를 풀어서 각 흐름에서 각 성분의 몰유량과 총괄몰유량 및 엔탈피를 구하라. 또각 열교환기의 열부하를 구하라.

이 문제는 Simulation Science, Inc.의 컴퓨터 모사 소프트웨어 패키지의 사용 설명서 *Application Briefs of Process*를 활용해서 만든 것이다.

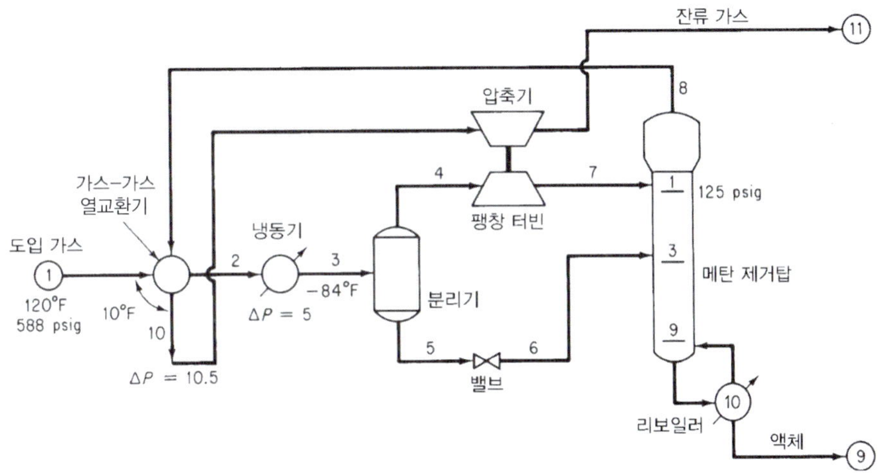

그림 P14.15

성분	Mol %
질소	7.91
메탄	73.05
에탄	7.68
프로판	5.69
이소프로판	0.99
n-부탄	2.44
이소펜탄	0.69
n-펜탄	0.82
C_6	0.42
C_7	0.31
합계	100.00

14.16 그림 P14.16에서 흐름 수지를 나타내는 선형 물질수지 및 에너지 수지의 다음 집합을 풀어서 미지량의 값을 구하라.

a. $181.60 - x_3 - 132.57 - x_4 - x_5 = -y_1 - y_2 + y_5 + y_4 = 5.1$

b. $1.17x_3 - x_6 = 0$

c. $132.57 - 0.745x_7 = 61.2$

d. $x_5 + x_7 - x_8 - x_9 - x_{10} + x_5 = y_7 + y_8 = y_3 = 99.1$

e. $x_8 + x_9 + x_{10} + x_{11} - x_{12} - x_{13} = -y_7 = -8.4$

f. $x_6 - x_{15} = y_{12} = y_5 = 24.2$

g. $-1.15(181.60) + x_3 - x_6 + x_{12} + x_{16} = 1.15y_1 - y_9 + 0.4 = -19.7$

h. $181.60 - 4.594x_{12} - 0.11x_{16} = -y_1 + 1.0235y_9 + 2.45 = 35.05$

i. $-0.0423(181.60) + x_{11} = 0.0423y_1 = 2.88$

j. $-0.016(181.60) + x_4 = 0$

k. $x_8 - 0.0147x_{16} = 0$

l. $x_5 - 0.07x_{14} = 0$

m. $-0.0805(181.60) + x_9 = 0$

n. $x_{12} - x_{14} + x_{16} = 0.4 - y_9 = -97.9$

수증기는 680, 215, 170, 37 psia이다. 이 계에서 14개의 $x_i(i = 3\sim16)$가 미지의 변수이고, y_i는 기지의 매개변수이다. x_i와 y_i의 단위는 모두 10^3 lb/hr이다.

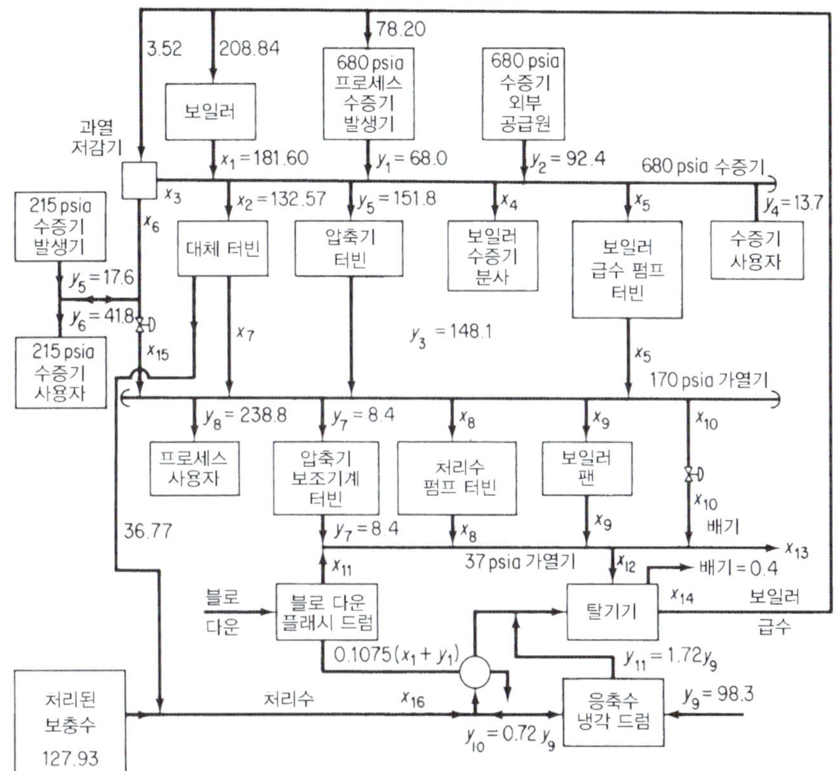

78.20
3.52
208.84
680 psia 프로세스 수증기 발생기
680 psia 수증기 외부 공급원
보일러
과열 저감기
$x_1 = 181.60$
$y_1 = 68.0$
$y_2 = 92.4$
680 psia 수증기
x_3
$x_2 = 132.57$
$y_5 = 151.8$
x_4
x_5
$y_4 = 13.7$
215 psia 수증기 발생기
x_6
대체 터빈
압축기 터빈
보일러 수증기 분사
보일러 급수 펌프 터빈
수증기 사용자
$y_5 = 17.6$
$y_6 = 41.8$
x_7
$y_3 = 148.1$
215 psia 수증기 사용자
x_{15}
x_5
170 psia 가열기
$y_8 = 238.8$
$y_7 = 8.4$
x_8
x_9
x_{10}
프로세스 사용자
압축기 보조기계 터빈
처리수 펌프 터빈
보일러 팬
x_{10}
36.77
$y_7 = 8.4$
x_8
x_9
배기
x_{13}
x_{11}
37 psia 가열기
x_{12}
배기 = 0.4
블로 다운
블로 다운 플래시 드럼
탈기기
x_{14}
보일러 급수
$0.1075(x_1 + y_1)$
$y_{11} = 1.72y_9$
처리된 보충수 127.93
처리수
x_{16}
응축수 냉각 드럼
$y_9 = 98.3$
$y_{10} = 0.72\,y_9$

그림 P14.16

부록

A 원자량과 원자번호

B Pitzer의 Z^0, Z^1 인자

C 생성열과 연소열

D 연습문제 해답

E 다양한 유기물질과 무기물질의 물리적 특성

F 열용량식

G 증기압

H 용액과 희석의 열

I 엔탈피 농도 데이터

J 열역학 도표

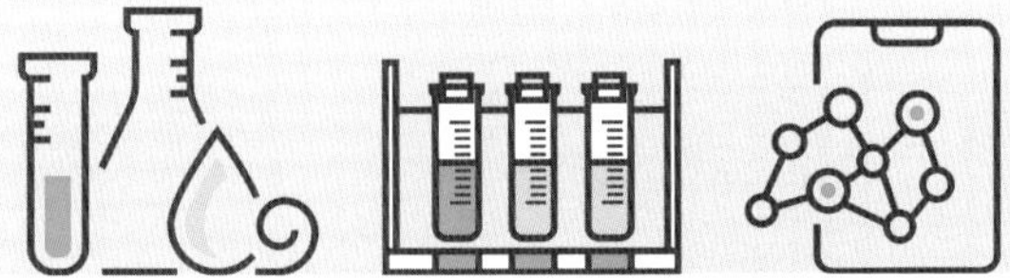

APPENDIX

원자량과 원자번호

표 A.1 원자의 상대 질량, 1965(기준: 원자 질량 ^{12}C = 12)

이 표의 원자량은 동위체의 조성을 인위적으로 바꾸지 않은 천연원소, 인공 방사성 동위체를 포함하지 않은 천연혼합물에 관한 것이다.

이름	기호	원자번호	원자량	이름	기호	원자번호	원자량
Actinium	Ac	89	—	Mercury	Hg	80	200.59
Aluminum	Al	13	26.9815	Molybdenum	Mo	42	95.94
Americium	Am	95	—	Neodymium	Nd	60	144.24
Antimony	Sb	51	121.75	Neon	Ne	10	20.183
Argon	Ar	18	39.948	Neptunium	Np	93	—
Arsenic	As	33	74.9216	Nickel	Ni	28	58.71
Astatine	At	85	—	Niobium	Nb	41	92.906
Barium	Ba	56	137.34	Nitrogen	N	7	14.0067
Berkelium	Bk	97	—	Nobelium	No	102	—
Beryllium	Be	4	9.0122	Osmium	Os	75	190.2
Bismuth	Bi	83	208.980	Oxygen	O	8	15.9994
Boron	B	5	10.811	Palladium	Pd	46	106.4
Bromine	Br	35	79.904	Phosphorus	P	15	30.9738
Cadmium	Cd	48	112.40	Platinum	Pt	78	195.09
Cesium	Cs	55	132.905	Plutonium	Pu	94	—
Calcium	Ca	20	40.08	Polonium	Po	84	
Californium	Cf	98	—	Potassium	K	19	39.102
Carbon	C	6	12.01115	Praseodym	Pr	59	140.907
Cerium	Ce	58	140.12	Promethium	Pm	61	—
Chlorine	Cl	17	35.453[b]	Protactinium	Pa	91	—
Chromium	Cr	24	51.996[b]	Radium	Ra	88	—
Cobalt	Co	27	58.9332	Radon	Rn	86	—
Copper	Cu	29	63.546[b]	Rhenium	Re	75	186.2
Curium	Cm	96	—	Rhodium	Rh	45	102.905
Dysprosium	Dy	66	162.50	Rubidium	Rb	37	84.57
Einsteinium	Es	99	—	Ruthenium	Ru	44	101.07
Erbium	Er	68	167.26	Samarium	Sm	62	150.35
Europium	Eu	63	151.96	Scandium	Sc	21	44.956
Fermium	Fm	100	—	Selenium	Se	34	78.96
Flourine	F	9	18.9984	Silicon	Si	14	28.086
Francium	Fr	87	—	Silver	Ag	47	107.868
Gadolinium	Gd	64	157.25	Sodium	Na	11	22.9898
Gallium	Ga	31	69.72	Strontium	Sr	38	87.62
Germanium	Ge	32	72.59	Sulfur	S	16	32.064
Gold	Au	79	196.967	Tantalum	Ta	73	180.948
Hafnium	Hf	72	178.49	Technetium	Tc	43	—
Helium	He	2	4.0026	Tellurium	Te	52	127.60
Holmium	Ho	67	164.930	Terbium	Tb	65	158.924
Hydrogen	H	1	1.00797	Thallium	Tl	81	204.37
Indium	In	49	114.82	Thorium	Th	90	232.038
Iodine	I	53	126.9044	Thulium	Tm	59	168.934
Iridium	Ir	77	192.2	Tin	Sn	50	118.69
Iron	Fe	26	55.847	Titanium	Ti	22	47.90
Krypton	Kr	36	83.80	Tungsten	W	74	183.85
Lanthanum	La	57	138.91	Uranium	U	92	238.03
Lawrencium	Lr	103	—	Vanadium	V	23	50.942
Lead	Pb	82	207.19	Xenon	Xe	54	131.30
Lithium	Li	3	6.939	Ytterbium	Yb	70	173.04
Lutetium	Lu	71	174.97	Yttrium	Y	39	88.905
Magnesium	Mg	12	24.312	Zinc	Zn	30	65.37
Manganese	Mn	25	54.9380	Zirconium	Zr	40	91.22
Mendelevium	Md	101	—				

출처: *Comptes Rendus*, 23rd IUPAC Conference, 1965, Butterworth's, London, 1965, pp. 177-178.

B Pitzer의 Z^0, Z^1 인자

표 B.1 z^0 값[출처: Lee, B. I., and M. G. Kessler, *AIChEJ*, 21, 510–518 (1975)]

	p_r														
T_r	0.010	0.050	0.100	0.200	0.400	0.600	0.800	1.000	1.200	1.500	2.000	3.000	5.000	7.000	10.000
0.30	0.0029	0.0145	0.0290	0.0579	0.1158	0.1737	0.2315	0.2892	0.3470	0.4335	0.5775	0.8648	1.4366	2.0048	2.8507
0.35	0.0026	0.0130	0.0261	0.0522	0.1043	0.1564	0.2084	0.2604	0.3123	0.3901	0.5195	0.7775	1.2902	1.7987	2.5539
0.40	0.0024	0.0119	0.0239	0.0477	0.0953	0.1429	0.1904	0.2379	0.2853	0.3563	0.4744	0.7095	1.1758	1.6373	2.3211
0.45	0.0022	0.0110	0.0221	0.0442	0.0882	0.1322	0.1762	0.2200	0.2638	0.3294	0.4384	0.6551	1.0841	1.5077	2.1338
0.50	0.0021	0.0103	0.0207	0.0413	0.0825	0.1236	0.1647	0.2056	0.2465	0.3077	0.4092	0.6110	1.0094	1.4017	1.9801
0.55	0.9804	0.0098	0.0195	0.0390	0.0778	0.1166	0.1553	0.1939	0.2323	0.2899	0.3853	0.5747	0.9475	1.3137	1.8520
0.60	0.9849	0.0093	0.0186	0.0371	0.0741	0.1109	0.1476	0.1842	0.2207	0.2753	0.3657	0.5446	0.8959	1.2398	1.7440
0.65	0.9881	0.9377	0.0178	0.0356	0.0710	0.1063	0.1415	0.1765	0.2113	0.2634	0.3495	0.5197	0.8526	1.773	1.6519
0.70	0.9904	0.9504	0.8958	0.0344	0.0687	0.1027	0.1366	0.1703	0.2038	0.2538	0.3364	0.4991	0.8161	1.1241	1.5729
0.75	0.9922	0.9598	0.9165	0.0336	0.0670	0.1001	0.1330	0.1656	0.1981	0.2464	0.3260	0.4823	0.7854	1.0787	1.5047
0.80	0.9935	0.9669	0.9319	0.8539	0.0661	0.0985	0.1307	0.1626	0.1942	0.2411	0.3182	0.4690	0.7598	1.0400	1.4456
0.85	0.9946	0.9725	0.9436	0.8810	0.0661	0.0983	0.1301	0.1614	0.1924	0.2382	0.3132	0.4591	0.7388	1.0071	1.3943
0.90	0.9954	0.9768	0.9528	0.9015	0.7800	0.1006	0.1321	0.1630	0.1935	0.2383	0.3114	0.4527	0.7220	0.9793	1.3496
0.93	0.9959	0.9790	0.9573	0.9115	0.8059	0.6635	0.1359	0.1664	0.1963	0.2405	0.3122	0.4507	0.7138	0.9648	1.3257
0.95	0.9961	0.9803	0.9600	0.9174	0.8206	0.6967	0.1410	0.1705	0.1998	0.2432	0.3138	0.4501	0.7092	0.9561	1.3108
0.97	0.9963	0.9815	0.9625	0.9227	0.8338	0.7240	0.5580	0.1779	0.2055	0.2474	0.3164	0.4504	0.7052	0.9480	1.2968
0.98	0.9965	0.9821	0.9637	0.9253	0.8398	0.7360	0.5887	0.1844	0.2097	0.2503	0.3182	0.4508	0.7035	0.9442	1.2901
0.99	0.9966	0.9826	0.9648	0.9277	0.8455	0.7471	0.6138	0.1959	0.2154	0.2538	0.3204	0.4514	0.7018	0.9406	1.2835
1.00	0.9967	0.9832	0.9659	0.9300	0.8509	0.7574	0.6353	0.2901	0.2237	0.2583	0.3229	0.4522	0.7004	0.9372	1.2772
1.01	0.9968	0.9837	0.9669	0.9322	0.8561	0.7671	0.6542	0.4648	0.2370	0.2640	0.3260	0.4533	0.6991	0.9339	1.2710
1.02	0.9969	0.9842	0.9679	0.9343	0.8610	0.7761	0.6710	0.5146	0.2629	0.2715	0.3297	0.4547	0.6980	0.9307	1.2650
1.05	0.9971	0.9855	0.9707	0.9401	0.8743	0.8002	0.7130	0.6026	0.4437	0.3131	0.3452	0.4604	0.6956	0.9222	1.2481
1.10	0.9975	0.9874	0.9747	0.9485	0.8930	0.8323	0.7649	0.6880	0.5984	0.4580	0.3953	0.4770	0.6950	0.9110	1.2232
1.15	0.9978	0.9891	0.9780	0.9554	0.9081	0.8576	0.8032	0.7443	0.6803	0.5798	0.4760	0.5042	0.6987	0.9033	1.2021
1.20	0.9981	0.9904	0.9808	0.9611	0.9205	0.8779	0.8330	0.7858	0.7363	0.6605	0.5605	0.5425	0.7069	0.8990	1.1844

(계속)

표 B.1 z^0 값[출처: Lee, B. I., and M. G. Kessler, *AIChEJ*, 21, 510–518 (1975)]

	p_r													
1.30	0.9985	0.9926	0.9852	0.9702	0.9396	0.9083	0.8764	0.8438	0.8111	0.7624	0.6908	0.6344	0.7358	0.8998	1.1580
1.40	0.9988	0.9942	0.9884	0.9768	0.9534	0.9298	0.9062	0.8827	0.8595	0.8256	0.7753	0.7202	0.7761	0.9112	1.1419
1.50	0.9991	0.9954	0.9909	0.9818	0.9636	0.9456	0.9278	0.9103	0.8933	0.8689	0.8328	0.7887	0.8200	0.9297	1.1339
1.60	0.9993	0.9964	0.9928	0.9856	0.9714	0.9575	0.9439	0.9308	0.9180	0.9000	0.8738	0.8410	0.8617	0.9518	1.1320
1.70	0.9994	0.9971	0.9943	0.9886	0.9775	0.9667	0.9563	0.9463	0.9367	0.9234	0.9043	0.8809	0.8984	0.9745	1.1343
1.80	0.9995	0.9977	0.9955	0.9910	0.9823	0.9739	0.9659	0.9583	0.9511	0.9413	0.9275	0.9118	0.9297	0.9961	1.1391
1.90	0.9996	0.9982	0.9964	0.9929	0.9861	0.9796	0.9735	0.9678	0.9624	0.9552	0.9456	0.9359	0.9557	1.0157	1.1452
2.00	0.9997	0.9986	0.9972	0.9944	0.9892	0.9842	0.9796	0.9754	0.9715	0.9664	0.9599	0.9550	0.9772	1.0328	1.1516
2.20	0.9998	0.9992	0.9983	0.9967	0.9937	0.9910	0.9886	0.9865	0.9847	0.9826	0.9806	0.9827	1.0094	1.0600	1.1635
2.40	0.9999	0.9996	0.9991	0.9983	0.9969	0.9957	0.9948	0.9941	0.9936	0.9935	0.9945	1.0011	1.0313	1.0793	1.1728
2.60	1.0000	0.9998	0.9997	0.9994	0.9991	0.9990	0.9990	0.9993	0.9998	1.0010	1.0040	1.0137	1.0463	1.0926	1.1792
2.80	1.0000	1.0000	1.0001	1.0002	1.0007	1.0013	1.0021	1.0031	1.0042	1.0063	1.0106	1.0223	1.0565	1.1016	1.1830
3.00	1.0000	1.0002	1.0004	1.0008	1.0018	1.0030	1.0043	1.0057	1.0074	1.0101	1.0153	1.0284	1.0635	1.1075	1.1848
3.50	1.0001	1.0004	1.0008	1.0017	1.0035	1.0055	1.0075	1.0097	1.0120	1.0156	1.0221	1.0368	1.0723	1.1138	1.1834
4.00	1.0001	1.0005	1.0010	1.0021	1.0043	1.0066	1.0090	1.0115	1.0140	1.0179	1.0249	1.0401	1.0747	1.1136	1.1773

표 B.2 z^1 값[출처: Lee, B. I. and M. G. Kessler, *AIChEJ*, 21, 510–518 (1975)]

	p_r														
T_r	0.10	0.50	0.100	0.200	0.400	0.600	0.800	1.000	1.200	1.500	2.000	3.000	5.000	7.000	10.000
0.30	−0.0008	−0.0040	−0.0081	−0.0161	−0.0323	−0.0484	−0.0645	−0.0806	−0.0966	−0.1207	−0.1608	−0.2407	−0.3996	−0.5572	−0.7915
0.35	−0.0009	−0.0046	−0.0093	−0.0185	−0.0370	−0.0554	−0.0738	−0.0921	−0.1105	−0.1379	−0.1834	−0.2738	−0.4523	−0.6279	−0.8863
0.40	−0.0010	−0.0048	−0.0095	−0.0190	−0.0380	−0.0570	−0.0758	−0.0946	−0.1134	−0.1414	−0.1879	−0.2799	−0.4603	−0.6365	−0.8936
0.45	−0.0009	−0.0047	−0.0094	−0.0187	−0.0374	−0.0560	−0.0745	−0.0929	−0.1113	−0.1387	−0.1840	−0.2734	−0.4475	−0.6162	−0.8606
0.50	−0.0009	−0.0045	−0.0090	−0.0181	−0.0360	−0.0539	−0.0716	−0.0893	−0.1069	−0.1330	−0.1762	−0.2611	−0.4253	−0.5831	−0.8099
0.55	−0.0314	−0.0043	−0.0086	−0.0172	−0.0343	−0.0513	−0.0682	−0.0849	−0.1015	−0.1263	−0.1669	−0.2465	−0.3991	−0.5446	−0.7521
0.60	−0.0205	−0.0041	−0.0082	−0.0164	−0.0326	−0.0487	−0.0646	−0.0803	−0.0960	−0.1192	−0.1572	−0.2312	−0.3718	−0.5047	−0.6928
0.65	−0.0137	−0.0772	−0.0078	−0.0156	−0.0309	−0.0461	−0.0611	−0.0759	−0.0906	−0.1122	−0.1476	−0.2160	−0.3447	−0.4653	−0.6346
0.70	−0.0093	−0.0507	−0.1161	−0.0148	−0.0294	−0.0438	−0.0579	−0.0718	−0.0855	−0.1057	−0.1385	−0.2013	−0.3184	−0.4270	−0.5785
0.75	−0.0064	−0.0339	−0.0744	−0.0143	−0.0282	−0.0417	−0.0550	−0.0681	−0.0808	−0.0996	−0.1298	−0.1872	−0.2929	−0.3901	−0.5250
0.80	−0.0044	−0.0228	−0.0487	−0.1160	−0.0272	−0.0401	−0.0526	−0.0648	−0.0767	−0.0940	−0.1217	−0.1736	−0.2682	−0.3545	−0.4740
0.85	−0.0029	−0.0152	−0.0319	−0.0715	−0.0268	−0.0391	−0.0509	−0.0622	−0.0731	−0.0888	−0.1138	−0.1602	−0.2439	−0.3201	−0.4254
0.90	−0.0019	−0.0099	−0.0205	−0.0442	−0.1118	−0.0396	−0.0503	−0.0604	−0.0701	−0.0840	−0.1059	−0.1463	−0.2195	−0.2862	−0.3788
0.93	−0.0015	−0.0075	−0.0154	−0.0326	−0.0763	−0.1662	−0.0514	−0.0602	−0.0687	−0.0810	−0.1007	−0.1374	−0.2045	−0.2661	−0.3516
0.95	−0.0012	−0.0062	−0.0126	−0.0262	−0.0589	−0.1110	−0.0540	−0.0607	−0.0678	−0.0788	−0.0967	−0.1310	−0.1943	−0.2526	−0.3339
0.97	−0.0010	−0.0050	−0.0101	−0.0208	−0.0450	−0.0770	−0.1647	−0.0623	−0.0669	−0.0759	−0.0921	−0.1240	−0.1837	−0.2391	−0.3163
0.98	−0.0009	−0.0044	−0.0090	−0.0184	−0.0390	−0.0641	−0.1100	−0.0641	−0.0661	−0.0740	−0.0893	−0.1202	−0.1783	−0.2322	−0.3075
0.99	−0.0008	−0.0039	−0.0079	−0.0161	−0.0335	−0.0531	−0.0796	−0.0680	−0.0646	−0.0715	−0.0861	−0.1162	−0.1728	−0.2254	−0.2989
1.00	−0.0007	−0.0034	−0.0069	−0.0140	−0.0285	−0.0435	−0.0588	−0.0879	−0.0609	−0.0678	−0.0824	−0.1118	−0.1672	−0.2185	−0.2902
1.01	−0.0006	−0.0030	−0.0060	−0.0120	−0.0240	−0.0351	−0.0429	−0.0223	−0.0473	−0.0621	−0.0778	−0.1072	−0.1615	−0.2116	−0.2816
1.02	−0.0005	−0.0026	−0.0051	−0.0102	−0.0198	−0.0277	−0.0303	−0.0062	0.0227	−0.0524	−0.0722	−0.1021	−0.1556	−0.2047	−0.2731
1.05	−0.0003	−0.0015	−0.0029	−0.0054	−0.0092	−0.0097	−0.0032	0.0220	0.1059	0.0451	−0.0432	−0.0838	−0.1370	−0.1835	−0.2476
1.10	−0.0000	0.0000	0.0001	0.0007	0.0038	0.0106	0.0236	0.0476	0.0897	0.1630	0.0698	−0.0373	−0.1021	−0.1469	−0.2056
1.15	0.0002	0.0011	0.0023	0.0052	0.0127	0.0237	0.0396	0.0625	0.0943	0.1548	0.1667	0.0332	−0.0611	−0.1084	−0.1642
1.20	0.0004	0.0019	0.0039	0.0084	0.0190	0.0326	0.0499	0.0719	0.0991	0.1477	0.1990	0.1095	−0.0141	−0.0678	−0.1231

(계속)

표 B.2 z^1 값[출처: Lee, B. I. and M. G. Kessler, *AIChEJ*, 21, 510–518 (1975)]

	p_r													
1.30	0.0006	0.0030	0.0061	0.0125	0.0267	0.0429	0.0612	0.0819	0.1048	0.1420	0.1991	0.2079	0.0875	0.0176	−0.0423
1.40	0.0007	0.0036	0.0072	0.0147	0.0306	0.0477	0.0661	0.0857	0.1063	0.1383	0.1894	0.2397	0.1737	0.1008	0.0350
1.50	0.0008	0.0039	0.0078	0.0158	0.0323	0.0497	0.0677	0.0864	0.1055	0.1345	0.1806	0.2433	0.2309	0.1717	0.1058
1.60	0.0008	0.0040	0.0080	0.0162	0.0330	0.0501	0.0677	0.0855	0.1035	0.1303	0.1729	0.2381	0.2631	0.2255	0.1673
1.70	0.0008	0.0040	0.0081	0.0163	0.0329	0.0497	0.0667	0.0838	0.1008	0.1259	0.1658	0.2305	0.2788	0.2628	0.2179
1.80	0.0008	0.0040	0.0081	0.0162	0.0325	0.0488	0.0652	0.0816	0.0978	0.1216	0.1593	0.2224	0.2846	0.2871	0.2576
1.90	0.0008	0.0040	0.0079	0.0159	0.0318	0.0477	0.0635	0.0792	0.0947	0.1173	0.1532	0.2144	0.2848	0.3017	0.2876
2.00	0.0008	0.0039	0.0078	0.0155	0.0310	0.0464	0.0617	0.0767	0.0916	0.1133	0.1476	0.2069	0.2819	0.3097	0.3096
2.20	0.0007	0.0037	0.0074	0.0147	0.0293	0.0437	0.0579	0.0719	0.0857	0.1057	0.1374	0.1932	0.2720	0.3135	0.3355
2.40	0.0007	0.0035	0.0070	0.0139	0.0276	0.0411	0.0544	0.0675	0.0803	0.0989	0.1285	0.1812	0.2602	0.3089	0.3459
2.60	0.0007	0.0033	0.0066	0.0131	0.0260	0.0387	0.0512	0.0634	0.0754	0.0929	0.1207	0.1706	0.2484	0.3009	0.3475
2.80	0.0006	0.0031	0.0062	0.0124	0.0245	0.0365	0.0483	0.0598	0.0711	0.0876	0.1138	0.1613	0.2372	0.2915	0.3443
3.00	0.0006	0.0029	0.0059	0.0117	0.0232	0.0345	0.0456	0.0565	0.0672	0.0828	0.1076	0.1529	0.2268	0.2817	0.3385
3.50	0.0005	0.0026	0.0052	0.0103	0.0204	0.0303	0.0401	0.0497	0.0591	0.0728	0.0949	0.1356	0.2042	0.2584	0.3194
4.00	0.0005	0.0023	0.0046	0.0091	0.0182	0.0270	0.0357	0.0443	0.0527	0.0651	0.0849	0.1219	0.1857	0.2379	0.2994

회색으로 표시된 부분은 액체 상에 해당하는 값이다.

C 생성열과 연소열

표 C.1 화합물의 생성열과 연소열(25°C)*†

$\Delta\hat{H}_c^\circ$에 대한 생성물의 표준상태는 CO_2(g), H_2O(l), N_2(g), SO_2(g), HCl(aq)이다. Btu/lb mol 단위로 환산하려면 430.6을 곱한다.

화합물	화학식	분자량	상태	$\Delta\hat{H}_f^\circ$ (kJ/g mol)	$\Delta\hat{H}_c^\circ$ (kJ/g mol)
Acetic acid	CH_3COOH	60.05	l	−486.2	−871.69
			g		−919.73
Acetaldehyde	CH_3CHO	40.052	g	−166.4	−1192.36
Acetone	C_3H_6O	58.08	aq, 200	−410.03	
			g	−216.69	−1821.38
Acetylene	C_2H_2	26.04	g	226.75	−1299.61
Ammonia	NH_3	17.032	l	−67.20	
			g	−46.191	−382.58
Ammonium carbonate	$(NH_4)_2CO_3$	96.09	c		
			aq	−941.86	
Ammonium chloride	NH_4Cl	53.50	c	−315.4	
Ammonium hydroxide	NH_4OH	35.05	aq	−366.5	
Ammonium nitrate	NH_4NO_3	80.05	c	−366.1	
			aq	−339.4	
Ammonium sulfate	$(NH_4)SO_4$	132.15	c	−1179.3	
			aq	−1173.1	
Benzaldehyde	C_6H_5CHO	106.12	l	−88.83	
			g	−40.0	
Benzene	C_6H_6	78.11	l	48.66	−3267.6
			g	82.927	−3301.5
Boron oxide	B_2O_3	69.64	c	−1263	
			l	−1245.2	
Bromine	Br_2	159.832	l	0	
			g	30.7	

(계속)

화합물	화학식	분자량	상태	$\Delta\hat{H}^\circ_f$ (kJ/g mol)	$\Delta\hat{H}^\circ_c$ (kJ/g mol)
n-Butane	C_4H_{10}	58.12	l	–147.6	–2855.6
			g	–124.73	–2878.52
Isobutane	C_4H_{10}	58.12	l	–158.5	–2849.0
			g	–134.5	–2868.8
1-Butene	C_4H_8	56.104	g	1.172	–2718.58
Calcium arsenate	$Ca_3(AsO_4)_2$	398.06	c	–3330.5	
Calcium carbide	CaC_2	64.10	c	–62.7	
Calcium carbonate	$CaCO_3$	100.09	c	–1206.9	
Calcium chloride	$CaCl_2$	110.99	c	–794.9	
Calcium cyanamide	$CaCN_2$	80.11	c	–352	
Calcium hydroxide	$Ca(OH)_2$	74.10	c	–986.56	
Calcium oxide	CaO	56.08	c	–635.6	
Calcium phosphate	$Ca_3(PO_4)_2$	310.19	c	–4137.6	
Calcium silicate	$CaSiO_3$	116.17	c	–1584	
Calcium sulfate	$CaSO_4$	136.15	c	–1432.7	
			aq	–1450.5	
Calcium sulfate (gypsum)	$CaSO_4 \cdot 2H_2O$	172.18	c	–2021.1	
Carbon	C	12.01	c Graphite (β)	0	–393.51
Carbon dioxide	CO_2	44.01	g	–393.51	
			l	–412.92	
Carbon disulfide	CS_2	76.14	l	87.86	–1075.2
			g	115.3	–1102.6
Carbon monoxide	CO	28.01	g	–110.52	–282.99
Carbon tetrachloride	CCl_4	153.838	l	–139.5	–352.2
			g	–106.69	–384.9
Chloroethane	C_2H_5Cl	64.52	g	–105.0	–1421.1
			l	–41.20	–5215.44
Cumene (isopropylbenzene)	$C_6H_5CH(CH_3)_2$	120.19	g	3.93	–5260.59
			c	–769.86	
Cupric sulfate	$CuSO_4$	159.61	aq	–843.12	
			c	–751.4	
Cyclohexane	C_6H_{12}	84.16	g	–123.1	–3953.0
Cyclopentane	C_5H_{10}	70.130	l	–105.8	–3290.9
			g	–77.23	–3319.5
Ethane	C_2H_6	30.07	g	–84.667	–1559.9
Ethyl acetate	$CH_3CO_2C_2H_5$	88.10	l	–442.92	–2274.48
Ethyl alcohol	C_2H_5OH	46.068	l	–277.63	–1366.91
			g	–235.31	–1409.25
Ethyl benzene	$C_6H_5 \cdot C_2H_5$	106.16	l	–12.46	–4564.87
			g	29.79	–4607.13
Ethyl chloride	C_2H_5Cl	64.52	g	–105	
Ethylene	C_2H_4	28.052	g	52.283	–1410.99
Ethylene chloride	C_2H_3Cl	62.50	g	31.38	–1271.5
3-Ethyl hexane	C_8H_{18}	114.22	l	–250.5	–5470.12
			g	–210.9	–5509.78

화합물	화학식	분자량	상태	$\Delta\hat{H}^\circ_f$ (kJ/g mol)	$\Delta\hat{H}^\circ_c$ (kJ/g mol)
Ferric chloride	$FeCl_3$		c	–403.34	
Ferric oxide	Fe_2O_3	159.70	c	–822.156	
Ferric sulfide	FeS_2	Iron sulfide 참조		Iron sulfide 참조	
Ferrosoferric oxide	Fe_3O_4	231.55	c	–1116.7	
Ferrous chloride	$FeCl_2$		c	–342.67	–303.76
Ferrous oxide	FeO	71.85	c	–267	
Ferrous sulfide	FeS	87.92	c	–95.06	
Formaldehyde	H_2CO	30.026	g	–115.89	–563.46
n-Heptane	C_7H_{16}	100.20	l	–224.4	–4816.91
			g	–187.8	–4853.48
n-Hexane	C_6H_{14}	86.17	l	–198.8	–4163.1
			g	–167.2	–4194.753
Hydrogen	H_2	2.016	g	0	–285.84
Hydrogen bromide	HBr	80.924	g	–36.23	
Hydrogen chloride	HCl	36.465	g	–92.311	
Hydrogen cyanide	HCN	27.026	g	130.54	
Hydrogen sulfide	H_2S	34.082	g	–20.15	–562.589
Iron sulfide	FeS_2	119.98	c	–177.9	
Lead oxide	PbO	223.21	c	–219.2	
Magnesium chloride	$MgCl_2$	95.23	c	–641.83	
Magnesium hydroxide	$Mg(OH)_2$	58.34	c	–924.66	
Magnesium oxide	MgO	40.32	c	–601.83	
Methane	CH_4	16.041	g	–74.84	–890.4
Methyl alcohol	CH_3OH	32.042	l	–238.64	–726.55
			g	–201.25	–763.96
Methyl chloride	CH_3Cl	50.49	g	–81.923	–766.63†
Methyl cyclohexane	C_7H_{14}	98.182	l	–190.2	–4565.29
			g	–154.8	–4600.68
Methyl cyclopentane	C_6H_{12}	84.156	l	–138.4	–3937.7
			g	–106.7	3969.4
Nitric acid	HNO_3	63.02	l	–173.23	
			aq	–206.57	
Nitric oxide	NO	30.01	g	90.374	
Nitrogen dioxide	NO_2	46.01	g	33.85	
Nitrous oxide	N_2O	44.02	g	81.55	
n-Pentane	C_5H_{12}	72.15	l	–173.1	–3509.5
			g	–146.4	–3536.15
Phosphoric acid	H_3PO_4	98.00	c	–1281	
			aq ($1H_2O$)	–1278	
Phosphorus	P_4	123.90	c	0	
Phosphorus pentoxide	P_2O_5	141.95	c	–1506	
Propane	C_3H_8	44.09	l	–119.84	–2204.0
			g	–103.85	–2220.0

(계속)

화합물	화학식	분자량	상태	$\Delta\hat{H}^\circ_f$ (kJ/g mol)	$\Delta\hat{H}^\circ_c$ (kJ/g mol)
Propene	C_3H_6	42.078	g	20.41	−2058.47
n-Propyl alcohol	C_3H_8O	60.09	g	−255	−2068.6
n-Propylbenzene	$C_6H_5 \cdot CH_2 \cdot C_2H_5$	120.19	l	−38.40	−5218.2
			g	7.824	−5264.5
Silicon dioxide	SiO_2	60.09	c	−851.0	
Sodium bicarbonate	$NaHCO_3$	84.01	c	−945.6	
Sodium bisulfate	$NaHSO_4$	120.07	c	−1126	
Sodium carbonate	Na_2CO_3	105.99	c	−1130	
Sodium chloride	NaCl	58.45	c	−411.00	
Sodium cyanide	NaCN	49.01	c	−89.79	
Sodium nitrate	$NaNO_3$	85.00	c	−466.68	
Sodium nitrite	$NaNO_2$	69.00	c	−359	
Sodium sulfate	Na_2SO_4	142.05	c	−1384.5	
Sodium sulfide	Na_2S	78.05	c	−373	
Sodium sulfite	Na_2SO_3	126.05	c	−1090	
Sodium thiosulfate	$Na_2S_2O_3$	158.11	c	−1117	
Sulfur	S	32.07	c (rhombic)	0	
			c (monoclinic)	0.297	
Sulfur chloride	S_2Cl_2	135.05	l	−60.3	
Sulfur dioxide	SO_2	64.066	g	−296.90	
Sulfur trioxide	SO_3	80.066	g	−395.18	
Sulfuric acid	H_2SO_4	98.08	l	−811.32	
			aq	−907.51	
Toluene	$C_6H_5CH_3$	92.13	l	11.99	−3909.9
			g	50.000	−3947.9
Water	H_2O	18.016	l	−285.840	
			g	−241.826	
m-Xylene	$C_6H_4(CH_3)_2$	106.16	l	−25.42	−4551.86
			g	17.24	−4594.53
o-Xylene	$C_6H_4(CH_3)_2$	106.16	l	−24.44	−4552.86
			g	19.00	−4596.29
p-Xylene	$C_6H_4(CH_3)_2$	106.16	l	−24.43	−4552.86
			g	17.95	−4595.25
Zinc sulfate	$ZnSO_4$	161.45	c	−978.55	
			aq	−1059.93	

*Sources of data are given at the beginning of Appendix D, References 1, 4, and 5.
†Standard state HCl(g).

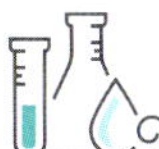

D 연습문제 해답

제2장

2.1.1h 250N

2.2.2a 1.829×10^6 μm

2.2.8 9.5 L min^{-1}

2.2.21a 4.5 J/kg

2.2.31c 241.3 K

2.3.6 C_D는 무차원이다.

2.3.11 68.114 ft^3/hr

2.4.8 569.8 cm^3

2.6.2 1이나 100몰을 사용한다.

2.6.11 31.138

2.6.16 4333 L

2.7.6a 5515.4 lb_f/ft^2

2.7.16 60 mol % CO_2, 40 mol % N_2

2.7.25 2.70×10^{-4}

제3장

3.2.11 1200 kg

3.2.21 30 kg

3.3.4a 아니다. 단 하나의 독립 방정식이 있다.

3.3.12 DOF = 5

3.4.3 1200 lb

3.4.12 F – 18,900 kg/min

3.4.18 85.5 g $Ba(NO_3)_2$

3.4.28 $x_S = 0.006153$

제4장

4.1.3b $2KC1O_3 + 4HC1 = 2KC1 + 2C1O_2 + C1_2 + 2H_2O$

4.1.14a 455.4 kg CO_2

4.2.3 22.5 반응몰

4.2.13a 55.3% 과잉 C

4.3.1 0.25
4.3.7 45.6% HF, 1.3% SiF_4, 2.5% H_2O, 50.5% N_2
4.5.1 13.0% CO_2, 14.3% H_2O, 67.6% N_2, 5.1% O_2
4.5.8 과잉공기% = 686%
4.5.13 과잉공기% = 10.84%

제5장

5.1.3 9개의 독립수지
5.2.2a $W = D = 500$ kg
5.2.9 241 kg $HSiCl_3$
5.3.2 $R/F = 0.33$
5.3.8a 1회 통과 전화율 = 0.5
5.3.11b $R = 0.72$ kg mol = 249 kg
5.3.19 125.2 kg mol R_G/hr, 2.36 kg mol R_L/hr
5.4.2 검산을 통해 분리기에서 $C1_2$와 H_2의 흐름이 잘못되어 가고 있음을 알 수 있으며, 따라서 어떤 계산도 의미가 없다.

제6장

6.1.5 1.5 m^3/kg mol
6.1.21 451 L
6.1.39 9.57 atm(게이지 압력)
6.2.9 193.37 atm
6.2.17 10.60 g mol(van der Waals), 10.61 g mol(RK)
6.3.7 0.29 kg
6.3.12 102 cm^3
6.4.2 177 atm
6.4.7 실제 부피유량 39.85 m^3/hr

제7장

7.2.7 F = 2
7.3.5a 91.07 mm Hg
7.3.11a 0.837 m^3/kg
7.3.15 40.05 m/s
7.4.3 17%
7.4.11 −11°C~15.4°C
7.4.21 327.5 K
7.5.4 940 mg/L
7.5.6a 톨루엔 0.084%, 벤젠 0.0470%

제8장

8.1.9 $0.148 \dfrac{G^{0.6}J}{D^{0.4}(s)(m^2)(^oC)}$

8.2.5a $\Delta H = Q$

8.3.11 624 J

8.3.21 $W = 0.57$ kW

8.3.29 $T = 417$ K

8.4.2 $\Delta H = 11{,}980$ J

8.4.9 31.679 kJ/g mol

8.4.18 −11.790 J/g mol

8.4.26 21.9°C

8.5.3 4.62 J/kg

8.5.9 1038.4 kW

8.6.3 $\Delta h = 10.3$ m

8.6.9 T = 30.0°C

제9장

9.1.5 −269.05 kJ

9.2.2a −2899 kJ

9.2.10 308,840 J/g mol S

9.2.25 -1.800×10^4 kJ

9.3.2 −2659.2 kJ

9.4.4 표준 조건에서의 NGI의 경우, 143 Btu/ft^3

9.4.8 연소가 단일성분으로 이루어질 때

제10장

10.1.5 20.3 m^3

10.1.7 941 kg

10.2.7 0.174 kg H_2O/kg dry air

10.2.13 19.3°C

10.3.2a 30.7°C

10.3.4 33.9 kJ/hr

제11장

11.3.3 2.0 kg UO_2/100 kg water

11.3.8 14.65톤

11.3.16 25%

11.3.22 4.450시간

E 다양한 유기물질과 무기물질의 물리적 특성

부록 D, F, G에 포함된 물리적 특성, 열 용량, 열역학 특성에 대한 테이블 데이터의 참고 자료

1. Kobe, Kenneth A., and Associates. "Thermochemistry of Petrochemicals," reprint from *Petroleum Refiner*, Gulf Publishing, Houston, TX (January, 1949–July, 1958) (enthalpy tables F.2–F.7 and heat capacities of several gases in Table G.1, Appendix G).
2. Lange, N. A. *Handbook of Chemistry*, 12th ed., McGraw-Hill, New York (1979).
3. Maxwell, J. B. *Data Book on Hydrocarbons*, Van Nostrand Reinhold, New York (1950).
4. Perry, J. H., and C. H. Chilton (eds.). *Chemical Engineers' Handbook*, 5th ed., McGraw-Hill, New York (1973).
5. Rossini, Frederick D., et al. "Selected Values of Chemical Thermodynamic Properties," *National Bureau of Standards Circular 500*, U.S. Government Printing Office, Washington, DC (1952).
6. Rossini, Frederick D., et al. "Selected Values of Physical and Thermodynamic Properties of Hydrocarbons and Related Compounds," American Petroleum Institute Research Project 44 (1953 and subsequent years).
7. Weast, Robert C. *Handbook of Chemistry and Physics*, 59th ed., CRC Press, Boca Raton, FL (1979).

표 E.1 다양한 유기물질과 무기물질의 물리적 특성*(추가적인 화합물에 대한 정보는 Carl L. Yaws 교수 제공 CD에서 찾을 수 있다.)

kcal/g mol로 변환하려면 0.2390을 곱하고, Btu/lb mol로 변환하려면 430.2를 곱한다.

화합물	화학식	분자량 Wt.	비중	녹는점 (K)	$\Delta\hat{H}$ Fusion (kJ/g mol)	정상 끓는점 (K)	$\Delta\hat{H}$Vap. at b.p. (kJ/g mol)	T_c (K)	p_c (atm)	$\hat{V}_c$ (cm^3/g mol)	z_c
Acetaldehyde	C_2H_4O	44.05	$0.783^{18°/4°}$	149.5		293.2		461.0			
Acetic acid	CH_3CHO_2	60.05	1.049	289.9	12.09	390.4	24.4	594.8	57.1	171	0.200
Acetone	C_3H_6O	58.08	0.791	178.2	5.69	329.2	30.2	508.0	47.0	213	0.238
Acetylene	C_2H_2	26.04	0.9061(A)	191.7	3.7	191.7	17.5	309.5	61.6	113	0.274
Air			1.00					132.5	37.2		
Ammonia	NH_3	17.03	$0.817^{-79°}$ 0.597(A)	195.40	5.653	239.73	23.35	405.5	111.3	72.5	0.243
Ammonium carbonate	$(NH_4)_2CO_3 \cdot H_2O$	114.11			(331 K에서 분해됨)						
Ammonium chloride	NH_4CL	53.50	$2.53^{17°}$		(623 K에서 분해됨)						
Ammonium nitrate	NH_4NO_3	80.05	$1.725^{25°}$	442.8	5.4		(483.2 K에서 분해됨)				
Ammonium sulfate	$(NH_4)_2SO_4$	132.14	1.769	786		(786 K에서 녹은 후 분해됨)					
Aniline	C_6H_7N	93.12	1.022	266.9		457.4		699	52.4		
Benzaldehyde	C_6H_5CHO	106.12	1.046	247.16		452.16	38.40				
Benzene	C_6H_6	78.11	0.879	278.693	9.837	353.26	30.76	562.6	48.6	260	0.274
Benzoic acid	$C_7H_6O_2$	122.12	$1.316^{28°/4°}$	395.4		523.0					
Benzyl alcohol	C_7H_8O	108.13	1.045	257.8		478.4					
Boron oxide	B_2O_3	69.64	1.85	723	22.0						
Bromine	Br_2	159.83	$3.119^{20°}$ 5.87(A)	265.8	10.8	331.78	31.0	584	102	144	0.306
1, 2-Butadiene	C_4H_6	54.09	$0.652^{20°}$	136.7		283.3		446			
1, 3-Butadiene	C_4H_6	54.09	0.621	164.1		268.6		425	42.7	221	0.271
Butane	n-C_4H_{10}	58.12	0.579	134.83	4.661	272.66	22.31	425.17	37.47	255	0.374
iso-Butane	iso-C_4H_{10}	58.12	0.557	113.56	4.540	261.43	21.29	408.1	36.0	263	0.283

(계속)

표 E.1 다양한 유기물질과 무기물질의 물리적 특성*

화합물	화학식	분자량 Wt.	비중	녹는점 (K)	$\Delta\hat{H}$ Fusion (kJ/g mol)	정상 끓는점 (K)	$\Delta\hat{H}$ Vap. at b.p. (kJ/g mol)	T_c (K)	p_c (atm)	$\hat{V}_c$ (cm^3/g mol)	z_c
1-Butene	C_4H_8	56.10	0.60	87.81	3.848	266.91	21.92	419.6	39.7	240	0.277
Butyl phthalate	*see* Dibutyl phthalate										
n-Butyric acid	*n*-$C_4H_8O_2$	88.10	0.958	267		437.1		628	52.0	290	0.293
iso-Butyric acid	iso-$C_4H_8O_2$	88.10	0.949	226		427.7		609			
Calcium arsenate	$Ca_3(AsO_4)_2$	398.06		1723							
Calcium carbide	Ca_2C_2	64.10	$2.22^{18°}$	2573							
Calcium carbonate	$CaCO_3$	100.09	2.93		(1098 K에서 분해됨)						
Calcium chloride	$CaCl_2$	110.99	$2.152^{15°}$	1055	28.4						
	$CaCl_2 \cdot H_2O$	129.01									
	$CaCl_2 \cdot 2H_2O$	147.03									
	$CaCl_2 \cdot 6H_2O$	219.09	$1.78^{17°}$	303.4	37.3	(473 K에서 $-6H_2O$)					
Calcium cyanamide	$CaCN_2$	80.11	2.29								
Calcium cyanide	$Ca(CN)_2$	92.12									
Calcium hydroxide	$Ca(OH)_2$	74.10	2.24		(853 K에서 $-H_2O$)						
Calcium oxide	CaO	56.08	2.62	2873	50	3123					
Calcium phosphate	$Ca_3(PO_4)_2$	310.19	3.14	1943							
Calcium silicate	$CaSiO_3$	117.17	2.915	1803	48.62						
Calcium sulfate (gypsum)	$CaSO_4 \cdot 2H_2O$	172.18	2.32		(301°K에서 $-1\frac{1}{2}H_2O$)						
Carbon	C	12.010	2.26	3873	46.0	4473					
Carbon dioxide	CO_2	44.01	1.53(A) 1.229 satd. liq. at 5162 kPa	$217.0^{5.2atm}$	8.32	(195 K에서 승화됨)		304.2	72.9	94	0.275

화합물	화학식	분자량 Wt.	비중	녹는점 (K)	$\Delta\hat{H}$ Fusion (kJ/g mol)	정상 끓는점 (K)	$\Delta\hat{H}$ Vap. at b.p. (kJ/g mol)	T_c (K)	p_c (atm)	$\hat{V}_c$ (cm^3/g mol)	z_c
Carbon disulfide	CS_2	76.14	$1.261^{22°/20°}$ 2.63(A)	161.1	4.39	319.41	26.8	552.0	78.0	170	0.293
Carbon monoxide	CO	28.01	0.968(A)	68.10	0.837	81.66	6.042	133.0	34.5	93	0.294
Carbon tetrachloride	CCl_4	153.84	1.595	250.3	2.5	349.9	30.0	556.4	45.0	276	0.272
Chlorine	Cl_2	70.91	2.49(A)	172.16	6.406	239.10	20.41	417.0	76.1	124	0.276
Chlorobenzene	C_6H_5Cl	112.56	1.107	228		405.26	36.5	632.4	44.6	308	0.265
Chloroform	$CHCl_3$	119.39	$1.489^{20°}$	209.5		334.2		536.0	54.0	240	0.294
Chromium	Cr	52.01	7.1								
Copper	Cu	63.54	8.92	1356.2	13.0	2855	305				
Cumene	C_9H_{12}	120.19	0.862	177.125	7.1	425.56	37.5	636	31.0	440	0.260
Cupric sulfate	$CuSO_4$	159.61	$3.605^{15°}$	(873 K에서 분해됨)							
Cyclohexane	C_6H_{12}	84.16	0.779	279.83	2.677	353.90	30.1	553.7	40.4	308	0.274
Cyclopentane	C_5H_{10}	70.13	0.745	179.71	0.6088	322.42	27.30	511.8	44.55	260	0.27
Decane	$C_{10}H_{22}$	142.28	$0.730^{20°}$	243.3		447.0		619.0	20.8	602	0.2476
Dibutyl phthalate	$C_8H_{22}O_4$	278.34	$1.045^{21°}$			613					
Diethyl ether	$(C_2H_5)_2O$	74.12	$0.708^{25°}$	156.86	7.301	307.76	26.05	467	35.6	281	0.261
Ethane	C_2H_6	30.07	1.049(A)	89.89	2.860	184.53	14.72	305.4	48.2	148	0.285
Ethanol	C_2H_6O	46.07	0.789	158.6	5.021	351.7	38.6	516.3	63.0	167	0.248
Ethyl acetate	$C_4H_8O_2$	88.10	0.901	189.4		350.2		523.1	37.8	286	0.252
Ethyl benzene	C_8H_{10}	106.16	0.867	178.185	9.163	409.35	36.0	619.7	37.0	360	0.260
Ethyl bromide	C_2H_5Br	108.98	1.460	154.1		311.4		504	61.5	215	0.320
Ethyl chloride	CH_3CH_2Cl	64.52	$0.903^{10°}$	134.83	4.452	285.43	25	460.4	52.0	199	0.274
3-Ethyl hexane	C_8H_{18}	114.22	0.7169			391.69	34.3	567.0	26.4	466	0.264
Ethylene	C_2H_4	28.05	0.975(A)	103.97	3.351	169.45	13.54	283.1	50.5	124	0.270

(계속)

표 E.1 다양한 유기물질과 무기물질의 물리적 특성*

화합물	화학식	분자량 Wt.	비중	녹는점 (K)	$\Delta\hat{H}$ Fusion (kJ/g mol)	정상 끓는점 (K)	$\Delta\hat{H}$ Vap. at b.p. (kJ/g mol)	T_c (K)	p_c (atm)	$\hat{V}_c$ (cm^3/g mol)	z_c
Ethylene glycol	$C_2H_6O_2$	62.07	$1.113^{19°}$	260	11.23	470.4	56.9				
Ferric oxide	Fe_2O_3	159.70	5.12	1833		(1833 K에서 분해됨)					
Ferric sulfide	Fe_2S_3	207.90	4.3		(분해)						
Ferrous sulfide	FeS	87.92	4.84	1466		(분해)					
Formaldehyde	H_2CO	30.03	$0.815^{-20°}$	154.9		253.9	24.5				
Formic acid	CH_2O_2	46.03	1.220	281.46	12.7	373.7	22.3				
Glycerol	$C_3H_8O_3$	92.09	$1.260^{50°}$	291.36	18.30	563.2					
Helium	He	4.00	0.1368(A)	3.5	0.02	4.216	0.084	5.26	2.26	58	0.304
Heptane	C_7H_{16}	100.20	0.684	182.57	14.03	371.59	31.69	540.2	27.0	426	0.260
Hexane	C_6H_{14}	86.17	0.659	177.84	13.03	341.90	28.85	507.9	29.9	368	0.264
Hydrogen	H_2	2.016	0.06948(A)	13.96	0.12	20.39	0.904	33.3	12.8	65	0.304
Hydrogen chloride	HCl	36.47	1.268(A)	158.94	1.99	188.11	16.15	324.6	81.5	87	0.266
Hydrogen fluoride	HF	20.01	1.15	238		293		503.2			
Hydrogen sulfide	H_2S	34.08	1.1895(A)	187.63	2.38	212.82	18.67	373.6	88.9	98	0.284
Iodine	I_2	253.8	$4.93^{20°}$	386.5		457.4		826.0			
Iron	Fe	55.85	7.7	1808	15	3073	353				
Iron oxide	Fe_3O_4	231.55	5.2	1867	138	(1867 K에서 녹은 후 분해됨)					
Lead	Pb	207.21	$11.337^{20°}$	600.6	5.10	2023	180				
Lead oxide	PbO	223.21	9.5	1159	11.7	1745	213				
Magnesium	Mg	24.32	1.74	923	9.2	1393	132				
Magnesium chloride	$MgCl_2$	95.23	$2.325^{25°}$	987	43.1	1691	137				
Magnesium hydroxide	$Mg(OH)_2$	58.34	2.4	(623 K에서 분해됨)							
Magnesium oxide	MgO	40.32	3.65	3173	77.4	3873					
Mercury	Hg	200.61	$13.546^{20°}$								
Methane	CH_4	16.04	0.554(A)	90.68	0.941	111.67	8.180	190.7	45.8	99	0.290
Methanol	CH_3OH	32.04	0.792	175.26	3.17	337.9	35.3	513.2	78.5	118	0.222
Methyl acetate	$C_3H_6O_2$	74.08	0.933	174.3		330.3		506.7	46.3	228	0.254

화합물	화학식	분자량 Wt.	비중	녹는점 (K)	$\Delta\hat{H}$ Fusion (kJ/g mol)	정상 끓는점 (K)	$\Delta\hat{H}$ Vap. at b.p. (kJ/g mol)	T_c (K)	p_c (atm)	$\hat{V}_c$ (cm^3/g mol)	z_c
Methyl amine	CH_5N	31.06	$0.699^{-11°}$	180.5		266.3^{758mm}		429.9	73.6		
Methyl chloride	CH_3Cl	50.49	1.785(A)	175.3		249		416.1	65.8	143	0.276
Methyl ethyl ketone	C_4H_8O	72.10	0.805	186.1		352.6					
Methyl cyclohexane	C_7H_{14}	98.18	0.769	146.58	6.751	374.10	31.7	572.2	34.32	344	0.251
Molybdenum	Mo	95.95	10.2								
Napthalene	$C_{10}H_8$	128.16	1.145	353.2		491.0					
Nickel	Ni	58.69	$8.90^{20°}$	1725		3173					
Nitric acid	HNO_3	63.02	1.502	231.56	10.47	359	30.30				
Nitrobenzene	$C_6H_5O_2N$	123.11	1.203	278.7		483.9					
Nitrogen	N_2	28.02	12.5(D)	63.15	0.720	77.34	5.577	126.2	33.5	90	0.291
Nitrogen dioxide	NO_2	46.01	1.448	263.86	7.334	294.46	14.73	431.0	100.0	82	0.232
Nitrogen (nitric) oxide	NO	30.01	1.0367(A)	109.51	2.301	121.39	13.78	180	64.0	58	0.251
Nitrogen pentoxide	N_2O_5	108.02	$1.63^{18°}$	303		320					
Nitrogen tetraoxide	N_2O_4	92	$1.448^{20°}$	263.7		294.3		431.0	99.0		
Nitrogen trioxide	N_2O_3	76.02	$1.447^{2°}$	171		276.5					
Nitrous oxide	N_2O	44.02	$1.226^{-89°}$ 1.530(A)	182.1		184.4		309.5	71.7	96.3	0.272
n-Nonane	C_9H_{20}	128.25	0.718	219.4		423.8		595	23		
n-Octane	C_8H_{18}	114.22	0.703	216.2		398.7		595.0	22.5	543	0.250
Oxalic acid	$C_2H_2O_4$	90.04	1.90	(459 K에서 분해됨)							
Oxygen	O_2	32.00	1.1053(A)	54.40	0.443	90.19	6.820	154.4	49.7	74	0.290

(계속)

표 E.1 다양한 유기물질과 무기물질의 물리적 특성*

화합물	화학식	분자량 Wt.	비중	녹는점 (K)	$\Delta\hat{H}$ Fusion (kJ/g mol)	정상 끓는점 (K)	$\Delta\hat{H}$ Vap. at b.p. (kJ/g mol)	T_c (K)	p_c (atm)	$\hat{V}_c$ (cm^3/g mol)	z_c
n-Pentane	C_5H_{12}	72.15	$0.630^{18°}$	143.49	8.393	309.23	25.77	469.8	33.3	311	0.269
iso-Pentane	iso-C_5H_{12}	72.15	$0.621^{19°}$	113.1		300.9		461.0	32.9	308	0.268
l-Pentane	C_5H_{10}	70.13	0.641	107.96	4.937	303.13		474	39.9		
Phenol	C_6H_5OH	94.11	$1.071^{25°}$	315.66	11.43	454.56		692.1	60.5		
Phenyl hydrazine	$C_6H_8N_2$	108.14	$1.097^{23°}$	292.76	16.43	51.66					
Phosphoric acid	H_3PO_4	98.00	$1.834^{18°}$	315.51	10.5	(486 K에서 $-\frac{1}{2}H_2O$)					
Phosphorus (red)	P_4	123.90	2.20	863	81.17	863	41.84				
Phosphorus (white)	P_4	123.90	1.82	317.4	2.5	553	49.71				
Phosphorus pentoxide	P_2O_5	141.95	2.387	(523 K에서 승화됨)							
Propane	C_3H_8	44.09	1.562(A)	85.47	3.524	231.09	18.77	369.9	42.0	200	0.277
Propene	C_3H_6	42.08	1.498(A)	87.91	3.002	255.46	18.42	365.1	45.4	181	0.274
Propionic acid	$C_3H_6O_2$	74.08	0.993	252.2		414.4		612.5	53.0		
n-Propyl alcohol	C_3H_8O	60.09	0.804	146		370.2		536.7	49.95	220	0.251
iso-Propyl alcohol	C_3H_8O	60.09	0.785	183.5		355.4		508.8	53.0	219	0.278
n-Propyl benzene	C_9H_{12}	120.19	0.862	173.660	8.54	432.38	38.2	638.7	31.3	429	0.257
Silicon dioxide	SiO_2	60.09	2.25	1883	8.54	2503					
Sodium bisulfate	$NaHSO_4$	120.07	2.742	455							
Sodium carbonate (sal soda)	$Na_2CO_3 \cdot 10H_2O$	286.15	1.46	306.5		(306.5 K에서 $-H_2O$)					
Sodium carbonate (soda ash)	Na_2CO_3	105.99	2.533	1127	33.4	(분해됨)					
Sodium chloride	NaCl	58.45	2.163	1081	28.5	1738	171				
Sodium cyanide	NaCN	49.01		835	16.7	1770	155				
Sodium hydroxide	NaOH	40.00	2.130	592	8.4	1663					
Sodium nitrate	$NaNO_3$	85.00	2.257	583	15.9	(653 K에서 분해됨)					
Sodium nitrite	$NaNO_2$	69.00	$2.168^{0°}$	544		(593 K에서 분해됨)					
Sodium sulfate	Na_2SO_4	142.05	2.698	1163	24.3						
Sodium sulfide	Na_2S	78.05	1.856	1223	6.7						
Sodium sulfite	Na_2SO_3	126.05	$2.633^{15°}$		(분해됨)						

화합물	화학식	분자량 Wt.	비중	녹는점 (K)	$\Delta\hat{H}$ Fusion (kJ/g mol)	정상 끓는점 (K)	$\Delta\hat{H}$ Vap. at b.p. (kJ/g mol)	T_c (K)	p_c (atm)	$\hat{V}_c$ (cm^3/g mol)	z_c
Sodium thiosulfate	$Na_2S_2O_3$ 158.11	1.667									
Sulfur (rhombic)	S_8	256.53	2.07	386	10.0	717.76	84				
Sulfur (monoclinic)	S_8	256.53	1.96	392	14.17	717.76	84				
Sulfur cholride (mono)	S_2CL_2	135.05	1.687	193.0		411.2	36.0				
Sulfur dioxide	SO_2	64.07	2.264(A)	197.68	7.402	263.14	24.92	430.7	77.8	122	0.269
Sulfur trioxide	SO_3	80.07	2.75(A)	290.0	24.5	316.5	41.8	491.4	83.8	126	0.262
Sulfuric acid	H_2SO_4	98.08	$1.834^{18°}$	283.51	9.87			(613 K에서 분해됨)			
Toluene	$C_6H_5CH_3$	92.13	0.866	178.169	6.619	383.78	33.5	593.9	40.3	318	0.263
Water	H_2O	18.016	$1.00^{4°}$	273.16	6.009	373.16	40.65	647.4	218.3	56	0.230
m-Xylene	C_8H_{10}	106.16	0.864	225.288	11.57	412.26	34.4	619	34.6	390	0.27
o-Xylene	C_8H_{10}	106.16	0.880	247.978	13.60	417.58	36.8	631.5	35.7	380	0.26
p-Xylene	C_8H_{10}	106.16	0.861	286.423	17.11	411.51	36.1	618	33.9	370	0.25
Zinc	Zn	65.38	7.140	692.7	6.673	1180	114.8				
Zinc sulfate	$ZnSO_4$	161.44	$3.74^{15°}$	(1013 K에서 분해됨)							

* 부록 F의 처음에 표의 출처가 명시됨
기체의 비중은 명시되지 않은 경우 공기(A)에 대해 Sp. gr. = 20°C/4°C이다.

표 E.2 파라핀계 탄화수소 기체 C_1~C_6의 엔탈피(J/g mol)(1기압)

Btu/lb mol로 변환하기 위해 0.4306을 곱하라.

K	C_1	C_2	C_3	n-C_4	i-C_4	n-C_5	n-C_6
273	0						
291	630	912	1264	1709	1658	2125	2545
298	879	1277	1771	2394	2328	2976	3563
300	950	1383	1919	2592	2522	3222	3858
400	4740	7305	10,292	13,773	13,623	17,108	20,463
500	9100	14,476	20,685	27,442	27,325	34,020	40,622
600	14,054	22,869	32,777	43,362	43,312	53,638	64,011
700	19,585	32,342	46,417	61,186	61,220	75,604	90,123
800	25,652	42,718	61,337	80,600	80,767	99,495	118,532
900	32,204	53,931	77,404	101,378	101,754	125,101	148,866
1000	39,204	65,814	94,432	123,428	123,971	152,213	181,041
1100	46,567	78,408	112,340	146,607	147,234	180,665	214,764
1200	54,308	91,504	131,042	170,707	171,418	210,246	249,868
1300	62,383	105,143	150,331	195,727	196,480	240,872	286,143
1400	70,709	119,202	170,205	221,375	222,212	272,378	323,465
1500	79,244	133,678	190,581	247,650	248,571	304,595	361,539
1600	88,031						
1800	106,064						
2000	124,725						
2200	143,804						
2500	173,050						

표 E.3 여타 탄화수소 기체의 엔탈피(J/g mol)(1기압)

Btu/lb mol로 변환하기 위해 0.4306을 곱하라.

K	Ethylene	Propylene	l-Butene	iso-Butene	Acety-lene	Benzene
273	0	0	0	0	0	0
291	753	1104	1536	1538	769	1381
298	1054	1548	2154	2154	1075	1945
300	1125	1665	2313	2322	1163	2109
400	6008	8882	12,455	12,367	5899	11,878
500	11,890	17,572	24,765	24,468	11,125	24,372
600	18,648	27,719	38,911	38,425	16,711	39,150
700	26,158	39,049	54,643	53,889	22,556	55,840
800	34,329	51,379	71,755	70,793	28,686	74,015
900	43,053	64,642	89,997	88,826	35,074	93,471
1000	52,258	78,742	109,286	107,947	41,635	113,972
1100	61,923	93,470	129,494	123,846	48,388	135,394
1200	71,964	108,825	150,456	148,866	55,271	157,611
1300	82,341	124,683	172,087	170,414	62,342	180,456
1400	92,968	141,000	194,304	188,363	69,622	203,844
1500	103,888	157,736	217,065	215,183	76,944	227,777

표 E.4 질소와 질소계 산화물의 엔탈피(J/g mol)(1기압)
Btu/lb mol로 변환하기 위해 0.4306을 곱하라.

K	N_2	NO	N_2O	NO_2	N_2O_4
273	0	0	0	0	0
291	524	537	686	658	1384
298	728	746	957	917	1937
300	786	686	1034	985	2083
400	3695	3785	5121	4865	10,543
500	6644	6811	9582	9070	19,915
600	9627	9895	14,386	13,564	30,124
700	12,652	13,054	19,513	18,305	
800	15,756	16,292	24,950	23,242	
900	18,961	19,597	30,693	28,334	
1000	22,171	22,970	36,748	33,551	
1100	25,472	26,392	43,129	38,869	
1200	28,819	29,861	49,862	44,266	
1300	32,216	33,371		49,731	
1400	35,639	36,915		55,258	
1500	39,145	40,488		60,826	
1750	47,940	49,505			
2000	56,902	58,634			
2250	65,981	67,856			
2500	75,060	77,127			

표 E.5 황 화합물 기체의 엔탈피(J/g mol)(1기압)
Btu/lb mol로 변환하기 위해 0.4306을 곱하라.

K	$S_2(g)$	SO_2	SO_3	H_2S	CS_2
273	0	0	0	0	0
291	579	706	899	607	807
298	805	984	1255	845	1125
300	869	1064	1338	909	1217
400	4196	5234	6861	4372	5995
500	7652	9744	13,033	7978	11,108
600	11,192	14,514	19,832	11,752	16,455
700	14,790	19,501	27,154	15,706	21,974
800	18,426	24,647	34,748	19,840	27,631
900	22,087	29,915	42,676	24,145	33,388
1000	25,769	35,275	50,835	28,610	39,220
1100	29,463	40,706	59,203	33,216	45,103
1200	33,174	46,191	67,738	37,953	51,044
1300	36,898	51,714	76,399	42,802	57,027
1400	40,630	57,320		47,739	63,052
1500	44,371	62,927		52,802	69,119
1600	48,116	68,533		57,906	75,186
1700	51,881	74,182		63,094	81,295
1800	55,605	79,872		68,324	87,361
1900	59,370	85,520			
2000	63,136	91,253			
2500	82,006	119,871			
3000	100,959	148,657			

표 E.6 연소 기체의 엔탈피* (J/g mol)†

K	N_2	O_2	Air	H_2	CO	CO_2	H_2O
273	0	0	0	0	0	0	0
291	524	527	523	516	525	655	603
298	728	732	726	718	728	912	837
300	786	790	784	763	786	986	905
400	3695	3752	3696	3655	3699	4903	4284
500	6644	6811	6660	6589	6652	9204	7752
600	9627	9970	9673	9518	9665	13,807	11,326
700	12,652	13,225	12,736	12,459	12,748	18,656	15,016
800	15,756	16,564	15,878	15,413	15,899	23,710	18,823
900	18,961	19,970	19,116	18,384	19,125	28,936	22,760
1000	22,171	23,434	22,367	21,388	22,413	34,308	26,823
1100	25,472	26,940	25,698	24,426	25,760	39,802	31,011
1200	28,819	30,492	29,078	27,509	29,154	45,404	35,312
1300	32,216	34,078	32,501	30,626	32,593	51,090	39,722
1400	35,639	37,693	35,953	33,789	36,070	56,860	44,237
1500	39,145	41,337	39,463	36,994	39,576	62,676	48,848
1750	47,940	50,555	48,325	45,275	48,459	77,445	60,751
2000	56,902	59,914	57,320	53,680	57,488	92,466	73,136
2250	65,981	69,454	66,441	62,341	66,567	107,738	85,855
2500	75,060	79,119	75,646	71,211	75,772	123,176	98,867
2750	84,265	88,910	84,935	80,290	85,018	138,699	112,089
3000	93,512	98,826	94,265	89,453	94,265	154,347	125,520
3500	112,131	119,034	113,135	108,030	112,968	185,895	152,799
4000	130,875	141,410	132,172	127,528	131,796	217,777	180,414

* 압력 = 1기압

† cal/g mol로 변환하기 위해 0.2390을 곱하라.

출처: Kobe et al., *Thermochemistry of Petrochemicals*, p. 30.

표 E.7 연소 기체의 엔탈피* (Btu/lb mol)[†]

°R	N_2	O_2	Air	H_2	CO	CO_2	H_2O
492	0.0	0.0	0.0	0.0	0.0	0.0	0.0
500	55.67	55.93	55.57	57.74	55.68	68.95	64.02
520	194.9	195.9	194.6	191.9	194.9	243.1	224.2
537	313.2	315.1	312.7	308.9	313.3	392.2	360.5
600	751.9	758.8	751.2	744.4	752.4	963	867.5
700	1450	1471	1450	1433	1451	1914	1679
800	2150	2194	2153	2122	2154	2915	2501
900	2852	2931	2861	2825	2863	3961	3336
1000	3565	3680	3579	3511	3580	5046	4184
1100	4285	4443	4306	4210	4304	6167	5047
1200	5005	5219	5035	4917	5038	7320	5925
1300	5741	6007	5780	5630	5783	8502	6819
1400	6495	6804	6540	6369	6536	9710	7730
1500	7231	7612	7289	7069	7299	10,942	8657
1600	8004	8427	8068	7789	8072	12,200	9602
1700	8774	9251	8847	8499	8853	13,470	10,562
1800	9539	10,081	9623	9219	9643	14,760	11,540
1900	10,335	10,918	10,425	9942	10,440	16,070	12,530
2000	11,127	11,760	11,224	10,689	11,243	17,390	13,550
2100	11,927	12,610	12,030	11,615	12,050	18,730	14,570
2200	12,730	13,460	12,840	12,160	12,870	20,070	15,610
2300	13,540	14,320	13,660	12,890	13,690	21,430	16,660
2400	14,350	15,180	14,480	13,650	14,520	22,800	17,730
2500	15,170	16,040	15,300	14,400	15,350	24,180	18,810

* 압력 = 1기압

출처: Kobe et al., *Thermochemistry of Petrochemicals*, p. 30.

F 열용량식

표 F.1 유기와 무기화합물을 위한 열 용량 방정식(낮은 압력)*

식: (1) $C_p^\circ = a + b(T) + c(T)^2 + d(T)^3$

(2) $C_p^\circ = a + b(T) + c(T)^{-2}$

C_p° 단위는 J/(g mol)(K 또는 °C)

cal/(g mol)(K 또는 °C) = Btu/(lb mol)(°R 또는 °F)로 변환하기 위해 0.2390을 곱한다.

주의: $b \cdot 10^2$은 b 값을 10^{-2}와 곱했음을 의미한다(예시: 20.10 = 10^{-2}, 아세톤)

화합물	화학식	분자량 Wt.	상태	식	T	a	$b \cdot 10^2$	$c \cdot 10^5$	$d \cdot 10^9$	온도 범위 (in T)
Acetone	CH_3COCH_3	58.08	g	1	°C	71.96	20.10	−12.78	34.76	0–1200
Acetylene	C_2H_2	26.04	g	1	°C	42.43	6.053	−5.033	18.20	0–1200
Air		29.0	g	1	°C	28.94	0.4147	0.3191	−1.965	0–1500
			g	1	K	28.09	0.1965	0.4799	−1.965	273–1800
Ammonia	NH_3	17.03	g	1	°C	35.15	2.954	0.4421	−6.686	0–1200
Ammonium sulfate	$(NH_4)_2SO_4$	132.15	c	1	K	215.9				275–328
Benzene	C_6H_6	78.11	l	1	K	−7.27329	77.054	−164.82	1897.9	279–350
			g	1	°C	74.06	32.95	−25.20	77.57	0–1200
Isobutane	C_4H_{10}	58.12	g	1	°C	89.46	30.13	−18.91	49.87	0–1200
n-Butane	C_4H_{10}	58.12	g	1	°C	92.30	27.88	−15.47	34.98	0–1200
Isobutene	C_4H_8	56.10	g	1	°C	82.88	25.64	−17.27	50.50	0–1200
Calcium carbide	CaC_2	64.10	c	2	K	68.62	1.19	-8.66×10^{10}	—	298–720
Calcium carbonate	$CaCO_3$	100.09	c	2	K	82.34	4.975	-12.87×10^{10}	—	273–1033
Calcium hydroxide	$Ca(OH)_2$	74.10	c	1	K	89.5				276–373
Calcium oxide	CaO	56.08	c	2	K	41.84	2.03	-4.52×10^{10}		10,273–1173
Carbon	C	12.01	$c^{\dagger}$	2	K	11.18	1.095	-4.891×10^{10}		273–1373
Carbon dioxide	CO_2	44.01	g	1	°C	36.11	4.233	−2.887	7.464	0–1500
Carbon monoxide	CO	28.01	g	1	°C	28.95	0.4110	0.3548	−2.220	0–1500
Carbon tetrachloride	CCl_4	153.84	l	1	K	12.285	0.01095	−318.26	3425.2	273–343
Chlorine	Cl_2	70.91	g	1	°C	33.60	1.367	−1.607	6.473	0–1200
Copper	Cu	63.54	c	1	K	22.76	0.06117			273–1357
Cumene (Isopropyl benzene)	C_9H_{12}	120.19	g	1	°C	139.2	53.76	−39.79	120.5	0–1200
Cyclohexane	C_6H_{12}	84.16	g	1	°C	94.140	49.62	−31.90	80.63	0–1200

화합물	화학식	분자량 Wt.	상태	식	T	a	$b \cdot 10^2$	$c \cdot 10^5$	$d \cdot 10^9$	온도 범위 (in T)
Cyclopentane	C_5H_{10}	70.13	g	1	°C	73.39	39.28	−25.54	68.66	0–1200
Ethane	C_2H_6	30.07	g	1	°C	49.37	13.92	−5.816	7.280	0–1200
Ethyl alcohol	C_2H_6O	46.07	l	1	K	−325.137	0.041379	−1403.1	1.7035×10^4	250–400
			g	1	°C	61.34	15.72	−8.749	19.83	0–1200
Ethylene	C_2H_4	28.05	g	1	°C	40.75	11.47	−6.891	17.66	0–1200
Ferric oxide	Fe_2O_3	159.70	c	2	K	103.4	6.711	-17.72×10^{10}	—	273–1097
Formaldehyde	CH_2O	30.03	g	1	°C	34.28	4.268	0.0000	−8.694	0–1200
Helium	He	4.00	g	1	°C	20.8				All
n-Hexane	C_6H_{14}	86.17	l	1	K	31.421	0.97606	−235.37	3092.7	273–400
			g	1	°C	137.44	40.85	−23.92	57.66	0–1200
Hydrogen	H_2	2.016	g	1	°C	28.84	0.00765	0.3288	−0.8698	0–1500
Hydrogen bromide	HBr	80.92	g	1	°C	29.10	−0.0227	0.9887	−4.858	0–1200
Hydrogen chloride	HCl	36.47	g	1	°C	29.13	−0.1341	0.9715	−4.335	0–1200
Hydrogen cyanide	HCN	27.03	g	1	°C	35.3	2.908	1.092		0–1200
Hydrogen sulfide	H_2S	34.08	g	1	°C	33.51	1.547	0.3012	−3.292	0–1500
Magnesium chloride	$MgCl_2$	95.23	c	1	K	72.4	1.58			273–991
Magnesium oxide	MgO	40.32	c	2	K	45.44	0.5008	-8.732×10^{10}		273–2073
Methane	CH_4	16.04	g	1	°C	34.31	5.469	0.3661	−11.00	0–1200
			g	1	K	19.87	5.021	1.268	−11.00	273–1500
Methyl alcohol	CH_3OH	32.04	l	1	K	−259.25	0.03358	−1.1639	1.4052×10^4	273–400
			g	1	°C	42.93	8.301	−1.87	−8.03	0–700
Methyl cyclohexane	C_7H_{14}	98.18	g	1	°C	121.3	56.53	−37.72	100.8	0–1200
Methyl cyclopentane	C_6H_{12}	84.16	g	1	°C	98.83	45.857	−30.44	83.81	0–1200
Nitric acid	HNO_3	63.02	l	1	°C	110.0				25
Nitric oxide	NO	30.01	g	1	°C	29.50	0.8188	−0.2925	0.3652	0–3500
Nitrogen	N_2	28.02	g	1	°C	29.00	0.2199	0.5723	−2.871	0–1500
Nitrogen dioxide	NO_2	46.01	g	1	°C	36.07	3.97	−2.88	7.87	0–1200
Nitrogen tetraoxide	N_2O_4	92.02	g	1	°C	75.7	12.5	−11.3		0–300
Nitrous oxide	N_2O	44.02	g	1	°C	37.66	4.151	−2.694	10.57	0–1200
Oxygen	O_2	32.00	g	1	°C	29.10	1.158	−0.6076	1.311	0–1500

(계속)

표 F.1 유기와 무기화합물을 위한 열 용량 방정식(낮은 압력)*

화합물	화학식	분자량 Wt.	상태	식	*T*	*a*	*b* · 10²	*c* · 10⁵	*d* · 10⁹	온도 범위 (in *T*)
n-Pentane	C_5H_{12}	72.15	l	1	K	33.24	192.41	–236.87	17,944	270–350
			g	1	°C	114.8	34.09	–18.99	42.26	0–1200
Propane	C_3H_8	44.09	g	1	°C	68.032	22.59	–13.11	31.71	0–1200
Propylene	C_3H_6	42.08	g	1	°C	59.580	17.71	–10.17	24.60	0–1200
Sodium carbonate	Na_2CO_3	105.99	c	1	K	121				288–371
Sodium carbonate	$Na_2CO_3 \cdot 10H_2O$	286.15	c	1	K	535.6				298
Sulfur	S	32.07	c‡	1	K	15.2	2.68			273–368
			c§	1	K	18.5	1.84			368–392
Sulfuric acid	H_2SO_4	98.08	l	1	°C	139.1	15.59			10–45
Sulfur dioxide	SO_2	64.07	g	1	°C	38.91	3.904	–3.104	8.606	0–1500
Sulfur trioxide	SO_3	80.07	g	1	°C	48.50	9.188	–8.540	32.40	0–1000
Toluene	C_7H_8	92.13	l	1	K	1.8083	81.222	–151.27	1630	270–370
			g	1	°C	94.18	38.00	–27.86	80.33	0–1200
Water	H_2O	18.016	l	1	K	18.2964	47.212	–133.88	1314.2	273–373
			g	1	°C	33.46	0.6880	0.7604	–3.593	0–1500

* (1기압). †Graphite. ‡Rhombic. §Moinoclinic.

G 증기압

표 G.1 다양한 물질의 기체 압력

Antoine 방정식:

$$\ln(p^*) = A - \frac{B}{C + T}$$

where p^* = 기체 압력, mm Hg
T = 온도, K
A, B, C = 상수

화학명	화학식	범위(K)	A	B	C
Acetic acid	$C_2H_4O_2$	290–430	16.8080	3405.57	–56.34
Acetone	C_3H_6O	241–350	16.6513	2940.46	–35.93
Ammonia	NH_3	179–261	16.9481	2132.50	–32.98
Benzene	C_6H_6	280–377	15.9008	2788.51	–52.36
Carbon disulfide	CS_2	288–342	15.9844	2690.85	–31.62
Carbon tetrachloride	CCl_4	253–374	15.8742	2808.19	–45.99
Chloroform	$CHCl_3$	260–370	15.9732	2696.79	–46.16
Cyclohexane	C_6H_{12}	280–380	15.7527	2766.63	–50.50
Ethyl acetate	$C_4H_8O_2$	260–385	16.1516	2790.50	–57.15
Ethyl alcohol	C_2H_6O	270–369	18.5242	3578.91	–50.50
Ethyl bromide	C_2H_5Br	226–333	15.9338	2511.68	–41.44
n-Heptane	C_7H_{16}	270–400	15.8737	2911.32	–56.51
n-Hexane	C_6H_{14}	245–370	15.8366	2697.55	–48.78
Methyl alcohol	CH_4O	257–364	18.5875	3626.55	–34.29
n-Pentane	C_5H_{12}	220–330	15.8333	2477.07	–39.94
Sulfur dioxide	SO_2	195–280	16.7680	2302.35	–35.97
Toluene	$C_6H_5CH_3$	280–410	16.0137	3096.52	–53.67
Water	H_2O	284–441	18.3036	3816.44	–46.13

출처: R. C. Reid, J. M. Prausnitz, and T. K. Sherwood, *The Properties of Gases and Liquids*, 3d ed., Appendix A, McGraw-Hill, New York (1977).

APPENDIX

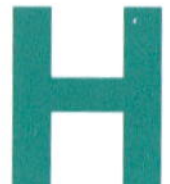

H 용액과 희석의 열

표 H.1 용액과 희석의 합산열

화학명	설명	상태	$-\Delta\hat{H}_f^\circ$ (kJ/g mol)	$-\Delta\hat{H}_{soln}^\circ$ (kJ/g mol)	$-\Delta\hat{H}_{dil}^\circ$ (kJ/g mol)
NaOH	crystalline II		426.726		
	in 3 H_2O	aq	455.612	28.869	28.869
	4 H_2O	aq	461.156	34.434	5.564
	5 H_2O	aq	464.486	37.739	3.305
	10 H_2O	aq	469.227	42.509	4.769
	20 H_2O	aq	469.591	42.844	.334
	30 H_2O	aq	469.457	42.718	.125
	40 H_2O	aq	469.340	42.593	.125
	50 H_2O	aq	469.252	42.509	.083
	100 H_2O	aq	469.059	42.342	.167
	200 H_2O	aq	469.026	42.258	.083
	300 H_2O	aq	469.047	42.300	.041
	500 H_2O	aq	469.097	42.383	.083
	1,000 H_2O	aq	469.189	42.467	.083
	2,000 H_2O	aq	469.285	42.551	.083
	10,000 H_2O	aq	469.448	42.718	.041
	50,000 H_2O	aq	469.528	42.802	.083
	∞ H_2O	aq	469.595	42.886	.083
H_2SO_4		liq	811.319		
	in 0.5 H_2O	aq	827.051	15.731	15.731
	1.0 H_2O	aq	839.394	28.074	12.343
	1.5 H_2O	aq	848.222	36.902	8.823
	2 H_2O	aq	853.243	41.923	5.021
	3 H_2O	aq	860.314	48.994	7.071
	4 H_2O	aq	865.376	54.057	5.063
	5 H_2O	aq	869.351	58.032	3.975
	10 H_2O	aq	878.347	67.027	8.995
	25 H_2O	aq	883.618	72.299	5.272
	50 H_2O	aq	884.664	73.345	1.046
	100 H_2O	aq	885.292	73.973	0.628
	500 H_2O	aq	888.054	76.734	2.761
	1,000 H_2O	aq	889.894	78.575	1.841
	10,000 H_2O	aq	898.388	87.069	2.636
	100,000 H_2O	aq	904.957	93.637	6.568
	500,000 H_2O	aq	906.630	95.311	1.674
	∞ H_2O	aq	907.509	96.190	0.879

출처: F. D. Rossini et al., "Selected Values of Chem. Thermo. Properties," *National Bureau of Standards Circular 500*, U.S. Government Printing Office, Washington, DC (1952).

엔탈피 농도 데이터

표 I.1 1기압 단일상 액체와 포화증기에 관한 아세트산-물 계의 엔탈피-농도 데이터

기준 상태: 1기압 32°F의 액체 물과 1기압 32°F의 고체 산

액체 또는 기체		Btu/lb 액체 엔탈피						
물의 몰분율	물의 질량분율	20°C 68°F	40°C 104°F	60°C 140°F	80°C 176°F	100°C 212°F	포화액체	포화증기 엔탈피 Btu/lb
0.00	0.0	93.54	111.4	129.9	149.1	169.0	187.5	361.8
0.05	0.01555	93.96	112.2	130.9	150.4	170.6	186.9	
0.10	0.03225	93.82	112.3	131.5	151.3	172.0	186.5	374.6
0.20	0.0698	92.61	111.9	131.7	152.2	173.8	185.2	395.3
0.30	0.1140	90.60	110.7	131.3	152.6	175.0	183.8	423.7
0.40	0.1667	87.84	108.9	130.6	152.6	176.1	182.9	461.4
0.50	0.231	83.96	106.3	129.1	152.7	177.1	182.4	510.5
0.55	0.268	81.48	104.5	128.1	152.5	177.5	182.3	
0.60	0.3105	78.53	102.5	126.9	152.1	178.0	182.0	573.4
0.65	0.358	75.36	100.2	125.5	151.6	178.3	181.9	
0.70	0.412	71.72	97.71	123.9	151.1	178.8	181.7	656.0
0.75	0.474	67.59	94.73	122.2	149.9	179.3	182.1	
0.80	0.545	62.88	91.43	120.2	149.7	179.9	181.6	767.3
0.85	0.630	57.44	87.56	117.8	148.9	180.5	181.6	
0.90	0.730	51.03	83.02	115.1	147.8	180.8	181.7	921.6
0.95	0.851	43.74	77.65	111.7	146.4	181.2	181.5	
1.00	1.00	36.06	71.91	107.7	143.9	180.1	180.1	1150.4

출처: 여러 가지 문서로부터 값을 도출하고 처리함.

표 I.2 1기압 아세트산-물 계의 증기-액체 상평형 데이터

x 액체 내 물의 몰분율	y 증기 내 물의 몰분율
0.020	0.035
0.040	0.069
0.060	0.103
0.080	0.135
0.100	0.165
0.200	0.303
0.300	0.425
0.400	0.531
0.500	0.627
0.600	0.715
0.700	0.796
0.800	0.865
0.900	0.929
0.940	0.957
0.980	0.985

출처: Data from L. W. Cornell and R. E. Montonna, *Ind. Eng. Chem.*, **25**, 1331–35 (1933).

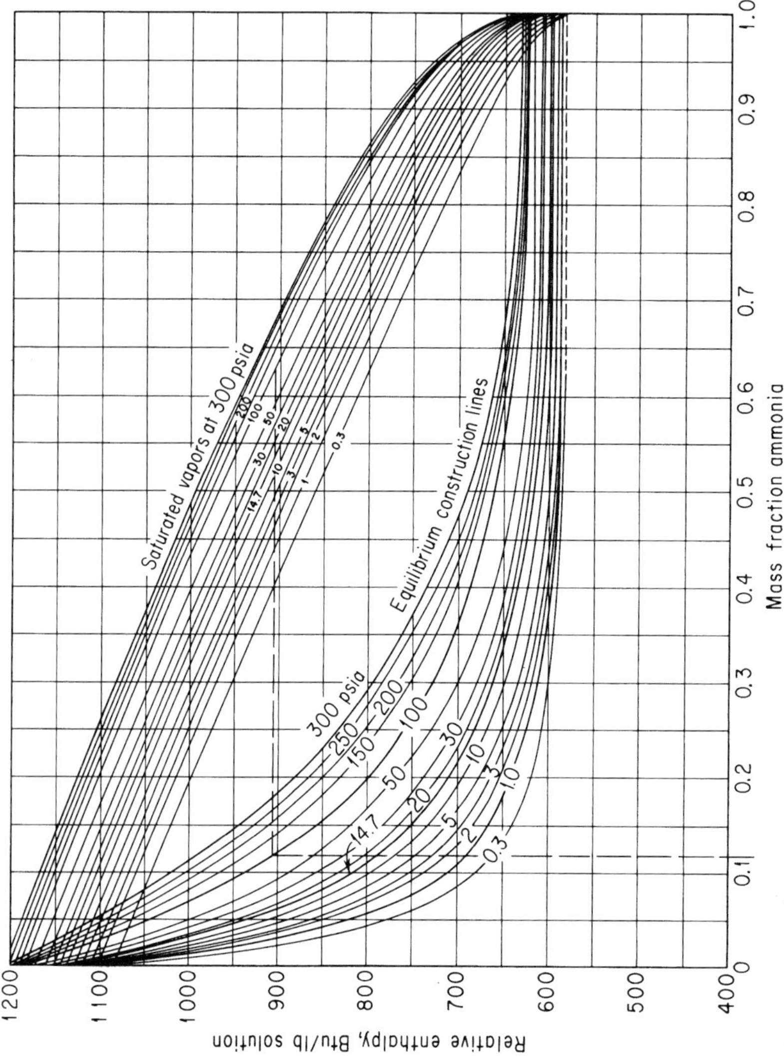

그림 I.1 NH_3-H_2O의 엔탈피-농도 차트

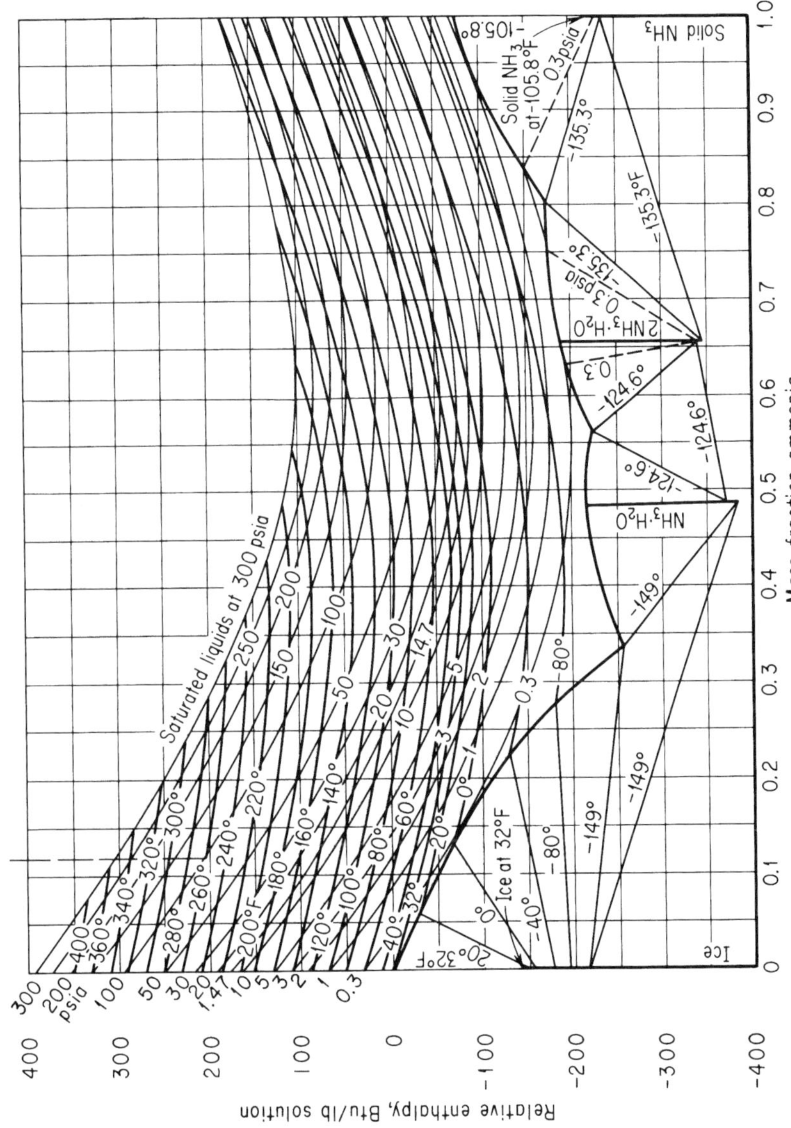

그림 I.1 NH_3–H_2O의 엔탈피-농도 차트

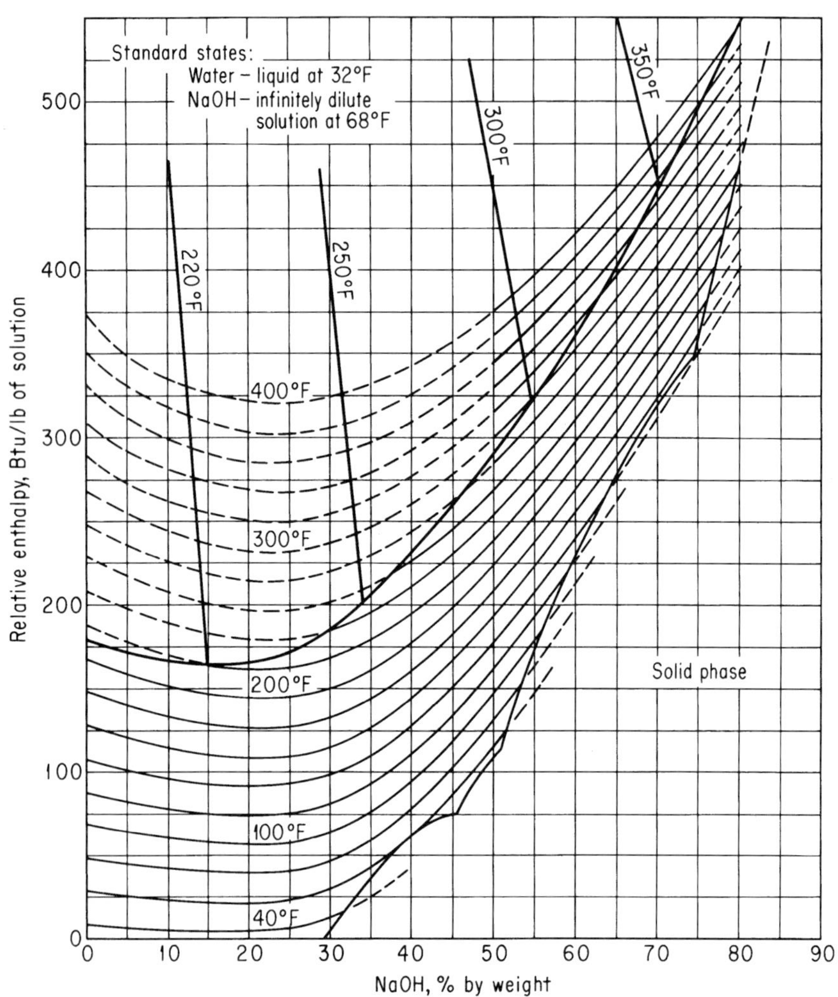

그림 I.2 NaOH–물의 엔탈피-농도 차트

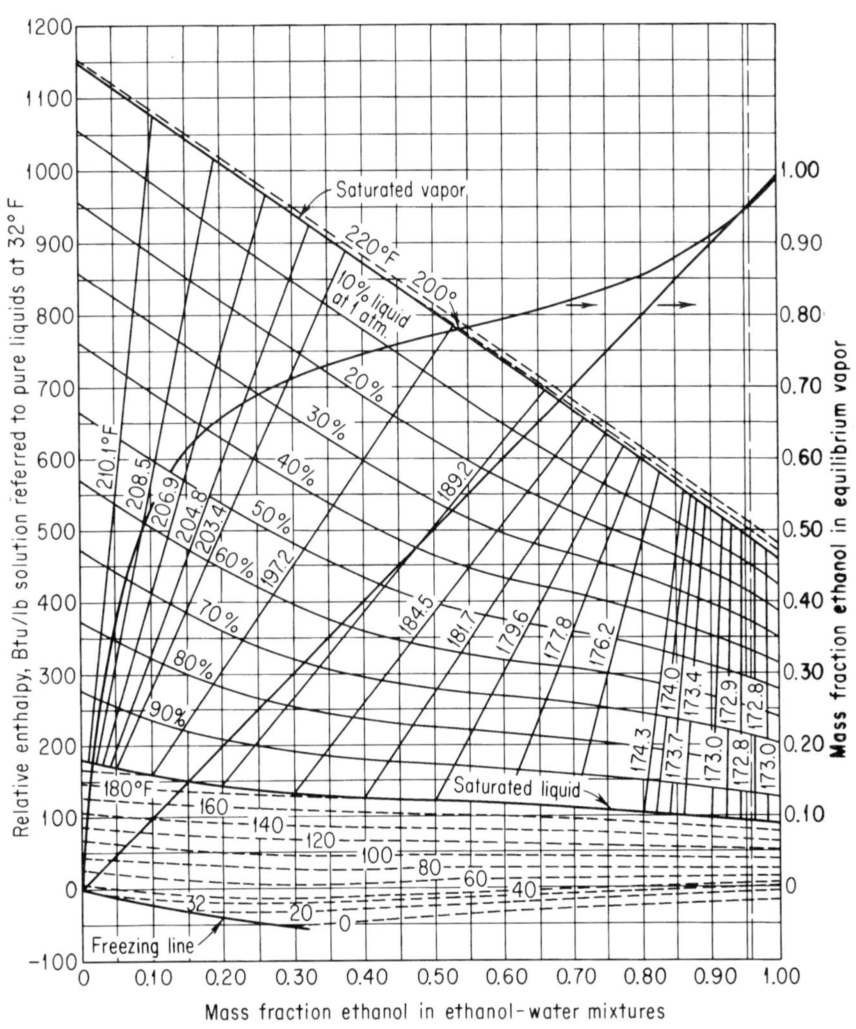

그림 I.3 1기압에서 에탄올-물 계의 액체와 증기 상에 대한 엔탈피-농도 차트

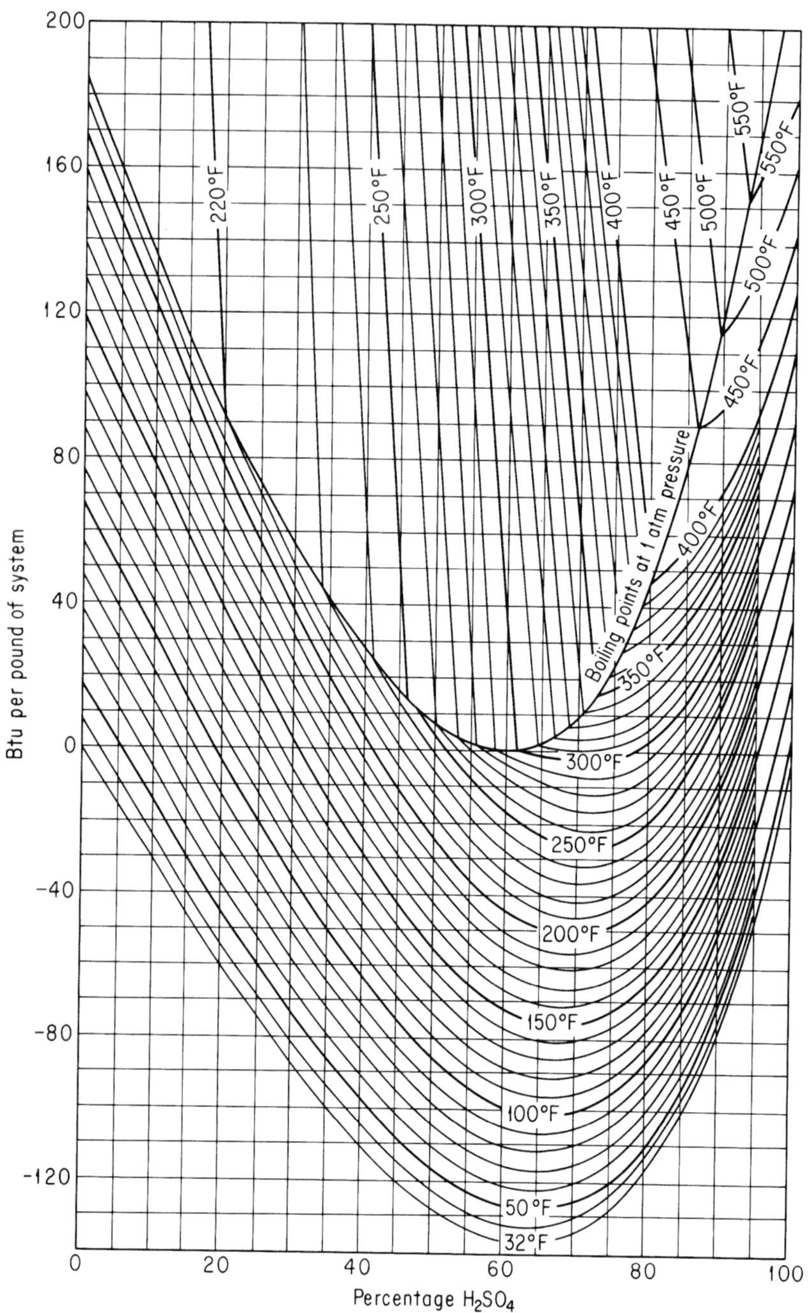

그림 I.4 황산-물 계의 순수 조성 대비 엔탈피-농도 차트(물과 황산 32°F와 각각의 증기 압력)(국제 임계 테이블의 데이터)

표 I.3 순수 화합물에 대한 엔탈피 데이터에 관한 열역학 차트*

화합물	출처[†]
Acetone	2
Acetylene	1
Air	V.C. Williams, *AIChE Trans.*, v. 39, p. 93 (1943); *AIChE J.*, v. 1, p. 302 (1955).
Benzene	1
1,3-Butadiene	C.H. Meyers, *J. Res. Natl. Bur. Stand.*, v. A39, p. 507 (1947).
i-Butane	1, 3
n-Butane	1, 3, 4
n-Butanol	L.W. Shemilt, in *Proceedings of the Conference on Thermodynamic Transport Properties of Fluids*, London, 1957, Institute of Mechanical Engineers, London, 1958.
t-Butanol	F. Maslan, *AIChE J.*, v. 7, p. 172 (1961).
n-Butene	1
Chlorine	R.E. Hulme and A.B. Tilman, *Chem. Eng.* (January 1949).
Ethane	1, 3, 4
Ethanol	R.C. Reid and J.M. Smith, *Chem. Eng. Prog.*, v. 47, p. 415 (1951).
Ethyl ether	2
Ethylene	1, 3
Ethylene oxide	J.E. Mock and J.M. Smith, *Ind. Eng. Chem.*, v. 42, p. 2125 (1950).
Fatty acids	J.D. Chase, *Chem. Eng.*, p. 107 (March 24, 1980).
n-Heptane	E.B. Stuart et al., *Chem Eng. Prog.*, v. 46, p. 311 (1950).
n-Hexane	1
Hydrogen sulfide	J.R. West, *Chem. Eng. Prog.*, v. 44, p. 287 (1948).
Isopropyl ether	2
Mercury	General Electric Company Report GET-1879A, 1949.
Methane	1, 3, 4
Methanol	J.M. Smith, *Chem. Eng. Prog.*, v. 44, p. 52 (1948).
Methyl ethyl ketone	2
Monomethyl hydrazine	F. Bizjak and D.F. Stai, *AIAA J.*, v. 2, p. 954 (1964).
Neon	Cryogenic Data Center, National Bureau of Standards, Boulder, Colo.
Nitrogen	G.S. Lin, *Chem. Eng. Prog.*, v. 59, no. 11, p. 69 (1963).

* 혼합물에 대해 다음을 참조하라. V.F. Lesavage et al., *Ind. Eng. Chem.*, v. 59, no. 11, p. 35 (1967).

[†]1. L.N. Cajar et al., *Thermodynamic Properties and Reduced Correlations for Gases*, Gulf Publishing Company, Houston, 1967. (Series of articles which appeared in the magazine *Hydrocarbon Processing* from 1962 to 1965.)
2. P.T. Eubank and J.M. Smith, *J. Chem. Eng. Data*, v. 7, p. 75 (1962).
3. W.C. Edmister, *Applied Hydrocarbon Thermodynamics*, Gulf Publishing Company, Houston, 1987.
4. K.E. Starling et al., *Hydrocarbon Processing*, 1971 and following. *Note:* Charts available separately from Gulf Publishing Company, Houston.

J 열역학 도표

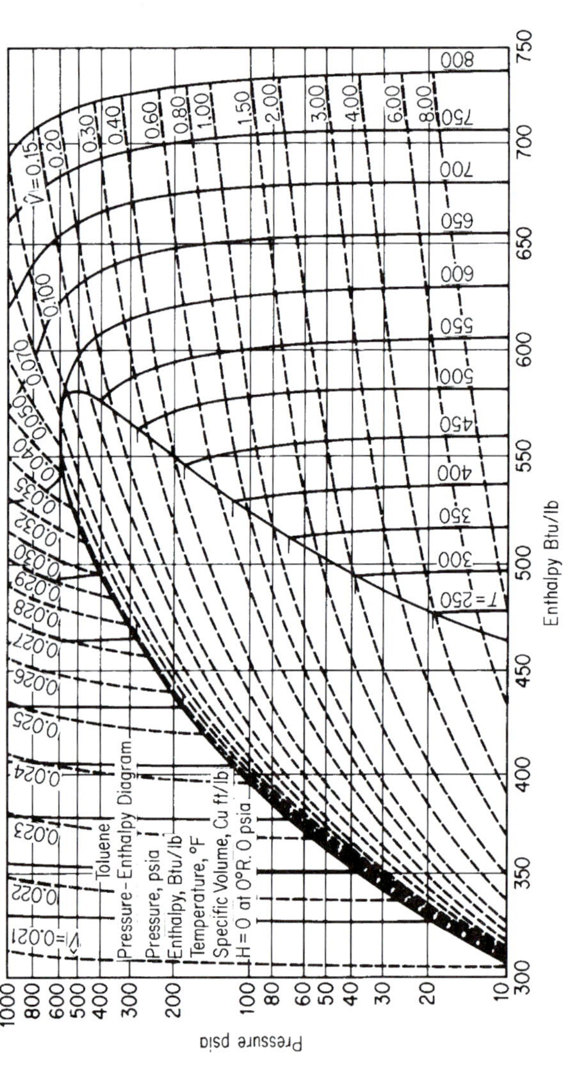

그림 J.1 톨루엔의 압력-엔탈피 차트

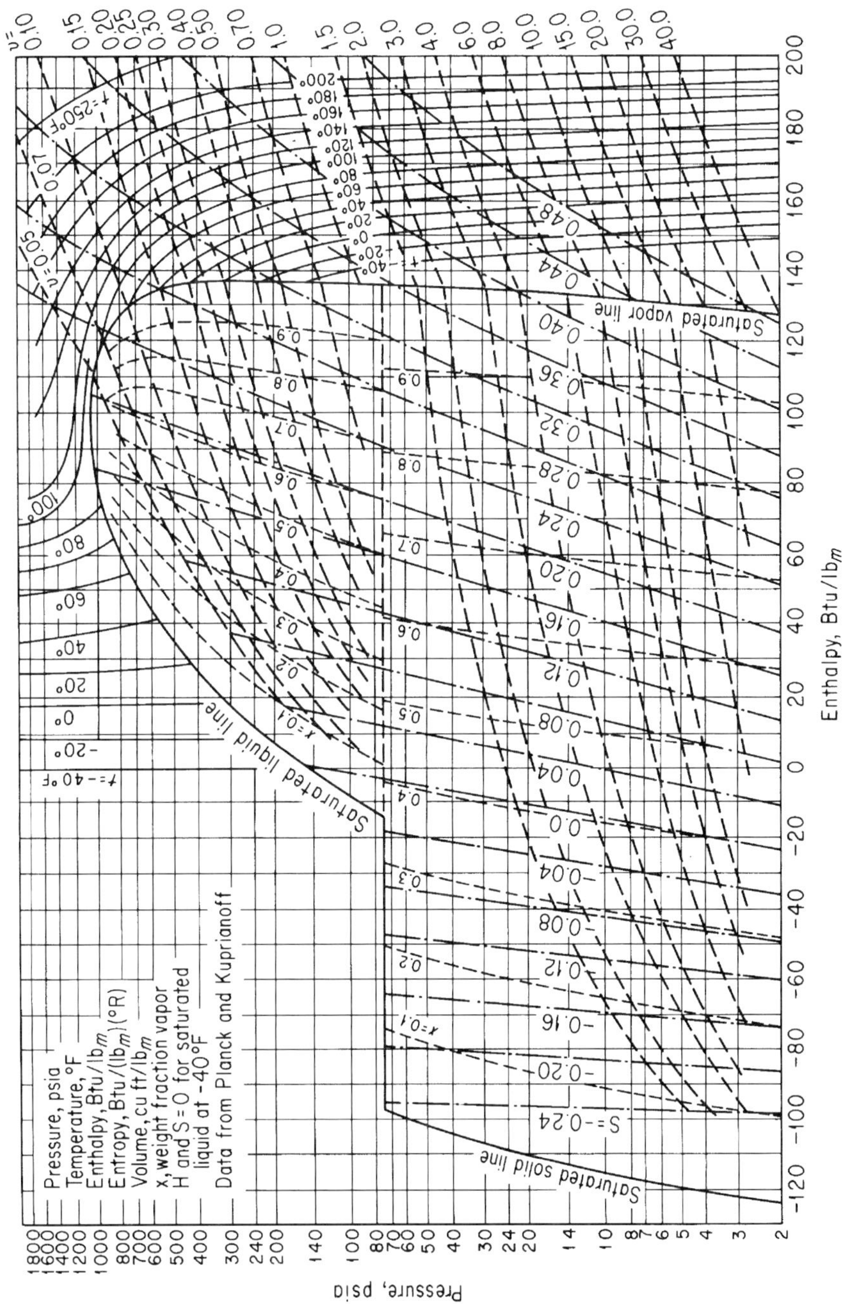

그림 J.2 이산화탄소의 압력-엔탈피 차트

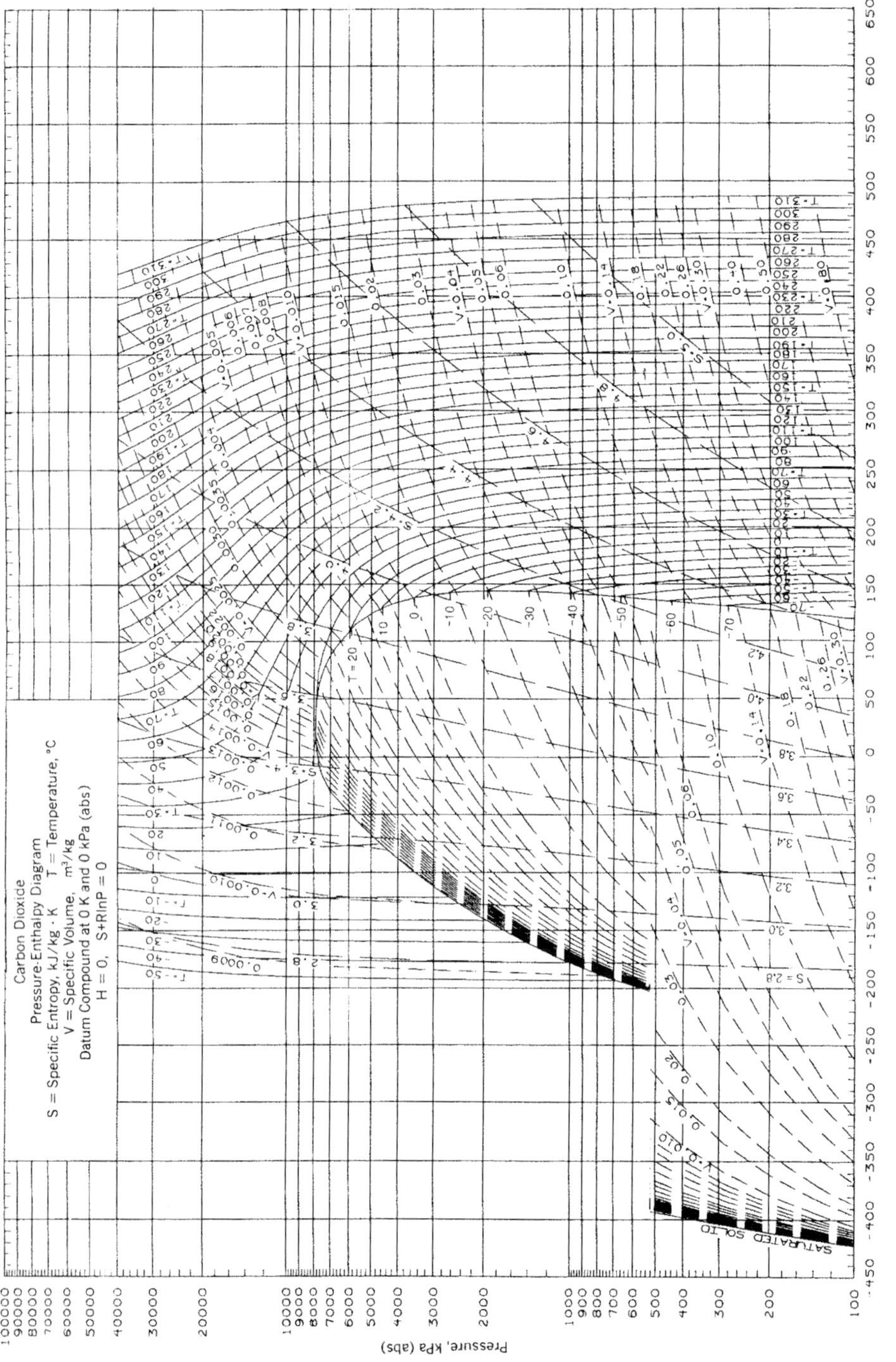
Carbon Dioxide
Pressure-Enthalpy Diagram
S = Specific Entropy, kJ/kg · K   T = Temperature, °C
V = Specific Volume, m³/kg
Datum Compound at 0 K and 0 kPa (abs)
H = 0, S+RlnP = 0
SATURATED SOLID
Pressure, kPa (abs)
Enthalpy, kJ/kg

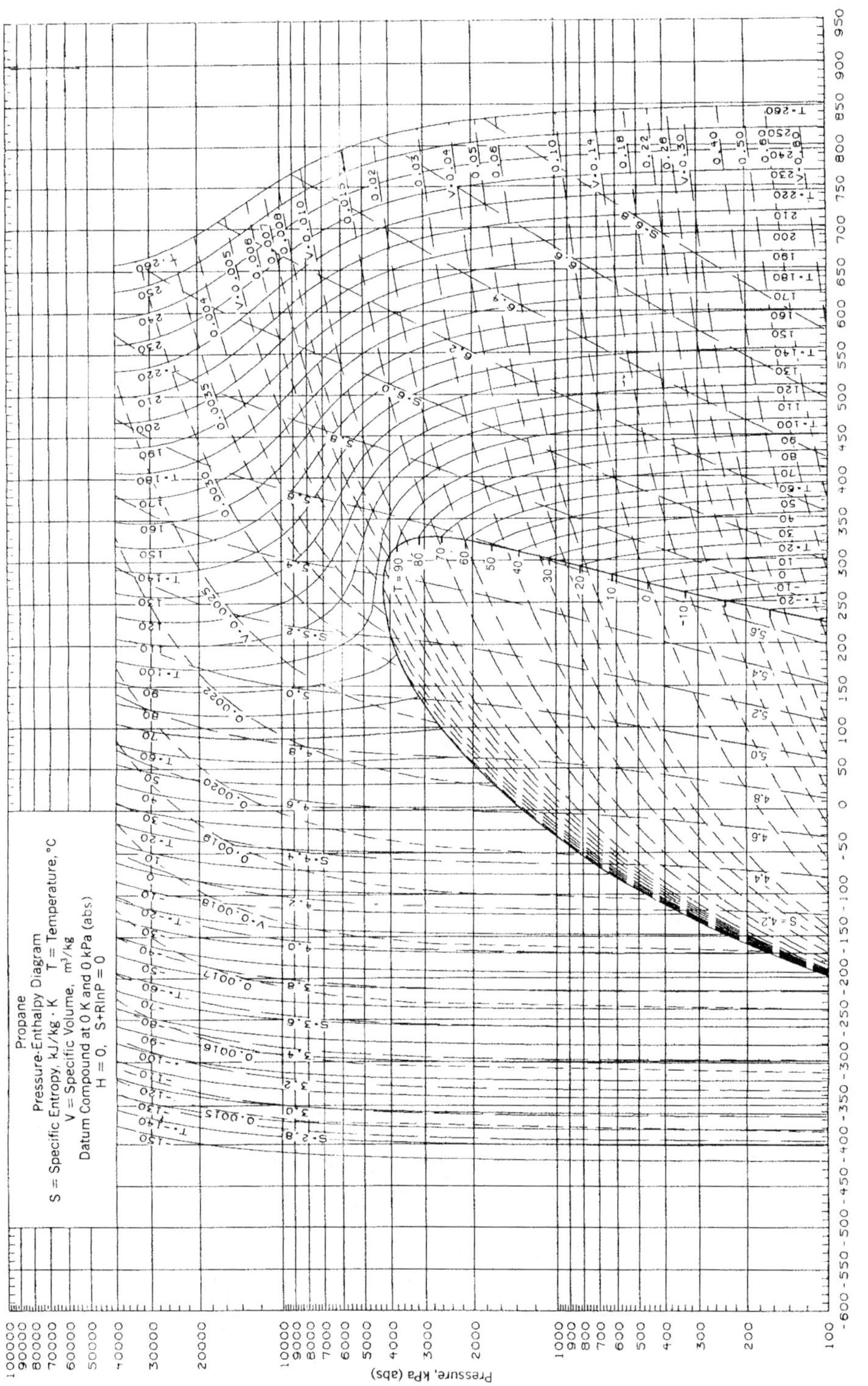
Propane
Pressure-Enthalpy Diagram
S = Specific Entropy, kJ/kg · K   T = Temperature, °C
V = Specific Volume, m³/kg
Datum Compound at 0 K and 0 kPa (abs)
H = 0,   S+RlnP = 0
Enthalpy, kJ/kg
Pressure, kPa (abs)

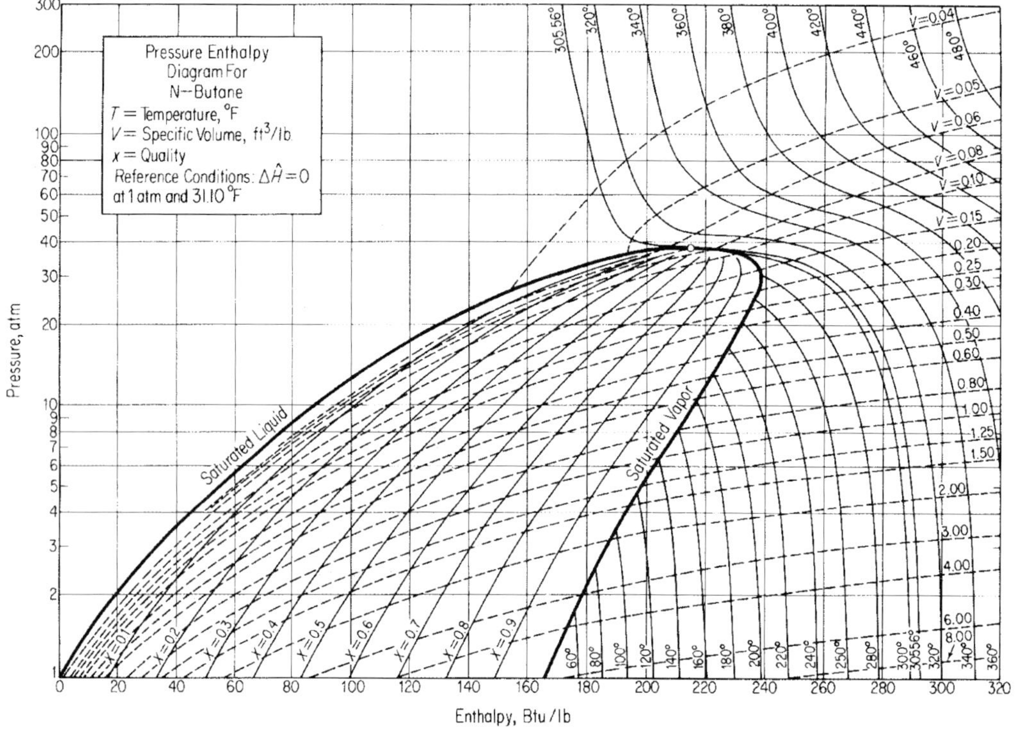
Pressure Enthalpy
Diagram For
N--Butane
T = Temperature, °F
V = Specific Volume, ft³/lb
x = Quality
Reference Conditions: ΔĤ = 0
at 1 atm and 31.10 °F
Saturated Liquid
Saturated Vapor
Pressure, atm
Enthalpy, Btu/lb
x=0.1
x=0.2
x=0.3
x=0.4
x=0.5
x=0.6
x=0.7
x=0.8
x=0.9
V=0.04
V=0.05
V=0.06
V=0.08
V=0.10
V=0.15
0.20
0.25
0.30
0.40
0.50
0.60
0.80
1.00
1.25
1.50
2.00
3.00
4.00
6.00
8.00
305.56°
320°
340°
360°
380°
400°
420°
440°
460°
480°
60°
80°
100°
120°
140°
160°
180°
200°
220°
240°
250°
280°
300°
305.56°
320°
340°
360°

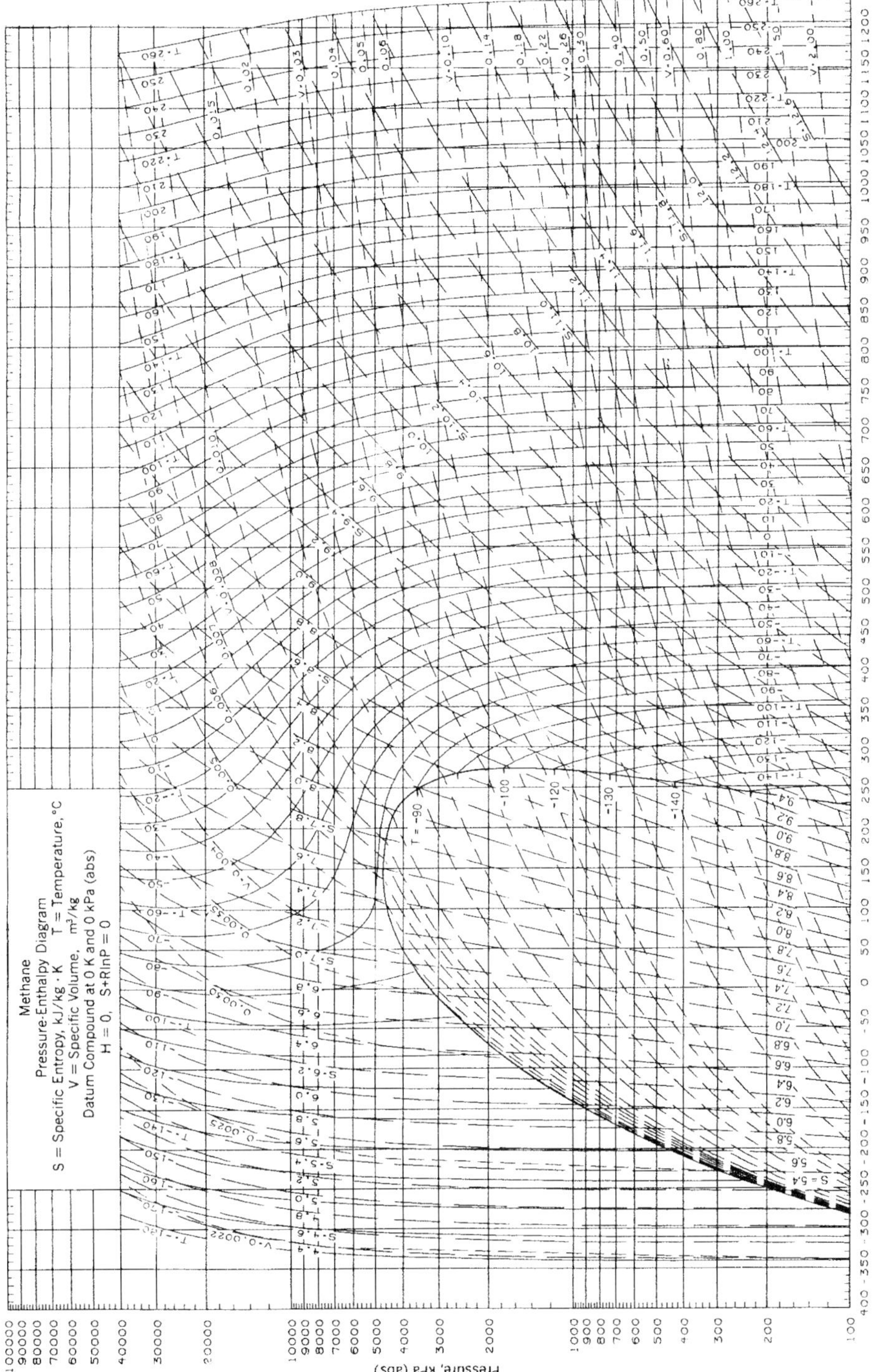
Methane
Pressure-Enthalpy Diagram
S = Specific Entropy, kJ/kg · K   T = Temperature, °C
V = Specific Volume, m³/kg
Datum Compound at 0 K and 0 kPa (abs)
H = 0, S+RlnP = 0
Enthalpy, kJ/kg
Pressure, kPa (abs)

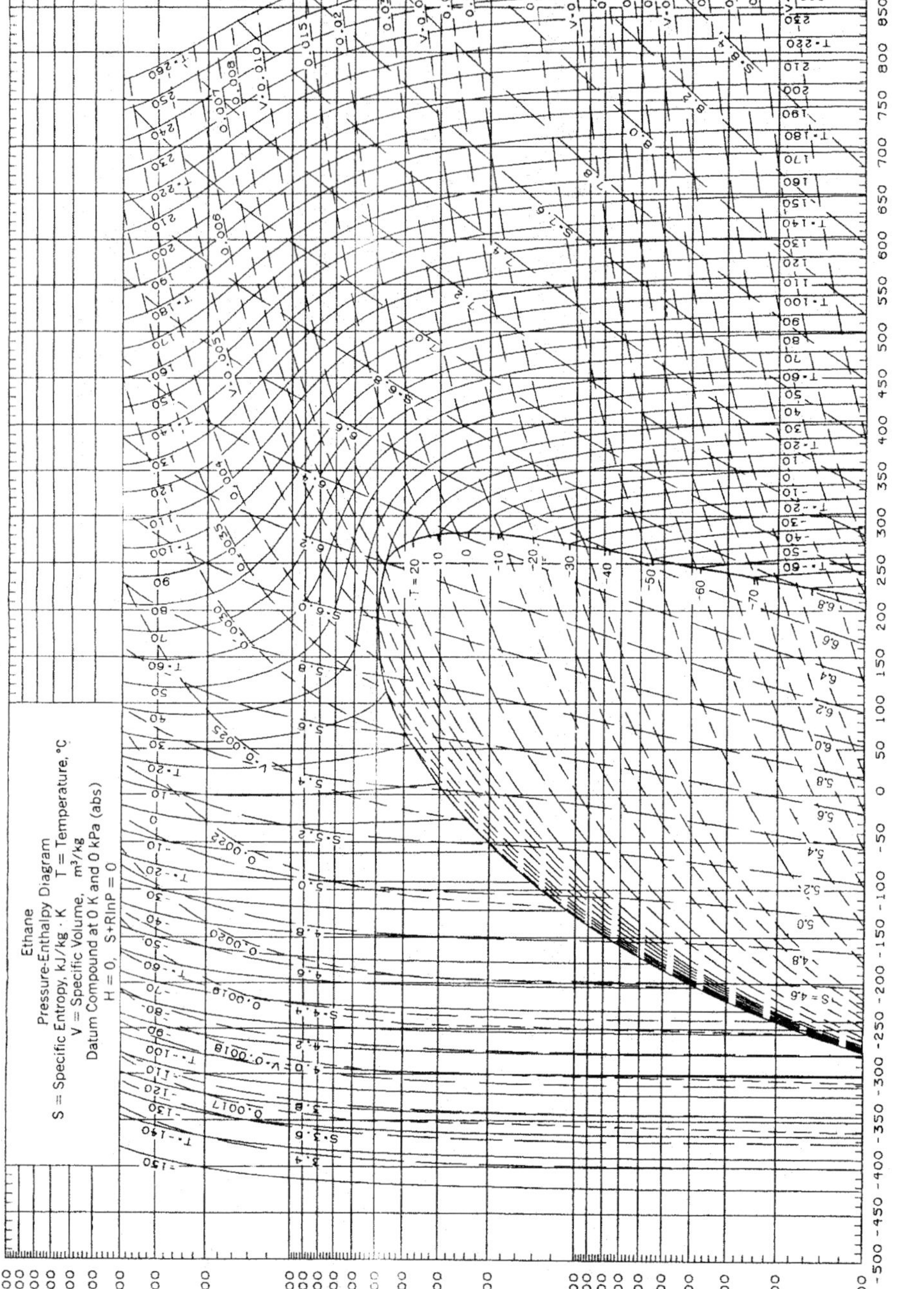
Ethane
Pressure-Enthalpy Diagram
S = Specific Entropy, kJ/kg · K   T = Temperature, °C
V = Specific Volume, m³/kg
Datum Compound at 0 K and 0 kPa (abs)
H = 0, S+RlnP = 0
Enthalpy, kJ/kg
Pressure, kPa (abs)

찾아보기

원소의 원자량

원소	기호	원자량	원소	기호	원자량
Aluminum	Al	26.98	Lead	Pb	207.2
Antimony	Sb	121.8	Lithium	Li	6.941
Argon	Ar	39.95	Magnesium	Mg	24.31
Arsenic	As	74.92	Manganese	Mn	54.94
Barium	Ba	137.3	Mercury	Hg	200.6
Beryllium	Be	9.012	Molybdenum	Mo	95.94
Bismuth	Bi	209.0	Neon	Ne	20.18
Boron	B	10.81	Nickel	Ni	58.69
Bromine	Br	79.90	Nitrogen	N	14.01
Cadium	Cd	112.4	Oxygen	O	16.00
Calcium	Ca	40.08	Phosphorus	P	30.97
Carbon	C	12.01	Potassium	K	39.10
Cesium	Cs	132.9	Selenium	Se	78.96
Chlorine	Cl	35.45	Silicon	Si	28.09
Chromium	Cr	52.00	Silver	Ag	107.9
Cobalt	Co	58.93	Sodium	Na	22.99
Copper	Cu	63.55	Sulfur	S	32.07
Fluorine	F	19.00	Tin	Sn	118.7
Gallium	Ga	69.72	Titanium	Ti	47.87
Germanium	Ge	72.64	Tungsten	W	183.8
Gold	Au	197.0	Uranium	U	238.0
Iodine	I	126.9	Xenon	Xe	131.3
Iron	Fe	55.85	Zinc	Zn	65.41

이상기체 상수 (R)

8.315 kPa m^3 kg mol^{-1} K^{-1}

62.365 mm Hg L $gmol^{-1}$ K^{-1}

0.08206 atm L $gmol^{-1}$ K^{-1}

82.06 atm cm^3 $gmol^{-1}$ K^{-1}

0.7303 atm ft^3 lb-mol^{-1} $°R^{-1}$

10.73 psia ft^3 lb-mol^{-1} $°R^{-1}$